Bernd Schulz

Gehölzbestimmung im Winter

Bernd Schulz

Gehölzbestimmung im Winter

mit Knospen und Zweigen

3., aktualisierte Auflage
1900 Zeichnungen von Bernd Schulz

Inhalt

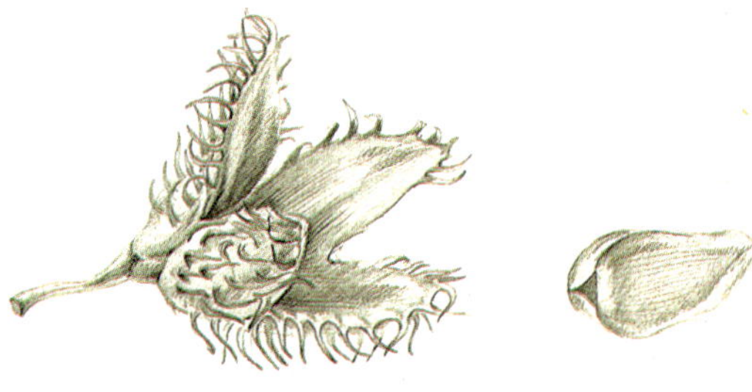

Vorwort

Nicht nur bei der Schilderung der Wintermerkmale, nein überhaupt in der beschreibenden Botanik muss das Bild immer mehr im Verhältnis zum Wort hervortreten. Es ist von höchster Wichtigkeit, das Erkannte im Bilde festzuhalten. Beim Vergleich der Skizzen treten Unterschiede oft schlagend zu Tage, die sich aus der Beschreibung nur mühsam herauslesen lassen.

Camillo Karl Schneider
„Dendrologische Winterstudien" 1903

Über das Winterhalbjahr prägt die grafische Form kahler Gehölze die Landschaft. Von weitem erscheinen sie tot. Erst von nahem fallen die an den Zweigen sitzenden Knospen ins Auge. Knospen, die den Frühjahrsaustrieb in sich bergen, ihn auf artspezifische Weise einschließen und schützen. Denn anders als Kräuter und Stauden, die Kälte und Dunkelheit selbstmörderisch ausweichen, indem sie ganz oder zumindest oberirdisch absterben (und sich im Folgejahr aus Samen oder unterirdischen Knospen erneuern), halten Gehölze den einmal eroberten Luftraum auch im Winter. Darauf bereiten sie sich lange vor: Schon der frisch ausgetriebene Zweig zeigt, noch klein und wenig entwickelt, die Knospen für die folgende Vegetationsperiode. Im Sommer, lange bevor die Blätter fallen, sind die Ruheknospen dann meist voll ausgebildet, zeigen ihre typische Form und stehen damit über ein dreiviertel Jahr, als sich kaum veränderndes Merkmal, zur Verfügung.
Wie die oft nur kurze Zeit verfügbaren Blüten und Früchte sind Knospen beblätterte Sprossachsen. Als solche sind sie komplexer und oft aussagekräftiger als bloße Blätter. Leider verhindert oft ihre Kleinheit, die sich mit einer guten Lupe überwinden lässt, dass ihnen die gehörige Aufmerksamkeit zuteil wird. Alle Gattungen und die meisten Arten sommergrüner Bäume und Sträucher sind nach Knospen- und Zweigmerkmalen im Winter sicher erkennbar.
Die Gründe, warum sich Menschen für Gehölze interessieren, sind vielfältig und überschneiden sich. Liebhaberei und botanisches Interesse entstehen oft aus der Zuwendung zu grünen Berufen oder umgekehrt. Für die gärtnerische und forstliche Praxis ist die Artenkenntnis im Winter wichtig, weil sommergrüne Gehölze vor allem außerhalb der Vegetationszeit gehandelt werden: Ohne Wasser verdunstendes Blattwerk lassen sie sich besser verpflanzen und wachsen (unterstützt durch einen Rückschnitt) leichter an. Deshalb gehört die Bestimmung der Gehölze im Winterzustand in verschiedenen Studienrichtungen wie Forstwirtschaft oder Landschaftsarchitektur zum Lehrplan. Als ich vor 35 Jahren während meines Studiums der Forstwirtschaft eine Sammlung von Winterzweigen anlegen sollte, skizzierte ich meine Zweige und gab statt eines dicken Ordners zwei A4-Blätter ab. Seitdem hat mich das Thema nicht mehr losgelassen. Bis heute untersuche ich den Aufbau der Gehölzknospen, beobachte und zeichne sie nach der Natur. Und die Zeichnungen füllen ihrerseits mittlerweile zahlreiche dicke Ordner ...
In kurzen Bachelorstudiengängen beginnt die Vermittlung der Formkenntnis, als Grundlage für die weitere Beschäftigung mit den Pflanzen, mit dem ersten Semester. Das ist an der TU Dresden, wie wohl andernorts auch, das Wintersemester, indem ich Studentinnen und Studenten der Landschaftsarchitektur eine Gehölzauswahl im Winterzustand vorstelle.
Die Kenntnis der Knospen- und Zweigmerkmale, ist nicht nur Notwendigkeit, um die Arten im Winter zu erkennen, sondern auch eine gute Voraussetzung für die weitere Beschäftigung mit den Gehölzen. Das ist mir auch bei meinen Laubgehölzstudien im Sommerhalbjahr immer wieder aufgefallen. Viele meiner Beobachtungen konnte ich als neuer Mitherausgeber in die traditionsreiche, vor 100 Jahren von Jost Fitschen begründete „Gehölzflora" einbringen. Für einige, nach Blättern schwer teilbare Gattungen spielen hier Knospenmerkmale traditionell auch im Sommerhalbjahr eine Rolle bei der Bestimmung, wie bei den Eschen- (*Fraxinus*) oder den Hickory-Arten (*Carya*). Aber auch für andere Gattungen, wie Ahorn- (*Acer*) und Schneeball-Arten (*Viburnum*), bietet sich die Nutzung von Knospenmerkmalen im Sommer an.
Nach meinen jahrzehntelangen Beobachtungen wundere ich mich immer wieder, wie wenig die Komplexität des Knospenaufbaues in die Systematik eingeflossen und für die Bestimmung genutzt wird. In den Winterknospen, als komplexe Anpassungen an das Jahreszeitenklima, spiegeln sich oft Verwandtschaft und Entwicklung einer Gruppe wieder. Besonders bei windbestäubten Verwandtschaften (wie den Familien der Fagales) kann der Aufbau der Winterknospen oft mehr Informationen liefern, als stark reduzierten Blüten.
Auch in der aktuellen dritten Auflage führt erst ein getrennter Hauptschlüssel mit zahlreichen neuen Abbildungen bis zur Gattung und im speziellen Teil führen überarbeitete Gattungs- und Familienschlüssel zu den Arten.
Wie in der ersten Auflage (1999) sind die Arten im speziellen Teil, der „Beschreibung der Baum- und Straucharten" (ab Seite 59) nach systematischen Gesichtspunkten angeordnet. Die Kenntnis über die tatsächliche Verwandtschaft der Arten hat sich jedoch in den letzten 25 Jahren durch die Ergebnisse molekularbiologischer Untersuchungen immer weiter verbessert und mittlerweile (zumindest oberhalb der Gattungsebene) stabilisiert. So konnte ich bereits in der 2. Auflage, die 2018 von Royal Botanical Gardens Kew auch auf Englisch herausgegeben wurde, auf eine systematische Gliederung zurückgreifen, die sich seitdem nur geringfügig verändert hat. Die Reihenfolge der höheren Kategorien folgt den aktuell anerkannten Systemen (APG IV 2016, Strasburger 2014, Stevens 2017).

Bernd Schulz
Dresden und Danzig, Januar 2020

Hinweise zur Benutzung

Es werden ausschließlich sommergrüne Gehölze im Winterzustand vorgestellt. Die Auswahl umfasst alle in Mitteleuropa heimischen, eingebürgerten und regelmäßig gepflanzten Baum- und Straucharten. Darüber hinaus wurde die Auswahl in der 2. und 3. Auflage erweitert und aus fast allen, auch sehr selten gepflanzten Gattungen, Vertreter aufgenommen. Schlüssel führen bis zur Art.
Die besten Bestimmungsmerkmale liefern einjährige Zweige mit den Knospen. Ergänzend können Wuchsform, Rinde und weitere Merkmale zur Bestimmung der Arten hilfreich sein. Angaben zur Herkunft sind kurz gehalten und dienen nur der groben Orientierung. Die Informationen zur Häufigkeit beziehen sich auf die Nutzung der Arten in Garten, Landschaft, Park und Forstwirtschaft, bei einheimischen Arten auch auf ihre natürliche Häufigkeit. In den Familien- und Gattungsschlüsseln sind häufigere Arten **fett** hervorgehoben.

Zu den Abbildungen

Artabhängig unterscheiden sich nicht nur Bau und Form der Knospen, auch die Größe der Knospen kann sehr verschieden sein: Sehr große Knospen haben einige Magnolien, wie *Magnolia fraseri* mit etwa 50 mm langen Endknospen, sehr klein sind die Knospen einiger Spiersträucher, wie bei *Spiraea thunbergii* mit weniger als 1 mm Länge. Deswegen war es nicht möglich, einen einheitlichen Maßstab zu verwenden.

Maßangaben

Zur Größenorientierung sind den meisten Zeichnungen Maßstäbe beigegeben. Ein Maßstab mit doppelter Linie entspricht einem Zentimeter, einer mit einfacher Linie einem Millimeter. Darüber hinaus finden sich im Text weitere Größenangaben. Die Höhe oder Länge ist dabei die Ausdehnung von der Knospenbasis zur Knospenspitze. Als Dicke wird bei Endknospen der Durchmesser, bei Seitenknospen die Ausdehnung in medianer Richtung bezeichnet. Die Ausdehnung in transversaler Richtung ist bei Seitenknospen die Breite. Sie übertrifft oft die Dicke.
Die Ausmaße der Knospen und Zweige variieren mitunter. Standort, Lage im Bestand, Konkurrenz und Herkunft (Provenienz) können sie beeinflussen. Stockausschläge sind meist viel kräftiger als „normale“ Zweige. Zur Bestimmung und zum Vergleich sollten deshalb soweit möglich nur durchschnittlich entwickelte Zweige herangezogen werden. Besonders bei Bäumen sind am Grunde der Zweige sitzenden Knospen oft sehr klein und unentwickelt (schlafende Knospen als Organreserve): Sie wurden bei den Größenangaben nicht berücksichtigt.

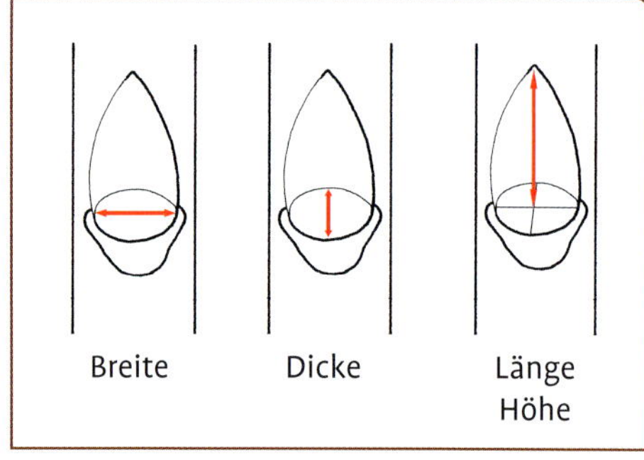

Maßangaben.

Lagebeziehungen

Lagebezeichnungen ermöglichen es, die Stellung von Organen im Vegetationskörper und ihre Lagebeziehungen zu einander zu definieren. Die **Insertionsstelle** ist der Ort an der ein Organe einem anderen ansitzt (= **inseriert** ist). Am Grunde gelegen heißt **basal**, an der Spitze gelegen **apikal**. **Akropetal** bezeichnet die Abfolge von basal zu terminal. **Achselständige** Sprosse (Knospen, Sprossdornen, beblätterte Triebe) stehen in der Achsel eines Tragblattes; **terminale** oder **endständige** an der Spitze, am freien Ende eines Sprosses.
Die der Sprossachse abgewendete Seite ist die **abaxiale,** beim Blatt die Unterseite; die der Sprossachse zugewendete Seite die **adaxiale**, beim Blatt die Oberseite.
Die **Medianebene** (**median**) teilt den Körper in zwei spiegelgleiche Hälften. Sie geht durch die Mitte der Abstammungsachse, Seitenachse und deren Tragblatt. Den Gegensatz bildet die **Transversalebene** (**transversal**). Sie geht durch den Seitentrieb und steht senkrecht zur Medianebene. Von der Mitte abgewandte Organe befinden sich seitlich (**lateral**) in der Transversalebene.

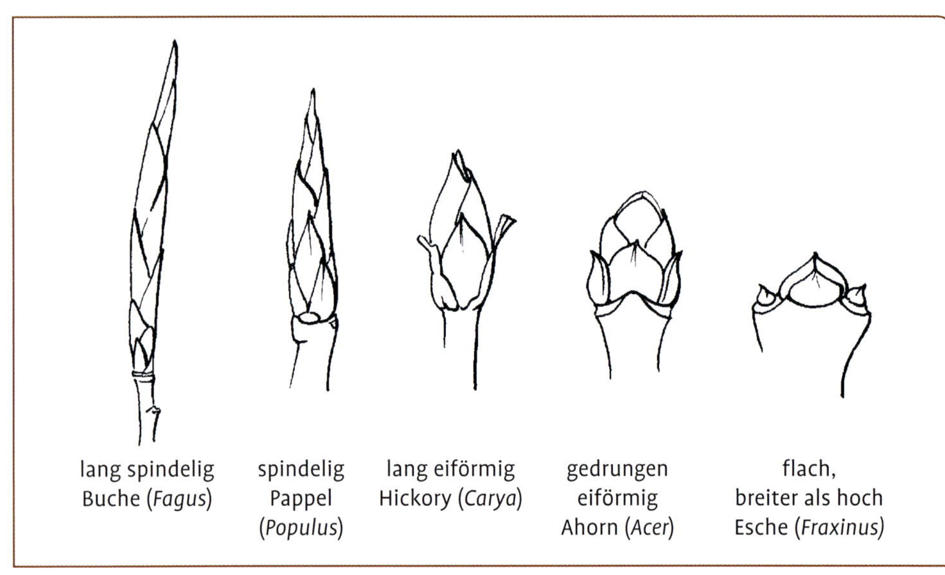

Knospenformen (Endknospe).

Nach ihrer Lage im Raum werden **orthotrope**: ± aufrecht orientierte und **plagiotrope**: schräg oder waagerecht wachsende Pflanzenteile, besonders Sprosse, unterschieden.

Färbungen und Farbangaben

Die meisten Zweige und Knospen sind spezifisch gefärbt. Abhängig von der Sonneneinstrahlung, von Wind und Wetter kann sich die Färbung oft einseitig verändern. Anthozyane im Zellsaft der Epidermisvakuolen schützen vor der Sonneneinstrahlung und grüne Zweige und Knospen verfärben sich in der Sonne rot. Wenn ein Periderm die Epidermis ablöst, verfärbt sich der Zweig braun, später grau. Zudem stirbt, besonders auf der Wetterseite, bei vielen Arten die Epidermis ab: Sie trocknet, die Zellinnenräume füllen sich mit Luft und schließlich hebt sie ab. Sichtbar ist eine silbrig graue Auflage, die mitunter an Bereifung erinnert.
Farbangaben sollen zusätzliche Hinweise geben. Sie sind jedoch vorsichtig zu handhaben, da es für die vielen Farbnuancen keine äquivalenten Farbwörter gibt. So werden viele Mischfarben mit aus mehreren Farbwörtern zusammengesetzten Bezeichnungen beschrieben: zum Beispiel **braunrot**. Oft ist die Färbung nicht einheitlich, gibt es verschiedene Farbtöne nebeneinander. Hier sind die Farbwörter mit Bindestrich verbunden: Zum Beispiel heißt **rot-grün**, es stehen rot und grün gefärbte Abschnitte nebeneinander.

Systematik und Nomenklatur

Jedes moderne System versucht die natürliche Verwandtschaft der Pflanzen abzubilden. Früher herrschte oft große Uneinigkeit über die natürliche Verwandtschaft und es gab konkurrierende, mehr oder weniger stark voneinander abweichende Systeme. Das liegt vor allem daran, dass nicht immer zweifelsfrei erkennbar ist, welche Merkmale unabhängig parallel entstandene Anpassungen waren und welche Merkmale auf Verwandtschaft verweisen. Seit Ende der 1980'er helfen molekularbiologische Methoden die Verwandtschaftsbeziehungen der Organismen zu klären. Weltweit durchgeführte Laboruntersuchungen haben unser Wissen über die Verwandtschaft deutlich verbessert. Auch wenn nach wie vor nicht alle Fragen geklärt sind, gibt es heute für die Bedecktsamer, statt widerstreitender Systeme, abwärts bis zur Familienebene ein allseits anerkanntes System (APG IV, 2016). Es besteht keine Gefahr, dass sich dieses System grundlegend verändert und es sind nur noch wenige geringfügige Aktualisierungen zu erwarten. So führte ich in der letzten Ausgabe 2013 die Familie der Nyssaceae noch als Unterfamilie der Cornaceae und die Familie Sabiaceae in einer eigenen Ordnung (jetzt Proteales). Schwieriger sind die niedrigeren Kategorien, Gattung und Art. Hier sind noch viele Fragen ungelöst.
Unabhängig von der Kenntnis über die Verwandtschaft bleiben Ermessensspielräume, etwa ob ein Autor sich für große Gattungen entscheidet und z. B. unter dem Namen *Prunus* s.l. das gesamte Steinobst versteht, oder ob er kleinere Gattungen bevorzugt und unter *Prunus* s.str. nur die Pflaumen versteht und Kirschen (*Cerasus*), Traubenkirschen (*Padus*) und andere Steinobstgruppen in eigenen Gattungen führt. Beides ist möglich und logisch. Anders bei der gängigen Gattung *Sorbus*, die bei vielen Autoren Mehlbeeren (*Aria*), Elsbeere (*Torminalis*), Zwergmehlbeere (*Chamaemespilus*), Speierling (*Cormus*) und Ebereschen (*Sorbus* i. e. S.) einschließt. Dies ist unlogisch, da zwischen den Ebereschen und den Mehlbeeren mit hoher Wahrscheinlichkeit noch andere Gattungen der Tribus Pyreae stehen.
Die wissenschaftliche Benennung der Arten richtet sich nach Regeln, die im Internationalen Code der Nomenklatur für Algen, Pilze und Pflanzen (ICN) festgelegt sind. Ein Artname besteht aus 2 Teilen, dem vorangestellten Gattungsnamen, ein groß geschriebenes Substantiv, und dem Artepitheton, ein beigefügtes, immer klein geschriebenes Wort, unabhängig davon ob es ein Substantiv ist oder ein im Genus an den Gattungsnamen angeglichenes Adjektiv. Hinter dem wissenschaftlichen Namen befindet sich der oder die Autoren, die die Art erstmals gültig veröffentlicht haben. Die Autorenangabe ist wichtig, da es zuweilen passiert, dass ein und der selbe Name von verschiedenen Autoren für unterschiedliche Taxa (Sing. Taxon = Sippe beliebiger Rangstufe) verwendet wurde. Solche gleichlautenden Namen heißen Homonyme. Homonyme sind z. B. *Forsythia* VAHL und *Forsythia* WALTER. THOMAS WALTER (1740–1789) stellte als erster 1788 den Gattungsnamen *Forsythia*, mit der Art *Forsythia scandens*, auf. Da der Name *Forsythia scandens* WALTER als Synonym von *Hydrangea barbara* (L.) BERND SCHULZ (=*Decumaria barbara* L. 1763) von Beginn an ein nicht notwendiges Synonym war, geriet er in Vergessenheit. Dadurch konnte sich der jüngere von MARTIN VAHL (1749–1804) im Jahre 1804 aufgestellte Name *Forsythia* VAHL weltweit für unsere Forsythie durchsetzen. Da bei den Namen strikte Priorität gilt, wurde der Name *Forsythia* VAHL 1953 zur Konservierung vorgeschlagen und auf einem der folgenden Botanischen Kongresse konserviert und mit dem Typus *Ligustrum suspensum* THUNB., auf dem *Forsythia* VAHL basiert [Basionym *Forsythia suspensa* (THUNB.) VAHL] in die Liste (Anhang des ICN) der konservierten Namen aufgenommen.
Die Angabe der Autoren, die einen Namen aufgestellt haben, gewährleistet die eindeutige Zuordnung. Philipp Franz von Siebold (1796–1866) und Joseph Gerhard Zuccarini (1797–1848) beschrieben gemeinsam zahlreiche Arten aus Japan. Traditionell wurden sie in gedruckten Werken „SIEB. & ZUCC.", tlw. auch „S. & Z." abgekürzt. Diese Abkürzungen reichen, um Namen zweifelsfrei zu zuordnen. Mit der Entwicklung allumfassender rechnergestützter Datenbanken wurde jedoch jedem Autor eine Standardform zugeordnet, die in den Datenbanken eine Rückwärtssuche, z. B. welche Arten hat der Autor XY beschrieben, zulässt. Durch die Vielzahl der botanischen Autoren, sind die Standardformen oft deutlich länger, als die in früher gedruckten Werken: „Siebold", „Rehder", „E. H. Wilson", „Bernd Schulz" sind „Standard", aber keine Abkürzungen. Da diese ausgeschriebenen Autorennamen den Text ohne inhaltlichen Gewinn verlängern, habe ich mich gegen die durchgehende Verwendung von Standardformen entschieden.
Auch für die deutschen Artnamen streben die Botaniker eine zweiteilige Schreibweise an. Der adjektivische, die Art kennzeichnende, Teil steht vor dem substantivischen Eigennamen der Gattung, wird jedoch als Eigenname gross geschrieben z. B. die Gewöhnliche Esche (*Fraxinus excelsior*). Auch in gutem Deutsch selbstverständlich zusammen geschriebene Namen, passt der Botaniker diesem Muster an und trennt Art und Gattung mit einem Bindestrich, wie z. B. die Manna- oder Blumen-Esche (*Fraxinus ornus*). Diese Schreibweise zeigt, dass sie wie die Gewöhnliche Esche zur Gattung Esche (*Fraxinus*) gehört. Andere Gattungen, die den Bestandteil -esche im Namen führen, werden hingegen zusammengeschrieben: Blasenesche (*Koelreuteria*), Stinkesche (*Tetradium*) oder Eberesche (*Sorbus*).

Einführung

Ich ward […] nicht selten lebhaft durch die Beobachtung überrascht, wie scharfe Merkmale die Knospen zur Unterscheidung selbst von solchen Arten liefern, welche im Sommer nur mit Mühe von einander gesondert werden können, …

J. G. Zuccarini in
„Charakteristik der deutschen Holzgewächse im blattlosen Zustande" 1829

Geschichte

Bis heute wird die Bedeutung der Knospenmorphologie für die Systematik nicht ausreichend berücksichtigt. Angaben in systematischen Arbeiten beschränken sich meist allein auf die Angabe, ob es bei einer Art nackte oder bedeckte Knospen gibt. Der konkrete Aufbau der Knospen und der Vergleich ihres Aufbaus sind nur selten Inhalt botanischer Arbeiten geworden. Die wenigen, über mehrere Jahrhunderte entstandenen, teilweise beeindruckenden Arbeiten zu dem Thema, verloren folgende Botanikergenerationen immer wieder aus den Augen.

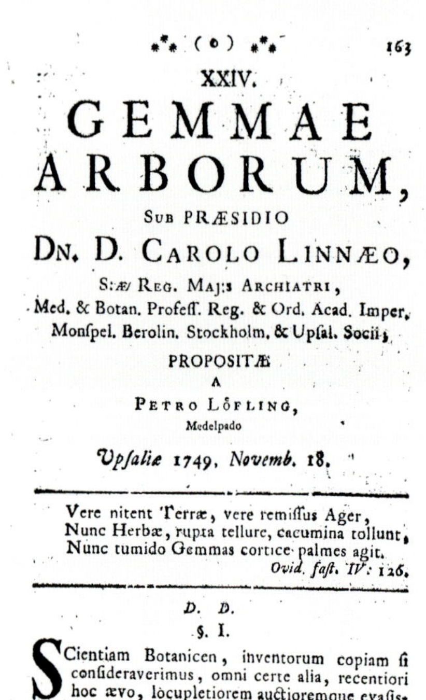
∗∗∗ (o) ∗∗∗ 163

XXIV.

GEMMAE ARBORUM,

Sub PRÆSIDIO

Dn. D. Carolo Linnæo,

S:æ Reg. Maj:s Archiatri,
Med. & Botan. Profeſſ. Reg. & Ord. Acad. Imper. Monſpel. Berolin. Stockholm. & Upſal. Socii;

PROPOSITÆ
A
Petro Löfling,
Medelpado

Upſaliæ 1749. *Novemb.* 18.

Vere nitent Terræ, vere remiſſus Ager,
Nunc Herbæ, rupta tellure, cacumina tollunt,
Nunc tumido Gemmas cortice palmes agit.
Ovid. faſt. IV: 126.

D. D.

§. I.

Scientiam Botanicen, inventorum copiam ſi conſideraverimus, omni certe alia, recentiori hoc ævo, locupletiorem auctioremque evaſiſ-
L 2 ſe

Titelblatt der ältesten wissenschaftlichen Arbeit über die Knospen der Bäume (Gemmae arborum) von Pehr Löfling 1749).

Bereits 1675–79 zeigt Marcello **Malpighi** in seiner Pflanzenanatomie „Anatome plantarum" Knospen und Knospenblätter. Siebzig Jahre später stellt 1749 Pehr **Löfling** (1729–1756), ein Schüler von Carl von **Linné** (1707–1778), die Knospen der Bäume „Gemmae arborum" vor. Er teilt die Knospen der 108 untersuchten Arten nach den Knospenschuppen – ihren Stellungsverhältnissen und der morphologischen Entsprechung im Gesamtblatt – in mehrere Gruppen ein. Wieder ein Jahrhundert später findet sich 1847 eine umfangreiche morphologische Arbeit von Aimé C. F. **Henry** (1801–1875) in der „Nova Acta" der Leopoldinisch-Carolinischen Akademie der Naturforscher. Seine **„Knospenbilder"** stattet Henry, ein ausgebildeter Zeichner und Lithograph, mit vielen ausgezeichneten Tafeln aus.
Den Aufbau der Knospen unter dem Aspekt der Beteiligung der Nebenblätter am Knospenschutz hat John **Lubbock** untersucht. Seine Ergebnisse fasst er in **„Buds and Stipules"** 1899 zusammen. **„Zur Kenntnis der Beiknospen"**, einem interessanten Aspekt in der Morphologie der Knospen, schreibt Walter **Sandt** 1925.
Sporadisches Interesse an den Winterknospen zeigen auch einzelne Arbeiten wie „Die Anatomie der Knospenschuppen in ihrer Beziehung zur Anatomie der Laubblätter" von Eduard **Brieg** 1914. Einige Autoren widmen sich einzelnen systematisch oder geobotanisch zusammengehörigen Gruppen und untersuchen die Anatomie, Morphologie sowie Anlage und Entfaltung der Winterknospen (z. B. Schulze 1934, Buchheim 1953, Schützsack 1965).
Neben den auch vom Fachpublikum wenig beachteten anatomischen und morphologischen Arbeiten entstanden schon früh Bestimmungswerke für die Gehölze im Winter. Das erste deutsche Bestimmungsbuch stammt von Joseph Gerhard **Zuccarini** (1797–1848), Professor für Botanik in München. Er hat 1829 eine **„Charakteristik der deutschen Holzgewächse im blattlosen Zustande"** vorgenommen. In seinem Buch, mit 18 handkolorierten Lithographien eine bibliophile Kostbarkeit, stellt er 34 der häufigsten einheimischen Gehölzarten vor.

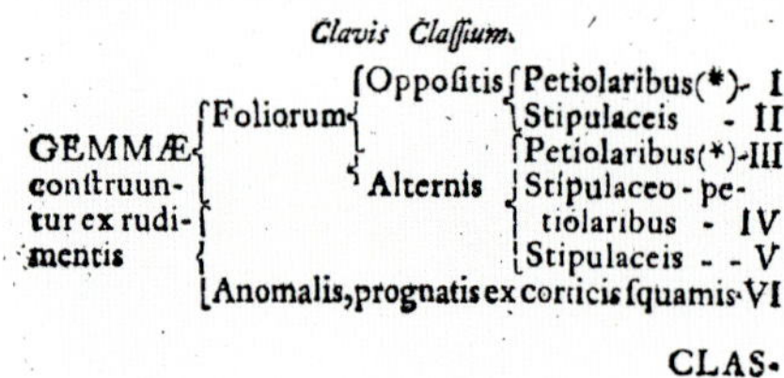
CLASSIUM itaque Gemmarum, in arboribus, diviſiones poſuimus in *ſquamarum ſtructura & ſitu*: quod ex ſequentibus deſcriptionibus earumque diviſionibus amplius patebit.

Clavis Claſſium.

GEMMÆ conſtruuntur ex rudimentis
- Foliorum
  - Oppoſitis
    - Petiolaribus(*) - I
    - Stipulaceis - II
  - Alternis
    - Petiolaribus(*) - III
    - Stipulaceo-petiolaribus - IV
    - Stipulaceis - - V
- Anomalis, prognatis ex corticis ſquamis - VI

CLAS-

(*) Petiolares etiam heic includit Foliaceas Squamas.

Klassifizierung der Knospen bei Pehr Löfling 1749.

Einige Jahrzehnte später haben die Forstbotaniker Emil Adolf **Roßmäßler** (1806–1867) mit der **„Flora im Winterkleide"** und **„Der Wald"** und Moritz **Willkomm** (1821–1895) in seiner Beschreibung **„Deutschlands Laubhölzer im Winter"** auf die Mannigfaltigkeit der Gestalt unserer Laubgehölze im winterlichen Zustande aufmerksam gemacht. Bei Willkomm findet sich erstmals ein Bestimmungsschlüssel, eine systematische Beschreibung in Tabellenform sowie Strichzeichnungen zu jeder der 102 behandelten Arten.
Die im Jahre 1903 von Camillo Karl **Schneider** (1876–1951) erschienenen **„Dendrologischen Winterstudien"** gehen weit über bis dahin erschienene Arbeiten hinaus. Der Autor stellt 434 Gehölze in vielen Zeichnungen und ausführlichen Beschreibungen vor. Spätere deutsche Autoren behandelten nicht mehr diese Artenzahlen und berücksichtigten nur die häufigsten einheimischen und die für die, überwiegend forstliche, Praxis bedeutenden Arten.

Bild rechts:
Tafel aus „Knospenbilder" von Aimé Henry 1847.

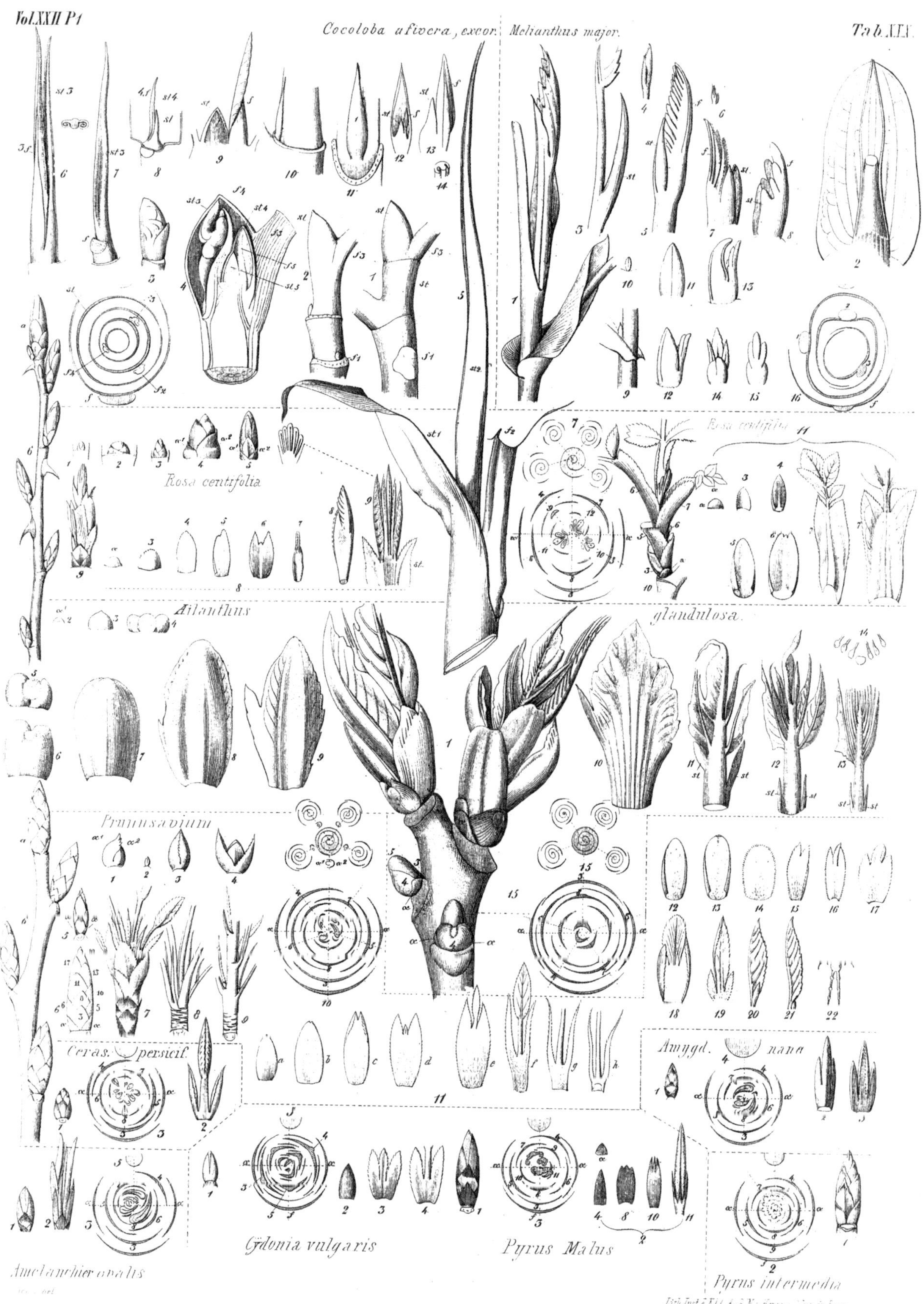
Vol.XXII P.1
Cocoloba ufivera, excor.
Melianthus major.
Rosa centifolia
Ailanthus
glandulosa
Prunus avium
Ceras. persicif.
Amygd. nana
Cydonia vulgaris
Pyrus Malus
Amelanchier ovalis
Pyrus intermedia

In England und Nordamerika erscheinen Ende des 19. Jahrhunderts bis etwa 1930 zahlreiche Bestimmungswerke. Als Beispiel sei H. Marshall **Ward** 1904 mit dem ersten Band seines Werkes **„Trees"** die **„Buds and Twigs"** genannt. Hier findet sich neben einer umfangreichen Einführung in die Morphologie der Knospen ein spezieller Teil, in dem neben zahlreichen Arten der einheimischen Flora, auch die häufigsten angepflanzten Gehölze aufgeschlüsselt sind. Nach der Zahl der behandelten Arten führt die **„Winter Botany"** des amerikanischen Botanik-Professors William **Trelease** (1857–1945): Über 1000 Arten schlüsselt er in seinem 1931 in der 3. Auflage erschienenen und bis heute nachgedruckten Werk auf. Das trotz dieser Artenzahl handliche Buch verzichtet auf eine ausführliche Beschreibung der Einzelarten und bildet nur ausgewählte Arten ab. Bereits 1895 stellt **Shirasawa** „Die Japanischen Laubhölzer im Winterzustande" vor. Auch in den mittel- und osteuropäischen slawischen Ländern entstanden im vergangenen Jahrhundert mehrere interessante Bestimmungswerke der dortigen winterlichen Gehölzfloren.

Sommergrüne Gehölze und die Umwelt

Der Jahreszeitenzyklus prägt unser Klima und die Pflanzen haben sich dem Jahreslauf mit verschiedenen Lebensformen angepasst. Raunkiaer erstellte 1904 für das Jahreszeitenklima ein System von Lebensformen, die er nach der Art der Überdauerung der Knospen unterschied. Die Einjährigen (Therophyten) weichen dem Winter, im Herbst absterbend, aus und nur ihre Samen überdauern. Ausdauernde Pflanzen müssen Ihre Knospen im Winter auf die eine oder andere Weise schützen. Stauden (Geophyten) verbergen sie im Boden und die krautigen Hemikryptophyten nutzen Laub- und Schneeauflagen als Schutzschild. Dagegen überwintern die Knospen der Gehölze (Phanerophyten) mindestens 30 cm über dem Boden und sind somit Wind und Wetter direkt ausgesetzt. Schwierig bleibt die Abgrenzung zu den zwischen Stauden und Gehölzen stehenden Halb- und Zwergsträuchern (Chamaephyten). Sommergrüne Gehölze finden sich dort, wo sommerliche Temperatur- und Niederschlagsmaxima und winterliche Frostperioden ein ausgeprägtes Jahreszeitenklima ergeben. In einer mindestens 4 Monate langen

LUBOCK 1899: 4 Tafeln zur Knospenentfaltung. Wenn sich die Knospen entfalten, wird ihr innerer Aufbau sichtbar.

1 Schneeball (*Viburnum opulus*)
2–4 Spitz-Ahorn (*Acer platanoides*)
5 Mehlbeere (*Aria edulis*)

1–3 Linde (*Tilia ×europaea*)
4–5 Hainbuche (*Carpinus betulus*)

1–4 Berg-Ulme (*Ulmus glabra*)

1–7 Rot-Buche (*Fagus sylvatica*)

Tafeln aus Zuccarini 1829:
Charakteristik der deutschen Holzgewächse im blattlosen Zustande.

Feige (*Ficus carica*) und Seidelbast (*Daphne mezereum*)

Spindelsträucher (*Euonymus latifolius und Euonymus verrucosus*)

Vegetationsperiode werden Assimilate für Blüte und Fruchtbildung, Wachstum und Reservestoffe zur Laubneubildung im Folgejahr gebildet. Die Blätter werden dann im Herbst, unabhängig vom aktuellen Witterungsverlauf – **obligatorisch** – abgeworfen. Den Gegensatz bildet der **fakultative** Laubwurf in Vegetationszonen mit unregelmäßig auftretenden Witterungsextremen (z. B. Dürre), aber ohne ausgeprägtes Jahreszeitenklima.
Immergrüne Bäume und Sträucher behalten ihr Laub über mehrere Vegetationsperioden. Sie dominieren dort, wo keine ungünstige Jahreszeit eine Entwicklungspause erfordert, wie in den tropischen Regenwäldern, oder wo die in einer Vegetationsperiode gebildeten Reservestoffe nicht zur jährlichen Laubneubildung ausreichen.
Zwischen immergrünen und sommergrünen vermitteln die **halbimmergrünen** Gehölze: Die vorjährigen Blätter fallen erst nach dem Winter, mit oder kurz nach Erscheinen des neuen Laubes ab.

In Europa erstreckt sich die Vegetationszone der **sommergrünen Laubwälder** von der Atlantikküste im Westen bis zum Balkan in Südosteuropa und bis nach Asien. Sommergrüne Wälder herrschen auch im Osten Nordamerikas und in Südostasien vor. Von dort stammen die meisten in den gemäßigten Bereichen Europas angepflanzten Ziergehölze. Weitere Gebiete mit sommergrüner Vegetation gibt es in Kleinasien, dem Kaukasus und Mittelasien sowie auf der Südhalbkugel in Südamerika. Aus diesen Gebieten sind ebenfalls Arten eingeführt und gepflanzt.
Die europäische Flora ist an Gehölzarten relativ arm. Mit den Eiszeiten im Quartiär starben in Mitteleuropa viele Gehölzgattungen aus, die durch die von Osten nach Westen verlaufenden Gebirgszüge der Alpen und Karpaten dem vorrückenden Eis nicht ausweichen konnten. So gibt es viele in den sommergrünen Laubwäldern Ostasiens und Nordamerikas beheimatete Gattungen, zum Beispiel die Magnolie, die vor den Eiszeiten auch Mitteleuropa besiedelten. Aus den sommergrünen Laubwäldern der Nordhalbkugel stammen auch die meisten im Freiland gepflanzten, fremdländischen Arten: beispielsweise die aus dem östlichen Nordamerika eingebürgerte Robinie oder viele Magnolienarten aus Ostasien. Weitere Arten kamen aus Mittelasien oder Südosteuropa, wie die Rosskastanie, zu uns. Sehr wenige Arten stammen aus dem südlichen Südamerika (*Nothofagus*).
Die Anpassung der saisonal laubabwerfenden sommergrünen Gehölze an das Klima wird besonders im Vergleich deutlich: Im Norden, aber auch in den Höhenstufen der Gebirge, gehen die sommergrünen Laubwälder in immergrüne Nadelwälder über. Diese **borealen Nadelwälder** nehmen im Norden Eurasiens riesige Gebiete ein. Während einer sehr kurzen Vegetationsperiode können keine ausreichenden Stoffreserven für eine jährliche Laubneubildung angelegt werden.

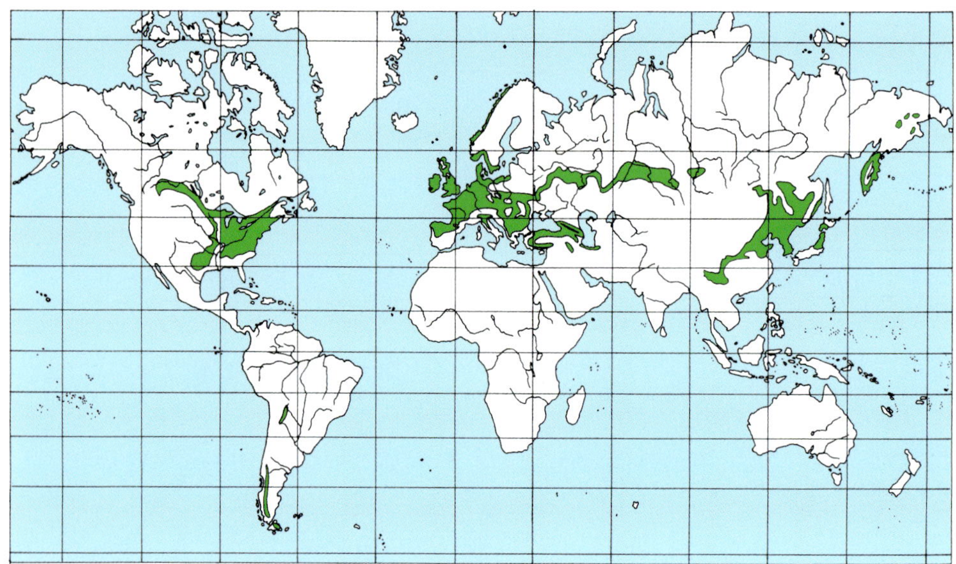

Verbreitung sommergrüner Laubwälder auf der Erde.

Dagegen sind die Nadelblätter besonders an die niedrigen Temperaturen und Frosttrocknis angepasst. Nur wenige, besonders kalte und trockene Standorte besiedelnde Nadelgehölze, wie die Lärche, verlieren auch ihre Nadelblätter.
Im mediterranen Süden Europas wird die Vegetation von **immergrünen Hartlaubgehölzen** geprägt. Lang anhaltende Sommertrockenheiten fordern einen stärkeren Verdunstungsschutz. Eine dicke Epidermis mit dichten Kutikulaauflagerungen und oft zusätzlichen Harz- und Wachsüberzügen sowie tief eingesenkte Spaltöffnungen zeichnen die durch Festigungsgewebe stabilisierten, ledrigen Blätter aus. So materialaufwendig gebaute Blätter könnten nicht vollständig während der kurzen Vegetationsperioden, der Niederschlagsmaxima im Frühjahr und im Herbst erneuert werden, was im wintermilden Klima ohne winterliche Frostgefahren auch nicht notwendig ist.

Laubabwurf

Bevor das Laub fällt, tritt bei den Blättern, durch Phytohormone gesteuert, eine natürliche Alterung (Senescens) ein: Es werden Stoffe aus den Blätter abgebaut und in die Sprossachse eingelagert. Beim Abbau des grünen Chlorophylls werden vorhandene gelbe Farbstoffe sichtbar und bei einigen Arten entstehen in komplizierten Stoffwechselvorgängen rote Farbstoffe. Sie bewirken die oft auffällige Verfärbung des Herbstlaubs. Zwischen Blattstiel und Zweig entsteht ein Trenngewebe aus dünnen Zelllagen, an der das Blatt leicht abbrechen kann. Unter dem Trenngewebe bildet sich ein Abschlussgewebe (Periderm), dass durch Kork und Gerbstoffeinlagerungen die Abbruchstelle gegen die Außenwelt abgeschottet.

Frost

Im späten Sommer ist der Zuwachs abgeschlossen. Zum Herbst reifen die Zweige aus und härten sich bei allmählich abnehmenden Temperaturen ab. Bei feuchtem Sommerwetter kann sich der Abschluss des Wachstums verzögern. Besonders fremdländische Arten aus wärmeren Heimatgebieten treiben oft noch mal aus. Die Pflanzen sind dann zum Winter nicht ausgereift und kaum abgehärtet. Sie sind besonders frostgefährdet. Einheimische Gehölze sind an die Rhythmik der Jahreszeiten besser angepasst und werden seltener durch starke Fröste im Winter geschädigt.
Die Erfrierungsgefahr ist besonders hoch, wenn Fröste ungewöhnlich zeitig im Herbst einsetzen. Diese Fröste werden **Frühfrost** genannt. Auch im Frühjahr besonders früh austreibende Arten sind durch Fröste gefährdet. Gegen diese **Spätfröste** sind ebenfalls einige fremdländische Arten sehr empfindlich. Besonders Arten aus Sibirien können in unserem Klima darunter leiden. Diese Arten treiben in ihrer Heimat mit langen, durchgehend kalten Wintern und kurzen Vegetationsperioden sofort aus, wenn der Winter mit den ersten wärmeren Tagen zu Ende geht. Unter europäischen Verhältnissen können die Schwellwerte für das Treiben bereits im Januar erreicht sein. Bei später auftretenden Frösten erfrieren diese angetriebenen Pflanzen leicht.
Neben dem Erfrieren durch Fröste treten häufig Schäden durch **Frosttrocknis** auf. Die Pflanze vertrocknet, wenn sie an sonnigen Wintertagen fortgesetzt transpiriert und so mehr Wasser verliert, als sie dem gefrorenen Boden als Nachschub entnehmen kann.

Insekten und Pilze

Eine weitere Gefahr besteht durch biotische Feinde, besonders Insekten und Pilze. Während der Vegetationsperiode kann sich die gesunde Pflanze aktiv durch verschiedene Reaktionen wie Gefäßvertüllungen oder Harzausscheidungen verteidigen. Im Winter, wenn die Stoffwechselaktivitäten gering sind, ist eine aktive Bekämpfung von Eindringlingen kaum möglich. Hier sorgen Abschottungsmechanismen dafür, dass die Pflanze nicht während des Winters geschädigt wird. Zum einen werden, wie bei der Blattnarbe, in die äußeren Gewebe Kork und Gerbstoffe eingelagert. Einige Arten lagern zudem giftige Cyanide (Blausäureverbindungen) in ihre Knospenschuppen ein.
Trotz dem gibt es einige Insektenarten, die sich auf die in den Knospen befindlichen jungen, nährstoffreichen Sprossspitzen spezialisiert haben. Ein Beispiel ist die Eschenzwieselmotte (*Prays fraxinella*) aus der Familie der Gespinst- und Knospenmotten (Yponomeutidae). Raupen dieser Motte bohren sich im Oktober in Endknospen der Esche ein und fressen sie über den Winter aus. Später treiben dann an Stelle der ausgenagten Endknospe die obersten beiden Seitenknospen aus. Es entsteht statt eines geraden durchgehenden Stammes, eine gablige – dichasiale – Verzweigung, ein sogenannter Zwiesel.

Botanische Grundlagen

Bau der Gehölze

Der Vegetationskörper der Höheren Pflanzen oder Kormophyten gliedert sich in drei Grundorgane: in Blatt, Sprossachse und Wurzel. **Blätter** stehen nur an Sprossachsen, jedoch nie an Wurzeln, und können in der Regel selbst keine weiteren Blätter, Wurzeln oder Sprossachsen hervorbringen. An den **Sprossachsen** können sowohl untergeordnete Seitensprosse, Blätter, als auch (sprossbürtige) Wurzeln, z. B. Haftwurzeln bei Kletterpflanzen, stehen. **Wurzeln** bringen nur Sprosse und untergeordnete Seitenwurzeln hervor.

Metamorphosen

Die während der Artentstehung wirkende natürliche Auslese führte zu Anpassungen an bestimmte Lebenssituationen. Organe veränderten ihre Form und ihr Aussehen und übernahmen verschiedene Funktionen, etwa als Ranke bei einer Kletterpflanze oder als Dorn bei einer durch Fressfeinde bedrohten Art. Nehmen verschiedene Organe die gleiche Funktion wahr, sind sie funktionsgleich oder **analog**. Nimmt hingegen ein und dasselbe Organ unterschiedliche Funktionen wahr, sind seine Abwandlungen abstammungsgleich oder **homolog**.

Blatt

Aufbau

Das Blatt ist eine seitliche Ausgliederung der Sprossachse und steht immer an einem Sprossknoten. Es dient meist der Assimilation, kann aber auch durch Metamorphose andere Funktionen übernehmen (Knospenschuppen, Blattdornen, Blattranken u. a.). Ein Blatt wird in Unterblatt und Oberblatt untergliedert. Das **Unterblatt** ist der basale Teil des Blattes, bestehend aus dem Blattgrund und, sofern vorhanden, den Nebenblättern (Stipel). Das **Oberblatt** ist der obere Teil des Blattes, der aus dem dünnen, länglichen Stiel und der flächigen Spreite besteht. Bei gefiederten Blättern ist das Blatt in die den Blattstiel fortsetzende Blattspindel (Rachis) und die Fiederblättchen gegliedert. **Nebenblätter** gibt es nicht bei allen Grup-

Platanus: Jede Seitenknospe ist während der Vegetationsperiode vom Blattgrund des Tragblattes eingeschlossen.

Aufbau einfacher Blätter typischer Echter Zweikeimblättriger Bedecktsamer (vgl. die unterschiedliche Ausbildung der Nebenblätter).

Platanus: Eine Nebenblatthülle umschließt die Seitenknospe.

Platanus: Im Sommer findet sich bei jedem Laubblatt eine Nebenblatthülle (Ochrea). Sie umschließt die Triebspitze und hinterlässt eine ringförmige Narbe am Sprossknoten.

pen. Es sind meist zwei bei dem Blattgrund stehende 'Blättchen'. Sie können frei stehen (stipulae libertae), mit dem Blattgrund (stipulae adnatae) oder untereinander verwachsen sein. **Interfoliarstipel** oder **Interpetiolarstipel** sind miteinander verwachsene Nebenblätter benachbarter, an einem Knoten sitzender Blätter. Eine **Tute** oder **Ochrea** bilden allseitig zu einer durchgehenden Hülle verwachsene Nebenblätter (z. B. *Platanus, Polygonum*). **Medianstipel** sind einseitig verwachsene, in der Medianebene stehende Nebenblätter eines Blattes (z. B. *Ficus*).

Kaffeepflanze (*Coffea*): Interfoliarstipel.

Blattfolge

Pflanzen sind modulare Organismen. An der Sprossachse folgen die Blätter einander in einer unbestimmten Zahl und in jeder Blattachsel kann ein neuer beblätterter Spross entstehen. Von den folgenden Begriffen treffen meist mehrere auf ein Blatt zu, da jeder der Begriffe nur einen Aspekt der Lage innerhalb des Vegetationskörpers berücksichtigt. So kann ein Vorblatt im Blütenstandbereich gleichzeitig ein Hochblatt und in Bezug auf eine in seiner Achsel entspringende Verzweigung ein Tragblatt sein.

Die ersten ein, zwei oder seltener mehr Blätter der aus dem Samen keimenden Pflanze sind die oft einfacher gebauten **Keimblätter,** Übergangsblätter leiten zu den voll differenzierten **Laubblättern** und im Blütenbereich gibt es dann mitunter abweichend gestaltete **Hochblätter**.

Die ersten Blätter einer seitlichen Verzweigung sind die **Vorblätter**. Sie werden mitunter als den Keimblättern homolog angesehen (Knospenkeimblätter). Ein einziges Vorblatt besitzen die Einkeimblättrigen und einige Basale Bedecktsamer. Dieses Vorblatt steht in der Medianebene und ist mit seiner Rückenseite der Abstammungsachse zugewendet. Es wird als **adossiert** bezeichnet. Die Zweikeimblättrigen Bedecktsamer besitzen meist zwei Vorblätter in der Transversalebene. Am Blütenstiel stehende Vorblätter werden **Brakteole** genannt. Am Grunde eines Triebes gelegene, meist schuppenförmige Blätter sind **Niederblätter**. Die ersten Niederblätter eines Seitentriebes können zugleich Vorblätter sein. Ein **Tragblatt** ist ein Blatt in Bezug auf sein Achselprodukt, einer Seitenknospe oder eines Seitensprosses. Steht in der Blattachsel eine Blüte/Frucht, wird es auch als **Deckblatt** oder **Braktee** bezeichnet.

Diagramm transversale Vorblätter bei *Spiraea*.

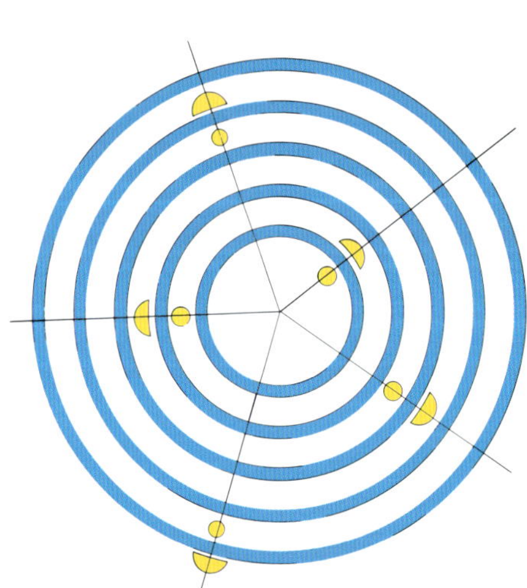

Beidseitig, vollständig verwachsene Nebenblätter (Ochrea) bei den Knöterichgewächsen (Polygonaceae).

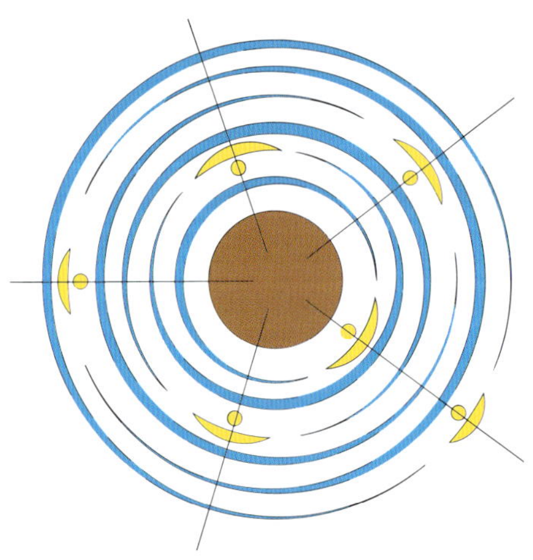

Einseitig verwachsene Nebenblätter bei der Feige (*Ficus*).

Spiraea: Vorblätter und Bereicherungsknospen.

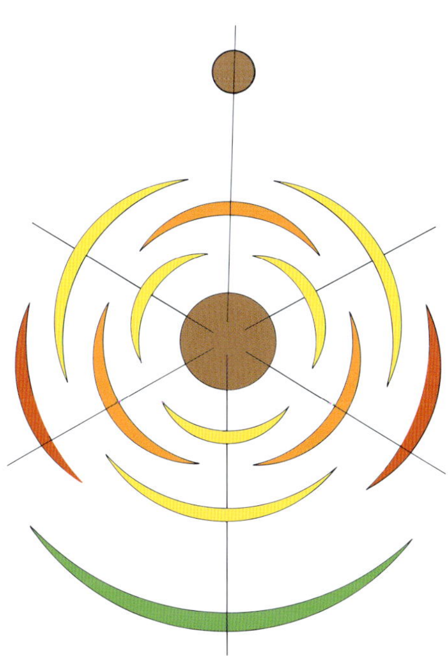

Catalpa: Diagramm der Seitenknospe.

Blattstellung

Lage der Blätter an der Sprossachse. Sie ist im Winter an der Lage der Blattnarben und der Achselknospen erkennbar. Bei der **wechselständigen Blattstellung** steht an jedem Knoten nur ein Blatt. Im Gegensatz dazu finden sich bei der **wirteligen Blattstellung** an jedem Knoten mehrere Blätter.
Die wechselständige Blattstellung wird in spiralige und zweizeilige unterschieden.
Bei der **spiraligen** (dispersen) **Blattstellung** stehen die Blätter aufeinanderfolgender Knoten in bestimmten Winkeln (Divergenzwinkel) zueinander und bilden so eine Schraubenlinie (Spirostichen). Eine im vegetativen Teil häufige Divergenz ist die 2/5-Divergenz (144°), bei der die Schraubenlinie zweimal um die Sprossachse läuft bevor das sechste Blatt genau über dem ersten Blatt steht. Verbindet man dann die übereinander liegenden Blätter mit senkrechten Linien, entstehen fünf Längszeilen (Orthostichen). Im Querschnitt sind hier oft fünf Leitbündel und bei einigen Arten ein deutlich fünfstrahliges Mark zu sehen.

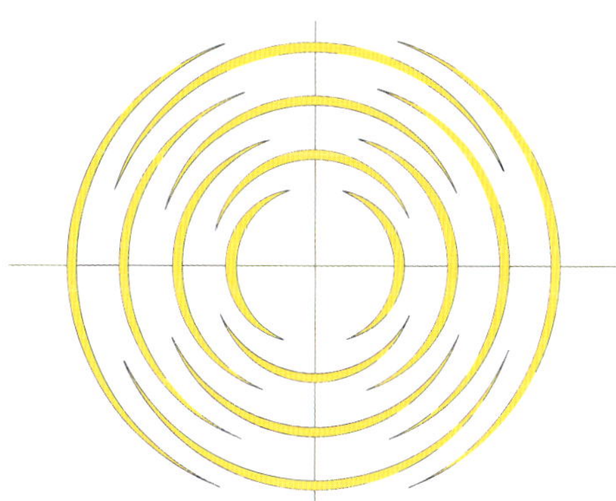

Diagramm gegenständige Blattstellung.

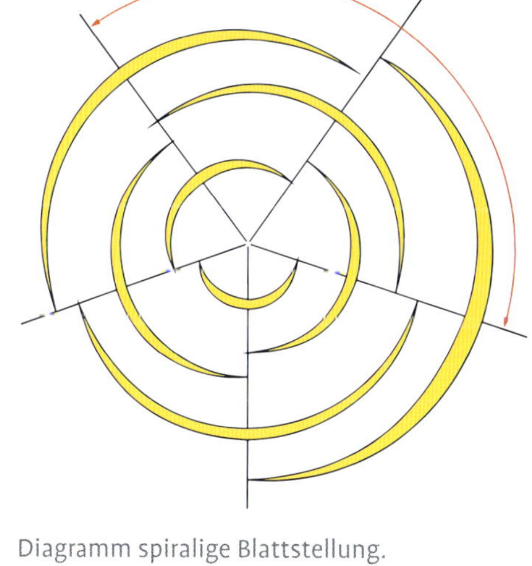

Diagramm spiralige Blattstellung.

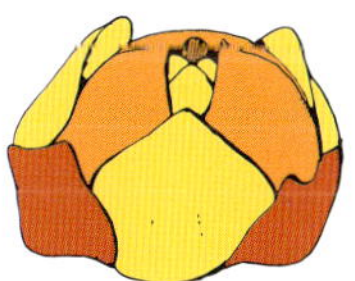

Catalpa: Seitenknospe.

Diagramm adossiertes Vorblatt.

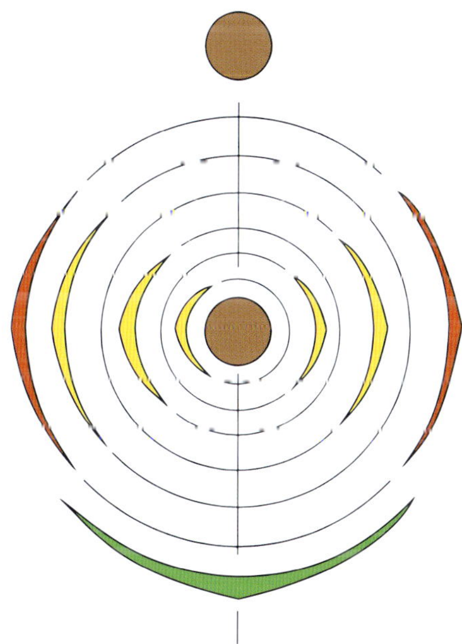

Wirtelauflösung: Den gegenständigen Vorblättern folgen zweizeilig angeordnete Blätter.

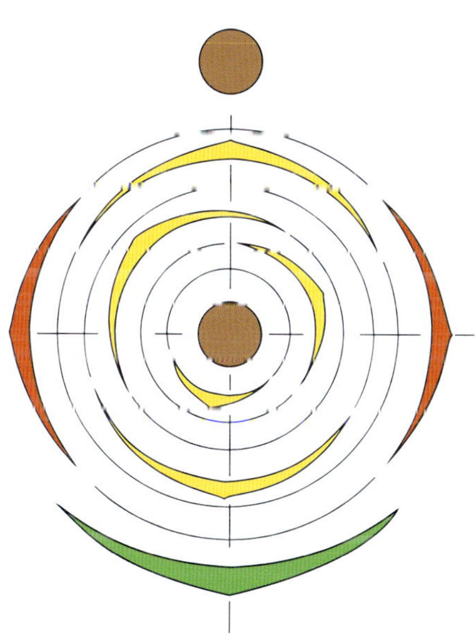

Wirtelauflösung: Den gegenständigen Vorblättern folgen zerstreut stehende Blätter.

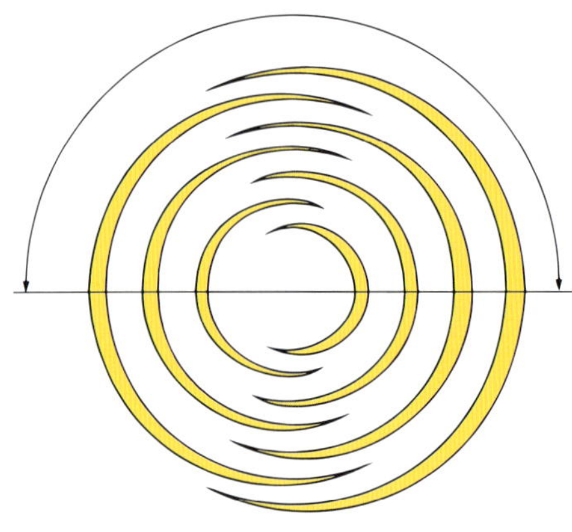
Zweizeilige Blattstellung.

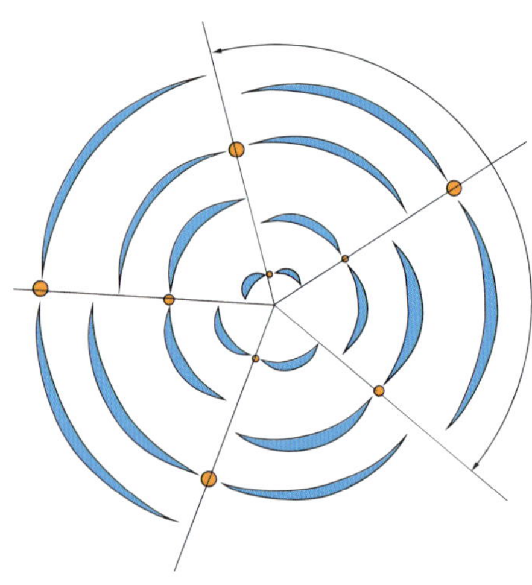
Blattstellung spiralig, mit stipularen Knospenschuppen.

Die **zweizeilige** (distiche) **Blattstellung** ist eine Form der wechselständigen Blattstellung, bei der die Blätter in 1/2-Divergenz, d.h. abwechselnd in 2 Zeilen stehen.
Bei der **wirteligen Blattstellung** stehen mehrere Blätter an einem Knoten. Die Blätter eines Wirtels stehen im selben Winkel zueinander (Äquidistanzregel) und die Blätter aufeinanderfolgender Nodien auf „Lücke" (Alternanzregel). Im vegetativen Bereich ist die **gegenständige** (dekussierte) **Blattstellung**, bei der zwei Blätter an jedem Nodium stehen, die häufigste Form der wirteligen Blattstellung.
Eine **Wirtelauflösung** findet beim Übergang von basal wirteliger Blattstellung, z.B. bei gegenständigen Vorblättern, akropetal zu wechselständiger Blattstellung statt.

Metamorphosen des Blattes

Blätter oder Teile der Blätter können verschiedene Funktionen übernehmen. Sie können z.B. zu Ranken, Dornen oder Knospenschuppen abgewandelt sein. Diese Metamorphosen sind an ihrer Lage als Blätter zu erkennen: Sie stehen dort, wo gewöhnlich Blätter stehen.
Knospenschuppen oder **Tegmente:** schuppenförmige Blätter oder Blattteile, die dem Knospenschutz dienen. Nach dem Ursprung werden von den Nebenblättern und einfache, vom Blattgrund oder vom Gesamtblatt gebildete, Schuppen unterschieden.
Blattranken: zu Ranken umgebildete Blätter oder Blattteile. Nebenblattranken (z.B. *Smilax*), Blattspindelranken (z.B. *Clematis*). Wenn die Blattspindel zur Ranke wird, fallen im Winter nur die Einzelblättchen ab und es finden sich keine Blattnarben.
Blattdornen: Jeder Teil des Blattes kann verdornen, die Blattspindel gefiederter Blätter (z.B. *Caragana spinosa*), die paarigen Nebenblätter (z.B. *Robinia*) oder das Gesamtblatt (z.B. *Berberis*).

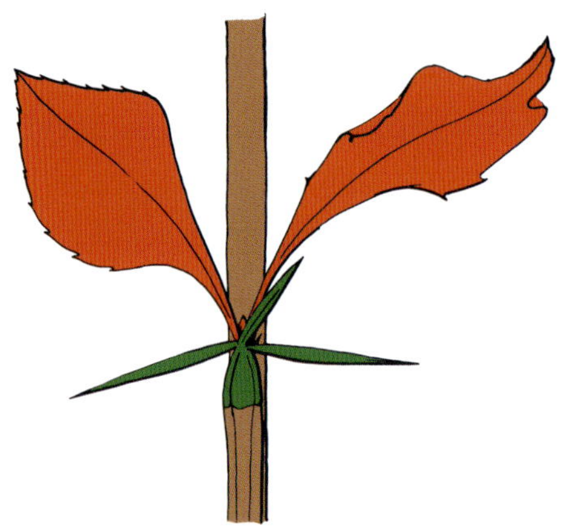
Bei der Berberitze (*Berberis*) verdornt das gesamte Tragblatt. Während des Sommers assimiliert die Pflanze mit den entfalteten Vorblättern.

Nur die Nebenblätter verdornen bei der Robinie (*Robinia*). Der Rest des Blattes ist grün und fällt im Herbst ab.

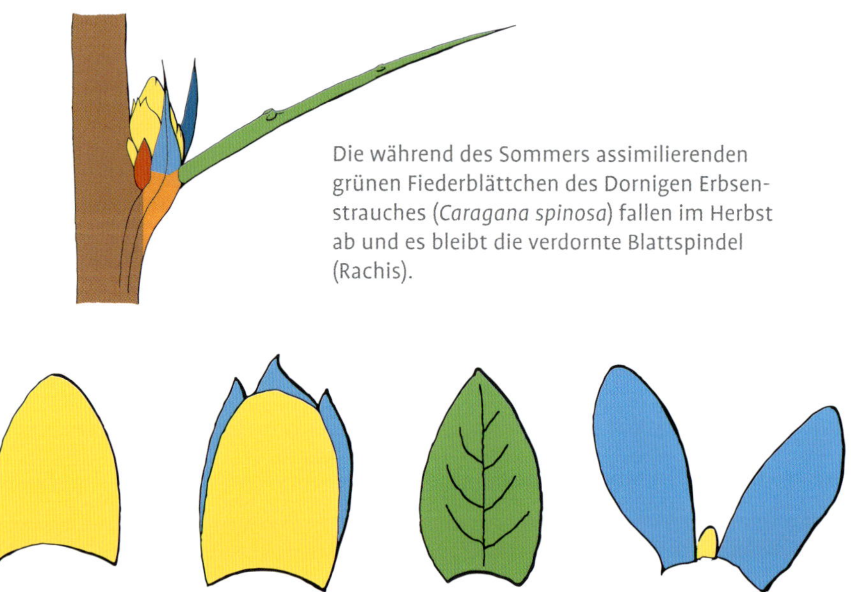
Die während des Sommers assimilierenden grünen Fiederblättchen des Dornigen Erbsenstrauches (*Caragana spinosa*) fallen im Herbst ab und es bleibt die verdornte Blattspindel (Rachis).

Morphologische Knospenschuppentypen: Blattgrundschuppe, Blattgrundschuppe mit verwachsenen Nebenblättern, Blattschuppe, Nebenblattschuppen mit Oberblattrudiment,

Blattnarbe

Zwischen Zweig und Blatt entsteht mit dem Blattfall die Blattnarbe. Sie steht häufig auf einem über den Zweig erhobenen Anlauf, dem **Blattkissen**. An der Lage der Blattnarben lässt sich die Position der Blätter und somit die Blattstellung erkennen. Auf der Blattnarbe bleiben meist **Spuren** der **Gefäßbündel**, über die das Blatt während der Vegetationsperiode mit der Sprossachse im Stoffaustausch stand. Die Zahl diese Spuren ist arttypisch und für die sommergrünen Gehölze im Winter ein wichtiges diagnostisches Merkmal. Bei manchen Arten sind die Spuren klar abgesetzt, bei anderen undeutlich. Oft sind auf den ersten Blick einheitliche Spuren aus mehreren einzelnen zusammengesetzt. Diese Spurengruppen werden – sofern sie als zusammengehörig erscheinen – beim Bestimmen als eine Spur gezählt. Im Zweifelsfall sollten beide Möglichkeiten – eine einheitliche oder mehrere Spuren – in Betracht gezogen werden. Bei den Blattnarben finden sich mitunter **Nebenblattnarben:** von freien Nebenblättern der Blätter hinterlassene, meist schmale Narben.

Sprossachse

Die Sprossachse setzt sich aus Sprossgliedern (Internodien) und Knoten (Nodien) zusammen. An den **Nodien** (Singular **Nodium**) sitzen die Blätter. Ein **Internodium** ist der zwischen zwei benachbarten Nodien gelegene Stängelabschnitt. Sprossbürtige Wurzeln können überall entstehen, entwickeln sich aber bevorzugt in der Nähe der Nodien.

Aufbau

Im Inneren der Sprossachse befindet sich das **Mark**: ein oft großzelliges, lockeres Gewebe. An der Grenze zum Holz findet sich häufig die **Markkrone,** ein farblich oft abweichender Rand des Markes. Das Mark kann quer aufreißen und ist dann **gefächert**. Wenn es bei **hohlen Zweigen** ganz fehlt, befindet sich an Stelle des Markes die **Markhöhle**. Zwischen Mark und Kambium befindet sich das **Holz**. Es bietet einige Bestimmungsmerkmale (Farbe, Oberfläche), wobei die anatomischen Merkmale (Ringporer oder Zerstreutporer u. a.) hier nicht verwendet werden. Außerhalb des Kambiums folgt die Rinde.

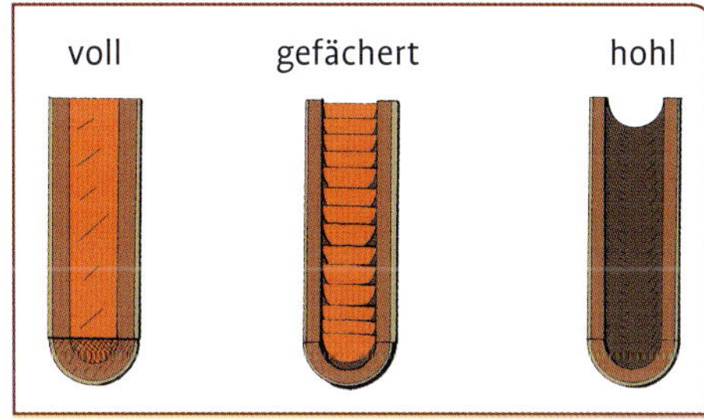

Mark schematisch. Orange: Mark, rotbraun: Holz, hellbraun: Rinde.

Rinde

Zur Rinde gehören alle außerhalb des Kambiumrings liegenden Gewebe. Außen ist die Rinde junger Sprossachsen zuerst von einer einlagigen Schicht, der **Epidermis** (als primäres Abschlussgewebe), abgeschlossen. Über den Zellen der Epidermis liegt noch eine wachsartige, glänzende Schicht, die **Kutikula.** In der Epidermis findet sich manchmal, besonders bei der Sonne ausgesetzten Zellen, ein roter, transparenter Farbstoff (Anthozyane im Zellsaft der Vakuolen). Unterhalb der Epidermis liegen in der Rinde die assimilierenden, grünen, chlorophyllhaltigen Gewebe (v. a. Rindenparenchym). Ihr Grün, welches auch zu Gelb tendieren kann, prägt entweder allein oder in Verbindung mit roten Farben in der Epidermis das Erscheinungsbild junger Zweige. Oft entstehen gebrochene Mischtöne zwischen den Komplementärfarben Grün und Rot, die in der Bestimmungsliteratur leider oft etwas ungenau mit der Farbzuweisung „Braun" beschrieben werden.
Bei einigen Arten ersetzt bereits in der ersten Vegetationsperiode ein aus mehreren Geweben bestehendes **Periderm** die Epider-

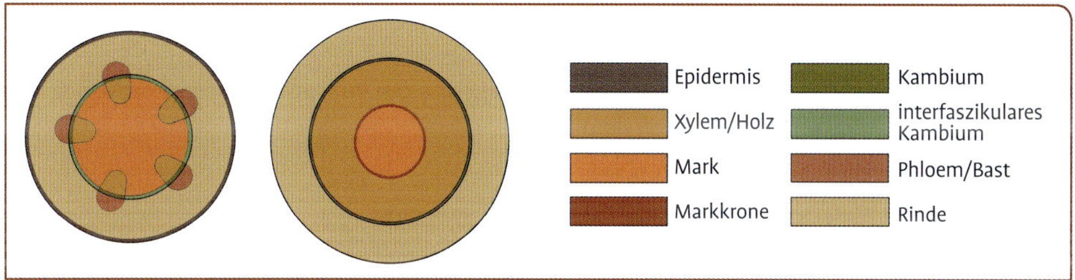

Zweigquerschnitt schematisch. Links primär, rechts sekundär.

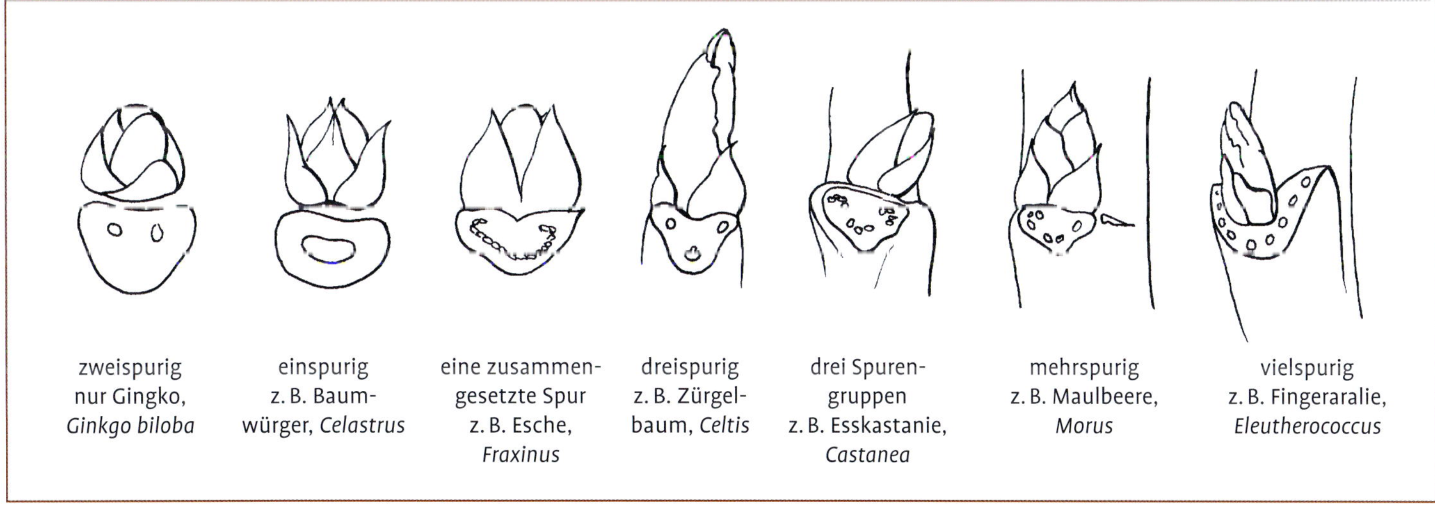

Zahl der Gefäßbündelspuren auf der Blattnarbe.

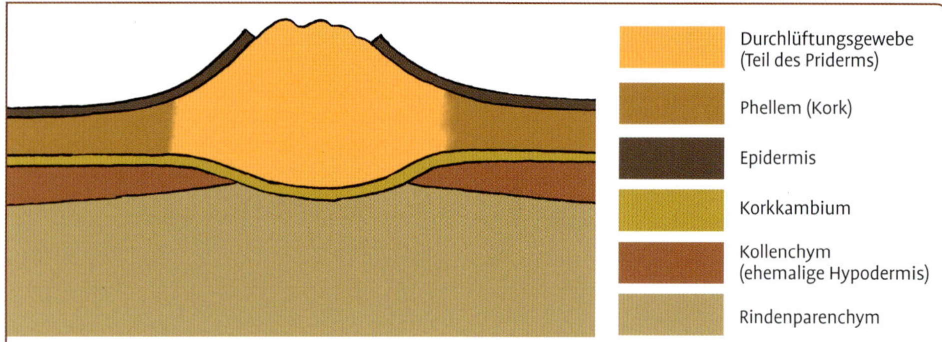

Lentizelle im Schnitt (schematisch).

mis. Erst entsteht außen in der Rinde, meist direkt unter der Epidermis, ein neues Bildungsgewebe, das Korkkambium oder **Phellogen**. Es bildet nach außen eine mehrlagige Schicht Kork (**Phellem**. Da die Epidermis meist nicht mitwächst, wird sie durch das Dickenwachstum bald zerstört. Das Erscheinungsbild des neu entstanden Oberflächenperiderms (sekundäres Abschlussgewebe) unterscheidet sich deutlich von dem einer Epidermisoberfläche. Es überwiegen matte Ockerbraun-, Braun- und Grautöne.
In der Epidermis dienen kleine Spaltöffnungen dem Gasaustauch. Sie sind makroskopisch selten wahrnehmbar; nur wenn sie Wachsstrukturen aufweisen, können sie als weiße Punkte mit der Lupe erkennbar sein.

Vor der Entstehung eines Oberflächenperiderms werden die Spaltöffnungen in der Epidermis durch Korkporen, **Lentizellen**, ersetzt. Der Zeitpunkt ihrer Anlage kann lange vor dem der Peridermbildung liegen. Dabei bildet das an dieser Stelle zuerst entstehende Korkkambium eine größere Menge lockeren Gewebes, das die Oberfläche aufsprengt und so den Gasaustausch ermöglicht. Gleichzeitig werden Kork (Suberin) und Gerbstoffe eingelagert, um die potenziellen Eintrittspforten gegen biotische Feinde, wie Pilze, abzuschotten. Von außen sind die Lentizellen meist als warzige, farbige abweichende Stellen sichtbar. Ihre Gestalt kann sehr verschieden sein. Oft sind die Lentizellen an jungen Zweigen im Bereich der Nodien rundlich und an den Internodien länglich. Zahl, Größe und Vorkommen der Lentizellen ist meist typisch für Arten und Gattungen.
Bleibt das erste Oberflächenperiderm längere Zeit aktiv, prägen die Lentizellen auch an älteren Ästen und Stämmen das Rindenbild. Mit der Umfangserweiterung beim Dickenwachstum werden auch die Korkporen in die Breite gezogen und es entsteht Ringelkork mit quer orientierten Lentizellenbändern, wie bei der Süß-Kirsche (*Prunus avium*). Andere Rinden mit lange aktiv bleibendem Oberflächenperiderm besitzen rhombische Lentizellen, wie die der Zitter-Pappel (*Populus tremula*), oder bleiben ganz glatt, wie bei der Rot-Buche (*Fagus sylvatica*).
Meist lösen in der Tiefe der Rinde neu angelegte Folge- oder Tiefenperiderme das Oberflächenperiderm ab. Dann sterben die äußeren Lagen ab und reißen durch die Durchmesserzunahme auf. Es entsteht als tertiäres Abschlussgewebe die **Borke**.
Die artspezifische Ausbildung der Rinde kann bei kleiner Artenauswahl oder sehr ausgefallener Form ein hilfreiches Merkmal sein, wie die abblätternde Rinde der Platane (*Platanus*) oder die weiße, glatte Rinde der der Hänge-Birke (*Betula pendula*). Eine alleinige Bestimmung nach der Rinde und dem Habitus ist bei einer größeren Artenauswahl nur selten möglich.

glatt bleibende Rinde
z. B. Buche
(*Fagus sylvatica*)

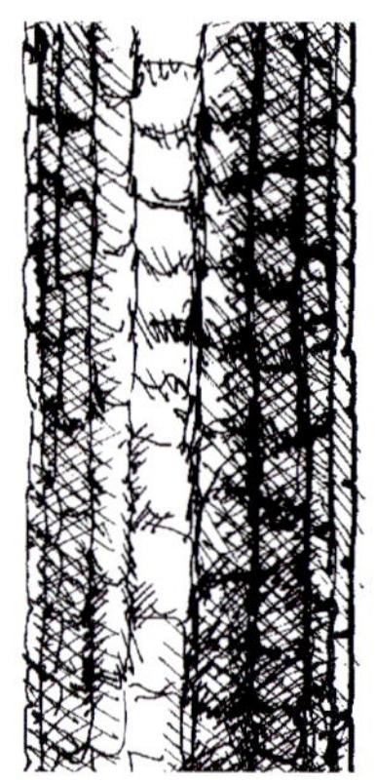

längs und quer
aufreißende
Schuppenborke
z. B. Birne
(*Pyrus communis*)

auffällig
abschuppende
Rinde
z. B. Platane
(*Platanus ×hispanica*)

quer abrollende
Korkschichten
(Ringelkork)
z. B. Birke
(*Betula pendula*)

längs aufreißende
und abfasernde
Rinde
z. B. Flieder
(*Syringa vulgaris*)

Rinde und Borke.

Kurz- und Langtriebe

Langtriebe sind Sprosse mit lang gestreckten Internodien. Sie dienen der Eroberung des Luftraumes. Besonders junge Pflanzen bilden überwiegend Langtriebe aus.
Kurztriebe sind Sprosse mit beschränktem Längenwachstum. Die Internodien sind sehr kurz und die blatttragenden Nodien folgen dicht aufeinander. Kurztriebe können bestimmte Funktionen übernehmen. So werden Blüten oft nur an Kurztrieben gebildet (z. B. *Malus*). An Kurztrieben können die Pflanzen – ohne wesentliches Längenwachstum – neues Laub bilden. Die Pflanze kann sich an eine ungünstige Nährstoff- oder Raumsituation anpassen. Wenn keine räumliche Erweiterung möglich ist, überdauert sie durch überwiegende Kurztriebbildung. Diese Plastizität in der Triebbildung führt zu Unterschieden zwischen den Pflanzen. Sie kann aber auch Hinweise auf den Gesundheitszustand von Bäumen und damit mitunter indirekt auf Umweltbelastungen geben.

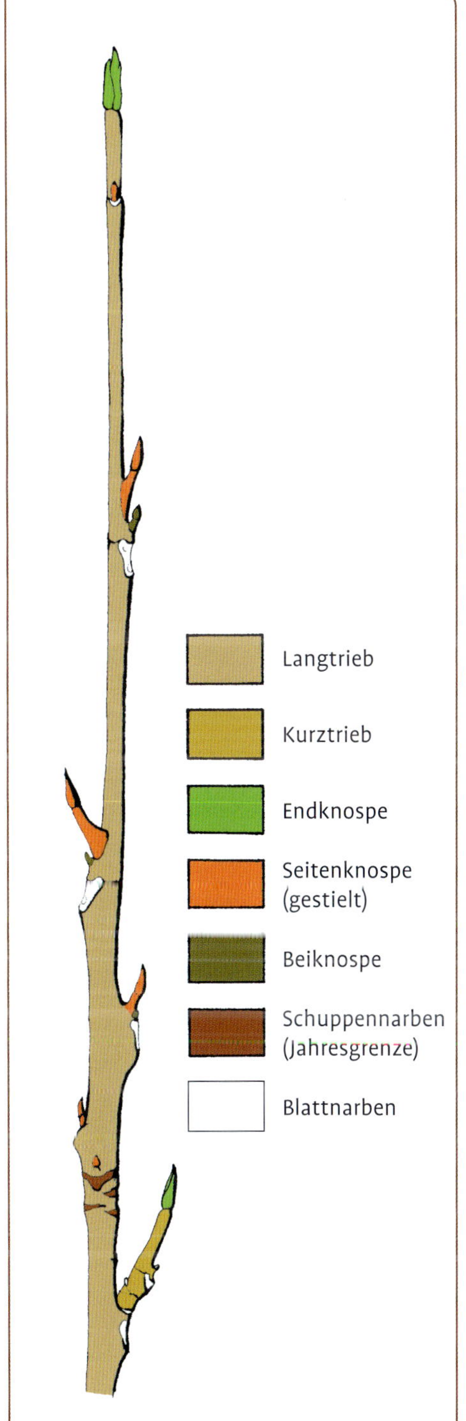

Japanische Flügelnuss (*Pterocarya rhoifolia*): Langtrieb, Kurztrieb und gestielte Seitenknospen.

Metamorphosen der Sprossachse

Teile der Sprossachse können – wie auch andere Grundorgane – verschiedene Funktionen wahrnehmen. Sie kann sich beispielsweise zu Dornen oder Ranken entwickeln. Gemeinsam ist umgewandelten Sprossen ihre Lage im Vegetationskörper: in der Achsel eines Tragblattes, als Seitenspross oder am freien Ende einer Achse als Sprossspitze. Außerdem finden sich an sprosshomologen Umwandlungen immer Reste der Beblätterung: Blattnarben oder Schuppenblätter.

Sprossdorn bei der Zierquitte (*Chaenomeles*).

Sprossdorn beim Weißdorn (*Crataegus*).

Sprossdornen sind meist einfach, seltener verzweigt. Die Lage (Seitenspross oder Triebspitze) und Verzweigung sind arttypisch.
Ranken können aus der Triebspitze – eine Seitenknospe übernimmt monochasial das Spitzenwachstum – oder aus Seitenzweigen gebildet sein. Sie sind meist verzweigt.

Wurzeln

Die Wurzeln dienen der Verankerung im Boden und der Nährstoff- und Wasserzufuhr. Sie sind somit unseren Blicken entzogen. Metamorphosen sind viel seltener als bei den anderen beiden Grundorganen Blatt und Sprossachse zu beobachten. Sprossbürtige Wurzeln können als Haftwurzeln bei Kletterpflanzen zur Verankerung an der Stütze dienen.

Stacheln und Haare

Stacheln

Stacheln sind spitze Auswüchse der Rinde. Im Gegensatz zu Dornen sind sie nicht durch Gefäßbündel mit dem Holz verbunden und sie sitzen, da sie selbst keine Organe sind, regellos auf den Organen: Blatt und Sprossachse. Meist sind sie bereits durch ihre regellose Anordnung gut als Stacheln zu erkennen. Mitunter, wenn sie – wie Nebenblattdornen – paarweise an den Sprossknoten auftreten, können sie leicht mit diesen verwechselt werden. Hier kann mitunter erst eine genaue Analyse während der Entwicklung und Anlage Auskunft geben.

Stacheln der Rose (*Rosa*). Grün: Stacheln.

Haare

Haare (Trichome) sind Bestandteil der Epidermis. Sie können ein- oder mehrzellig sein. Dichte Behaarung bremst die Luftströmung und bricht die Lichteinstrahlung und senkt so die Verdunstung. Viele junge Sprosse sind nur während der Entfaltung im Frühjahr behaart. Hier schützen die Haare die jungen Organe während sie die Knospenhülle durchbrechen. Diese Haare gehen bei vielen Arten schnell verloren. Vollständig haarlose Oberflächen sind **kahl**. Bleibende Behaarung ist oft von Art zu Art verschieden. Sie kann dicht filzig oder locker, anliegend oder abstehend, seidig oder rau sein. Besonders nackte, nicht von Knospenschuppen eingeschlossene Knospen sind oft dicht behaart. Häufig sind **Drüsenhaare**. Es sind ± lang gestielte Haare mit einer kugeligen Spitze, der Drüse. Sie sondern während der Vegetationsperiode verschiedenste Sekrete ab. Auffallend sind auch **Schülferhaare/Schülfern**. Es sind mehrzellige Haare mit Stiel und scheibenförmig-strahligem Aufsatz. Sie verleihen den jungen Zweigen und Knospen einen silbrigen oder bronzenen Glanz. Ebenfalls häufig sind verschiedene verzweigte Haarformen: zweiarmige **Gabelhaare**, die wie Kompassnadeln der Oberfläche anliegen; sitzende oder gestielte **Sternhaare**, deren Arme strahlig abstehen oder unregelmäßig verzweigte **Bäumchenhaare**.

Früchte und Fruchtstände

Früchte

Die Früchte entwickeln sich aus den Fruchtblättern der Blüte. Sie beherbergen die Samen. Bei einigen Gruppen finden sie sich regelmäßig im Winter und können zur Bestimmung herangezogen werden. Besonders geeignet sind trockene Früchte, die – an der Pflanze bleibend – ihre Samen freigeben. Andere, an Tierverbreitung angepasste Fruchtformen, bei denen die Fruchtwand oder Teile der Fruchtwand saftig sind, bleiben nur selten bis in den Winter. Aber auch hier können die Form der Fruchtstände oder die Fruchtstiellänge zusätzliche Hinweise zur Artzugehörigkeit geben.

Häufige Fruchtformen:

1. trocken
1.1 Fruchtwand verholzt, sich nicht öffnend .... **Nuss**
1.2 aus einem Fruchtblatt hervorgegangen, sich 2-seitig (an Bauch- und Rückennaht) öffnend .... **Hülse**
1.3 aus einem Fruchtblatt hervorgegangen, sich einseitig an der Bauchnaht öffnend .... **Balg**
1.4 aus mehreren, miteinander verwachsenen Fruchtblättern gebildet, sich verschiedenartig öffnend .... **Kapsel**
2. saftig, geschlossen bleibend
2.1 Fruchtblatt in ein hartes inneres Endokarp und eine äußere weiches Exokarp gegliedert .... **Steinfrucht**
2.2 Samen von saftiger Fruchtwand eingeschlossen .... **Beere**

Wichtigste – im Winter anzutreffende – Fruchtformen.

Fruchtstände

Aus Blütenständen entstandene, fruchttragende Sprosssysteme.
Häufige Fruchtstandsformen sind:
Traube: die Früchte stehen gestielt an einer unverzweigten Hauptachse.
Ähre: wie Traube, aber Früchte ungestielt.
Zyme: die Spitze jeder Achse nimmt eine Frucht ein, (ein oder) zwei, ebenfalls mit einer Frucht endenden Seitenachsen übergipfeln sie. Durch fortgesetzte zymöse Verzweigung entsteht ein **Thyrsus**.
Rispe: Früchte gestielt, an stärker verzweigten Seitenachsen sitzend.
Dolde: Die Stiele der, meist in einer Ebene stehenden Früchte entspringen in einem Punkt.
Trugdolde: Die Früchte stehen wie bei der Dolde in einer Ebene, entspringen aber nicht in einem Punkt.
Doldentraube: Trugdolde mit der Verzweigung einer Traube.
Doldenrispe: Trugdolde mit der Verzweigung einer Rispe.

Oben Dolde, unten Köpfchen.

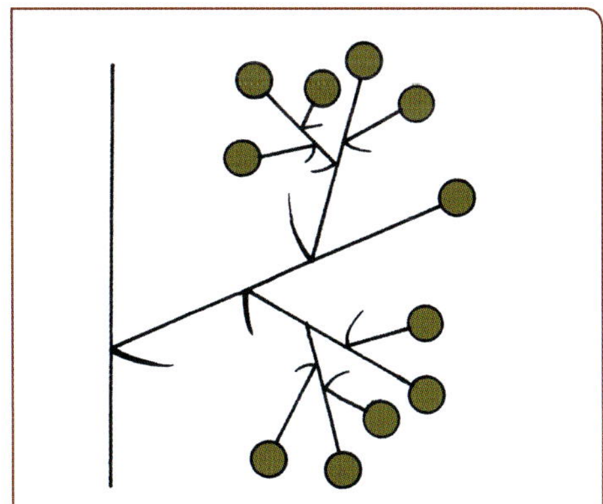

Zyme.

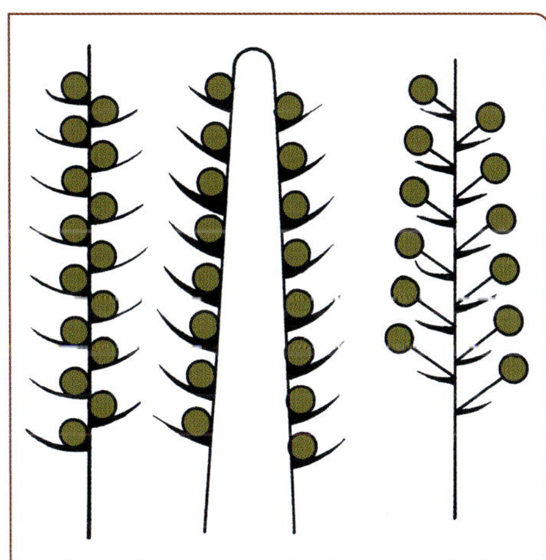

Links Ähre, Mitte Kolben, rechts Traube.

Rispe.

Wuchs

Durch spezifische Verzweigung und Fortsetzungswachstum entstehen arttypische **Habitus**bilder. Diese sind durch die einzelnen Lebensgeschichten – Standort und Vergesellschaftung – abgewandelt. So ist ein im geschlossenen Bestand gewachsener Baum schlanker als ein im Freistand stehender.

Fortsetzungswachstum

Das Wachstum an der Sprossspitze wird **monopodial** fortgesetzt, wenn es von einer Endknospe ausgeht. Es entsteht eine durchgehende Hauptachse, der die Seitenachsen untergeordnet sind. Fällt die Endknospe aus oder wird keine angelegt, übernehmen eine oder mehrere Seitenknospen **sympodial** das Spitzenwachstum. Bei der sympodialen Fortsetzung kann nach der Zahl der das Wachstum fortsetzenden Seitenknospen unterschieden werden. Setzt eine einzige endständige Seitenknospe das Spitzenwachstum fort, ist es **monochasial**. Es kann eine durchgehende Achse entstehen, die aus vielen aufeinanderfolgenden Seitenachsen zusammengesetzt ist (z. B. *Ulmus*). Setzen hingegen zwei endständige Seitenknospen das Wachstum fort, entsteht eine **dichasiale**, gablige Verzweigung (z. B. *Syringa vulgaris*). Bei vielen gegenständigen Arten verbrauchen, mit Eintritt in das Blühalter, endständige Blüten- und Fruchtstände die Triebspitze. Dann ersetzt ein dichasiales das anfängliche monopodiale Fortsetzungswachstum (z. B. *Aesculus hippocastanum*). Wird das Wachstum von mehr als 2 Seitenknospen fortgesetzt, ist es **pleiochasial**. Regelmäßig bei *Rhododendron* zu

Rhododendron: peiochasial.
Grün: vorjähriges Triebende (Fruchtstand), rotbraun: Endknospen der im Vorjahr die Triebspitze übergipfelnden Seitentriebe.

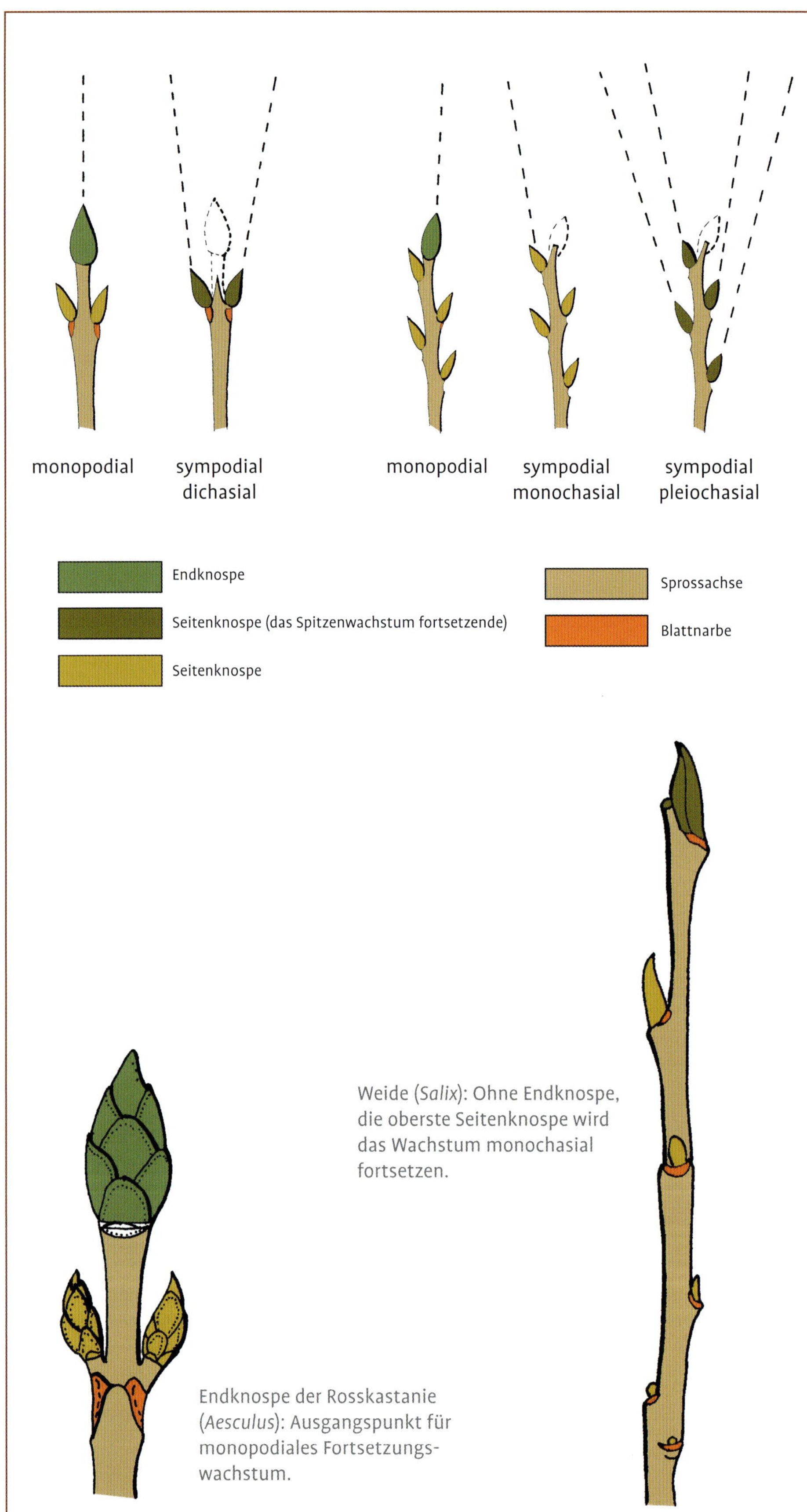

Weide (*Salix*): Ohne Endknospe, die oberste Seitenknospe wird das Wachstum monochasial fortsetzen.

Endknospe der Rosskastanie (*Aesculus*): Ausgangspunkt für monopodiales Fortsetzungswachstum.

Fortsetzungswachstum.

beobachten: Am Ende des Triebes bildet sich der Blütenstand, der von vielen Seitenknospen übergipfelt wird.

Verzweigung – Wuchsform

Nach der überwiegenden Entwicklung der neuen Sprosse im Sprosssystem der Gehölze unterscheiden sich basitone und akrotone Förderung.
Bei **Bäumen** findet sich eine **akrotone** Förderung. Hier entwickeln sich an der Spitze gelegene Knospen bzw. Sprosse stärker als basal liegende. Die Wuchsform **Strauch** entsteht durch **basitone** Förderung, bei der sich neue Zweige immer wieder aus der Basis der Hauptachsen entwickeln, während höher liegende Zweigregionen gehemmt werden.

Kettersträucher (Lianen) sind Gehölze, die kletternd – nicht freitragend wie die Bäume und Sträucher – beträchtliche Höhen erreichen können. Nach der Kletterart unterscheiden sich: Schlingpflanzen, mit Ranken sowie mit Haftwurzeln und als Spreizklimmer kletternde Arten. **Schlingpflanzen** klettern allein mit ihren windenden Sprossachsen. Nach der Winderichtung lassen sich Rechts- und Linkswinder unterscheiden. Die Winderichtung lässt sich bestimmen, indem man die Drehrichtung der Achse in Wuchsrichtung – von unten nach oben – nachvollzieht. Bewegt man sich dabei in einer ständigen Linkskurve, ist die Pflanze linkswindend. **Spreizklimmer** sind die einfachsten Kletterer. Sie klettern, indem sie andere Gehölze durchwachsen. Abspreizende Teile, wie Stacheln oder Dornen, verhindern das Zurückgleiten. Deshalb sind die Stacheln der Rose immer sprossabwärts gebogen. Mitunter finden sich auch bei Schlingpflanzen zusätzlich abspreizende Teile, zurückgebogene, dornartige Vorblattschuppen beim Baumwürger (*Celastrus*) oder stachelige Fortsätze hinter der Blattnarbe von Glyzinienarten (*Wisteria*). Hochspezialisiert sind **Rankenkletterer**, bei denen umgewandelte Organe, Sprossachsen, Blätter oder Blattteile zu Ranken umgewandelt sind, mit denen sie die wachsende Pflanze festhalten. Eine Besonderheit sind Haftscheiben am Ende von Ranken bei der Jungfernrebe (*Parthenocissus*). **Wurzelkletterer** bilden an den kletternden Sprossachsen sprossbürtige Haftwurzeln, mit denen sie sich am stützenden Untergrund verankern.

Knospen

[...] die Hoffnungen des Waldes, die kleinen geduldigen Knospen, sind keineswegs so gestaltlos und einerlei, wie man so lange meint, bis man sie einmal genauer angesehen hat.

E. A. Rossmässler in
„Flora im Winterkleide" 1854

Das deutsche Wort **Knospe** stammt vom althochdeutschen **knofsa** und ist mit Worten wie **Knoten**, **Knauf**, **Knorren** und **Knopf** sowie dem englischen **knob** verwandt. Sehr ähnlich sind auch die Bezeichnungen in den skandinavischen Sprachen: dänisch **knop**, schwedisch **knopp** sowie niederländisch: **knop**. Ihren gemeinsamen Ursprung haben sie im germanischen **knuppa**, was Klumpen/zusammengeballte Masse bedeutet. Das Wort Knospe ist eine s-Ableitung des germanischen knuppa und wurde im Deutschen Wörterbuch der Gebrüder Grimm mit den lateinischen Worten *nodus, tuber, gemma* (Knoten, Knolle, Knospe) erläutert.
Auch in den slawischen Sprachen beziehen sich die Wörter für Knospen auf die gedrungene Gestalt: tschechisch **pupek** und russisch **почек** (potschek). Französisch **bourgeon** heißt neben Knospe medizinisch auch Finne, bouton kann neben Kopf auch Knospe bedeuten, das lateinische **gemma** außerdem Edelstein und Perle, jeweils Dinge die durch eine abgerundete Gestalt oder Geschlossenheit charakterisiert sind.
Im Englischen finden sich neben **bud** viele international gebräuchliche Namen: gem, burgeon und knop.
Das von dem Substantiv stammende Verb heißt in vielen Sprachen so viel wie „Knospen treiben": englisch **budding**, französisch **bourgeonner** und deutsch **knospen**. In den polnischen Verben **pęcznieć** (schwellen, aufblähen) oder **pękać** (bersten) und vielleicht sogar **począć** (beginnen) lässt sich ebenfalls eine Verwandtschaft zu den Worten **pąk**, **pączek** (Knospe, Knöspchen) und **pączkować** (knospen, schwellen) vermuten. In den verschiedenen Sprachen wandelt der Inhalt des Wortstammes von der Beschreibung der Gestalt zur Bezeichnung der beginnenden Entfaltung.
Botanisch ist eine Knospe ein beblätterter, entwicklungsfähiger Spross mit unentwickelten Internodien und dadurch auf engstem Raum gedrängt stehenden Knospenblättern. Die untersten Knospenblätter übergipfeln die Triebspitze und schützen sie. Häufig sind sie als Knospenschuppen (Tegmente) ausgebildet. An der von den basalen Blättern eingeschlossenen Sprossspitze befindet sich der Vegetationskegel. Er enthält entwicklungsfähige Meristeme, und hier sind erste neue Blätter angelegt und weitere werden oft nach der Entfaltung ausgegliedert. Ein weiterer Aspekt ist die im Gegensatz zum freien Wachstum eingelegte Entwicklungspause (Knospenruhe). Diese kann bei **proleptischem** (vorgreifendem) Austrieb wie dem Johannistrieb reliktär und verhältnismäßig kurz sein. Zuweilen fehlt eine Entwicklungspause und die Seitenzweige entwickeln sich **sylleptisch** ohne vorheriges Knospenstadien (z. B. achselständige Sprossdornen).

Bau der Knospen

Knospenschuppen – nackte Knospen

Die äußeren Blätter schützen die Knospe gegen Umwelteinflüsse und Feinde, wie Insekten oder Pilze. Sie sind mehr oder weniger stark abgewandelt und an die Funktion des Knospenschutzes angepasst. **Knospenschuppen** oder **Tegmente** sind vollständig reduzierte, schuppenförmige Laubblätter, die allein dem Knospenschutz dienen.
Ein vollständiges Laubblatt teilt sich in Ober- und Unterblatt. Das **Oberblatt** besteht aus Blattstiel und Blattspreite, das **Unterblatt** aus dem Blattgrund und – sofern in der jeweiligen Verwandtschaft vorhanden – zwei Nebenblättern. In ihrer Funktion gleich (analog) werden die Knospenschuppen nach Abstammung in nebenblatthomologe (**stipulare**), blattgrundhomologe (**vaginale**) und blatt(spreiten)homologe (**laminare**) Schuppen unterschieden. Erkennbar sind die Homologieverhältnisse besonders gut im Frühjahr bei der Knospenentfaltung.
Nebenblattschuppen stehen zu zweien dort, wo nach der regulären Blattstellung ein Blatt stände. Mitunter sind benachbarte Nebenblätter miteinander verwachsen. Gibt es mehr als ein Blatt am Knoten, können die Nebenblätter benachbarter Blätter – zu Interfoliarstipeln (synonym Interpetiolarstipel) verwachsen sein. Selten sind Interfoliarstipel der einzige Schutz der Sprossspitze wie bei einigen als Zimmerpflanzen anzutreffenden Rubiaceae: *Coffea*, der Kaffeepflanze, und *Gardenia*.
Vaginale und laminare Schuppen werden hier als einfache Schuppen zusammengefasst. Sie lassen sich auf den ersten Blick

Seitenknospe der Rose (*Rosa*).

Sich entfaltende Seitenknospe der Rose (*Rosa*).

Blatt von *Petteria ramentacea*.

Detail: Die Nebenblätter des Tragblattes bleiben im Winter erhalten und bedecken die Achselknospe.

Fingerstrauch (*Dasiphora fruticosa*): Blattgrund mit verwachsenen (adnaten) Nebenblättern umhüllt die Achselknospe.

nicht immer unterscheiden und oft finden sich auch innerhalb einer Knospe Übergänge von äußeren vaginalen, zu inneren laminaren Schuppen. Die vaginalen, äußeren Schuppen sind meist noch sehr einfach gebaut und weisen wenige stärkere, sich bald verlierende Nerven auf. Bei den inneren laminaren Schuppen ist die Nervatur stärker differenziert und entspricht der Laubblattnervatur. Sie ist bei fiedernervigen Laubblättern dann ebenfalls fiedernervig.

Nackte Knospen besitzen keine Knospenschuppen und hier sind die äußeren **Knospenblätter** deutlich blattartig ausgebildet. In anderen Fällen sind die Knospenblätter undifferenziert und nur durch eine meist sehr dichte Behaarung geschützt. In beiden Fällen entwickeln sie sich bei der Entfaltung zu Laubblättern. Trotzdem sind nackte Knospen ebenfalls an die Bedingungen der kalten Jahreszeit angepasst. Die äußersten Blätter großer, nackter Knospen wie die der Flügelnuss (*Pterocarya*) sind relativ fest. Sie weisen viel Kollenchym auf: entwicklungsfähiges, lebendiges Festigungsgewebe. Fast alle nackten Knospen sind dicht behaart (z. B. *Frangula alnus*).

Bei einigen Arten sind die Seitenknospen in den Zweig eingesenkt oder von bleibenden Teilen des Tragblattes eingeschlossen. Die Knospen der Gattungen *Petteria* und *Berchemia* sind von den bleibenden Nebenblättern des Tragblattes umhüllt. Mit dem Blattgrund verwachsene, dünne, häutige Nebenblätter bleiben dagegen von den Tragblättern des Fingerstrauches (*Dasiphora*). Sie umgreifen den Sprossknoten fast ganz und verdecken so auch ihre Achselknospe.

End- und Seitenknospen

Grundlegend muss zwischen End- oder Terminalknospen und Seiten- oder Achselknospen unterschieden werden.

Eine **Endknospe** schließt das terminale Ende eines Triebes ab, birgt das Spitzenmeristem und ist Voraussetzung für ein monopodiales Wachstum. Die Knospenblätter der Endknospen folgen der Stellung der vorhergehenden Laubblattstellung. Bei der zweizeiligen Blattstellung werden meist keine Endknospen ausgebildet.

Eine **Seitenknospe** steht in der Achseln eines Blattes, des Tragblattes. Sie beherbergt das in jeder Blattachsel – zumindest ursprünglich – vorhandene **Restmeristem**. In einer ruhenden Knospe kann es hier als Organreserve mehrere Jahre überdauern. Eine Seitenknospe ist vor allem eine seitliche Verzweigung. Viele Arten besitzen jedoch nur Seitenknospen. Hier übernehmen dann eine oder mehrere Seitenknospen – sympodial – an Stelle einer Endknospe das Spitzenwachstum. Typische Seitenknospen sind oft wenigschuppig und mitunter von den Vorblattschuppen ganz umhüllt. Bei einigen Arten sind die Vorblattschuppen ganz oder teilweise miteinander verwachsen (*Salix*, *Carya*).

Morphologisch gleiche Knospen

Bei den meisten Arten mit Endknospen unterscheiden sich die Seitenknospen morphologisch nur wenig von ihnen. Es scheint, dass sich in der Regel nur ein Knospentyp entwickelt. Handelt es sich dabei um die Seitenknospen, stirbt das Triebende regelmäßig ab und es gibt nur Seitenknospen. Sind Endknospen vorhanden, gibt es aber immer auch Seitenknospen. Diese gleichen dann in ihrem Bau meist den Endknospen. Da auch die Achselknospe eine Sprossspitze besitzt, ist es nicht schwer, sich vorzustellen, dass die Endknospe hier in die Blattachsel gerückt ist. Geblieben sind von den Seitenknospen oft nur die Vorblätter (manchmal auch diese nicht) und ihre Lage in einer Blattachsel. Eine Übergangsform von an Kurztrieben sitzenden Endknospen zu endknospenhomologen Seitenknospen vermitteln die **gestielte Seitenknospen**. Das erste – unterhalb der Vorblätter befindliche – Internodium (Hypopodium) der Seitenknospen ist hier deutlich gestreckt. Die folgenden Internodien sind, wie bei anderen Knospen, sehr kurz und durch die äußeren Knospenblätter verdeckt. Gestielte Knospen finden sich vor allem bei Arten, die auch Endknospen ausbilden.

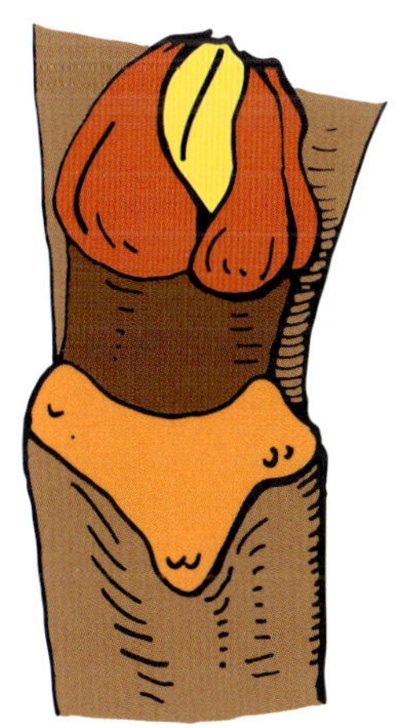

Walnuss (*Juglans regia*): gestielte Seitenknospe.

Linde (*Tilia*): sich entfaltende Seitenknospe.

Linde (*Tilia*): Fruchtstand.

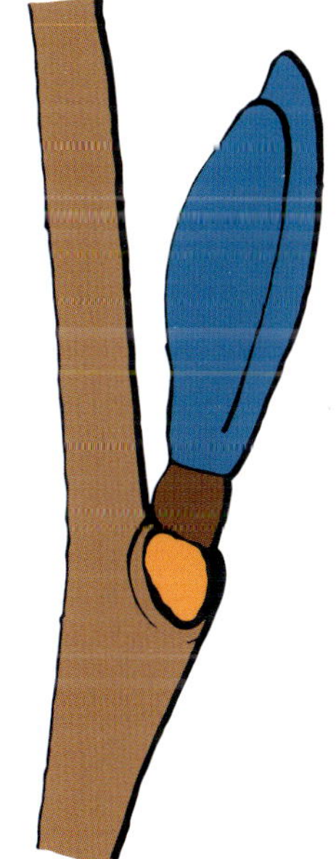

Erle (*Alnus*): gestielte Seitenknospe.

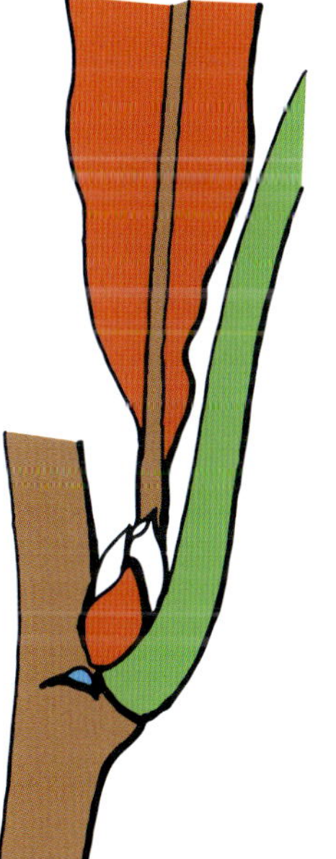

Linde (*Tilia*) Detail: Seitenknospe am Fruchtstand.

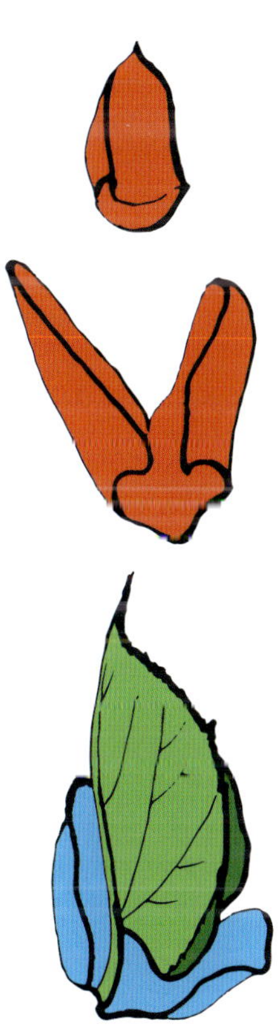

Linde (*Tilia*): Die ersten Blätter der Seitenknospe.

Morphologisch verschiedene Knospen

Nur sehr selten gibt es gleichzeitig zwei morphologisch verschiedene Knospentypen. Ein Beispiel hierfür sind die Pappeln. Die Triebspitze nimmt eine von spiralig stehenden Nebenblättern umhüllte Endknospe ein. Dagegen besitzen die Seitenknospen einfache Knospenschuppen: Diese stehen basal zweizeilig in der Medianebene. Bei der ersten Schuppe handelt es sich vermutlich um zwei teilweise verwachsene Vorblätter. Die Schwestergattung der Weiden besitzt nur Seitenknospen. Hier finden sich oft noch in der einzigen, aber allseitig verwachsenen Knospenschuppe zwei voneinander unabhängige Achselknospen. Die Knospenschuppe ist also aus den zwei Tragblättern entstanden. Beiden Gattungen ist die von der Abstammungsachse abgewandte Lage der ersten Schuppe (die sonst kaum zu beobachten ist) gemeinsam.

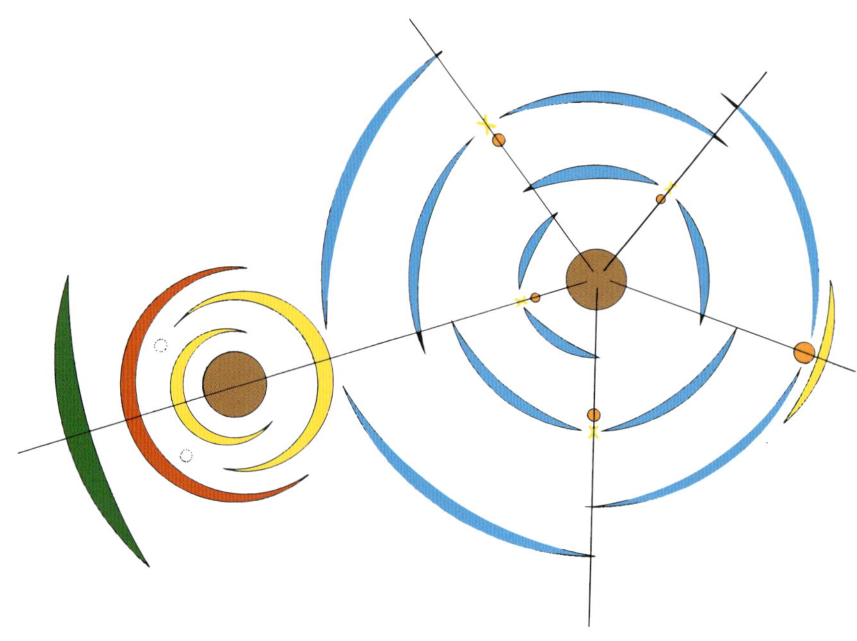

Pappel (*Populus*): Diagramm von End- und Seitenknospe.

Pappelzweig (*Populus*) mit End- und Seitenknospen.

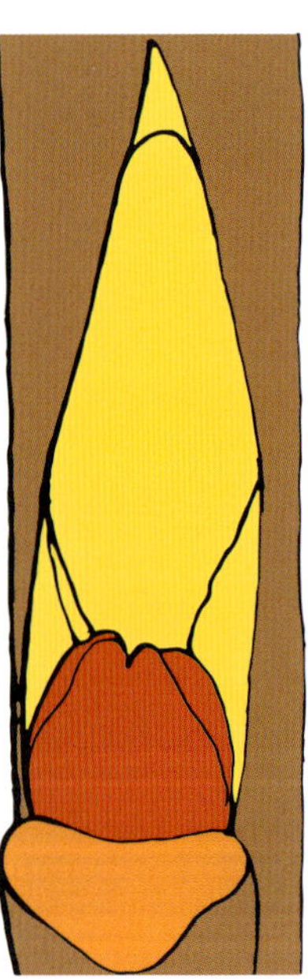

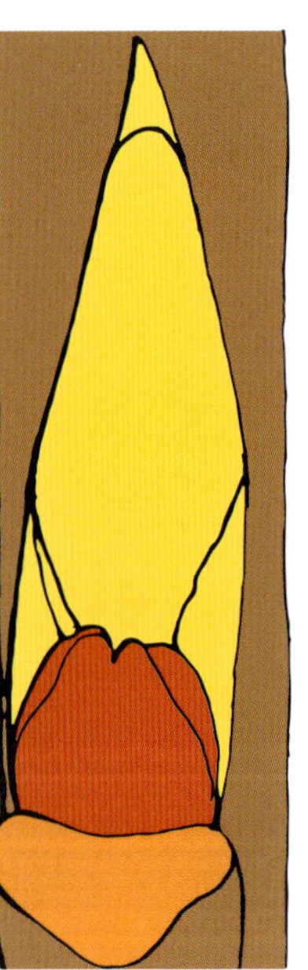

Seitenknospe der Pappel (*Populus*).

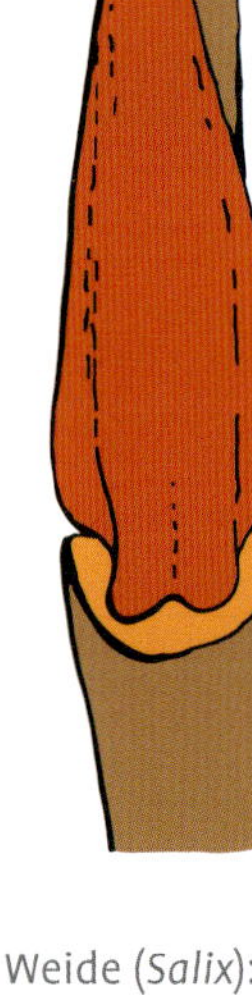

Weide (*Salix*): Seitenknospen.

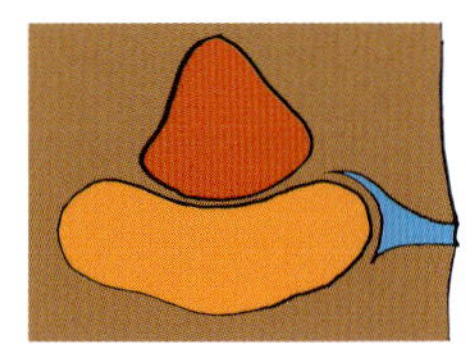

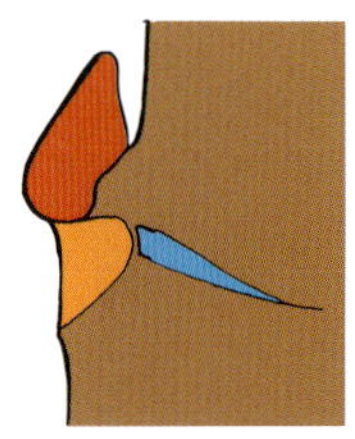

Rechts:
Kleine basal am Zweig stehende Seitenknospen der Pappel (*Populus*): Sie sind wie bei der Weide (*Salix*) vollständig von den Vorblattschuppen eingeschlossen.

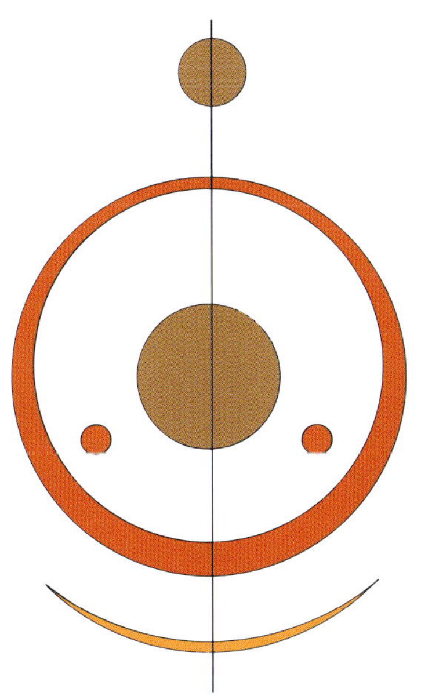

Weide (*Salix*) Diagramm einer Seitenknospe: Vorblattschuppe mit Achselknospen.

Beiknospen und Bereicherungsknospen

Bei vielen Arten finden sich über, unter oder neben der zuerst angelegten Seitenknospe weitere Knospen. Sie dienen als Organreserve (ruhende Knospen) oder treten bei vorzeitigem Verbrauch der Seitenknospe (z.B. als Dorn oder Ranke) an ihre Stelle. Oft sind auch Blütenknospen als solche zusätzliche Knospen angelegt.

Es lassen sich Bei- und Bereicherungsknospen unterscheiden. **Beiknospen** entstehen zusätzliche zur ersten Seitenknospe aus Resten desselben Meristems. Sie sind meist kleiner als die erste Seitenknospe. Stehen sie (transversal) neben der primären Seitenknospe handelt es sich um **laterale** Beiknospen. Diese gibt es nur bei den Einkeimblättrigen: Die Brutzwiebeln des Knoblauchs oder die seitlichen Früchte einer Bananenstaude entstehen aus seitlichen, lateralen Beiknospen. Bei den hier behandelten Arten gibt es sie nicht! Dagegen finden sich bei den Gehölzen häufig **seriale** Beiknospen. Sie stehen in der Medianebene: als **aufsteigende** Beiknospen über oder als **absteigende** Beiknospen unter der primären Seitenknospe. Da Beiknospen aus demselben Meristem wie die Seitenknospen entstehen, unterscheiden sie sich – außer in der Größe – nicht von ihnen.

Laterale Beiknospen, Diagramm. Schwarz primäre Seitenknospe.

Seriale aufsteigende Beiknospen, Diagramm.

Blütenknospen

Blütenknospen unterscheiden sich äußerlich oft von vegetativen **Blattknospen**. Besonders bei frühblühenden Arten sind die Blüten bzw. Blütenstände meist soweit vorgebildet, dass sie die Knospenform beeinflussen. Eine Blütenknospe i. w. S. beherbergt in der Regel einen Blütenstand, der als Ganzes in der Winterknospe verborgen ist. Diese **Blütenstandsknospe** ist häufig größer als eine **Blattknospe**. In Bestimmungsbüchern zum Winterzustand werden Blütenstandsknospen abgekürzt als Blütenknospen den Blattknospen (die auch nicht nur ein Blatt, sondern einen beblätterten Spross beherbergen) gegenüber gestellt. Echte **Blütenknospen** i. e. S. bergen nur eine von ihren eigenen Kelchblättern eingeschlossene Blüte. Bei achselständigen Blüten sind häufig zusätzlich die Vorblätter am Knospenschutz beteiligt. Solche echten Blütenknospen sind im Winter selten zu sehen. Nackt überwinternde Blütenknospen haben *Hamamelis*, *Paulownia tomentosa* und *Abeliophyllum distichum*. Hier sind die einzelnen Blütenknospen in Blütenständen vereint, die sich deutlich vom vegetativen Sprosssystem unterscheiden.

Seriale aufsteigende Beiknospen (*Lonicera*).

Seriale absteigende Beiknospen, Diagramm.

Seriale absteigende Beiknospen (*Neillia*).

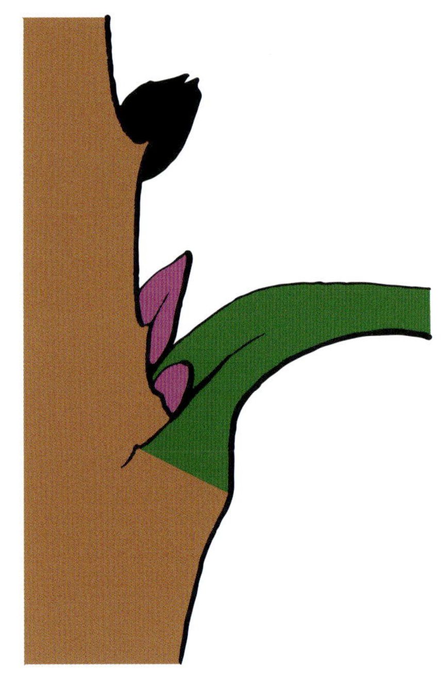

Seriale absteigende Beiknospen (*Neillia*), Detail.

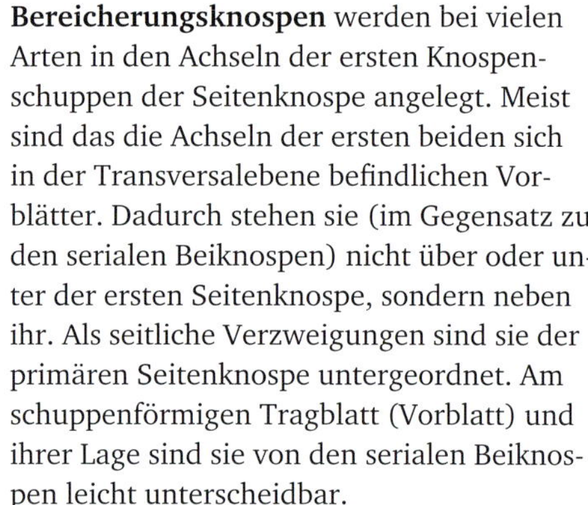

Bereicherungsknospen werden bei vielen Arten in den Achseln der ersten Knospenschuppen der Seitenknospe angelegt. Meist sind das die Achseln der ersten beiden sich in der Transversalebene befindlichen Vorblätter. Dadurch stehen sie (im Gegensatz zu den serialen Beiknospen) nicht über oder unter der ersten Seitenknospe, sondern neben ihr. Als seitliche Verzweigungen sind sie der primären Seitenknospe untergeordnet. Am schuppenförmigen Tragblatt (Vorblatt) und ihrer Lage sind sie von den serialen Beiknospen leicht unterscheidbar.

Knospenlage und Entfaltung

Entfaltung der Knospen

In Gegenden mit Winterruhe der Vegetation ist die Blattentfaltung im Frühling ein so auffallender Vorgang, daß er frühe schon die Aufmerksamkeit auf sich gezogen haben muß. Es scheint mir wenigstens wahrscheinlich, daß die Bezeichnungen „Entwicklung" und „Entfaltung", die wir jetzt vielfach im übertragenen Sinne verwenden, ursprünglich Beobachtungen entstammen, die man an Blättern leicht machen kann, denn viele davon sind in der Knospe zusammengewickelt und entwickeln, andere gefaltet und entfalten sich.

K. Goebel in „Die Entfaltungsbewegungen der Pflanzen" 1923

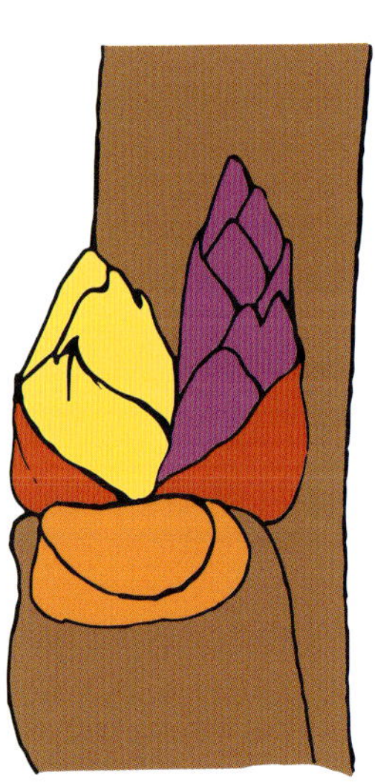

Bereicherungsknospen (*Prunus*).

Weinrebe (*Vitis*): Bereicherungsknospen.

Bereicherungsknospen, Diagramm. Vorblätter (rot) und Achselknospen = Bereicherungsknospen (lila).

Im Frühjahr befreit sich die junge, beblätterte Sprossspitze aus der ± starken Umklammerung der schützenden Knospenschuppen. Die Wege, die dabei beschritten werden, sind verschieden und abhängig von der Art des Knospenschutzes. Am häufigsten verlängern sich die Knospenschuppen durch Wachstum interkalarer (Rest-)Meristeme, oft verbunden mit einer innenseitigen Förderung. Dadurch bewegen sich vor allem bei fest verschlossenen Knospen die Knospenschuppen stark nach außen und geben die Sprossspitze frei (*Aesculus, Magnolia*). Meist sind hier beim Aufbrechen der Knospe auch noch zwischen den Knospenschuppen und den Laubblättern befindliche, dicht behaarte Übergangsblätter beteiligt. Sie liegen über den zarten, jungen Laubblättern und geben diese erst nach Durchbruch der äußersten Knospenhülle frei.
Dies leitet zu der nächsten Form der Entfaltung über, bei der die Knospenschuppen kein Wachstum aufweisen und die Knospenhülle nur durch die an Volumen zunehmenden Blätter gesprengt wird. Auffallend ist dies bei der Platane, wo die Knospenhülle von einer aus verwachsenden Nebenblättern gebildeten Knospenschuppe besteht. Die Hülle wird vom Trieb durchbrochen, der dabei von den dicht behaarten Nebenblatthüllen der folgenden Blätter umhüllt bleibt. Bei der Weide, die ebenfalls eine einschuppige – hier aber aus einer Vorblattverwachsung hervorgegangene – Knospenschuppe besitzt, reißt diese bei der Entfaltung an der Basis ab. Sie kann die Triebspitze noch kurze Zeit kapuzenartig bedecken. Es fehlen weitere, die jungen Triebe während der Entfaltung schützenden Blattorgane, wie man sie bei den vorhergehend beschriebenen Gattungen beobachten kann.
Bei der Gattung *Actinidia* sind die Knospen vom ausdauernden Blattgrund des Tragblattes umhüllt. Bei der Entfaltung wird die Sprossspitze durch kurze gedrungene und dicht behaarte Blätter geschützt, die den Knospenkern aufliegen. Wie bei der Platane wird der Knospenschutz einfach durchbrochen.

Knospenlage

Die **Knospenlage** bezeichnet die Lage der jungen Blätter in der Knospe. Dabei wird in Aesivation, der Lage der Blätter zueinander, und Vernation, der Lage eines einzelnen Blattes, unterschieden.

Als artspezifisches Merkmal kann die Knospenlage wertvolle Dienste bei der sicheren Einordnung schwer bestimmbarer Arten leisten. Am leichtesten lässt sich die Knospenlage während der Blattentfaltung beobachten. Sie ist aber auch während des gesamten Zeitraumes, in dem Knospen vorhanden sind, im Querschnitt erkennbar.
Die **Vernation** kommt durch Ein- oder Zurückkrümmungen der Blätter in der Knospe zustande. Es gibt in der Knospe gefaltete und gerollte Blätter. Sehr selten sind die Blätter bei den Gehölzen zur Spitze eingerollt. Diese Zurückkrümmungen sind ein ursprüngliches Merkmal und häufig bei Farnen zu beobachten. Bei den behandelten Gehölzen nur beim stammesgeschichtlich sehr alten *Ginkgo biloba*: Die Blätter wachsen während der Entwicklung mit Spitzeninitialen an den Blatträndern, während das Gewebe von der Basis beginnend in den Dauerzustand übergeht. Bei den meisten Arten sind die Blätter dagegen seitlich gefaltet und eingerollt. Hier, wie auch bei den in der Knospe gefalteten Blättern, setzt während der Blattentwicklung ein interkalares Streckungswachstum durch Restmeristeme ein.

Ulme (*Ulmus*): sich vorgreifend entwickelnde Seitenknospe.

Die **Knospendeckung** (Aestivation) bezeichnet die Lage der Blätter in der Knospe zueinander. Bei der **dachziegeligen** (imbricaten) Deckung bedecken die äußeren Knospenblätter ihre Nachbarn, bei der **klappigen** (valvaten) berühren sich die benachbarten Blätter, ohne sich zu überlappen, bei der **offenen** (aperten) berühren sich die benachbarten Blätter nicht und bei der **gedrehten** (contorten) deckt jedes Blatt auf einer Seite sein Nachbarblatt und wird auf der anderen Seite selbst bedeckt. Die dachziegelige Deckung ist häufig mit der zerstreuten Blattstellung verbunden. Besonders bei der zweizeiligen Blattstellung kann dabei ein Blatt das folgende auf beiden Seiten reitend (equitant) umgreifen. Eine außen offene Deckung kann nach innen über eine dachziegelige in eine gedrehte übergehen.

Hasel (*Corylus*): sich entfaltende Seitenknospe und ihre ersten Blätter.

Bestimmungsschlüssel

1 Blätter/Blattnarben gegenständig oder wirtelig (zwei oder mehr Blattnarben je Knoten) . . . . 2 [Abb. 1]

1* Blätter/Blattnarben wechselständig (nur eine Blattnarbe je Knoten) . . . . 201 [Abb. 2]

Blätter/Blattnarben gegenständig oder wirtelig

2 Blattnarben mit 1 oder 3 Spuren (= Abbruchstellen der Leitbündel zwischen Blatt und Sprossachse) 3

2* Blattnarben mit mehr als 3 Spuren oder Blattnarben nicht vorhanden . . . . .101 [Abb. 3 & 4]

3 Blattnarben mit einer (tw. aus vielen kleineren zusammengesetzten) Spur (wenn die Zahl der Spuren schwer erkennbar ist, Oberfläche der Blattnarbe mit einer Klinge glattschneiden) . . . . 4 [Abb. 5]

3* Auf jeder Blattnarbe mit 3 Spuren . . . . 51 [Abb. 6]

4 Baum oder Liane 5

4* Strauch 11

5 Baum 6

5* Liane 38

6 Zweige mit Endknospe 7

6* Zweige ohne Endknospe 8

7 Knospenschuppen dicht filzig, deckend behaart . . . . *Fraxinus* [Abb. 7]

7* Knospenschuppen höchstens schwach behaart . . . . *Chionanthus* [Abb. 8]

8 An jedem Knoten drei Blattnarben . . . . *Catalpa* [Abb. 9]

8* Blattnarben/Knospen gegenständig . . 9

9 Zweige mit vollem Mark. 10

9* Zweige mit gefächertem Mark . . . .*Paulownia tomentosa* [Abb. 10]

10 Knospen fast 90° von rotbraunen Zweigen abstehend . . . . *Metasequoia glyptostroboides* [Abb. 11]

10* Zweige nicht rotbraun, Milchsaft führend . . . . *Broussonetia* [Abb. 12]

11 (4) Zweige allseits grasgrün, evtl. leicht gerötet, ohne Lentizellen 12

11* Zweige nicht grasgrün, oft mit Lentizellen 14

12 Zweige ohne Endknospe 13

12* Zweige mit Endknospe . . . . *Euonymus* [Abb. 13]

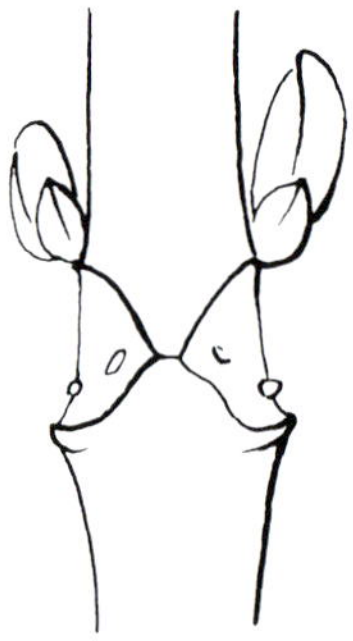

1 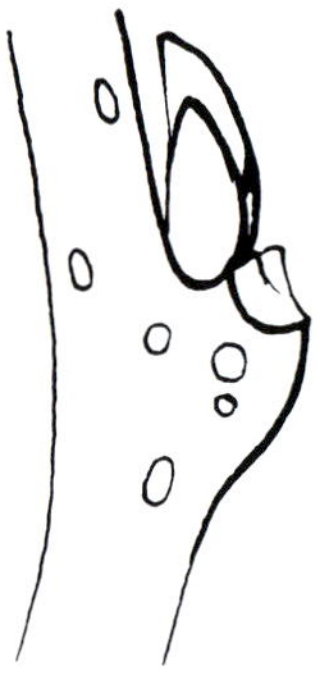 2 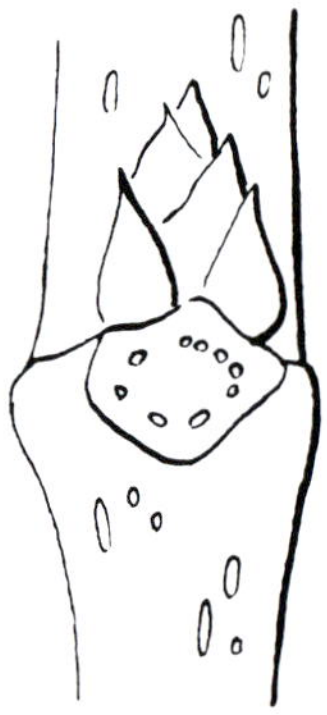 3 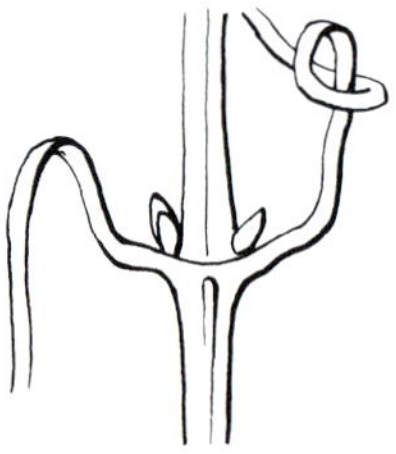 4

5  6 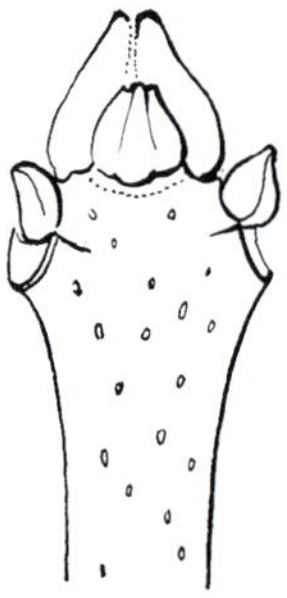 7a 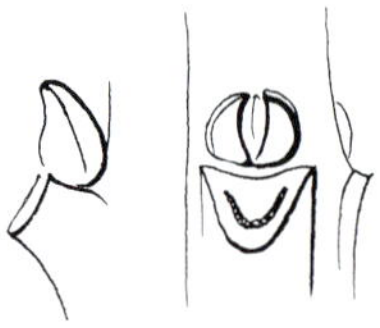 7b

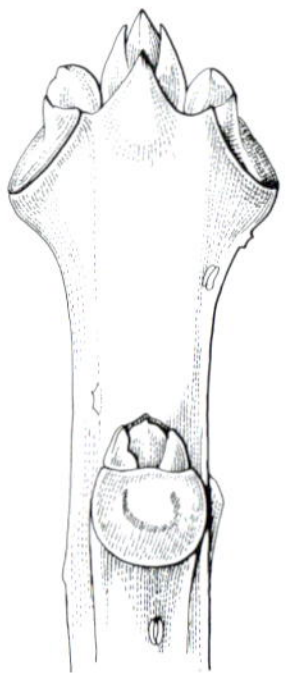

8a 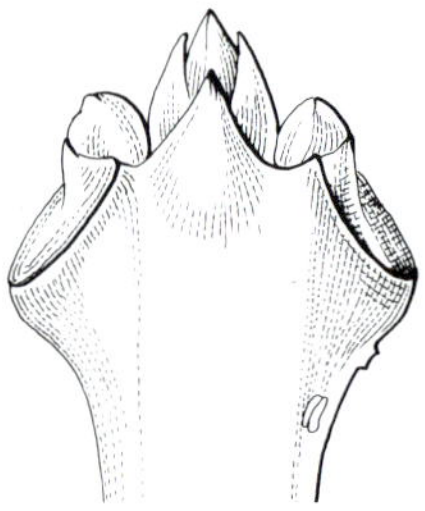 8b 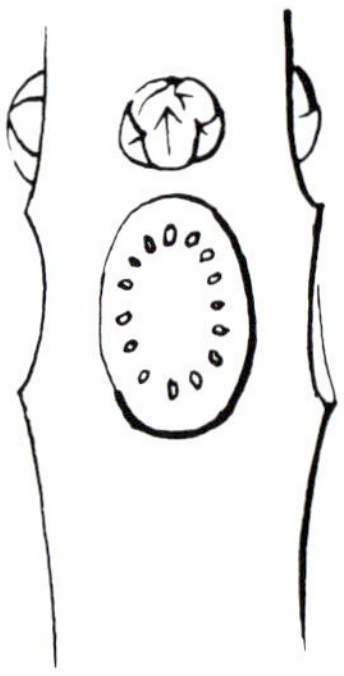 9 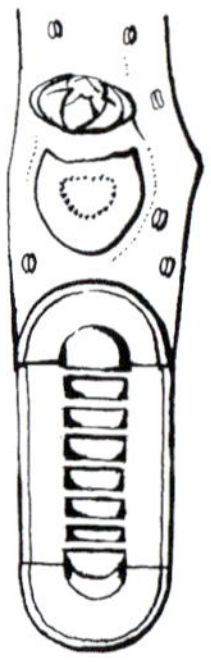 10

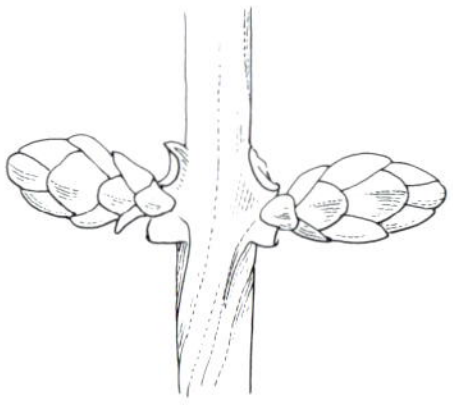

11 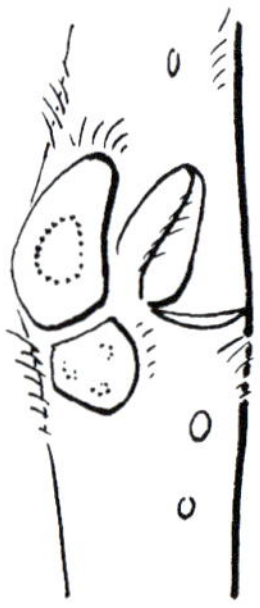 12  13a  13b

14 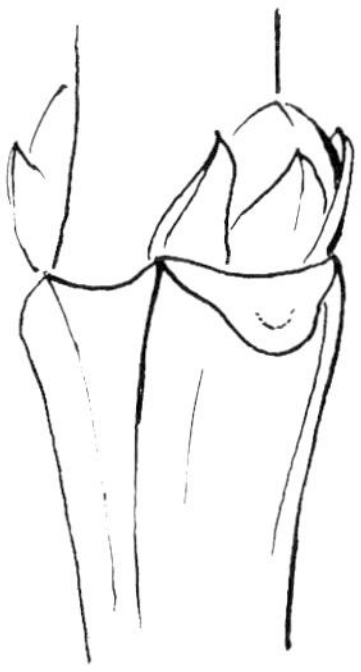 15 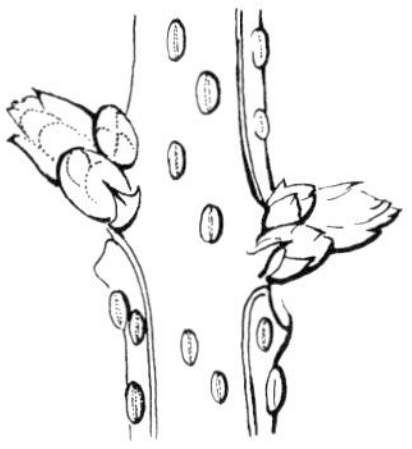 16 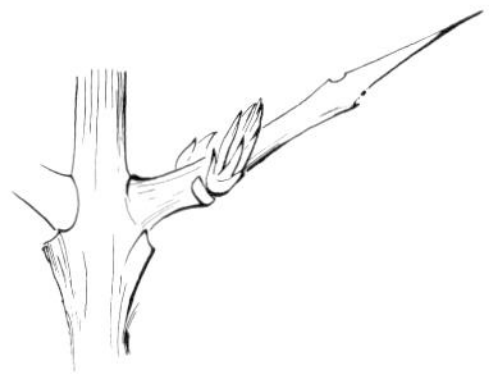 17

18 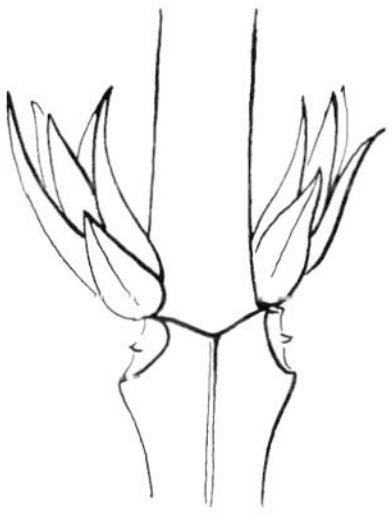 19 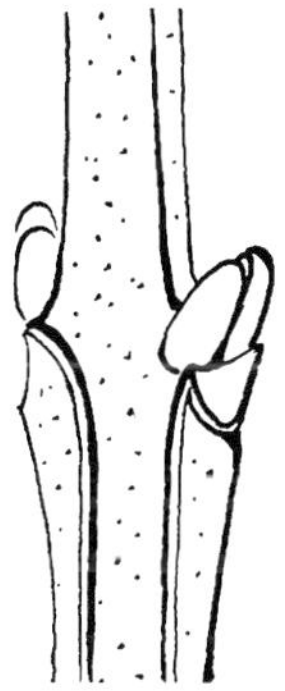 20

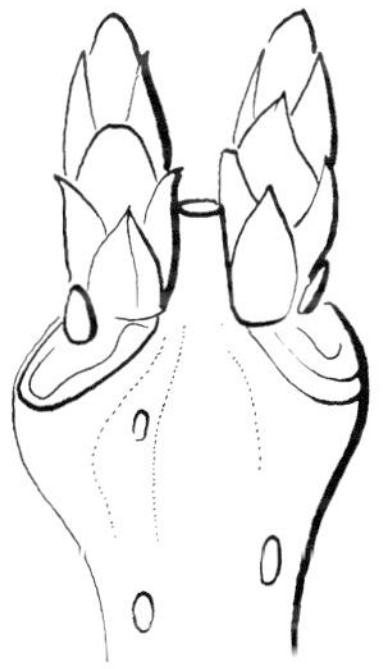

21a  21b 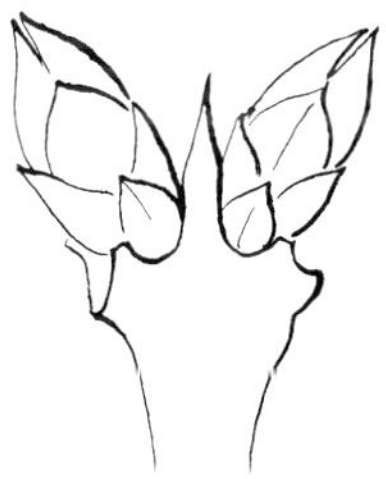 22a 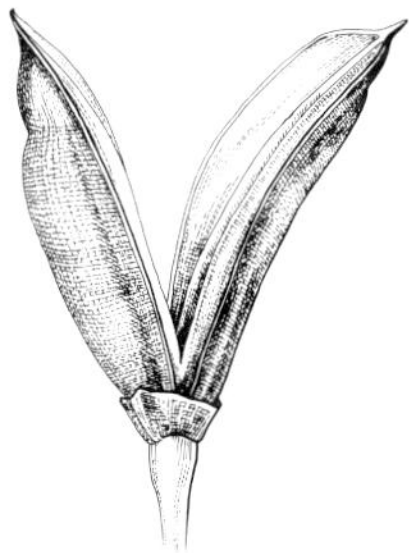 22b

23 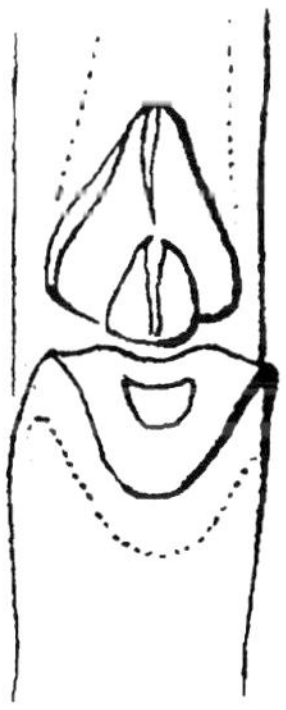 24

13 Knospen unter weit herausragendem Blattkissen und Nebenblättern fast verborgen 37
13* Knospen gut sichtbar . . . . ***Jasminum*** [Abb. 14]
14 Zweige mit vollem Mark 16
14* Zweige hohl oder Mark gefächert . . . 15
15 Gegenüberliegende Blattnarben mit einer Linie verbunden . . . . ***Symphoricarpos*** [Abb. 15]
15* Gegenüberliegende Blattnarben frei, oft etwas zueinander verschoben 26
16 Zweige mit Endknospe 30
16* Zweige ohne Endknospe 17
17 Knospen mit Knospenschuppen 18
17* Knospen nackt, angetrieben oder verborgen 39
18 Knospen über der Blattnarbe einzeln 19
18* Knospen über der Blattnarbe gehäuft, Zweige mit vielen großen Lentizellen . . . . ***Coriaria*** [Abb. 16]
19 Zweige mit Milchsaft . . . . ***Broussonetia*** [Abb. 12]
19* Zweige ohne Milchsaft 20
20 Zweige mit Dornen bewehrt, Kübelpflanze . . . ***Punica granatum*** [Abb. 17]
20* Zweige unbewehrt 21
21 Knospen dreiwirtelig, Zweige meist weit abgestorben . . . . ***Fuchsia magellanica*** [Abb. 18]
21* Knospen gegenständig 22
22 Zweige aromatisch 27
22* Zweige nicht aromatisch 23
23 Gegenüberliegende Blattnarben mit einer Linie verbunden, Knospenschuppen mit durchscheinenden Punkten, Früchte mit großen Kelchblättern . . . . ***Hypericum*** [Abb. 19]
23* Gegenüberliegende Blattnarben frei, oft etwas zueinander verschoben 24
24 Zweige stark 4-kantig, dünn, zur Spitze immer dünner werdend . . . . ***Fontanesia*** [Abb. 20]
24* Zweige relativ kräftig, mit zwei endständigen Seitenknospen 25
25 Blüht im Winter, Blattkissen meist tiefer als Seitenknospe . . . . ***Chimonanthus praecox*** [Abb. 21]
25* Nicht im Winter blühend, wenn Blattkissen weiter als Knospe herausragend, Rinde querstreifig . . . . ***Syringa*** [Abb. 22]
26 (15) Knospen über 5 mm lang; zahlreiche Blütenknospen neben den Blattknospen . . . . ***Forsythia*** [Abb. 23]
26* Knospen unter 5 mm. Blütenstände am Triebende, Blütenknospen von dunkel purpurnen Kelchblättern bedeckt . . . . ***Abeliophyllum distichum*** [Abb. 24]

27 (22) Knospen schief gegenständig (gegenüberliegende Blattnarben oft etwas zueinander verschoben) . . . . ***Orixa japonica*** [Abb. 25]

27* Knospen exakt gegenständig, gegenüberliegende Blattnarben sind mit einer dünnen Linie verbunden, meist halbstrauchig 28

28 Wenigstens oberste Knospenschuppen sternhaarig . . . . ***Salvia*** [Abb. 26]

28* Zweige und Knospen einfach und drüsig behaart . . . . ***Elsholtzia stauntonii*** [Abb. 27]

30 (16) Zweigspitzen und Knospen mit metallisch glänzenden Schülferhaaren . . . . ***Shepherdia*** [Abb. 28]

30* Kahl oder anders behaart 31

31 Knospen nackt . . . ***Callicarpa*** [Abb. 29]

31* Knospen mit Schuppen 32

32 Zweige grün mit warzigen Lentizellen oder flügeligen Korkleisten . . . . ***Euonymus*** [Abb. 30]

32* Zweige anders 33

33 Zweige mit Lentizellen. Knospen unter 15 mm lang 34

33* Zweige ohne Lentizellen, Endknospen spindelförmig, etwa 1,5–2 cm lang . . . . ***Euonymus*** [Abb. 13]

34 Zweige kaum über 2 mm dick, Seitenknospen selten über 2 mm lang 35

34* Seitenknospen größer oder Zweige dicker 36

35 Zweigspitzen um oder über 1 mm dick, Früchte schwarz, in endständigen Rispen . . . . ***Ligustrum*** [Abb. 31]

35* Zweigspitzen unter 1 mm dick . . . . ***Forestiera*** [Abb. 32]

36 Endknospen gedrungen (nicht mehr als 1,5-mal so höher als breit) . . . . ***Chionanthus*** [Abb. 8]

36* Endknospen länglicher . . . . ***Syringa*** [Abb. 33]

37 (13) Zweige binsenartig, nur teilweise gegenständig . . . . ***Spartium junceum*** [Abb. 174]

37* Zweige anders, zum Teil dornig . . . . ***Genista*** [Abb. 34]

38 (5) Knospen fast unter Tragblattrestrest verborgen . . . . ***Periploca*** [Abb. 35]

38* Knospen gut sichtbar. Mit Haftwurzeln kletternde Liane . . . . ***Campsis*** [Abb. 36]

39 (17) Knospen verborgen oder Seitenzweige angetrieben 40

39* Knospen sichtbar 41

40 Knospen verborgen, Blattnarben meist 3-wirtelig . . . . ***Cephalanthus occidentalis*** [Abb. 37]

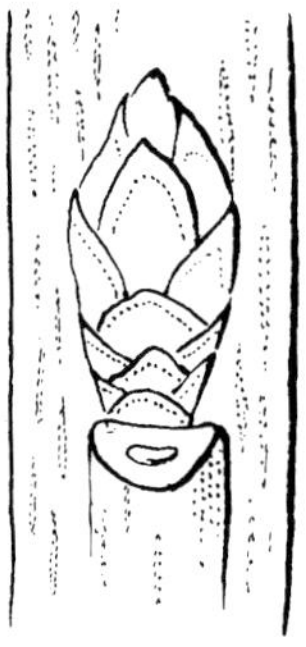

25  26 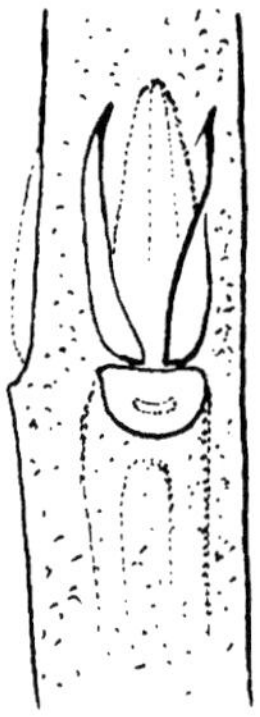 27 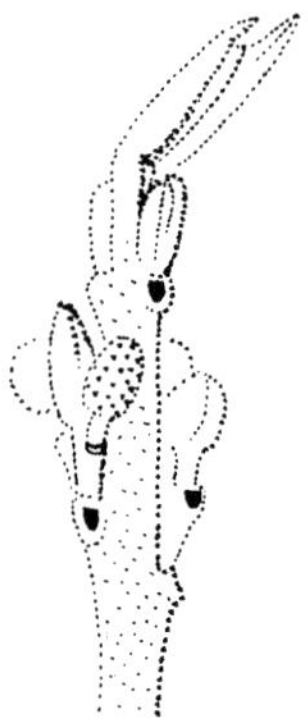 28

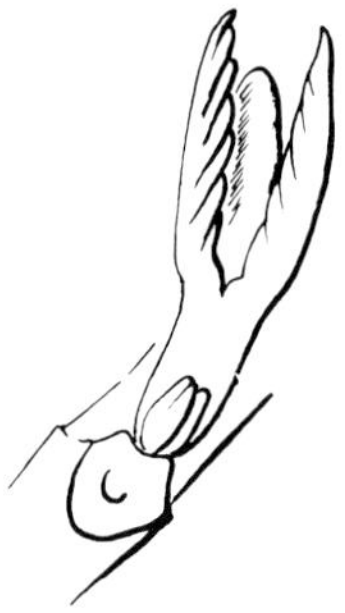

29 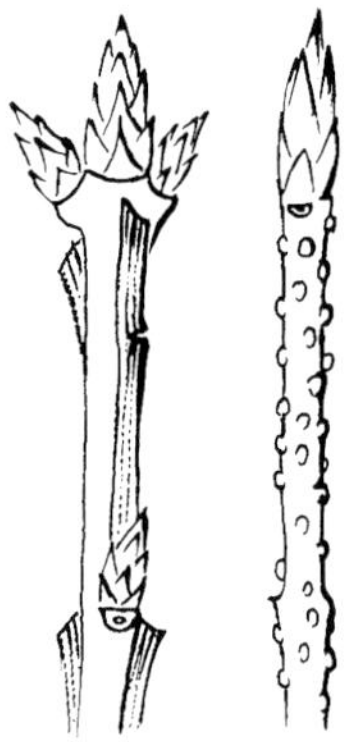 30  31a  31b

32a 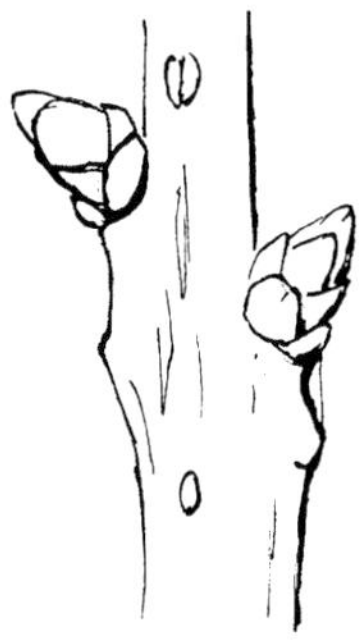 32b 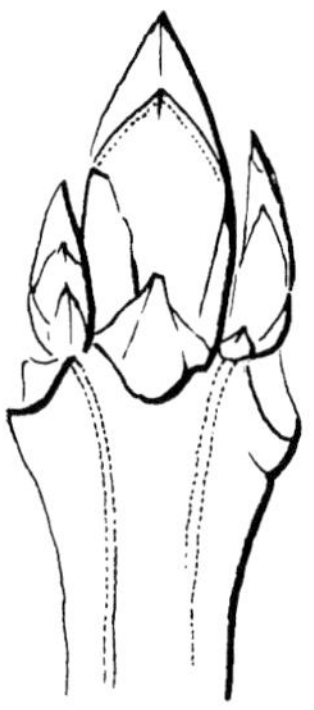 33 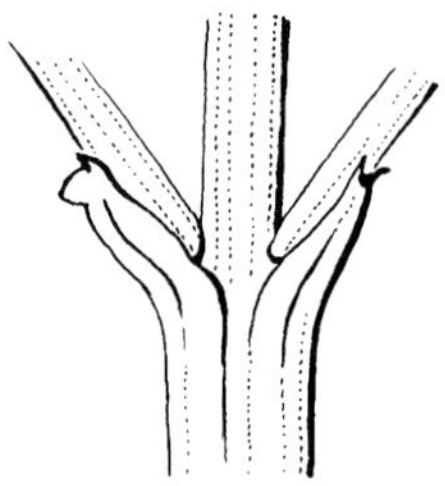 34

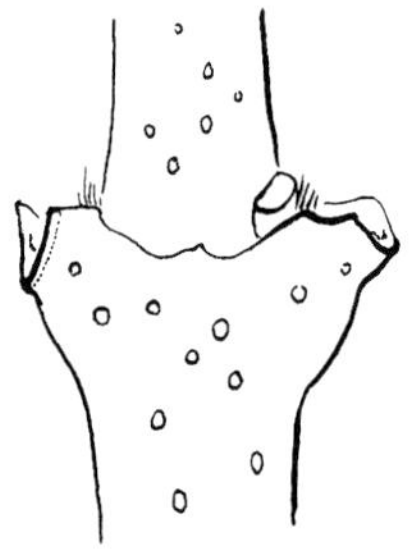

35 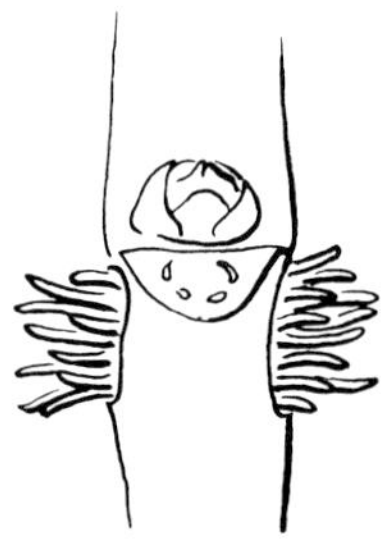 36 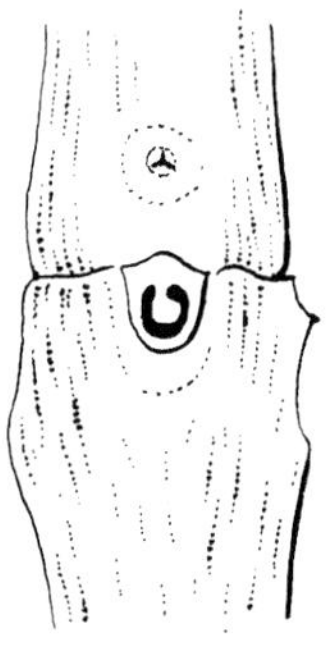 37

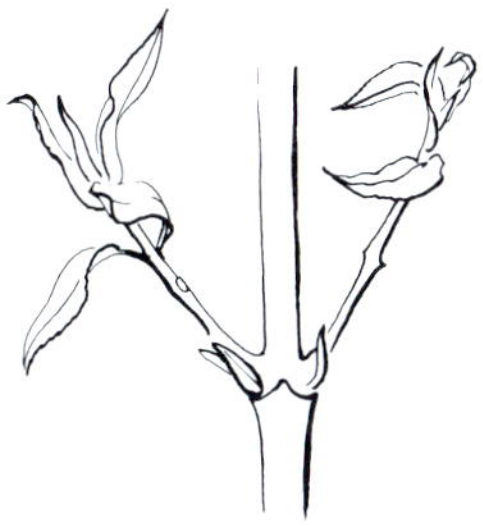

38  39 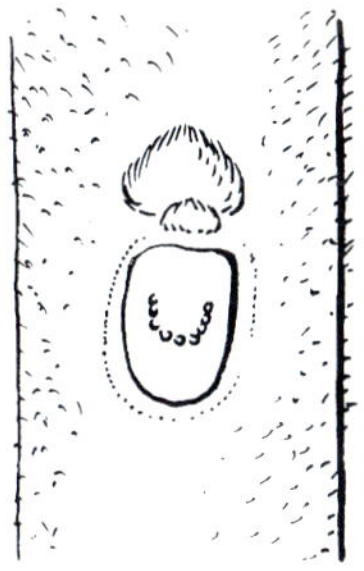 40  41

42 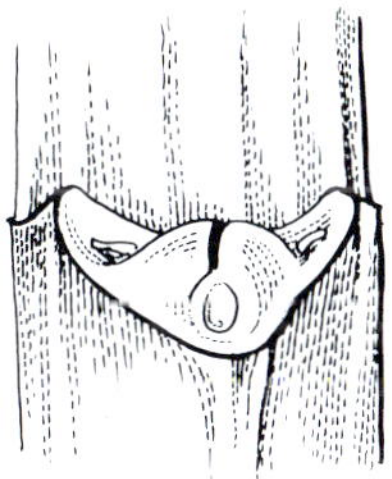 43 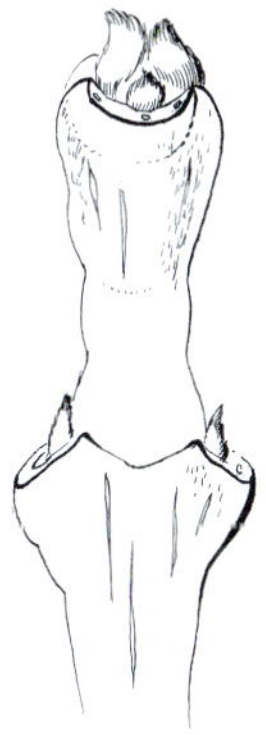 44a 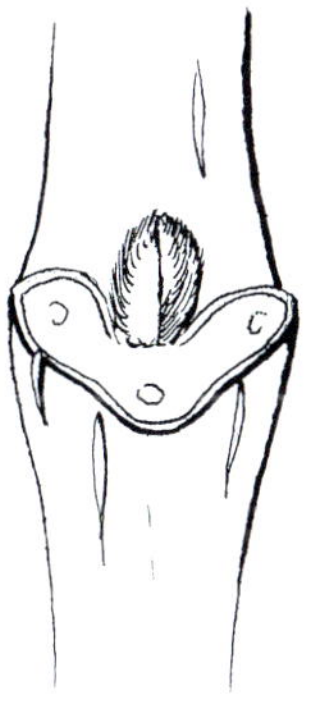 44b

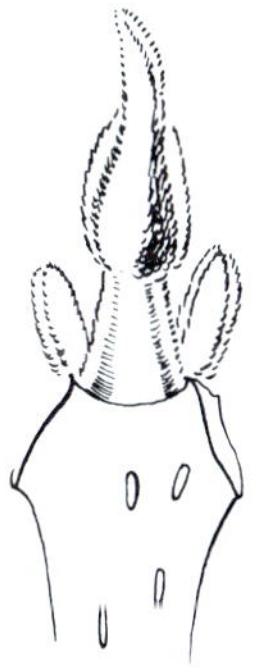

45 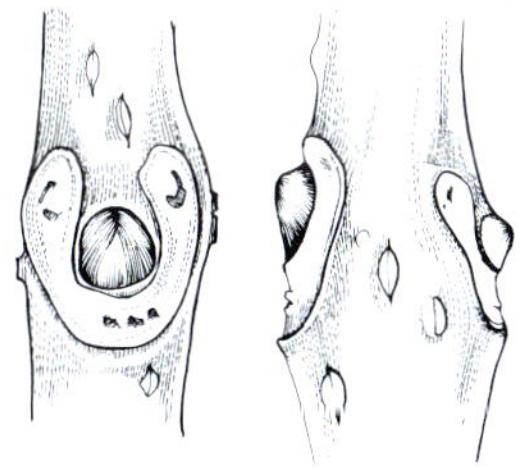 46 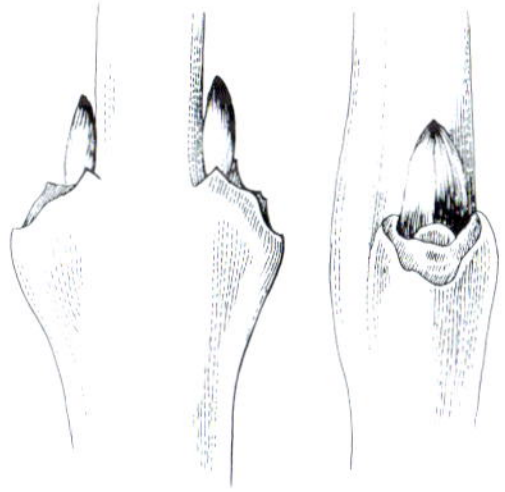 47

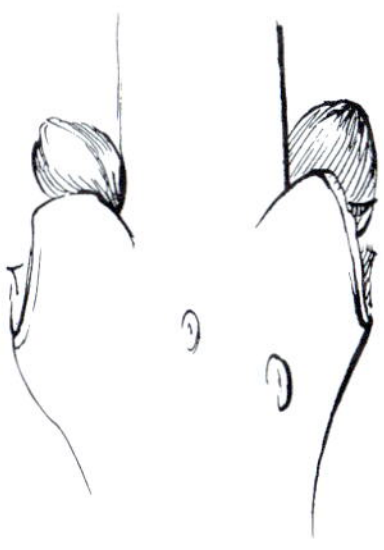

48 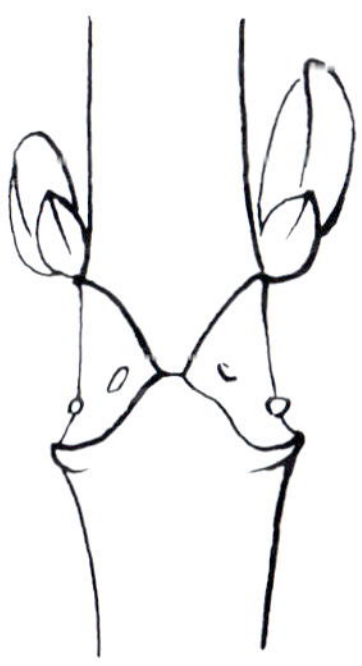 49a 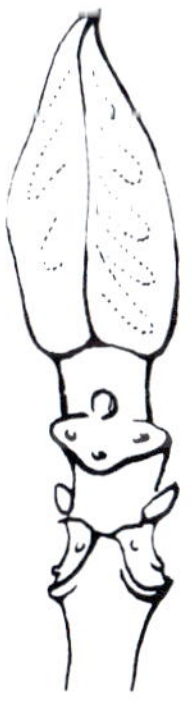 49b

40* Zweige bleiben angetrieben und erfrieren und vertrocknen leicht, Blattstellung gegenständig . . . . **Buddleja davidii** [Abb. 38]

41 Zweige dünn, Knospen silbrig grün behaart . . . . **Caryopteris** [Abb. 39]

41* Zweige rel. dick, Knospen braun bis weinrot 42

42 Knospen dunkel weinrot behaart . . . . . . **Clerodendrum trichotomum** [Abb. 40]

42* Knospen ockerbraun behaart . . . . **Vitex agnus-castus** [Abb. 41]

Blätter/Blattnarben gegenständig oder wirtelig, Blattnarben mit 3 Spuren

51 (3) Alle Knospen mit Knospenschuppen 64

51* Wenigstens ein Teil der Knospen (End- oder Seitenknospen) nackt oder verborgen 52

52 Knospen sichtbar 54

52* Knospen unter Blattnarbe verborgen, ohne Endknospe 53

53 Zweige an den Knoten auffallend verdickt; um die Blattnarbe dicht behaart, Knospen oft angetrieben . . . . **Zabelia tyaihyoni** [Abb. 42]

53* Blattnarbe nicht behaart, Zweige an den Knoten nur unwesentlich verdickt . . . . **Philadelphus** [Abb. 43]

54 Frei stehende Sträucher oder Bäume 55

54* Mit Haftwurzeln kletternde Liane . . . . **Hydrangea barbara** [Abb. 44]

55 Gegenüberliegende Blattnarben berühren sich oder sind mit einer Linie verbunden 60

55* Gegenüberliegende Blattnarben frei, oft etwas zueinander verschoben 56

56 Einstämmige Bäume 57

56* Sträucher 58

57 Zweige mit Endknospe . . . . **Tetradium** [Abb. 45]

57* Zweige ohne Endknospe . . . . **Phellodendron** [Abb. 46]

58 Knospen sehr dunkel behaart 59

58* Knospen hell, ockerbraun behaart . . . . **Vitex agnus-castus** [Abb. 41]

59 Zweige dunkel grau bis rotbraun . . . . **Calycanthus** [Abb. 47]

59* Zweige hell ockerbraun . . . . **Calycanthus chinensis** [Abb. 48]

60 (55) Zumindest die Seitenknospen nackt 61

60* Nur Endknospe nackt, Zweige meist über 3 mm dick . . . . . . **Hydrangea** [Abb. 49]

61 Knospen einfach behaart 62

61* Knospen mit Sternhaaren .... ***Viburnum*** [Abb. 50]

62 Knospen fein behaart und die Form der einzelnen Blättchen meist erkennbar, Rinde der Zweige nicht abblätternd . 63

62* Endknospe dicht lang behaart, einjährige Zweige mit abblätternder Rinde .... ***Jamesia americana*** [Abb. 51]

63 Zweige starr, zwischen den Knoten 3–4 mm dick .... ***Dipteronia sinensis*** [Abb. 52]

63* Zweige dünner, mitunter leuchtend gelb oder rot, teilweise mit größeren kugeligen Blütenknospen .... ***Cornus*** [Abb. 53]

64 (51) Liane 65

64* Baum oder Strauch 67

65 Liane mit Haftwurzeln 66

65* Windende Lianen mit hohlen Zweigen .. .. ***Lonicera*** „Geißblätter“ [Abb. 54]

66 Rinde junger Zweige graubraun, alte Knospenschuppen an der Jahresgrenze bleibend ... ***Hydrangea hydrangeoides*** .... [Abb. 55]

66* Rinde junger Zweige rotbraun .... ***Hydrangea anomala*** subsp. ***petiolaris*** [Abb. 56]

67 Bei der Blattnarbe mit Nebenblättern oder Nebenblattnarben, immer ohne Endknospen 68

67* Blattnarbe ohne separate Nebenblattnarben 69

68 Wenigstens an der Zweigspitze mit kleinen Nebenblattzipfeln bei der Blattnarbe, Zweige dünn .... ***Rhodotypos scandens*** [Abb. 57]

68* Nur Nebenblattnarben, Zweige kräftig, meist über 2 mm dick ....***Staphylea*** [Abb. 58]

69 Gegenüberliegende Blattnarben berühren sich oder sind mit einer Linie verbunden 73

69* Gegenüberliegende Blattnarben frei, oft etwas zueinander verschoben 70

70 Knospen mit einer äußerlich sichtbaren Knospenschuppe 71

70* Knospen mit mehreren (mindestens 2) sichtbaren Knospenschuppen 72

71 Knospenschuppe mit Naht auf dem Rücken der Knospe .... ***Cercidiphyllum japonicum*** [Abb. 59]

71* Knospenschuppe allseits verwachsen ... . ***Salix*** [Abb. 60]

72 Zweige mit Sprossdornen .... ***Rhamnus***, Sektion ***Rhamnus*** [Abb. 61]

72* Zweige unbewehrt, sehr früh blühend (Januar–Februar) .... ***Chimonanthus praecox*** [Abb. 21]

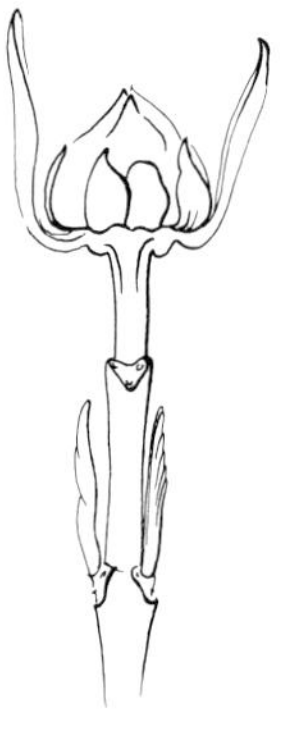

50 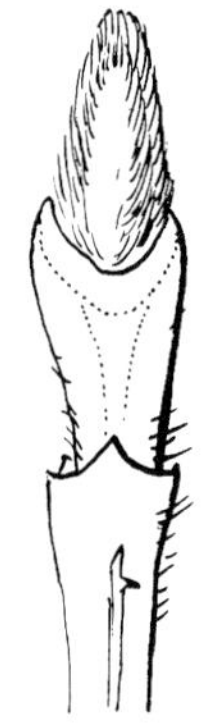 51 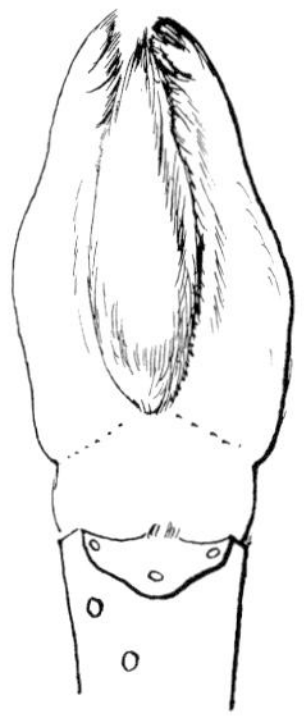 52a 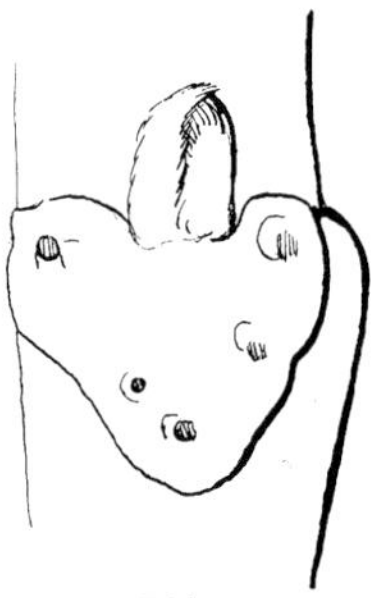 52b

53a 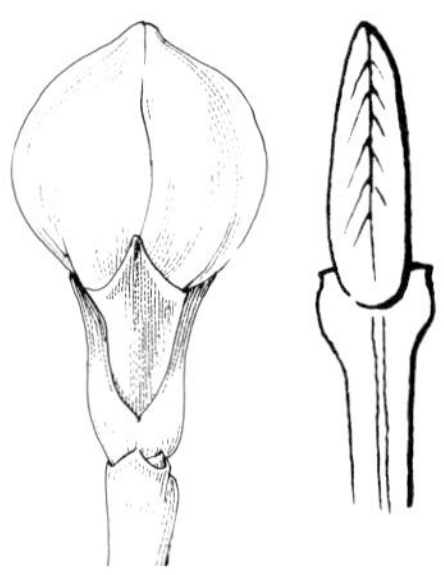 53b 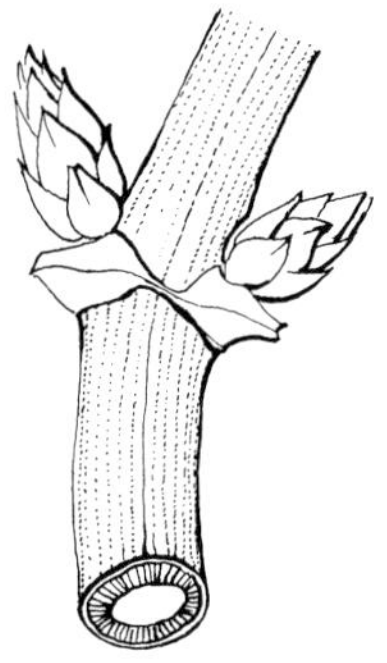 54 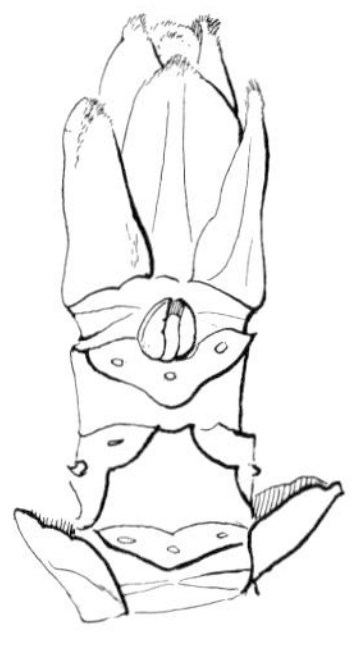 55

56a 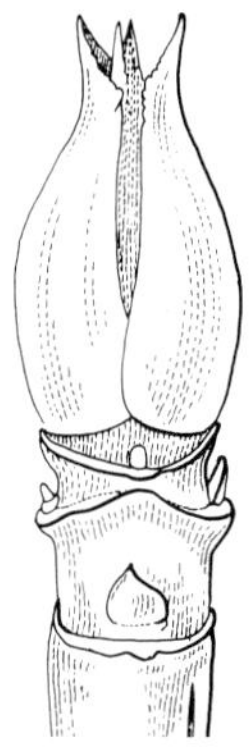 56b 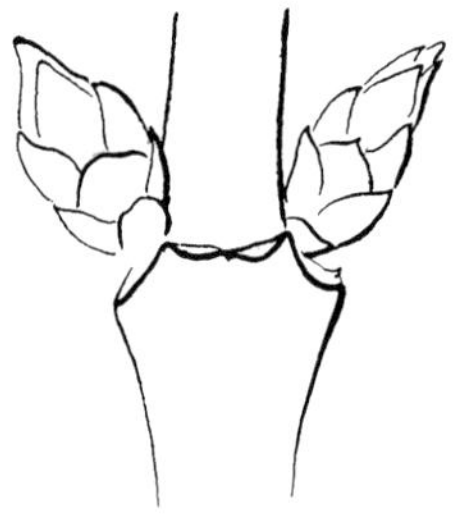 57 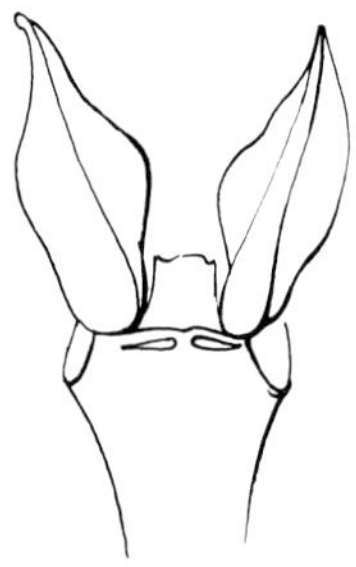 58

59 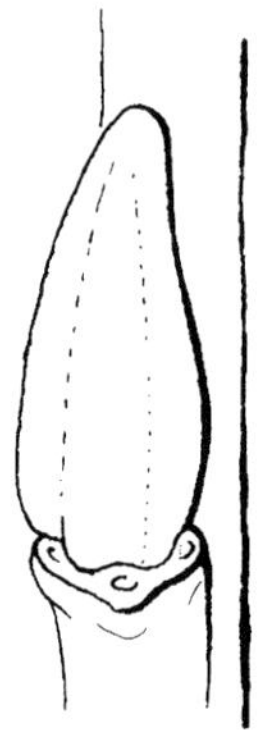 60 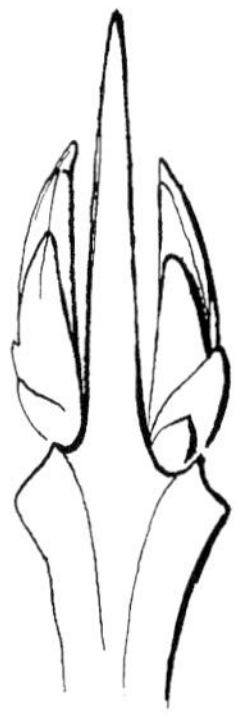 61  62

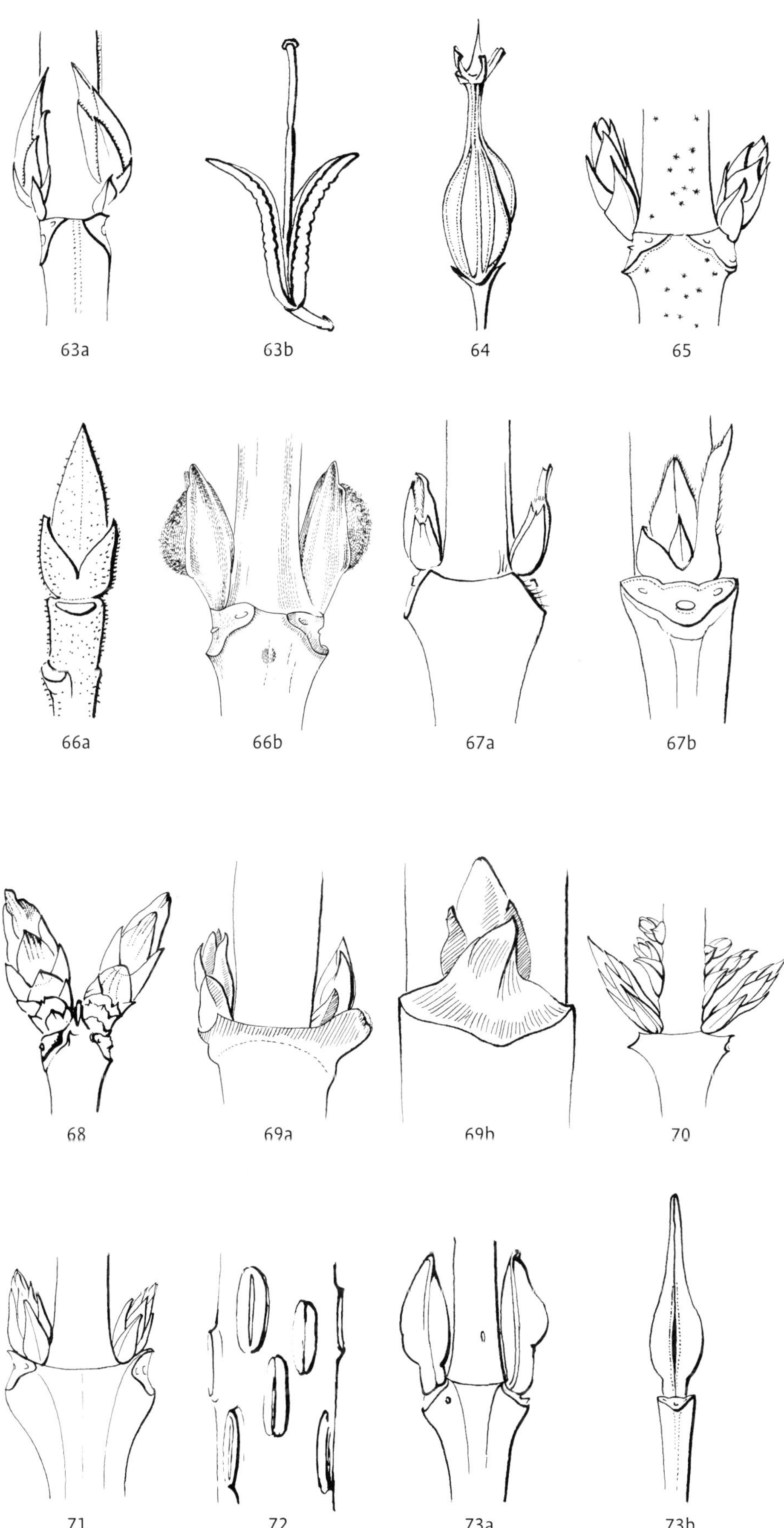

73 (69) Strauch 74

73* Bäume .... ***Acer*** [Abb. 62]

74 Knospen am Zweig anliegend, oft behaarte Leisten von den Blattnarben herablaufend, Früchte Kapseln 75

74* Knospen vom Zweig abstehend; Zweigbehaarung, wenn vorhanden, gleichmäßig 76

75 Fruchtkapseln 15–30 mm lang, meist geöffnet .... ***Weigela*** & *Macrodiervilla* [Abb. 63]

75* Kapseln unter 15 mm, meist geschlossen, bis 1 m hoher Strauch .... ***Diervilla*** [Abb. 64]

76 Zweige mit Sternhaaren 77

76* Zweige kahl oder einfach behaart ... 78

77 Zweige oft hohl und ohne Endknospe, wenn mit Endknospe, dann ist diese nicht wesentlich größer als die Seitenknospen .... ***Deutzia*** [Abb. 65]

77* Endknospe deutlich größer als Seitenknospen .... ***Viburnum*** [Abb. 66]

78 Zweige hohl 79

78* Zweige mit Mark gefüllt 83

79 Rinde an stärkeren Zweigen großflächig abblätternd, Zweige mit Lentizellen . 80

79* Zweige ohne Lentizellen, Rinde selten abblätternd 81

80 Zweige mit Endknospen .... ***Abelia*** [Abb. 67]

80* Zweige ohne Endknospen .... ***Dipelta*** [Abb. 68]

81 Zweige grasgrün .... ***Leycesteria formosa*** [Abb. 69]

81* Zweige grau bis braun, selten etwas grünlich 82

82 Knospen meist über 3 mm lang, oft mit aufsteigenden Beiknospen .... ***Lonicera*** [Abb. 70]

82* Knospen bis 3 mm, mitunter mit Bereicherungsknospen .... ***Symphoricarpos*** [Abb. 71]

83 (78) Zweige ohne Lentizellen .... ***Lonicera*** [Abb. 70]

83* Zweige immer mit Lentizellen 84

84 Aromatische Zweige mit weitem Mark und großen warzigen Lentizellen .... ***Sambucus*** [Abb. 72]

84* Zweige nicht aromatisch 85

85 Knospen von ein bis zwei Knospenschuppen eingeschlossen 86

85* Knospen mit mehr als zwei Schuppen 87

86 Zweige grau bis braun, Seitenknospe mit einer Schuppe oder Endknospe über 1,5 cm lang Seitenknospen sitzend, Zweige grau-braun .... ***Viburnum*** [Abb. 73]

86* Seitenknospen mit zwei Schuppen, Zweige meist rötlich bis grünlich .... ***Acer*** [Abb. 74]
87 Knospen dreiwirtelig .... ***Hydrangea paniculata*** [Abb. 75]
87* Knospen gegenständig 88
88 Zwei verbundene, dicht borstige Schließfrüchte mit lang auslaufender 5-zipfeliger Kelchröhre .... ***Kolkwitzia amabilis*** [Abb. 76]
88* Früchte nicht vorhanden oder anders 89
89 Blattnarben Seitenknospen weit umgreifend 90
89* Blattnarben umgreifen Knospen kaum 91
90 An den Triebspitzen häufig mit aufrechten Fruchtstandachsen. Strauch mit von der Basis immer wieder in Bögen aufstrebenden Trieben .... ***Aesculus parviflora*** [Abb. 77]
90* Wuchs anders .... ***Acer*** [Abb. 62]
91 Zweigrinde abblätternd .... ***Hydrangea*** [Abb. 78]
91* Zweigrinde nicht abblätternd 92
92 Zweige mit Endknospe .... ***Viburnum*** [Abb. 79]
92* Zweige an der Spitze etwas absterbend, ohne Endknospen .... ***Heptacodium miconioides*** [Abb. 80]

Blätter/Blattnarben gegenständig oder wirtelig, Blattnarben mit mehr als 3 Spuren oder Blattnarben nicht vorhanden

101 (2) Blattnarben mit mehr als 3 Spuren 102
101* Blattnarben nicht vorhanden 118
102 Knospen mit Knospenschuppen ... 107
102* Knospen ohne Knospenschuppen . 103
103 Zweige mit Endknospe 105
103* Zweige ohne Endknospe 104
104 Blattnarbe umgreift die Knospe .... ***Phellodendron*** [Abb. 46]
104* Knospe über der Blattnarbe .... ***Clerodendrum trichotomum*** [Abb. 40]
105 Baum .... ***Fraxinus*** [Abb. 7]
105* Strauch 106
106 Zweigrinde längs aufreißend und abblätternd ...... ***Hydrangea*** [Abb. 78]
106* Zweigrinde nicht abblätternd .... ***Dipteronia sinensis*** [Abb. 52]
107 (102) Baum oder Strauch 109
107* Mit Haftwurzeln kletternde Liane . 108
108 Zweige mit Endknospen .... ***Hydrangea hydrangeoides*** .... [Abb. 55]
108* Zweige ohne Endknospen .... ***Campsis*** [Abb. 36]

74 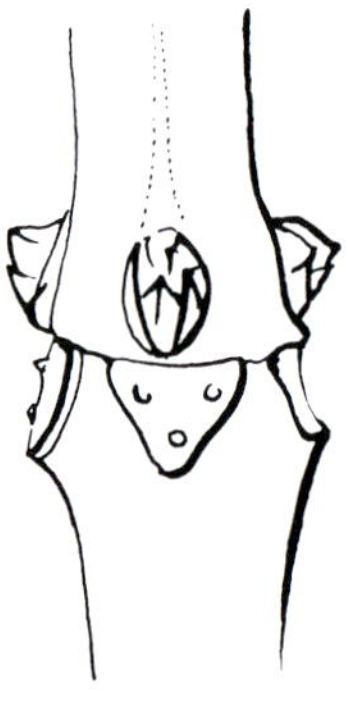 75 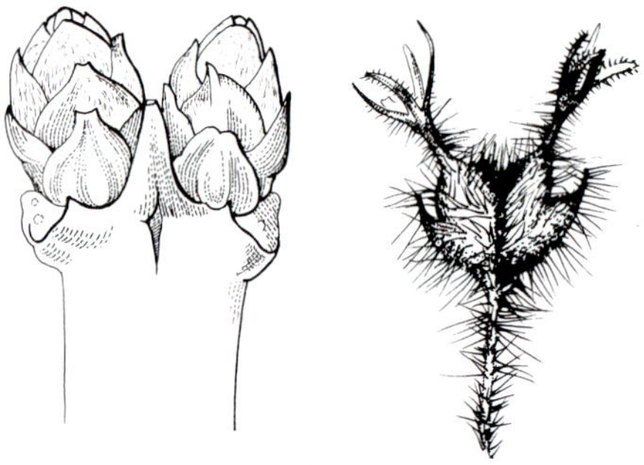 76

77a 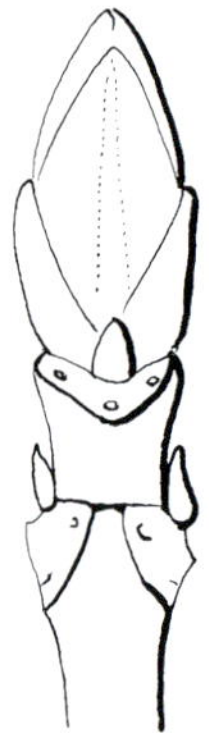 77b 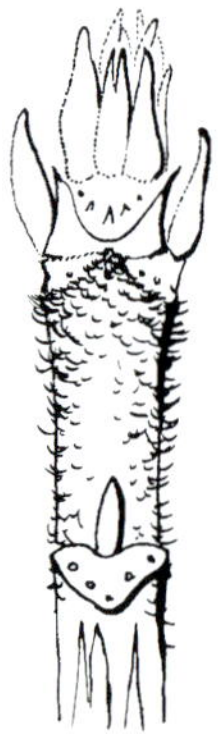 78 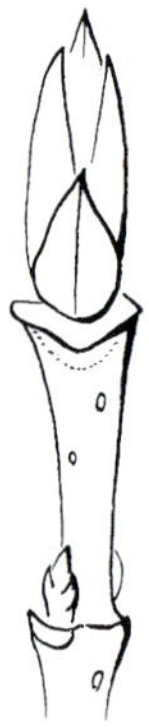 79a

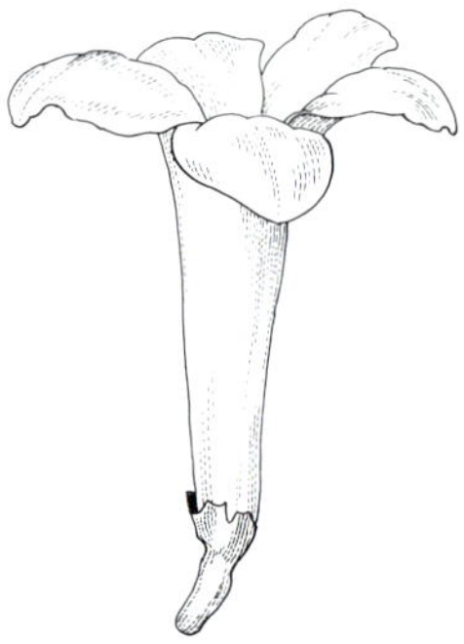

79b 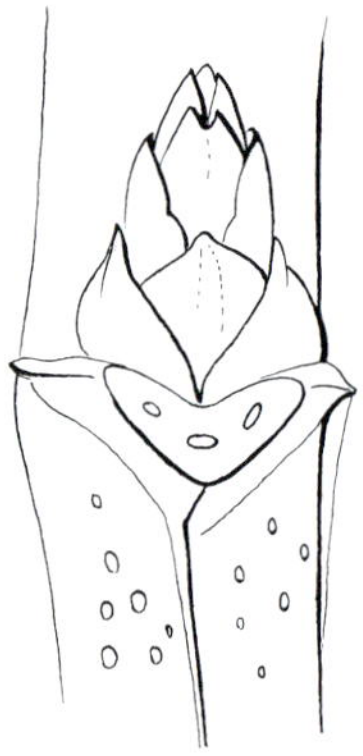 80a 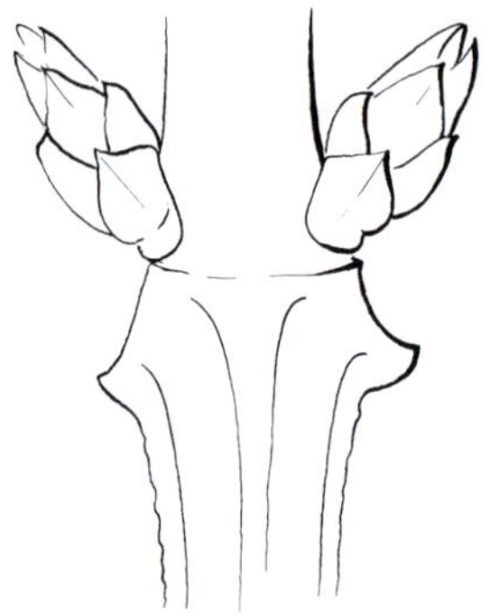 80b  81

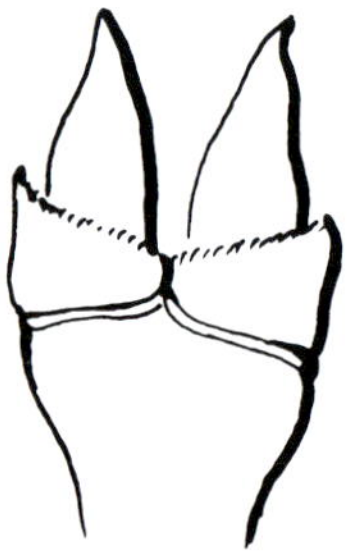

82 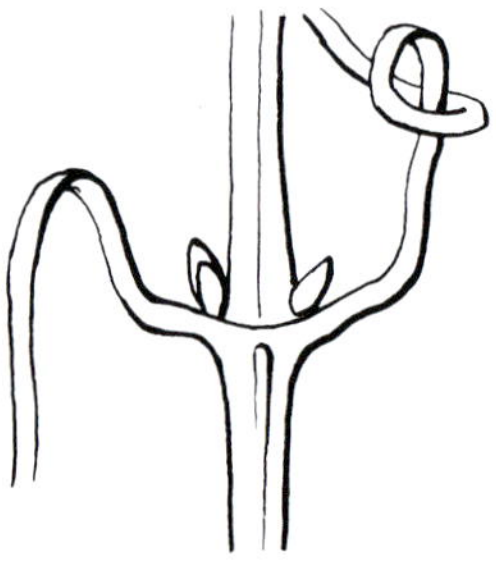 83 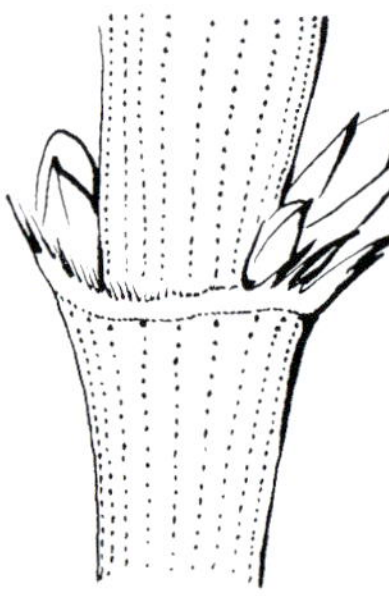 84  85

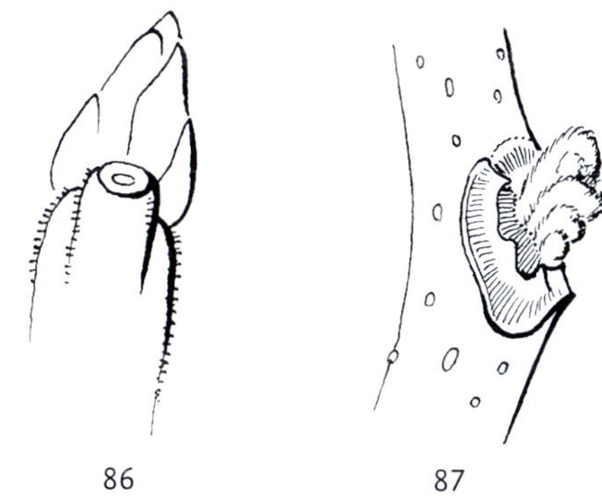
86 87

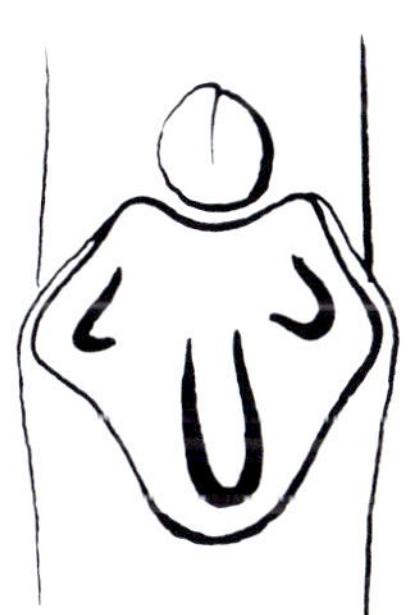
88

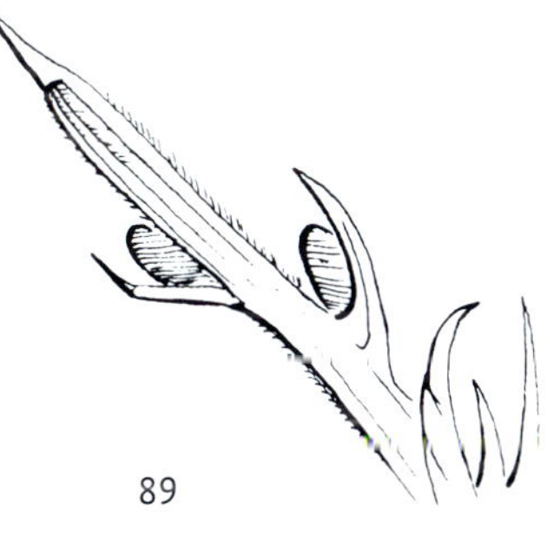
89

90 91

109 Zweige ohne Milchsaft 110
109* Zweige mit Milchsaft . . . . ***Broussonetia*** [Abb. 12]
110 Zwischen den Blattnarben deutliche Nebenblattnarben . . . . ***Staphylea*** [Abb. 58]
110* Zweige ohne Nebenblattnarben . . 111
111 Bäume 112
111* Sträucher 116
112 Zweige mit Endknospe 113
112* Zweige ohne Endknospe 115
113 Alle Knospenschuppen pelzig behaart . . . . ***Fraxinus*** [Abb. 7]
113* Wenn Schuppen behaart, dann Behaarung anliegend, die obersten Schuppen dichter, als die untersten 114
114 Endknospen über 15 mm lang . . . . ***Aesculus*** [Abb. 81]
114* Endknospen unter 15 mm lang . . . . ***Acer*** [Abb. 62]
115 Knospen gegenständig, Zweige mit gefächertem Mark . . . . ***Paulownia tomentosa*** [Abb. 10]
115* Knospen 3-wirtelig, Zweige mit vollem Mark . . . . ***Catalpa*** [Abb. 9]
116 (111) Zweige mit weitem Mark und aromatischer Rinde . ***Sambucus*** [Abb. 72]
116* Zweige anders 117
117 Zweigrinde längs aufreißend und abblätternd . . . . ***Hydrangea*** [Abb. 78]
117* Zweigrinde nicht abblätternd . . . . ***Acer*** [Abb. 82]
118 (101) Gegenüberliegende Blattnarben verbunden 119
118* Blattnarben frei und oft etwas zueinander verschoben . . ***Jasminum*** [Abb. 14]
119 Aufrechte Bäume oder Sträucher . 120
119* Kletternde Liane, die mit den Blattspindeln rankt . . . . ***Clematis*** [Abb. 83]
120 Blattreste bestehen nur aus der Blattbasis der Tragblätter 121
120* Blattreste: ganze Blätter und beblätterte Seitentriebe . . . . ***Buddleja davidii*** [Abb. 38]
121 Zweige hohl . . . . ***Leycesteria formosa*** [Abb. 69]
121* Zweige mit Mark gefüllt 122
122 Kleiner Strauch mit schachtelhalmartigen Zweigen (grün, längsstreifig) . . . . ***Ephedra*** [Abb. 84]
122* Sträucher oder kleine Bäume, Zweige nicht längsstreifig oder nicht grün . 123
123 Zweige an den Knoten verdickt und farblich abgesetzt, Knospen verborgen . . . . ***Zabelia tyaihyoni*** [Abb. 42]
123* Knospen sichtbar, nur der Knospengrund von Blattstielresten umgriffen . . . . ***Acer*** [Abb. 62]

Blattstellung wechselständig

201 (1) Lianen 251
201* Sträucher oder Bäume 202
202 Zweige mit Stacheln oder Dornen 210
202* Zweige unbewehrt 203
203 Langtriebe mit Endknospen . . . . 204 [Abb. 85]
203* Langtriebe ohne Endknospen . . . . 205 [Abb. 86]
204 Knospen mit Knospenschuppen . . . . 206 [Abb. 85]
204* Knospen ohne Knospenschuppen, nackt . . . . 271 [Abb. 87]
205 Knospen mit Knospenschuppen . . . 207
205* Knospen ohne Knospenschuppen oder verborgen 301
206 Blattnarben mit 3 Spuren der Leitbündel . . . . 331 [Abb. 88]
206* Spuren auf der Blattnarbe ungleich 3 (oder keine Blattnarbe vorhanden) 381
207 Blattnarben mit 3 Spuren der Leitbündel . . . . 420 [Abb. 88]
207* Spuren auf der Blattnarbe ungleich 3 (oder keine Blattnarben vorhanden) 461

Blätter/Blattnarben wechselständig, Zweige mit Stacheln oder Dornen bewehrt

210 (202) Zweige mit Stacheln (welche nicht mit dem Holzkörper verbunden und meist regellos verteilt sind) bewehrt 236
210* Zweige mit Dornen (= umgewandelte Sprosse oder Blätter) bewehrt 211
211 Dornen umgewandelte Sprosse (verdornte Zweigspitze oder über einer Blattnarbe stehender verdornter Seitentrieb, meist selbst mit Blattnarben oder schuppenförmigen Blättern) 212
211* Dornen umgewandelte Blätter (über ihnen Knospen oder Seitensprosse) 231
212 Zweige grün und längsfurchig, niedrige Sträucher (grüne und runde Zweige siehe ***Citrus*** unter 234) 213
212* Zweige anders, Pflanze oft größer . 215
213 Zweigspitzen und Tragblätter verdornt . . . . ***Ulex europaeus*** [Abb. 89]
213* Nur Zweigspitzen verdornt 214
214 Knospen unter braunem, erweitertem Tragblattgrund verborgen . . . . ***Erinacea anthyllis*** [Abb. 90]
214* Knospen sichtbar . . . ***Genista*** [Abb. 91]
215 Zweige mit Schülferhaaren (mit leichtem metallischen Glanz) 216
215* Zweige kahl oder einfach behaart . 217

216 Zweige ohne Endknospen, Blütenknospen dicht beieinander, relativ groß: 4–6 mm lang, bronzebraun . . . . ***Hippophae*** [Abb. 92]
216* Blütenknospen kleiner oder Zweige silbrigweiß oder mit Endknospe . . . . ***Elaeagnus*** [Abb. 93]
217 Zweige mit Endknospe 218
217* Zweige stets ohne Endknospe 221
218 Dornen scharf zugespitzt 219
218* Dornige Zweigenden nicht sehr spitz, Zweigspitzen behaart ***Malus*** [Abb. 199]
219 Zweigspitzen anliegend behaart oder kahl 220
219* Zweigspitzen lang abstehend behaart . . . . ***Crataegus*** (*Mespilus*) ***germanica*** [Abb. 197]
220 Knospen spitz, matt . ***Pyrus*** [Abb. 198]
220* Knospen abgerundet, glänzend . . . .***Crataegus*** [Abb. 94]
221 Dornen unverzweigt, Knospen sichtbar 222
221* Dornen verzweigt, Knospen nackt und versenkt . . . . ***Gleditsia*** [Abb. 95]
222 Dornen etwas bauchig, zur Basis dünner . . . . ***Hemiptelea davidii*** [Abb. 96]
222* Dornen an der Basis am dicksten . 223
223 Jüngste Zweige mit Milchsaft 224
223* Zweige ohne Milchsaft 225
224 Junge Zweige grünlich . . . . ***Maclura pomifera*** [Abb. 97]
224* Junge Zweige braun . . . . ***Maclura*** (*Cudrania*) ***tricuspidata*** [Abb. 98]
225 Polsterstrauch mit verdornten Blütenstandsachsen ***Hormathophylla spinosa***
225* Pflanze anders 226
226 Nebenblattnarbe umgreift an jedem Knoten den Zweig. Kleiner, kaum über 50 cm hoher Strauch . . . . ***Atraphaxis spinosa*** [Abb. 99]
226* Meist größere Sträucher 227
227 Blattnarbe einspurig 228
227* Blattnarbe dreispurig 230
228 Dornen spitz, Zweige rund 229
228* Dornen nicht zugespitzt, Zweige kantig, hell ocker . . . . ***Lycium*** [Abb. 100]
229 Dorn über der Knospe (Knospe absteigende Beiknospe zum Dorn), Mark gefächert . . . . ***Prinsepia*** [Abb. 101]
229* Knospen seitlich am Dorn, Mark voll . . . . ***Chaenomeles*** [Abb. 102]
230 Knospen einzeln . . . . ***Sophora davidii*** [Abb. 103]
230* Neben den Blattknospen oft größere Blütenknospen . . . . ***Prunus*** i. e. S. „Pflaumen“ [Abb. 104]
231 (211) Dornen einfach 232

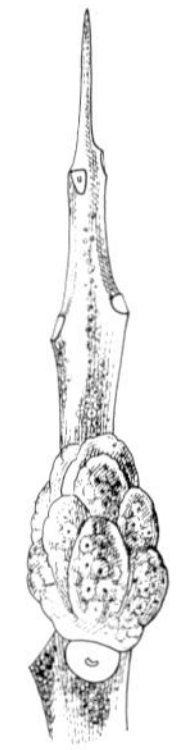

92

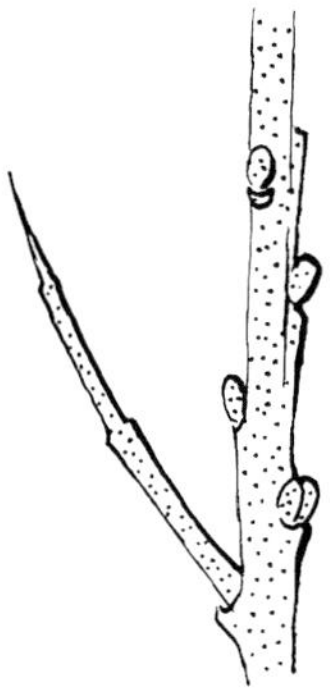

93

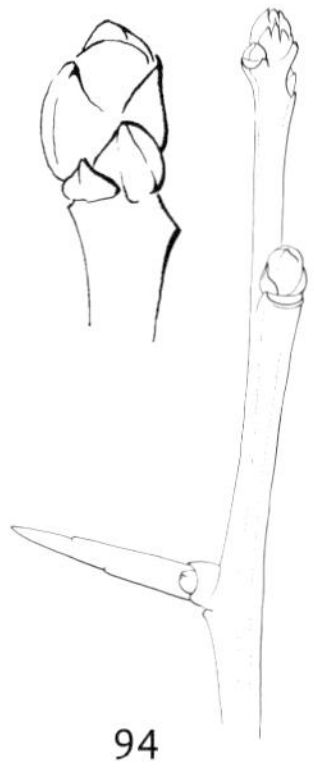

94

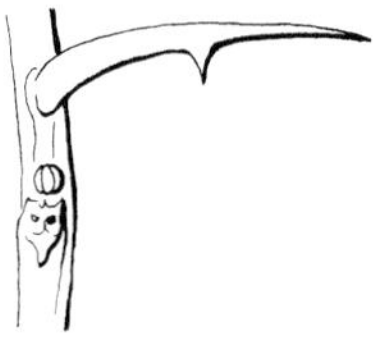

95

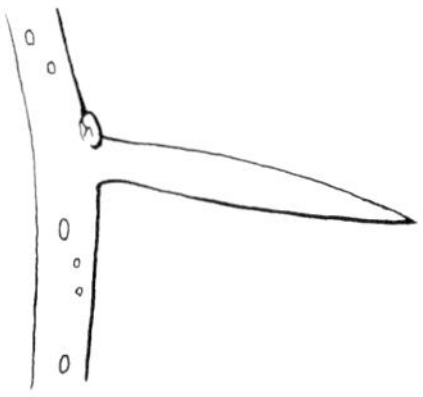

96

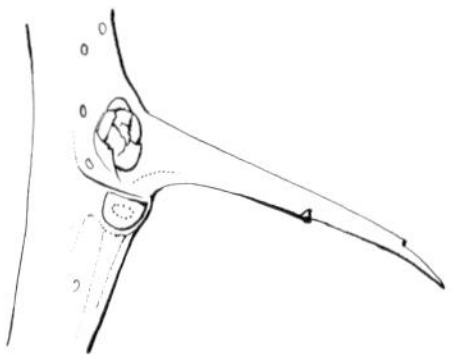

97

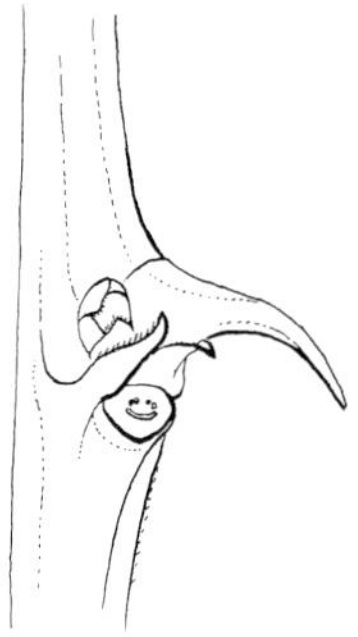

98a

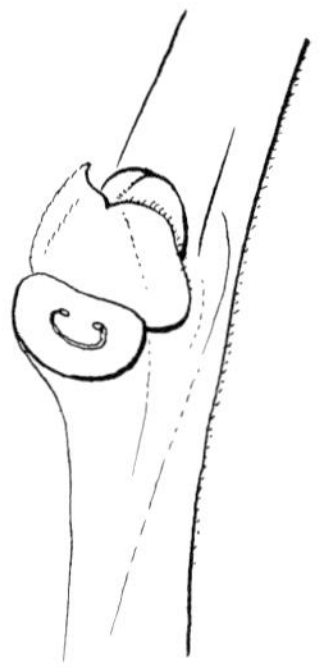

98b

99

100

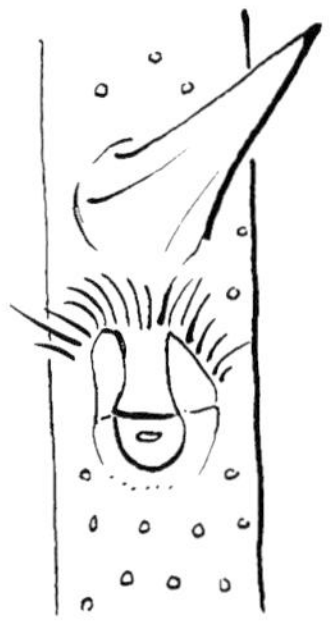

101

102

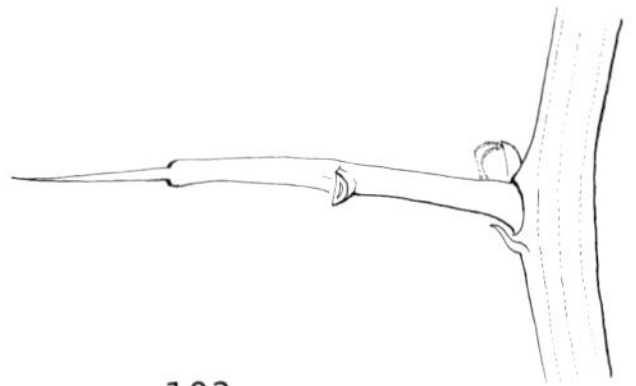

103

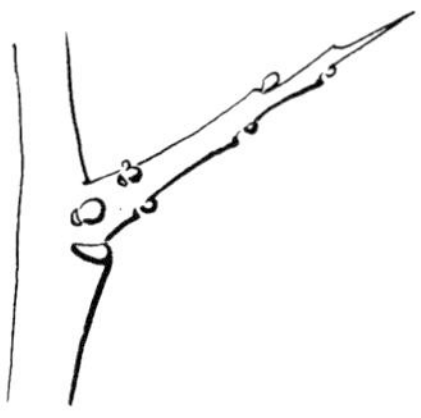

104

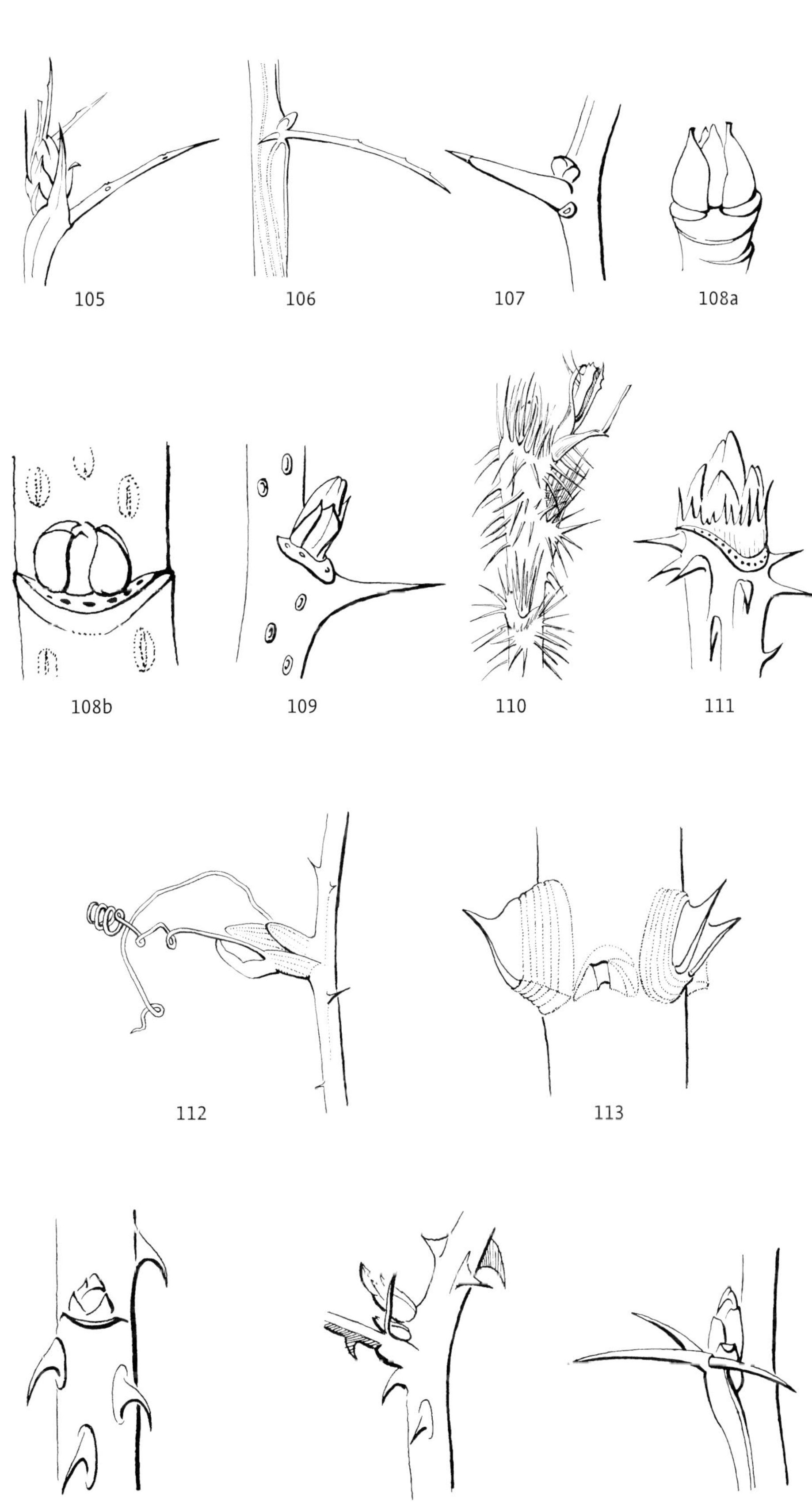

231* Dornen mehrteilig 235
232 Dornen (= Blattspindel) mit winzigen gegenständigen Narben von abgefallenen Fiederblättchen 233
232* Dornen ohne Narben 234
233 Nebenblätter abgeflacht oder Dornen unter 1,5 cm lang . . . . ***Caragana*** [Abb. 105]
233* Nebenblätter im Querschnitt rund, Dornen über 2 cm lang . . . . ***Caragana halodendron*** [Abb. 106]
234 Zweige und Dornen braun 245
234* Zweige und Dornen grün . . . . ***Citrus trifoliata*** [Abb. 107]
235 Dornen zweiteilig 246
235* Dornen drei- oder mehrteilig 245
236 (210) Blattnarben schmal und breit, vielspurig, grobzweigige Sträucher oder kleiner Baum 237
236* Blattnarben ein- bis dreispurig oder Liane 240
237 Seitenknospen halbkugelig mit dunkel weinrot glänzenden Schuppen, kleiner Baum . . . . . . ***Kalopanax septemlobus*** [Abb. 108]
237* Sträucher 238
238 Zweige bis 5 mm dick . . . . ***Eleutherococcus*** [Abb. 109]
238* Zweige dicker 239
239 Zweige um 10 mm dick, Stacheln zahlreich, Knospen verdeckend . . . . ***Oplopanax horridus*** [Abb. 110]
239* Zweige dicker, Stacheln kürzer als die Knospen . . . . ***Aralia*** [Abb. 111]
240 Liane, vom Tragblatt bleibt der Blattgrund mit zwei dünnen Nebenblattranken . . . . ***Smilax*** [Abb. 112]
240* Aufrechte Sträucher oder Bäume . 241
241 Zerriebene Zweigrinde aromatisch, ältere Stacheln auf Korkkissen . . . . ***Zanthoxylum*** [Abb. 113]
241* Zweige nicht so 242
242 Stacheln regellos verteilt 243
242* Ein bis drei Stacheln am Knoten . . 244
243 Blattnarben schmal und breit . . . . ***Rosa*** [Abb. 114]
243* Von den Blättern bleibt ein deutlich herausragendes Blattkissen oder der ganze Blattstiel erhalten . . . . ***Rubus*** [Abb. 115]
244 Zwei Stacheln/Dornen am Knoten 246
244* Ein, drei oder mehr Stacheln/Dornen am Knoten 245
245 (234/244) Über jedem Dorn ein Kurztrieb mit deutlichen Blattnarben an der Basis . . . . ***Berberis*** [Abb. 116]

245* Über der Bewehrung deutliche Blattnarbe, darüber (an einjährigen Langtrieben) Knospen mit Knospenschuppen, keine weiteren Narben . . . . **Ribes** [Abb. 117]

246 (235/244) Es befindet sich jeweils ein größerer und ein kleinerer, oft gebogener Dorn an jedem Knoten 247

246* Stacheln/Dornen am Knoten annähernd gleich groß 248

247 Zweige graubraun, Dornen meist unter 1 cm lang . . . . . ***Paliurus spina-christi*** [Abb. 118]

247* Zweige weinrot; längerer Dorn meist über 1 cm lang . . . . ***Ziziphus jujuba*** [Abb. 119]

248 Knospen sichtbar, Sträucher 249

248* Knospen verborgen, oft Baum, mit paarigen Nebenblattdornen . . . . ***Robinia*** [Abb. 120]

249 Mit leicht abbrechbaren Stacheln . 243

249* Mit hautig-pergamentartigen, fest mit dem Zweig verbundenen Nebenblattdornen . . . . ***Caragana*** [Abb. 121]

Blätter/Blattnarben wechselständig, Lianen

251 (201) Mit den Zweigen windende Liane 252

251* Sich mit Ranken haltende Liane . . 264

252 Knospen deutlich über den Zweig erhoben und sichtbar, mit Knospenschuppen 253

252* Knospen verborgen (zumindest nicht über die Zweigoberfläche ragend) oder nackt 261

253 Blattnarben mit einer Spur, jedoch nie mit einer den Zweig umfassenden Narbe 254

253* Blattnarbe mit mehr als einer Spur oder mit einer den Zweig umfassenden Linie (= Nebenblattnarbe) 257

254 Knospen kugelig gedrungen, vom Zweig abstehend 255

254* Knospen länglich, am Zweig anliegend . . . . ***Wisteria*** [Abb. 122]

255 Zweige nicht grün, Mark voll oder, seltener, gefächert 256

255* Zweige grünlich und hohl, halbstrauchig . ***Solanum dulcamara*** [Abb. 123]

256 Zeige graubraun . ***Celastrus*** [Abb. 124]

256* Zweige rotbraun, mit zahlreichen Lentizellen . . . . ***Tripterygium wilfordii*** [Abb. 125]

257 An jedem Knoten mit den Zweig umfassender Linie . . . . ***Fallopia baldschuanica*** [Abb. 126]

117 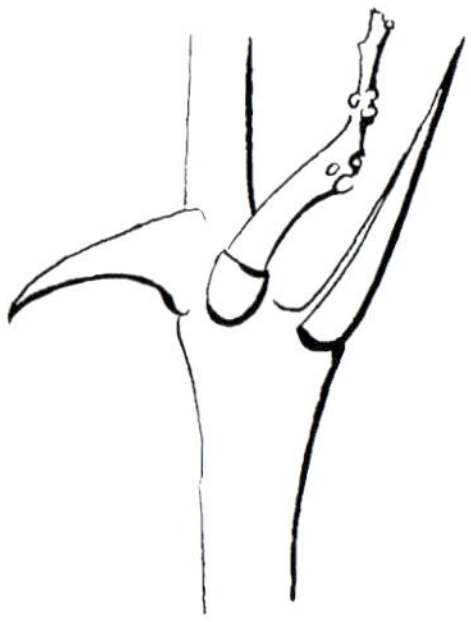 118 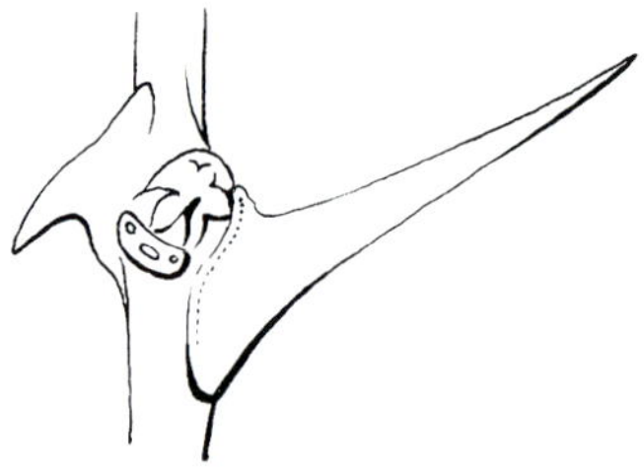 119

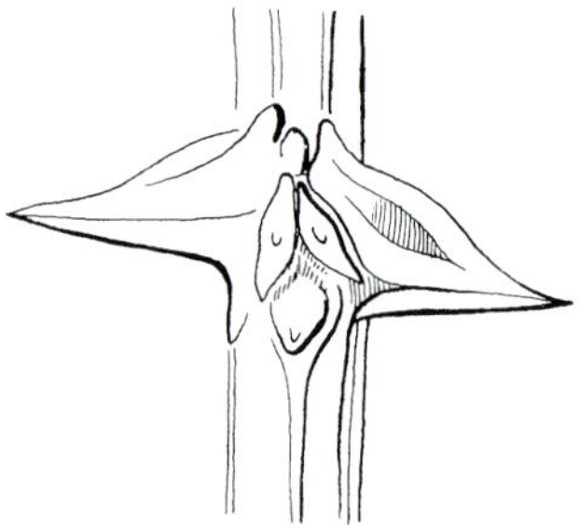

120 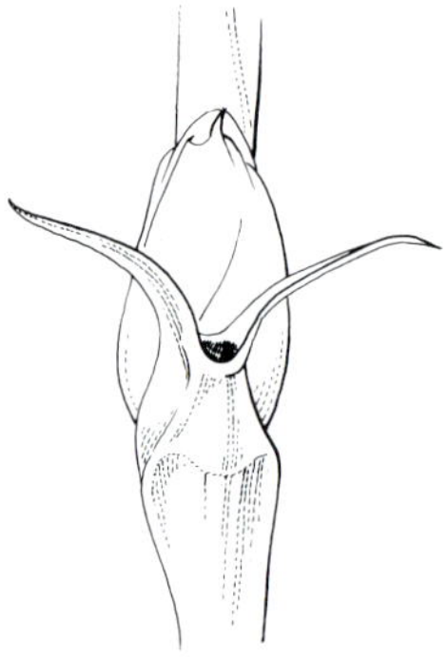 121 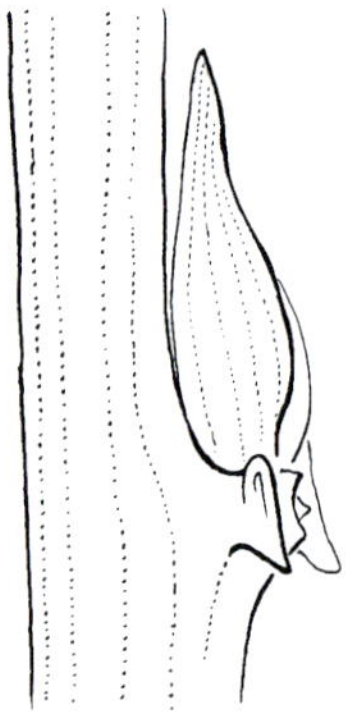 122a

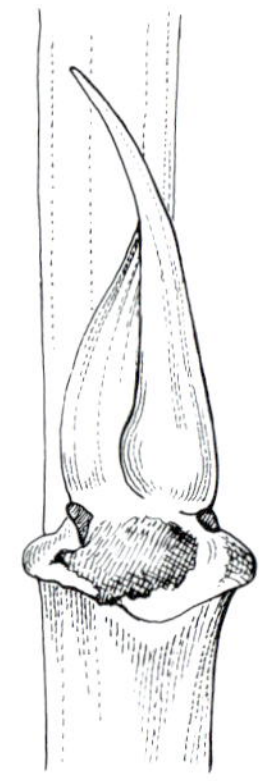

122b 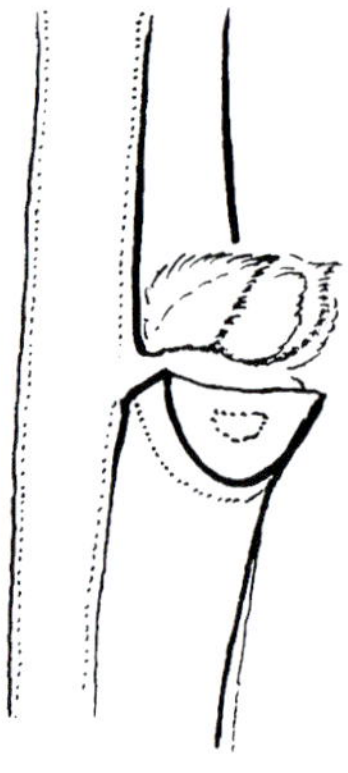 123 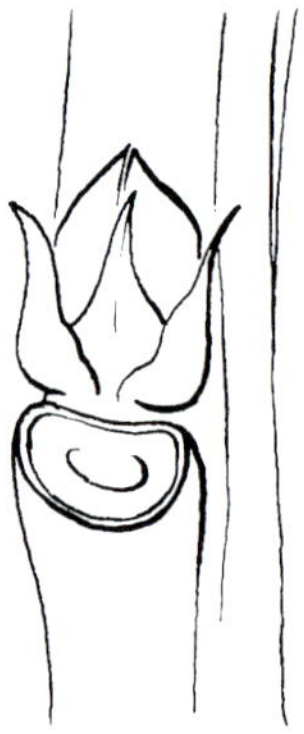 124a 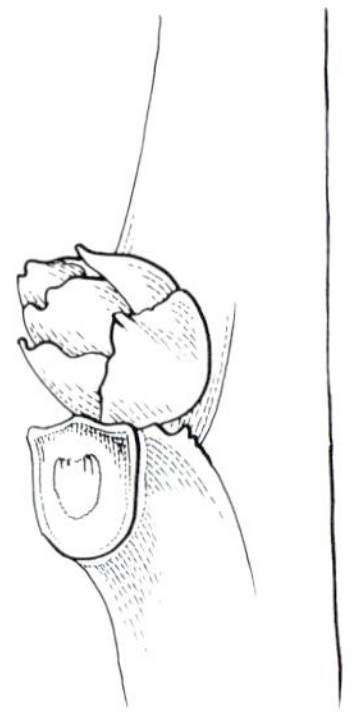 124b

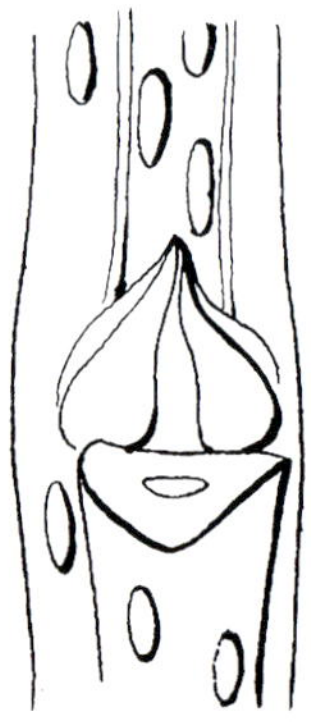

125 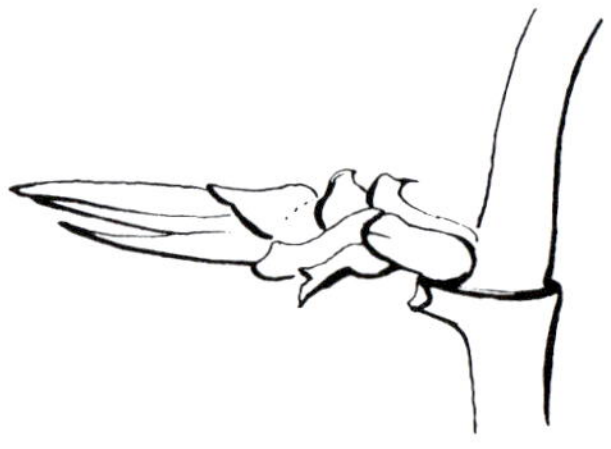 126  127a

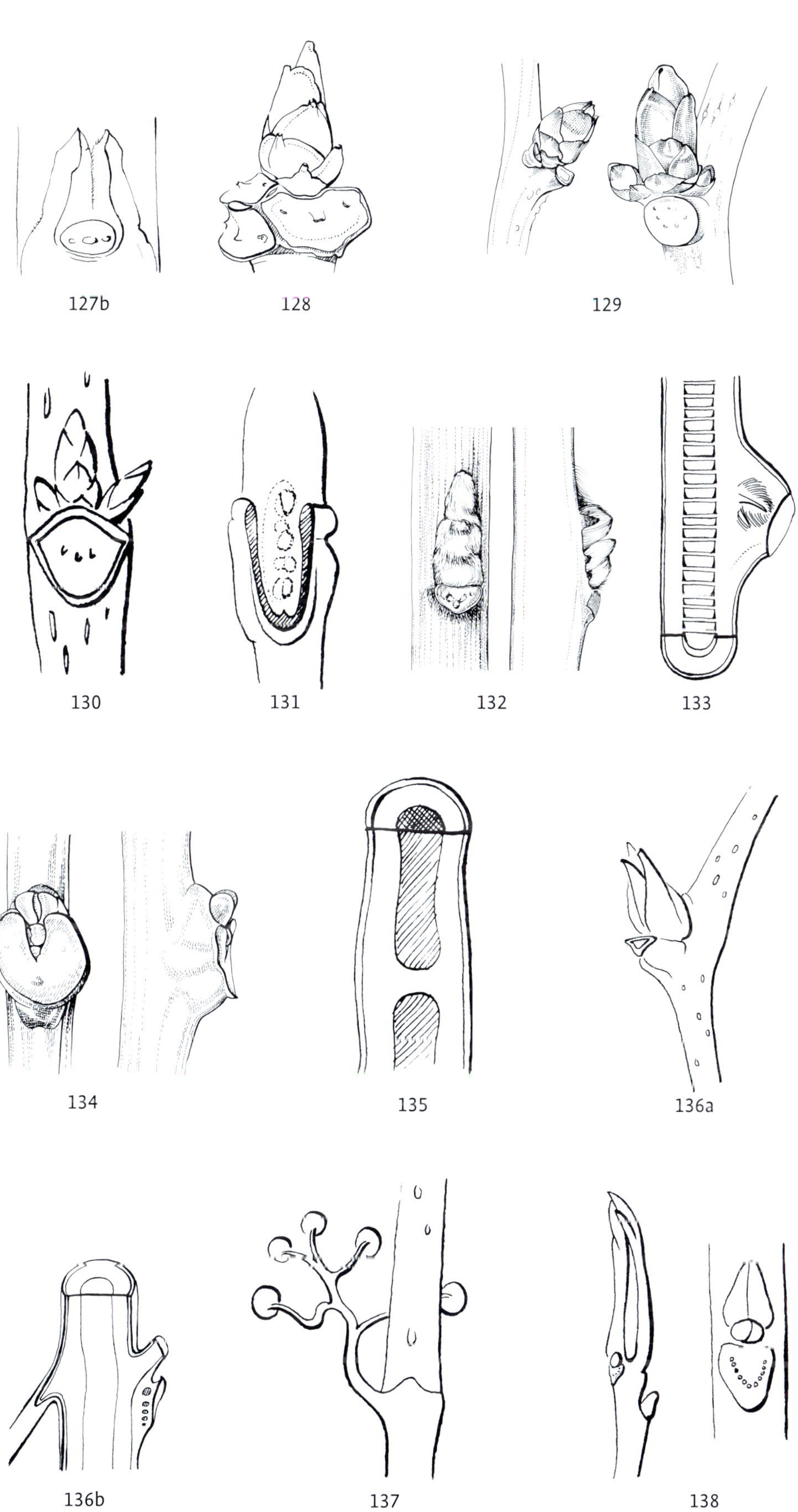

257* Ohne den Zweig umfassende Linien 258

258 Knospen mit vielen Knospenschuppen 259

258* Knospen am Zweig anliegend, von 2 Schuppen, den Nebenblättern des Tragblattes, eingeschlossen . . . . ***Berchemia*** [Abb. 127]

259 Zweige unter 3 mm dick 260

259* Zweige dick (über 5 mm) . . . . ***Sinofranchetia chinensis*** [Abb. 128]

260 Blattkissen weit herausragend . . . . ***Akebia*** [Abb. 129]

260* Blattnarbe relativ flach am Zweig . . . . ***Schisandra*** [Abb. 130]

261 (252) Knospen verborgen oder nicht über die Zweigoberfläche ragend, Mark gefächert oder Zweige voll 263

261* Knospen deutlich sichtbar, Mark nie gefächert 262

262 Blattnarbe schmal u-förmig, die Knospen umgreifend . . . . ***Aristolochia*** [Abb. 131]

262* Blattnarbe rund-oval . . . . ***Cocculus*** [Abb. 132]

263 Knospen nur aufgeschnitten sichtbar, ohne Schuppen, Mark oft gefächert . . . . ***Actinidia*** [Abb. 133]

263* Mark nie gefächert, Knospen mit Schuppen . ***Menispermum*** [Abb. 134]

264 (251) Ranken den Blattnarben gegenüberstehende Sprossranken 265

264* Jeweils zwei Nebenblätter des Tragblattes bilden die Ranken . . . . ***Smilax*** [Abb. 112]

265 Zweige mit Lentizellen, Mark weiß 266

265* Zweige ohne Lentizellen, Mark braun . . . . ***Vitis*** [Abb. 135]

266 Knospen verborgen . . . . ***Ampelopsis*** [Abb. 136b]

266* Knospen sichtbar. 267

267 Knospen unter 8 mm lang, Ranken oft mit Haftscheiben . . . . ***Parthenocissus*** [Abb. 137]

267* Knospen über 8 mm lang . . . . ***Nekemias*** [Abb. 136a]

Blätter/Blattnarben wechselständig, Zweige mit Endknospen, Knospen nackt

271 (204) Blattnarben dreispurig 272

271* Blattnarben ein- oder vielspurig . . 283

272 Zweige/Knospen mit Sternhaaren 278

272* Zweige/Knospen kahl oder anders behaart 273

273 Zweige mit gefächertem Mark 277

273* Zweige mit durchgehendem Mark 274

274 Bäume, Seitenknospen mit Beiknospen, oft mit kleinen Schildhaaren . . . . ***Carya*** [Abb. 138]

274* Seitenknospen ohne Beiknospen . . 275

275 Große, vom Zweig deutlich abgesetzte Blattkissen, tlw. mit Nebenblattzipfeln, Knospen silbrig behaart . . . . ***Laburnum*** [Abb. 139]

275* Ohne abgesetzte Blattkissen, Knospen bräunlich behaart 276

276 Endknospe breiter als lang . . . . ***Picrasma quassioides*** [Abb. 140]

276* Endknospe länger als breit . . . . ***Frangula*** [Abb. 141]

277 (273) Endknospe länger als 1,8 cm, Knospenblätter abstehend . . . . ***Pterocarya*** [Abb. 142]

277* Knospenblätter anliegend, Knospen kürzer als 1,5 cm . ***Juglans*** [Abb. 143]

278 (272) Zweige und Knospen matt . . 279

278* Zweige glänzend klebrig . . . . ***Chamaebatiaria millefolium*** [Abb. 144]

279 Blüten, Blütenknospen und Früchte endständig, im Winter bis Ende März blühend. Seitenknospen mit Beiknospen oder Zweigrinde schuppig abblätternd 280

279* Blüten, Blütenknospen und Früchte achselständig, Blüte später. Seitenknospen teilweise mit Bereicherungsknospen 282

280 Blütenstände schwarzbraune Walzen an den Triebenden . . . . ***Sinowilsonia henryi*** [Abb. 145]

280* Blütenknospen gedrungen kugelig 281

281 Seitenknospen deutlich gestielt, Knospenblätter anliegend. Großer, bis 7 m hoher Strauch . . . . ***Parrotiopsis jacquemontiana*** [Abb. 146]

281* Seitenknospen sitzend oder kurz gestielt, äußerste Knospenblätter mit der Spitze meist abspreizend. Kleiner, 1 bis 2 m hoher Strauch . . . . ***Fothergilla*** [Abb. 147]

282 Blütenknospen 4–5 mm dick, Blüten ohne Kronblätter, Rinde an älteren Zweigen und Stämmen abblätternd . . . . ***Parrotia persica*** [Abb. 148]

282* Blütenknospen kleiner, gehäuft, Blüten mit 4 schmalen bandförmigen Kronblättern, Blattknospen lang gestielt, mit Beiknospen . . . ***Hamamelis*** [Abb. 149]

283 (271) Blattnarbe einspurig 284

283* Blattnarbe vielspurig 288

284 Zweige mit Stern- oder Schülferhaaren 285

284* Zweige einfach behaart oder kahl . 291

285 Zweige mit Schülferhaaren . . . . ***Elaeagnus*** [Abb. 150]

285* Zweige sternhaarig 286

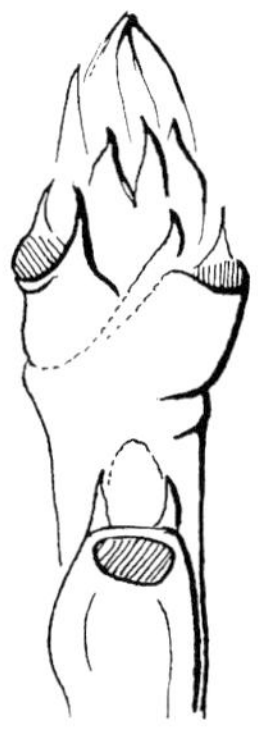

139 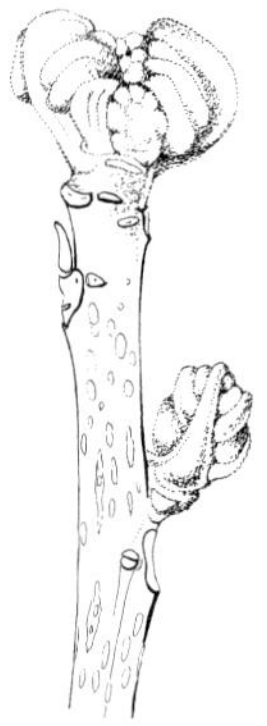 140a 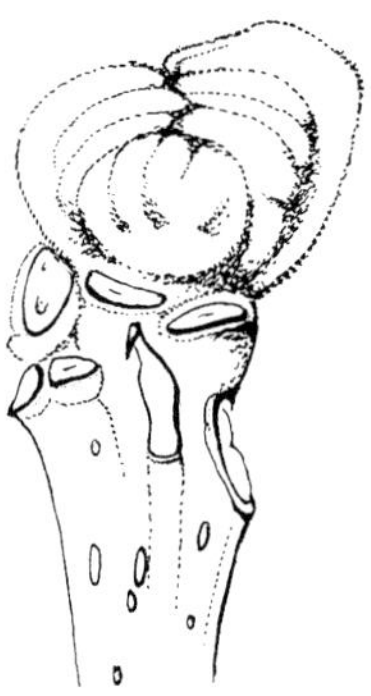 140b  141

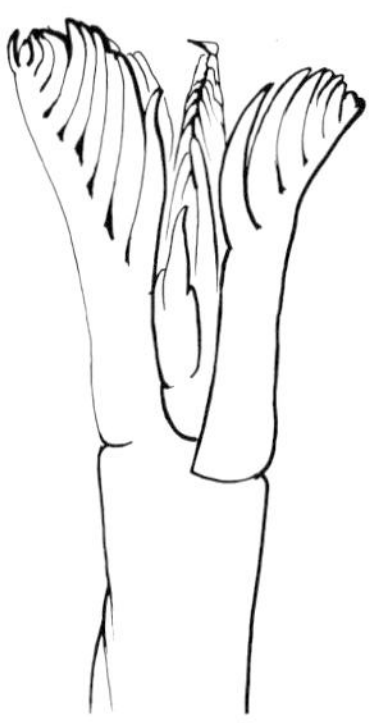

142 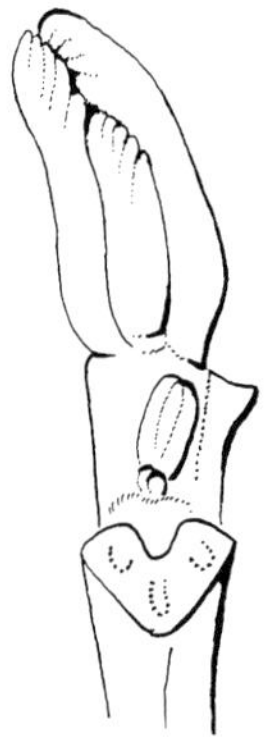 143  144a 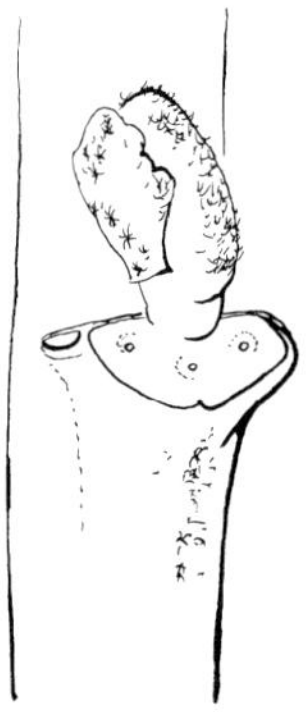 144b

145  146a  146b  147a

147b 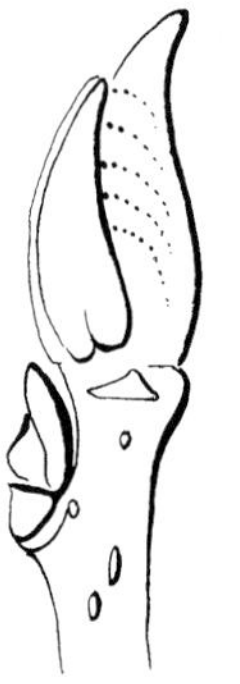 148  149a 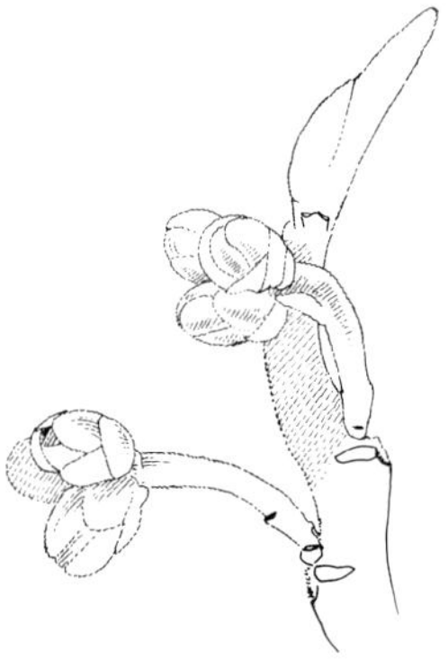 149b

150 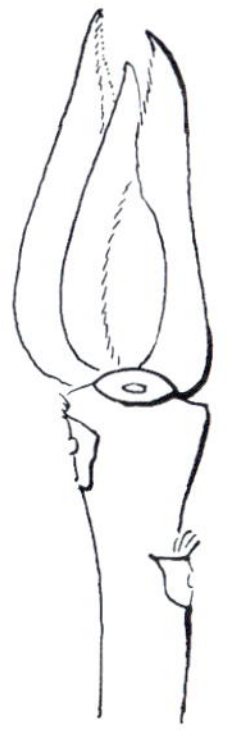 151 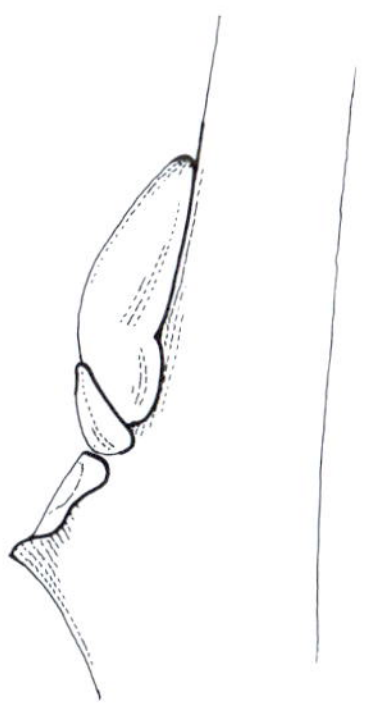 152  153a

153b  154  155  156

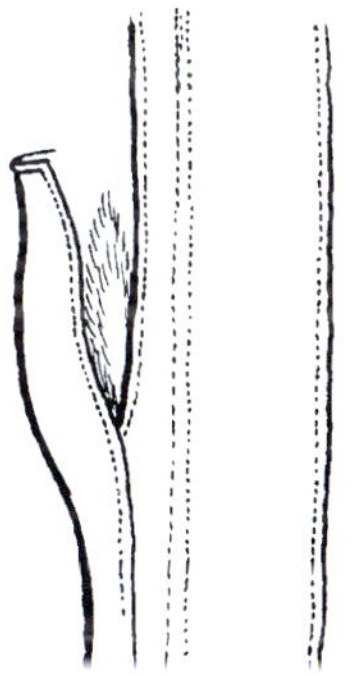

157  158 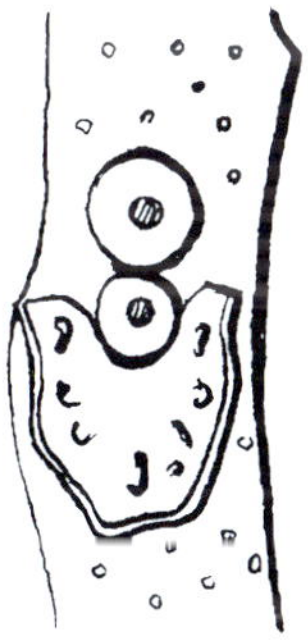 159 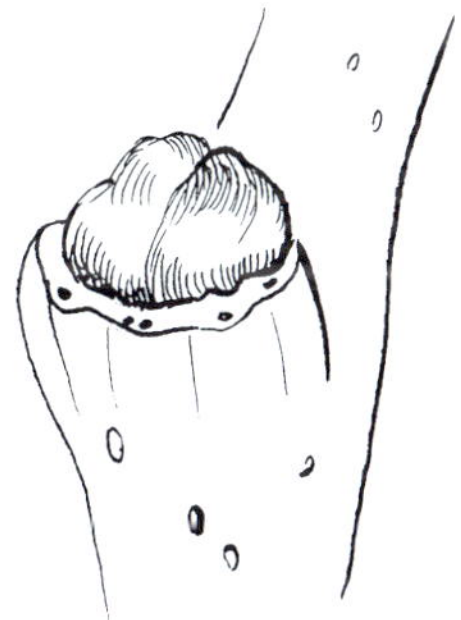 160a

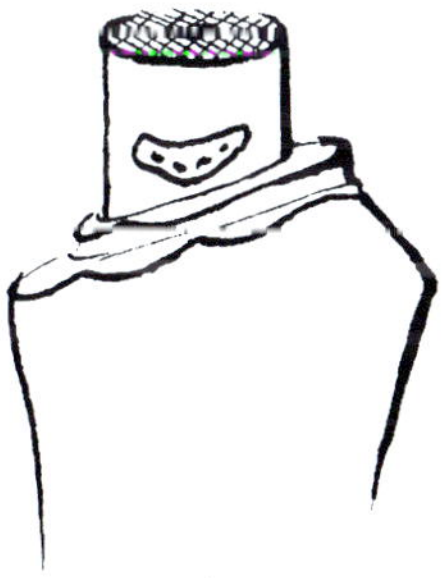

160b 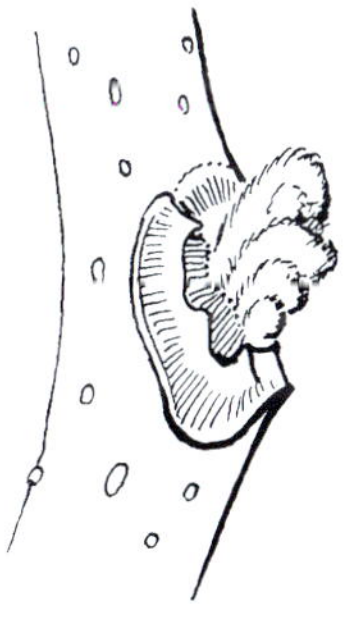 161 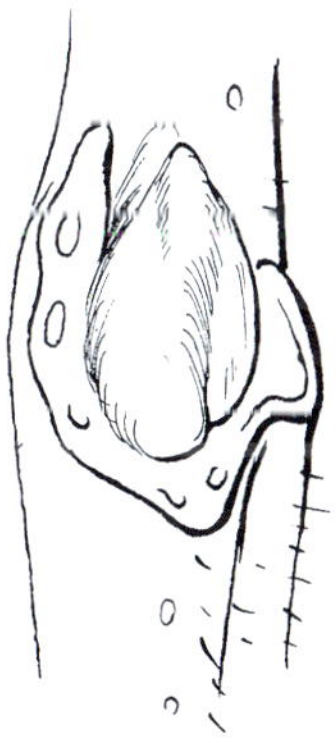 162a 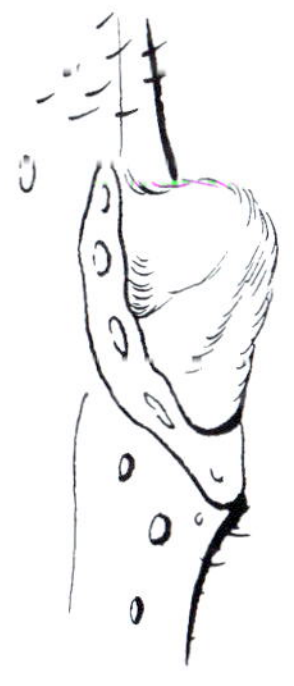 162b

286 Seitenknospen leicht gestielt, meist mit Beiknospen 287

286* Seitenknospen einzeln, sitzend . . . . ***Clethra*** [Abb. 151]

287 Seitenknospen bis 8 mm lang, braun . . . . ***Sinojackia*** [Abb. 152]

287* Seitenknospen länger als 10 mm, äußerste Schuppen leicht abfallend, dann grünlich . ***Pterostyrax*** [Abb. 153]

288 (283) Endknospe lang (mindestens 3-mal so lang wie dick) 289

288* Endknospe eiförmig, nicht extrem lang 290

289 Knospen einfach schwarzbraun behaart, Blütenknospen kugelig . . . . ***Asimina triloba*** [Abb. 154]

289* Seitenknospen oft mit Beiknospen, Zweige und Knospen oft mit Schildhaaren . . . . ***Carya*** [Abb. 138]

290 Blattnarbe 5-spurig . . . . ***Toona sinensis*** [Abb. 155]

290* Blattnarbe mehrspurig, Zweige mit Milchsaft (Vorsicht, Kontaktgift) . . . . ***Toxicodendron*** [Abb. 156]

291 (284) Blattnarbe befindet sich unter der Knospe, Leitbündelspur deutlich . . 292

291* Blattkissen des Tragblattes greift zumindest über die Basis der Knospe, oft mit Nebenblattzipfeln . . . . ***Chamaecytisus*** [Abb. 157]

292 Knospen dunkel violettbraun . . . . ***Daphne*** [Abb. 158]

292* Knospen grünlich . . . . . . ***Edgeworthia***

Blätter/Blattnarben wechselständig, Zweige ohne Endknospen, Knospen nackt oder verborgen

301 (205) Knospen sichtbar 302

301* Knospen unter Blattresten verborgen 312

302 Blattnarbe mit einer Spur 315

302* Blattnarbe mehrspurig 303

303 Blattnarbe mit drei Spuren 307

303* Blattnarbe mit mehr als 3 Spuren . 304

304 Zweige über 8 mm dick . . . . ***Gymnocladus dioicus*** [Abb. 159]

304* Zweige dünner 305

305 Blattnarben den Knoten umgreifend, Strauch . . . ***Dirca palustris*** [Abb. 160]

305* Blattnarben nicht so oft baumartig 306

306 Knospen mit mehreren deutlich abgesetzten Beiknospen . . . . ***Cladrastris*** [Abb. 161]

306* Ohne Beiknospen oder mit einer kaum von der Seitenknospe abgesetzte Beiknospe . . . . ***Alangium platanifolium*** [Abb. 162]

307 (303) Blattnarben umgreifen die sichtbaren Knospen u-förmig 308

307* Blattnarben umgreifen Knospen nicht, evtl. Knospen unter der Blattnarbe oder im Rindengewebe 310
308 Seitenknospen ohne Beiknospen, Zweige braun . . . . . . ***Rhus*** [Abb. 163]
308* Seitenknospen mit Beiknospen . . . 309
309 Zweige grün . . . . ***Styphnolobium japonicum*** [Abb. 164]
309* Zweige braun bis zu 3 Beiknospen unter der Seitenknospe . . . .***Cladrastris*** [Abb. 161]
310 Knospen mit Beiknospen im Zweiggewebe über der Blattnarbe . . . . ***Gleditsia*** [Abb. 165]
310* Knospen unter der Blattnarbe verborgen 311
311 Zweige rund . . . . ***Ptelea trifoliata*** [Abb. 166]
311* Zweige kantig . . . . ***Robinia*** [Abb. 167]
312 (301) Zweige hell grau-bräunlich, Sträucher 313
312* Zweige grün oder dunkelbraun . . . 314
313 Stängelglieder unter 1 cm lang . . . . ***Ononis fruticosa*** [Abb. 168]
313* Stängelglieder länger . . . . ***Hibiscus syriacus*** [Abb. 169]
314 Zweige gelbgrün bis grasgrün. Sträucher 319
314* Zweige dunkel grünlich bis braun, oft Baum 310
315 (302) Zweige und Knospen sternhaarig 316
315* Zweige kahl oder einfach behaart . 317
316 Knospen sitzend . . . . ***Buddleja alternifolia*** [Abb. 170]
316* Knospen gestielt, mit Beiknospen . . . . ***Styrax*** [Abb. 171]
317 Zweige grün 319
317* Zweige graubraun 318
318 Baum . . . . ***Meliosma dilleniifolia*** subsp. ***tenuis*** [Abb. 172]
318* Strauch, Knospen und Seitenzweige oft auffallend zweizeilig . . . . ***Cotoneaster*** [Abb. 173]
319 (314) Zweige rundlich, fein gerieft, binsenartig, Knospen nicht sichtbar . . . . ***Spartium junceum*** [Abb. 174]
319* Zweige anders 320
320 Zweige stark knotig verdickt von den Tragblattbasen, die die Knospen bedecken . . . . . . ***Genista pilosa*** [Abb. 175]
320* Zweige nicht knotig ***Cytisus*** [Abb. 176]

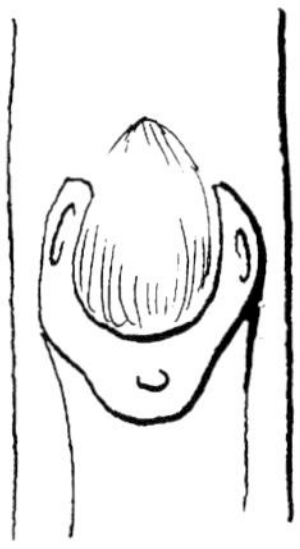

163  164 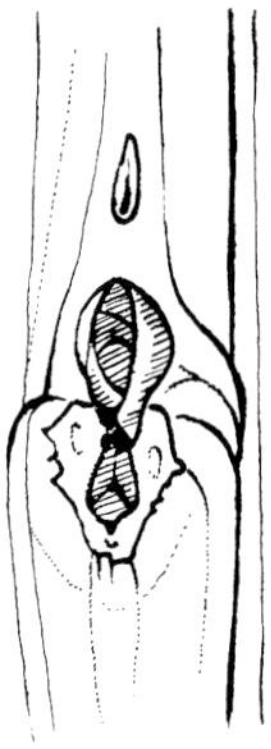 165 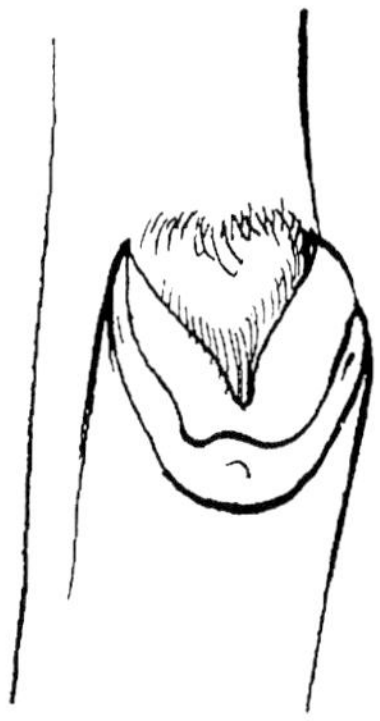 166

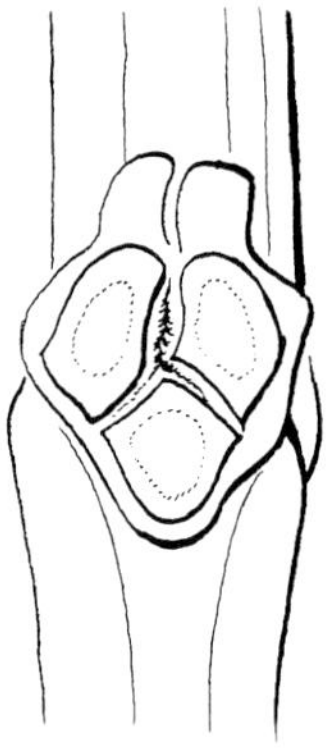

167  168  169 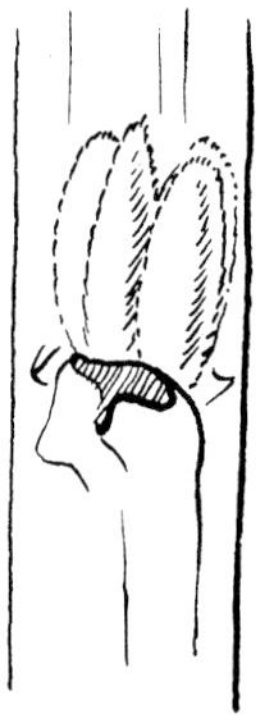 170

171 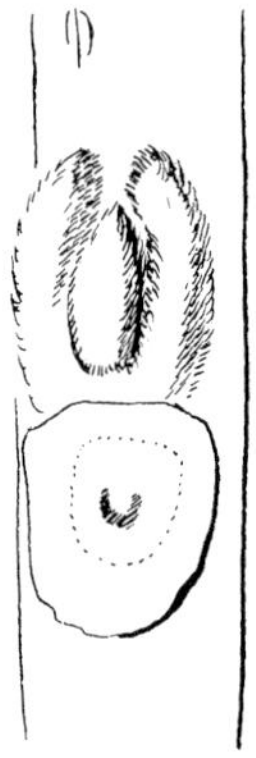 172  173 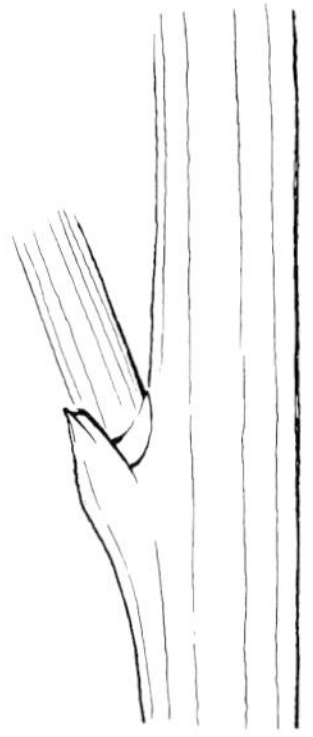 174

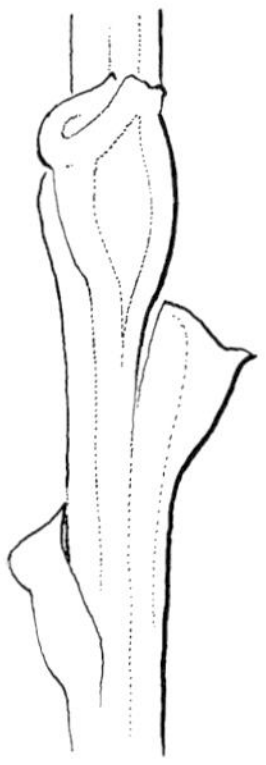

175 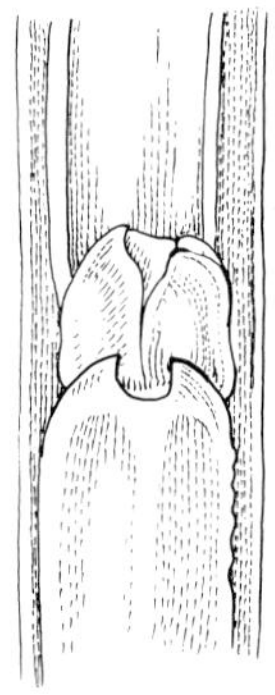 176

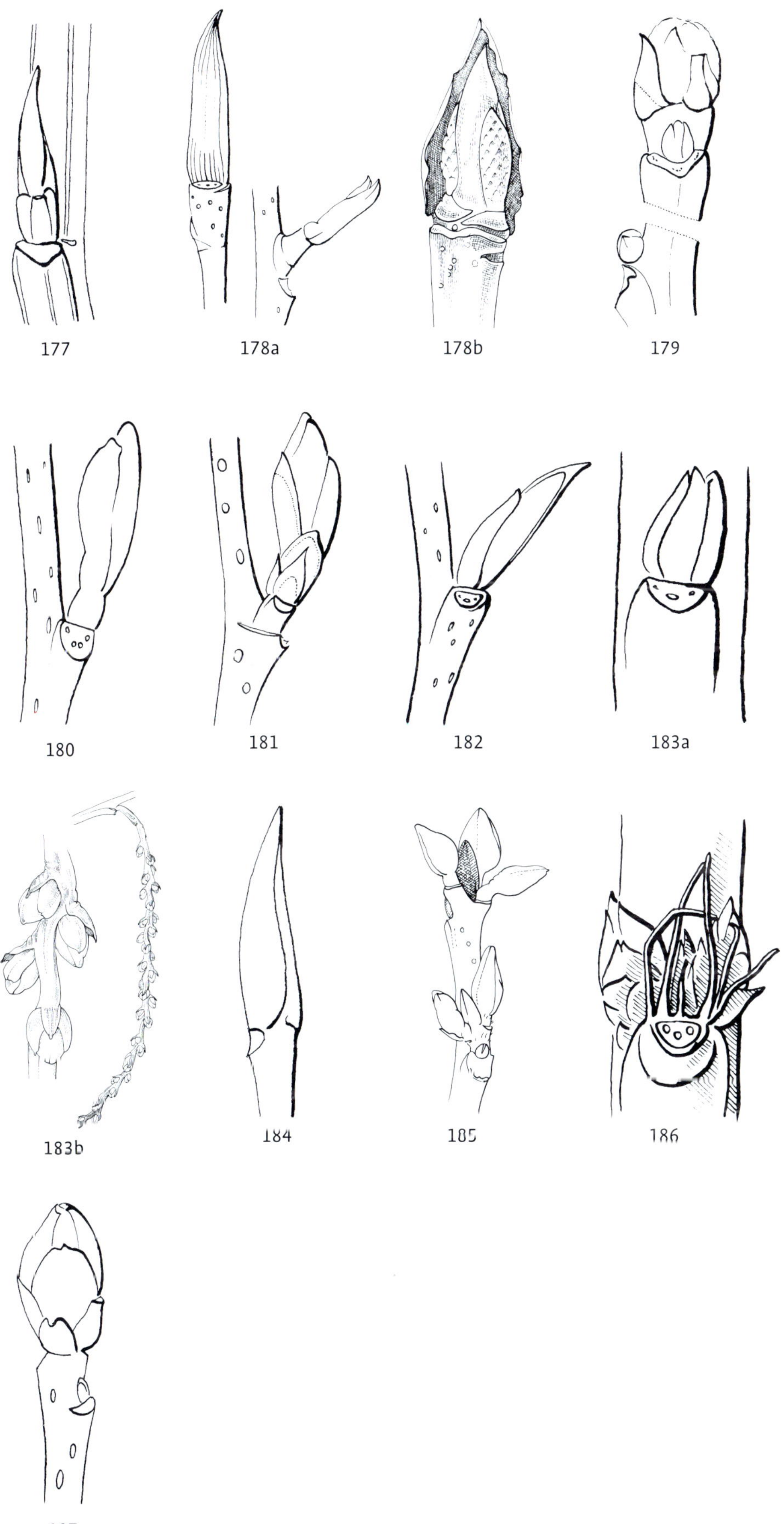
177 178a 178b 179 180 181 182 183a 183b 184 185 186 187

Blätter/Blattnarben wechselständig, Zweige mit Endknospen, Knospen mit Knospenschuppen, Blattnarben dreispurig

331 (206) Blatt- und Blütenknospen deutlich verschieden 332

331* Blatt- und Blütenknospen äußerlich nicht unterscheidbar 341

332 Erste Knospenschuppe der Seitenknospen auf dem Rücken . . . . *Populus* [Abb. 177]

332* Erste Schuppen der Seitenknospen seitlich der Knospe 333

333 Blütenknospen nackte Kätzchen . . 334

333* Blütenknospen als größere oder kleinere Knospen von den Blattknospen unterschieden 338

334 Mark der Zweige gefächert 335

334* Zweige voll 336

335 Endknospen über 20 mm lang . . . . *Pterocarya rhoifolia* [Abb. 178]

335* Knospen kompakt *Juglans* [Abb. 179]

336 Seitenknospen gestielt . . . . *Alnus* [Abb. 180]

336* Seitenknospen sitzend 337

337 Endknospen (nur an Kurztrieben) mit 4 oder mehr Knospenschuppen . . . . *Betula* [Abb. 181]

337* Endknospen mit 2–3 äußeren Schuppen . . . . *Alnus alnobetula* [Abb. 182]

338 (333) Blütenknospen extra, zahlreich in länglichen Trauben . . . . *Stachyurus* [Abb. 183]

338* Blütenknospen am selben Zweigabschnitt wie die Blattknospen 339

339 Blütenknospen als Bereicherungsknospen neben einer Blattknospe 340

339* Blütenknospen oft einzeln; bauchiger als die schlanken Blattknospen . . . . *Corylopsis* [Abb. 184]

340 Blütenknospen leicht gestielt, Schuppen grünlich bis rot, unterste Schuppe einer Knospe fast so lang wie die Knospe . . . . *Lindera* [Abb. 185]

340* Knospen sitzend, bräunlich . . . . *Prunus* [Abb. 186]

341 (331) Zweige mit vollem Mark 343

341* Mark gefächert 342

342 Strauch . . . . *Oemleria cerasiformis* [Abb. 187]

342* Baum 335

343 Kleine, selten über 2 m hohe Sträucher, auch ältere Zweige kaum über 2 cm dick, Rinde oft großflächig abblätternd 344

343* Bäume oder größere Sträucher; ältere Zweige und Stämme meist wesentlich dicker 347

344 Rinde unregelmäßig längs abblätternd 345
344* Rinde nicht oder quer abblätternd 346
345 Blattnarbe mit der Zweigrinde abblätternd, nur die 3 Spuren sichtbar .... ***Sibiraea altaiensis*** [Abb. 188]
345* Blattnarbe deutlich abgesetzt, Seitenknospen leicht gestielt ***Ribes*** [Abb. 189]
346 Früchte zahlreiche in endständigen Schirmtrauben vereinte trockene Hülsen ..... ***Physocarpus*** [Abb. 190]
346* Früchte fehlend oder anders 347
347 Knospen bräunlich 348
347* Zweigrinde nicht querstreifig oder Knospen grün bis rot 349
348 Zweigrinde zweijähriger und älterer Zweige querstreifig und Knospen bräunlich. Häufig mit Bereicherungsknospen .... ***Prunus*** [Abb. 191]
348* Knospen einzeln, Zweige mit großen warzigen Lentizellen............................. ***Pourthiaea*** [Abb. 192]
349 Endknospe schlank spindelförmig . 350
349* Endknospen gedrungener, höchstens länglich eiförmig 353
350 Knospen mit 3–5, zweizeilig stehenden Knospenschuppen ***Aronia*** [Abb. 193]
350* Mit mehr als 5 sichtbaren Knospenschuppen 351
351 Unter 10 Knospenschuppen 352
351* Knospen mit mehr als 10, in 4 Zeilen stehenden ockerbraunen Knospenschuppen. Bäume mit glatter grauer Rinde .... ***Fagus*** [Abb. 194]
352 Die erste Knospenschuppe der Seitenknospen zeigt nach außen .... ***Populus*** [Abb. 177]
352* Die ersten Knospenschuppen befinden sich seitlich an den Seitenknospen .... ***Amelanchier*** [Abb. 195]
353 Zweige behaart oder bereift 354
353* Zweige kahl 360
354 Zweige bereift, Holz gelb .... ***Cotinus*** [Abb. 196]
354* Zweige behaart 355
355 Zweige zur Spitze lang abstehend behaart .... ***Crataegus*** (*Mespilus*) ***germanica*** [Abb. 197]
355* Zweige anliegend behaart 356
356 Zweigspitzen fleckig filzig behaart 357
356* Zweigspitzen gleichmäßig locker behaart 358
357 Die erste Knospenschuppe der Seitenknospen zeigt nach außen .... ***Populus*** [Abb. 177]
357* Die ersten Knospenschuppen der Seitenknospen seitlich der Knospe .... ***Pyrus*** & ***Malus*** [Abb. 198 & 199]

188  189 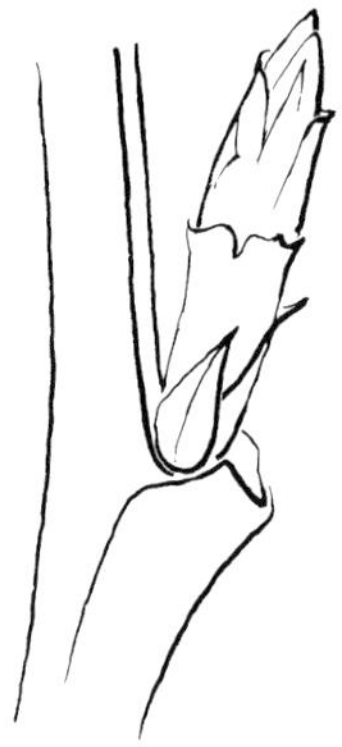 190a 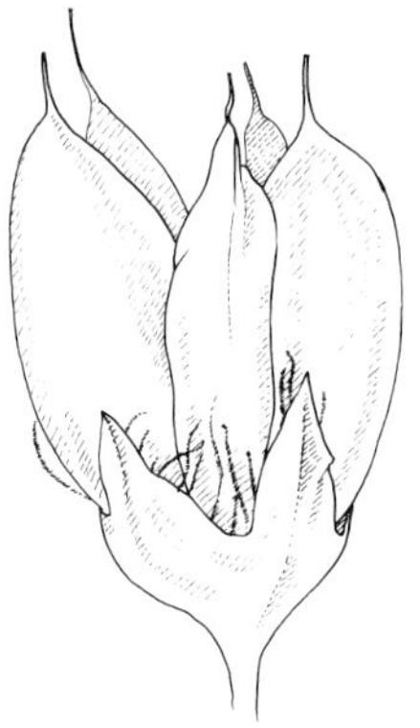 190b

191  192  193  194

195  196 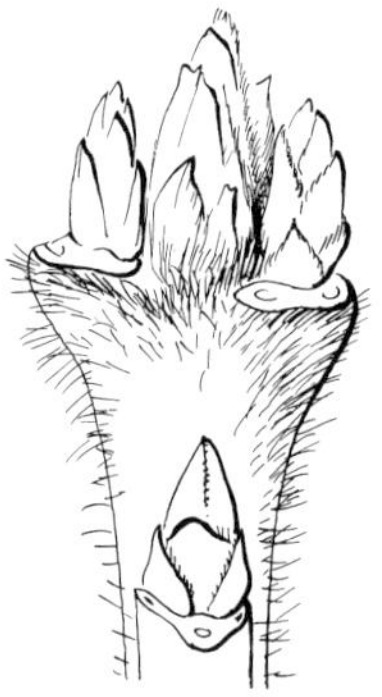 197  198

199

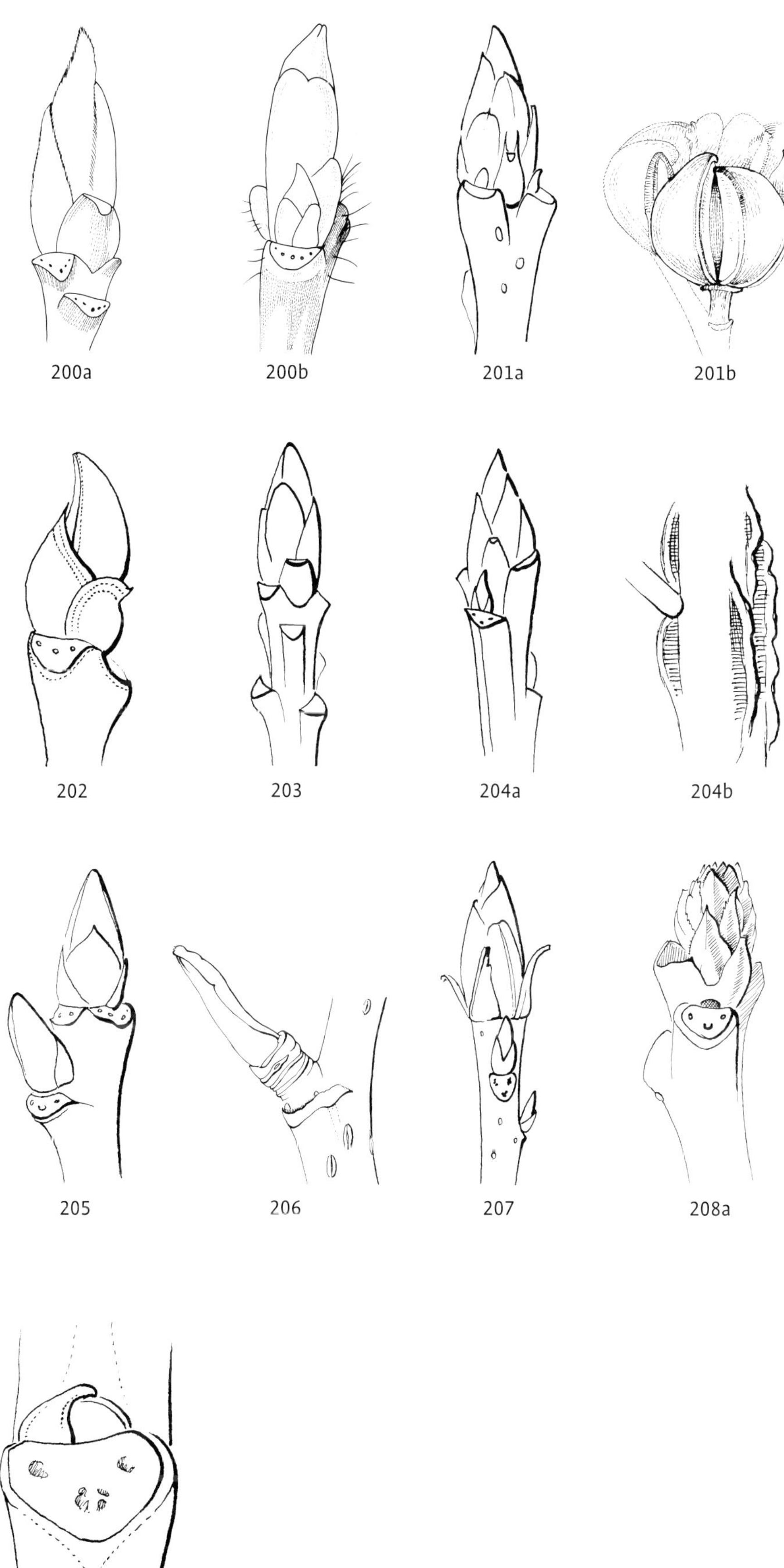

358 Knospenschuppen auf dem Rücken behaart 359

358* Knospenschuppen höchstens bewimpert 360

359 Blattkissen zum Zweig deutlich abgesetzt, oberste Knospenschuppen grünlich, jedoch dicht silbrig behaart, Früchte Hülsen . ***Laburnum*** [Abb. 139]

359* Knospenschuppen nicht deckend behaart, rötlich oder grün mit bräunlichem Saum ..... ***Aria*** u. a. [Abb. 200]

360 (353) Endknospen bis 5 mm lang .. 361

360* Endknospen größer 362

361 Endknospen mit mehr als 5 Schuppen, Strauch, Früchte mit 5 holzigen Bälgen .... ***Exochorda*** [Abb. 201]

361* Endknospen mit 3–4 Schuppen, Baum .... ***Nyssa sylvatica*** [Abb. 202]

362 Die erste Knospenschuppe der Seitenknospen zeigt nach außen .... ***Populus*** [Abb. 177]

362* Die ersten Knospenschuppen befinden sich seitlich an den Seitenknospen 363

363 Endknospen glänzend rot bis grün 364

363* Endknospen meist braun bis graubraun, wenn grünlich, nicht glänzend ... 367

364 Zweige wie die Knospe gefärbt .... ***Cornus alternifolia*** & ***controversa*** [Abb. 203]

364* Zweige andersfarbig als Knospen . 365

365 Knospen grün bis rot, bis 8 mm lang, Zweige häufig mit Korkleisten .... ***Liquidambar*** [Abb. 204]

365* Endknospen länger 366

366 Knospenschuppen mit braunem Saum . ... ***Sorbus*** u. a. [Abb. 200]

366* Knospen allseits weinrot .... ***Davidia involucrata*** [Abb. 205]

367 Blattnarben sehr schmal, den Zweig weit umfassend, Knospe von einer Schuppe umhüllt .... ***Tetracentron sinense*** [Abb. 206]

367* Knospen mit mehr als einer Schuppe 368

368 Blattnarben wappenförmig, mit drei Spurengruppen, Seitenknospen abstehend, oft mit Beiknospen .... ***Carya*** [Abb. 207]

368* Blattnarben quer dreieckig bis abgerundet oval, Seitenknospen nie mit Beiknospen 369

369 Knospen eiförmig, Schuppen an der Spitze abstehend .... ***Xanthoceras sorbifolium*** [Abb. 208]

369* Knospen kegelförmig, Schuppen anliegend, Seitenknospen häufig mit Bereicherungsknospen ... ***Pyrus*** [Abb. 198]

Blätter/Blattnarben wechselständig, Zweige mit Endknospen, Knospen mit Knospenschuppen, Blattnarben nicht dreispurig

381 (206) Blattnarben vorhanden 382
381* Blattnarben nicht vorhanden 416
382 Blattnarben mit zwei Spuren .... ***Ginkgo biloba*** [Abb. 209]
382* Blattnarben mit einer oder mit vielen Spuren 383
383 Blattnarbe mit einer Spur 384
383* Blattnarben mit vielen Spuren 402
384 Blattbasen der abgeworfenen Blätter laufen den Zweig herab. Viel mehr Blattnarben, als Seitenknospen, meist einstämmige Bäume 385
384* Die meisten Blattnarben am Langtrieb besitzen Achselknospen, oft Sträucher 387
385 An mehrjährigen Zweigen mit Kurztrieben 386
385* Mit größeren Narben, der als Ganzes abgeworfenen Kurztriebe .... ***Taxodium*** [Abb. 210]
386 Endknospe am Grund mit fadenartigen, die Knospe überragenden Schuppen .... ***Pseudolarix amabilis*** [Abb. 211]
386* Schuppen nicht so .. ***Larix*** [Abb. 212]
387 Seitenknospen wenigstens an der Basis von Resten des Tragblattes verdeckt 388
387* Seitenknospen frei über der Blattnarbe 391
388 Seitenknospen vom Tragblattrest fast vollkommen verdeckt 389
388* Seitenknospen nur etwa zur Hälfte bedeckt 390
389 Zweige rotbraun, Endknospe aus knäulig zusammengestauchten Knospenblättern .... ***Dasiphora*** [Abb. 213]
389* Zweige graubraun, Endknospe normal ..... ***Calophaca wolgarica*** [Abb. 214]
390 Zweige rundlich .... ***Chamaecytisus*** [Abb. 215]
390* Zweige kantig .. ***Caragana*** [Abb. 216]
391 Mehrere Seitenzweige übergipfeln die ursprüngliche Triebspitze, die durch einen Blütenstand aufgebraucht wurde 392
391* Das Wachstum setzt meist nur ein Zweig an der Spitze fort 395
392 Endknospen dicker als der Zweig . 393
392* Endknospen schlanker als der Zweig, bis 5 mm lang .... ***Daphne*** [Abb. 217]
393 Knospen selten über 6 mm lang, kahl oder grob bewimpert 394
393* Knospen meist größer und oft behaart .... ***Rhododendron*** [Abb. 218]

209

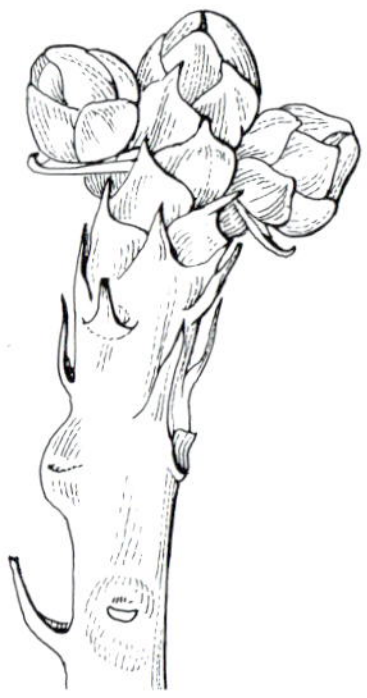

210a

210b

211

212

213a

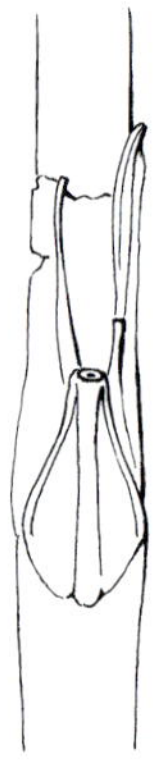

213b

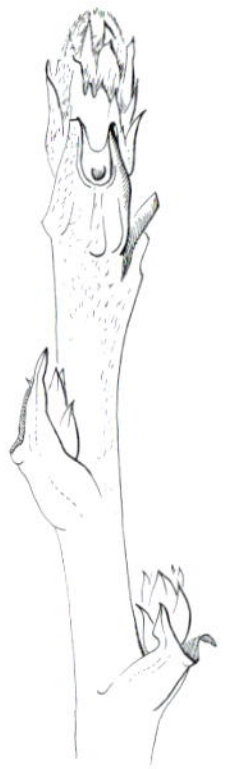

214a

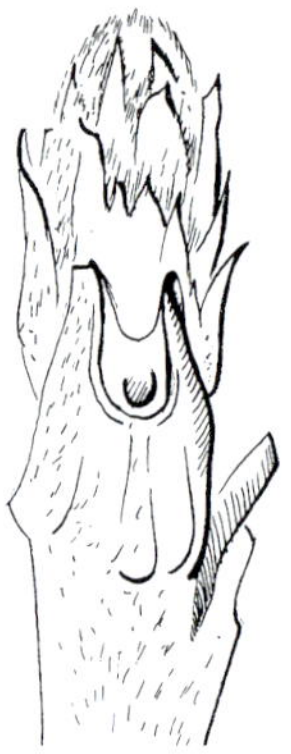

214b

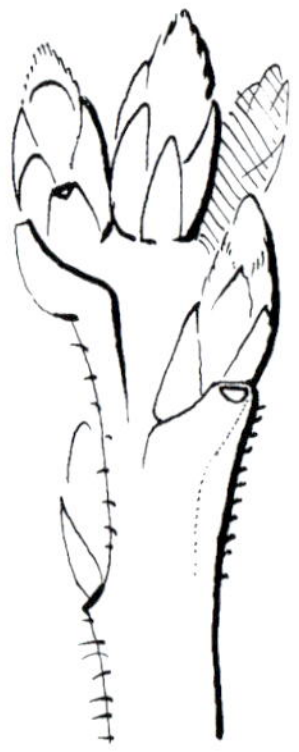

215

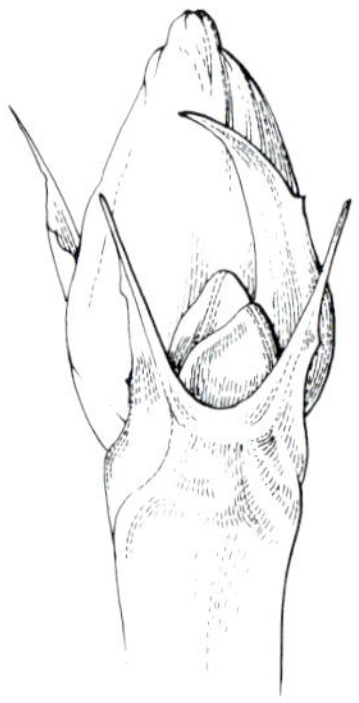

216

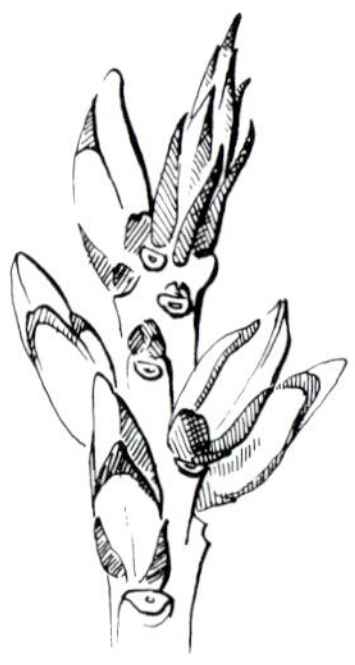

217

218

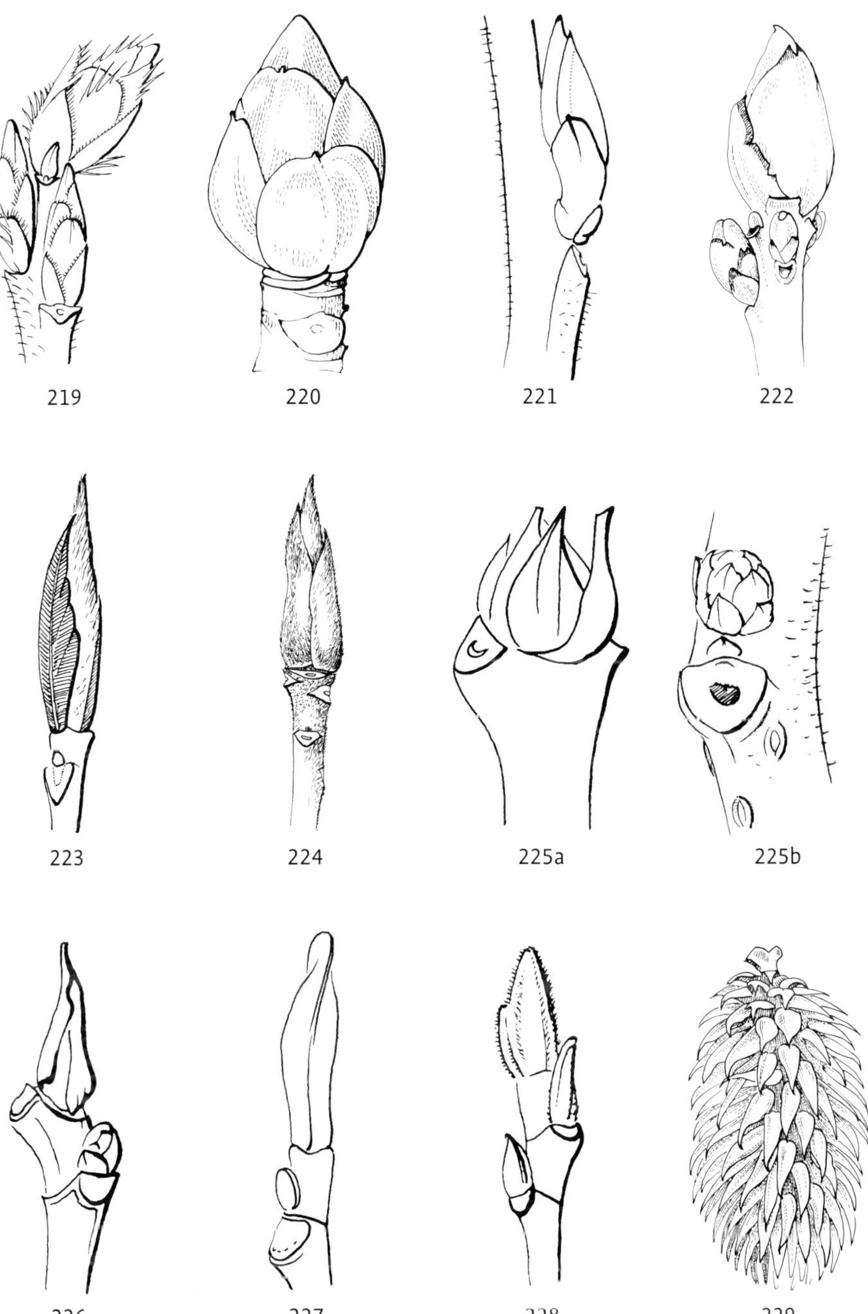

394 Knospen dunkel, bräunlich . . . . **_Rhododendron menziesii_** [Abb. 219]

394* Knospen grünlich bis rötlich . . . . **_Enkianthus_** [Abb. 220]

395 Zweige mit gefächertem Mark . . . . **_Halesia_** [Abb. 221]

395* Mark nicht gefächert 396

396 Zweigspitzen und Knospen mit metallisch schimmernden Schülferhaaren . . . **_Elaeagnus_** [Abb. 150]

396* Zweige kahl oder anders behaart . 397

397 Endknospen über 8 mm lang 398

397* Endknospen kleiner 400

398 Endknospen eiförmig grün, bereift, mit mehr als 3 Schuppen . . . . **_Sassafras albidum_** [Abb. 222]

398* Endknospen länglich zugespitzt, mit zwei Schuppen 399

399 Schuppen rotbraun, spreizend, locker behaart (Stammrinde flächig schuppig) . . . . **_Stewartia_** [Abb. 223]

399* Schuppen anliegend, violettbraun, dicht mit kurzen weißen Haaren . . . . . . **_Franklinia alatamaha_** [Abb. 224]

400 Endknospen unter 2 mm lang, braun . . . . **_Ilex_** [Abb. 225]

400* Endknospen größer und/oder grünlich 417

402 (383) An jedem Knoten umgreift eine Narbe (Nebenblätter des Tragblattes) den Zweig 403

402* Knoten ohne den Zweig umfassende Linie 405

403 Zweige mit Milchsaft . . . . **_Ficus carica_** [Abb. 226]

403* Zweige ohne Milchsaft 404

404 Endknospe kahl, entenschnabelförmig . . . . **_Liriodendron_** [Abb. 227]

404* Endknospe behaart oder kahl, wenn kahl oft sehr groß **_Magnolia_** [Abb. 228]

405 Mit Fruchtzapfen oder kahlen Blütenständen 406

405* Früchte, wenn vorhanden, anders . 407

406 Seitenknospen gestielt . . . . **_Alnus_** [Abb. 180]

406* Seitenknospen sitzend . . . . **_Platycarya strobilacea_** [Abb. 229]

407 Endknospen länger als 12 mm . . . 408

407* Endknospen kleiner 412

408 Blattnarben auf farblich abgesetzten Blattkissen . . . . **_Sorbus_** [Abb. 200]

408* Blattkissen, sofern vorhanden, nicht abgesetzt 409

409 Knospen schlank spindelförmig mit mehr als 15 Schuppen. Baum. . . . . **_Fagus_** [Abb. 194]

409* Knospen mit weniger als 10 Schuppen oder eiförmig 410

410 Bis 2 m hohe Sträucher 411
410* Größere Sträucher oder Bäume . . . 412
411 Knospenschuppen grünlich, Zweige niederliegend, bis 1 m aufsteigend . . . . ***Xanthorhiza simplicissima*** [Abb. 230]
411* Knospenschuppen trocken braun, aufrechter Strauch . . . ***Paeonia*** [Abb. 231]
412 (407) Blattnarben breit, mit mehr als 8 Spuren . . ***Eleutherococcus*** [Abb. 232]
412* Blattnarben anders 413
413 Dichter Strauch mit dünnen Zweigen und trockenen Früchten . . . . ***Physocarpus*** [Abb. 195]
413* Große Sträucher oder Bäume 414
414 Große Seitenknospen flankieren die Endknospe. Knospen mit vielen Schuppen, unterste manchmal mit fadenartiger Spitze . . . . ***Quercus*** [Abb. 233]
414* Endknospe einzeln, höchstens von wesentlich kleineren Seitenknospen flankiert 415
415 Endknospe genauso breit wie hoch . . . . ***Idesia polycarpa*** [Abb. 234]
415* Endknospen deutlich länger, als breit (eiförmig) . . . . ***Carya*** [Abb. 207]
416 (381) Die Tragblätter bleiben schuppenförmig erhalten, kleine aromatische Halbsträucher . . . ***Artemisia*** [Abb. 235]
416* Niederliegender Strauch, Tragblätter vertrocknend . . . . ***Arctostaphylos alpina*** [Abb. 236]
417 (400) Zweige grün 418
417* Zweige braun 419
418 Endknospen mit mehr als 3 Schuppen . . . . ***Euonymus nanus*** [Abb. 237]
418* Endknospen mit 2–3 Schuppen . . . . ***Helwingia japonica*** [Abb. 238]
419 Knospenschuppenränder mit bräunlichen Drüsen besetzt . . . . ***Escallonia virgata*** [Abb. 239]
419* Knospenschuppen nicht so, Knospen über 4 mm lang . . ***Daphne*** [Abb. 217]

Blätter/Blattnarben wechselständig, Knospen ohne Endknospen, Knospen mit Knospenschuppen, Blattnarben dreispurig

420 (207) Knospen mit maximal 5 Schuppen 421
420* Knospen mit 5 oder mehr Schuppen 437
421 Knospen zweizeilig am Zweig 422
421* Knospen spiralig 424
422 Knospen einzeln in der Blattachsel 423
422* Knospen mit Beiknospen . . . . ***Cercis*** [Abb. 240]
423 Knospen meist > 4 mm, (gelb-)grün bis weinrot . . . . ***Tilia*** [Abb. 241]

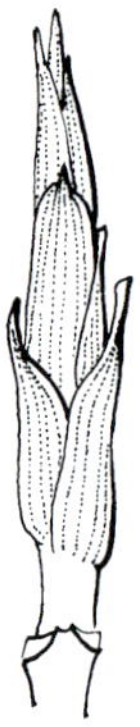

230  231 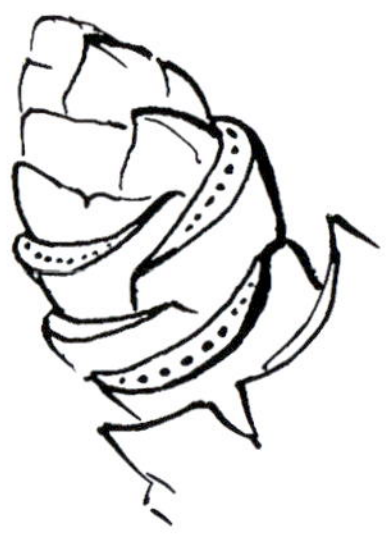 232  233

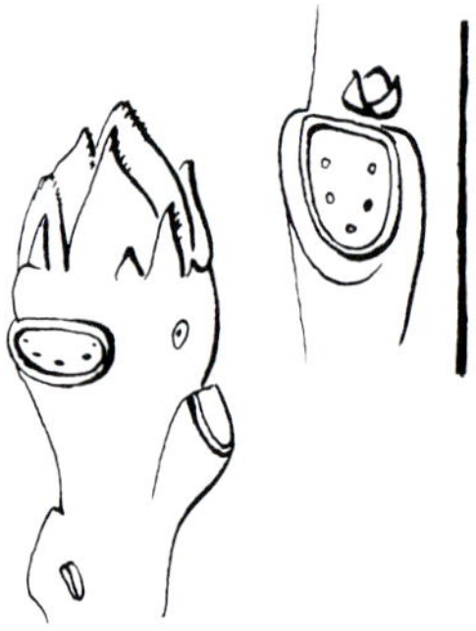

234 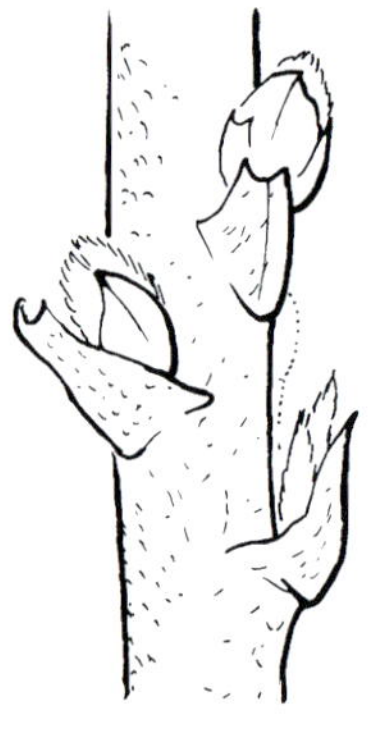 235 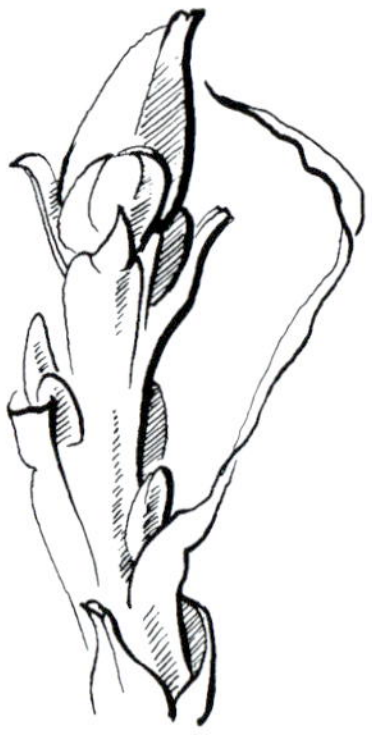 236 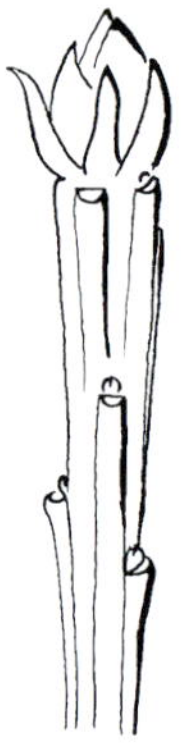 237

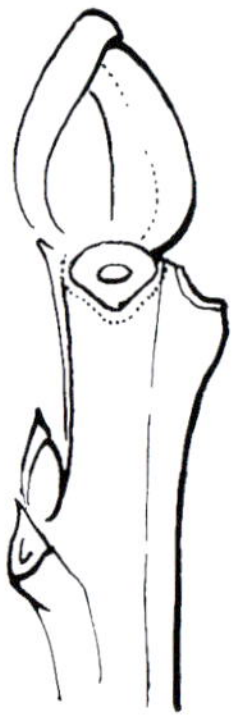

238  239a 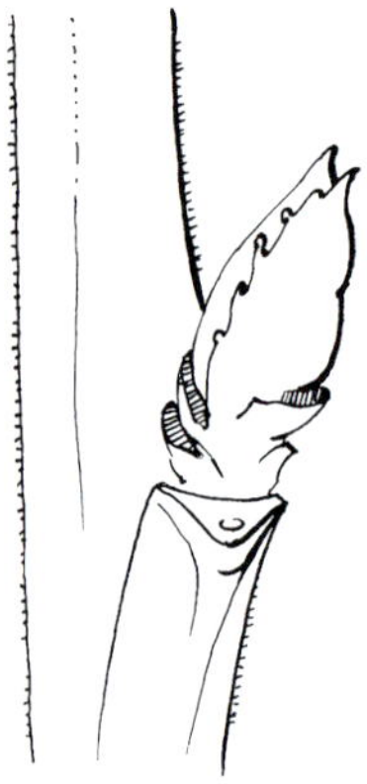 239b 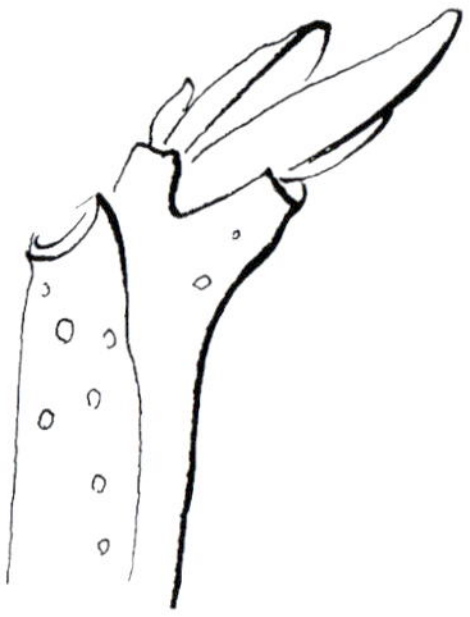 240

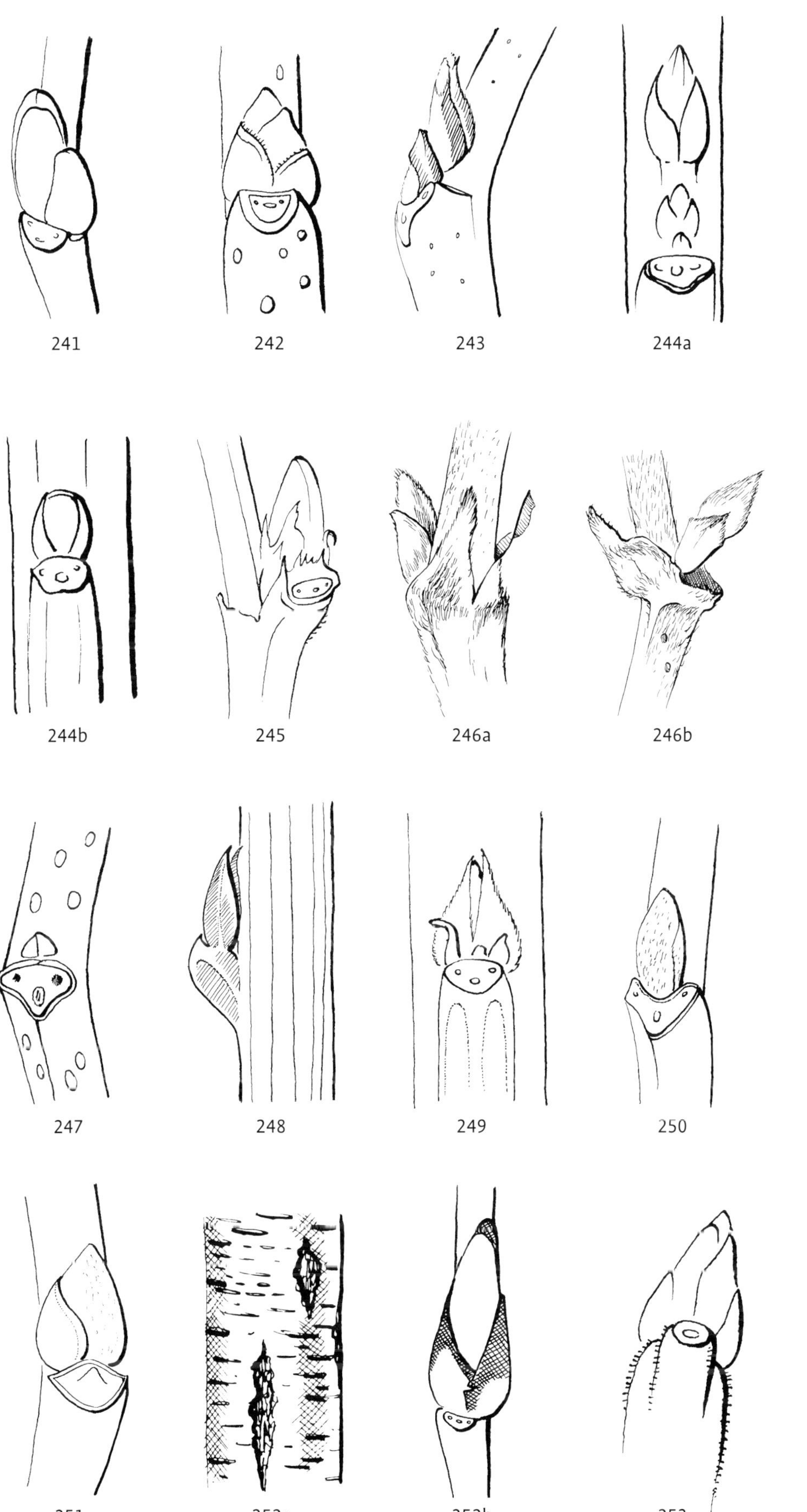

423* Knospen < 4 mm, bräunlich .... ***Celtis*** [Abb. 242]

424 Knospen mit Bei- oder Bereicherungsknospen 425

424* Knospen einzeln 427

425 Strauch 426

425* Baum .... ***Hovenia dulcis*** [Abb. 243]

426 Knospen mit Beiknospen .... ***Amorpha*** [Abb. 244]

426* Knospen mit Bereicherungsknospen ... .***Neviusia alabamensis*** [Abb. 266]

427 An jedem Knoten mit den Zweig umfassenden Nebenblättern oder Nebenblattnarbe, kleiner Strauch 428

427* Ohne Zweig umfassende Nebenblattnarbe 429

428 Nebenblätter (verwachsen) am Zweig anliegend .... ***Atraphaxis*** [Abb. 245]

428* Nebenblätter getrennt, vom Zweig abstehend oder verloren gehend, Knospen dicht, kurz weiß behaart .... ***Hedysarum multijugum*** [Abb. 245]

429 Knospen mit einer Knospenschuppe ... . ***Salix*** [Abb. 60]

429* Knospen mit mehr als einer Knospenschuppe 430

430 Zweige kantig 431

430* Zweige rund 435

431 Baum .. ***Albizia julibrissin*** [Abb. 247]

431* Sträucher 432

432 Nebenblätter des Tragblattes schließen die Knospe ein .... ***Petteria ramentacea*** [Abb. 248]

432* Knospenblätter unabhängig vom Tragblatt 433

433 Knospen 2–3 mm lang 434

433* Knospen um 1 mm lang, Früchte: viele kleine endständige Hülsen .... ***Amorpha*** [Abb. 244]

434 Tragblattnarbe mit Nebenblattresten, Knospenschuppen zugespitzt .... ***Indigofera*** [Abb. 249]

434* Schuppen kaum zugespitzt .... ***Holodiscus discolor*** [Abb. 250]

435 Junge Zweige dünner als 3 mm ... 436

435* Zweige über 3 mm dick .... ***Maackia amurensis*** [Abb. 251]

436 Kleine Sträucher; oder Bäume mit durchgehendem Stamm (Stammrinde oft querstreifig und weißlich) .... ***Betula*** [Abb. 252]

436* Großer Strauch oder kleiner Baum mit schnell verzweigtem Stamm .... ***Cydonia*** [Abb. 253]

437 (420) Knospen zweizeilig am Zweig 438

437* Knospen spiralig 446

438 Knospen mit Beiknospen bzw. Beisprossen; Sträucher . . . . . ***Neillia*** [Abb. 254]
438* Knospen ohne Beiknospen 440
440 Knospen bis 2 mm lang, tlw. mit Bereicherungsknospen . . . . ***Zelkova*** [Abb. 255]
440* Knospen länger als 2 mm 441
441 Knospenschuppen in zwei Zeilen . 442
441* Knospenschuppen in vier Zeilen oder spiralig 443
442 Knospen meist > 4 mm, schief über der Blattnarbe . . . . ***Ulmus*** [Abb. 256]
442* Zweige an der Spitze unter 1 mm dick, Knospen < 4 mm . . . . ***Aphananthe aspera*** [Abb. 257]
443 Knospen länglich eiförmig bis kurz spindelförmig 444
443* Knospen gedrungen, eiförmig . . . . ***Corylus*** [Abb. 258]
444 Knospen kurz spindelförmig, mit mehr als 15 Knospenschuppen . . . . ***Carpinus*** [Abb. 259]
444 *Knospen mit deutlich weniger Schuppen 445
445 Zweige dicht mit kleinen hellen Lentizellen besetzt . . . . ***Disanthus cercidifolius*** [Abb. 260]
445* Lentizellen wenige, relativ unauffällig . . . . ***Ostrya*** [Abb. 261]
446 (437) Zweige klebrig oder aromatisch 447
446* Zweige weder klebrig noch aromatisch 449
447 Blütenknospen größer als Blattknospen 448
447* Nicht so, meist mit alten trockenen Blättern . . . . ***Baccharis*** [Abb. 262]
448 Ohne Nebenblattnarben . . . . ***Myrica*** [Abb. 263]
448* Mit Nebenblattnarben . . . . ***Comptonia peregrina*** [Abb. 264]
449 Zweige kantig 450
449* Zweige rund 452
450 Zweige grasgrün . . . . ***Kerria japonica*** [Abb. 265]
450* Zweige anders gefärbt 451
451 Knospen mit Bereicherungsknospen . . . . ***Neviusia alabamenis*** [Abb. 266]
451* Blasige Früchte . . . ***Colutea*** [Abb. 267]
452 Zweige mit vollem Mark 453
452* Zweige mit gefächertem Mark . . . . ***Itea virginica*** [Abb. 268]

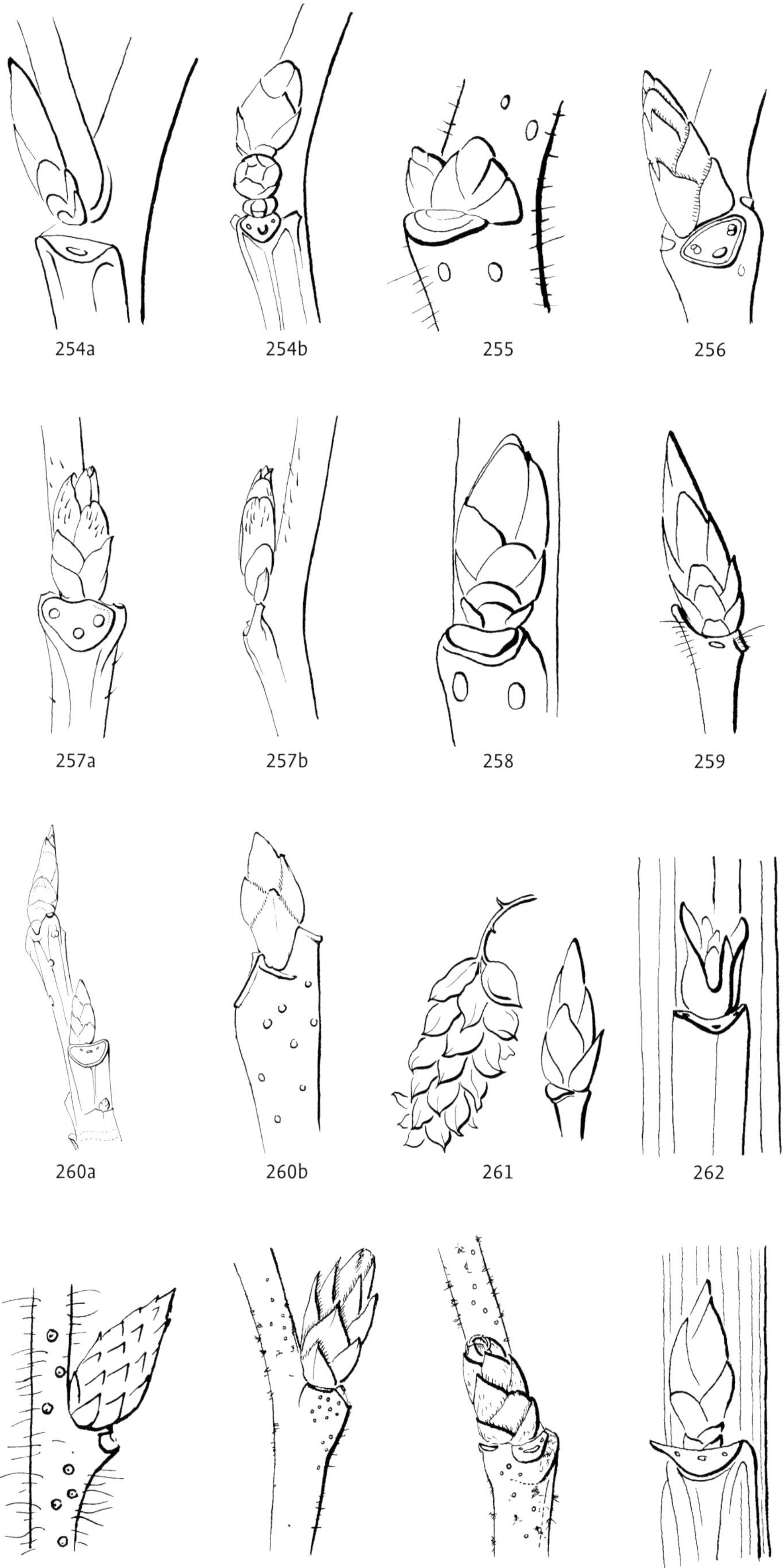

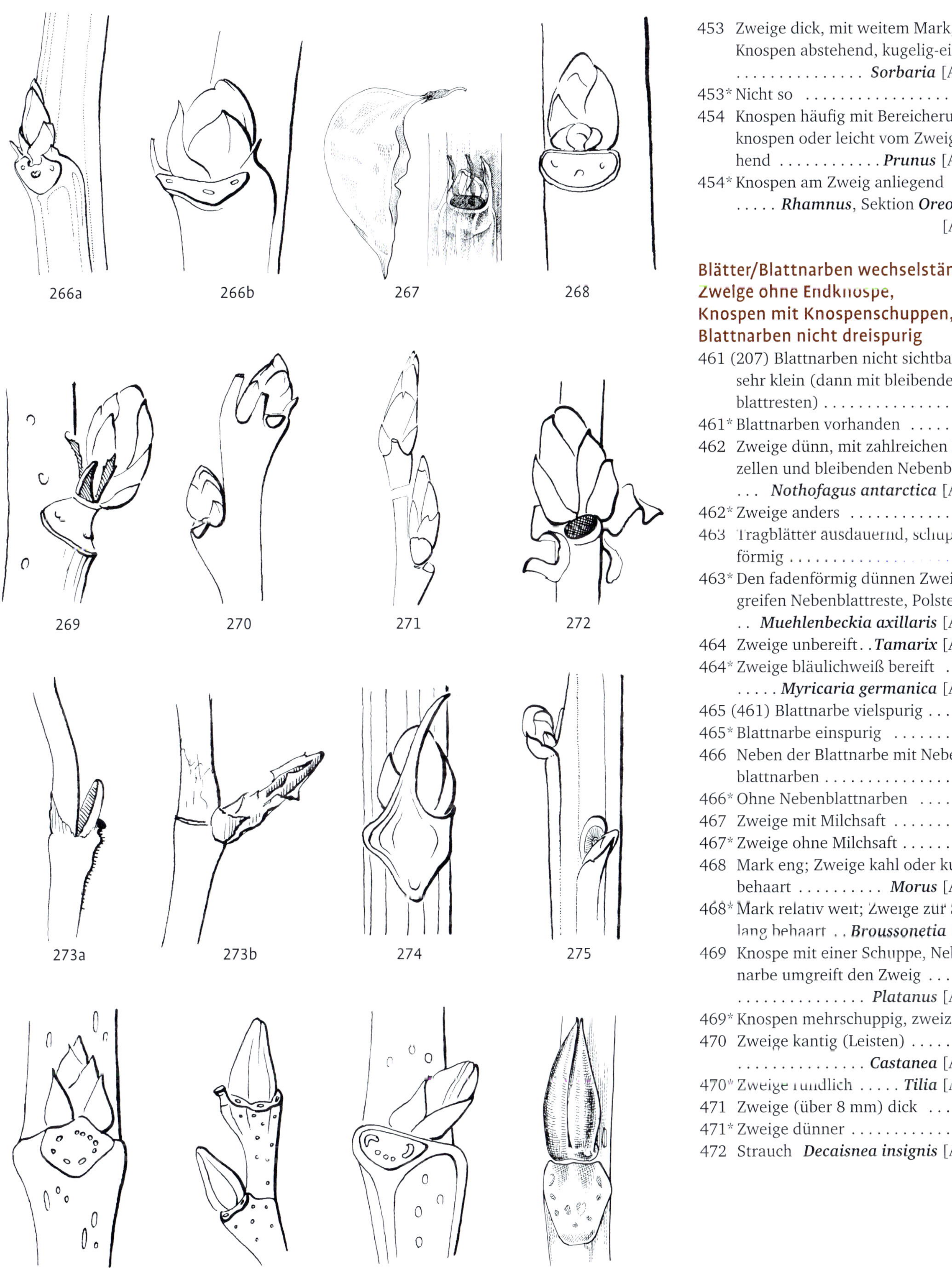

453 Zweige dick, mit weitem Mark, Knospen abstehend, kugelig-eiförmig . . . . **Sorbaria** [Abb. 269]

453* Nicht so 454

454 Knospen häufig mit Bereicherungsknospen oder leicht vom Zweig abstehend . . . . **Prunus** [Abb. 270]

454* Knospen am Zweig anliegend . . . . **Rhamnus**, Sektion **Oreoherzogia** [Abb. 271]

Blätter/Blattnarben wechselständig, Zweige ohne Endknospe, Knospen mit Knospenschuppen, Blattnarben nicht dreispurig

461 (207) Blattnarben nicht sichtbar oder sehr klein (dann mit bleibenden Nebenblattresten) 462

461* Blattnarben vorhanden 465

462 Zweige dünn, mit zahlreichen Lentizellen und bleibenden Nebenblättern . . . . . **Nothofagus antarctica** [Abb. 272]

462* Zweige anders 463

463 Tragblätter ausdauernd, schuppenförmig 464

463* Den fadenförmig dünnen Zweig umgreifen Nebenblattreste, Polsterstrauch . . **Muehlenbeckia axillaris** [Abb. 273]

464 Zweige unbereift. . **Tamarix** [Abb. 274]

464* Zweige bläulichweiß bereift . . . . **Myricaria germanica** [Abb. 275]

465 (461) Blattnarbe vielspurig 466

465* Blattnarbe einspurig 477

466 Neben der Blattnarbe mit Nebenblattnarben 467

466* Ohne Nebenblattnarben 471

467 Zweige mit Milchsaft 468

467* Zweige ohne Milchsaft 469

468 Mark eng; Zweige kahl oder kurz behaart . . . . **Morus** [Abb. 276]

468* Mark relativ weit; Zweige zur Spitze lang behaart . . **Broussonetia** [Abb. 12]

469 Knospe mit einer Schuppe, Nebenblattnarbe umgreift den Zweig . . . . **Platanus** [Abb. 277]

469* Knospen mehrschuppig, zweizeilig 470

470 Zweige kantig (Leisten) . . . . **Castanea** [Abb. 278]

470* Zweige rundlich . . . . . **Tilia** [Abb. 241]

471 Zweige (über 8 mm) dick 472

471* Zweige dünner 473

472 Strauch **Decaisnea insignis** [Abb. 279]

472* Baum .... ***Ailanthus*** [Abb. 280]
473 Halbstrauch oder Strauch 476
473* Baumförmig 474
474 Blattnarben auf deutlichen Kissen, mit vielen Spuren (>8) oder in drei Spurengruppen 475
474* Narben mit 5–7 Spuren, Blütenknospen deutlich größer als Blattknospen .... ***Euptelea*** [Abb. 281]
475 Spuren in drei Spurengruppen .... ***Poliothyrsis sinensis*** [Abb. 282]
475* Narbe vielspurig, an der Triebbasis mit alten Knospenschuppen .... ***Koelreuteria paniculata*** [Abb. 283]
476 An den Triebenden mit vielen Früchten (trockene Kapseln) oder runden Fruchtnarben . . .***Hibiscus syriacus*** [Abb. 169]
476* Knospen schmal und spitz .... ***Ceratostigma willmottianum*** [Abb. 284]
477 (465) Zweige allseits grün, kantig . 478
477* Zweige anders 483
478 Blattnarbe mit Nebenblattzipfeln und/oder Knospen unter dem Blattkissen teilweise verborgen 479
478* Blattnarben ohne Nebenblattzipfel 481
479 Knospen mit Bereicherungsknospen .... ***Hippocrepis emerus*** [Abb. 285]
479* Knospen einzeln 480
480 Knospen braun; Nebenblattzipfel dünn und spitz .... ***Genista*** [Abb. 286]
480* Knospen grünlich; Nebenblattzipfel flach, dreieckig .... ***Cytisus*** [Abb. 176]
481 Knospen am Zweig anliegend 482
481* Knospen vom Zweig abstehend .... ***Chrysojasminum*** [Abb. 287]
482 Knospen länglich. Zweige tief furchig, scheinbar zweizeilig. Bis 50 cm hoher Strauch .... ***Vaccinium*** [Abb. 288]
482* Sträucher größer und Knospen gedrungen oder Zweige mehr rundlich und nur schwach gefurcht .... ***Cytisus*** [Abb. 289]
483 (477) Kleiner Strauch mit weit absterbenden, leicht kantigen Zweigen, Knospen oft zu zweit .... ***Lespedeza*** [Abb. 290]
483* Merkmale anders 484
484 Kleine Sträucher mit weit absterbenden Triebspitzen und runden Zweigen 485
484* Merkmale anders 487
485 Schuppen schließen Knospen vollständig ein. Lebende Zweige mit Milchsaft 486
485* Knospenschuppen auseinander spreizend, innere Blättchen nackt behaart .. .. ***Ceanothus*** [Abb. 291]

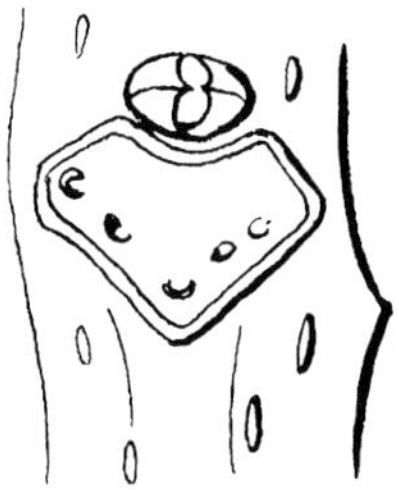

280 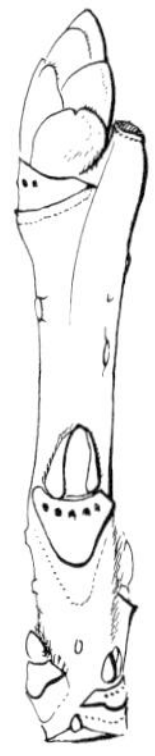 281 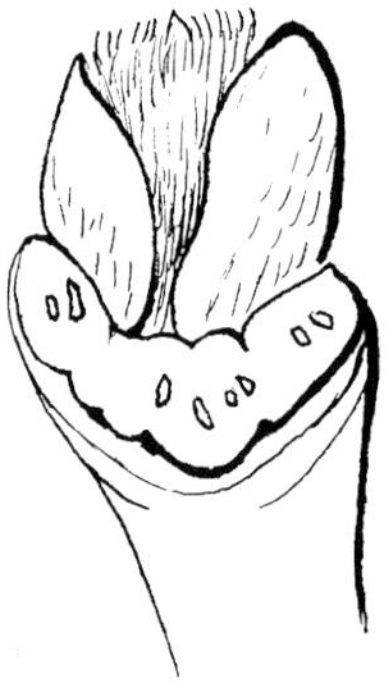 282a 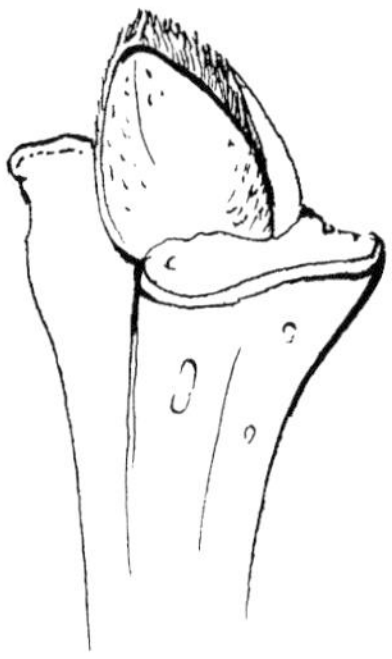 282b

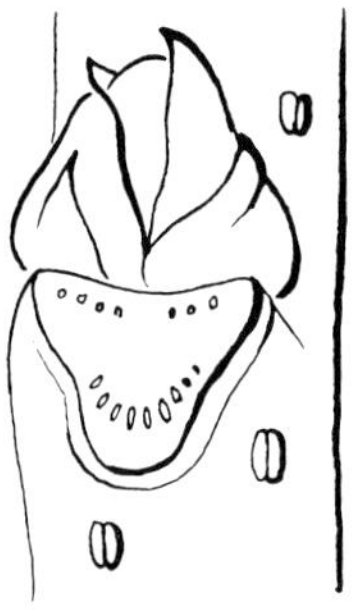

283 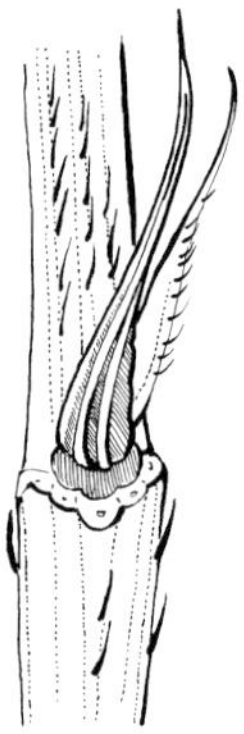 284  285 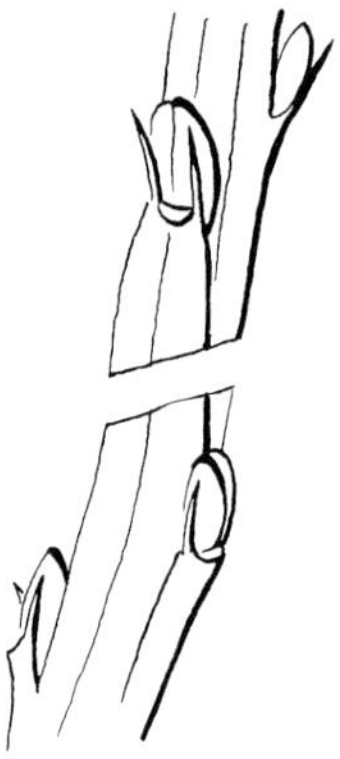 286

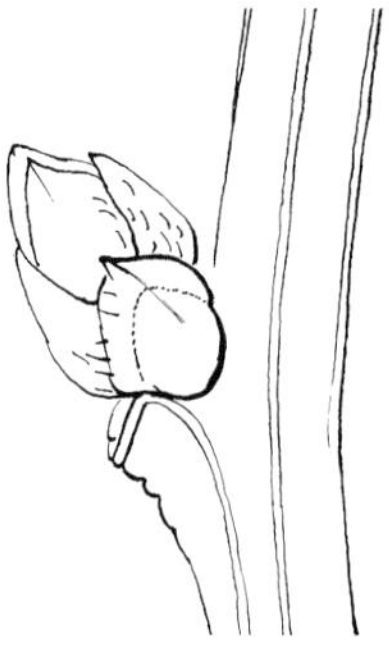

287a 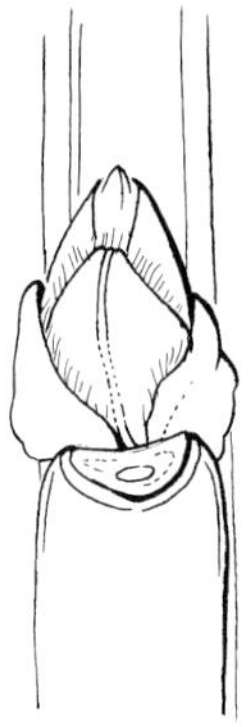 287b 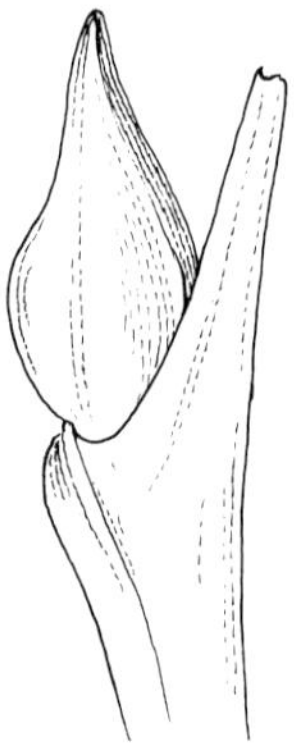 288a 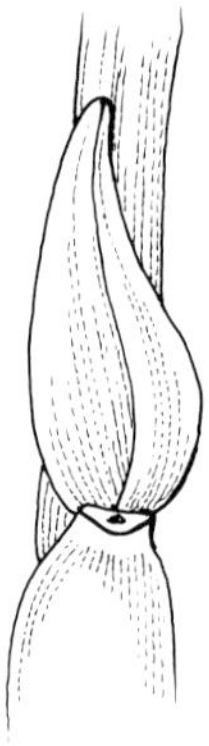 288b

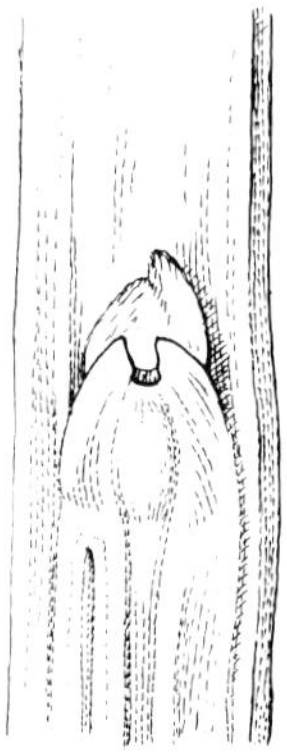

289a 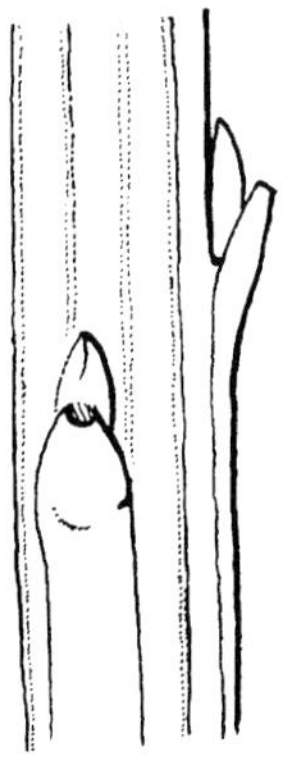 289b  290 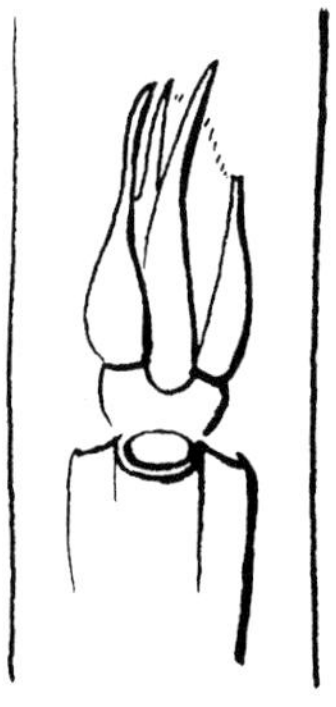 291

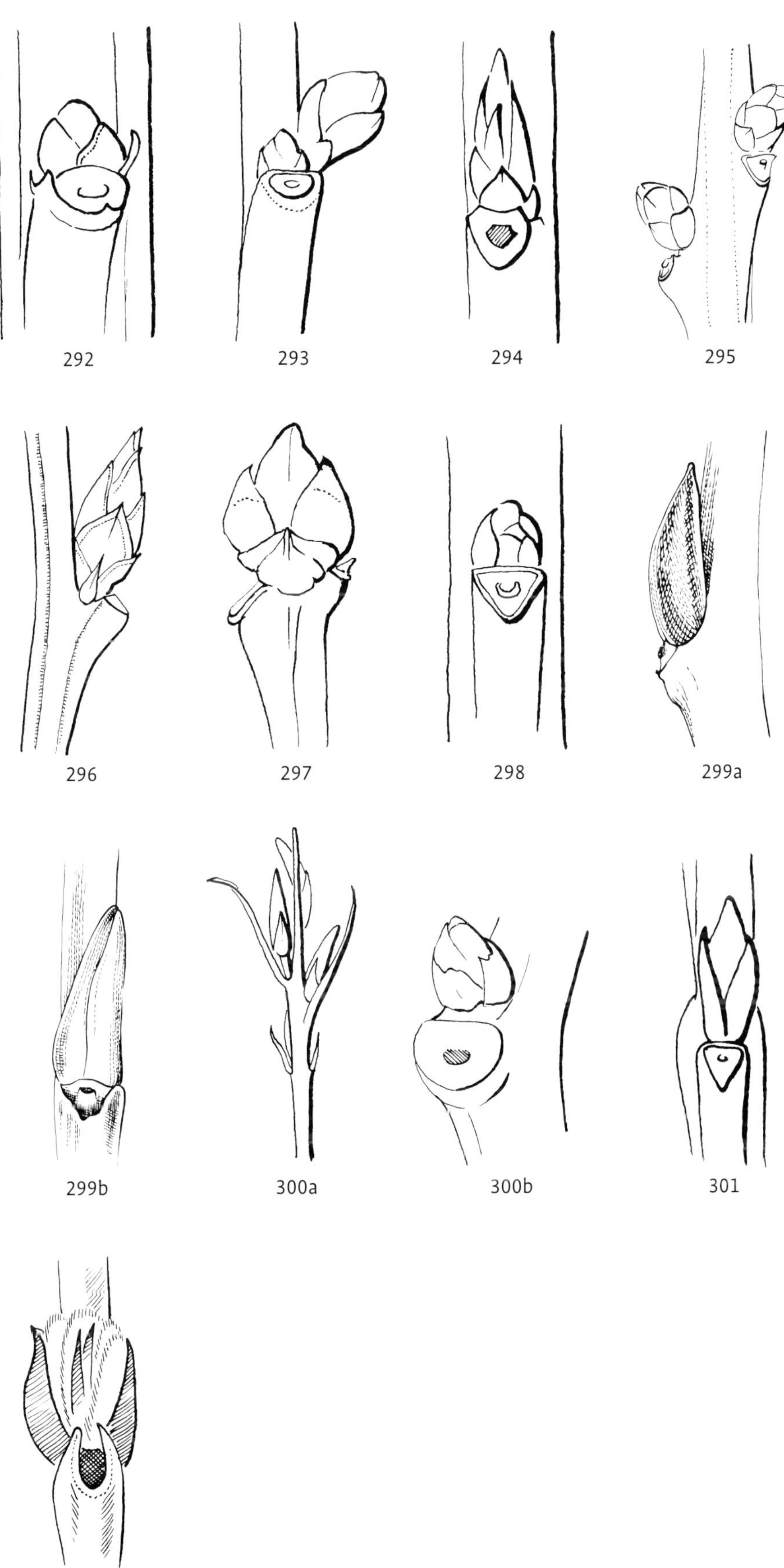

486 Zweige rotbraun, an der Basis um 2 mm dick . . . . ***Flueggea*** (*Securinega*) ***suffruticosa*** [Abb. 292]

486* Zweige graubraun, dünner als 2 mm . . . . ***Leptopus chinensis*** [Abb. 293]

487 Zweige ohne Lentizellen, meist kantig 488

487* Zweige mit Lentizellen, oft rund . . 498

488 Einstämmiger Baum, Zahl der Blattnarben übertrifft die Zahl der Knospen . . . . ***Taxodium*** [Abb. 210]

488* Meist Sträucher 489

489 Tragblatt mit Nebenblattresten . . . 490

489* Ohne Nebenblätter 491

490 Seitenknospen von den Nebenblättern des Tragblattes bedeckt . . . . ***Dasiphora*** [Abb. 213]

490* Knospen gut sichtbar . . . . ***Indigofera*** [Abb. 249]

491 Zweige dünn, braun bis grau, Früchte aus 5 freien Bälgen bestehend, Mark eng bis normal . . . ***Spiraea*** [Abb. 294]

491* Früchte Kapseln oder Beeren aus mehreren verwachsenen Fruchtblättern, Mark oft relativ weit 492

492 Zweige unbereift 493

492* Zweige orangeocker, bläulich bereift . . . . ***Zenobia pulverulenta*** [Abb. 295]

493 Knospen länglich, dem Zw. anliegend 494

493* Knospen vom Zweig abstehend . . . 495

494 Knospen rot, mit 2 Knospenschuppen, Früchte Kapseln . . . . ***Lyonia ligustrina*** [Abb. 299]

494* Knospen grünlich oder braun, Früche hinfällige Beeren. . . . . ***Vaccinium*** [Abb. 301]

495 Knospen > 3 mm 496

495* Knospen < 3 mm 497

496 Zweige mit behaarten Leisten . . . . ***Vaccinium corymbosum*** [Abb. 296]

496* Zweige kahl, Früchte Kapseln . . . . ***Lyonia mariana*** [Abb. 297]

497 Kleiner Baum, Blütenstände nicht sichtbar . . . . ***Oxydrendrum arboreum*** [Abb. 298]

497* Strauch, Blütenstände nackt überwinternd . . ***Eubotrys racemosa*** [Abb. 300]

498 (487) Kleine, selten über 2 m hohe Sträucher 499

498* Großsträucher oder Bäume 500

499 Knospen am Zweig anliegend, mit 2 Schuppen, innere Blätter dicht behaart . . . . ***Cotoneaster*** [Abb. 302]

499* Knospen mehrschuppig, vom Zweig abstehend, auf großen Blattkissen . . . . ***Symplocos paniculata*** [Abb. 303]

500 Zweigrinde mit klebrigem Gummi oder Milchsaft 501

500* Ohne Milchsaft oder Gummi 502

501 Zweigrinde mit klebrigem Gummi . . . . ***Eucommia ulmoides*** [Abb. 304]

501* Zweigrinde mit Milchsaft . . . . ***Broussonetia*** [Abb. 12]

502 Knospen bis 2 mm lang, mit mehr als 3 sichtbaren Schuppen, oft mit Bereicherungsknospen . ***Zelkova*** [Abb. 255]

502* Knospen mit 2 sichtbaren Schuppen, meist deutlich über 2 mm lang . . . . ***Diospyros*** [Abb. 305]

303

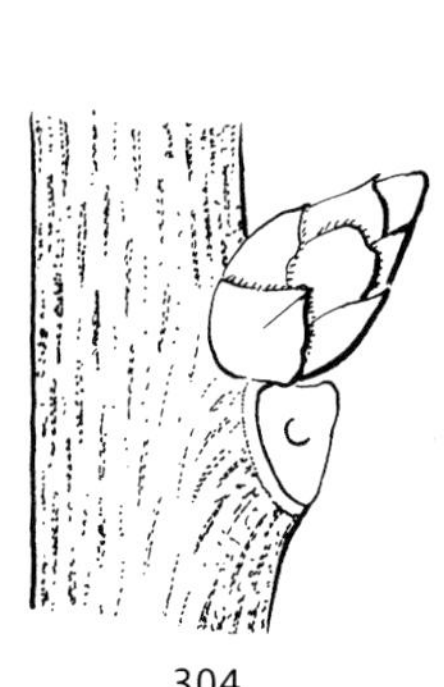
304

305a

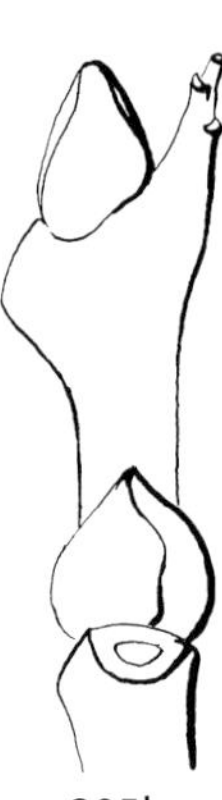
305b

Systematische Gliederung der vorgestellten Gehölzarten

* paraphyletisch

Unterabteilung Spermatophytina, Samenpflanzen
Nacktsamer, Gymnospermae (1. und 2. Klasse)

1. Klasse Ginkgoopsida
Ordnung Ginkgoales, Ginkgoartige
- Familie Ginkgoaceae, Ginkgogewächse

2. Klasse Coniferopsida, Nadelgehölze
Ordnung Pinales, Kiefernartige
- Familie Pinaceae, Kieferngewächse
- Familie Cupressaceae, Zypressengewächse

Ordnung Gnetales
- Familie Ephedraceae, Meerträubelgewächse

3. Klasse Magnoliopsida, Bedecktsamer
Basale Ordnungen*
Ordnung Austrobaileyales, Sternanisartige
- Familie Schisandraceae, Sternanisgewächse

Magnoliiden
Ordnung Magnoliales, Magnolienartige
- Familie Magnoliaceae, Magnoliengewächse
- Familie Annonaceae, Rahmapfelgewächse

Ordnung Laurales, Lorbeerartige
- Familie Calycanthaceae, Gewürzstrauchgewächse
- Familie Lauraceae, Lorbeergewächse

Ordnung Piperales, Pfefferartige
- Familie Aristolochiaceae, Osterluzeigewächse

Einkeimblättrige, Monokotyledonen
Ordnung Liliales, Lilienartige
- Familie Smilacaceae, Stechwindengewächse

Echte Zweikeimblättrige, Eudikotyledonen

Basale Gruppen*
Ordnung Ranunculales, Hahnenfußartige
- Familie Eupteleaceae, Familie Schönulmengewächse
- Familie Lardizabalaceae, Fingerfruchtgewächse
- Familie Menispermaceae, Mondsamengewächse
- Familie Ranunculaceae, Hahnenfußgewächse
- Familie Berberidaceae, Berberitzengewächse

Ordnung Proteales, Silberbaumartigte
- Familie Platanaceae, Platanengewächse
- Familie Sabiaceae

Ordnung Trochodendrales, Radbaumartige
- Familie Trochodendraceae, Radbaumgewächse

Kern-Zweikeimblättrige
Ordnung Saxifragales, Steinbrechartige
- Familie Paeoniaceae, Pfingstrosengewächse
- Familie Altingiaceae, Amberbaumgewächse
- Familie Hamamelidaceae, Zaubernussgewächse
- Familie Cercidiphyllaceae, Katsurabaumgewächse
- Familie Iteaceae, Rosmarinweidengewächse
- Familie Grossulariaceae, Stachelbeergewächse

Rosiden
Ordnung Vitales, Weinrebenartige
- Familie Vitaceae, Weinrebengewächse

Ordnung Celastrales, Spindelstrauchartige
- Familie Celastraceae, Spindelstrauchgewächse

Ordnung Malpighiales, Malpighienartige
- Familie Salicaceae, Weidengewächse
- Familie Hypericaceae, Hartheugewächse
- Familie Phyllanthaceae

Ordnung Cucurbitales, Kürbisartige
- Familie Coriariaceae, Gerberstrauchgewächse

Ordnung Fabales, Schmetterlingsblütenartige
- Familie Fabaceae, Schmetterlingsblütengewächse

Ordnung Fagales, Buchenartige
- Familie Nothofagaceae, Südbuchengewächse
- Familie Fagaceae, Buchengewächse
- Familie Juglandaceae, Walnussgewächse
- Familie Myricaceae, Gagelgewächse
- Familie Betulaceae, Birkengewächse

Ordnung Rosales, Rosenartige
- Familie Rosaceae, Rosengewächse
- Familie Rhamnaceae, Kreuzdorngewächse
- Familie Elaeagnaceae, Ölweidengewächse
- Familie Ulmaceae, Ulmengewächse
- Familie Cannabaceae, Hanfgewächse
- Familie Moraceae, Maulbeergewächse

Ordnung Myrtales, Myrtenartige
- Familie Lythraceae, Weiderichgewächse
- Familie Onagraceae, Nachtkerzengewächse

Ordnung Crossosomatales
- Familie Staphyleaceae, Pimpernussgewächse
- Familie Stachyuraceae, Perlschweifgewächse

Ordnung Malvales, Malvenartige
- Familie Thymelaeaceae, Seidelbastgewächse
- Familie Malvaceae, Malvengewächse

Ordnung Brassicales, Kreuzblütenartige
- Familie Brassicaceae, Kreuzblütengewächse

Ordnung Sapindales, Seifenbaumartige
- Familie Anacardiaceae, Sumachgewächse
- Familie Sapindaceae, Seifenbaumgewächse
- Familie Simaroubaceae, Bittereschengewächse
- Familie Meliaceae, Zedrachgewächse
- Familie Rutaceae, Rautengewächse

Ordnung Caryophyllales, Nelkenartige
- Familie Tamaricaceae, Tamariskengewächse
- Familie Plumbaginaceae, Bleiwurzgewächse
- Familie Polygonaceae, Knöterichgewächse

Asteriden

Ordnung Cornales, Hartriegelartige
- Familie Cornaceae, Hartriegelgewächse
- Familie Nyssaceae, Tupelogewächse
- Familie Hydrangeaceae, Hortensiengewächse

Ordnung Ericales, Heidekrautartige
- Familie Ebenaceae, Ebenholzgewächse
- Familie Theaceae, Teestrauchgewächse
- Familie Symplocaceae
- Familie Styracaceae, Storaxbaumgewächse
- Familie Actinidiaceae, Strahlengriffelgewächse
- Familie Clethraceae, Zimterlengewächse
- Familie Ericaceae, Heidekrautgewächse

Ordnung Garryales
- Familie Eucommiaceae, Guttaperchabaumgewächse

Ordnung Gentianales, Enzianartige
- Familie Rubiaceae, Rötegewächse
- Familie Apocynaceae, Unterfamilie Asclepiadoideae, Schwalbenwurzgewächse

Ordnung Lamiales, Lippenblütlerartige
- Familie Oleaceae, Ölbaumgewächse
- Familie Scrophulariaceae, Braunwurzgewächse
- Familie Lamiaceae, Lippenblütler
- Familie Paulowniaceae, Paulowniengewächse
- Familie Bignoniaceae, Klettertrompetengewächse

Ordnung Solanales, Nachtschattenartige
- Familie Solanaceae, Nachtschattengewächse

Ordnung Aquifoliales, Stechpalmenartige
- Familie Helwingiaceae
- Familie Aquifoliaceae, Stechpalmengewächse

Ordnung Asterales, Asternartige
- Familie Asteraceae, Korbblütler

Ordnung Escalloniales
- Familie Escalloniaceae, Andenstrauchgewächse

Ordnung Dipsacales, Kardenartige
- Familie Viburnaceae, Schneeballgewächse
- Familie Caprifoliaceae, Geißblattgewächse

Ordnung Apiales, Doldenblütler
- Familie Araliaceae, Araliengewächse

Beschreibung der Baum- und Straucharten

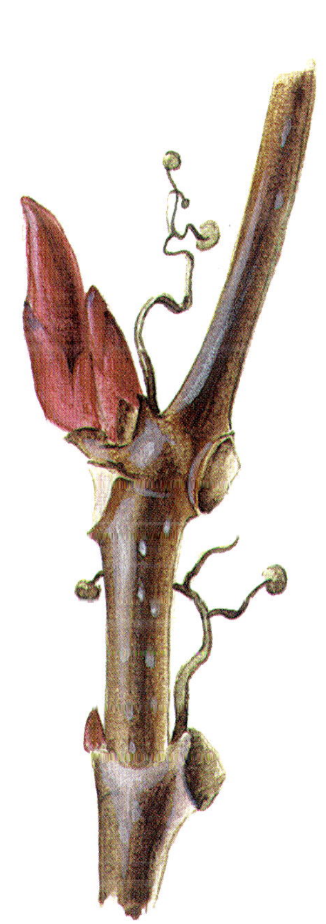

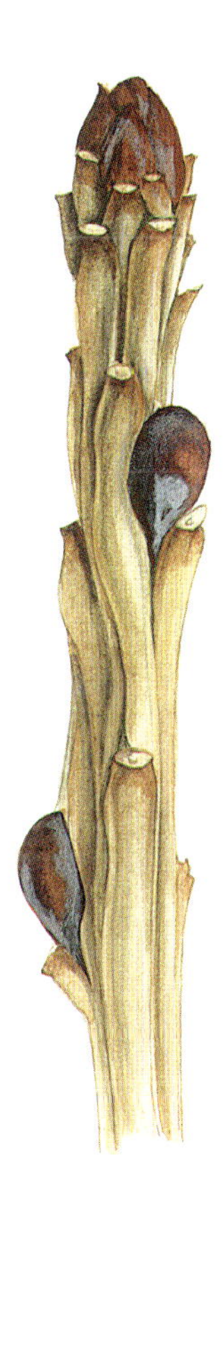

Nacktsamer

Familie Ginkgoaceae, Ginkgogewächse

Nur eine Art dieser stammesgeschichtlich sehr alten Gruppe hat bis in die heutige Zeit überdauert („lebendes Fossil"). Ein altertümliches Merkmal ist die gablige Verzweigung der Leitbündel im Blatt (wie sie auch bei Farnen auftritt), die sich hier in der zweispurigen Blattnarbe widerspiegelt.

***Ginkgo biloba* L., Ginkgo**
Knospen kegelig eiförmig, 4–5 mm lang, mit spiralig stehenden einfachen Knospenschuppen, die wechselständigen Seitenknospen zusätzlich mit zwei kleinen schmalen Vorblattschuppen. Knospenschuppen rotbraun, teilweise glänzend. **Zweige** (Langtriebe): glatt, aber unregelmäßig gefurcht, einjährig ocker- bis dunkelbraun, mit silbrig grauen Partien. Mehrjährig grau bis graubraun, mit länglichen unregelmäßigen Rissen. An den Jahresgrenzen Zweige deutlich verdickt. An mehrjährigen Langtrieben befinden sich, wie bei der Lärche, zahlreiche Kurztriebe, die aber kräftiger sind und im Laufe der Jahre deutlich länger werden. **Mark** relativ schmal, frisch hell, an der Luft sich orangebraun verfärbend. **Blattnarben** zweispurig! Über 30 m hoher, häufig gepflanzter Baum aus China.

Familie Pinaceae, Kieferngewächse

In der Nordhemisphäre verbreitete überwiegend immergrüne Gehölze mit spiralig stehenden Nadelblättern. Blattnarbe immer einspurig, da nur ein Leitbündel in die Nadel tritt. **Früchte** verholzende Zapfen mit zahlreichen Samenschuppen und ± entwickelten, unter den Samenschuppen hervorstehenden, schmalen Deckschuppen.

Schlüssel Pinaceae

1 Endknospen am Grund mit fädigen, die Knospe überragenden Schuppen . . . . *Pseudolarix amabilis*

1* Endknospen ohne fädige Schuppen . . . . ***Larix***

Larix Mill., Lärche

Hohe Bäume mit einem meist ± geraden, durchgehenden Stamm. Gestalt in der Jugend ± schmal pyramidal, später mit unregelmäßiger lockerer Krone. Von wenigen starken Ästen hängen dünne Seitenzweige herunter. Blattstellung spiralig.
Die Zweige sind in Langtriebe und in wenige Millimeter lange Kurztriebe (an vorjährigen und älteren Langtrieben) differenziert. Einjährige Langtriebe noch ohne seitliche Kurztriebe, bei den Arten unterschiedlich gefärbt: gelb, braun oder ± rötlich. Ihre Oberfläche ist von Unterblattpolstern, die in leicht abspreizende, einspurige Oberblattnarben enden, bedeckt. Die Nadeln bestehen nur aus dem Oberblatt und werden im Herbst abgeworfen.
Wichtigste Unterscheidungsmerkmale bieten Zapfen und Zweige. Die Zapfen unterscheiden sich bei den Arten in ihrer Größe, der Zahl und Form der Samenschuppen sowie der Ausprägung der Deckschuppen.
Die Gattung ist in den kühleren Breiten und den Gebirgen der gemäßigten Zone verbreitet und reicht bis an die Grenzen der baumförmigen Vegetation.

Schlüssel *Larix*

1 Einjährige Zweige strohgelb, mehrjährige grau; unbehaart und unbereift . . . . ***Larix decidua***

1* Einjährige Zweige rötlich oder braun, teilweise behaart und/oder bereift . . . 2

2 Deckschuppen in geschlossenen Zapfen unsichtbar, Zweige dünn bis mitteldick 3

2* Deckschuppen die Samenschuppen weit überragend, Zweige dick . . . . *Larix occidentalis*

3 Rinde mit grober Struktur und Zapfen größer als 10–15 mm 4

3* Rinde erst glatt, später fein schuppig; Zweige dünn; Zapfen klein (15 mm) und wenigschuppig . . . . *Larix laricina*

4 Zweige meist unbehaart, Zapfenschuppen rosenartig zurück gebogen . . . . ***Larix kaempferi***

4* Zweige meist behaart, Zapfen relativ klein, sehr vielgestaltige Art . . . . *Larix gmelinii*

Ginkgo biloba
Zweigspitze

Ginkgo biloba
Kurztrieb

Larix decidua
Ausschnitt aus zweijährigem Langtrieb mit Kurztrieben

Larix decidua
Zweigspitze

Larix decidua
Zweig mit Zapfen

Larix gmelinii
Zweigspitze

Larix sibirica
Zapfen

Larix gmelinii
Zapfen

Larix decidua **MILL., Europäische Lärche**
[*Larix europaea* LAM. & A. DC.]
Knospen rotbraun bis dunkelbraun, teilweise mit leichter wachsartiger Bereifung. **Endknospen** der Langtriebe halbkugelig bis eiförmig, die der Kurztriebe ± versenkt, umgeben von den hellen ockergelben Narben der Kurztriebnadeln und den zurück gerollten grauen Schuppenblättern der Vorjahresknospen. **Seitenknospen** flach halbkugelig. **Zweige** letzter Ordnung (jüngste) lang herunterhängend, mit ockergelben Nadelpolstern, kahl und ohne Bereifung. **Zapfen** hellbraun, länglich eiförmig, 2–4 cm lang, mit 25–40 abgerundeten Samenschuppen. Samenschuppen kahl oder schwach behaart, Ränder weder nach innen, noch nach außen gebogen. Deckschuppen überragen die Samenschuppen nur im unteren Teil.
In den europäischen Gebirgen natürlich vorkommender sowie forstlich häufig angebauter bis 45 m hoher Baum. *Larix decidua* var. *polonica* (RACIB. EX WÓYCICKI) OSTENF. & SYRACH-LARSEN hat kleinere, oft etwas behaarte Zapfen.

Larix sibirica **LEDEB., Sibirische Lärche**
[*Larix russica* (ENDL.) SABINE ex TRAUTV.]
Ähnlich der Europäischen Lärche. Unterscheidet sich vor allem in den **Zapfen** 2,5–5 cm lang, dunkelrotbraun, eiförmig, plötzlich abgestumpft, mit 30–40 Samenschuppen, die besonders am Zapfenansatz stark behaart sind. Ränder der Samenschuppen flach, leicht verdickt und nach innen gebogen. Stammrinde rau und rissig. Schlanker Baum aus dem Norden und Osten Russlands. Die bei uns selten gepflanzte Art treibt etwa zwei Wochen früher als die Europäische Lärche.

Larix gmelinii **(RUPR.) KUZEN., Dahurische Lärche**
[*Larix dahurica* TURCZ.]
Eine sehr vielgestaltige Art, die teilweise Übergänge zur Sibirischen Lärche zeigt, anderseits deutlich abweichende Formen aufweist. **Zweige** von (rötlich) gelb und nackt (Typ), bis rot-violett-braun und ± behaart bei var. ***japonica*** (MAXIM. ex REG.) PILG. und dicht behaart bei var. ***olgensis*** (HENRY) OSTENF. & LARSEN. **Zapfen** relativ klein, 15–25 mm lang, mit sich weit öffnenden 10–30, an der Spitze wellig abgerundeten oder leicht eingeschnittenen Samenschuppen. Fast nur in Sammlungen anzutreffender, bis 30 m hoher Baum aus dem nördlichen Ostasien.

Larix kaempferi (LAMB.) CARR., Japanische Lärche
[*Larix leptolepis* (SIEB. & ZUCC.) GORD.]
Knospen rotbraun, glänzend, nur schwach harzig. **Zweige** rötlich, bläulichweiß bereift, meist kahl oder leicht behaart. **Zapfen** unverwechselbar: fast kugelig, 20–30 mm Durchmesser; mit 30–40 dünnen, schwungvoll nach außen gebogenen Samenschuppen, geöffnet rosenförmig. Bis 30–35 m hoher Baum aus Japan.

Larix ×marschlinsii COAZ
[*Larix ×eurolepis* HENRY], **Hybrid-Lärche**
[*L. decidua* × *L. kaempferi*]
Vor allem in forstlichen Monokulturen findet sich die Hybride als schnellwachsender und ertragreicher Holzlieferant.

Larix laricina (DU ROI) K. KOCH, Amerikanische Lärche, Tamarack
[*Larix americana* MICHX.]
Knospen klein und dunkel schwarzbraun. **Zweige** unbehaart, dünn, matt rotbraun, mit Wachsbereifung. **Rinde** jung grau und glatt, später kleinschuppig. **Zapfen** sehr klein, 10–15 mm lang, sich nur wenig öffnend. Wenige (10–20), mit den Rändern leicht nach innen gebogene Samenschuppen. Schon jung Zapfen tragend. Bis 25 m hohe Baumart des nördlichen Nordamerikas, besiedelt als einzige Lärche feuchte Standorte.

Larix occidentalis NUTT., Westamerikanische Lärche
Zweige dick, hell orangebraun, anfangs in den Furchen leicht behaart. **Zapfen** 20–35 mm lang, Samenschuppen sich beim Öffnen stark aufbiegend; Deckschuppen lang und zugespitzt, auch beim geschlossenen Zapfen deutlich unter den Samenschuppen hervorragend. 25–30 m hoher, in der Heimat, dem westlichen Nordamerika, bis über 70 m hoher Baum.

Larix kaempferi
Zweigspitze

Larix kaempferi
Zapfen

Larix laricina
Zapfen

Larix occidentalis
Zweig

Larix occidentalis
Zapfen

Pseudolarix amabilis
Zweigspitze

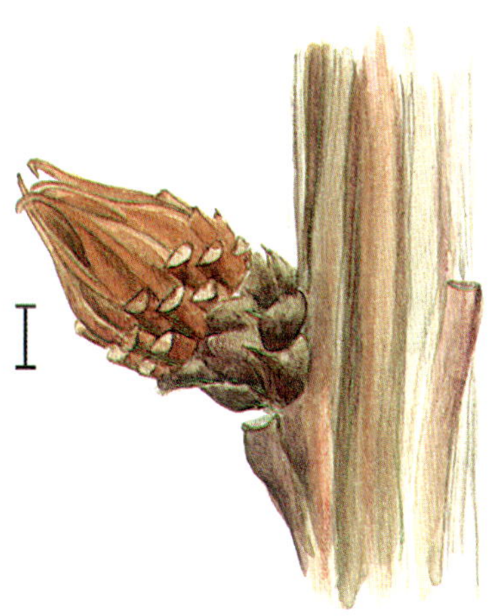

Pseudolarix amabilis
Kurztrieb

Pseudolarix GORD., Goldlärche

Unterscheidet sich von der Gattung *Larix* durch: bei der Reife zerfallende Zapfen, länger werdende Kurztriebe und lang zugespitzte, die Knospe überragende, unterste Knospenschuppen. Nur eine Art:

Pseudolarix amabilis (NELS.) REHD., Goldlärche
Endknospen der Langtriebe kugelig-eiförmig, etwa 3 mm lang, ocker bis braunviolett, unterste Knospenschuppen zugespitzt und die Knospe überragend, an Kurztrieben sie gänzlich bedeckend. **Seitenknospen** an einjährigen Langtrieben halbkugelig bis eiförmig, breit am Zweig ansitzend. **Zweige** wie bei *Larix* von den am Zweig herablaufenden Unterblattpolstern furchig, ockerbraun (mehr an der Zweigbasis und schattenseits) bis braunviolett (mehr zur Triebspitze und lichtseits), teilweise leicht bereift. Die bis 7 cm langen Zapfen zerfallen am Baum. 30–40 m hoher, selten anzutreffender Baum aus Mittel- und Ostchina.

Metasequoia glyptostroboides
Gegenständige Seitenknospen

Metasequoia glyptostroboides
Zweigspitze

Familie Cupressaceae, Zypressengewächse

Überwiegend immergrüne Bäume und Sträucher mit schuppen- oder nadelförmigen Blättern. Bei einigen basalen, früher als Taxodiaceae geführten, Gattungen sind die Nadeln in Kurztrieben vereint, die bei den sommergrünen Arten als Ganzes abgeworfen werden.

Schlüssel Cupressaceae

1 Knospen gegenständig. . . . . ***Metasequoia glyptostroboides***
1* Knospen wechselständig . . . . ***Taxodium distichum***

Metasequoia glyptostroboides HU & CHENG, Urwelt-Mammutbaum
Teilweise mit Endknospen, **Seitenknospen** schief gegenständig, eiförmig, 2–4 mm lang, an der Basis schmal (dadurch etwas gestielt erscheinend) und ± rechtwinkelig vom Zweig abstehend. Mit zahlreichen, etwa 14–16 Knospenschuppen: die unteren dunkel- bis rotbraun, die oberen hell- bis gelbbraun. Über, seltener unter den Knospen befinden sich oft einspurige Kurztriebnarben. Die männlichen Blütenknospen stehen auffallend dicht in bis zu 30 cm langen, überhängenden Rispen achselständig am Ende der Triebe,

die weiblichen meist einzeln am Ende kurzer dünner Stiele. **Zweige** anfangs rotbraun, später dunkel violettbraun, etwas bereift, mit sich in feinen länglichen Streifen lösender Rinde. **Stamm** mit längs schuppiger Rinde. Starke Äste stehen am Stamm häufig in tiefen Rinnen (Hohlkehlen). **Zapfen** bis ca. 4 cm lang gestielt, kugelig 1,5–2 cm ∅. Häufig anzutreffender, bis 35 m hoher, kegelförmiger Baum aus China.

Taxodium distichum (L.) RICH.,
Zweizeilige Sumpfzypresse
Knospen wechselständig, sehr klein: etwa 1 mm im Durchmesser, rundlich und locker beschuppt. **Zweige** jung orangebraun bis rotbraun, kahl und dünn, mit zahlreichen erhöhten, sehr kleinen Blattnarben, welche sich in Leisten fortsetzen, wodurch die Zweige leicht kantig sind. Die abgeworfenen Kurztriebe hinterlassen etwas größere einspurige Narben. **Rinde** rotbraun, sich faserig ablösend. Bis 30 (in der Heimat 40) m hoher, kegelförmiger Baum, mit horizontal abstehenden Ästen. Die Stammbasis ist oft verdickt. Auf feuchten Standorten werden zur Durchlüftung aus dem Boden ragende Wurzeln, sogenannte Atemknie, ausgebildet. **Zapfen** kurz gestielt, ± kugelig, 2,5 cm dick. Häufige Art aus den südöstlichen USA.

Familie Ephedraceae, Meerträubelgewächse

Eine Gattung mit je nach Autor 35–68 Arten, verbreitet in den Trockengebieten der Nordhemisphäre und Südamerikas. Niedrige Rutensträucher, einige Arten vom südlichen Mittel- und Osteuropa bis zum Mittelmeergebiet heimisch. Die Blätter sind reduziert, schuppenförmig: Die Pflanzen assimilieren mit der grünen Sprossachse.

Schlüssel *Ephedra*

1 Zweige rund, über 1,5 mm dick . . . . ***Ephedra distachya***
1* Zweige teilweise 4-kantig und meist unter 1,5 mm dick . . . . ***Ephedra major***

Ephedra distachya L.,
Gewöhnliches Meerträubel
Knospen (und Verzweigung) gegenständig, oft nicht sichtbar, unter den schuppenförmigen Tragblättern verborgen: flach dem Zweig anliegend, mit 2–3 grünen bis ockerbraunen Schuppenpaaren. An der Zweigbasis gele-

Taxodium distichum
Langtrieb

Taxodium distichum
Langtrieb: Ausschnitt mit Kurztriebnarbe

Ephedra distachya
Zweige

gene Knospen sind oft besser sichtbar und kugelig. **Zweige** jung grün, fein längs streifig, mit 1,5–5 cm langen und etwa 2 mm dicken Sprossgliedern, ältere Zweige graubraun. Blattnarben nicht vorhanden. Bis 50 cm hoher Strauch mit niederliegender Hauptachse und aufsteigenden Zweigen. Vorkommend von Süd- und dem südlichen Mitteleuropa bis nach Asien.
Ähnlich ist ***Ephedra major*** Host, das **Große Meerträubel**, ein 1 bis 2 m hoher, im Mittelmeergebiet bis Westasien beheimateter Strauch. Hier sind die Zweige anfangs nur 1–1,5 mm dick und die Stängelglieder um 2 cm lang.

Ephedra distachya
Zweigausschnitt

Ephedra distachya
Seitenknospen

Ephedra distachya
Seitenknospen

Bedecktsamer – Basale Gruppen

Familie Schisandraceae

Schisandra chinensis (TURCZ.) BAILL., Spaltkölbchen

Knospen wechselständige Seitenknospen, länglich eiförmig, bis 5 mm lang; vom Zweig abstehend. Oft mit kleineren lateralen Bereicherungsknospen. Knospenschuppen kahl, orangerotbraun bis dunkel rotbraun. **Zweige** kahl, leicht kantig, rotbraun bis ockerbraun, sonnenseits graubraun; mit zahlreichen ovallänglichen, höckerigen, nur wenig helleren Lentizellen. Gelegentlich gepflanzte, bis 7 m hoch windende, Liane aus Ostasien.

Familie Magnoliaceae, Magnoliengewächse

Innerhalb der basalen Ordnungen der Bedecktsamer einzige vorgestellte Familie bei denen Nebenblätter den Knospenschutz übernehmen. Sie bilden eine Hülle, die an jedem Zweigknoten, neben dem Blattansatz, eine den Zweig umgreifende linienförmige Narbe hinterlässt. Bei den Magnolien ist zudem der Blattgrund in diese Hülle eingebunden. Jede Hülle schließt das folgende Blatt mit seinen wiederum eine Hülle bildenden Nebenblättern ein. Dadurch ist die Triebspitze, teilweise auch während der Vegetationszeit, von zahlreichen aufeinanderfolgenden Nebenblatthüllen geschützt.

Schlüssel Magnoliaceae

1 Knospen ± zugespitzt, Spitze im Querschnitt ± rund, oft behaart . . . ***Magnolia***

1* Knospen zur Spitze breit abgerundet und abgeflacht (entenschnabelförmig), kahl . . . . ***Liriodendron***

Magnolia L., Magnolie

Die Magnolien kommen mit etwa 300 Arten in Südostasien, vom nördlichen Südamerika über Mittel- bis ins östliche Nordamerika sowie auf den Antillen vor. Die meisten Arten sind immergrüne Tropenbewohner. Nur etwa ein Zehntel der Arten erreicht die gemäßigten Breiten und ist sommergrün. Zur Sektion *Yulania* gehören viele früh blühende Gartensorten, unter ihnen zahlreiche kaum zuordenbare Mehrfachhybriden.
Die Narben der Tragblätter sind mehrspurig, die Nebenblattnarben umfassen den Zweig als Linie. Auf der Knospenhülle zeigt eine kleine Narbe den Blattstielansatz des meist vollständig reduzierten Oberblattes.

Schlüssel *Magnolia*

1 Endständige Blütenknospen länglich eiförmig, deutlich bis stark behaart; Blüte vor oder mit dem Laub 7

1* Endknospen länglich, oft zugespitzt, kahl oder schwach behaart; Blüte nach dem Laub 2

2 Blütenknospen kahl, über 3 cm lang, keulig verdickte Zweigabschnitte wechseln mit schlankeren ab 4

2* Knospen schwach behaart, ohne auffällig verdickte Zweigabschnitte 3

3 Junge Zweige und Knospen rein grün, größter Durchmesser der Blütenknospen in der unteren Hälfte . . . . *Magnolia virginiana*

3* Junge Zweige und Knospen mit Brauntönen, Blütenknospen walzig, größter Durchmesser etwa in der Mitte 6

4 Knospen meist unter 50 mm lang, Zweige graubraun bis grünlich 5

4* Größte Endknospen über 50 mm lang, bis 12–16 mm dick, junge Zweige rotbraun . . . . *Magnolia fraseri*

5 Knospen walzig, stumpf zugespitzt, oft grünlich . . . . *Magnolia obovata*

5* Knospen schlank, länglich zugespitzt, meist blauviolett . . . ***Magnolia tripetala***

6 Strauch . . . . ***Magnolia sieboldii***

6* Baum . . . . *Magnolia acuminata*

7 (1) Blütenknospen stark und dicht behaart 10

7* Knospenbehaarung schwach oder relativ fein 8

8 Zweige auffallend rotbraun 9

8* Zweige stumpf graubraun bis grünlich 10

Schisandra chinensis Seitenknospe mit Bereicherungsknospen

Schisandra chinensis Seitenknospe mit Bereicherungsknospen

Schisandra chinensis Windender Zweig

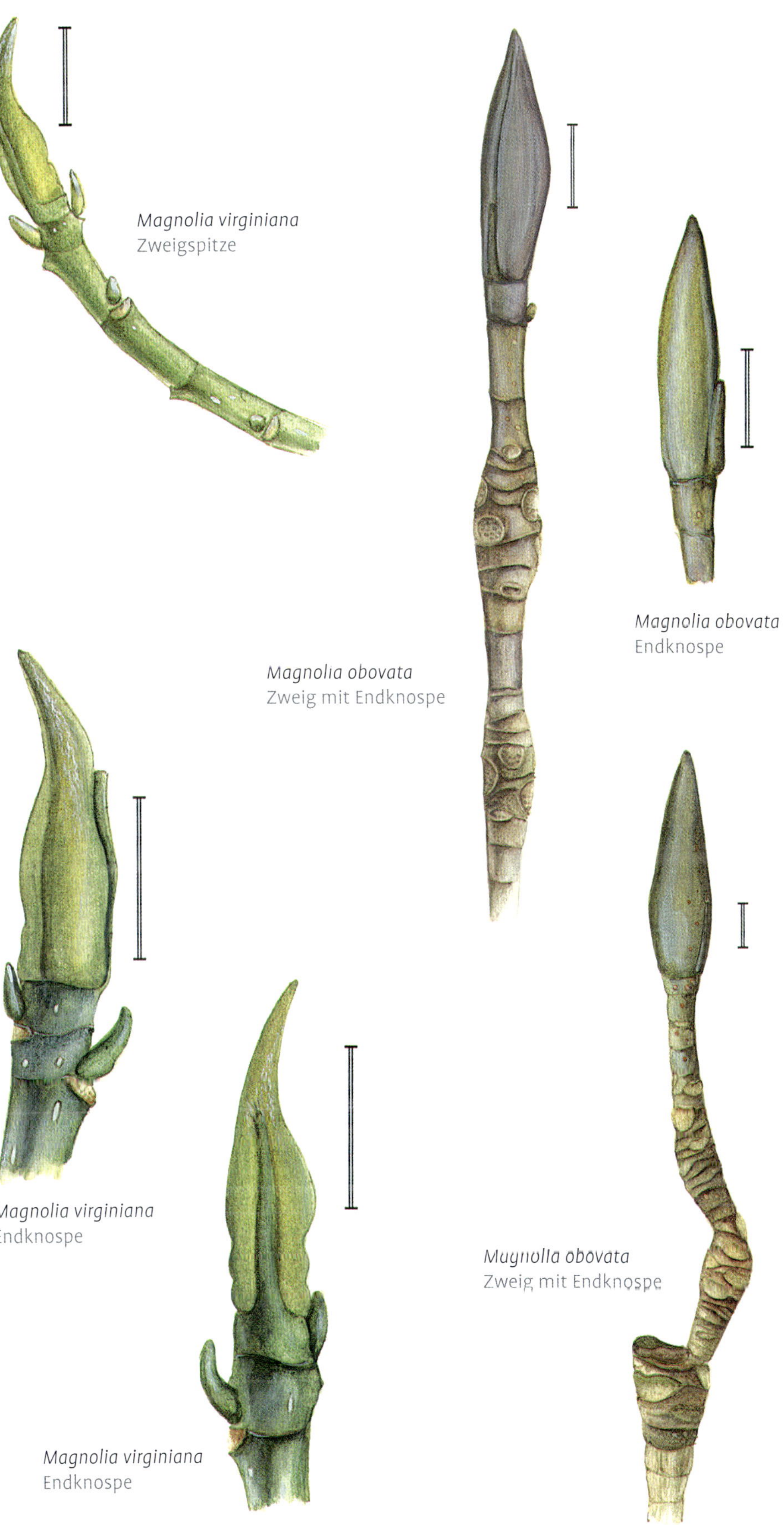

Magnolia virginiana
Zweigspitze

Magnolia obovata
Zweig mit Endknospe

Magnolia obovata
Endknospe

Magnolia virginiana
Endknospe

Magnolia virginiana
Endknospe

Magnolia obovata
Zweig mit Endknospe

9 Erstes Internodium unter der Blütenknospe bereits ± kahl .... ***Magnolia denudata***

9* Erstes Internodium unter der Blütenknospe noch deutlich behaart .... ***Magnolia ×soulangiana***

10 Pflanzen strauchförmig, Blütenknospen unter 2 cm lang 12

10* Große Sträucher oder kleine Bäume, Blütenknospen über 2 cm lang 11

11 Unterhalb der Knospen ± kahl, nur oberstes Internodium mitunter leicht behaart . ... ***Magnolia kobus***

11* Erstes Internodium unter der Knospe noch ± stark behaart .... ***Magnolia ×soulangiana***

12 Mehrere Zweigabschnitte (Internodien) unterhalb der Blütenknospen ± dicht behaart .... ***Magnolia stellata***

12* Internodien unterhalb der Knospen ± kahl, nur oberstes Internodium mitunter leicht behaart .... ***Magnolia kobus & Magnolia liliiflora***

Sektion Magnolia

Knospen schwach behaart oder kahl.

Magnolia virginiana L., Sumpf-Magnolie
Endknospe 10–20 mm lang, grün, zur Spitze fein seidig, anliegend behaart. **Seitenknospen** gedrungen bis länglich, meist relativ klein. **Zweige** lange grün, zur Spitze auch blaugrün und leicht bereift, mit wenigen weißen, dunkelbraun berandeten Lentizellen; ältere Zweigabschnitte rotbraun. Blüten nach Laubausbruch. Sommergrüner, mitunter auch halbimmergrüner, 3–5 m hoher Strauch aus dem Osten und Südosten der USA.

Sektion Rhytidospermum

Untersektion Rhytidospermum, Schirm-Magnolien

Knospen und Zweige kahl. Dicke Zweigabschnitte mit kurzen Internodien und großen Blattnarben wechseln mit dünneren Zweigabschnitten mit kleinen Blattnarben und längeren Internodien (so auch der letzte Abschnitt vor der Endknospe) ab. Blüte erst nach dem Laubausbruch bei voller Belaubung. Früchte symmetrisch, zapfenförmig, rosarot bis weinrot, verholzend. Mittelgroße bis große Bäume mit lockerer Verzweigung.

Magnolia obovata THUNB., Honoki-Magnolie
[*Magnolia hypoleuca* SIEB. & ZUCC.]
Knospen kahl, violett bis – nur im Schatten – matt grün, ± bereift. Endknospen 35–45 (–50) mm lang, walzenförmig und kurz stumpf zugespitzt. **Zweige** kahl und glatt, grün bis hellbraun und violettbraun, mit hellen erhabenen Lentizellen. **Rinde** hellbraun. Breit pyramidaler Baum: 15–20 m (–30 m in der Heimat) hoch und Stamm bis 60 cm dick. Gelegentlich gepflanzte Art aus Ostasien: auf Japan und den Kurilen vorkommend.

Magnolia tripetala (L.) L., Schirm-Magnolie
Knospen, besonders Endknospen, lang zugespitzt und relativ dünn, bis 40, selten 50 mm lang, meist blauviolett, seltener grünlich. **Zweige** graubraun bis grünlich, mit zerstreuten kleinen Lentizellen. **Rinde** glatt und hellgrau. Häufig gepflanzter, 9–15 m hoher Baum mit lockerer runder Krone; aus dem Südosten und Osten der USA stammend.

Untersektion Oyama, Sommer-Magnolien

Magnolia sieboldii K. KOCH,
Siebolds Magnolie
Knospen unauffällig, fein anliegend behaart, olivgrün bis grünbraun. Endknospen länglich 1,5–2 cm, Seitenknospen meist nur 5–6 mm lang. **Zweige** 3–4 mm ∅, hell ockerbraun bis gräulich (etwas an Bereifung erinnernd), zerstreut und hinfällig behaart, mit einzelnen länglichen hellgrauen Lentizellen. Häufigste Art einer Gruppe (*Magnolia sinensis* (REHD. & E.H. WILS.) STAPF, *Magnolia wilsonii* (FINET & GAGNEP.) REHD. u. a.) gelegentlich angepflanzter, kleiner, bis 3 m hoher, sommerblühender Sträucher aus Ostasien.

Sektion Auriculata

Magnolia fraseri WALT., Berg-Magnolie
Knospen sehr groß, dunkel violettblau, oft über 50 mm lang und besonders Blütenknospen bis 16 (–20) mm dick. **Zweige** anfangs mit kräftig rotbrauner Rinde und hell ocker bis graubraunen Blattnarben sowie zahlreichen Lentizellen. **Rinde** anfangs braun, später grau werdend. Locker verzweigter, oft mehrstämmiger 9–18 m hoher, nur selten angepflanzter Baum aus den Gebirgen der östlichen USA.

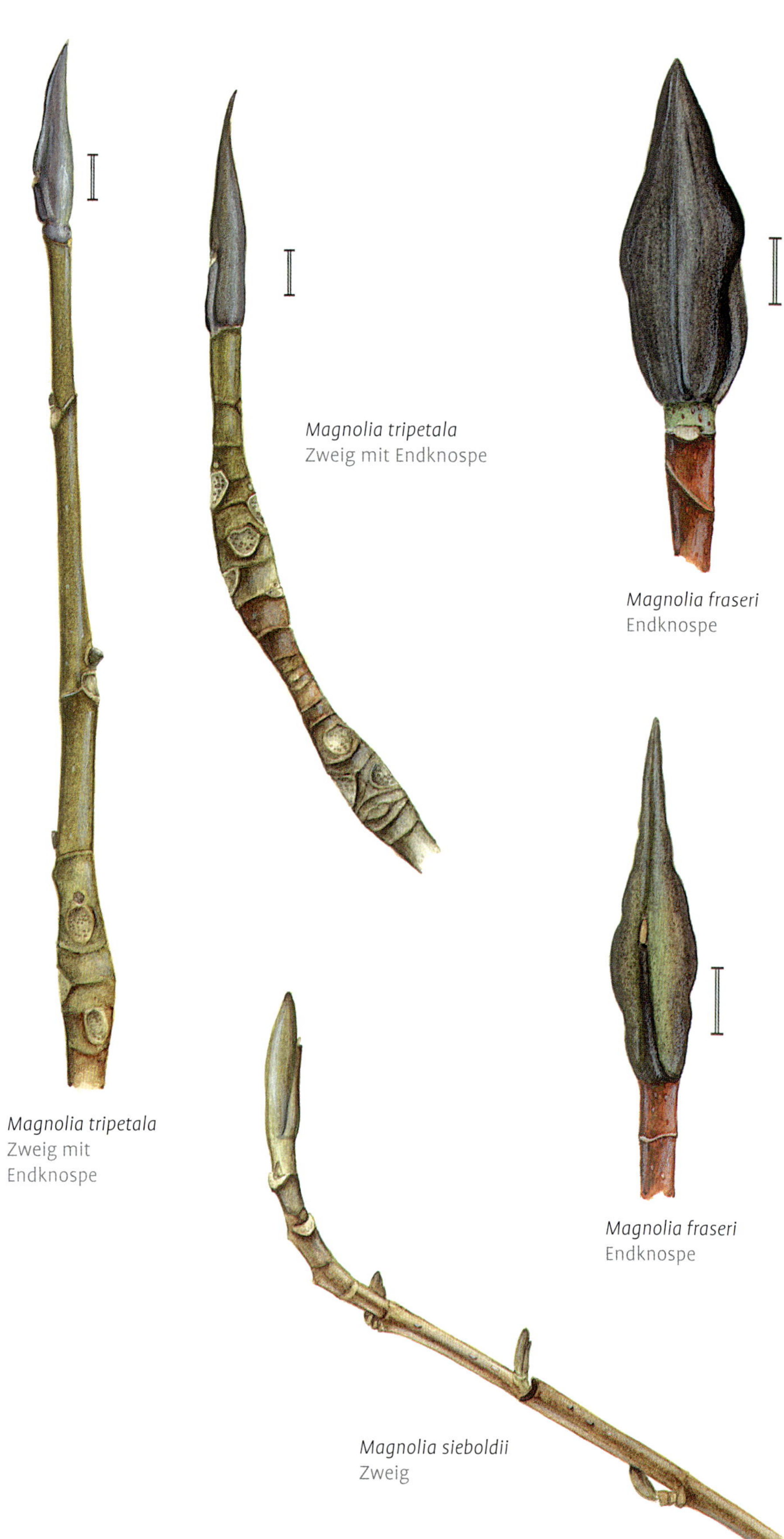

Magnolia tripetala
Zweig mit Endknospe

Magnolia tripetala
Zweig mit Endknospe

Magnolia fraseri
Endknospe

Magnolia fraseri
Endknospe

Magnolia sieboldii
Zweig

Magnolia denudata
Zweig mit Endknospe

Magnolia kobus
Langtrieb mit
Kurztrieben

Magnolia kobus
Kurztriebe mit
Blütenknospen

Magnolia kobus
Zweigspitze mit
Endknospe

Sektion Yulania

Knospen meist dicht behaart. **Fruchtzapfen** oft unsymmetrisch und verdreht, weil sich meist nur einige samentragende Fruchtblätter vergrößern, die samenlosen hingegen in der Entwicklung stehen bleiben. Sträucher und Bäume aus Ostasien, Eltern zahlreicher Gartenhybriden.

Untersektion Yulania

Magnolia denudata DESR., Yulan-Magnolie
Knospen: endständige Blütenknospen bis 30–40 mm lang und 8 mm dick. Seitenknospen allgemein kleiner: 10 mm lang bis 3 mm dick. Knospenschuppen braun bis schmutzig olivgrün, mit kurzen, die Form der Knospe nicht verdeckenden, zur Spitze anliegenden weißen Haaren. **Zweige** unter der Spitze olivgrün und schwach behaart, tiefer am Zweig rot- bis violettbraun und kahl. **Lentizellen** zerstreut, hell und rundlich. **Blüten** mit neun rahmweißen gleichartigen Blütenblättern, glockig und später schalenförmig, 12–15 cm Durchmesser, im April lange vor Laubausbruch erscheinend. Bis 10 m hoher Baum aus Mittelchina.

Magnolia kobus DC., Kobushi-Magnolie
Knospen: Blütenknospen hellgrau bis silbriggrün, samtig anliegend oder etwas zottig, dicht behaart. Blattknospen meist kleiner und oft schwächer behaart. **Zweige** unterhalb der Knospen ± kahl, nur erstes Internodium mitunter etwas behaart, grünlich bis braungrau. **Blüten** erscheinen vor dem Laubausbruch: ausgebreitet bis 10 cm Durchmesser, mit 6–9 verkehrt eiförmigen, weißen, an der Basis manchmal schwach rotviolett getönten, Blütenblättern und 3 kleinen hinfälligen kelchblattartigen Blütenblättern. Häufig gepflanzter Strauch oder bis 10 m hoher, feinzweigiger Baum aus Japan.

Magnolia stellata (SIEB. & ZUCC.) MAXIM., Stern-Magnolie
[*Magnolia kobus* var. *stellata* (SIEB. & ZUCC.) BLACKBURN]
Knospen silbrig grün, dicht lang behaart. Die Behaarung verdeckt den Umriss der Knospe und erstreckt sich bis auf den Zweig, verläuft über mehrere Internodien herab und verliert sich erst allmählich. **Blüten** mit 12–18 ungleichmäßig zurückgeschlagenen, schmalen weißen Blütenblättern. Sie erscheinen sehr früh März bis April, lange vor dem Laubaus-

bruch. Bis 3 m hoher, häufig gepflanzter Strauch aus den Bergwäldern der japanischen Hauptinsel Honshu.

Magnolia ×loebneri **KACHE,**
Löbners Magnolie
[*Magnolia kobus × Magnolia stellata*]
Die relativ häufig anzutreffende Hybride steht in ihren Merkmalen zwischen beiden Eltern. Von der Stern-Magnolie unterscheidet sie sich durch einen kräftigeren Wuchs: sie wird 6–8 m hoch und oft ± baumförmig. Im Gegensatz zur Kobushi-Magnolie sind die Zweige unterhalb der Knospen, wenn auch nicht so stark wie bei der Stern-Magnolie, behaart. Früh blühend, mit 12–15 Blütenblättern. Einige Sorten häufiger gepflanzt: **'Leonard Messel'** mit rosafarbenen sowie **'Merill'** mit weißen Blütenblättern.

Magnolia **'Susan'**
[*Magnolia stellata × Magnolia liliiflora*]
Ebenfalls häufig sind triploide Hybriden zwischen der Stern- und Purpur-Magnolie. Von einigen weibliche Vornamen tragenden Sorten ist 'Susan' die häufigste. Der 2–3 m hohe Strauch zeigt wie Löbners Magnolie die starke Behaarung der Stern-Magnolie nur noch in abgeschwächter Form: Die Knospen sind ± deckend behaart und das erste Zweigglied unterhalb der Knospe noch dicht und das zweite hinfällig behaart, darunter sind die Zweige kahl und glänzend dunkelbraun mit hellen Lentizellen. **Blüten** früh, vor und mit Laubausbruch, weinrot mit (6–) 8–15 (–19) Blütenblättern.

Magnolia liliiflora **DESR., Purpur-Magnolie**
Knospen grünlich bis graugrün, relativ dicht, fein anliegend, seidig, grauweiß behaart. Endknospen 2–2,5 cm lang. **Zweige** olivbraun bis violettbraun, glänzend, zur Spitze auch grünlich, mit einigen hellen grauweißen Lentizellen. Unterhalb der Endknospe nur schwach behaart, zweites Zweigglied meist völlig kahl. **Blüten** mit und überwiegend nach dem Laubausbruch. Häufig gepflanzter, 3–5 m hoher Strauch aus Mittelchina.

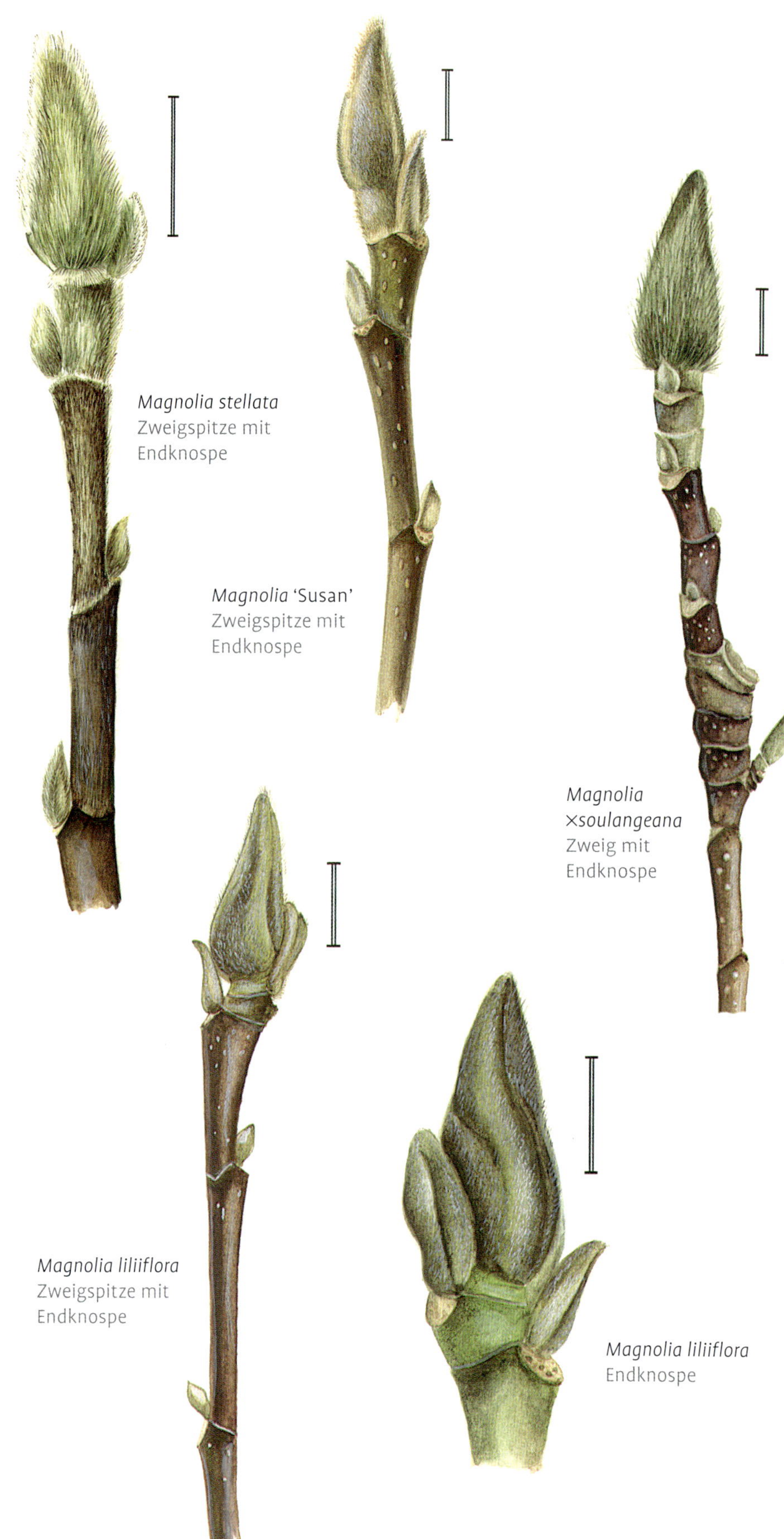

Magnolia stellata
Zweigspitze mit Endknospe

Magnolia 'Susan'
Zweigspitze mit Endknospe

Magnolia ×soulangeana
Zweig mit Endknospe

Magnolia liliiflora
Zweigspitze mit Endknospe

Magnolia liliiflora
Endknospe

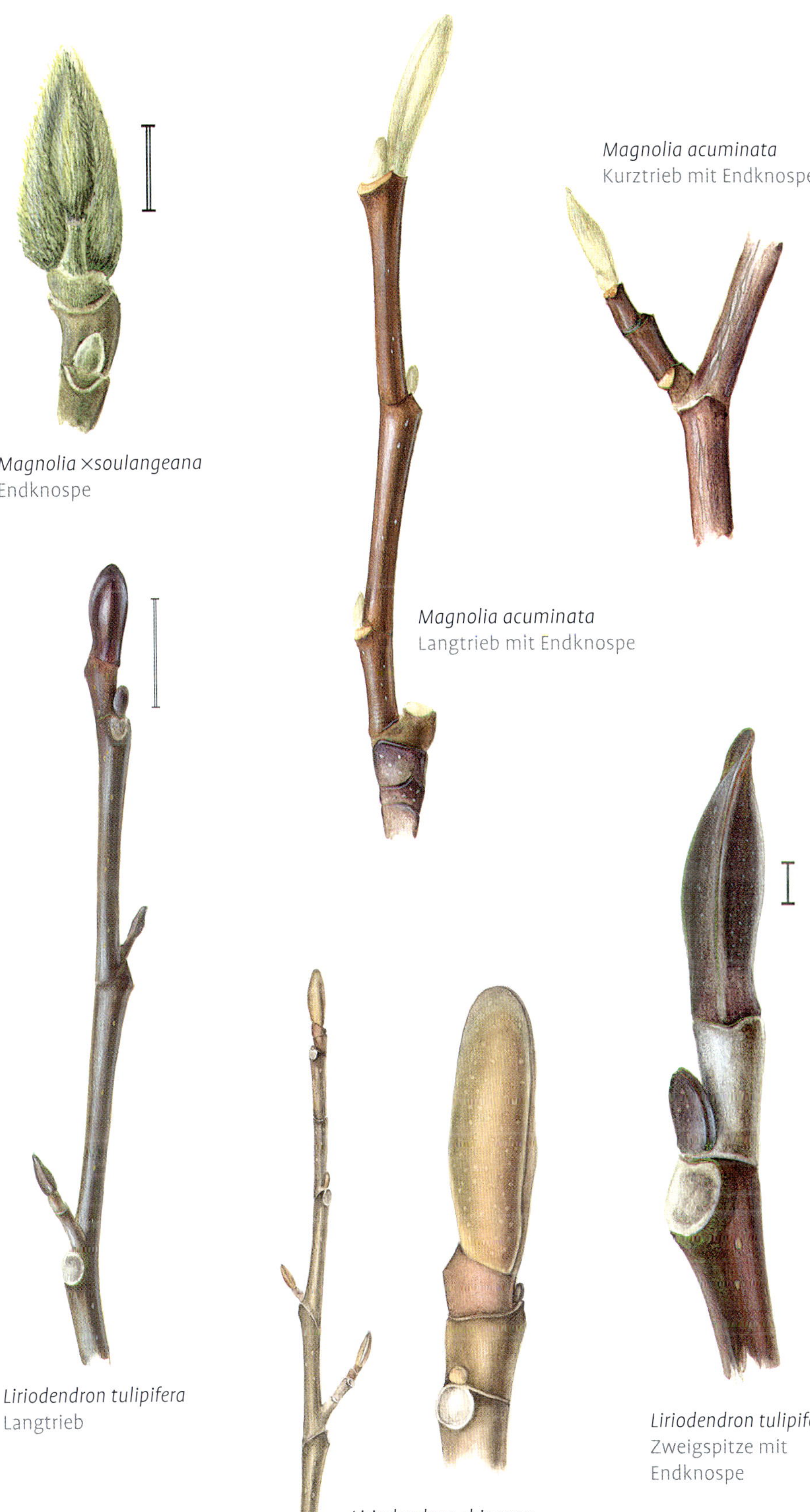
Magnolia ×soulangeana
Endknospe

Magnolia acuminata
Kurztrieb mit Endknospe

Magnolia acuminata
Langtrieb mit Endknospe

Liriodendron tulipifera
Langtrieb

Liriodendron chinense
Zweig und Endknospe

Liriodendron tulipifera
Zweigspitze mit Endknospe

Magnolia* ×*soulangeana SOUL.-BOD., Garten- oder Tulpen-Magnolie
[*Magnolia denudata* × *Magnolia liliiflora*]
Knospen anliegend bis zottig, ± dicht graugrün bis silbriggrün behaart. **Zweige** rotbraun bis braungrau mit helleren erhabenen Lentizellen. **Blüten** vor dem Laubausbruch, mit meist neun Blütenblättern. Die Farbe variiert je nach Sorte von weiß über rosa bis kräftig weinrot. Häufigste angepflanzte Magnolie, mit unzähligen, sich vor allem in Blütenfarbe und -form unterscheidenden Sorten. 3–6 m hoher Strauch oder kleiner Baum.

Untersektion Tulipastrum

Magnolia acuminata (L.) L.,
Gurken-Magnolie
Knospen etwa 10–15 mm lang und 3–4 mm dick, zylindrisch, stumpf abgerundet; silbrig hell, grünlich bis bräunlich, anliegend samtig behaart. **Zweige** glatt, glänzend olivbraun bis rotbraun, mit einzelnen helleren Lentizellen; später rot- bis violettbraun, an den Lentizellen fein längsrissig. **Blüten** mit oder nach dem Laubausbruch. Selten anzutreffender, 15–20 m hoher, anfangs schmaler, später breiterer Baum aus den östlichen USA. Aus Kreuzungen mit Arten aus der Sektion *Yulania* sind einige gelegentlich gepflanzte gelbblühende Sorten hervor gegangen.

Liriodendron L., Tulpenbaum

Beim Tulpenbaum sind die beiden Nebenblätter nicht mit dem Blattgrund verwachsen.
Es gibt fließende Übergänge zwischen sitzenden Seitenknospen, kurz bis lang gestielten Seitenknospen und an Kurztrieben sitzenden Endknospen. Zwei Arten.

Liriodendron tulipifera L.,
Amerikanischer Tulpenbaum
Knospen an der Spitze breit abgerundet und mit ihren Rändern flach aufeinander liegend und dadurch wie kleine Entenschnäbel aussehend. 6–10 mm lang, dunkel weinrot bis violett, im Schatten auch grünlich, oft etwas weißlich bereift. **Zweige** olivbraun bis rotbraun, kahl und glänzend, zur Spitze leicht bereift. Lentizellen zerstreut, sehr hell. **Mark** kompakt, weiß, unterbrochen durch im Längsschnitt sichtbare Querwände. **Blattnarben** graubraun, groß und rundlich, mit mehreren undeutlichen Spuren; Nebenblatt-

spuren an jedem Sprossknoten den Zweig umfassend, auf der der Blattnarbe gegenüberliegenden Seite spitz zusammenstoßend. Sehr häufig gepflanzter, über 40 m hoch werdender Baum aus Nordamerika. Ähnlich ist der sehr selten gepflanzte **Chinesische Tulpenbaum, *Liriodendron chinense*** (HEMSL.) SARG., ein mittelgroßer Baum aus Südostasien: Die **Knospen** sind walzenförmiger, zu den Rändern nicht so stark abgeflacht, lichtseits ockerbraun und ockergelb bis schattenseits gelbgrün.

Familie Annonaceae, Rahmapfelgewächse

Asimina triloba (L.) DUN., Papau
Knospen nackt, zweizeilig, verschieden: **Blütenknospen** achselständig, kugelig bis verkehrt eiförmig; grünlich, ± deckend schwarz behaart; etwa 3 mm lang und 2–3 mm dick; nur von 2 transversalen Vorblättern und den 3 Kelchblättern bedeckt. **Blattknospen** endständig etwa 6–8 mm lang, 2 mm breit und 1–2 mm dick; achselständige kleiner, dicht rotbraun bis dunkelbraun behaart. Knospenblätter zweizeilig, folgende reitend umfassend. **Zweige** grau bis graubraun, unterhalb der Endknospe ± rotbraun behaart. **Blattnarbe** 5- bis 7-spurig, mittlere Spur am größten. Am oberen Rand der Blattnarbe befindet sich oft ein innen dicht behaarter Blattgrundrest des Tragblattes. **Blüte** mit oder kurz vor Laubaustrieb. Als exotisches Obst („Indianerbanane") gelegentlich gepflanzter, bis 5 m hoher Strauch oder kleiner Baum aus den westlichen bis südwestlichen USA.

Familie Calycanthaceae, Gewürzstrauchgewächse

In Asien, Nordamerika und Australien beheimatete mittelgroße Sträucher. Zweige meist aromatisch, vierkantig. In den Ecken mit im Querschnitt als grüne Punkte erkennbaren Leitbündeln. Blätter schief gegenständig, in den Achseln Seitenknospen; Endknospen werden nicht gebildet.

Schlüssel Calycanthaceae

1 Knospen nackt, Blüte im Sommer .... ***Calycanthus***
1* Knospen mit Knospenschuppen, Blüte im Winter .... ***Chimonanthus praecox***

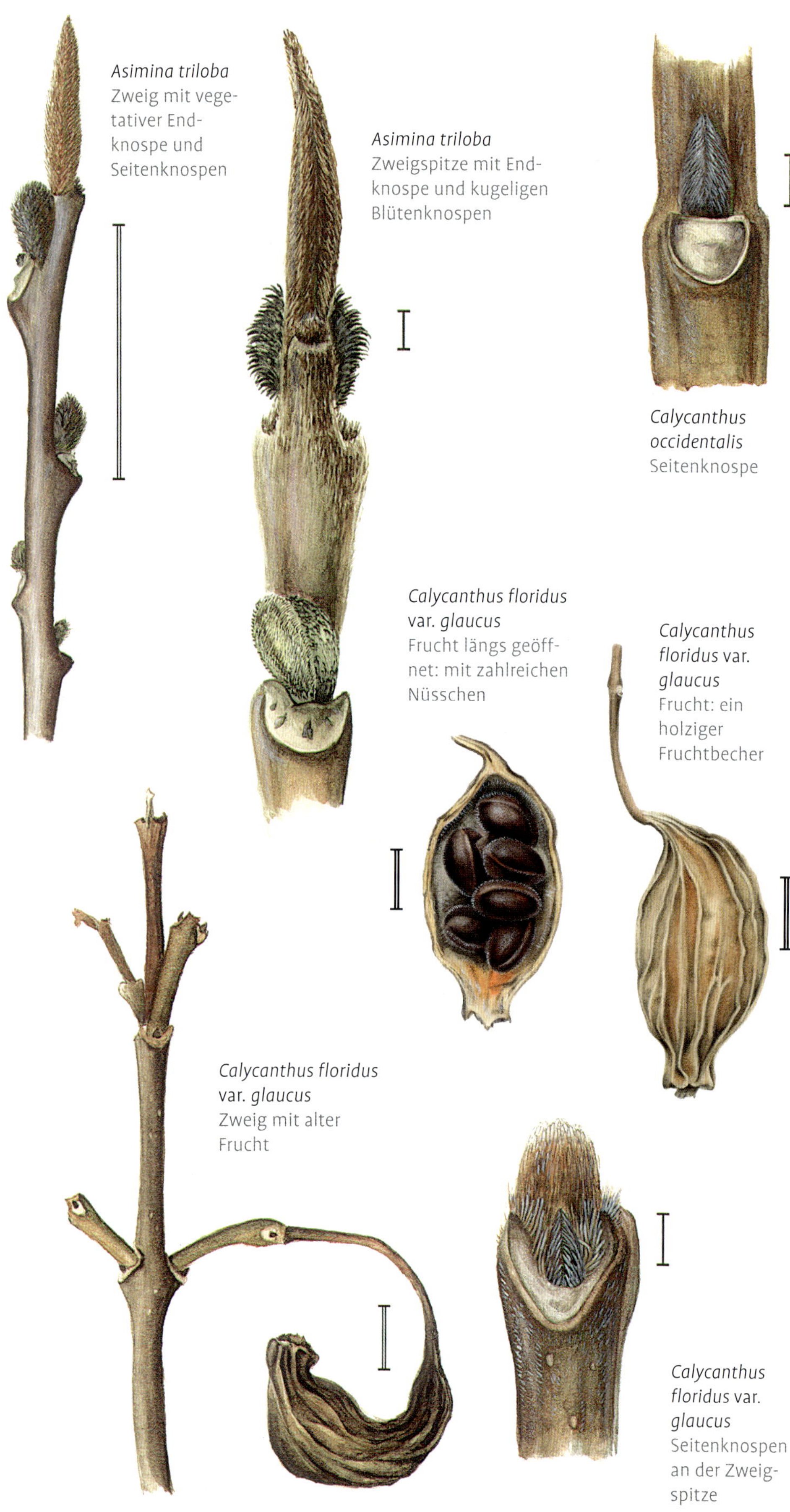

Asimina triloba Zweig mit vegetativer Endknospe und Seitenknospen

Asimina triloba Zweigspitze mit Endknospe und kugeligen Blütenknospen

Calycanthus occidentalis Seitenknospe

Calycanthus floridus var. *glaucus* Frucht längs geöffnet: mit zahlreichen Nüsschen

Calycanthus floridus var. *glaucus* Frucht: ein holziger Fruchtbecher

Calycanthus floridus var. *glaucus* Zweig mit alter Frucht

Calycanthus floridus var. *glaucus* Seitenknospen an der Zweigspitze

Calycanthus L., Gewürzstrauch

Knospen nackt, sehr dunkel behaart. **Blattnarben** dreispurig, auf erhabenen Blattkissen; sie sind nicht miteinander verbunden und oft ± gegeneinander verschoben. **Zweige** und andere Teile meist aromatisch duftend. **Blüte** lange nach Laubaustrieb. **Früchte** den Winter überdauernde kapselähnliche Sammelnussfrüchte: der verholzte Blütenboden bildet einen Fruchtbecher, der die Nüsschen beherbergt. Außen besitzt er spiralige Blütenblattnarben und an der Spitze eine Öffnung.

Drei gute Arten, eine (mitunter in mehrere Arten zerteilte) aus dem östlichen Nordamerika, eine aus dem westlichen Nordamerika und eine aus China sowie sehr selten kultivierte Hybriden.

Calycanthus occidentalis Fruchtzweig

Calycanthus occidentalis Frucht mit weiter Öffnung

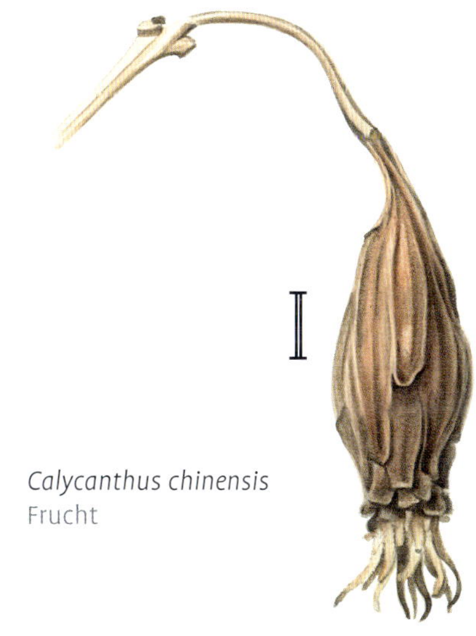

Calycanthus chinensis Frucht

Calycanthus chinensis Fruchtbecher geöffnet

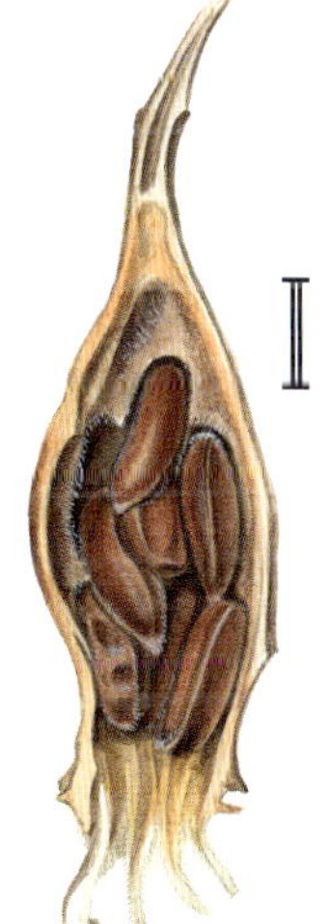

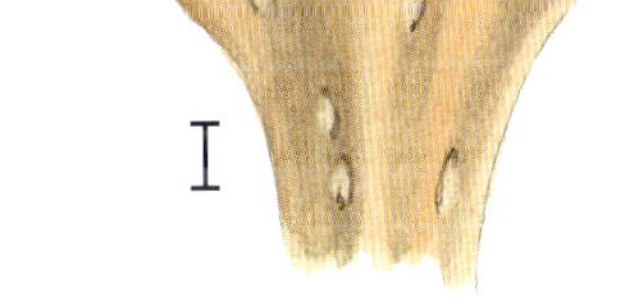

Calycanthus chinensis Seitenknospen

Calycanthus chinensis Seitenknospe

Schlüssel *Calycanthus*

1 Knospen von der Blattnarbe umgriffen 2

1* Knospen länglich, 2–4 mm lang, Blattnarbe umgreift die Knospe nicht, Fruchtbecher gedrungen, an der Spitze mit weiter Öffnung . *Calycanthus occidentalis*

2 Zweige hellgrau bis ockerbraun, relativ kräftig, um die Öffnung des Fruchtbechers mit langen Zipfeln . . . . *Calycanthus chinensis*

2* Zweige dunkelgrau bis rotbraun, keine auffallenden Zipfel um die enge Öffnung des Fruchtbechers ***Calycanthus floridus***

Calycanthus floridus L., Karolina Nelkenpfeffer, Echter Gewürzstrauch

Knospen klein, schwärzlich behaart; von den Blattnarben und teilweise von Blattstielresten umgeben. **Zweige** an den Enden dicht sehr fein behaart. Lentizellen zerstreut, klein, ± rundlich. Vor allem Rinde junger Zweige stark aromatisch. **Früchte** länglich eiförmig, zur Spitze deutlich halsartig verengt. Kleiner, 1,5–3 m hoher, in den südöstlichen USA beheimateter Strauch.

Häufig gepflanzt ist die im Winter schwer zu unterscheidende Varietät ***Calycanthus floridus*** var. ***glaucus*** (Willd.) Torr. & A. Gray [*Calycanthus fertilis* Walt., *Calycantus laevigatus* Willd.], der **Fruchtbare Gewürzstrauch**, meist mit zahlreichen Früchten, verkahlenden Zweigen und weniger starkem Geruch.

Calycanthus occidentalis Hook. & Arn., Westlicher Gewürzstrauch

Knospen deutlich sichtbar, nicht von der Blattnarbe umfasst, dunkel behaart. **Früchte** glockenförmig, weit geöffnet, sich zur Spitze kaum verengend. Aus Kalifornien stammender, seltener gepflanzter, 1,5–3 m hoher Strauch.

Calycanthus chinensis (Cheng & Chang) P.T.Li, Chinesischer Gewürzstrauch

[*Sinocalycanthus chinensis* Cheng & Chang]

Knospen gedrungen, 2–4 mm lang, von der Blattnarbe des Tragblattes umgriffen; nackt, dicht behaart, am Grunde Haare schwarz, zur Spitze gelbgrün. **Zweige** kahl, relativ steif und mitteldick, im Querschnitt nur schwach kantig. Oberfläche hellbraun bis ockerbraun, tlw. mit gelbgrünen Nuancen, kahl, mit zahlreichen Lentizellen. Aus Ostchina stammender, außerhalb Botanischer Gärten noch selten gepflanzter, 2,5 m hoch werdender, lockerer Strauch.

Zwischen der nordamerikanischen Art *C. floridus* und der chinesischen Art gibt es eine Hybride, ***Calycanthus raulstonii*** (F.T. Lass. & Fantz) B.Schulz, zu der mehrere zurzeit noch sehr selten gepflanzte, aber vielversprechende Sorten gehören.

Chimonanthus praecox (L.) Link, **Winterblüte**
Knospen eiförmig, um 3–4 mm lang, mit kleinen, rotbraunen bis graubraunen, rückseitig schütter, am Rand dicht weiß behaarten Knospenschuppen. Mitunter mit absteigenden Beiknospen. **Blütenknospen** kugeliger, mit ockerfarbenen Knospenschuppen/Kelchblättern. **Zweige** graubraun, vereinzelt mit rundlichen sich farblich kaum abhebenden oder etwas helleren Lentizellen. **Blattnarben** auf relativ großen Blattkissen. **Blüten** oft schon im Januar bis Februar, stark duftend. Blütenblätter zahlreich, spiralig: äußerste länger hellgelb, innere kürzer dunkel purpurn, dazwischen Übergänge. 1–2 m hoher, gelegentlich gepflanzter Strauch aus China.

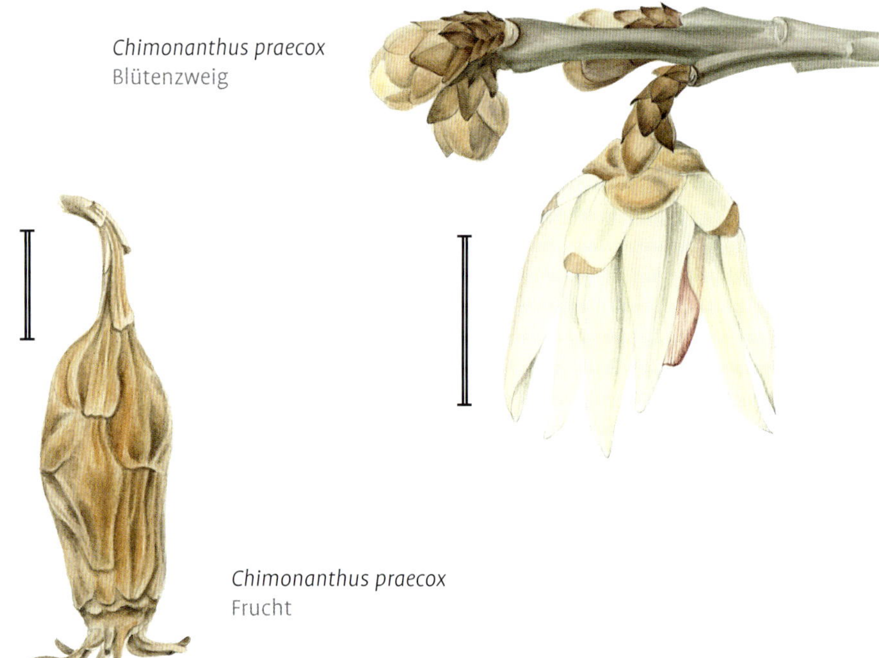

Chimonanthus praecox
Blütenzweig

Chimonanthus praecox
Frucht

Familie Lauraceae, Lorbeergewächse

Meist immergrüne Arten in den Subtropen und Tropen. Oft aromatisch, mit ätherischen Ölen.

Schlüssel Lauraceae

1 Mit großen Endknospen, Seitenknospen einzeln . . . . *Sassafras albidum*
1* Seitenknospen mit Bereicherungsknospen . . . . *Lindera benzoin*

Lindera benzoin (L.) Bl., **Wohlriechender Fieberstrauch**
Knospen kahl, gelbgrün, teilweise rötlich getönt. **Blütenknospen** meist 2, seltener 1 oder 3, seitlich aus den Vorblättern der kleinen, schlanken vegetativen Seitenknospen. Blütenknospen kurz gestielt, kugelig, leicht zugespitzt und etwa 2 mm lang. **Zweige** kahl olivbraun-braun, schwach glänzend. **Blüten** grünlichgelb, 2–5 in kleinen, bis 5 mm breiten, sitzenden Döldchen, vor Laubausbruch im März bis April. **Rinde** graubraun.
Selten gepflanzter, breiter, 3–6 m hoher Strauch aus dem Südosten der USA.
Von den etwa 100 Arten der Gattung werden in Botanischen Sammlungen selten noch andere Arten, wie die aus Ostasien stammenden *Lindera umbellata* Thunb. und *Lindera obtusiloba* Blume kultiviert.

Chimonanthus praecox
Seitenknospen

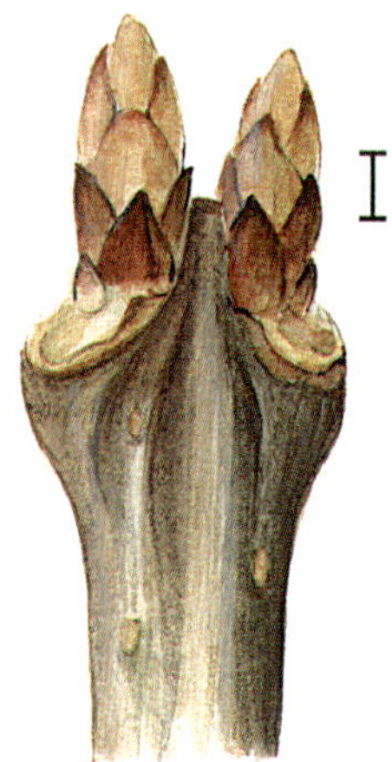

Chimonanthus praecox
Seitenknospen

Lindera benzoin
Zahlreiche Blütenknospen als Bereicherungsknospen neben den Seitenknospen

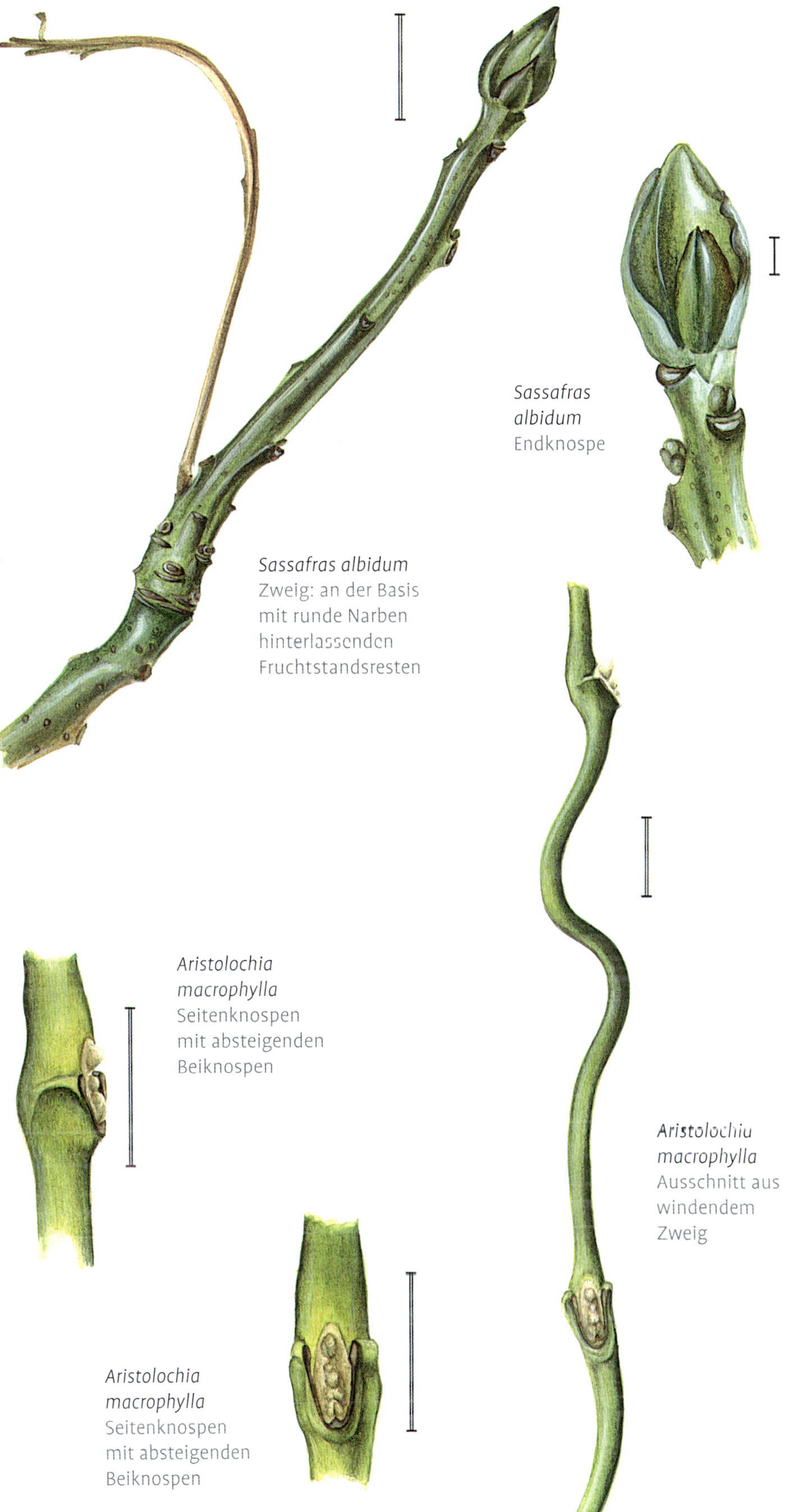

Sassafras albidum
Endknospe

Sassafras albidum
Zweig: an der Basis mit runde Narben hinterlassenden Fruchtstandsresten

Aristolochia macrophylla
Seitenknospen mit absteigenden Beiknospen

Aristolochia macrophylla
Ausschnitt aus windendem Zweig

Aristolochia macrophylla
Seitenknospen mit absteigenden Beiknospen

Sassafras albidum (Nutt.) Nees, Fieberbaum
Knospen grünlich. **Seitenknospen** spiralig, meist relativ klein. **Endknospen** eiförmig, 8–10 mm lang, mit wenigen Knospenschuppen, äußerste mitunter mit Oberblattrudimenten. **Zweige** grasgrün bis gelbgrün, zur Spitze leicht abwischbar bereift; an den Jahresgrenzen deutlich verdickt und unterhalb der Endknospe am dünnsten. Ältere Zweige lichtseits rötlichgrün. **Lentizellen** zahlreich: anfangs zweiggleich, später erhaben und dunkel berandet. **Blattnarben** halbrund bis rundlich, an der Oberkante flach oder ausgerandet, mit einer zentralen Spur. An der Zweigbasis in den Achseln schmaler Tragblattnarben (vorjährige Knospenschuppen) runde Fruchtstandsnarben. **Rinde**: tief gefurchte Borke. Gelegentlich gepflanzter, bis 15 (–20) m hoher, Ausläufer treibender Baum aus Nordamerika.

Familie Aristolochiaceae, Osterluzeigewächse

Aristolochia L., Pfeifenwinde

Knospen: Das einzige Vorblatt der Seitenknospen ist der Abstammungsachse zugewandt (adossiert). Adossierte Vorblätter sind typisch für einkeimblättrige Pflanzen (z. B. *Smilax*) und treten aber auch gelegentlich bei basalen Bedecktsamern auf.

Aristolochia macrophylla Lam., Großblättrige Pfeifenwinde
Knospen: wechselständige Seitenknospen, ± nackt, silbrig graugrün behaart; mit zahlreichen absteigenden Beiknospen. Einzelne Beiknospen sind größer als die primäre Seitenknospe, bedingt durch die Ausdifferenzierung dieser Knospen als Blütenknospen. **Zweige** links herum, gegen den Uhrzeigersinn, windend, grün, glatt, ohne Lentizellen, erst ältere Zweige graubraun werdend. **Blattnarbe** hufeisenförmig, die Knospen größtenteils umfassend, dreispurig, auf großem Blattkissen. Häufig gepflanzter, bis 10 m hoch windender Strauch aus dem östlichen Nordamerika. Seltener sind die sich durch behaarte Zweige unterscheidende Arten *Aristolochia manshuriensis* Kom. aus Ostasien oder *Aristolochia tomentosa* Sims aus Nordamerika.

Bedecktsamer – Einkeimblättrige

Familie Smilacaceae, Stechwindengewächse

Smilax L., Stechwinde

Nur **Seitenknospen**, diese mit einem adossierten Vorblatt, der für die Einkeimblättrigen typischen Vorblattform. **Zweige** ± grün, oft mit Stacheln. Kletternde Sträucher in den gemäßigten bis tropischen Zonen. Oft immergrün wie die von Südeuropa bis Indien verbreitete Art ***Smilax aspera*** L.

Schlüssel *Smilax*

1 Mehrjährige Zweige rund 2
1* Zweige ± kantig . . . . *Smilax bona-nox*
2 Triebe mit vielen dünnen Stacheln, ohne Ausläufer . . . . *Smilax thamnoides*
2* Triebe mit wenigen dicken Stacheln, mit Ausläufern . . . . *Smilax rotundifolia*

Smilax rotundifolia L., Gewöhnliche Stechwinde

Knospen wechselständig, fast senkrecht zum Zweig stehend; zur Unterseite vom ausdauernden Blattgrund des Tragblattes, zur Oberseite vom adossierten Vorblatt umhüllt. Der Blattgrund des Tragblattes ist meist trocken braun und besitzt zwei fädige Nebenblattranken. **Zweige** grün, anfangs kantig, ältere Zweige rund; mit wenigen, dicken Stacheln zwischen den Knoten. Stark, 7–10 m hoch kletternde, Ausläufer bildende, Liane aus Nordamerika.

Die ebenfalls aus Nordamerika stammenden Arten ***Smilax bona-nox*** L. mit 4-kantigen, sehr stacheligen und basal mit stacheligen Sternhaaren besetzten Zweigen sowie ***Smilax thamnoides*** L., die **Steifborstige Stechwinde** ein bis über 10 m hoch kletternder, selten Ausläufer bildender Strauch mit runden, basal dicht mit geraden dünnen, dunklen Stacheln besetzten Zweigen – sind sehr selten gepflanzt.

Smilax rotundifolia
Zweig

Smilax
Typisch sind die Nebenblattranken am Tragblattrest und das adossierte Vorblatt der Seitenknospe

Bedecktsamer – Echte Zweikeimblättrige

Euptelea polyandra Seitenknospe am Kurztrieb

Euptelea polyandra Seitenknospe am Ende eines Langtriebes

Akebia quinata Seitenknospe

Akebia quinata Zweig

Familie Eupteleaceae, Schönulmengewächse

Euptelea polyandra SIEB. & ZUCC., Schönulme

Knospen nur wechselständige Seitenknospen, zugespitzt eiförmig, um 6 mm lang und 3 mm ∅, dunkel rotbraun glänzend, mit ca. 10 Knospenschuppen, unterste fein behaart, Rest nur unauffällig bewimpert. **Zweige** rotbraun, einseitig wie bereift von abhebender Epidermis, später dunkel graubraun, mit zahlreichen punktförmigen, hellen Lentizellen. **Blattnarben** hell ocker, mit zahlreichen dunkelbraunen Spuren (> 5). Unter der Blattnarbe mit hellerem Saum. Bis 7 m hoher Baum aus Japan. Die aus dem Himalaja und Mittelchina stammende Art ***Euptelea pleiosperma*** HOOK. f. & THOMSON ist sehr ähnlich und im Winter nicht unterscheidbar.

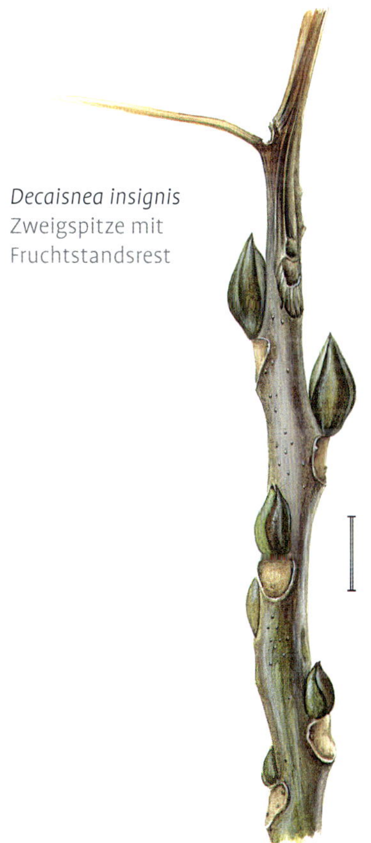

Decaisnea insignis Zweigspitze mit Fruchtstandsrest

Familie Lardizabalaceae, Fingerfruchtgewächse

Langtriebe ohne Endknospen, Blattnarben vielspurig. Aus Asien stammende Lianen und, seltener, aufrechte Sträucher.

Schlüssel Lardizabalaceae

1 Grobastiger, locker verzweigter aufrechter Strauch .... ***Decaisnea insignis***
1* Windende Lianen 2
2 Zweige braun, Blattkissen weit herausragend, Blattnarbe vielspurig .... ***Akebia quinata***
2* Zweige grün bis violettbraun, bereift, Blattnarben sehr breit, 3-spurig, ... *Sinofranchetia chinensis*

Decaisnea insignis (GRIFF.) HOOK.f. & THOMSON, Blaugurke
[*Decaisnea fargesii* FRANCH.]

Knospen nur spiralig stehende Seitenknospen, bis etwa 20 mm lang, von zwei Vorblatt-Knospenschuppen umhüllt. Die äußere Knospenschuppe umgreift basal die innere, jede endet in einer kleinen Spitze, dadurch Knospen zweispitzig. Schuppen fleischig dick, außen grün bis olivbraun, blauweiß bereift, mit leicht buckeliger Oberflächenstruktur. **Zweige** sehr dick (einjährig um 10 mm ∅), starr und wenig verzweigt, grün bis oliv, abwischbar blauweiß bereift. **Lentizellen** zahlreich, klein, hell bräunlich und erhaben. **Blattnarben** groß, mit meist 5 unauffälligen Gefäßbündelspur(grupp)en, mittlere aus mehreren kleinen Einzelspuren bestehend. **Fruchtstände** endständige Doppeltrauben, Reste im Winter oft noch erhalten. Häufiger, aufrechter bis 3 m hoher Strauch aus Westchina.

Akebia quinata (HOUTT.) DECNE., Fingerblättrige Akebie

Knospen wechselständige, gedrungen eiförmige, 4–7 mm lange und 3 mm dicke Seitenknospen, häufig mit Bereicherungsknospen. Seitenknospen mit vielen braunen, zum Rand etwas dunkleren, an der Spitze leicht gekielten und etwas abstehenden Knospenschuppen. **Zweige** rot- bis olivbraun, ± gefurcht, mit einigen bis zahlreichen helleren Lentizellen. Der Blattgrund des Tragblattes bleibt erhalten und erscheint als sehr weit herausragendes Blattkissen. Oberblattnarbe mit einigen (> 3) Gefäßbündelspuren. Häufig gepflanzte, bis 10 m hoch schlingende Liane, beheimatet in Japan und Mittelchina bis Korea.

Sinofranchetia chinensis (FRANCH.) HEMSL.
Zweige differenziert in windende Langtriebe und Kurztriebe am älteren Holz. **Seitenknospen** an den einjährigen Langtrieben, deutlich vom Zweig abstehend, um 6 mm lang. **Endknospen** am Ende eines Kurztriebes, eiförmig, bis 10 mm lang. **Knospenschuppen** kahl, fleischig, auf undeutlich grünem Grund dunkel weinrot-violett überlaufen, mit hellerem schmutzig ocker bis zimtbraunem Saum. Besonders basale Knospenschuppen mit auffallend abstehendem Blattstielrudiment. **Zweige** um 3 bis 5 mm ∅, kahl, violettbraun bis grünlich im Schatten, durch Bereifung oft heller erscheinend, mit wenigen warzigen, hell ockerbraunen Lentizellen. **Blattnarben** wappenförmig, 5–10 mm breit, deutlich breiter als die Zweigglieder, dadurch Knoten dicker. Selten gepflanzte, bis 10 m hoch kletternde Liane aus Mittel- und Westchina.

Familie Menispermaceae, Mondsamengewächse

Linkswindende Kettersträucher, ohne Endknospen. Seitenknospen wechselständig, nackt und behaart; meist mit absteigenden serialen Beiknospen.

Schlüssel Menispermaceae

1 Einjährige Zweige dünn (< 2,5 mm), Knospen dicht behaart . . . . *Cocculus orbiculatus*
1* Zweige dicker (meist >3 mm), Knospen ± kahl . . . . ***Menispermum canadense***

Cocculus orbiculatus (L.) DC., Japanischer Kokkelstrauch
[*Cocculus trilobus* (THUNB.) DC.]
Knospen bis 2 mm, kugelig, dicht hell graubraun behaart, oft mit zweiter, relativ großer absteigender Beiknospe. **Zweige** 1–2 mm ∅, grün und rund; dicht fein hell graubraun behaart. **Battnarbe** rundlich, quer oval, auf großen Blattkissen. Nur selten anzutreffender, bis 4 m hoch kletternder, von Japan bis zum Himalaja und den Philippinen verbreiteter Strauch.

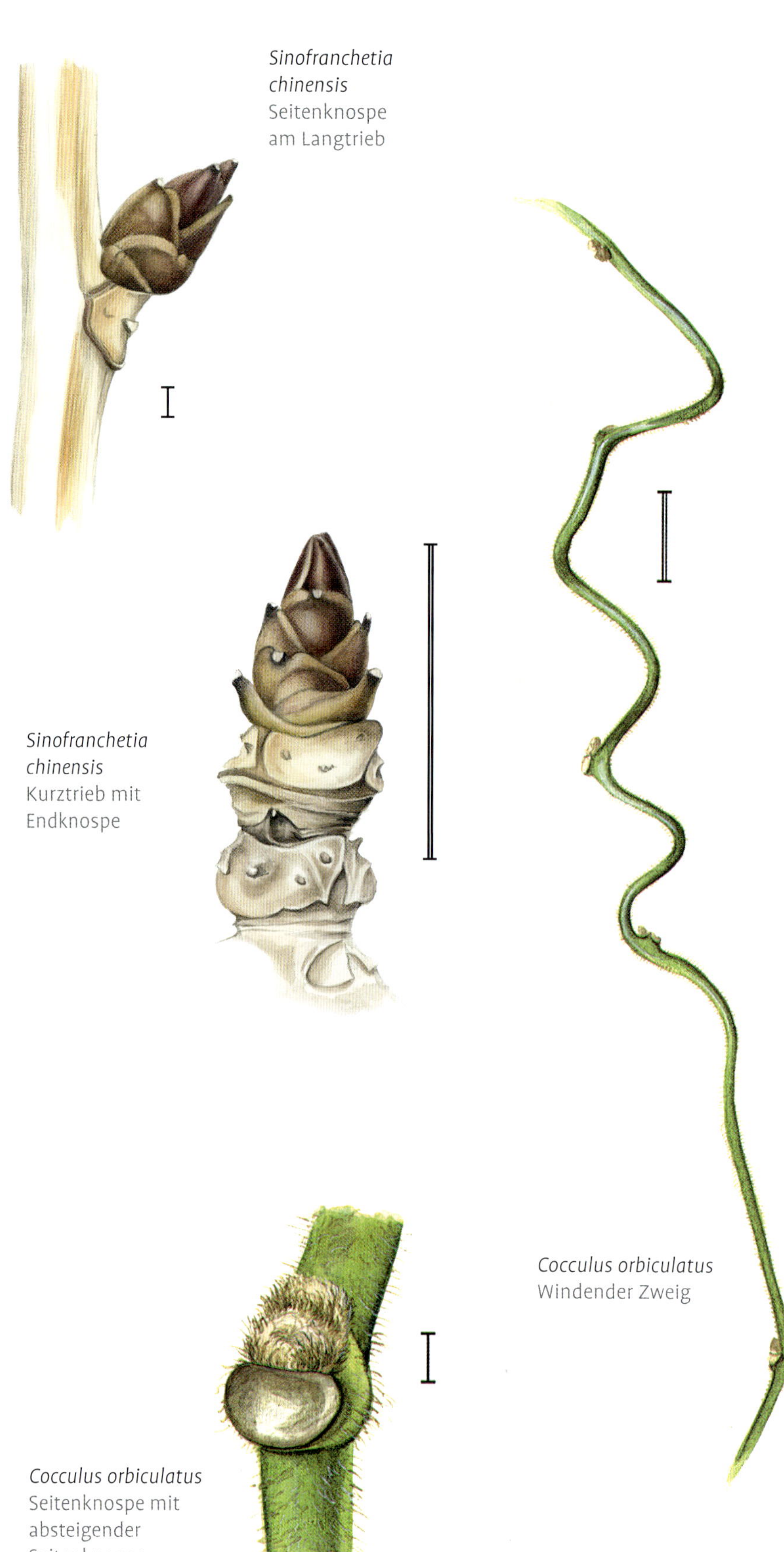

Sinofranchetia chinensis Seitenknospe am Langtrieb

Sinofranchetia chinensis Kurztrieb mit Endknospe

Cocculus orbiculatus Windender Zweig

Cocculus orbiculatus Seitenknospe mit absteigender Seitenknospe

Menispermum dauricum
Windender Zweig

Menispermum canadense
Kleine Seitenknospen mit fast von der großen Blattnarbe verdeckten, absteigenden Beiknospen

Xanthorhiza simplicissima
Zweigspitze mit Endknospe

Menispermum canadense L., Amerikanischer Mondsame
Seitenknospen klein, 2–3 mm dick, flach bis kegelig, von zwei äußeren, dunkel violettbraunen Knospenschuppen bedeckt; mit kleinen absteigenden Beiknospen. **Zweige** anfangs fein behaart, grün glänzend und ± verkahlend, später braun. **Blattnarbe** groß und rundlich, auf großem Blattkissen, am oberen Rand tief eingeschnitten und vor allem die unter der Primärknospe befindlichen Beiknospen umgreifend. Oberhalb der Seitenknospe befindet sich mitunter eine kleine Narbe eines Blüten- oder Fruchtstandes.
Gelegentlich gepflanzte, dichte, bis 4 m hoch windende Liane aus Nordamerika.
Seltener anzutreffen ist der aus Ostasien stammende **Dahurischer Mondsame**, ***Menispermum dauricum*** DC. mit ganz kahlen Zweigen.

Familie Ranunculaceae, Hahnenfußgewächse

Artenreiche in der Nordhemisphäre verbreitete Familie. Es überwiegen krautige und staudenförmige Pflanzen und es gibt nur wenige Gehölzgattungen. Blattstellung wechselständig, seltener wie bei den Waldreben, *Clematis*, gegenständig.

Schlüssel Ranunculaceae

1 Knospen gegenständig, mit Blattstielen rankende Sträucher .... *Clematis*
1* Knospen wechselständig, kleine niederliegende bis aufsteigende Sträucher .... *Xanthorhiza simplicissima*

Xanthorhiza simplicissima MARSH., Gelbwurz
Knospen: 1,5–2 cm lange, spindelförmige Endknospen und wechselständige, kleine 2–4 mm lange, anliegende Seitenknospen. **Knospenschuppen** der Endknospen aus scheidigem, parallelnervigem Blattgrund mit ± stark ausgebildeten Oberblattrudimenten: etwas abstehenden Zipfeln bis lange haftenden kleinen Blättchen; grünlich, violett-weinrot überlaufen, kahl, nur Ränder sehr unauffällig bewimpert. **Zweige** dünn und kahl, mit außen glatter grauoliver und innen gelber Rinde. **Lentizellen** zerstreut, rundlich. **Blattnarben** breit und den Zweig sehr weit umfassend, mit 7–9 Spuren nebeneinander.
Wenig verzweigter, Ausläufer bildender, niederliegend-aufsteigender, 0,6–1 m hoher, selten gepflanzter Strauch aus Nordamerika.

Clematis L., Waldrebe

Mit gegenständigen, auch nach dem Laubfall der Fiederblättchen bleibenden, Blattspindeln rankend oder seltener aufrecht staudenoder strauchförmig. Durch die bleibenden Blattspindeln ohne Blattnarben. Ein auffälliges Merkmal bilden auch die den ganzen Winter erhalten bleibenden köpfchenförmigen Sammelnussfrüchte. Die behaarten oder kahlen Einzelnüsschen bieten mit ihren ± behaarten, unterschiedlich langen Griffeln zusätzliche Merkmale für die im Winter nur schwer unterscheidbaren Arten. Die starke züchterische Bearbeitung der Gattung erschwert eine Zuordnung der zahlreichen Hybriden im Winterzustand, so dass hier nur einige der häufigeren Arten berücksichtigt sind.

Schlüssel *Clematis*

1 Früchte zahlreich in achselständigen Rispen, Zweige kräftig, in Europa häufigste Art . . . . ***Clematis vitalba***

1* Früchte einzeln oder wenige, meist lang gestielt 2

2 Früchte einzeln am Ende von Kurztrieben . . . . ***Clematis alpina*** & ***Clematis macropetala***

2* Ohne Kurztriebe 3

3 Zweige fast ganz kahl . . . . ***Clematis orientalis***

3* Zumindest an den Knoten mit deutlicher Behaarung 4

4 Zweige zierlich, jung um 2 mm ∅; in Südeuropa heimische Art . . . . ***Clematis viticella***

4* Zweige meist kräftiger 5

5 Früchtchen: um 4 mm lange Nuss mit bis 4 cm langem, fein behaarten Griffel . . . . ***Clematis tangutica***

5* Früchtchen: über 5 mm lange Nuss mit bis 3 cm langem, lang behaarten Griffel . . . . ***Clematis montana***

Untergattung Atragene

Früchte lang gestielt, an achselständigen Kurztrieben.

Clematis alpina (L.) MILL., Alpen-Waldrebe
Knospen eiförmig bis länglich eiförmig, zugespitzt, bis etwa 10 mm lang. Von einigen dunkel graubraunen, zur Spitze etwas behaarten Knospenschuppen bedeckt. **Zweige** graubraun bis schwarzbraun, ± kahl. Häufig gepflanzte, bis 2 m hoch kletternde Liane. Von Europa bis Westasien in verschiedenen Unterarten verbreitet, die typische Unterart in den Alpen: von Südostfrankreich bis Österreich, in den Apenninen und Karpaten.

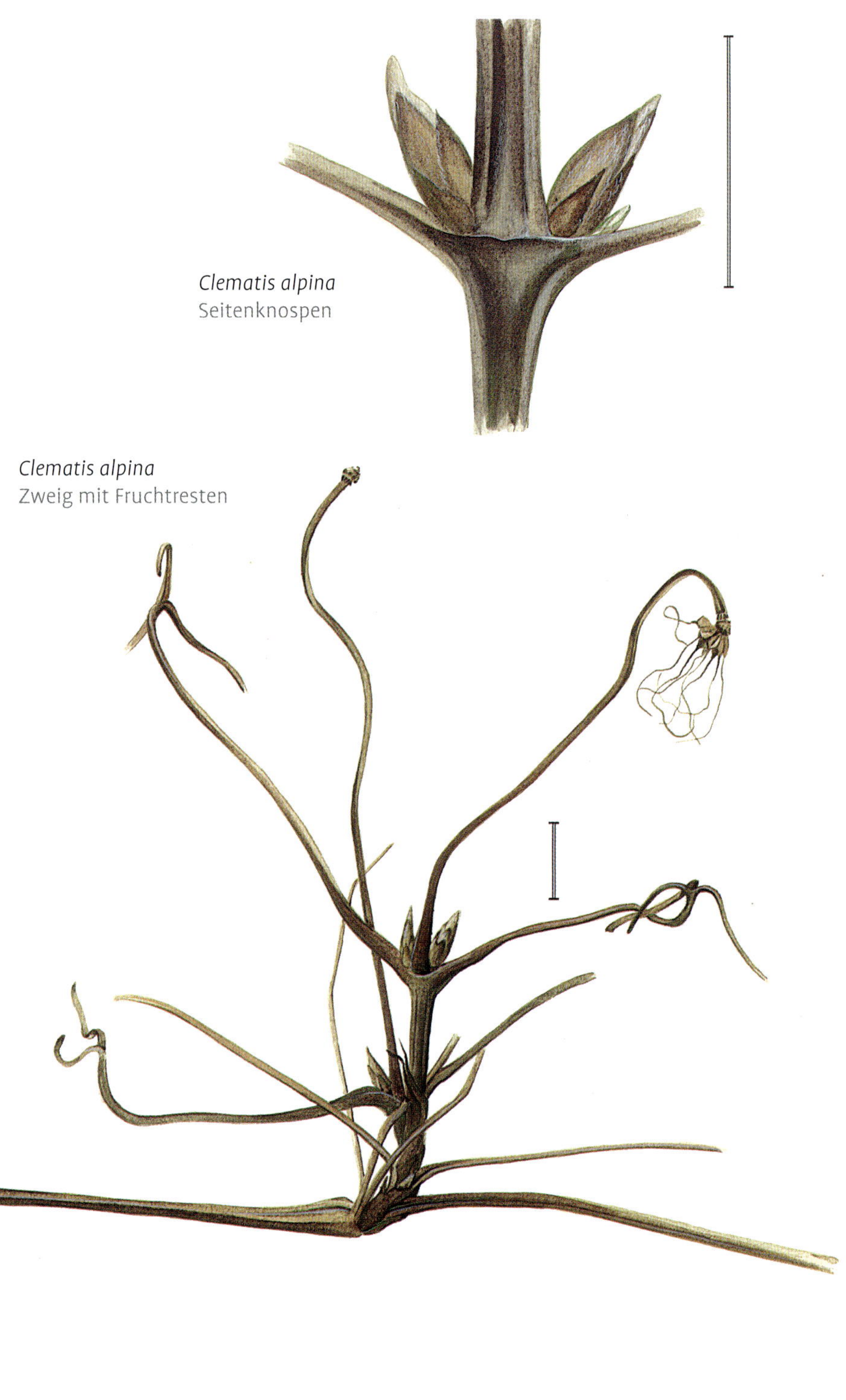

Clematis alpina
Seitenknospen

Clematis alpina
Zweig mit Fruchtresten

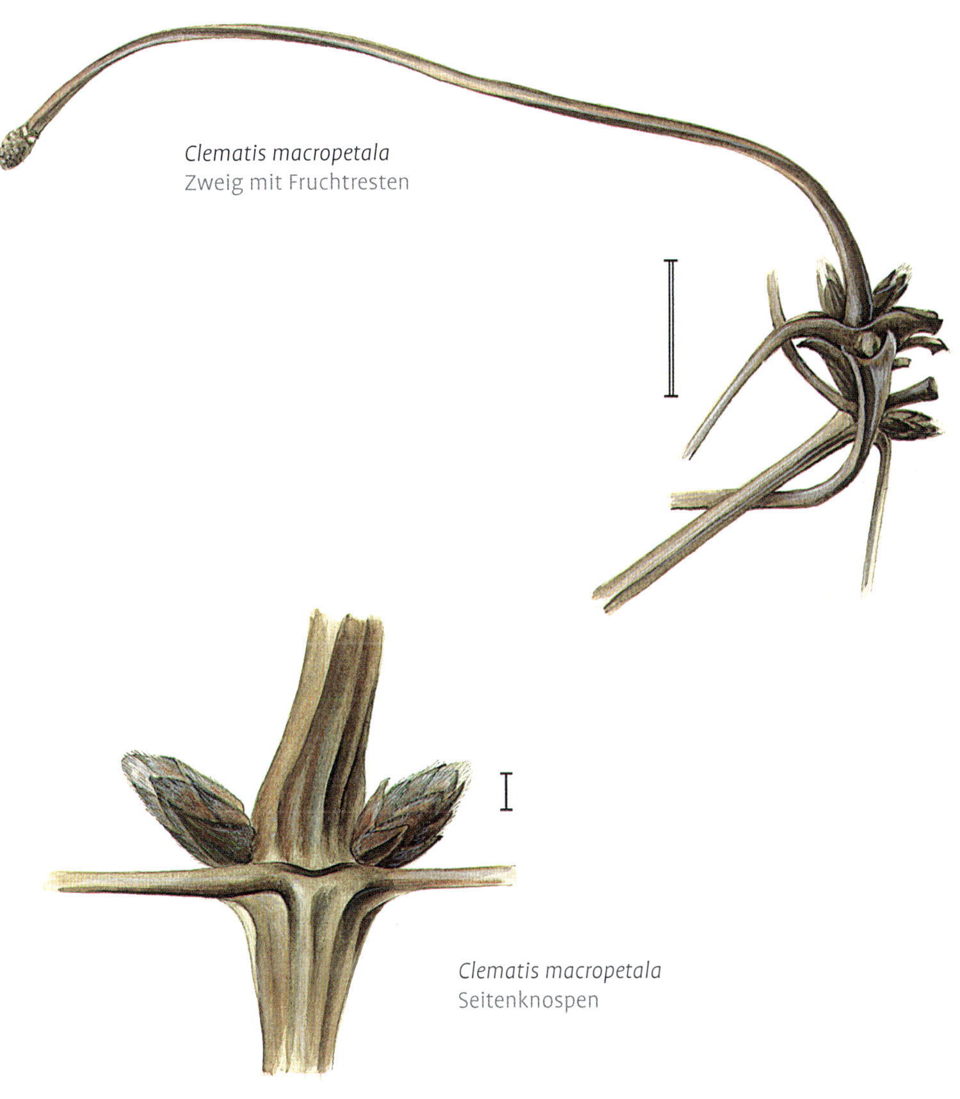

Clematis macropetala
Zweig mit Fruchtresten

Clematis macropetala
Seitenknospen

Clematis macropetala LEDEB., Großblütige Waldrebe
Knospen 3–5 mm lang, eiförmig, mit einigen äußeren Schuppenpaaren. Unterste Knospenschuppen dunkel graubraun, kaum behaart, oberste heller, ± dicht lang behaart. **Zweige** graubraun, relativ dünn, kantig, vor allem an den Knoten, kurz behaart. Mit vielen Kurztrieben, die jeweils mit einem etwa 12–15 cm langen Fruchtstiel enden. Blattspindelbasis bleibend. Pflanze etwa 2–3 m hoch kletternd. In Asien von der Mandschurei und Sibirien bis Nordchina verbreiteter, häufig angepflanzter Strauch.

Untergattung Flammula

Sektion Viticella

Starkwüchsige Kletttersträucher. Fruchtstände an den Enden der letztjährigen Triebe.

Clematis viticella L., Italienische Waldrebe
Knospen klein, kugelig bis eiförmig, mit wenigen Knospenschuppen. **Zweige** dünn, kantig-gerieft, rotbraun. **Früchte** mit kurzen kahlen Griffeln. Bis 4 m hoch kletternder Strauch, verbreitet von Südeuropa bis Kleinasien.
Eine häufig gepflanzte Hybride ist ***Clematis ×jackmanii*** T. MOORE. [*Clematis lanuginosa × Clematis viticella*]. **Knospen** kugelig-eiförmig, 2–4 mm lang, von wenigen graubraunen Knospenschuppen umhüllt. **Zweige** rotbraun, gerieft, an den Knoten behaart, dünn (um 3 mm), gefurcht. Blattgrund der gegenüberliegenden Blätter – gattungstypisch – zusammenstoßend und besonders stark, fast flügelig hervorstehend. 3–4 m hoch kletternder Strauch.

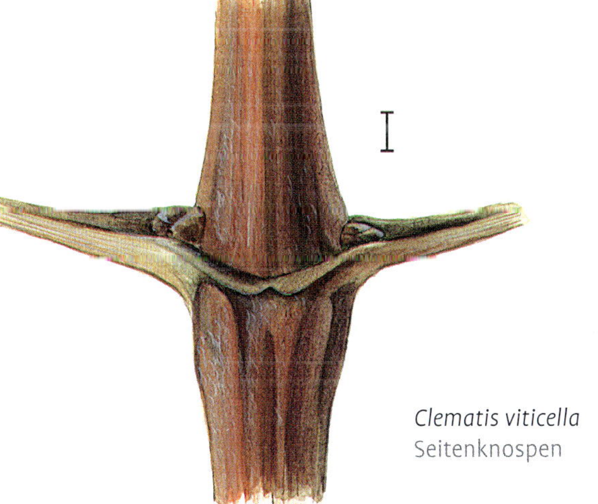

Clematis viticella
Seitenknospen

Clematis viticella
Seitenknospen

Untergattung Cheiropsis

Sektion Montanae

Clematis montana BUCH.-HAM. ex DC., Berg-Waldrebe
Knospen 5 bis etwa 7 mm lang, äußere Knospenschuppen locker behaart oder fast kahl, folgende Blättchen dicht behaart. **Zweige** ockerbraun bis schmutzig rotbraun, leicht furchig, mitteldick (einjährig 2–4 mm ∅). **Früchte** an zweijährigen Trieben, Nüsschen 5–6 mm lang, abgeflacht kreisförmig, rotbraun und kahl, Griffel 25–30 mm lang und dicht behaart (Behaarung 5–6 mm lang, zum Ende kürzer). Bis 8 m hoch kletternde, starkwüchsige Liane. Mittel- bis Westchina und Himalaja.

Clematis montana
Einzelnüsschen

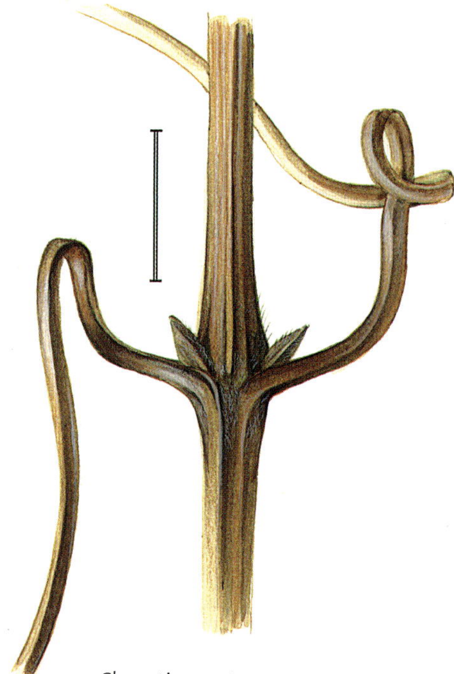

Clematis montana
Zweig mit Blattspindelranken

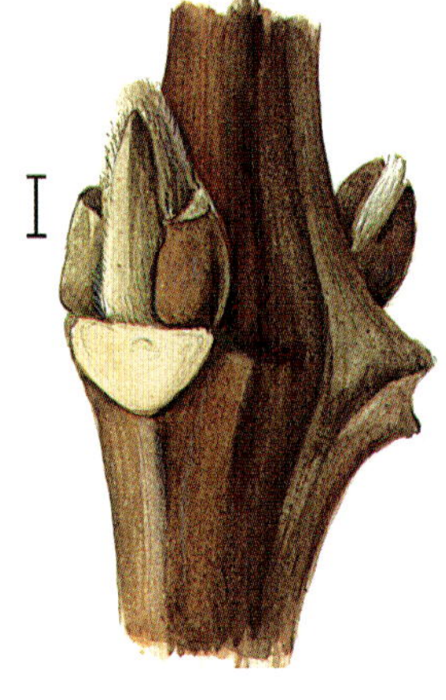

Clematis montana
Seitenknospen
(Blattspindeln entfernt)

Clematis vitalba
Zweig mit Fruchtständen

Clematis vitalba
Zweig mit Blattspindelranken

Untergattung Clematis

Sektion Clematis

Clematis vitalba L., Gewöhnliche Waldrebe
Zweige meist stark und kantig-furchig. Äste relativ – mehrere Zentimeter – dick werdend. **Früchte** mit behaarten Griffeln, diese können bei verschieden Pflanzen unterschiedlich ausgebildet sein: von relativ lang bis kurz. Um 15 m, seltener bis 30 m hoch kletternde, starkwüchsige und oft große Flächen bedeckende Liane. Häufigste, in Europa bis zum Mittelmeergebiet und nach Kleinasien verbreitete Art.

Untergattung Campanella

Sektion Meclatis

Clematis orientalis L., Orientalische Waldrebe
Zweige relativ dünn, nur sehr schwach kantig, graubraun, zu den Knoten meist dunkler braun, längs gestreift, kahl, höchstens an den Nodien wenige kleine Haare. **Früchte** mit fedrigen Griffeln. Häufig gepflanzte, 3–5 m hoch kletternde Liane aus dem Himalaja.

Clematis tangutica (MAXIM.) KORSH., Mongolische Waldrebe
Zweige anfangs behaart, um den Knoten mit bleibender Behaarung. Fruchtstände 8–15 cm lang gestielt, **Früchte** behaarte, hell ockerbraune, etwa 4 mm lange Nüsschen mit 30–40 mm langem, fein behaartem Griffel (Behaarung etwa 4 mm lang, am Ende kürzer bis unbehaart). Häufige, aus der Mongolei stammende, bis 3 m hoch kletternde Liane.

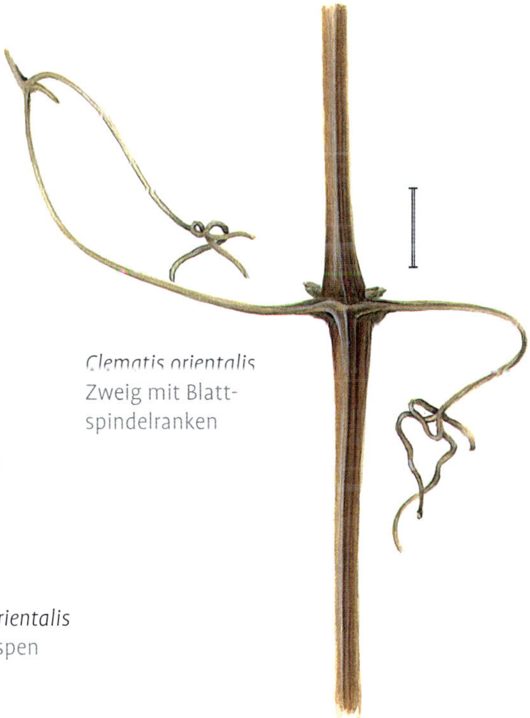

Clematis orientalis
Zweig mit Blattspindelranken

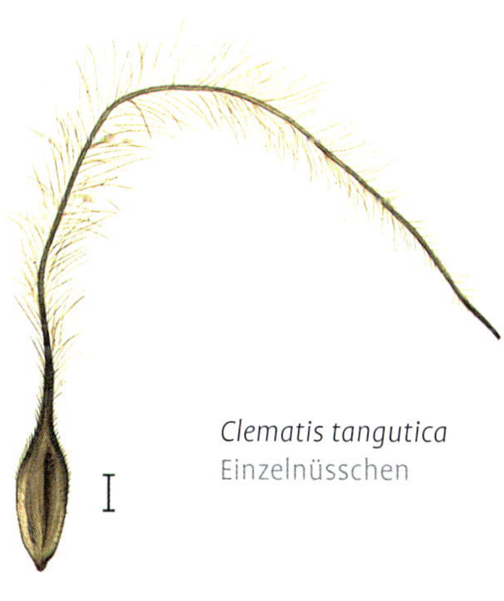

Clematis tangutica
Einzelnüsschen

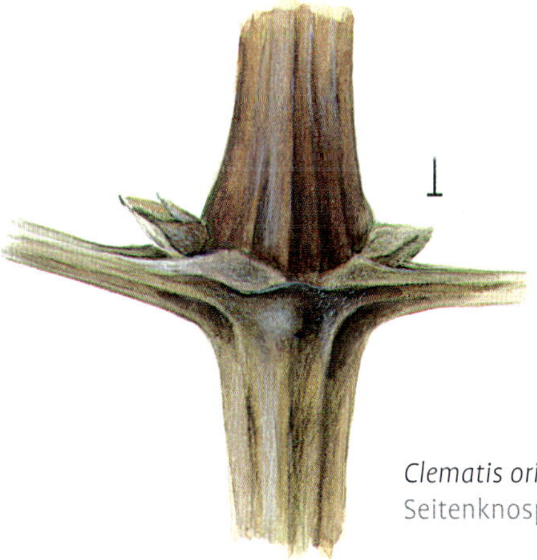

Clematis orientalis
Seitenknospen

Familie Berberidaceae, Berberitzengewächse

Neben immergrünen Vertretern aus den Gattungen *Nandina* und *Berberis* (incl. *Mahonia*), begegnen uns bei *Berberis* i. e. S. auch einige häufige sommergrüne Arten.

Berberis L., Berberitze, Sauerdorn

An den bleibenden verdornenden Tragblättern leicht erkennbare Sträucher. Die Assimilation übernehmen in ihren Achseln an Kurztrieben sitzende, Blattnarben hinterlassende Laubblätter. Am Ende eines diesjährigen Kurztriebes steht meist eine Endknospe. Hat jedoch ein Fruchtstand die Triebspitze aufgebraucht, setzt eine Seitenknospe das Wachstum fort. Das Holz und die innere Rinde sind ± gelb.
Als **Bestimmungsmerkmale** dienen die Gestalt der Dornen (1-, 3- oder mehrzählig), die Farbe der Rinde junger Zweige (gelb, braun, grau), Behaarung und Furchen auf den Zweigen sowie die Wuchshöhe und soweit vorhanden die Fruchtstände.

Schlüssel *Berberis*

1 Dornen meist 3- (oder mehr-)teilig . . . 2
1* Dornen überwiegend einfach 8
2 Kaum oder nur wenig über 1 m hohe Sträucher 3
2* Meist deutlich über 1,50 m hohe Sträucher 4
3 Zweige anfangs behaart, rotbraun 6
3* Zweige kahl, gelbbraun 7
4 (2) Zweige graubraun, älter grau . . . . ***Berberis vulgaris***
4* Junge Zweige braun 5
5 Dornen dünn, überwiegend 3-teilig, Zweige unbereift . . . ***Berberis aggregata***
5* Dornen kräftig, basal blattartig verbreitert, Zweige anfangs bereift . . . . ***Berberis koreana***
6 (3) Dornen dünn, 3-teilig . . . . ***Berberis wilsoniae*** (und Hybriden)
6* Dornen kräftig, basal oft blattartig verbreitert . . . . ***Berberis koreana***
7 (3) Fruchtstände bis 5 cm lange Rispen . . . . *Berberis ×carminea*
7* Fruchtstände Dolden oder Büschel . . . . ***Berberis ×ottawensis***
8 (1) Zweige gelblich, ockerbraun . . . . ***Berberis ×ottawensis***
8* Zweige rotbraun . . . ***Berberis thunbergii***

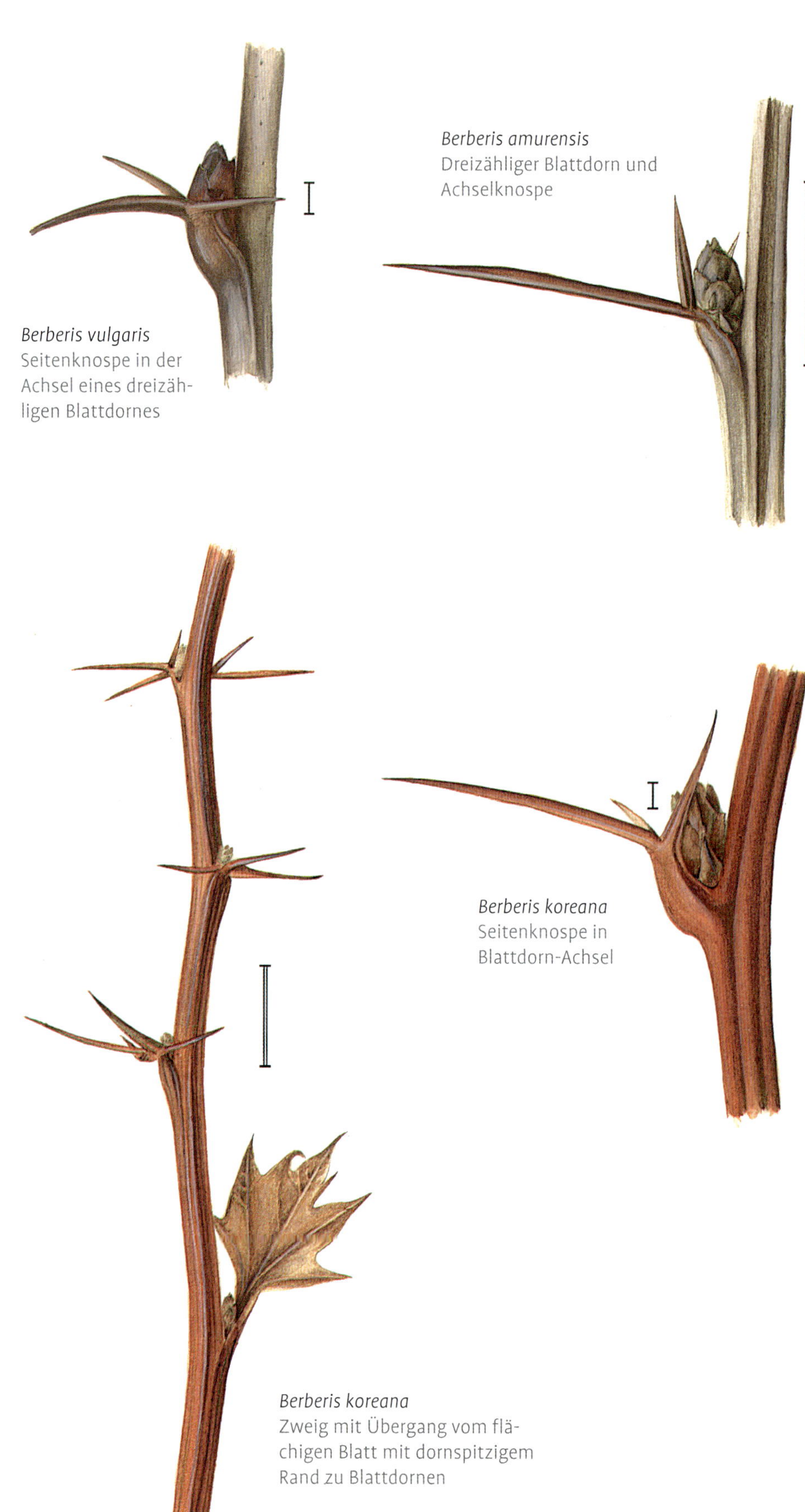

Berberis vulgaris
Seitenknospe in der Achsel eines dreizähligen Blattdornes

Berberis amurensis
Dreizähliger Blattdorn und Achselknospe

Berberis koreana
Seitenknospe in Blattdorn-Achsel

Berberis koreana
Zweig mit Übergang vom flächigen Blatt mit dornspitzigem Rand zu Blattdornen

Berberis thunbergii
Zweig mit einteiligen Blattdornen

Serie Berberis

Berberis vulgaris L., Gewöhnliche Berberitze
Knospen an den Enden kurzer achselständiger Triebe, graubraun, eiförmig, 4–5 mm lang; basal von den Blattresten (Blattgrund mit runden Blattstielnarben) und den darauf folgenden Knospenschuppen umhüllt. Wenn die Kurztriebspitze von einer Fruchttraube aufgebraucht wurde, entwickelt sich oft eine Seitenknospe in der Achsel eines Vorblattes. **Zweige** gefurcht, mit meist 3-zähligen, 1,5–2 cm langen, graubraunen bis rotbraunen Dornen. Sehr häufig gepflanzter, bis über 2,5 m hoch werdender Strauch. Natürlich von West- und Südeuropa bis zur Krim und zum Kaukasus verbreitet.
Nicht sicher von *Berberis vulgaris* zu unterscheiden ist die ebenfalls häufig gepflanzte **Amur-Berberitze, *Berberis amurensis*** Rupr. aus Ostasien.

Berberis ×ottawensis
Seitenknospe in der Achsel eines einfachen Blattdornes

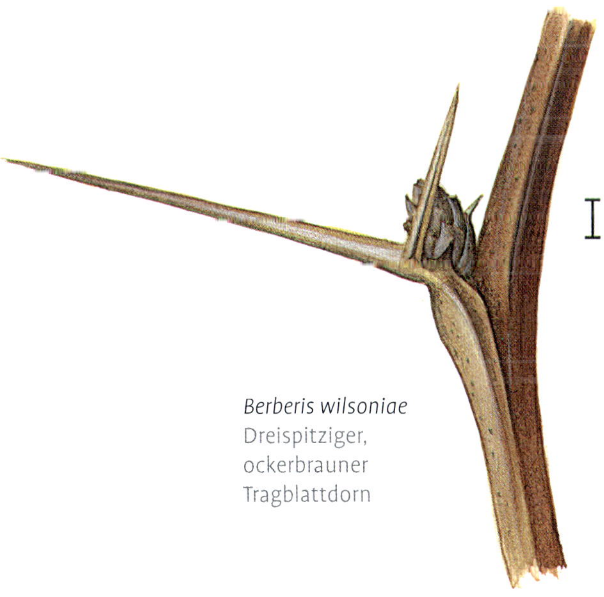

Berberis wilsoniae
Dreispitziger, ockerbrauner Tragblattdorn

Serie Sinensis

Berberis koreana Palib., Koreanische Berberitze
Knospen eiförmig, 3–4 mm lang, graubraun, mit einigen Knospenschuppen. Die unteren Blattdornen sind oft deutlich blattartig ausgebildet, sonst meist 3- bis 5(7)-teilig, nur unter der Spitze auch einfach; einzelne Dornteile relativ kräftig, etwa 1,5 cm lang. **Zweige** orangebraun bis dunkel rotbraun, stark furchig, mitunter etwas bereift, zweijährig dunkelbraun. **Mark** weiß, weit und voll. **Früchte** eirund bis 8 mm lang, in 4–5 cm langen hängenden Trauben. Gelegentlich gepflanzter, in Korea endemischer, bis 1,5–2 m hoher, aufrechter Strauch.

Berberis thunbergii DC., Thunbergs Berberitze
Knospen eiförmig, 2–3 mm lang, oberste Knospenschuppen graubraun und zugespitzt, unterste anfänglich gerotet. **Zweige** kahl, dünn, kräftig rotbraun und dicht gefurcht. **Blattdornen** dünn, einfach und relativ kurz: 5–15 mm, zur Zweigspitze gelegene oft etwas aufgerichtet und spitzwinklig vom Zweig abstehend. **Früchte** wenige: 1–2 (–5) in sitzenden Büscheln; etwa 8 mm lang, elliptisch und ohne Griffel. Häufig gepflanzter, kleiner, dichter, bogig verzweigter, etwa 1 m hoch werdender Strauch aus Japan.

Ähnlich und schwer unterscheidbar ist: ***Berberis ×ottawensis*** Schneid. [*Berberis thunbergii × Berberis vulgaris*]
Zweige gelbbraun bis ockerbraun, dünn und gefurcht, aber etwas kräftiger als *Berberis thunbergii*. **Dornen** einfach, dünn, 8–12 mm lang. **Früchte** einige, 5–10 in Büscheln oder kurzen Trauben, eiförmig und rot. Bis 1,3 m hoher Strauch. Einige häufige rotlaubige Sorten mit ± rotbraunen Zweigen lassen sich nur mittels der Fruchtstandreste abgrenzen.

Serie Polyanthae

Berberis wilsoniae Hemsl., Wilsons Berberitze
Knospen eiförmig, 2–3 mm lang; Knospenschuppen braun, zerstreut kurz drüsig behaart und bewimpert. **Zweige** kantig, rotbraun, anfangs behaart (kahl bei einigen Varietäten), später nur schwarze punktförmige Haarreste. **Dornen** 3-teilig, 1–2 cm lang, dünn und spitz, gelbbraun. **Früchte** zu 2–6, lachsrot, kugelig, mit kurzem Griffel.

Bis 1 m hoher, sehr dichter Strauch aus China: Westsichuan.
Die häufig gepflanzte Gartenhybride der Knäuelfruchtigen mit der Wilson-Berberitze, ***Berberis* ×*rubrostilla*** Chitt., ist ein bis 1,5 m hoher Strauch mit rotbraunen, anfangs behaarten, kantigen Zweigen und in Traubendolden stehenden, eiförmigen, bis 1,5 cm langen, griffellosen Früchten. Die Form **'Carminea'** [*Berberis ×carminea* Chitt. ex Ahrendt] wird nur 1 m hoch, hat mehr gelblich-braune, kahle, kantige Zweige und die um 8 mm langen Beeren finden sich in bis 5 cm langen, hängenden Rispen.

Berberis aggregata Schneid., Knäuelfrüchtige Berberitze
Knospen kurz eiförmig, etwa 3 mm lang; rotbraun bis dunkel graubraun, behaart. Mit zahlreichen spiraligen Knospenschuppen, unterste mit deutlichen Blattstielnarben, oberste ± zugespitzt. **Zweige** kantig, relativ dünn, matt ockerbraun bis graubraun, fein behaart. **Dornen** ockerbraun bis orangebraun, meist 3-zählig, seltener einfach 1–2 (–3) cm lang, dünn und spitz. **Früchte** sehr lange am Strauch haftend, in kurzen fast sitzenden bis 3 cm langen Rispen: Rote, bereifte etwa 6 mm lange, kugelige Beeren mit kurzem Griffel. 1,5–2 m hoher Strauch aus China.
var. ***prattii*** (Schneid.) Schneid. [*Berberis prattii* Schneid.] **Dornen** 1- bis 3-zählig. **Früchte** zahlreich in 10 (–20) cm langen Rispen.

Familie Sabiaceae

Meliosma dilleniifolia subsp. ***tenuis*** (Maxim.) Beusekom, Dillenius' Meliosma
Knospen nackt, mit mehreren, dicht behaarten, getrennten Knospenblättern. **Endknospen** 5–7 mm lang, die zylindrischen länglichen Knospenblätter teilweise etwas umeinander gewunden. Seitenknospen kleiner, dem Zweig anliegend, auf deutlichen Blattkissen. **Zweige** kräftig, hellbraun, zur Spitze fein behaart, tiefer kahl, mit zahlreichen hellockerfarbenen Lentizellen. Am einjährigen Langtrieb zur Basis mit unterschiedlich langen Kurztrieben. **Mark** voll, weiß, mit grünlicher Markkrone. **Blattnarben** einspurig. Selten gepflanzter, 10–15 m hoher Baum aus dem westlichen China.

Berberis aggregata var. *prattii*
Seitenknospe und mehrteiliger Tragblattdorn

Berberis aggregata var. *prattii*
Zweig mit lange bleibenden Fruchtstandresten

Meliosma dilleniifolia subsp. *tenuis*
Zweigspitze

Meliosma dilleniifolia subsp. *tenuis*
Zweigspitze

Familie Platanaceae, Platanengewächse

Platanus L., Platane

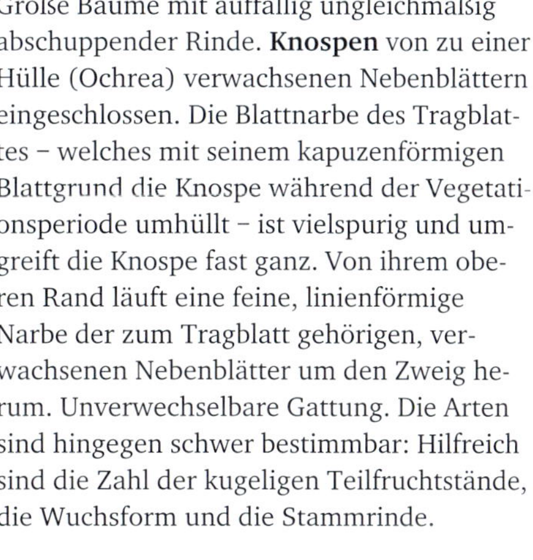

Große Bäume mit auffällig ungleichmäßig abschuppender Rinde. **Knospen** von zu einer Hülle (Ochrea) verwachsenen Nebenblättern eingeschlossen. Die Blattnarbe des Tragblattes – welches mit seinem kapuzenförmigen Blattgrund die Knospe während der Vegetationsperiode umhüllt – ist vielspurig und umgreift die Knospe fast ganz. Von ihrem oberen Rand läuft eine feine, linienförmige Narbe der zum Tragblatt gehörigen, verwachsenen Nebenblätter um den Zweig herum. Unverwechselbare Gattung. Die Arten sind hingegen schwer bestimmbar: Hilfreich sind die Zahl der kugeligen Teilfruchtstände, die Wuchsform und die Stammrinde.

Platanus ×*hispanica*
Zweig mit Kurztrieben

Schlüssel *Platanus*

1 Fruchtstände aus 2 oder mehr Fruchtkugeln zusammengesetzt 2
1* Fruchtkugeln einzeln, Rinde in kleinen Schuppen ablösend *Platanus occidentalis*
2 Fruchtstände aus 3 oder mehr Fruchtkugeln zusammengesetzt . . . . *Platanus orientalis*
2* Meist 2 Fruchtkugeln in einem Fruchtstand . . . . ***Platanus* ×*hispanica***

Platanus* ×*hispanica MÜNCHH., Ahornblättrige Platane
[*Platanus orientalis* × *Platanus occidentalis*]
Knospen, nur Seitenknospen: wechselständig, abgerundet kantig, stumpf kegelförmig, von einer einzigen Knospenschuppe umhüllt. Endständige Seitenknospen bis 10 mm lang und an der Basis 6 mm dick; tiefer am Zweig liegende Knospen deutlich kleiner. **Zweige** starr, olivbraun bis rotbraun, mit zahlreichen rundlichen, hell ockerfarbenen Lentizellen; älter graubraun bis grau. **Blattnarbe** die Knospe fast ganz umgreifend, mit zahlreichen Gefäßbündelspuren; Nebenblattnarbe als schmaler Streifen den Zweig umfassend. Die **Rinde** löst sich in großen Platten ab und gibt dem Stamm ein typisches geflecktes Aussehen. **Früchte** in kugeligen, auch im Winter erhaltenen Teilfruchtständen, meist zu zwei an einer hängenden Achse. Sehr häufig gepflanzter, bis 35 m hoher Baum mit meist bis zur Spitze durchgehendem Stamm.
Seltener sind die Elternarten anzutreffen: ***Platanus orientalis*** L., die **Morgenländische Platane**, mit meist bis zur Krone durchgehendem Stamm und deutlich abstehenden Ästen. Die Borke löst sich in relativ großen Platten ab und die Fruchtstände bestehen aus 3 oder mehr Fruchtkugeln. Vom Balkan und Kleinasien bis nach Westasien verbreiteter, bis 30 m hoher Baum. Bei ***Platanus occidentalis*** L., der **Amerikanischen Platane**, wachsen die Seitenäste straff aufwärts und der Stamm verliert sich meist vor der Spitze. Die Borke löst sich in kleinen Schuppen ab und die Fruchtstände bestehen meist aus nur einer Fruchtkugel. Aus Nordamerika stammender, bis 40 m hoch werdender Baum.

Platanus ×*hispanica*
Kurztrieb mit endständiger Seitenknospe und (links daneben) abgestorbener Triebspitze

Platanus orientalis
Seitenknospe

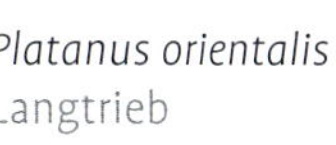

Platanus orientalis
Langtrieb

Familie Trochodendraceae

Tetracentron sinense **Oliv., Chinesischer Vierspornbaum**
Alle Teile kahl. **Knospen** mit ockergrünem Grundton, ± stark gerötet, lang und schmal, von einer sich am Rand überlappenden Schuppe vollständig eingeschlossen. Endknospe und oberste Seitenknospe aneinander anliegend, tiefere Seitenknospen abstehend, leicht zum Zweig zurück gebogen, um 12 mm lang und am Ansatz 2 mm ∅. Seitenknospen (und Kurztriebe) zweizeilig am Langtrieb. **Zweige** (Langtrieb) relativ dünn, im Licht dunkel weinrot, im Schatten rotbraun, mit sehr hellen Lentizellen. Mark voll. **Blattnarbe** schmal, dreispurig, die Hälfte der Knospenbasis umgreifend, auf beiden Seiten durch schmale Nebenblattnarben verlängert, so dass die Gesamtnarbe den Zweig zu ¾ umgreift. Ältere Pflanzen mit zahlreichen langlebigen, nur eine Endknospe besitzenden Kurztrieben. Der bis 20 m hohe unverwechselbare Baum ist nur sehr selten in Kultur. Er stammt aus Nordindien und Südwestchina.

Familie Paeoniaceae, Pfingstrosengewächse

Paeonia L., Pfingstrose

Meist Stauden, seltener kaum verzweigte, niedrige Sträucher mit dicken Ästen und großen Knospen. Seitenknospen wechselständig. Alte Knospenschuppen bleiben ebenso wie die Blätter, die spät – unregelmäßige Abbruchstellen hinterlassend – abfallen, lange erhalten. **Frucht**: eine aus 2–5 mehrsamigen Bälgen bestehende Sammelbalgfrucht.

Schlüssel *Paeonia*

1 Junge Zweige kräftig weinrot bis violettbraun, Pflanzen mit Ausläufern .... ***Paeonia delavayi*** var. ***delavayi***
1* Zweige graubraun 2
2 Bis 2 m hohe, wenig verzweigte Sträucher .. ***Paeonia rockii*** & ***P. suffruticosa***
2* Bis 1 m hohe, nahezu unverzweigte Sträucher .. ***Paeonia delavayi*** var. ***lutea***

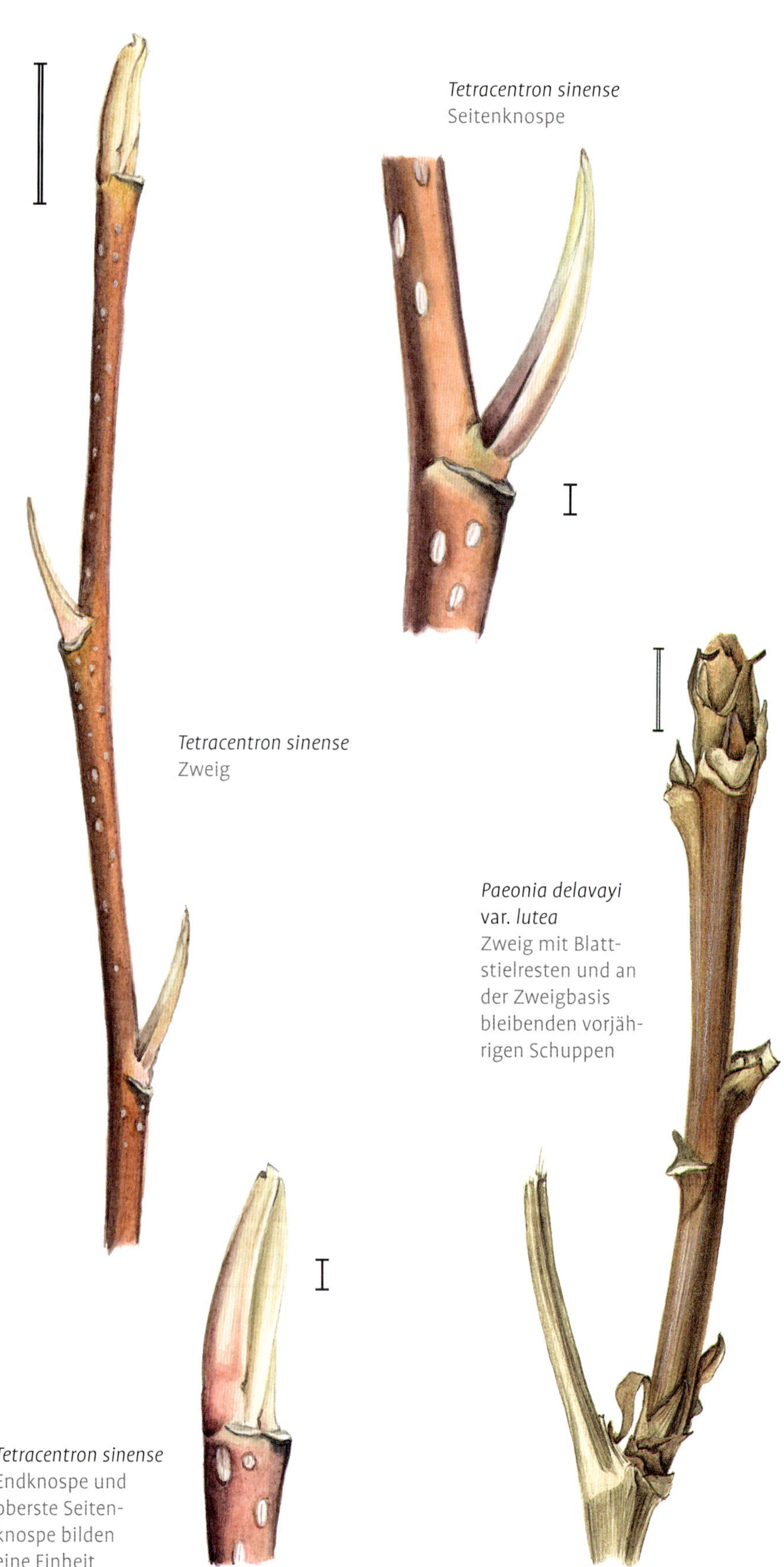

Tetracentron sinense
Seitenknospe

Tetracentron sinense
Zweig

Paeonia delavayi var. *lutea*
Zweig mit Blattstielresten und an der Zweigbasis bleibenden vorjährigen Schuppen

Tetracentron sinense
Endknospe und oberste Seitenknospe bilden eine Einheit

Paeonia ×suffruticosa
Zweig mit trockenen Blattresten und endständiger Sammelbalgfrucht.

Paeonia delavayi
Zweig mit auffallend rötlichbrauner Rinde

Paeonia rockii (HAW & LAUENER) HONG & LI und ***Paeonia ×suffruticosa*** ANDREWS, Strauch-Pfingstrosen
Knospen mehrschuppig, bis über 2 cm lang, spitz eiförmig, mit graubraunen, lockeren, an den Rändern abstehenden Knospenschuppen. **Zweige** 8–10 mm ∅, über der Basis der einjährigen Triebe matt graubraun, mit zahlreichen punktförmigen kleinen Lentizellen. **Blattnarben** auf deutlichen Blattkissen: groß, halbrund, mit mehreren halbkreisförmig angeordneten Spuren. **Sammelfrucht** aus 5 dicht behaarten, etwa 2 cm langen Bälgen. Häufig gepflanzter, bis 2 m hoher, wenig verzweigter Strauch aus China und zahlreiche unter *P. suffruticosa* vereinte Gartenhybriden.

Paeonia delavayi FRANCH., Delavays Pfingstrose
Knospen von locker anliegenden, braunen bis graubraunen Knospenblättern bedeckt. Diese vertrockneten Blattteile bestehen aus dem Blattgrund, oft mit bleibenden vertrockneten Blattstielen, oder – besonders an der Basis der Knospe – aus den ganzen Blättern. Endknospen oft über 2 cm lang, Seitenknospen meist kleiner. **Zweige** anfangs weinrotbraun bis violettbraun, matt glänzend, älter graubraun mit abblätternder Rinde und warzigen Lentizellen. Bis 1,5 m hoher, häufiger Strauch aus China.

var. ***lutea*** (DELAVAY ex FRANCH.) FINET & GAGNEP., Gelbe Pfingstrose
[*Paeonia lutea* DELAVAY ex FRANCH.]
Knospen mit locker anliegenden, hellbraunen bis graubraunen Knospenschuppen. Endknospen bis 1,5 cm, stumpf eiförmig; Seitenknospen kleiner, zugespitzt eiförmig, von zwei Knospenschuppen umhüllt. **Zweige** kräftig: 6–7 mm dick an der Basis einjähriger Triebe, matt ockerbraun (es fehlen bei der gelbblütigen Varietät rote Farbstoffe), fein längs streifig; ältere Zweige hell grau. Kaum verzweigter, häufig gepflanzter, bis 1 m hoher Strauch aus China.

Familie Altingiaceae

Liquidambar L., Amberbaum

Etwa 13 Arten in Ostasien und je eine Art in Kleinasien und Nordamerika. **Knospen** mit Knospenschuppen. **Zweige** häufig mit Korkleisten. Im Winter auffällig sind die aus holzigen, zugespitzten, zweiklappigen Kapseln bestehenden, 2–3,5 cm dicken kugelförmigen, zuweilen länglichen Fruchtstände.

Schlüssel *Liquidambar*

1 Endknospen etwa 8 mm lang, meist einstämmiger Baum . . . . ***Liquidambar styraciflua***

1* Endknospen meist kleiner, oft mehrstämmiger Großstrauch . . . . *Liquidambar orientalis*

Liquidambar styraciflua L., Amerikanischer Amberbaum

Knospen spitz eiförmig, bis etwa 8 mm lang und 4 mm dick, mit 5–6 glänzenden grünen bis rötlichen, leicht berandeten und bewimperten Knospenschuppen. Seitenknospen vor allem unterhalb der Zweigspitze sehr klein. **Zweige** oft mit unregelmäßigen Korkleisten. Junge Zweige 3–4 mm ∅, olivgrün bis dunkel rotbraun, matt glänzend, mit einigen warzigen Lentizellen; zweijährige Zweige anfangs braun, später von toter Epidermis grau und ältere Zweige ganz grau mit dunkelgrauen Lentizellen. **Blattnarben** auf deutlichen Kissen, mit 3 etwa gleich großen Spuren. **Rinde**: tief gefurchte Borke. Häufig gepflanzter, 10–20 (–45) m hoher Baum aus Nordamerika.

Viel seltener – meist nur in Botanischen Gärten – ist der **Orientalische Amberbaum**, *Liquidambar orientalis* Mill., anzutreffen. Großer Strauch oder bis 20 m hoher Baum aus Syrien und dem südlichen Kleinasien. Er unterscheidet sich durch kleinere bis 6 mm lange und 3 mm dicke Endknospen sowie dünnere, einjährig 2–2,5 mm dicke Zweige von der vorhergehenden Art.

Familie Hamamelidaceae, Zaubernussgewächse

Sommer- und immergrüne Gehölze. **Knospen** nackt und häufig sternhaarig oder mit kahlen bzw. verkahlenden Knospenschuppen. Seitenknospen wechselständig, hier häufig das Sprossglied nach dem ersten oder zweiten Vorblatt deutlich gestreckt und dadurch gestielt erscheinend. **Blattnarben** 3-spurig. **Blüten** sitzend in Köpfchen oder gestreckten Ähren, entweder in achselständigen Kurztrieben sehr früh (im Winter bis zum frühen Frühjahr: *Hamamelis*, *Parrotia*, *Corylopsis*) oder endständig am neuen Trieb nach Laubausbruch. Die beiden verwachsenen Fruchtblätter laufen in getrennte Spitzen (freie Griffel) aus. Sie entwickeln sich zu zweifächerigen verholzenden Kapseln, die wenigstens basal vom bleibenden Kelchbecher eingeschlossen sind. Die lange erhalten bleibenden Kapseln reißen durch die beiden Griffel (dadurch geöffnet vierspitzig) und etwas weniger tief zwischen den Fruchtblättern auf und schleudern dabei die beiden Samen heraus. Im Winter sind die Lage der Blütenknospen bzw. der Blütenstandsknospen und der aus ihnen hervorgehenden Früchte hilfreiche Merkmale.

Schlüssel Hamamelidaceae

1 Knospen mit Knospenschuppen, Blüten und Früchte achselständig 2

1* Knospen nackt, meist dicht mit Sternhaaren besetzt 3

2 Zweige mit Endknospen, obere Knospenschuppen grün-rot (Vorblatt- und Nebenblattschuppen), die gelbgrünen Blüten im März in achselständigen Ähren . . . . ***Corylopsis***

2* Zweige ohne Endknospe, Knospenschuppen zweizeilig, Blüte aus Bereicherungsknospen, im Herbst beginnend, je zwei Blüten aus einer Knospe, mit 5 dunkel weinroten Kronblättern . . . . . *Disanthus*

3 Blütenstände als walzenförmige Knospen am Triebende, Früchte in über 10 cm langen überhängenden Ähren, Seitenknospen mit zwei Vorblättern* . . . . *Sinowilsonia*

3* Blütenknospen oder Blütenstände kugelig-eiförmig oder im Winter unsichtbar, Seitenknospen mit einem Vorblatt* . . . 4

4 Blütenknospen und Früchte in Ähren oder Köpfchen am Triebende 5

4* Blütenknospen und Früchte in achselständigen Trieben 6

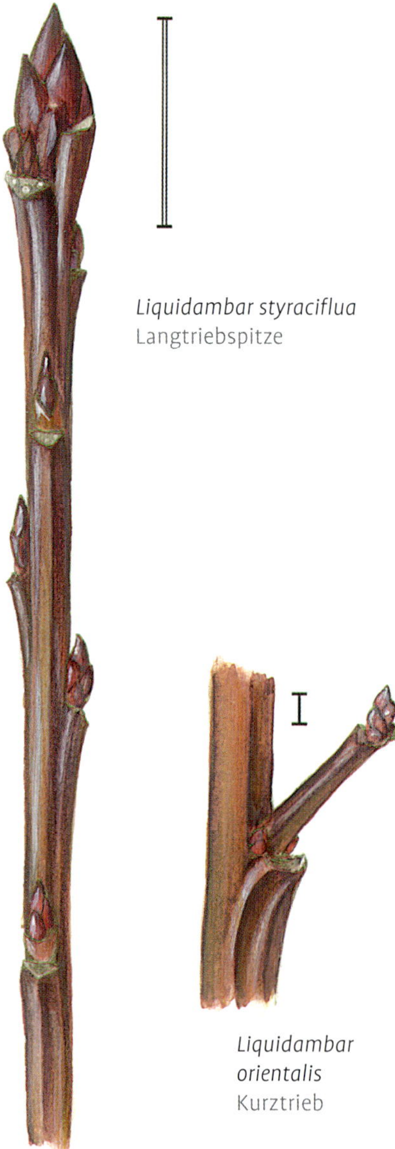

Liquidambar styraciflua
Langtriebspitze

Liquidambar orientalis
Kurztrieb

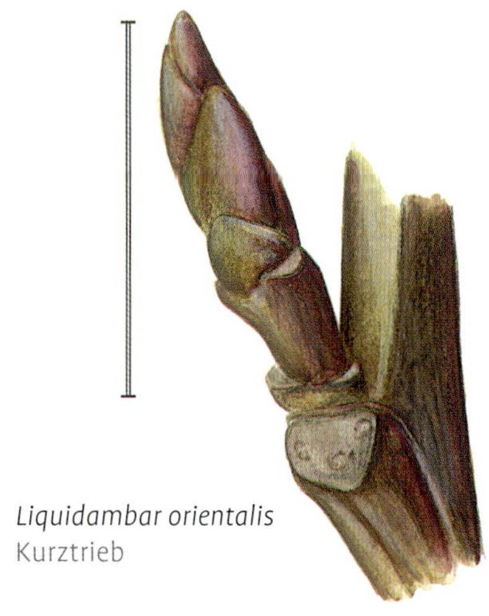

Liquidambar orientalis
Kurztrieb

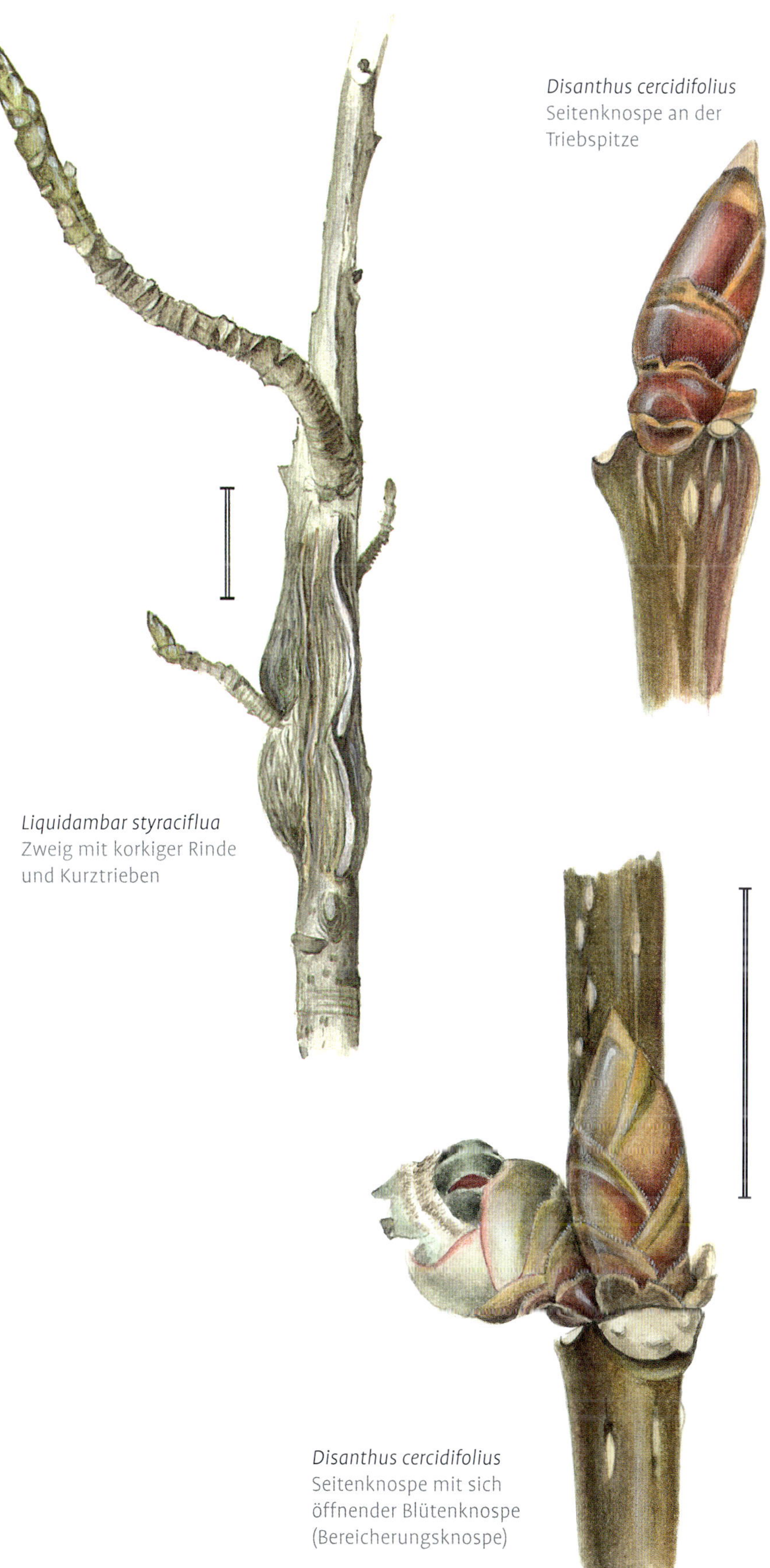

Disanthus cercidifolius
Seitenknospe an der Triebspitze

Liquidambar styraciflua
Zweig mit korkiger Rinde und Kurztrieben

Disanthus cercidifolius
Seitenknospe mit sich öffnender Blütenknospe (Bereicherungsknospe)

5 Über 2 m hoher Baum, Früchte in gedrungenen Köpfchen (vgl. auch *Parrotia*) .... *Parrotiopsis*

5* Kleine, selten 2 m Höhe erreichende, dicht verzweigte Sträucher, Früchte in aufrechten Ähren .... ***Fothergilla***

6 Mehrere kugelige, bis 3 mm dicke Blütenknospen am kurzen Trieb. Blüten oft im Winter, mit 4 bandförmigen gelben bis roten Kronblättern .... ***Hamamelis***

6* Eigentliche Blütenknospen bis zur Blüte in einer größeren schwarzbraunen Blütenstandsknospe (4–5 mm ∅) verborgen, erblühen ab März, ohne Kronblätter, auffällig die roten Staubbeutel. Stammrinde platanenartig abblätternd ..... ***Parrotia***

* die Vorblätter sind hier einfache, vom Blattgrund gebildete, oft hinfällige Schuppen ohne Nebenblätter. Sie unterscheiden sich von den folgenden Blättern, die bereits blattartig angelegt sind und paarige Nebenblätter besitzen.

Unterfamilie Disanthoideae

Disanthus cercidifolius **MAXIM., Doppelblüte**
Ohne Endknospen. **Seitenknospen** von zweizeilig stehenden Blattgrundschuppen bedeckt. Die Knospenschuppen sind am Grund violettbraun, der Schuppenrand ockerfarben, dieser innen heller, außen dunkler braun. Die kegelförmigen Blattknospen sind 5–6 mm lang und besitzen etwa 6–10 äußerlich sichtbare Knospenschuppen. Blütenknospen einzeln oder, an der Spitze der Langtriebe, als Bereicherungsknospe(n) der Blattknospen. Sie sind ± kugelig, (angetrieben) 4–5 mm lang, mit bis 11 Knospenschuppen. **Zweige** mit hellen Lentizellen. Über 2 m hoch werdender Strauch aus Japan.

Unterfamilie Hamamelidoideae

Tribus Corylopsideae

Corylopsis SIEB. & ZUCC., Scheinhasel

Knospen spindelig: an der Basis relativ dünn und oben deutlich zugespitzt, dazwischen leicht (Blattknospen) bis stark (Blütenknospen) bauchig verdickt. Endknospen von ein bis zwei, der Blattstellung folgenden, Nebenblattpaaren bedeckt, Seitenknospen mit zwei einfachen hinfälligen (außer unterhalb der Triebspitze) Vorblättern, es folgen mehrere Nebenblattpaare, das erste (zum dritten Blatt zählende) bedeckt und umgreift die Knospe mindestens zur Hälfte, kleinere Knospen auch vollständig; spätestens das zweite (zum vierten Blatt zählende) Nebenblattpaar umschließt die Knospe vollständig. **Zweige** mit zahlreichen kleinen hellen Lentizellen. **Blüten** sehr früh, März bis April, in achselständigen hängenden Ähren, gelbgrün, teilweise duftend. Eventuell vorhandene Behaarung am Kelchbecher bleibt bis zur Fruchtreife. **Früchte** in den bleibenden Kelch eingesenkte zweispaltige Kapsel. Etwa 12–16 Arten in Ostasien (Literatur: 7–29). In Botanischen Sammlungen zahlreiche unerkannte Hybriden, deren Bestimmung selbst zur Blütezeit im späten Winter nahezu unmöglich ist. Relativ sicher bestimmbar sind die wenigblütige *Corylopsis pauciflora*, die durch Baumschulen vegetativ vermehrte *Corylopsis spicata* und der *Corylopsis sinensis*-Umkreis.

Schlüssel *Corylopsis*

1 Aufrechter Strauch, Knospen oft über 7 mm lang, Zweige kahl oder behaart, mehr als fünf Blüten bzw. Früchte in einer Ähre, Blüten mit 10 (bzw. 5 zweiteiligen) Staminodien 2

1* Flacher ausgebreiteter Strauch, Knospen 5–7 mm lang, Zweige kahl, zwei bis drei Blüten bzw. Früchte in einer Ähre, Blüten mit 5 ungeteilten Staminodien .... ***Corylopsis pauciflora***

2 Bis 10 Blüten oder Früchte in deutlich gestielten Ähren, Staubbeutel meist dunkelrot* .... ***Corylopsis spicata***

2* Mehr als 10 Blüten oder Früchte in Ähren, Staubbeutel gelb, ohne jeden Rotton .... *Corylopsis sinensis*

* unklar ist, ob in Sammlungen oft zu beobachtende hellrote Staubbeutel ein Hybridmerkmal sind.

Corylopsis pauciflora Sieb. & Zucc., Armblütige Scheinhasel
Knospen 5–7 mm lang, spindelig bis kugelig zugespitzt. Knospenschuppen rotbraun bis grün, in der Sonne auch bis weinrot. **Zweige** dünn und kahl, mit zahlreichen Lentizellen. **Blüten-** und **Fruchtstände** zahlreich am Strauch, mit 2–3 Blüten/Früchten in kurzen Ähren. **Blüten** März bis April, zart gelbgrün mit gelben Staubbeuteln, fünf ungeteilten Staminodien und rötlichen Tragblättern. Häufig gepflanzter, dicht verzweigter, kleiner bis etwa 1,5 m hoher Strauch aus Japan.

Corylopsis spicata Sieb. & Zucc., Ährige Scheinhasel
Knospen 7–9 mm lang, zugespitzt, an der Basis dünn, Blattknospen spindelförmig. Blütenknospen etwas bauchiger, später im Winter, kurz vor dem Erblühen, eiförmig-kugelig. Knospenschuppen dünn, orange-rotbraun und ockerbraun bis hellgrün, fein bewimpert; äußerste Schuppen teilweise hinfällig. **Zweige** oliv und rotbraun bis graubraun, dicht mit feinen Lentizellen und vor allem zur Zweigspitze ± behaart. **Blüten**: März bis April, 6–11 an der Spitze der bis 4 cm langen Ähren gedrängt. Kronblätter mit keilförmiger Basis, nicht auffällig genagelt, hell gelbgrün, Staubbeutel dunkelrot, Staubfäden rot überlaufen. **Früchte** wie die Blüten in den oberen 2/3 der Ähre, behaart. Wenig über 2 m hoher, häufiger Zierstrauch aus Japan. Die ebenfalls aus Japan stammende bis 6 m hohe **Kahle Scheinhasel**, ***Corylopsis glabrescens*** Franch. & Sav., unterscheidet sich durch kahle Zweige und Früchte.

Corylopsis sinensis Hemsl., Chinesische Scheinhasel
Von *Corylopsis spicata* nur an den Blüten und Früchten unterscheidbar: Bis zu 18 Blüten gleichmäßig in einer 3–5 cm langen Ähre, die Kronblätter genagelt, länglich und aufrecht, Staubbeutel gelb und Früchte behaart. Aus Mittel- und Westchina stammender, kräftiger, bis 5 m hoher Strauch, in seiner Heimat auch baumförmig.
Hier schließt sich **Willmotts Scheinhasel**, ***Corylopsis willmottiae*** Rehd. & Wils., an, ein bis 4 m hoher Strauch aus Westchina. Kronblätter rundlich, nach außen umgeschlagen, Früchte kahl.

Tribus Eustigmateae

Sinowilsonia henryi Hemsl.
Knospen nackt, dicht sternhaarig. Seitenknospen 6–12 mm lang, gestielt erscheinend, am Ursprung des Stiels anfangs mit zwei (!) einander gegenüberliegenden schuppenförmigen Vorblättern, später meist nur noch die Vorblattnarben und Achselknospen sichtbar. **Blütenstände** überwintern als nackte, filzig schwarzbraun behaarte Kätzchen (10 mm lang und 3 mm ∅) und erblühen kurz vor dem Laubausbruch.

Corylopsis pauciflora
Zweig mit bauchigen Blütenknospen

Corylopsis pauciflora
Zweig mit spindeligen Blattknospen

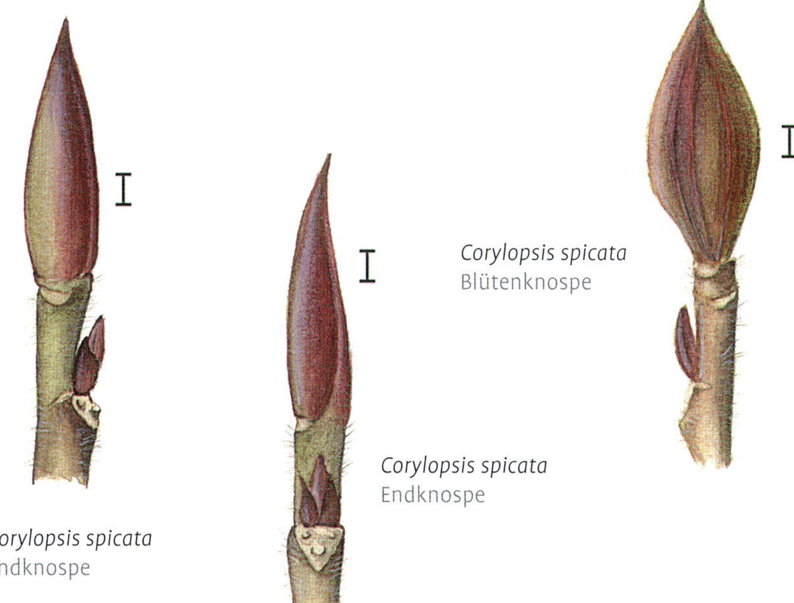
Corylopsis spicata
Endknospe

Corylopsis spicata
Endknospe

Corylopsis spicata
Blütenknospe

Corylopsis spicata
Fruchtstand

Sinowilsonia henryi
Zweig mit nackter
Blütenstandsknospe

Zweige zur Spitze (die obersten 1–2 Internodien deckend) filzig von Sternhaaren, tiefer am einjährigen Zweig lockerer; mit einigen ocker-weißlichen Lentizellen. Einjährig grünlich, einseitig dunkler, zweijährig vollständig glänzend graubraun. Blattstellung zweizeilig, zwischen den Knoten etwas hin und her gebogen. **Mark** voll, grün. **Früchte** zahlreich in 12–20 cm langen Ähren, bis 9 mm lang und 7–8 mm ∅: Der Kelchbecher umhüllt die Kapsel über die Hälfte bis fast vollständig. Selten gepflanzter, bis 8 m hoher Strauch aus Mittel- und Westchina.

Tribus Hamamelideae (incl. Fothergilleae)

Seitenknospen meist gestielt erscheinend: Das zweite Sprossglied über dem ersten, oft hinfälligen Vorblatt ist häufig gestreckt, das zweite Blatt ist dann deutlich höher als das erste inseriert und gleicht den folgenden Knospenblattern.

Hamamelis L., Zaubernuss

Knospen 8–15 mm lang, ± nackt, länglich, dicht sternhaarig, hellocker bis braungrau, Seitenknospen gestielt erscheinend, oft mit absteigenden Beiknospen. Blütenknospen kugelig-eiförmig, um 2–3 mm ∅, in achselständigen Kurztrieben gehäuft. **Zweige** je nach Art hinfällig oder bleibend sternhaarig. **Mark** grün. **Blüte** im späten Herbst oder im späten Winter bis ins frühe Frühjahr. Die vierzähligen Blüten besitzen lange, bandartige, hell- bis kräftig gelbe, gerötete bis rote Kronblätter. Über den Kronblättern stehen kleine Staminodien, die an der Spitze, außer bei *Hamamelis vernalis*, spatelförmig erweitert sind. Wegen der ungewöhnlichen Blütezeit häufig gepflanzte, große Sträucher.

Schlüssel *Hamamelis*

1 Blüte im Spätherbst X–XI, im Winter nur Reste sichtbar. Seitenknospen schlank, gestielt erscheinend, 2. Blatt (Blatt am Stielende) mit rudimentären Nebenblättern .... ***Hamamelis virginiana***

1* Blüte im Winter oder frühem Frühjahr, ab etwa I–III, davor kugelige Blütenknospen. Seitenknospen von Nebenblättern des 2. Blatt ± umhüllt 2

2 Zweige dick (an der Spitze um 3 mm ∅) dicht filzig, Knospen gedrungen, Blütenstände kurz gestielt, Blütenknospen > 3 mm ∅, lang sternhaarig, dunkelbraun .... ***Hamamelis mollis***

2* Zweige dünner, zur Basis verkahlend Blütenstand deutlich (meist > 6 mm) gestielt, Blütenknospen < 3 mm ∅) 3

3 Seitenknospen deutlich gestielt erscheinend, bis über 15 mm lang. Kelchblätter hell ockerbraun, Zweige hellgrau .... ***Hamamelis japonica***

3* Seitenknospen fast ungestielt. Kelchblätter hell ockerbraun. Zweige graubraun. . ... *Hamamelis vernalis*

Hamamelis virginiana L., Virginische Zaubernuss
Seitenknospen gestielt, Nebenblätter des äußersten Blattes reduziert, die Knospe nicht umgreifend. **Blüten** im Oktober bis November, selten bis in den frühen Winter. Später, verblüht, mit bleibenden Kelchblättern, keine Blütenknospen mehr vorhanden. Die alten **Früchte** des Vorjahres lange bleibend, vom Kelchbecher weit eingeschlossen. 4–5 m hoher, breiter Strauch aus Nordamerika.

Hamamelis mollis OLIV., Chinesische Zaubernuss
Seitenknospen gedrungen, nur kurz gestielt. Äußerste Spreite von den zugehörigen Nebenblättern vollständig umschlossen. Später oft am Ansatz abreißend und mitunter einige Zeit kapuzenartig auf der Knospe sitzend. Knospen und **Zweige** bräunlich, dicht sternhaarig. Letzter Jahrestrieb vollständig behaart. **Blüten**: Kronblätter glatt, kaum verdreht, tief gelb, basal leicht rot überlaufen; Kelchblätter ± aufrecht. In allen Teilen gedrungener als *Hamamelis japonica*. Bis 3 m hoher Strauch, in der Heimat Mittelchina auch baumförmig.

Hamamelis japonica SIEB. & ZUCC., Japanische Zaubernuss
Seitenknospen deutlich gestielt erscheinend. Wie bei *Hamamelis mollis* äußere Spreite wenigstens anfangs von den zum selben Blatt gehörenden Nebenblättern umhüllt, heller graubraun. **Zweige** hellgrau, fein längsrissig, in den Rissen zum Teil korkige Lentizellen, anfangs sternhaarig, aber schnell verkahlend und mindestens Basis des letzten Jahrestriebes ± kahl. **Blüten** mit umgeschlagenen, innenseits ± weinroten Kelchblättern. Bei der typischen Form sind die knittrigen Kronblätter blassgelb, bei der var. ***flavopurpurascens*** (MAK.) REHD. an der Basis dunkelrot bis gelborange, zur Spitze heller werdend. Häufiger, 2–3 m hoher, breiter und sparriger Strauch aus Japan.

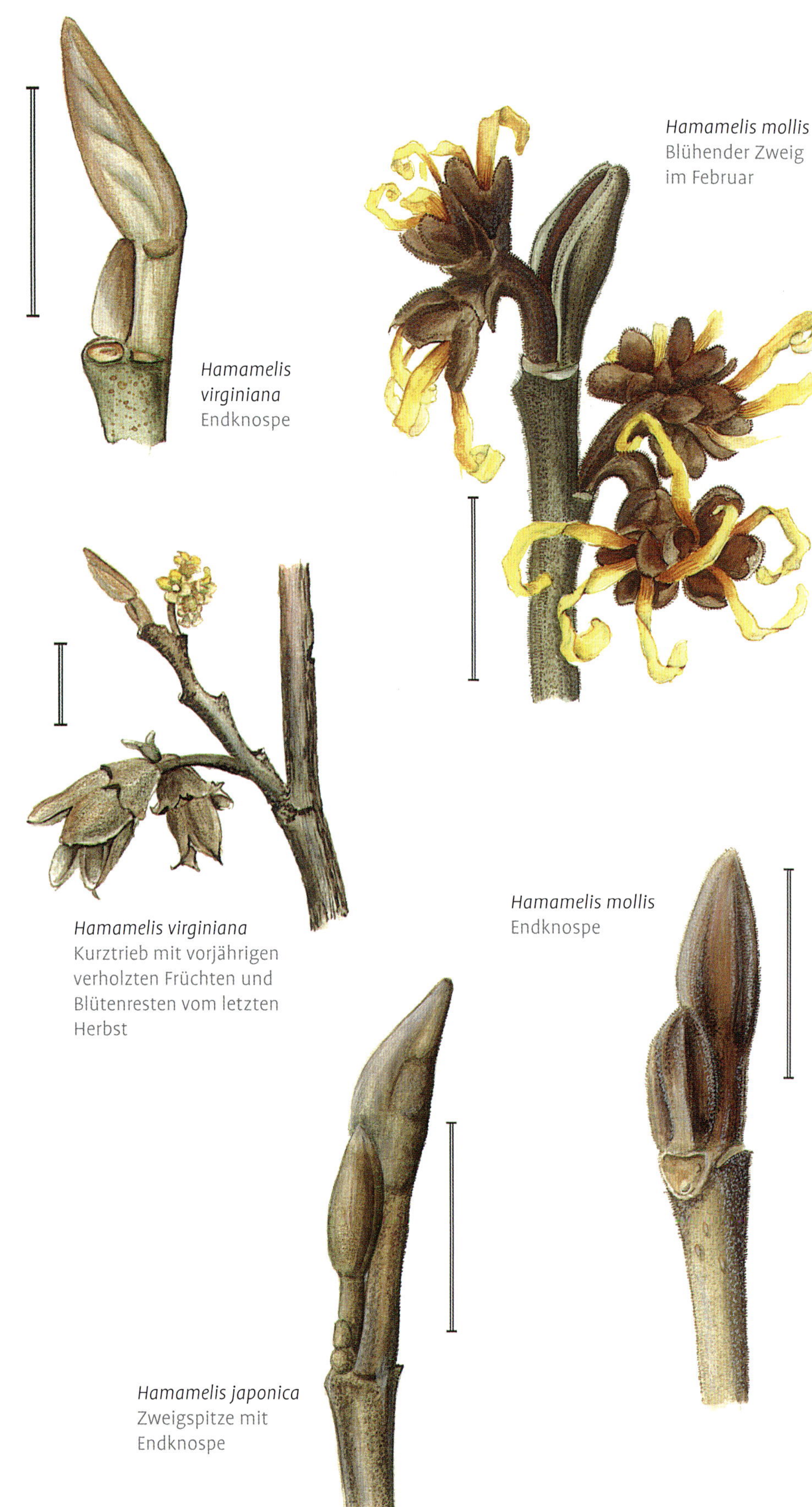

Hamamelis virginiana Endknospe

Hamamelis mollis Blühender Zweig im Februar

Hamamelis virginiana Kurztrieb mit vorjährigen verholzten Früchten und Blütenresten vom letzten Herbst

Hamamelis mollis Endknospe

Hamamelis japonica Zweigspitze mit Endknospe

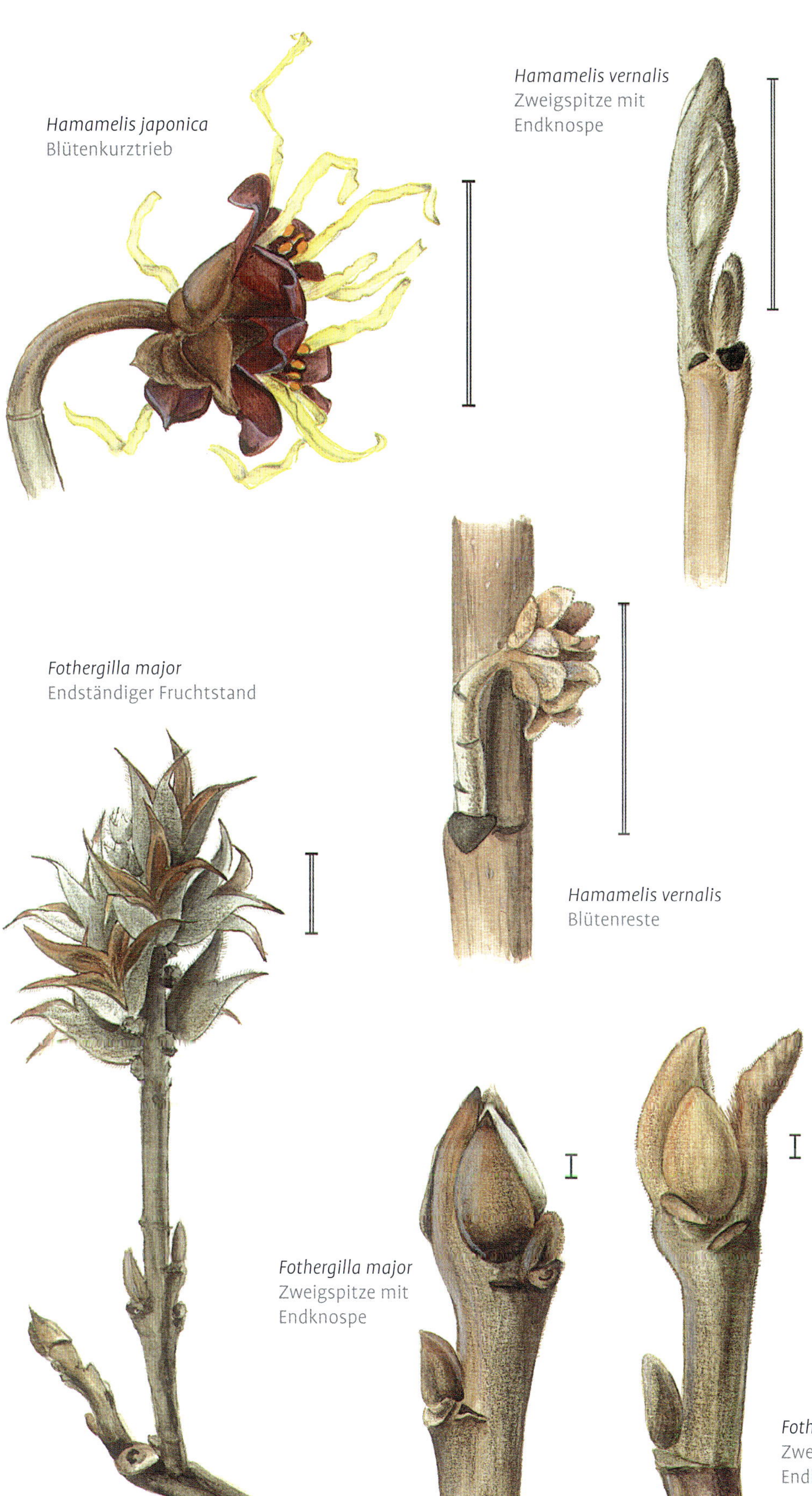

Hamamelis japonica
Blütenkurztrieb

Hamamelis vernalis
Zweigspitze mit Endknospe

Fothergilla major
Endständiger Fruchtstand

Hamamelis vernalis
Blütenreste

Fothergilla major
Zweigspitze mit Endknospe

Fothergilla major
Zweigspitze mit Endknospe

Hamamelis* ×*intermedia Rehd., Hybrid-Zaubernuss
[*Hamamelis japonica* × *Hamamelis mollis*]
Häufig gepflanzte Hybride, in den Merkmalen zwischen den Elternarten stehend. Zahlreiche gelbe, orange und auch rot blühende Sorten. In einige Sorten ist auch die nordamerikanische *Hamamelis vernalis* eingegangen.

Hamamelis vernalis Sarg., Frühlings-Zaubernuss
Knospen graubraun, fein behaart; **Seitenknospen** gestielt erscheinend, um 10 mm lang; Nebenblätter der äußersten Spreite bleibend. **Zweige** nur zur Spitze etwas behaart, bald verkahlend, ockerbraun bis graubraun, zerstreut mit feinen hellen Lentizellen. **Blattnarben** dunkel, dreispurig. **Blüten** mit sehr kurzen Kronblättern, bis 10 (–15) mm lang, gelb und orangerot getönt, leicht duftend. Ausläufer treibender, bis 2 m hoher Strauch aus Nordamerika.

Fothergilla major Lodd., Großer Federbuschstrauch
Knospen gedrungen, maximal 2-mal so lang wie breit, dicht, graubraun bis dunkelbraun sternhaarig. Endknospen 5–8 mm lang, Nebenblätter der äußersten Spreiten früh abfallend (Narben!); die äußere Spreite meist nach außen gebogen und abstehend, kompakter Kern der Knospe kurz eiförmig und etwas zugespitzt. Seitenknospen kleiner, eiförmig, fast ungestielt. **Zweige** anfangs braun und zur Spitze fein sternhaarig, später grau mit zerstreuten unauffälligen Lentizellen. **Früchte** in endständigen aufrechten Ähren, Fruchtklappen lang zugespitzt. Gelegentlich gepflanzter, aufrechter, 1,5–2 m hoher Strauch aus Nordamerika. Selten ist der **Erlenblättrige Federbuschstrauch**, ***Fothergilla gardenii*** L., ein nur bis 1 m hoher Strauch, anzutreffen. Ein großer Teil der (in den USA) kultivierten Sorten gehört zur Hybride der beiden Arten *Fothergilla* ×*intermedia* Ranney & Fantz, die eine Zwischenstellung zwischen den beiden Arten einnimmt.

Parrotiopsis jacquemontiana (Decne.) Rehd., Scheinparrotie

Knospen länglich eiförmig, Endknospen bis 10 mm lang, dicht graugrün bis hell ockergrau sternhaarig. Spreite des ersten Blattes dem eiförmigen Knospenkern meist anliegend. Seitenknospen kurz gestielt. **Zweige** oliv bis grau, zur Spitze dicht sternhaarig. **Rinde** nicht abblätternd. **Früchte** in endständigen Köpfchen, Klappen kurz zugespitzt. Selten gepflanzter, großer und straff aufrechter, bis 7 m hoher Strauch aus dem westlichen Himalaja.

Parrotia persica C. A. Mey., Eisenholz, Parrotie

Knospen dunkel graubraun bis braun, teilweise auch etwas heller sternhaarig. Endknospen 6–8 mm lang, zugespitzt; Seitenknospen kleiner 4–6 mm lang, kaum gestielt. **Blütenstandsknospen** schwarzbraun, einzeln am Langtrieb oder mehrere in Kurztrieben, kurz gestielt, kugelig 5 mm dick, im späten Winter oder im frühen Frühjahr erblühend. **Zweige** graubraun bis graugrün, nur zur Spitze schwach behaart. **Rinde** flächig abblätternd: verschieden alte unterschiedlich gefärbte Rindenteilflächen ergeben typische scheckige Oberfläche (wie Platanenrinde). **Blüten**: Mitte Februar bis April, ohne Blütenhülle, mit auffälligen 10–15 roten, bis 15 mm langen, hängenden Staubblättern und unauffälligen 2-teiligen Fruchtblättern. Sehr häufig gepflanzter großer Strauch oder mittelgroßer, mehrstämmiger bis 10 m hoher, breiter Baum aus dem Nordiran.

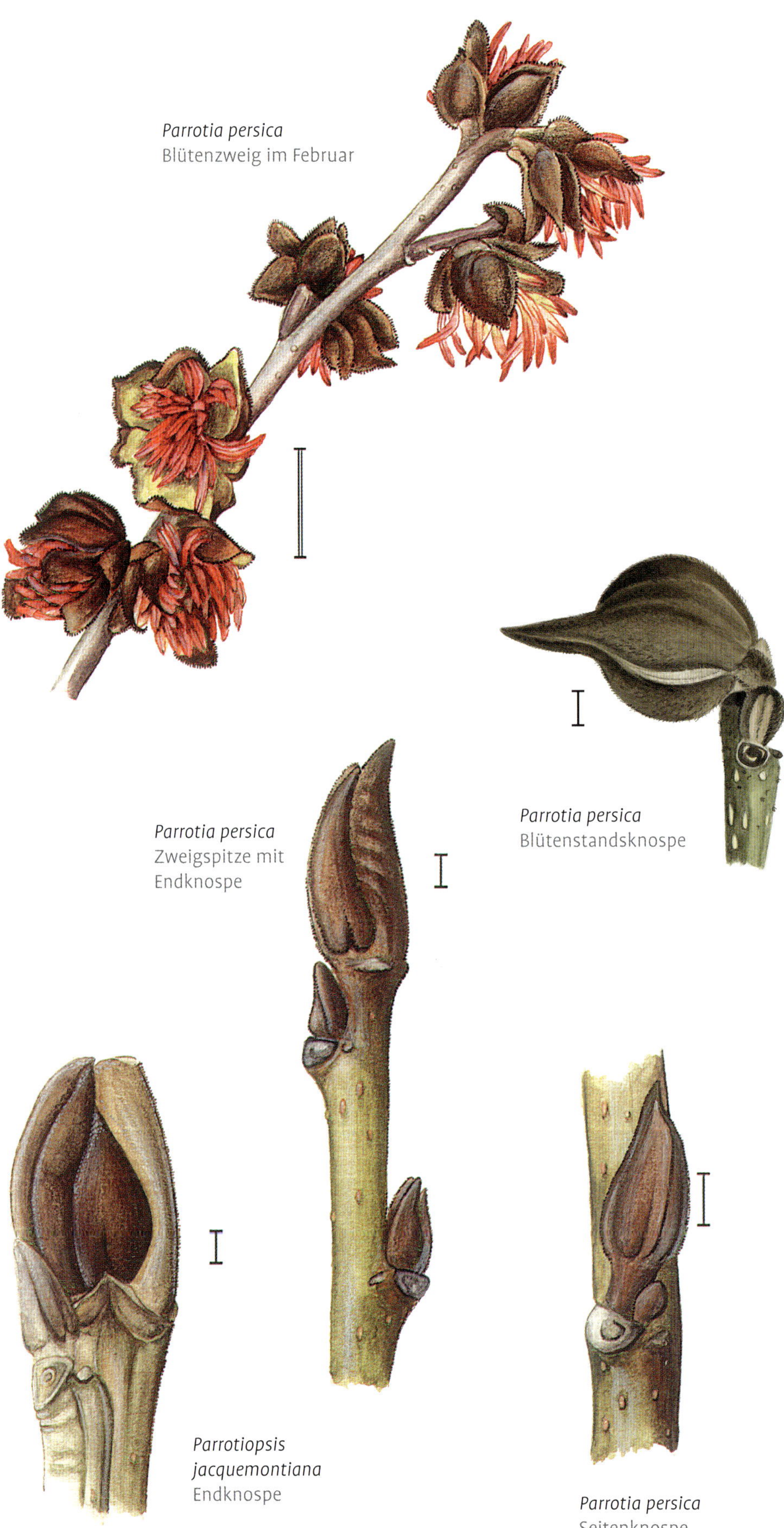

Parrotia persica
Blütenzweig im Februar

Parrotia persica
Blütenstandsknospe

Parrotia persica
Zweigspitze mit Endknospe

Parrotiopsis jacquemontiana
Endknospe

Parrotia persica
Seitenknospe

Familie Cercidiphyllaceae, Katsurabaumgewächse

Die **Knospen** sind ausschließlich Seitenknospen. Anders als am gegenständig beblätterten Langtrieb stehen die ersten 4 Blätter in der Knospe zweizeilig. Die äußerste Knospenschuppe steht adaxial (auf der „Innenseite") und umgreift die Knospe meist vollständig, ihre Ränder überlappen sich auf der abaxialen („Außen-") Seite. Zwei weiteren in der Medianebene stehenden Schuppenblättern folgt das einzige in der Knospe vorgebildete Laubblatt. An den Kurztrieben bleibt es das einzige und in seiner Achsel wird die neue, den Kurztrieb abschließende, Seitenknospe gebildet. Die Triebspitze kann durch einen Blütenstand aufgebraucht werden, absterben oder zu einem Langtrieb auswachsen.

Cercidiphyllum japonicum Sieb. & Zucc. ex J. Hoffm. & Schult, Kuchenbaum, Katsurabaum
Knospen schief gegenständig an Langtrieben oder einzeln am Ende kurzer Kurztriebe: schlank, 4–5 mm lang, eng am Zweig anliegend, kahl, glänzend, im Licht violett-weinrot und kräftig, leuchtend rot im Schatten gefärbt. **Zweige** dünn, kahl, schattenseits hell olivgrün bis olivgrau und sonnenseits kräftig rotbraun bis graubraun. **Lentizellen** zahlreich, rundlich warzig. **Blattnarben** klein, graubraun, 3-spurig; auf deutlichen Kissen. **Rinde** eine flach und unregelmäßig gefurchte Borke. **Blüten** der zweihäusigen Bäume unscheinbar, März bis April: in Köpfchen stehend, mit 8–13 roten Staubblättern oder mit 4 (2–6) Fruchtblättern. Bis 30 m hoher, häufig gepflanzter Baum aus Japan.

Cercidiphyllum japonicum
Kurztriebe mit endständigen Seitenknospen und älteren Blütenstandresten

Cercidiphyllum japonicum
Langtriebspitze (ohne Endknospe)

Cercidiphyllum japonicum
Seitenknospen am Langtrieb

Familie Iteaceae, Rosmarinweidengewächse

Itea virginica L., Rosmarinweide
Knospen wechselständige, flach halbkugelige bis stumpf kegelige, 2–3 mm lange Seitenknospen, meist mit kleiner absteigender Beiknospe. Knospenschuppen: erste rötlich, folgende ockerbraun. **Zweige** dünn, etwas hin und her gebogen, meist verkahlt, weinrot-braun bis schattenseits bräunlich-grün. **Mark** gefächert. **Blattnarben** halbkreisförmig, dunkelgrau, mit 3 kleinen kegeligen Spuren. Etwa 1 m hoher, selten gepflanzter Strauch aus Nordamerika.

Itea virginica
Seitenknospe

Itea virginica
Seitenknospe

Familie Grossulariaceae, Stachelbeergewächse

Ribes L., Johannis- und Stachelbeeren

In der nördlichen gemäßigten Zone und den Gebirgen Südamerikas verbreitete Gattung. Zahlreiche Obst- und häufig gepflanzte Ziersträucher.

Knospen wechselständig, mitunter leicht gestielt. Knospenschuppen spiralig stehend, einfach, teilweise mit Oberblattrudiment. Einige Arten mit Stacheln. Oft finden sich Achsenreste der traubigen Fruchtstände. Die **Blüten** erscheinen kurz vor oder mit den Blättern, die Blütenknospen sind zuvor mitunter schon längere Zeit bauchig-kugelig aufgetrieben. Bei den meisten Arten blättert die **Rinde** vom zweiten Jahr an in ± großen Flächen ab.

Schlüssel *Ribes*

1 Unbewehrte Sträucher 2
1* Sträucher mit Stacheln an den Knoten . . . . ***Ribes uva-crispa***
2 Knospen und Zweige stark aromatisch . . . . ***Ribes nigrum***
2* Pflanzen nicht aromatisch 3
3 Endknospen bis 6 mm lang 4
3* Endknospen über 7 mm lang 6
4 Zweige unter 3 mm dick, Knospen hell oder rotbraun 5
4* Zweige über 3 mm dick, Knospen sehr dunkel graubraun . . . . . . ***Ribes rubrum***
5 Zweige rotbraun . . . . ***Ribes aureum***
5* Zweige grau bis graubraun . . . . ***Ribes alpinum***
6 Endknospen über 12 mm lang; Zweige oft mit Resten drüsiger Behaarung . . . . ***Ribes sanguineum***
6* Endknospe bis 10 mm lang 7
7 Zweige über 3 mm dick ***Ribes petraeum***
7* Zweige dünner . . . . ***Ribes aureum***

Ribes alpinum L., Alpen-Johannisbeere
Knospen länglich zugespitzt, 4–6 mm lang. Knospenschuppen spiralig, hell ockergelb bis hell grau-braun, zur Spitze etwas dunkler und oft mit einem dunkelbraunen Spreitenrudiment. **Zweige** unbewehrt, hellgrau, teilweise fast weißlich bis ockerbraun, unterhalb der Blattnarben und der Zweigspitze dunkler braun bis violettrotbraun. Mehrjährige Zweige graubraun bis violettbraun, mit dünner sich ablösender Rinde. **Lentizellen** etwas dunkler als die jungen Zweige, später längs

Ribes alpinum
Endknospe: unterste Schuppen oft mit kleinem Spreitenrudiment

Ribes alpinum
Rinde am älteren Zweig oft abblätternd. Seitenzweig mit Endknospe und Fruchtstandrest

Ribes alpinum
Zweig sonnenseits

Ribes alpinum
Seitenknospe auf deutlichem Tragblattkissen

Ribes rubrum
Zweig mit Resten des Fruchtstandes, einer Traube

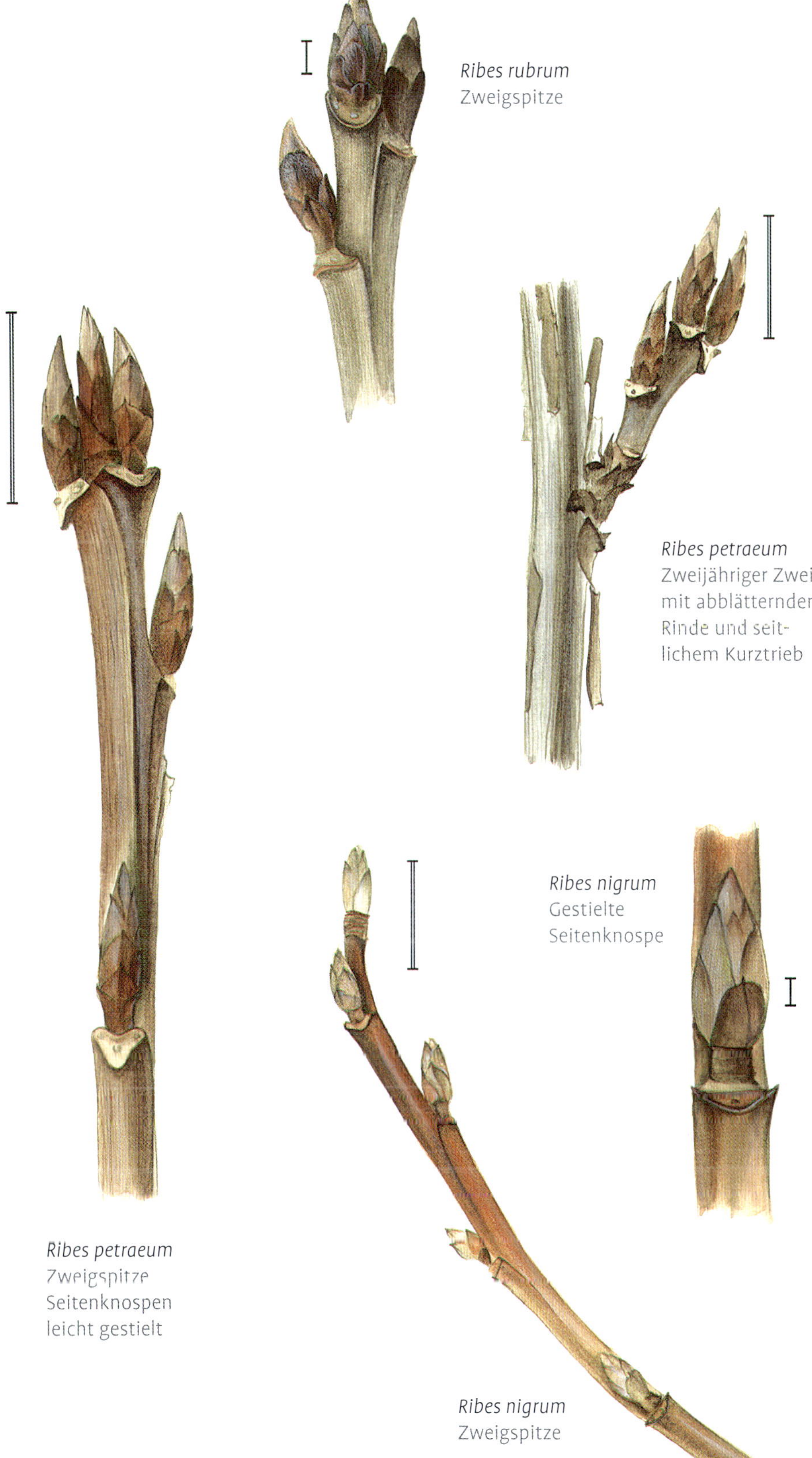

Ribes rubrum
Zweigspitze

Ribes petraeum
Zweijähriger Zweig mit abblätternder Rinde und seitlichem Kurztrieb

Ribes nigrum
Gestielte Seitenknospe

Ribes petraeum
Zweigspitze
Seitenknospen leicht gestielt

Ribes nigrum
Zweigspitze

aufreißend. **Blattnarben** schmal und dreispurig. Sehr häufig gepflanzter, 1–2 m hoher, fein verästelter Strauch aus den Gebirgen Europas und Sibirien.

Ribes rubrum L., Rote Johannisbeere
Knospen kegelig-eiförmig, 4–6 mm lang. Knospenschuppen dunkel graubraun bis rotbraun, untere bewimpert, obere kurz, hell behaart. **Zweige** kahl, kräftig, hellgrau und ockerweiß bis dunkel graubraun, fein längsrissig und abblätternd. **Blattnarben** 3-spurig, grau bis ockerbraun und kräftig rotbraun berandet. Bis 2 m hoher unbewehrter Strauch im westlichen Mitteleuropa und in Westeuropa. Zu dieser häufigen Art gehören die meisten der rot- und weißfrüchtigen Fruchtsorten. Nahe verwandt ist die ebenfalls an der Bildung der Obstsorten beteiligte **Felsen-Johannisbeere, *Ribes petraeum*** Wulf.: **Knospen** länglich zugespitzt, 7–9 mm lang, mit 8–12 sichtbaren, braunen bis graubraunen, ± stark gekielten und sehr fein behaarten Knospenschuppen. **Zweige** relativ dick und starr: unter der Spitze > 3 mm ∅, einjährig matt, hell graubraun, sehr fein längsrissig/streifig, kahl, von den Blattnarben an beiden Seiten feine Leisten herablaufend. **Rinde** bei zweijährigen Zweigen stark aufgerissen und dünn abrollend, darunter grau, zerstreut mit unauffälligen, ockerfarbenen Lentizellen. **Blattnarben** hellocker bis ockergrau, deutlich zum Zweig abgesetzt, mit drei ± gleich großen, hervorstehenden Gefäßbündelspuren. Bewohner feuchter Hänge der Gebirge West- und Mitteleuropas. Häufiger, bis 2 m hoher Strauch.

Ribes nigrum L., Schwarze Johannisbeere
Knospen eiförmig, leicht gestielt, 6–8 mm lang. **Knospenschuppen**: unterste rötlich, sonst hell graugrün bis blass gelbgrün, leicht zugespitzt und nur schwach gekielt. **Zweige** zur Spitze dunkel rotbraun, mit schwärzlichen Flaumhaarresten, zur Basis des einjährigen Triebes heller: ocker bis orange braun, ± verkahlt und glänzend. **Blattnarben** schmal, mit 3 kleinen Spuren; an den Seiten herablaufende Leisten verlieren sich meist vor dem nächsten Knoten. Alle Teile aromatisch. Häufig gepflanzter, bis 2 m hoher Strauch. Seit langem in Kultur, mit weiter natürlicher Verbreitung von Mitteleuropa bis Sibirien und Asien, in Westeuropa eingebürgert.

Ribes aureum Pursh, Goldgelbe Johannisbeere
Knospen 6–8 mm lang, länglich zugespitzt, mit rotbraunen bis weinroten, sehr fein samtig behaarten Knospenschuppen. **Zweige** glänzend rotbraun bis orangebraun, von aufreißender Epidermis auch silbrig grau, zur Spitze samtig grau behaart; relativ dünn: unter der Spitze meist < 2 mm ∅, leicht hin und her gebogen. **Blattnarben** schmal, rotbraun bis dunkelbraun, dreispurig, auf schwachen Blattkissen. Häufig anzutreffender, 1,5–2,5 m hoher Zierstrauch aus dem westlichen und mittleren Nordamerika.

Ribes sanguineum Pursh, Blut-Johannisbeere
Knospen groß: Endknospen 1,2–1,5 (–2) cm lang, spindelig, mit ockerbraunen, zugespitzten und zur Spitze dunkleren Knospenschuppen. Seitenknospen kleiner, fast am Zweig anliegend. **Zweige** aromatisch, anfangs behaart, rotbraun, mit feinen schwarzen Punkten (Behaarungsreste). **Blattnarben** deutlich 3-spurig. Häufig gepflanzter, 2 (–4) m hoher Strauch aus Nordamerika.

Ribes uva-crispa L., Stachelbeere
Knospen 5–6 mm lang, länglich-eiförmig, mit rotbraunen, gekielten und am Rand bewimperten Knospenschuppen. Leicht vom Zweig abstehende Seitenknospen oder an abstehenden Kurztrieben sitzende Endknospen. **Zweige** anfangs behaart, später verkahlend und von den Haaren fein dunkel gepunktet, mit silbrig grauer, aufreißender und abblätternder Epidermis. **Blattnarben** 3-spurig. Unterhalb der Knospen meist drei, stacheluntypisch fest mit der Sprossachse verbundene Stacheln. In weiten Teilen Europas einheimisch oder eingebürgert, bis Nordafrika, zum Kaukasus und China verbreitet. Besonders als Kultur-Stachelbeere var. ***sativum*** DC. [*Ribes grossularia* L.] häufiger, 1–1,5 m hoher Strauch.

Familie Vitaceae, Weinrebengewächse

Mit Sprossranken kletternde Sträucher. Ranken und Fruchtstände entstehen aus der Triebspitze und immer wieder setzen Seitentriebe das Spitzenwachstum fort. Wie bei den meisten Kletterpflanzen werden keine Endknospen gebildet. Die Knospen sind dann Bereicherungsknospen der das Wachstum fort-

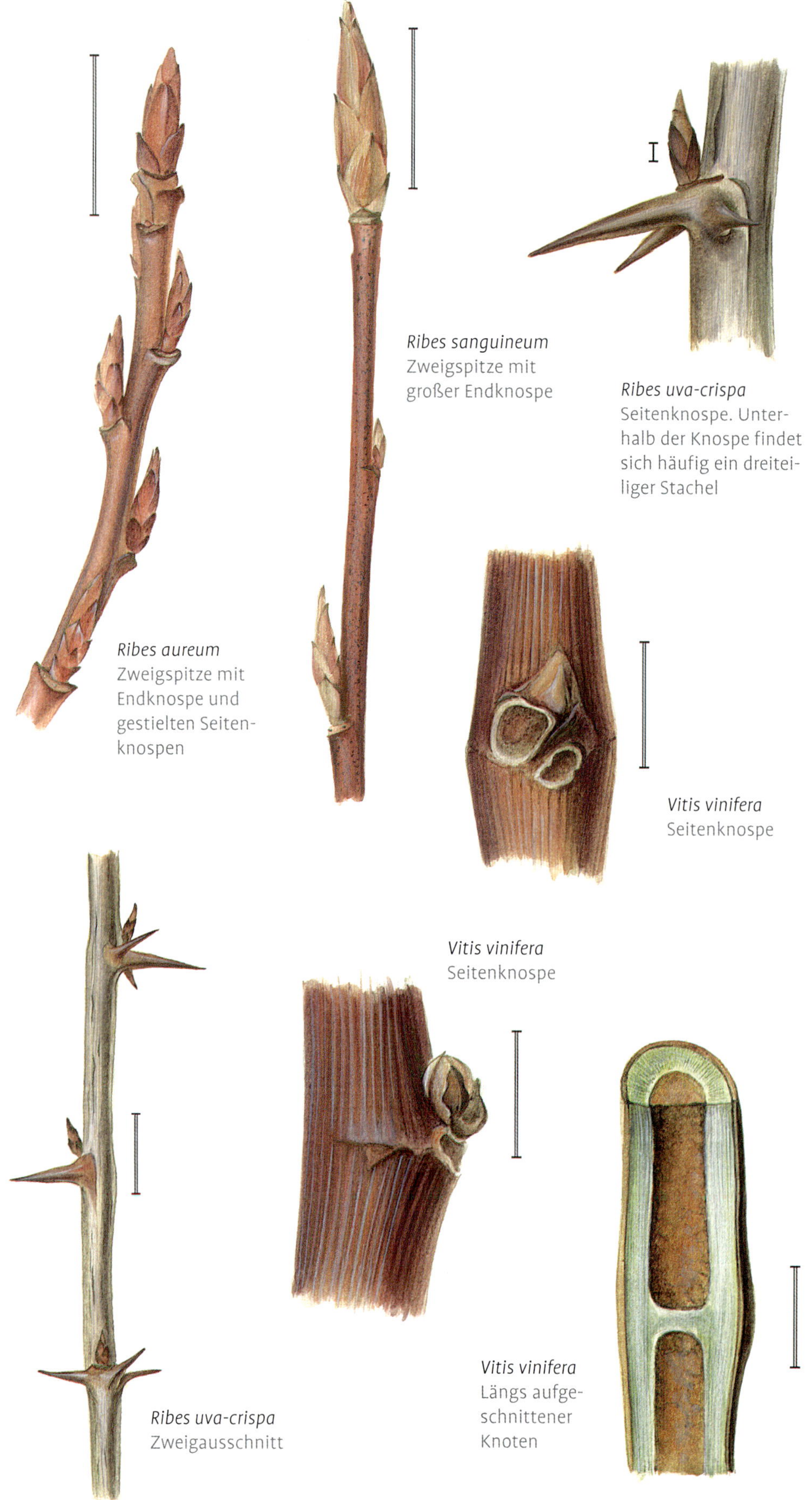

Ribes aureum Zweigspitze mit Endknospe und gestielten Seitenknospen

Ribes sanguineum Zweigspitze mit großer Endknospe

Ribes uva-crispa Seitenknospe. Unterhalb der Knospe findet sich häufig ein dreiteiliger Stachel

Vitis vinifera Seitenknospe

Vitis vinifera Seitenknospe

Ribes uva-crispa Zweigausschnitt

Vitis vinifera Längs aufgeschnittener Knoten

Vitis coignetiae
Seitenknospe mit Bereicherungsknospe

setzenden Seitensprosse. Nur an jedem (in der Regel) dritten rankenlosen Knoten finden sich reguläre Seitenknospen.

Schlüssel Vitaceae

1 Zweige mit Lentizellen, Mark weiß . . . 2
1* Ohne Lentizellen, Mark braun . . . . ***Vitis***
2 Ranken mit Haftscheiben . . . . ***Parthenocissus***
2* Ranken ohne Haftscheiben 3
3 Knospen sichtbar 4
3* Knospen nicht sichtbar . . . . ***Ampelopsis***
4 Knospen bis 10 mm lang, pyramidal und schwach 3-kantig . . . . *Nekemias*
4* Knospen kleiner . *Parthenocissus vitacea*

Vitis L., Weinrebe

Seitenknospen sind bei älteren Pflanzen meist Bereicherungsknospen in den Achseln der ersten Vorblätter sich schwach entwickelnder und meist absterbender Geizsprosse. Vom abgestorbenen Geiztrieb bleibt, dem die Knospe umhüllenden Schuppenblatt gegenüber, eine Narbe. Die Bereicherungsknospen entwickeln sich später zu kräftigen Trieben, sogenannten Lotten, weswegen sie auch als Lottenknospen bezeichnet werden. **Zweige** ohne Lentizellen, mit länglich abfasernder Rinde. Im Winter kaum zu unterscheidende Arten. Zur Unterscheidung dient die Dicke der Markscheidewand in den Knoten (Längsschnitt), die Kantigkeit oder Rundheit der Triebe sowie das regelmäßige Auftreten, bzw. Fehlen von Ranken an den Knoten.

Vitis vulpina
Zweig mit Sprossranken

Vitis vulpina
Knoten mit Seitenknospe und Rankenansatz

Schlüssel *Vitis*

1 Knospen rostrot behaart . *Vitis coignetiae*
1* Knospen anders oder nicht behaart . . . 2
2 Sprossglieder an den dünnsten Stellen unter 6 mm Durchmesser . . . . *Vitis amurensis* und *Vitis vulpina*
2* Sprossglieder oft dicker . . ***Vitis vinifera***

Vitis vinifera L., Echte Weinrebe

Knospen stumpf kugelig bis kegelig, bis 6–7 mm hoch. Vor allem äußerste Knospenschuppen locker anliegend. **Zweige** sehr dick, einjährige zwischen den Knoten oft 8–10 mm und an den Nodien 12–15 mm ∅; dicht längsfurchig und je nach Kultursorte kahl bis zerstreut flockig behaart. **Ranken** oder Fruchtstandreste, beziehungsweise deren Narben, meist an 2 von 3 Sprossknoten. Scheidewand in den Knoten relativ dick: 2–3 mm. **Blattnarben** unregelmäßig geformt, hell berandet mit schmalen, den Zweig weit umfassenden Nebenblattspuren. Gefäßbündelspuren undeutlich. 10–20 m hoch rankende, weit verbreitete und seit alters her in Kultur befindliche Nutzpflanze. Selten ist ihre Stammart die **Wilde Weinrebe**, ***Vitis vinifera*** subsp. ***sylvestris*** (C. C. Gmel.) Hegi, anzutreffen. In allen Teilen zierlicher kann sie 20–30 m hoch ranken. Sie kommt wild vom südlichen Mitteleuropa bis Kleinasien und Nordafrika vor.
Ähnlich und im Winter schwer zu unterscheiden ist die gelegentlich gepflanzte **Amur-Rebe**, ***Vitis amurensis*** Rupr., eine starkwüchsige Liane aus Mittel- bis Ostasien.

Vitis coignetiae Pulliat ex Planch., Rostrote Rebe

[*Vitis labrusca* auct. mult., non L.]
Knospen kugelig-eiförmig, 3–5 mm lang, an der Spitze rostfarben filzig behaart. **Zweige** mitteldick, fein gefurcht, anfangs rostrot, hinfällig filzig behaart. **Ranken** fehlen meist an jedem 3. Knoten. Aus Japan, Sachalin und Korea stammende, gelegentlich angepflanzte, starkwüchsige Liane.

Vitis vulpina L., Duft-Weinrebe, Winterrebe

Knospen halbkugelig, 3–5 mm hoch und breit. **Zweige** kräftig, einjährige zwischen den Knoten etwa 4 mm und an den Knoten bis 8 mm dick; hellbraun bis rotbraun, längsstreifig und -furchig, jung nicht abfasernd. Markscheidewand deutlich, 2–5 mm dick und auch unterhalb der Sprossspitze noch fast 1 mm stark. **Ranken** nicht an jedem Knoten, meist an jedem dritten fehlend. Aus Nordamerika stammende, selten gepflanzte Liane.

Parthenocissus Planch., Jungfernrebe

Knospen sichtbar, mit braunen Knospenschuppen. **Zweige** mit Lentizellen und weißem Mark. **Ranken** meist mit ausgebildeten Haftscheiben, damit senkrechte, sonst wenig Halt bietende Wände überwuchernd. Bestimmungsmerkmale bieten die Kurztriebe, die Ausbildung der Haftscheiben und die Farbe des Neuaustriebes.

Schlüssel *Parthenocissus*

1 Ranken mit deutlich ausgebildeten Haftscheiben, Austrieb rötlich 2

1* Ranken ohne oder mit sehr schwach entwickelten Haftscheiben, Austrieb grün .. .. *Parthenocissus vitacea*

2 Ranken meist kürzer als 3 cm, Austrieb violettrot. Alte Pflanzen mit ausgeprägten Kurztriebketten (Jahreszuwachs hier um 1 cm) ... *Parthenocissus tricuspidata*

2* Ranken länger, Austrieb rosarot. Kurztriebabschnitte länglicher .... *Parthenocissus quinquefolia*

Parthenocissus tricuspidata (Sieb. & Zucc.) Planch., **Dreispitz-Jungfernrebe**
Knospen von braunen Schuppen umhüllt, die äußerste umgreift die folgende reitend, ähnlich einer Kapuze. Im Austrieb kräftig rot gefärbt. **Zweige** braun bis graubraun, anfänglich mit kleinen rundlichen bis länglichen Lentizellen, die später länglich aufreißen und eine rhombisch strukturierte Rinde ergeben. Ältere Pflanzen, die eine Fläche bedecken, entwickeln mit der Zeit lange Kurztriebketten aus kurzen Einzelzuwächsen von etwa 1 cm/Jahr. **Ranken** kurz und verzweigt, bis 3 cm lang, mit fest am Untergrund haftenden Scheiben. **Fruchtstände**: Rispen mit blauschwarzen, etwas bereiften Beeren. Häufig gepflanzte, an senkrechten Wänden bis 20 m hoch kletternde und durch fast waagerecht abgehende Hauptäste sehr breit verzweigte Liane aus Ostasien.

Parthenocissus quinquefolia (L.) Planch., **Selbstkletternde Jungfernrebe**
[*Parthenocissus inserta* (Kerner) Fritsch]
Knospen im Austrieb schmutzig rosarot, erste Blätter grünlich. **Zweige** relativ kräftig. **Ranken** über 3–7 cm lang, mit einigen, in Haftscheiben endenden, Ästchen. **Fruchtstände** an 2–4 cm langen Kurztrieben in endständigen Rispen, mit blauschwarzen, kaum bereiften Beeren, im Verlauf des Winters hinfällig. Aus Nordamerika stammende und häufig gepflanzte, bis 15 m hoch kletternde Liane.

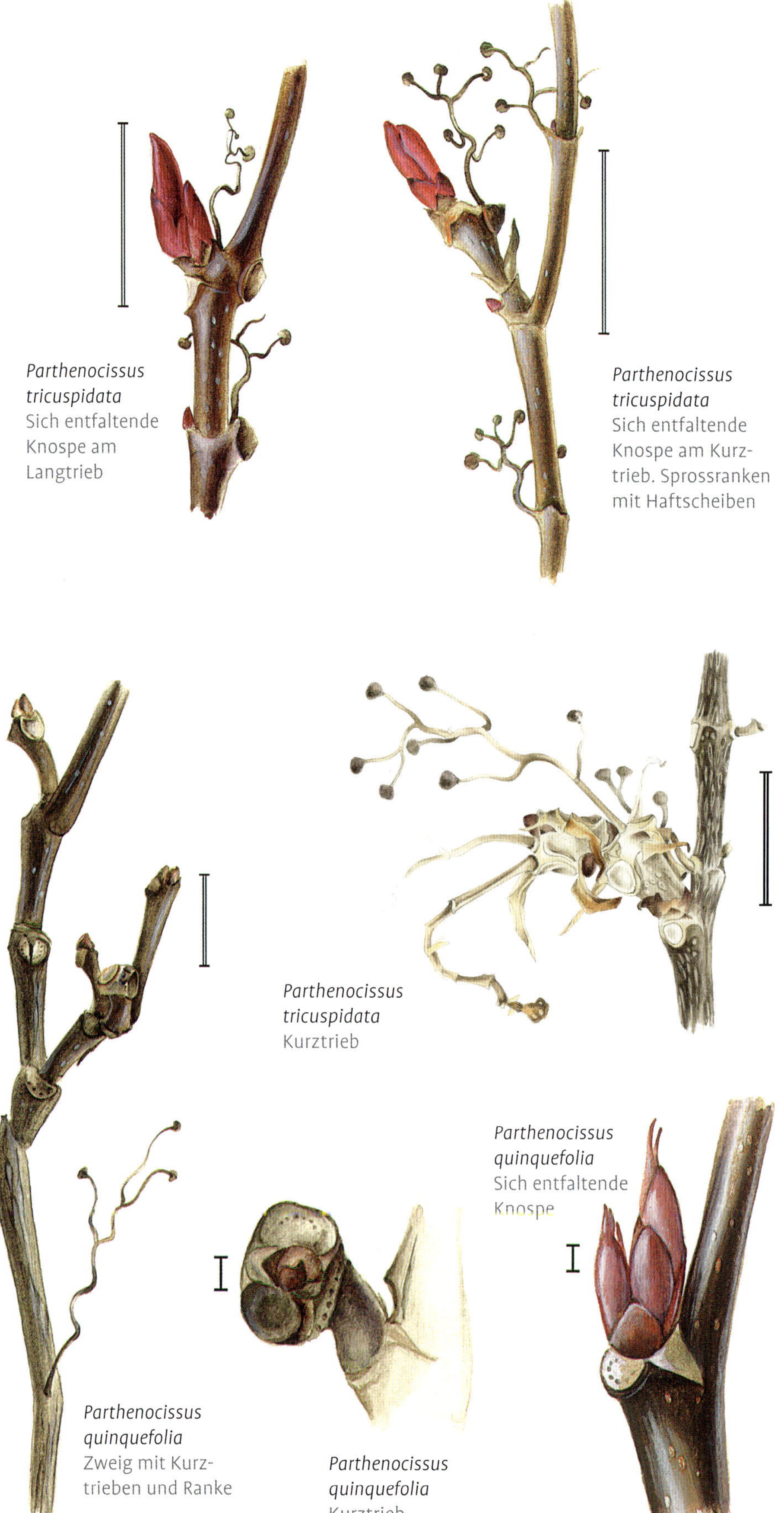

Parthenocissus tricuspidata Sich entfaltende Knospe am Langtrieb

Parthenocissus tricuspidata Sich entfaltende Knospe am Kurztrieb. Sprossranken mit Haftscheiben

Parthenocissus tricuspidata Kurztrieb

Parthenocissus quinquefolia Sich entfaltende Knospe

Parthenocissus quinquefolia Zweig mit Kurztrieben und Ranke

Parthenocissus quinquefolia Kurztrieb

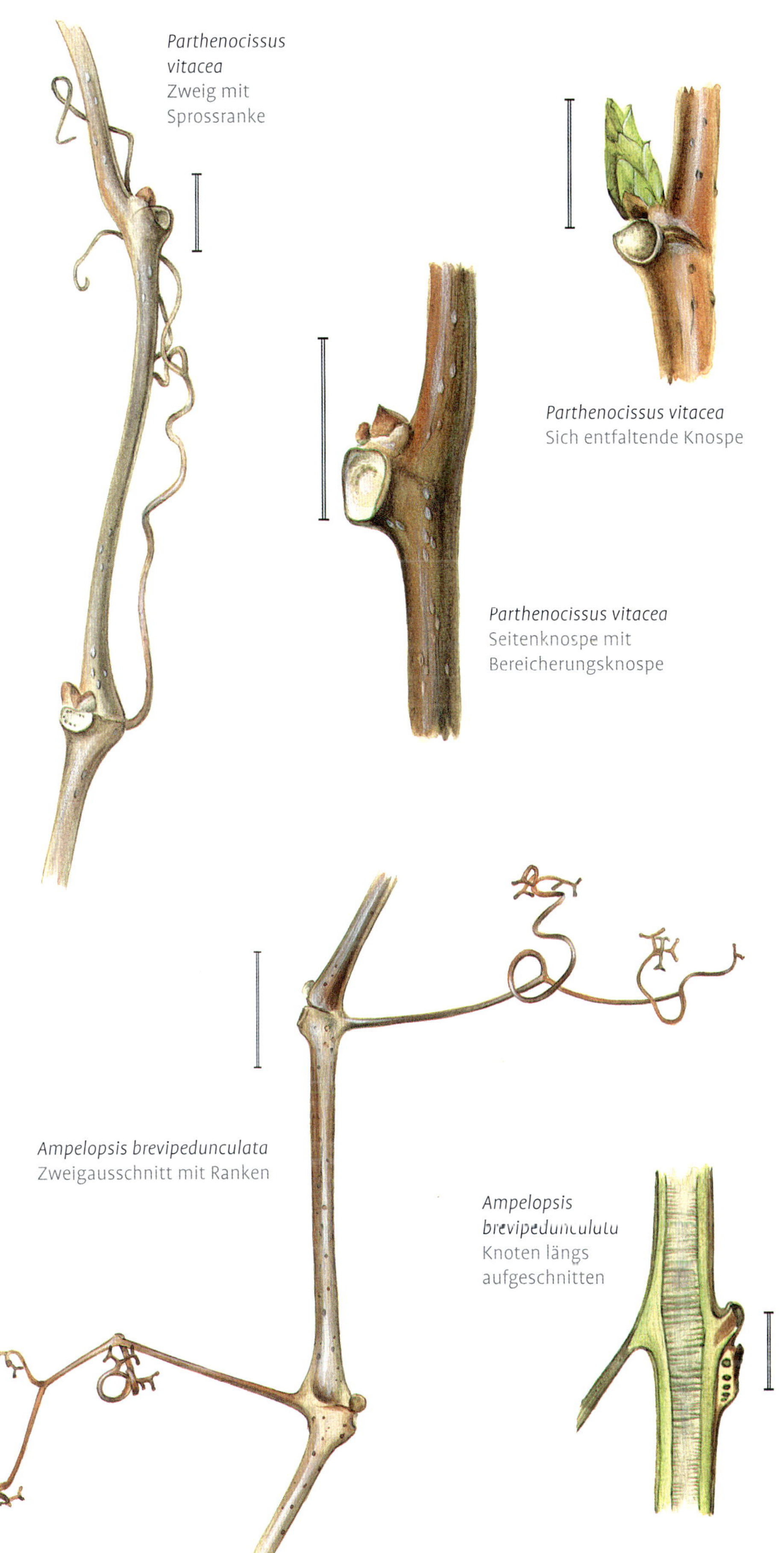

Parthenocissus vitacea
Zweig mit Sprossranke

Parthenocissus vitacea
Sich entfaltende Knospe

Parthenocissus vitacea
Seitenknospe mit Bereicherungsknospe

Ampelopsis brevipedunculata
Zweigausschnitt mit Ranken

Ampelopsis brevipedunculata
Knoten längs aufgeschnitten

Parthenocissus vitacea (KNERR) HITCHC., Gewöhnliche Jungfernrebe
Knospen auf großen Blattkissen, breit, kurz kegelig, mit matt rotbraunen Knospenschuppen; manchmal mit eiförmigen Bereicherungsknospen. Junge Triebe beim Austrieb ± grün, nur selten leicht gerötet. **Zweige** graubraun, mit relativ vielen hellen Lentizellen. **Ranken** lang und verzweigt, ohne oder mit nur sehr schwach entwickelten Haftscheiben. Gelegentlich angepflanzte, aus Nordamerika kommende, schwach, bis 8 m hoch kletternde Liane.

Ampelopsis MICHX., Scheinrebe

Knospen durch die Blattnarbe verdeckt und unsichtbar. **Zweige** an den Knoten stark verdickt, mit weißem Mark und deutlichen Lentizellen. **Ranken** lang und verzweigt, den Blattnarben gegenüberstehend, ohne Haftscheiben.

Ampelopsis glandulosa var. brevipedunculata (MAXIM.) MOMIY., Ussuri-Scheinrebe
[*Ampelopsis brevipedunculata* (MAXIM.) TRAUTV.]
Knospen unter der Blattnarbe verborgen, mit zahlreichen kleinen absteigenden Beiknospen. **Zweige** graubraun bis rotbraun, anfänglich behaart, aber bald verkahlend, kantig, mit zahlreichen kleinen, runden, warzigen Lentizellen. **Mark** weiß, voll bis leicht quer rissig und fast gefächert. An den Nodien verdickt und zu den Internodien deutlich dünner. **Blattnarben** grau, rundlich, vielspurig; Nebenblattnarben schmal und länglich, seitlich an den Nodien. Vom Ussuri-Gebiet über China, Mandschurei und Korea bis Japan vorkommender, bis 8 m hoch rankender Strauch.
Ähnlich und ebenfalls häufiger anzutreffen ist die im Winter nicht sicher unterscheidbare **Sturmhutblättrige Scheinrebe, *Ampelopsis aconitifolia*** BUNGE, aus Nordchina und der Mongolei. Im Gegensatz zur Ussuri-Scheinrebe sind ihre Zweige von Anfang an kahl.

Nekemias megalophylla **(Diels & Gilg) J. Wen & Z. L. Nie, Großblattrebe**
[*Ampelopsis megalophylla* Diels & Gilg]
Knospen besonders an Knoten ohne Ranken entwickelt, groß: um 10 mm lang, dreikantig-pyramidal, mit 3 äußeren ockerrotbraunen, kahlen Knospenschuppen. **Zweige** rundlich bis leicht kantig; glatt, glänzend, ockerbraun bis rotbraun, mit vielen kleinen Lentizellen. **Ranken** verzweigt und lang, bis über 20 cm reichend, rot bis dunkelbraun. Selten anzutreffende, aus Westchina stammende, bis 10 m hoch rankende Liane.

Familie Celastraceae, Spindelstrauchgewächse

Von den etwa 100 überwiegend in tropischen Regionen verbreiteten Gattungen sind nur drei *Euonymus*-Arten in Mitteleuropa zuhause. Vertreter zweier weiterer Gattungen werden gelegentlich gepflanzt. Gemeinsam sind den vorgestellten Arten von einfachen Knospenschuppen bedeckte Knospen, sowie Blattnarben mit einer, meist klar abgegrenzten Leitbündelspur.

Schlüssel Celastraceae

1 Seitenknospen gegenständig oder wirtelig, Endknospen meist vorhanden. Meist aufrechte Sträucher .... ***Euonymus***
1* Seitenknospen wechselständig 2
2 Windende Kettersträucher, Endknospen fehlend 3
2* Kleiner, aufrechter, tlw. niederliegender, bis 80 cm hoher Strauch, mit Endknospen .... ***Euonymus nanus***
3 Zweige stark kantig 4
3* Zweige rund .... ***Celastrus***
4 Mark voll, Zweig dicht mit Lentizellen besetzt, Früchte dreiflügelig .... *Tripterygium wilfordii*
4* Mark gefächert, Früchte kugelig .... *Celastrus angulatus*

Euonymus L., Spindelstrauch, Pfaffenhütchen

Blätter/Knospen bis auf wenige Ausnahmen (*Euonymus nanus*) schief gegenständig. Die behandelten sommergrünen Arten sind ± aufrechte Sträucher, daneben auch immergrüne kriechende und mit Haftwurzeln kletternde Arten in Kultur. Etwa 140 Arten in Europa, Asien, Australien, Nord- und Mittelamerika, mit Schwerpunkt im Himalaja und Ostasien.
Im frühen Winter meist noch mit **Früchten**: 3- bis 5-klappige Kapseln, aus den Fächern hängen an Nabelsträngen von orangefarbenen bis roten Samenmänteln (Arilli) umgebene Samen.

Schlüssel *Euonymus*

1 Knospen (schief) gegenständig 2
1* Knospen wechselständig oder wirtelig ... . ***Euonymus nanus***
2 Knospen lang spindelförmig, Endknospen über 15 mm lang 3
2* Knospen kleiner, selten weinrot 4
3 Knospen matt, bräunlichrot .... ***Euonymus latifolius***
3* Knospen wenigstens lichtseits glänzend weinrot .... ***Euonymus planipes***
4 Zweige mit auffallenden Korkleisten .. 5
4* Zweige ohne Leisten 7
5 Korkleisten dünn, flügelig, Knospenschuppen bräunlich 6
5* Leisten nur schwach, Knospenschuppen grün 8
6 Knospen mit mehr als 5 Knospenschuppenpaaren .... ***Euonymus alatus***
6* Knospen mit 3–4 Knospenschuppenpaaren .... *Euonymus phellomanus*
7 Zweige dicht mit warzigen Lentizellen besetzt .... ***Euonymus verrucosus***
7* Zweige nicht warzig 8
8 Endknospen bis 5 mm lang, mit 3 (2–4) sichtbaren Knospenschuppenpaaren .... ***Euonymus europaeus***
8* Endknospen 6–8 mm lang, mit 5 (4–6) sichtbaren Knospenschuppenpaaren .... ***Euonymus hamiltonianus***

Untergattung Euonymus

Euonymus alatus **(Thunb.) Sieb., Flügel-Spindelstrauch**
Knospen kegelig-eiförmig, mit 5–7 äußerlich sichtbaren Knospenschuppenpaaren. Schuppen zugespitzt, ocker-korkfarben, zum Rand und zur Spitze dunkler braun. **Zweige** grün, mit dünnen, flügeligen, feine Zuwachszonen aufweisenden Korkleisten. Häufig gepflanzter, dichter 1,5–3 m hoher Strauch aus Nordostasien bis Mittelchina.
Oberflächlich betrachtet ähnlich scheint der seltener gepflanzte **Kork-Spindelstrauch**, ***Euonymus phellomanus*** Loes. ex Diels, aus dem Umkreis von *Euonymus hamiltonianus*. **Zweige** mit noch stärker ausgebildeten Korkflügeln, wobei an älteren Korkleisten deutli-

Nekemias megalophylla
Knoten mit Seitenknospe

Euonymus alatus
Zweig mit dünnen Korkflügeln

Euonymus alatus
Von zwei Seitenknospen flankierte Endknospe

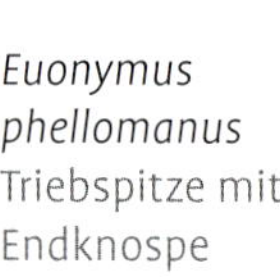

Euonymus phellomanus
Triebspitze mit Endknospe

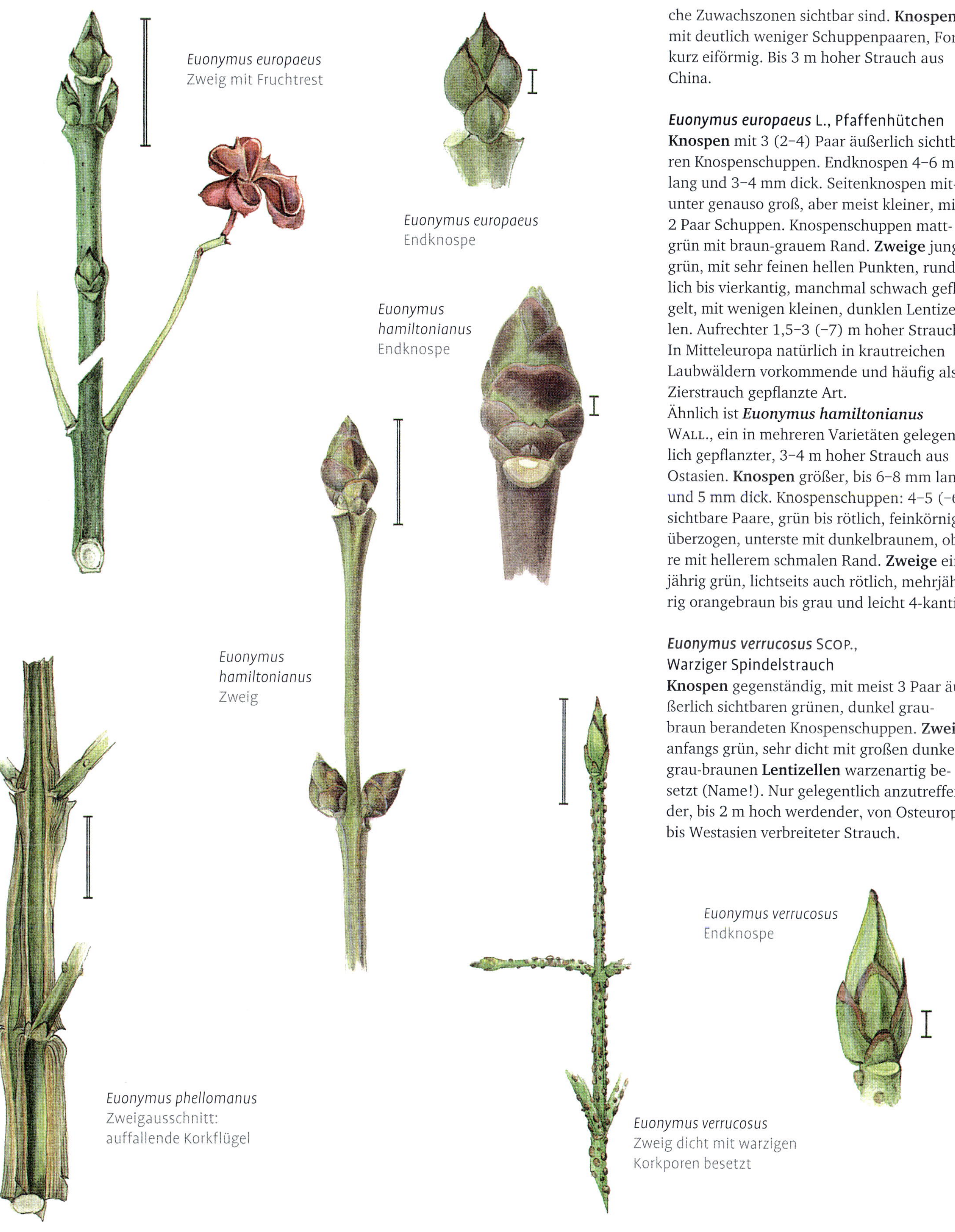

Euonymus europaeus
Zweig mit Fruchtrest

Euonymus europaeus
Endknospe

Euonymus hamiltonianus
Endknospe

Euonymus hamiltonianus
Zweig

Euonymus phellomanus
Zweigausschnitt: auffallende Korkflügel

Euonymus verrucosus
Zweig dicht mit warzigen Korkporen besetzt

Euonymus verrucosus
Endknospe

che Zuwachszonen sichtbar sind. **Knospen** mit deutlich weniger Schuppenpaaren, Form kurz eiförmig. Bis 3 m hoher Strauch aus China.

Euonymus europaeus L., Pfaffenhütchen
Knospen mit 3 (2–4) Paar äußerlich sichtbaren Knospenschuppen. Endknospen 4–6 mm lang und 3–4 mm dick. Seitenknospen mitunter genauso groß, aber meist kleiner, mit 2 Paar Schuppen. Knospenschuppen mattgrün mit braun-grauem Rand. **Zweige** jung grün, mit sehr feinen hellen Punkten, rundlich bis vierkantig, manchmal schwach geflügelt, mit wenigen kleinen, dunklen Lentizellen. Aufrechter 1,5–3 (–7) m hoher Strauch. In Mitteleuropa natürlich in krautreichen Laubwäldern vorkommende und häufig als Zierstrauch gepflanzte Art.
Ähnlich ist ***Euonymus hamiltonianus*** Wall., ein in mehreren Varietäten gelegentlich gepflanzter, 3–4 m hoher Strauch aus Ostasien. **Knospen** größer, bis 6–8 mm lang und 5 mm dick. Knospenschuppen: 4–5 (–6) sichtbare Paare, grün bis rötlich, feinkörnig überzogen, unterste mit dunkelbraunem, obere mit hellerem schmalen Rand. **Zweige** einjährig grün, lichtseits auch rötlich, mehrjährig orangebraun bis grau und leicht 4-kantig.

Euonymus verrucosus Scop., Warziger Spindelstrauch
Knospen gegenständig, mit meist 3 Paar äußerlich sichtbaren grünen, dunkel graubraun berandeten Knospenschuppen. **Zweige** anfangs grün, sehr dicht mit großen dunkel grau-braunen **Lentizellen** warzenartig besetzt (Name!). Nur gelegentlich anzutreffender, bis 2 m hoch werdender, von Osteuropa bis Westasien verbreiteter Strauch.

Euonymus nanus Bieb., Zwerg-Spindelstrauch
Knospen sehr klein, Seitenknospen 1–2,5 mm lang, 3–4-wirtelig oder ± verstreut, am Zweig anliegend oder leicht abstehend, mit wenigen Knospenschuppen. Endknospen etwas größer, kugelig, mitunter von einigen bleibenden Blättern umgeben. **Zweige** kahl, grün und fein gefurcht. Gelegentlich gepflanzter, kleiner, bis 80 cm hoher Strauch aus Mittelasien.

Untergattung Kalonymus

Euonymus latifolius (L.) Mill., Breitblättriger Spindelstrauch
Knospen matt bräunlichrot, schattenseits olivgrün, spindelig, mit 4–6 sichtbaren Schuppenpaaren. Endknospen über 2 cm und Seitenknospen bis 1,5 cm lang. **Zweige** jung leicht abgeflacht, aber nicht kantig. Grundfarbe grün, sonnenseits rötlich getönt. Vom südlichen Mitteleuropa und Südeuropa bis nach Westasien sowie Nordafrika und Kleinasien vorkommender, darüber hinaus häufig als Zierstrauch genutzter, 1,5–6 m hoher Strauch.
Sehr ähnlich ist ***Euonymus planipes*** (Koehne) Koehne, der **Flachstielige Spindelstrauch**. Die Knospen des häufig gepflanzten Strauches aus Ostasien sind lichtseits glänzend weinrot.

Celastrus L., Baumwürger

Windende, seltener aufrechte Sträucher mit zerstreuter Blattstellung. Ohne Endknospe, nur Seitenknospen. Früchte: kugelige, sich 3-klappig öffnende gelb bis orangefarbene Kapseln. Im Innern vollständig vom roten Arillus bedeckte Samen. Etwa 38 Arten in Nord- bis Südamerika, sowie in Ost- und Südostasien bis Australien.

Schlüssel *Celastrus*
1 Zweige stark kantig, Knospen mit vielen Schuppen, Mark gefächert .... *Celastrus angulatus*
1* Zweige rundlich, die ersten beiden Knospenschuppen zugespitzt und die Knospen meist überragend, Mark voll 2
2 Früchte in achselständigen Zymen .... ***Celastrus orbiculatus***
2* Früchte in endständigen Rispen .... ***Celastrus scandens***

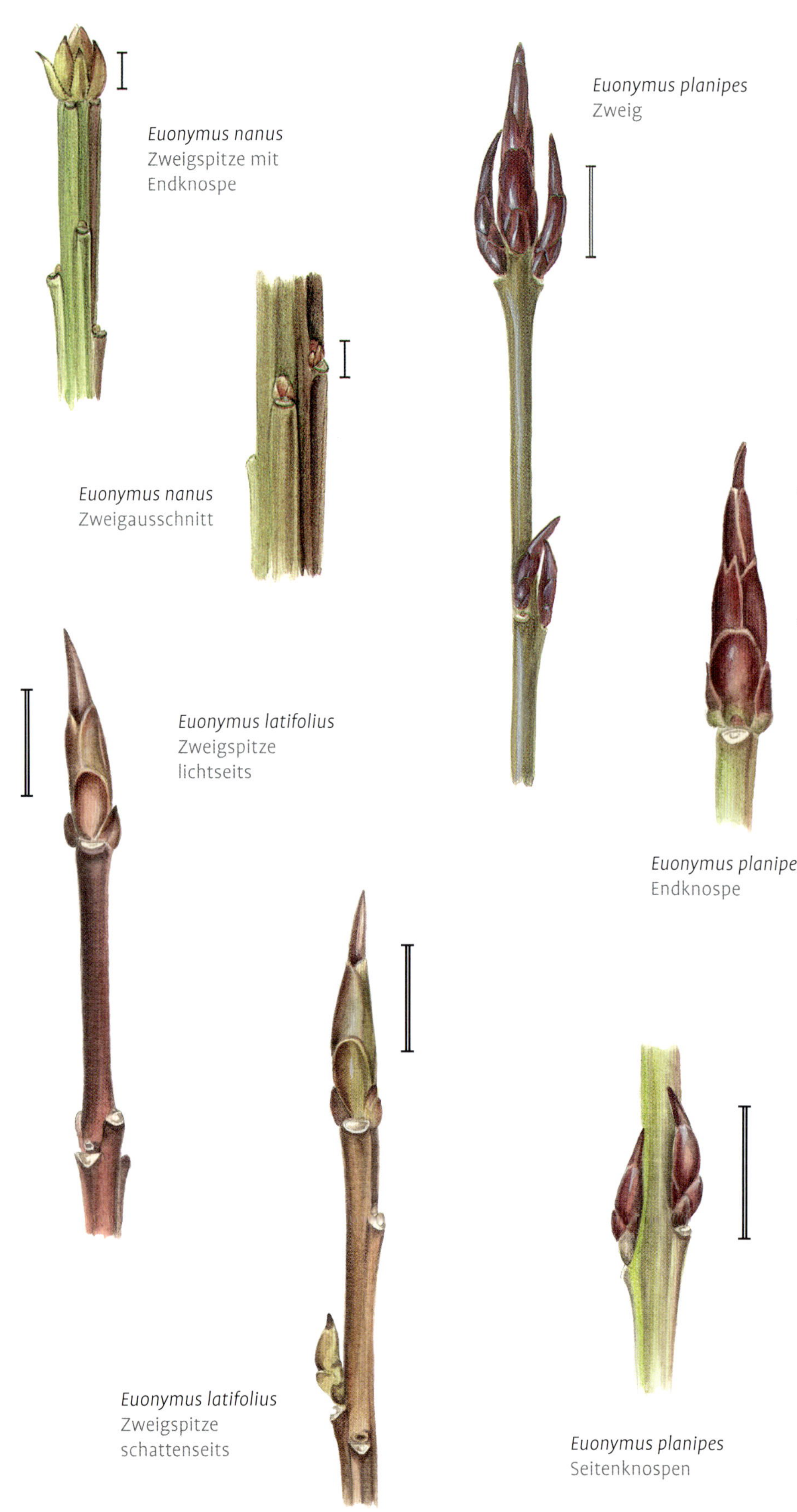

Euonymus nanus Zweigspitze mit Endknospe

Euonymus nanus Zweigausschnitt

Euonymus planipes Zweig

Euonymus planipes Endknospe

Euonymus latifolius Zweigspitze lichtseits

Euonymus latifolius Zweigspitze schattenseits

Euonymus planipes Seitenknospen

Celastrus orbiculatus
Seitenknospe

Celastrus orbiculatus
Zweig

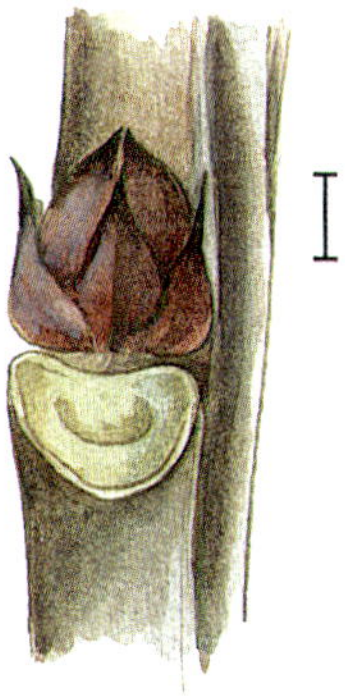

Celastrus angulatus
Zweig

Celastrus orbiculatus THUNB.,
Rundblättriger Baumwürger
Knospen grau bis braun, kugelig, 2–3 mm lang, erstes Vorblattschuppenpaar gegenständig, vor allem bei zur Zweigspitze gelegenen Knospen ± lang zugespitzt und zurückgebogen, die Knospe weit überragend: als Widerhaken beim Klettern dienend. **Zweige** graubraun bis grau, rund mit weißem Mark. **Blattnarben** einspurig. **Früchte** in achselständigen Zymen nur bei einem Teil der Pflanzen zu finden, da die Geschlechter zweihäusig verteilt sind. Häufig gepflanzte, bis 12 m hoch windende Liane aus Ostasien. Ebenfalls häufig anzutreffen ist der aus Nordamerika stammende **Amerikanische Baumwürger, *Celastrus scandens*** L. Er unterscheidet sich vor allem durch die in 5–10 cm langen endständigen Rispen stehenden Früchte vom Rundblättrigen Baumwürger.

Celastrus angulatus MAXIM.,
Kantiger Baumwürger
Knospen dunkel, 3–4 mm lang, eiformig, mit einigen dachzieglig-spiralig stehenden Knospenschuppen: schwarzbraun, zum Rand etwas heller und teilweise von toter Epidermis silbriggrau. **Zweige** 5-kantig, kräftig orangerotbraun bis olivbraun gefärbt, mit gefächertem Mark. **Lentizellen** zerstreut, orangebraun. **Blattnarbe** auf deutlichem Kissen, einspurig. **Fruchtstände** 10–15 cm, in endständigen Rispen; zweihäusig verteilt. Selten gepflanzte, bis 7 m hoch windende Liane aus Mittel- bis Nordwestchina.

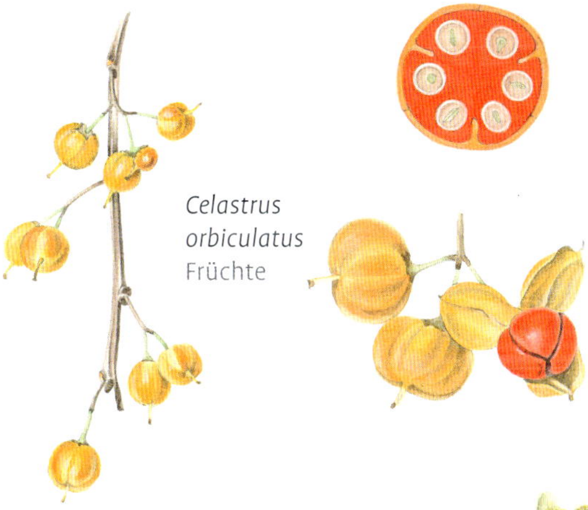

Celastrus orbiculatus
Früchte

Celastrus scandens
Seitenknospe

Celastrus scandens
Seitenknospe

Celastrus angulatus
Seitenknospe

Tripterygium wilfordii **HOOK. f., Dreiflügelfrucht**
[*Tripterygium regelii* SPRAGUE & TAKEDA]
Knospen matt rotbraune, spiralig stehende Seitenknospen: 3–4 mm breit und hoch, halbkugelig, von den beiden äußeren, zugespitzten Vorblatt-Knospenschuppen umhüllt. Meist einzeln, wenn im Fruchtstandbereich primäre seitliche Verzweigung aufgebraucht, auch als Beiknospe angelegt. **Zweige** matt rotbraun, schwach 5-kantig, mit zahlreichen gleichfarbigen Warzen bedeckt. Blattnarben halbrund, einspurig, auf deutlichen Kissen. **Früchte** meist den ganzen Winter vorhanden: dreiflüglige, einsamige Nüsse ohne Arillus in bis 20 cm langen, endständigen Rispen. Selten gepflanzter, schwach kletternder Strauch aus Ostasien: Japan bis Mandschurei.

Familie Salicaceae, Weidengewächse

Zu den beiden klassischen Gattungen der Weidengewächse, Weide (*Salix*) und Pappel (*Populus*), kommen zahlreiche ehemalige Flacourtiaceengattungen, so dass die Familie von zwei Gattungen mit etwa 350 Arten, auf 55 Gattungen mit 1000 Arten angewachsen ist. Gemeinsam ist den nahe miteinander verwandten Gattungen *Salix* und *Populus*, dass die beiden Vorblätter der Seitenknospen zu einer Schuppe verwachsen. Die Vorblätter der Gattung *Salix* verwachsen vollständig, die von Populus nur auf der abaxialen Seite, während die Vorblätter der Seitenknospen der neuen Familienangehörigen nicht miteinander verwachsen und sich seitlich (transversal) der Seitenknospe befinden.
Viele Vertreter der zweihäusigen Gattungen *Salix* und *Populus* erblühen vor dem Laubaustrieb. Ihre unscheinbaren Blüten mit reduzierter Blütenhülle finden sich zahlreich in länglichen Ähren/Kätzchen. Die Blüten der anderen beiden vorgestellten monotypischen Gattungen erscheinen erst nach dem Laub in großen Rispen.

Schlüssel Salicaceae

1 Bäume mit Endknospen, Knospen vielschuppig 2
1* Sträucher oder Bäume ohne Endknospen 3
2 Die ersten beiden Knospenschuppen der Seitenknospen seitlich (transversal) . . . . ***Idesia***
2 Die erste Knospenschuppe der Seitenknospen von der Abstammungsachse abgewandt . . . . ***Populus***
3 Seitenknospen mit einer, allseits verwachsenen, Knospenschuppe . . . . . ***Salix***
3 Seitenknospen mit zwei getrennten, etwas auseinander spreizenden, Knospenschuppen . . . . *Poliothyrsis*

Idesia polycarpa **MAXIM., Orangenkirsche**
Seitenknospen wechselständig, meist relativ klein, von zwei Vorblattschuppen und ein bis zwei folgenden Knospenschuppenpaaren bedeckt. **Endknospen** kurz kegelförmig, 5–6 mm lang und ebenso dick, mit einigen glänzend weinrot-braunen, zur Spitze behaarten Knospenschuppen. Auffallend sind dreispitzige Übergangsblätter: bestehend aus einer mittleren längeren Spitze (Oberblattrudiment) und zwei benachbarten kürzeren Spitzen (Nebenblattrudimente). **Zweige** olivgrün bis ockerbraun, kahl und glänzend, mit zahlreichen länglichen ockerbraunen bis graubraunen Lentizellen. An den Jahresgrenzen und unter den Endknospen Zweige am dicksten. **Rinde** glatt, grauweiß. **Blattnarben** auf Kissen, fast parallel zur Zweigoberfläche, rundlich bis oval, mit zahlreichen u-förmig angeordneten Gefäßbündelspuren. Im Frühwinter fallen besonders die zahlreichen, in 10–25 cm langen Rispen hängenden orangeroten Beeren auf. Bis 15 m hoher, häufig gepflanzter, locker verzweigter Baum aus Südjapan und Mittel- und Westchina.

Poliothyrsis sinensis **OLIV., Weißrispenbaum**
Keine Endknospen (selten endknospenartige, blattartige Triebspitze), **Seitenknospen** gedrungen, etwa 3 mm lang, von zwei hellbraunen, fein behaarten Vorblattschuppen bedeckt. Diese etwas auseinanderspreizend, dazwischen deckend behaarte Spitze sichtbar. **Zweige** dünn, am Knoten deutlich verdickt (kräftige Blattkissen), kahl, hellgrau mit bräunlichen und grünlichen Nuancen, feine längs verlaufende Risse (dunkle Striche unter der Lupe), sich später rhombisch verbindend, dazwischen zerstreut längliche Lentizellen, anfangs hell ockergelb, an älteren Zweigen braun. **Mark** voll, weiß, undeutlich kantig. **Blattnarben** auf Blattkissen, Knospe zu 2/3 umgreifend, mit 3 mehrteiligen Spurengruppen. Aus Mittelchina stammender, sehr selten kultivierter, bis 15 m hoher Baum.

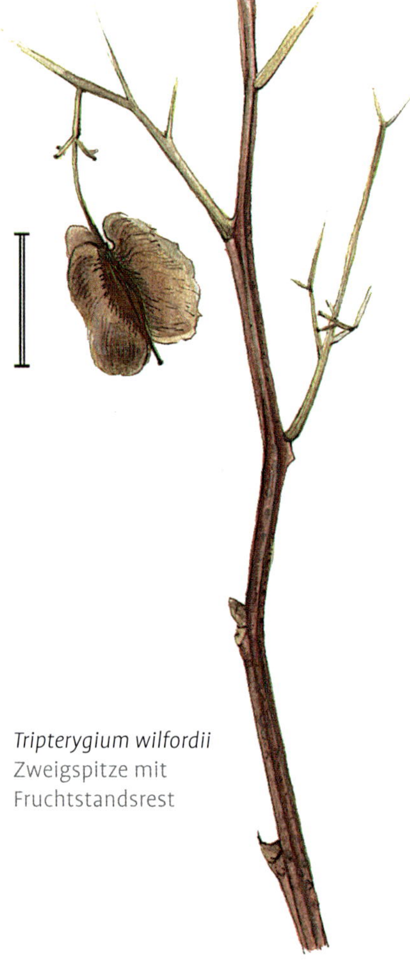

Tripterygium wilfordii
Zweigspitze mit Fruchtstandsrest

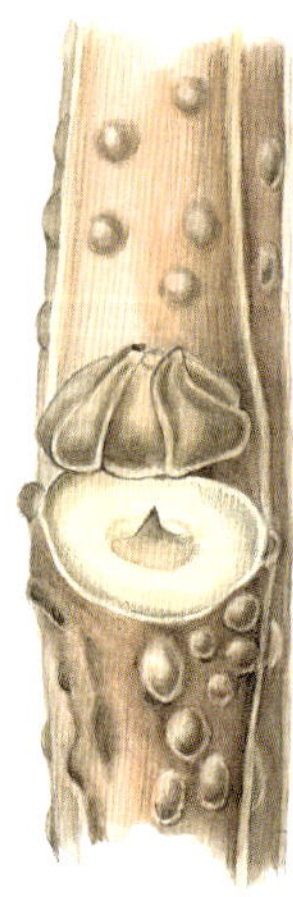

Tripterygium wilfordii
Seitenknospe

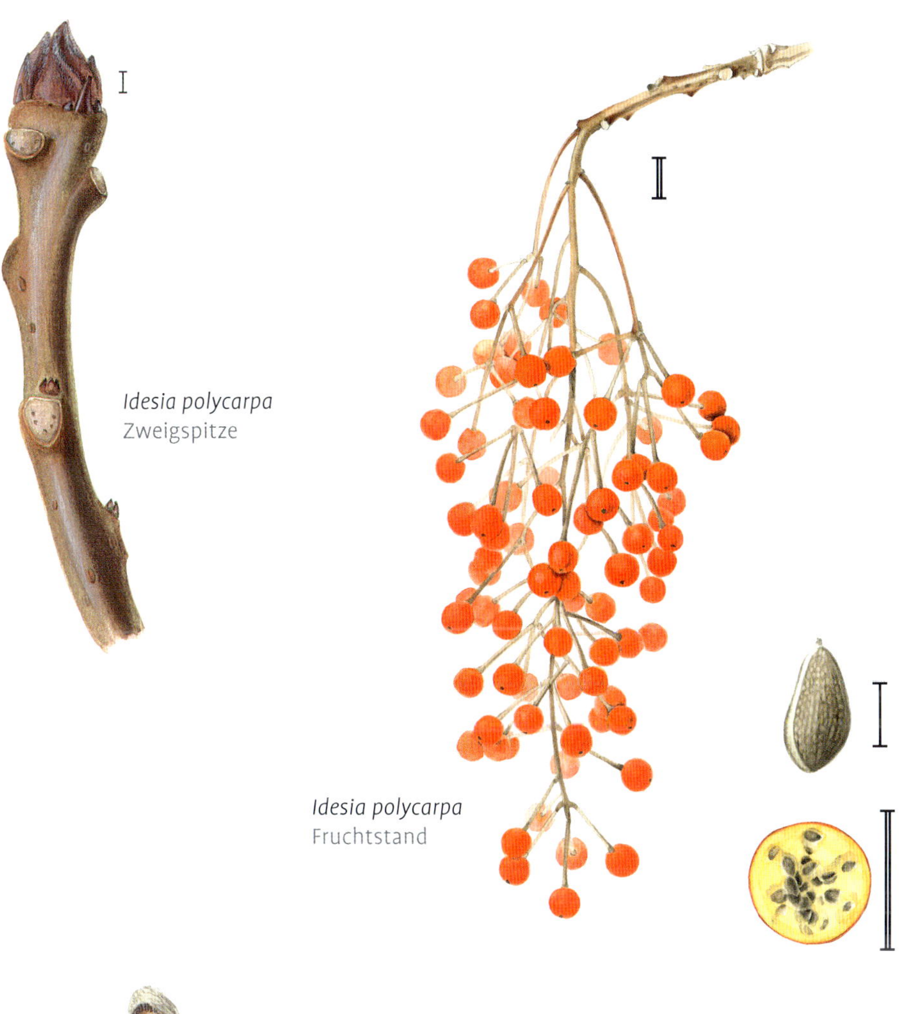

Idesia polycarpa
Zweigspitze

Idesia polycarpa
Fruchtstand

Populus L., Pappel

Der Knospenaufbau der Endknospen unterscheidet sich von dem der Seitenknospen. Die Endknospen werden von innenständigen Nebenblattschuppen, die der Blattspirale in 2/5-Divergenz folgen, bedeckt. Auffallend ist die Beteiligung von Nebenblättern relativ weit unterhalb der Endknospe stehender Blättern am Knospenschutz.
In den **Seitenknospen** steht die erste Knospenschuppe auf der der Abstammungsachse entgegen gesetzten Seite (median-abaxial). Die folgenden Knospenschuppen stehen zweizeilig in der Medianebene und gehen allmählich in eine spiralige Blattstellung und die Laubblätter über.
Die einzelnen Arten sind teilweise schwer unterscheidbar. Erschwert wird die Bestimmung durch zahlreiche natürliche und in Kultur entstandene Hybriden.

Schlüssel *Populus*

1 Seitenknospen sehr dick (> 10 mm ∅) und gedrungen .... ***Populus lasiocarpa***
1* Knospen dünner 2
2 Endknospen selten länger als 10 mm . 7
2* Endknospen meist länger als 10 mm .. 3
3 Zweige im Querschnitt ± rund oder gelegentlich schwach kantig 4
3* Zweige ± deutlich kantig 5
4 Knospen klebrig, aber nicht aromatisch 6
4* Knospen mit aromatischem klebrigen Überzug; Zweige dunkel .... ***Populus balsamifera***
5 Zweige ockerbraun, basal grau; Seitenknospen am Zweig anliegend .... ***Populus simonii***
5* Zweige rotbraun, Seitenknospen etwas vom Zweig abstehend .... ***Populus trichocarpa***
6 Seitenknospen mit den Spitzen abstehend, Zweige graubraun bis ockerbraun .... *Populus nigra*
6* Seitenknospen dem Zweig zugewandt, Zweige rotbraun ***Populus ×berolinensis***
7 (2) Knospen und Zweige dicht weißfilzig behaart .... ***Populus alba***
7* Knospen kahl, glänzend .... ***Populus tremula***

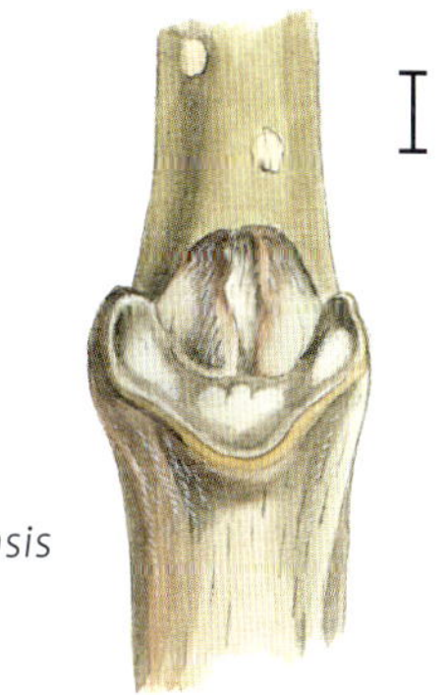

Poliothyrsis sinensis
Seitenknospe

Poliothyrsis sinensis
Zweigspitze

Sektion Populus, Weiß- und Zitter-Pappeln

Blütenknospen der sehr früh blühenden Arten sind häufig etwas angeschwollen und dicker als die Blattknospen.

Populus alba L., Silber- oder Weiß-Pappel
Knospen und Zweigspitzen dicht weißfilzig behaart. **Knospen** eiförmig, leicht zugespitzt, Endknospen im Durchschnitt 4–5 mm, Seitenknospen 2–4 mm lang. **Zweige** anfangs glatt und hell graugrün; **Äste** mit großen rhombischen Lentizellen; **Stämme** erst spät längsrissige dunkle Borke bildend. Häufiger, bis 30 m hoher, breitkroniger Baum. Natürlich von Nordafrika und Südeuropa über Mitteleuropa bis Mittelasien verbreitet.

Populus tremula L., Zitter-Pappel, Espe
Knospen rotbraun, länglich eiförmig, zugespitzt, kahl und leicht klebrig. Endknospen 7–9 mm lang. Blütenknospen zugespitzt kugelig, oft sehr früh aufbrechend und die noch ± unentwickelten, gestauchten, dicht grau behaarten Kätzchen freigebend. **Zweige** kahl und anfangs braun. **Rinde** glatt, graugrün, mit rhombischen sich vergrößernden Lentizellen, erst sehr spät an der Stammbasis in Borke übergehend. **Blüten**: anfangs silbrig graue, 8–10 cm lange Kätzchen. Sehr häufiger, bis 30 m hoher, Ausläufer treibender Baum, von Europa bis Japan.
In den Merkmalen zwischen den beiden Elternarten [*Populus alba* × *Populus tremula*] steht die häufig anzutreffende **Grau-Pappel**, ***Populus* ×*canescens*** (Aiton) Sm.: **Zweige** graugrün, auch an der Spitze kaum deckend filzig behaart, aber auch nie kahl.

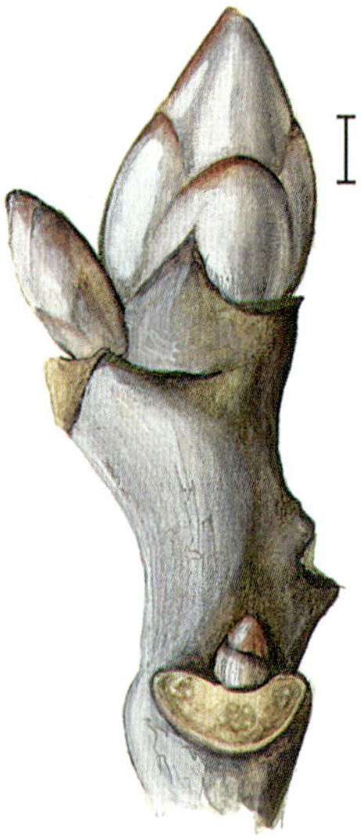

Populus alba
Endknospe

Populus tremula
Endknospe

Populus alba
Zweig

Populus tremula
Geschwollene Blütenknospe

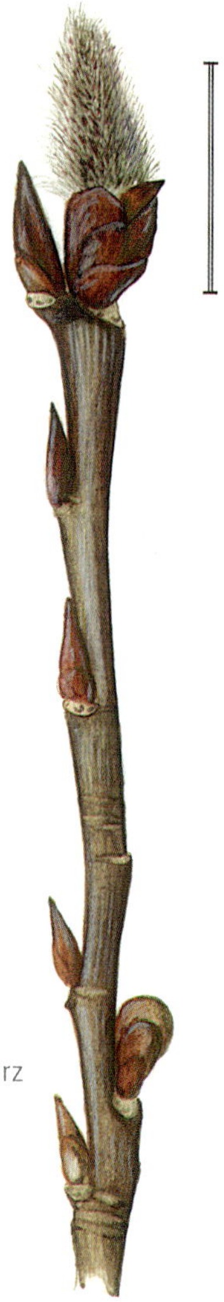

Populus tremula
Blütenzweig Ende März

Populus tremula
Zweig mit jungen Fruchtständen

Sektion Aigeiros, Schwarzpappeln

Populus nigra **L. und Hybriden, Schwarz-Pappeln**
Knospen klebrig, schlank kegelig bis spindelig, Seitenknospen nach außen zeigend. **Knospenschuppen** rotbraun bis ockerbraun, auch oliv bis grün, meist mit dunklerem braunen Rand, unterste oft gekielt. **Zweige** rund, hell orangebraun bis graubraun, mit erhabenen länglichen hellbraunen Lentizellen. **Borke** tief rissig schwarzgrau. Von Nordafrika und Europa bis Mittelasien verbreiteter, bis 30 m hoher Baum.
Relativ häufig ist die säulenförmige, streng aufrecht wachsende **Pyramiden-Pappel, *Populus nigra* 'Italica'** anzutreffen.
Häufiger als die reine Art ist die Hybride mit der Amerikanischen Schwarz-Pappel, *Populus deltoides* Bertram ex Marsh., die sogenannte **Kanadische-Pappel, *Populus ×canadensis*** Moench. Sie unterscheidet sich durch kantige, dunklere olivgrüne bis braune Zweige von der Schwarz-Pappel, ist im Winter aber schwer von den Eltern abzugrenzen. Eine weitere häufig gepflanzte Hybride zwischen der Pyramiden-Pappel, *Populus nigra* 'Italica' und der zu der Sektion der Balsam-Pappeln gehörigen *Populus laurifolia* Ledeb. ist die **Berliner Lorbeer-Pappel, *Populus ×berolinensis*** (K. Koch) Dipp. Sie hat dunkle, braune und fast runde Zweige.

Populus nigra
Männliche Blüten

Populus nigra
Männliches Blütenkätzchen

Populus nigra
Verzweigung

Populus ×canescens
Zweig mit Blütenknospen

Populus ×canescens
Endknospe

Populus ×berolinensis
Zweigspitze

Sektion Tacamahaca, Balsampappeln

Populus simonii CARR., Simons Pappel
Knospen schmal kegelig. **Seitenknospen** etwa 8–10 mm lang, am Zweig anliegend, an den Spitzen etwas abstehend, mit 3 äußeren Knospenschuppen. **Endknospen** um 10–12 mm lang, mit zahlreichen Knospenschuppen. **Knospenschuppen** leicht klebrig, dunkel violettbraun, mitunter ocker bis rotbraun, etwas häutig berandet (vor allem basale). **Zweige** lang rutenartig, steil aufstrebend, basal rundlich und wie die mehrjährigen Zweige auffallend hell, gräulich mit leichten Braun- oder Grüntönen, obere Epidermis dicht fein längsrissig; Zweigspitzen relativ dünn, meist stark kantig und ockerbraun bis olivbraun. Schlanker aufrechter, bis 15 m hoher, sehr früh austreibender, häufig gepflanzter Baum aus Nordchina.

Populus trichocarpa TORR. & A. GRAY, Westliche Balsam-Pappel
Knospen lang spindelig. Knospenschuppen klebrig aromatisch, braun oder grünlich und braun berandet. Endknospen 12–15 mm lang. Seitenknospen etwas kleiner, am Zweig anliegend bis leicht abstehend. **Zweige** kantig, kahl oder behaart, olivgrau. Blattnarben hell, 3-spurig. Häufig anzutreffender, bis 30 m hoher Baum aus Nordamerika.

Populus balsamifera L., Balsam-Pappel
Knospen sehr groß, bis 25 mm lang und vor allem die Endknospen – im Unterschied zu anderen Arten der Sektion – relativ dick, um 8 mm ∅. Knospenschuppen rotbraun und olivbraun bis gelbgrün, überzogen mit aromatischem, klebrigem Harz. **Zweige** olivbraun bis dunkelbraun, stellenweise auch ockerbraun, kahl, ± rund, nur zur Spitze leicht kantig und durch starke Blattkissen etwas knotig. **Lentizellen** hell orange-ocker, länglich bis punktförmig. **Blattnarben** hell ocker, mit 3 Gefäßbündelspuren. Häufig gepflanzter, bis 30 m hoher Baum aus Nordamerika. Die gelegentlich gepflanzte var. ***subcordata*** HYLAND unterscheidet sich von der Art durch leicht behaarte Zweige.

Populus simonii
Zweig: Verzweigungsansatz und Spitze

Populus trichocarpa
Endknospe

Populus simonii
Seitenknospe

Populus trichocarpa
Zweigspitze

Populus balsamifera
Weibliche Blüten

Populus balsamifera
Typischer, kräftiger, etwas knorriger Zweig

Populus balsamifera
Zweig mit weiblichen Blütenständen

Populus lasiocarpa
Zweig mit dicken gedrungenen Knospen

Sektion Leucoides, Großblattpappeln

Sehr grob verzweigte und im Verhältnis zu den anderen Pappeln relativ langsam wachsende Bäume.

Populus lasiocarpa OLIV., Großblatt-Pappel
Knospen gedrungen: über 2 cm lang und oft über 1 cm dick. Knospenschuppen grün, Ränder trocken braun, mit einer Wachsschicht und, vor allem untere Schuppen, lang zottig behaart. **Zweige** sparrig und dick, um 1 cm ∅, oliv- bis ockerbraun, filzig behaart, älter graubraun und längsrissig. **Lentizellen** hell ockerbraun, überwiegend länglich oder rundlich. **Blattnarben** mit 3 Spurengruppen, vor allem die mittlere deutlich mehrteilig. Nebenblätter zum Teil vertrocknend und bleibend. Gelegentlich anzutreffender grobastiger, locker verzweigter, bis 20 m hoher Baum aus Südwestchina.

Salix L, Weide

Zur Gattung gehören etwa 400 Arten. Verbreitungsschwerpunkte sind die kühleren gemäßigten Zonen Zentraleuropas, Ostasiens und Nordamerikas. Die Wuchsform reicht von arktischen Spaliersträuchern, über Sträucher zu großen Bäumen.
Die Weiden bilden im Gegensatz zu den Pappeln keine Endknospen aus und ihre Seitenknospen sind von einer einzigen Knospenschuppe vollständig eingeschlossen. Diese Knospenschuppe ist ein Verwachsungsprodukt der beiden Vorblätter: Innerhalb der Knospenschuppe lassen sich oft ihre beiden Achselknospen finden.
Die Blattnarben sind meist wechselständig, zeigen mitunter eine Tendenz zur Gegenständigkeit (*Salix purpurea*). Sie sind relativ schmal, 3-spurig und umgreifen den Ansatz ihrer Achselknospen. Neben den Blattnarben sitzen oft kleine getrennte Nebenblattnarben. Blüten oft sehr früh vor den Blättern in ährigen Kätzchen. Zweihäusig: männliche Kätzchen durch Staubblätter gelblich, weibliche grünlich, Einzelblüte mit Nektardrüsen.
Es gibt zahlreiche natürliche und vom Menschen geschaffene Hybriden, bei denen eine Zuordnung im Winter meist unmöglich ist.
Es können 3 Typen unterschieden werden:
I. Typ: Meist großwüchsige, **baumförmige Weiden**. Sie besitzen gleichförmige Knospen (kein Unterschied zwischen Blatt- und Blütenknospen), die zur Triebbasis allmählich

kleiner werden. Die Blüten erscheinen erst nach der Laubentfaltung.
II. Typ: **Strauchförmige Weiden** oft mit äußerlich deutlich differenzierten Blatt- und Blütenknospen. Die Blütenknospen sind meist größer und unterscheiden sich in der Form von den Blattknospen. Sie liegen in der Nähe der Triebspitze, jedoch sind die obersten ein bis zwei Knospen meist vegetativ. Viele Arten erblühen vor Laubausbruch.
III. Typ: **Alpine Weiden**: meist relativ niedrige und oft ± kriechende Sträucher. Blatt- und Blütenknospen sind äußerlich kaum differenziert. Zur Triebbasis gibt es einen scharfen Größen-, mitunter auch Formunterschied zu basal kleineren, im Frühjahr nicht austreibenden – ruhenden und eine Sprossreserve bildenden – Knospen.

Schlüssel *Salix*

1 Meist über 10 m hohe Bäume; Blütenkätzchen mit oder nach dem Laub . . . 2
1* Meist Sträucher, seltener kleine Bäume bis 10 m Höhe; oft früh, vor Laubausbruch blühend 14

Baumförmige Weiden (I. Typ)

2 Knospen und Zweige kahl oder nur die Spitzen junger Triebe schwach behaart 3
2* Zweige deutlich behaart 11
3 Rinde an älteren Zweigen und Stämmen in schuppigen Platten ablösend. Knospen stumpf . . . . ***Salix triandra***
3* Rinde nicht schuppig ablösend. Knospen meist deutlich zugespitzt 4
4 Zweige an der Basis leicht abbrechend 5
4* Zweige (bei frostfreiem Wetter) nicht leicht abbrechend 7
5 Zweige überhängend . . ***Salix ×blanda***
5* Zweige nicht hängend. Krone weit verzweigt 6
6 Zweige und Knospen kahl. Nebenblattnarben groß . . . . ***Salix fragilis***
6* Zweige und Knospen zur Spitze etwas behaart. Nebenblattnarben kleiner . . . . ***Salix ×rubens***
7 (4) Knospen mit abstehender, oft dunkler abgesetzter Spitze. Die Fruchtkätzchen des Vorjahres lange bleibend . . . . ***Salix pentandra***
7* Fruchtkätzchen des Vorjahres hinfällig, Knospen meist ± am Zweig anliegend 8
8 Zweige gerade 10
8* Zweige gewunden 9
9 Zweige gelborange bis rot, mit behaarten Spitzen . . . ***Salix ×erythroflexuosa***
9* Zweige kahl, grünlich-ockergelb, sehr stark gedreht . . . . ***Salix babylonica* 'Tortuosa'**
10 Zweige sehr lang überhängend, wenigstens sonnenseits rötlichbraun (in Südeuropa häufigste Trauerweide, in Mitteleuropa frostgefährdet) . . . . ***Salix babylonica***
10* Zweige kürzer, grünlich braun . . . . ***Salix ×salamonii***
11 (2) Zweige kräftig gelb 12
11* Zweige anders gefärbt 13
12 Zweige hängend . . . . . . ***Salix alba* var. *vitellina* 'Tristis' und Hybriden**
12* Zweige nicht hängend . . . . ***Salix alba* var. *vitellina***
13 Zweige orangerot bis rot . . . . ***Salix alba* 'Chermesina'**
13* Zweige rotbraun bis braun . . ***Salix alba***
14 (1) Bis 30 cm hohe Zwergsträucher (III. Typ) 31
14* Über 50 cm hohe Sträucher, jedoch selten baumförmig 15

Strauch-Weiden (II. Typ)

15 Zweige – wenigstens am Grund – bereift 19
15* Zweige unbereift 16
16 Knospen und Zweige kahl, höchstens an der Zweigbasis mit einigen Haaren . 17
16* Knospen oder Zweige behaart 20
17 Knospen kugelig-eiförmig um 3 mm lang . . . . *Salix caesia*
17* Knospen länglich 18
18 Knospen schief gegenständig . . . . ***Salix purpuraea***
18* Knospen zerstreut . . . . *Salix glabra*
19 (15) Zweige grünlich, Blütenknospen über 15 mm lang, oft kleiner Baum . . . . ***Salix daphnoides***
19* Zweige braunrot, Blütenknospen bis 15 mm lang . . . . ***Salix acutifolia***
20 (16) Mit abwischbarem Haarfilz, Internodien sehr kurz, sehr schmale lanzettliche Blätter oft ± bleibend . . . . ***Salix eleagnos***
20* Behaarung oder Blätter anders 21
21 Behaarung auf der Rückseite der Knospen auffallend stärker. Blütenknospen mit entenschnabelförmig abgeflachter Spitze . . . . *Salix nigricans*
21* Behaarung und Blütenknospen anders 22
22 Holz junger Zweige mit deutlichen Striemen 23
22* Holz ohne Striemen 25
23 Zweige dünn, Knospen leuchtend rot, verkahlend . . . . ***Salix aurita***
23 Knospen anders 24
24 Zweige bleibend samtig behaart . . . . ***Salix cinerea***
24* Zweige basal verkahlend . . . . *Salix appendiculata*
25 Nebenblätter groß, lange trocken bleibend . . . . ***Salix lanata***
25* Nebenblätter hinfällig 26
26 Bis 50 cm hoher Strauch . . ***Salix repens***
26* Höherer Strauch oder kleiner Baum 27
27 Knospen dick. Innenseite abgezogener Rinde orangebraun werdend . . . . ***Salix caprea***
27* Innenseite der Rinde nicht verfärbend 28
28 Knospen im Querschnitt rund 30
28* Knospen im Querschnitt mit deutlichen Kanten 29
29 Nebenblattnarbe undeutlich . . . . ***Salix helvetica***
29* Nebenblattnarben deutlich . . . . ***Salix viminalis***
30 Knospen länglich eiförmig, mit gerade abstehender Spitze . . . . . . *Salix hastata*
30* Knospen am Zweig anliegend, Spitze nach außen gebogen . . *Salix phylicifolia*

Alpine Zwergstrauch-Weiden (III. Typ)

31 (15) Knospen kahl 32
31* Knospen zumindest anfangs behaart 33
32 An der Triebbasis oft mit bleibenden vorjährigen Knospenschuppen . . . . ***Salix retusa***
32* Zweige teilweise unterirdisch, mit blassen Ausläufern . . . . *Salix herbacea*
33 Knospen zweigestaltig . . . . *Salix alpina*
33* Knospen gleich 34
34 Knospen meist über 3 mm lang, oval bis verkehrt eiförmig. Zweige rötlich . . . . ***Salix reticulata***
34* Knospen bis 3 mm, eiförmig. Zweige mit kurzen Internodien, grünlich-gelb . . . . *Salix serpyllifolia*

Untergattung Salix, Baumförmige Weiden

Sektion Salix

Salix alba **L., Silber- oder Weiß-Weide**
Knospen abgeflacht, am Zweig anliegend, etwa 5 mm lang, rot- bis dunkelbraun, an der Spitze kaum eintrocknend. Blatt- und Blütenknospen etwa gleich groß. Zur Triebspitze liegende Knospen dicht fein behaart, matt, basale verkahlend, kräftiger gefärbt und glänzend. Innerhalb der Knospenschuppe folgen ohne Übergang die ersten Laubblätter. **Zweige** dünn, rund, biegsam, zuletzt über-

Salix ×salamonii 'Chrysocoma'
Seitenknospe und Zweig auffallend gelb gefärbt

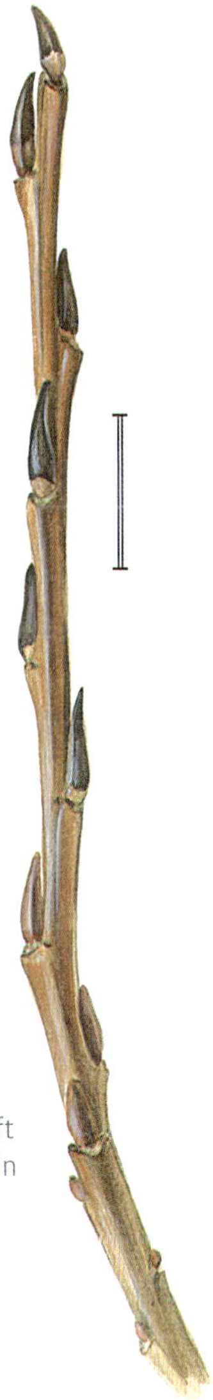

Salix alba
Seitenknospe

Salix fragilis
Zweig: Die Knospenschuppen trocknen oft an der Spitze etwas ein

Salix alba
Zweigspitze

Salix ×rubens
Leicht behaarte Seitenknospe

Salix fragilis
Unbehaarte, ± am Zweig anliegende Seitenknospe

hängend, an der Basis schmutzig rot- bis später grünbraun. Mit runden, erhabenen, braunen Lentizellen. **Borke** grob längsrissig. Bis 30 m hoher Baum mit weit ausladenden, spitzwinklig abgehenden Ästen. In der Krone dicht verzweigt. Häufig anzutreffende, in Eurasien verbreitete Weide.
Bei ***Salix alba*** var. ***vitellina*** (L.) STOCKES, der **Dotter-Weide** sind die jungen Zweige kräftig gelb, später gelbbraun, schwach, kurz behaart. Kräftig orangerote Zweige besitzt die **Karmesin-Weide**, ***Salix alba*** **'Chermesina'** [*Salix alba* var. *britzensis* SPÄTH].

Trauer-Weiden
Die Form ***Salix alba*** **'Tristis'** ist eine Trauerform mit senkrecht überhängenden, gelblichen, dünnen, zur Spitze etwas behaarten Zweigen. Sehr ähnlich und im Winter nicht sicher unterscheidbar ist ***Salix ×salamonii*** CARR. **'Chrysocoma'** [*Salix ×chrysocoma* DODE] eine Hybride mit der Babylonischen Trauer-Weide [*Salix alba* 'Tristis' × *Salix babylonica*]. Sie ist die häufigste in Mitteleuropa angepflanzte Trauer-Weide: Blätter lange haftend, häufig „Wirrzöpfe" und verkahlende Zweige. Mehr schmutzig grüne, leicht brüchige Zweige hat ***Salix ×blanda***, die Hybride zwischen *Salix babylonica* und *Salix fragilis*.

Salix fragilis L., Bruch-Weide
Knospen kahl, 4–9 mm lang, flach am Zweig anliegend, nur Blütenknospen etwas abstehend. Knospenschuppe ockerbraun, olivbraun oder rotbraun, oft vor dem Austrieb von der Spitze her eingetrocknet und oberer Teil scharf abgesetzt schwärzlichbraun. Innerhalb der Knospenschuppe befindet sich ein zweites schuppenförmiges Blatt, dem noch ein Übergangsblatt zu den voll ausgebildeten Laubblättern folgt. **Zweige** etwas kantig, ocker, graugrün bis rötlich braun, glänzend, in einem großen, fast rechten Winkel abstehend und aufwärts gebogen. An der Basis leicht brechend (nur bei frostfreiem Wetter aussagekräftig). Borke grob längsrissig und dunkelgrau. Häufiger, 10–15 (–25) m hoher Baum aus Eurasien.

Salix ×rubens SCHRANK
[*Salix alba* × *Salix fragilis*]
Steht zwischen den Eltern. **Knospen** ockergelb bis rötlich, am Zweig anliegend, nur Knospenspitze wenig abstehend. **Zweige** glänzend ockergelb, nie überhängend. Natürlich in Mitteleuropa, im Verbreitungsgebiet der Elternarten.

Sektion Subalbae

Salix babylonica L., Babylonische Trauer-Weide
Knospen und Zweige nur anfangs seidig behaart, verkahlend. **Zweige** braun. Von Transkaukasien bis Ostasien verbreiteter, bis 10 m hoher Baum mit bogig überhängenden Zweigen. Die in Südeuropa am häufigsten gepflanzte Trauerweide ist sehr wärmebedürftig.

Salix babylonica 'Tortuosa', Korkenzieher-Weide
[*Salix matsudana* KOIDZ 'Tortuosa']
Knospen länglich, bis etwa 6 mm lang, am Zweig flach anliegend oder mit der Spitze leicht abstehend, ockergelb bis graubraun, zerstreut fein behaart oder kahl. **Zweige** grünlich oder gelbocker bis ockerbraun, glänzend, nur anfangs fein behaart, stark korkenzieherartig verdreht. Häufig gepflanzter, bis 10 (–15) m hoher Baum.
Ähnlich ist die Hybride mit der Hängeform der Silber-Weide, *Salix alba* 'Tristis': ***Salix ×erythroflexuosa*** RAGONESE. **Zweige** rötlich-orangegelb, an den Enden fein behaart und etwas schwächer hin und her gewunden.

Salix babylonica 'Tortuosa'
Gewundener Zweigausschnitt

Salix babylonica 'Tortuosa'
Seitenknospe

Salix ×erythroflexuosa
Seitenknospe

Salix babylonica 'Tortuosa' und *Salix ×erythroflexuosa*
Zweige beider Arten: lehmgelb bis graugrün bei *Salix babylonica* und rötlich bei *Salix ×erythroflexuosa*

Serie Pentandrae

Salix pentandra **L., Lorbeer-Weide**
Sehr ähnlich der Bruchweide, *Salix fragilis*. **Knospen** kahl und glänzend, 5–7 mm lang, leicht abstehend. Spitze gerade oder zum Zweig gebogen, weinrot-rotbraun oder oft zweifarbig: basal grünlich-ocker und oberer Teil ± scharf abgesetzt, rötlichbraun bis dunkel violettbraun. **Zweige** kahl, biegsam, rot- bis ockerbraun, kahl und glänzend. Blütenkätzchen erst lange nach Laubausbruch, alte Fruchtkätzchen des Vorjahres lange bleibend. **Rinde** anfangs glatt und grau, im Alter längsrissige Borke. Großer Strauch oder kleiner bis 12 m hoher Baum in Eurasien.

Serie Amygdalinae

Salix triandra **L., Mandel-Weide**
[*Salix amygdalina* L.]
Knospen kahl, rötlich bis lehmgelb, schlank, 5–6 mm lang, am Zweig anliegend und nur mit der Spitze etwas abstehend. **Zweige** verkahlt, dünn, ocker-graugrün bis braun, glänzend. **Rinde** sich in schuppigen Platten ablösend. 1–4 m hoher Strauch oder bis 10 m hoher Baum. Von Europa bis Asien einschließlich Japan verbreitete, formenreiche Weide.

Salix pentandra
Zweigausschnitt

Salix triandra
Seitenknospen

Salix triandra
Seitenknospen

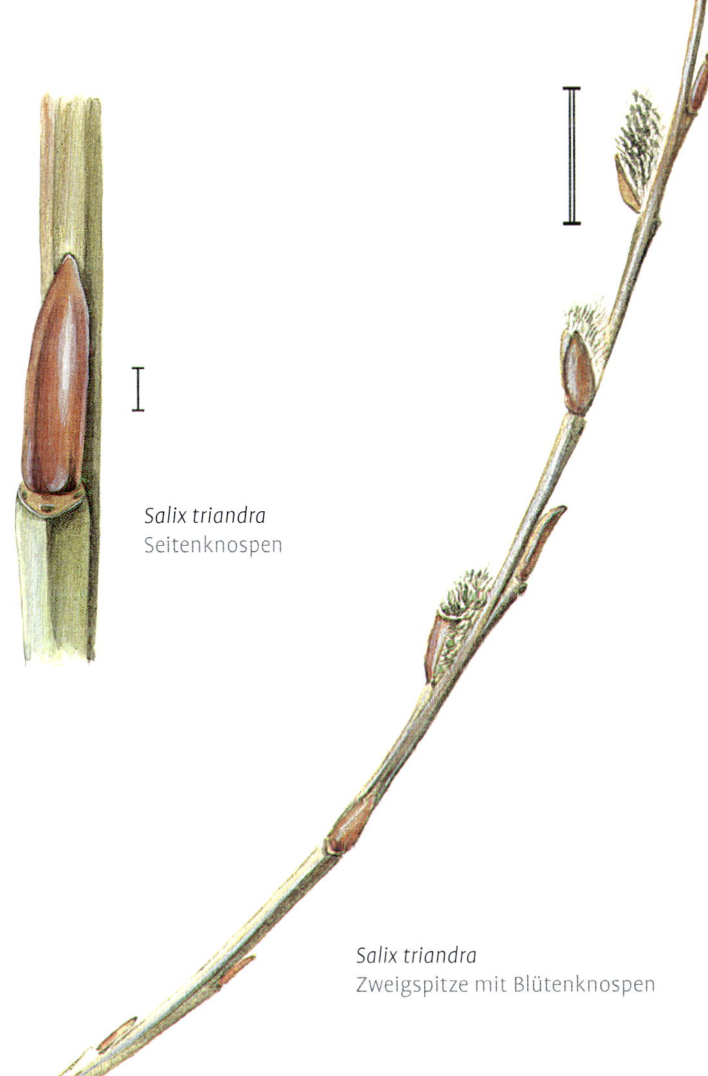

Salix triandra
Zweigspitze mit Blütenknospen

Untergattung Vetrix, Strauchförmige Weiden

Serie Vetrix

Salix caprea **L., Sal-Weide**
Knospen eiförmig bis kegelig zugespitzt, vom Zweig abstehend, 4–8 mm lang, schmutzig gelbgrün bis orangebraun, basal etwas heller; anfangs behaart, später verkahlend. Blütenknospen deutlich größer als Blattknospen. **Zweige** dick, anfangs kurz haarig, bald verkahlend, oliv, sonnenseits rotbraun. Mark braun, Holz ohne Striemen. Rinde grau, rhombisch aufreißend, sich zu einer netzigen Borke entwickelnd. Von Europa bis Nordostasien verbreiteter, häufiger, großer Strauch oder kleiner Baum bis 8 (–12) m.

Salix cinerea **L., Asch-, Grau-Weide**
Knospen wechselständig, gelegentlich gegenständig, am Zweig anliegend oder schwach abstehend, flach bis bauchig-kegelig, etwa 4–5 mm lang, Blütenknospen etwas größer, kegelig-eiförmig, sehr kurz, samtig grau behaart, matt orangebraun bis graubraun, mitunter stellenweise verkahlend und glänzend gelbgrün bis orangerot. **Zweige** gelbgrün bis dunkel grau, matt, kurz samtig grau behaart, später sich verlierend und glänzend. Holz mit deutlichen Striemen, Äste oft gefurcht (spannrückig). **Rinde** glatt und grau. Häufiger 4–6 m hoher, breiter Strauch. Von Europa bis Nordafrika und bis Kamtschatka verbreitet.

Salix caprea
Zweigspitze mit Blütenknospen

Salix caprea
Seitenknospen

Salix caprea
Seitenknospen

Salix caprea
Aus den Achseln der zu einer einheitlichen Hülle verwachsenen Vorblätter hervorgehende Blütenkätzchen

Salix caprea
Zweig mit männlichen Kätzchen und männliche Einzelblüten

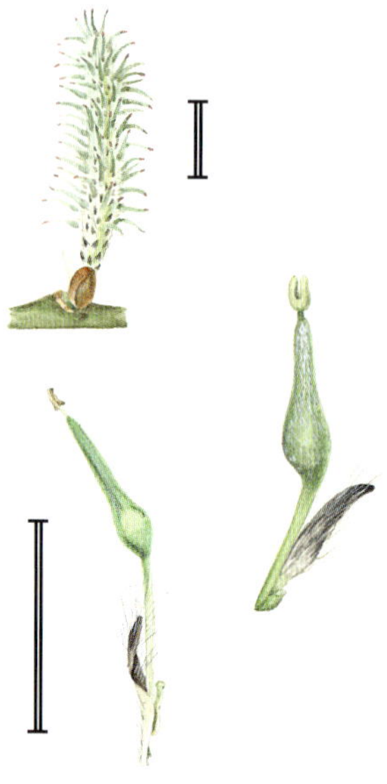

Salix caprea
weibliches Kätzchen und weibliche Einzelblüten

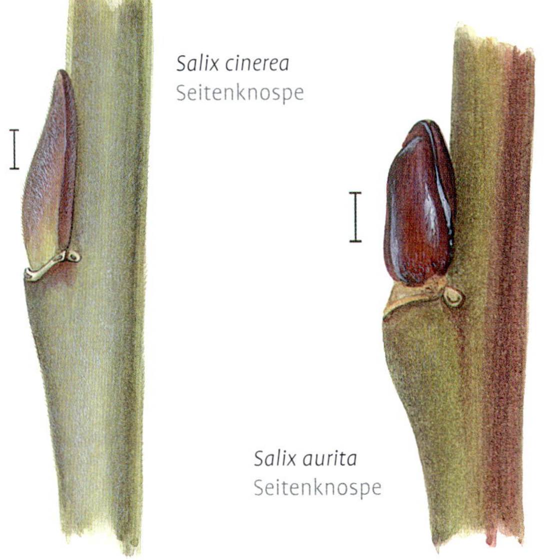

Salix cinerea
Seitenknospe

Salix aurita
Seitenknospe

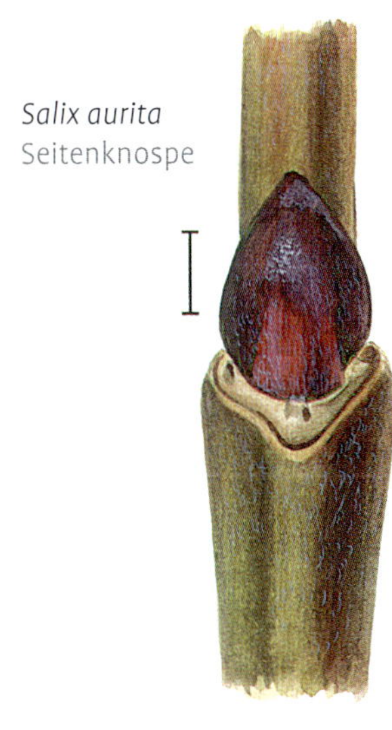

Salix aurita
Seitenknospe

Salix aurita L., Ohr-Weide
Knospen 3–4 mm lang, am Zweig anliegend oder etwas abstehend, gedrungen, in der Draufsicht dreieckig, glänzend, dunkel weinrot bis korallenrot, verkahlend. **Zweige** dünn, schmutzig weinrot und schattenseits olivgrün bis gelbgrün, nur zur Spitze dichter behaart. **Mark** weiß. **Holz** jung mit kurzen, scharfen Striemen. **Blattnarben** auf starken Kissen, mit deutlichen Nebenblattspuren. Von Europa bis Westasien verbreitet und häufig gepflanzt. Bestände bildender, 1–2 (–3) m hoher, dichter Strauch.

Salix appendiculata VILL., Großblättrige Weide
Knospen länglich, bis über 10 mm lang, basal am Zweig anliegend, mitunter zur Spitze entenschnabelförmig abgeflacht, matt graugrün bis ockergrün, lichtseits auch etwas rotbräunlich, dicht grauweiß behaart, stellenweise verkahlend. **Zweige** kräftig, etwas kantig, matt, graugrün bis gelbgrün oder braun, kurz samtig behaart und verkahlend, an der Triebbasis oft zottig behaart. **Mark** weiß. Ältere Zweige mit glatter grauer Rinde und Holz mit Striemen. **Blattnarben** auf Kissen, mit rundlichen Nebenblattspuren. Großer Strauch bis 4 (–6) m hoch oder kleiner Baum. Beheimatet in den Vorgebirgen der Alpen, im Schwarz- und Böhmerwald.

Salix appendiculata
Zweigausschnitt mit Blütenknospen

Salix eleagnos
Zweigspitze

Salix eleagnos
Zweigausschnitt

Serie Canae

Salix eleagnos SCOP., Lavendel-Weide
[*Salix incana* SCHRANK]
Knospen durch kurze Internodien dicht aufeinanderfolgend, flach am Zweig anliegend, 4–7 mm lang, lichtseits ± kräftig rot, schattenseits gelbgrün bis olivgrün, vor allem zur Zweigspitze etwas filzig behaart, verkahlend. **Zweige** aufrecht wachsend, durch die dicht aufeinanderfolgenden Knoten mit großen Blattkissen anfangs stark kantig, rötlich bis gelbgrün und graugrün, mit abwischbarer filziger Behaarung. Blätter meist lange bleibend: schmal lanzettlich, 7–12 cm lang und bis 2 cm breit, mit eingerolltem Rand. **Rinde** grau und glatt bleibend. Strauch oder bis 20 m hoher Baum, verbreitet in den Gebirgen Mittel- und Südeuropas, bis Kleinasien. Häufig angepflanzt ist die *Salix elaeagnos* subsp. *angustifolia* (CARIOT) RECH. f. [var. *lavandulaefolia* DE LA PAIR], ein nur bis 3 m hoher Strauch aus Südeuropa. Die Blätter sind schmal, etwa 15 cm lang, nur 5 mm breit und an den Rändern stark eingerollt.

Serie Daphnella

Salix daphnoides Vill., Reif-Weide
Knospen fein behaart, deutlich zwischen großen, bis fast 2 cm langen Blütenknospen und den bis 8 mm langen flachen Blattknospen differenziert. **Blütenknospen** dick-walzenförmig, zugespitzt, dunkel schwarzbraun und zur Spitze gelb-rötlich, Knospenschuppe der männlichen Kätzchen früh abfallend. Blütenkätzchen sehr früh, lange vor dem Laub. **Blattknospen** flach, am Zweig anliegend, weinrot im Schatten auch grünlich. **Zweige** rund, verkahlt und glänzend weinrot bis grünlich, am Grund weiß bereift und leicht brüchig. **Rinde** grau, lange glatt, älter schwach längsrissig, Bast gelb. Bis 15 m hoher, in Europa heimischer Baum.

Salix acutifolia Willd., Kaspische Weide
[*Salix daphnoides* subsp. *acutifolia* (Willd.) Dahl]
Knospen länglich, 4–6 mm lang, am Zweig anliegend, weinrot, kahl und teilweise bereift. **Zweige** rutig, kahl, rotbraun glänzend und blauweißlich, abwischbar bereift. **Blattnarben** meist ohne getrennte Nebenblattnarben, 3-spurig. Bis 4 m hoher, vom östlichen Europa bis Mittelasien verbreiteter Strauch.

Serie Glabrella

Salix glabra Scop., Kahle Weide
Knospen 6–9 mm lang, vor allem basal relativ flach am Zweig anliegend, zur Spitze oft etwas abstehend, kahl, glänzend oliv- bis gelbgrün, teilweise etwas rötlichbraun, besonders Blütenknospen an der Spitze abgeflacht. **Zweige** verhältnismäßig dick und starr, schwach kantig, matt glänzend, grün bis braun, meist ganz kahl und nur am Zweiggrund lang, bärtig behaart. Kalkhaltige Standorte der Alpen besiedelnder, bis 1,5 (–2) m hoher, gedrungener, meist einzeln stehender Strauch.

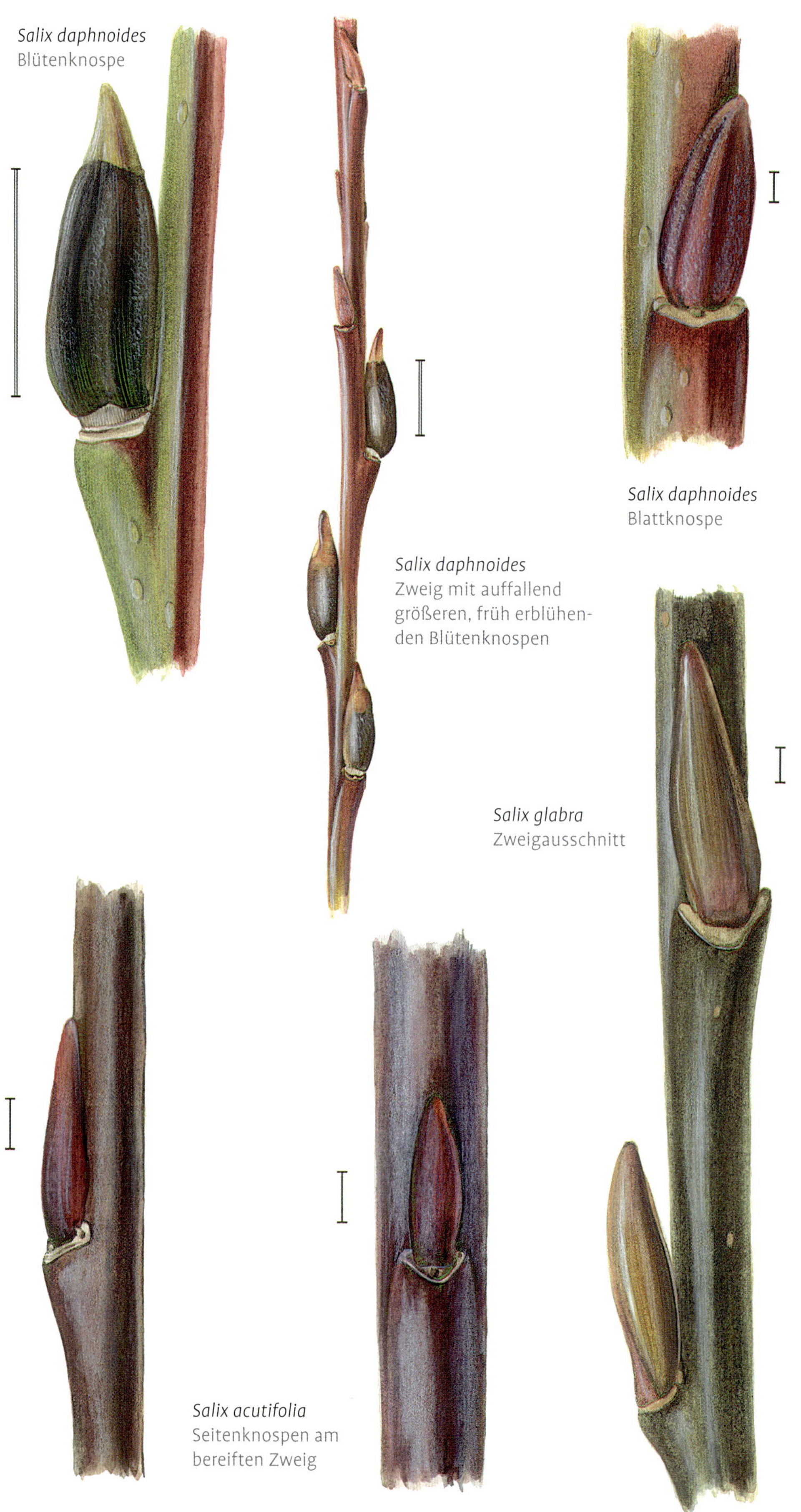

Salix daphnoides
Blütenknospe

Salix daphnoides
Zweig mit auffallend größeren, früh erblühenden Blütenknospen

Salix daphnoides
Blattknospe

Salix glabra
Zweigausschnitt

Salix acutifolia
Seitenknospen am bereiften Zweig

Salix purpurea
Seitenknospe

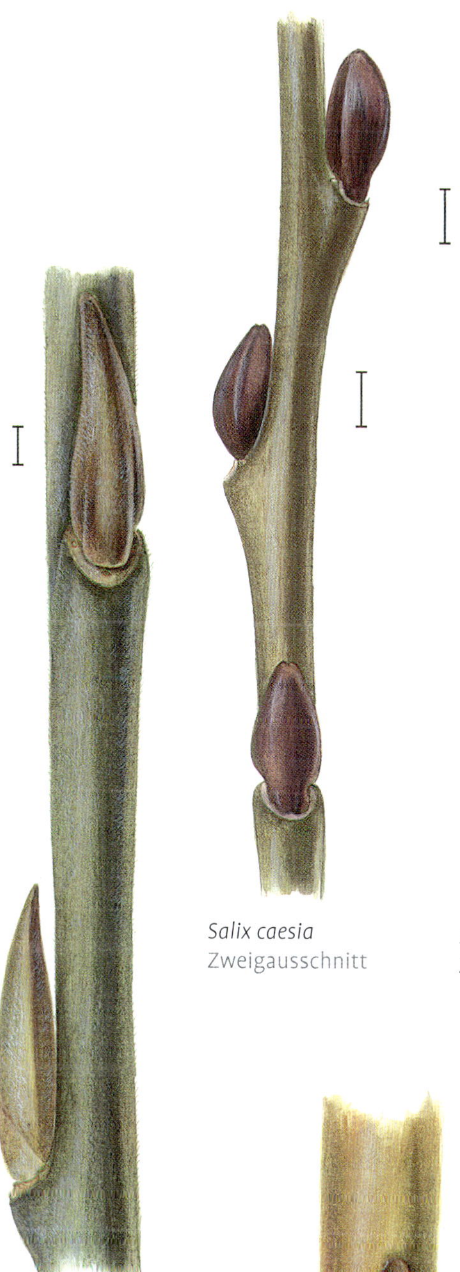

Salix ×sericans
Zweigausschnitt

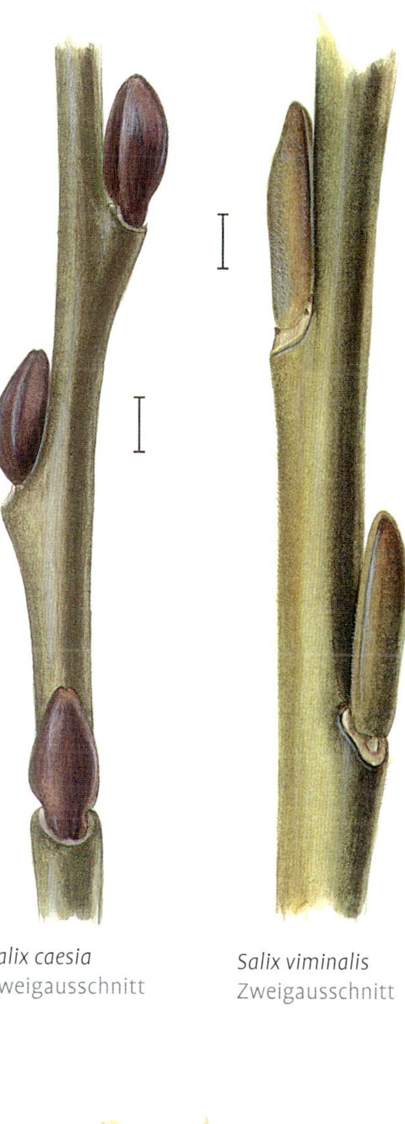

Salix caesia
Zweigausschnitt

Salix viminalis
Zweigausschnitt

Salix purpurea
Schief gegenständige
Seitenknospen

Salix viminalis
Seitenknospe

Serie Helix

Salix purpurea L., Purpur-Weide
Knospen kahl, glänzend dunkelrot, meist schief gegenständig und nur teilweise wechselständig, 4–6 mm lang, flach am Zweig anliegend, Knospenspitzen ebenfalls anliegend oder leicht nach außen gebogen. **Zweige** sehr dünn, kahl, glänzend, lichtseits purpurn bis rotbraun und schattenseits etwas grünlich, älter gelbgrau bis grün. Lentizellen zerstreut. **Blattnarben** ohne Nebenblattnarben. Reich verzweigter, bis 6 m hoher, häufiger, von Europa bis Nordafrika, Vorderasien und Ostasien verbreiteter Strauch. Unverwechselbar, da einzige einheimische Weidenart mit überwiegend gegenständiger Blattstellung.

Salix caesia Vill., Blaugrüne Weide
Knospen klein, 2–3 mm lang, wechselständig bis gelegentlich fast gegenständig, kurz eiförmig, an der Spitze meist etwas eingekerbt, kahl, dunkel braunrot, schattenseits auch gelbgrün bis ocker. **Zweige** dünn, kahl, matt olivgrün und graugrün bis braun. Seltener, bis 1 (–1,5) m hoher Kleinstrauch mit getrennten Arealen in den Alpen und Zentralasien. Wuchs aufrecht bis bogig aufsteigend, dichte Bestände bildend.

Serie Vimen

Salix viminalis L., Korb-Weide
Knospen länglich, mit breit abgerundeter Spitze, bis 7 mm lang, am Zweig anliegend oder schwach abstehend, zur Zweigspitze matt und behaart, tiefer verkahlend und glänzend, ocker-olivgrün bis orangegelb. **Zweige** anfangs weich-filzig silbergrau behaart, später verkahlend und dann glänzend gelbgrün bis braungelb. Keine Nebenblattnarben. Strauch oder kleiner Baum bis 2–6 (–10) m Höhe. Vom westlichen Mitteleuropa bis nach Ostasien verbreitete und formenreiche, häufige Weide.
Salix ×smithiana Willd., die **Kubler-Weide** ist eine alte Hybride mit der Sal-Weide, *Salix caprea*. **Knospen** ähnlich *Salix viminalis*, etwas zugespitzt, dunkler: gelbgrün bis graugrün mit rötlichen Tönen, am Zweig anliegend und anfangs dicht behaart. **Zweige** dick, jung grün bis grünlich graubraun, dicht filzig behaart, später verkahlend und rötlichbraun. Häufiger, bis 9 m hoher Strauch.

Serie Villosae

Salix helvetica VILL., Schweizer Weide
Knospen länglich eiförmig-walzig, 4–6 mm lang, matt bis glänzend gelbgrün bis ockerrotbraun, wollig behaart, stellenweise verkahlend mit Behaarungsresten, seltener ganz verkahlend, am Zweig anliegend und nur Spitze leicht abstehend. **Blütenknospen** dicker, deutlicher vom Zweig abstehend. **Zweige** allseitig olivgrün bis braun, matt bis glänzend, zur Zweigspitze ± behaart; Lentizellen zerstreut. **Blattnarben** ohne auffällige Nebenblattnarben. In den Zentralalpen in der subalpinen bis alpinen Stufe beheimateter, häufiger, bis 1,5 m hoher breiter Strauch.

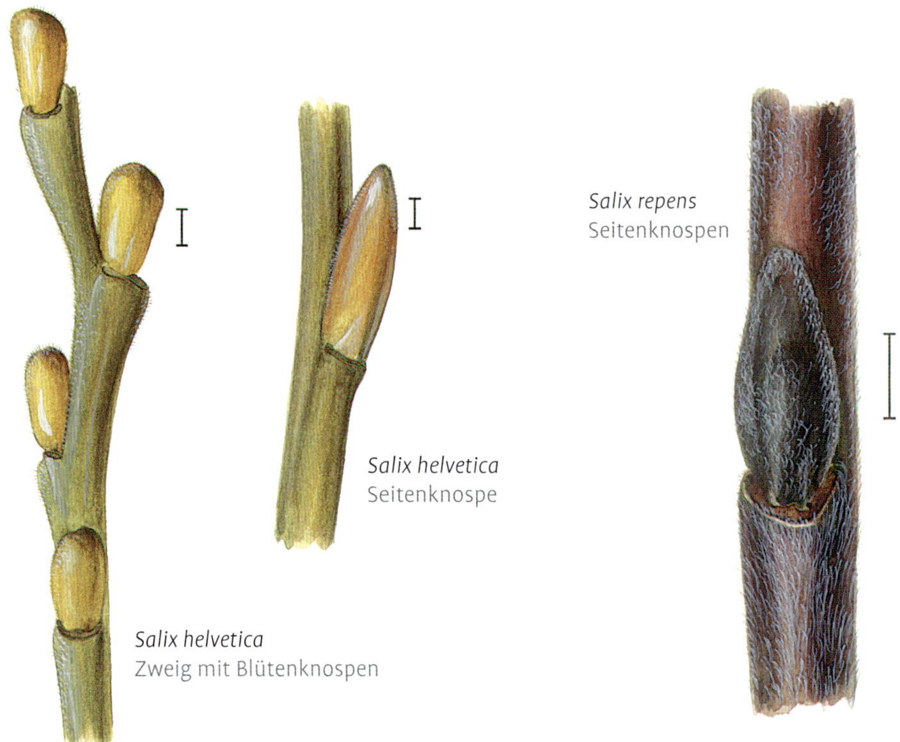

Salix helvetica
Zweig mit Blütenknospen

Salix helvetica
Seitenknospe

Salix repens
Seitenknospen

Serie Incubaceae

Salix repens L., Kriech-Weide
Knospen wechselständig, gelegentlich schief gegenständig, flach am Zweig anliegend oder im oberen Teil etwas abstehend, um 3 mm lang, dunkel schwarzbraun und ± dicht, kurz anliegend silbrigweiß behaart. Blütenknospen größer und dicker. **Zweige** dünn, behaart, dunkelbraun, seltener gelb- bis rotbraun. **Blattnarben**, besonders die Nebenblattnarben, fast hinter der dichten Behaarung verborgen. Kleiner, bis 50 cm hoch werdender Strauch mit aufsteigenden Ästen, in Europa bis Mittelasien und Sibirien verbreitet.

Serie Hastatae

Salix hastata L., Spieß-Weide
Knospen 6–7 mm lang, lang eiförmig, am Zweig ± anliegend (nur Spitze leicht abstehend), rotbraun, schwach glänzend, vor allem zur Zweigspitze gelegene Knospen lang zottig behaart. **Blütenknospen** größer und läng(lich)er, am Ende häufig entenschnabelförmig abgeflacht und zottig behaart. **Zweige** matt graubraun bis graugrün, zur Spitze meist dicht und lang zottig behaart, tiefer verkahlend, nur am Grund der einjährigen Triebe mit lange bleibenden Behaarungsresten. Mark weiß. Bis 1,5 (–2) m hoher, aufrechter und stark verzweigter Strauch. In Nordeuropa sowie den Gebirgen Süd- und Mitteleuropas (z. B. subalpine Stufe der Alpen) bis Nordostasien verbreitete Art.

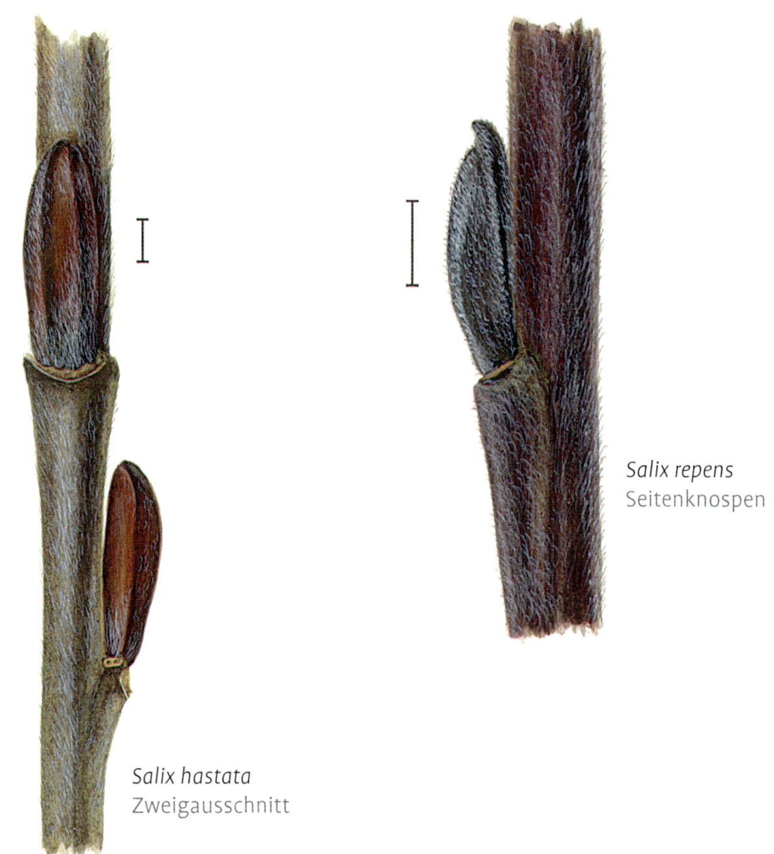

Salix repens
Seitenknospen

Salix hastata
Zweigausschnitt

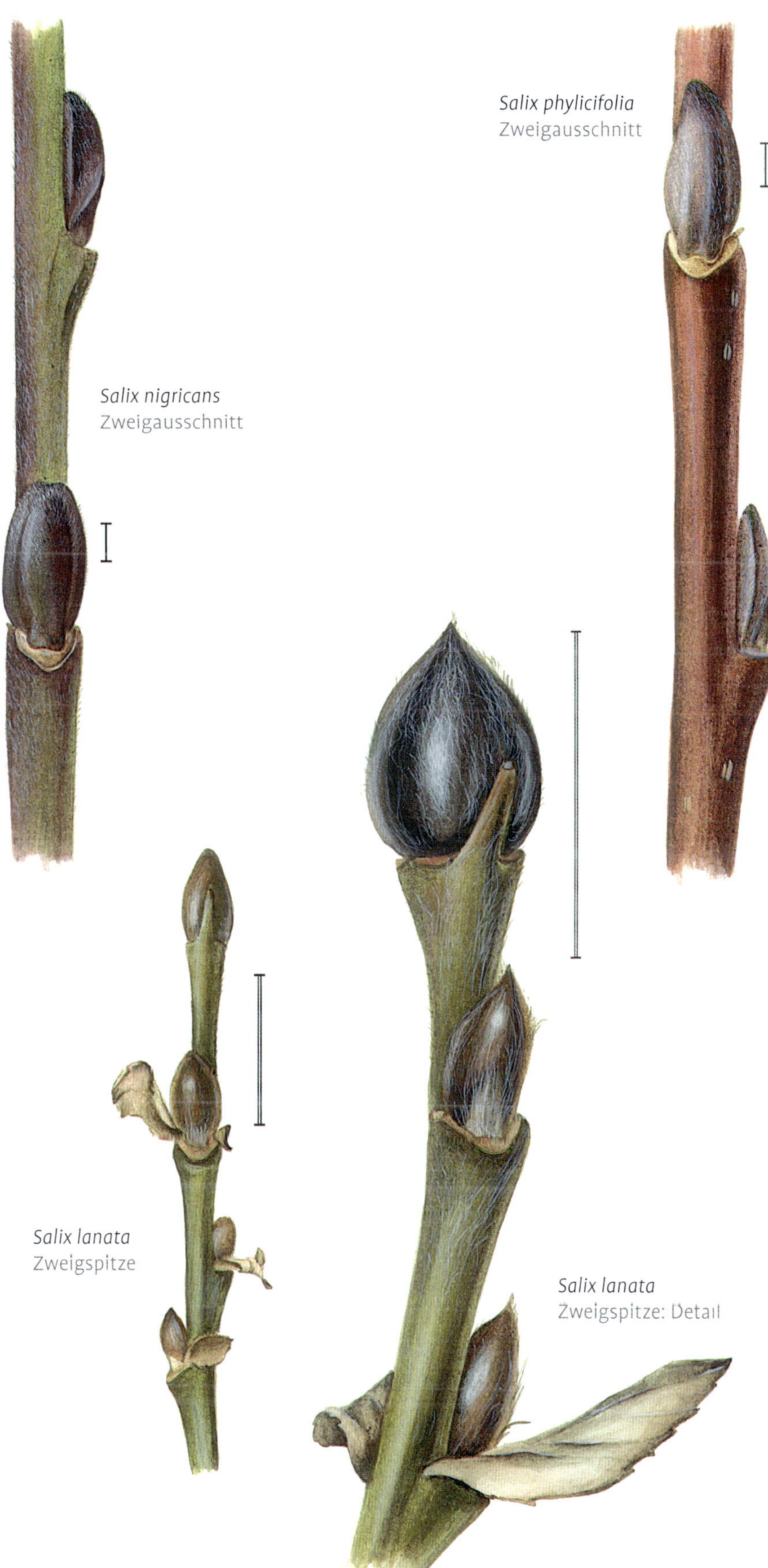

Salix nigricans
Zweigausschnitt

Salix phylicifolia
Zweigausschnitt

Salix lanata
Zweigspitze

Salix lanata
Zweigspitze: Detail

Serie Nigricantes

Salix nigricans Sm., Schwarz-Weide
[*Salix myrsinifolia* Salisb.]
Knospen dunkel braunrot, bis 5–6 mm lang, am Zweig anliegend, zur Spitze oft abgeflacht und dicht behaart. Blütenknospen mehr kugelig, bis 9 mm lang und zur Spitze entenschnabelförmig abgeflacht. **Zweige** grün bis schwarzgrau, rundlich, kurz behaart, später verkahlend. Seitenzweige recht- bis stumpfwinklig abgehend. **Blattnarben** mit Nebenblattnarben. Bis 2–5 m hoher Strauch, seltener bis 10 m hoher kleiner Baum. Selten gepflanzte Art. In Europa vom hohen Norden bis südwestlich der Alpen, vor allem in den Mittelgebirgen verbreitet.

Serie Arbuscella

Salix phylicifolia L., Harzer Weide
[*Salix bicolor* Ehrh. ex Willd.]
Knospen am Zweig flach anliegend, 4–5 mm lang, dunkelbraun und zerstreut behaart. **Zweige** meist ganz kahl, matt glänzend, mit hellen kleinen Lentizellen. 1–2 m hoher, gelegentlich gepflanzter Strauch. Natürlich verbreitet in den Pyrenäen, den Vogesen und im Harz sowie in Nordeuropa und Zentralasien.

Serie Lanatae

Salix lanata L., Woll-Weide
Knospen etwas, vor allem in der oberen Hälfte, vom Zweig abstehend, lang, anliegend filzig behaart, oft von den lange bleibenden trockenen Nebenblättern flankiert. **Blattknospen** um 6–7 mm lang, eiförmig, abgerundet bis zugespitzt, matt glänzend, rot- bis olivbraun, **Blütenknospen** dunkel schwarzbraun, etwas größer als die Blattknospen: 7–9 mm lang und fast kugelig. **Zweige** relativ dick, matt glänzend grün und vor allem zur Spitze mit Resten lang-filziger Behaarung. Blattkissen relativ groß, mit großen Nebenblättern oder ihren Narben. Häufig gepflanzter, kleiner Strauch aus dem nördlichen Eurasien.

Untergattung Chaetia, Alpine Zwergstrauch-Weiden

Serie Myrtosalix

Salix alpina Scop.
Knospen gelbocker bis olivbraun, ± kahl, 3–4 (–6) mm lang, dünn, länglich eiförmig, Blütenknospen auch etwas bauchig, Spitze relativ lang, vom Zweig abspreizend. **Zweige** dünn, grün bis olivgrün, anfangs fein weiß behaart, später leicht aufreißend und rau. 10–20 cm hoher Strauch der östlichen Alpen.

Serie Retusae

Salix retusa L., Stumpfblättrige Weide
Knospen im Querschnitt ± rund, verkehrt eiförmig bis zylindrisch, am Zweig anliegend, 2–4 mm lang. **Zweige** niederliegend, kahl, licht- oder oberseits rot- bis dunkelbraun, schatten- oder unterseits gelbgrün, glänzend. An der Triebbasis oft noch Reste der vorjährigen Knospenschuppe. Wüchsiger als *Salix reticulata*. Gelegentlich gepflanzter, 5–30 cm hoher Strauch aus den Hochgebirgen Europas und dem Balkan.

Salix serpyllifolia Scop., Quendel-Weide
Knospen klein, eiförmig, 1,5–3 mm, mit olivgrüner bis brauner, anfangs behaarter, aber meist verkahlender Schuppe. **Zweige** dünn, gelblich grün bis olivgrün, mitunter auch etwas gerötet, niederliegend, mit zahlreichen sprossbürtigen Wurzeln. Sehr flacher, aber oft relativ großflächiger Teppichstrauch. Zweige teilweise im Boden, nur 3–5 cm über den Boden ragend. Auf kalkreichen Standorten der alpinen und subalpinen Stufe in den Höheren Gebirgen Mittel- und Südeuropas. Ähnlich ist die **Kraut-Weide, *Salix herbacea*** L.: **Knospen** verkehrt eiförmig, wie die Zweige kahl, ocker- bis hellbraun. Bei ihrem teppichartigen Wuchs ragen nur die jüngsten Triebe aus dem Boden. Auf sauren Böden, in den europäischen Hochgebirgen und zirkumpolar verbreitete Art.

Serie Chamaetia

Salix reticulata L., Netz-Weide
Knospen dunkel weinrot, wechselständig, vor allem zur Knospenspitze kurz weiß behaart; differenziert in kleine 1–2 mm lange, flach am Zweig anliegende Blattknospen und abstehende eiförmige, bis 4 mm lange Blü-

Salix alpina
Seitenknospe

Salix alpina
Seitenknospe

Salix serpyllifolia
Seitenknospe

Salix serpyllifolia
Seitenknospe

Salix serpyllifolia
Verzweigung: Zweig mit sprossbürtigen Wurzeln

Salix reticulata
Seitenknospe

Salix reticulata
Zweigausschnitt

tenknospen. **Zweige** zur Spitze fein anliegend behaart, tiefer verkahlend, rotbraun bis graugrün, älter graubraun bis schwärzlich. Zirkumpolar und in den Gebirgen Mittel- und Südeuropas verbreitet. Am Naturstandort kaum über 5 cm aufsteigendes Zwergsträuchlein, in Kultur gelegentlich als 5–30 cm hoher Bodendecker verwendet.

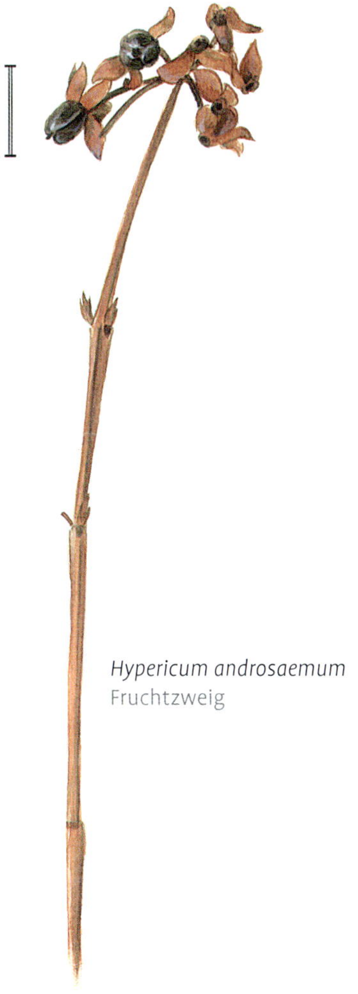

Hypericum androsaemum
Fruchtzweig

Familie Hypericaceae

Hypericum L., Johanniskraut, Harteu

Einige, überwiegend krautige Arten einheimisch und mehrere halbstrauchige bis strauchförmige, vor allem (halb-)immergrüne Arten häufiger angepflanzt. Die wenigen sommergrünen Arten besitzen häufig noch Reste der gegenständigen, abgestorbenen Blätter. Diese, wie auch die Knospenschuppen, mit punktförmigen, gegen das Licht durchscheinenden Öldrüsen. Blattnarben einspurig. Endknospen fehlend. Lentizellen nicht sichtbar.

Schlüssel *Hypericum*

1 Frucht eiförmig, lange geschlossen bleibend, (2-)3-zählig . . . . ***Hypericum androsaemum***
1* Frucht sich bald 5-klappig öffnende Kapsel . . . . ***Hypericum kouytchense***

Hypericum androsaemum L., Mannsblut
Knospen 2–4 mm lange, vom Zweige abstehende Seitenknospen, Knospenschuppen mit zweigfarbenen, ockerbraunen bis orange- oder rotbraunen, langen meist ± abspreizenden Spitzen. **Zweige** kahl, fein längs streifig, vor allem unter den Knoten scharf zweikantig, orangebraun und dunkel violettbraun bis rotbraun. **Blattnarben** dunkel, einspurig, auf kleinen Kissen, gegenüberliegende durch eine Linie verbunden. **Früchte** in traubigen, oft scheindoldigen, terminalen Ständen, den ganzen Winter über am Strauch bleibend, oberständig, eiförmig bis 10 mm lang, mit bleibenden Kelchblättern. Lange geschlossen bleibend, aus (2-)3 Fächern mit (2-)3 kurzen Griffelresten. Von West- und Südeuropa bis zum Kaukasus, Kleinasien und Nordafrika verbreiteter, häufig gepflanzter, bis 70 cm hoher Strauch.

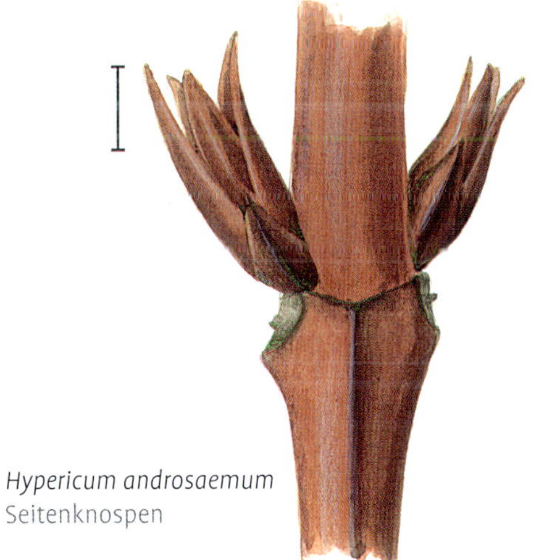

Hypericum androsaemum
Seitenknospen

Hypericum androsaemum
Frucht

Hypericum kouytchense LEV.
[*Hypericum patulum* THUNB. var. *grandiflorum* hort.]
Knospen 3–4 mm lang, eiförmig, vom Zweig abstehend. Knospenschuppen mitunter abspreizend, lang zugespitzt. **Zweige** ockerbraun bis rotbraun, an der Zweigspitze 2- bis 4-kantig, basal rundlich. Ältere Zweige mit grauer abblätternder Rinde. **Blattnarben** undeutlich einspurig, sehr dunkel. **Früchte** in traubigen bis rispigen Ständen vereinte, 5-klappig aufspringende holzige Kapseln; Fruchtklappen in lange, fädige Griffelreste auslaufend. Häufig gepflanzter, oft über 1 m hoher Strauch aus Westchina.

Familie Phyllanthaceae

Der Verbreitungsschwerpunkt der früher als Unterfamilie in den Wolfsmilchgewächsen (Euphorbiaceae) geführten Familie liegt in den Tropen der Südhemisphäre. Nur wenige selten gepflanzte, sommergrüne Sträucher erreichen die gemäßigten Breiten der Nordhalbkugel. Oft Milchsaft führend. Endknospen fehlend, Seitenknospen wechselständig, seltener gegenständig. Blattnarben einspurig.

Schlüssel Phyllanthaceae

1 Einjährige Zweige basal über 2 mm dick, Knospen kahl, breiter als hoch .... *Flueggea suffruticosa*

1* Zweige dünner, Knospen länger als dick, mit mehr als 2 Knospenschuppen .... *Leptopus chinensis*

Leptopus chinensis (BUNGE) PROJARK.
[*Andrachne colchica* FISCH. & C. A. MEY. ex BOISS.]
Knospen klein, kugelig-eiförmig, bis 2 mm lang, mit einigen rotbraunen, basal grünlichen, schwach bewimperten Knospenschuppen. **Zweige** dicht stehend, dünn, kahl, olivbraun bis rotbraun, zur Spitze oft abgestorben und trocken: hell graubraun. **Blattnarbe** einspurig, darüber häufig kleine Narben der abgefallenen Früchte. Selten gepflanzter, bis 50 cm hoher Strauch aus Kleinasien und dem Kaukasus.

Flueggea suffruticosa (PALL.) BAILL., Beilholz
[*Securinega suffruticosa* (PALL.) REHD.]
Knospen: kleine anliegende Seitenknospen, breit abgerundet, 1–1,5 mm hoch und 2–2,5 mm breit, von zwei kahlen, rotbraunen, glänzenden Knospenschuppen geschützt. Knospenschuppenränder und Knos-

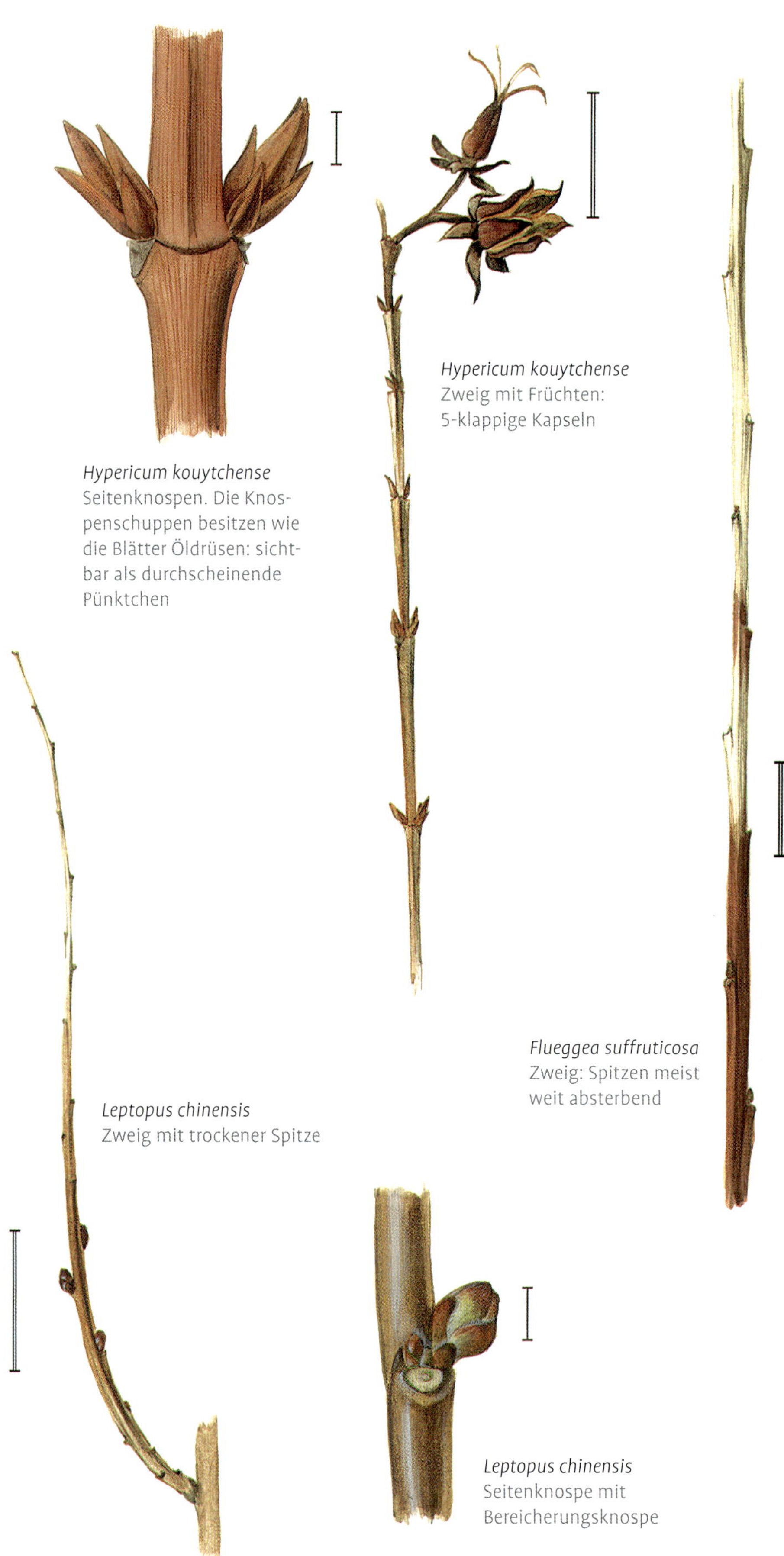

Hypericum kouytchense
Seitenknospen. Die Knospenschuppen besitzen wie die Blätter Öldrüsen: sichtbar als durchscheinende Pünktchen

Hypericum kouytchense
Zweig mit Früchten: 5-klappige Kapseln

Leptopus chinensis
Zweig mit trockener Spitze

Flueggea suffruticosa
Zweig: Spitzen meist weit absterbend

Leptopus chinensis
Seitenknospe mit Bereicherungsknospe

Flueggea suffruticosa
Seitenknospe

penspitze dunkel schwarzbraun. **Zweige** lang rutig, leicht kantig, Spitzen abtrocknend: hell strohfarben; lebende Zweigteile kahl, glänzend orangebraun bis rotbraun, anfangs fein hell gepunktet (Lupe!) und mit zahlreichen, deutlich sichtbaren helleren, warzigen Lentizellen. Zweijährige Zweige weinrot-violettbraun, Rinde längs in ockerbraune, korkige Streifen aufreißend. **Blattnarben** einspurig, meist relativ hell. Bis 2 m hoher, selten gepflanzter, von der Mongolei bis Nordchina vorkommender Strauch.

Familie Coriariaceae, Gerberstrauchgewächse

Coriaria myrtifolia
Zweige kantig, mit warzigen Korkporen. Seitenknospen mit zahlreichen Bereicherungsknospen

Coriaria myrtifolia L., Europäischer Gerberstrauch

Endknospen nicht ausgebildet, **Seitenknospen** schief gegenständig, meist büschelig gehäuft, da in den Achseln der Schuppen der primären Seitknospe mit zahlreichen Bereicherungsknospen. Kugelig-eiförmig, 2–5 mm lang mit einigen lockeren, braunen Knospenschuppen. **Zweige** vierkantig, grün bis olivgrau. Haupttriebe kräftig bogenförmig; mit zahlreichen dünnen abgestorbenen Seitenzweigen. **Lentizellen** zahlreich: warzig, ockerbraun. **Blattnarbe** einspurig. 1–3 m hoher Strauch, beheimatet in Südwesteuropa und Nordafrika.

Familie Fabaceae, Schmetterlingsblütler

Coriaria myrtifolia
Zweige kantig, mit warzigen Korkporen. Seitenknospen mit zahlreichen Bereicherungsknospen

Die weltweit fast zwanzigtausend Arten umfassende Familie besitzt Vertretern aller Lebensformen: Kräuter, Stauden und Gehölze. Teilweise führen die Gehölzfloren Halbsträucher wie die Hauhechel, *Ononis*, und den Backenklee, *Dorycnium*. Diese Halbsträucher stehen zwischen Staude und Strauch, von denen im Winter oft nur basale Zweigabschnitte überleben.

Knospen wechselständig, selten gegenständig (*Genista* p.p.), mit Knospenschuppen oder nackt. **Blattnarben** überwiegend 3-spurig, seltener ein- oder mehrspurig. **Früchte** aus einem Fruchtblatt, meist als Hülsen bezeichnet, aber neben echten, sich auf beiden Nähten öffnenden Hülsen auch Bälge, Nüsse und Sonderformen wie Gliederhülsen.

Schlüssel Fabaceae

1 Knospen nackt oder unter Blattnarbe/Blattgrund des Tragblattes verborgen, nie mit Endknospe 8
1* Knospen mit Knospenschuppen 2
2 Pflanzen mit Dornen 4
2* Pflanzen unbewehrt 3
3 Mit Endknospen 11
3* Ohne Endknospen 15
4 Mit Sprossdornen, mitunter zusätzliche Blattdornen 5
4* Dornen ausschließlich verdornte Blattteile (Nebenblätter & Blattspindel) .. 7
5 Zweige und Dornen grün, Zweige fein längsfurchig oder kantig ... **Genisteae**
5* Dornen ocker bis graubraun oder rotbraun, Zweige fast rund oder schwach 5-kantig 6
6 Dornen meist verzweigt, rotbraun glänzend, meist über 3 cm lang .... ***Gleditsia triacanthos***
6* Dornen unverzweigt, ocker bis graubraun .... *Sophora davidii*
7 Zweige anfangs braun, mindestens Nebenblätter dornspitzig ..... ***Caragana***
7* Zweige anfangs grün, Nebenblätter schwach und hinfällig ..... **Genisteae**
8 (1) Knospen unter Tragblattresten verborgen 9
8* Knospen sichtbar 10
9 Knospen unter der dreiteiligen Blattnarbe verborgen, neben der Blattnarbe oft mit paarigen Nebenblattdornen .... ***Robinia***
9* Knospen unter bleibenden Blattgrund verborgen, Zweige meist grünlich .... **Genisteae**
10 Knospen deutlich über die Zweigoberfläche ragend Seitenknospen mit mehreren Beiknospen .. ***Cladrastis kentukea***
10* Knospen fast zweiggleich 13
11 Zweige rund, Nebenblätter pfriemlich oder hinfällig 12
11* Zweige leicht kantig, Nebenblätter flächig breit, die Seitenknospen teilweise bedeckend 27
12 Selten über 1 m hohe Sträucher, Fruchtreste in Büscheln ***Chamaecytisus***
12* Bis 7 m hohe Bäume, Früchte in Trauben .... ***Laburnum***
13 Zweige dick, graubraun bis graugrün 14
13* Zweige mitteldick, grün .... ***Styphnolobium japonicum***
14 Zweige dick und knorrig, unbewehrt ... . ***Gymnocladus dioicus***

14* Zweige nicht knorrig, mitunter dornig . . . . **Gleditsia triacanthos**
15 Aufrechte Bäume und Sträucher . . . 16
15* Mit den Sprossen windende Liane, Knospen spitz, am Zweig anliegend . . . . **Wisteria**
16 Mit Endknospe 7
16* Nur Seitenknospen 17
17 Sträucher 20
17* Bäume 18
18 Oberste Seitenknospe schief über die Spitze zeigend, mit Beiknospen . **Cercis**
18* Seitenknospen aufrecht oder sehr klein 19
19 Seitenknospen sehr klein (–2 mm), graugrün . . . . *Albizia julibrissin*
19* Seitenknospen größer (5–7 mm), violettbraun . . . . **Maackia amurensis**
20 Früchte blasige, bis 8 cm lange Hülsen, Zweige graugrün . **Colutea arborescens**
20* Früchte nicht blasig 21
21 Nebenblätter des Tragblattes bilden zweispitzige Knospenhülle für die Seitenknospen . . . . . . *Petteria ramentacea*
21* Erste Blätter der Seitenknospe bilden Knospenschutz 22
22 Über den Blattnarben mehrere, meist 2, Knospen beieinander 23
22* Knospen einzeln 25
23 Knospen mit absteigenden Beiknospen . . . . **Amorpha**
23* Knospen nebeneinander 24
24 Seitentriebe meist absterbend, es bleiben zwei Bereicherungsknospen ohne zentrale Seitenknospe, Zweige graubraun . . . . **Lespedeza**
24* Bleibende Seitenknospen mit Bereicherungsknospe, Zweige grün . . . . **Hippocrepis emerus**
25 Nebenblätter des Tragblattes bleibend, auf der Zweigrückseite verwachsen . . . . *Hedysarum multijugum*
25* Nebenblätter nicht miteinander verwachsen 26
26 Zweige grün . . . . **Genisteae**
26* Zweige graubraun bis graugrün . . . . *Amorpha*
27* Seitenknospen zum großen Teil vom bleibenden Blattgrund des Tragblattes bedeckt . . . . *Calophaca wolgarica*
27* Seitenknospen nur wenig von den verbreiterten Nebenblättern bedeckt . . . . **Caragana**

Unterfamilie Cercidoideae

Cercis L., Judasbaum

Sträucher und mittelgroße Bäume in Eurasien und Amerika. Auffallend ist die Stammblütigkeit (Kauliflorie): Die Pflanzen blühen und fruchten aus lange Zeit ruhenden (schlafenden) Knospen an älteren Zweigen und Stämmen. **Früchte** den ganzen Winter am Baum, direkt am Stamm und starken Ästen befindliche, sich nicht öffnende „Hülsen“. **Knospen** ausschließlich Seitenknospen mit absteigenden Beiknospen. Knospenschuppen zweizeilig, Vorblattschuppen aus dem Blattgrund, folgende Schuppen aus den Nebenblättern gebildet. Oberste Seitenknospe auffallend schief über die absterbende Triebspitze zeigend. **Zweige** hin und her gebogen.

Schlüssel *Cercis*

1 Knospen länger als 3 mm . . . . **Cercis siliquastrum**
1* Knospen unter 3 mm lang . . . . *Cercis canadensis*

Cercis siliquastrum **L., Gewöhnlicher Judasbaum**

Knospen nur wechselständige Seitenknospen, an einjährigen Zweigen länglich, zugespitzt, bis 8 mm lang, zur Zweigspitze kleiner, flach und äußerlich von nur zwei einfachen Knospenschuppen bedeckt. Knospenschuppen dunkel rotbraun, zur Spitze schwarzbraun. Mit 1–2 absteigenden, oft viele Jahre überdauernden Beiknospen. Aus ihnen und aus den an der Zweigbasis gelegenen Seitenknospen entwickeln sich später die Blütenknospen. Sie sind vielschuppig, groß und ± kugelig: 8–10 mm lang. **Zweige** dunkel rotbraun, übersät mit kleinen graubraunen Lentizellen. Von den Blattnarben zwei sich bald verlierende Leisten herablaufend. **Mark** eng und weiß. **Holz** grünlichweiß. **Blattnarben** auf Kissen; dreispurig, die mittlere Spur am größten. Häufiger, vom Mittelmeergebiet bis Vorderasien verbreiteter, bis 12 m hoher Baum.

Cercis siliquastrum
Endständige Seitenknospe mit absteigenden Beiknospen

Cercis siliquastrum
Zweig

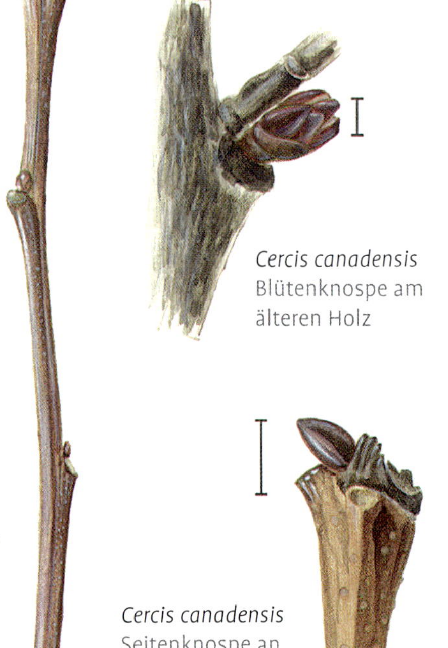

Cercis canadensis
Blütenknospe am älteren Holz

Cercis canadensis
Zweig

Cercis canadensis
Seitenknospe an der Zweigspitze

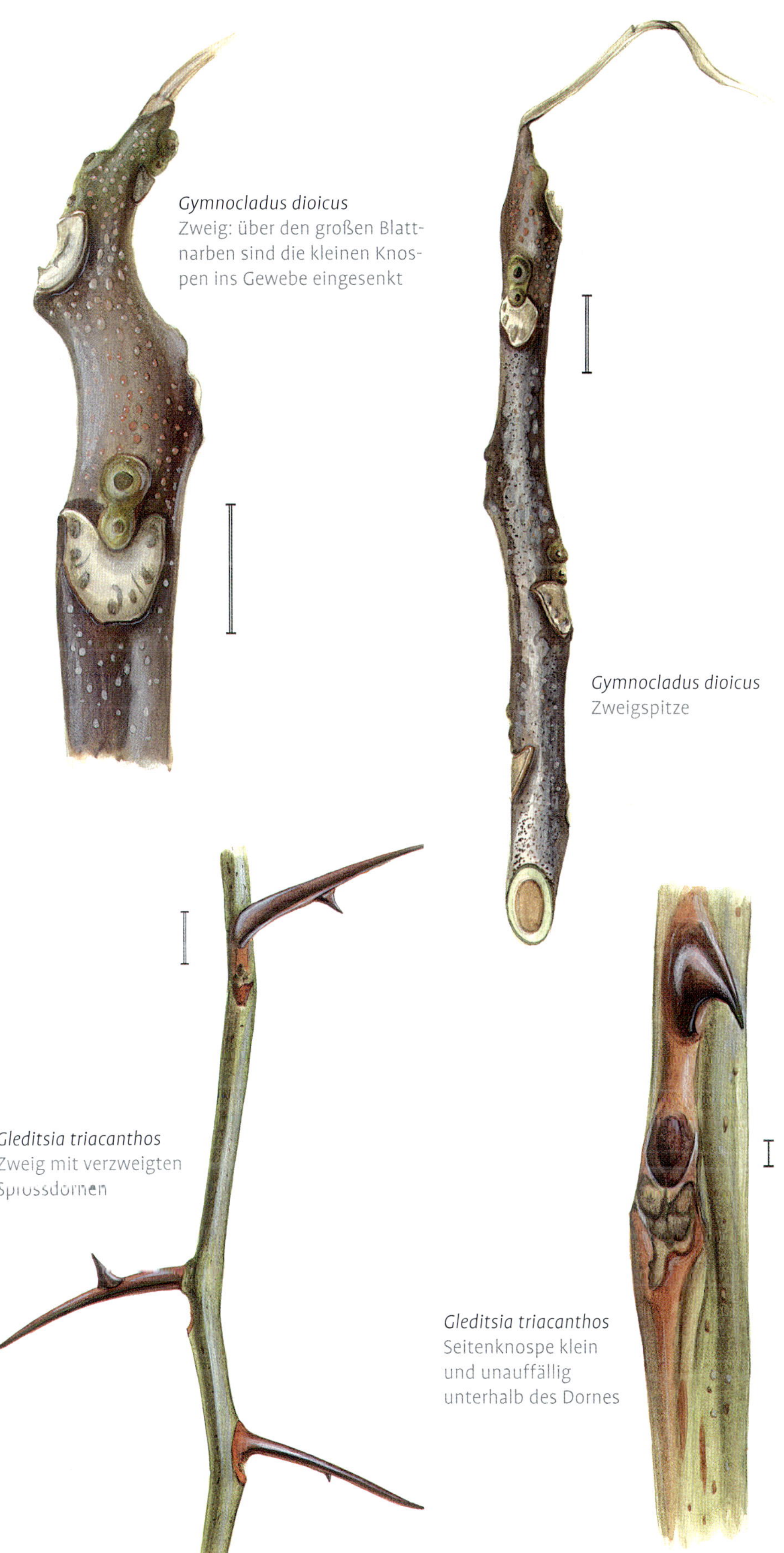

Gymnocladus dioicus
Zweig: über den großen Blattnarben sind die kleinen Knospen ins Gewebe eingesenkt

Gymnocladus dioicus
Zweigspitze

Gleditsia triacanthos
Zweig mit verzweigten Sprossdornen

Gleditsia triacanthos
Seitenknospe klein und unauffällig unterhalb des Dornes

Cercis canadensis L., Kanadischer Judasbaum
Knospen rundlich-eiförmig, etwa 1 (–2) mm groß, meist mit einer etwas versenkten, sehr kleinen Beiknospe. Blütenknospen ähnlich *Cercis siliquastrum* am alten Holz, aber kleiner: 2–3 mm lang, bei uns selten fruchtend. Knospenschuppen tief lila-weinrot, kahl, nur am Rand schwach weißlich bewimpert. **Zweige** rundlich, braun bis braunviolett und glänzend. **Lentizellen** zahlreich, aber weniger auffällig als beim Gewöhnlichen Judasbaum. Ältere **Zweige** feinrissig grau. Selten gepflanzter, in Nordamerika, südlich bis Mexiko verbreiteter großer Strauch oder kleiner, 6–10 m hoher Baum.

Unterfamilie Caesalpinioideae

Gymnocladus dioicus (L.) K. Koch, Geweihbaum
Knospen verhältnismäßig kleine, nackte, in die Rinde eingesenkte Seitenknospen: sichtbar ein runder, olivbrauner Wulst und in der Mitte ein kreisförmiger, etwa 2 mm großer Ausschnitt der graubraun behaarten Knospe. Mit absteigender Beiknospe. **Zweige** sehr dick, verkahlt, dunkel weinrot bis braun, anfangs bereift, später fast vollständig von grauweißer absterbender Epidermis bedeckt. Viele kleine helle, orangebraune bis weiße Lentizellen. **Blattnarben** groß, wappenförmig, mit 5 großen Gefäßbündelspuren. **Mark** weit, ockerbraun. Häufig gepflanzter, locker verzweigter, grobastiger Baum aus dem Osten Nordamerikas.

Gleditsia triacanthos L., Amerikanische Gleditschie
Knospen: nur kleine, von wenigen Knospenschuppen eingehüllte Seitenknospen mit absteigenden Beiknospen. Unterhalb von Dornen sitzende Seitenknospen sind Beiknospen derselben. Die Knospen sind in rotbraun berindetes Gewebe eingesenkt, so dass oft nur die oberste Knospe sichtbar ist. **Zweige** olivgrün bis bräunlich grün, glänzend und meist kahl. Dornen lang und meist verzweigt, dunkel weinrot bis violettbraun, an der Basis rotbraun. **Blattnarben** 3-spurig. Aus Nordamerika stammender, besonders in der unbedornten Form (fo. *inermis* Willd.) häufig gepflanzter, bis 30 m hoher Baum.

Albizia julibrissin DURAZZ., Seidenakazie
Knospen nur Seitenknospen: 1–2 mm lang, von zwei dunkelbraunen, zur Spitze etwas helleren, leicht behaarten Knospenschuppen umhüllt; die äußere die innere zum Teil reitend umgreifend. Mit winzigen absteigenden Beiknospen. **Zweige** kahl, hin und her gebogen, zur Triebspitze dünner; leicht kantig/längs gefurcht, hell graugrün; mit zahlreichen, hell ockerfarbenen Lentizellen. **Blattnarben** auf starken Kissen, schwarzbraun, undeutlich dreispurig. Großer Strauch oder kleiner bis 6 m hoher, breitkroniger Baum. Gelegentlich gepflanzter großer Strauch oder kleiner bis 6 m hoher, breitkroniger Baum, natürlich auf dem südasiatischen Festland, in einigen Regionen beider Amerikas Neophyt.

Unterfamilie Faboideae (Papilionoideae)

Cladrastis-Gruppe

Cladrastis kentukea (DUM.-COURS.) RUDD, Amerikanisches Gelbholz
[*Cladrastis lutea* (MICHX. f.) K. KOCH]
Knospen, nur Seitenknospen, diese nackt, dicht ocker-olivgrau behaart, mit bis 3 absteigenden Beiknospen. Größen: etwa 4 mm, die der drei Beiknospen 2,5, 2 und 1,5 mm. **Blattnarbe** 5-spurig, die Knospen hufeisenförmig umgreifend. Zwischen der Blattnarbe und den Knospen befindet sich ein schmaler rotbrauner Haarsaum. **Zweige** 3–4 mm dick, anfangs glänzend, weinrot-violett, mit sehr vielen helleren Lentizellen übersät; später matt und grau. **Lentizellen** länglich zusammenlaufendend. Bis 10 m hoher, häufig gepflanzter Baum aus Nordamerika.

Styphnolobium japonicum (L.) SCHOTT, Japanischer Schnurbaum
[*Sophora japonica* L.]
Knospen: sehr kleine Seitenknospen: 1,5–2 mm dick und hoch; oft – vor allem an Langtrieben – mit absteigender Beiknospe; ohne ausgeprägte Knospenschuppen: von dicht dunkel behaarten Vorblättern bedeckt. **Zweige** glatt grün und matt glänzend, zerstreut mit kleinen grauen, punkt- bis strichförmigen **Lentizellen**, in Kurz- und Langtriebe differenziert. Bei den Kurztrieben Nodien durch die stark ausgebildeten Blattkissen knotig verdickt, an Langtrieben Knospen auf schwachen Blattkissen. **Blattnarben** halbrund bis u-förmig, mit 3 Gefäßbündel-

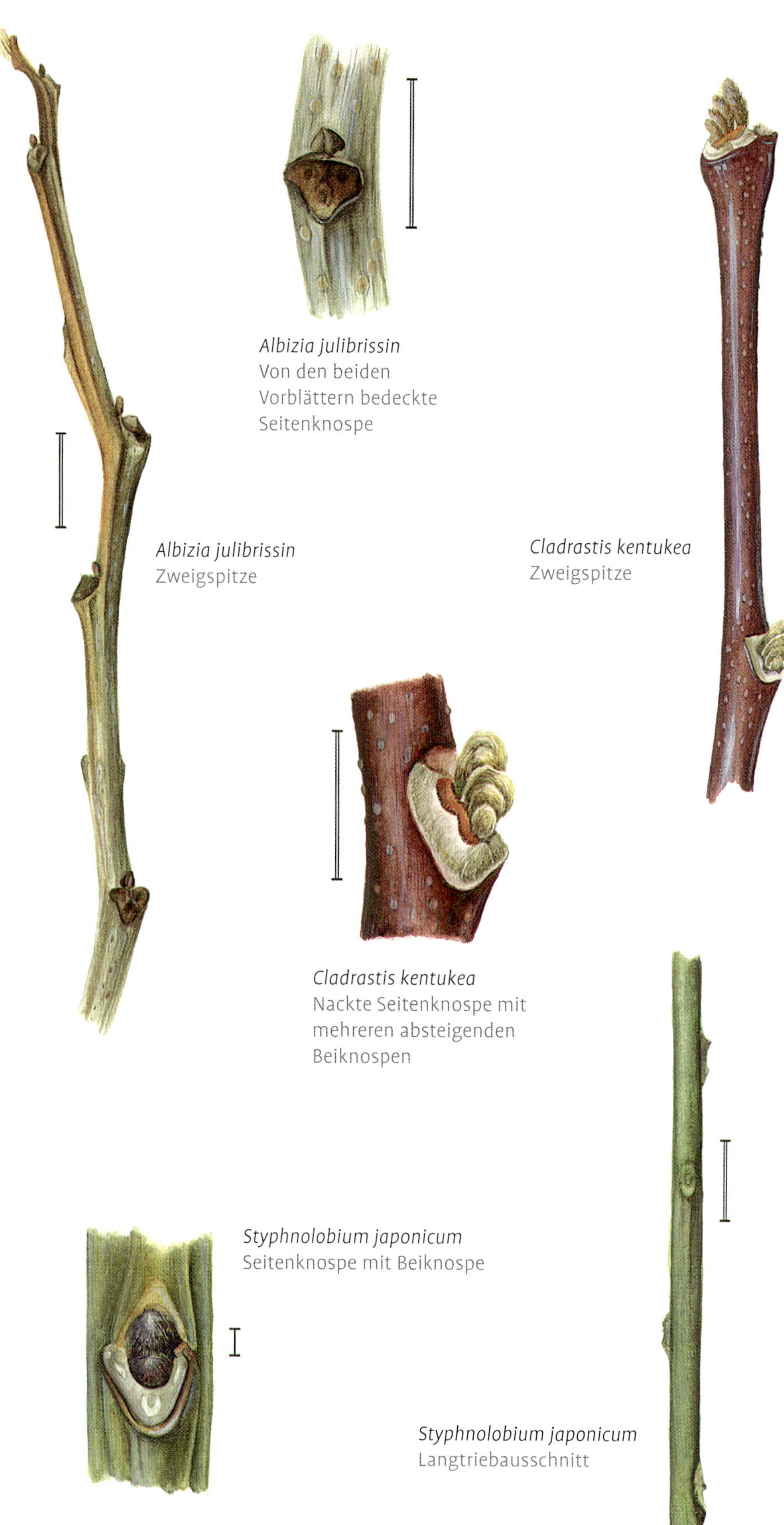

Albizia julibrissin
Von den beiden Vorblättern bedeckte Seitenknospe

Albizia julibrissin
Zweigspitze

Cladrastis kentukea
Zweigspitze

Cladrastis kentukea
Nackte Seitenknospe mit mehreren absteigenden Beiknospen

Styphnolobium japonicum
Seitenknospe mit Beiknospe

Styphnolobium japonicum
Langtriebausschnitt

Sophora davidii
Seitenknospe neben Sprossdorn

Sophora davidii
Seitenknospe neben Sprossdorn

Styphnolobium japonicum
Kurztrieb

Maackia amurensis
Zweigspitze

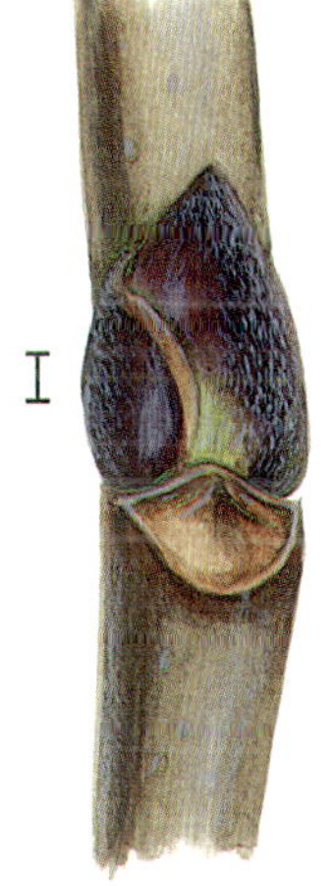

Maackia amurensis
Seitenknospe mit zwei Schuppen

spuren: die mittlere größer, halbrund; die beiden seitlichen klein, strichförmig. Häufig gepflanzter, bis 20 m hoher Baum aus Ostasien.

Tribus Sophoreae

Sophora davidii (FRANCH.) SKEELS, Davids Sophora

Knospen kleine, um 3 mm lange, eiförmige bis gedrungene, nackte, dicht weißlich-grau behaarte Seitenknospen. Erste Knospenblätter, wie neben der Tragblattnarbe, mit feinen Nebenblattdornen. **Zweige** dünn, graugrün, fein und relativ dicht behaart. In den Blattachseln mit **Sprossdornen**. Blattnarbe mit einer großen zentralen Spur und zwei kleineren am Rand. Bis 3 m hoher Strauch aus Westchina.

Maackia amurensis RUPR.

Knospen, nur Seitenknospen: breit eiförmig, zugespitzt, flach, 5–7 mm lang und 5–6 mm breit, aber nur 3–4 mm dick, mit 2 Knospenschuppen. Schuppen dunkel violettbraun, an der Basis und im Schatten auch grünlich, am Rücken und zur Spitze sehr fein behaart; Schuppenrand teilweise leicht eintrocknend und heller braun. **Zweige** nur unmittelbar an der Spitze fein behaart, sonst kahl, kräftig: 3–4 mm dick, rund, graugrün bis graubraun, mit kleinen rundlich-länglichen Lentizellen. **Blattnarben** 3-spurig, mittlere Spur groß und spitz kegelig, benachbarte Spuren klein und unauffällig. **Früchte** flache, bis 5 cm lange Hülsen in endständigen Trauben, vor allem die Fruchtstandsachsen in den Winter hinein bleibend. Bis 15 m hoher, seltener Baum aus China.

Tribus Genisteae

Oft grünzweigige, ganz oder teilweise mit den Sprossachsen assimilierende, strauchförmige Arten, seltener kleine Bäume (*Laburnum*).

Schlüssel Genisteae

1 Verzweigung zerstreut 2
1* Verzweigung gegenständig . . . ***Genista***
2 Zweige rund, oft mit Endknospen . . . 3
2* Zweige kantig oder gerieft, ohne Endknospen 4
3 Früchte in langen Trauben, bis 7 m hohe, baumförmige Sträucher . . . . ***Laburnum***
3* Früchte in Büscheln, selten über 2 m hoch werdende Sträucher . . . . ***Chamaecytisus***

4 Pflanzen dornig 5
4* Pflanzen unbewehrt 7
5 Knospen unter blasig aufgetriebenen Blattgrund des Tragblattes verborgen . . . . **Erinacea anthyllis**
5* Knospen sichtbar oder Blattgrund anders 6
6 Alle Zweige relativ kurz und dornig zugespitzt . . . . **Ulex europaeus**
6* Kurze verdornende Triebe sitzen an Langtrieben, Blütentriebe oft unbewehrt . . . . **Genista**
7 (4) Zweige kahl, Knospenhülle relativ groß: besteht aus den innen dicht behaarten, mit den Spitzen abstehenden Nebenblättern des Tragblattes . . . . *Petteria ramentacea*
7* Knospen kleiner, oft behaart oder unter dem Blattgrund verborgen 8
8 Zweige rundlich, fein gerieft, lang binsenartig . . . . *Spartium junceum*
8* Zweige anders 9
9 Knospen eiförmig, nicht vom Blattgrund bedeckt . . . . **Chamaecytisus**
9* Knospen klein und wenigstens basal vom Blattgrund verborgen 10
10 Zweige 5-kantig oder 8 Furchen, meist mit feinen weißen Punkten (Lupe) . . . . **Cytisus**
10* Zweige gerieft, mit mehr als 5 Kanten, sehr dünne Zweige mitunter 4-kantig . . . . **Genista**

Ginster-Gruppe

Zur näheren Verwandtschaft der Gattung *Genista* gehören u. a. *Spartium* und *Ulex*. Sie müssten vielleicht auf längere Sicht in die Gattung *Genista* eingegliedert werden, wie hier bereits *Echinospartum* und *Cytisanthus*.

Genista L., Ginster

Sommergrüne, seltener immergrüne (*Genista sagittalis*) oder halbimmergrüne (*Genista anglica*, *Genista germanica*), mit Dornen bewehrte oder unbewehrte Sträucher.

Schlüssel *Genista*
1 Knospen und Verzweigung zerstreut . . 3
1* Verzweigung gegenständig 2
2 Zweige unbewehrt . . . . **Genista radiata**
2* Zweige dornig . . . . *Genista horrida*
3 Zweige dornig 4
3* Zweige unbewehrt 6
4 Dornen mindestens 1,5 cm lang und beblättert (Narben); oft halbimmergrün . 5
4* Dornen kürzer, unbeblättert; sommergrün . . . . *Genista hispanica*
5 Zweige kahl . . . . *Genista anglica*
5* Zweige behaart . . . . . *Genista germanica*
6 Blattgrund des Tragblattes mit Nebenblattzipfeln 7
6* Ohne Nebenblätter, durch große Blattkissen stark knotige Zweige **Genista pilosa**
7 Zweige blaugrün, ± 4-kantig . . . . **Genista lydia**
7* Zweige gelbgrün, mit mehr Kanten . . . . **Genista tinctoria**

Genista tinctoria
Seitenknospe

Genista tinctoria
Seitenknospe

Untergattung Genista

Genista tinctoria **L., Färber Ginster**
Knospen vom Blattgrund größtenteils bedeckt, aber meist sichtbar, klein und bräunlich; die Knospenschuppen fast kahl, mit einzelnen Haaren. **Zweige** glänzend grün, kantig, mit zahlreichen, flachen Furchen; anfangs zerstreut behaart, zum Winter meist verkahlt. Bleibender Blattgrund der Tragblätter mit eintrocknenden braunen Nebenblattzipfeln. Bis 1 m hoher, aufrechter Strauch, häufig angepflanzt und einheimisch von Europa bis Kleinasien.

Genista lydia **Boiss., Lydischer Ginster**
Zweige fast vierkantig, blaugrün bis dunkelgrün, zur Spitze dünn auslaufend, aber nicht dornspitzig. Niedriger bis 50 cm hoher, niederliegend-aufsteigender, häufig gepflanzter Strauch aus Südosteuropa.

Genista pilosa **L., Sand- oder Behaarter Ginster**
Knospen anfangs meist nicht sichtbar, unter den Blattkissen – dem ausdauernden Blattgrund des Tragblattes – verborgen. Später – Knospen angetrieben – dicht hell behaart, kugelförmig unter dem Blattkissen sichtbar. **Zweige** grün, anliegend weiß behaart, dünn, leicht kantig; durch die dicht aufeinanderfolgenden Blattkissen knotig verdickt. Mehrjährige graubraun und behaart, mit sitzenden Kurztrieben und bleibenden braunen Vorblättern. Seitenzweige spitzwinklig von der Mutterachse abgehend. Niederliegender, aufsteigender 10–30 cm hoher, dicht verzweigter Strauch. Häufig gepflanzter Ginster, beheimatet in Mittel- und Westeuropa.

Genista lydia
Zweigausschnitt

Genista pilosa
Geschwollene Seitenknospe im Frühjahr

Genista pilosa
Zweig mit kräftigen, die Knospen verdeckenden Blattkissen

Untergattung Phyllobotris

Genista anglica L., Englischer Ginster
Knospen klein, kugelig-eiförmig, unter den achselständigen Dornen sitzend. **Zweige** grün, kahl, relativ dünn. An langen Zweigen stehen um 2 cm lange, dünne, beblätterte Sprossdornen. Halbimmergrüner, niedriger, selten 80 cm hoher Strauch in Mittel- und Westeuropa.
Nahe verwandt ist ***Genista germanica*** L., der **Deutsche Ginster**. Ein 30–50 cm hoher, ebenfalls ± halbimmergrüner Strauch in Mittel- und Westeuropa. Er unterscheidet sich durch etwas kräftigere, behaarte Zweige vom Englischen Ginster.

Genista hispanica L., Spanischer Ginster
Knospen kugelig eiförmig, 1–2 mm lang, mit einigen bräunlichgrünen Knospenschuppen; zwischen Triebdornen und dem Blattgrund größtenteils verborgen. Sie sind absteigende Beiknospen unterhalb der sylleptisch entstandenen Dornen. **Zweige** grün, sehr fein weiß punktiert, furchig 4-kantig, behaart. Seitliche Sprossdornen kurz, 7–13 mm lang, ebenfalls 4-kantig, aber abgeflacht, etwa 1 mm breit, mit einer kleinen, deutlich abgesetzten, sehr dünnen braunen Spitze. Sehr dichter, 30–70 cm hoher Strauch aus Südeuropa, von Spanien bis Norditalien.

Genista hispanica
Zweig mit verdornten Seitenzweigen

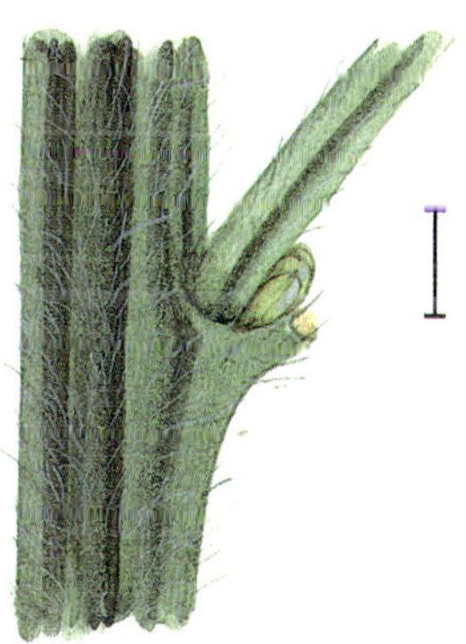

Genista hispanica
Knospe als Beiknospe unterhalb eines Sprossdornes

Untergattung Echinospartum

Genista horrida (VAHL) DC., Abschreckender Ginster
[*Echinospartum horridum* (VAHL) ROTHM.]
Knospen gegenständig, klein, dicht weiß behaart, unter Tragblattresten verborgen. **Zweige** bläulich grün, fein gerieft, anfangs leicht behaart, ältere Zweige graubraun. Alle Zweigspitzen verdornt. **Tragblätter** mit breitem Blattgrund und bleibenden Nebenblattzipfeln und braunem Blattstielrest. Kleiner, sehr dicht verzweigter, kissenförmiger Strauch, beheimatet im südlichen Mittelfrankreich bis nach Nordspanien.

Untergattung Asterospartum

Genista radiata (L.) SCOP., Kugel-Ginster
[*Cytisanthus radiatus* (L.) O. F. LANG]
Knospen nicht sichtbar. **Zweige** gegenständig verzweigend und längs furchig, einjährige dunkelgrün, fein anliegend behaart, ältere hell graubraun. Unbewehrter, 20–50 (–100) cm hoher, flacher und breiter Strauch. Durch die gablige Verzweigung der Zweige relativ dicht. Von Südalpen bis Südeuropa verbreitet und häufig gepflanzt.

Spartium junceum L., Binsenginster
Knospen unter den Blattkissen der Tragblätter verborgen. **Zweige** kahl, grün, binsenartig: rund, fein gefurcht, lang und rutig. **Blattkissen** wenig vom Zweig abstehend, in einen kleinen, dünnen Stielansatz endend. Vom Mittelmeergebiet bis nach Südwesteuropa und den Kanarischen Inseln vorkommender, 2–3 m hoher Strauch.

Genista horrida
Zweig mit gegenständig stehenden Sprossdornen

Genista radiata
Gegenständige Verzweigung

Genista horrida
Seitenknospen unter der verdornten Zweigspitze

Genista radiata
Verzweigung

Genista radiata
Zweigspitze

Spartium junceum
Verzweigung im Detail

Ulex europaeus L., Europäischer Stechginster
Knospen sichtbar, kugelig, um 3 mm lang, nackt, dicht gelblich bis hell graugrün behaart. **Zweige** grün, gefurcht – und wie die Tragblätter der Knospen – in verdornte Spitzen auslaufend, abstehend behaart. Ohne Blattnarben, da die Tragblätter verdornen. Häufiger, bis über 1 m hoher Strauch in West- und Südeuropa, in Nordeuropa stellenweise eingebürgert.

Erinacea anthyllis LINK, Igelginster
[*Erinacea pungens* BOISS.]
Knospen nicht sichtbar, unter dem häutigen, bauchig aufgewölbten, gelbgrünen bis braunen und innen dicht behaarten Blattgrund der Tragblätter verborgen: klein, nackt und dicht behaart. **Zweige** alle in dornige Spitzen endend, grün, fein gefurcht und kurz anliegend, silbrig behaart. Sehr dicht verzweigter, halbkugliger, kleiner: bis 30 cm hoher, in den Mittelmeerländern beheimateter Polsterstrauch.

Spartium junceum
Verzweigung

Ulex europaeus
Dornspitzig endender Spross mit Seitenknospen, die in den Achseln ebenfalls verdornter Tragblätter sitzen

Erinacea anthyllis
Seitenknospe unter Tragblatt verborgene Beiknospe eines Sprossdornes

Ulex europaeus
Zweig mit dornig endenden Trieben und Blättern

Erinacea anthyllis
Spitze eines verdornten Zweiges

Erinacea anthyllis
Verzweigung

Cytisus-Verwandtschaft

Näher verwandt mit *Cytisus* sind *Chamaecytisus* und *Laburnum*. Im Winter unterscheiden sich beide Gattungen durch runde Zweige, Bildung von Kurztrieben sowie durch das häufige Vorhandensein von Endknospen von *Cytisus*.

Cytisus Desf. [incl. *Sarothamnus* Wimm.], Geißklee

Unbewehrte, mit kantigen oder gefurchten Langtrieben wachsende kleine bis mittelgroße Sträucher ohne Endknospen. Vom Mittelmeergebiet über Mitteleuropa bis Westasien verbreitete Gattung.

Schlüssel *Cytisus*

1 Zweige mit fünf Flügeln oder Kanten . 2
1* Zweige mit 8 (–10) Furchen 6
2 Bis 20 cm hoch, sehr dünnzweigig, bald kahl . . . . ***Cytisus decumbens***
2* Höher, Zweige kahl oder behaart 3
3 Knospen sichtbar 4
3* Knospen meist vollständig unter dem bleibenden Blattgrund des Tragblattes verborgen 5
4 Zweige mit 5 schmalen Flügeln, meist kahl, fast kahl . . . . . . ***Cytisus scoparius***
4* Zweige schwach 5-kantig, Knospen dicht behaart . . . . ***Cytisus nigricans***
5 Zweige allseits grün ***Cytisus sessilifolius***
5* Wenigstens die Leisten in der Sonne gerötet . . . . ***Chamaecytisus purpureus***
6 Zweige jung um 2 mm dick und relativ starr . . . . *Cytisus purgans*
6* Zweige deutlich unter 2 mm dick 7
7 Bis 30 cm hoher Strauch 8
7* 2–3 m hoher Strauch . ***Cytisus ×praecox***
8 Zweige stark bogig überhängend . . . . ***Cytisus ×kewensis***
8* Zweige aufstrebend . . . ***Cytisus ×beanii***

Edelginster, *Cytisus*-Auslesen und Hybriden

Die *Cytisus*-Sorten können zwei großen Gruppen zugeordnet werden, die sich auch im Winter gut unterscheiden lassen: die Scoparius-Sorten und die Praecox-Sorten. Die Scoparius-Sorten sind wahrscheinlich überwiegend Auslesen des Besenginsters, *Cytisus scoparius*, seltener ihm nahe stehende Hybriden. Ihre Zweige besitzen in der Regel 5 deutliche Leisten, nur selten sind mehr als 5 Leisten zu beobachten. Die zweite Gruppe, die Praecox-Sorten, stammt überwiegend von den hier unter der Sektion *Spartothamnus* zusammengefassten Arten ab. Gemeinsames Merkmal sind im Querschnitt runde Zweige mit 8 Furchen. Eindeutige Hybriden zwischen Besenginster und Arten der Sektion *Spartothamnus* bezeichnet man auch als *Cytisus ×dallimorei* Rolfe (*C. multiflorus*? × *C. scoparius* 'Andreanus').

Sektion Sarothamnus

Cytisus scoparius (L.) Link, Besenginster
[*Sarothamnus scoparius* (L.) Wimm. ex W. D. J. Koch]
Knospen bis 2 mm lang, in der Draufsicht rundlich, flach am Zweig anliegend, mit 2–4 äußeren, fast kahlen Knospenschuppen. **Zweige** grün, 5-kantig, mit starken Leisten und dazwischen tief eingeschnittenen Rinnen, meist verkahlt. Aufrechter, bogig aufsteigender, 0,5–2 m hoher Strauch aus Mittel- bis Südeuropa. Seit alters in Kultur.

Sektion Corothamnus

Cytisus decumbens (Dur.) Spach, Niederliegender Geißklee
Knospen sehr klein, bis etwa 1 mm lang, zum Teil unter dem Blattgrund des Tragblattes verborgen, von 2 etwas behaarten Knospenschuppen bedeckt. **Zweige** grün, sehr dünn, kantig, spärlich locker behaart oder verkahlt. Flach ausgebreiteter, bis 20 cm hoher Strauch mit niederliegenden, oft wurzelnden Zweigen. Häufige Art aus Süd- bis Südwesteuropa.

Cytisus scoparius
Seitenknospe mit wenigen Schuppen, in die Vertiefung der gefurchten Zweige eingesenkt

Cytisus scoparius
Seitenknospe mit wenigen Schuppen, in die Vertiefung der gefurchten Zweige eingesenkt

Cytisus decumbens
Der kleine, kaum 20 cm hoch werdende Strauch besitzt sehr dünne Zweige

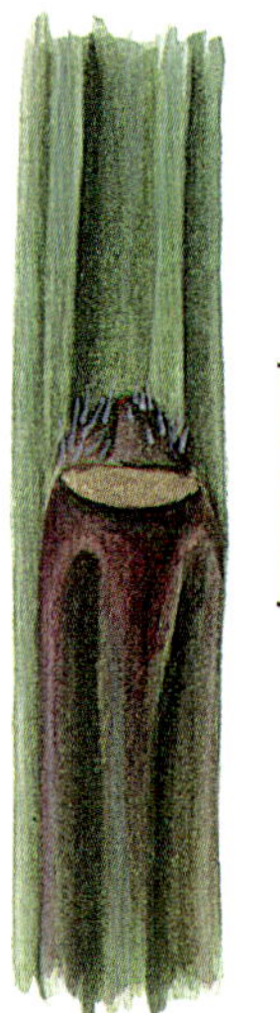

Cytisus decumbens
Seitenknospe

Sektion Spartothamnus

Zweige rutig, 8-furchig (fein längs streifig), unter den Blattnarben auch bis 10 Furchen.

Cytisus ×praecox **BEAN, Elfenbeinginster**
[*Cytisus multiflorus × Cytisus purgans*]
Dichter, 0,7–1,5 (–2,5) m hoher Strauch mit langen, bogig überhängenden grünen Zweigen. Zahlreiche in der Wuchsform variierende Sorten. Selten ist ***Cytisus purgans*** (L.) BOISS, der **Abführende Geißklee**: **Zweige** grün, steif, jung um 2 mm dick, rundlich, gestreift, anfangs zerstreut rau behaart. Dicht verzweigter, 0,2–1 m hoher Strauch aus Südwesteuropa, Spanien bis Südfrankreich, und Nordafrika. Die zweite ebenfalls aus Spanien und Nordafrika stammende Elternart *Cytisus multiflorus* (AITON) SWEET ist nicht winterhart, aber in weißblühende Sorten eingegangen.

Cytisus ×kewensis **BEAN &** ***Cytisus ×beanii*** **NICHOLS.**
[*Cytisus ardoinii × Cytisus multiflorus* bzw. *Cytisus purgans*]
Eine Elternart beider Hybriden ist die in Südfrankreich vorkommende Art ***Cytisus ardoinii*** FOURN.: ein nur 10–20 cm hoher Strauch mit zottig behaarten Zweigen. Die nur 30 bis 40 cm hoch werdenden Sträucher schließen sich an die Praecox-Gruppe an. Während die Zweige bei ***Cytisus ×kewensis*** stark bogig überhängen, streben die kurzen Zweige von ***Cytisus ×beanii*** stärker aufwärts.

Sektion Phyllocytisus

Cytisus nigricans **L., Schwärzender Geißklee**
Knospen klein, aber nicht verdeckt, 1 mm hoch und 1–2 mm breit, nackt und dicht lang behaart, einzelne Knospenblättchen kugelig-bauchig gewölbt. **Zweige** gräulich grün, aufrecht, rutenförmig, rund und fein gerillt, angedrückt, gelblichweiß behaart (Haare 2 armige, in der Mitte ansitzende „Kompasshaare"); mehrjährige Zweige graugrün bis braunoliv. Äste und Stämmchen dunkelbraun berindet. **Blattkissen** relativ schmal, herausragend, mit einer undeutlichen Spur. Häufiger, vieltriebiger, 0,5–2 m hoher Strauch aus Mittel- bis Südosteuropa.

Cytisus sessilifolius L., Italienischer Geißklee
Knospen sehr klein, graubraun behaart, unter dem bleibenden Blattgrund des Tragblattes oft ganz verborgen. **Zweige** grün, lang und kahl; anfangs deutlich 5-kantig, später ± rundlich, mit von den Blattnarbenrändern abgehenden feinen Leisten. **Blattnarben** dunkel, klein und rundlich, mit einer undeutlichen Spur, in den Blattachseln häufig ± gestielte Fruchtstandreste. Häufig gepflanzter, 1 (–2) m aufrechter, dicht verzweigter, buschiger Strauch. Süd- und Südwesteuropa bis Nordafrika.

Cytisus sessilifolius
Verzweigung

Cytisus sessilifolius
Zweigausschnitt

Chamaecytisus Link., Zwergginster

Die hinfälligen Früchte in achselständigen Kurztrieben oder am Triebende gehäuft. Alte Knospenschuppen oft bleibend. Zweige mit Endknospen (außer *Chamaecytisus purpureus*).

Schlüssel *Chamaecytisus*

1 Zweige rund, oft behaart 2
1* Zweige schwach kantig, kahl . . . . ***Chamaecytisus purpureus***
2 Früchte bzw. ihre Reste am Zweigende gehäuft 3
2* Früchte bzw. ihrer Reste zu wenigen gleichmäßig am vorjährigen Trieb . . . . ***Chamaecytisus hirsutus*** & ***Chamaecytisus ratisbonensis***
3 Halbimmergrün, einige Blätter erhalten bleibend . . . . *Chamaecytisus supinus*
3* Sommergrün, alle Blätter verlierend . . . . *Chamaecytisus austriacus*

Chamaecytisus purpureus (Scop.) Link, Purpur-Zwergginster
[*Cytisus purpureus* Scop.]
Knospen dicht behaart. Seitenknospen an jungen Seitentrieben fast unter dem lang ausgezogenen Blattkissen verborgen. **Langtriebe** rutig, schwach 5-kantig; nur anfangs behaart, meist verkahlt, grün und graugrün bis weinrot, letzteres vor allem an den Leisten und den Blattkissen; fein hell punktiert. **Blattnarbe** einspurig. Bis 60 cm hoher, niederliegender bis aufrechter, sich durch Ausläufer ausbreitender Strauch. In Südosteuropa beheimatete und auch außerhalb des Verbreitungsgebiets häufig gepflanzte Art.

Chamaecytisus purpureus
Seitenknospen unter kräftigen, in Blattstielnarben endenden Tragblattresten verborgen

Chamaecytisus hirsutus
Zweigspitze

Chamaecytisus hirsutus
Zweigausschnitt

Chamaecytisus hirsutus (L.) Link, Zottiger Zwergginster
[*Cytisus hirsutus* L.]
Seitenknospen deutlich sichtbar, eiförmig, bis 5 mm lang, unterste Knospenschuppen

Chamaecytisus ratisbonensis
Kurztrieb mit kleiner Endknospe

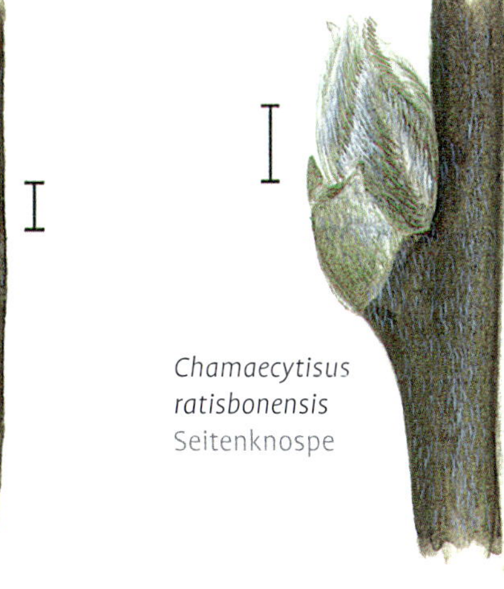

Chamaecytisus ratisbonensis
Seitenknospe

Chamaecytisus ratisbonensis
Zweigspitze

Chamaecytisus ratisbonensis
Seitenknospe

Chamaecytisus supinus
Seitenknospe: die untersten Knospenblätter mit ausgebildeten Spreiten

Chamaecytisus austriacus
dicht behaarte Seitenknospe

Chamaecytisus austriacus
dicht behaarte Seitenknospe

fast kahl, grünlich bis weinrot-violett, obere Schuppen gräulich, dichter fein weiß behaart. **Zweige** grünlich bis rotbraun, im Querschnitt rund, kaum kantig, warzig gepunktet, zottig behaart, aber zweijährig völlig verkahlt. **Blattnarben** einspurig, auf kleinen aber deutlichen Blattkissen (viel kleiner als die Knospen). Häufiger, 0,3–0,6 (–1) m hoher, meist niederliegend und bogig aufsteigender Strauch. Heimat: Südeuropa bis zum Kaukasus.

Sehr ähnlich ist ***Chamaecytisus ratisbonensis*** (Schaeffer) Rothm. [*Cytisus ratisbonensis* Schaeffer], **Regensburger Zwergginster**

Knospen silbriggrau bis graublau behaart. **Seitenknospen** an einjährigen Langtrieben, eiförmig, mit wenigen äußeren Knospenblättern, 3 mm lang. **Endknospen** der Langtriebe bis 6 mm lang und die der Kurztriebe kleiner, 2–3 mm lang. **Zweige** rundlich, dunkel olivgrau, sehr fein anliegend behaart. Differenziert in Lang- und Kurztriebe. **Kurztriebe** gestaucht, an mehrjährigen Langtrieben auf sehr großen Blattkissen sitzend, mit alten graubraunen Knospenschuppen. **Blattnarben** klein, dunkel und undeutlich 3-spurig. Gelegentlich anzutreffender, niederliegender oder ± aufrechter 0,5–1 (–2) m hoher Strauch, einheimisch in Mitteleuropa bis Westsibirien und Kaukasus.

Chamaecytisus austriacus (L.) Link, Österreichischer Zwergginster

[*Cytisus austriacus* L.]

Seitenknospen kaum vom kleinen Blattkissen bedeckt, ganz sichtbar, eiförmig, 2–3 mm lang und dicht behaart. Die äußersten Blätter der Knospe entwickeln sich zu normalen Laubblättern, werden aber im Herbst abgeworfen, so dass nur der Blattgrund erhalten bleibt. **Zweige** schwach kantig, zur Spitze dicht anliegend behaart, basal verkahlend, grünlich bis weinrot oder bräunlich gefärbt. Vom südlichen Mitteleuropa und dem östlichen Südeuropa bis nach Osteuropa verbreiteter, aber selten gepflanzter, 0,3–1 m hoher, aufrechter Strauch.

Ähnlich sind die Knospen des halbimmergrünen, häufig gepflanzten **Kopf-Zwergginsters, *Chamaecytisus supinus*** (L.) Link. Hier bleiben die Tragblätter und die zu normalen Laubblättern entwickelten Vorblätter der Seitenknospen über den gesamten Winter erhalten. **Zweige** rund, abstehend, stark zottig behaart, erst spät verkahlend. 0,2–0,6 (–1) m hoher, breiter, aufrechter, seltener niederliegender Strauch aus Mittel- bis Südeuropa bis Mittelfrankreich.

Laburnum Fabr., Goldregen

Bleibender Blattgrund (Blattkissen) mit dunkler Blattnarbe mit 3 undeutlichen Gefäßbündelspuren. Die Früchte: abgeflachte, 4–6 cm lange, zwischen den Samen etwas eingeschnürte Hülsen, bleiben meist über den Winter erhalten. Häufig gepflanzte, baumförmige Sträucher mit überhängenden Zweigen. 2 Arten von West- bis Südosteuropa.

Schlüssel *Laburnum*

1 Blattkissen dicht anliegend, silbrig behaart, mit Nebenblattzipfeln. Fruchtkanten „ungeflügelt" . . . . ***Laburnum anagyroides***

1* Blattkissen kahl, Nebenblattzipfel hinfällig. Frucht mit ca. 2 mm breitem flügeligem Saum . . . . . . ***Laburnum alpinum***

Laburnum anagyroides Medik., **Gewöhnlicher Goldregen**

Knospen von dicht behaarten, silberweißen Knospenblättern umhüllt; Endknospen halbkugelig bis eiförmig, 3–6 mm lang, Seitenknospen schmaler eiförmig, vom Zweig leicht abstehend. **Zweige** in Kurz- und Langtriebe differenziert, dunkelgrün bis heller graugrün oder silbriggrau – vor allem zur Zweigspitze – anliegend behaart. **Blattkissen** stark entwickelt und unter der Endknospe oft gehäuft, dicht anliegend silbrig weiß behaart. Von Südeuropa bis ins südliche Mitteleuropa verbreiteter und im übrigen Mitteleuropa teilweise eingebürgerter, bis 7 m hoher Strauch.

Laburnum alpinum (Mill.) Bercht. & J. Presl, **Alpen-Goldregen**

Knospen ähnlich wie beim Gewöhnlichen Goldregen, aber vor allem die untersten Knospenschuppen nur dünn behaart. **Zweige** kahl, olivgrün bis graubraun. **Blattkissen** kahl, glänzend grün bis bräunlich. Im südlichen Mitteleuropa verbreiteter, 5–7 m hoher Strauch.
Eine Mittelstellung nimmt die Hybride ***Laburnum ×watereri*** (Wettst.) Dipp. (*Laburnum alpinum* × *Laburnum anagyroides*) ein. Ihre häufig gepflanzte Sorte 'Vossii' bildet nur kurze, 1–3-samige Hülsen in bis 50 cm langen Trauben.

Petteria ramentacea (Sieber) K. B. Presl, **Petterie**

Knospen sehr klein, nackt und dicht behaart, vollständig von den Nebenblättern des ausdauernden Blattgrundes der Tragblätter umschlossen. **Zweige** kahl, hell graubraun,

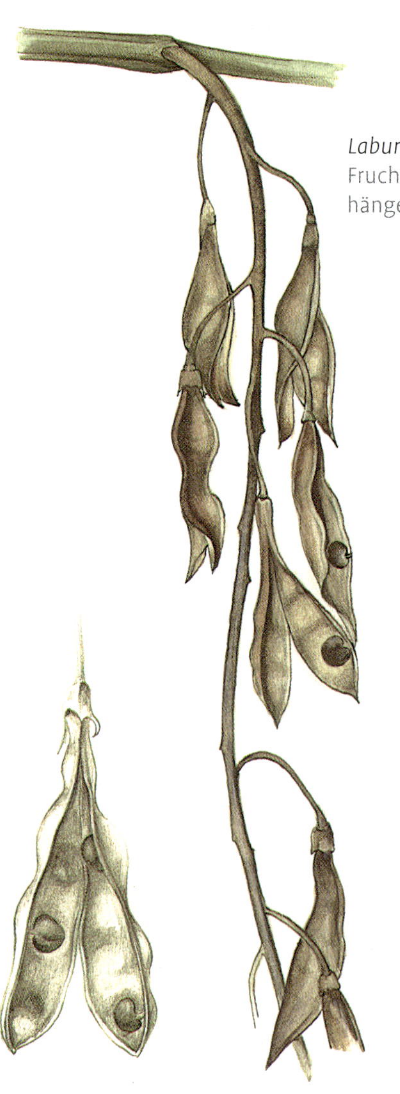

Laburnum anagyroides
Fruchtstand: in Trauben hängende Hülsen

Laburnum anagyroides
Zweigspitze mit Endknospe

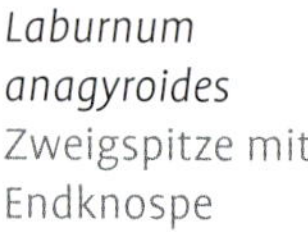

Laburnum alpinum
Zweigspitze

Petteria ramentacea
Seitenknospe von den Nebenblättern des Tragblattes umschlossen

Petteria ramentacea
Seitenknospe von den Nebenblättern des Tragblattes umschlossen

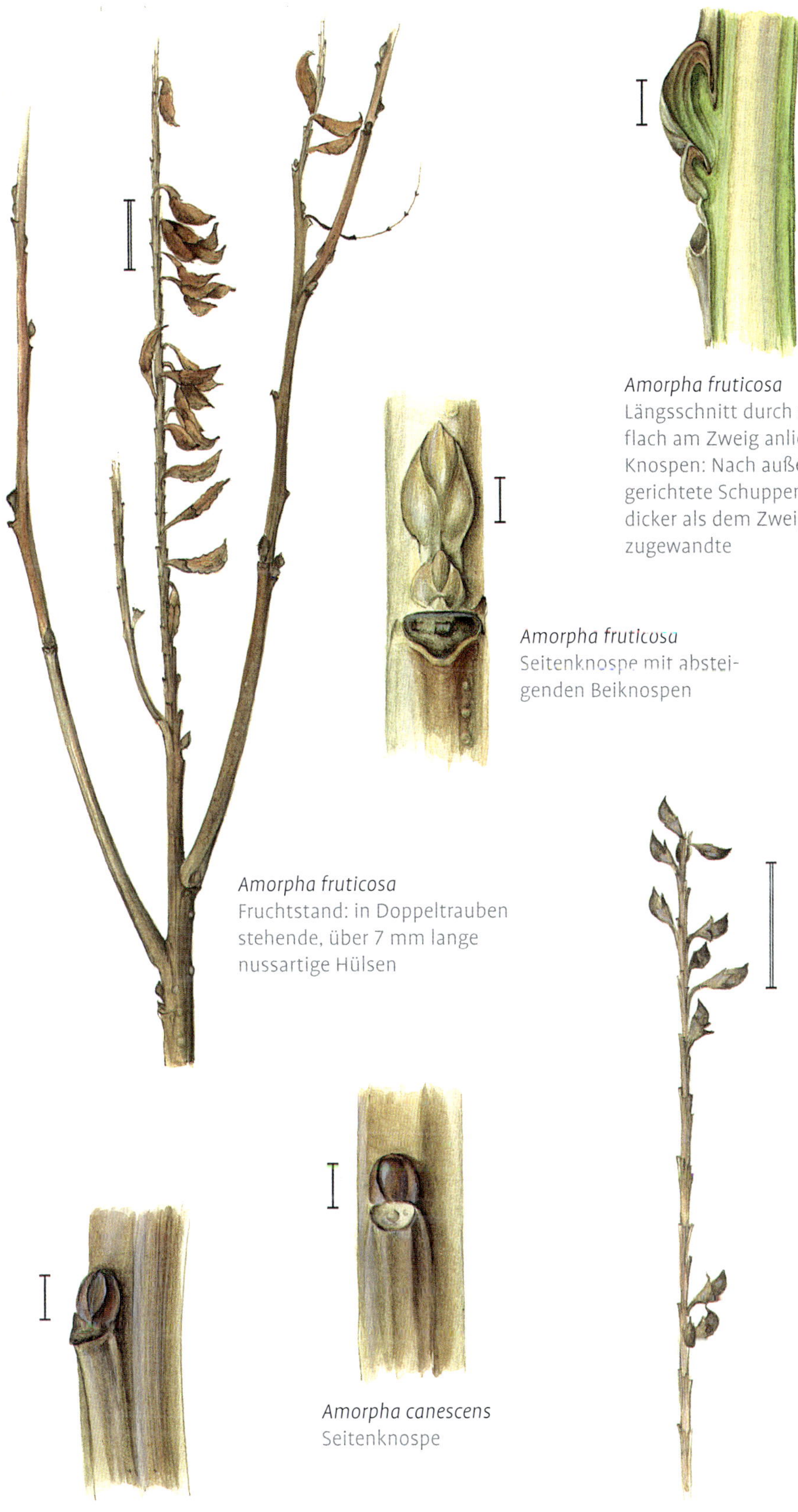

Amorpha fruticosa
Längsschnitt durch sehr flach am Zweig anliegende Knospen: Nach außen gerichtete Schuppen sind dicker als dem Zweig zugewandte

Amorpha fruticosa
Seitenknospe mit absteigenden Beiknospen

Amorpha fruticosa
Fruchtstand: in Doppeltrauben stehende, über 7 mm lange nussartige Hülsen

Amorpha canescens
Seitenknospe

Amorpha canescens
Seitenknospe

Amorpha canescens
Fruchtstanddetail: kleine bis 4 mm lange, in Doppeltrauben stehende Hülsen (Nüsse)

leicht kantig und fein gerippt. Blattgrund und Nebenblätter des bleibenden Unterblattes farblich stark abweichend, außen dunkel violettbraun und kahl, innen dicht ockerbraun behaart; Narbe des Oberblattes rundlich und 3-spurig. Von Istrien bis Nordalbanien verbreiteter, nur selten gepflanzter, bis 2 m hoher, aufrechter Strauch.

Tribus Amorpheae

Amorpha L.

Sträucher mit langen rutigen, graubraunen bis braunen Zweigen. **Knospen** nur Seitenknospen, klein und am Zweig anliegend. **Früchte** im Winter meist gut erhalten, zahlreiche kleine nussartige Hülsen in langen Doppeltrauben.

Schlüssel *Amorpha*

1 Ohne Beiknospen, bis 1 m hoher Strauch .... ***Amorpha canescens***

1* Mit absteigenden Beiknospen, über 1,5 m hoher Strauch ..... ***Amorpha fruticosa***

***Amorpha fruticosa* L., Bastardindigo**

Knospen flach eiförmig, 2–3 mm lang, darunter ein bis zwei kleinere Beiknospen. Knospen sehr flach an den Zweig gepresst und etwas eingesenkt. **Zweige** matt graubraun, fein längs streifig. **Früchte** braune um 8 mm lange Hülsen in 15–20 cm langen Doppeltrauben. Häufiger, bis 3 m hoher Strauch aus dem südlichen Nordamerika, in Mittel- und Südeuropa teilweise eingebürgert.

***Amorpha canescens* PURSH, Bleibusch**

Knospen graubraun, nur wenig über 1 mm dick, kugelig, etwas abgeflacht und am Zweig anliegend. Zwei äußere Vorblattschuppen umhüllen die Knospen etwa zur Hälfte, sie stoßen basal zusammen und laufen zur Spitze breit auseinander, dazwischen folgende Knospenschuppe sichtbar. **Zweige** einjährig etwa 3 mm dick, hellgrau bis hell ockerbraun, sehr fein behaart, leicht gefurcht, mit zahlreichen kleinen, unauffälligen warzigen Lentizellen. **Früchte** etwa 4 mm lange, dunkel graubraune Hülsen (Nüsse), zahlreich in 10–15 cm langen Doppeltrauben. Bis 90 cm hoher Halbstrauch aus dem östlichen Nordamerika, in Mittel- und Südeuropa stellenweise eingebürgert.

Tribus Indigofereae

Indigofera heterantha **WALL. ex BRANDIS, Himalaja-Indigostrauch**
[*Indigofera gerardiana* GRAHAM]
Knospen wechselständig, am Triebende auch fast gegenständig, klein: etwa 3 mm lang und 2 mm breit, in der Draufsicht dreieckig, flach, am Zweig anliegend. Mit 2 äußeren, graubraunen, ± dicht anliegend behaarten, lang zugespitzten und über die Knospe hinausragende Knospenschuppen. **Zweige** rutig, fein kantig, graubraun bis schmutzig ocker, zur Spitze violettbraun, vor allem zu Triebspitze ± dicht fein anliegend, weiß behaart. **Blattnarben** auf kleinen Kissen, dunkelbraun, mit 3 helleren Spuren, die seitlichen mitunter undeutlich und dadurch scheinbar einspurig. Häufiger, 1–2 m hoher, aufrechter Strauch aus dem Himalaja.

Tribus Robinieae

Robinia L., Robinie

Keine Endknospen, ± unter Blattnarben verborgene Seitenknospen mit Beiknospen, spiralig. Neben den Blattnarben oft zwei, zur Basis meist in Längsrichtung abgeflachte Nebenblattdornen. Die Stärke der Bewehrung ist alters- und lageabgängig. Vergreiste Exemplare sind oft unbewehrt, während Stockausschläge und junge Pflanzen oft sehr starke Dornen tragen.
Vier Arten aus Nordamerika. Neben der sehr häufig gepflanzten und stellenweise eingebürgerten weißblühenden *Robinia pseudoacacia*, wenige einander nahe stehende, rotblühende, oft strauchförmige Arten. In Kultur häufig an Stelle der reinen rotblühenden Arten im Winter nicht sicher zuordenbare Hybriden mit der Gewöhnlichen Robinie, wie *Robinia* ×*margaretta* ASHE (*R. hispida* × *R. pseudoacacia*) oder *Robinia* ×*ambigua* POIR. (*R. pseudoacacia* × *R. viscosa*).

Schlüssel *Robinia*

1 Zweige drüsig oder borstig behaart . . . 2
1* Bäume mit unbehaarten Zweigen und meist kräftigen Nebenblattdornen . . . . ***Robinia pseudoacacia***
2 Zweige mit zahlreichen, über 3 mm langen, borstigen rotbraunen Haaren, Strauch . . . . ***Robinia hispida***
2* Zweige mit kürzeren Drüsenhaaren . . . 3
3 Zweige lang-drüsig (bis 3 mm), darunter behaart; Nebenblattdornen meist kräftig . . . . ***Robinia neomexicana***
3* Zweige kurz-drüsig, sonst kahl (Drüsen reichlich Sekret abgebend und Zweige anfangs klebrig glänzend); Nebenblattdornen fehlend oder schwach . . . . *Robinia viscosa*

Robinia pseudoacacia **L., Gewöhnliche Robinie**
Knospen unter den Blattnarben verborgen, ohne Endknospen. Seitenknospen mit Beiknospen. **Blattnarben** dreiteilig, mit drei Gefäßbündelspuren (auf jedem Teil eine), etwas aufgewölbt und an den Nahtstellen der einzelnen Teile innen hell behaart. Beidseitig der Blattnarbe befinden sich meist zwei ± große orangebraune bis dunkel violettbraune **Nebenblattdornen**, die alters- oder sortenabhängig auch fehlen können. **Zweige** olivgrün bis dunkelbraun, mit fünf herablaufenden Leisten und kleinen Lentizellen. Sehr häufig gepflanzter; verwilderter und eingebürgerter Baum aus dem östlichen Nordamerika.

Robinia hispida **L., Borstige Robinie**
Knospen von den Blattnarben nicht vollständig bedeckt, nackt, dunkelbraun behaart. Oberhalb von Knospe und Blattnarbe hell ockerbraun, anliegend behaart, in eine kleine grauweiß behaarte Erhebung auslaufend. **Zweige** graubraun und rund, zerstreut mit schmalen, grauschwarzen Rissen. Borstenhaare lang (4–5 mm), dünn, kürzere teilweise mit kleinen Drüsenköpfchen. **Blattnarbe** zwei- bis dreiteilig, Nebenblattdornen klein. Im südöstlichen Nordamerika vorkommender, niedriger, sich durch Wurzelausläufer weit ausbreitender Strauch oder hochstämmig auf *Robinia pseudoacacia* veredelter kleiner Baum.

Robinia neomexicana **A. Gray, Üppige Robinie**
Knospen von der innenseitig dicht hell behaarten dreiteiligen Blattnarbe umgeben; nackt, dicht zottig dunkelbraun behaart. **Zweige** hellgrau bis grauoliv, abstehend drüsig behaart, unter bis 3 mm langen Drüsenhaaren fein, ± anliegend behaart. Lentizellen zahlreich, zweiggleich, ockerbraun. Nebenblattdornen kräftig, um 10 mm lang. Bis 10 m hoher, im südlichen Nordamerika beheimateter, kleiner Baum.

Indigofera heterantha
Zweigausschnitt

Indigofera heterantha
Seitenknospe von Vorblattschuppen bedeckt

Robinia pseudoacacia
Zweigausschnitt: an den Knoten mit flachen Nebenblattdornen

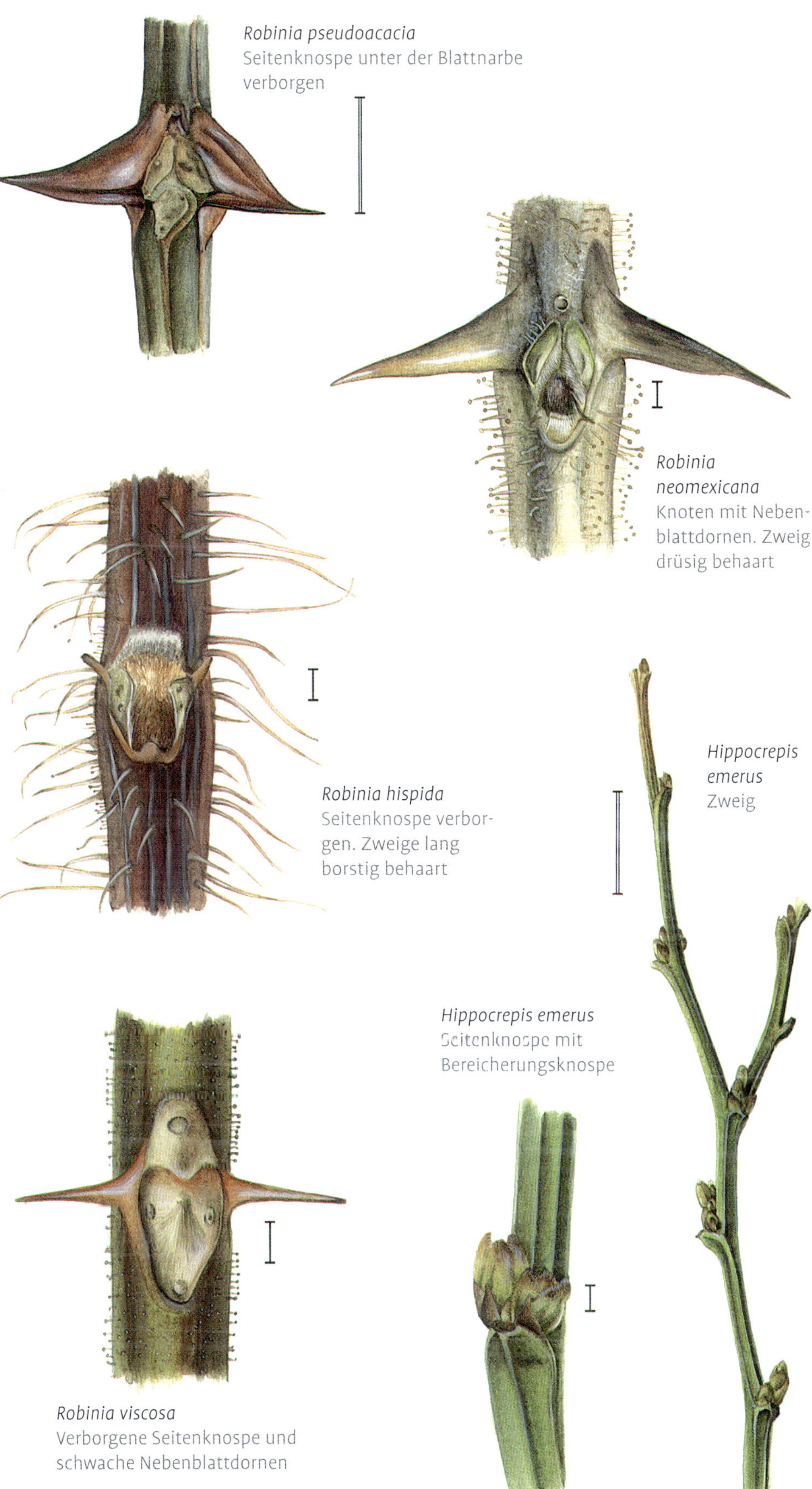

Robinia pseudoacacia
Seitenknospe unter der Blattnarbe verborgen

Robinia neomexicana
Knoten mit Nebenblattdornen. Zweig drüsig behaart

Robinia hispida
Seitenknospe verborgen. Zweige lang borstig behaart

Hippocrepis emerus
Zweig

Hippocrepis emerus
Seitenknospe mit Bereicherungsknospe

Robinia viscosa
Verborgene Seitenknospe und schwache Nebenblattdornen

Robinia viscosa Vent., Klebrige Robinie
Knospen unter der dicht zusammenschließenden Blattnarbe verborgen. **Zweige** olivgrün bis schmutzig rotbraun, etwas kantig, nur mit kurzen, um 1 mm langen Drüsenhaaren. **Lentizellen** punktförmig, orangeocker. **Blattnarben** 3-spurig, in der Mitte, wo die 3 Teile der Narbe zusammentreffen, etwas erhöht. Nebenblattdornen klein und dünn, 3–5 mm lang oder fehlend. Selten gepflanzter, bis 12 m hoher Baum.

Tribus Loteae

Hippocrepis emerus (L.) Lassen, Strauch-Kronwicke
[*Coronilla emerus* L.]
Knospen, nur Seitenknospen, meist mit einigen Bereicherungsknospen: Einzelknospe etwa 3–4 mm hoch und ebenso breit, mit 3–5 Knospenschuppen. Schuppen grün, zur Spitze braun und behaart; unterste deutlich mit adnaten Nebenblättern und Oberblattnarbe. **Zweige** grün, kahl und stark kantig; später länglich korkig aufreißend. **Blattnarben** undeutlich einspurig auf hervorragenden Blattkissen. Nebenblattzipfel des Tragblattes bleibend. 1,5–2 m hoher, aufrechter und reich verzweigter Strauch aus Mittel- und Südeuropa.

Wisteria Nutt., Blauregen

Im Winter schwer unterscheidbare Lianen. Einen Hinweis liefert die Winderichtung. Sie lässt sich bestimmen indem man die Drehrichtung der Achse gedanklich wie bei einer Wendeltreppe von unten nach oben nachvollzieht. Bewegt man sich dabei in einer ständigen Rechtskurve, also im Uhrzeigersinn, ist die Pflanze rechtswindend.

Schlüssel *Wisteria*

1 Links herum, gegen den Uhrzeigersinn, windend .... ***Wisteria sinensis***
1* Rechts herum, im Uhrzeigersinn, windend .... ***Wisteria floribunda***

Wisteria sinensis (Sims) Sweet, Chinesischer Blauregen
Ausschließlich **Seitenknospen**, am Langtrieb anliegend, 6–10 mm lang und an der Basis 3–4 mm breit, ± dreieckig, lang zugespitzt; von 2 äußeren Knospenschuppen umhüllt, von denen die erste die folgende reitend umgreift. Knospenschuppen matt rotbraun bis

dunkelbraun, zur Spitze oft heller ockerbraun, fein längs gerieft. An Kurztrieben Knospen etwas abstehend und Knospenschuppen etwas auseinander spreizend: die folgenden Blätter lang und dicht anliegend behaart. **Zweige** ± kantig und stark gefurcht bis fast rund; hell ocker mit grünen Tönen, älter hellgrau, fein rhombisch aufreißend, in den Rhomben dunkelbraun, im Zentrum oft ockerfarbene **Lentizellen**: unauffällig, klein und zahlreich. **Blattnarbe** auf einem Kissen, mit leicht kegelförmig erhobenen Gefäßbündelspuren. Neben der Blattnarbe, besonders näher der Zweigspitze, häufig mit 2 spornähnlichen Anhängseln. **Mark** eng und weiß. **Holz** hell grünlich bis ocker. Links herum, bis 10 m hoch windender, häufig gepflanzter Strauch aus Mittelchina.

Wisteria floribunda (WILLD.) DC., Japanischer Blauregen
Ähnlich *Wisteria sinensis*, vor allem an der Winderichtung unterscheidbar. Aus Japan stammende, häufig gepflanzte, rechts herum, bis 8 m hoch windende Liane.

Tribus Hedysareae

Gemeinsam sind den Gattungen in den Winter bleibende Reste des Tragblattes und seiner **Nebenblätter**: Bei *Calophaca* sind sie mit dem Blattgrund, bei *Hedysarum* miteinander verwachsenen und bei *Caragana* verdornt zudem oft die Blattspindel.

Schlüssel Hedysareae

1 Seitenknospen vom bleibenden Tragblatt höchstens zur Hälfte verdeckt 2

1* Seitenknospen vom bleibenden Tragblatt fast vollständig bedeckt .... *Calophaca wolgarica*

2 Nebenblätter des Tragblattes auf der von der Blattnarbe abgewandten Seite (basal) verwachsen .... *Hedysarum multijugum*

2* Nebenblätter des Tragblattes frei (wie die bei einigen Arten bleibende Blattspindel manchmal verdornend) ..... ***Caragana***

Hedysarum multijugum MAXIM., Mongolischer Süßklee
Jüngere Zweige deutlich hin und her gebogen, zur Spitze immer dünner werdend, ohne Endknospe. **Seitenknospen** eiförmig, 2–2,5 mm lang, vom Zweig abstehend, am Grund von einer dünnhäutigen, oben offenen Schuppe locker eingeschlossen. Aus dieser Schuppe ragt die dicht weiß behaarte Knospenspitze. **Zweige** anfangs hell grau bis grünlich, mit dichter weißer Behaarung. Ältere Zweige bräunlich und fein längsrissig. Vom Tragblatt bleiben eine dunkle, dreispurige **Blattnarbe** und häutige, auf der Zweigrückseite verwachsene Nebenblätter. Diese hinterlassen am Zweig eine ringförmige Narbe. Lockerer, bis 1,5 m hoher Strauch aus der Mongolei.

Calophaca wolgarica (L.f.) FISCH., Wolga-Schönhülse
Von den spiralig stehenden Blättern bleibt der Blattgrund mit den verwachsenen, flügelig erweiterten und den Zweig halb umgreifenden Nebenblättern. Sie verbergen die Seitenknospen teilweise und gehen zur Zweigspitze in die Schuppen der etwa 6 mm langen Endknospe über. **Knospenschuppen** matt rotbraun bis dunkel graubraun, leicht behaart, die der Seitenknospen zugespitzt und gekielt. **Zweige** grau bis ockerbraun, zur Spitze fein behaart, mit Drüsenhaaren und leicht längsstreifig, ohne sichtbare Lentizellen. **Mark** voll. Oberblattnarbe einspurig. An der Zweigbasis Reste der Fruchtstände. Aus dem Süden Osteuropas stammender, bis 1 m hoher, sehr selten gepflanzter Strauch.

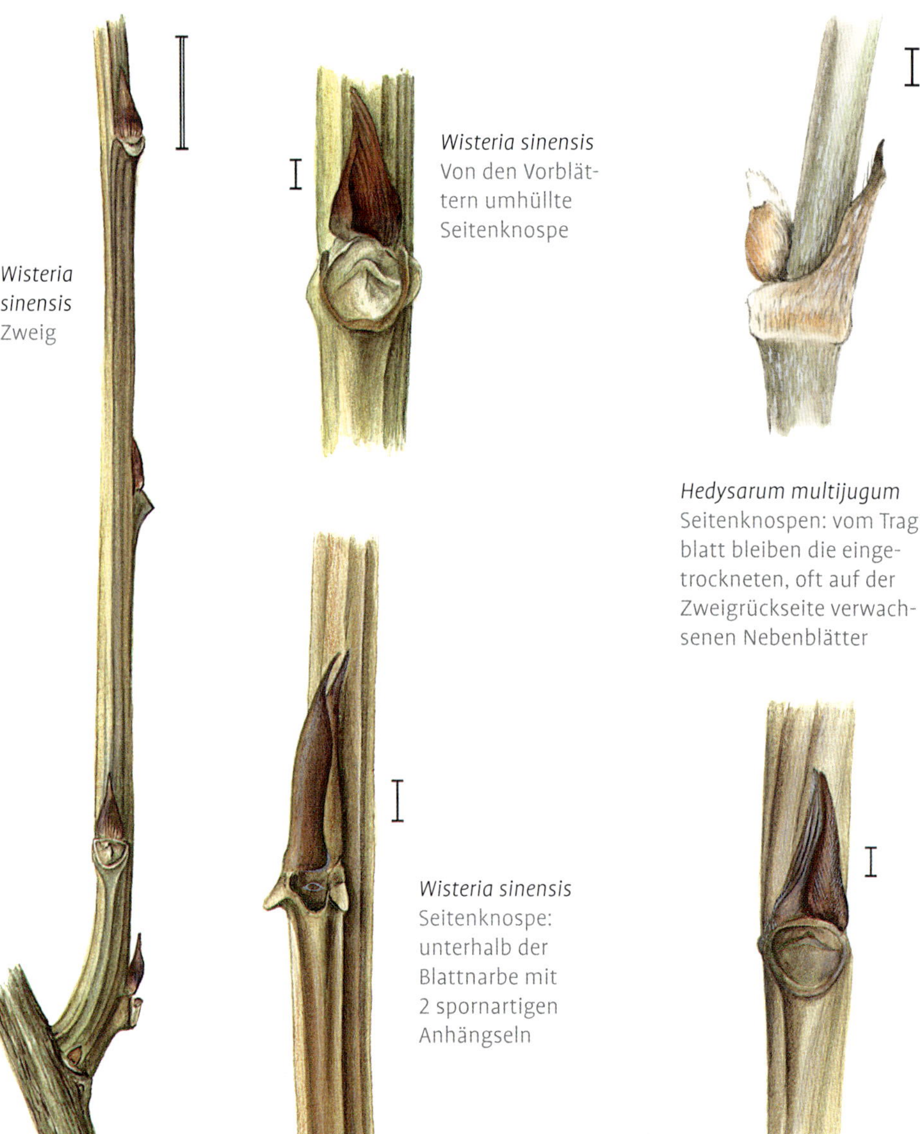

Wisteria sinensis Zweig

Wisteria sinensis Von den Vorblättern umhüllte Seitenknospe

Hedysarum multijugum Seitenknospen: vom Tragblatt bleiben die eingetrockneten, oft auf der Zweigrückseite verwachsenen Nebenblätter

Wisteria sinensis Seitenknospe: unterhalb der Blattnarbe mit 2 spornartigen Anhängseln

Wisteria floribunda Seitenknospe

Hedysarum multijugum
Seitenknospen: vom Tragblatt bleiben die eingetrockneten Nebenblätter, auf der Zweigrückseite

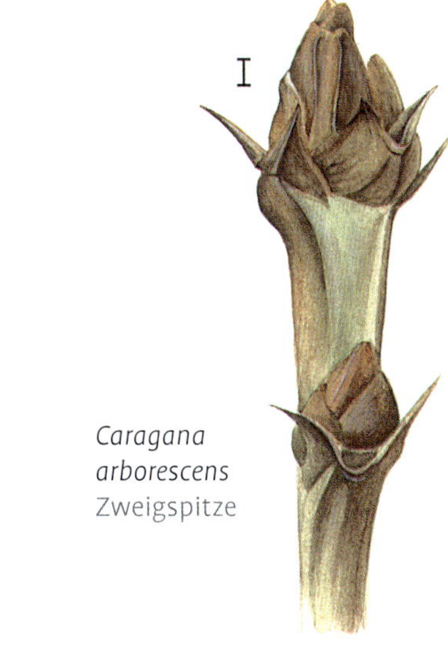

Caragana arborescens
Zweigspitze

Caragana arborescens
Zweig

Caragana arborescens
Zweigspitze

Caragana spinosa
Seitenknospe in der Achsel eines verdornten Blattes: auch die Knospenblätter besitzen kleine, verdornte Blattspindeln

Caragana spinosa
Zweig mit langem Blattspindeldorn

Caragana FABR., Erbsenstrauch

Von Asien bis Osteuropa verbreitete, kleine bis große Sträucher, seltener kleinere Bäume. Mit End- und Seitenknospen. Die Nebenblätter des Trag- und der Knospenblätter(-schuppen) bleiben erhalten. Sie sind trocken ledrig zugespitzt oder dornspitzig. Bei einigen Arten bleiben auch verdornende Blattspindeln. Das Zweigsystem ist in Lang- und Kurztriebe differenziert. **Hülse** dünn-zylindrisch, Hälften sich beim Öffnen korkenzieherartig verdrehend, selten gedrungen und steif (*Caragna halodendron*).

Schlüssel *Caragana*

1 Pflanzen ± stark verdornend 3
1* Kaum verdornend 2
2 Seitenknospen 5–7 mm lang . . . . ***Caragana arborescens***
2* Seitenknospen 3–4 mm lang . . . . *Caragana frutex*
3 Verdornte Blattspindel der Tragblätter unter 1 cm lang . . . . . *Caragana pygmaea*
3* Verdornte Blattspindel der Tragblätter 3–4 cm lang 4
4 Nebenblätter basal abgeflacht-pergamentartig . . . . *Caragana spinosa*
4* Nebenblätter dünn und vollkommen verdornt . . . . *Caragana halodendron*

Caragana arborescens LAM., Gewöhnlicher Erbsenstrauch

Knospen gedrungen bis länglich eiförmig. Endknospen 7–10 mm lang, Seitenknospen etwas kleiner. Knospenschuppen ockerbraun und rotbraun bis graubraun, basal und zur Spitze gelegentlich behaart, mit häutigen Nebenblattzipfeln. **Zweige** unterhalb der Endknospen von graubrauner Epidermis bedeckt, tiefer am Zweig längs aufreißend und bis auf 5 schmale Leisten reduziert, dazwischen glänzend grün. **Lentizellen** zerstreut, ockerbraun, rundlich oft breiter als hoch. **Oberblattnarbe** einspurig. Sehr häufig gepflanzter, bis 6 m hoher aufrechter Strauch aus Sibirien und der Mandschurei.

Caragana spinosa (L.) VAHL ex HORNEM., Dorniger Erbsenstrauch

Knospen eiförmig, 4–5 mm lang, graubraun bis hell ockerbraun. Blattgrundschuppen mit spitz abspreizenden, verdornenden Nebenblättchen und bis 8 mm langen Blattspindeln. **Tragblätter** mit 3–4 cm langer verdornender, bleibender Blattspindel und häutigen Nebenblättern mit dorniger Spitze. **Zweige** leicht 5-kantig, matt graubraun bis rotbraun, mit längs aufreißender Rinde, darunter grün und glatt. Selten gepflanzter, 0,7–1,5 m hoher, lockerer Strauch aus Sibirien.

Caragana frutex **(L.) K. KOCH, Busch-Erbsenstrauch**
Knospen 3–4 mm lang, eiförmig, ockerbraun bis rotbraun, zum Rand etwas häutig und grau. **Zweige** unbewehrt, einjährig dünn, matt, hell graubraun mit ockerbraunen Längsstreifen; älter dunkler, glänzend olivbraun mit abhebenden, sich verlierenden Längsstreifen und zerstreut rundlichen bis quer länglichen Lentizellen. **Oberblattnarben** einspurig. Selten gepflanzter, 1–2 m hoher, Ausläufer treibender Strauch aus Südosteuropa.

Caragana pygmaea **(L.) DC., Zwerg-Erbsenstrauch**
Knospen 2–3 mm lang, vom ausdauernden Tragblattgrund mit seinen Nebenblättern fast vollständig umgriffen. **Zweige** dünn, einjährig hellgrau, mit relativ breiten, violettbraunen Leisten. **Blattspindeln** der Tragblätter bis 1 cm lang, verdornend. Bis 1 m hoch, oft niederliegend. Selten gepflanzter Strauch aus Sibirien und Nordwestchina.

Caragana halodendron **(PALL.) DUMCOURS., Salzstrauch**
[*Halimodendron halodendron* (PALL.) DRUCE]
Knospen relativ klein, eiförmig, bis 3 mm lang, grau. **Zweige** anfangs hellgrau bis ockerbraun und hinfällig fein behaart. **Rinde** bald längs aufreißend: zwischen schmalen Streifen der graubraunen ersten Rindenschicht grün. Von den **Tragblättern** bleiben die verdornten, 2–4 cm langen Blattspindeln und die ebenfalls verdornten Nebenblätter. **Frucht** eine 1–3 cm lange, etwas aufgeblasen aussehende Hülse mit 4–5 mm langen nierenförmigen Samen. Bis 2 m hoher Strauch, beheimatet von Osteuropa bis Westasien.

Astragalus-Verwandtschaft

Colutea arborescens **L., Gewöhnlicher Blasenstrauch**
Knospen 3–4 mm lang, oft nur an der Triebbasis ausgebildet. Knospenschuppen ± deutlich in Blattgrund und Nebenblätter differenziert, ockerbraun und am Grund – besonders anfangs – grün, zur Spitze und am Rand dicht weiß behaart. **Zweige** fein anliegend behaart, graugrün bis graubraun, oberste Rindenschichten längs aufreißend. **Blattnarben** undeutlich (1- oder) 3-spurig, auf Blatt-

Caragana frutex
Zweigspitze

Caragana frutex
Seitenknospe

Caragana pygmaea
Kurze, verdornte Blattspindel

Caragana pygmaea
Zweig

Caragana pygmaea
Seitenknospe vom Blattgrund des Tragblattes verborgen

Caragana halodendron
Zweigausschnitt: Blattspindeln und Nebenblätter verdornend

Colutea arborescens
Frucht: blasig aufgetriebene, 6–8 cm lange Hülse

Colutea arborescens
Seitenknospe

Colutea arborescens
Seitenknospe an der Zweigbasis

kissen, flankiert von den trockenen, ausdauernden Nebenblättern des Tragblattes. An den Zweigen finden sich in den oberen Tragblattachseln über den gesamten Winter meist sehr zahlreich die blasigen, 6–8 cm langen, graubraunen, trockenen „Hülsen“, welche den Strauch unverwechselbar machen. Sehr häufig gepflanzter, im südlichen Mitteleuropa und Südeuropa bis Afrika vorkommender, 2–4 m hoher Strauch.

Tribus Desmodieae

Lespedeza bicolor TURCZ., Zweifarbiger Buschklee

Knospen zu zweit (aus den Vorblattachseln) über der rechten und linken Seite der Blattnarbe stehend, eiförmig, mit vielen braunen, fein bewimperten Knospenschuppen. **Zweige** anfangs kantig, bald ± rundlich, verkahlt, nur bei den Seitenknospen etwas weiß behaart, mit hell ocker-graubrauner, aufreißender Rinde, unter dieser aufreißenden Schicht rotbraun. Im Winter oft weit absterbend. **Früchte** bis 8 mm lang, in 3–6 cm langen achselständigen Trauben, in großen Doppeltrauben. **Blattnarbe** rundlich mit einer undeutlichen Spur und bleibenden langen Nebenblättern. Ein häufig gepflanzter, bis 1,5 m hoher, aufrechter Strauch aus Ostasien.

Ebenfalls häufig gepflanzt ist **Thunbergs Buschklee, *Lespedeza thunbergii*** (DC.) NAKAI, ein bis 2 m hoher Strauch mit überhängenden Zweigen. Die 13 mm langen **Früchte** stehen in 8–20 cm langen achselständigen Trauben in 60–80 cm langen, überhängenden Doppeltrauben.

Lespedeza bicolor
Aus den Vorblättern der seitlichen, abgestorbenen Verzweigung hervorgegangene Seitenknospen

Tribus Galegeae

Ononis fruticosa L., Strauchige Hauhechel

Keine Endknospen, **Seitenknospen** unsichtbar unter den Blattresten verborgen. **Zweige** grau, wie abgestorben erscheinend, mit spiralig stehenden, trockenen Blattresten. Von den dreizähligen Blättern bleibt ein die Achse weit umgreifender Unterblattrest mit flügeligen Nebenblättern und Fiederblattnarben. An der Zweigbasis mit sich schnell verjüngenden Kurztrieben. Seltener, bis 1 m hoher Halbstrauch aus Südwesteuropa bis Algerien. Die einheimische **Dornige Hauhechel, *Ononis spinosa*** L., besitzt ausgeprägte Sprossdornen.

Ordnung Fagales

Die Familien der Fagales unterscheiden sich in ihrem Knospenbau. Häufig beteiligen sich die Nebenblätter am Knospenschutz (Nothofagaceae, Fagaceae p.p., Betulaceae), bei den *Juglandaceae* fehlen die Nebenblätter ganz und hier sowie bei den Myricaceae und der Fagaceengattung *Castanea* übernehmen einfache Knospenschuppen (Blattgrund) den Knospenschutz.

Familie Nothofagaceae

Nothofagus Bl., Südbuche

Die Gattung besiedelt mit überwiegend immergrünen Arten die gemäßigten und subtropische Zonen der Südhalbkugel: Südamerika und Australien bis Neuseeland und Indonesien. Typisch sind zahlreiche kleine Lentizellen und für die sommergrünen Arten lange nach dem Laubfall bleibende, trockene Nebenblätter. Meist sind nur Seitenknospen ausgebildet. Die zweiteilig stehenden Seitenknospen werden von ebenfalls zweizeilig stehenden Nebenblattpaaren geschützt, so dass die Knospenschuppen in vier Zeilen stehen. Da sie nicht sehr gut schließen, sind sie meist mit starkem Knospenleim verklebt. Mitunter findet sich innerhalb des ersten Nebenblattpaares eine weitere Schuppe (Oberblatt). Auf der vom Zweig abgewandten Seite sind die Knospen meist deutlich vertieft. Mitunter unvollkommener Abschluss der Triebspitze.

Schlüssel *Nothofagus*

1 Zweige behaart 2
1* Zweige kahl, Knospen 3–5 mm lang .... *Nothofagus obliqua*
2 Knospen klein, kaum über 2 mm lang ... . ***Nothofagus antarctica***
2 Knospen 8–15 mm lang .... *Nothofagus alpina*

Nothofagus antarctica (G. Forst.) Oerst., Südbuche
Knospen wechselständig, 1,5–2 mm lang, rot- bis orangebraun, breit eiförmig. **Zweige** graubraun, sehr dünn, unter einem Millimeter dick, mit kurzen, nur bis 10 mm langen Internodien, fein und dicht behaart. Später glatt, mit deutlichen hellbraunen Lentizellen, an älteren Ästen zu quer orientierten Streifen auswachsend (wie bei Kirsche oder Birke). **Blattnarben** sehr klein schwarzgrau, ohne erkennbare Gefäßbündelspuren; an den Seiten verhältnismäßig große, dunkelbraune trockene Nebenblätter. Bis 6 m hoch, in der Heimat größerer Baum. In Chile und Feuerland, im Süden bis zur Baumgrenze natürlich verbreitet. Am häufigsten gepflanzte Art der Gattung.
Selten sind die folgenden beiden Arten anzutreffen:
Nothofagus alpina (Poepp. & Endl.) Oerst., **Rauli** [*Nothofagus procera* (Poepp. & Endl.) Oerst.]: **Seitenknospen** 8–15 mm lang, spindelig, ± vom Zweig abstehend, mit klebrigen, grünlich-braunen Knospenschuppen. Schuppen kahl, nur leicht bewimpert. **Zweige** dunkelbraun bis olivgrün, fein abstehend behaart, mit vielen kleinen hellen Lentizellen. In seiner Heimat Chile bis 20 m hoher Baum.
Nothofagus obliqua (Mirb.) Oerst.: **Knospen** am Zweig anliegend, 3–5 mm lang, mit ockerbraunen, weiß bewimperten Knospenschuppen. **Zweige** kahl, olivbraun, mit vielen Lentizellen. Von Südargentinien bis Chile vorkommender, dort bis 30 m hoher Baum.

Nothofagus alpina
Seitenknospe

Nothofagus antarctica
Seitenknospe, flankiert von den bleibenden Nebenblättern des Tragblattes

Nothofagus obliqua
Seitenknospe

Familie Fagaceae, Buchengewächse

Fast weltweit verbreitete, sommer- und immergrüne Gehölze. Überwiegend baumförmig, seltener strauchig, etwa 900 Arten in 10 Gattungen, davon 5 mit nur einer oder zwei Art(en). Gemeinsam ist den Arten der Familie die Form der Fruchtstände: Die Früchte befinden sich einzeln oder wenige vereint in einem Fruchtbecher, der Kupula. Die Knospen stehen wechselständig. Bei der Buche (*Fagus*) und der Eiche (*Quercus*) sind die Knospen vielschuppig, die Knospenschuppen umgewandelte Nebenblätter. Es gibt echte Endknospen und die Seitenknospen sind den Endknospen homolog. Die wenigschuppigen Seitenknospen der Kastanie (*Castanea*) werden fast ausschließlich von einfachen – dem Blattgrund der Vorblätter gebildeten – Knospenschuppen eingeschlossen: Die Triebspitze stirbt ab und es gibt keine Endknospe.

Schlüssel Fagaceae

1 Knospen lang spindelförmig, Knospenschuppen vierzeilig . . . . ***Fagus***

1* Knospen eiförmig, Knospenschuppen zwei- oder fünfzeilig 2

2 Mit Endknospen, Knospen mit zahlreichen Knospenschuppen . . . . . . ***Quercus***

2* Ohne Endknospen, nur wenige Knospenschuppen . . . . ***Castanea***

Fagus sylvatica
Zweig

Fagus L., Buche

Die Buchen sind im Winter an der glatten grauen Stammrinde und den lang-spindelförmigen Knospen sicher erkennbar. Geschützt werden die Knospen von zahlreichen Nebenblattschuppen: Die paarigen Nebenblätter folgen den zweizeilig stehenden Blattanlagen und bilden 4 senkrechte Zeilen. **Früchte** 3-kantige Nüsse, zwei (selten drei) in einem anfangs geschlossenen, sich später 4-klappig öffnenden Fruchtbecher eingeschlossen.
Untereinander sind die Arten schwer zu unterscheiden. Es werden jedoch selten andere Arten, als die einheimische Rot-Buche, *Fagus sylvatica*, gepflanzt. Merkmale zur Unterscheidung der sehr ähnlichen Arten liefern die Knospenform und -farbe sowie die oft zu findenden Fruchtbecher. Hilfreich sind ebenfalls die meist lange an den Zweigen haftenden, trockenen Blätter.

Schlüssel *Fagus*

1 Knospen in der Mitte am breitesten und an der Basis schmaler 2

1* Knospen an der Basis breit am Zweig ansitzend . . . . *Fagus grandifolia*

2 Knospen 15–20 mm lang, Fruchtbecher borstig . . . . ***Fagus sylvatica***

2* Knospen unter 15 mm lang, Fruchtbecher basal mit spatelförmigen Hochblättern . . . . *Fagus crenata*

Fagus sylvatica **L., Rot-Buche**
Knospen spindelförmig: lang und dünn, zugespitzt, etwa in der Mitte am dicksten. **Knospenschuppen** orangebraun bis rotbraun, an der Spitze oft dunkler und silbrig weiß behaart. **Zweige** dünn, etwas hin und her gebogen, graubraun, zerstreut kleine, hellere, längliche Lentizellen und teilweise mit Behaarungsresten. **Blätter** bis 10 cm lang, ganzrandig, auf jeder Seite mit bis 10 abgehenden Seitennerven. **Fruchtbecher** mit ± gerade abstehenden oder leicht gekrümmten Borsten. Von Mitteleuropa bis zum Kaukasus verbreiteter bis 30 m hoher Wald- und Parkbaum. Einige in der Wuchsform abweichende Sorten sind: **'Dawyck'** Wuchs schlank säulenförmig, **'Pendula'** mit bogig überhängenden und **'Tortuosa'** mit hin und her gebogenen Zweigen. Kaum unterscheidbar ist die sich im Süden anschließende, vom Kaukasus bis Kleinasien und Nordpersien vorkommende, Unterart ***Fagus sylvatica*** subsp. ***orientalis*** (Lipsky) Greuter & Burdet [*Fagus orientalis* Lipsky]. Sie hat vielleicht etwas mattere, mehr ocker-

Fagus sylvatica
Fruchtbecher und Frucht

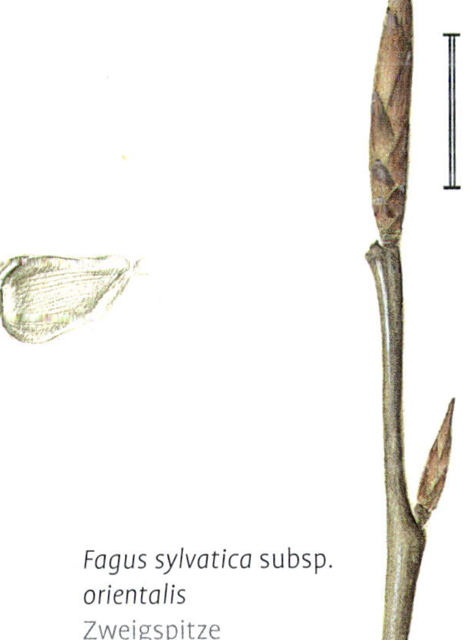

Fagus sylvatica subsp. *orientalis*
Zweigspitze

braune Knospen. Blätter oft länger als 10 cm und mit mehr als 10 Seitennervenpaaren. Baum bis 40 m hoch mit kegelförmig aufstrebender Krone.

Fagus grandifolia **EHRH., Amerikanische Buche**
[*Fagus americana* SWEET, *Fagus ferruginea* AIT.]
Knospen lang kegelig, breit am Zweig ansitzend und von der Basis zur Mitte kaum dicker werdend. **Knospenschuppen** dunkel rotbraun, vor allem die oberen an den Spitzen silbrig grau behaart. **Zweige** jung kräftig, violettbraun bis rotbraun, mit hellen Lentizellen. **Blätter** mit deutlich gezähntem Rand. **Fruchtbecher** mit dünnen, geraden oder gekrümmten Borsten. Seltener, 20–30 m hoher Baum aus den östlichen USA.

Fagus crenata **BL., Japanische Buche**
Knospen spindelig, in der Mitte deutlich dicker als an der Basis. **Knospenschuppen** ockerbraun und zum Rand etwas dunkler, an den Spitzen nur kleine hell behaarte Stellen. **Zweige** dünn, graubraun mit zahlreichen helleren Lentizellen; ältere Zweige dunkler graubraun. **Fruchtbecher** basal mit schmalen, spatelförmigen Hochblättern, die zur Spitze in lange Borsten übergehen. Sehr selten anzutreffender, bis 30 m hoher Baum aus Japan.

Castanea sativa **MILL., Essbare Kastanie**
Knospen: nur zweizeilige, ± schief über der Blattnarbe stehende, selten – nur bei senkrechten Zweigen – auch spiralige und dann gerade über der Blattnarbe, vom Zweig abstehende Seitenknospen. Bis etwa 6 mm lang, eiförmig bis kegelig, von zwei, basal grünlich bis rötlichen, dunkler braun berandeten Vorblattschuppen zu zwei Dritteln umhüllt. Die folgenden Schuppenblätter sind Nebenblätter sich später ± entwickelnder Laubblätter. **Zweige** kräftig, olivgrün bis braun, glänzend, mitunter grau überzogen von absterbender Epidermis, mit deutlichen, oft etwas heller ockerbraunen Leisten und zahlreichen hellen punktförmigen Lentizellen. **Blattnarben** dunkel, mit mehreren undeutlichen Spuren. **Stamm** oft drehwüchsig, mit tief längsrissiger Borke. Häufiger, vom südlichen Mitteleuropa und Südeuropa bis zum Kaukasus und Kleinasien einheimischer, in Mitteleuropa seit langem eingebürgerter, bis 30 m hoher, breiter Baum.

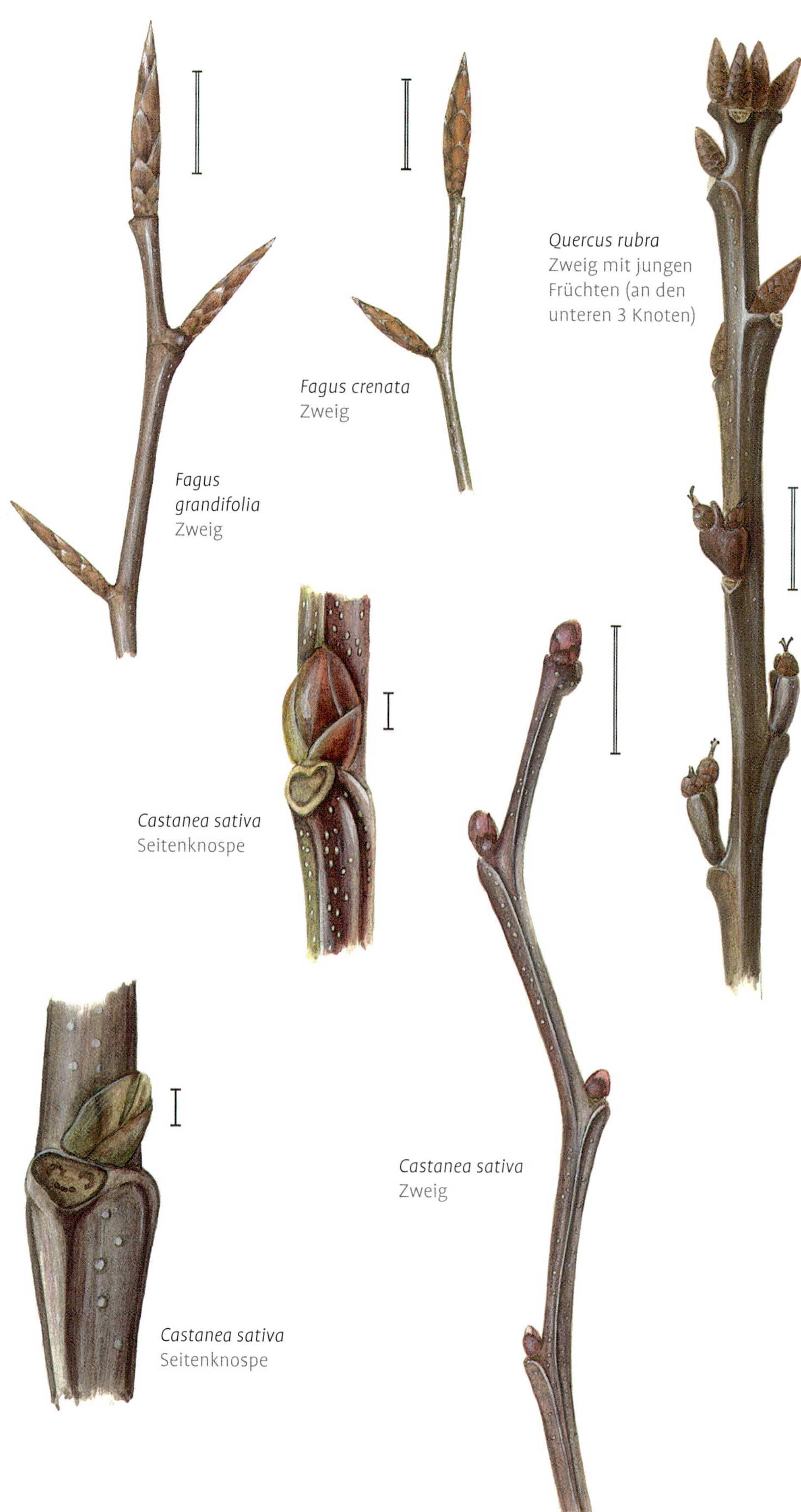

Fagus grandifolia Zweig

Fagus crenata Zweig

Quercus rubra Zweig mit jungen Früchten (an den unteren 3 Knoten)

Castanea sativa Seitenknospe

Castanea sativa Zweig

Castanea sativa Seitenknospe

Quercus rubra
Seitenknospe

Quercus palustris
Zweigspitze

Quercus imbricaria
Zweigspitze

Quercus coccinea
Zweigspitze

Quercus L., Eiche

Über 400 sommer- und immergrüne, von den gemäßigten bis in subtropische Breiten der Nordhemisphäre verbreitete Bäume, seltener Sträucher. **Knospen** mit Nebenblattschuppen: Die paarigen Nebenblätter der in 5 Längszeilen stehenden Blattanlagen überlappen sich hier seitlich, so dass sie wieder in 5 Zeilen (auf Lücke zu den Blattanlagen) stehen und sich die Zahl der Längszeilen nicht wie bei *Fagus* verdoppelt. Seitenknospen zusätzlich mit einfachen Vorblattschuppen. **Frucht**: einzelne Nuss in jedem Fruchtbecher.
Wichtige Merkmale zur Unterscheidung der Eichenarten sind die Knospenform und -größe, die Behaarung, die Rinde und oft, zur eindeutigen Zuordnung, die Reifezeit und die Gestalt der Früchte mit Fruchtbechern.

Schlüssel zu den Gruppen

1 Früchte im 2. Jahr reifend, junge Fruchtstände kurz dick gestielt, Knospen mit langen fädigen Nebenblättern oder Rinde lange glatt bleibend, Borke nicht schuppig 2
1* Früchte bereits im 1. Jahr reif, meist bald abfallend, Rinde tief furchig oder schuppig . . . . **Weiß-Eichen**
2 Rinde jung glatt, Kupula mit stumpfen anliegenden Schuppen . . . . . **Rot-Eichen**
2* Rinde dick und gefurcht, Kupula mir fransig verlängerten und ± abstehenden Schuppen . . . . **Zerr-Eichen**

Rot-Eichen, Sektion Lobatae

In Nordamerika beheimatete, hohe Bäume mit glatter Rinde, die erst im Alter rau wird. **Früchte** erst im 2. Jahr reifend, mit filzigem Endokarp. Fruchtbecher mit dachziegligen, dünnen, stumpfen und anliegenden Schuppen.

Schlüssel Rot-Eichen

1 Knospen überwiegend kahl, rotbraun . 2
1* Knospenschuppen bleibend behaart, ocker bis braun . . . . . ***Quercus coccinea***
2 Knospen rotbraun, relativ groß: 5–7 mm lang . . . . ***Quercus rubra*** und ***Quercus imbricaria***
2* Knospen braun und kleiner: 3–4 mm lang . . . . ***Quercus palustris***

Quercus rubra L., Rot-Eiche

Knospen länglich eiförmig, leicht zugespitzt, 5–7 mm lang und 3–4 mm dick. **Knospenschuppen** zahlreich: rotbraun, am Rand häufig eingerissen und bewimpert, aber sonst (außer zur Knospenspitze) kahl. Am Zweigende meist viele Knospen gehäuft, kaum Größenunterschiede zwischen Seiten- und Endknospen. Seitenknospen vom Zweig stark abstehend. **Zweige** kahl, einjährig olivgrün bis dunkelbraun, mit zahlreichen kleinen, punktförmigen Lentizellen; zweijährige Zweige grau. **Rinde** lange glatt bleibend und erst sehr spät rauer und borkig. Fruchtreife zweijährig, daher an einjährigen Zweigen häufig junge Eicheln: meist zu zweit an kurzem dicken bis 10 mm langem Stielchen, kugelig, etwa 3 mm dick, mit Griffelresten. Bis 25 m hoher Baum mit breiter Krone. Am häufigsten gepflanzte Art der Untergattung.

Sehr ähnlich ist ***Quercus imbricaria*** Michx., die **Schindel-Eiche**, mit ebenfalls fast kahlen, glänzenden Knospenschuppen und kahlen, rotbraun bis violettbraun glänzenden, teilweise von abgestorbener Epidermis grauen Zweigen. Nach den Wintermerkmalen nicht sicher von *Quercus rubra* zu unterscheiden, empfiehlt es sich die oft vorhandenen, trockenen typischen elliptisch-ganzrandigen Blätter zur Abgrenzung heranzuziehen. **Rinde** im Alter unregelmäßig, flach rissig. Bis 25 m hoher, breiter Baum.

Quercus palustris Münchh., Sumpf-Eiche

Knospen eiförmig, verhältnismäßig klein, meist nur 3 (–4) mm lang und kaum 2 mm dick. Knospenschuppen dunkel rotbraun, ganz kahl oder leicht bewimpert. **Zweige** relativ dünn, kahl, zur Spitze ± kantig, glänzend olivbraun bis rotbraun, mit zahlreichen sehr kleinen, hellen Lentizellen. **Stamm** durchgehend, mit lange glatt bleibender, hell längs streifiger Rinde.

Quercus coccinea Münchh., Scharlach-Eiche

Knospen 3–6 mm lang, eiförmig, mit ockerbraunen, etwas dunkler rotbraun berandeten Knospenschuppen: obere dicht anliegend behaart, untere verkahlend. **Zweige** anfangs behaart, aber bald kahl, orange bis rotbraun, im Schatten auch olivgrün. **Stamm** nicht durchgehend, mit fein rissiger, dunkel grauer Borke. Bis 25 m hoher Baum.

Zerr-Eichen, Sektion Cerris

Rinde meist dick und furchig, bei einigen Arten korkig. Fruchtbecherschuppen verlängert, zumindest die obersten abstehend und zurück gekrümmt. Die Früchte reifen im 2. Jahr und im Winter sind die einjährigen Fruchtansätze zu sehen.
Äußere Knospenschuppen auffallend fädig verlängert.

Schlüssel Zerr-Eichen

1 Endknospen über 7 mm lang, obere Knospenschuppen länglich .... ***Quercus castaneifolia***

1* Knospen kleiner, obere Knospenschuppen dreieckig bis abgerundet .... ***Quercus cerris***

Quercus cerris L., Zerr-Eiche

Knospen eiförmig, 4–6 mm lang; unterste Knospenschuppen graubraun, dicht fein behaart, mit langer, fädiger Spitze; folgende Schuppen rotbraun, schwächer behaart und fein bewimpert. **Zweige** 2–4 mm dick, olivgrün bis braun, fein anliegend behaart, älter graubraun bis dunkelgrau; mit unauffälligen kleinen Lentizellen. **Stämme** mit tief gefurchter, längsrissiger, dunkel grauer Borke. **Früchte** sitzend, 2,5–3 cm lang, bis zur Hälfte vom mit länglichen Schuppen besetzten Fruchtbecher umfasst. Natürlich verbreitet von Kleinasien bis ins südliche Mittel- und Südeuropa sowie häufig angepflanzter breiter, bis 30 m hoher Baum.
Sehr ähnlich und im Winter von *Quercus cerris* kaum zu unterscheiden ist ***Quercus libani*** Olivier, die **Libanon-Eiche**. **Knospen** eiförmig, 3–5 mm lang, rotbraun, relativ dicht fein behaart, basal mit langen fädigen Schuppen. **Zweige** graubraun bis olivbraun, fein behaart. **Rinde** lange glatt, später flach furchig. Kleiner, bis 10 m hoher, von Syrien bis Kleinasien verbreiteter Baum.

Quercus castaneifolia C. A. Mey., Kastanienblättrige Eiche

Knospen länglich eiförmig, zugespitzt, bis etwa 10 mm lang. **Knospenschuppen** lang, äußerste fädig und abstehend, aber nur wenig länger als die Knospe, orangeocker und rotbraun bis graubraun, besonders zur Spitze fein anliegend behaart. **Zweige** graubraun bis olivgrün, an der Spitze zerstreut fein behaart, mit hellen, warzigen Lentizellen. Vom Kaukasus bis zum Iran verbreiteter, gelegentlich angepflanzter, bis 25 m hoher, breiter Baum.

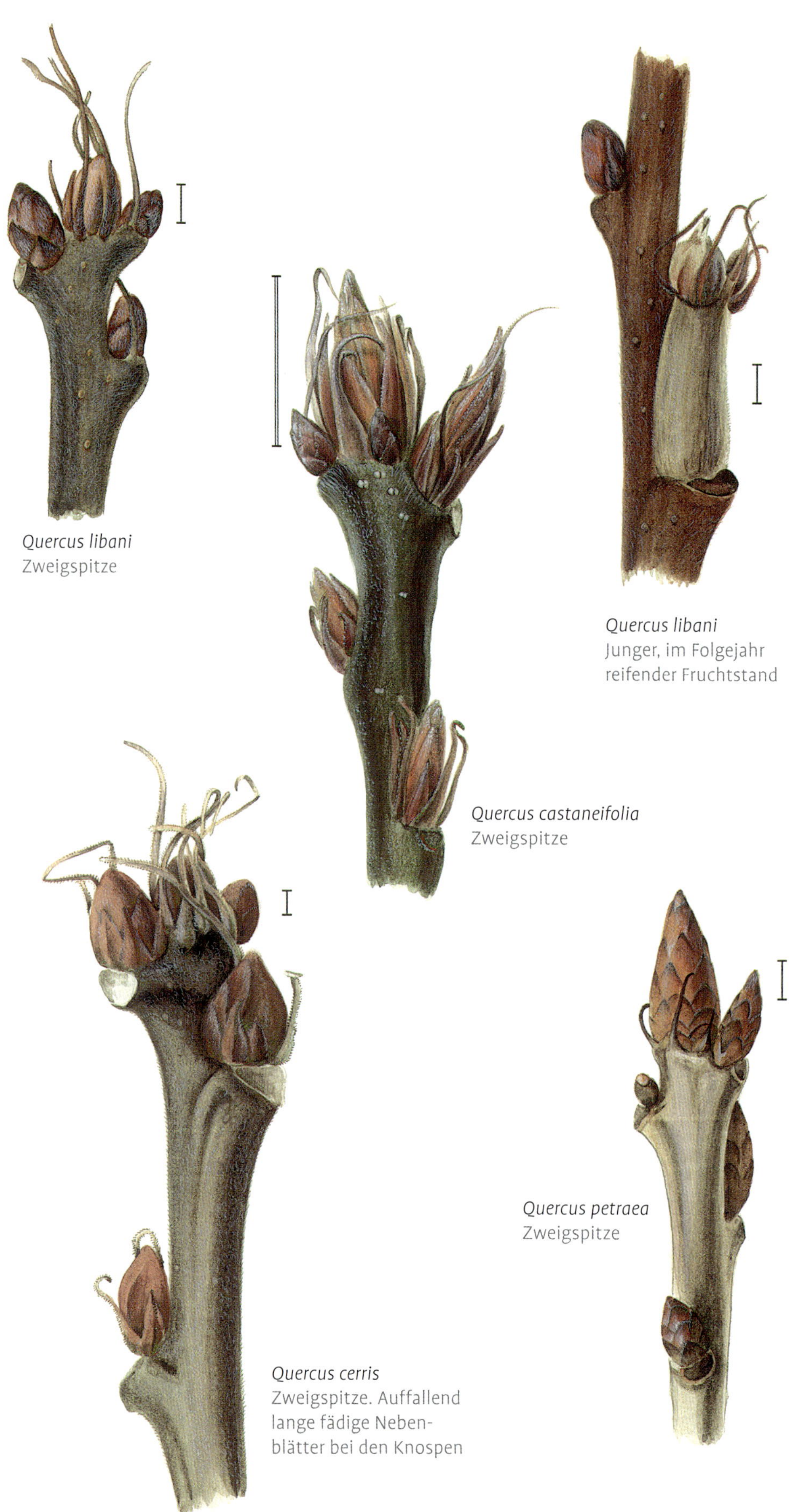

Quercus libani
Zweigspitze

Quercus libani
Junger, im Folgejahr reifender Fruchtstand

Quercus castaneifolia
Zweigspitze

Quercus petraea
Zweigspitze

Quercus cerris
Zweigspitze. Auffallend lange fädige Nebenblätter bei den Knospen

Quercus robur
Zweigspitze

Quercus pubescens
Zweigspitze

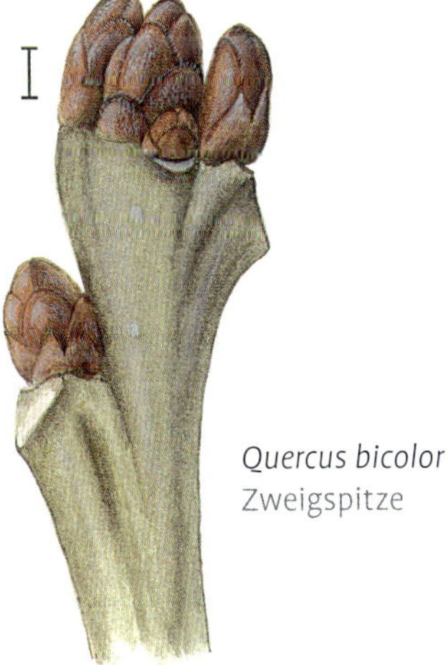

Quercus bicolor
Zweigspitze

Weiß-Eichen, Sektion Quercus

Rinde (tief) gefurcht oder sich schuppig ablösend. Fruchtbecherschuppen dick und oft bucklig bzw. (bei den mitunter als Sektion *Mesobalanus* abgetrennten Arten) Fruchtbecherschuppen verlängert und abstehend.

Schlüssel Weiß-Eichen

1 Nur 2–3 Knospenschuppen übereinander 2
1* Mindestens 3–4 Knospenschuppen übereinander, Rinde meist tief rissig oder längsfurchig 4
2 Endknospen über 8 mm lang, Rinde schwarzgrau, tief gefurcht .... *Quercus dentata*
2 Endknospen kürzer, Rinde sich schuppig ablösend 3
3 Knospen zerstreut flächig behaart .... ***Quercus bicolor***
3* Knospen höchstens bewimpert, Zweige kahl .... *Quercus alba*
4 Endknospen über 13 mm lang 11
4* Endknospen bis 12 mm lang 5
5 Knospen stumpf abgerundet, Nebenblätter nicht fadenförmig 6
5* Knospen zugespitzt, mit fädigen Nebenblättern .... ***Quercus macrocarpa***
6 Knospenschuppen nicht deckend behaart 7
6* Wenigstens oberste Knospenschuppen dicht behaart 9
7 Zweige graugrün, mit einigen länglichen Lentizellen 8
7* Zweige braun, mit zahlreichen runden Lentizellen .... *Quercus montana*
8 Knospen kugelig eiförmig, Querschnitt fast rund .... ***Quercus robur***
8* Knospen kegelig eiförmig, Querschnitt leicht 5-kantig .... ***Quercus petraea***
9 Zweige graubraun, Lentizellen zerstreut .... ***Quercus pubescens***
9* Zweige grünlich, Lentizellen zahlreich 10
10 Knospen kugelig eiförmig, graubraun behaart .... ***Quercus frainetto***
10* Knospen eiförmig, hell ockerbraun behaart .... ***Quercus pyrenaica***
11 Knospenschuppen ocker-grün, dunkel berandet, Sträucher .... *Quercus pontica*
11* Knospenschuppen rotbraun, Bäume .... ***Quercus macranthera***

Die folgenden drei europäischen Arten Trauben-, Stiel- und Flaum-Eiche sind nah miteinander verwandt und durch Übergangsformen/Hybriden verbunden.

Quercus petraea (MATT.) LIEBL., Trauben-Eiche
Knospen sehr variabel in der Größe: 3–10 mm lang, pyramidal-eiförmig, schwach 5-kantig, mehr als 1,5-mal so lang wie dick; mit zahlreichen ockerbraunen, dunkel berandeten und bewimperten bis behaarten Knospenschuppen. **Zweige** kahl, graubraun bis ockerbraun, leicht kantig oder etwas gefurcht. **Fruchtbecher** mit unverwachsenen Schuppen, fast sitzend und ungestielt. **Rinde** dunkel, dick und gefurcht, relativ variabel. Häufiger, von Europa bis Kleinasien verbreiteter, 20–30 m hoher Baum, mit meist durchgehendem Stamm.

Quercus robur L., Stiel-Eiche
Knospen meist gedrungener als bei der Trauben-Eiche, kurz kugelig-eiförmig, kaum kantig, bis etwa 1,5-mal so lang wie dick. **Zweige** kahl. **Fruchtbecher** mit verwachsenen Schuppen, an ± langem Siel sitzend. **Rinde** dunkel und dick, anfangs flach, später tief gefurcht. Häufiger, 30–40 m hoher Baum, meist breitkronig, mit starken Ästen und frei stehend ohne durchgehenden Stamm. Verbreitet in Europa bis zum Kaukasus.

Quercus pubescens WILLD., Flaum-Eiche
Knospen eiförmig, ähnlich der Trauben-Eiche (*Quercus petraea*), 4–8 mm lang, an den Knospenschuppen, vor allem zur Spitze, behaart. **Zweige** graubraun, leicht 5-kantig, graubraun behaart, zerstreut mit kleinen rundlichen Lentizellen. Großer reich verzweigter Strauch oder bis 20 m hoher Baum in West-, Mittel- und Südeuropa bis zum Kaukasus.

Quercus bicolor WILLD., Zweifarbige Eiche
Knospen kurz eiförmig bis fast kugelig, um 4 mm lang, Endknospen kaum größer als Seitenknospen. Knospenschuppen ockerbraun bis rotbraun, dunkel berandet und etwas behaart. **Zweige** graubraun bis olivbraun, mit rundlichen bis länglichen hellen Lentizellen. **Äste** (3- bis 7-jährig) oft mit in breiten Streifen dünn quer abrollender Rinde. **Stämme** mit schuppig ablösender, im Alter gleichmäßig tief längsrissiger Borke. Häufiger (als *Quercus alba*) angepflanzter, bis 20 m hoher Baum aus dem östlichen Nordamerika.

Quercus alba L., Weiß-Eiche
Knospen kurz eiförmig, fast kugelig, kahl oder Knospenschuppen etwas bewimpert. **Zweige** kahl, graubraun, mit abgetrocknetem alten Laub. **Rinde** charakteristisch: grau, unregelmäßig schmal längsfurchig, schuppig ablösend, an älteren Stämmen Borkenstücke mit dem unteren Ende nach außen gekrümmt. Selten anzutreffender, mittelgroßer, breitkroniger Baum aus dem östlichen Nordamerika.

Quercus macrocarpa MICHX., Klettenfrüchtige Eiche
Knospen gedrungen eiförmig, zugespitzt, am Zweig anliegend, bis 8 mm lang und 5 mm breit, mit graubraunen, fein anliegend weiß behaarten Knospenschuppen. Endknospe an der Basis mit einigen fädigen, abstehenden Nebenblättern. **Zweige** 4–5 mm dick, olivgrün bis hell graubraun, vor allem zur Spitze ± dicht behaart, teilweise sternhaarig. Lentizellen zerstreut: klein und ockerbraun. **Stämme** mit grauer, längsrissiger, sich in Schuppen ablösender Rinde. Bis 25 m hoher, breiter, häufig gepflanzter Baum aus Nordamerika.

Quercus montana WILLD., Kastanien-Eiche
[*Quercus prinus* L. nom. rej.]
Knospen stumpf eiförmig, bis 4–5 mm lang, Seitenknospen etwas kleiner als die Endknospen; Knospenschuppen matt ockerbraun bis graubraun, mitunter etwas berandet und zur Knospenspitze leicht behaart. **Zweige** anfangs behaart, verkahlend, grau- bis dunkelbraun, matt glänzend, mit zahlreichen hellen warzigen Lentizellen. **Rinde** mit tiefen Längsfurchen, die durch feinere Querfurchen unterbrochen sind. Bis 20 m hoher Baum aus Nordamerika.

[Sektion Mesobalanus]

Rinde tief gefurcht, Fruchtbecherschuppen verlängert und abstehend. Altweltlich.

Quercus frainetto TEN., Ungarische Eiche
Knospen stumpf eiförmig. Endknospen 6–8 mm lang und 3,5–5 mm dick, Seitenknospen deutlich kleiner. **Knospenschuppen** graubraun, vor allem zur Knospenspitze sehr dicht lang behaart; basal einige länglich fädig, aber nicht länger als die Knospe. **Zweige** olivgrün bis graubraun, zerstreut lang behaart, mit zahlreichen unauffälligen Lentizellen. Bis 30 m hoher, breitkroniger Baum. Vom südöstlichen Mitteleuropa bis Süditalien vorkommend und außerhalb des Verbreitungsgebiet gelegentlich angepflanzt.

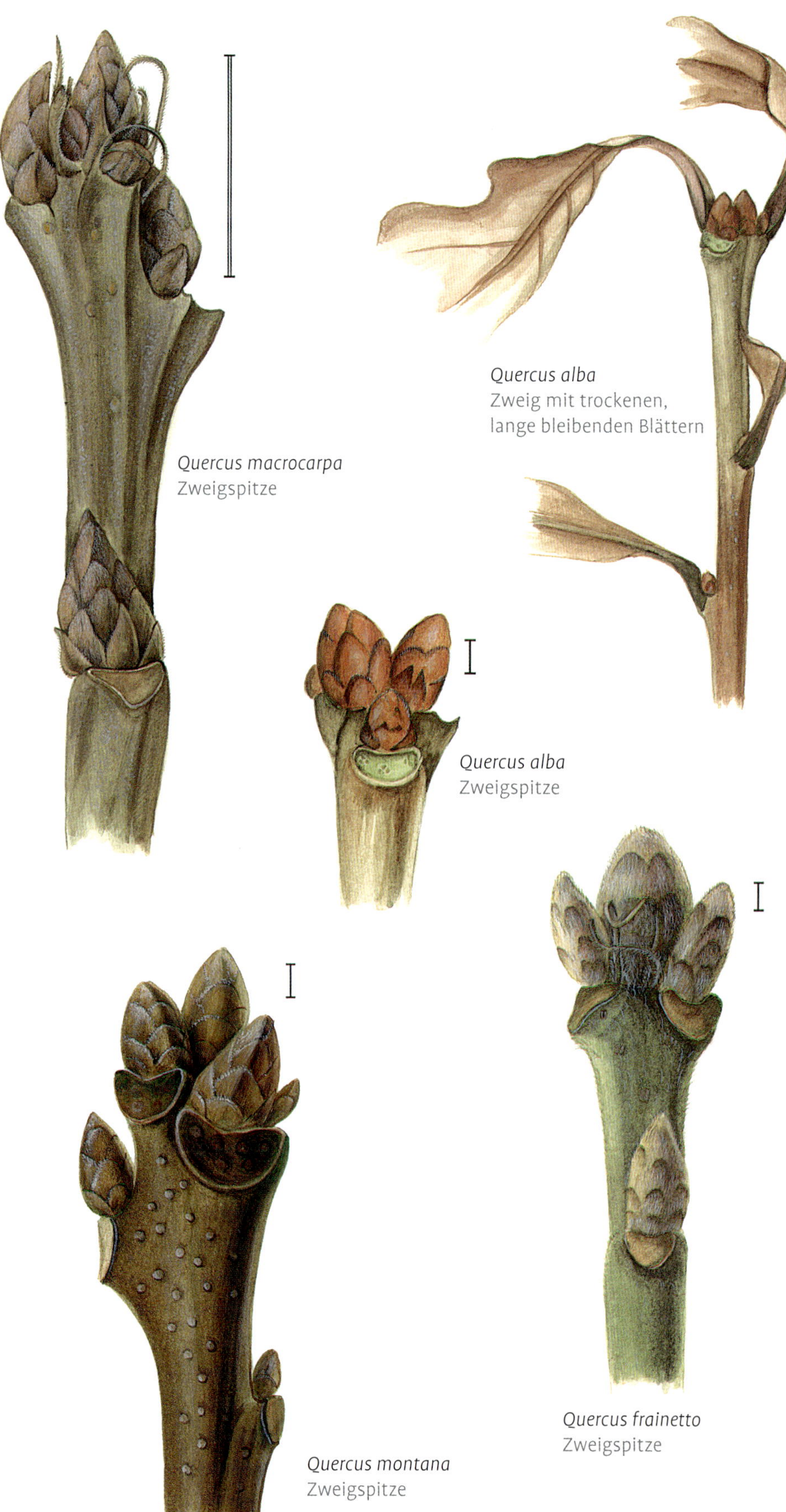

Quercus alba
Zweig mit trockenen, lange bleibenden Blättern

Quercus macrocarpa
Zweigspitze

Quercus alba
Zweigspitze

Quercus frainetto
Zweigspitze

Quercus montana
Zweigspitze

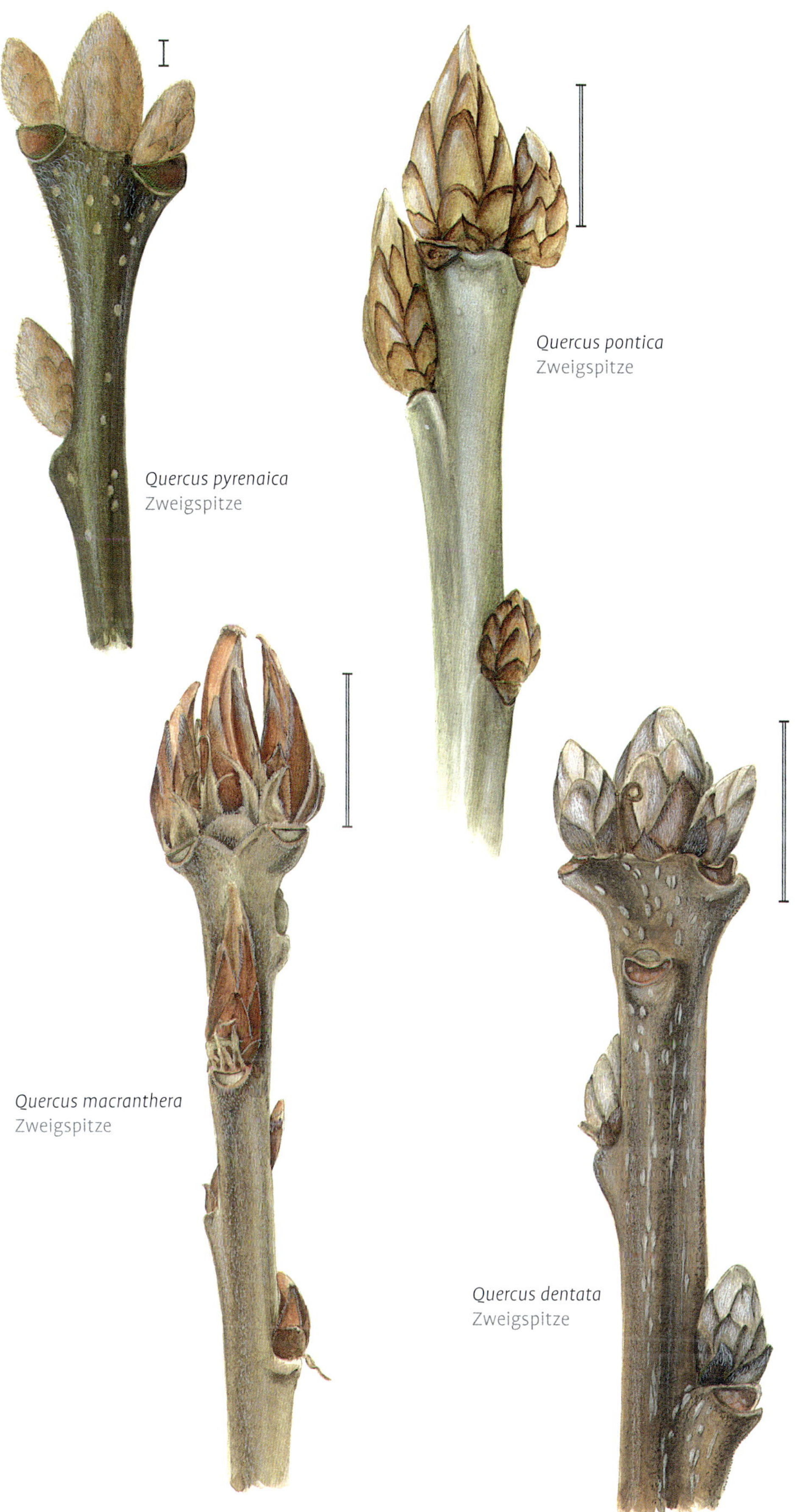
Quercus pyrenaica
Zweigspitze

Quercus pontica
Zweigspitze

Quercus macranthera
Zweigspitze

Quercus dentata
Zweigspitze

Quercus pyrenaica WILLD., Pyrenäen-Eiche
Knospen eiförmig, 4–7 mm lang, mit dicht behaarten, hell ockergelben bis bräunlichen, einfarbigen oder deutlich dunkler berandeten Knospenschuppen. **Zweige** olivgrün bis graubraun, mit zahlreichen Lentizellen, zur Spitze mit ± starken Resten filziger Behaarung. Bis 15 m hoher, in Südwesteuropa heimischer Baum.

Quercus pontica K. KOCH, Pontische Eiche
Knospen an der Zweigspitze gehäuft, kurz eiförmig, zugespitzt, bis etwa 15 mm lang, abgerundet 5-kantig und etwas 5-furchig. Seitenknospen nur wenig kleiner als die Endknospen. **Knospenschuppen** zahlreich, grünlich bis hell ocker, breit braun berandet, zur Spitze auch ganz braun und sehr fein anliegend behaart. **Zweige** dick, starr und kantig, olivbraun bis graubraun, meist kahl, mit feinen, hellen ockerbraunen Lentizellen, älter glatt silbrig graubraun glänzend und Lentizellen warzig, sich farblich kaum vom Zweig abhebend. Selten anzutreffender, bis 6 m hoher, locker verzweigter Strauch oder kleiner Baum aus dem Kaukasus.

Quercus macranthera FISCH. & C. A. MEY, Persische Eiche
Knospen länglich, stumpf kegelig, bis 15 (–20) mm lang. **Endknospe** ein wenig länger als die Seitenknospen, meist von ein bis zwei großen Seitenknospen flankiert. Seitenknospen am Zweig anliegend und teilweise um ihn herum gebogen. **Knospenschuppen** zahlreich, unterste klein und schmal pfriemlich, ockerbraun behaart, folgende Knospenschuppen fast kahl, nur Ränder silbriggrau behaart und oberste dicht ocker-orangebraun behaart. **Zweige** dick, leicht 5-kantig, dunkelbraun, zur Spitze dicht, fein abstehend behaart, tiefer verkahlend und matt glänzend. Lentizellen unauffällig. **Blattnarben** dunkel graubraun, mit mehreren undeutlichen Spuren. **Rinde**: dünne, in großen Platten abblätternde Borke. Unverwechselbarer, vom Nordiran bis zum Kaukasus verbreiteter, gelegentlich angepflanzter, bis 20 m hoher Baum.

Quercus dentata THUNB., Kaiser-Eiche
Knospen kugelig-eiförmig, Endknospen etwa 8–12 mm, Seitenknospen 6–8 mm lang. Seitenknospen etwas abgeflacht, mit den Spitzen abstehend. Knospenschuppen: unterste etwas bräunlich bis grau, samtig schmutzig weiß behaart, oberste dichter, Knospenspitze dadurch heller. **Zweige** samtig behaart, dick

und starr, hellocker bis grauocker, mit zahlreichen hellen Lentizellen. **Blattnarben** auffallend rotbraun auf relativ großen Blattkissen. **Rinde** schwarzgraue, tief gefurchte Borke. Aus Ostasien stammender, selten gepflanzter, bis 25 m hoher Baum mit offener, breiter Krone.

Familie Juglandaceae, Walnussgewächse

Meist Bäume, seltener Sträucher, mit kräftigen Zweigen. **Knospen:** innerhalb der größeren Gattungen *Juglans*, *Carya* und *Pterocarya* nebeneinander Arten mit nackten Knospen und Arten mit Knospenschuppen (wie die fiedrigen Blätter und die Gesamtverbreitung der Taxa, ein Hinweis auf die tropische Herkunft der Familie); immer mit Endknospen (außer wenn Triebspitze durch Blütenstand aufgebraucht = große Narbe), Seitenknospen wechselständig, oft mit absteigenden Beiknospen. Typisch sind die Blattnarben: groß, abgerundet dreieckig und an den Seiten und der Oberkante ± eingeschnitten, wappenförmig. Gefäßbündelspuren in drei halbkreis- bis kreisförmigen, verbundenen bis deutlich zerteilten Gruppen.

Schlüssel Juglandaceae

1 Mark voll 3
1* Mark gefächert 2
2 Endknospen über 15 mm lang . . . . ***Pterocarya*** & *Cyclocarya*
2* Endknospen bis 15 mm lang . . ***Juglans***
3 Seitenknospen in großem Winkel vom Zweig abstehend, die ersten beiden Schuppen (Vorblätter) oft wenigstens basal verwachsen . . . . ***Carya***
3 Seitenknospen nicht sehr stark vom Zweig abstehend, erste Schuppen nicht verwachsen. Nüsse sehr klein, in zapfenartigen Ständen . . . . *Platycarya*

Juglans L., Walnuss

Sommergrüne Bäume, oft mit verzweigter Hauptachse, selten auch strauchförmig.
Der Knospenschutz ist in den verschiedenen Sektionen unterschiedlich ausgeprägt: Bei der Gewöhnlichen Walnuss, *Juglans regia*, bedecken Knospenschuppen die Knospen, während die Knospen der Arten anderer Sektionen nackt sind und die äußeren Knospenblätter deutlich gefiederte Spreiten besitzen. Hier unterscheidet sich die Form der äußeren Blätter der Endknospen deutlich. Während die Knospenblätter der Butternuss, *J. cinerea*, und der asiatischen Arten am Rand flügelig erweitert sind und so die Knospe umgreifen, sind sie in der Schwarznussverwandtschaft (Sektion *Rhysocaryon*), die von Nordamerika bis in die (sub-)tropischen Regionen Mittel- und Südamerikas vorkommt, im Querschnitt abgerundet. Männliche Blütenkätzchen überwintern nackt: Durch die dicht stehenden spiraligen Deckblättchen sehen sie wie kleine Zapfen aus. **Mark** dunkel, quer gefächert. Über 20, von Südeuropa bis Ostasien, in Nord- und Südamerika sowie in der Karibik vorkommende Arten.
Die windbestäubten Walnussarten hybridisieren leicht miteinander. Vor allem seltener kultivierte Arten werden oft von der allgegenwärtigen *Juglans regia* bestäubt. Da sie sich durch ihre Knospenschuppen von den seltener kultivierten Arten unterscheidet, sind auch die Hybriden, die eine Zwischenstellung im Knospenschutz einnehmen, im Winter erkennbar, wenn auch nicht immer zuzuordnen. Hilfreich sind im Winter unter den Bäumen zu findende Fruchtkerne.

Schlüssel *Juglans* nach Winterzweigen

1 Knospen nackt, ± dicht behaart 2
1* Knospen mit Knospenschuppen, die äußersten fast kahl . . . . . . ***Juglans regia***
2 Über der Blattnarbe mit fein behaarter, schmaler Wulst, Knospenblätter am Rand flügelig erweitert 3
2* Ohne behaarte Wulst über der Blattnarbe, Knospenblätter im Querschnitt abgerundet 4
3 Endknospe über 8 mm lang . . . . ***Juglans nigra***
3* Endknospe bis 6 mm lang . . . . *Juglans microcarpa*
4 Endknospen verlängert, kaum zugespitzt . . . . ***Juglans cinerea***
4* Endknospen kurz, kegelig zugespitzt . . . . *Juglans mandshurica* & *Juglans ailantifolia*

Schlüssel *Juglans* nach Fruchtkern

1 Kern dünnwandig und rel. glatt, leicht knackbar 2
1* Kern hart, dickwandig oder rau und scharfkantig 3
2 Steinkern kurz zugespitzt, über 2 cm dick . . . . ***Juglans regia***
2* Steinkern lang zugespitzt, meist unter 2 cm dick . . . . ***Juglans ailantifolia***

Juglans regia
Zweig

Juglans regia
Seitenknospe mit Beiknospe

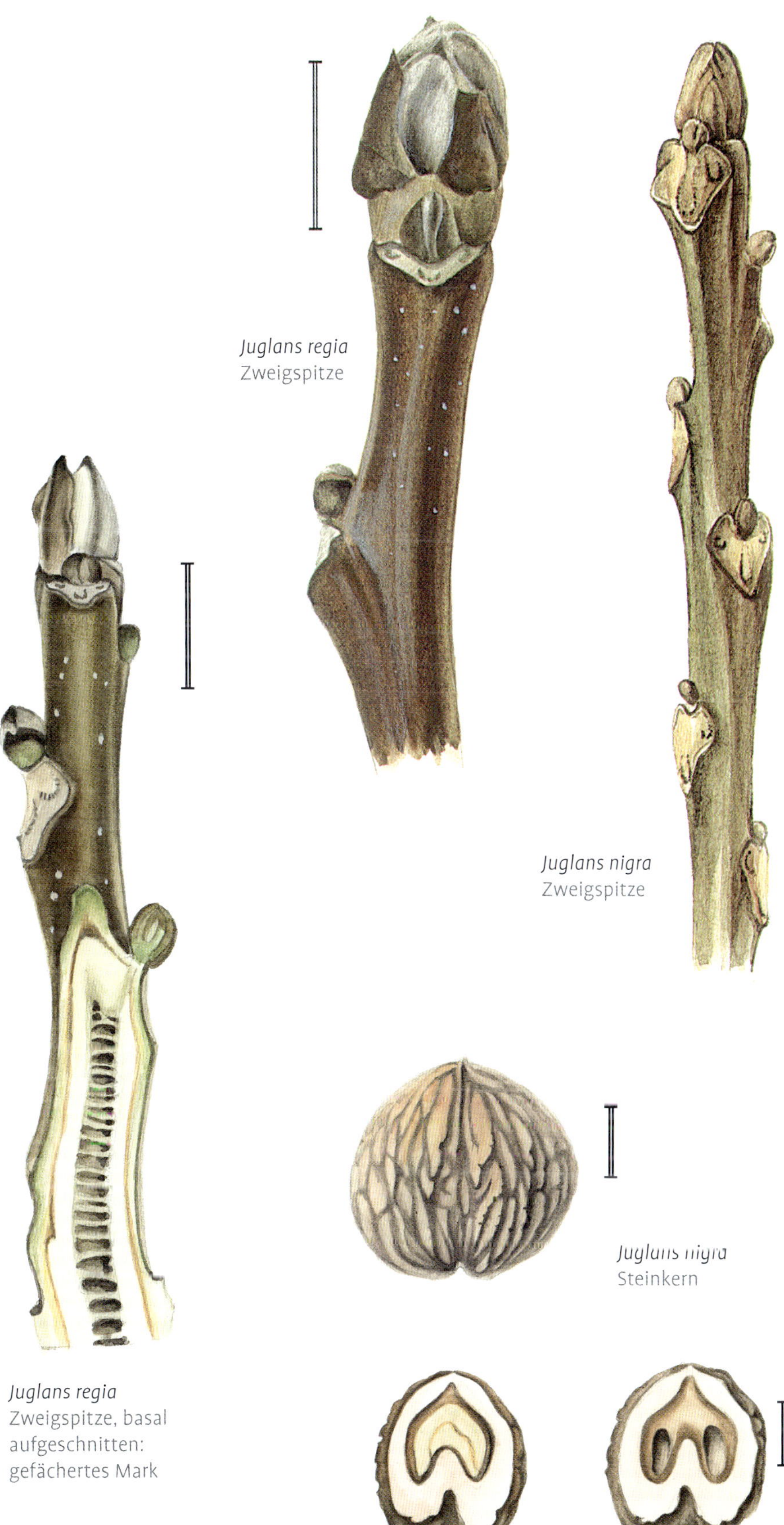

Juglans regia
Zweigspitze

Juglans nigra
Zweigspitze

Juglans regia
Zweigspitze, basal aufgeschnitten: gefächertes Mark

Juglans nigra
Steinkern

3 Steinkern mit wulstigem Saum . . . . *Juglans regia*-**Hybriden**
3* Steinkern nur mit schwachem Saum . . 4
4 Steinkern kugelig oder breiter als hoch, sehr dickwandig 5
4* Steinkern länglich 6
5 Durchmesser des Steinkerns bis 1,5 cm . . . . ***Juglans microcarpa***
5* Durchmesser des Steinkerns über 2,5 cm . . . . ***Juglans nigra***
6 Steinkern scharfkantig . ***Juglans cinerea***
6* Steinkern glatt . . ***Juglans mandshurica***

Sektion Juglans

Juglans regia **L., Gewöhnliche Walnuss**
Knospen 5–8 mm lang, breit ansitzend, halbkugelig bis kegelig-eiförmig, stumpf bis – vor allem kräftigere Knospen – etwas zugespitzt. An kräftigen Zweigen zur Zweigspitze gelegene Seitenknospen, besonders wenn durch Blüte und Frucht die Endknospe fehlt, ± stark gestielt und mit absteigenden Beiknospen. **Knospenschuppen** dünn, schuppig und abgerundet, graubraun, zur Spitze fein behaart. Die äußeren Schuppen sind von den folgenden differenziert: fast kahl, anfangs grünlich mit braunem Rand, später oft braun und hinfällig. **Zweige** dick, leicht kantig, kahl, olivgrün und olivbraun bis rotbraun, mit kleinen hellen strichförmigen Lentizellen. **Blattnarben** groß, an kräftigeren Zweigknoten so breit wie der Zweig, wappenförmig, mit 3 halbkreisförmigen Spurengruppen. **Rinde** hellgrau bis schwarzbraun, lange glatt bleibend, später rissig. Von Osteuropa bis Nordasien verbreiteter, im übrigen Europa gebietsweise eingebürgerter und seit alters her in Kultur befindlicher, bis 30 m hoher, breiter Baum.

Sektion Rhysocaryon

Sehr dickwandige, fast kugelige Steinkerne.

Juglans nigra **L., Schwarznuss**
Knospen nackt, kugelig bis eiförmig; Endknospen 5–6 mm lang, Seitenknospen meist kleiner, hell weißlich grau behaart, basal in die Zweigfarbe übergehend. **Zweige** dick: einjährige um 5 mm ∅, olivgrün bis rötlich braun, fein mit struppigen Sternhaaren und kleinen warzigen Lentizellen; später kahl und graubraun bis grau. **Blattnarben** auf deutlichen Kissen, familientypisch dreieckig wappen- bis herzförmig, am oberen Rand oft

so tief eingeschnitten, dass die u-förmige zentrale Spur nach oben mit dem Einschnitt zusammen läuft. Häufig gepflanzter, über 40 m hoher Baum aus Nordamerika.
Juglans ×intermedia **JACQUES**: meist starkwüchsige, forstlich angebaute F1-Hybriden mit *Juglans regia*. Ähnelt der Art, die Knospen sind länglicher und spitzer.
Selten wird ***Juglans microcarpa*** BERLAND. kultiviert. Der aus dem Süden der USA und aus Mexiko stammende Strauch oder kleine Baum ist in allen Teilen zierlicher als *Juglans nigra*.

Sektion Cardiocaryon

Juglans mandshurica MAXIM., Mandschurische Walnuss
Knospen nackt, die äußeren Blätter deutlich in Blattgrund mit flügelig verbreiterten Rändern und kleinem Oberblatt mit fiedriger Gliederung differenziert, samtig ockerbraun behaart. Endknospen 7–10 mm lang, kegeligeiförmig. Seitenknospen kugelig eiförmig, etwa 2–4 mm lang. **Zweige** rostbraun, fein behaart, mit rötlich-braunen Drüsenhaaren untersetzt. **Lentizellen** zahlreich, sehr hell. **Blattnarben** mit 3 Spuren, an der Oberkante mit schmaler, dicht fein filzig behaarter Wulst. **Fruchtkern** zugespitzt eiförmig, glatt oder scharfkantig. Aus Mittelasien stammender, gelegentlich gepflanzter, bis 20 m hoher, breiter Baum.
Die ebenfalls gelegentlich anzutreffende **Japanische Walnuss, *Juglans ailantifolia*** CARR. aus Japan unterscheidet sich kaum: **Zweige** nicht rötlich-drüsig behaart, hellbraun bis dunkler braun. **Fruchtkern** kugelig, zugespitzt, glatt.

Sektion Trachycaryon

Juglans cinerea L., Butternuss
Knospen nackt, fein samtig, hell ockerbraun behaart. Endknospen 10–15 mm lang, verlängert: zur Spitze kaum schmaler werdend. Seitenknospen kleiner, eiförmig. **Zweige** dick, rotbraun bis oliv, zur Spitze abstehend behaart, später verkahlend und dunkler violettbraun, mit Flächen absterbender grauer Epidermis. **Lentizellen** zahlreich, klein, hell orangebraun bis weißlich. Über der **Blattnarbe** mit fein, flaumig behaarter Wulst. **Fruchtkern** länglich, mit scharfkantigen Leisten. Häufig gepflanzter, bis 30 m hoher, breiter Baum aus Nordamerika.

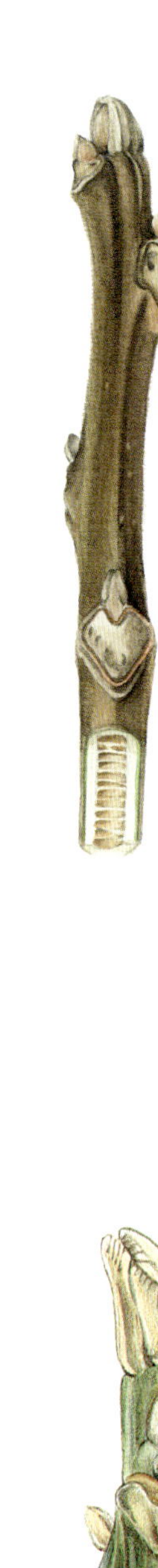

Juglans microcarpa
Zweigspitze

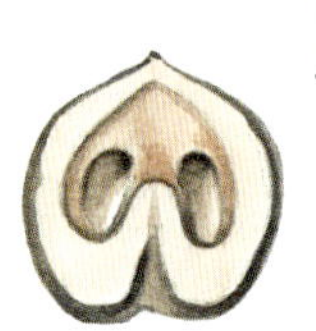

Juglans microcarpa
Steinkern

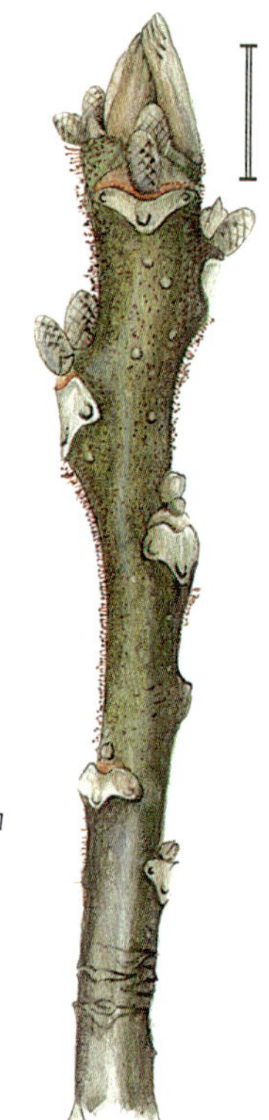

Juglans mandshurica
Zweigspitze

Juglans mandshurica
länglicher Steinkern

Juglans cinerea
Zweigspitze

Juglans cinerea
Endknospe

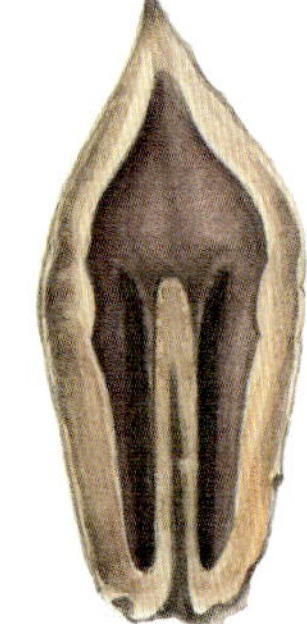

Juglans cinerea
scharfkantiger Steinkern

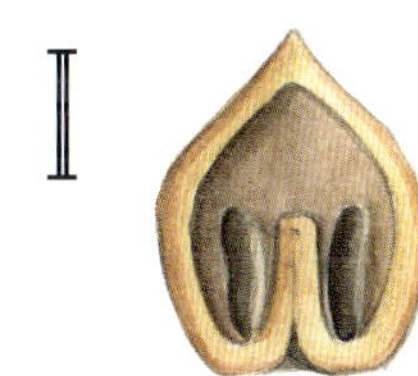

Juglans ailantifolia
Kleiner Steinkern

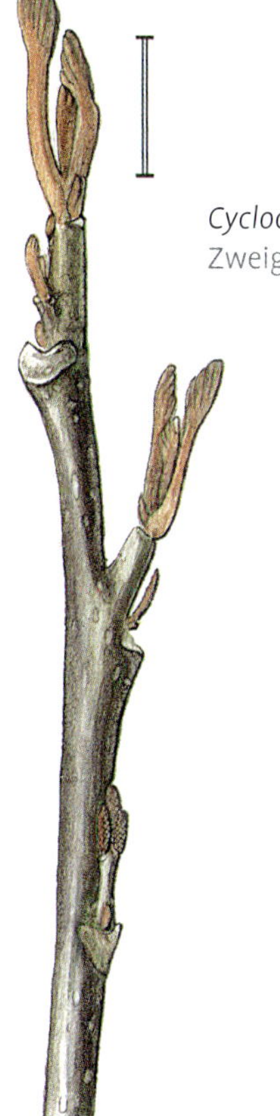

Cyclocarya paliurus
Zweigspitze

Cyclocarya paliurus
Allseits geflügelte Nuss

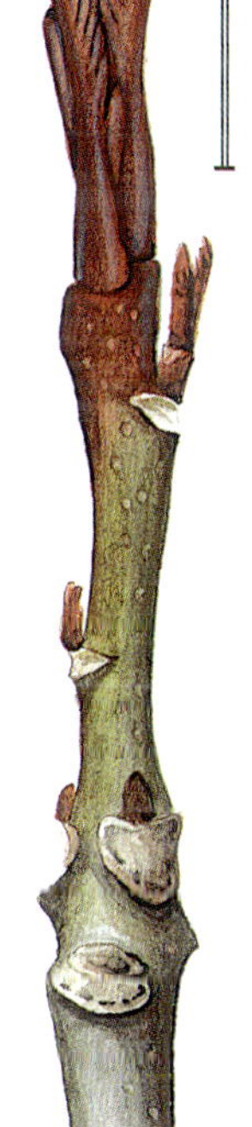

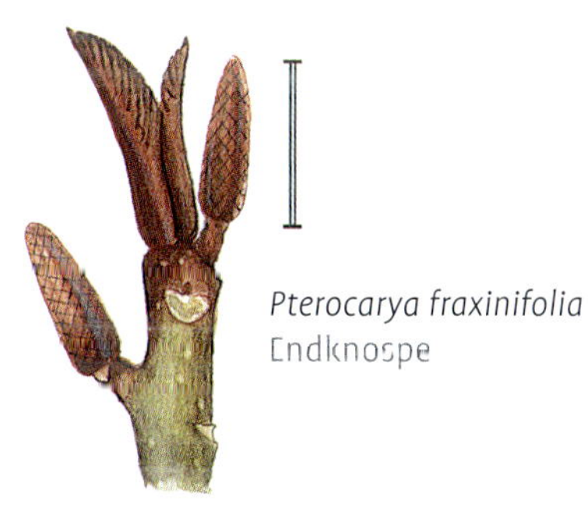

Pterocarya fraxinifolia
Endknospe

Pterocarya fraxinifolia
Zweigspitze

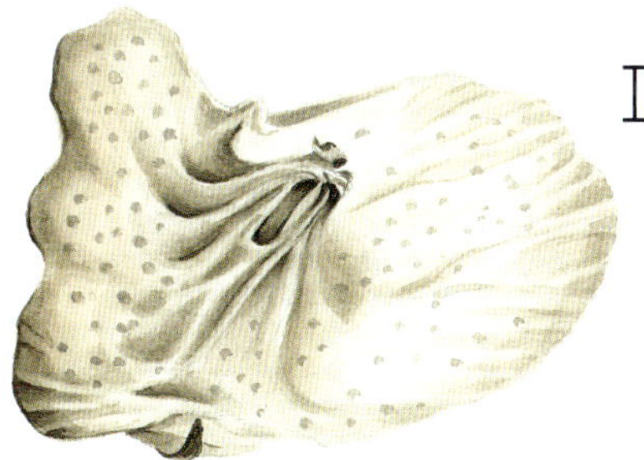

Pterocarya fraxinifolia
Kurz geflügelte Nuss

Pterocarya KUNTH & *Cyclocarya* ILJINSK., Flügelnüsse

Endknospen auffallend lang. **Mark** der Zweige gefächert. **Früchte** geflügelte Nüsse in langen, über den Winter hängenden Ähren. In etwa fünf Arten bzw. einer Art vom Kaukasus bis Ostasien verbreitete Bäume.

Schlüssel *Pterocarya* & *Cyclocarya*

1 Endknospen mit schwarzbraunen, hinfälligen Knospenschuppen, männliche Kätzchen erscheinen mit den weiblichen an den neuen Trieben . . . . *Pterocarya rhoifolia*

1* Knospen ohne Knospenschuppen, männliche Blütenkätzchen entstehen am vorjährigen Holz und überwintern nackt . 2

2 Männliche Blütenkätzchen einzeln, um 10 mm lang und 5 mm ∅; Frucht zweiseitig geflügelt 3

2* Männliche Blütenkätzchen zu 3–5, jeweils um 4 mm lang und 2 mm ∅; Frucht scheibenförmig, bis 4 cm ∅ . . . . *Cyclocarya paliurus*

3 Fruchtflügel breit, weniger als doppelt so lang wie breit . . ***Pterocarya fraxinifolia***

3* Fruchtflügel länglich, mehr als doppelt so lang wie breit . . . . *Pterocarya stenoptera*

Sektion Pterocarya

Knospen nackt, ± dicht samtig behaart. Die fiedrigen, nackten Knospenblätter stehen mit den Spreitenspitzen von der Endknospe ab. Ähnlich den Arten dieser Sektion ist die selten gepflanzte ***Cyclocarya paliurus*** (BATAL.) ILJINSK. ein Baum aus dem östlichen China mit großen, kreisförmig geflügelten Nüssen. Ihre Knospen bestehen aus wenigen schlanken länglichen Knospenblättern.

Pterocarya fraxinifolia (LAM. ex POIR.) SPACH, Kaukasische Flügelnuss
Knospen nackt, mit rotbrauner, etwas auf den Zweig übergreifender schuppiger Behaarung. Endknospen bis 20 mm lang, von 3–4 deutlich in Blattstiel und gefiederte Blattspreite differenzierten, rostbraunen, an den Spitzen abspreizenden Knospenblättern umhüllt. **Zweige** jung gelbgrün bis oliv, matt glänzend, mit hellen rundlichen bis länglichen Lentizellen. Mehrjährige Zweige mit absterbender Epidermis und zunehmend grauer. **Blattnarben** breit oval bis wappenförmig, mit 3 Spurengruppen. **Rinde**: sehr dunkle, tief gefurchte Borke. Männliche

Blütenknospen nackt überwinternd, sitzend bis gestielt, bis 1,2 cm lang und keglig, wie die Knospen rotbraun gefärbt. **Früchte**: breit geflügelte einsamige Nüsse, 1,5–2 cm breit, zahlreich, in bis 40 cm langen, hängenden Ähren. Sehr häufig gepflanzter, 20–30 m hoher, fast immer mehrstämmiger Baum, verbreitet vom Kaukasus bis Nordiran.
Die selten gepflanzte **Chinesische Flügelnuss**, ***Pterocarya stenoptera*** C. DC., ist im Winter nur an den länger und schmaler geflügelten Früchten unterscheidbar. Eine Zwischenstellung nimmt die Hybride beider Arten ***Pterocarya ×rehderiana*** C.K.Schneid. ein.

Sektion Platyptera

Knospen von (hinfälligen) Knospenschuppen bedeckt. Schmale Narben der vorjährigen Knospenschuppen markieren die Jahresgrenzen am Zweig.

Pterocarya rhoifolia Sieb. & Zucc.,
Japanische Flügelnuss
Knospen von 2–3 trockenen, dunkel schwarzbraunen Knospenschuppen bedeckt, die im Verlauf des Winters abfallen. Darunter liegende Knospenblätter dicht aneinanderliegend, sehr hell graubraun und fein behaart. Endknospen 15–25 mm lang, Seitenknospen kleiner und unterschiedlich lang gestielt. **Zweige** kahl, graugrün mit vielen hellen Lentizellen. **Blattnarben** wappenförmig mit 3 Spurengruppen. Aus Japan stammender, selten gepflanzter, bis 30 m hoher Baum.

Carya Nutt., Hickory

Zweige mit vollem Mark. **Knospen** wie die Zweige meist behaart und häufig mit Schildhaaren untersetzt. Vorblattschuppen der meist stark vom Zweig abstehenden Seitenknospen basal verwachsen. Männliche Blütenstände erscheinen erst nach Laubausbruch und sind daher im Winter nicht sichtbar.

Schlüssel *Carya*

1 Endknospen von Knospenschuppen bedeckt 2
1* Endknospen ± nackt, Knospenblätter mit deutlich fiedriger Blattspreite 6

Sektion *Carya*

2 Endknospen bis 12 mm lang, stumpf eiförmig, Zweige kahl 3

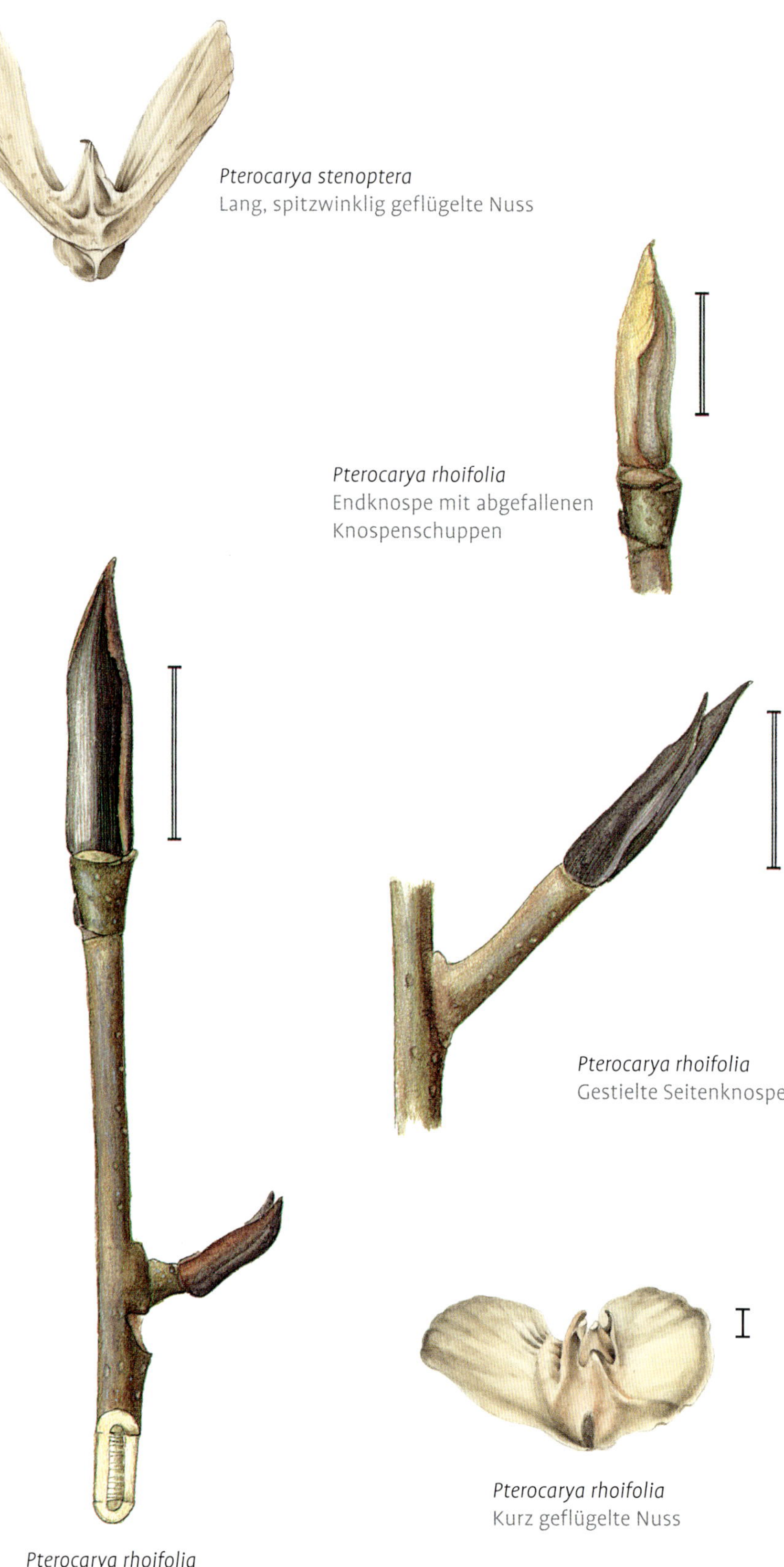

Pterocarya stenoptera
Lang, spitzwinklig geflügelte Nuss

Pterocarya rhoifolia
Endknospe mit abgefallenen Knospenschuppen

Pterocarya rhoifolia
Gestielte Seitenknospe

Pterocarya rhoifolia
Kurz geflügelte Nuss

Pterocarya rhoifolia
Zweigspitze: Knospen mit Knospenschuppen

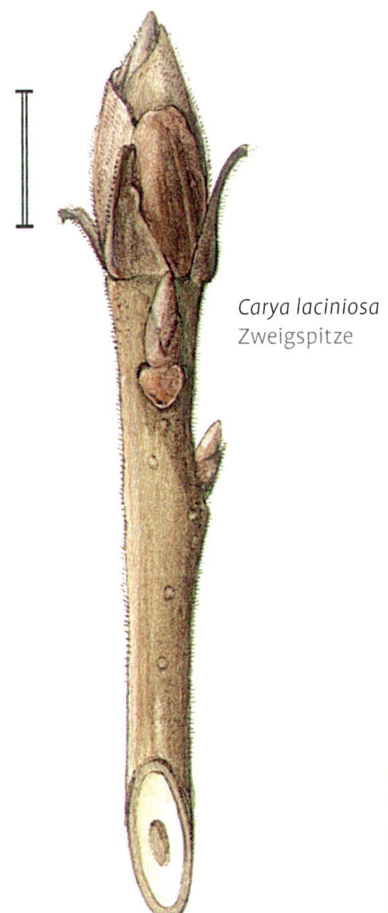

Carya laciniosa
Zweigspitze

Carya ovata
Zweigspitze

Carya laciniosa
Seitenknospe

Carya ovata
Frucht und Steinkern

2* Endknospen über 12 mm lang, eirund bis spitz kegelförmig, Zweige und Knospen meist behaart 5

3 Endknospe mehrschuppig, Knospenschuppen dachzieglig 4

3* Endknospe 2-schuppig, äußerste Knospenschuppen früh abfallend. Enden der diesjährigen Zweige dicht büschelhaarig . . . . *Carya alba*

4 Stamm eschenähnlich, Borke nicht abblätternd . . . . . *Carya glabra* var. *glabra*

4* Stamm struppig, mit abblätternder Borke . . . . *Carya glabra* var. *odorata*

5 Enden der diesjährigen Zweige lederfarben bis orangebraun, kantig, kräftiger. Endknospen deutlich über 15–20 mm lang . . . . *Carya laciniosa*

5* Enden der diesjährigen Zweige braun bis grau, elliptisch bis rundlich. Endknospen kleiner . . . . *Carya ovata*

Basale Arten

6 Knospen und Enden der diesjährigen Zweige graubraun, sternhaarig . . . . *Carya illinoinensis*

6* Knospen und Enden der diesjährigen Zweige mit gelben Schildhaaren bedeckt . . . . ***Carya cordiformis***

Sektion Carya

Knospen mit Knospenschuppen. Diese sich beim Austrieb durch interkalares Wachstum sehr stark vergrößernd.

Carya laciniosa (MICHX. f.) LOUD., Königsnuss
Knospen locker behaart und zerstreut mit Schildhaaren untersetzt. **Endknospen** bis etwa 25 mm lang, mit einigen braunen, etwas gekielten Knospenschuppen, die basalen Schuppen schmal, + abstehend und dichter behaart. **Seitenknospen** länglich eiförmig, Vorblattschuppen nicht weit verwachsenen. **Zweige** dick, ockerbraun bis grünlich braun, weich behaart. **Rinde** mit abrollenden, später abblätternden Platten. Blattspindeln der Fiederblätter lange trocken bleibend
Ähnlich, aber in allen Teilen kleiner ist die **Schuppenrinden Hickory, *Carya ovata*** (MILL.) K. KOCH: **Endknospen** 12–15 mm lang. **Zweige** dunkel purpurbraun, verkahlend; Rinde früh abblätternd. Beide Arten stammen aus Nordamerika und werden nur selten angepflanzt. Bis 40 m hohe Bäume.

Carya glabra var. ***odorata*** (MARSHALL) LITTLE, Süße Ferkelnuss
[*Carya ovalis* (WANG.) SARG.]
Knospen eiförmig, Schuppen mit gelblichen Schildhaaren besetzt, gelblich ocker bis schmutzig ockerbraun und an den Spitzen behaart. **Endknospen** größer, mit wenigen locker anliegenden oder etwas abstehenden Knospenschuppen. **Seitenknospen** stark vom Zweig abstehend, Vorblattschuppen basal bis zur Hälfte verwachsen. **Zweige** violett-rotbraun bis grauweißlich von absterbender Epidermis. **Lentizellen** punktförmig bis länglich. **Blattnarben** oval-dreieckig, mit vielen Spuren. **Rinde** schwach, erst sehr spät in schmalen Streifen ablösend. Selten gepflanzter, bis 30 m hoher Baum aus Nordamerika. Weitere, nur selten gepflanzte Bäume aus Nordamerika sind:
Carya tomentosa (LAM.) NUTT., die **Spottnuss**, ein bis 30 m großer Baum mit flach gefurchter Rinde. **Knospen** ockergelb bis schmutzig gelbgrün, einfach behaart und zerstreut schildhaarig. Endknospen eiförmig, mit anliegenden Knospenschuppen. Seitenknospen mit oft über die Hälfte verwachsenen Vorblattschuppen. **Zweige** gelbbraun bis violett-rotbraun, steif behaart, zerstreut mit weißlichen Schildhaaren. **Rinde** glatt oder fein gefältelt.
Carya glabra (MILL.) SWEET var. ***glabra***, die **Ferkelnuss**, ein 20–30 m hoher Baum. **Knospen** mit wenigen gelblich-braunen Knospenschuppen, äußerste Schuppen der Endknospe oft hinfällig. Seitenknospen vom Zweig abstehend, mit 2 basal verwachsenen Schuppen. **Zweige** braun, nur anfangs behaart, bald verkahlend. **Rinde** dunkelgrau, feinrissig und sich nicht ablösend.

Basale Arten

Endknospen mit wenigen, klappigen Blättern mit sichtbaren Oberblättern (Fiederstruktur).

Carya cordiformis (WANG.) K. KOCH, Bitternuss
Knospen intensiv dunkelgelb von gelben Schildhaaren. **Endknospen** nackt, schlank, um 15 mm lang, von wenigen Knospenblättern mit fiedernerviger Blattspreite umgeben. **Seitenknospen** 2–4 mm lang, von aneinanderstoßenden, aber nicht verwachsenen Vorblattschuppen umhüllt, mit kleineren absteigenden Beiknospen. **Zweige** olivgrün, an der Spitze mit Schildhaaren und dunklem Mark. **Stammrinde** flach netzig gerippt und mu-

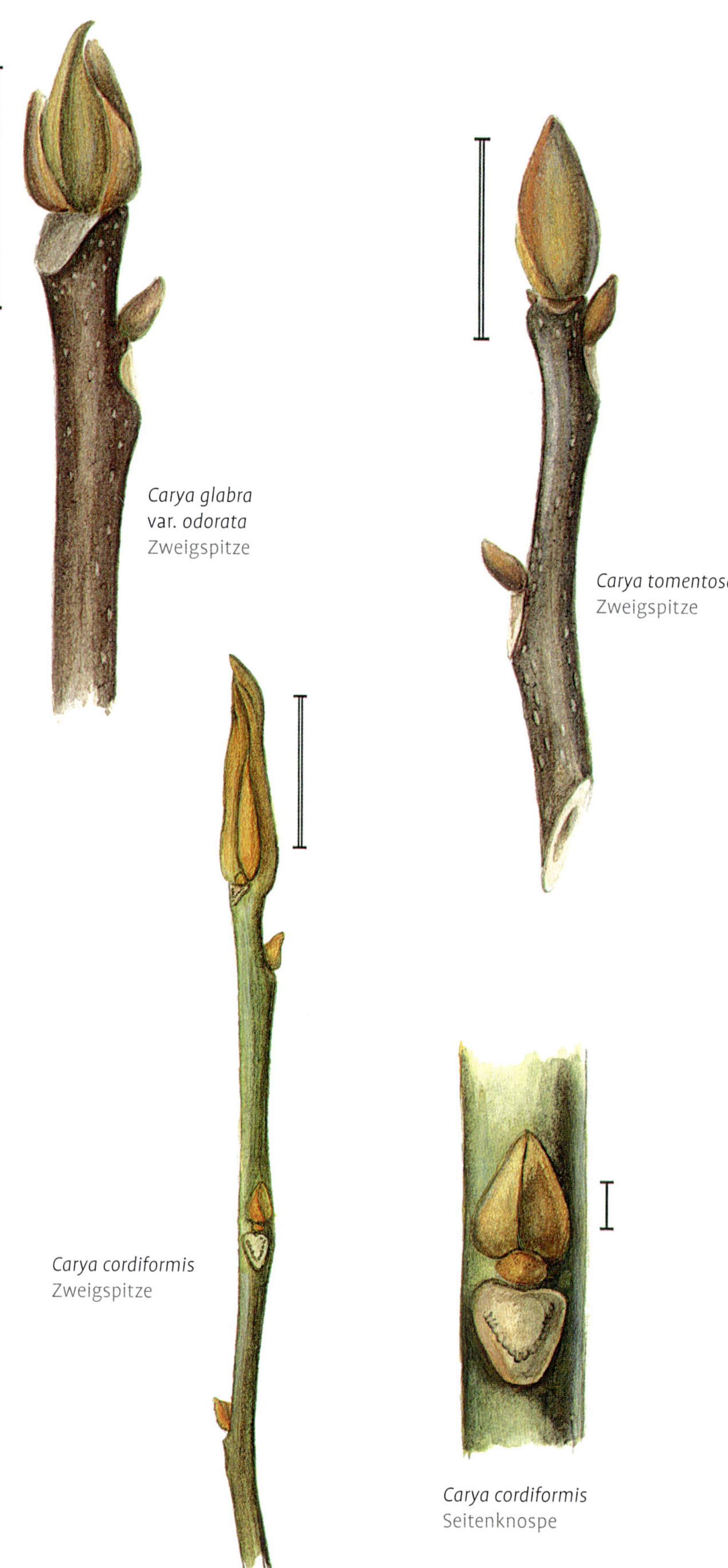

Carya glabra var. *odorata* Zweigspitze

Carya tomentosa Zweigspitze

Carya cordiformis Zweigspitze

Carya cordiformis Seitenknospe

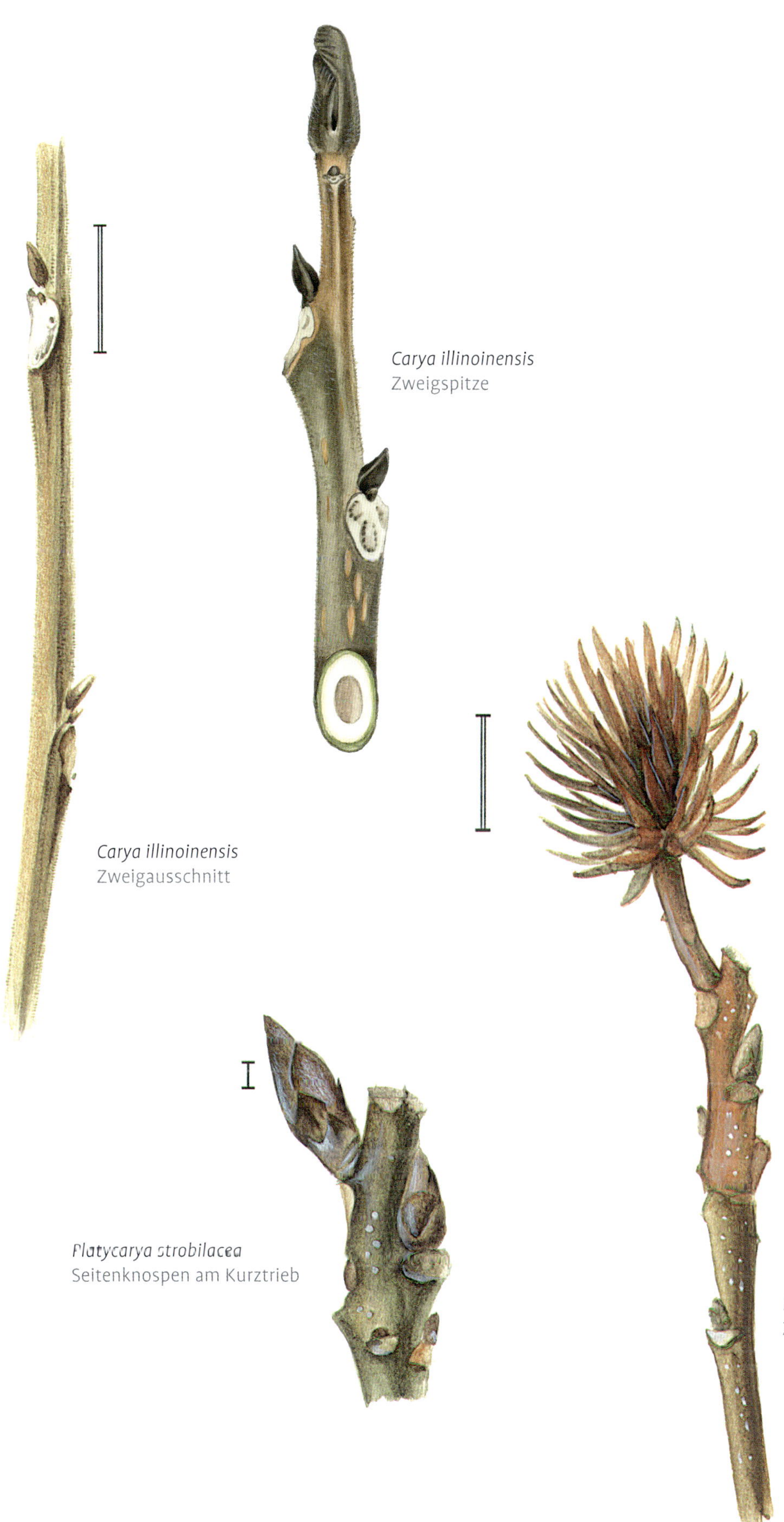

Carya illinoinensis
Zweigausschnitt

Carya illinoinensis
Zweigspitze

Platycarya strobilacea
Seitenknospen am Kurztrieb

Platycarya strobilacea
Zweig mit Fruchtzapfen

schelförmigen Schuppen ablösend. Meist früher als *Carya illinoinensis* austreibend. Bis 30 m hoher, gelegentlich gepflanzter Baum aus Nordamerika.

Carya illinoinensis (WANG.) K. KOCH, Pekannuss

Seitenknospen 3–4 mm lang, vom Zweig abstehend, Vorblattschuppen weit verwachsen, mit absteigenden Beiknospen. **Endknospen** um 12 mm lang, von etwa drei länglichen Blättern eingeschlossen. Knospenblätter dunkel rotbraun, behaart, zur Spitze deckend hell ocker, mit unauffälligen gelben Drüsen. **Zweige** ockerbraun bis grünbraun, rund und zur Spitze deutlich dünner werdend, etwas kantig, dicht fein, abstehend behaart. **Mark** dunkelbraun. Stamm hellbraun bis grau, mit erhabenen, sich vernetzenden Borkenrippen. Bis 30 (–44) m hoher, selten gepflanzter Baum aus Nordamerika.

Platycarya strobilacea SIEB. & ZUCC., Zapfennuss

Knospen bis etwa 7–9 mm lang, eiförmig, mit einigen schwach gekielten violettbraunen, zum Rand rotbraunen Knospenschuppen. Unterste zerstreut, oberste dicht weiß behaart. **Zweige** zur Spitze ockerrotbraun bis schmutzigbraun, unauffällig locker, anliegend behaart; ältere Zweigabschnitte graugrün bis graubraun, meist verkahlt. **Lentizellen** zahlreich, hell und deutlich vom Untergrund abgesetzt. **Blattnarben** familientypisch schildförmig. Auffallend sind die schon an jungen Pflanzen entwickelten Fruchtzapfen. Selten angepflanzter Strauch oder kleiner, bis 12 m hoher Baum aus China.

Familie Myricaceae, Gagelgewächse

Kleine, aus 4 Gattungen bestehende, Familie mit über 50 Arten. Die größte Gattung ist *Morella*, mit überwiegend immergrünen Arten. Zweige und Knospen meist mit gelben, aromatischen Drüsen. Seitenknospen spiralig am Zweig. Trotz des Besitzes von Nebenblättern bei *Comptonia*, Knospen wie bei der Schwesterfamilie der Walnussgewächse immer von Blattgrundschuppen eingeschlossen.

Schlüssel Myricaceae

1 Zweige mit Endknospe, männliche Blütenstände in kugelig-eiförmigen Seitenknospen, meist einige der länglichen, ± ganzrandigen Blätter bleibend .... *Morella pensylvanica*

1* Zweige ohne Endknospe, Triebspitze absterbend. Männliche Blütenknospen länglich 2

2 Neben den Blattnarben Nebenblattnarben. Meist einige der schmalen, fiederschnittigen Blätter trocken bleibend .... *Comptonia peregrina*

2* Ohne Nebenblattnarben. Die länglich eiförmigen bis lanzettlichen Blätter meist hinfällig .... *Myrica gale*

Myrica gale L., Gagel
[*Gale palustris* CHEV.]
Knospen, nur Seitenknospen, differenziert in: **männliche Blütenknospen** an den Zweigenden relativ dicht aufeinanderfolgend, abstehend, walzenförmig, 5–8 mm lang und 2,5 mm dick, mit zahlreichen, in 5 Zeilen stehenden, braunen, zugespitzten Knospenschuppen; **weibliche Blütenknospen** 3 mm lang, spitz eiförmig; **Blattknospen** basal an den Zweigen, unterhalb der Blüten(knospen)region, klein, 1,5–2 mm lang. **Zweige** dünn, graubraun bis rotbraun, fein weißlich behaart und mit gelben Harzdrüsen. Lentizellen klein, hell, zur Zweigbasis deutlicher. **Blattnarben** 3-spurig, mittlere Spur groß und gut erkennbar, die zwei am Rand kleiner und relativ undeutlich. Seltener, 0,5–1,2 m hoher, zweihäusiger, rutig aufstrebender Strauch. Die aromatischen Zweige mitunter mit erhalten bleibendem, trockenem Laub besetzt. Beheimatet in Nordamerika und in West- bis Nordeuropa.

Comptonia peregrina (L.) J.M. COULT., Farnmyrte
Knospen: Die Triebspitze stirbt ab und es gibt keine Endknospe. Unter der Triebspitze länglich walzenförmige **männliche Blütenknospen**: 7 mm lang und 3 mm dick, mit zahlreichen (über 30) zugespitzten Schuppen. Weibliche Blütenknospen tiefer am Zweig, etwa 3–4 mm lang, mit weniger als 30 Schuppen. Seitenknospen klein kugelig, um 2 mm ∅, von 4–6 Schuppen umhüllt (trotz des Besitzes von Nebenblättern, überall Blattgrundschuppen). **Zweige** um 1,5–2,5 mm dick, glänzend gelbgrün bis rotbraun, mit langen abstehenden Haaren und feinen gelben Drüsen. Lentizellen dunkel, rundlich. **Blattnarbe** klein, dreispurig, mit freien Nebenblattnarben. Sehr selten gepflanzter einhäusiger, bis 1 m hoher, ausläuferbildender Strauch aus dem Nordosten der USA.

Morella pensylvanica (MIRB.) KARTESZ
[*Myrica pensylvanica* MIRB.]
Endknospe schließt das Triebende ab: länglich, etwa 3 mm lang, mit ca. 8 Knospenschuppen, **Seitenknospen** kugelig, vom Zweig abstehend, gleichmäßig über den Langtrieb verteilt, zur Basis des Zweiges ein wenig größere männliche Blütenknospen. **Zweige** braun, glänzend, locker mit langen abstehenden Haaren und kleinen gelben Drüsen besetzt. Selten gepflanzter, um 1,5 m hoher Strauch aus dem östlichen Nordamerika.

Myrica gale
Zweig mit männlichen Blütenknospen

Myrica gale
Männliche Blütenknospen

Myrica gale
Weibliche Blütenknospe

Comptonia peregrina
Zweigspitze mit Blütenknospen und Blattresten

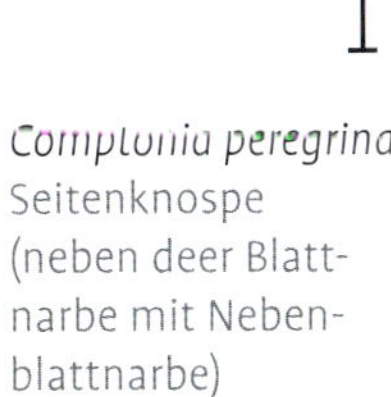

Comptonia peregrina
Seitenknospe (neben deer Blattnarbe mit Nebenblattnarbe)

Morella pensylvanica
Zweig mit Endknospe, Seitenknospe und unten Blütenknospe

Familie Betulaceae, Birkengewächse

Knospen, wechselständige Seitenknospen, Endknospen fehlend oder vorhanden. Knospenschuppen Nebenblätter (Ausnahme: erste Schuppe der Seitenknospen bei *Alnus* in der Untergattung *Alnaster*). **Blattnarben** 3-spurig. **Männliche Blüten** meist in nackt überwinternden länglich-walzenförmigen Kätzchen (Ausnahme: *Carpinus*). **Früchte** geflügelt, wenn ungeflügelt bilden die Vorblätter eine Hülle oder Flügel um die Frucht. In der Nordhemisphäre verbreitete sommergrüne Sträucher und Bäume.

Schlüssel Betulaceae

1 Langtriebe sehr selten mit Endknospe oder Knospen mit 4 oder mehr sichtbaren Knospenschuppen 2

Unterfamilie Betuloideae

1* Alle Langtriebe mit Endknospe, Seitenknospen spiralig in 1/3-Divergenz (Mark und Zweigspitzen oft 3-kantig), selten mit mehr als 3 sichtbaren Knospenschuppen. Fruchtstände holzige, nicht zerfallende Zapfen . . . . ***Alnus***

2 Nur Kurztriebe mit Endknospen (oder kleine, bis 2 m hohe Sträucher mit bis 3(–4) mm langen Knospen), Knospen mit 3 Paar Nebenblattschuppen. Früchte kleine, geflügelte Nüsse, in zerfallenden, meist walzenförmigen Ständen . . ***Betula***

2* Die meisten Zweige ohne Endknospe, Früchte anders 3

Unterfamilie Coryloideae

3 Knospen mit bis 10 sichtbaren Knospenschuppen, männliche Blütenstände überwintern nackt 4

3* Normal entwickelte Knospen mit über 20 sichtbaren Knospenschuppen, männlicher Blütenstand überwintert in der Knospe . . . . ***Carpinus***

4 Knospen gedrungen, stumpf eiförmig, meist mit weniger als 10 Knospenschuppen, Wuchs oft strauchförmig, wenn baumförmig, Zweige korkig hellgrau-ocker . . . . ***Corylus***

4* Wuchs meist baumförmig, Knospen länglich eiförmig, mit etwa 10 sichtbaren Knospenschuppen, Fruchtstand hopfenähnlich mit in hüllenförmig verwachsenen Vorblättern eingeschlossenen Früchten . . . . ***Ostrya***

Unterfamilie Betuloideae

Meist Bäume, seltener kleine bis mittelgroße Sträucher. Knospen in End- und Seitenknospen differenziert. **Früchte** kleine geflügelte Nüsse in eiförmigen bis zylindrischen Fruchtständen, die sich bei der Reife öffnen (*Alnus*) oder zerfallen (*Betula*).

Alnus Mill., Erle

Zweige dreizeilig beblättert, deshalb Zweige und Mark oft 3-kantig. Erstes Blatt der Seitenknospe, wie bei anderen Betulaceen auch, der Abstammungsachse zugewandt (adaxial). **Knospen** der baumförmigen Arten deutlich gestielt. Männliche, und in der Untergattung *Alnus* auch weibliche, **Blütenstände** nackt, ohne schützende Knospenhülle überwinternd. **Fruchtstände** verholzende, 1–2,5 cm lange Zapfen. **Blattnarben** innerhalb der Arten sehr variabel: von deutlich 3-spurig mit einer größeren zentralen, oft mehrteiligen und zwei kleineren Spuren in den Ecken bis undeutlich v-förmig verbundene Spuren. Neben den Blattnarben finden sich zwei schmale Nebenblattnarben.

Schlüssel *Alnus*

1 Knospen ± deutlich gestielt, meist Bäume 2

1* Knospen sitzend, Strauch . . . . ***Alnus alnobetula***

2 Stiel der Knospe weniger als halb so lang wie die Knospe, Zweige behaart oder kahl 3

2* Stiel halbe Länge der Knospe einnehmend, Zweige kahl . . . . . ***Alnus cordata***

3 Männliche Kätzchen rot . . . . *Alnus rubra*

3* Männliche Kätzchen ± grünlich 4

4 Zweige behaart 5

4* Zweige kahl, alte Borke schwärzlich und längsrissig . . . . ***Alnus glutinosa***

5 Fruchtzapfen klein, sitzend oder sehr kurz gestielt, Borke hellgrau und ± glatt . . . . ***Alnus incana***

5* Fruchtzapfen groß (bis 25 mm lang) deutlich gestielt . . . . *Alnus japonica* und Hybriden

Untergattung Alnaster

Seitenknospen sitzend, die erste Knospenschuppe ist eine einfache Schuppe, erst dann folgen Nebenblattschuppen. Weibliche Blütenstände in Knospen überwinternd. Wuchs oft strauchig.

Alnus alnobetula (EHRH.) K. KOCH, **Grün-Erle**
[*Alnus viridis* (CHAIX) DC.]
Knospen ungestielt, 8–12 mm lang, mit 3 äußeren Knospenschuppen: klebrig glänzend, lichtseits rot bis violettbraun, schattenseits gelbgrün. **Zweige** rund zur Spitze auch leicht 3-kantig, ocker, rotbraun bis graubraun, mit helleren kleinen länglich-ovalen Lentizellen. **Blattnarben** ± 3-spurig: mittlere Spur groß und deutlich, teilweise aus mehreren kleineren zusammengesetzt, seitliche kleiner und unauffällig. Mehrstämmiger, breiter, 0,5–3 m hoher Strauch der Mittelgebirge Europas.

Untergattung Alnus

Seitenknospen gestielt, ausschließlich von den Nebenblättern der äußersten Blätter umhüllt. Diese sind als typische Knospenschuppen ausgebildet. Da sich die dazugehörigen Laubblätter im Frühjahr meist entwickeln, auch als nackte Knospen einstuft. (Die Übergänge sind fließend und die ähnlich gebauten Knospen der Gattung *Hamamelis* werden aufgrund der Hinfälligkeit der Nebenblätter und ihrer dichten Behaarung meist als nackte Knospen bezeichnet.) Auch die weiblichen Blütenstände überwintern nackt, ohne Knospenschutz. Wuchs meist baumförmig.

Alnus cordata (LOISEL.) DUBY,
Herzblättrige Erle
Knospen 8–10 mm lang, deutlich und lang gestielt: Stiel etwa halbe Knospenlänge einnehmend. Eigentliche Knospe eiförmig, äußere Schuppe innere umgreifend. Knospenschuppen matt weinrot, schattenseits auch grünlich, ohne Wachsauflagerungen. **Zweige** kahl, rund oder schwach kantig, glatt, glänzend, im Schatten olivgrün und lichtseits bräunlich, großflächig von silbergrauer Epidermis bedeckt, mit feinen hellen Lentizellen. **Blattnarben** dunkel, halbrund, mit drei Spuren, wobei die mittlere Spur sich wiederum aus drei Spuren zusammensetzt. Bis 15 m hoher kegelförmiger Baum aus Korsika und Süditalien.

Alnus alnobetula
Zweig mit männlichen Blütenkätzchen

Alnus alnobetula
Seitenknospe

Alnus cordata
Zweig im März, mit männlichen Blütenkätzchen

Alnus cordata
Seitenknospen

Alnus rubra
Zweigspitze

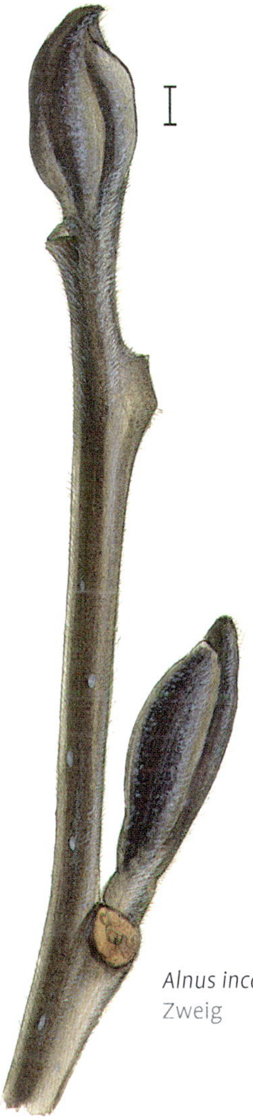

Alnus glutinosa Fruchtstandszapfen

Alnus incana Zweig

Alnus glutinosa Zweig

Alnus glutinosa (L.) GAERTN., Schwarz- oder Rot-Erle
Knospen 7–10 mm lang, kahl, länglich eiförmig, gestielt. **Zweige** kahl, anfangs drüsig-klebrig, im Querschnitt rundlich oder auch, vor allem stark wüchsige Triebe, zur Spitze ± scharf dreikantig. **Blattnarbe** mit 3 einzelnen Spuren, die oft zu einer v-förmigen Spur verbunden sind. **Rinde** älterer Bäume schwarz und längsrissig. Männliche **Kätzchen** zu 3–5 zusammen, 5–10 cm lang. Häufiger, von Europa bis Westasien, Westsibirien und Nordafrika verbreiteter, 10–25 m hoher Baum mit kegelförmiger Krone.

Alnus incana (L.) MOENCH, Grau-Erle
Knospen 8–10 mm lang, 2–3(–4) mm davon Stiel, länglich eiförmig, violett schwärzlich, ± wachsschuppig und zerstreut behaart. **Zweige** graubraun bis olivbraun und besonders unter der Triebspitze ± dicht weißlich behaart. Lentizellen vereinzelt bis zahlreich, hell grau bis ockerfarben. **Blattnarbe** v-förmig bis 3-spurig: mittlere Spur oft deutlich mehrteilig. **Rinde** hell grau, mehr oder weniger glatt bleibend und kaum aufreißend. Häufiger, meist mehrstämmiger, 10–20 m hoher Baum in Eurasien.

Alnus rubra BONG., Oregon-Erle
[*Alnus oregana* NUTT.]
Knospen relativ groß, oft >10 mm, ± rötlich bis zweigfarben, teilweise drüsig beschuppt und klebrig. **Zweige** immer kahl, anfangs klebrig und kantig, dunkel rot- bis purpurbraun, mit zerstreuten hellen Lentizellen. **Rinde** dünn und hellgrau. Blütenstände: männliche Kätzchen und weibliche Blütenzäpfchen – im Unterschied zu den anderen Erlenarten – auffallend rot. Seltener, 10–15 (–25) m hoher, schmal pyramidaler Baum mit leicht hängenden Zweigen aus Nordamerika.

Alnus rubra Zweig, unterhalb der männlichen Blütenkätzchen mit nackten kleinen weiblichen Blütenständen

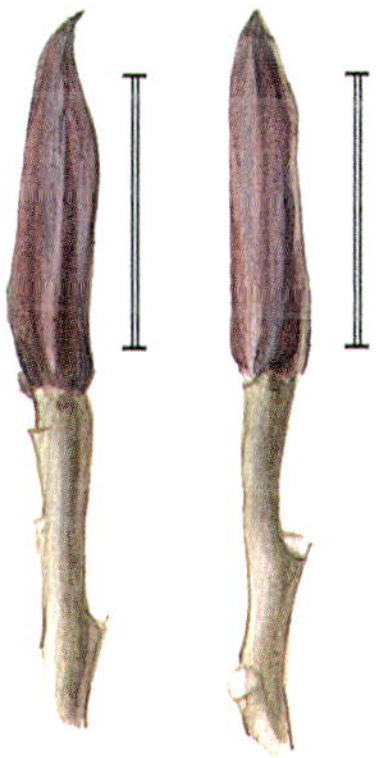

Alnus rubra Endknospen

Alnus japonica (THUNB.) STEUD., Japanische Erle

Knospen 8–10 mm lang, deutlich gestielt, der Stiel macht etwa ein Drittel der Gesamtlänge der Knospe aus. Knospenschuppen: meist 3 äußerlich sichtbare, dunkel weinrot- bis violettbraune Nebenblätter, von Wachsauflagerungen weißlich „bepudert" und zerstreut behaart. **Zweige** kahl oder stellenweise behaart, verkahlend; matt oder schwach glänzend, olivbraun, rund oder vor allem kräftige Langtriebe ± scharf dreikantig. Seltener, bis 25 m hoher Baum oder großer Strauch. Beheimatet in Ostasien: Japan, Mandschurei, Korea und Ussuri-Gebiet.
Häufiger, als Straßenbaum, ist die Hybride mit *Alnus subcardata* C. A. MEY. ***Alnus × spaethii*** CALLIER anzutreffen.

Betula L., Birke

Auf der Nordhalbkugel weitverbreitete Sträucher und Bäume. Mit einigen strauchförmigen Arten im Norden bis zur Baumgrenze vordringend. Viele Taxa können, abhängig von der Ploidistufe und der verwandtschaftlichen Nähe, miteinander hybridisieren und wiederum fruchtbare Nachkommen hervorbringen. Da die Pollen durch den Wind weit getragen werden, kann es in einer Region z. B. nur eine weißrindige diploide Art wie *Betula pendula* geben.
Knospen: 5- bis 6-schuppige Endknospen an seitlichen Kurztrieben und 3- bis 5-schuppige Seitenknospen an den Langtrieben. Die männlichen Blüten überwintern in nackten länglichen Kätzchen, die weiblichen erscheinen erst mit dem Laubausbruch.
Blattstellung spiralig, in der 2/5-Divergenz, bei der 5 Blätter einen Zyklus bilden und das 6. Blatt nach zwei Umläufen über dem 1. steht. An Kurztrieben entwickeln sich jedes Jahr meist die 5 Blätter eines Zyklus': zwei Laubblättern folgen drei Nebenblattpaare, die Knospenschuppen der Endknospe. Im nächsten Jahr beginnt der Zyklus mit zwei neuen Laubblättern, die in derselben Position stehen, wie die des Vorjahres. Die Laubblattnarben vieler Jahre täuschen dadurch an längeren Kurztrieben leicht eine Zweizeiligkeit vor (vgl. S. 170 Abbildung „*Betula alleghaniensis*-Kurztrieb").
Wichtigste Unterscheidungshilfen bei den Birken sind Wuchsform, Rinde, Knospengröße sowie Lentizellen und Zweigbehaarung. Häufig sind Stämme mit auffallend heller, rein weißer bis bronzebrauner, sich in dünnen papierartigen Fetzen ablösendem Ringelkork, seltener dunklere Schuppen- oder Streifenborke.

Schlüssel *Betula*

1 Bäume, Knospen über 5 mm lang ... 3
1* Sträucher, Knospen bis 4 mm lang ... 2

Sektion Apterocaryon

2 Zweige dicht behaart, männliche Blütenstände unauffällig. . . . . ***Betula nana***
2* Zweige verkahlend, dicht hell warzig, männliche Blütenkätzchen gut sichtbar . . . . *Betula humilis*

Sektion Acuminatae

3 Seitenknospen über 3 mm dick . . . . ***Betula maximowicziana***
3* Seitenknospen dünner 4
4 Rinde an jüngeren oder älteren Ästen/Stämmen glatt und in Querstreifen abrollend (Fetzen sich lösend oder bleibend), weiß bis grauweiß, tlw. mit Rot- oder Gelbtönen, mitunter basal mit (stellenweise) schwarze Borke 6
4* Rinde braun bis schwarzbraun, rel. dunkel, aromatisch 5

Sektion Lentae

5 Knospen bis 8 mm lang; Rinde nicht abrollend . . . . ***Betula lenta***
5* Knospen oft über 10 mm lang, Rinde gelb- bis graubraun, ansatzweise abrollend . . . . ***Betula alleghaniensis***

Sektion Dahuricae

6 Ganzer Stamm relativ dicht mit mittelgroßen Fetzen bleibender abrollender Rinde besetzt, ältere Rinde schwärzlich . . . . ***Betula nigra***
6* Rinde relativ glatt, wenn sich großflächig Rindenbereiche lösen, dann daneben mit größeren glatten Rindenflächen 7
7 Zweige kahl, oft mit warzigen Lentizellen 8
7* Zweige behaart (wenigstens Reste der Behaarung erhalten) 9
8 Rinde älterer Stämme weiß bis grau 12

Sektion Betulae

***Betula utilis*-Umkreis**

8* Rinde nur anfangs weiß, bald gelblich bis rosa getönt . . . . ***Betula ermanii***
9 (7) Rinde rein weiß bis grau 10
9* Rinde orangebraun oder gelb- bis graubraun, Knospen 5–8 mm lang . . . . ***Betula albosinensis***
10 Rinde rein weiß, großflächig abrollend 11
10* Rinde schmutzig weiß bis grau . . . . ***Betula pubescens***
11 Zweige harzdrüsig . . . . ***Betula utilis*** var. ***jacquemontii***

***Betula pendula*-Umkreis**

11* Zweige mit hellen Lentizellen . . . . ***Betula papyrifera***

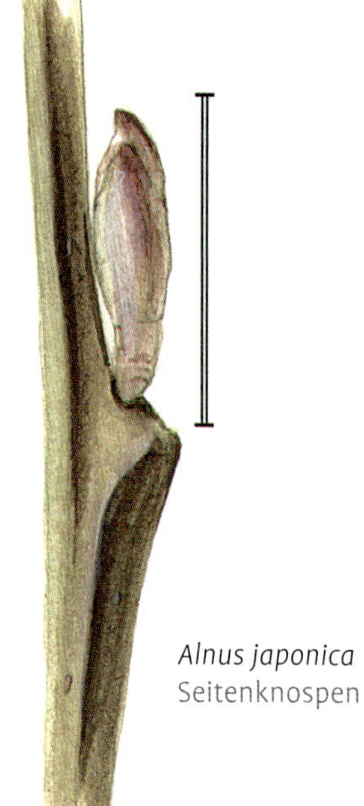

Alnus japonica
Seitenknospen

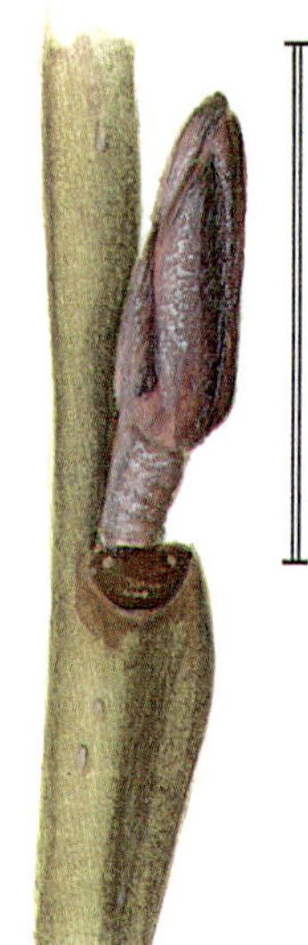

Alnus japonica
Seitenknospen

Betula nana
Zweigspitze
mit echter
Endknospe

Betula maximowicziana
Zweig

Betula humilis
Zweigspitze
meist ohne
echte Endknospe

Betula maximowicziana
Seitenknospe

12 Rinde kaum abrollend 13
12* Rinde weiß, abrollend, basal oft schwarz borkig . . . . . . ***Betula pendula***
13 Rinde mehlig, weiß ***Betula platyphylla***
13* Rinde grau, im Alter schwarz rissig . . . . ***Betula populifolia***

Strauchbirken, Sektion Apterocaryon

Betula nana L., Zwerg-Birke
Knospen kugelig bis kurz eiförmig, 2–3 mm lang, zur Zweigspitze oft größer. Knospenschuppen dunkel rotbraun, glänzend und lang locker behaart. **Zweige** dunkel graubraun bis schwarzbraun, fein filzig behaart; dicht mit großen hellen Lentizellen. Blattkissen deutlich, aber die Zweigform nicht wesentlich beeinflussend. Männliche Blütenstände 4 bis 5 mm langen Knospen. In Nordeuropa bis Sibirien vorkommender 0,5–1 m hoher Strauch mit schwarzgrauer, kaum abblätternder Rinde.

Betula humilis SCHRANK, Strauch-Birke
Knospen klein, 2–3 mm lang, (länglich) eiförmig, mit 3–5 graubraunen, an den Rändern bewimperten Knospenschuppen. **Zweige** graubraun bis rotbraun, meist ganz kahl und ± glänzend, relativ dünn und kantig durch die proportional großen Blattkissen; mit vielen kleinen hellen Warzen. Seltener, dicht verzweigter, 0,5–2 m hoher Strauch; beheimatet in Mitteleuropa am Nordrand der Alpen und in Nordeuropa östlich bis Kamtschatka.

Sektion Acuminatae

Betula maximowicziana REGEL, Lindenblättrige Birke
Knospen 10–12 mm lang und über 3 mm dick, an der Zweigspitze am Zweig anliegend, tiefer etwas abstehend. Knospenschuppen basal oliv-gelbgrün bis ockerbraun, rotbraun- bis dunkelbraun berandet. **Zweige** verhältnismäßig dick, ocker-rotbraun, mit Resten feiner grauer Behaarung und deutlich abgesetzten, warzigen, hellgrauen Lentizellen. **Rinde** anfänglich orangebraun, später heller grau bis orange und dünn abrollend. Gelegentlich gepflanzter, 20–30 m hoher Baum aus Japan.

Sektion Lentae

Betula alleghaniensis Britt., Gelb-Birke
[*Betula lutea* Michx. nom. illeg.]
Knospen relativ groß, oft über 10 mm lang, länglich eiförmig, zugespitzt, mit glänzend dunkel rotbraunen, an den Rändern bewimperten Knospenschuppen. **Zweige** anfangs fein behaart (Lupe!), hell ockerbraun bis silbriggrau von heller Epidermis, später abblätternd und ältere Zweige glänzend dunkel violettbraun. **Lentizellen** zahlreich: punktförmig, warzig, hell ockerbraun bis weißgrau. **Früchte** im Winter oft anzutreffen: aufrecht stehende, 2–3 cm lange und 2 cm dicke Kätzchen, Fruchtschuppen 8–10 mm lang, 3-lappig. **Rinde** aromatisch, gelbbraun bis graubraun, in Streifen abrollend. Gelegentlich gepflanzter, 20–25 m hoher, breitkroniger Baum aus Nordamerika.

Betula lenta L., Zucker-Birke
Knospen um 8 mm lang, meist ± deutlich zugespitzt. Seitenknospen leicht vom Zweig abstehend. Endknospen an der Spitze von oft aus mehreren Zuwächsen bestehenden Kurztrieben: relativ dünn und kegelig-zugespitzt. **Knospenschuppen** an den Rändern lang behaart, basal teilweise grün, zur Spitze über violettbraun bis dunkelbraun oder ganz braun. **Zweige** graugrün bis graubraun, Langtriebe zur Spitze lang behaart, mit hellen runden Lentizellen. **Blattnarben** abgerundet halbkreisförmig, 3-spurig. **Rinde** dunkel, rotbraun bis schwärzlich, aufreißend, aber nicht abrollend, aromatisch-süßlich. Gelegentlich gepflanzter, bis 25 m hoher Baum aus Nordamerika mit aufrechter, schmaler Krone.

Sektion Dahuricae

Betula nigra L., Schwarz-Birke
Knospen 8–10 mm lang, länglich eiförmig, abgestumpft, leicht abstehend. **Knospenschuppen** rotbraun, an den Rändern leicht bewimpert. **Zweige** hell grau- bis orangebraun, fein behaart oder kahl, mit zerstreuten, kleinen, hellen Lentizellen. **Rinde** rot- bis gelbbraun, kraus aufgerollt, nicht (!) ablösend; später dunkelbraun bis schwarz, hart und grob. Oft mehrstämmiger, häufig gepflanzter, bis 15 (–20) m hoher Baum aus den östlichen USA. Nahe stehen *Betula dahurica* Pall. und *Betula raddeana* Trautv.

Betula lenta
Endknospe am Kurztrieb

Betula alleghaniensis
Kurztrieb

Betula alleghaniensis
Langtriebspitze

Betula lenta
Seitenknospe

Betula nigra
Zweig mit männlichen Blütenkätzchen

Betula nigra
Seitenknospe

Betula utilis var. *jacquemontii*
Endständige Seitenknospe

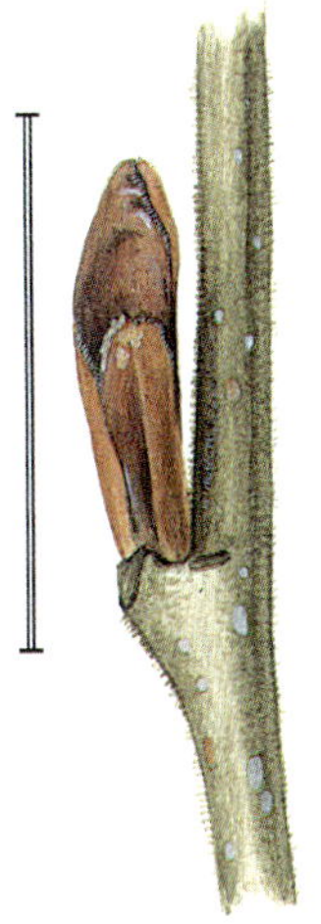

Betula utilis var. *jacquemontii*
Seitenknospe

Betula albosinensis
Seitenknospe

Betula albosinensis
Endknospe am Kurztrieb

Betula albosinensis
Seitenknospe

Betula ermanii
Zweig mit nackt überwinternden männlichen Blütenkätzchen

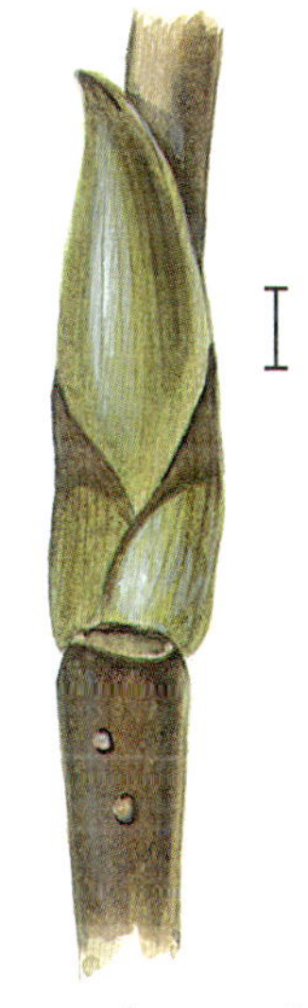

Betula ermanii
Seitenknospe

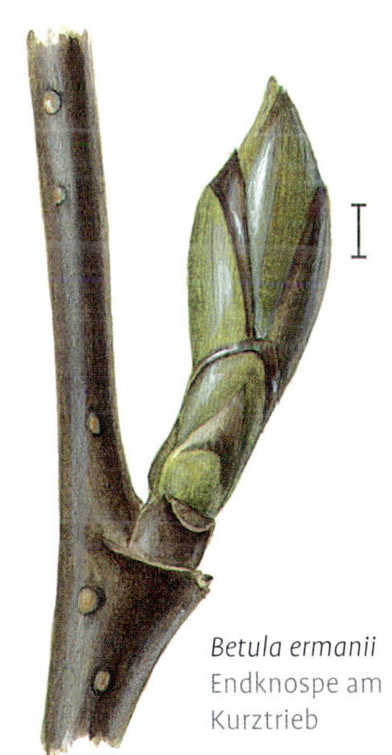

Betula ermanii
Endknospe am Kurztrieb

Sektion Betula

Betula utilis D. DON aggr.
Eine über ganz Asien vom Himalaja bis Japan verbreitete, aufgrund der schönen glatten Rinden sehr attraktive und gern gepflanzte Verwandtschaft:

Betula utilis **var. *jacquemontii*** (SPACH) WINKL., **Weißrindige Himalaja-Birke**
[*Betula jacquemontii* SPACH]
Knospen 7–9 mm lang, länglich eiförmig, leicht zugespitzt oder fast stumpf, mit rotbraunen, am Rande leicht bewimperten und etwas harzigen Schuppen. **Zweige** anfangs grau und matt, sehr fein behaart, mit zahlreichen kleinen, hellen, länglichen Lentizellen. **Rinde** glatt und rein weiß, fein abrollend. Häufig gepflanzter, 15–20 m hoher Baum aus dem westlichen Himalaja.
Hier schließen sich die folgenden beiden Taxa an:

Betula albosinensis BURK., **Chinesische Birke**
Knospen länglich eiförmig, zugespitzt oder stumpf. **Seitenknospen** 6–8 mm lang, mit 3–4 äußeren Knospenschuppen, dabei die untersten 2 bis oder etwas über die halbe Knospenhöhe reichend. **Endknospen** wenig größer, meist stumpf, mit 5–7 äußeren Schuppen. **Knospenschuppen** grün, dunkel berandet, klebrig-glänzend, unterste schwach bewimpert. **Zweige** graubraun und fein behaart, zerstreut mit hellen punktförmigen Lentizellen. **Rinde** orange bis rotorange und anfangs bläulichweiß bereift, sehr dünn abrollend. Häufiger, aus China stammender 10–20 m hoher Baum.

Betula ermanii CHAM., **Ermans- oder Gold-Birke**
Seitenknospen 7–8 mm lang mit 3(–4) Knospenschuppen, die unteren 2 nicht bis zur Hälfte reichend, **Endknospen** bis etwa 9 mm lang mit 5–6 Schuppen. **Knospenschuppen** grün, mit breitem, braunem Rand, dieser oft so breit, dass die Knospen fast ganz braun sind. **Zweige** dünn und kahl, dicht warzig, glänzend olivbraun bis braun, älter violettbraun. **Rinde** jung weiß, später gelblichweiß bis stumpf rosafarben, in breiten dünnen Querstreifen abblätternd. Fruchtstände im Winter meist bleibend: zylindrisch-eiförmig, 2–3 cm lang. Häufiger, bis 20 m hoher, großer Strauch oder Baum aus Ostasien.

Betula pubescens **EHRH.** (nom. nud.), Moor-Birke
Knospen 6–8 mm lang, mit einigen bräunlichen, basal auch ± grünlichen, bewimperten Knospenschuppen. **Zweige** jung braun und dicht fein flaumig behaart, später graubraun; mit wenigen Lentizellen. **Rinde** lange grauweiß, in dünnen Streifen abrollend, erst spät am Stammfuß schwach rissige Borke. Krone aufrecht und starr: Zweige nicht überhängend. Überwiegend auf feuchten Standorten verbreiteter, 10–30 m hoher, oft mehrstämmiger Baum. Gelegentlich anzutreffende, von Europa bis Sibirien, Kleinasien und zum Kaukasus verbreitete Art.

Betula pendula **ROTH**, Sand-Birke
Knospen 6–8 mm lang, länglich eiförmig, mit braunen bis grünlichen Knospenschuppen, oft mit ± glänzendem, wachsig-harzigem Belag. **Zweige** dünn, kahl, graubraun bis braun; dicht mit kleinen höckerigen Warzen besetzt. **Rinde** weiß, in Querstreifen abrollend, zur Stammbasis in schwarze, tief rissige Borke übergehend. 10–25 m hoher Baum mit lockerer kegelförmiger Krone und stark überhängenden dünnen Zweigen. Häufigste Birkenart. Natürlich über ganz Europa, bis Nordafrika und Nordiran im Süden und zum Kaukasus und Sibirien im Osten vorkommend.
Die folgenden drei Taxa ähneln der Sand-Birke, *Betula pendula*, sehr und hybridisieren leicht mit ihr. Da in den Botanischen Sammlungen in der Vergangenheit oft Saatgut von kultivierten Birken gewonnen wurde, sind viele Altbäume schwer zuzuordnen.

Betula papyrifera **MARSH.**, Papier-Birke
Knospen stumpf eiförmig, um 6–7 mm lang, mit einigen dunkelbraunen bis ockerbraunen, ± behaarten und harzig klebrigen Knospenschuppen. **Zweige** dunkel violettbraun, zur Spitze ± behaart und teilweise sehr dicht grau-warzig. Lentizellen hell ocker bis orangebraun, rundlich bis länglich. **Rinde** rein weiß und lange glatt, sich in papierartigen breiten Querstreifen ablösend und erst bei sehr alten Stämmen am Fuß dunkel rissig. Die häufig gepflanzte Art aus Nordamerika wird 20–25 m hoch.

Betula platyphylla **SUKACZEV**, Mandschurische Birke
Knospen mit abblätternder Harz-/Wachsschicht, unterste Knospenschuppen überwiegend braun, oberste teilweise basal grün. Seitenknospen 5–7 mm lang, mit 3–4 äuße-

Betula pendula
Zweig mit walzigem Blütenkätzchen

Betula pubescens
Endknospe am Kurztrieb

Betula pendula
Seitenknospe

Betula papyrifera
Seitenknospe

Betula platyphylla
Endknospe am Kurztrieb

Betula platyphylla
Seitenknospe

Betula platyphylla
Seitenknospe

Betula populifolia
Endknospe am Kurztrieb

Corylus colurna
Zweig im Februar: Aus den weiblichen Blütenknospen ragen die Narben heraus

ren Knospenschuppen, davon die ersten beiden bis halb so hoch wie die Knospe. Endknospen der Kurztriebe 6–7 mm lang, vielschuppig, überwiegend braun. **Zweige** meist kahl, matt graubraun, jung 1–2 mm dick, dicht mit warzigen Lentizellen besetzt. **Rinde** mehlig weiß, nicht abrollend. Häufiger, 10–20 m hoher Baum aus Japan und der Mandschurei.

Betula populifolia MARSH., Pappelblättrige Birke
Knospen 5–6 mm lang, eiförmig. Knospenschuppen dunkel rotbraun, basal auch etwas grünlich, weiß bewimpert, mit einer wachsartigen Schicht verklebt. **Zweige** dunkel violettbraun, kahl, glänzend, mit teilweise länglich aufreißendem Wachsbelag und zahlreichen warzigen Lentizellen. **Rinde** weiß, nicht abblätternd, bei alten Bäumen am Grunde schwarz rissige Borke. Häufiger, bis 10 m hoher, oft mehrstämmiger Baum aus Nordamerika.

Unterfamilie Coryloideae, Haselgewächse

Zweige meist ohne Endknospen. Nur die (nicht vorgestellte) Gattung *Ostryopsis* DECNE besitzt immer Endknospen und selten die Haseln, besonders die Baum-Hasel, *Corylus colurna*, an aufrechten, spiralig beblätterten Zweigen.

Corylus L., Hasel

Blattstellung meist zweizeilig, an senkrechten Zweigen auch spiralig. **Blüte** sehr früh, vor Laubaustrieb im Februar bis Anfang März. **Männliche Blüten** mit 4 zweiteiligen Staubbeuteln ohne Blütenhülle, mit 2 Vorblättern. Sie stehen einzeln in Achseln von spiralig **in Kätzchen** angeordneten Deckschuppen. **Weibliche Blüten** zu zweit in Achseln hinfälliger Deckschuppen, mit sich zur Fruchthülle entwickelnden Vor- und Tragblättern. Während der Blüte sind nur die aus der Knospe ragenden Narben der Fruchtblätter sichtbar. **Knospen** von den Nebenblättern der äußersten Blattanlagen umhüllt. Bei den strauchförmigen Arten sind zur sicheren Bestimmung die – zumindest im frühen Winter oft auffindbaren – Früchte mit ihren Fruchthüllen notwendig.

Schlüssel *Corylus*

1 Mehrstämmige Sträucher, Zweige immer ohne Endknospe 2

Colurnae, Baumhaseln

1* Einstämmiger Baum, bereits Rinde einjähriger Triebe stark verkorkt, ocker-hellgrau, senkrechte Triebe mit spiraliger Blattstellung und Endknospen . . . . ***Corylus colurna***

2 Knospen mit mehr als 4 sichtbaren Knospenschuppen, Fruchthülle maximal 3-mal so lang wie die Nuss 3

2* Knospen mit maximal 4 sichtbaren Knospenschuppen, Fruchthülle über der Nuss schlauchförmig verengt und mehr als 3-mal so lang wie die Nuss 5

Strauchhaseln, *Corylus avellana* s. l.

3 Fruchthülle allseits verwachsen, über der Nuss verengt . . . . **Lamberts-Hasel**

3* Fruchthülle über der Nuss nicht verengt, oft zweiteilig oder einseitig offen 4

4 Fruchthülle nur wenig länger als die Nuss, zweiteilig ***Corylus avellana* s. str.**

4* Fruchthülle meist deutlich länger als die Frucht, allseits verwachsen bis einseitig offen . . . **Zellernuss, *Corylus ×maxima***

Schnabelnüsse

5 Unterste Knospenschuppen hinfällig, daher äußerste bis zur Spitze reichend . . . . *Corylus cornuta*

5* Unterste Knospenschuppe nicht zur Spitze reichend, Knospe oft stark gerötet . . . . *Corylus sieboldiana*

Baumhaseln

Corylus colurna L., Baum-Hasel
Endknospen selten ausgebildet, 6–8 mm lang, mit 2–3 locker anliegenden Schuppenpaaren, das äußere oft hinfällig. **Seitenknospen** bis 8 mm lang, eiförmig, mit 3 sichtbaren Schuppenpaaren. **Knospenschuppen** graubraun, schütter weiß bis hellbraun behaart, an den Rändern v.a. zur Spitze dicht bewimpert. **Zweige** anfänglich dicht, teilweise drüsig behaart, graubraun bis zimtbraun, zerstreut mit anfangs etwas erhabenen, bald länglich aufreißenden Lentizellen. **Rinde** korkig und rau. **Blüte**: männliche Kätzchen bis 12 cm lang. Weibliche Blüten mit roten Narben. Häufig gepflanzter, bis 20 m hoher Baum aus Südosteuropa.

Echte Haseln oder Strauchhaseln

Corylus avellana **L. s. str., Haselstrauch**
Seitenknospen mit etwa 7–8 äußerlich sichtbaren, grünen, in der Sonne auch etwas geröteten, braun berandeten, bewimperten und sonst fast kahlen Schuppen. Etwas vom Zweig abstehend, eiförmig, meist etwas abgeflacht: um 5 mm lang, 3,5–4 mm breit und 2,5 mm dick. **Zweige** graubraun bis olivgrau, matt, vor allem zur Zweigspitze abstehend dicht fein und drüsig untersetzt behaart. **Lentizellen** zerstreut, basal am Jahrestrieb deutlicher: hell ocker, rundlich bis länglich. **Blattnarben** halbrund auf deutlichen Blattkissen, braun, mit 3 Gefäßbündelspuren. **Blüte** sehr früh, Februar bis März: 3–7 cm lange männliche Kätzchen und aus weiblichen Blütenknospen hervorragende, kräftig rote Narben. **Fruchthülle** in zwei gezähnte Lappen getrennt, die Nuss kaum überragend. In Europa und bis nach Kleinasien und zum Kaukasus verbreiteter, häufig gepflanzter, bis 6 m hoher Strauch.
Zahlreiche **Formen**: **'Aurea'** mit im Winter gelblichen und **'Contorta'**, die Korkenzieher-Hasel, mit verdrehten, gewundenen Zweigen.

Wahrscheinlich nur Morphotypen sind **Lamberts-Hasel** und **Zellernuss**. Die **Lamberts-Hasel**, *Corylus tubulosa* Willd., ist etwas kräftiger als die typische *Corylus avellana*. Am sichersten unterscheiden sich die Typen anhand der Fruchthüllen. Bei der Lamberts-Hasel ist die Hülle mehr als doppelt so lang wie die Nuss, allseitig geschlossen und etwas über der Nuss verengt. Bei der häufig gepflanzten Sorte **'Purpurea'**, der **Blut-Hasel**, sind auch die Knospenschuppen ± rot gefärbt.
C. ×***maxima*** Mill., **Zellernuss**. Zwischen der Lamberts-Hasel und dem Gewöhnlichen Haselstrauch gibt es zahlreiche, ohne Früchte schwer bestimmbare hybridogene Pflanzen (viele Fruchtsorten) mit oft einseitig geschlitzter Fruchthülle.

Corylus avellana 'Contorta'
Hin und her gewundener Zweig

Corylus avellana
Zweig im Februar mit langen erblühten männlichen Blütenkätzchen und weiblichen Blütenknospen

Corylus tubulosa 'Purpurea'
Zweig mit rötlichen Kätzchen und Blütenknospen

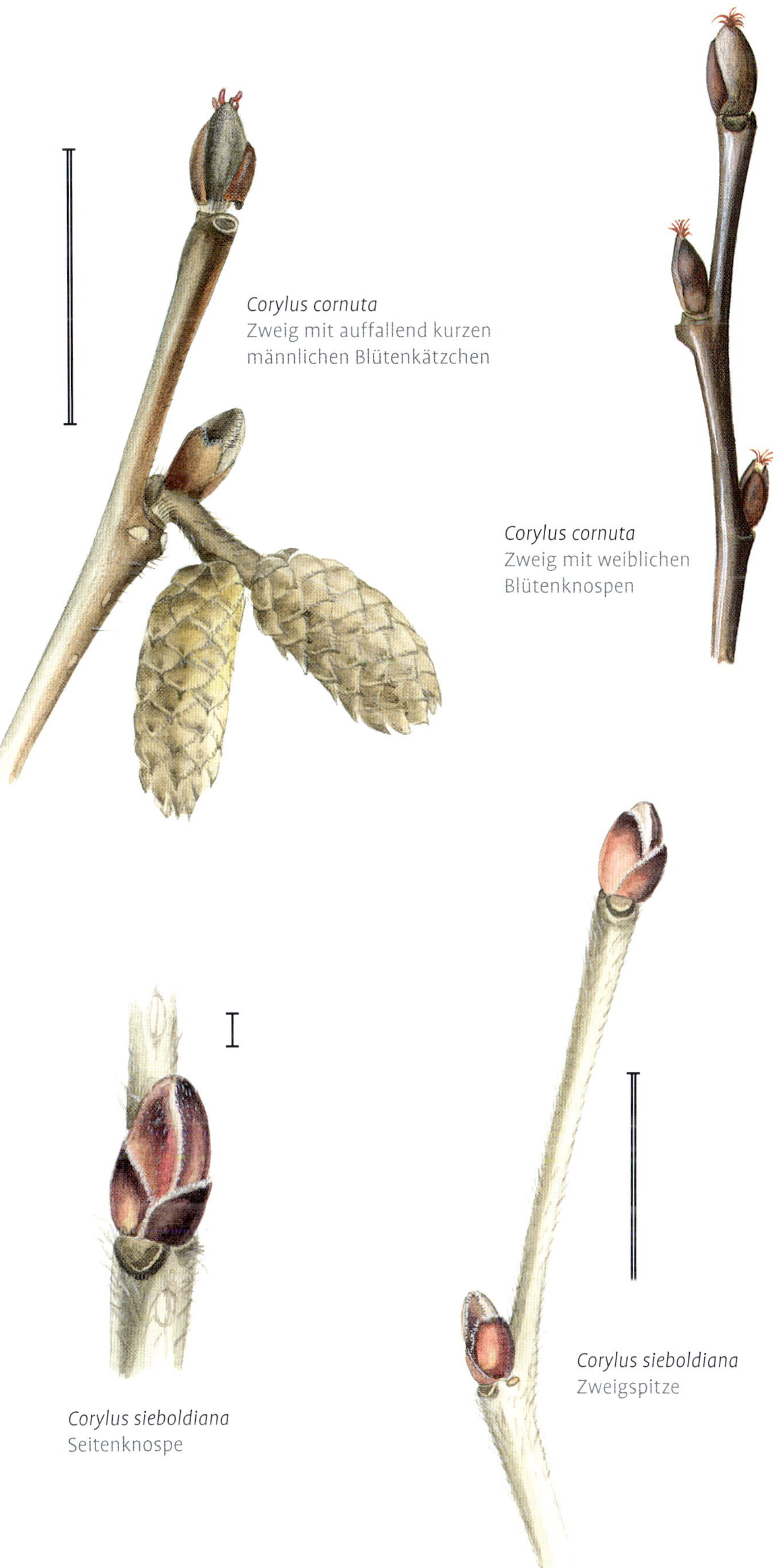
Corylus cornuta
Zweig mit auffallend kurzen männlichen Blütenkätzchen

Corylus cornuta
Zweig mit weiblichen Blütenknospen

Corylus sieboldiana
Seitenknospe

Corylus sieboldiana
Zweigspitze

Schnabelnüsse

Bei den Schnabelnüssen verengt sich die allseits verwachsene Fruchthülle über der Nuss zu einer 3–4 cm langen, schnabelartigen Röhre. Außen ist die Hülle mit langen, stark stechenden Haaren besetzt.

Corylus cornuta Marsh., **Amerikanische Schnabelnuss**
Knospen 5–6 mm lang, eiförmig, mit graubraunen bis olivbraunen, zur Spitze ± dicht behaarten Knospenschuppen. Die äußersten meist hinfällig, dadurch die verbleibenden inneren bis zur Spitze reichend. **Zweige** zerstreut weich behaart, graubraun bis grau, zur Spitze auch ockerbraun bis rotbraun. Fruchtkätzchen 2,5–3 cm lang, mit gelben Staubblättern. Bis 3 m hoher Strauch aus Nordamerika.

Corylus sieboldiana Blume, **Japanische Schnabelnuss**
Knospen mit nur 4 äußerlich sichtbaren Knospenschuppen, diese tief weinrot, im Schatten kräftig, im Licht dunkler violettweinrot, am Rand bewimpert und die dritte Schuppe schwach und die vierte dicht behaart. Aus Japan stammender, bis 4 m hoher Strauch.
Die häufig als Varietät hier angeschlossene ostasiatische ***Corylus mandshurica*** Maxim. ist kräftiger und hat deutlich mehr sichtbare Knospenschuppen.

Carpinus L., Hain- oder Weißbuche

Eine Endknospe wird nicht ausgebildet. In den Seitenknospen bilden zahlreiche, der zweizeiligen Blattstellung folgende Nebenblätter vier Zeilen. Oft stehen 5–6 Schuppen übereinander, so dass insgesamt über 20 Schuppen sichtbar sind. Die männlichen Kätzchen überwintern – im Unterschied zu den anderen Gattungen der Familie – in der Knospe. Diese Blütenstandsknospen sind größer, bei *Carpinus betulus* sind über den regulären Knospenschuppen die schuppenförmigen Tragblätter der Blüten zu sehen. Knospenform und -größe reichen meist nicht aus, um eine Art sicher zu bestimmen: *Carpinus orientalis* hat die kleinsten Knospen, die Knospen von *Carpinus caroliniana* sind eine Spur bauchiger und dunkler, glänzender braun und die Knospen von *Carpinus japonica* sind im Schatten rein Grün und in der

Sonne gerötet. Zur sicheren Unterscheidung der Arten sind die im Winter lange bleibenden Fruchtstände notwendig. Am aussagekräftigsten ist die Form des Hochblattes, das aus Trag- und Vorblättern der Frucht hervorgeht.

Schlüssel *Carpinus*

1 Frucht im hopfenähnlichen Fruchtstand nicht sichtbar, vom umgeschlagenen Hochblatt und einer kleinen Blattschuppe verdeckt .... *Carpinus japonica*

1* Früchte im Fruchtstand sichtbar, neben dem Hochblatt kein Schuppenblatt vorhanden 2

2 Knospen bis 3 (–4) mm lang, junge Zweige dünn 3

2* Knospen länger als 4 mm, Fruchthülle dreilappig .... ***Carpinus betulus***

3 Fruchthülle an der Basis mit 2 kurzen Seitenlappen, Fruchtstände 5–10 cm lang .... ***Carpinus caroliniana***

3* Fruchthülle ungelappt und gezähnt, in 3–6 cm langen Ständen .... *Carpinus orientalis*

Sektion Carpinus

Rinde grau, länglich rhombisch aufreißend, aber glatt bleibend.

Carpinus betulus L., Gewöhnliche Hainbuche

Seitenknospen am Zweig anliegend, spindelig-zugespitzt, 6–8 mm lang. Es stehen in 4 Zeilen jeweils 5 (4–6) Knospenschuppen übereinander. Knospenschuppen matt glänzend, fast kahl, bewimpert und etwas behaart, oberste dichter; lichtseits braun, schattenseits grün und nur zum Rand bräunlich. Männliche Blütenknospen etwas länger als Blattknospen, in der oberen Hälfte die spiralig stehenden schuppenförmigen Tragblätter der Blüten sichtbar. **Zweige** anfangs fein behaart, fast verkahlend; einjährig um 2 mm dick, von violettbraun lichtseits bis grau oder oliv schattenseits gefärbt, mit vielen rundlichen, hellen Lentizellen. **Blattnarben** auf kleinen Kissen, 3-spurig, daneben mit zwei länglichen, schmalen Nebenblattnarben. **Rinde** glatt, grau, mit spezifischem rhombisch-länglich vernetztem Muster. **Fruchthülle** 3-lappig, 3–5 cm lang, in 7–15 cm langen, hängenden ährigen Ständen. **Stämme** meist sehr unrund (spannrückig): tief eingeschnittene und erhabene Partien wechseln auf dem Querschnitt ab. Mittelgroßer, in

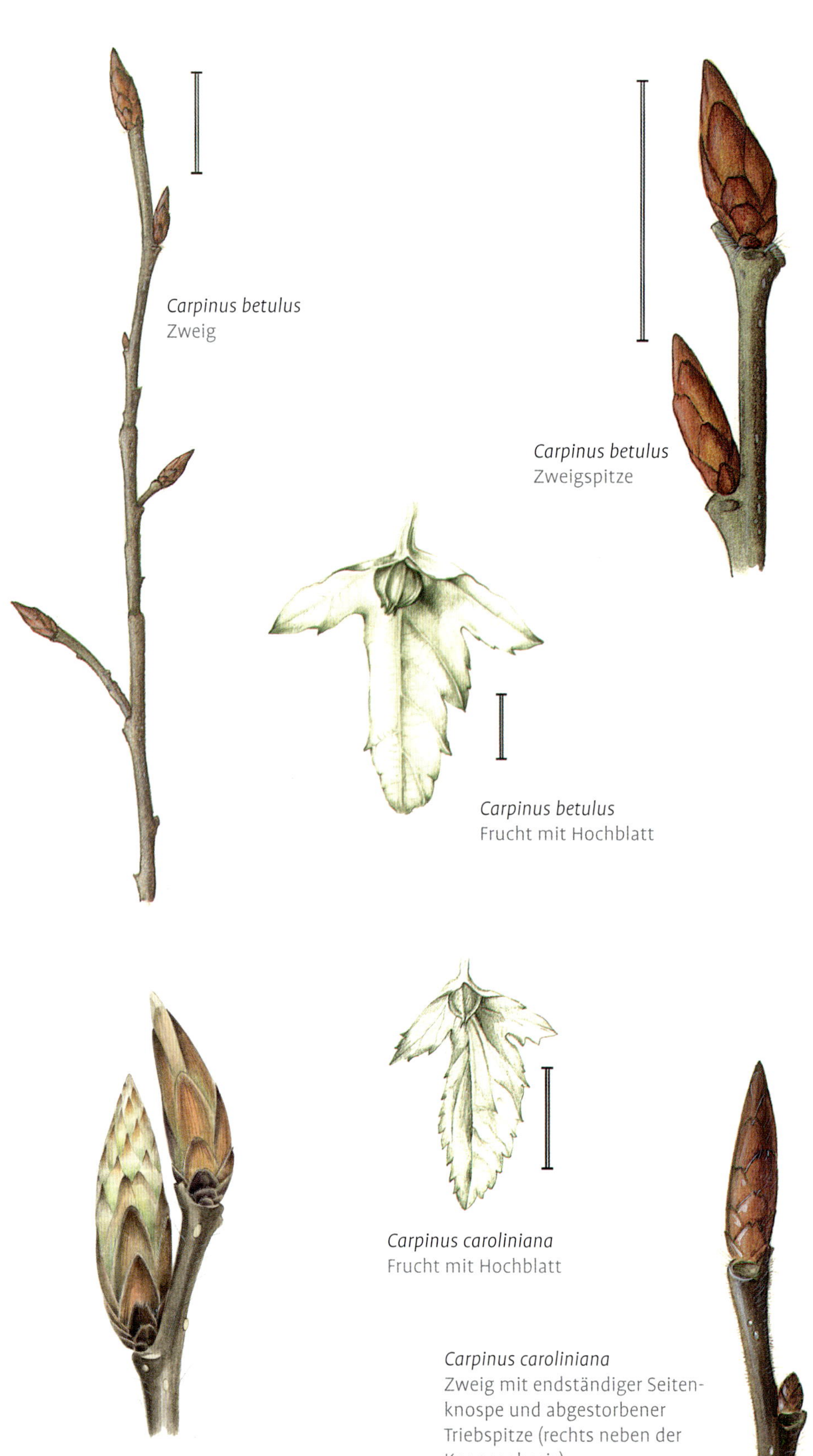

Carpinus betulus
Zweig

Carpinus betulus
Zweigspitze

Carpinus betulus
Frucht mit Hochblatt

Carpinus caroliniana
Frucht mit Hochblatt

Carpinus caroliniana
Zweig mit endständiger Seitenknospe und abgestorbener Triebspitze (rechts neben der Knospenbasis)

Carpinus betulus
Zweigspitze: Die oberste Knospe ist eine Blattknospe, die darunter eine männliche Blütenstandsknospe

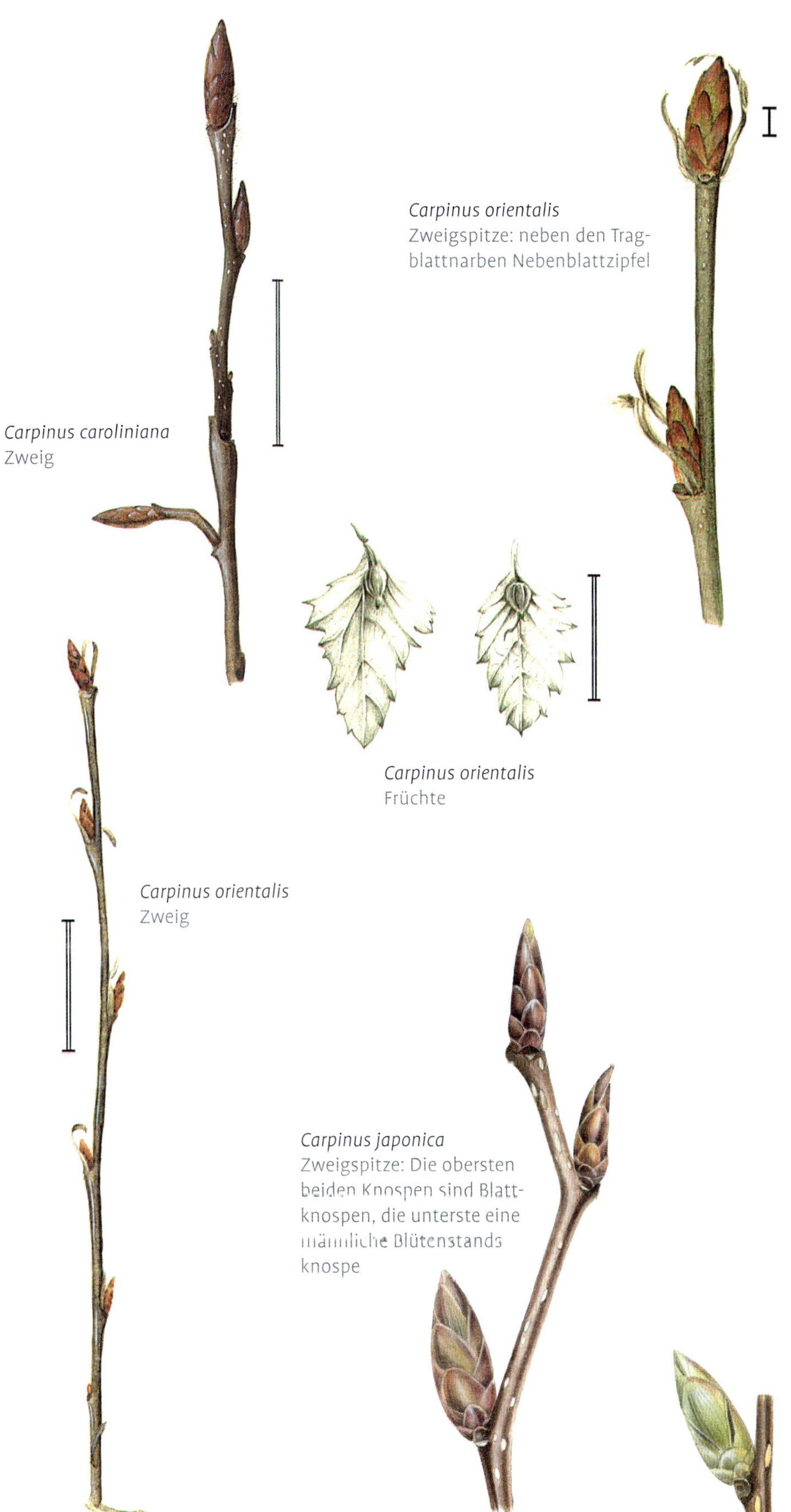

Carpinus caroliniana
Zweig

Carpinus orientalis
Zweigspitze: neben den Tragblattnarben Nebenblattzipfel

Carpinus orientalis
Früchte

Carpinus orientalis
Zweig

Carpinus japonica
Zweigspitze: Die obersten beiden Knospen sind Blattknospen, die unterste eine männliche Blütenstandsknospe

Carpinus japonica
Seitenknospe im Schatten auffallend grün

Europa einheimischer, bis 25 m hoher Baum. Häufig auch als Heckenstrauch gepflanzt.

Carpinus caroliniana Walt., Amerikanische Hainbuche
Knospen stumpf eiförmig bis spindelig, mit vielen dunkelbraunen Knospenschuppen, um 6 mm lang, zur Spitze deutlich behaart. **Zweige** jung dünn, rötlich, anfangs mit blassen Haaren. **Rinde** glatt, Stamm bis zu den Astansätzen wellig gebuchtet. Gelegentlich gepflanzter, bis 10 m hoher Baum aus Nordamerika mit dichter Krone und zierlich überhängenden Zweigen.

Carpinus orientalis Mill., Orientalische Hainbuche
Knospen klein, 3–5 mm lang, spitz eiförmig, ocker bis orangebraun, Knospenschuppen an den Rändern dunkler und hell bewimpert. **Zweige** graubraun, einjährige sehr dünn, < 2 mm dick, fein samtig behaart, unterhalb der Knospen einige längere Härchen. Blattstellung zweizeilig. **Lentizellen** klein, etwas heller als der Zweig. **Blattnarben** klein, erhaben, mit sehr schwer erkennbaren 3 Gefäßbündelspuren. **Früchte** in 3–6 cm langen Fruchtständen. **Fruchthülle** eiförmig, gesägt. Kleiner, bis 5 m hoher, in Süd- und Osteuropa bis Kleinasien vorkommender Baum.

Sektion Distegocarpus

Stammrinde furchige, schuppige Borke.

Carpinus japonica Bl., Japanische Hainbuche
Knospen länglich, zugespitzt, etwa 8 mm lang und 3 mm dick, im Schatten rein grün, sonnenseits gerötet, an der Spitze wenig behaart. Männliche Blütenstandsknospen größer. **Zweige** jung behaart, einjährig bräunlich bis schwärzlich. **Früchte** in 5–6 cm langen Ständen; Nüsschen 4 mm lang, von einem gezähnten, ovalen, an einer Seite umgeschlagenen Hochblatt und einem zweiten inneren Blättchen umgeben. Selten gepflanzter, bis 15 m hoher Baum aus Japan. Ähnlich ist ***Carpinus cordata*** Bl. aus Ostasien. Sie hat etwas längere Knospen und das innere Schuppenblättchen am umgeschlagenen Hochblatt fehlt.

Ostrya Scop., Hopfenbuche

Knospen über den Blattnarben oft etwas schief. **Knospenschuppen** aus Nebenblättern. **Blattnarben** 3-spurig, mit deutlichen Nebenblattnarben. **Früchte**: Die einzelnen Nüsschen sind in einer sackartigen Fruchthülle einschlossen und in lockeren hopfenähnlichen Ständen vereint. Wenige, mittelhohe, in der Nordhemisphäre verbreitete Sträucher und Bäume.

Ostrya carpinifolia **Scop., Gewöhnliche Hopfenbuche**
Knospen 4–6 mm lang, länglich eiförmig, schwach zugespitzt, mit 6–9 grünlichen, bräunlich berandeten, verklebten und oft ± behaarten Knospenschuppen. **Zweige** rundlich bis leicht kantig, braun bis olivbraun, anfangs behaart, später verkahlend. **Lentizellen** vereinzelt und unauffällig. **Rinde** anfangs glatt oder leicht quer rissig, braungrau, bald in ± abschuppende Borke übergehend. **Früchte** in ährigen, hängenden Fruchtständen: 4–5 mm lange, in sackartigen Hüllen verborgene Nüsse mit einem Haarschopf an der Spitze. Im Südosten Europas verbreiteter, bis 20 m hoher Baum.
Schwer unterscheidbar sind die beiden folgenden, selten gepflanzten Arten: Die Nüsse der **Amerikanischen Hopfenbuche**, ***Ostrya virginiana*** (Mill.) K. Koch, sind, im Gegensatz zur Gewöhnlichen Hopfenbuche, an der Spitze nicht behaart, während bei der ostasiatischen ***Ostrya japonica*** Sarg., der **Japanischen Hopfenbuche**, die unentfalteten männlichen Blütenkätzchen mit bis 15 mm Länge kürzer sind als die der beiden anderen Arten.

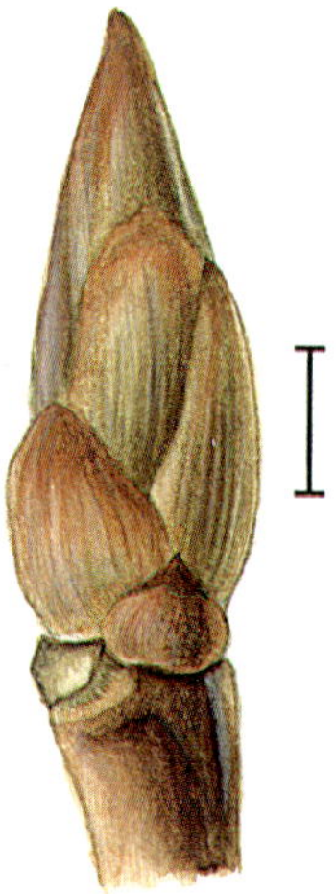

Ostrya japonica
Endständige Seitenknospe

Ostrya carpinifolia
Zweigspitze mit männlichem Blütenkätzchen, Seitenknospe und hopfenähnlichem Fruchtstand

Ostrya carpinifolia
vom Zweig abstehende Seitenknospe (im Schatten überwiegend grün)

Ostrya carpinifolia
Endständige Seitenknospe in der Sonne

Ordnung Rosales

Zur Ordnung Rosales gehören u. a. die Familien Cannabaceae, Elaeagnaceae, Moraceae, Rhamnaceae, Rosaceae und Ulmaceae. Gemeinsam ist ihnen, dass die Knospenschuppen fast immer vom Blattgrund gebildet werden, bei den Rosaceae mitunter auch unter geringer Beteiligung verwachsener (adnater) Nebenblätter. Trotz häufig vorhandener freier Nebenblätter, übernehmen diese selten den Knospenschutz. Von den vorgestellten Arten bilden nur bei *Ficus* die miteinander verwachsenen Nebenblätter die Knospenhülle. Bei allen anderen Arten schützen relativ wenige, der Blattstellung folgende Blätter das Knospeninnere, meist als einfache Blattgrundschuppen, seltener als nackte Knospenblätter.

Familie Rosaceae, Rosengewächse

Viele einheimische Arten und zahlreiche, häufig gepflanzte Obst- und Ziergehölze. Neben krautigen Arten, Sträucher und mittelgroße bis große Bäume. Knospen meist mit einfachen Knospenschuppen, oft mit adnaten Nebenblättern, seltener nackt (*Cotoneaster*). Seitenknospen oft mit Bereicherungsknospen (*Prunus*, *Spiraea*) oder seltener mit Beiknospen (*Neillia*).

Schlüssel Rosaceae

1 Zweige unbewehrt ... 3
1* Zweige mit Stacheln oder Dornen bewehrt ... 2
2 Zweige mit Stacheln oder Stachelborsten ... **Rosoideae**
2* Zweige mit Dornen ... **Amygdaloideae**
3 Blattgrund mit den verlängerten Nebenblättern verwachsen und erweitert. Becher der ausdauernden Früchte mit 10 Zipfeln ... ***Dasiphora***
3* Gesamtheit der Merkmale anders ... 4
4 Sträucher mit Resten von Sammelfrüchten. Entweder grün- bis rotzweigig und Blattnarbe sehr schmal, die Seitenknospenbasis umfassend oder Zweige dick mit weitem Mark, matt graubraun, mit bleibendem Blattgrund ... **Rosoideae**
4* Gesamtheit der Merkmale anders ... **Amygdaloideae**

Unterfamilie Rosoideae

Neben zahlreichen Stauden, einige, oft stachelig bewehrte Sträucher. Während der Vegetationszeit tragen die meisten Arten zusammengesetzte Blätter, im Winter bleiben bei *Rubus* mitunter die Blattspindeln. Früchte verschieden: vom Blütenbecher eingeschlossene Nüsschen bei den Sammelfrüchten der Rosen, den Hagebutten, hinfällige Sammelsteinfrüchte der Gattung *Rubus* bis zu trockenen Nüsschen beim Fingerstrauch.

Schlüssel Rosoideae

1 Tragblatt hinterlässt eine schmale Narbe, Zweige im Querschnitt meist rund, oft mit Stacheln oder langen borstigen Haaren, Früchte Hagebutten ... ***Rosa***
1* Vom Tragblatt bleibt der Blattgrund, der die Seitenknospen teilweise oder ganz bedeckt, an Stelle von Blattnarben oft eine unregelmäßige Abbruchstelle oder bleibende Blatt- und Nebenblattreste . 2
2 Nebenblätter des Tragblattes häutig, die Knospen fast vollständig bedeckend, lang auslaufend, Zweige unbewehrt, braun und behaart, trockene Sammelnussfrüchte in endständigen Rispen mit 10 Kelchblättern (5 + 5 Außenkelch) ... ***Dasiphora fruticosa***
2* Nebenblätter Knospen nicht verdeckend, Früchte meist hinfällig, mit 5 Kelchblättern, Zweige oft bestachelt ... ***Rubus***

Rosa L., Rose

Die Knospen, Seiten- und Endknospen, sind von spiraligen Unterblattschuppen aus Blattgrund und verwachsenen (adnaten) Nebenblättern geschützt. Sie sind gedrungen bis länglich eiförmig, oft mit rötlichen Knospenschuppen und bieten wenige Unterscheidungsmerkmale zwischen den Arten. Zur Differenzierung dienen vor allem die meist ± erhaltenen Früchte oder Fruchtstände (ohne die eine Bestimmung kaum möglich ist), Stacheln und Haare, Bereifung sowie Wuchsform. Eine sichere Bestimmung ist aufgrund der nahen Verwandtschaft und damit Ähnlichkeit einiger Arten nach Wintermerkmalen nicht immer möglich.

Schlüssel *Rosa* (meistens Fruchtreste erforderlich)

1 Zweige neben größeren Stacheln mit Stachelborsten oder ausschließlich mit Stachelborsten besetzt ... 19
1* Zweige mit nur einem Stacheltyp (aber nicht ausschließlich Borsten) oder unbewehrt ... 2
2 Zweige rötlichviolett, oft schattenseitig grünlich oder ganz grün, Zweigrinde glatt, wenn braun, abblätternd ... 4
2* Zweige bräunlich, Zweigrinde flach warzig, nicht abblätternd ... 3
3 Stacheln abgeflacht, orangebraun ... ***Rosa hugonis***
3* Stacheln nicht abgeflacht, hell weißocker bis grau ... ***Rosa foetida***
4 Als Spreizklimmer kletternder Strauch. Früchte klein und kugelig, 5–7 mm Durchmesser, zahlreich in länglichen Rispen ... ***Rosa multiflora***
4* Aufrechte, teilweise überhängende Sträucher ... 5
5 Rinde zwei- und mehrjähriger Zweige abblätternd ... *Rosa roxburghii*
5* Rinde nicht abblätternd ... 6
6 Zweige violett, bläulichweiß bereift .. 7
6* Zweige oft grünlich ... 8
7 Kelchblätter nach der Fruchtreife abfallend ... *Rosa tomentosa*
7* Kelchblätter bleibend ... 11
8 Stacheln gerade (höchstens schwach gekrümmt) oder unbewehrt, Kelchblätter der Früchte bleibend ... 9
8* Stacheln deutlich gekrümmt, Kelchblätter häufig hinfällig ... 14
9 Früchte länglich eiförmig bis flaschenförmig ... 25
9* Früchte kugelig bis kurz eiförmig ... 10
10 Früchte bis 3 cm ∅, Zweige grünlich ... *Rosa villosa*
10* Früchte etwas kleiner, Zweige ± gerötet, teilweise bereift ... 11
11 Zweige wenigstens schattenseits grünlich ... *Rosa caesia*
11* Zweige dunkel violettbraun bis weinrot ... 12
12 Zweige bereift, zumindest an der Zweigbasis bestachelt ... 13
12* Zweige unbewehrt und unbereift ... *Rosa majalis*
13 Zweige nur an der Basis bestachelt, an den Zweigspitzen meist unbewehrt ... ***Rosa glauca***
13* Zweige bis zu den Spitzen locker bestachelt ... *Rosa mollis*

14 Kelchblätter der Früchte bleibend oder/ und Zweige bereift und rötlich-violett 15
14* Kelchblätter abfallend, Zweige meist grünlich 17
15 Zweige unbereift, weinrot, Stacheln an den Knoten oft paarweise . *Rosa majalis*
15* Zweige bereift, wenn unbereift grünlich 16
16 Zweige weinrot-violett, meist bereift . . . . *Rosa dumalis*
16* Sehr ähnlich, Zweige vielleicht schattenseits etwas grünlich . . . . . . *Rosa caesia*
17 (14) Zweige dünn (etwa 3 mm) überhängend oder kletternd, Stacheln kurz (3–4 mm lang) . . . . *Rosa arvensis*
17* Stacheln länger und Sträucher nicht kletternd 18
18 Fruchtstiele drüsig, Knospen rot und Zweige sonnenseits gerötet . . . . *Rosa micrantha*
18* Fruchtstiele meistens kahl ***Rosa canina***
19 (1) Früchte groß, flach kugelig bis 2,5 cm breit, Zweige graubraun . . ***Rosa rugosa***
19* Früchte kleiner oder hinfällig, Zweige jung grün bis weinrot (wenn bräunlich Punkt 3) 20
20 Stacheln flügelig abgeflacht, gerade . . . . ***Rosa omeiensis*** fo. ***pteracantha***
20* Stacheln nur wenig abgeflacht, oft gebogen 21
21 Zweige wenigstens einseitig stärker gerötet 23
21* Zweige allseitig grün 22
22 Gedrungener, bis 1 m hoher Strauch, Früchte kugelig bis kurz eiförmig, mit Drüsenhaaren . . . . ***Rosa gallica***
22* Bis 3 m hoher Strauch, Früchte eiförmig, oft kahl und nur basal mit einigen Drüsen . . . . ***Rosa rubiginosa***
23 Stacheln und Stachelborsten zerstreut, bis 2 m hoher Strauch . ***Rosa pendulina***
23* Dicht stachelborstige, bis 1 m hohe Sträucher 24
24 Früchte länglich eiförmig . ***Rosa nitida***
24* Früchte kugelig, Stiel fleischig verdickt . . . . ***Rosa spinosissima***
25 (9) Stacheln an den Knoten gepaart, Zweige meist allseitig weinrot . . . . ***Rosa moyesii***
25* Stacheln zerstreut, Zweige schattenseits matt grün . . . . ***Rosa pendulina***

Untergattung Rosa

Sektion Gallicanae

Kleine, aufrechte Sträucher, Zweige meist mit hakenförmigen Stacheln und Stachelborsten; Kelchblätter abfallend.

Rosa gallica L., Essig-Rose
Zweige kräftig, lichtseits kräftiger, schattenseits matt grün. **Stacheln** zahlreich, leicht gekrümmt oder fast gerade und verschieden: übergangslos von kräftigen, über feinere Stacheln bis zu drüsigen Haaren. **Früchte** bis 1,5 cm ∅, kugelig bis verkehrt birnenförmig, borstig, mit zurückgeschlagenen, ± gefiederten und wie die Fruchtstiele dicht drüsig behaarten Kelchblättern. Häufiger, bis 1 m hoher, gedrungener Strauch mit weitreichenden Ausläufern. In Süd- und Mitteleuropa beheimatet und seit alters in Kultur. An der Entstehung der Gartenrosen beteiligt. Weitere häufiger gepflanzte Rosen gehören zur engeren Verwandtschaft der Essig-Rose (***Rosa gallica*** aggr.): ***Rosa centifolia*** L., **Provence-Rose**, ***Rosa ×damascena*** Mill., **Damaszener-Rose** und ***Rosa ×alba*** L., **Weiße Rose**, ein oft nur schwach bewehrter, 2–3 m hoher Strauch.

Rosa gallica
Zweig mit Früchten

Sektion Pimpinellifoliae

Zweige meist mit geraden Stacheln und Borsten.

Rosa spinosissima L., Bibernell- oder Dünen-Rose
[*Rosa pimpinellifolia* L.]
Zweige relativ dünn: unter der Spitze bis 2 mm ∅; sonnenseits dunkelweinrot bis orangerot, im Schatten grünlich. **Stacheln** ± gerade: mit kleiner Fläche ansitzend, ungleichmäßig lang, dünn und nadelig, längste an einjährigen Zweigen bis etwa 6 mm, an Stämmchen bis 12 mm lang, mit zahlreichen Nadelborsten untermischt. **Früchte** an drüsigen bis drüsenlosen längeren Stielen, kugelig, 1–1,5 cm dick, schwärzlich, mit bleibenden, schmalen, zugespitzten Kelchblättern. Diskus schmal, mit weiter Öffnung. Sich durch Ausläufer ausbreitender, in Europa vom Mittelmeergebiet bis nach Westasien verbreiteter, 0,2 bis etwa 1 m hoher, häufiger Strauch.

Rosa gallica
Von Stacheln umgebene Seitenknospe

Rosa ×alba
Seitenknospe

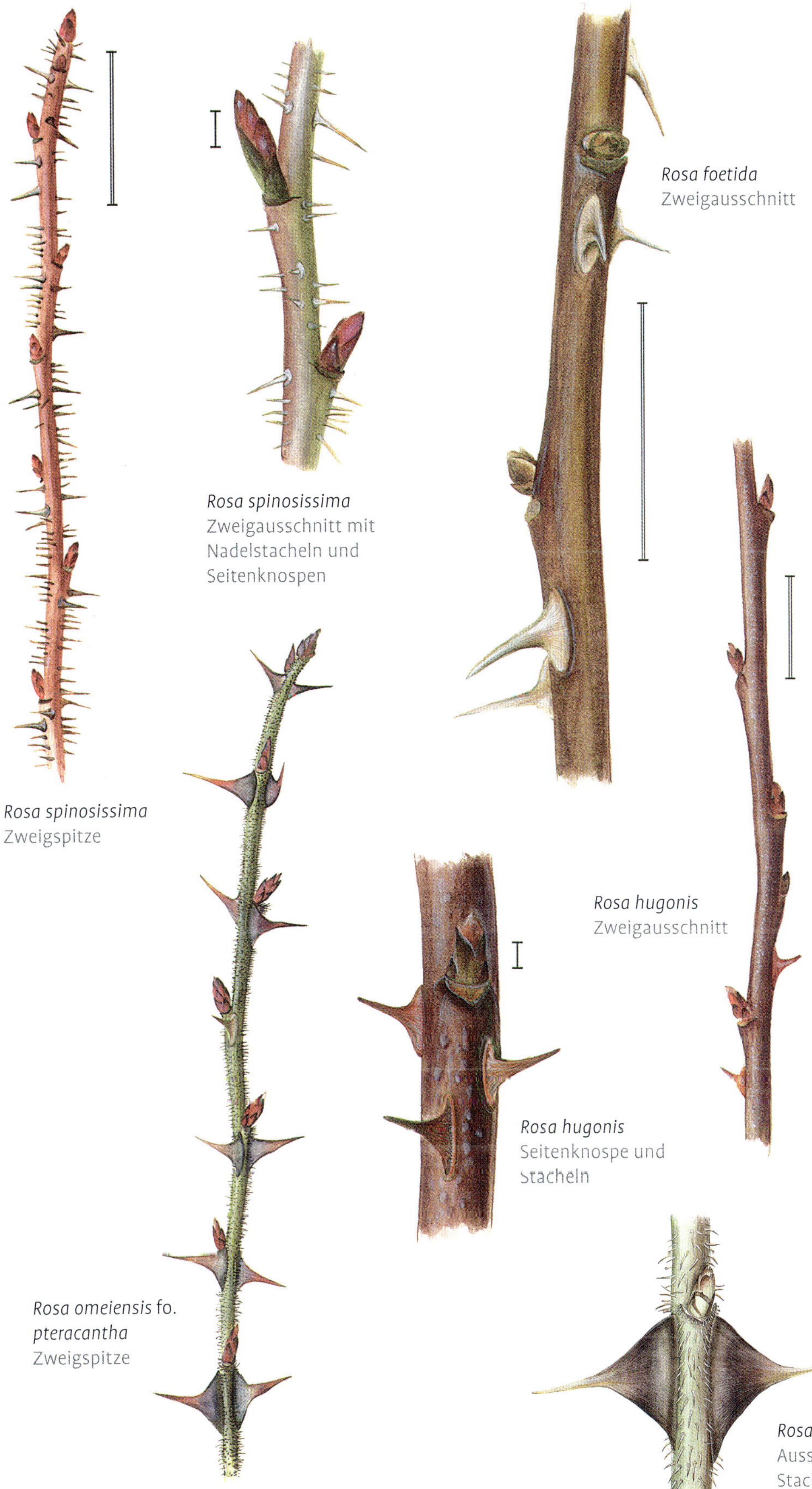

Rosa spinosissima
Zweigspitze

Rosa spinosissima
Zweigausschnitt mit Nadelstacheln und Seitenknospen

Rosa foetida
Zweigausschnitt

Rosa hugonis
Zweigausschnitt

Rosa hugonis
Seitenknospe und Stacheln

Rosa omeiensis fo. pteracantha
Zweigspitze

Rosa omeiensis fo. pteracantha
Ausschnitt: flügelig erweiterte Stacheln

Rosa foetida J. HERRM., Fuchs-Rose

Knospen kugelig, um 2 mm dick, mit grünlichen bis braunen Knospenschuppen. **Zweige** anfangs grünlich, bald rotbraun, ältere Zweige graubraun bis schmutzig grau. **Stacheln** gerade, breit ansitzend, weißocker bis hellgrau, später dunkler, in der Nähe des Bodens untermischt mit Borsten. **Früchte** dunkelrot, selten ausgebildet, abgeplattet kugelförmig. Wenige Ausläufer treibender, etwas überhängender, bis 2 m hoher, gelegentlich anzutreffender Strauch aus Mittelasien.

Rosa hugonis HEMSL., Chinesische Gold-Rose

Knospen eiförmig, 3–4 mm lang. Seitenknospen vom Zweig abstehend. Untere Knospenschuppen dunkel weinrot bis braun, obere heller. **Zweige** violettbraun bis dunkel rotbraun, oft dicht warzig; mit geraden orangebraunen bis rotbraunen, breit ansetzenden, flachen **Stacheln**, oft – besonders an der Basis der Langtriebe – mit Borsten untermischt. **Früchte** kugelig, um 15 mm dick, dunkelrot und meist vor dem Winter abfallend. Gelegentlich gepflanzter, aus Mittelchina stammender, 2–2,5 m hoher Strauch mit überhängenden Ästen.

Rosa omeiensis ROLFE fo. ***pteracantha*** (FRANCH.) REHD. & WILS., Flügelstachlige Rose

[*Rosa sericea* var. *omeiensis* (ROLFE) G. D. ROWL.]

Knospen eiförmig, vom Zweig abstehend, mit wenigen rötlichen Knospenschuppen. **Zweige** anfangs grünlich, lichtseits auch etwas gerötet, später graubraun, mit vielen kurzen Stachelborsten und besonders an den Zweigknoten mit größeren, in Längsrichtung sehr flachen und flügelig verbreiterten Stacheln. **Früchte** mit bleibenden, aufgerichteten Kelchblättern und fleischig verdicktem Stiel. Der 3–4 m hohe Strauch aus China (Westsichuan) ist gelegentlich gepflanzt und mit seinen flachen Stacheln unverwechselbar.

Sektion Caninae

Untersektion Caninae

Rosa canina L., Hunds-Rose
Knospen halbrund bis eiförmig, rötlich. **Zweige** kahl, grün, ± glänzend, mit schmalen schwärzlichen Blattnarben. **Stacheln** zahlreich, gleichartig, groß, schwach bis stark gebogen, selten gerade, mit großer Ansatzstelle. **Früchte** orangerot bis dunkelrot, kugelig bis länglich eiförmig, die Kelchblätter verlierend.
Sammelart zahlreicher, auch während der Vegetationszeit schwer bestimmbarer Kleinarten. Häufigste Rose in Mitteleuropa; ihr Verbreitungsgebiet reicht von Nordafrika und Kleinasien über Europa bis Mittelasien.

Rosa caesia Sm., Lederblättrige Rose
[*Rosa coriifolia* Fr.]
Knospen eiförmig, um 3 mm lang, mit wenigen weinroten Knospenschuppen. **Zweige** violett-weinrot, schattenseits auch grünlich, ± bereift. **Stacheln** nur schwach gekrümmt. **Früchte** bleibend, kugelig, bis 2,5 cm Durchmesser, mit länger bleibenden, aufgerichteten Kelchblättern, wie die Frucht ± dicht mit Drüsenhaaren besetzt. Selten gepflanzter, bis 1,5 m hoher, dicht verzweigter Strauch in Europa und Kleinasien.
Ähnlich ist die nah verwandte ***Rosa dumalis*** Bechst., ein bis 2 m hoher Strauch.

Untersektion Rubrifolia

Rosa glauca Pourr., Rotblättrige Rose
Zweige dunkel weinrot, bläulichweiß bereift. Unverwechselbar. **Stacheln** gerade bis gebogen. **Früchte** kugelig, um 1,5 cm dick, Kelchblätter abfallend. Aus den Gebirgen von den Pyrenäen bis Südosteuropa stammender, häufig gepflanzter, bis 3 m hoher, aufrechter Strauch.

Untersektion Rubigineae

Rosa rubiginosa L., Wein-Rose, Schottische Zaun-Rose
[*Rosa eglanteria* L. nom. rej.]
Knospen basal breit inseriert, mit einigen roten, zum Rand dunkleren Knospenschuppen. **Zweige** grün, matt glänzend, außer bei den Knospen und Blattnarben ohne Rot. **Blattnarben** dunkel, breit und schmal. **Stacheln** ungleichartig: viele große, hakig gebogene,

Rosa canina
Zweig mit Früchten

Rosa caesia
Zweigspitze

Rosa caesia
Zweigspitze mit Frucht

Rosa glauca
Zweigspitze

Rosa glauca
Zweigausschnitt

Rosa rubiginosa
Zweig mit Früchten

Rosa rubiginosa
Zweigausschnitt

Rosa micrantha
Zweigausschnitt

Rosa micrantha
Detail: Seitenknospe und Stacheln

Rosa villosa
Zweigspitze

Rosa villosa
Zweig mit Früchten

Rosa mollis
Zweigspitze

Rosa villosa
Zweigausschnitt

ockerbraune bis hell graubraune Stacheln mit langer ovaler Ansatzstelle und stellenweise zahlreiche feine dünne, ± gerade Stacheln, vor allem an den Fruchtstielen mit Drüsenborsten untermischt. **Früchte** rot, eiförmig, 1,5–2 cm lang, mit aufrecht abstehenden, ± gefiederten und drüsigen Kelchblättern. Dichter, bis über 2 m hoch werdender Strauch, mit anfangs aufrechten und später überhängenden Ästen. **Heimat**: Europa bis Kaukasus und Kleinasien. In einigen Sorten häufiger gepflanzt.
In die nähere Verwandtschaft der Wein-Rose (*Rosa rubiginosa* L. aggr.) gehört auch die **Kleinblütige Rose, *Rosa micrantha*** Borr. ex Sm., mit etwas stärker rötlichen Zweigen und gleichartigen, kräftigen, hakig gebogenen Stacheln. **Früchte** kugelig bis eiförmig, 1–1,5 cm lang, drüsig. Kelchblätter abfallend, zurückgeschlagen, unterschiedlicher Gestalt: äußere mit lanzettlichen Fiedern, innere ± ganzrandig. Drüsig bewimpert, sonst ohne oder nur an der Basis mit Drüsen.

Untersektion Vestitae

Rosa villosa L., Apfel-Rose

Zweige grün bis bräunlich, anfangs behaart, verkahlend. **Stacheln** ± gerade, auf rundlichen Ansatzflächen, gleichartig und kräftig oder auch zur Zweigspitze ungleich: kräftigere Stacheln mit Stachelborsten untermischt. **Früchte** kugelig bis eiförmig, rot drüsig bis weichstachelig, mit bleibenden, drüsig borstigen, aufrecht abstehenden Kelchblättern. Seltener, über 2 m hoher, gedrungener Strauch.
Ähnlich ist die nah verwandte ***Rosa mollis*** Sm.: **Zweige** dunkel weinrot, schattenseits grünlich und etwas bereift. Niedriger, kaum über 1,5 m hoch. **Früchte** unter 1 cm dick. Kelchblätter oft drüsenlos. Ihr Areal reicht von Nord- und Westeuropa bis Mittelrussland.

Rosa tomentosa Sm., Filz-Rose

Knospen eiförmig, dunkel weinrot. **Zweige** dunkel weinrot bis violettbraun und weißlich bis hellblau bereift; ± hin und her gebogen. **Stacheln** gerade bis leicht gebogen, oft paarig bei den Seitenknospen. **Früchte** kugelig, 1–2 cm dick, mit Stieldrüsen besetzt, Kelchblätter vor der Reife abfallend. Europa bis Kleinasien und zum Kaukasus.

Sektion Rosa (Cinnamomeae, incl. Sektion Carolinae)

Rosa nitida WILLD.
Zweige dicht borstig. **Stacheln** dünn, 3–5 mm lang. **Früchte** an drüsig-borstigen Stielen, kugelig, um 1 cm dick, schwach borstig. Kelchblätter aufgerichtet, drüsig-borstig. Kleiner, 50–70 cm hoher, aufrechter Strauch aus dem östlichen Nordamerika.

Rosa lucida EHRH., Glanz-Rose
[*Rosa virginiana* J. HERRM. nom. rej.]
Zweige rotbraun. **Stacheln** anfangs borstig, später hakenförmig. **Früchte** an drüsig behaarten Stielen, flach kugelig, bis 1,5 cm breit, glatt und rot. Aus dem östlichen Nordamerika stammender, bis etwa 1,5 m hoher Strauch ohne Ausläufer.

Rosa pendulina L., Alpen-Rose
Knospen: mit Endknospe, Seitenknospen eiförmig und abstehend. **Zweige** lichtseits gerötet, im Schatten grünlich, mitunter schwach bereift. **Stacheln**: wenige, an älteren Zweigen nur basal bleibende, dünne bis 6 mm lange Stacheln mit kleiner rundlicher Ansatzstelle. **Früchte** rot, meist hängend, 2–2,5 cm lang, länglich eiförmig, zur Spitze halsartig verengt; Kelchblättern bleibend: ungefiedert und aufrecht. 0,5 bis über 2 m hoher, in den Gebirgen Mittel- und Südeuropa vorkommender, Ausläufer bildender Strauch.

Rosa majalis HERRM., Zimt- oder Mai-Rose
Knospen rot, Endknospen eiförmig 3–4 mm lang, Seitenknospen – besonders unter der Zweigspitze – ebenso lang oder sonst meist kleiner. **Zweige** dünn (um 2 mm), braunrot. **Stacheln** bis 5 mm lang, hakig, hell grau bis ocker; Fruchttriebe meist unbewehrt. **Blattnarben** schmal, die Zweige zu etwa 2/3 umgreifend. Früchte wenige oder einzeln, kugelig oder flach, 1–1,5 cm dick, glatt und rot. Schwach verzweigter, bis 1,5 m hoher, Ausläufer treibender Strauch. In Mitteleuropa lokal verbreitet; Verbreitungsschwerpunkt in Nord- und Osteuropa bis Westasien.

Rosa nitida
Zweigausschnitt

Rosa pendulina
Kurztrieb mit Frucht

Rosa majalis
Kurztrieb mit Früchten

Rosa pendulina
Zweigspitze

Rosa majalis
Zweigspitze

Rosa majalis
Zweigdetail: Seitenknospe und Stacheln

Rosa rugosa
Zweigausschnitt: Seitenknospe und Bestachelung

Rosa rugosa
Frucht

Rosa moyesii
Kurztrieb: an der Basis mit zwei Stacheln

Rosa moyesii
Zweigspitze mit Frucht

Rosa moyesii
Ausschnitt: Seitenknospe und Stacheln

Rosa multiflora
Zweig mit vielen erbsengroßen Früchten

Rosa arvensis
Zweig

Rosa arvensis
Zweigausschnitt mit Seitenknospe und Stacheln

Rosa rugosa THUNB., Kartoffel-Rose
Knospen eiförmig, vom Zweig abstehend, mit braunen Knospenschuppen. **Zweige** graubraun, dicht mit vielen ungleichartigen, geraden Stacheln. **Früchte** mehrere in einem Stand, kurz gestielt, groß, kugelig abgeflacht, mit aufrechten, bleibenden, zur Spitze abgeflachten Kelchblättern. Sehr häufig anzutreffender, kräftiger, 1–1,5 (–2) m hoher Strauch aus Ostasien.

Rosa moyesii HEMSL. & WILS., Mandarin-Rose
Knospen kugelig bis eiförmig, 2–4 mm lang, mit weinroten Schuppen. **Zweige** matt orange-weinrot, schattenseits auch gelbgrün. **Stacheln** gerade, an den Knoten oft paarweise, mit mittelgroßer bis großer Ansatzfläche. **Früchte** den gesamten Winter bleibend, länglich eiförmig, 5–7 cm lang, mit aufgerichteten, fiedrigen Kelchblättern, diese wie die Früchte stieldrüsig behaart. Gelegentlich gepflanzter, bis 3 m hoher, lockerer Strauch aus China.

Sektion Systylae

Rosa multiflora THUNB., Vielblütige Rose
Zweige relativ dünn, grün, lichtseits nur leicht gerötet. **Stacheln**: wenige – manchmal auch ganz fehlend – schwach gekrümmt, mit kleiner Ansatzstelle. **Früchte** rot, klein: etwa 5 mm dick, sehr viele in großen, kegelförmigen Rispen. Sehr häufiger, aufrechter, bis 3 (–5) m hoch kletternder Strauch aus Ostasien.
Die ähnliche ***Rosa wichuraiana*** CRÉP. ist ein halbimmergrüner, niederliegender und nicht selbstständig kletternder Strauch mit eiförmigen, bis 1,5 cm langen, zu 6–10 in kurz kegligen Ständen vereinten, tiefroten Früchten. Eine ebenfalls zur Züchtung der Kletterrosen verwendete Art aus Ostasien.

Rosa arvensis HUDS., Feld-Rose, Kriech-Rose
Knospen klein, kurz eiförmig, mit rötlichen Knospenschuppen. **Zweige** dünn: einjährig bis 3 mm Durchmesser, grün. **Stacheln** auf breiter Ansatzfläche, etwa 4 × 1,5 mm, und 4–5 mm lang, leicht gebogen. Niedriger, kriechender oder 1–2 m hoch kletternder Strauch. Seltene, von Südwest- bis Mitteleuropa verbreitete Art.

Untergattung Platyrhodon

Rosa roxburghii TRATT., Igel-Rose
Zweige anfangs mit grünlicher, später mit graubrauner, abblätternder Rinde. **Stacheln** meist paarig an den Zweigknoten. **Früchte** grün, 3–4 cm dick, kugelig, dicht bestachelt. Gelegentlich gepflanzter, aus Japan und China stammender, sparriger, bis über 2,5 m hoher Strauch.

Rubus L., Brombeere, Himbeere

Der Blattgrund des Tragblattes mit den Nebenblättern bleibt meist erhalten, mitunter – besonders bei den Brombeeren – auch die Blattspindel oder ganze Blätter. Die Knospen sind zur Zweigspitze meist schwächer entwickelt. Triebe kurzlebig und nur zwei Jahre alt werdend: im ersten Jahr aus der Strauchbasis treibend und im zweiten Jahr nach Blüte und Frucht absterbend.

Schlüssel *Rubus*

1 Zweige grau bis ockerbraun, unbewehrt oder ± dicht mit dünnen geraden Stacheln 2
1* Zweige grün bis dunkel weinrot, meist mit zahlreichen, oft gebogenen Stacheln 5

Himbeeren

2 Rinde aufreißend, unbewehrt, Knospen meist > 8 mm . . . . *Rubus odoratus*
2* Rinde oft furchig, aber nicht aufreißend, Knospen meist kleiner 3
3 Zweige dicht lang abstehend, drüsig behaart . . . . *Rubus phoenicolasius*
3* Zweige kahl oder kurz und anliegend, nie drüsig, behaart 4
4 Zweige hell graubraun, fein weißlich behaart/bereift . . . . *Rubus idaeus*
4* Zweige orangebraun, unbereift . . . . *Rubus spectabilis*

Brombeeren

5 (1) Zweige dünn (< 3 mm), rund und bereift . . . . *Rubus caesius*
5* Zweige meist kräftiger, oft kantig und unbereift . . . . *Rubus fruticosus*

Brombeeren

Rubus caesius L., Kratzbeere
Knospen eiförmig, 3–5 mm lang, mit einigen spiralig stehenden, braunen Knospenschuppen. **Zweige** dünn: einjährig 2–3 mm dick, rundlich, bläulichweiß bereift, grün bis – vor

Rosa roxburghii
Zweig mit abblätternder Rinde

Rubus caesius
Seitenknospe

Rubus caesius
Zweig

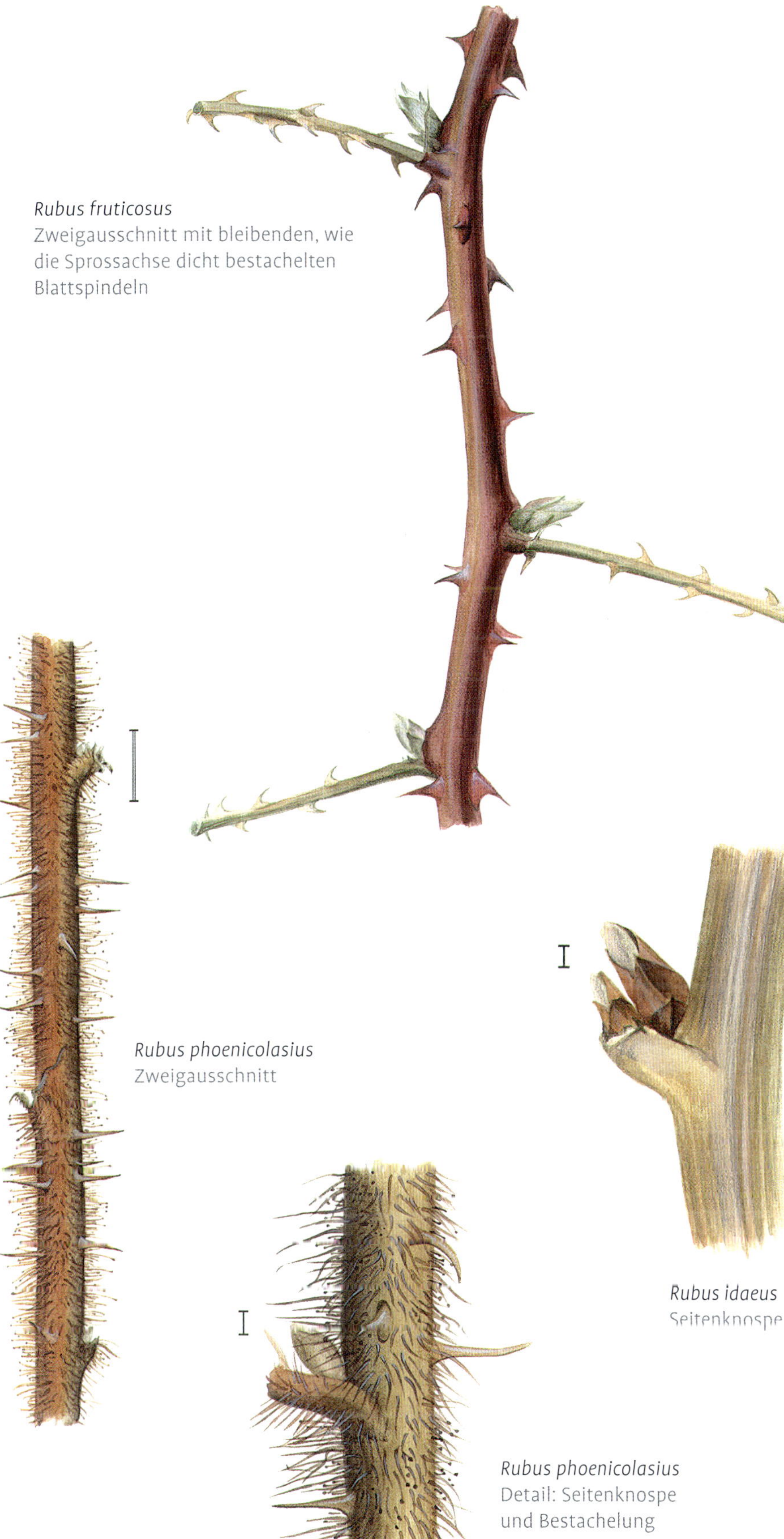

Rubus fruticosus
Zweigausschnitt mit bleibenden, wie die Sprossachse dicht bestachelten Blattspindeln

Rubus phoenicolasius
Zweigausschnitt

Rubus idaeus
Seitenknospe

Rubus phoenicolasius
Detail: Seitenknospe und Bestachelung

allem ältere Zweigteile – violett-weinrot. **Stacheln** klein, um 2 mm lang, leicht gebogen. Überhängende, den Boden berührende Triebspitzen bewurzeln sich. Gelegentlich anzutreffender, in Eurasien verbreiteter, kriechender oder kletternder Strauch.

Rubus fruticosus L., Gewöhnliche Brombeere
Formenreiches Aggregat aus hunderten agamospermen Sippen („Kleinarten") teilweise hybridogener Abstammung. Sommer- bis halbimmergrüne, aufrechte, bogig überhängende, ± kletternde oder kriechende Sträucher.
Knospen mittelgroß, eiförmig, mit einigen spiraligen, fein anliegend behaarten Knospenschuppen. **Zweige** rund bis stark 5-kantig, besonders sonnenseits oft kräftig weinrot bis grün, kahl bis behaart, auch drüsig; mit gleichartigen oder verschiedenartigen, geraden oder ± stark gebogenen Stacheln. Bei den sommergrünen Brombeeren bleibt im Winter oft die ± stachlige Blattspindel erhalten (Spreizklimmer). Häufiger, in Europa natürlich verbreiteter und als Fruchtstrauch kultivierter, bis etwa 2 m hoher Strauch.

Himbeeren

Rubus phoenicolasius Maxim., Japanische Weinbeere
Knospen relativ klein: 3–5 mm lang, eiförmig, dicht grauweiß behaart; auf weit, 4–6 mm herausragendem Tragblattgrund. **Zweige** dick und rundlich; rotbraun, stellenweise ockergelb, bis dunkel graubraun und violettbraun; dicht mit bis 6–7 mm langen, zum Teil drüsigen Haaren, und zerstreut mit 6–8 mm langen dünnen, geraden oder leicht gebogenen Stacheln besetzt. **Blattnarben** schwarzgrau, mit undeutlichen Spuren. Gelegentlich gepflanzter, bis 3 m hoher Strauch aus Ostasien.

Rubus idaeus L., Gewöhnliche Himbeere
Knospen 5–7 mm lang, mit braunen, gekielten Knospenschuppen, vor allem die oberen fein weißlich-hellgrau (wie bereift) behaart; an stärkeren basalen Zweigabschnitten oft mit kleiner absteigender Beiknospe. **Zweige** hell ockerbraun bis graubraun, leicht längs streifig, aber nicht rissig, sehr fein weißlich behaart (bereift); mit kurzen geraden Stacheln oder unbewehrt. Blattgrund des Tragblattes groß, in undeutliche, fransige Narbe endend. 1–2 m hoher, dichte Bestände bildender, häufig gepflanzter, in Eurasien heimischer Fruchtstrauch.

Rubus odoratus L., Wohlriechende Himbeere
Knospen eiförmig, 8–10 mm lang, mit 5–6 dachziegligen, etwas abspreizenden, rotbraunen bis grauen Knospenschuppen, vor allem die oberen dicht anliegend dunkelgrau-silbrig behaart. **Zweige** aufrecht, unbewehrt, zur Spitze hinfällig behaart; mit heller grau- bis zimtbrauner, längsrissiger Rinde. Nebenblätter des Tragblattes miteinander und dem Blattgrund verwachsenen, die Seitenknospen basal umhüllend. Oberblattnarbe mit undeutlichen Gefäßbündelspuren. Es bleiben meist Reste der vielfrüchtigen Rispen erhalten. Häufig als Zierstrauch gepflanzter, bis 3 m hoher Strauch aus Nordamerika.

Rubus spectabilis PURSH, Lachs-Himbeere
Knospen eiförmig, 4–7 mm lang, mit 6–8 Knospenschuppen, diese zugespitzt, unterste klein, dunkelbraun und ± kahl, obere größer, orangebraun und fein anliegend behaart. **Zweige** ockerbraun, leicht längs streifig, kahl und nur an der Basis mit dünnen, geraden Stacheln. **Blattnarben** auf deutlichem Blattkissen, hell, mit 3 Spuren. Bei der Blattnarbe befinden sich meist zwei fädige Nebenblattreste. Gelegentlich gepflanzter, 1–2 m hoher Strauch aus Nordamerika.

Dasiphora RAF., Fingerstrauch

Früher zu den krautigen *Potentilla*-Arten gestellt, werden die wenigen Sträucher heute als eigene Gattung geführt.

Dasiphora fruticosa (L.) RYDB., Fingerstrauch
[*Potentilla fruticosa* L.]
Seitenknospen werden vom ausdauernden, stängelumfassenden Unterblatt des Tragblattes bedeckt. Dieses Unterblatt besteht aus dem Blattgrund und großen, verwachsenen, häutigen Nebenblättern, die in dünne Spitzen auslaufen; abaxial findet sich eine kleine Blattstielnarbe. **Zweige** relativ dünn, orange- und rotbraun bis graubraun, vor allem zu den Triebspitzen dicht, fein behaart. **Früchte** endständig in Rispen, es bleiben die trockenen, braunen, je 5 nach innen eingekrümmten Blätter von Kelch und Außenkelch. Über die gesamte Nordhemisphäre verbreiteter, niederliegender und flacher oder aufrechter bis 1,5 m hoher Strauch. Ähnliche ausdauernde Tragblätter sind bei den Gattungen *Caragana* und *Colutea* zu finden. Sichere Unterscheidung bieten die überwiegend braune Färbung, ohne Grün, und die fast immer vorhandenen Früchte.

Rubus odoratus
Zweigspitze mit Fruchtresten

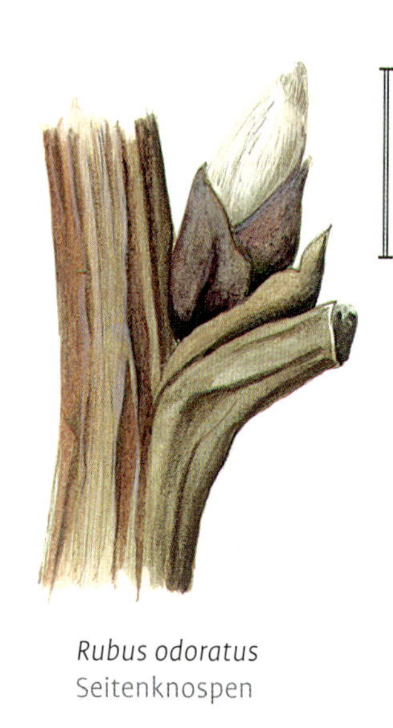
Rubus odoratus
Seitenknospen

Rubus odoratus
Zweigspitze

Rubus spectabilis
Seitenknospe

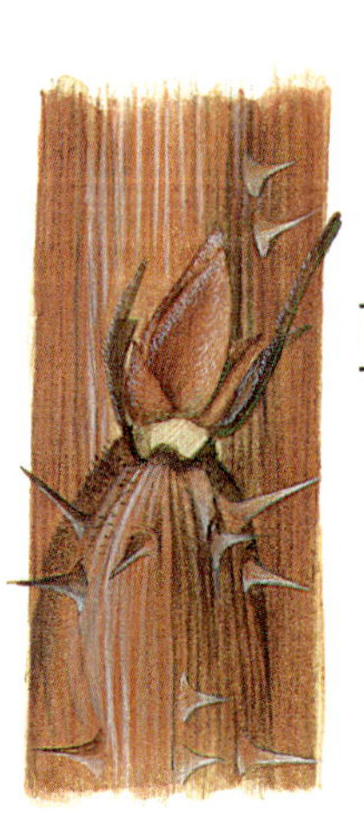
Rubus spectabilis
Seitenknospe

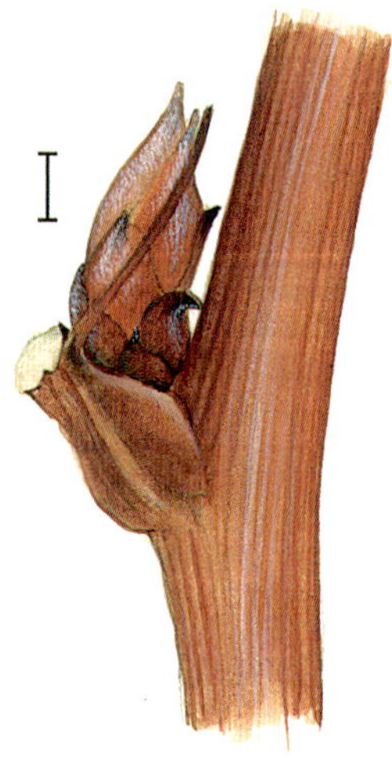
Rubus spectabilis
Seitenknospe

Dasiphora fruticosa
Zweig mit bleibenden, trockenen Fruchtkelchen

Dasiphora fruticosa
Seitenknospen vom bleibenden Blattgrund und den häutigen, verwachsenen Nebenblättern des Tragblattes verdeckt

Unterfamilie Amygdaloideae

Zu dieser (neuen) großen Unterfamilie gehören zahlreiche einheimische Arten und sehr viele Ziergehölze. Neben den Spiersträuchern und weiteren Triben mit Strauchgehölzen finden sich hier die ehemals in eigenen Unterfamilien geführten Stein- und Kernobstverwandtschaften.

Schlüssel Amygdaloideae

1 Zweige unbewehrt ... 4
1* Zweige mit Dornen ... 2
2 Zweige mit gefächertem Mark, Blattnarben einspurig ... ***Prinsepia***
2* Zweige mit vollem Mark, Blattnarben mehrspurig ... 3
3 Alle Zweige ohne Endknospen ***Prunus***
3* Langtriebe mit Endknospen ... **Pyreae**
4 (1) Knospen gegenständig ... ***Rhodotypos***
4* Knospen wechselständig ... 5
5 Knospen mit absteigenden Beiknospen, oder selber Beiknospe unter Seitentrieb ... ***Neillia***
5* Knospen einzeln oder mit Bereicherungsknospen ... 6
6 Blattnarben einspurig, Zweige ohne Endknospe ... ***Spiraea***
6* Blattnarben mehrspurig oder nicht klar abgegrenzt ... 7
7 Zweige allseitig grün, ohne Endknospe ... ***Kerria***
7* Nicht so ... 8
8 Keine Blattnarben: Blätter vertrocknen und blättern spät mitsamt der äußersten Rindenschicht ab ... ***Sibiraea***
8* Blätter hinterlassen ± deutliche Blattnarben ... 9
9 Zweige mit auffallenden, warzigen Lentizellen und Endknospen . ***Pourthiaea***
9* Zweige mit flachen Lentizellen ... 10
10 Sträucher. Zweige dick, mit weitem Mark, ohne Endknospe ... ***Sorbaria***
10* Sträucher oder Bäume. Zweige nicht mit auffällig weitem Mark, oft mit Endknospen ... 11
11 Mark voll ... 12
11* Mark gefächert ... *Oemleria*
12 Knospen nackt oder mit 2 ± auseinander spreizenden Knospenschuppen, niederliegende bis aufrechte Sträucher .. 13
12* Knospen mit deutlichen Knospenschuppen ... 14
13 Endknospen von nur locker anliegenden, doppelt gefiederten grünen Blättern umgeben. Zweige und Knospen sternhaarig und drüsig klebrig ... *Chamaebatiaria*
13* Knospen bräunlich, Blätter nie gefiedert ... ***Cotoneaster***
14 Fruchtreste lange bleibende trockene Früchte ... 15
14* Früchte meist hinfällige fleischige beerenartige Sammelfrüchte oder Steinfrüchte ... 18
15 Frucht mit 5 großen trocken-braunen gezähnten Kelchblättern ... ***Neviusia***
15* Früchte nicht von auffallend großen Kelchblättern umgeben ... 16
16 Sammelfrüchte mit trockenen Bälgen in Trugdolden ... 17
16* Sammelfrüchte aus 5 holzigen Fruchtfächern in länglichen Trauben ***Exochorda***
17 Frucht klein, mit 5 Nüsschen, um 2 mm ∅, in überhängenden Rispen ... *Holodiscus*
17* Frucht größer, mit 2–5 blasigen Bälgen, in Doldentrauben ... ***Physocarpus***
18 Knospen spindelig und/oder kräftig rot ... **Pyreae**
18* Knospen gedrungener bis zugespitzt eiförmig, höchstens einseitig gerotet 19
19 Entweder bis 1,5 m hohe, dünnzweigige Sträucher mit Bereicherungsknospen oder mittelgroße bis große Bäume mit Ringelkork, Seitenknospen oft vom Zweig abstehend, im Querschnitt rund. Die oberständigen Früchte meist hinfällig ... ***Prunus***
19* Sträucher ohne Bereicherungsknospen oder Bäume meist mit schuppiger Borke. Seitenknospen am Langtrieb meist anliegend und deutlich abgeflacht, das heißt deutlich breiter als dick. Die oft lange bleibenden Früchte unterständig ... **Pyreae**

Tribus Spiraeeae

Die Gattungen unterscheiden sich in der Größe und Form der Knospen, der Zahl der Gefäßbündelspuren auf der Blattnarbe, dem Vorhandensein von Bereicherungsknospen und nicht zuletzt an den meist über den Winter bleibenden Früchten und Fruchtständen.

Schlüssel Spiraeeae

1 Blattnarben deutlich sichtbar, Zweige oft ohne Endknospe 2

1* Blätter mitsamt der Rinde abblätternd, dadurch keine abgegrenzte Blattnarben, Endknospen oft angetrieben . . . . *Sibiraea altaiensis*

2 Blattnarben dreispurig, Langtriebe mit Endknospen. Fruchtstände bis 20 cm lang, breit, locker und überhängend . . . . *Holodiscus discolor*

2* Blattnarben einspurig, Zweige ohne Endknospen. Fruchstände seiten- oder endständig, wenn endständig aufrecht . . . . ***Spiraea***

Holodiscus discolor (PURSH) MAXIM., Schaumspiere

Triebspitzen meist durch Fruchtstände aufgebraucht, **Endknospen** nur an vegetativen Langtrieben 3–5 mm lang und an Kurztrieben um 3 mm lang, von 3 Knospenblättern umhüllt. **Seitenknospen** 2–3 mm lang, dem Zweig anliegend und nur an der Spitze leicht abstehend, von den beiden Vorblattschuppen zu 2/3 bis ganz eingehüllt. **Knospenschuppen** bzw. **-blätter** hell ocker bis dunkel weinrot und violettbraun, besonders zur Spitze dicht anliegend heller behaart. **Zweige** 2–2,5 mm ∅, kantig: von den Seitenkanten der Blattnarben laufen deutliche Längsleisten herab, jung hell graubraun und ockerbraun, nur zur Spitze etwas behaart; zweijährige dunkler braun, mit längs aufreissender und abfasernder grauer Epidermis. **Blattnarbe** auf deutlichem Blattkissen, dunkelbraun, mit 3 dunklen Gefässbündelspuren. **Frucht**: kleine Sammelnussfrucht mit 5 Nüsschen, zahlreich in grossen überhängenden Rispen. **Wuchs**: 1–5 m hoch, Zweige aufrecht, an den Enden überhängend. Gelegentlich gepflanzter Strauch aus dem westlichen Nordamerika.

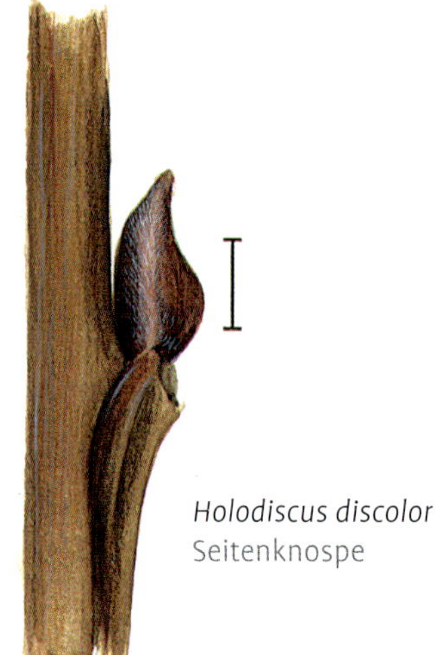

Holodiscus discolor
Seitenknospe

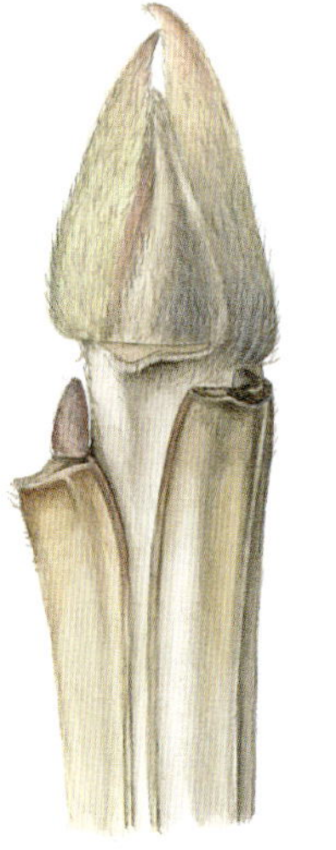

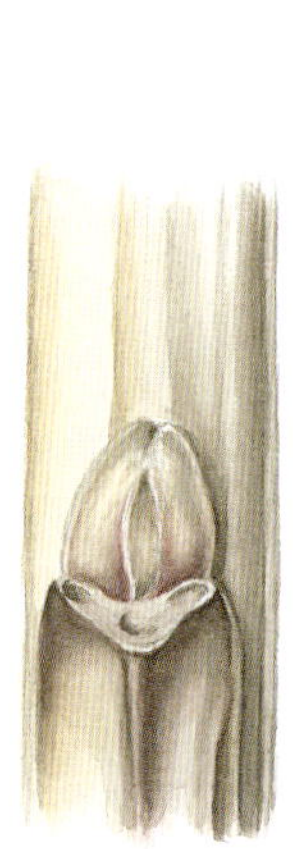

Holodiscus discolor
Endknospe und Seitenknospe

Spiraea salicifolia
Seitenknospen

Spiraea L., Spierstrauch

Knospen, nur spiralig am Zweig stehende Seitenknospen. **Zweige** rund oder ± 5-kantig, immer ohne Lentizellen. **Blattnarben** mit einer Gefäßbündelspur. Die meist erhalten bleibenden Fruchtstände bieten gute Bestimmungsmerkmale. Oft treten Unterschiede in der Knospenausbildung (Knospenschuppenzahl, Bereicherungsknospen) zwischen sehr kräftigen und dünnen Zweigen auf.

Schlüssel *Spiraea*

1 Fruchtstände end- oder achselständige Dolden oder Doldentrauben, meist breiter als hoch 4

1* Fruchtstände endständige Rispen, höher als breit, Zweige meist kantig 2

2 Knospen fast am Zweig anliegend, mit bewimperten Knospenschuppen . . . . ***Spiraea salicifolia***

2* Knospen vom Zweig abstehend, wenigstens anfangs dicht behaart 3

3 Zweige dicht behaart ***Spiraea douglasii***

3* Zweige verkahlend . . . . ***Spiraea douglasii*** subsp. ***menziesii***

4 (1) Fruchtstände breite, endständige Doldentrauben 5

4* Fruchtstände kleine, achselständige Dolden oder Traubendolden, mitunter hinfällig, Knospen deutlich vom Zweig abstehend 8

5 Knospen ± am Zweig anliegend, ± zugespitzt 6

5* Knospen vom Zweig abstehend, eiförmig . . . . *Spiraea betulifolia*

6 Äußerste beiden Knospenschuppen länger als die Knospe . . . . ***Spiraea henryi***

6* Knospen mit vielen Knospenschuppen, unterste relativ klein 7

7 Bis 25 cm hoher, niederliegend-aufsteigender, Ausläufer bildender Strauch . . . . ***Spiraea decumbens***

7* Bis 1,5 m hoher (in Sorten aber viel niedriger), aufrechter Strauch . . . . ***Spiraea japonica***

8 (4) Zweige mit aufreißender und abblätternder Rinde, Knospen sehr klein (um 1 mm), kugelig 9

8* Rinde nicht abblätternd, Knospen meist größer 10

9 Zweige zumindest zur Spitze dicht behaart und leicht kantig . . . . ***Spiraea thunbergii***

9* Zweige kahl oder verkahlend, rund . . . . *Spiraea hypericifolia*

10 Zweige kantig, die äußeren beiden Knospenschuppen Knospe überragend und fast vollständig bedeckend 12

10* Zweige rundlich; Knospen mit einigen Knospenschuppen, äußerste klein . . 11

11 Knospen klein: 1 (–1,5) mm lang, kugelig eiförmig; Zweige behaart . . . . ***Spiraea prunifolia***

11* Knospen 2–3 mm lang, länglich eiförmig, meist mit Bereicherungsknospen; Zweige kahl . . . . . ***Spiraea ×vanhouttei***

12 Zweige hell, ockergrau . . . . ***Spiraea chamaedryfolia***

12* Zweige dunkel rotbraun bis graubraun . . . . ***Spiraea nipponica***

Spiraea douglasii
Seitenknospe

Spiraea douglasii var. *menziesii*
Seitenknospe

Sektion Spiraea

Früchte in verlängerten Rispen.

Spiraea salicifolia L., Weidenblättriger Spierstrauch
Knospen am Zweig anliegend oder leicht abstehend, eiförmig, 3–5 mm lang, mit einigen Schuppen. Knospenschuppen orangerotbraun, zum Rand dunkler braun, bewimpert, an der Knospenspitze auch behaart. **Zweige** rotbraun, matt, kantig, zerstreut sehr fein und unauffällig behaart. **Blattnarben** halbkreisförmig, mit einer zentralen Spur. Bis 1,5 m hoher, Ausläufer treibender, aufrechter Strauch. Häufig gepflanzt und gebietsweise eingebürgert, von Südosteuropa bis Nordostasien und Japan sowie in Nordamerika anzutreffen.

Spiraea douglasii Hook., Oregon-Spierstrauch
Knospen bis etwa 45° vom Zweig abstehend, 2–3 mm lang, gedrungen eiförmig mit stumpfem Ende, an stärkeren Trieben mit Bereicherungsknospen. Knospenschuppen ockerbraun, dicht, nur basale Schuppen etwas lockerer, behaart. **Zweige** braun, schwach kantig oder – bei stärkeren Zweigen – rundlich, längs gestreift, dicht fein behaart, spät verkahlend. **Fruchtstände**: endständige, kegelförmige Rispen. **Früchte** kahl, glänzend, mit aufrechten, abspreizenden Griffeln und zurück gebogenen Kelchblättern. Häufig gepflanzter, bis 2 m hoher, Ausläufer bildender Strauch aus dem westlichen Nordamerika. Die var. ***menziesii*** (Hook.) Calder & Roy L. Taylor, **Menzies-Spierstrauch** [*Spiraea menziesii* Hook.], unterscheidet sich durch bald verkahlende **Zweige** und schwächer behaarte **Knospen**. Bis 1,5 m hoher Strauch.

Spiraea ×billardii hort. ex Koch
Eine häufig anzutreffende Hybride von *Spiraea douglasii × Spiraea salicifolia*. Sie ist schwer von den Elternarten unterscheidbar: hat braune, anfangs dicht behaarte Zweige und bildet – wie die Elternarten – Ausläufer.

Sektion Calospira

Früchte in endständigen Doldentrauben. Knospen ± am Zweig anliegend, vielschuppig und zugespitzt.

Spiraea japonica L. f., Japan-Spierstrauch
Knospen 3–4 mm lang, länglich eiförmig, am Zweig anliegend und zur Spitze etwas abstehend; mit ± länglich-dreieckigen, faserigen, ockerbraunen bis graubraunen Knospenschuppen. **Zweige** ockerbraun bis bronzebraun, kahl, relativ dick (an der Basis der Jahrestriebe etwa 4–5 mm), ± rund und nur zur Spitze leicht 5-kantig. Zweigrinde fein längs furchig, an der Basis länglich aufreißend. **Blattnarben** hellbraun, mit einer großen zentralen dunkelbraunen Spur. **Früchte** in sehr breiten (15–20 cm), flachen Trugdolden. Aus Japan stammender, bis 1,5 m hoher Strauch, aber häufig in niedriger bleibenden Sorten gepflanzt, wie die bis 30 cm hohe, kompakte Sorte **'Nana'**.

Spiraea betulifolia PALL., Birkenblättriger Spierstrauch
Knospen kugelig bis eiförmig, 1,5–2,5 mm lang, deutlich vom Zweig abstehend, an kräftigen Trieben mit Bereicherungsknospen. Knospenschuppen ockerbraun bis rotbraun, etwas dunkler berandet und zur Knospenspitze zottig bewimpert oder anliegend behaart. **Zweige** kahl, rotbraun, teilweise mit absterbender Epidermis und dann graubraun, schwach kantig. **Früchte** in 3–6 cm breiten Doldentrauben. Seltener, 0,5 bis kaum 1 m hoher Strauch aus Ostasien.

Spiraea decumbens KOCH, Kärntener Spierstrauch
Knospen 2–3 mm lang, flach eiförmig, zugespitzt, fast am Zweig anliegend. **Knospenschuppen** braun, zur Spitze dunkler. **Zweige** kahl oder fein behaart (subsp. *tomentosa* (POECH) DOSTAL), dünn, rund oder schwach kantig, ockerbraun. Kleiner, nur um 25 cm hoher, Ausläufer bildender, dichter Strauch. Aus den Südostalpen stammend, gelegentlich gepflanzt.

Spiraea henryi HEMSL., Henrys Spierstrauch
Knospen bis 2 mm lang, eiförmig, oft plötzlich zugespitzt, nur im oberen Teil etwas vom Zweig abstehend; mit 2–4 äußeren, lockereren, leicht bewimperten, matt ockerbraunen bis dunkelbraunen Knospenschuppen. **Zweige** rundlich, braun, anfangs behaart, meist verkahlt. **Früchte** in achsel-

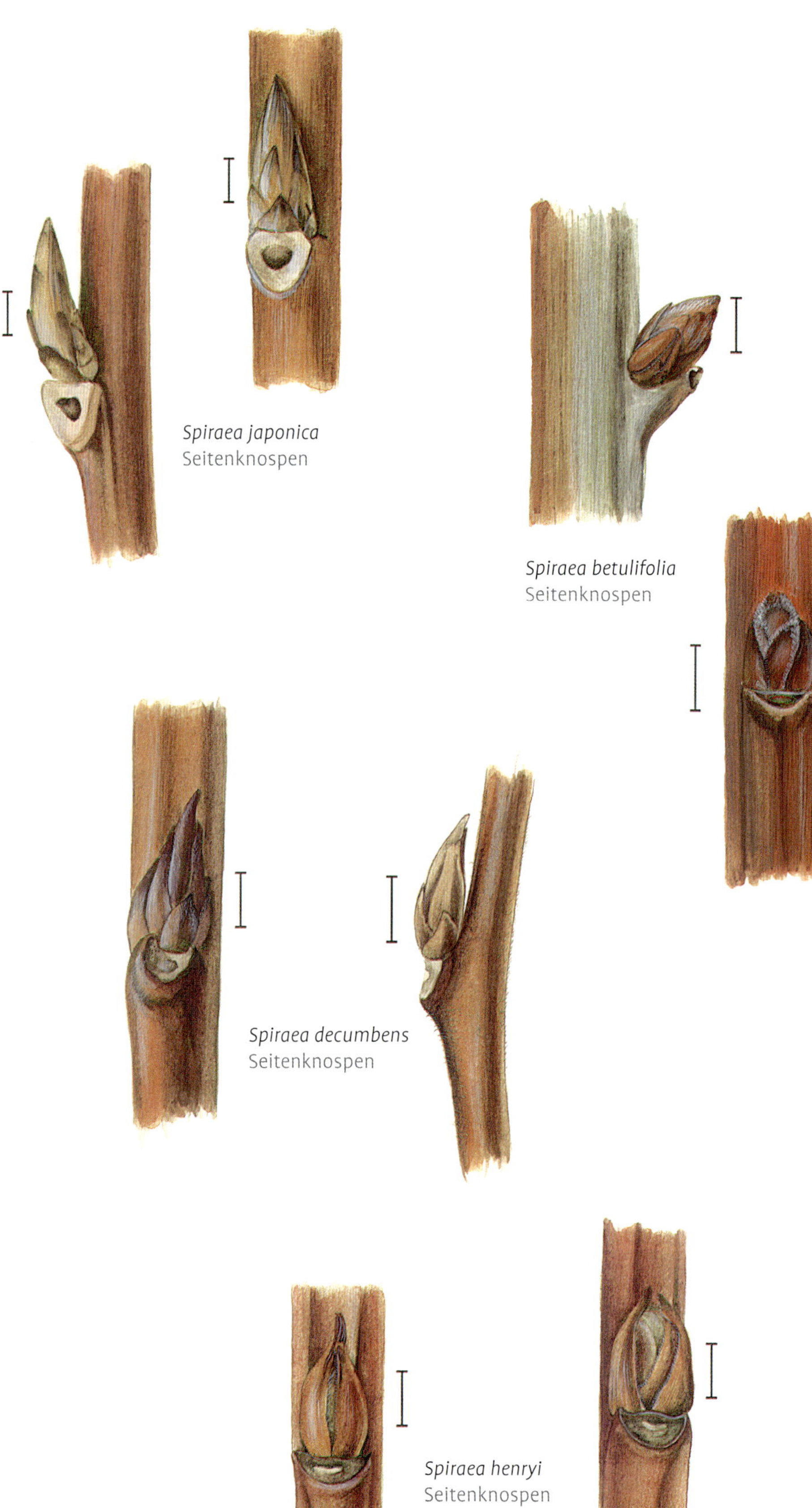

Spiraea japonica
Seitenknospen

Spiraea betulifolia
Seitenknospen

Spiraea decumbens
Seitenknospen

Spiraea henryi
Seitenknospen

ständigen Trugdolden, behaart und etwas gespreizt. Gelegentlich anzutreffender, 2–3 m hoher, breiter Strauch aus China.

Sektionen Glomerati und Chamaedryon

Früchte in Dolden (Glomerati) oder Traubendolden (Chamaedryon) an achselständigen Kurztrieben.

Spiraea thunbergii **SIEB. ex BLUME, Thunbergs Spierstrauch**
Knospen sehr klein: unter einem Millimeter, kugelig, mit einigen ockerbraunen Knospenschuppen, zwischen Blattkissen und Zweig etwas eingesenkt. **Zweige** kantig, anfangs sehr dünn, graubraun, fein und dicht behaart, später Rinde aufreißend und in Fetzen abblätternd: darunter kräftig rotbraun. Sehr häufig gepflanzter, bis 1,5 m hoher, dichter Strauch aus China.
Ähnlich und nicht sicher unterscheidbar ist die ebenfalls häufige ***Spiraea ×arguta*** ZAB., eine Hybride mit *Spiraea ×multiflora* ZAB.

Spiraea hypericifolia **L., Hartheu-Spierstrauch**
Knospen klein, um 1 (–2) mm lang, kugelig bis eiförmig. Knospenschuppen dunkelbraun bis ockerbraun, vor allem an der Knospenspitze dicht weiß behaart. **Zweige** fein behaart, ockerbraun bis dunkel rotbraun, mit absterbender und abblätternder grauer Epidermis. **Blattkissen** weit herausragend, mit einer kleinen einspurigen Blattnarbe. Selten gepflanzter, bis 1,5 m hoher, von Südosteuropa bis Sibirien und Mittelasien verbreiteter Strauch.

Spiraea prunifolia **SIEB. & ZUCC., Pflaumenblättriger Spierstrauch**
Knospen sehr klein, unter 1–1,5 mm lang, kugelig, etwas vom Zweig abstehend, von wenigen ockerfarbenen, schwach behaarten Knospenschuppen bedeckt. **Zweige** bogig überhängend, dünn, graugrün bis dunkel rotbraun, ± kantig und behaart: an der Spitze oft dicht, zur Zweigbasis verkahlt und nur an den Kanten mit länger bleibenden Haaren. **Blattnarben** klein, halbkreis- bis halbmondförmig, einspurig, auf schwachem, orangeockerfarbenem Kissen. Bis 2 m hoher Strauch aus Ostasien. **Früchte** bei der häufig angepflanzten gefülltblütigen Form kaum ausgebildet.

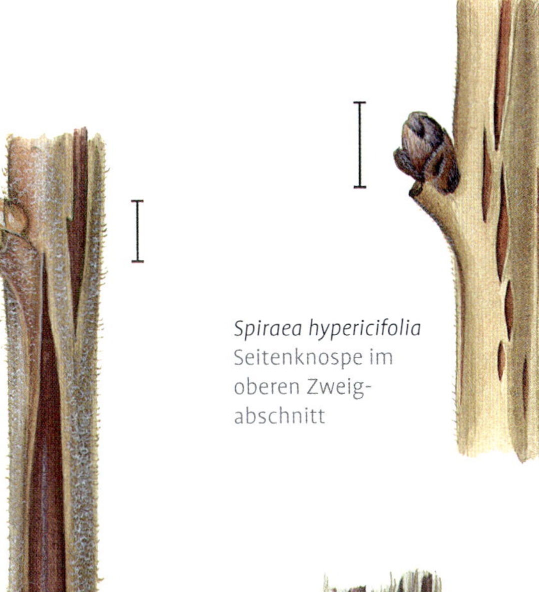

Spiraea hypericifolia
Seitenknospe im oberen Zweigabschnitt

Spiraea thunbergii
Zweigausschnitte

Spiraea hypericifolia
Seitenknospe mit Bereicherungsknospe im unteren Zweigabschnitt

Spiraea prunifolia
Seitenknospe an der Zweigspitze

Spiraea prunifolia
Seitenknospe

Spiraea nipponica MAXIM., Japanischer Spierstrauch
Knospen vom Zweig abstehend, um 2 (–3) mm lang, von 2 ± lang zugespitzten, ockerbraunen Knospenschuppen geschützt. **Zweige** sehr stark kantig, mit Furchen und Leisten, besonders deutlich an wüchsigen Langtrieben, dunkel rot- bis violettbraun, teilweise durch absterbende Epidermis dunkelgrau. **Blattnarben** auf entwickelten Blattkissen, mit einem etwas herausragenden Gefäßbündelrest. Bis 2,5 m hoch, aufrecht und leicht bogig übergeneigt. Häufig gepflanzter Strauch aus Japan.

Spiraea ×vanhouttei (BRIOT) CARRIÈRE, Belgischer Spierstrauch
[*Spiraea cantoniensis* LOUR. × *Spiraea trilobata* L.]
Knospen stumpf kegelig, abstehend; an schwachen Zweigen um 1 mm lang, von 2 Vorblatt-Knospenschuppen fast vollständig umhüllt, an stärkeren Zweige vielschuppig, 2–3 mm lang, meist mit Bereicherungsknospen. Knospenschuppen braun, kahl, stark weiß bewimpert. **Zweige** kahl, rotbraun bis violettbraun, stärkere Zweige etwas heller ockerbraun bis braun, an der Spitze überhängend. **Früchte** in achselständigen Trugdolden, mit abspreizenden Kelchblättern und halb aufrechten Griffeln. Sehr häufig gepflanzter, 2–3 m hoher Strauch.

Spiraea media F. SCHMIDT, Mittlerer Spierstrauch
Knospen 2–3 mm lang, schmal eiförmig, vom Zweig abstehend, einzeln oder mit Bereicherungsknospen; Knospenschuppen 6–8 (–12), basale oft etwas dunkler graubraun, sonst ockerbraun bis braun, zur Spitze der Knospe ± dicht behaart. **Zweige** rund, nur einjährige undeutlich kantig, hell ockerbraun bis dunkler rotbraun, älter graubraun. Neben dünnen etwas hin und her gebogenen Zweigen, dickere senkrechte und gerade, leicht längs streifige. **Blattnarben** auf deutlichen Kissen, einspurig, mit von den Rändern den Zweig herablaufenden, sich meist schnell verlierenden, feinen Kanten. Selten gepflanzter, 1,5 m hoher, straff aufrechter Strauch. Östliches Mitteleuropa bis Nordostasien.

Spiraea chamaedryfolia L., Gamander-Spierstrauch
Knospen vom Zweig abstehend, eiförmig, 3–4 mm lang, mit 2 (–4) äußeren, sehr hell graubraunen, oft ± lang zugespitzten und

Spiraea nipponica
Zweig

Spiraea nipponica
Seitenknospe

Spiraea ×vanhouttei
Seitenknospe mit Bereicherungsknospe

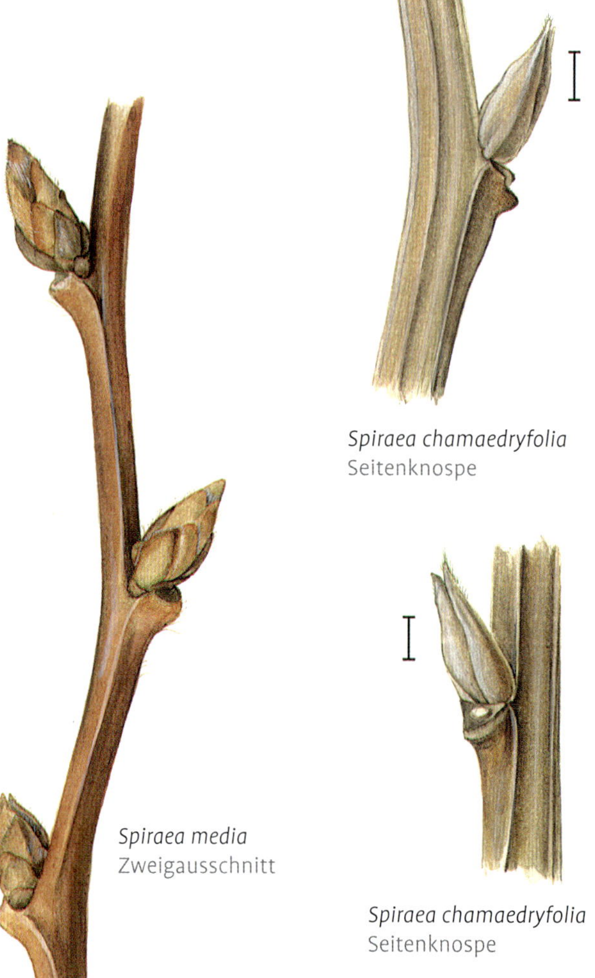

Spiraea media
Zweigausschnitt

Spiraea chamaedryfolia
Seitenknospe

Spiraea chamaedryfolia
Seitenknospe

Spiraea chamaedryfolia
Zweig

Sibiraea altaiensis
Seitenknospen

Sibiraea altaiensis
Zweig. Auffallend: die mitsamt der äußeren Rinde abblätternden Blätter

zur Spitze etwas behaarten Knospenschuppen. **Zweige** kahl, hell graubraun, etwas hin und her gebogen, stark kantig, mit 5 flügeligen Leisten. **Fruchtstände**: Trugdolden an seitlichen Kurztrieben. Häufig gepflanzter, aufrechter, bis 1,5 m hoher, Ausläufer treibender Strauch. Vorkommen in den europäischen Gebirgen, Sibirien und Nordostasien.

Sibiraea altaiensis (LAXM.) SCHNEID., Sibirische Blauspiere
[*Sibiraea laevigata* (L.) MAXIM.]
Seitenknospen kahl, 5–6 mm lang, zugespitzt eiförmig; mit lockeren und vor allem basal abspreizenden und leicht hinfälligen, zugespitzten, gekielten, trockenen braunen Knospenschuppen. **Endknospen** meist nicht geschlossen und offen, häufig mit endständigem Fruchtstand. **Zweige** anfangs von, fest mit der äußeren Rindenschicht verbundenen, alten vertrockneten Blättern umgeben. Die äußere Rindenschicht blättert zusammen mit diesen alten Blättern ab. Darunter liegende Schicht rotbraun bis dunkel weinrot, oder stellenweise olivgrün. **Blattnarben** daher nicht vorhanden, nur 3 kleine, runde Narben der Gefäßbündel. **Früchte** etwa 4 mm lang, mit – zur Hälfte vom Kelchbecher geborgenen – 5 Bälgen. Gelegentlich gepflanzter, unverwechselbarer, bis 1 m hoher, von Osteuropa bis Sibirien und zum Altai verbreiteter Strauch.

Tribus Sorbarieae

Die spiralig stehenden Blätter sind meist gefiedert und hinterlassen dreispurige Blattnarben.

Schlüssel Sorbarieae

1 Knospen nackt, Knospenblätter doppelt gefiedert, Zweige harzig klebrig . . . . *Chamaebatiaria*

1* Knospen mit Knospenschuppen, Zweige dick, nicht klebrig . . . . *Sorbaria*

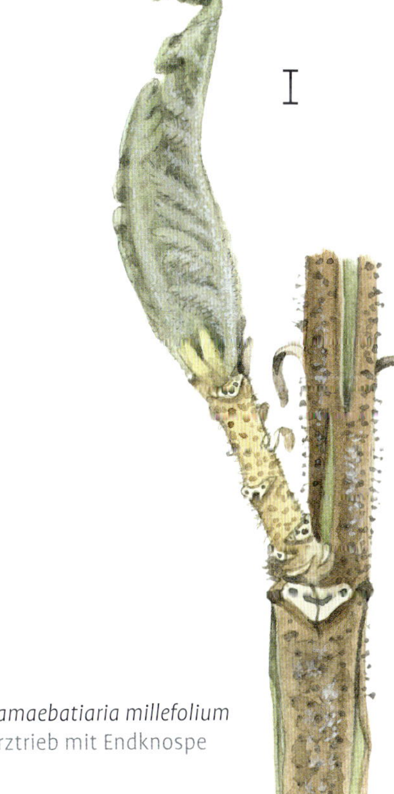
Chamaebatiaria millefolium
Kurztrieb mit Endknospe

Chamaebatiaria millefolium
Seitenknospe

Chamaebatiaria millefolium (TORR.) MAXIM., Harzspiere
Die in der Literatur als sommergrün angegebene Art verliert zwar die Blätter entlang der Triebe, um die Endknospen bleiben aber zahlreiche der fein doppelt gefiederten Blätter erhalten. Alle Teile mit filzig-zottigen Büschelhaaren, harzig aromatisch (Haare in klebrigem Harz). **Zweige** hell ockerbraun, unter den Büschelhaaren mit zahlreichen

kugeligen Harzdrüsen. Rinde erst aufreißend, später abblätternd, dann glatt braun. **Mark** ocker, Markkrone weiß. **Blattnarben** hellocker, mit 3 Spuren, daneben die Nebenblattnarben mit je einer zentralen Spur. Sehr selten gepflanzter, bis 1 m hoher Strauch aus dem Westen und Südwesten der USA.

Sorbaria (SER.) A. BRAUN, Fiederspiere

Grobastige Sträucher mit großen Knospen und dicken Zweigen aus Asien. Sehr oft erhalten sind die endständigen bis 30 cm langen Fruchtrispen mit aus 5 Bälgen zusammengesetzten Einzelfrüchten.

Schlüssel *Sorbaria*

1 Knospenschuppen, wenigstens zum Teil grün . . . . ***Sorbaria sorbifolia***
1* Knospenschuppen braun bis graubraun . . . . *Sorbaria kirilowii*

Sorbaria sorbifolia (L.) A. BRAUN, Gewöhnliche Fiederspiere

Knospen groß, bis 8 (–10) mm lang, eiförmig, mit einigen spiralig stehenden **Knospenschuppen**. Die untersten Schuppen klein und trocken braun, oft mit Bereicherungsknospen in den Achseln, die folgenden die Knospe einschließend, grün mit teilweise eingetrockneter braungrauer Spitze. **Zweige** dick, hell ockerbraun; mit anfänglich leicht erhobenen, bald länglich aufreißenden grauen Lentizellen. **Mark** weit und hellbraun. **Blattnarben** wappenförmig, graubraun, mit drei Gefäßbündelspuren. **Früchtchen** 5 mm lang, Griffel an der Spitze. Häufig angepflanzter, früh austreibender, 1–2 m hoher und wenig verzweigter, sich durch Ausläufer ausbreitender Strauch aus Nordostasien.

Sorbaria kirilowii (REG. & TIL.) MAXIM., Baum-Fiederspiere

[*Sorbaria arborescens* SCHNEID.]

Knospen eiförmig, 5–8 (–10) mm lang, kugelig bis eiförmig. **Knospenschuppen** braun bis graubraun, locker anliegend, stellenweise, vor allem oberste, ± dicht behaart. **Zweige** hell graubraun, zerstreut behaart oder verkahlt, nicht so auffallend dick wie bei *Sorbaria sorbifolia*. **Blattnarben** 3-spurig, sehr hell ockergelb. Selten anzutreffender, bis 6 m hoher, breiter Strauch aus Ostasien. **Früchtchen** 3,5 mm lang, Griffel unterhalb der Spitze.

Tribus Neillieae

Schlüssel Neillieae

1 Mit Endknospen, Seitenknospen meist einzeln . . . . *Physocarpus*
1* Ohne Endknospen, Seitenknospen oft mit Beiknospen . . . . *Neillia*

Neillia D.DON, Kranz- und Traubenspiere

Etwa 1,5–2,5 m hohe Sträucher aus Ostasien, im Winter schwer unterscheidbar. Neben den typischen Wintermerkmalen meist mit zahlreichen trockenen Blättern. **Früchte** in endständigen Rispen oder Trauben: 1(–2) Bälge in einem flachen oder einem schlauchförmigen Blütenbecher.

Schlüssel *Neillia*

1 Fruchtstände (Reste) Rispen 2
1* Fruchtstände (Reste) Trauben . . . . *Neillia sinensis*
2 Knospen meist länglich und zugespitzt . . . . ***Neillia tanakae***
2* Knospen oft stumpf, länglich eiförmig . . . . ***Neillia incisa***

Sorbaria sorbifolia
Seitenknospe

Sorbaria sorbifolia
Seitenknospe

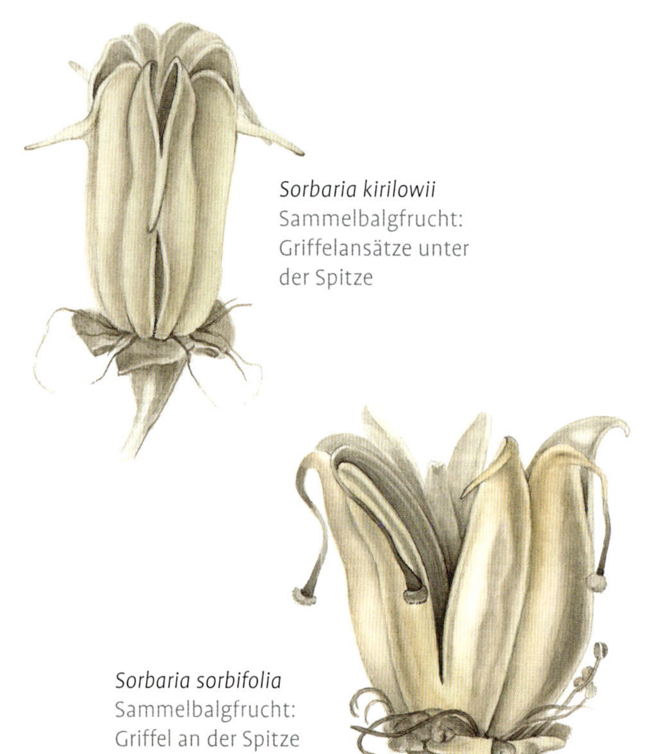

Sorbaria kirilowii
Sammelbalgfrucht: Griffelansätze unter der Spitze

Sorbaria sorbifolia
Sammelbalgfrucht: Griffel an der Spitze

Sorbaria kirilowii
Seitenknospe

Neillia tanakae
Zweig

Neillia tanakae
Seitenknospe als Beiknospe unter Seitenzweig

Neillia sinensis
Seitenknospe mit absteigender Beiknospe

Neillia incisa
Seitenknospe als Beiknospe unter Seitenzweig

Neillia tanakae **Franch. & Sav., Große Kranzspiere**
[*Stephanandra tanakae* (Franch. & Sav.) Franch. & Sav.]
Knospen, nur länglich eiförmige, bis 10 mm lange Seitenknospen. Diese Seitenknospen meist mit absteigenden Beiknospen, oder selbst Beiknospen unter in der letzten Vegetationsperiode entstandenen Trieben. Mit wenigen, rötlichen Knospenschuppen. **Zweige** anfangs etwas kantig, orangebraun bis rotbraun, hin und her gebogen. **Blattnarbe** 1-spurig. **Blätter** meist trocken am Strauch bleibend, 3–8 cm lang, doppelt gesägt. Aus Japan stammender, bis 2 m hoher, häufig gepflanzter Strauch.

Neillia incisa **(Thunb.) S.H. Oh, Kleine Kranzspiere**
[*Stephanandra incisa* (Thunb.) Zab.]
Knospen 5–8 mm lang, eiförmig bis länglich, stumpf oder schwach zugespitzt, weinrot; oft mit absteigenden Beiknospen, oder selbst Beiknospen unter sylleptischen Seitenzweigen. **Zweige** rund, kahl, orangeocker bis kräftig rotbraun, hin und her gebogen, ältere Zweige graubraun. **Blattnarben** mit einer großen zentralen Spur, seitlich mit unauffälligen Nebenblattspuren. **Blätter** gelappt, 2–6 cm lang. 1,5–2,5 m hoher, häufig gepflanzter Strauch aus Japan und Korea.

Neillia sinensis **Oliv., Traubenspiere**
Knospen, nur Seitenknospen: kugelig bis kurz eiförmig, 4–5 mm lang, meist mit 1–2 absteigenden Beiknospen. Knospenschuppen zahlreich, oft etwas locker anliegend, dunkel rotbraun, am Rand etwas heller und locker bewimpert. **Zweige** rund und kahl, einjährig 1,5–4 mm dick, orangebraun bis dunkelbraun, nur wenig hin und her gebogen. **Blattnarben** breit dreieckig, mit 3 deutlichen Spuren: mittlere u-förmig, seitliche quer, breit-punktförmig. Neben der Blattnarbe mit Nebenblattspuren oder -resten. **Früchte** 2 mm lang, aus vom Blütenbecher eingeschlossenen, 1–2 Balgfrüchten mit 1–3(–5) Samen bestehend. Bis 2 m hoher Strauch aus China.
Die Art ist selten anzutreffen. Neben der aufgeführten Art ist ***Neillia affinis*** Hemsl. aus Westchina gelegentlich gepflanzt.

Physocarpus (CAMBESS.) RAF., Blasenspiere

Kleine bis mittelgroße Sträucher. 10 Arten aus Nordamerika und eine Art aus Nordasien, nur *Physocarpus opulifolius* häufiger gepflanzt und teilweise verwildert. Erkennbar und unterscheidbar sind die Arten an den Früchten, der Knospenform und der Behaarung. Die **Früchte** bestehen aus 2–5 – zweiseitig aufplatzenden – Hülsen, im Unterschied zu, bei vielen anderen Gattungen der Unterfamilie auftretenden – einseitig aufspringenden – Bälgen.

Schlüssel ***Physocarpus***

1 Knospen gedrungen eiförmig. Zweige und Früchte oft sehr fein behaart . . . . *Physocarpus amurensis*

1* Knospen teilweise länglich. Zweige und Früchte kahl . . ***Physocarpus opulifolius***

Physocarpus amurensis (MAXIM.) MAXIM., Amur-Blasenspiere

Knospen kurz eiförmig, 3–5 mm lang, mit einigen matt dunkelbraunen Knospenschuppen; zur Spitze dicht bewimpert und oberste ± dicht gelbweiß behaart. **Zweige** kahl oder fein behaart, orangebraun bis rotbraun, kantig durch von den Blattnarbenrändern herablaufende Leisten. **Blattnarben** abgerundet dreieckig bis breit u-förmig, 3- oder 5-spurig; an den Leisten mit undeutlichen Nebenblattnarben. **Früchte** zahlreich in Schirmtrauben, aus 2–4 (–5), fein sternhaarig behaarten Hülsen zusammengesetzt. Sehr selten gepflanzter, natürlich im Amurgebiet, der Mandschurei und Korea vorkommender, 1–3 m hoher Strauch.

Physocarpus opulifolius (L.) MAXIM., Virginia-Blasenspiere

Knospen länglich eiförmig, 4–9 mm lang, mit olivbraunen bis matt violettbraunen, zur Spitze zerstreut, fein anliegend behaarten Knospenschuppen. **Zweige** kantig, kahl, orangebraun bis rotbraun, an älteren Zweigen Rinde rissig abblätternd. **Blattnarben** 3 (–5)-spurig. **Früchte** in etwa 5 cm breiten flach-halbkugeligen Schirmtrauben, mit 3–5 kahlen Hülsenfrüchtchen. Häufig gepflanzter (in Kultur ausschließlich), 2–3 m hoher, breiter Strauch aus dem mittleren und östlichen Nordamerika.

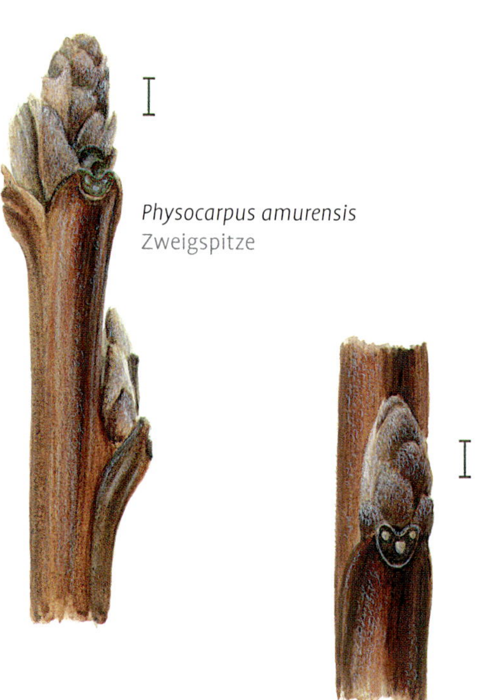

Physocarpus amurensis
Zweigspitze

Physocarpus opulifolius
Frucht

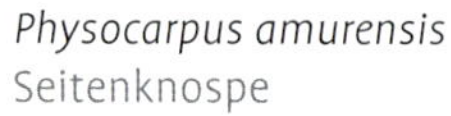

Physocarpus amurensis
Seitenknospe

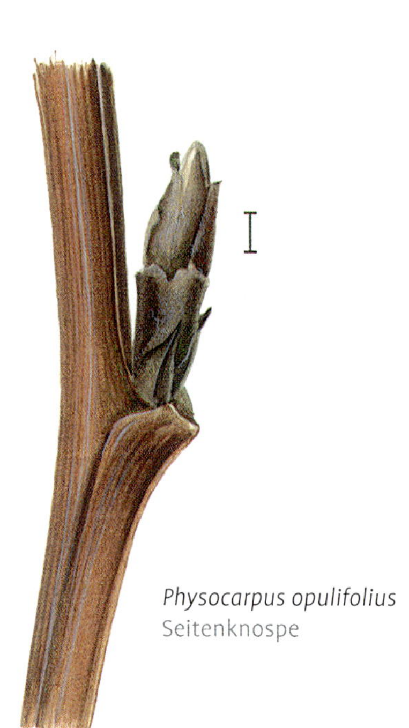

Physocarpus opulifolius
Seitenknospe

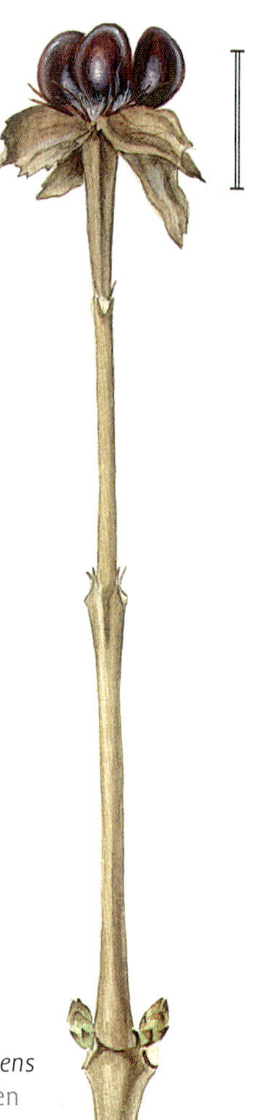

Rhodotypos scandens
Zweig mit Früchten

Tribus Kerrieae

Sparrige Sträucher, Zweige ohne Endknospen.

Schlüssel Kerrieae

1 Knospen/Blattnarben gegenständig, ältere Zweige braun .... ***Rhodotypos scandens***

1* Knospen/Blattnarben wechselständig . 2

2 Zweige grün .... ***Kerria japonica***

2* Zweige braun .... *Neviusia alabamensis*

Rhodotypos scandens (THUNB.) MAK., Scheinkerrie

Knospen im Gegensatz zu den meisten Rosengewächsen gegenständig; 3–4 mm lang, eiförmig, vom Zweig abstehend, mit 8–10 äußeren leicht behaarten oder nur bewimperten Knospenschuppen; lichtseits dunkel violettbraun bis rotbraun, schattenseits mehr grünlich und nur Ränder der Knospenschuppen braun. In den Achseln der Vorblätter stehen mitunter Bereicherungsknospen. **Zweige** hell graubraun bis gelbbraun im Schatten, lichtseits dunkler rot- bis olivbraun, meist ± glänzend. **Lentizellen** zerstreut, klein und wenig auffällig. **Blattnarben** dreispurig, gegenüberliegende durch eine feine Linie verbunden. Neben den Blattnarben mit kleinen Nebenblattnarben oder vertrockneten Nebenblattresten. **Früchte**: 4 (3–5) harte trockene, glänzend purpurschwarze Einzelfrüchte, endständig über den trockenen Kelchblättern. Häufig gepflanzter, bis 2 m hoher Strauch aus Japan und Mittelchina.

Kerria japonica (L.) DC., Ranunkelstrauch

Knospen leicht abstehend, 2–3 mm lang, zugespitzt eiförmig; mit 6–8 spiraligen, rotbraunen (basal teilweise auch grünlichen), am Rande fein weiß bewimperten Knospenschuppen. **Zweige** allseitig grün (auch in der Sonne), schwach längsfurchig und leicht hin und her gebogen. Triebenden vertrocknend, oft mit Blüten- und Fruchtresten. **Blattnarben** braungrau, kaum über die Zweigoberfläche ragend, mit drei Gefäßbündelspuren. Ohne Lentizellen. Bis über 2 m hoher, sehr häufig gepflanzter Strauch. Bekannt ist die Pflanze wild nur aus China, in Japan wurde sie schon früh in Gartenkultur übernommen.

Neviusia alabamensis A. GRAY, Schneelocke

Knospen: nur eiförmige, 2–3 mm lange Seitenknospen, mit mehreren rotbraunen bewimperten Knospenschuppen. Häufig mit Bereicherungsknospen. **Zweige** zur Spitze dünner werdend, leicht hin und her gebogen, rotbraun, tiefer heller graubraun bis hellgrau, fein längsstriemig, schwach kantig bis rund. **Blattnarbe** dreispurig, mit verwachsenen Nebenblattrudimenten. **Mark** voll, weiß. Im Winter hilfreich sind die lange bleibenden trockenen Fruchtstände: Jede Frucht umrahmt von fünf ausgebreiteten, etwa 8–12 mm langen, trockenen zur Spitze gezähnten Kelchblättern. Im Zentrum finden sich bis 4 Nüsschen, umgeben von den Resten der zahlreichen Staubfäden. Sehr selten gepflanzter, 1,5 m hoher Strauch aus den USA.

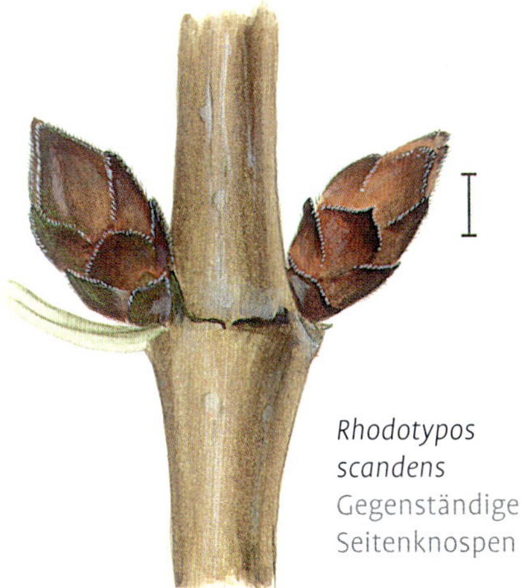

Rhodotypos scandens
Gegenständige Seitenknospen

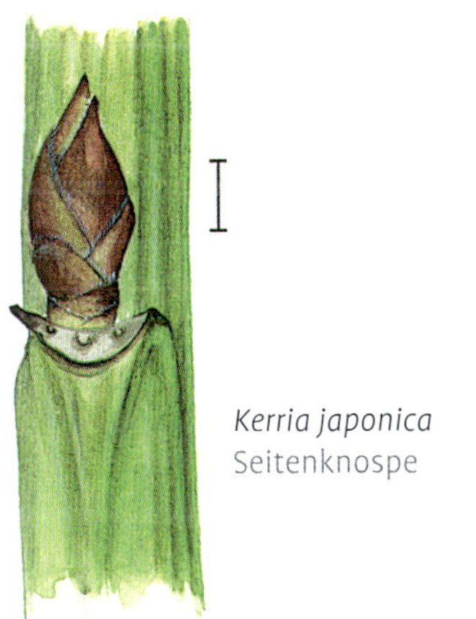

Kerria japonica
Seitenknospe

Kerria japonica
Seitenknospe

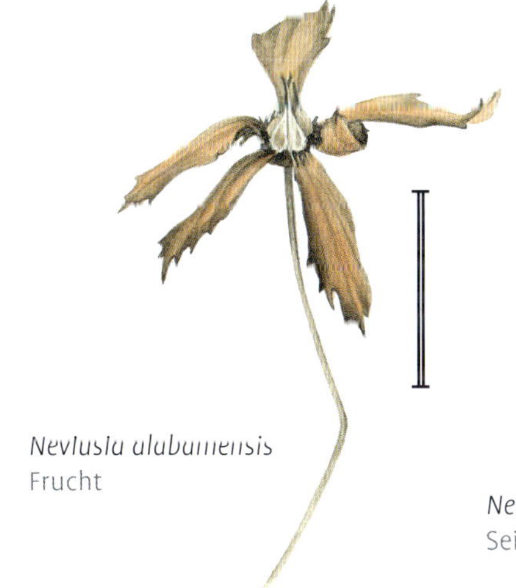

Neviusia alabamensis
Frucht

Neviusia alabamensis
Seitenknospe

Tribus Osmaronieae

Zweige oft mit Endknospe (bei *Prinsepia* fehlend), Mark mitunter gefächert.

Schlüssel Osmaronieae

1 Mark der Zweige voll, Früchte aus 5 holzigen, 8–12 mm hohen Hülsen . . . . ***Exochorda racemosa***

1* Mark der Zweige gefächert, Früchte hinfällige Steinfrüchte 2

2 Zweige unbewehrt . *Oemleria cerasiformis*

2* Zweige mit achselständigen Sprossdornen . . . . *Prinsepia uniflora*

Oemleria cerasiformis (TORR. & A. GRAY) LANDON, Oregonpflaume
[*Osmaronia cerasiformis* (TORR. & A. GRAY) GREENE]
Knospen kahl und glänzend, rein grün bis kräftig weinrot. **Endknospen** um 8 mm lang, länglich eiförmig bis spindelig, als Blütenknospen bauchig-kugelig. **Seitenknospen** vor allem unter der Triebspitze oft winzig, zur Zweigbasis größer, aber deutlich kleiner als Endknospen. **Zweige** kahl, glänzend olivbraun, mit hellen, ockerbraunen Lentizellen. **Mark** gefächert. **Blattnarben** schmal, 3-spurig. Selten verwendeter, über 2 m hoch werdender Strauch aus Nordamerika.

Prinsepia uniflora BATAL., Chinesische Dornkirsche
Knospen spiralig, sehr klein, nackt und dicht graubraun behaart, ± hinter den ausdauernden Nebenblattzipfeln verborgen. **Zweige** dünn: um 1–2 mm ∅, einjährig silbrig grau, mit bis 12 mm langen Triebdornen, die sich in den Blattachseln entwickeln und nur basal sowie an der Triebspitze fehlen. Die Beiknospen unter den Dornen unterscheiden sich nicht von den Seitenknospen, die in unbedornten Blattachseln stehen. **Zweige** mit zahlreichen sehr kleinen, ockerbraunen bis schwärzlichen, teilweise mit Büschelhaaren besetzten Punkten. Die zweijährigen rotbraunen Zweige bilden einen starken Kontrast zu den einjährigen silbrig grauen. **Blattnarben** etwas hervorstehend, ockerbraun gesäumt, mit einer, oft hellen zentralen Gefäßbündelnarbe. Aus Nordwestchina stammender, gelegentlich gepflanzter, bis 1,5 m hoher Strauch, der früh, oft schon im Februar, austreibt.

Oemleria cerasiformis
Zweigspitze

Oemleria cerasiformis
Seitenknospe

Prinsepia uniflora
Seitenknospe unterhalb eines Sprossdornes

Exochorda racemosa
Zweigspitze

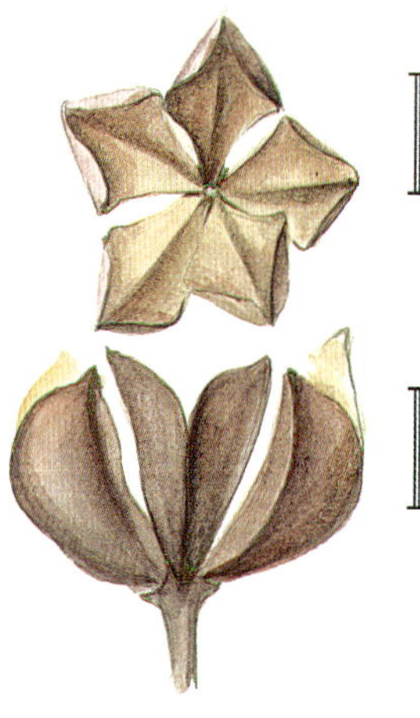

Exochorda racemosa
Frucht aus 5 verholzten freien Fruchtblättern

Prinsepia uniflora
Zweigausschnitt

Exochorda racemosa (LINDL.) REHD., Radspiere

Knospen länglich eiförmig, differenziert in End- und Seitenknospen. Endknospen 3–4 mm lang, etwas größer als Seitenknospen. Knospenschuppen spiralig, kräftig braun, basal heller orangebraun und teilweise grünlich; basale teilweise mit länglichen Nebenblattzipfeln. **Zweige** dünn, olivbraun bis graubraun, kahl oder mit feinen Behaarungsresten. **Früchte** aus 5 zweiklappigen, in der Mitte verbundenen holzigen Einzelfrüchten bestehend, 1–1,5 cm hoch. Bis 4 m hohe Sträucher von Ostchina bis Zentralasien.

Häufige Ziersträucher, vor allem durch die den ganzen Winter bleibenden Früchten leicht erkennbar und unverwechselbar. Teilweise werden bis 4 oder 5 Arten unterschieden (*E. giraldii* HESSE, *E. korolkowii* LAVALLÉE, *E. racemosa*, *E. serratifolia* S.MOORE, *E. tianschanica* GONTSCH), jedoch sind die Merkmale so variabel, dass selbst während der Vegetationsperiode keine sichere Trennung möglich ist.

Exochorda racemosa
Fruchttraube

Tribus Amygdaleae

In die Tribus gehört nur noch die große Gattung *Prunus*:

Prunus L., Kirsche, Pflaume, Aprikose, Mandel und Pfirsich

Kleine Sträucher bis große Bäume. Zur Gattung gehören neben zahlreichen Obstgehölzen viele Zierpflanzen, wie die häufig gepflanzten Japanischen Blütenkirschen. Die großen Gruppen, mitunter auch als eigene Gattungen aufgefasst, lassen sich auch unbelaubt gut unterscheiden. Innerhalb der Gruppen ist eine genaue Artzuordnung mitunter schwierig. Die sommergrünen Arten sind in den gemäßigten bis borealen Regionen der Nordhemisphäre beheimatet.

Schlüssel *Prunus*
(Obstgehölze unterstrichen)

1 Zweige mit Endknospen 2
1* Ohne Endknospe 26
2* Zweige braun bis grau 4
2 Zweige rot und grün 3
3 Knospen behaart. Bäume . . . . ***Prunus persica*** und ***Prunus dulcis***
3* Knospen kahl, Zweige dünn. Niedriger Strauch . . . . ***Prunus glandulosa***
4 Nebenblätter ausdauernd oder zumindest nicht ganz abfallend. Dünnzweigiger, bis 1,5 m hoher Strauch 5
4* Nebenblätter fallen mit den Laubblättern ab oder über 2 m hoher Strauch oder Baum 7
5 Kahl oder fein behaart, Nebenblätter lang fädig, gefingert, bewimpert . . . . ***Prunus triloba***
5* Nebenblätter nicht fädig lang 6
6 Zweige behaart, Seitenknospen mit vielen Bereicherungsknospen (meist >2) . . . . *Prunus tomentosa*
6* Zweige ± kahl, Seitenknospen meist mit 2 Bereicherungsknospen . . . . *Prunus prostata*
7 (4) Zweige deutlich behaart 8
7* Zweige kahl (mitunter mit einzelnen Haaren) 11
8 Knospen klein, um 3 mm lang, eirund, abstehend . . . . ***Prunus mahaleb***
8* Knospen größer, länglich, eiförmig bis kegelig 9
9 Rinde sehr glatt, glänzend, abrollend. Knospen keglig, mit 8–11 sichtbaren Knospenschuppen 24
9* Rinde stumpf. Knospen zugespitzt eiförmig, mit etwa 7–8 sichtbaren Knospenschuppen 10
10 Kleine bis mittelgroße Sträucher, immer mit Bereicherungsknospen 21
10* Meist baumförmig 22
11 (7) Seitenknospen mit Bereicherungsknospen oder Knospen an Kurztrieben gehäuft 17
11* Seitenknospen immer einzeln 12
12 Angeritzte Zweigrinde zerrieben stark riechend (Bittermandel) 13
12* Zweigrinde nicht auffällig stark riechend 14
13 Knospen eiförmig, bis 6 mm lang . . . . ***Prunus serotina***
13* Knospen länglich kegelig, meist länger 6 mm . . . . ***Prunus padus*** und *Prunus virginiana*
14 Rinde auffällig glänzend, abrollend, Knospen länglich kegelförmig 24
14* Rinde anders, Knospen (zugespitzt) eiförmig 15
15 Kleiner selten über 1 m hoher Strauch, Knospen länglich eiförmig, um 4 mm lang . . . . ***Prunus fruticosa***
15* Höhere Sträucher oder kleine Bäume 16
16 Internodien rel. kurz, meist unter 2 cm lang, Knospen kugelig eiförmig, um 3 mm lang . . . . ***Prunus mahaleb***
16* Internodien meist länger, Knospen zugespitzt eiförmig, meist über 4 mm lang 25
17 (11) Knospen um 2–3 mm lang. Kleine dünnzweigige Sträucher 18
17* Knospen länger. Große Sträucher oder Bäume 19
18 Knospen kugelig-eiförmig, Zweige kräftig und kantig, wie die Knospen braun, teilweise niederliegender bis aufrechter Strauch . . . . *Prunus pumila*
18* Knospen länglich eiförmig, Zweige dünn, teilweise mit weißgrauer Epidermis. Aufrechter Strauch ***Prunus tenella***
19 Zweige grau-ocker, von Anfang an mit großen aufreißenden Lentizellen 20
19* Zweige olivgrün bis graubraun. Obstgehölz oder Waldbaum . . ***Prunus avium***
20 Knospen über 8 mm lang, mit mehr als 10 Knospenschuppen. Baum. Ziergehölz . . . . ***Prunus serrulata***
20* Knospen kleiner, meist mit weniger Knospenschuppen. Sträucher 21
21 Zweige über 3 mm dick und/oder Knospen 5 mm lang oder länger . . . . ***Prunus nipponica***

21* Zweige bis 2 mm dick und Knospen 2 bis 4 mm lang . . . . *Prunus incisa*

22 Seitenknospen dunkelbraun, am Zweig anliegend, Zweige hellgrau, zur Spitze dicht behaart, oft überhängend 23

22* Seitenknospen rotbraun, deutlich vom Zweig abstehend, Zweigspitzen locker behaart . . . . ***Prunus autumnalis***

23 Knospen bis 5 mm lang . . . . ***Prunus itosakura***

23* Knospen über 5 mm lang . . . . ***Prunus ×yedoensis***

24 (14) Rinde glänzend mahagonibraun . . . . ***Prunus serrula***

24* Rinde glänzend orangebraun . . . . ***Prunus maackii***

25 (16) Knospen 4–6 mm lang . . . . ***Prunus cerasus***

25* Knospen größer . . . . . ***Prunus sargentii***

26 (1) Zweige kahl, ± glänzend weinrot bis grün 27

26* Zweige rotbraun, olivgrün bis grau, ± matt 29

27 Knospen dunkel, Knospenschuppen bewimpert, Zweige kräftig . . . . ***Prunus armeniaca***

27* Knospen hellbraun, etwas behaart, Zweige dünn 28

28 Zweige zumindest im Schatten überwiegend grün . . . . ***Prunus cerasifera***

28* Zweige allseitig dunkel weinrot . . . . ***Prunus cerasifera* 'Pissardii'**

29 (26) Knospen klein und kugelig: wenig länger als dick, Zweige samtig behaart und verdornend . . . . . ***Prunus spinosa***

29* Knospen keglig-eiförmig, deutlich länger als dick 30

30 Zweige kahl . . . . ***Prunus domestica***

30* Zweige samtig behaart . . . . ***Prunus domestica*** subsp. ***insititia***

Traubenkirschen, Untergattung Padus

Zerriebene Zweigrinde auffallend stark nach Bittermandel riechend.

Prunus padus **L., Frühblühende Traubenkirsche**

[*Cerasus padus* (L.) DC., *Padus avium* MILL.]

Knospen 6–8 (–10) mm lang und etwa 2 mm dick, spindelig und zugespitzt; anliegend oder schwach vom Zweig abstehend. Etwa 8 äußerlich sichtbare Knospenschuppen: an der Basis dunkelbraun, mit hellerem oberen Rand, und vor allem die untersten Knospenschuppen ± gekielt, fast kahl, aber oft mit einzelnen Haaren. **Zweige** meist kahl oder verkahlt, nur am oberen Rand der Blattnarbe oft mit einem kleinen Büschel Haare. Anfangs dunkel- bis rotbraun, glatt, matt bis leicht glänzend, mit zerstreuten kleinen helleren Lentizellen, später graubraun bis violettgrau. **Blattnarben** undeutlich dreispurig. Bis 15 m hoher, häufiger Baum in Europa bis Nordasien, Japan und Korea.
Sehr ähnlich und im Winter nicht sicher zu unterscheiden ist die **Virginische Traubenkirsche**, *Prunus virginiana* L., aus dem mittleren und östlichen Nordamerika, mit vollkommen kahlen Zweigen und Knospen.

Prunus serotina **EHRH., Spätblühende Traubenkirsche**

[*Padus serotina* (EHRH.) BORKH.]

Knospen eiförmig, etwa 3–5 mm lang und 2–3 mm breit. Knospenschuppen basal grünlich, zum Rand über olivbraun zu rotbraun bis dunkelbraun, leicht glänzend. Knospenschuppen der Endknospen spiralig, bei den Seitenknospen erst nach den ± gegenständigen Vorblattschuppen in die spiralige Stellung übergehend. **Zweige** kahl, dunkel rotbraun bis oliv, glänzend, mit zahlreichen, auffällig hellen ocker bis orangenen Lentizellen. Aus Nordamerika stammender, in Europa stellenweise eingebürgerter, bis 30 m hoher Baum, oft aber kleiner und strauchförmig.

Kirschen, Untergattung Cerasus

Knospen ± eiförmig, braun, strauchförmige Arten mit Bereicherungsknospen, baumförmige seltener. **Zweige** olivgrün bis graubraun oder durch abgestorbene Epidermis hellgrau.
Süß-, Sauer- und Steppen-Kirsche stehen einander relativ nahe und sind durch Hybriden miteinander verbunden. Gemeinsam ist ihnen, dass in den Achseln der relativ dicht aufeinanderfolgenden Blattnarben an der Langtriebbasis Knospen stehen. Bereicherungsknospen fehlen in der Regel. Nur bei guter Nährstoffversorgung und fachmännischem Schnitt bilden einige Sauerkirschsorten Bereicherungsknospen.

Prunus avium **(L.) L., Süß-Kirsche, Vogel-Kirsche**

[*Cerasus avium* (L.) MOENCH]

Knospen 6–8 mm lang, kahl, eiförmig bis kegelig, ± zugespitzt, rotbraun glänzend. Blütenknospen rundlich eiförmig, kaum zugespitzt, gehäuft an Kurztrieben: Bukett-

Prunus padus
Zweig

Prunus padus
Endknospe

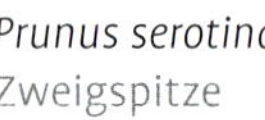

Prunus serotina
Zweigspitze

Prunus avium
Langtriebspitze

Prunus avium
Blütenknospen gehäuft am Kurztrieb

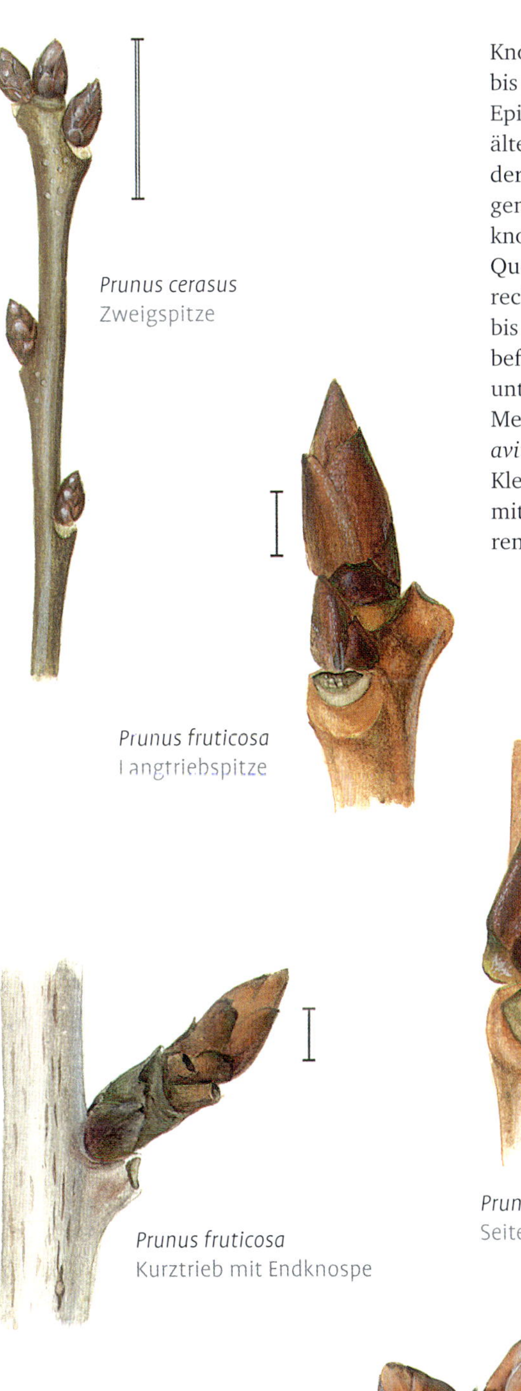

Prunus cerasus
Zweigspitze

Prunus fruticosa
Langtriebspitze

Prunus fruticosa
Kurztrieb mit Endknospe

Prunus fruticosa
Seitenknospe

Prunus mahaleb
Zweigspitze

Prunus mahaleb
Langtrieb

Knospen. Zweige relativ dick, kahl, rotbraun bis olivgrün, oft hellgrau durch abgestorbene Epidermisschicht. Lentizellen zerstreut, an älteren Ästen sich zu deutlichen Querbändern vereinigend. In die Waagerechte neigende Langtriebe mit zahlreichen, Blütenknospen tragenden Kurztrieben. Rinde: in Querstreifen abblätternder Ringelkork. Aufrecht, nie überhängend wachsender Baum bis 20 (–30) m Höhe. Seit alters in Kultur befindliches Obstgehölz. Die Kulturformen unterscheiden sich in ihren vegetativen Merkmalen relativ wenig. Die Wildform var. *avium*, ist ein von Europa bis Westasien, Kleinasien und Nordafrika verbreiteter Baum mit etwas schwächeren Zweigen und kleineren Knospen.

Prunus cerasus L., Sauer-Kirsche
[*Cerasus vulgaris* Mill.]

In allen Teilen kleiner als die Süßkirsche und schwächer wachsend. **Knospen** 4–6 mm lang und nur sehr selten – bei wenigen Sorten – an den Kurztrieben gehäuft. Ausläufer treibender großer Strauch oder kleiner Baum bis 5 (–8) m Höhe. Weitverbreitete Kulturpflanze aus Kleinasien bis Südeuropa. In ihren vegetativen Merkmalen relativ variabel.

In der Wuchsform unterscheiden sich die **Strauchweichsel**, ***Prunus cerasus*** subsp. ***acida*** (Dum.) Dostal meist strauchförmig oder kleiner Baum mit überhängenden Zweigen und die **Baumweichsel**, ***Prunus cerasus*** subsp. ***cerasus*** ein Baum mit ± aufrechten Zweigen.

An die Sauerkirsche schließt sich die **Steppen-Kirsche, *Prunus fruticosa*** Pall., an. Der nur selten höher als 1 m werdende Strauch ist in allen Teilen kleiner: **Knospen** etwa 4 mm lang, länglich eiförmig und zugespitzt; Seitenknospen stehen vom Zweig ab, Knospenschuppen kahl, rotbraun, zum Rand dunkler. **Zweige** dünn, anfänglich braun, durch die absterbende Epidermis bald graubraun; im zweiten Jahr ganz grau und länglich aufreißend. **Lentizellen**: zerstreut, klein und rund. **Blattnarben** schwarzgrau, auf deutlichen Blattkissen mit 3 winzigen Gefäßbündelspuren. Im Westen des ursprünglichen Verbreitungsgebietes vom kontinentalen Mitteleuropa bis nach Sibirien starke Hybridisierung mit der Sauerkirsche, *Prunus cerasus*, so dass hier die Hybride ***Prunus ×eminens*** Beck vorherrscht. Auch die meist hochstämmig veredelte Kugelform 'Umbraculifera' (*Prunus fruticosa* 'Globosa') zählt zur Hybride *Prunus ×eminens*.

Prunus mahaleb L., Steinweichsel
[*Cerasus mahaleb* (L.) Mill.]

Knospen klein, bis 3 mm lang, eiförmig, kahl und nur an der Spitze behaart, mit einigen rotbraunen Knospenschuppen. Sie sind auf der ganzen Länge der Triebe ± gleichmäßig ausgebildet. **Zweige** mit grauer Oberhaut, darunter olivgrün; dicht borstig filzig behaart; mit einigen ockerbraunen Lentizellen. **Blattnarben** klein, dunkel und senkrecht auf schwachen Blattkissen. **Rinde** aromatisch, anfangs glatt, später längsrissig, in schwarzbraune Borke übergehend. Häufig gepflanzt, aber auch als Unterlage für Sauerkirschveredlungen genutzt. Strauch oder kleiner, bis 10 m hoher Baum mit breiter, fein verzweigter, überhängender Krone. In Europa bis Kleinasien einheimisch.

Prunus maackii RUPR., Amur-Kirsche
Knospen länglich, stumpf, von wenigen nicht sehr eng anliegenden braunen Knospenschuppen umhüllt. Endknospen um 5 mm lang, Seitenknospen etwas kleiner, am Zweig anliegend oder leicht abstehend. **Zweige** braun, jung leicht behaart, verkahlend; mit grauen Lentizellen. **Rinde** auffallend gelbbraun bis bronzebraun, sehr glatt, glänzend und in dünnen Streifen – ähnlich manchen Birken – abfasernd. Kleiner, bis 10 m hoher Baum mit breit kegelförmiger Krone. Häufig gepflanzte, aus Ostasien – Mandschurei bis Korea – stammende Art.

Prunus serrula FRANCH., Tibet-Kirsche
Knospen länglich kegelig, nur schwach bauchig, 5–7 mm lang, Knospenschuppen schwach behaart, unterste dunkelbraun und gekielt, obere rotbraun. **Zweige** jung graubraun und ± dicht behaart, verkahlend und später glänzend dunkel violettbraun, stärkere Zweige mit spiegelglatter mahagonifarbener, in schmalen Streifen abrollender Rinde. **Lentizellen** zerstreut, ockerbraun warzig. **Blattnarben** ockerbraun, 3-spurig. Bis 7 (–12) m hoher Baum aus Westchina.

Japanische Blütenkirschen
In Ostasien beheimatete und besonders in Japan als Ziergehölze in hohem Ansehen stehende Gehölze. Durch die nahe Verwandtschaft der Arten und eine Jahrhunderte dauernde, die Artgrenzen überschreitende Züchtung sind die Blütenkirschen sehr schwer unterscheidbar. Sie haben kräftig orangeockerfarbene Lentizellen, die sich an den Stämmen zu querliegenden Bändern vereinigen. Der Unterschied zu *Prunus avium* mit matteren Lentizellen wird besonders bei auf dieser Art veredelten Blütenkirschen deutlich.

Prunus serrulata LINDL., Grannen-Kirsche
Knospen relativ groß, 8–10 mm lang, spitz eiförmig, kahl, mit zahlreichen rotbraunen und basal dunkler violettbraunen Knospenschuppen. Blütenknospen meist (ähnlich *Prunus avium*) an Kurztrieben gehäuft. **Zweige** der häufigsten Sorte 'Kanzan' einjährig auffallend orangebraun, mit ovalen längs aufreißenden Lentizellen. **Blattnarben** auf deutlichen Kissen, dreispurig. **Rinde** dunkelbraun. Sehr häufige, in zahlreichen Sorten angepflanzte Zierkirsche aus Japan. Im Winter auffällig sind **'Kiku-Shidare-Sakura'** mit abwärts wachsenden Zweigen oder die säulenförmige **'Amanogawa'**. Die Kulturformen wachsen zu über 10 m hohen Bäumen heran.

Prunus serrula
Zweig: auffallend die schon im 2. Jahr glatte, mahagonifarbene Rinde

Prunus maackii
Endknospe

Prunus maackii
Zweig

Prunus serrulata 'Kanzan'
Kurztrieb mit Blütenknospen

Prunus serrulata 'Kanzan'
Zweigspitze

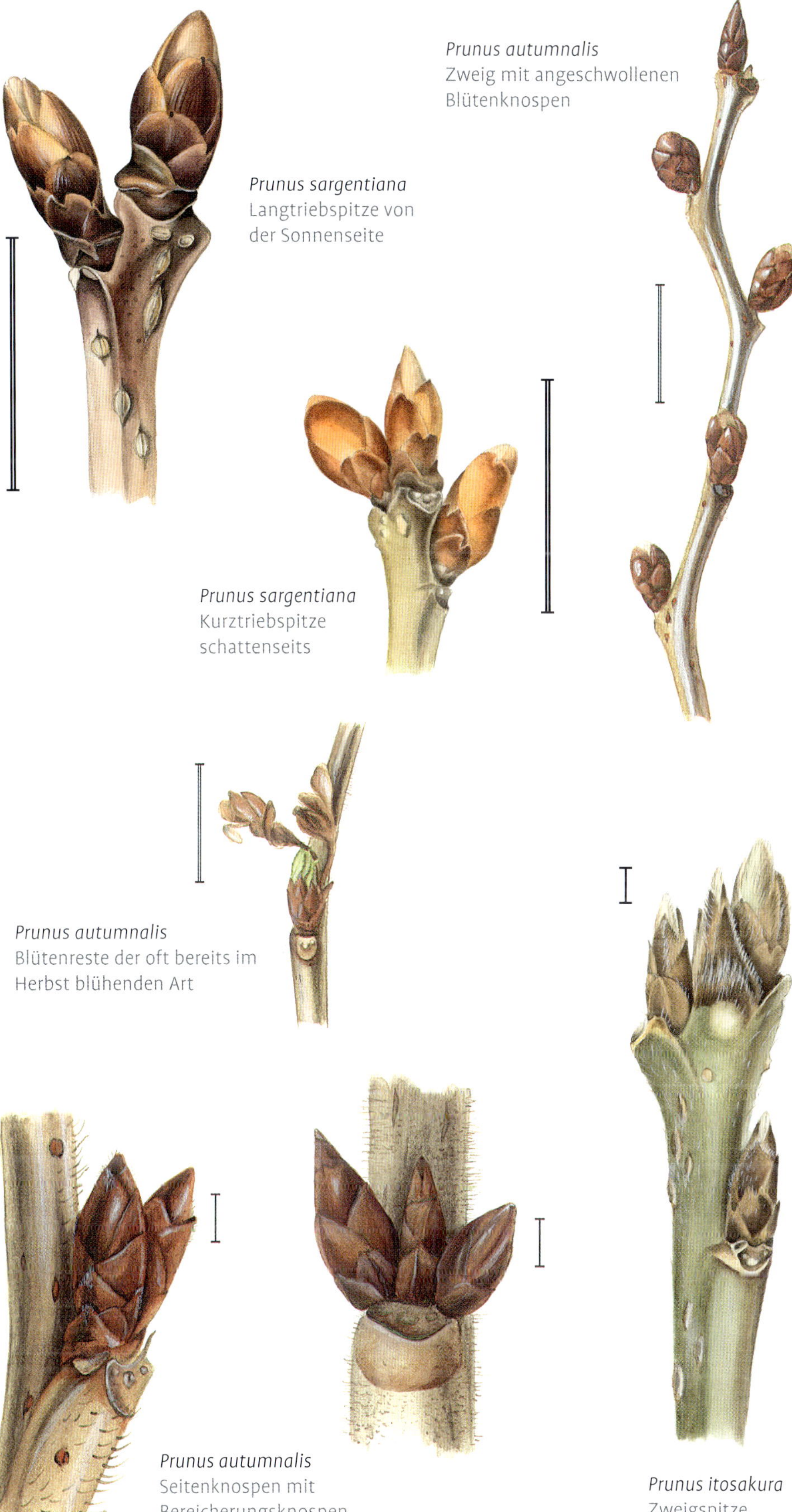

Prunus sargentii Rehd., **Berg-Kirsche**
[*Prunus serrulata* var. *sachalinensis* (Fr. Schmidt) Wils.]
Wie *Prunus serrulata* baumförmig und im Winter schwer unterscheidbar. **Endknospen** 8–12 mm lang, Knospenschuppen glänzend rotbraun bis orangebraun, kahl, unterste fast schwarzbraun. **Seitenknospen** deutlich vom Zweig abstehend. Knospenspitzen etwas abgerundet, nicht so deutlich zugespitzt wie bei *P. serrulata*. Rinde relativ glatt, kastanienbraun. Hoher, 15–18 m erreichender Baum aus Japan und Sachalin. Im Winter nicht unterscheidbar und vielleicht konspezifisch ist *Prunus jamasakura* Sieb. ex Koidz. [*Prunus serrulata* var. *spontanea* Wils.].

Prunus autumnalis Koehne
[*Prunus subhirtella* hort., non Miq.]
Knospen 4–5 mm lang, schlank eiförmig, mit rotbraunen, zerstreut behaarten Knospenschuppen. Blütenknospen oft sehr früh angetrieben: kugelig-eiförmig. In den Achseln der Vorblätter befinden sich häufig ein bis zwei Bereicherungsknospen. **Zweige** fein behaart, hell ocker- bis rotbraun, mit zahlreichen, anfangs kleinen, später deutlich warzenartigen, ocker- bis dunkelbraunen Lentizellen. **Blüten** über 20 mm lang gestielt, Fruchtblätter kahl. Bis 8 m hoher Baum aus Japan. Häufiger angepflanzte Art, deren Blüten sich zum Teil bereits im Herbst und in Perioden milder Witterung auch im Winter öffnen.

Prunus itosakura Sieb. [*Prunus pendula* Maxim.], **Hängekirsche**
Die Art besitzt in der häufig gepflanzten typischen Form dünne herabhängende Zweige. Besonders in der oberen Hälfte des Langtriebes liegen die **Seitenknospen** dem Zweig relativ eng an (wodurch sie sich deutlich von anderen Arten der Untergattung unterscheidet). Knospenschuppen dunkel- bis ockerbraun, an der Rückennaht und den Rändern zottig abstehend behaart. **Zweige** oliv-ocker-grau, matt glänzend, zur Spitze behaart, tiefer kahl und rhombisch aufreißend, in den Rhomben grünlich. Lentizellen braun, tiefer am Zweig relativ groß. Die ab Herbst blühende Hybridsorte ***Prunus* × *subhirtella* 'Autumnalis'** hat von *Prunus incisa* den aufrechten Wuchs und kurze, bis 10 mm lange Blütenstiele; von *Prunus itosakura* den bauchigen Blütenboden und behaarte Griffel geerbt. Durch diese Merkmale unterscheidet sie sich gut von von *Prunus autumnalis*.

Die Merkmale von *Prunus itosakura* finden sich abgeschwächt bei den Hybriden, wie '**Accolade**' (*Prunus itosakura* × *Prunus sargentii*) oder bei ***Prunus ×yedoensis*** Matsum., der **Yoshino-Kirsche**, eine im 19. Jahrhundert in Japan entstandene Hybride mit einer unbekannten Art (vielleicht *Prunus speciosa*). Ihre **Seitenknospen** sind länglich und größer, 7–9 mm lang; ± zugespitzt und liegen dem Trieb an. Als Blütenknospen sind sie bauchig eiförmig, ± stumpf abgerundet. Knospenschuppen 9–11, rotbraun bis violettbraun, unterste auch graubraun, zum Rand dicht hell behaart. **Zweige** ockerbraun bis hell graubraun und leicht behaart, mit ovalen, länglich aufreißenden warzigen Lentizellen. **Blattnarbe** dunkelbraun, 3-spurig. Gelegentlich anzutreffender, 12–15 m hoher, breiter Baum.

Prunus nipponica **Matsum., Kurilen-Kirsche**
Knospen um 5–6 mm lang, länglich eiförmig, ± kahl. Seitenknospen mit Bereicherungsknospen aus denen im frühen Frühjahr zahlreiche Blüten erscheinen. **Zweige** mitteldick, zum Winter meist gänzlich verkahlt, mit länglich aufreißenden, ockerbraunen Lentizellen. **Blattnarben** schmal, 3-spurig. Häufig gepflanzter, 1–2 m hoher Strauch aus Ostasien: Japan und Kurilen. Die meist zur var. ***kurilensis*** (Miyabe) Wils. (***Prunus kurilensis*** Miyabe) gestellte Sorte 'Brillant' besitzt zahlreiche Bereicherungsknospen und gedrungenere Zweige, mit kürzeren Internodien, wodurch die Zahl der etwas kleineren Blütenknospen deutlich steigt.

Prunus incisa **Thunb., März-Kirsche**
Knospen 2–4 (5) mm lang, Knospenschuppen matt braun, ocker bis dunkelbraun (dunkle Bereiche überwiegen), kahl. Blütenknospen meist als Bereicherungsknospen neben den regulären Seitenknospen, tlw. in kürzeren Trieben gehäuft. **Zweige** an der Spitze etwa 2–3 mm Ø, hellgrau, eine Spur hellbraun, kaum ocker, kahl. Lentizellen verhältnismäßig groß (1 mm).
Aus Japan stammender zierlicher Baum, bis 5 (10) m Höhe. Die zwergwüchsige Sorte 'Kojo-no-mai' wird häufig als Topfpflanze angeboten.

Prunus ×yedoensis
Kurztrieb mit Blütenknospen

Prunus ×yedoensis
Seitenknospe am Zweig anliegend

Prunus nipponica var. *kurilensis* 'Brillant'
Zweigspitze

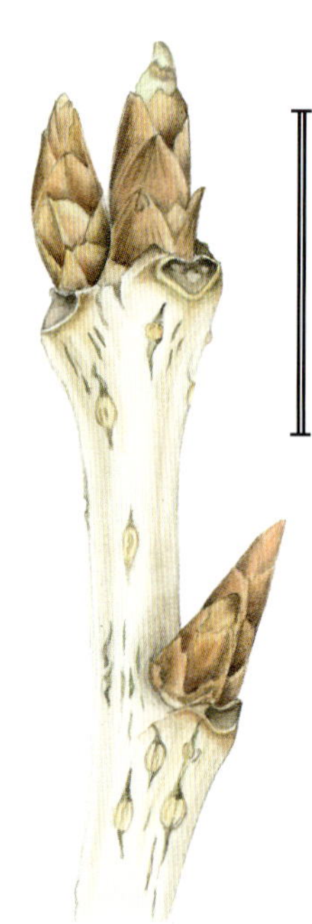

Prunus nipponica
Zweigspitze

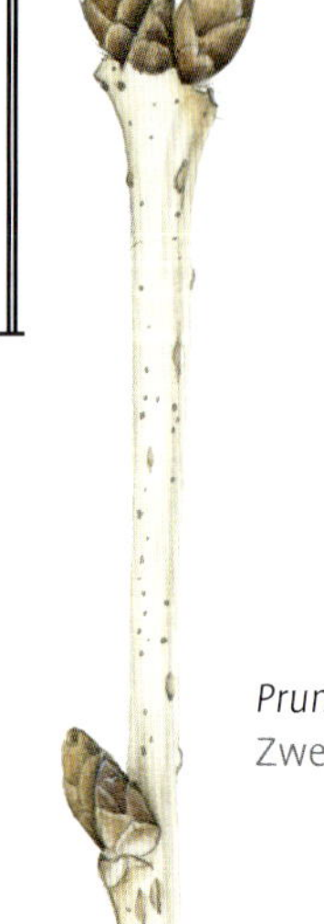

Prunus incisa
Zweig

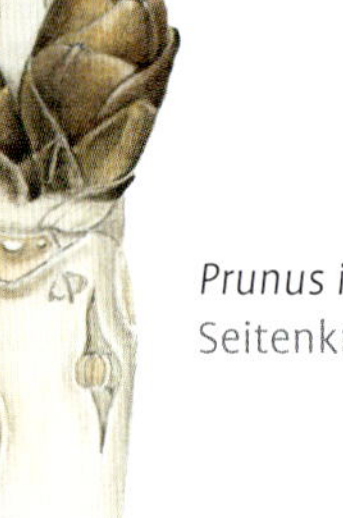

Prunus incisa
Seitenknospe

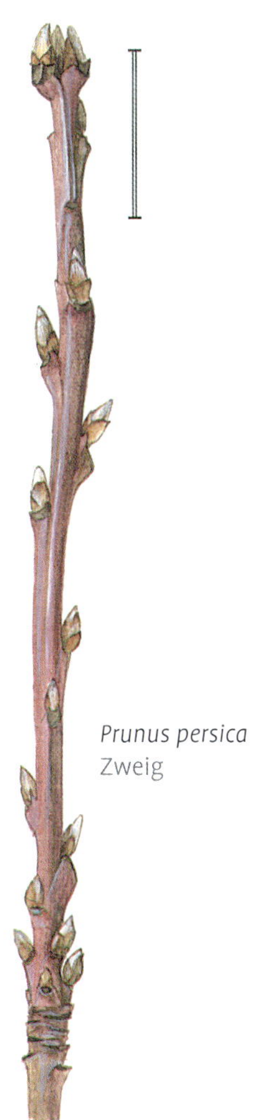

Prunus persica
Zweig

Prunus persica
Seitenknospe mit Bereicherungsknospe (= Blütenknospe)

Prunus ×amygdalopersica
Zweig

Prunus dulcis
Seitenknospe

Prunus dulcis
Seitenknospe

Prunus dulcis
Seitenknospe mit Blütenknospen in den Achseln der Schuppenblätter

Untergattung Prunus

Mandel und Pfirsich

Knospen: Endknospen vorhanden; Seitenknospen häufig mit seitlichen Bereicherungsknospen. Oberhalb der Blattnarbe meist bleibende Nebenblätter oder Nebenblattreste. **Blattnarben** auf deutlichen Blattkissen, breit rundlich bis abgerundet dreieckig, mit drei deutlichen Gefäßbündelspuren. Die sitzenden Blüten erscheinen vor oder seltener mit den Blättern.

Prunus persica (L.) BATSCH, **Pfirsich**
[*Persica vulgaris* MILL., *Amygdalus persica* L.]
Knospen länglich eiförmig, 3–6 mm lang, graubraun an der Basis und zur Spitze heller ockerbraun, ± dicht weiß behaart. Seitenknospen häufig mit Bereicherungsknospen. **Zweige** kahl, glatt, sonnenseits rot, im Schatten grün, sehr dicht und gleichmäßig mit winzigen weißen Punkten besetzt. **Blüten** je nach Sorte rosa bis rot, meist vor den Blättern: März bis April. Baum oder großer Strauch bis 8 m Höhe. Aus China stammend, seit langem in vielen Obstsorten und einigen Zierformen in Kultur.
Ähnlich ist der als Zierpflanze gelegentlich anzutreffende, kleine Baum ***Prunus ×amygdalopersica*** REHD. [*Prunus dulcis* × *Prunus persica*]. Er ist kräftiger als der Pfirsich. **Knospen** stumpf eiförmig, bis 8 (–10) mm lang, mit zahlreichen braungrauen, zur Spitze dicht filzig behaarten Knospenschuppen. **Zweige** kahl, glatt, grünlich und sonnenseits, vor allem unterhalb der Blattnarben, gerötet. Zweijährig graubraun werdend, stellenweise mit hellgrauer Epidermis.

Prunus dulcis (MILL.) D. A. WEBB, **Mandelbaum**
[*Amygdalus communis* L., *Prunus amygdalus* BATSCH]
Knospen 5–7 mm lang, eiförmig, mit einigen dunkelbraunen, nur zur Spitze behaarten Knospenschuppen. Vor allem an kräftigen Zweigen Seitenknospen oft mit ein bis zwei seitlichen Bereicherungsknospen in den Vorblattachseln. **Zweige** kahl, lichtseits dunkel violettrot, im Schatten grün, fein hell gepunktet. Blüten vor den Blättern, zu 1–2, fast sitzend, weiß bis blassrosa. Aufrechter breiter Strauch oder Baum, bis 10 m hoch. Von Syrien bis Nordafrika verbreitet und seit alters her in Kultur, wärmeliebend, besonders in den Weingebieten häufig gepflanzt und im Mittelmeergebiet stellenweise eingebürgert.

Prunus triloba LINDL., Mandelbäumchen
Knospen 3–4 mm lang, rotbraun bis dunkelbraun, mit zum Rande dunkleren, weiß bewimperten Knospenschuppen. Seitenknospen klein kegelig, in den Vorblattachseln meist mit zwei etwas größeren, eiförmig zugespitzten Blütenknospen. **Zweige** dunkelbraun und dicht samtig behaart, verkahlend. Epidermis länglich-rhombisch aufreißend, darunter oliv bis braun. **Lentizellen** anfangs klein und unauffällig, später ockerbraun, rund und korkig-warzig. **Nebenblätter** ganz bleibend, mehrteilig lang fädig auslaufend. Dicht verzweigter Strauch oder – hochstämmig veredelter – kleiner Baum bis 3 m Höhe. Häufig gepflanzter Zierstrauch mit großen (bis 3,5 cm Durchmesser), im März bis April erscheinenden, rosafarbenen, gefüllten Blüten. Aus China eingeführt, ist das Mandelbäumchen nur in Kultur bekannt.

Prunus tenella BATSCH, Zwerg-Mandel
[*Amygdalus nana* L.]
Knospen 2–3 mm lang, rot- bis dunkelbraun, mit kahlen, nur am Rande schwach bewimperten Knospenschuppen. Endknospe spitz kegelig, Seitenknospen ± kegelig, oft mit zwei zugespitzten, eiförmigen floralen Bereicherungsknospen. **Zweige** kahl, etwas bogig geschwungen, fleckig von hellgrauen Epidermisflächen und orange-olivbraun glänzendem Untergrund. **Lentizellen** sehr reichlich, anfangs klein und grau, dann warzig braun. **Blattnarben** rundlich, 3-spurig, relativ klein auf deutlichem Blattkissen. **Blüten** mit den Blättern. Aufrechter, sich durch Ausläufer ausbreitender, 0,5 m bis 1,5 m hoher Strauch. Vom östlichen Mitteleuropa bis Sibirien verbreitet und häufig gepflanzt.

Prunus glandulosa
Seitenknospe mit Bereicherungsknospen

Prunus tenella
Zweig

Prunus tomentosa
Zweigspitze

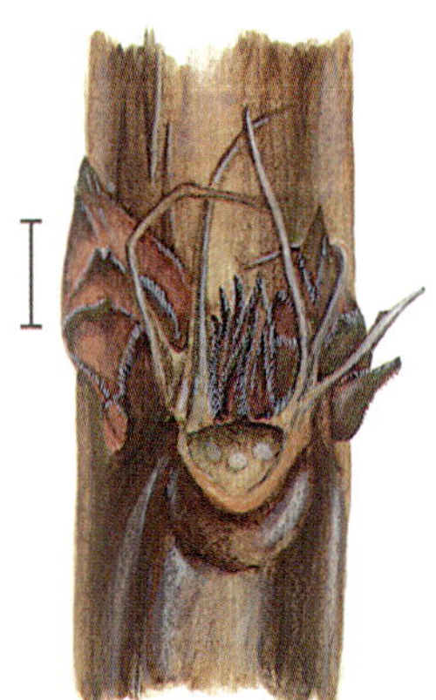

Prunus triloba
Auffallende fädige Nebenblätter des Tragblattes bedecken die Seitenknospe und ihre Bereicherungsknospen

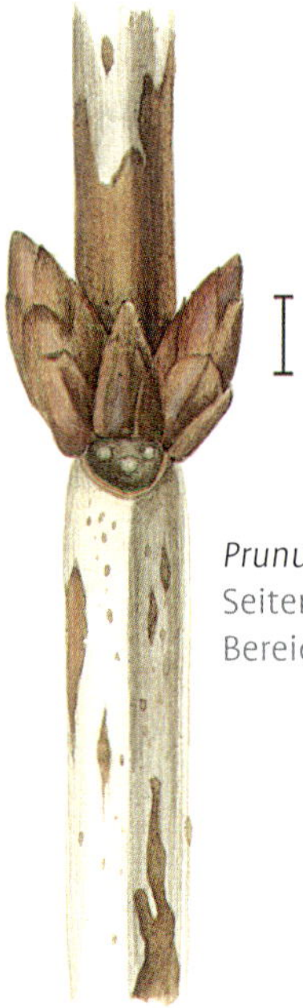

Prunus tenella
Seitenknospe mit Bereicherungsknospen

Prunus pumila
Zweigspitze

Prunus tomentosa
Neben der Seitenknospe entspringen viele Bereicherungsknospen

Prunus prostrata
Seitenknospe mit Bereicherungsknospen

Prunus spinosa
Zweigspitzen oft in Dornen auslaufend

Prunus spinosa
Kugelige Blütenknospe als Bereicherungsknospe neben kleiner Seitenknospe

Strauchkirschen

Kleine Sträucher mit dünnen Zweigen und kleinen Knospen.

Prunus glandulosa THUNB., Drüsen-Kirsche
Knospen stumpf eiförmig, schattenseits dunkelbraun, lichtseits hell ockerbraun bis grünlich, kahl. Seitenknospen mit meist kleineren Bereicherungsknospen, welche oft zu 2 (3–4) aus den Achseln der Knospenschuppen der primären Seitenknospe entspringen. **Zweige** grün bis dunkelweinrot, kahl, mit stellenweise abblätternder grauweißer Epidermis und wenigen Lentizellen. **Blattnarben** graubraun, oberhalb kleine ± drüsige Nebenblattreste. Häufiger, etwa bis 1,5 m hoher Strauch. Beheimatet in Mittel- und Nordchina sowie Japan.

Prunus pumila L., Sand-Kirsche
Knospen rotbraun, klein, kugelig eiförmig, 1,5–2,5 mm lang, oft mit zwei Blütenknospen als Bereicherungsknospen aus den Vorblättern der Seitenknospen. Knospenschuppen sehr schwach behaart, an den Rändern (unauffällig) drüsig bewimpert. **Zweige** jung glänzend rotbraun, stark gefurcht, später graue Epidermis längs aufreißend, ältere Zweige matt graubraun. **Blattnarben** dunkel schwarzbraun. **Lentizellen** zahlreich, anfangs zweigfarben und klein, später große ockerfarbene, querliegende Korkwarzen. Seltener, bis 1 m hoher Strauch mit aufstrebenden Zweigen aus dem nordöstlichen Nordamerika. Die Varietät ***Prunus pumila*** var. ***depressa*** (PURSH) BEAN. ist in allen Teilen etwas kleiner, wächst flach niederliegend und erhebt sich kaum über 15 cm Höhe.

Prunus tomentosa THUNB., Japanische Kirschmandel
Knospen 2,5–4 mm lang, schmal zugespitzt eiförmig, auffallend dicht und zahlreich in den Blattachseln und an Kurztrieben gehäuft. Von einer Seitenknospe können zwei, vier oder mehr Bereicherungsknospen ihren Ausgang nehmen. Knospenschuppen ockerbraun bis braun, zum Rand dunkel violettbraun, vor allem an den Rändern weiß bewimpert. **Zweige** dunkel schwarzbraun, wie die Knospen im Schatten auch etwas heller, dicht filzig behaart. Mehrjährige Zweige mit länglich rhombisch aufreißender Epidermis. Dicht wachsender, etwa 1,5 m hoch werdender, selten gepflanzter Strauch. Verbreitung: in Japan, Nord- und Westchina bis zum Himalaja.

Prunus prostrata LABILL., Niedrige Kirschmandel
Knospen klein, bis 2 mm lang, rotbraun, kahl oder etwas bewimpert; Seitenknospen mit 2 Bereicherungsknospen. **Zweige** braun, mit grauer, ± rhombisch aufreißender Epidermis. **Lentizellen** zerstreut bis zahlreich, klein und hell. **Blattnarben** sehr klein mit 3 punktförmigen Spuren. Kleiner, bis 1 m hoher, vom Mittelmeergebiet bis Westasien verbreiteter Strauch.

Pflaumen

Ohne Endknospen, sympodial wachsend. Blätter in der Knospenlage meist gerollt. Blüten meist vor Laubausbruch. Mitunter, besonders Stockausschlag, dornig.

Prunus spinosa L., Schlehe, Schwarzdorn
Knospen sehr klein (1–2 mm), Seitenknospen dunkelbraun, halbkugelig und dicht behaart, meist mit etwas größeren kugeligen, hell bis dunkel braunroten, nur zerstreut behaarten Bereicherungs-(Blüten-)knospen. **Zweige** mit dornig auslaufenden Kurztrieben, jung graubraun, filzig behaart. **Blüten** vor dem Laub, 1–2 zusammen, sehr zahlreich. Häufiger bis 4 m hoher Strauch in Europa, Kleinasien und Afrika.

Prunus cerasifera EHRH., Kirsch-Pflaume
[*Prunus myrobalana* LOISEL.]
Knospen 3 (–5) mm lang, ockerbraun, fein wimperig behaart, Behaarung oft nur noch am Knospenschuppenrand sichtbar. Kegelig-eiförmig zugespitzte Blattknospen, oft mit 1–2 größeren kugeligen Blütenknospen in den Achseln der Vorblätter. **Zweige** grünlich, in der Sonne oft gerötet, Lentizellen anfangs nicht sichtbar. Ältere Zweige graubraun bis schwärzlich, feinrissig und mit deutlichen Rindenhöckern. **Blüte** März bis April. Eine sehr häufig gepflanzte, früh blühende *Prunus*-Art. Baumartiger Strauch bis 8 m Höhe aus Kleinasien und dem Kaukasus.
Prunus cerasifera 'Pissardii', 'Nigra' und andere rote Sorten: Die Blutpflaumen unterscheiden sich von der Art durch allseitig tief dunkel weinrot gefärbte Zweigrinde und rosafarbene Blüten. Wenn teilweise Endknospen vorhanden, dann Rote Sand-Kirsche, *P.* ×*cistena* (HANSEN) KOEHNE, eine Hybride mit *P. pumila*.

Prunus cerasifera
Zweigspitze

Prunus cerasifera 'Pissardii'
Seitenknospe mit kugeligen Bereicherungs-Blütenknospen

Prunus domestica L., Haus-Pflaume, Zwetsche oder Zwetschge
Knospen kegelig zugespitzt, mit dunkel violettbraunen, am Rande bewimperten Knospenschuppen; abstehend und auf großen Blattkissen sitzend. **Zweige** meist kahl, olivgrün bis braun, selten mit Dornen. **Lentizellen** anfangs unauffällig, später deutlicher. **Blattnarben** ± senkrecht, 3-spurig. **Rinde** in der Jugend glatt und schwarzgrau, später braungrau und leicht geborsten. **Blüten** zu 1–3 im April. Meist kleiner Baum bis 8 m Höhe. In Eurasien häufig genutzte, alte Kulturpflanze unbekannter Herkunft. Sehr formenreiche Art. Im Winter unterscheidbar ist die **Haferschlehe, *Prunus domestica*** subsp. ***insititia*** (L.) SCHNEID. Sie besitzt dicht behaarte einjährige Zweige und mitunter Dornen.

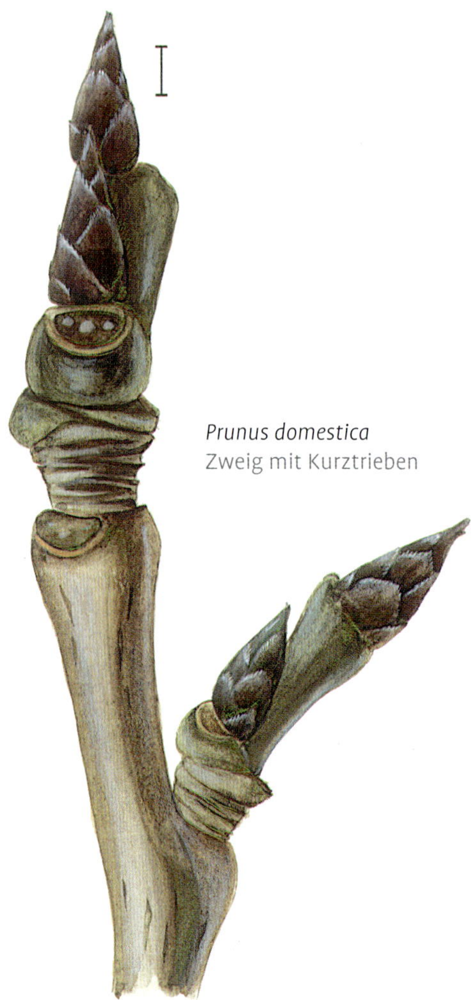

Prunus domestica
Zweig mit Kurztrieben

Aprikosen

Keine Endknospen. Blätter in der Knospenlage gerollt. Den Pflaumen nahestehend.

Prunus armeniaca L., Aprikose, Marille
[*Armeniaca vulgaris* LAM.]
Knospen: nur Seitenknospen, differenziert in Blatt- und Blütenknospen. Blattknospe flach kegelig; Knospenschuppen schwarzgrau mit flächenweise abhebender, silbrigweißer Epidermis. Aus den Achseln der Vorblätter länglich eiförmige, größere Blütenknospen

Prunus domestica subsp. *insititia*
Seitenknospe

Prunus armeniaca
Zweigspitze

Prunus armeniaca
Seitenknospe mit großer Bereicherungsknospe aus der später Blüten hervorgehen

mit rotbraunen, zum Rand dunkelbraunen Knospenschuppen. **Zweige** weinrot bis rotbraun, kahl und glänzend. Lentizellen anfangs wenige und unauffällig; später zahlreich und deutlicher: hell ockergrau. Blattnarben grau, mit drei Spuren, auf starken Blattpolstern. **Blüten** meist einzeln im April, weiß bis rosa. Häufiger, 5–10 m hoher, kleiner Baum oder großer Strauch. Alte Kulturpflanze aus Nordchina.

Verwandt, aber in allen Teilen kleiner ist die **Briançon-Aprikose, *Prunus brigantina*** Vill. Sie ist in Südostfrankreich verbreitet und seit alters in Kultur. **Knospen** kugelig bis kurz eiförmig, etwas zugespitzt, klein: um 2 mm lang, mit einigen ockerbraunen, basal leicht gekielten Knospenschuppen. Oft mit kleinen Bereicherungsknospen in den Achseln eines oder beider Vorblätter. **Zweige** kahl, dünn: einjährig 2–4 mm dick, überwiegend weinrot, schattenseits gelbgrün, gleichmäßig mit feinen weißen Pünktchen übersät. Blattnarben klein, auf kleinen Kissen mit undeutlichen Spuren, oberhalb finden sich die ± erhaltenen Nebenblattreste und dazwischen einige Haare. Strauch oder kleiner Baum, 3–6 m hoch.

Tribus Pyreae

Typisch ist die einer unterständigen Steinfrucht ähnelnde Apfelfrucht, bei der das Achsengewebe die Fruchtblätter mit den Samen ummantelt. Die eigentlichen Fruchtblätter können pergamentartig sein oder verholzen. Bei vielen Arten am Anfang des Winters erhalten, bieten sie wertvolle Bestimmungshinweise. Kleine bis große Bäume, seltener kleine Sträucher. Hierher gehören Obstgehölze wie Birne, Quitte und Apfel sowie auch häufig gepflanzte Ziergehölze wie Zwergmispel und Felsenbirne.

Schlüssel Pyreae

1 Zweige dornig 2
1* Unbewehrt 6
2 Dornen scharf zugespitzt 3
2* Dornen oft kurztriebartig, ohne scharfe Spitze 5
3 Knospen unauffällig, an der Basis der Dornen, Knospen matt . . *Chaenomeles*
3* Knospen deutlich sichtbar 4
4 Knospen kugelig eiförmig, glänzend . . . . *Crataegus*
4* Knospen zugespitzt . . . . . . *Pyrus*
5 Früchte lange bleibend, 2–3 cm dick, bräunlich, mit großen aufrechten Kelchblättern . . . . ***Crataegus germanica***
5* Früchte hinfällig, oder lang gestielte, oft unter 2 cm dicke Äpfelchen mit unauffälligen kleinen, mitunter hinfälligen Kelchblättern . . . . ***Malus***
6 (2) Sträucher ohne Endknospen, Seitenknospen mit zwei spreizenden 2 Knospenschuppen oder nackt . . ***Cotoneaster***
6* Knospenschuppen der Seitenknospen festanliegend, oft mit Endknospe oder Baum 7
7 Blattnarben 5-spurig . . . . ***Cormus*, *Sorbus***, S. 230
7* Blattnarben 3-spurig 8
8 Endknospen groß, meist über 8 mm lang, grün oder rötlich: lachsrosa, weinrot bis violettbraun 9
8* Endknospen meist kleiner oder fehlend, braun 11
9 Blattkissen farblich vom Zweig abgesetzt, Knospen grün, teilweise gerötet, Knospenschuppen oft braun berandet, Zweige relativ kräftig (3–5 mm ∅) . . . . ***Aria*, *Torminalis* u. Hybriden**, S. 230
9* Blattkissen nicht abgesetzt, Endknospen fast spindelig, zugespitzt, oft überwiegend rot bis violettbraun, Zweige dünn bis mitteldick (2–4 mm ∅) 10
10 Endknospen mit 3–5 allseits roten Knospenschuppen . . . . ***Aronia***
10* Endknospen mit 6 oder mehr Knospenschuppen . . . . ***Amelanchier***
11 (8) Junge Zweige dicht mit verhältnismäßig großen, ockerbraunen, warzigen Lentizellen besetzt . . . . . . ***Pourthiaea***
11* Lentizellen mitunter zahlreich, meist hell und punktförmig 12
12 Basale Knospenschuppen der Endknospen zugespitzt und gekielt, Kurztriebe meist mit Endknospen abgeschlossen, Langtriebe zur Spitze oft dicht filzig behaart, Blattnarben schwärzlich . . ***Pyrus***
12* Endknospe fehlend oder basale Knospenschuppen der Endknospen kaum gekielt, ± stumpf, Blattnarben bräunlich 13
13 Früchte bleibend, 2–3 cm dick, bräunlich, mit großen aufrechten Kelchblättern . . . . ***Crataegus germanica***
13* Früchte meist hinfällig: unter 2 cm oder über 4 cm dick, Kelchblätter klein . . 14
14 Langtriebe mit Endknospe . . . . . ***Malus***
14* Langtriebe ohne Endknospe . . ***Cydonia***

Prunus brigantina
Zweigspitze

Chaenomeles LINDL., Zierquitte

Meist dornbewehrte Sträucher; 3–4 Arten aus Ostasien. **Blüte** vor bis mit Laubausbruch, am älteren Holz aus an Kurztrieben gebüschelten Knospen; meist ± kräftig rote, bei einigen der zahlreichen Gartensorten auch weiße oder gefüllte Blüten. **Früchte** oft lange erhalten bleibend.

Schlüssel ***Chaenomeles***

1 Zweige warzig 2
1* Zweige glatt und kahl, bis über 2 m hoher Strauch . . . ***Chaenomeles lagenaria***
2 Bis 1 m hoher Strauch mit stark warzigen Zweigen . . . . . . ***Chaenomeles japonica***
2* Strauch mit schwach warzigen Zweigen, zwischen den Eltern stehend . . . . ***Chaenomeles ×superba***

Chaenomeles japonica (THUNB.) LINDL., Japanische Zierquitte
Knospen sehr klein, 1–2 mm, kugelig bis eiförmig, mit wenigen (3–4) Knospenschuppen. Blütenknospen an kurzen achselständigen Trieben büschelig gehäuft, gesamte Blütenknospenbüschel etwa 4 mm Durchmesser. **Zweige** rotbraun bis graubraun, rau warzig, relativ dünn und dicht verzweigt. Meist sitzen in den Blattachseln zugespitzte Dornen mit kleinen Blattknospen an der Basis. **Blüten** März bis April, orange- bis ziegelrot, 2,5–3 cm Durchmesser. **Früchte** abgeflacht und längs gefurcht, bis 4 cm ∅. Kleiner, bis 1 m hoher, häufig gepflanzter Strauch aus Japan.

Chaenomeles lagenaria (LOISEL.) KOIDZ., Chinesische Zierquitte, [*Chaenomeles speciosa* (SWEET) NAKAI]
Knospen klein, etwa 2 mm, kurz eiförmig, mit wenigen braunen, basal helleren und dunkel berandeten Knospenschuppen. **Zweige** rotbraun bis dunkel violettbraun, glatt: ohne Warzen, mit teilweise fein silbriggrau abhebender Epidermis. **Blüten** im März bis April, rosa bis dunkelrot, nie orangerot. **Früchte** länglich, bis 7 cm lang. Häufiger, bis über 2 m hoher Strauch aus China.
Sehr häufig ist die **Bastard-Zierquitte**, ***Chaenomeles ×superba*** (FRAHM) REHD. [*Chaenomeles japonica* × *Chaenomeles lagenaria*] in zahlreichen Sorten anzutreffen. In ihr sind die Merkmale der Eltern in verschiedenster Weise kombiniert.

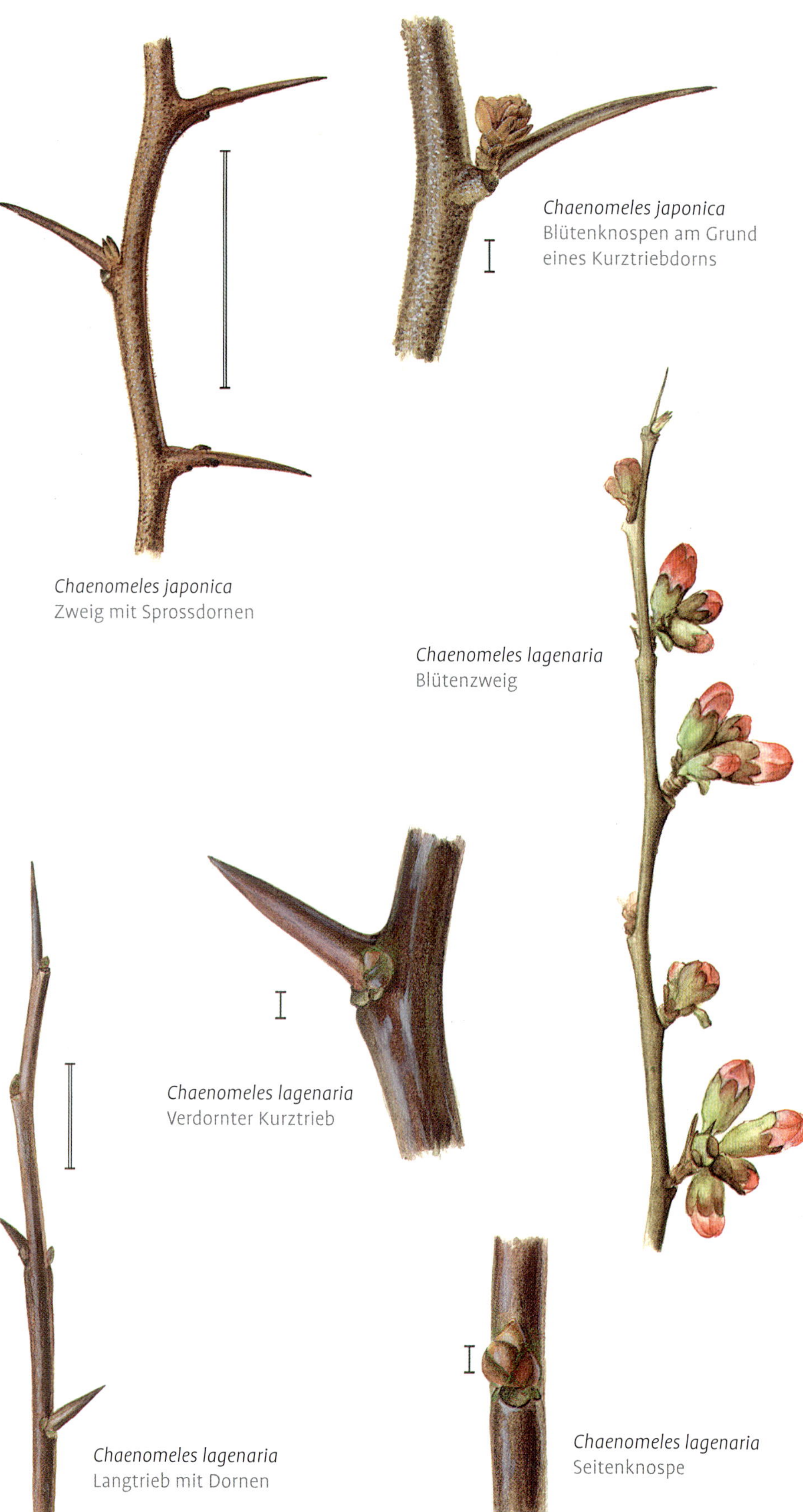

Chaenomeles japonica
Blütenknospen am Grund eines Kurztriebdorns

Chaenomeles japonica
Zweig mit Sprossdornen

Chaenomeles lagenaria
Blütenzweig

Chaenomeles lagenaria
Verdornter Kurztrieb

Chaenomeles lagenaria
Langtrieb mit Dornen

Chaenomeles lagenaria
Seitenknospe

Cydonia oblonga Zweigspitze

Cydonia oblonga Zweig

Cydonia oblonga MILL., Quitte
Knospen: nur Seitenknospen, rotbraun, an der Zweigbasis ± kahl, zur Spitze dicht bewimpert und filzig behaart, an dünnen Langtrieben etwa 3 mm lang und am Zweig anliegend, von 2 Knospenschuppen umhüllt; an kräftigen kürzeren – fruchttragenden – Trieben um 5 mm lang, eiförmig und mehrschuppig. **Zweige** glänzend olivbraun bis violettbraun, zur Spitze ± dicht filzig behaart. Langtriebe meist dünn, kräftiger dagegen kurze Fruchttriebe. **Blattnarbe** dunkel, 3-spurig. **Lentizellen** zahlreich, klein und rund, ockerbraun und leicht erhaben. Bis 6 m hoher, breiter Strauch oder kleiner Baum aus Transkaukasien, Persien, Turkestan bis zum südlichen Arabien. Als Obstbaum weit verbreitet und in Mittel- und Südeuropa eingebürgert.

Cotoneaster multiflorus Seitenknospen

Cydonia oblonga Seitenknospe

Cotoneaster multiflorus Seitenknospen

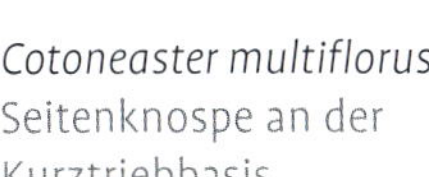

Cotoneaster multiflorus Seitenknospe an der Kurztriebbasis

Cotoneaster multiflorus Zweig mit Kurztrieben

Cotoneaster MEDIK., Zwergmispel

Knospen nackte und dicht behaarte oder von zwei äußeren, bei einigen Arten ganz verkahlenden Knospenschuppen umhüllte Seitenknospen. Im Winter schwer unterscheidbare Arten. Unterschiede finden sich in der Wuchshöhe, Behaarung und Verzweigung. In einigen Arten und Hybriden häufig gepflanzte, sommer- oder immergrüne, kleine bis große Sträucher, seltener kleine Bäume. Um 50 Arten von Europa bis China.

Schlüssel *Cotoneaster*

1 Verzweigung auffallend dicht, zweizeilig in einer Ebene (fischgrätenförmig) . . . 5
1* Verzweigung unregelmäßig zerstreut . 2
2 Niederliegende bis aufrechte Sträucher bis 1 m Höhe 4
2* Aufrechte, über 1 m hohe Sträucher . . 3
3 Knospen von zwei deutlichen, ± verkahlenden Knospenschuppen bedeckt . . . . ***Cotoneaster multiflorus*** und ***Cotoneaster integerrimus***
3* Knospen nackt, dicht behaart 6
4 Bis 25 cm hoher niederliegender Strauch mit sehr kurzen Internodien . . . . ***Cotoneaster adpressus***
4* Bis 80 cm hoher Strauch . . . . ***Cotoneaster adpressus* var. *praecox***
5 (1) Niedriger, meist unter 1 m hoher, oft niederliegender Strauch . . . . ***Cotoneaster horizontalis***
5* Meist deutlich über 2 m hoher aufrechter Strauch . . . . . . ***Cotoneaster divaricatus***
6 Früchte rot . . . . ***Cotoneaster dielsianus*** und ***Cotoneaster bullatus***
6* Früchte schwarz . . . . ***Cotoneaster moupinensis***

Cotoneaster multiflorus BUNGE, Vielblütige Zwergmispel
Knospen mit 2 äußeren braunen Knospenschuppen, 4–5 mm lang, flach dem Langtrieb anliegend oder basal am Kurztrieb, 3–7 mm lang. Schuppen an Kurztriebknospen – in Blattgrund und, oft etwas abstehende, Nebenblätter gegliedert – auseinander spreizend: lang behaarte innere Knospenblättchen sichtbar; an Langtrieben Knospenschuppen einfacher und Knospe fast ganz bedeckend. **Zweige** in kahle, glatte, glänzend olivbraune bis orangebraune Langtriebe und wenige Zentimeter lange, meist dunklere, locker behaarte Kurztriebe differenziert. Zweijährige Langtriebe violettbraun, glänzend, stellenweise mit silbrig

grauer, toter Epidermis. **Lentizellen** klein, rundlich und heller als der Zweig. Häufiger, 3–4 m hoher Strauch aus Nordwestchina.

Cotoneaster adpressus **BOIS, Spalier-Zwergmispel**
Knospen am Zweig anliegend oder leicht abstehend, klein, bis 2 mm lang, eiförmig und nackt. Knospenblättchen dicht graugrün behaart, unterste mit dunklen Oberblattnarben. **Zweige** kahl, sehr dünn, einjährig 1–1,5 mm Durchmesser, Internodien unter 1 cm lang; lichtseits dunkel weinrot mit grauweißlicher abhebender Epidermis, schattenseits heller rötlich-ocker gefärbt und Epidermis später absterbend und abhebend. Zweigoberfläche dicht mit sehr feinen höckerigen Punkten. **Blattnarben** unauffällig, relativ schmal. Häufig gepflanzter, flacher, nur bis 25 cm hoher Strauch aus Westchina.

var. *praecox* **BOIS & BERTHAULT, Nanshan-Zwergmispel**
Knospen klein: 2–3 mm, dicht behaart, mit länglichen Nebenblättern des Tragblattes und der ersten Knospenblätter. **Zweige** unregelmäßig verzweigt, glänzend rotbraun und violettbraun, schattenseits auch etwas gelbgrün sowie – vor allem zur Zweigspitze – dicht behaart. Kleiner bis 50 (–80) cm hoher, häufig gepflanzter Strauch aus Westchina, mit niederliegenden oder aufsteigenden und bogig überhängenden Ästen.

Cotoneaster horizontalis **DECNE., Fächer-Zwergmispel**
Knospen zweizeilig, am Zweig anliegend bis leicht abstehend, 2–3 mm lang, äußere Knospenschuppen etwas abstehend, dunkel weinrot und locker behaart, innere dicht graugrün behaart. Von den kleinen fast runden Laubblättern bleiben meist einige erhalten. **Zweige** braun bis graubraun und fein behaart, älter dunkelbraune obere Rindenschicht fein rhombisch aufreißend, darunter ocker-rotbraun. Den auffallend in einer Ebene fischgrätenartig angeordneten seitlichen Verzweigungen verdankt der bis 1 m hohe, häufig anzutreffende Strauch aus Westchina sein typisches Erscheinungsbild.

Cotoneaster adpressus
Zweig

Cotoneaster adpressus
Seitenknospe

Cotoneaster adpressus var. *praecox*
Seitenknospen

Cotoneaster adpressus var. *praecox*
Seitenknospen

Cotoneaster horizontalis
Typische zweizeilige Verzweigung

Cotoneaster divaricatus Rehd. & Wils., Sparrige Zwergmispel
Knospen dicht lang behaart, Seitenknospen an Langtrieben um 2 mm lang; an Kurz- und Langtrieben länger. **Zweige** zweizeilig in einer Ebene (fächerig), junge Zweige unterseits glatt orangebraun bis dunkelrotbraun, oberseits dunkel rotbraun bis violettbraun mit abhebender grauer Epidermis, zur Spitze behaart, ansonsten großflächig verkahlt. Ältere Zweige dunkelgrau bis violettbraun. **Lentizellen** zerstreut, rundlich-quer, ockerbraun. Bis 2 m hoch, mit weit abstehenden Zweigen. Häufig gepflanzter Strauch aus China.

Cotoneaster dielsianus E. Prietz., Diels Zwergmispel
Knospen 4–5 mm lang, ± nackt, mit 2 (–3), mitunter auseinander gespreizten länglichen, dicht schmutzig graugrün bis graubraun behaarten Blättchen: Äußere mit kleinen Nebenblattzipfeln. **Zweige** jung graubraun, mitunter auch rotbraun bis dunkelgrau, anliegend behaart; später verkahlend, dunkelgrau und fein aufreißend. Seitenzweige unregelmäßig – nicht in einer Ebene – verzweigt. **Früchte** rot und 6 mm dick; mit 3–5 Steinkernen. **Lentizellen** zerstreut, vor allem an älteren Zweigen: quer-länglich, korkwarzig und ockerbraun. Häufiger, bis 2 m hoher Strauch aus China.

Cotoneaster integerrimus Medik., Gewöhnliche Zwergmispel
Knospen bis 4–5 mm lang und meist ebenso breit, von zwei, oft weit auseinander spreizenden, fast kahlen, dunkel rotbraunen Knospenschuppen eingefasst, dazwischen einige dicht hell graubraun behaarte, gedrungene Blättchen. **Zweige** an der Spitze dicht filzig ockergrau behaart, später Langtriebe basal noch im selben Jahr – verkahlend und glänzend orangebraun bis rotbraun; zweijährig dunkel violettbraun mit abblätternder Epidermis. Seitenzweige unregelmäßig. **Früchte** rot, 6 mm lang und rundlich, mit 2 Steinkernen. Von Süd- bis Mitteleuropa vorkommender, selten gepflanzter, etwa 1,5 m hoher, vielgestaltiger Strauch.
Ähnlich, aber kräftiger und stärker behaart ist ***Cotoneaster nebrodensis*** K. Koch, die **Filzige Zwergmispel**, ein bis 2 m hoher, lockerer Strauch aus Südeuropa.

Cotoneaster divaricatus
Seitenknospe

Cotoneaster divaricatus
Seitenknospe

Cotoneaster dielsianus
Kurztrieb

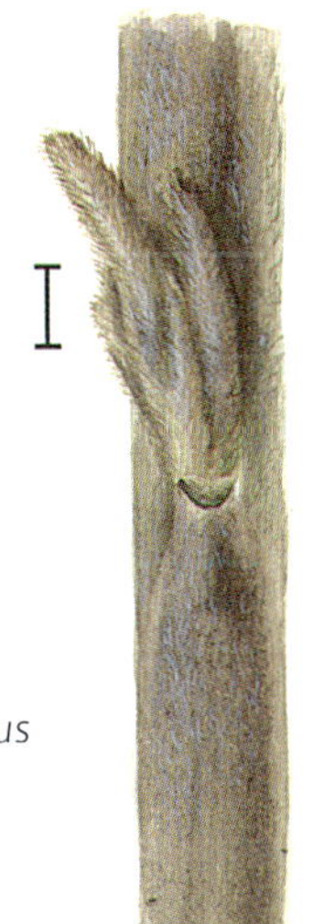

Cotoneaster dielsianus
Seitenknospe

Cotoneaster integerrimus
Seitenknospen

Cotoneaster nebrodensis
Kurztrieb

Cotoneaster bullatus Bois, Runzelige Zwergmispel
Knospen ohne Knospenschuppen, dicht graugrün behaart; 4–5 mm lang, mit breit auseinander spreizenden Knospenblättern. **Zweige** anfangs behaart, dunkel schwarzgrau, zur Spitze rotbraun. **Früchte** hellrot, kugelig, 7–8 mm dick, mit 4–5 Steinkernen. Bis 3 m hoher, breiter und lockerer Strauch. Häufig gepflanzte Art aus Westchina.

Cotoneaster moupinensis Franch., Moupin-Zwergmispel
Knospen 6–8 mm lang, von dicht ockergrün behaarten Blättchen mit ± kahlen, violettbraunen, zugespitzten Nebenblättern gebildet. **Zweige** oft überhängend, ockerbraun bis rotbraun, anfangs dicht behaart, verkahlend. Ältere Zweige dunkel schwarzbraun, matt glänzend. **Früchte** schwarz, 6–8 mm dick, fast kugelig mit 4–5 Steinkernen. Sparrig verzweigter, gelegentlich gepflanzter, 2–3 (–5) m hoher Strauch aus China.

Amelanchier Medik., Felsenbirne

Knospen rötlich, schattenseits auch grünlich, oder dunkel violettbraun, ± zugespitzt, länglich-eiförmig bis spindelförmig. **Zweige** relativ dünn, einjährig kaum über 2 mm. **Blattnarben** dunkel, schmal und undeutlich 3-spurig. Eine Art, *Amelanchier ovalis*, in Europa einheimisch und weitere schwer unterscheidbare Arten häufiger gepflanzt und stellenweise eingebürgert.

Schlüssel *Amelanchier*

1 Knospen lachsrosa bis braunrot oder rötlich, schattenseits oft auch grün 2
1* Knospen allseits dunkel weinrot bis violettbraun 3
2 Knospen schlank spindelig, leicht gebogen oder gekrümmt, Schuppen lang bewimpert . . . . ***Amelanchier spicata***
2 Knospen meist kräftiger, kaum gekrümmt 3
3 Zweige dünn, jung deutlich unter 2 mm dick 4
3* Zweige kräftiger, jung um 2 mm dick . 5
4 Zweige rötlich braun, Knospen leicht bauchig . . . . *Amelanchier ovalis*
4* Zweige olivbraun, Knospen spindelig . . . . *Amelanchier laevis*

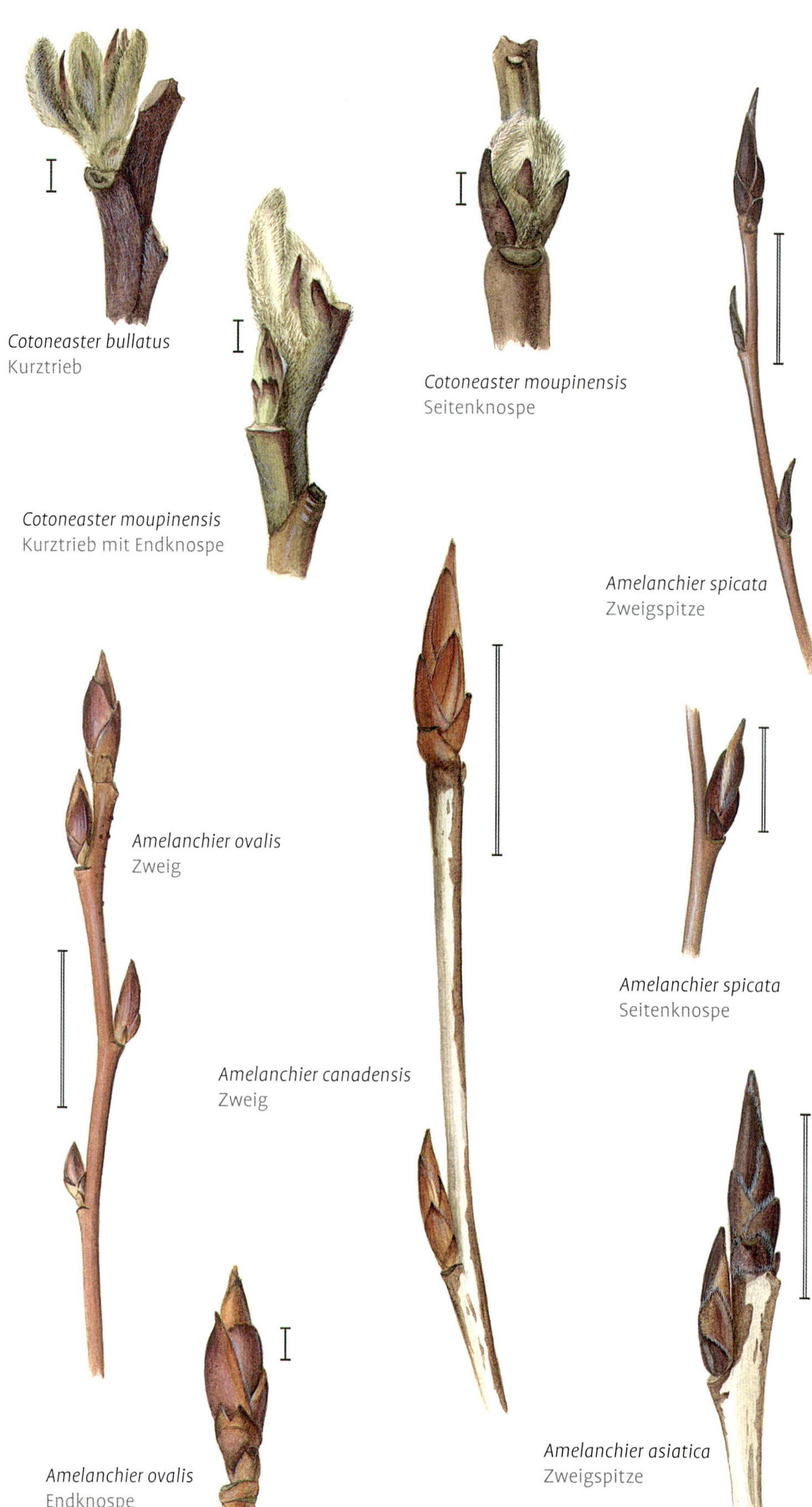

Cotoneaster bullatus Kurztrieb

Cotoneaster moupinensis Seitenknospe

Cotoneaster moupinensis Kurztrieb mit Endknospe

Amelanchier spicata Zweigspitze

Amelanchier ovalis Zweig

Amelanchier spicata Seitenknospe

Amelanchier canadensis Zweig

Amelanchier ovalis Endknospe

Amelanchier asiatica Zweigspitze

5 Zweige hellbraun bis zimtbraun, mit Spuren abhebender Epidermis . . . . *Amelanchier canadensis*

5* Zweige violettbraun bis grünlich . . . . **_Amelanchier lamarckii_**

Amelanchier lamarckii
Endknospe

Amelanchier lamarckii
Zweig

Amelanchier ovalis MEDIK., Gewöhnliche Felsenbirne

Knospen spitz, länglich eiförmig: Endknospen 8–10 mm lang und bis 4 mm dick; Seitenknospen kleiner, am Zweig fast anliegend oder leicht abstehend; mit weinroten bis braunroten, basal und an den Rändern auch gelblichbraunen, schwach behaarten oft verkahlten, am Rand kurz bewimperten Knospenschuppen. **Zweige** orangerotbraun, anfangs wollfilzig behaart, im Winter meist kahl, wetterseits viele grauweiße Epidermisflächen; ältere Zweige dunkel violettbraun. **Lentizellen** klein und dunkel. Unregelmäßiger, 2–3 (–6) m hoher Strauch mit relativ dünn bleibenden Stämmchen. Europäische Art, von Mittel- über Südeuropa bis Kleinasien vorkommend.

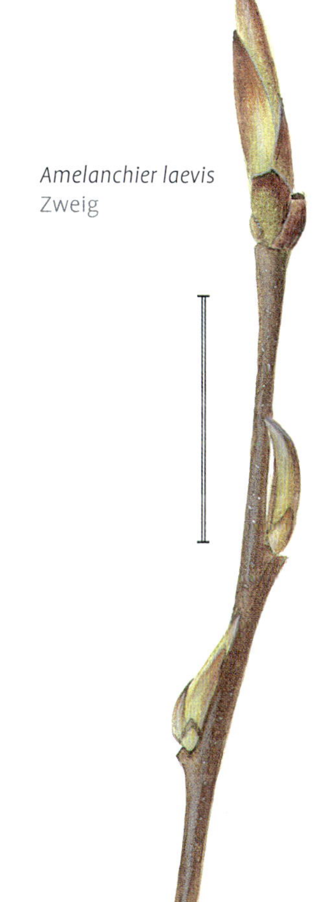

Amelanchier laevis
Zweig

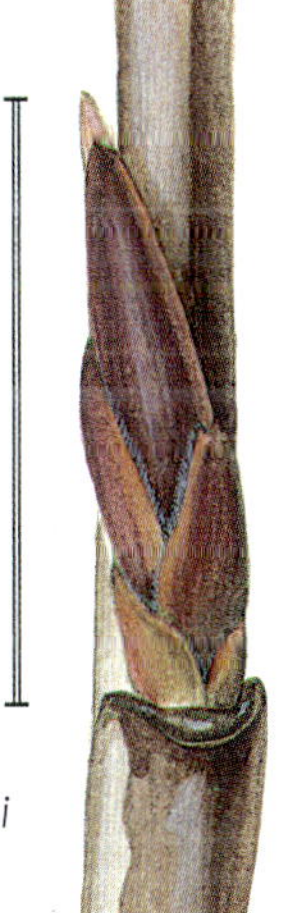

Amelanchier lamarckii
Seitenknospe

Sehr ähnlich ist die selten anzutreffende **Kanadische Felsenbirne**, ***Amelanchier canadensis*** (L.) MEDIK., aus Nordamerika, mit vielleicht etwas spindelförmigeren Knospen.

Amelanchier spicata (LAM.) K. KOCH, Besen-Felsenbirne

Knospen lang spindelförmig, Endknospen 10–12 (–15) mm; Seitenknospen 8–10 mm lang, am Zweig anliegend und mit den Spitzen oft etwas um den Zweig gebogen. Knospenschuppen dunkel violettbraun, am Rand etwas heller, oberste lang weiß bewimpert. **Zweige** dunkel rotbraun bis violettbraun, mit kleinflächig grauer toter Epidermis. **Lentizellen** anfangs zerstreut, später zahlreich: klein und rundlich. Steif aufrecht wachsender, 2–5 (–7) m hoher Strauch. Aus dem östlichen Nordamerika stammend, stellenweise eingebürgert.
Ähnlich ist die selten gepflanzte **Japanische Felsenbirne**, ***Amelanchier asiatica*** (SIEB. & ZUCC.) ENDL., aus Ostasien: Japan und Korea. **Knospen** etwas gedrungener und Seitenknospen nicht um den Zweig gebogen.

Amelanchier lamarckii F. G. SCHROEDER, Kupfer-Felsenbirne

Knospen spindelig, etwas zugespitzt, bis 11 mm lang und 3 mm dick, lachsfarben bis weinrot, im Schatten auch grünlich. Unterste Knospenschuppen oft lang bewimpert. **Zweige** relativ kräftig: einjährige um 2 mm dick, matt graubraun bis olivbraun, im Schatten auch grünlich, zur Spitze etwas behaart, bald verkahlend und später, an stärkeren Zweigen charakteristisch rhombisch längsrissig. **Lentizellen** zerstreut, klein braun und warzig. Breiter Strauch oder kleiner Baum bis 10 m Höhe. Stämme entspringen einem gemeinsamen Wurzelhals, ohne Ausläufer. Sehr häufig gepflanzter Baum aus dem östlichen Nordamerika, in Europa stellenweise eingebürgert.

Amelanchier laevis WIEG., Kahle Felsenbirne

Knospen schlank spindelig, bis etwa 8 mm lang und 2 mm dick, gelbgrün schattenseits und in der Sonne rosa-lachsfarben überhaucht. **Zweige** kahl, sehr dünn: 1–1,5 mm dick, matt rotbraun bis ockerbraun, mit kleinen, unauffälligen hellen Lentizellen. Blüten im April, mit Laubausbruch, etwa 2 Wochen vor *Amelanchier lamarckii*. **Blattnarbe** schmal, dunkel mit 3 Spuren. Gelegentlich gepflanzter, großer Strauch oder kleiner, bis 12 m hoher Baum aus Nordamerika.

Malus Mill., Apfel

Große Sträucher oder kleine Bäume. Einige Arten mit ± verdornenden Kurztrieben.
Die Dornen haben meist mehr den Charakter auslaufender Kurztriebe und sind selten scharf zugespitzt. Vor allem bei jungen Bäumen zu finden, verlieren sie sich bei älteren Exemplaren oft ganz.
Neben einigen einander sehr nahe stehenden Arten befinden sich zahlreiche Hybriden in Kultur. Selbst die reinen Arten sind ohne Blüten und Früchte nur schwer bestimmbar. Im Winter, bis auf Ausnahmen, nur mit Früchten bestimmbar.

Schlüssel *Malus* (annähernde Bestimmung nur mit Früchten möglich)

1 Früchte mit bleibenden Kelchblättern . 2
1* Kelchblätter hinfällig, eine kreisförmige Narbe hinterlassend . . . . Serie **Baccatae** & Serie **Kansuenses**
2 Mehrjährige Zweige mit glatter, hellgrauer Rinde . . . . ***Malus coronaria***
2* Mehrjährige Zweige mit rauer, meist bräunlicher Rinde 3
3 Endknospe unter 10 mm lang 4
3* Endknospe über 12 mm lang . . . . *Malus yunnanensis*
4 Zweige kräftig, Früchte über 3 cm dick . 5
4* Zweige mittelstark, Früchte bis 2 cm dick 6
5 Zweige wenigstens zur Spitze dicht behaart . . . . ***Malus pumila*** var. ***domestica***
5* Zweige und Knospen fast kahl . . . . *Malus sylvestris*
6 Holz der Zweige weinrot getönt . . . . **Blutäpfel**, z. B. ***Malus ×purpurea***
6* Holz der Zweige ohne Rottöne . . . . ***Malus spectabilis*** & ***Malus prunifolia***

Sektion Malus

Serie Malus

Früchte oft relativ groß, meist nur kurz gestielt, mit bleibenden Kelchblättern.

Malus pumila **Mill. var. *domestica*** (Borkh.) Schneid., **Kultur-Apfel**
[*Malus pumila* Mill. nom. rej. prop.]
Knospen meist bleibend behaart, die obersten am Zweig grauweiß filzig, an der Zweigbasis Knospenschuppengrund verkahlend. **Zweige** relativ dick, an den Triebspitzen dicht filzig behaart und zur Basis ± verkahlend, rötlichbraun bis dunkel violettbraun. **Lentizellen** zerstreut bis zahlreich, hell cremeweiß. Die Merkmale sind variabel und oft sortentypisch ausgeprägt: der häufige Apfel **'Golden Delicious'** ist schwächer behaart und besitzt zahlreich ausgeprägte helle Lentizellen. Seit sehr langer Zeit in menschlicher Kultur befindlicher, sehr häufiger, mittelgroßer Obstbaum.

Malus sylvestris Mill., Holz- oder Wild-Apfel
Knospen fast kahl, Schuppen schwach bewimpert; nur Endknospe und oberste Seitenknospen der Langtriebe auch etwas stärker behaart. Endknospen 2–5 mm lang; Seitenknospen 1,5–3 mm, zur Zweigspitze oft etwas abgeflacht. In der Färbung bestehen teilweise auffallende Unterschiede zwischen Sonnen- und Schattenseite. **Zweige** kahl, glänzend olivgrün bis weinrot und nur zur Spitze leicht behaart, mit grauweißer längs streifiger Epidermis. Kurztriebe oft verdornend. **Lentizellen** klein, hell länglich bis rundlich. Seltener, bis 7 m hoher, in Europa beheimateter Baum.

Malus pumila var. *domestica* 'Golden Delicious'
Fast kahle Zweigspitze

Malus pumila var. *domestica* 'Winter-Goldparmäne'
Dicht behaarte Zweigspitze

Malus sylvestris
Seitenknospen

Malus sylvestris
Zweig

Malus spectabilis Seitenknospe

Malus spectabilis Zweigausschnitt mit Kurztrieben

Malus prunifolia Seitenknospe

Malus ×purpurea Kurztrieb mit Fruchtstandresten

Malus ×purpurea Seitenknospe

Malus ×purpurea Zweigspitze, an der Schnittstelle rot getöntes Holz

Malus sieversii var. *niedzwetzkyana* Kurztriebspitze

Malus spectabilis (Ait.) Borkh., Pracht-Apfel
Knospen stark bewimpert und teilweise behaart; an den Langtrieben wenigschuppige, ± dreieckige, etwa 3 mm hohe Seitenknospen und ebenfalls kleine wenigschuppige Endknospen. Kurztriebe mit etwa 6 mm langen, spitzeiförmigen Endknospen, mit 6–8 sichtbaren, dunkel violettweinroten, weiß bewimperten Knospenschuppen. **Zweige** jung weinrötlich bis bräunlich grau, zur Spitze locker anliegend, lang weiß behaart, mit kleinen, hellen, punktförmigen Lentizellen. Zweijährige Zweige graubraun, mit rötlichen Farbtönen, ± glänzend. Hoher Strauch oder kleiner bis 8 m hoher, in der Jugend kegelförmiger, später breiterer Baum. Aus China eingeführt, nur in Kultur bekannt.

Malus prunifolia (Willd.) Borkh., Kirschblättriger Apfel
Knospen 4–6 mm lang, relativ dicht weiß behaart, Seitenknospen mit 3–5 violettbraunen Knospenschuppen. **Zweige**: Langtriebe olivgrün bis weinrotbraun, zur Spitze kurz schmutzig behaart, teilweise filzig, ± kantig, tiefer verkahlend, mit grauweißen Epidermisfeldern, zweijährige Zweige graubraun. Zahlreiche längliche grauweiße bis graubraune Lentizellen. Häufiger, nur in der Kultur bekannter, aus Nordostasien stammender, kleiner 5 (–10) m hoher Baum.

Malus ×purpurea (Barbier & Cie) Rehd., Blutroter Apfel
[*Malus ×atrosanguinea × Malus sieversii* var. *niedzwetzkyana*]
Knospen sehr dunkel, fast kahl, vor allem unterste Knospenschuppen bewimpert. Endknospen um 6 mm, Seitenknospen bis 5 mm lang. **Zweige** dunkel violettbraun bis rotbraun, kahl und glänzend, teilweise mit abhebender grauer Epidermis. Holz der Zweige im Querschnitt rot. **Früchte** lang gestielt, ± hinfällig, kugelig, 1,5–3 cm dick, dunkel weinrot, mit bleibendem Kelch. 6–8 m hoher Baum. Einer der sehr häufig gepflanzten Blutäpfel. Weitere rotblühende Hybriden wie *Malus ×moerlandsii* Doorenbos sind unter Beteiligung von *Malus ×purpurea* oder deren Elternarten entstanden und im Winter nicht unterscheidbar.
Malus sieversii (Ledeb.) M. J. Roem. var. ***niedzwetzkyana*** (Dieck) Lichonos [*Malus niedzwetzkyana* Dieck], ein großer Strauch oder kleiner Baum aus Turkestan, ist die wichtigste Elternart der dunkelrot blühenden Äpfel. Zweige kräftig. Früchte 5–6 cm dick.

Serie Baccatae (incl. Serie Sieboldianae)

Früchte meist relativ klein, länger gestielt und Kelchblätter hinfällig (es bleibt eine kreisförmige Narbe).

Malus baccata (L.) BORKH., Beeren-Apfel
Knospen relativ lang, etwa dopplelt so lang wie dick: 5–6 mm lang und 2,5–3 mm ∅. Seitenknospen am Zweig anliegend, mit braunen, teilweise etwas weinroten, 3–5 äußeren, am Rande bewimperten Knospenschuppen. Endknospen der Kurztriebe fast spindelig: etwa 7 mm lang und 2 mm dick. **Zweige** ± kahl, weinrot bis braun, schattenseits auch grünlich, mit silbrig grauer Epidermis. Zweijährige Zweige olivgrün bis graugrün oder graubraun. **Lentizellen** zerstreut und braun. **Früchte** bis 4 cm lang gestielt, kugelig, 1 cm dick, gelb oder rötlich. Häufig gepflanzter, bis 5 m hoher Baum mit geschlossen-eiförmigem Wuchs. Heimat Nordostasien bis Westchina.
Seltener ist der ähnliche und im Winter kaum unterscheidbare **Tee-Apfel**, ***Malus hupehensis*** (PAMP.) REHD., – mit an der Spitze locker behaarten Zweigen – anzutreffen. **Früchte** bis 3 cm lang gestielt, kugelig, 1 cm dick, grünlichgelb, häufig mit roten Bäckchen. 5–7 m hoher, selten gepflanzter Baum mit auseinanderlaufender Wuchsform aus China und Nordindien.

Malus floribunda SIEB. ex VAN HOUTTE, Vielblütiger Apfel
Knospen um 4 mm lang, mit einigen rotbraunen bis dunkelbraunen, am Rand und zur Knospenspitze bewimperten bzw. behaarten Schuppen. Seitenknospen an Kurztrieben eiförmig, an Langtrieben flach. **Zweige** weinrot-violett-braun, glänzend, zur Spitze locker behaart, verkahlend und auf der Wetterseite mit absterbender grauer Epidermis. Häufig gepflanzter, 4–6 m hoher Baum mit weit abstehenden, eine dichte, breite Krone bildenden Ästen. Aus Japan eingeführtes Blütengehölz.

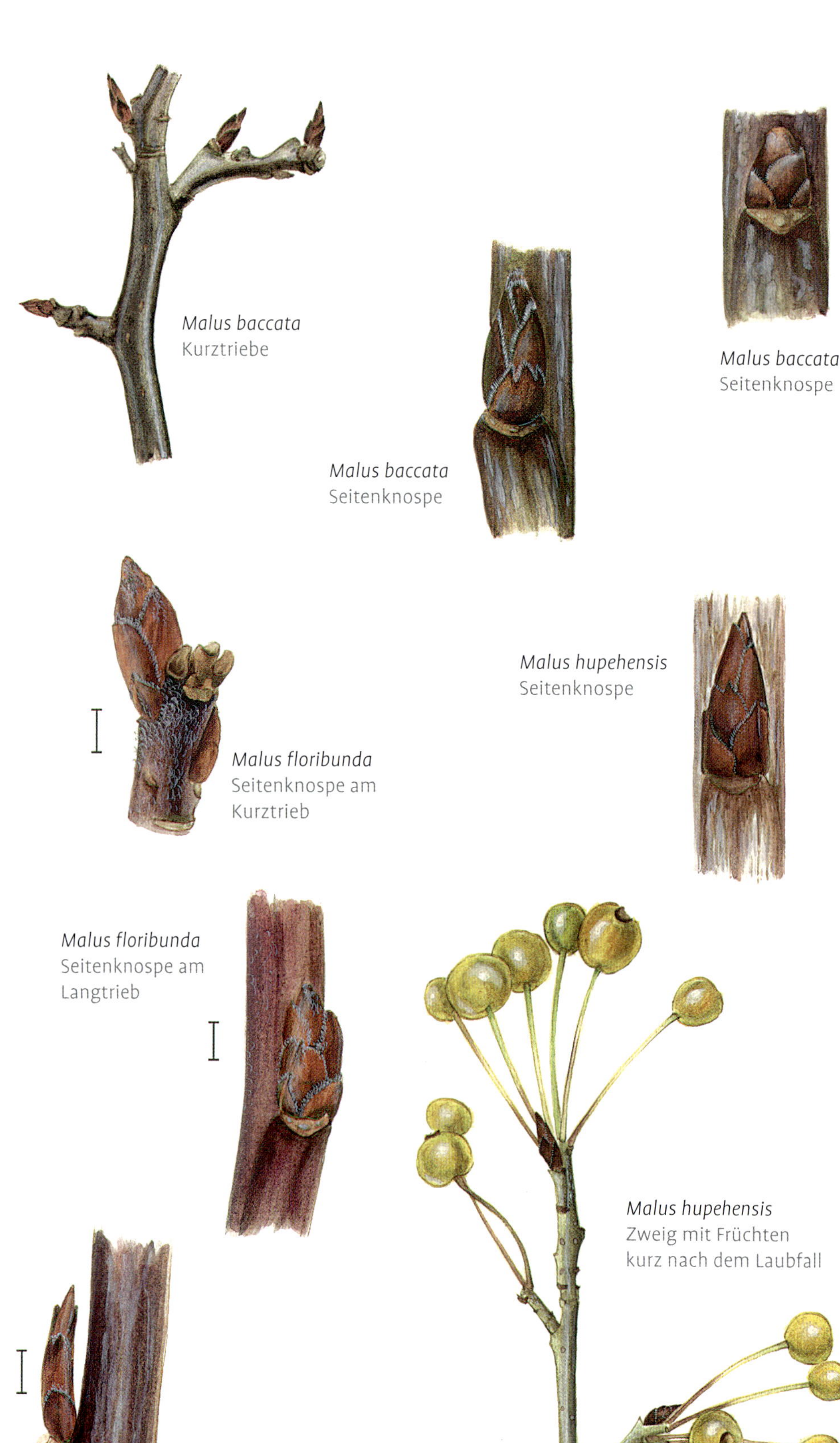

Malus baccata Kurztriebe

Malus baccata Seitenknospe

Malus baccata Seitenknospe

Malus hupehensis Seitenknospe

Malus floribunda Seitenknospe am Kurztrieb

Malus floribunda Seitenknospe am Langtrieb

Malus hupehensis Zweig mit Früchten kurz nach dem Laubfall

Malus floribunda Seitenknospe am Langtrieb

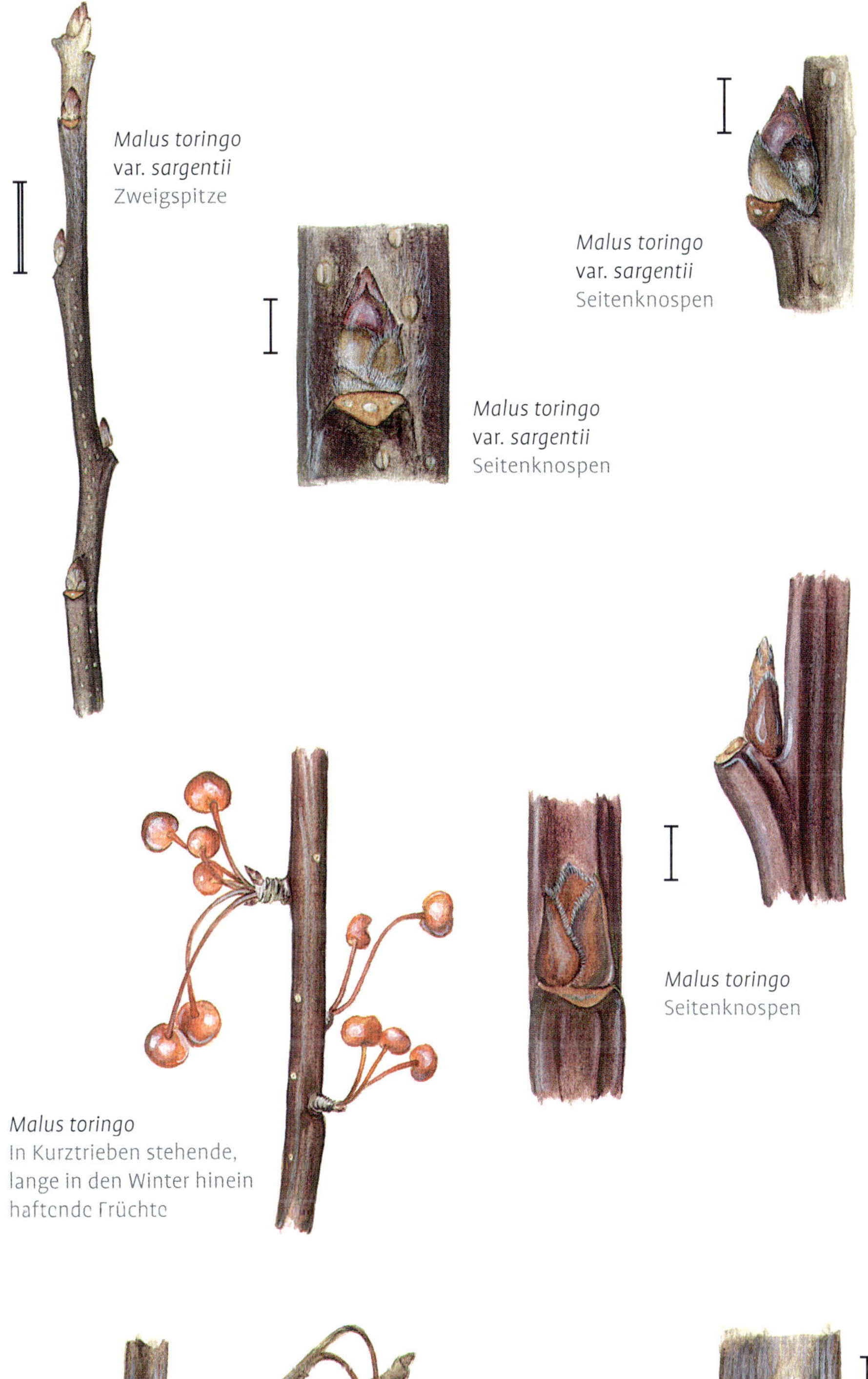

Malus toringo var. *sargentii* Zweigspitze

Malus toringo var. *sargentii* Seitenknospen

Malus toringo var. *sargentii* Seitenknospen

Malus toringo In Kurztrieben stehende, lange in den Winter hinein haftende Früchte

Malus toringo Seitenknospen

Malus toringoides Seitenknospe

Malus toringoides Kurztrieb mit Früchten

Malus toringo* var. *sargentii (Rehd.) Schneid., Sargents Apfel
[*Malus sargentii* Rehd.]
Knospen: Seitenknospen an Langtrieben anliegend, etwa 3 mm lang, mit 4–5 äußeren Knospenschuppen, basal ± dicht lang behaart. Endknospen etwas größer, meist dicht behaart. **Zweige**: Langtriebe zur Spitze anliegend ± dicht behaart und etwa 2 mm dick, tiefer verkahlend und 4–5 mm Durchmesser; weinrot bis violettbraun glänzend, mit länglichen hellen Lentizellen. Zweijährige Langtriebe olivbraun mit ± rundlichen Lentizellen. **Rinde** der Zweige auffallend glatt, Epidermis kaum absterbend. Kurztriebe dicht lang behaart, über den Winter mit in Büscheln stehenden, kleinen, lang gestielten, etwa 8 mm dicken, kelchlosen Früchten. Gelegentlich gepflanzter, ausgebreitet verzweigter, um 2 m hoher Strauch aus Japan.

Malus toringo (Sieb.) Sieb. ex de Vriese, Toringo-Apfel
[*Malus sieboldii* (Regel) Rehd.]
Knospen auf relativ starken Blattkissen, Seitenknospen v.a. unterhalb der Langtriebspitze stark abgeflacht, mit 3–5 an den Rändern bewimperten Knospenschuppen, 2,5–3 mm lang und 1,5–2 mm breit. **Zweige** nur an der Triebspitze schwach behaart, sonst kahl und glänzend, violett-weinrot. Langtriebe teilweise leicht furchig. Kurztriebe ebenfalls nur schwach kurz behaart. **Lentizellen** rundlich, hell und zerstreut. Seltener, 4–5 m hoher Strauch aus Japan.

Serie Kansuenses

Malus toringoides (Rehd.) Hughes, Chinesischer Apfel
Knospen bleiben lange relativ dicht behaart, Seitenknospen etwa 3 mm lang, Endknospen, auch der Kurztriebe klein und mit unregelmäßiger Form. **Zweige**: Langtriebe matt weinrot bis bräunlich, schattenseits auch grünlich, mit einseitig stärkerem Überzug der fein längsrissig strukturierten silbriggrauen Epidermis. Zur Spitze dicht behaart, aber nicht deckend. Seitentriebe dornähnlich auslaufend. **Lentizellen** zerstreut, klein und bräunlich. Aus Westchina stammender bis 8 m hoher Strauch oder Baum.

Sektion Sorbomalus

Malus yunnanensis (FRANCH.) SCHNEID
Knospen größte unter den Äpfeln: Endknospen etwa 15 mm lang mit 6–7, Seitenknospen etwa 12 mm lang mit 4–5 Knospenschuppen; in ihrer Form an *Sorbus aucuparia* erinnernd. Knospenschuppen weinrot glänzend, am Rand weiß bewimpert, zur Knospenspitze büschelig zottig behaart. **Zweige** kräftig, schwach glänzend, olivgrün und besonders unterhalb der Blattnarben weinrot, mit silbriggrauen Epidermispartien. **Lentizellen** zerstreut bis zahlreich, ockerbraun. Seltener, bis 10 m hoher Baum aus China.

Sektion Chloromeles

Malus coronaria (L.) MILL., Kronen-Apfel
Knospen: Seitenknospen an Langtrieben flach dreieckig, anliegend, meist etwas schmaler als die Blattnarben; Endknospen am Grund am breitesten, zylindrisch-kegelig und die Gesamtform etwas unregelmäßig. Knospenschuppen weinrot bis zum oberen, weiß bewimperten Rand braunviolett. **Zweige**: Langtriebe dunkel weinrot bis violett, mit grauweißer Epidermis, kahl, zur Spitze weinrot, schattenseits olivgrün und leicht zerstreut behaart; mehrjährige Zweige rein grau! Lentizellen zerstreut, ockerbraun. Bis 7 m hoher, aus dem östlichen Nordamerika stammender Baum.

Malus coronaria
Kurztriebe am älteren grauen Langtrieb

Malus yunnanensis
Zweigspitze

Malus coronaria
Ausschnitt aus einem Langtrieb

Malus yunnanensis
Zweig

Malus coronaria
Seitenknospe

Sektion Docyniopsis

Malus tschonoskii (MAXIM.) SCHNEID., Woll-Apfel
Knospen mit weinrot-violetten, glänzenden und weiß bewimperten Knospenschuppen. Seitenknospen der Langtriebe zur Zweigspitze 3–4 mm lang, flach am Zweig anliegend und ± filzig behaart; tiefer am Trieb bis 5 mm lang, kahl, rundlich eiförmig und abstehend. **Endknospen** der Kurztriebe eiförmig etwas größer, 5–6 mm lang; unterste Knospenschuppe der Langtrieb-Endknospe meist aus Blattgrund mit deutlich differenzierten Nebenblattzipfeln bestehend, ± filzig. **Zweige** zur Spitze dicht filzig behaart, später wie die Zweigbasis teilweise auch verkahlend. Unter der Behaarung ± stark glänzend, olivbraun bis grünlich. Zweijährige Zweige graugrün bis graubraun, matt glänzend, mit zerstreuten bis zahlreichen, graubraunen

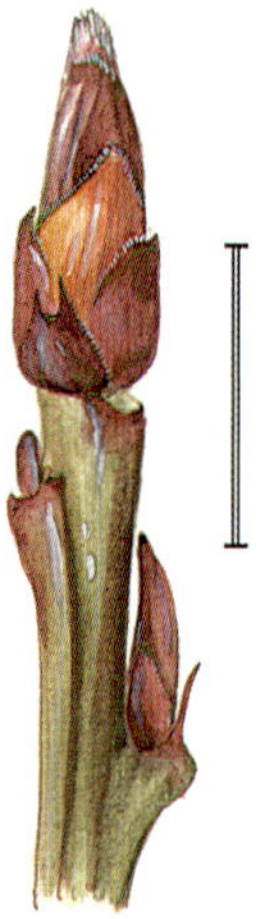

Malus tschonoskii
Kurztriebe

Malus tschonoskii
Zweigspitze

Malus tschonoskii
Seitenknospe

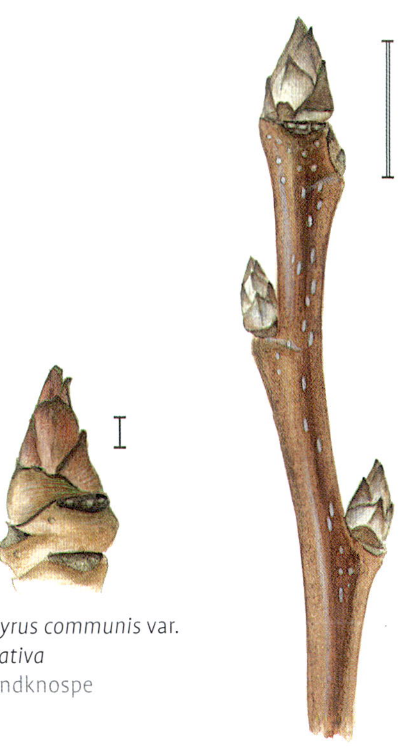
Pyrus communis var. *sativa*
Endknospe

Pyrus communis var. *sativa*
Zweigspitze

rundlichen Lentizellen. Obere Epidermis silbrig weiß abhebend. Selten gepflanzter, bis 12 m hoher Baum aus Japan.

Pyrus L., Birne

Von Europa bis Ostasien und Nordafrika verbreitete Gattung. Etwa 30 Arten sommergrüner Bäume und Sträucher. Triebe bei einem Teil der Arten verdornend. Mehrere Arten an der Entstehung der Kultursorten beteiligt, die daher recht vielgestaltig sind. Bei den meisten Arten unterscheiden sich die Endknospen der Langtriebe deutlich von denen der oft zahlreichen Kurztriebe. Die Langtrieb-Endknospen besitzen meist weniger Knospenschuppen und sind dichter behaart, oft auch etwas kleiner und gedrungener als die Endknospen der Kurztriebe.

Schlüssel *Pyrus*

1 Einjährige Zweige relativ dünn (um 3 mm ∅), oft dornig 2
1* Einjährige Zweige dicker (selten dünner als 4 mm ∅), meist unbewehrt 7
2 Zweige meist ganz verkahlt, meist stark dornig 3
2* Zweige mit deutlicher, meist filziger Behaarung 4
3 Zweige rotbraun bis dunkelbraun . . . . *Pyrus pyraster*
3* Zweige olivbraun bis grau *Pyrus spinosa*
4 Einjährige Langtriebe fast ganz weißfilzig . . . . ***Pyrus salicifolia***
4* Einjährige Triebe in der unteren Hälfte überwiegend verkahlt 5
5 Endknospen kegelig, dunkel grau-braun . . . . *Pyrus elaeagrifolia*
5* Endknospen hell ockerbraun oder eiförmig 6
6 Endknospen der Kurztriebe rot- bis ockerbraun, kegelig-eiförmig . *Pyrus calleryana*
6* Endknospen der Kurztriebe schmutzigbraun, eiförmig . . . . *Pyrus ussuriensis*
7 (1) Langtriebe rotbraun, Knospen kegelig; selten dornig . . . . ***Pyrus communis***
7* Langtriebe dunkel violettbraun, Knospen kugelig eiförmig; immer unbewehrt . . . . *Pyrus nivalis*

Pyrus communis L. var. ***sativa*** DC., Kultur-Birne
[*Pyrus domestica* Medik.]
Knospen gedrungen kegelig bis eiförmig. Endknospen 5–8 mm, Seitenknospen bis 6 mm lang. Knospenschuppen rotbraun bis graubraun, oft durch stellenweise abgestorbene Epidermis grau. **Zweige** meist kahl, einjährige Langtriebe etwa 4–5 mm dick, rotbraun bis dunkelbraun, mit zahlreichen hellen Lentizellen. Meist unbewehrt und selten – vor allem verwilderte Exemplare – auch dornig. Häufiger, bis 15 m hoher, breiter Baum. In Europa und Kleinasien verbreitet, seit langem in Kultur.

Pyrus pyraster
Zweig mit Sprossdornen und Zweigspitze

Pyrus pyraster (L.) Burgsd., Holz-Birne
Knospen schlank kegelförmig, Endknospen 4–5 mm und Seitenknospen bis 3 mm lang. Knospenschuppen braun und stellenweise silbriggrau durch abgestorbene Epidermis. **Zweige** einjährig bis 3 mm dick, rotbraun bis ocker oder oliv, kahl. **Lentizellen**: zerstreut bis zahlreich, hell. Meist mit zahlreichen Sprossdornen, nur bei sehr alten Exemplaren mitunter fehlend. Seltener Strauch oder bis 20 m hoher Baum, in Mittel- bis Südwesteuropa.

Pyrus elaeagrifolia PALL., Ölweidenblättrige Birne
Knospen kegelig zugespitzt, mit leicht gekielten und zugespitzten, rot- bis dunkelbraunen, teilweise durch abgestorbene Epidermisauflage grauen Knospenschuppen. Endknospen der Langtriebe 5–6 mm lang, mit 6–8 Schuppen. Seitenknospen 4–5 mm lang, etwas abstehend, nur zur Zweigspitze fast anliegend. **Zweige** relativ dünn: einjährige Langtriebe um 3 mm dick, olivbraun bis dunkelbraun, mit Resten filziger Behaarung. **Lentizellen** zerstreut. Seitliche Verzweigung oft in Dornen endend. Seltener, kleiner Baum aus Kleinasien.

Pyrus nivalis JACQ., Schnee-Birne
Knospen mit sehr dunklen, zur Spitze rotbraunen, fein anliegend behaarten Knospenschuppen. Endknospen kugelig bis kurz eiförmig, bis 7 mm lang, mit 8–11 Schuppen. Seitenknospen kleiner, breit sitzend, kegelig bis 4 (–5) mm lang, nur wenig vom Zweig abstehend, mit 4–7 Knospenschuppen. **Zweige** dick: um 5 mm, schwach kantig, dunkelbraun, anfangs kurz filzig behaart, bald verkahlend und nur an der Zweigspitze länger bleibende Behaarung; mit zahlreichen runden, ockerbraunen Lentizellen. **Blattnarben** dunkel, mit 3 undeutlichen Spuren. Kleiner, selten gepflanzter, bis 10 m hoher, unbewehrter Baum aus Südosteuropa.

Pyrus salicifolia PALL., Weidenblättrige Birne
Knospen: Seitenknospen der Langtriebe eiförmig bis dreieckig, 3–5 mm lang, mit 4–7 Schuppen. Blütenknospe am Kurztriebende bauchig eiförmig, 6–8 mm lang, mit mehr als 10 Schuppen. Knospenschuppen rotbraun, ± stark behaart und bewimpert. **Zweige** graubraun bis violettbraun, vor allem Langtriebe zur Spitze dicht filzig behaart. Ältere Zweige locker kurz behaart; oft dornig. **Lentizellen** zahlreich, an älteren lockerer behaarten Zweigpartien deutlich, rundlich warzig ockerbraun. **Blattnarben** schmal, dunkel und 3-spurig. Häufiger gepflanzter, von Kleinasien bis zum Kaukasus und zum Iran verbreiteter, bis 9 m hoher Baum.

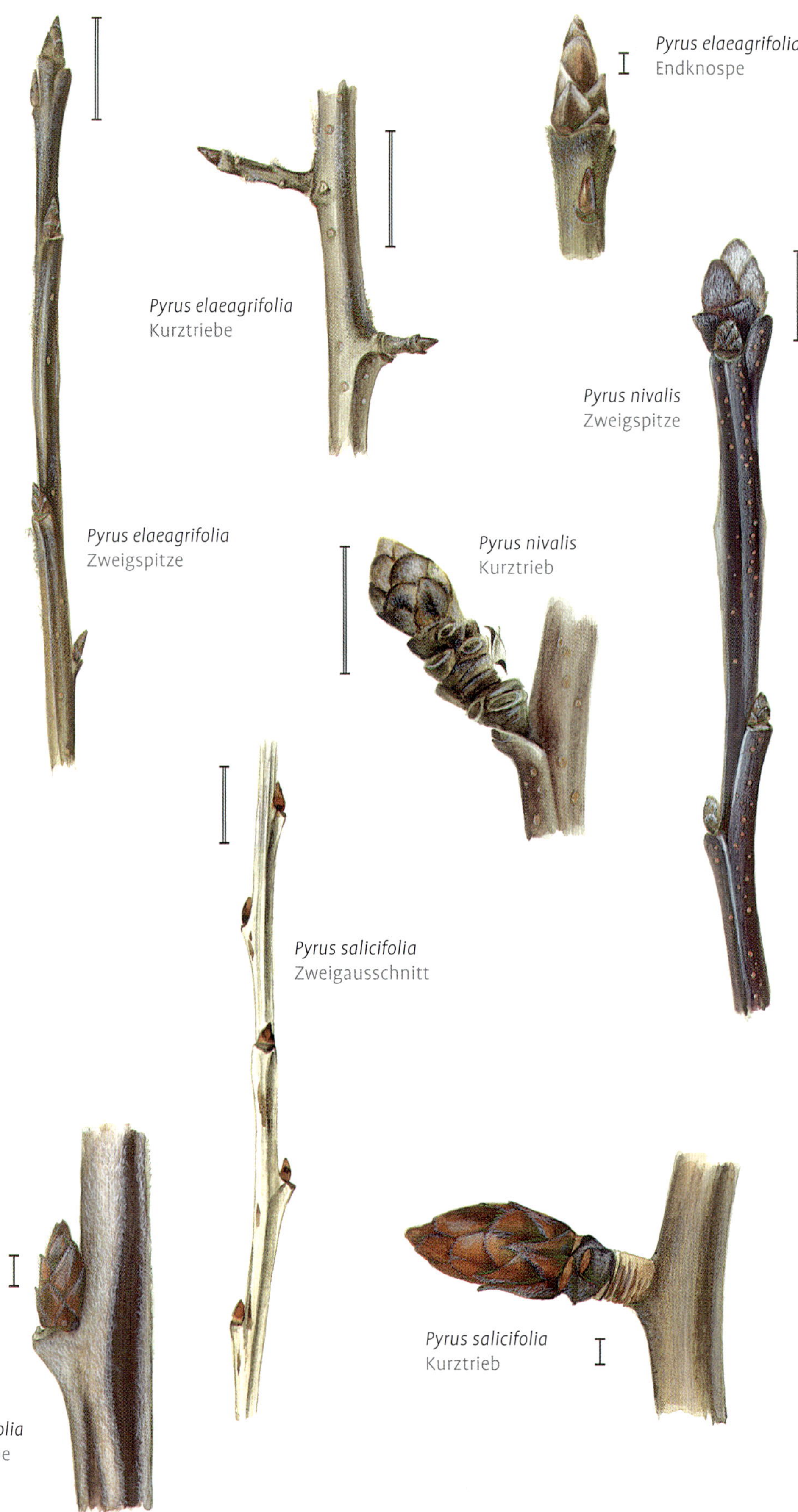
Pyrus elaeagrifolia Endknospe

Pyrus elaeagrifolia Kurztriebe

Pyrus nivalis Zweigspitze

Pyrus elaeagrifolia Zweigspitze

Pyrus nivalis Kurztrieb

Pyrus salicifolia Zweigausschnitt

Pyrus salicifolia Kurztrieb

Pyrus salicifolia Seitenknospe

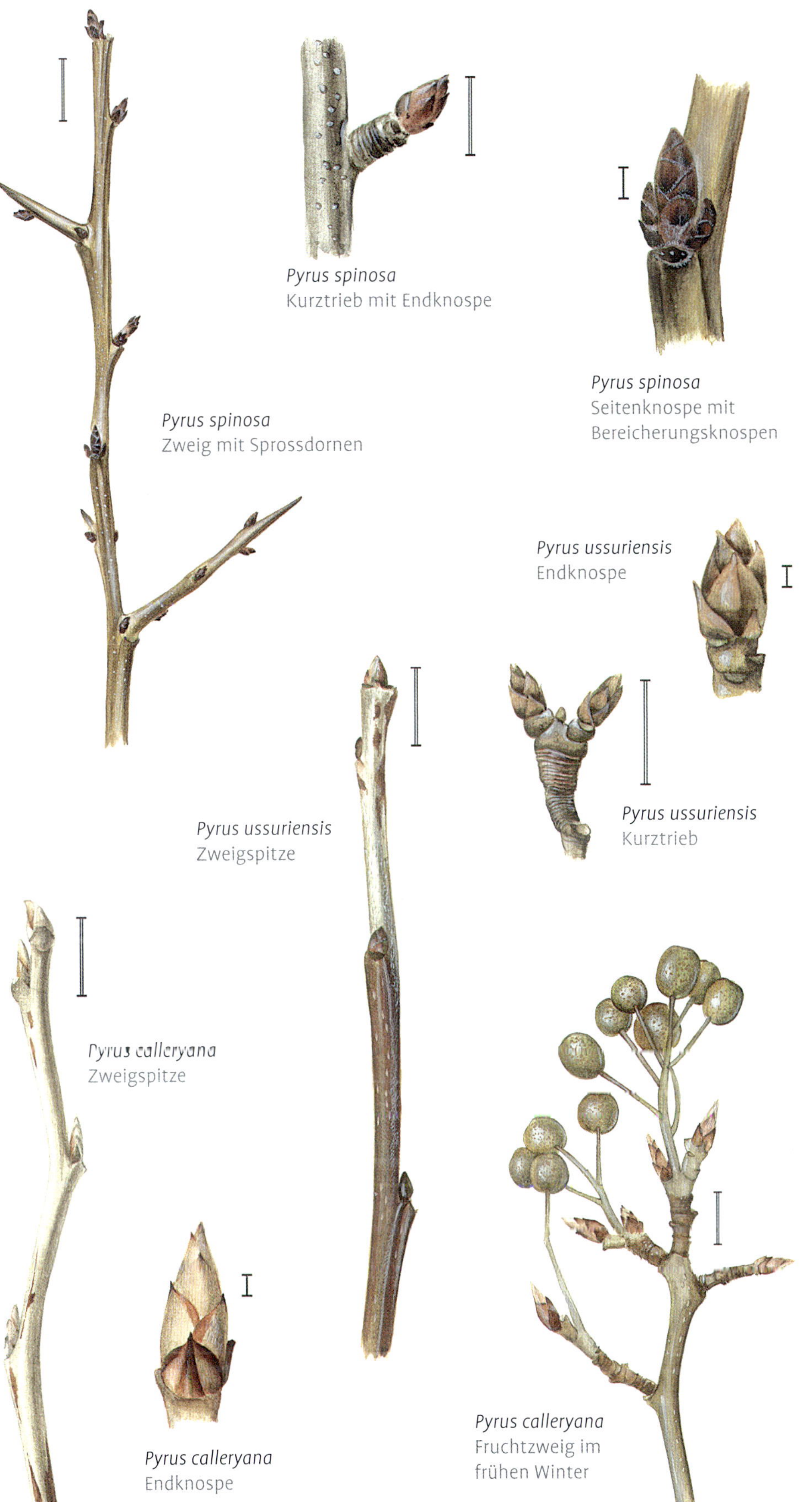

Pyrus spinosa
Zweig mit Sprossdornen

Pyrus spinosa
Kurztrieb mit Endknospe

Pyrus spinosa
Seitenknospe mit Bereicherungsknospen

Pyrus ussuriensis
Endknospe

Pyrus ussuriensis
Zweigspitze

Pyrus ussuriensis
Kurztrieb

Pyrus calleryana
Zweigspitze

Pyrus calleryana
Endknospe

Pyrus calleryana
Fruchtzweig im frühen Winter

Pyrus spinosa FORSSK., Dornige Birne
[*Pyrus amygdaliformis* VILL.]
Knospen mit dunkel rotbraunen, gekielten, bewimperten bis behaarten Knospenschuppen. Seitenknospen vom Zweig abstehend, eiförmig, bis 3 (–4) mm lang, mitunter mit Bereicherungsknospen. Endknospen bis 6 mm lang, gedrungen: kugelig-eiförmig, mit etwa 10 Knospenschuppen. **Zweige** relativ dünn, jung um 3 mm dick, ockeroliv bis grau (Wetterseite), mit zahlreichen feinen weißlichen Lentizellen. Während der Vegetationsperiode behaart, zum Winter meist ganz verkahlt. Seitliche Kurztriebe meist verdornend. **Blattnarbe** dunkel, 3-spurig. Seltener, bis 6 m hoher Strauch oder kleiner Baum aus Südeuropa und Kleinasien.

Pyrus ussuriensis MAXIM., Amur-Birne
Knospen: Seitenknospen anliegend, etwa 3 mm lang; kahl und an der Triebspitze ± filzig. Endknospen der Kurztriebe 6–8 mm lang, die der Langtriebe kürzer, stumpf kegelig und leicht filzig. **Knospenschuppen** schmutzig braun, untere ± gekielt, obere dunkler und zur Spitze zerstreut behaart. **Zweige**: Langtriebe nur zur Spitze fast deckend filzig behaart, tiefer verkahlend und nur noch zerstreut mit Haarresten; sonnenseits stumpf weinrot bis olivgrün im Schatten. **Blattnarbe** schmal, schwärzlich. Kurztriebe grau- bis olivbraun, nur schwach behaart. **Lentizellen**: wenige, sehr schmal, länglich bis rundlich, hell ockerfarben. Selten gepflanzter, bis 15 m hoher Baum aus Nordostasien.

Pyrus calleryana DECNE., Chinesische Birne
Knospen mit gekielten und lang zugespitzten Knospenschuppen. Endknospen an Langtrieben 5–8 mm lang, hell ocker filzig behaart, mit etwa 6 Knospenschuppen, an Kurztrieben 7–9 mm lang, mit etwa 10 Knospenschuppen: untere locker behaart und rotbraun, obere heller und dichter behaart. Seitenknospen kleiner und etwas vom Zweig abstehend. **Zweige**: Langtriebe kräftig, 3–4 mm Durchmesser, zur Spitze deckend filzig behaart, tiefer allmählich verkahlend. Verkahlte Zweigabschnitte glänzend rotbraun bis olivgrün, mit länglichen bis rundlichen, fast weißen Lentizellen. Kurztriebe nicht glänzend, schütter behaart; manchmal verdornend. **Blattnarbe** hellgrau, schmal und 3-spurig. Aus China stammend, gelegentlich als Straßenbaum genutzt.

Pourthiaea villosa (THUNB.) DECNE.
Warzige Glanzmispel,
[*Photinia villosa* (THUMB.) DC.]
Knospen länglich eiförmig, zugespitzt, 3–4 mm lang, mit wenigen rot- bis ockerbraunen, teilweise bewimperten Knospenschuppen. **Zweige** dünn, olivgrau bis graubraun, anfangs lang behaart, später verkahlend; mit zahlreichen warzigen Lentizellen. **Blattnarben** 3-spurig. **Früchte** in Trugdolden, glänzend rot, etwa 8 mm lang und eiförmig, mit stark warzigen Stielen. Bis 5 m hoher Strauch oder kleiner Baum aus Ostasien.

Aronia MEDIK., Apfelbeere

Knospen: rote, länglich zugespitzte Endknospe. **Blattnarben** 3-spurig. Die in aufrechten, rispigen Fruchtständen stehenden Früchte sind je nach Art hinfällig oder bleiben längere Zeit am Strauch. Unterschiede zwischen den Arten finden sich in der Behaarung, der Fruchtgröße und der Zweigdicke. Sorten und Hybriden der aus Nordamerika stammenden Gattung werden als Fruchtgehölze genutzt. Die Arten der Gattung wurden früher häufig anderen Gattungen der Tribus: *Pyrus, Sorbus* und *Crataegus* zugeordnet.

Schlüssel *Aronia*
1 Zweige kahl ..... ***Aronia melanocarpa***
1* Zweige behaart 2
2 Basale Knospenschuppen behaart .... ***Aronia arbutifolia***
2* Knospen kahl ...... ***Aronia prunifolia***

Aronia arbutifolia (L.) PERS., Filzige Apfelbeere
Knospen weinrot, im Schatten auch etwas grünlich, kaum glänzend und basal etwas behaart. Endknospen spindelig, einseitig etwas abgeflacht, 6–8 mm lang, mit 3–4 Knospenschuppen. **Zweige** grau bis graugrün oder rotbraun, relativ dünn; dicht, anliegend hell behaart. **Früchte** 4–7 mm dick, dunkel weinrot und bis Dezember haftend. Häufiger, bis 2 m hoher Strauch.
Ähnlich ist ***Aronia prunifolia*** (MARSH.) REHD., die **Pflaumenblättrigen Apfelbeere** [*Aronia arbutifolia* var. *atropurpurea* (BRITT.) SCHNEID.], mit kahlen Knospen und filzig behaarten Zweigen. **Früchte** 8–10 mm dick, dunkel schwarzpurpurn, lange bis in den Dezember haftend.

Pourthiaea villosa
Zweig mit Früchten

Pourthiaea villosa
Seitenknospe

Pourthiaea villosa
Seitenknospe

Aronia arbutifolia
Kurztrieb mit Endknospe

Aronia arbutifolia
Zweig mit lange haftenden Früchten

Aronia melanocarpa
Zweigspitze

Crataegus laevigata
Zweigspitze

Crataegus laevigata
Zweige

Crataegus laevigata
Seitenknospe

Crataegus laevigata
Frucht

Aronia melanocarpa (MICHX.) ELL.,
Kahle Apfelbeere

Knospen dunkel weinrot, glänzend, von 3 zweizeiligen Knospenschuppen umhüllt. Endknospen lang zugespitzt eiförmig bis spindelförmig, 9–11 mm lang, Knospenschuppen mitunter mit trockenem, braunem Rand. Seitenknospen kürzer, abgeflacht, dem Zweig anliegend oder leicht abstehend. **Zweige** kahl, im Schatten bräunlich, in der Sonne stellenweise von toter Epidermis weißlich. **Blattnarben** schmal und sehr dunkel. **Lentizellen** zerstreut, klein und unauffällig. **Früchte** bald nach der Reife abfallend, nur kahle Fruchtstände bleibend. Bis 3 m hoher Ausläufer treibender Strauch. In großfrüchtigen Sorten ('Viking' & 'Nero') häufiger gepflanzt.

Crataegus L. (incl. *Mespilus*), Weißdorn

Zahlreiche schwer unterscheidbare Arten, Kleinarten und Bastarde in den nördlichen gemäßigten Breiten. Mehrere Arten einheimisch und einige nordamerikanische Arten häufiger gepflanzt. Im Winter ist nur anhand der Bedornung und der vor allem anfangs oft vorhandenen Früchte eine beschränkte Zuordnung möglich.

Schlüssel *Crataegus*

1 Zweige deutlich behaart, Früchte 1,5–5 cm Durchmesser 5
1* Zweige meist kahl, Früchte kleiner . . . 2
2 Dornen über 3 cm lang; wenn unbewehrt, Endknospe > 4 mm lang 6
2* Dornen, wenn vorhanden meist unter 3 cm lang, Endknospen < 4 mm lang . . 3

Europäische Arten (nur an den Früchten unterscheidbar, neben den reinen Arten gibt es natürliche Bastarde, die mitunter häufiger als die Elternarten auftreten)

3 (2) Früchte eingriffelig 4
3* Früchte mit 2 Griffeln und 2 Steinkernen . . . . ***Crataegus laevigata***
4 Kurztriebe selten in Dornen endend, Kelchblätter länger als breit . . . . ***Crataegus rhipidophylla***
4* Kurztriebe meist in Dornen endend, Kelchblätter nicht wesentlich länger als breit . . . . ***Crataegus monogyna***

Mispeln

5 (2) Zweigspitzen dicht wollig behaart. Früchte mit auffallend langen Kelchblättern . . . . ***Crataegus germanica***
5* Zweige locker behaart . . . . ***Crataegus azarolus***

Nordamerikanische Arten

6 (1) Längste Dornen über 6 cm lang . . . . ***Crataegus crus-galli***
6* Dornen unter 6 cm lang 7
7 Knospen ockerbraun bis braun . . . . ***Crataegus coccinea***
7* Knospen weinrot bis violettbraun . . . . ***Crataegus punctata*** und ***Crataegus ×persimilis***

Europäische Arten

Crataegus laevigata (POIR.) DC.,
Zweigriffliger Weißdorn

Knospen eiförmig, mit braunen Knospenschuppen: basal dunkler, zur Spitze heller rot- bis orangebraun. Seitenknospen kugelig bis eiförmig, 3 (–4) mm. Endknospen bis 4 mm lang und etwas dicker. **Zweige** relativ hell, ockerbraun bis hellgrau, nur unter der Zweigspitze etwas dunkler; schwach dornig bis dornenlos. **Früchte** anfänglich hellrot, 8–12 mm lang, mit zurückgeschlagenen Kelchblättern: kaum oder unwesentlich länger als breit sowie mit je zwei Griffeln und Steinkernen. Häufiger, bis 6 m hoher Strauch oder kleiner Baum.

Crataegus monogyna JACQ., Eingriffliger Weißdorn
Dornen meist zahlreich, nur alte Exemplare auch unbewehrt, 2–2,5 cm lang. **Früchte** mit einem Steinkern, dunkelrot, 8–10 mm lang, Kelchblätter zurückgeschlagen, kurz und breit. Sehr häufige Art in Europa bis Nordafrika, Kleinasien und Westasien Art. Bis 10 m hoher Baum, aber meist kleiner und strauchförmig.

Crataegus rhipidophylla GAND., Großkelch-Weißdorn
[inkl. *Crataegus curvisepala* LINDM.]
Zweige meist unbewehrt: Kurztriebe selten dornig. **Früchte** verhältnismäßig groß: 9–15 mm lang, rot, eiförmig mit zurückgebogenen [subsp. ***curvisepala***] oder aufrechten stehenden [subsp. ***lindmanii*** (HRABETOVSA-UHROVA) BYATT] schmalen, länglichen Kelchblättern. Von Mittel- bis Südosteuropa verbreiteter, gelegentlich anzutreffender Strauch.

Mispeln (Südeuropäische Arten)

Crataegus germanica (L.) KUNTZE, Deutsche Mispel
[*Mespilus germanica* L.]
Knospen zugespitzt eiförmig, 3–8 mm lang, mit einigen rotbraunen bis dunkelbraunen, weiß bewimperten Knospenschuppen. **Zweige** mitunter dornig, braun bis graubraun, vor allem zur Spitze ± dicht lang behaart; mit einigen bis vielen kleinen rundlichen, hellen Lentizellen. Ältere Zweige violettbraun bis grau. **Blattnarben** klein, dunkel, undeutlich 3-spurig, außerdem häufig runde Fruchtstielnarben, mit einer helleren runden zentralen Spur. Aus Südosteuropa stammender, in Mittel- und Westeuropa eingebürgerter, bis 3–6 m hoher Strauch oder kleiner Baum.

Crataegus azarolus L., Welsche Mispel
Knospen fast kahl, glänzend weinrot bis dunkel violettbraun. Endknospen eiförmig, bis 4 mm lang, Seitenknospen kuglig bis eiförmig um 3 mm lang. **Zweige** weinrotbraun bis ockerbraun, mit einigen hellen Lentizellen, besonders zur Zweigspitze behaart, aber nicht deckend. **Dornen** fehlend oder relativ kurz, bis 1,5 cm lang. **Früchte** um 2 cm dick, rundlich, gelblich bis orangerot, mit 1–2 Steinkernen. Strauchig oder bis 10 m hoch und baumförmig. In Südeuropa eingebürgerte, von Nordafrika bis Westasien heimische Art.

Crataegus monogyna Zweigspitze

Crataegus germanica Kurzer Zweig mit Seitenknospen und Fruchtstielnarben

Crataegus curvisepala Zweig mit Sprossdornen

Crataegus monogyna Frucht

Crataegus germanica Endknospe

Crataegus azarolus Zweigspitze mit Sprossdornen

Crataegus germanica Seitenknospe am Kurztrieb mit Fruchtstielnarben

Crataegus azarolus Endknospe

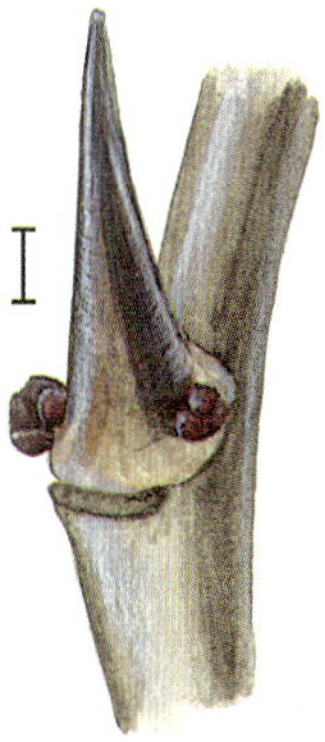

Crataegus crus-galli
Dorn basal mit
Seitenknospen

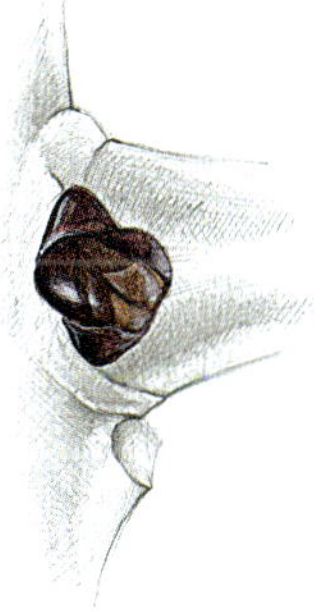

Crataegus crus-galli
Zweig mit langen
Sprossdornen

Crataegus crus-galli
Seitenknospe basal am
verdornten Kurztrieb

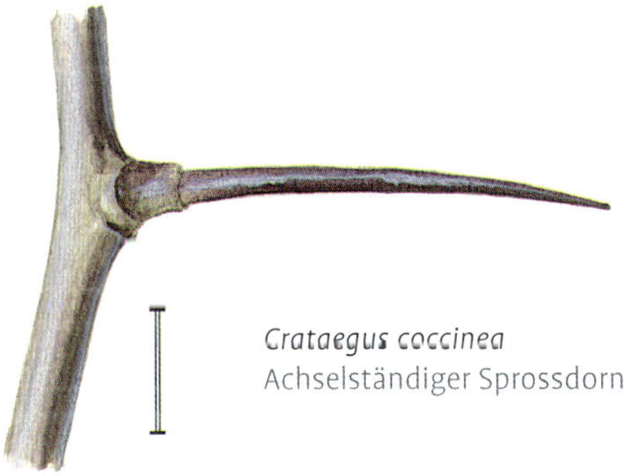

Crataegus coccinea
Achselständiger Sprossdorn

Crataegus coccinea
Frucht

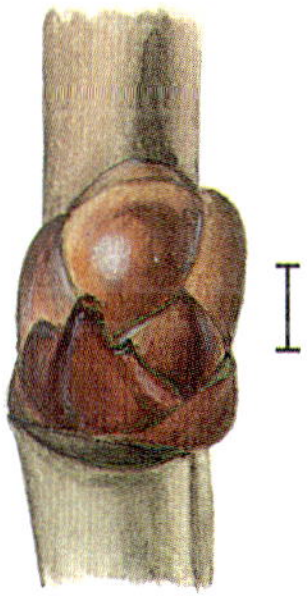

Crataegus coccinea
Seitenknospe

Nordamerikanische Arten
Neben den einheimischen werden einige nordamerikanische Arten häufig angepflanzt. Sie unterscheiden sich – sofern vorhanden – durch längere Dornen und meist etwas größere Endknospen, die oft stark (wie lackiert) glänzen.

Crataegus crus-galli L., Hahnensporn-Weißdorn
Knospen gedrungen, Endknospen kugelig, etwa 4 mm lang, reguläre Seitenknospen kugelig-eiförmig, 2–4 mm, Knospen an der Basis der Dornen 1–2 (–3) mm groß, mit weinroten bis dunkel violettbraunen kahlen Knospenschuppen. **Zweige** kahl, graubraun bis violettbraun, teilweise mit abhebender grauer Epidermis. **Lentizellen** unauffällig, zerstreut, klein und rund. **Dornen** zweigfarben, bis 8 cm lang, gerade und scharf zugespitzt. Häufig gepflanzter, bis 12 m hoher Baum mit breiter, rundlicher Krone. Ähnlich ist der ebenfalls häufig anzutreffende **Lederblättrige Weißdorn**, ***Crataegus ×lavallei*** Herincq. ex Lav. [*Crataegus crus-galli × Crataegus mexicana* DC.], mit bis 5 cm langen Dornen und anfangs behaarten Zweigen. **Früchte** über den Winter bleibend, 1,5–2 cm dick, anfangs ziegel- bis orangerot, mit 2–3 Steinkernen.

Weitere schwer unterscheidbare, aus Nordamerika stammende Arten werden häufig gepflanzt:
Punktierter Weißdorn, ***Crataegus punctata*** Jacq.: **Knospen** weinrot bis braunviolett. **Dornen** 3–6 cm lang oder auch fehlend. **Zweige** steif waagerecht abstehend, anfangs behaart, zum Winter meist verkahlt. Früchte hinfällig. Bis 10 m hoher Baum.
Crataegus coccinea L., **Scharlach-Weißdorn**, [*Crataegus pedicellata* Sarg.]: **Knospen** glänzend ockerbraun bis rotbraun. **Dornen** 3–5 cm lang, gerade oder leicht gebogen. **Zweige** dünn. Früchte birnenförmig, etwa 1 cm lang, mit großen aufrechten Kelchblättern und 4–5 Steinkernen. Bis 7 m hoher, rundkroniger Baum.
Pflaumenblättriger Weißdorn, ***Crataegus ×persimilis*** Sarg.: **Dornen** bis 4 cm lang, leicht gebogen. **Früchte** abfallend. Bis 7 m hoher sparriger Strauch oder Baum.

Eberesche, Mehlbeere u. a.
Mehlbeeren (*Aria*), Zwergmehlbeere (*Chamaemespilus*), Speierling (*Cormus*) und Elsbeere (*Torminalis*) stehen den Ebereschen (*Sorbus*) nicht so nah, um sie in einer Gattung zu führen. Die reinen Gattungen sind auch im Winter unterscheidbar. Kaum sicher zu bestimmen sind hingegen die zahlreichen natürlich, über Gattungsgrenzen auftretenden Hybriden mit Zwischenformen, die sich mal mehr der einen, mal der anderen Elternart annähern, sowie polyploide Taxa, die oft von den diploiden Ursprungsarten abweichen.

Schlüssel

1 Knospen weinrot, braun oder dunkel violettbraun, ohne jedes Grün, sichtbare Knospenschuppen ≤ 5 2

1* Knospen überwiegend grün bis rötlichbraun bis weinrot, wenigstens schattenseits grünliche Töne 3

2 Knospen sehr groß (>10 mm), mehr als doppelt so lang wie breit, Blattnarben 5-spurig 5

2* Knospen kleiner oder gedrungener . . . . ×***Hedlundia hybrida***

3 (1) Blattnarben 5-spurig . . . . **Speierling**, ***Cormus domestica***

3* Blattnarben 3-spurig 4

4 Endknospen gedrungen, 6–7 mm lang bei ca. 5,5 mm ∅, "Spitze" breit abgerundet, mit 5 (fast) kahlen Knospenschuppen . . . . **Elsbeere**, ***Torminalis glaberrima***

4* Knospen kurz oder länglich eiförmig, ± zugespitzt, oft behaart 8

Ebereschen, *Sorbus*

5 (2) Knospen bis 15 mm lang, Früchte weiß 6

5* Knospen ≥ 15 mm lang, Früchte rot . . 7

6 Knospen dunkel violettbraun . . . . ***Sorbus koehneana***

6* Knospen weinrot . . *Sorbus cashmiriana*

7 Oberste Knospenschuppen teilweise heller, ± dicht filzig behaart . . . . ***Sorbus aucuparia***

7* Knospen nur zur Spitze dichter behaart, nur wenig heller . . . . *Sorbus decora*

Mehlbeeren & Hybriden

8 Endknospen um 7 mm lang, Wuchs strauchförmig . . . . . . Zwergmehlbeere, ... *Chamaemespilus alpina*

8* Endknospen 8–14 mm lang, Wuchs meist baumförmig 9

9 Gut entwickelte Endknospen mit 4–5 Knospenschuppen, unterste mit großen Blattstiel- und Nebenblattnarben, bzw. Nebenblättern . . . . × ***Scandosorbus intermedia***

9* Gut entwickelte End- und Seitenknospen mit mehr als 5 sichtbaren Knospenschuppen, Nebenblätter der untersten Knospenschuppen unauffällig 10

10 Knospen relativ stark gerötet . . . . × ***Hedlundia mougeotii***

10* Knospen überwiegend grün, junge Zweige oft bräunlich . . . . ***Aria edulis*** & . . . . ×***Karpatiosorbus latifolia***

Sorbus L., Ebereschen

Endknospen länglich eiförmig, mit 4–5 Knospenschuppen. Schuppen dunkel weinrot, violettbraun bis graubraun, kahl bis ± dicht braun bis schmutzig grau behaart. **Früchte** meist nur am Anfang des Winters anzutreffen: weiß, gelblich bis rot. **Blattnarben** 5-spurig.

Sorbus aucuparia **L., Eberesche, Vogelbeerbaum**
Endknospen länglich eiförmig bis kegelförmig, 12–20 mm lang; Seitenknospen kleiner, am Zweig anliegend. **Knospenschuppen** ± dicht grauweiß bis gelbbraun behaart, unterste oft kahl, dunkel violettbraun glänzend. **Zweige** hellbraun bis graubraun, mit hellen Lentizellen, zur Spitze anfänglich behaart, später ± kahl. **Rinde** an älteren Zweigen und Stämmen lange glatt, mit quer verlaufenden Lentizellenbändern. **Blattnarbe** schmal, auf farblich abgesetztem Kissen. Häufig gepflanzter, bis 15 m hoher Strauch oder Baum. Verbreitet von Europa bis Kleinasien, dem Kaukasus und Westsibirien.
Ähnlich sind einige selten gepflanzte Arten wie die **Labrador-Eberesche, *Sorbus decora*** (Sarg.) Schneid. **Knospen** dunkel weinrot-violett, länglich eiförmig. Endknospen bis 20 mm lang und 6–8 mm dick. Knospenschuppen leicht klebrig und zur Spitze braun behaart. **Zweige** dick, mattbraun, später grau, mit silbergrauer Epidermis. **Lentizellen** zerstreut bis zahlreich. **Blattnarben** auf violettbraun berandeten Kissen. Selten gepflanzter, bis 10 m hoher Baum aus Nordamerika.

Sorbus koehneana **Schneid., Weißfrüchtige Eberesche**
Knospen mit dunklen, schwarzbraunen, an den Rändern und zur Spitze weißlich behaarten Knospenschuppen. Endknospen kegelig-eiförmig, um 10 mm lang, Seitenknospen kleiner. **Zweige** meist kahl, rotbraun, wetterseits mit grauen Epidermisflächen. **Lentizellen** zahlreich, hell, länglich. **Früchte** lange

Sorbus aucuparia
Zweig mit Fruchtstand

Sorbus aucuparia
Endknospe

Sorbus decora
Endknospe

Sorbus aucuparia
Endknospe

Sorbus koehneana
Langtriebspitze

Sorbus prattii
Fruchtzweig

Sorbus cashmiriana
Endknospe

×*Hedlundia mougeotii*
Endknospe

×*Hedlundia hybrida*
(triploid, 2 Teile *Aria* und 1 Teil *Sorbus*)
Endknospe

×*Hedlundia hybrida*
Langtriebspitze

×*Hedlundia mougeotii*
Zweig

haftend: bis 7 mm dick, kugelig, weiß. Häufig anzutreffender, 2–3 m hoher Strauch aus Mittelchina. Im Winter nicht unterscheidbar ist *Sorbus prattii* Koehne.
Ähnlich ist auch **Vilmorins Eberesche**, ***Sorbus vilmorinii*** Schneid. eine ebenfalls gelegentlich gepflanzte Art aus Westchina. Knospen und Zweige rostrot behaart. **Früchte** in behaarten Trugdolden, bis 8 mm dick, rötlich, später nur noch blass rosa. Großer Strauch oder kleiner, bis 6 m hoher Baum aus Westchina.

Sorbus cashmiriana **Hedl., Himalaja-Eberesche**
Knospen bis 15 mm lang und 4–6 mm dick, mit purpur-weinroten, basal etwas heller gelbroten, kahlen, nur zur Spitze der Knospe und den Rändern braun behaarten Knospenschuppen. Unterste Knospenschuppen der Seitenknospen ± gekielt. **Zweige** ziegelbraun mit stellenweise grauweißer toter Epidermis, später dunkler und grau. **Lentizellen** zerstreut, graubraun, deutlich abgesetzt. 5–8 m hoher, selten gepflanzter Baum aus dem Himalaja, Kaschmir und Afghanistan.

Ebereschen-Mehlbeeren-Hybriden, ×*Hedlundia* Sennikov & Kurtto (*Aria* × *Sorbus*)
Verschiedene Hybriden, von der Eberesche durch etwas kleinere und gedrungene Knospen, von der Mehlbeere durch die dunkle Färbung der Knospen unterscheidbar. Primäre Hybriden ×***Hedlundia hybrida*** (L.) Sennikov & Kurtto (*Sorbus* ×*hybrida* L.), die in der Vegetationsperiode basal freie Fiederblättchen besitzen, stehen auch im Winter der Eberesche näher: **Knospen** mit dunkel violettbraunen, zur Spitze dicht behaarten Knospenschuppen. Endknospen eiförmig, 8–10 mm lang, Seitenknospen bis 6 mm lang, schlank und zugespitzt, ± am Zweig anliegend. **Zweige** dunkel weinrot bis violettbraun, an Langtrieben zur Spitze stellenweise filzig behaart. **Lentizellen** zahlreich, länglich, weißlich bis ocker. Näher der Gattung *Aria* steht ×***Hedlundia mougeotii*** (Soy.-Will. & Godr.) Sennikov & Kurtto (Blätter ohne freie Fiederblättchen): Knospen überwiegend kräftig rot gefärbt, im Schatten auch grüne Töne. **Zweige** glänzend braun, etwas schneller verkahlend.
Große Sträucher oder bis 20 m hoher Bäume. In den verschiedenen Regionen Europas mit zahlreichen „Kleinarten“ vertreten.

Cormus domestica (L.) SPACH, **Speierling**
[*Sorbus domestica* L.]
Knospen mit leicht klebrig glänzenden, grünen, in der Sonne rötlich überlaufenden, teilweise braun berandeten Knospenschuppen. Endknospen groß: bis etwa 15 mm lang, fast zylindrisch. Seitenknospen am Zweig anliegend. **Zweige** olivgrün bis bräunlich, glänzend, vor allem zur Spitze, wie auch die Endknospe mit Resten langer, filziger Behaarung. **Lentizellen** deutlich: fein, länglich, hell ocker. Ältere Zweigrinde graubraun mit warzigen Lentizellen. Stammrinde rau, schuppig. **Blattnarben** auf kleinen, grünlich berandeten Kissen, rot- bis dunkelbraun, mit 5 Spuren. Vom südlichen Mitteleuropa und Südeuropa bis nach Nordafrika und Kleinasien verbreiteter, 10–20 m hoher Baum. Alte Kulturpflanze, deren Früchte bei der Mostherstellung verwendet werden.

Aria edulis (WILLD.) M ROEM., **Echte Mehlbeere**
[*Sorbus aria* (L.) CRANTZ]
Knospen mit gelbgrünen bis grünen, in der Sonne auch leicht geröteten, dunkelbraun berandeten, locker filzig behaarten Knospenschuppen. Endknospen um 12 mm lang, zugespitzt eiförmig. **Zweige** an der Spitze unterhalb der Knospen etwas behaart, verkahlend; schattenseits oliv und lichtseits rotbraun; an älteren Zweigen graubraun bis braun von absterbender Epidermis. **Lentizellen** zahlreich, klein rundlich bis elliptisch. **Blattnarben** 3-spurig. Häufig gepflanzter, bis 15 m hoher Baum. Natürlich in Europa, dem Mittelmeergebiet bis Nordafrika, Kleinasien und dem Kaukasus verbreitet.
Die größte Verwechslungsgefahr besteht mit anderen, deutsch oft ebenfalls als Mehrbeeren bezeichneten Gattungshybriden mit Elsbeere (*Torminalis*) und Eberesche (*Sorbus*), wie ×*Hedlundia*, ×*Karpatiosorbus* und ×*Scandosorbus*:
Die **Schwedische Mehlbeere, ×*Scandosorbus intermedia*** (EHRH.) SENNIKOV [*Aria intermedia* (EHRH.) SCHUR] Dreifachhybride *Aria edulis* × *Sorbus aucuparia* × *Torminalis glaberrima*: **Endknospen** eiförmig, 10–14 mm lang und bis 7 mm ∅. **Knospenschuppen**: um 4–5, klebrig glänzend, grünlich bis dunkel rötlichbraun, vor allem am Rand lang filzig behaart; mit großen Nebenblattresten oder -narben, aber auch Oberblattnarben, vor allem untere. **Zweige** einjährig glänzend olivbraun bis dunkelbraun, mit vielen hellen Lentizellen, später grau von toter Epidermis. Natürlich in Nordeuropa verbreiteter, auch außerhalb des Verbreitungsgebietes häufig gepflanzter, bis 15 m hoher Baum.
Ein ebenfalls häufig anzutreffender Baum ist die **Breitblättrige Mehlbeere, ×*Karpatiosorbus latifolia*** (LAM.) SENNIKOV & KURTTO (*Torminalis glaberrima* × *Aria edulis*): **Endknospen** länglich eiförmig, 10–13 mm lang, mit 7–8 Knospenschuppen, diese glänzend gelbgrün, kaum gerötet, mit trockenem, dunkelbraunen, zottig bewimperten Rand. **Zweige** ockerbraun glänzend, mit vielen hellen Lentizellen und Resten länglich-filziger Behaarung, ältere Zweigabschnitte graubraun, mit absterbender grauweißer Epidermis. Über 15 m hoch werdender, von Süd- bis Mitteleuropa verbreiteter Baum.

Chamaemespilus alpina (MILL.) K. R. ROBERTSON & J. B. PHIPPS, **Zwerg-Mehlbeere**
[*Sorbus chamaemespilus* (L.) CRANTZ]
Endknospen klein, gedrungen, bis 7 mm lang. **Knospenschuppen** grünlicher Grundton, ± ocker überlaufen, Rand dunkel bis rotbraun, durch absterbende Epidermisbereiche auch grau, zottig bewimpert. **Zweige** ockerbraun bis rotbraun, zerstreut mit hellen Lentizellen, zur Spitze mit zottigen Behaarungsresten. In den Gebirgen Mittel- und Südeuropas vorkommender, selten gepflanzter, bis 2 m hoher Strauch.
Die **Sudeten-Mehlbeere, ×*Majovskya sudetica*** (TAUSCH) SENNIKOV & KURTTO hat länglichere Knospen mit mehr Knospenschuppen und ähnelt denen von *Aria* und ×*Karpatosorbus*.

Torminalis glaberrima (GAND.) Sennikov & Kurtto, **Elsbeere**
[*Sorbus torminalis* (L.) CRANTZ]
Knospen grün und glänzend. Knospenschuppen gelegentlich an den Rändern bewimpert, seltener leicht filzig. Endknospen kurz eiförmig-kugelig, 5–6 mm lang; Seitenknospen kleiner. **Zweige** olivbraun bis dunkelbraun, vor allem zur Spitze ± wollig, aber kaum deckend behaart; mit vielen kleinen Lentizellen. **Blattnarben** dunkelbraun, 3-spurig. Gelegentlich anzutreffender, von Europa bis nach Kleinasien und Nordafrika verbreiteter, rundkroniger, 10–15 m hoher Baum.

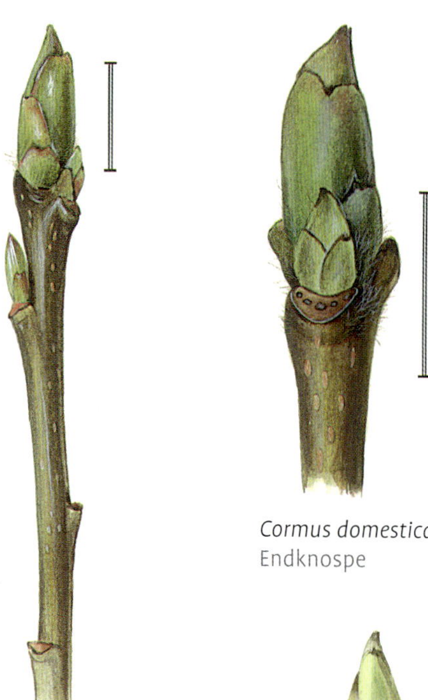

Cormus domestica
Zweig

Cormus domestica
Endknospe

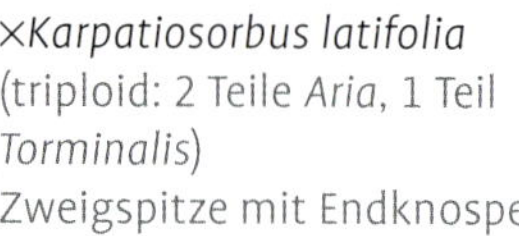

×*Karpatiosorbus latifolia*
(triploid: 2 Teile *Aria*, 1 Teil *Torminalis*)
Zweigspitze mit Endknospe

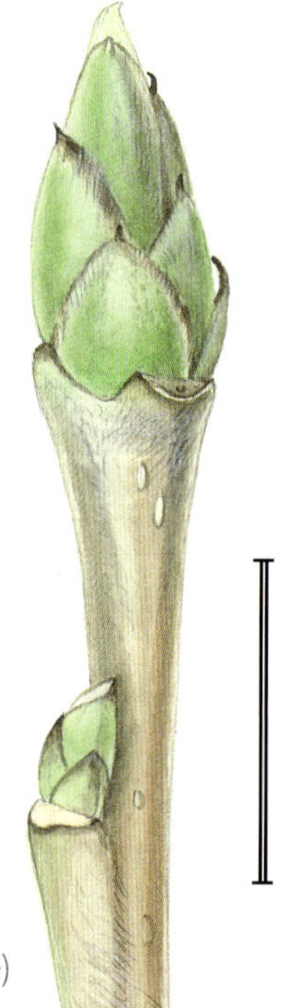

Aria collina (M. LEPŠÍ, P. LEPŠÍ & N. MEY.) SENNIKOV & KURTTO
(tetraploide *A. graeca* M. ROEM.-Sippe)
Endknospe

Aria edulis
Endknospe

×*Scandosorbus intermedia*
Endknospen

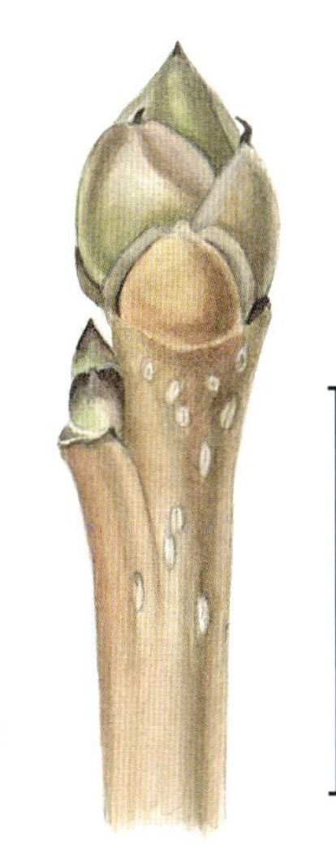

Chamaemespilus alpina
(diploid, Allgäuer Alpen)
Zweigspitze mit Endknospe

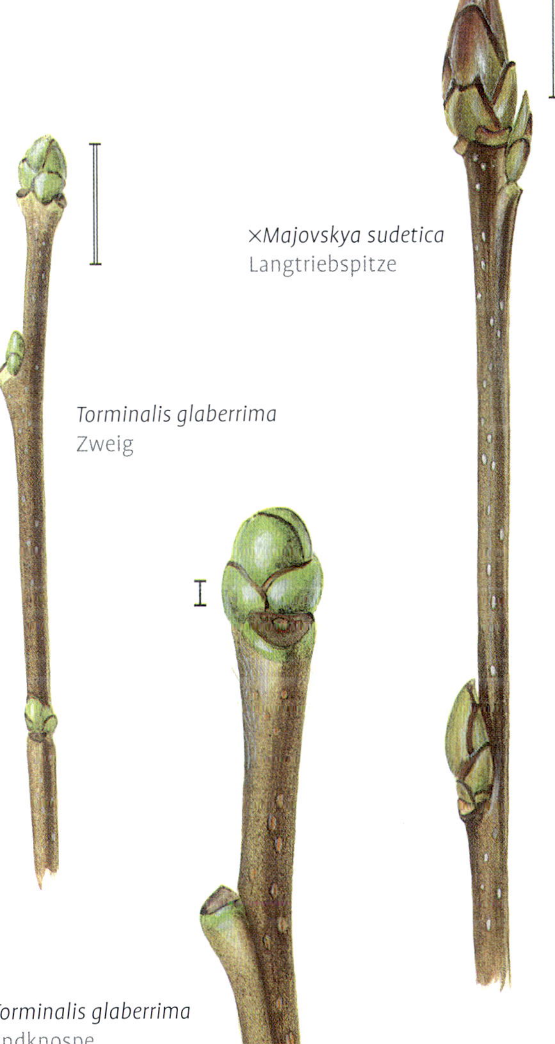

×*Majovskya sudetica*
Langtriebspitze

Torminalis glaberrima
Zweig

Torminalis glaberrima
Endknospe

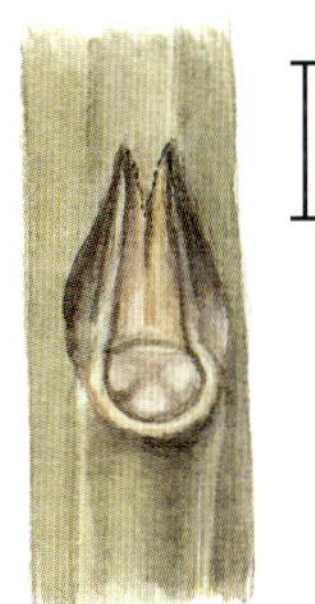

Berchemia racemosa
Von den Nebenblättern des Tragblattes eingeschlossene Seitenknospen

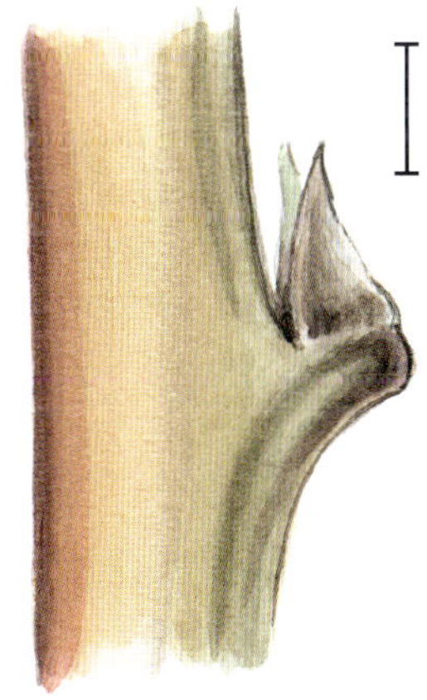

Familie Rhamnaceae, Kreuzdorngewächse

Knospen wechselständig oder schief gegenständig, mit Knospenschuppen oder nackt. Oft mit Dornen bewehrte Sträucher, Bäume und seltener Lianen.

Schlüssel Rhamnaceae

1 Windende Liane, Seitenknospen von den beiden Nebenblättern des Tragblattes eingeschlossen .... *Berchemia*
1* Sträucher oder Bäume 2
2 Pflanzen mit Dornen 3
2* Pflanzen unbewehrt 5
3 Zwei ungleich große (Nebenblatt-)Dornen, an jedem Knoten, Knospen wechselständig 4
3* Triebspitzen dornig zugespitzt; Knospen schief gegenständig .... ***Rhamnus***
4 Dornen deutlich über 1 cm lang .... *Ziziphus jujuba*
4* Dornen kurz, selten über 1 cm lang .... *Paliurus spina-christi*
5 Baum mit kräftigen Zweigen. Knospen mit 2 Knospenschuppen . . *Hovenia dulcis*
5* Sträucher, oft dünnzweigig, wenn baumförmig Knospen nackt oder mit mehr als 2 Knospenschuppen 6
6 Lebende Zweige grünlich bis rötlich, Früchte oder deren Reste zahlreich in endständigen Doldenrispen . ***Ceanothus***
6* Zweige grau-braun, Früchte an der Basis des Jahrestriebes – meist hinfällig – einzeln oder in Büscheln 7
7 Knospen mit Knospenschuppen .... ***Rhamnus***
7* Knospen nackt .... ***Frangula***

Berchemia racemosa Sieb. & Zucc.
Knospen spiralig stehende, von den Nebenblättern der Tragblätter bedeckte Seitenknospen. Das die Knospe bedeckende Unterblatt des Tragblattes besteht aus einer dreispurigen, querovalen Oberblattnarbe und den beiden bleibenden, zugespitzten und deutlich gekielten Nebenblättern. Sie stoßen mit den innen dicht bewimperten Rändern aneinander und bedecken die Achselknospe. Die verborgene Knospe ist um 2 mm lang und ihre äußeren Blätter sind grün, schuppenförmig, aber relativ weich. **Zweige** kahl, rund, einjährig bis 3 mm dick, schattenseits matt graugrün, lichtseits violettbraun, ohne auffällige Lentizellen. Mit den Zweigen links herum, bis 4 m hoch windende Liane aus Japan und Taiwan. Ebenfalls selten in Kul-

tur findet sich ***Berchemia scandens*** (Hill) K. Koch aus den östlichen USA.

Ceanothus americanus L., Säckelblume
Knospen meist nur Seitenknospen, 3–4 mm lang, flach eiförmig, am Zweig anliegend oder leicht abstehend, mit wenigen in Blattgrund und Nebenblätter gegliederte Knospenschuppen. **Zweige** anfangs behaart, oft verkahlt, gelbgrün bis olivgrün im Schatten und dunkel weinrot in der Sonne; teilweise, v.a. Fruchttriebe, abgestorben und trocken. **Fruchtstände** endständige und unterhalb der Triebspitze an achselständigen Bereicherungstrieben befindliche trugdoldige Rispen mit zahlreichen 3–4 mm großen Früchten. **Frucht**: dreiteilige, vom dunkelbraunen, lange bleibenden Blütenbecher umhüllte Steinfrucht; wenn diese zerfällt, bleibt die Basis des Blütenbechers über den Winter. Gelegentlich gepflanzter, kleiner, bis 1 m hoher, aufrechter Strauch aus Nordamerika. Neben der Amerikanischen Säckelblume sind besonders einige Hybriden mit anderen Arten und deren Sorten häufiger anzutreffen: die bis 5 m hohe, sommer- oder auch halbimmergrüne Hybride ***Ceanothus* ×*delilianus*** Spach. [*Ceanothus americanus* × *Ceanothus caeruleus* Lag.] und ***Ceanothus* ×*pallidus*** Lindl. [*Ceanothus* ×*delilianus* × *Ceanothus ovatus* Desf.], ein bis 1,5 m hoher, sommergrüner, vieltriebiger Strauch.

Hovenia dulcis Thunb., Rosinenbaum
Knospen vom Zweig abstehend, bis 5 mm lang, ± stumpf, kugelig bis kegelig-eiförmig; mit wenigen, meist 2, äußeren, relativ dicht fein behaarten Knospenschuppen. Seitenknospen mit 1–2 absteigenden Beiknospen, ± in eine Richtung über der Blattnarbe verschoben. **Zweige** unbewehrt; glänzend dunkelbraun, fein längsrissig; anfangs behaart, im Winter zumeist verkahlt; mit vielen hellen, punktförmigen Lentizellen. **Blattnarben** deutlich 3-spurig, teilweise etwas schräg am Zweig, oft die Beiknospen umgreifend; zu beiden Seiten mit schmalen Nebenblattnarben. Selten gepflanzter, bis 10 m hoher Baum aus Ostasien.

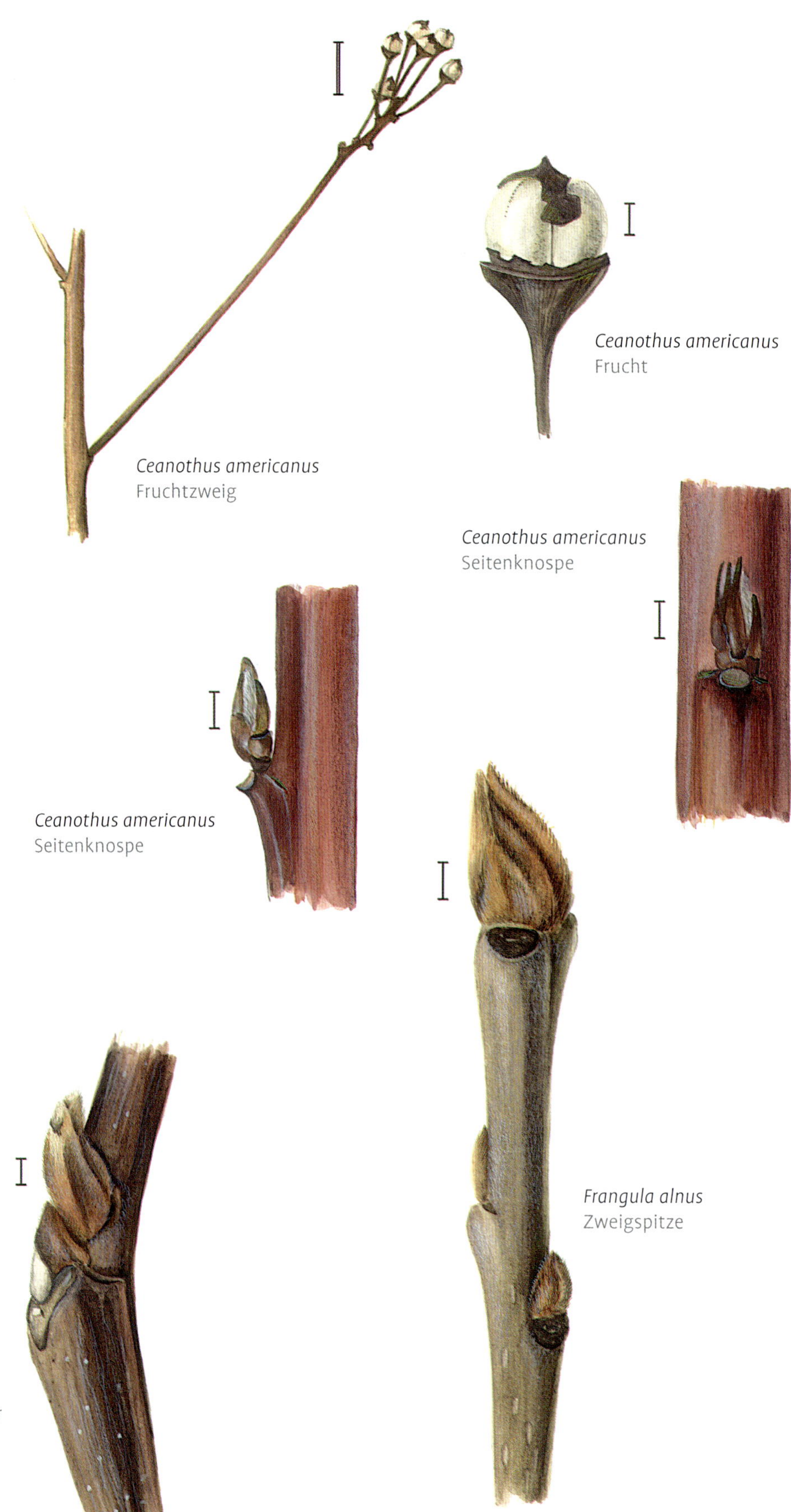

Ceanothus americanus
Fruchtzweig

Ceanothus americanus
Frucht

Ceanothus americanus
Seitenknospe

Ceanothus americanus
Seitenknospe

Frangula alnus
Zweigspitze

Hovenia dulcis
Seitenknospe mit absteigender Beiknospe

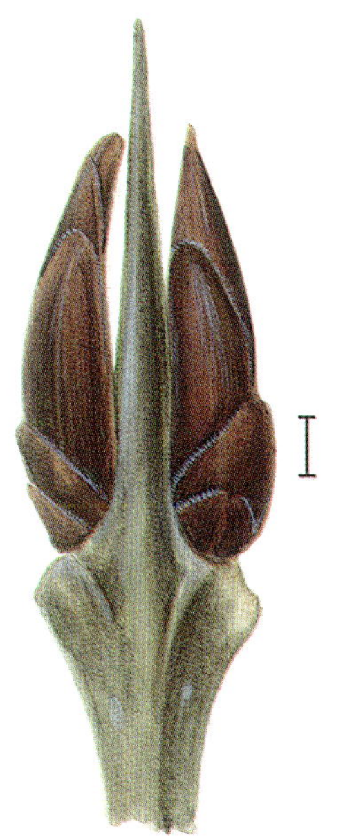

Rhamnus cathartica
Seitenknospen unterhalb der verdornten Zweigspitze

Frangula Mill., Faulbaum

Knospen wechselständig und nackt, unbewehrte Sträucher.

Frangula alnus Mill., Faulbaum
Knospen dicht ockerbraun bis graubraun behaart. Endknospen eiformig, 4–5 (–6) mm lang, mit 2–4 sichtbaren äusseren Blättchen. Seitenknospen kleiner, am Zweig anliegend. **Zweige** matt weinrotbraun bis violettbraun, zur Spitze dicht fein weiss behaart; basale und ältere Zweigteile kahl, glatt, dunkel violettbraun, glänzend; vor allem zur Spitze mit grossflächiger grauweisser, matter, toter Epidermis.
Lentizellen sehr hell, punkt- bis strichförmig, an älteren Zweigen deutlicher.
Blattnarben 3-spurig, auf deutlichen Blattkissen. In den Achseln der Blattnarben finden sich oft einige runde Fruchtstielnarben. Häufiger, bis 3 m grosser Strauch oder kleiner bis 7 m hoher Baum. Von Europa bis Mittelasien und um das Mittelmeer verbreitet.

Rhamnus saxatilis
Seitenknospen

Rhamnus saxatilis
Zweig: sowohl Kurztriebe als auch Langtriebe verdornend

Rhamnus L., Kreuzdorn

Knospen im Gegensatz zur Schwestergattung *Frangula* mit Knospenschuppen.

Schlüssel *Rhamnus*
1 Knospen wechselständig 3
1* Knospen (oft ± schief) gegenstandig, Zweige dornig 2
Kreuzdorn
2 Knospen 2–4 mm lang *Rhamnus saxatilis*
2* Knospen 5–9 mm lang . . . . ***Rhamnus cathartica***
Wegdorn
3 Bis 30 cm hoher Zwergstrauch; Knospen unter 6 mm lang . . . . . . *Rhamnus pumila*
3* Aufrechter, 2–3 m hoher Strauch; Knospen über 6 mm lang . . . *Rhamnus alpina*

Sektion Rhamnus, Kreuzdorn

Knospen schief gegenständig, Zweige meist dornspitzig. Zumindest Kurztriebe mit Endknospen.

Rhamnus cathartica L., Purgier-Kreuzdorn
Knospen etwa 5–9 mm lang, länglich, zugespitzt, mit 8–10 dunkelbraunen, kahlen – nur am Rand fein bewimperten – Knospenschuppen. Seitenknospen schief gegenständig, meist nur wenig kleiner als die Endknospen. Letztere meist am Ende von Kurztrieben, an Langtrieben oft fehlend: an ihrer Stelle endet der Trieb in einen Dorn. **Zweige** meist kahl, graubraun bis olivbraun, später grau, mit warzigen Lentizellen. **Blattnarben** schmal bis halbrund, auf kleinen aber deutlichen Blattkissen, 3-spurig. Häufiger bis 3 m hoher, sparriger Strauch. Verbreitung von Europa bis Mittelasien sowie in Nordafrika und in Vorderasien.

Rhamnus saxatilis Jacq., Felsen-Kreuzdorn
Knospen: meist ohne Endknospen, da Triebenden dornspitzig. Seitenknospen gegenständig, eiförmig, 2–4 mm lang, am Zweig anliegend, dunkel rotbraun mit wenigen Knospenschuppen. **Zweige** fast kahl oder zerstreut, unauffällig behaart, olivbraun bis violettbraun, mit silbrig grauer Epidermis. Durch zahlreiche, in Dornen auslaufende, kurze Seitentriebe sehr dornig. **Blattnarbe** graubraun, 3-spurig. Bei den Blattnarben 2 lange haftende Nebenblattzipfel. Seltener, 0,5–2 m hoher, sparriger Strauch. Süd- und südliches Mitteleuropa.

Sektion Oreoherzogia, Wegdorn

Ohne ausgeprägte Kurztriebe und ohne Endknospen. Seitenknospen wechselständig.

Rhamnus alpina L., Alpen-Kreuzdorn
Knospen nur Seitenknospen: länglich eiförmig, 6–9 mm lang, mit einigen dunkelbraunen, zum Rand etwas heller ocker-rotbraunen Knospenschuppen. **Zweige** kahl, rotbraun mit grauen Flächen abgestorbener Epidermis, vor allem zum Grund des Jahrestriebes, zweijährige Zweige dann ganz grau. **Lentizellen** anfangs zerstreut, klein und grau; später zahlreicher, rhombisch, graubraun, aber unauffällig, in fein rissige Rindenstruktur aufgehend. **Blattnarben** graubraun, mit 3 undeutlichen Spuren, außerdem mit schmalen länglichen mehrspurigen Nebenblattnarben und basal am Jahrestrieb in den Blattachseln rundlichen Fruchtstandnarben. Seltener, 2–3 m hoher Strauch, beheimatet in den südeuropäischen Gebirgen.

Rhamnus pumila Turra, Zwerg-Kreuzdorn
Knospen zugespitzt eiförmig, bis 5 mm lang, mit wenigen matt dunkel ocker- bis rotbraunen Knospenschuppen. **Zweige** graubraun bis olivbraun, kurz behaart, mit hellen, warzigen Lentizellen. **Blattnarben** auf deutlichen Kissen. Seltener, etwa 20 cm hoher Strauch in Gebirgen Mittel- und Südeuropas sowie Nordafrikas.

Ziziphus jujuba Mill., Jujube, Brustbeere
Knospen etwa 2 mm langen, halbkugelig und dicht behaart. **Knospenschuppen** durch stark ausgebildete Rudimente der Nebenblätter und des Oberblatts dreispitzig. Die Spitzen der Schuppen dunkelbraun und ± kahl zwischen heller behaarten Partien. **Zweige** hin und her gebogen, anfangs braunviolett bis weinrot, älter hellgrau, mit zahlreichen kleinen weißlichen Lentizellen. An den Knoten mit zwei ungleich großen Nebenblattdornen: einem geraden, dünnen, bis 3 cm langen und einem kürzeren, gedrungenen. **Blattnarben** klein, braun, mit einer (mitunter aus mehreren zusammengesetzt erscheinenden) querliegenden länglichen Spur. Über der Knospe häufig eine Fruchtstandnarbe mit einer rundlichen Spur. Von Südosteuropa bis Ostasien verbreitete, bis 9 m hohe Sträucher oder kleine Bäume.

Rhamnus alpina
Unbewehrter Zweig

Rhamnus alpina
Zweigspitze

Rhamnus pumila
Zweig

Ziziphus jujuba
Von Nebenblattdornen flankierte Seitenknospe

Paliurus spina-christi MILL., Christusdorn
Ähnlich *Ziziphus jujuba*. **Knospen** zweizeilig, am Grund einjähriger Zweige, um 2 mm dick, gedrungen, dicht graubraun behaart, mit einigen Knospenschuppen am Grund. **Zweige** fein behaart oder kahl, einjährig auffallend zweizeilig in einer Ebene angeordnet, dünn, zur Spitze rotbraun bis ockerbraun, basal oft dunkler. Zweijährig violettbraun und teilweise grau überlagert von toter Epidermis. An vielen Knoten zwei ungleich große, zweigfarbene Dornen, bis etwa 8 (–12) mm Länge und an den Spitzen einjähriger Triebe Reste oder Narben der Fruchtstände. Im Mittelmeergebiet verbreiteter, über den Balkan und Transkaukasien bis nach China vorkommender, bis 6 m hoher Strauch oder kleiner Baum.

Ziziphus jujuba
Zweig

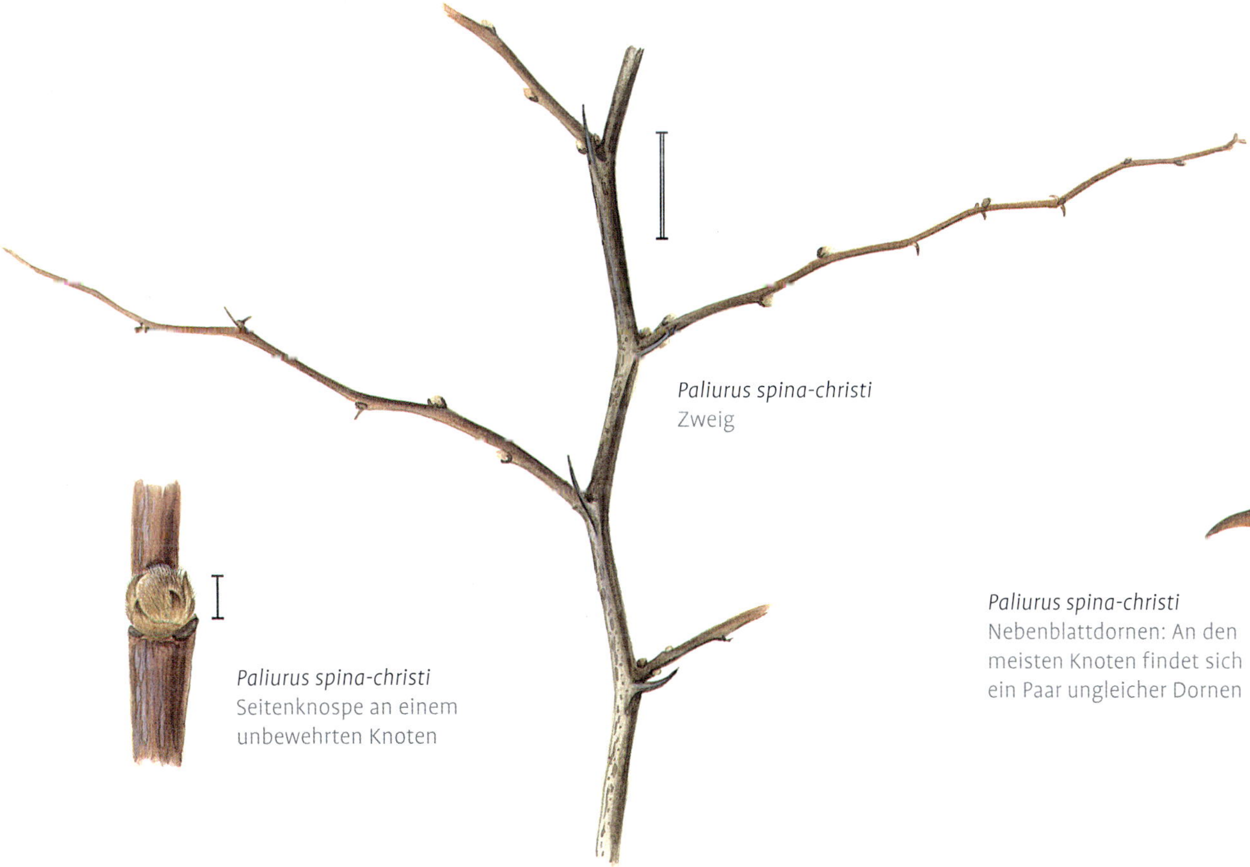

Paliurus spina-christi
Zweig

Paliurus spina-christi
Seitenknospe an einem unbewehrten Knoten

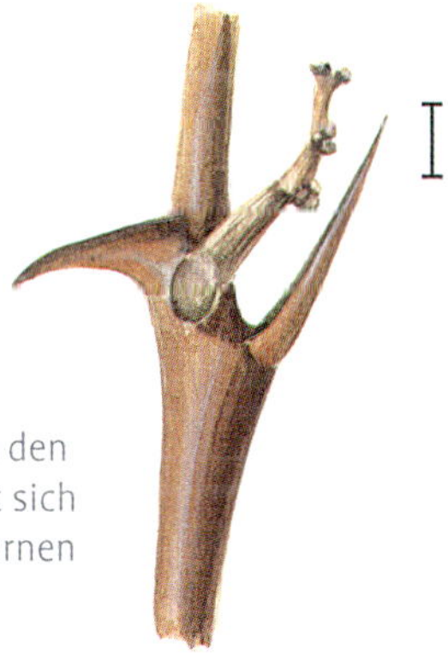

Paliurus spina-christi
Nebenblattdornen: An den meisten Knoten findet sich ein Paar ungleicher Dornen

Familie Elaeagnaceae, Ölweidengewächse

Die Arten der Ölweidengewächse besitzen eine besondere Haarform, sogenannte Schülfern: mehrzellige, kurz gestielte, scheibenförmige Haare, die den Knospen und Zweigen einen fast metallischen, silbrigen oder bronzenen Glanz verleihen. Blattnarben einspurig.

Schlüssel Elaeagnaceae

1 Knospen wechselständig 2
1* Knospen gegenständig .... *Shepherdia*
2 Endknospe meistens vorhanden .... *Elaeagnus*
2* Ohne Endknospen, Triebende meist verdornend 3
3 Zweige kräftig, ausschließlich mit braunen Schülfern besetzt .... *Hippophae rhamnoides*
3* Zweige dünn, überwiegend mit silbrigweißen Schülfern *Elaeagnus multiflora*

Hippophae rhamnoides L., Gewöhnlicher Sanddorn
Zweihäusig. **Knospen** nur Seitenknospen: bronzebraun glänzend, gedrungen, etwa 2 × 2 mm (lang × breit). **Blütenknospen** der männlichen Sträucher relativ groß, 6 × 4 mm, dicht aufeinander am Trieb folgend. Die der weiblichen Pflanzen kleiner, etwa 4 × 3 mm. Äußere Blätter der Knospe relativ dick, dadurch ist die Knospe etwas wulstig. **Zweige** 2–3 mm dick, manchmal etwas furchig bis rund, grau bis bronzebraun schülferig behaart. Die Triebenden und Seitentriebe verdornen meist. **Blüte** unauffällig März bis April. Die orangefarbenen **Früchte** an den weiblichen Sträuchern bleiben bis in den Winter erhalten. Häufiger – in Eurasien in mehreren Varietäten vorkommender – Strauch oder kleiner, 4–6 m hoher Baum.

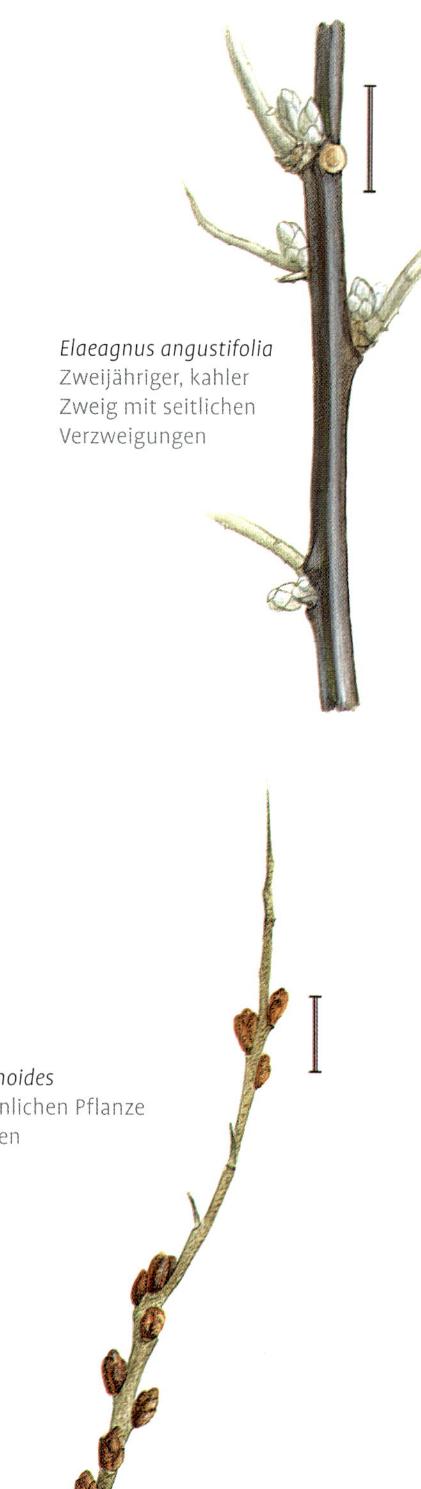

Elaeagnus angustifolia
Zweijähriger, kahler Zweig mit seitlichen Verzweigungen

Hippophae rhamnoides
Zweig einer männlichen Pflanze mit Blütenknospen

Hippophae rhamnoides
Zweig einer weiblichen Pflanze mit Früchten

Elaeagnus L., Ölweide

Zerstreute Blattstellung. Oft dornbewehrte Sträucher oder kleine Bäume. Früchte: kugelige bis länglich eiförmige Steinfrüchte. Etwa 95 immer- und sommergrüne Arten aus Eurasien und Nordamerika.

Schlüssel ***Elaeagnus***

1 Knospen und Zweige zur Spitze deckend silbrig weiß schülferig . . . . ***Elaeagnus angustifolia***

1* Knospen und Zweige wenigstens mit einigen braunen Schülfern oder ganz braun schülferig 2

2 Zweige dünn, etwas silbrig, oft dornig . . . . ***Elaeagnus umbellata***

2* Zweige unbewehrt, rotbraun 3

3 Frucht trocken silbrig . . . . ***Elaeagnus commutata***

3* Frucht rötlich-braun . . . . ***Elaeagnus multiflora***

Elaeagnus angustifolia
Silbrigweiße Triebspitze mit Endknospe

Elaeagnus multiflora
Zweigspitze

Elaeagnus multiflora
Endknospe am Langtrieb

Elaeagnus multiflora
Seitenknospe

Elaeagnus umbellata
Zweig mit verdornenden Triebspitzen

Elaeagnus multiflora
Endknospen am Kurztrieb

Elaeagnus angustifolia L., **Schmalblättrige Ölweide**
Knospen silbrigweiß schülferig, kugelig bis eiförmig, mehrschuppig. Seitenknospen an Langtrieben etwa 2 mm, an der Basis ± verdornender Seitentriebe 4–6 mm groß. **Zweige** dicht silberweiß schülferig, darunter olivgrün, ältere Zweige dunkelbraun bis braunviolett, kahl und glänzend. **Rinde** stärkerer Zweige länglich abfasernd. **Frucht** weißlich- bis grau-gelb. Häufig gepflanzter, bis 7 m hoher Strauch oder Baum Eurasiens.

Elaeagnus multiflora THUNB., **Reichblütige Ölweide**
Knospen braun-schülferig, nackt, bronzeartig glänzend. Seitenknospen gedrungen: etwa 2 × 2 mm groß, Endknospe länger, 3–4 mm, mit 2–3 äußeren Blättern, die ± getrennt beieinanderstehen und mit den Spreitenhälften zur Oberseite eingerollt sind. **Zweige** gerade und dünn: 2 mm dick, ohne Dornen und braun-schülferig glänzend. **Blattnarben** auf einem kleinen Kissen, mit einer runden zentralen Spur. **Frucht** rötlich braun. Häufig gepflanzter, bis 3 m hoher Strauch aus China und Japan.
Ebenfalls unbewehrt ist die aus Nordamerika stammende, häufig gepflanzte **Silber-Ölweide**, ***Elaeagnus commutata*** BERNH. ex RYDB., ein 1,5–2,5 m hoher, Ausläufer treibender Strauch. **Zweige** und **Knospen** mit silbrigen und braunen Schülferhaaren. **Frucht** trocken silbrig.

Elaeagnus umbellata THUNB., **Doldige Ölweide**
Knospen meist nur Seitenknospen, da Triebe oft in Dornen endend: 2–3 mm lang, bronzebraun, von zwei seitlichen bauchigen Vorblattschuppen und ein bis zwei folgenden Knospenschuppen bedeckt. **Zweige** schülferig, schattenseits olivbraun bis gelbbraun und lichtseits silbrig, meist in lange Dornen auslaufend und mit zahlreichen achselständigen Dornen. **Frucht** rötlich. Aus China, Japan und Korea stammender, häufig gepflanzter, bis 4 m hoher, Ausläufer bildender Strauch.

Shepherdia NUTT., Büffelbeere

Aus Nordamerika stammende, nur selten gepflanzte Sträucher mit gegenständiger Blattstellung. Auffallend und unverwechselbar durch die zahlreichen nackten eiförmigen Blütenknöspchen.

Schlüssel *Shepherdia*

1 Knospen und Zweige silbrigweiß .... *Shepherdia argentea*

1* Knospen und Zweige braun .... *Shepherdia canadensis*

Shepherdia argentea (PURSH) NUTT., Silber-Büffelbeere

Knospen mit silbrigweißen Schülferhaaren: In der Mitte der Schülfern ein rötlicher bis brauner Punkt. **Blattknospen** länglich, Endknospe bis etwa 6 mm, Seitenknospen 4–5 mm lang und bis 2 mm breit. **Blütenknospen** an Kurztrieben gehäuft, kugelig bis gedrungen eiförmig, bis 2 mm im Durchmesser, gestielt. **Zweige** anfangs wie die Knospen behaart, später verkahlend und dann dunkler, mitunter verdornend. Großer Strauch oder bis 6 m hoher Baum.

Shepherdia canadensis (L.) NUTT., Kanadische-Büffelbeere

Form ähnlich der Silber-Büffelbeere, jedoch Zweige und Knospen mit rotbraunen Schülferhaaren, so dass die **Knospen** und Triebspitzen bronzebraun erscheinen. Endknospen leicht abgeflacht, etwa 8 mm lang und kurz gestielt, **Blütenknospen** 1,5 mm lang, länglich kugelig. **Zweige** später von dunkelgrauen Schülferhaarresten bedeckt. Unbewehrter, bis 2,5 m hoher, sparriger Strauch.

Shepherdia argentea
Zweig mit silbriggrauen Schülfern

Shepherdia argentea
Zweigspitze

Shepherdia argentea
Zweig: seitliche Kurztriebe mit zahlreichen Blütenknospen

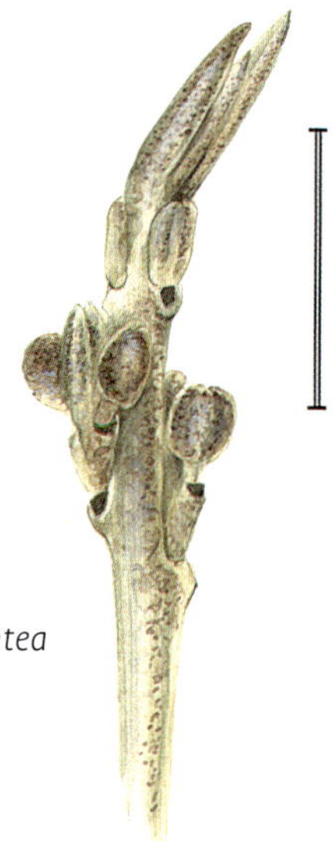

Ulmus minor var. *suberosa*
Zweigbasis mit Korkleisten

Shepherdia canadensis
Zweig und Knospen von bronzebraunen Schülfern besetzt

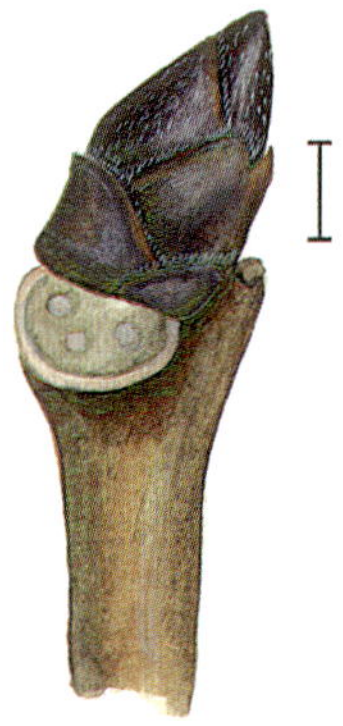

Shepherdia canadensis
Zweigspitze: unter der Endknospe Blütenknospen an Kurztrieben

Ulmus minor
Endständige Seitenknospe

Ulmus minor
Fruchtbüschel

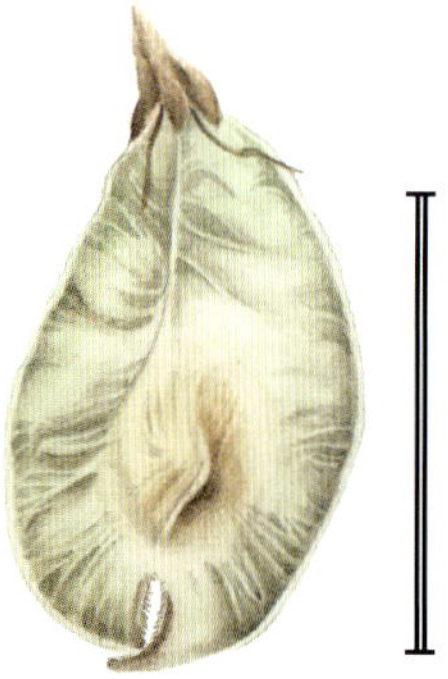

Ulmus minor
Frucht

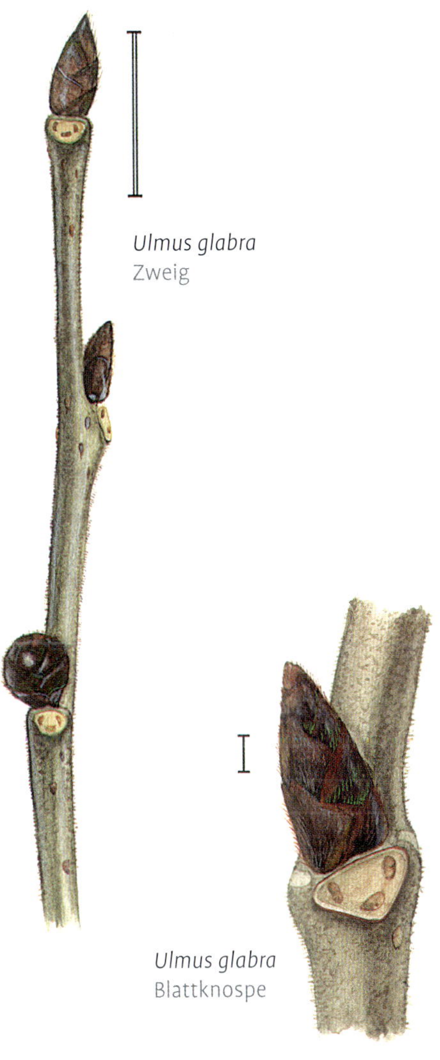

Ulmus glabra
Zweig

Ulmus glabra
Blattknospe

Familie Ulmaceae, Ulmengewächse

Ohne Endknospen, Fortsetzungswachstum sympodial aus endständiger Seitenknospe. Blattstellung, auch der einfachen Knospenschuppen, meist zweizeilig.

Schlüssel Ulmaceae

1 Mit dornigen Kurztrieben . . . *Hemiptelea*
1* Unbewehrt 2
2 Knospen meist unter 2 mm, mit kleinen Bereicherungsknospen . . . . ***Zelkova***
2* Knospen über 2 mm lang, etwas schief über der Blattnarbe, Bereicherungsknospen meist größere, kugelige Blütenknospen . . . . ***Ulmus***

Ulmus L., Ulme, Rüster

Sowohl die Knospen an den Zweigen als auch die einfachen Knospenschuppen der Knospen sind zweizeilig angeordnet. Die Knospen stehen meist etwas schräg über der Blattnarbe. Da es nur Seitenknospen gibt, setzen die Ulmen ihr Spitzenwachstum jeweils aus der obersten Seitenknospe – monochasial – fort. Blütenknospen ± kugelig und deutlich von den Blattknospen verschieden, manchmal gehäuft auftretend. Sehr früh – ab Februar – blühend und zum Laubausbruch bereits mit jungen Früchten. In den gemäßigten Breiten der Nordhalbkugel verbreitete Bäume.

Schlüssel *Ulmus*

1 Zweige bleibend behaart 2
1* Zweige kahl oder verkahlend und nur zerstreut mit Haarresten 3
2 Knospen stumpf eiförmig ***Ulmus glabra***
2* Knospen länglich eiförmig, zugespitzt. Knospenschuppen mit dunklem Rand . . . . ***Ulmus laevis***
3 Laubknospen sehr klein, bis 2 mm, mit 4 sichtbaren Knospenschuppen . . . . *Ulmus pumila*
3* Knospen größer, bzw. mit mehr sichtbaren Knospenschuppen 4
4 Zweige ohne Korkleisten . ***Ulmus minor***
4* Zweige mit Korkleisten . . . . ***Ulmus minor*** var. ***suberosa***

Ulmus minor Mill., Feld-Ulme
[*Ulmus campestris* L. nom. rej., *Ulmus carpinifolia* Gled.]
Knospen relativ klein, gedrungen, 2–4 (–6) mm; dunkelbraun, leicht weiß bewimpert (Lupe!). **Zweige** dünn, meist kahl, braun, längs fein rissig, mit einigen helleren kleinen Lentizellen. Stämme oft mit Wasserreisern und ohne Brettwurzeln. Wurzelbrut und, besonders nach Verletzung, z. B. bei Niederwaldnutzung, Stockausschlag. **Blüten** fast sitzend in dichten Büscheln, mit 4–5 Staubblättern und weißen Narben. Sehr veränderlicher, formenreicher, 20 (–30) m hoher Baum oder Strauch mit aufrechten bis überhängenden Zweigen. Verbreitet in fast ganz Europa bis Kleinasien, dem Kaukasus und Nordafrika.
Bei der häufigen *Ulmus minor* var. *suberosa* (Moench) Rehd. **Zweige** mit starken Korkleisten.
Nah verwandt ist die in Süd- und Westeuropa heimische **Englische Ulme**, ***Ulmus procera*** Salisb., mit bleibend behaarten und relativ dicken, oft korkigen Trieben. Bis 30 m hoher Baum, der im unteren Teil wenige starre Äste und eine unregelmäßige, dichte Krone besitzt.

Ulmus glabra Huds., Berg-Ulme
Knospen 5–7 (–9) mm lang; rostrot bis braun behaart, teilweise verkahlend, dann nur noch Knospenschuppen am Rand bewimpert. **Zweige** dicht rotbraun behaart, ohne Korkleisten. **Stamm** meist gerade und durchgehend, mit lange glatt bleibender Rinde, selten mit Brettwurzeln sowie fast ohne Wasserreiser und Wurzelbrut. **Blüten** sehr kurz gestielt, in dichten Büscheln, mit 5–6 Staubblättern und rötlichen Narben, Februar bis März erscheinend. Häufiger, 30–40 m hoher, von Europa bis Kleinasien und Westasien verbreiteter Baum.
Teilweise häufiger als die Elternarten ist ***Ulmus ×hollandica*** Mill., **Bastard-Ulme**, ein natürlicher Bastard zwischen Feld- und Berg-Ulme [*Ulmus glabra* × *Ulmus minor*]. Sie steht zwischen den Elternarten und ist durch wiederholte Rückkreuzung mit den Elternarten sehr formenreich.

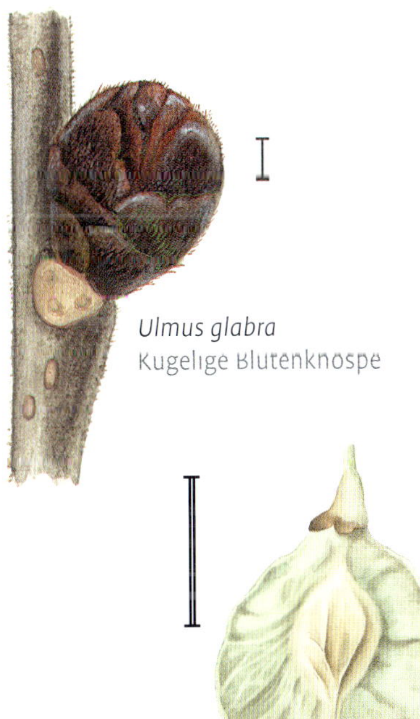

Ulmus glabra
Kugelige Blütenknospe

Ulmus glabra
Frucht

Ulmus pumila L., Sibirische Ulme
Knospen: vegetative sehr klein, dunkelbraun, 1,5–2 mm lang; Blütenknospen rotbraun, kugelig 3–4 mm und meist zu mehreren gehäuft: Bereicherungsknospen aus den Achseln der Knospenschuppen erstangelegter (Laub-) Knospe. Knospenschuppen am Rand dicht zottig weiß bewimpert. Junge **Zweige** dünn, nur anfangs behaart und bald verkahlend. Borke rau. **Blüten** kurz gestielt mit 4–5 violetten Staubblättern. Kleiner, selten gepflanzter, 3–6 (–10) m hoher Baum aus Ostasien.

Ulmus laevis **Pall.**, Flatter-Ulme
[*Ulmus effusa* Willd.]
Knospen 4–6 (–7) mm lang, zugespitzt eiförmig bis kegelig, mit rotbraunen, dunkelbraun berandeten Knospenschuppen. **Zweige** behaart, oliv bis ockerbraun, Lentizellen deutlich. Stämme häufig mit Wasserreisern und Brettwurzeln. **Blüten** lang gestielt, in Büscheln, mit 6–8 Staubblättern und weißen Narben. Häufiger, vom westlichen Mitteleuropa bis nach Kleinasien und zum Kaukasus verbreiteter, 10–30 m hoher Baum mit überhängenden Ästen.
Ähnlich ist ***Ulmus americana*** L., die **Weiß-Ulme**: **Knospen** 3–4 (–5) mm lang, leicht abstehend, kurz eiförmig und ± stumpf. Knospenschuppen braun, mit dunklerem abgesetzten Rand. **Zweige** verkahlend, graubraun bis rotbraun, mit zahlreichen kleinen ockerfarbenen Lentizellen, später Epidermis rhombisch, vor allem auf der Wetterseite, aufreißend. Selten gepflanzter, 20–40 m hoher Baum mit auseinander strebenden und überhängenden Ästen aus Nordamerika.

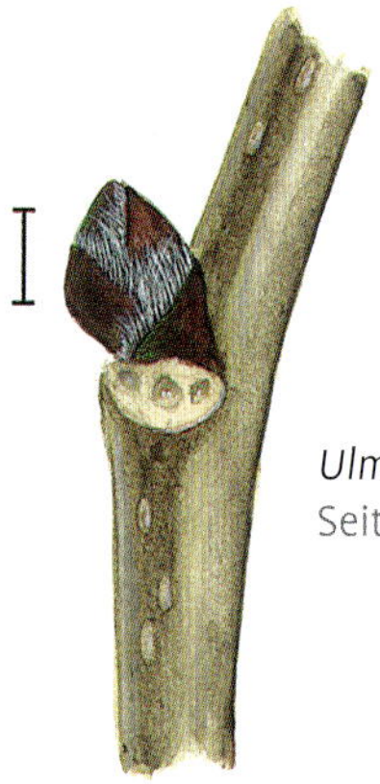

Ulmus pumila
Seitenknospe

Ulmus laevis
Blühender Zweig im März

Ulmus pumila
Zahlreiche Blütenknospen in den Achseln der Knospenschuppen der Seitenknospe

Ulmus laevis
Zweigspitze

Ulmus americana
Zweig

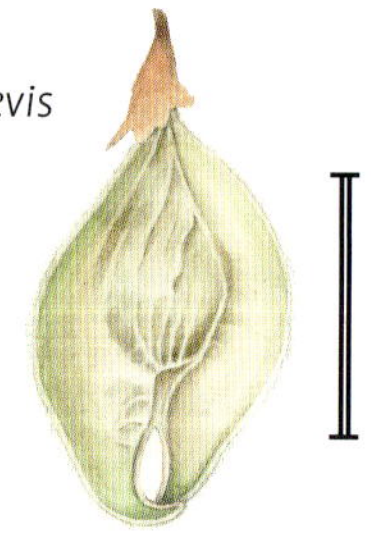

Ulmus laevis
Frucht

Ulmus laevis
Fruchtstand

Ulmus laevis
Blüten
(links geöffnet und Fruchtblatt mit den beiden Narbenästen sichtbar)

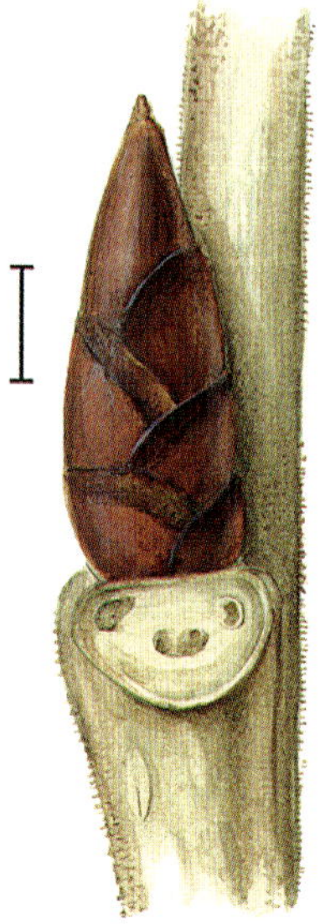

Ulmus laevis
Seitenknospe

Zelkova SPACH., Zelkove

Blattnarben scheinbar einspurig, die 3 Gefäßbündelspuren sind mitunter in einem deutlich abgesetzten zentralen Teil eingefasst und schwer erkennbar. Rinde lange glatt und grau, ähnlich der der Rot-Buche. Große, vom östlichen Mittelmeergebiet bis Ostasien verbreitete, meist mehrstämmige Bäume.

Schlüssel *Zelkova*

1 Zweige dicht behaart, Knospen breit ansitzend und häufig mit einer lateralen Bereicherungsknospe, Blattnarbe breit, quer rhombisch . . . ***Zelkova carpinifolia***

1* Zweige schwach behaart oder kahl, Knospen auffallend kugelig bis eiförmig, Blattnarben quer oval . . ***Zelkova serrata***

Zelkova carpinifolia (PALL.) K. KOCH, Kaukasische Zelkove

Knospen kurz kegelförmig, etwa 2 mm groß. Knospenschuppen locker behaart und bewimpert, untere etwas dichter, stumpf braun, obere rotbraun. Seitenknospen mit meist einer, seltener mehreren achsilären Bereicherungsknospen in den Achseln der Vorblattschuppen. **Zweige** 1,5–2 mm dick, stark hin und her gebogen, ockerbraun bis schmutzig braun, locker und zur Spitze dicht behaart. Zweigrinde leicht längs aufreißend und etwas abblätternd, darunter anfangs grünlich. **Lentizellen** zerstreut ockerbraun, schwach erhaben. **Blattnarben** breit rhombisch, an den Seiten ± zugespitzt, in einer großen, breiten Spur mit 3 unscheinbaren Gefäßbündelspuren. Häufig gepflanzter, bis 25 m hoher Baum mit aufrechten Hauptästen aus dem Kaukasus.

Zelkova serrata (THUNB.) MAK., Japanische Zelkove

Knospen sehr klein: 1–2 mm, kugelig-eiförmig, vom Zweig abstehend. Knospenschuppen ocker- bis orangerotbraun, meist kahl und locker bewimpert. **Zweige** sehr dünn, jüngste meist unter 1 mm dick, rotbraun und violettbraun bis oliv, zerstreut mit rundlichen, sehr hell ockerfarbenen Lentizellen; ältere Zweige glänzend violettbraun und olivbraun bis graubraun, mit hellgrauen Lentizellen. **Blattnarben** quer oval, mit zentralem, deutlich abgesetztem Bereich: in diesem Bereich 3 undeutliche Spuren. **Rinde** lange glatt bleibend, grau. Krone rundlich breit. Bis 30 m hoher, oft mehrstämmiger, in Japan, China und Korea beheimateter Baum.

Hemiptelea davidii (HANCE) PLANCH., Dornulme

Knospen klein, unter 2 mm hoch, relativ breit durch zahlreiche achsiläre Bereicherungsknospen. Knospenschuppen schmutzig ockerbraun, Ränder bewimpert und teilweise etwas zerfranst. **Zweige** fein behaart, bräunlich, violettbraun bis olivbraun, mit kleinen rundlichen orangebraunen Lentizellen, Epidermis frühzeitig aufreißend und dann grau. Meist mit vielen Zweigdornen, oft mehrere an einem Sprossknoten aus Bereicherungsknospen entspringend. **Blattnarbe** auf deutlichen Blattkissen, dreispurig. Selten anzutreffender Strauch oder kleiner Baum, beheimatet in Nordchina und der Mandschurei.

Ulmus americana
Seitenknospe

Zelkova carpinifolia
Zweig

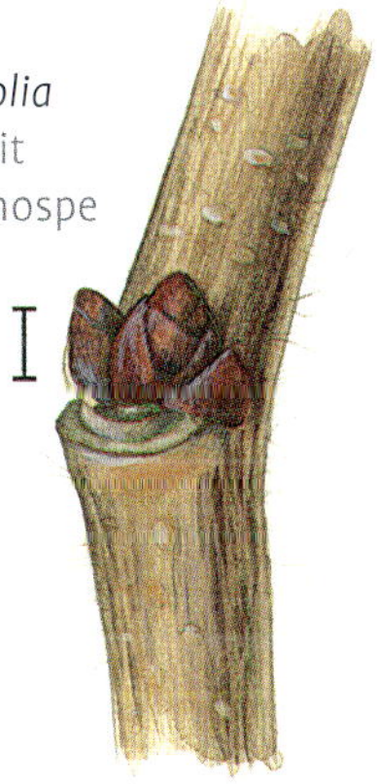

Zelkova carpinifolia
Seitenknospe mit Bereicherungsknospe

Hemiptelea davidii
Zweig mit seitlichen Sprossdornen

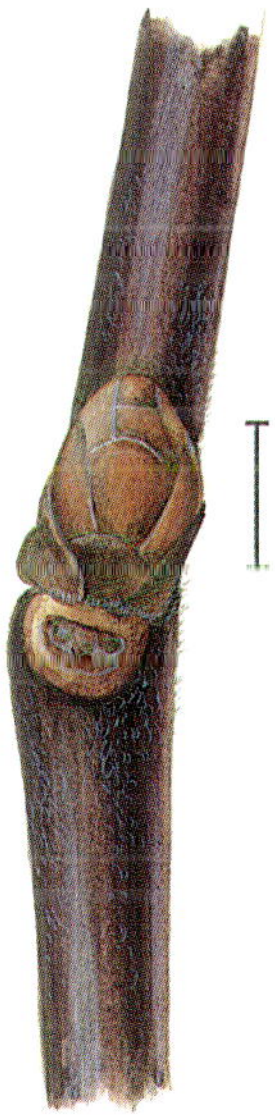

Zelkova serrata
Seitenknospe

Hemiptelea davidii
Seitenknospe mit Bereicherungsknospen

Familie Cannabaceae

Wie bei den Ulmaceae keine Endknospen. Die Seitenknospen sind sehr klein und werden selten über 3 mm lang. Sie liegen den dünnen Zweigen an und besitzen, im Gegensatz zu einigen Ulmaceae, keine Bereicherungsknospen.

Schlüssel Cannabaceae

1 Größte Knospen mit bis 5 sichtbaren, rotbraunen Knospenschuppen ..... *Celtis*

1* Größte Knospen mit mehr als 5 sichtbaren, schwarzbraunen Knospenschuppen .... *Aphananthe*

Aphananthe aspera (THUNB.) PLANCH.
Knospen nur am Zweig anliegende Seitenknospen, länglich eiförmig, bis etwa 4 mm lang, mit 5–6 zweizeilig stehenden Knospenschuppen. Diese am Grunde häufig etwas grün, darüber relative dunkel schwarzbraun, auf dem Rücken weiß behaart. **Zweige** sehr dünn (oberstes Internodium um 1 mm dick), graubraun und anliegend behaart. Rinde zweijähriger Zweige etwas quer streifig, teilweise grau schuppig, mit zahlreichen ockerbraunen Lentizellen. Mark weiß, mit etwas dunklerer Markkrone. Blattnarben sehr dunkel, undeutlich dreispurig. Sehr selten gepflanzter, bis 20 m hoher Baum aus Ostasien.

Celtis L., Zürgelbaum

Knospen klein: 2–4 mm, ohne Bereicherungsknospen, am Zweige anliegend mit 3–5 Knospenschuppen.

Schlüssel *Celtis*

1 Rinde glatt, Zweige mit unauffälligen Resten langer Behaarung .... ***Celtis australis***

1* Rinde unregelmäßig wulstig, borkig, Zweige dicht fein behaart .... ***Celtis occidentalis***

Celtis occidentalis L., Amerikanischer Zürgelbaum
Knospen 2–3 mm lang, kegelig-eiförmig, mit 3–5, bewimperten Knospenschuppen: die oberen mitunter stärker behaart und hell ockerbraun, die unteren basal kahl, glänzend dunkelbraun bis – schattenseits – dunkelgrün. **Zweige** dunkelbraun bis olivgrün, zerstreut fusselig behaart, mit zahlreichen, leicht erhabenen, ockerbraunen Lentizellen. **Rinde** unregelmäßig wulstig, rhombische Borkenleisten, ältere Stämme auch gefurcht und flach schuppig. **Blattnarben** abgerundet dreieckig, mit drei Spuren. **Früchte** 7–13 mm lange, ei fast kugelförmige, orangebraune Steinfrüchte, mit bis zu 2 cm langem Stiel, im Herbst und frühen Winter oft noch am Baum. Häufig gepflanzter, bis 25 m hoher, breitkroniger Baum aus Nordamerika.

Celtis australis L., Südlicher Zürgelbaum
Knospen etwa 3 mm lang, in der Draufsicht länglich dreieeckig, relativ flach am Zweig anliegend oder schwach abstehend. Knospenschuppen 2–5, rotbraun, behaart oder zumindest bewimpert. **Zweige** olivbraun bis dunkel graugrün, ± dicht fein behaart, mit hellen rundlichen Lentizellen. **Rinde** grau und glatt bleibend. **Früchte** 10–12 mm dick, rundlich, mit bis zu 3 cm langem Stiel. Der bis 25 m hohe Baum stammt aus Südeuropa und dem Mittelmeergebiet bis Nordafrika und Vorderasien. In der Jugend etwas frostempfindlich, bildet der häufig gepflanzte Baum später eine weit ausladende Krone aus.

Celtis occidentalis
Zweigspitze

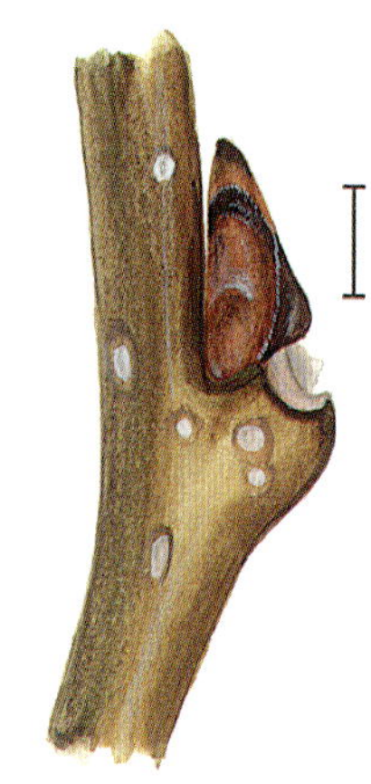

Celtis occidentalis
Seitenknospen

Aphananthe aspera
Seitenknospe

Celtis australis
Seitenknospen

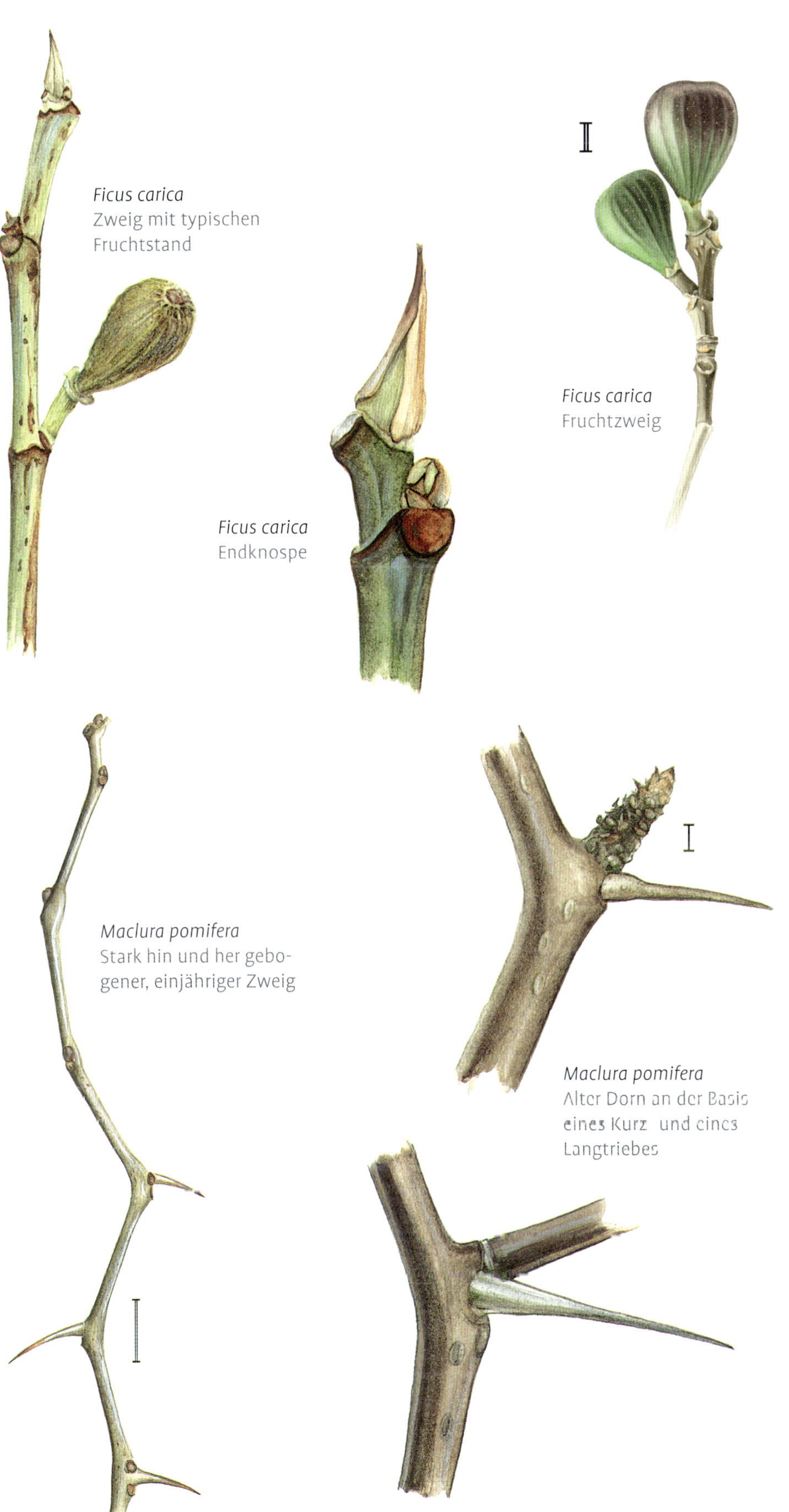

Ficus carica
Zweig mit typischen Fruchtstand

Ficus carica
Endknospe

Ficus carica
Fruchtzweig

Maclura pomifera
Stark hin und her gebogener, einjähriger Zweig

Maclura pomifera
Alter Dorn an der Basis eines Kurz- und eines Langtriebes

Familie Moraceae, Maulbeergewächse

In den Tropen und Subtropen weitverbreitete Familie mit über tausend überwiegend immergrünen und nur wenigen sommergrünen Arten. Meist Milchsaft führend.

Schlüssel Moraceae

1 Zweige unbewehrt 2
1* Zweige mit Dornen . . . . *Maclura*
2 Ausschließlich Seitenknospen 3
2* Mit Endknospen, diese spitz kegelförmig, von der äußersten Knospenschuppe vollständig umhüllt . . . . ***Ficus carica***
3 Knospen mit 2(–3) Knospenschuppen . . . . *Broussonetia papyrifera*
3* Knospen mit mehr als 4 sichtbaren Knospenschuppen . . . . ***Morus***

Ficus carica L., Feige
Knospen grün bis gelbbraun oder dunkler braun, in End- und Seitenknospen differenziert: **Endknospen** lang zugespitzt kegelig. **Seitenknospen** spiralig, kleiner und meist nicht zugespitzt. Die **Knospenschuppen** bestehen aus einseitig verwachsenen Nebenblättern eines Laubblattes. Diese als Medianstipel bezeichneten Bildungen bedecken die Triebspitzen und Knospen vollständig oder klaffen auf der nicht verwachsenen Seite auseinander. **Zweige** dick, grünlich bis olivbraun. Blattnarben rotbraun, an jedem Knoten eine den Zweig umfassende, schmale Nebenblattnarbe. Strauch oder kleiner Baum aus Südosteuropa bis Kleinasien. Als alte Kulturpflanze weit über ihr angestammtes Areal verbreitet: in Westeuropa und Nordafrika eingebürgert.

Maclura pomifera (RAF.) C.K. SCHNEID., Milchorange
Knospen etwa 2 mm lang und 1 mm breit. Seitenknospen halbkugelig, dem Zweig breit anliegend, oft an der Basis eines Triebdorns, von etwa 4 äußeren Knospenschuppen bedeckt. **Knospenschuppen**: unterste zweigfarben, oberste rotbraun. **Zweige** in Kurz- und Langtriebe differenziert. **Langtriebe** hell graugrün, sehr stark hin und her gebogen, ohne Endknospen, mit spitzen, leicht gebogenen, basal zweigfarbenen, zur Spitze dunkel rotbraunen, älter einheitlich graubraunen Sprossdornen. **Kurztriebe** an älteren Langtrieben zahlreich (in jeder Blattachsel), kurz, dicht mit Blattnarben und trockenen Nebenblattresten bedeckt; nur mit Endknospe.

Gelegentlich angepflanzter, aus Nordamerika stammender, bis 10 m hoher Baum.
Ähnlich ist ***Maclura tricuspidata*** CARRIÈRE (*Cudrania tricuspidata* (CARRIÈRE) BUREAU ex LAVALLE), ein aus Ostasien stammende Strauch oder kleine Baum. **Blattnarbe** mit einer (aus 3 zusammengesetzten) Gefäßbündelspur. Über der Blattnarbe eine behaarte Schuppe, die verwachsenen Nebenblätter des Tragblattes. Neben den kurzen Dornen mit Bereicherungsknospen.

Broussonetia papyrifera **(L.) L'HÉR. ex VENT., Papiermaulbeere**
Knospen ohne Endknospen. Seitenknospen teilweise zerstreut, teilweise gegenständig, mit 2–3 äußeren Knospenschuppen, rotbraun bis grünlich. **Zweige** vor allem an der Spitze dicht weich und lang behaart, graugrün, mit einigen ockerfarbenen Lentizellen. Oberhalb der Blattnarben sind gelegentlich auch etwas größere Narben der Fruchttandachsen zu finden. Meist nur bis 5 m hoher, mehrstämmiger Strauch oder 15 m hoher Baum. In Südeuropa eingebürgerte, darüber hinaus selten gepflanzte Art aus Südostasien.

Morus L., Maulbeere

Keine Endknospen, Seitenknospen zweizeilig. Mittelgroße – Milchsaft führende – Bäume. Zwölf sommergrüne Arten in den Subtropen und temperierten Breiten der Nordhalbkugel; zwei Arten häufiger gepflanzt anzutreffen und in Südeuropa eingebürgert. Durch das jahrhundertelange Nebeneinander der beiden Arten *Morus alba* und *Morus nigra* gibt es viele nicht eindeutig zuordenbare hybridogene Pflanzen, die traditionell alleine nach ihrer Fruchtfarbe der einen oder anderen Art zugeordnet werden, was im Winter wegen der Hinfälligkeit der Früchte nicht möglich ist.

Morus alba **L., Weiße Maulbeere**
Knospen bis 4–5 mm lang, dreieckig kegelig bis kugelig; mit etwa 5 rotbraunen, dunkler

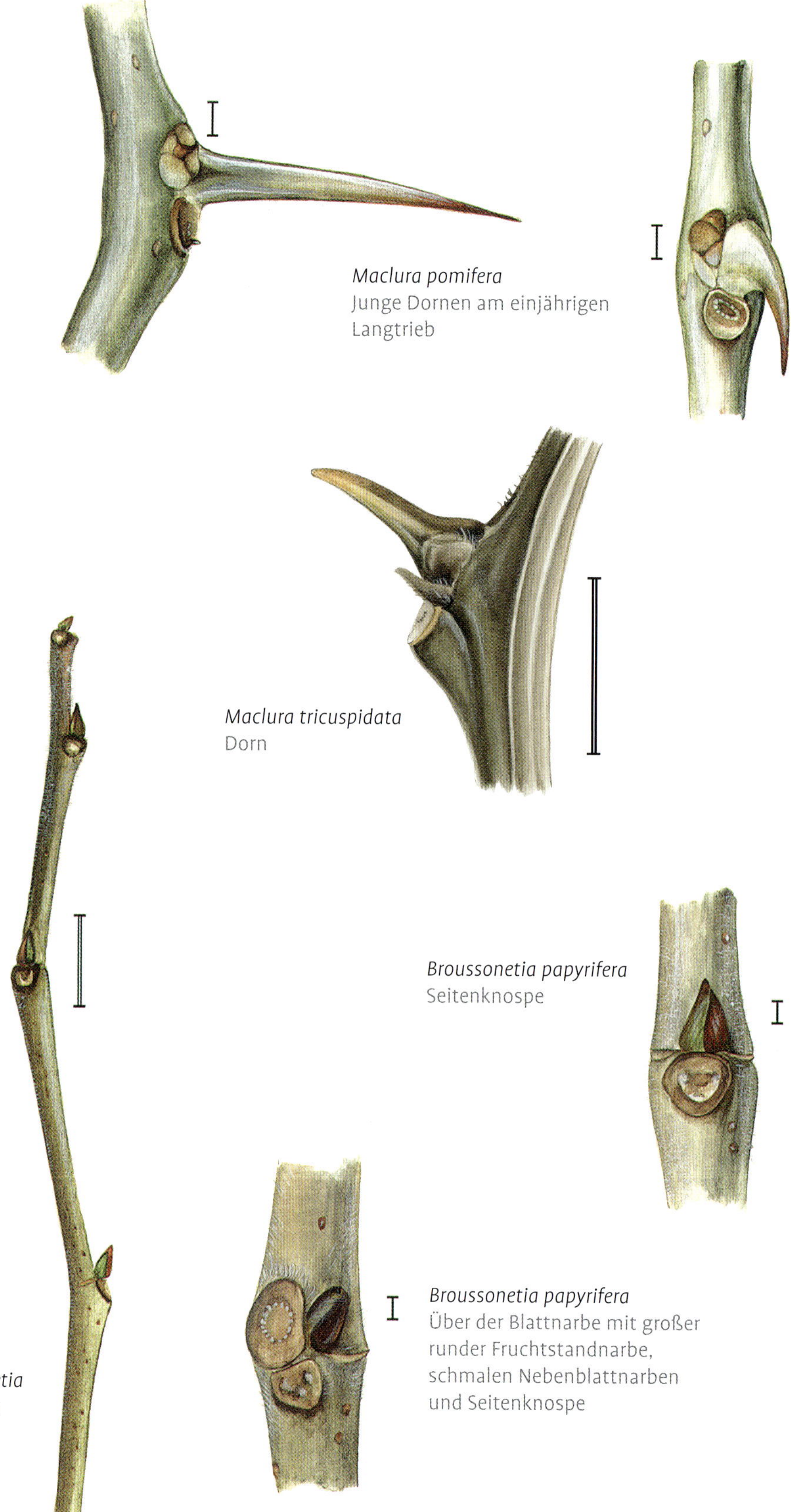

Maclura pomifera
Junge Dornen am einjährigen Langtrieb

Maclura tricuspidata
Dorn

Broussonetia papyrifera
Seitenknospe

Broussonetia papyrifera
Zweig

Broussonetia papyrifera
Über der Blattnarbe mit großer runder Fruchtstandnarbe, schmalen Nebenblattnarben und Seitenknospe

berandeten und ± zerfransten Knospenschuppen. **Zweige** meist kahl, graubraun oder graugrün bis rotbraun, teilweise von hellgrauer Epidermis hellgrau bis graugelb. Ältere Zweige mit fein rissiger Rinde, gelbbraun bis graubraun. **Lentizellen** zahlreich, rundlich bis meist länglich, hell ocker. **Blattnarben** mit zahlreichen deutlichen Spuren. Häufiger, bis 15 m hoher Baum, mit sparriger runder Krone. Heimat China, in Südeuropa eingebürgert.

Morus nigra L., Schwarze Maulbeere
Knospen meist etwas größer, eiförmig zugespitzt, ± am Zweig anliegend, mit 4–5 äußeren, ocker- bis rotbraunen, dunkler berandeten Knospenschuppen. **Zweige** graubraun, fein, unauffällig behaart, relativ dick, mit zahlreichen hellen, überwiegend länglichen **Lentizellen**, später an älteren Zweigen korkig ockerbraun. **Blattnarben** auf großen Blattkissen, mit vielen undeutlichen Spuren. Oft strauchig oder bis 10 m hoher Baum mit dichter runder Krone. Aus dem Orient stammend und seit alters in Kultur.

Familie Lythraceae, Weiderichgewächse

Punica granatum L., Granatapfel
Knospen verschoben gegenständig, 2,5–3 mm lang, vom Zweig abstehend, mit einigen rotbraunen, zugespitzten Knospenschuppen. **Zweige** dünn, ± vierkantig, oft in Dornen auslaufend. **Rinde** fein längsrissig und fädig abfasernd, graubraun bis gelbbraun. **Blattnarben** klein, dunkel, mit einer zentralen helleren Gefäßbündelspur. Kleiner 5 (–10) m hoher Fruchtbaum. Von Südosteuropa bis zum Himalaja verbreitet, aus Vorderasien ins gesamte Mittelmeergebiet eingeführt und dort seit alters in Kultur. Häufig gepflanzt, vor allem als Kübelpflanze, ist die feinzweigigere und kleiner bleibende Form **'Nana'**.

Familie Onagraceae, Nachtkerzengewächse

Weltweit verbreitete Familie, überwiegend krautiger oder staudenförmiger und weniger verholzender Arten.

Fuchsia magellanica LAM., Fuchsie
Knospen gegenständig oder 3-wirtelig, klein, eiförmig, mit wenigen trockenen, ± behaarten Schuppen und mitunter mit aufsteigenden Beiknospen. **Zweige** hell graubraun, anfangs dicht fein abstehend behaart, meist absterbend. **Blattnarben** auf hervorstehenden Kissen, rundlich, mit einer Spur. Zwischen den Blattnarben eines Wirtels finden sich häufig Reste der teilweise verwachsen Nebenblätter (Interfoliarstipel). Bis zum Boden absterbender, aus Südamerika stammender, häufig gepflanzter, bis 2 m hoher Halbstrauch.

Familie Staphyleaceae, Pimpernussgewächse

Staphylea L., Pimpernuss

Im Winter schwer unterscheidbare Arten mit gegenständigen Knospen, die von 2 oder 4 äußerlich sichtbaren Knospenschuppen, oft nur zwei basal oder ganz verwachsenen Vorblattschuppen, umhüllt sind. Echte Endknospen sind nicht ausgebildet und oft tritt eine der terminalen Seitenknospen an die Stelle des abgestorbenen Triebendes. Charakteristisch für die Gattung sind deutliche Nebenblattnarben und die schon bald längsrissige Rinde.
Eine Bestimmungshilfe bieten die meist über den ganzen Winter erhaltenden Früchte: blasige, trockenhäutige, hellbraune Kapseln.

Schlüssel *Staphylea*

1 Nur zwei, teilweise zu einer verwachsene, Knospenschuppen sichtbar 2
1* Knospen mit 4 sichtbaren Knospenschuppen .... *Staphylea trifolia*
2 Knospen kurz zugespitzt, Früchte deutlich länger als breit . ***Staphylea colchica***
2* Knospen spitz, Früchte selten länger als breit .... ***Staphylea pinnata***

Staphylea pinnata L., Gewöhnliche Pimpernuss
Knospen kahl, zweiseitig gekielt, von den beiden ersten, meist verwachsenen Knospenschuppen vollständig umhüllt. **Zweige** grün bis braunrot, glänzend, tiefer am Zweig zahlreiche weißliche Lentizellen, die sich später zu Streifen verbinden und eine fein rissigstrukturierte Rinde ergeben. **Mark** weit und weiß. **Blattnarben** grau bis graubraun, mit meist 5–7 Gefäßbündelspuren und mit zwei deutlichen, zwischen den Blattnarben eines Knotens gelegenen Nebenblattnarben. **Früchte** in hängenden Rispen, ± kugelig, etwa 3 cm Durchmesser. **Samen** um 10 mm ∅. In Mittel- und Südeuropa bis Kleinasien vorkommender, gepflanzt häufig anzutreffender, 2–5 m hoher Strauch oder kleiner Baum.

Staphylea colchica STEV., Kolchische Pimpernuss
Knospen kurz eiförmig, bis 10 mm lang, umhüllt von einer Knospenschuppe, aus den beiden verwachsenen Vorblättern, zugespitzt und mit ± gekieltem Rand. **Zweige** leicht längsfurchig, weinrot bis grünlich. **Lentizellen** anfangs unauffällig, dann rundlich bis länglich, hellgrau und sich zu längsrissiger Rinde entwickelnd. **Blattnarben** dunkelbraun bis hell graubraun, mit meist (3–) 5 halbkreisförmig zusammenlaufenden Gefäßbündelspuren sowie deutlichen hellgrauen Nebenblattnarben. **Früchte** in aufrechten, nur wenig überhängenden Rispen, zwei- bis dreispitzig; 5–8 cm lang, deutlich länger als breit, mit keilförmiger Basis. Samen bis 7 mm lang. Gelegentlich gepflanzter, bis 4 m hoher, aufrechter Strauch aus dem Kaukasus.

Fuchsia magellanica
Zweigausschnitt

Staphylea colchica
Zweizählige Fruchtkapsel

Staphylea colchica
Endständige Seitenknospe: an der Triebspitze eine Fruchtstandsnarbe

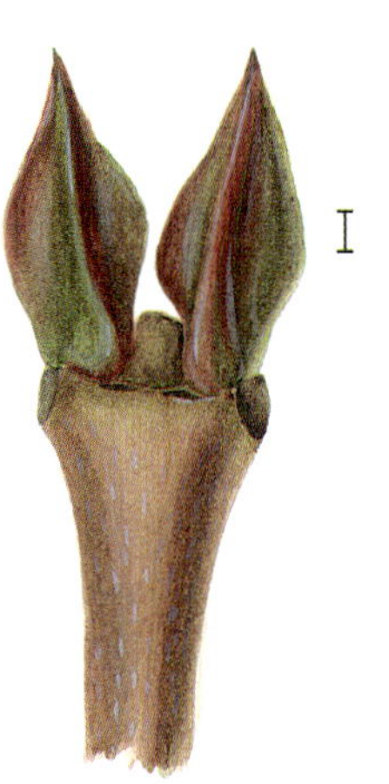

Staphylea pinnata
An der Zweigspitze stehendes Seitenknospenpaar

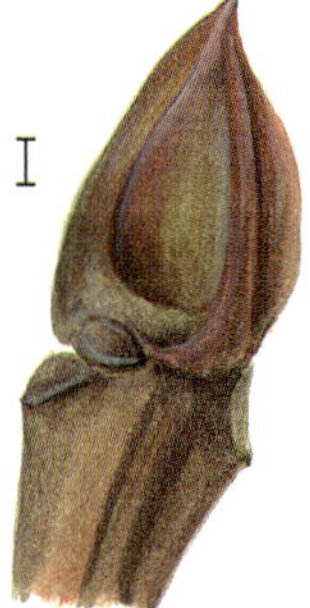

Staphylea pinnata
Endständige Seitenknospe: Knospenschuppen zu einer Hülle verwachsen

Staphylea pinnata
Samen

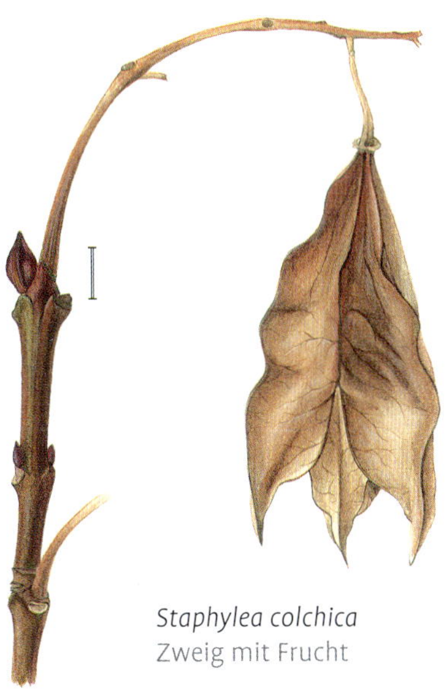

Staphylea colchica
Zweig mit Frucht

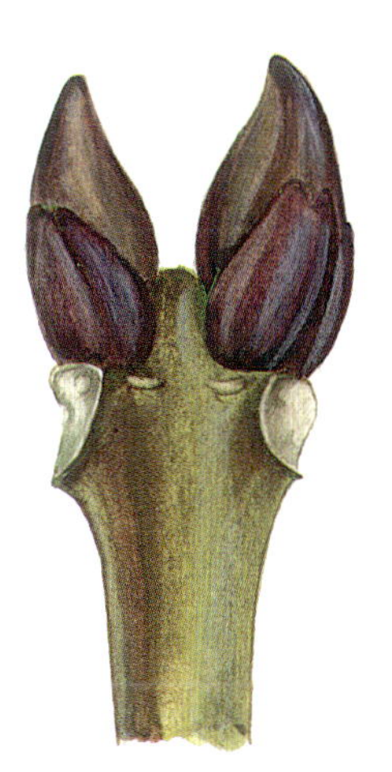

Staphylea trifolia
Seitenknospen mit mehreren Seitenknospen

Staphylea trifolia
Zweigspitze

Staphylea trifolia **L., Amerikanische Pimpernuss**
Knospen länglich eiförmig bis kugelig, mit 4 äußeren braunroten Knospenschuppen, die ersten zwei bis etwa zur halben Höhe der Knospe reichend. **Zweige** glänzend olivgrün oder ± bräunlich, mit zahlreichen Lentizellen. **Rinde** wie bei den anderen Pimpernussarten ein typisches längsrissiges Muster entwickelnd. **Früchte** in kurzen überhängenden Ständen, meist dreilappig, 3–4 cm lang. Samen länglich, um 6 mm lang. Aufrechter, bis 5 m hoher, selten gepflanzter Strauch aus dem östlichen Nordamerika.
Selten ist die ostasiatische ***Staphylea bumalda*** DC. angepflanzt. Sie besitzt relativ dünne Zweige und ihre in den Winter erhaltenen zweizähligen, flachen Fruchtkapseln sind verhältnismäßig klein: nur wenig über 2 cm lang, die Samen um 4–5 mm lang.

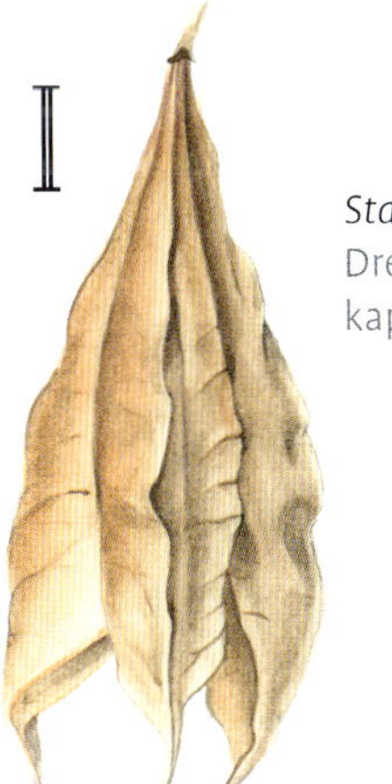

Staphylea colchica
Dreizählige Fruchtkapsel

Staphylea trifolia
Samen

Staphylea bumalda
Fruchtzweig

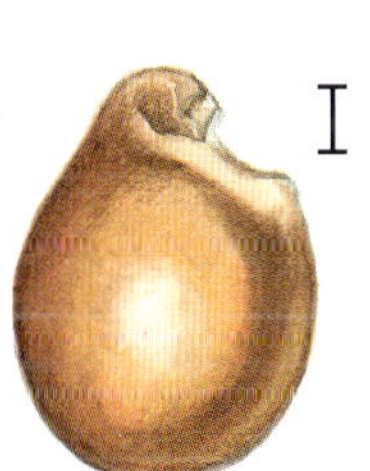

Staphylea colchica
Samen

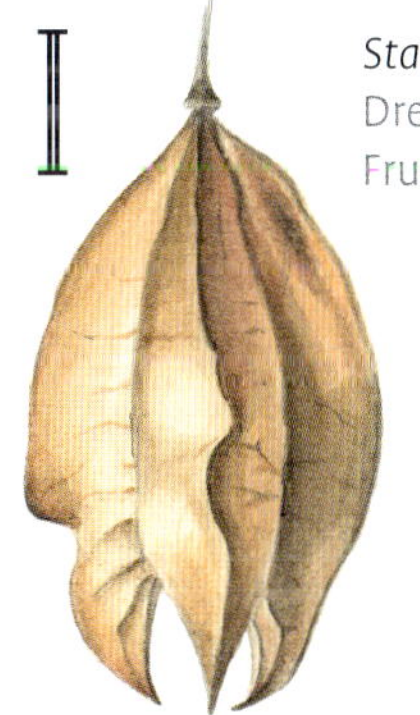

Staphylea trifolia
Dreizählige Fruchtkapsel

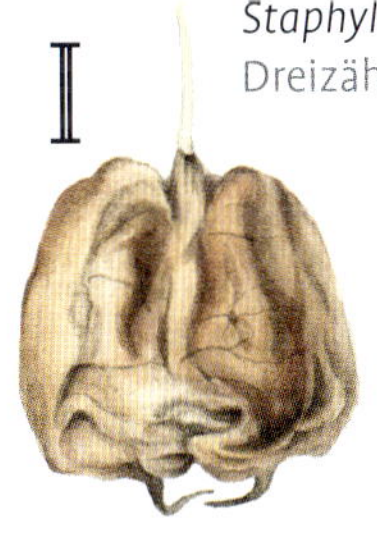

Staphylea pinnata
Dreizählige Fruchtkapsel

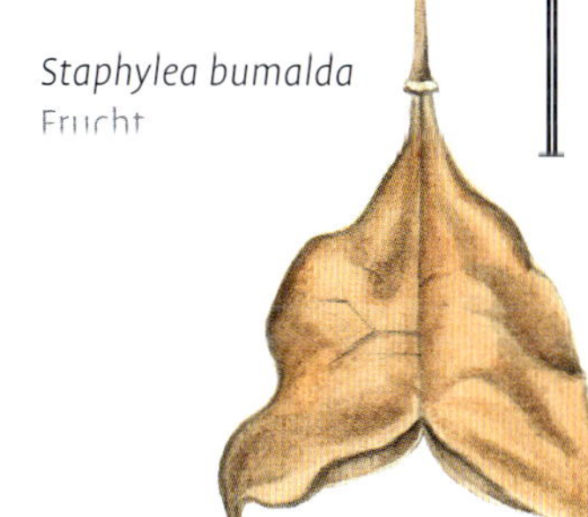

Staphylea bumalda
Frucht

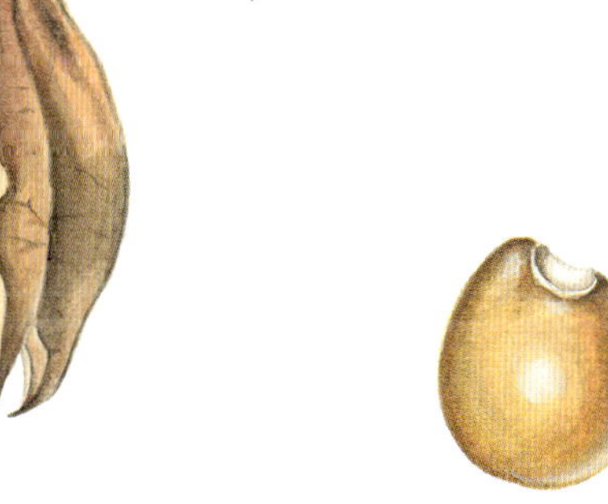

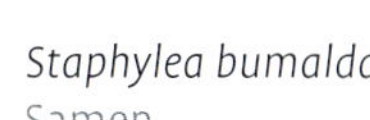

Staphylea bumalda
Samen

Familie Stachyuraceae, Perlschweifgewächse

Stachyurus praecox SIEB. & ZUCC., Japanischer Perlschweif
Endknospen meist vorhanden, um 3 mm lang; **Seitenknospen** wechselständig, etwa 2 mm lang, dem Zweig anliegend, in der Draufsicht eiförmig, in der Seitenansicht abgeflacht, mit 2–3 äußeren Knospenschuppen. **Zweige** dünn, kahl, glänzend, rot- bis olivbraun, lang und etwas bogig überhängend. **Blattnarbe** klein, dunkel, mit sehr undeutlichen Spuren, einer größeren zentralen und je einer kleineren zu beiden Seiten. **Blüte** früh, März bis April: kleine, bis 8 mm große, gelbliche Blüten in hängenden, 5–8 cm langen Ähren. Fruchtblätter kahl, nicht aus der Blüte ragend. Gelegentlich anzutreffender, 1–2 m hoher Strauch aus Japan.
Seltener ist ***Stachyurus himalaicus*** HOOK. f. & THOMSON (incl. *Stachyurus chinensis* FRANCH.) aus China in Kultur. Zweige meist ohne Endknospe. Fruchtblatt mit aus der Blüte ragener Narbe und fein behaartem Fruchtknoten.

Familie Thymelaeaceae, Seidelbastgewächse

Etwa 50 Gattungen mit knapp 900 Arten. Der Verbreitungsschwerpunkt liegt in der Südhemisphäre. Überwiegend Bäume und Sträucher, seltener Kräuter und Lianen. Aus der Gattung *Daphne* zwei sommergrüne Sträucher einheimisch, darüber mehrere Arten in Kultur, andere Gattungen werden sehr selten kultiviert. Meist unangenehm riechende, stark giftige Pflanzen.

Schlüssel Thymelaeaceae

1 Blattnarben mit einer Spur 2
1* Blattnarben die Seitenknospen umgreifend, mehrspurig ...... *Dirca palustris*
2 Knospen gelbgrün, fein behaart, Endknospe länglich, Blütenstandsknospen ca. 15 mm ∅, körbchenförmig .... *Edgeworthia chrysantha*
2* Endknospe eiförmig, wenn grün, ± kahl, Blütenstandsknospen nicht verschieden. .... ***Daphne***

Stachyurus praecox
Zweig mit Blütenähre

Stachyurus praecox
Einzelblüte

Stachyurus praecox
Seitenknospe

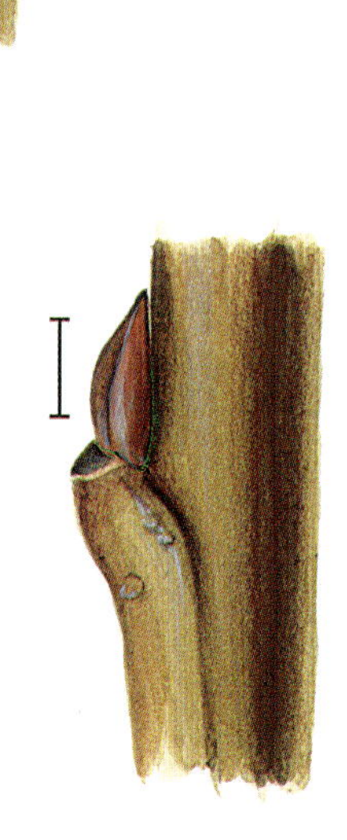

Stachyurus praecox
Seitenknospe

Daphne L., Seidelbast

Viele (halb-)immergrüne Arten und einige das Laub verlierende Arten. Die **Knospen** besitzen laminare Knospenschuppen, die **Blattnarben** sind immer einspurig. Kleine, 0,3–1,5 (–2) m hohe, in allen Teilen **giftige** Sträucher.

Schlüssel *Daphne*

1 Endknospe mit wenigen Schuppen, oft durch terminalen Blütenstand aufgebraucht 2
1* Endknospen vielschuppig, Blütenknospen achselständig, ± zahlreich unter der Endknospe .... ***Daphne mezereum***
2 Knospenschuppen verkahlt. Zweige dünn, rotbraun .. ***Daphne ×burkwoodii***
2* Knospenschuppen dicht behaart. Zweige kräftig, dunkel violettbraun .... ***Daphne alpina***

Sektion Mezereum

Blüten vor Laubausbruch, seitenständig, Hauptachse durchgehend.

Daphne mezereum L., Gewöhnlicher Seidelbast
Knospen in vegetative Endknospen, florale und vegetative Seitenknospen differenziert. **Endknospen** 7–9 mm lang, spitz kegelig, mit einigen spiraligen, dunkelbraunen, fein bewimperten und zugespitzten Knospenschuppen. **Blütenknospen** zur Zweigspitze gehäuft, 6–8 mm lang, schmal eiförmig, mit überwiegend grünen Knospenschuppen, nur basale ganz und mittlere an den Rändern dunkelbraun. Vegetative Seitenknospen klein, kugelig und dunkelbraun. **Zweige** graubraun, zerstreut behaart, verkahlend, älter mit zahlreichen korkigen Lentizellen. **Blüten** sehr früh, Februar bis März: 2–3 aus einer Blütenknospe, mit 5–7 mm langem, rosa bis purpurlilafarbenem, bei einigen Sorten auch weißem, Kelch. Von Sibirien und Kleinasien bis Europa verbreiteter, häufig angepflanzter, bis 1 m hoher, lockerer Strauch.

Sektion Daphnanthes

Blüten nach Laubausbruch in terminalen Ständen. Eine oder mehrere Seitenachsen übergipfeln das vom Blütenstand eingenommene vorjährige Triebende: dadurch ohne durchgehende Hauptachse.

Daphne alpina **L., Alpen-Seidelbast**
Knospen dunkel graubraun, Knospenschuppen zum Rand teilweise weinrötlich, dicht anliegend behaart. Endknospen eiförmig, 5–7 mm lang. Seitenknospen kugelig, vom Zweig abstehend, um 3 mm dick. **Zweige** dick und starr, violettbraun, glänzend, zerstreut behaart. Niederliegender, aufsteigender, bis 50 cm hoher kompakter Strauch. Verbreitung: in den Gebirgen Süd- und Mitteleuropas.

Daphne ×burkwoodii **Turill, Burkwoods Seidelbast**
[*Daphne caucasica × Daphne cneorum*]
Knospen: Seitenknospen 1–2 mm lang, von 2 Vorblattschuppen bedeckt; Endknospen oft fehlend, 4–5 mm lang, eiförmig, mit wenigen graubraunen bis olivgrünen, ± kahlen Knospenschuppen. **Zweige** orangebraun bis rotbraun, anfangs fein anliegend weiß behaart; ältere Zweige graubraun. Von den büscheligen Blütenständen finden sich oft die ± dicht behaarten Stielreste an den Triebenden und an der Basis der Verzweigungen: den vorjährigen Triebenden. Gelegentlich gepflanzter, 0,5–0,7 m hoher Strauch.

Daphne mezereum
Zweigspitze mit zahlreichen Blütenknospen

Daphne mezereum
Blütenknospen kurz vor der Entfaltung: Die Knospenschuppen sind bereits abgefallen

Daphne alpina
Zweig

Daphne alpina
Zweigspitze mit Endknospe

Daphne ×burkwoodii
Verzweigung: Detail

Daphne ×burkwoodii
Endknospe

Daphne ×burkwoodii
Seitenknospe

Daphne ×burkwoodii
Verzweigung entspringt unterhalb der vom vorjährigen Blütenstand aufgebrauchten Zweigspitze

Edgeworthia chrysantha LINDL., Papierstrauch
[*Edgeworthia papyrifera* SIEB. & ZUCC.]
Knospen wechselständige kleine und unauffällige, dicht behaarte Seitenknospen und längliche, ebenfalls dicht behaarte Endknospe, die von laubartigen Blättern umfasst wird. Über den Winter sind die achselständigen, unter der Spitze stehenden Blütenstandsknospen sichtbar: Zahlreiche Einzelblütenknospen stehen in einem etwa 1,5 cm breitem Körbchen, das von einigen hinfälligen Hochblättern eingefasst wird (ähnlich *Cornus nuttallii*, aber rein grün). **Zweige** dunkel mattgrün zur Spitze, tiefer bräunlich, unterschiedlich dicht, lang anliegend behaart. Älter graubraun und abblätternd. **Blattnarbe** halbrund, Seitenknospe kaum umgreifend, mit einer Spur am oberen Rand. Bis 2,5 m hoher Strauch aus Ostasien.

Dirca palustris L., Bleiholz, Lederholz
Ohne Endknospen, **Seitenknospen** spiralig, halbkugelig, nackt, teilweise zweispitzig, mit 4 dunkelsilbrig behaarten Blättern. **Zweige** sehr biegsam, grau bis rotbraun, kahl, mit relativ vielen hellen, fast weißen Lentizellen. Sehr knotig durch über die Zweigoberfläche stehenden Blattkissen. **Blattnarbe** sehr breit, die Knospe umgreifend, mit 5 Spuren. **Mark** voll, locker. Sehr selten gepflanzter, um 1,5 m hoher Strauch aus dem Osten Nordamerikas.

Edgeworthia chrysantha
Zweigspitze mit Blütenstandsknospen

Familie Malvaceae, Malvengewächse

Schlüssel Malvaceae

1 Sträucher 2
1* Knospen kahl oder sternhaarig, Nebenblätter hinfällig, Bäume . . . . ***Tilia***
2 Zweige graubraun, Knospen sichtbar, dicht behaart, Nebenblätter bleibend . . . . *Grewia*
2* Zweige hell ockerbraun, Knospen unter Blattkissen verborgen, Zweige am Ende mit Fruchtkapseln . . . . ***Hibiscus***

Grewia biloba
Seitenknospe flankiert von Nebenblättern

Unterfamilie Grewioideae

Grewia biloba D. DON, Grewie
Knospen nur zweizeilige, meist schief über der Blattnarbe stehende Seitenknospen: 1–3 mm lang, kugelig-eiförmig bis länglich zugespitzt, von 2 äußeren dunkelbraunen, kurz behaarten Schuppen unvollständig bedeckt, darunter dicht und lang hellocker behaart. **Zweige** dünn, braun bis graubraun, anfangs sternhaarig. **Blattnarben** fast kreisrund bis halbrund, mit einer Spur. Neben der Blattnarbe bleiben meist die fädigen Nebenblätter des Tragblattes. Sie fallen besonders an den Zweigspitzen auf, wo die Internodien sehr kurz sind und Knospen dicht aufeinanderfolgen. Selten gepflanzter, wärmebedürftiger, bis 2,5 m hoher Strauch aus Ostchina.

Unterfamilie Tilioideae

Meist Gehölze, seltener krautig. Triebende oft absterbend, Seitenknospen nackt oder mit Knospenschuppen bedeckt, meist zweizeilig. Weltweit verbreitet.

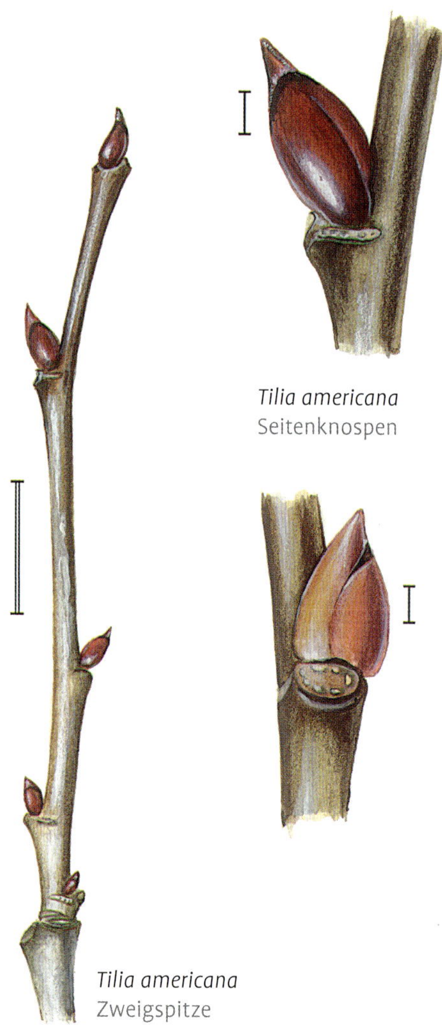

Tilia americana
Seitenknospen

Tilia americana
Zweigspitze

Tilia platyphyllos
Behaarte Zweigspitze

Tilia cordata
Kahle Zweigspitze

Tilia L., Linde

Knospen zweizeilig am Zweig, meist ± schief über der Blattnarbe. Das Triebende stirbt am Ende der Vegetationsperiode ab: Das Wachstum setzt in der nächsten Vegetationsperiode die oberste Seitenknospe fort. Mit wenigen Schuppen: zwei äußerlich sichtbare, einfache Vorblattschuppen und meist nicht sichtbare, innere Nebenblattschuppen. Neben einer Knospe befindet sich häufig ein Fruchtstand oder – wenn abgefallen – eine einspurige Narbe. Die Knospe steht dann in der Achsel des untersten Hochblattes des Fruchtstandes, welches schuppenförmig wie die Knospenschuppen ausgebildet ist und nicht mit dem Fruchtstand abfällt. Solche Knospe besitzt dadurch eine Schuppe mehr, als eine in der Achsel eines Laubblattes angelegte. Zur Bestimmung werden die in Laubblattachseln angelegten herangezogen.
Blattnarben 3-, seltener 5- oder vielspurig, mit schmalen bis ovalen Nebenblattnarben, diese oft mit mehreren kleinen nebeneinander liegenden punktförmigen Spuren.
In den wärmeren gemäßigten Breiten verbreitete Bäume. Zwei Arten einheimisch und mehrere häufiger gepflanzt. Daneben finden sich, besonders im Siedlungsbereich, zahlreiche, schwer bestimmbare Hybriden.

Schlüssel *Tilia*

1 Zweige dicht filzig sternhaarig 6
1* Zweige kahl oder einfach behaart 2
2 Knospen und Zweige überwiegend grün 3
2* Knospen und Zweige überwiegend rötlich-rotbraun 4
3 Zweige behaart . . . . . ***Tilia platyphyllos***
3* Zweige kahl . . . . ***Tilia ×euchlora***
4 Knospen eiförmig mit breit abgerundeter Spitze 5
4* Knospen etwas zugespitzt, in der Draufsicht ± dreieckig . . . . . ***Tilia americana***
5 Knospen gedrungen eiförmig, mit 2 Schuppen, die unterste über die halbe Höhe der Knospe reichend, Zweige kahl, Fruchtstände bleibend, Früchte über dem Hochblatt . . . . ***Tilia cordata***
5* Knospen länglich eiförmig, oft zugespitzt, mit 3 äußeren Schuppen: unterste weniger als halbe Knospenhöhe erreichend; Zweige ± behaart; Fruchtstände hinfällig . . . . ***Tilia platyphyllos***
6 (1) Äste streng aufrecht . . ***Tilia tomentosa***
6* Äste überhängend . . . . ***Tilia tomentosa* 'Petiolaris'**

Tilia americana L., Amerikanische Linde
Knospen vom Zweig abstehend, eiförmig-zugespitzt, um 5–6 mm hoch und 3 mm breit, mit 2 äußeren **Knospenschuppen**: die erste umgreift die innere basal fast ganz und reicht weit über die halbe Knospenhöhe, lichtseits kräftig weinrot, schattenseitig ockergelb bis grünlichgelb, glänzend, schmal dunkel berandet und etwas bewimpert. **Zweige** anfangs braun, mit grauer Epidermis und einigen unauffälligen Lentizellen; zweijährig überwiegend hell grau bis braun, weißlich überzogen von toter Epidermis, mit länglich aufreißenden dunklen Lentizellen. **Blattnarbe** oval, mit einigen ungleich großen Spuren, benachbart von 2 schmalen Nebenblattnarben mit bis 5 nebeneinander liegenden punktförmigen Spuren. Gelegentlich anzutreffender, bis 40 m hoher Baum aus Nordamerika.

Tilia platyphyllos Scop., Sommer-Linde
Knospen 6–8 mm lang, eiförmig, mit (2–) 3 äußeren, grünen bis orangebraunen, nur in der Sonne roten Knospenschuppen, von denen die unterste meist nicht bis zur Mitte der Knospe reicht. **Zweige** grün bis olivgrün, in der Sonne etwas rötlich, ± abstehend dünn behaart. **Lentizellen** zerstreut, klein, ockerbraun. **Blattnarben** braun, dreispurig, mit Nebenblattnarben. **Fruchtstände** hängend, mit bis 5, fünfkantigen über 8 mm langen Früchten, meist früh als Ganzes abfallend. **Rinde** längsrissige, dicht gerippte Borke. Häufiger, bis 40 m hoher, von Mittel- und Osteuropa bis Vorderasien verbreiteter Baum.

Tilia cordata Mill., Winter-Linde
Knospen 4–6 mm lang, kurz eiförmig, mit 2 (–3) rötlich-weinroten, nur im Schatten etwas grünlichen Knospenschuppen, die unterste meist weit über die halbe Höhe der Knospe reichend. **Zweige** kahl, braunrot und im Schatten grünlich, mit zahlreichen Lentizellen. **Blattnarben** 3 (–5)-spurig, mit kleinen Nebenblattnarben. **Borke** längsrissig und dicht gerippt. **Fruchtstände** während des Winters bleibend, mit 5–7 schwach kantigen, über dem Hochblatt stehenden Früchtchen. Häufiger, bis 40 m hoher, breitkroniger Baum, verbreitet von Europa bis nach Vorderasien und Westsibirien.

Tilia ×europaea L., Holländische Linde
[*Tilia ×vulgaris* HAYNE]
[*Tilia cordata × Tilia platyphyllos*]
Sehr häufig ist die Hybride zwischen den beiden vorhergehenden Arten anzutreffen. Sie zeigt alle Übergänge zwischen den Elternarten. Häufig gepflanzt ist die Sorte 'Pallida', die Kaiser-Linde, erkennbar an dem für Linden untypisch durchgehenden Stamm.

Tilia ×euchlora K. KOCH, Krim-Linde
[*Tilia cordata × Tilia dasystyla* STEVEN]
Knospen eiförmig, 5–6 mm lang, kahl, mit 2 (–3) relativ hell olivgrünen bis gelbgrünen, selbst lichtseits kaum geröteten Knospenschuppen. **Zweige** kahl, anfangs ebenfalls überwiegend kräftig grün und nicht gerötet. **Lentizellen** zerstreut, klein und ± rund, später länglich aufreißend, korkig, sich fein netzförmig verbindend. Bis 20 m hoher, häufig gepflanzter Baum.

Tilia tomentosa MOENCH, Silber-Linde
Knospen 4–6 mm lang, eiförmig, dunkelgrün bis olivbraun, dicht mit Sternhaaren besetzt. **Zweige** dunkel olivgrün bis ockergrün, wenigstens anfangs ± dicht filzig von Sternhaaren bedeckt. **Lentizellen** anfangs undeutlich, später länglich aufreißend. **Blattnarben** abgerundet halbkreisförmig, mit 3 Spuren und 2 Nebenblattnarben. Sehr häufig gepflanzter, bis 30 m hoher Baum aus Südosteuropa. Die sich durch überhängende Zweige unterscheidende Form **'Petiolaris'**, die **Hänge-Silber-Linde,** wird auch als eigene Art angesehen [*Tilia petiolaris* DC.].

Unterfamilie Malvoideae

Hibiscus syriacus L., Rosen-Eibisch
Knospen sehr klein und unauffällig, unter der Tragblattnarbe und den zwei Vorblattresten ± verborgen. Die Vorblattreste bestehen aus dem Blattgrund mit deutlicher Oberblattnarbe und fädigen Nebenblättern. **Zweige** behaart, verkahlend, hellbraun bis graubraun; mit kleinen, hellen warzigen Lentizellen. **Blattnarben** auf deutlichen Kissen, 3 (–5)-spurig. Neben der Blattnarbe kurze fädige Nebenblättchen oder kleine rundliche Nebenblattnarben. Von den Blattnarbenrändern laufen zwei feine Leisten herab. **Früchte** an den Triebenden gehäufte, achselständige, 2–3 cm lange, gelbockerbraune bis graugrüne, trockene, 5-klappige Kapseln. Spät abfallend und dann große runde,

Tilia ×europaea
Zweig

Tilia ×europaea
Zweigspitze

Tilia tomentosa
Seitenknospe

Tilia tomentosa
Zweigspitze

Tilia ×euchlora
Zweig auffallend gelbgrün. Neben der obersten Knospe mit Fruchtstandsrest

Hibiscus syriacus
Zweigspitze mit Früchten: große 5-klappige Kapseln

Cotinus coggygria
Bereifte Zweigspitze

Hibiscus syriacus
Seitenknospe

Rhus glabra
Zweig mit Fruchtstandsrest

Rhus glabra
Von Blattnarbe umgriffene Seitenknospe

waagerechte Narben hinterlassend. Aus Süd- und Ostasien stammender, häufig gepflanzter, in Südeuropa stellenweise eingebürgerter, 2–3 m hoher Strauch.

Familie Anacardiaceae, Sumachgewächse

Bäume und Sträucher, oft aromatisch, mitunter giftig. Fortsetzungswachstum monopodial aus einer Endknospe oder pleiochasial aus mehreren Seitenknospen, auffällig beim häufigen Essigbaum, *Rhus typhina*.

Schlüssel Anacardiaceae

1 Knospen mit Knospenschuppen, Zweige bereift, Holz gelb . . . ***Cotinus coggygria***
1* Knospen nackt 2
2 Zweige mit Endknospen . *Toxicodendron*
2* Ohne Endknospen . . . . ***Rhus***

Cotinus coggygria Scop., Perückenstrauch
Knospen bläulichviolett bereift. Endknospen mit zahlreichen spiralig-dachziegeligen Knospenschuppen. Seitenknospen wechselständig, äußerlich von zwei klappigen Vorblattschuppen geschützt. **Zweige** orange bis dunkelbraun, besonders unterhalb der Knospen auch bereift. **Lentizellen** zerstreut, zweigfarben. **Holz** kräftig gelb. Im Winter oft noch mit Fruchtstandsresten: große lockere Rispen mit lang abstehend behaarten Fruchtstielen (Name), die eigentlichen Früchte unauffällig klein. Häufig gepflanzter, breiter Strauch, seltener kleiner Baum bis 8 m Höhe; natürlich von Südosteuropa bis Mittelchina.

Rhus L., Sumach

Große Sträucher, seltener Bäume. **Blattnarben** wechselständig, die kleinen, nackten Seitenknospen umgreifend; Endknospen fehlen. **Früchte** in endständigen kompakten Rispen oder in Ähren an achselständigen Kurztrieben.

Schlüssel *Rhus*

1 Zweige kahl . . . . *Rhus glabra*
1* Zweige behaart . . . . ***Rhus typhina***

Rhus glabra L., Kahler Sumach
Seitenknospen ohne Knospenschuppen, dicht hell ockerbraun, kurz anliegend behaart, stumpf kegelförmig. **Blattnarbe** breit, dunkelgrau bis schwärzlich, die Knospe weit

umgreifend, mit drei undeutlichen Gefäßbündelspuren. **Zweige** kahl, orangebraun bis grau, blauweiß bereift. **Lentizellen** zerstreut, klein und dunkel. **Mark** sehr weit, hellgelb. **Fruchtstände** lange erhalten bleibend: behaarte Rispen, mit zahlreichen anfangs scharlachroten, später stumpfroten bis olivbraunen flaumhaarigen Früchten. Seltener, 3–5 m hoher, aufrechter Strauch aus Nordamerika.

Rhus typhina **L., Hirschkolben-Sumach, Essigbaum**
Seitenknospen nackt, hell orangebraun bis ockerbraun, etwas länger als *Rhus glabra* behaart, stumpf kegelförmig bis halbkugelig. **Blattnarbe** relativ schmal, die Knospe weit umgreifend. **Zweige** orange- bis rotbraun, dicht behaart. **Lentizellen** klein, zweigfarben und kaum auffallend. **Mark** ockergelb. **Fruchtstände**: sehr dichte kompakte Rispen, den Winter und darüber hinaus erhalten bleibend: Früchte dunkelrot, dicht behaart. Sehr häufig gepflanzter, aufrechter Strauch oder kleiner Baum bis 10 m Höhe aus dem östlichen Nordamerika.

Toxicodendron MILL., Giftsumach

Blüten erscheinen lange nach dem Laubausbruch in achselständigen Rispen. Hierher gehören die sehr selten gepflanzten, sehr giftigen (!) Arten: *Toxicodendron vernicifluum*, Lack-Sumach, ein aufrechter Baum aus Ostasien sowie die aus Nordamerika stammenden Gift-Sumach-Arten *Toxicodendron radicans* (L.) KUNTZE, ein mit Haftwurzeln kletternder Strauch, und *Toxicodendron pubescens*, ein durch Ausläufer kriechender, niedriger Strauch mit aufsteigenden Zweigen.

Schlüssel *Toxicodendron*

1 Straff aufrechter Baum .... *Toxicodendron vernicifluum*
1* Kleinere oder kletternde Sträucher ... 2
2 Mit Haftwurzeln kletternder Strauch .... *Toxicodendron radicans*
2* Kriechender bis aufrechter Strauch .... *Toxicodendron pubescens*

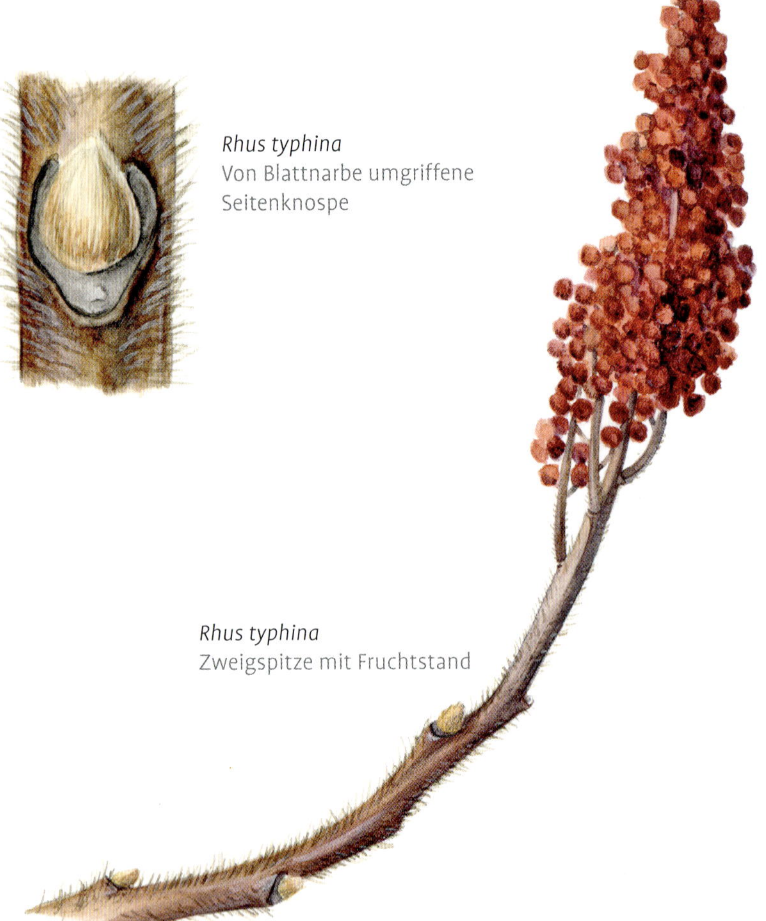

Rhus typhina
Von Blattnarbe umgriffene Seitenknospe

Rhus typhina
Zweigspitze mit Fruchtstand

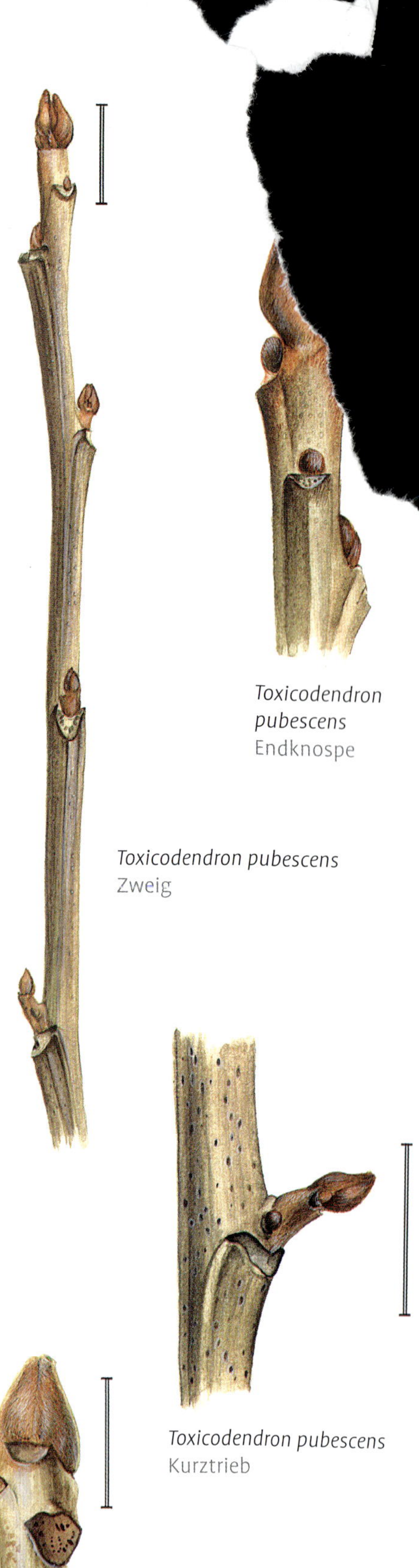

Toxicodendron pubescens
Endknospe

Toxicodendron pubescens
Zweig

Toxicodendron pubescens
Kurztrieb

Toxicodendron vernicifluum
Endknospe

Toxicodendron pubescens MILL., Amerikanischer Giftsumach
[*Rhus toxicodendron* L., *Toxicodendron quercifolium* (MICHX.) GREENE]
Knospen nackt, dicht ockerbraun behaart. Endknospen 6–8 mm lang, zwiebelförmig, von 3 (–4) Knospenblättchen umschlossen. Seitenknospen 3–5 mm, oft gestielt (am Ende kurzer Triebe), mit Stiel 8 (–10) mm lang. **Zweige** graubraun, kahl, nur unterhalb der Endknospen wie diese ockerbraun behaart; leicht kantig-furchig; mit zahlreichen sehr kleinen Lentizellen. **Blattnarben** groß, dunkelgrau bis hellbraun, mit vielen Gefäßbündelspuren (etwa 9). Niedriger, bis 50 cm hoher, sich mit Ausläufern ausbreitender Strauch aus den USA.

Toxicodendron vernicifluum (STOKES) F.A. BARKLEY, Lack-Sumach
[*Rhus verniciflua* STOKES]
Endknospe bis etwa 10 mm lang und 6 mm dick, unregelmäßig stumpf kegelig, nackt, dicht fein anliegend, ockerbraun behaart. **Zweige** dick: um 8 mm ∅ und starr, hell grau bis olivgrau, mit zahlreichen ockerbraunen Lentizellen. **Blattnarben** groß, oval bis wappenförmig, mit vielen unregelmäßig angeordneten Spuren. In den Achseln der Blattnarben oft Fruchtstandsreste oder -narben. Selten gepflanzter, 10–20 m hoher Baum aus Japan und Mittelchina.

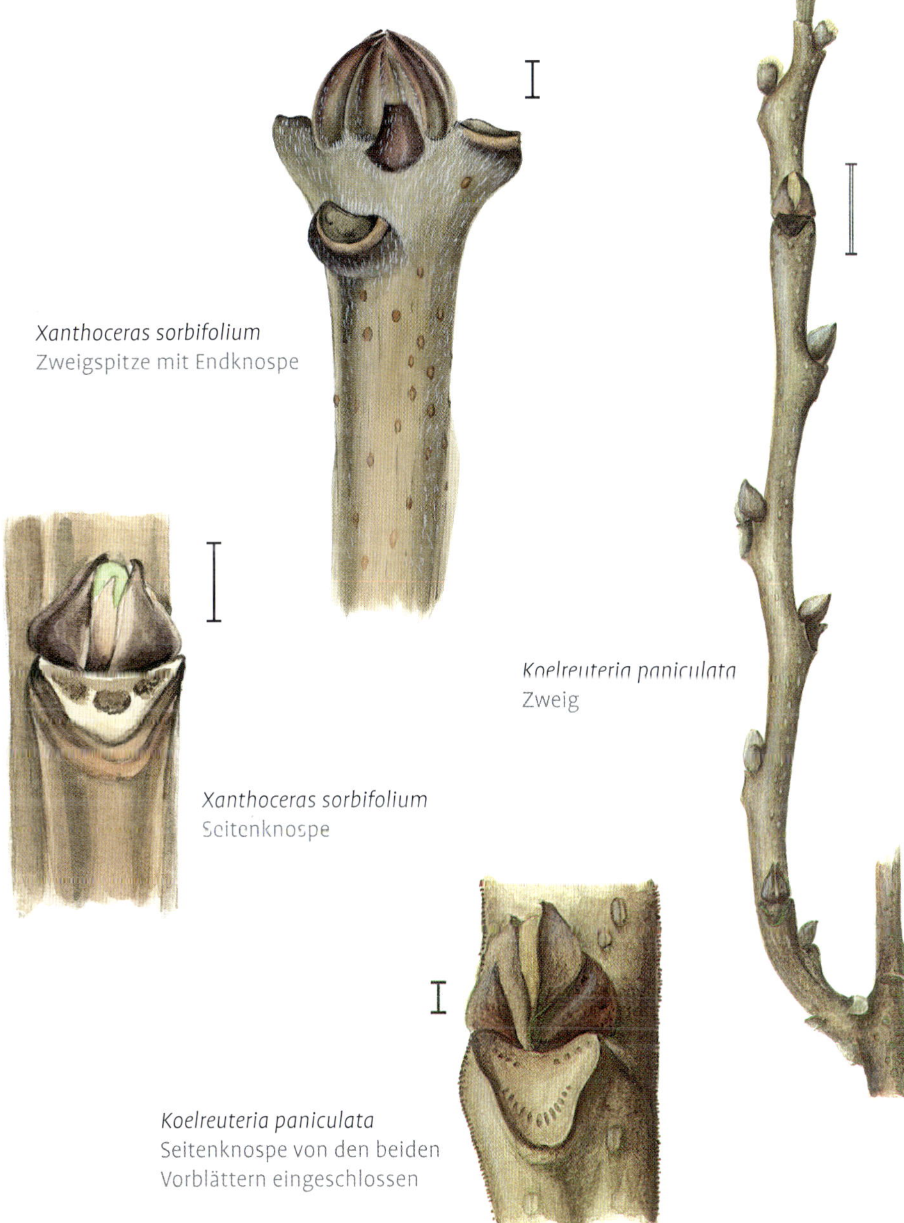

Xanthoceras sorbifolium
Zweigspitze mit Endknospe

Xanthoceras sorbifolium
Seitenknospe

Koelreuteria paniculata
Zweig

Koelreuteria paniculata
Seitenknospe von den beiden Vorblättern eingeschlossen

Familie Sapindaceae, Seifenbaumgewächse

Nur wenige Arten der überwiegend in den Tropen und Subtropen verbreiteten Familie winterhart. Hierher gehören die früher in eigenen Familien geführten Gattungen Ahorn (*Acer*) und Rosskastanie (*Aesculus*).

Schlüssel

1 Blattnarben und Seitenknospen gegenständig 2
1* Blattnarben und Seitenknospen wechselständig 5
2 Knospen nackt . . . . *Dipteronia*
2* Knospen mit Knospenschuppen 3
3 Knospen unter 1,5 cm lang 4
3* Endknospen über 1,5 cm lang. . ***Aesculus***
4 Knospen mit weißem Wachs;, an den Triebspitzen bleibende Fruchtstandspindeln; sehr breit wachsender, großer Strauch . . . . ***Aesculus parviflora***
4* Merkmale anders . . . . ***Acer***
5 Baum ohne Endknospe . . . ***Koelreuteria***
5* Strauch, Zweige mit Endknospe . . . . *Xanthoceras*

Xanthoceras sorbifolium BUNGE, Gelbholz
Endknospen von etwa 8, bis zur Knospenspitze reichenden Schuppen eingeschlossen, **Seitenknospen** fast vollständig von den beiden Vorblättern bedeckt. Schuppen braun, glänzend, am Grund auch grünlich, verkahlend. Kräftige einjährige **Zweige** bis etwa 5 mm dick, Rinde graubraun, anfangs fein weißlich behaart, fein länglich rhombisch aufreißend, mit zahlreichen ockerbraunen Lentizellen. **Mark** kompakt, relativ weit, ockerfarben. **Blattnarben** besonders zur Zweigspitze auf großen Blattkissen, abgerundet dreieckig, mit schmalem, ockerfarbenem Saum, mit 3 Spuren oder Spurengruppen. Selten gepflanzter, bis 7 m hoher Strauch oder kleiner Baum aus Nordchina.

Koelreuteria paniculata LAXM., Blasenesche
Knospen: nur wechselständige Seitenknospen, breit dem Zweig ansitzend, 4–5 mm lang und ebenso breit, von 2 ± zugespitzten Knospenschuppen bedeckt. Knospenschuppen dunkel graubraun, locker behaart, nach der Entfaltung nicht abfallend und später an der Triebbasis älterer Zweige sitzend. **Zweige** kurz locker behaart, bräunlich bis hellgrau, mit einigen rundlichen, warzigen Lentizellen. **Blattnarbe** dunkel, abgerundet dreieckig, mit vielen Spuren. **Früchte** zahl-

reich, in großen endständigen Rispen über den Winter bleibende, 3–4 cm lange, dreikantige, blasige, dünnwandige Kapseln mit 3 kugeligen, schwarzen Samen. Häufig gepflanzter, 8 bis 15 m hoher Baum aus Nordchina und Korea.

Aesculus L., Rosskastanie

Knospen meist relativ groß, mit einfachen Knospenschuppen. Seitenknospen gegenständig. **Zweige** kräftig. Jung Fortsetzungswachstum monopodial aus Endknospen. Bei Erreichen des Blühalters verbrauchen die Blütenstände oft die Triebspitze und es bleiben zwei Seitenknospen, die das Wachstum im nächsten Jahr fortsetzen. **Blattnarben** mit mehreren Blattspuren (3–9); gegenüberliegende Blattnarben durch eine Linie miteinander verbunden. Bäume und Sträucher der gemäßigten nördlichen Breiten, meist in den Gebirgen verbreitet.
Die baumförmigen Arten sind durch Knospenform und -größe unverwechselbar.
Die strauchförmige *Aesculus parviflora* kann hingegen leicht mit Ahornarten verwechselt werden. Sie unterscheidet sich vor allem durch ihre Wuchsform und die bleibenden Fruchtstandspindeln von den meisten Arten.

Schlüssel *Aesculus*

1 Knospen schwach bis stark klebrig, rotbraun bis dunkel grün-braun 2
1* Knospen nicht klebrig, hellbraun bis gelbbraun 3
2 Knospen sehr stark klebrig und glänzend, kräftig rotbraun gefärbt . . . . ***Aesculus hippocastanum***
2* Knospen dunkel olivgrün-braun, leicht klebrig . . . . ***Aesculus ×carnea***
3 Knospenschuppen glatt und eng an der Knospe anliegend 4
3* Spitzen der scharf gekielten Knospenschuppen leicht abstehend . . . . *Aesculus glabra*
4 Meist strauchförmig 5
4* Baumförmig, Knospenschuppen teilweise rosa berandet . . . . ***Aesculus flava***
5 Knospen stumpf, breit wachsende Sträucher . . . . ***Aesculus parviflora***
5* Knospen zugespitzt, bis 4 m hohe Sträucher, selten baumförmig . . *Aesculus pavia*

Sektion Aesculus, Echte Rosskastanien

Aesculus hippocastanum L., Gewöhnliche Rosskastanie
Knospen rot- bis dunkelbraun und stark klebrig. Endknospen um 2 cm lang, zugespitzt eiförmig: Blütenknospen dicker als Blattknospen. Seitenknospen kleiner, etwas vom Zweig abstehend und mitunter leicht gestielt. **Zweige** dick, grau-braun. In der Jugend Zweige aufstrebend, durch außenseitige Förderung und Winkelsummierung ältere Zweige in den unteren Bereichen der Krone oft überhängend und an den Spitzen wieder bogenförmig aufstrebend. **Blattnarben** wappenförmig mit (5–) 7–9 hufeisenförmig angeordneten Gefäßbündelspuren. **Rinde** kleinschuppig, abblätternd. Bis 25 m hoher Baum aus dem Balkan, schon 1576 nach Mitteleuropa eingeführt und heute sehr verbreitet.

Aesculus ×carnea HAYNE, Rote Rosskastanie
[*Aesculus hippocastanum × Aesculus pavia*]
Zwischen den Eltern stehend. Knospen nur leicht klebrig, grünoliv-dunkelbraun. Endknospen 1,5–2 cm lang. Bis 20 m hoher Baum. Meist auf *Aesculus hippocastanum* veredelt, aber langsamer als die Unterlage wachsend und bei älteren Exemplaren häufig mit starken Durchmesserunterschieden. Neben der Gewöhnlichen Rosskastanie häufigste gepflanzte Rosskastanie.

Sektion Pavia, Pavien

Aesculus pavia L., **Echte Pavie**
Knospen mit ockerbraunen, dunkler berandeten Knospenschuppen; ähnlich *Aesculus flava*, aber Knospenschuppen ohne rosa Saum. Endknospen 1,2–1,5 cm lang. **Zweige** kahl (bei var. ***discolor*** (PURSH) TORR. & GRAY. Triebe weich behaart), hell graubraun mit zerstreuten Lentizellen. **Rinde** glatt, dunkelbraun. Aus Nordamerika stammender, gelegentlich anzutreffender, 1–4 m hoher Strauch oder – nur wenn auf andere Arten gepfropft – auch bis 12 m hoher Baum.

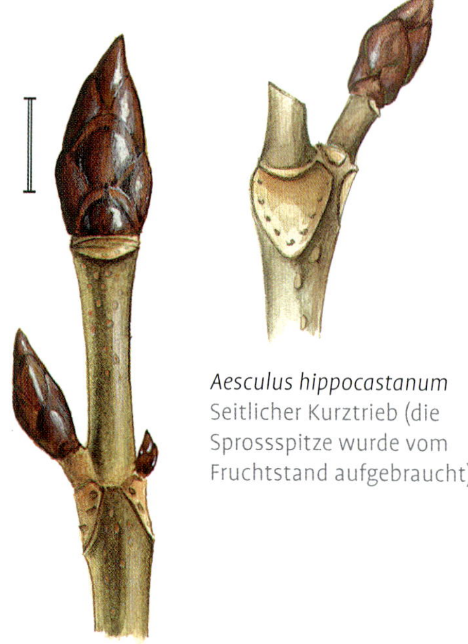

Aesculus hippocastanum
Seitlicher Kurztrieb (die Sprossspitze wurde vom Fruchtstand aufgebraucht)

Aesculus hippocastanum
Zweigspitze mit Endknospe

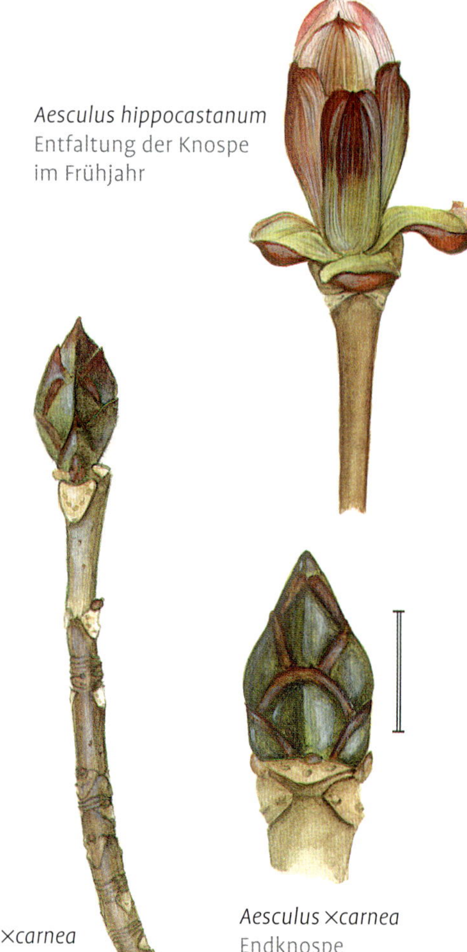

Aesculus hippocastanum
Entfaltung der Knospe im Frühjahr

Aesculus ×carnea
Zweig

Aesculus ×carnea
Endknospe

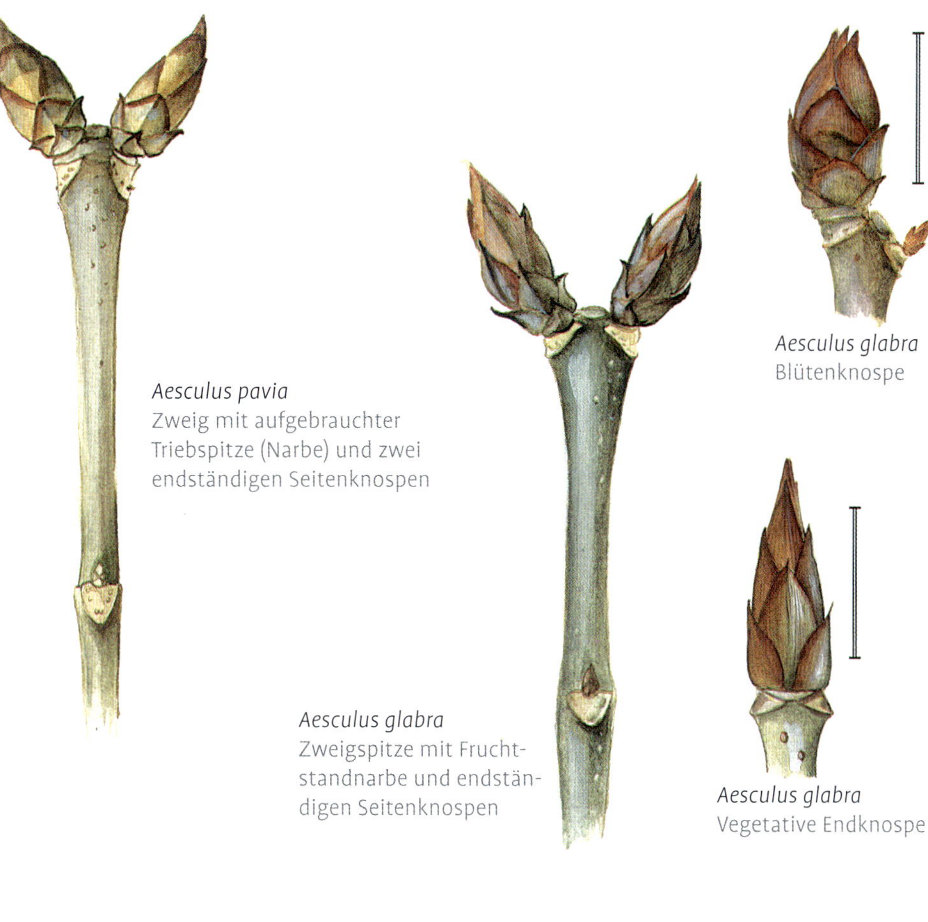

Aesculus pavia
Zweig mit aufgebrauchter Triebspitze (Narbe) und zwei endständigen Seitenknospen

Aesculus glabra
Zweigspitze mit Fruchtstandnarbe und endständigen Seitenknospen

Aesculus glabra
Blütenknospe

Aesculus glabra
Vegetative Endknospe

Aesculus glabra **WILLD., Ohio-Rosskastanie**
Knospen graubraun, mit außenseitig gekielten, zugespitzten, an den Enden abstehenden und an den Rändern bewimperten Knospenschuppen. Endknospen zugespitzt eiförmig, um 1,5 cm lang. Blütenknospen kürzer, gedrungen eiförmig. Knospen u. a. Teile zerrieben mit unangenehmem Geruch. **Zweige** rundlich, glänzend olivgrau, sonnenseits ± gebräunt, teilweise mit hell bläulich grauer Epidermis. **Rinde** an Stamm, Ästen und Zweigen fest anliegend, rissig und rau, korkig; sehr hell, weißlich bei der var. ***leucodermis***. Kleiner, selten gepflanzter, 10 (–20) m, in seiner Heimat, den östlichen USA, bis 30 m hoher Baum.

Aesculus flava **SOLAND., Gelbe Pavie, Appalachen-Rosskastanie**
[*Aesculus octandra* MARSH.]
Knospen zimt- bis ockerbraun und braun. Endknospen 1,2–1,5 cm lang. Knospenschuppen anliegend, zum Teil mit einem rosa Häutchen berandet. **Zweige** hellbraun, mit grauer Bereifung, zahlreichen kleinen Lentizellen und sechskantigem Mark. Bei älteren Bäumen Zweige überhängend. **Rinde** tiefbraun und glatt. Häufigste gelbblütige Art. Bis 25 (–30) m hoher Baum aus Nordamerika. Im Winter wohl nicht unterscheidbar ist die Naturhybride *Aesculus ×hybrida* DC. mit der Echten Pavie, *Aesculus pavia*.

Sektion Macrothyrsus

Aesculus parviflora **WALT., Strauch-Rosskastanie**
Knospen bis 1 cm lang und 5 mm dick, stumpf (nicht zugespitzt). Hellbraun, mit weißschuppigem Belag, aber nicht klebrig. **Zweige** grau bis hellbraun, mit zahlreichen Lentizellen. **Blattnarben** oft nur 3-spurig. Sehr ausgebreitet wachsender Strauch: Zweige basal niederliegend und bis 4 m hoch aufsteigend. Ein einzelnes Exemplar kann durch die sich bewurzelnden äußeren Zweige und Ausläufer große Flächen bis zu 10 (–30) m Durchmesser einnehmen. Häufig gepflanzte Art aus Nordamerika.

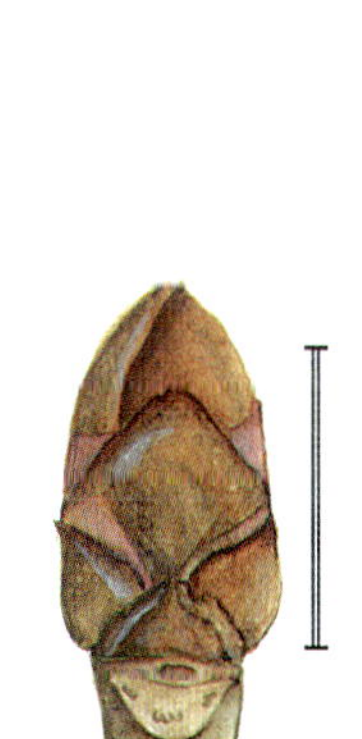

Aesculus flava
Endknospe

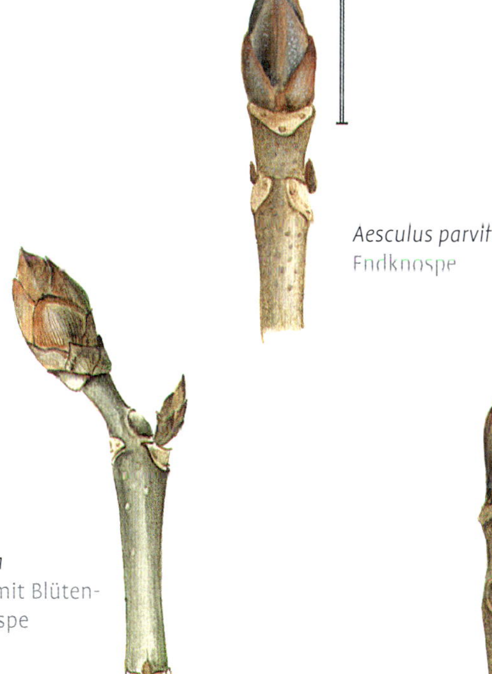

Aesculus parviflora
Endknospe

Aesculus flava
Zweigspitze mit Blüten- und Blattknospe

Aesculus flava
Endknospe

Aesculus parviflora
Endknospe

Dipteronia sinensis OLIV.
Knospen nackt, fein anliegend behaart, graubraun bis orangebraun, tlw. auch rotbraune und grünliche Töne. **Endknospe** bis 8 mm lang, äußere Blätter mit Fiederansätzen. **Seitenknospen** kleiner, dem Zweig anliegend. **Zweige** gerade, starr und steif, einjährige 3–4 mm dick, olivgrün, glatt glänzend, an den obersten Internodien minimal behaart, sonst kahl. Lentizellen zerstreut, hell ocker, deutlich. Rinde fein längsrissig, an zweijährigen Zweigen deutlicher, Risse rhombisch, heller als die matt graubraune Rinde. **Mark** weit, hell ockerbraun. **Blattnarben** wappenförmig, gegenständig, ± verbunden, 5-spurig. **Frucht**, wie bei *Acer* eine zweiteilige Spaltfrucht, die Teilfrüchte jedoch rings herum geflügelt. Selten gepflanzter, bis 10 m hoher Baum aus Mittelchina.

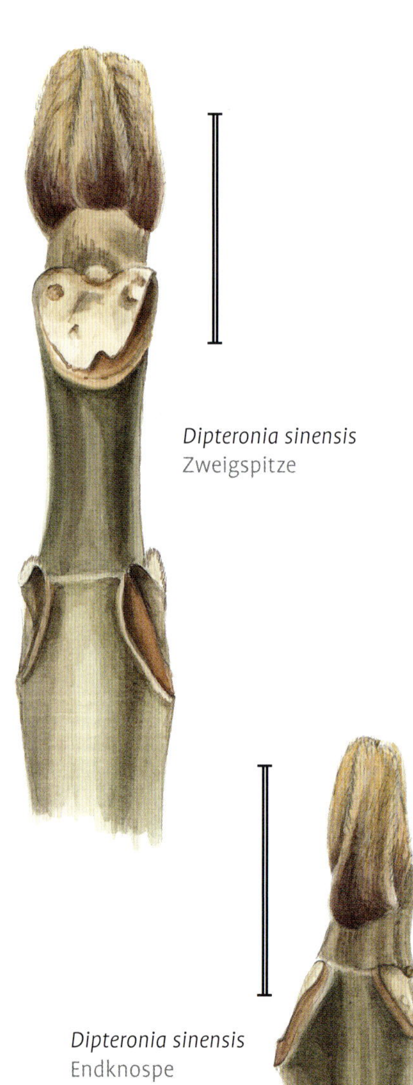

Dipteronia sinensis Zweigspitze

Dipteronia sinensis Endknospe

Acer L., Ahorn

Etwa 100–150 Arten in der nemoralen Zone, besonders gehäuft in den Gebirgen, im Süden bis in tropische Gebirge vordringend. Einige Arten einheimisch und viele Arten wegen ihres Schauwertes: z. B. Schlangenhaut-Ahorne mit ihrer interessanten Rinde und Fächer-Ahorne wegen der attraktiven Blattform und Herbstfärbung gepflanzt. Gemeinsam ist den Arten die gegenständige, sehr selten dreiwirtelige Blattstellung, bei der die Blattnarben eines Knotens zusammenstoßen oder mit einer Linie verbunden sind. Als Unterscheidungsmerkmale dienen: die Zahl der Knospenschuppen, die Knospengröße, die Ausbildung von Endknospen, Farbe, Behaarung und Bereifung der Knospen und Zweige; Lentizellen; Blattkissen, vorhandene Blattstielreste; Färbung und Struktur der Rinde; die Wuchsform und die, oft bis weit in den Winter an den Zweigen hängenden Früchte und Fruchtstände sowie bei früh (vor Blattaustrieb) blühenden Arten die Blüten und Blütenstände.
Die strauchförmigen Arten können mit *Viburnum*, mit *Aesculus parviflora* und mit Gattungen der Caprifoliaceae verwechselt werden.

Schlüssel *Acer*

1 Seitenknospen von den innen dicht behaarten Blattstielresten basal umschlossen, oft ohne Endknospe, Zweige jung ohne sichtbare Lentizellen . . . . Sektion **Palmata**
1* Blattnarben deutlich sichtbar 2
2 Knospen mit zwei klappigen äußeren Knospenschuppen 3
2* Mit mehr als zwei äußeren Knospenschuppen 7
3 Knospen ± gestielt, kahl 4
3* Knospenschuppen ± behaart 6
4 Zweige und Stämme mit auffallend gestreifter Rinde . . . . Sektion **Macrantha**
4* Rinde nicht so 5
5 Zweige rot . . . . *Acer glabrum*
5* Zweige grün bis braun, weiß bereift . . . . ***Acer negundo***
6 Neben der Endknospe meist zwei große Seitenknospen . . . . *Acer cissifolium*
6* Meist ohne Endknospen *Acer spicatum*
7 Knospen mit wenigen Knospenschuppen: 2–4 (–5) Paaren 8
7* Knospen mit vielen Knospenschuppen: 5 oder mehr Paare 12
8 Knospen sehr klein (2–4 mm), auf großen Blattkissen, Sträucher . . . . Sektion **Ginnala**
8* Knospen selten so klein, oder auf schwach entwickelten Blattkissen . . . 9
9 Gehäuft in den Achseln der Seitenknospen viele kugelige Blütenknospen, lange vor Laubausbruch erblühend, Bäume . . . . .Sektion **Rubra**
9* Seitenknospen ohne achsiläre Bereicherungsknospen 10
10 Oberstes Seitenknospenpaar groß und auf einer Höhe mit der Endknospe, Seitenknospen oft leicht gestielt, mit einem sich oft öffnenden Knospenschuppenpaar . . . . ***Acer negundo***
10* Knospen mit mehreren Knospenschuppen 11
11 Knospenschuppen mit Milchsaft, Seitenknospen meist anliegend . . . . Sektion **Platanoidea**
11* Ohne Milchsaft, Seitenknospen abstehend . . . . Berg-Ahorne
12 (7) Meist mehrstämmige kleine Bäume oder Sträucher 13
12* Große einstämmige Bäume . . . . *Acer saccharum*
13 Ungelappte Blätter, vertrocknet lange am Strauch bleibend; Knospen grün bis rot . . . . *Acer carpinifolium*
13* Knospen braun, oft sehr dunkel 14
14 Triebe kahl, Knospen braun . . . . Sektion **Acer**, Serie **Monspessulana**
14* Triebe behaart und/oder Rinde abblätternd, Knospen sehr dunkel . . . . Sektion Trifoliata

Berg-Ahorne

Die Knospen sind mittelgroß und in der oberen Hälfte oft leicht zugespitzt; von grün und grau-braun bis weinrot-violett gefärbt. Äußerlich sichtbare Knospenschuppen: (4–) 6–8 (–10). Blüten nach oder mit dem Laubaustrieb, in achselständigen Rispen, als Fruchtstandsreste oft in den Winter hinein erhalten bleibend.

Schlüssel Berg-Ahorne

1 Knospen grün, Knospenschuppen mit feinem, braunem Rand . . . . ***Acer pseudoplatanus***
1* Knospen weinrot . . . . *Acer heldreichii*

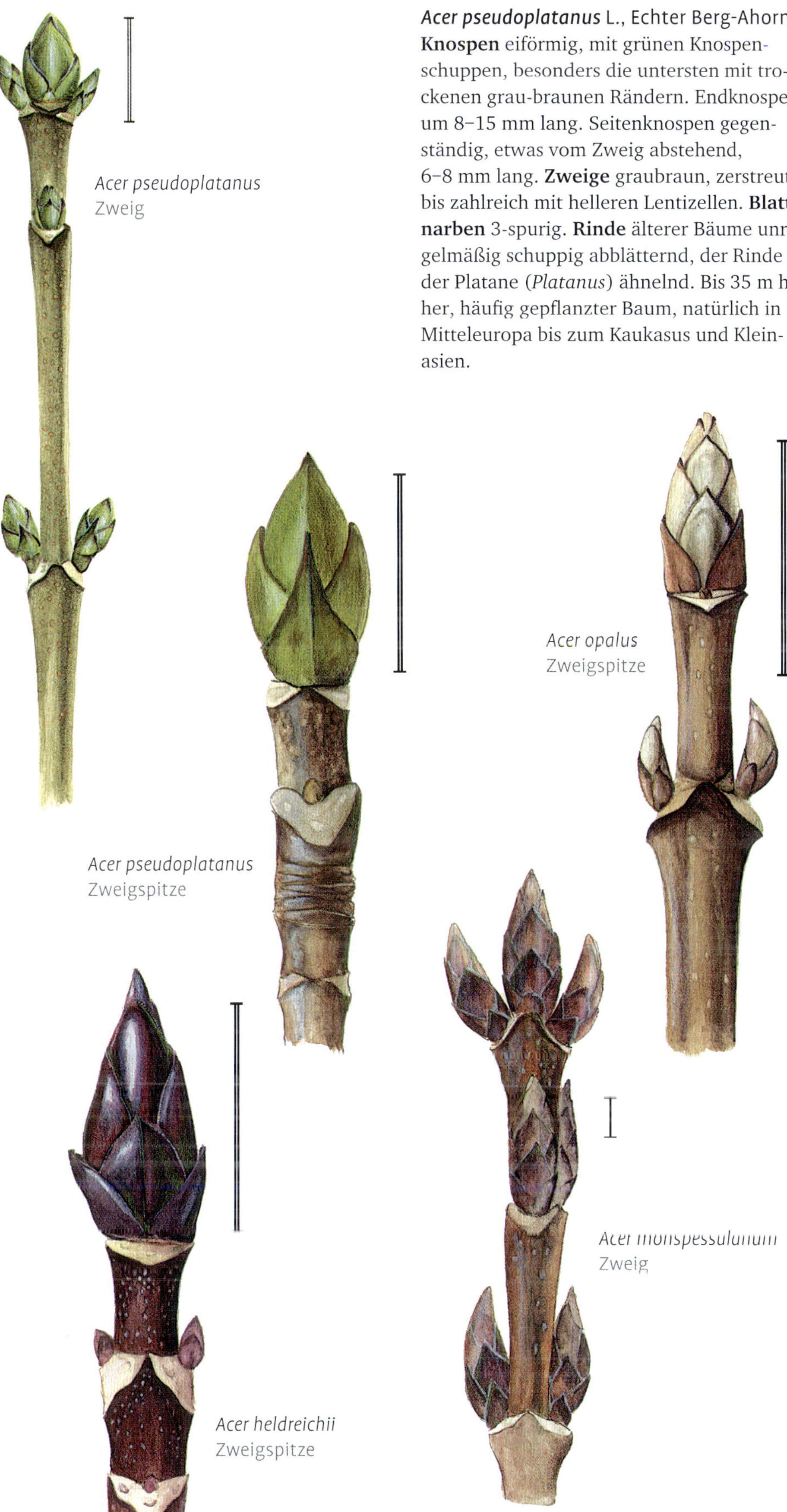

Acer pseudoplatanus Zweig

Acer pseudoplatanus Zweigspitze

Acer heldreichii Zweigspitze

Acer opalus Zweigspitze

Acer monspessulanum Zweig

Acer pseudoplatanus L., Echter Berg-Ahorn
Knospen eiförmig, mit grünen Knospenschuppen, besonders die untersten mit trockenen grau-braunen Rändern. Endknospen um 8–15 mm lang. Seitenknospen gegenständig, etwas vom Zweig abstehend, 6–8 mm lang. **Zweige** graubraun, zerstreut bis zahlreich mit helleren Lentizellen. **Blattnarben** 3-spurig. **Rinde** älterer Bäume unregelmäßig schuppig abblätternd, der Rinde der Platane (*Platanus*) ähnelnd. Bis 35 m hoher, häufig gepflanzter Baum, natürlich in Mitteleuropa bis zum Kaukasus und Kleinasien.

Acer heldreichii ORPH. ex BOISS., Griechischer Berg-Ahorn
Knospen groß, mit dunkel-weinroten bis kastanienbraun gefärbten, glänzenden und an den Rändern hell bewimperten Knospenschuppen. **Zweige** rot- bis kastanienbraun, mit zahlreichen kleinen, hellen Lentizellen. Ältere Zweige oft sehr dunkel, glänzend. Selten anzutreffender, 20–25 m hoher Baum aus den Gebirgen des Balkans.

Serie Monspessulana

Knospen ± braun, kegelig bis länglich eiförmig, mit vielen: (4–) 5–6 (–7) Knospenschuppenpaaren. Sträucher oder kleine Bäume.

Schlüssel Monspessulana

1 Endknospen bis 6 mm lang. Knospenschuppen an den Rändern dicht behaart .... ***Acer monspessulanum***

1* Endknospen über 7 mm lang. Knospenschuppen mit verkahlenden Rändern ... . ***Acer opalus***

Acer opalus MILL., Schneeball-Ahorn
Knospen länglich-eiförmig, mit vielen (5–7) Knospenschuppenpaaren; unterstes Paar in der Mitte leicht hell behaart, sonst verkahlt und braun. Folgende Knospenschuppen, bis auf einen schmalen braunen Rand, dicht und kurz ocker-silbrig-grau behaart. Endknospen 7–10 mm lang, Seitenknospen meist kleiner und mit weniger Knospenschuppen. **Zweige** an den Spitzen oliv-ocker, dann über rotbraun und violettbraun basal in graubraune Färbung übergehend. **Lentizellen** heller, anfangs rundlich, später länglich aufreißend. **Rinde** mit länglichen hellbraunen Streifen auf dunkel grauem Grund. Aus Südwesteuropa stammender, gelegentlich gepflanzter großer Strauch oder bis 15 m hoher Baum.

Acer monspessulanum L., Burgen-Ahorn
Knospen kegelig, länglich eiförmig, 4–6 mm lang, Endknospen auch etwas länger, zugespitzt, dunkelbraun bis rotbraun, mit 10–12 Knospenschuppen. Schuppen zum Rand dunkler, untere schwach behaart, obere an den Rändern stärker behaart und heller. **Zweige** anfangs dunkel rotbraun, später grau, mit zahlreichen zweigfarbenen Lentizellen. **Blattnarben** hell-ockerfarben, 3-spurig. Häufig gepflanzter Strauch oder bis 15 m hoher Baum aus Südwesteuropa.

Serie Saccharodendron

Knospen ähnlich den Arten der Serie Monspessulana, jedoch große Bäume.

Acer saccharum Marsh., Zucker-Ahorn
Knospen kegelig bis länglich eiförmig. Knospenschuppen leicht zugespitzt, dunkel braun, zur Knospenspitze samtig weißlich behaart, mit kahlem dunkleren Rand. Endknospen mit 5–6, Seitenknospen mit 3–4 Knospenschuppenpaaren. **Zweige** zur Spitze zimtbraun bis olivbraun, basal hellgrau. **Lentizellen** hell weißlich, rundlich bis länglich. **Rinde**: dunkelgraue, flach gefurchte Borke. Selten gepflanzter, bis 40 m hoher, aus Nordamerika stammender Baum.

Sektion Indivisa

Acer carpinifolium Sieb. & Zucc., Hainbuchenblättriger Ahorn
Knospen kegelig bis eiförmig, vielschuppig: Endknospen mit 5–6 und Seitenknospen 2–5 Paaren. Knospenschuppen zugespitzt, lichtseits rötlich, schattenseits grünlich, zum Rand etwas heller. **Zweige** kahl, anfangs oliv-zimtbraun, lichtseits rotbraun; später dunkel rotbraun bis violettbraun, zuletzt grau. Laub vertrocknet lange bleibend: ungelappte gezähnte Blätter. Auf den ersten Blick der Hainbuche ähnelnd, jedoch mit der für alle Ahornarten typischen gegenständigen Blattstellung. Großer Strauch oder bis 10 m hoher Baum aus Japan.

Sektion Ginnala, Steppen-Ahorne

Acer tataricum L., Tatarischer Steppen-Ahorn
Knospen klein: Endknospen bis 4 mm, mit 6–8 sichtbaren, dunkel violett-weinrot-braunen oder ± rötlichen und dunkler berandeten, dicht hell bewimperten Knospenschuppen. **Zweige** dünn, kahl, karminrot bis rotbraun, mit großen Blattkissen. **Rinde** glatt, dunkelgrau, braun gestreift; älter schwärzlich. Meist dichter, fein verzweigter Strauch, seltener bis 10 m hoher Baum mit tief ansetzender, breiter Krone. Häufig gepflanzte Art aus Südosteuropa bis Zentralasien.

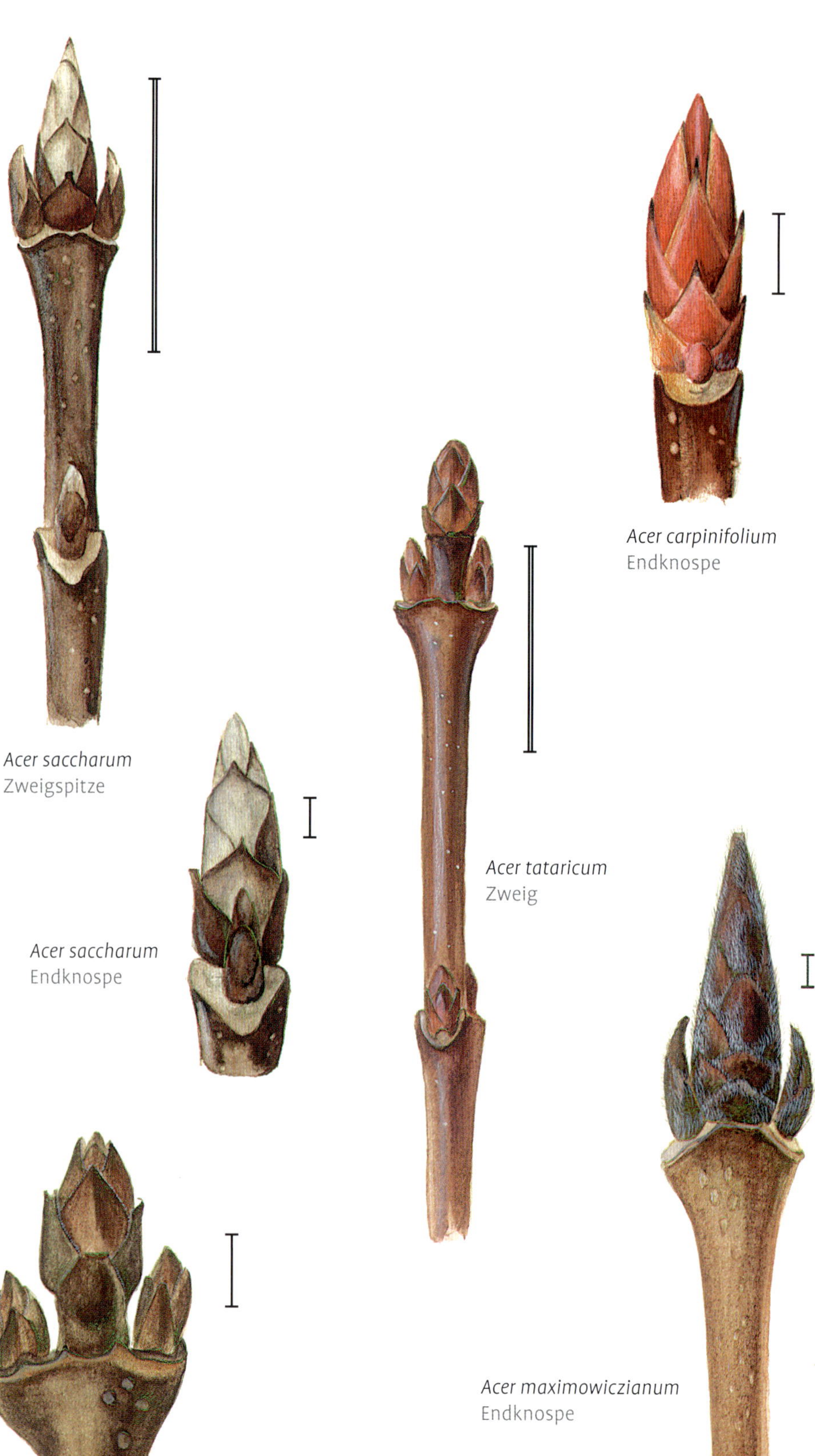

Acer saccharum Zweigspitze

Acer carpinifolium Endknospe

Acer saccharum Endknospe

Acer tataricum Zweig

Acer maximowiczianum Endknospe

Acer tataricum subsp. *ginnala* Zweigspitze

Sehr ähnlich ist der ebenfalls häufig anzutreffende **Mongolische Steppen-Ahorn**, ***Acer tataricum*** subsp. ***ginnala*** (MAXIM.) WESM. [*Acer ginnala* MAXIM.] aus Asien. **Knospen** hell- bis rotbraun und schwach bewimpert. **Zweige** meist graubraun. **Rinde** dunkelbraun, glatt. In China, der Mandschurei und in Japan, beheimateter hoher Strauch oder kleiner, bis 7 m hoher Baum.

Sektion Trifoliata

Seltener anzutreffende, große Sträucher oder kleine, bis 12 m hohe Bäume aus Ostasien. **Knospen** kegelig, mit vielen dunklen Knospenschuppen. **Lentizellen** klein und sehr zahlreich. **Blattnarben** relativ schmal, Seitenknospen umgreifend, 3-spurig.

Schlüssel Sektion Trifoliata

1 Knospen bis 10 mm lang, junge Zweige und Knospenschuppen ± dicht behaart . . . . *Acer maximowiczianum*

1* Knospen bis 6 mm lang, Zweige und Knospen nur schwach behaart, Rinde älterer Zweige und Stämmchen abrollend . . . . *Acer griseum*

Acer maximowiczianum MIQ., Nikko-Ahorn [*Acer nikoense* hort., non (MIQ.) MAXIM.]
Endknospen bis etwa 10 mm lang, länglich eiförmig bis stumpf kegelig, mit 6–8 äußeren Knospenschuppenpaaren. **Seitenknospen** kleiner, basal vom Zweig abstehend und zur Spitze dem Zweig zugewendet. Knospenschuppen rötlichbraun bis dunkel violettbraun, auf den Rückenseiten stärker behaart, an den seitlichen Rändern fast kahl. **Zweige** ockerbraun bis dunkel rotbraun, zerstreut mit langer Behaarung. Selten gepflanzter, bis 10 m hoher Baum aus Japan und Mittelchina.

Acer griseum (FRANCH.) PAX, Zimt-Ahorn
Knospen um 5 mm lang, kegelig, mit 5–6 äußeren Knospenschuppenpaaren. Knospenschuppen dunkel braun bis grau, mit hell behaarten Rändern und vor allem zur Spitze stärker zottig behaart, Rücken der Knospenschuppen nur wenig behaart. **Zweige** an den Enden mit zerstreuter Behaarung, jung ockerbraun bis rotbraun und auf der Wetterseite hellgrau von abgestorbener Epidermis, mit zahlreichen kleinen Lentizellen. Ältere Zweige mit grauer bis graubrauner, bald aufreißender und abblätternder Rinde, darunter ocker bis braun. **Rinde** glatt zimtbraun, in dünnen Streifen abrollend. **Früchte** meist über den Winter am Baum bleibend, 3–3,5 cm lang, dick, fein behaart, Flügel spitz bis rechtwinkelig auseinander gespreizt. Aus China stammender, selten gepflanzter Strauch oder kleiner Baum.

Sektion Lithocarpa

Acer macrophyllum PURSH, Oregon-Ahorn
Knospen: Endknospen groß, oft durch endständige Fruchtstände ersetzt; Seitenknospen ± anliegend, 6–8 mm lang, von (1–) 2 Paar Knospenschuppen bedeckt, basal mit kurzem grünlichen „Fuß", oberhalb oliv oder gelbgrün bis weinrot und dunkel violettbraun, kahl, nur die Ränder sehr fein bewimpert. **Zweige** kahl, zur Spitze grün, lichtseits auch leicht rötlich; anfangs mit wenigen, tiefer mit zahlreichen, länglichen aufreißenden, braunen Lentizellen. Mehrjahrig glanzend, grünlich bis violettbraun, mit grauen Flächen toter Epidermis. **Blattnarben** die Knospen umgreifend und aneinanderstoßend, mit (5–) 7 Gefäßbündelspuren, wellig berandet. **Früchte** behaart, gespreizt. Bis 30 m hoher, selten gepflanzter Baum aus Nordamerika.

Acer griseum
Zweig

Acer macrophyllum
Endknospe

Sektion Platanoidea, Spitz-Ahorne

In Europa und Asien verbreitet. Die Arten besitzen 4–6 sichtbare Knospenschuppen, die weinrot, braun, grün bis rötlich-violett gefärbt sind. Ihre Knospen sind mittelgroß, gedrungen und ± stumpf. Blüten in Schirmrispen erscheinen mit oder vor den Blättern. Milchsaft führend.

Schlüssel Sektion Platanoidea

1 Endknospen groß (> 7 mm), weinrot . . . . ***Acer platanoides***
1* Endknospen kleiner 2
2 Zweige und Knospen rot-grün, Zweige bereift . . . . ***Acer cappadocicum***
2* Zweige braun bis graubraun 3
3 Knospen grünlich 4
3* Knospen braun, Zweige mitunter mit Korkleisten . . . . ***Acer campestre***
4 Zweige dunkelbraun bis olivgrün . . . . *Acer ×zoeschense*
4* Zweige ockerbraun . . . . *Acer pictum*

Acer platanoides L., Europäischer Spitz-Ahorn
Knospen mit wenigen dunkel weinroten, nur anfangs oder stark beschattet auch gelblich bis grünlich getönten Knospenschuppen. Endknospen kurz eiförmig, 8–12 mm lang, relativ breit und gedrungen (Breite × Höhe etwa 1: <1,5); Seitenknospen kleiner, flach, am Zweig anliegend. **Zweige** oliv bis dunkel braun, teilweise mit grauer toter Epidermis. **Lentizellen** hell, länglich aufreißend. **Rinde** dunkel, längsrissig und wenig abschuppend. **Blüten** im April, vor den Blättern, in aufrechten Trugdolden. Sehr häufiger, bis 30 m hoher, von Europa bis zum Kaukasus verbreiteter Baum.

Acer cappadocicum Gled., Kolchischer Spitz-Ahorn
[*Acer laetum* C. A. Mey.]
Knospen kugelig-eiförmig, um 4–6 mm lang, grünlich-violett oder ± rötlich. **Zweige** grünlich, lichtseits leicht rötlich-violett, kahl und mehrere Jahre glänzend, oft ± weiß-bläulich. **Rinde** dunkelgrau, glatt, mit langen schmalen hellbraunen Rissen und querliegenden Lentizellen. Bis 12 (–20) m hoher Baum mit starker Wurzelbrut. Formenreiche, vom Kaukasus bis Ostasien verbreitete, gelegentlich gepflanzte Art.
Ähnlich ist der **Japanische Spitz-Ahorn**, ***Acer pictum*** Thunb. [*Acer mono* Maxim]. Gut unterscheidbar an den hellocker bis orange-rot-braunen, nicht glänzenden, ein-

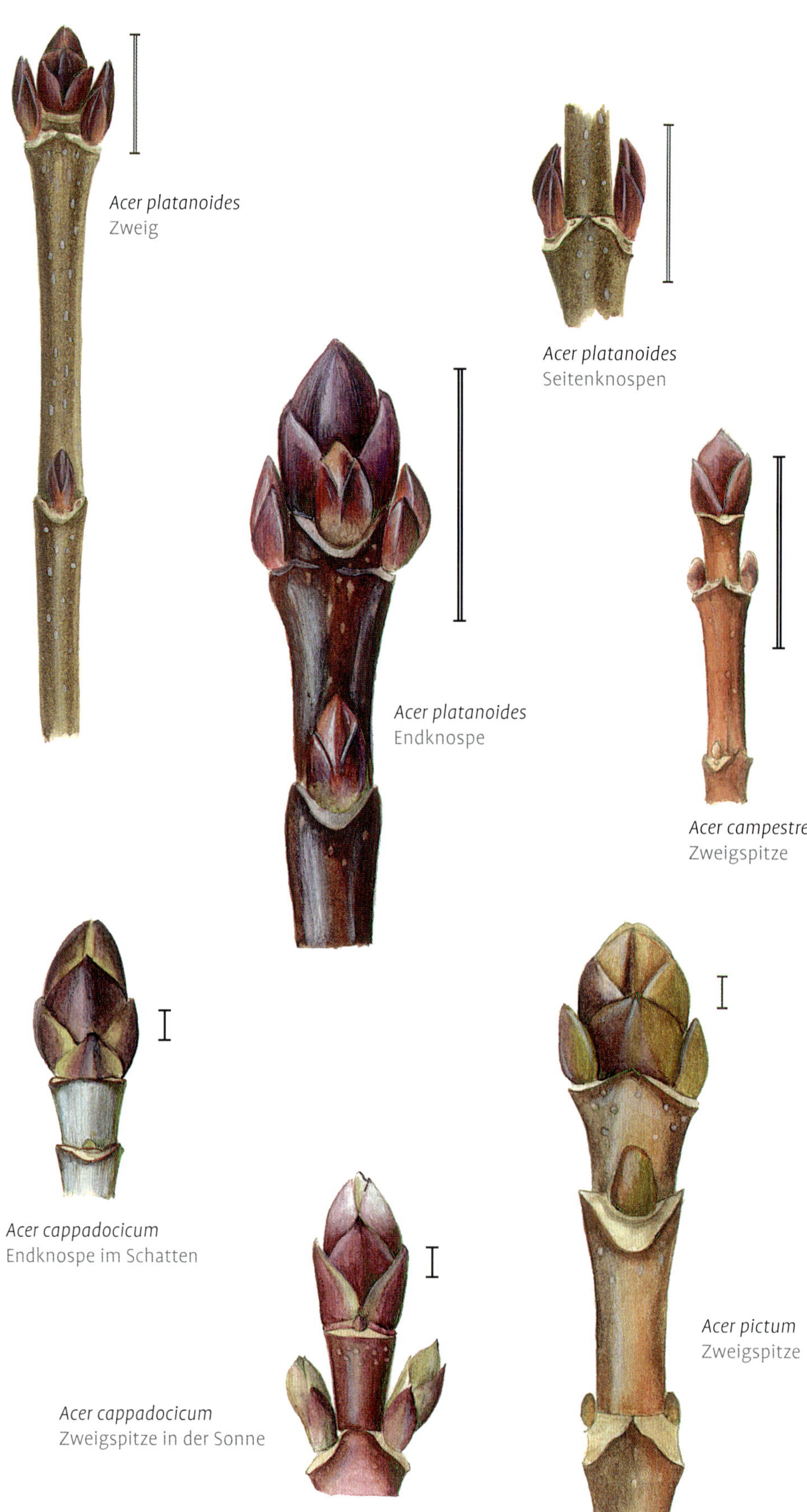

Acer platanoides Zweig

Acer platanoides Seitenknospen

Acer platanoides Endknospe

Acer campestre Zweigspitze

Acer cappadocicum Endknospe im Schatten

Acer cappadocicum Zweigspitze in der Sonne

Acer pictum Zweigspitze

Acer campestre Endknospe

Acer ×zoeschense Endknospe

Acer campestre Zweigausschnitt mit Korkleisten

Acer saccharinum An Kurztrieben in Büscheln stehende Blütenknospen

Acer saccharinum Blütenzweig

Acer saccharinum Zweigspitze

jährigen Zweigen. Zweijährige Zweige rau, leicht längs gerieft. **Rinde** glatt und grau. Aus Asien: Mandschurei, Japan, China und Korea stammender, selten gepflanzter, bis 15 (–20) m Höhe erreichender Baum.

Acer campestre L., Feld-Ahorn
Knospen kugelig-eiförmig. Endknospen 5–6 mm, Seitenknospen um 4 mm lang, am Zweig anliegend oder schwach abstehend, mit 4–6 sichtbaren Knospenschuppen. Schuppen zimt-rotbraun bis oliv-graubraun, mit querliegendem dunklen Streifen, am Rand weiß bewimpert. **Zweige** schmutzig gelbocker bis rotbraun, wetterseits und älter graubraun, häufig mit Korkleisten: die Form fo. ***suberosum*** (Dumort.) Rogowicz. **Lentizellen** zerstreut bis zahlreich. Hier beginnt die Rinde frühzeitig längs aufzureißen. Alte **Rinde** braun-grau, durch Längs- und Querrisse in ± rechteckigen Schuppen zergliedert. Sehr häufiger, bis 20 m hoher, in Europa bis Nordafrika beheimateter Baum, oft nur strauchig.
Gelegentlich gepflanzt ist auch der **Zoeschener Ahorn**, ***Acer ×zoeschense*** Pax [*Acer ×neglectum* Lange], eine Hybride mit *Acer cappadocicum* subsp. *lobelii* (Tenore) de Jong: **Knospen** kugelig bis kurz eiförmig, um 4 mm lang, von 2–3 Paar olivgrünen Knospenschuppenpaaren bedeckt.

Sektion Rubra

Die in Nordamerika beheimatete Sektion ist vor allem durch die gehäuft an Kurztrieben sitzenden Blütenknospen gekennzeichnet. Lange vor dem Laubaustrieb erscheinen die Blüten. Zum Laubaustrieb sind meist schon die typischen Ahornfrüchte ausgebildet. **Knospen** mit 4– 6 (–8) sichtbaren Knospenschuppen, manchmal die des ersten Paares der Seitenknospen hinfällig. Seitenknospen durch Streckung des untersten Internodiums oft leicht gestielt.

Acer saccharinum L., Silber-Ahorn
Knospen: äußerstes Knospenschuppenpaar oft hinfällig. Endknospen 4–6 mm lang mit 4–6 Schuppen, Seitenknospen am Zweig anliegend, 3–4 mm lang, kurz gestielt, mit 4 Knospenschuppen (jeweils, wenn äußere Schuppen verloren, abzüglich dieser). Äußerste Knospenschuppen ockergrün, später oft trocken bis dunkel violett-braun. Folgende Knospenschuppen sonnenseitig rot und schattenseitig rötlich bis gelbgrün.

Knospenschuppen am Rand dicht bewimpert. Blütenknospen kugelig, zahlreich in den Achseln der ersten Knospenschuppen der Seitenknospen angelegt. **Zweige** zu den Enden olivgrün bis ockerbraun, ältere Teile rotbraun bis graubraun, kahl. **Lentizellen** zweigfarben, zerstreut bis zahlreich. **Blüten** reduziert: ohne Kronblätter, im März lange vor Laubaustrieb. **Rinde** anfänglich aschgrau und glatt, später dunkler und in länglichen Streifen abblätternd. Sehr häufig gepflanzter, bis 40 m hoher Baum.

Acer rubrum L., Rot-Ahorn
Knospen und Zweige an den Spitzen weinrot. Blatt- und Blütenknospen deutlich verschieden: Blütenknospen rundlicher, zu mehreren an Kurztrieben gehäuft. 2–6 äußere Knospenschuppen, erstes Paar oft hinfällig. Knospenschuppenränder hell behaart. **Rinde** älterer Zweige glatt, hell aschgrau, an stärkeren Stämmen dunkler und abblätternd. In seiner Heimat bis 40 m erreichender, bei uns gelegentlich gepflanzter, etwa 20 m hoher Baum.

Sektion Negundo u. a.

Knospen mit wenigen Knospenschuppen, äußerstes Paar die Knospe oft ganz einschließend. Endknospen von großen Seitenknospen flankiert.

Acer negundo L., Eschen-Ahorn
Knospen 5–10 mm lang, von 2 äußeren, dunkel weinroten bis violetten oder auch grünlichen, meist bläulich weiß bereiften, oft weit auseinander spreizenden Schuppen umgeben. Innere Knospenblätter dicht behaart, hell, bräunlich bis graugrün. **Zweige** glatt, grün bis weinrot-violett, bläulichweiß, abwischbar bereift, mit wenigen Lentizellen. **Blüten** im März bis April, zweihäusig verteilt, hängend: weibliche in langen Trauben, männliche in dichten Büscheln. Sehr häufig anzutreffender, sich stellenweise invasiv ausbreitender, formenreicher großer Strauch oder bis 15 m hoher, oft mehrstämmiger Baum aus Nordamerika.

Acer cissifolium (Sieb. & Zucc.) K. Koch, Jungfern-Ahorn
Knospen eiförmig, von 2 weinroten, weißlich behaarten und teilweise verkahlenden Knospenschuppen eingeschlossen. Seitenknospen oft zugespitzt, flach am Zweig anliegend. **Zweige** weinrotbraun, dicht weißfilzig,

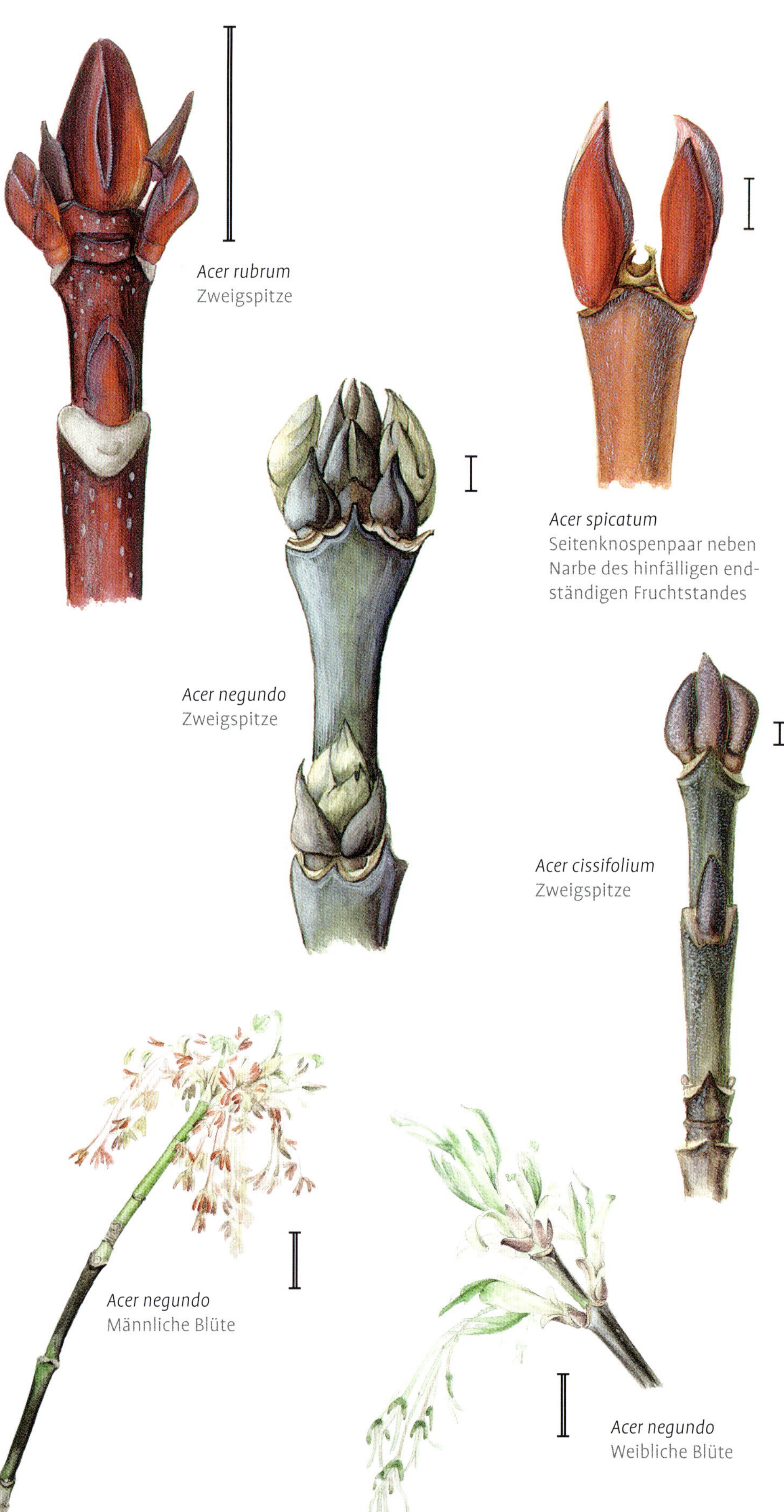

Acer rubrum
Zweigspitze

Acer spicatum
Seitenknospenpaar neben Narbe des hinfälligen endständigen Fruchtstandes

Acer negundo
Zweigspitze

Acer cissifolium
Zweigspitze

Acer negundo
Männliche Blüte

Acer negundo
Weibliche Blüte

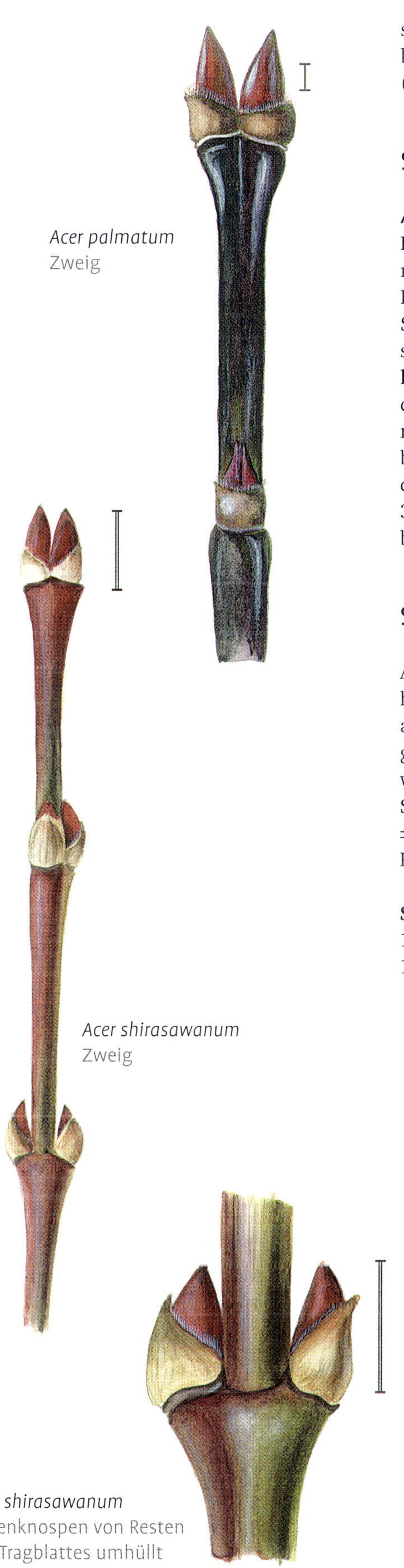

Acer palmatum
Zweig

Acer shirasawanum
Zweig

Acer shirasawanum
Seitenknospen von Resten des Tragblattes umhüllt

später graubraun. Selten gepflanzter, kleiner, bis 12 m hoher Baum aus Japan und China (als *Acer henryi* Pax). Oft nur strauchig.

Sektion Parviflora

Acer spicatum Lam., Vermont-Ahorn
Knospen 3–5 (–8) mm lang, mit roten äußeren Knospenschuppen: äußeres Paar meist Knospe ganz umhüllend, schwach oder zur Spitze stärker behaart, inneres Knospenschuppenpaar dicht fein weiß behaart. **Endknospe** oft fehlend, da Triebende meist durch Blüte aufgebraucht. **Zweige** stumpf rötlich, fein weiß behaart, mit einigen erhabenen, später breit und relativ tief aufreißenden Lentizellen. **Blattnarben** schmal und 3-spurig. Selten gepflanzte Art. Strauch oder bis 10 m hoher Baum aus Nordamerika.

Sektion Palmata, Fächer-Ahorne

Aus Asien und Nordamerika stammende, häufig gepflanzte Ahorne. **Seitenknospen** am Grund von Resten der Tragblätter kragenförmig umhüllt. Zweige und Knospen weinrot bis dunkel purpur, seltener (im Schatten und bei grünzweigigen Sorten) ± grün. Die Zahl der äußerlich sichtbaren Knospenschuppenpaare beträgt 1 bis 3.

Schlüssel Sektion Palmata

1 Knospenschuppen ± bewimpert 2
1* Knospenschuppen unbewimpert .... ***Acer palmatum***
2 Zweige bereift .... ***Acer circinatum*** und *Acer shirasawanum*
2* Zweige unbereift 3
3 Knospen vom äußeren Knospenschuppenpaar (fast) vollständig umschlossen .... *Acer shirasawanum*
3* Meist mit 2–3 äußerlich sichtbaren Knospenschuppenpaaren . . . ***Acer japonicum***

Acer japonicum
Zweigspitze mit Seitenknospenpaar

Acer circinatum
Zweigspitze

Acer palmatum Thunb., Echter Fächer-Ahorn
Knospen mit 2, seltener 4, an der Spitze oft leicht spreizenden Knospenschuppen. Alle Teile kahl, nur die Innenseiten der Reste des Blattgrundes dicht behaart. **Zweige** dünn und glatt, dunkel weinrot bis rein grün, ohne sichtbare Lentizellen. Sehr häufig gepflanzter Strauch oder kleiner, bis 10 (–15) m hoher Baum. Die aus Japan stammende Art ist dort bereits sehr lange in gärtnerischer Kultur und außerordentlich formenreich. Im Winter fallen vor allem Sorten mit andersfarbigen Zweige auf, z. B. **'Corallinum'** mit leuchtend korallenroter Zweigrinde.
Ähnlich ist der ebenfalls aus Japan stammende, aber nur selten anzutreffende ***Acer sieboldianum*** Miq., **Siebolds Fächer-Ahorn**, mit anfänglich weißlich behaarten Zweigen.

Acer shirasawanum Koidz., Shirasawas Fächer-Ahorn
Knospen meist nur Seitenknospen, eiförmig, an der Basis breit ansitzend, 5–7 mm lang, von den zwei äußeren Knospenschuppen fast vollständig umschlossen, kräftig weinrot bis dunkel violett, ± glänzend, an den Rändern kahl oder sehr spärlich bewimpert. Der ausdauernde Tragblattgrund umgreift die Seitenknospen zu etwa zwei Drittel bis drei Viertel ihrer Länge. **Zweige** sonnenseits kräftig weinrot, schattenseits grün, leicht glänzend, teilweise bereift und kahl. Bis 15 m hoher Baum aus Japan, häufiger nur die Form **'Aureum'** angepflanzt.

Acer japonicum Thunb., Thunbergs Fächer-Ahorn
Knospen meist mit mehr als 2 (nur an schwach entwickelten Trieben oder basalen Knospen) äußerlich sichtbaren, an den Rändern ± behaarten 4–6 Knospenschuppen. Bis 7 m hoher, häufig gepflanzter Strauch oder kleiner Baum aus Japan.
Im Winterzustand schwer unterscheidbar ist der aus Nordamerika stammende ***Acer circinatum*** Pursh., **Weinblatt-Ahorn**, mit oft bereiften Zweigen.

Sektion Macrantha, Schlangenhaut-Ahorne

Knospen ± gestielt und immer von 2, mit den Rändern dicht abschließenden Knospenschuppen umschlossen; oft ohne Endknospe, dann zwei Seitenknospen am Triebende. Auffallend ist die Rinde, die streifenförmig aufreißt und unverwechselbare Muster ergibt. Die Arten sind im Winter nur sehr schwer unterscheidbar.

Schlüssel Sektion Micrantha

1 Knospen klein, bis 6 mm lang* 4
1* Knospen meist über 5 mm lang* 2
2 Zweige ± bereift 3
2* Immer unbereift, Knospen groß, überwiegend (wein)rot . . . ***Acer pensylvanicum*** und ***Acer davidii***
3 Zweige und Knospen überwiegend grün, Knospen groß . . . . ***Acer rufinerve***
3* Zweige und Knospen überwiegend rot, Knospen mittelgroß . . . . ***Acer capillipes***
4 (1) Knospen und Zweigspitzen sehr dunkel violettbraun . . . . *Acer crataegifolium*
4* Knospen und Zweigspitzen weinrot . . . . ***Acer micranthum***
* ohne Stiel gemessen

Acer crataegifolium Sieb. & Zucc., Weißdornblättriger Streifen-Ahorn
Knospen schwärzlich-violett, noch dunkler als die Zweigspitzen, 5–6 mm lang und 2 mm dick. **Zweige** jung kahl, dünn, an der Spitze dunkel-purpur, älter dunkelgrün, sonnenseits auch rötlich, mit hellgrünen Streifen und zerstreut weißen Lentizellen oder weißlichen, unterbrochenen Streifen. Selten gepflanzter, bis 10 m hoher Strauch aus Japan.

Acer micranthum Sieb. & Zucc., Echter Streifen-Ahorn
Knospen relativ klein, kräftig weinrot. **Zweige** dünn, etwas heller weinrot bis orangebraun. Seltener Strauch oder kleiner Baum aus Japan.

Acer capillipes Maxim., Rotstieliger Streifen-Ahorn
Knospen dunkel weinrot, um 10 mm lang und 4–5 mm dick. **Zweige** glatt, orangebraun, zur Spitze rötlich, anfangs weißlich bereift, ältere Zweige mit weißen länglichen Streifen auf grünem Grund. **Rinde** dunkelgrau, korkig, längs aufreißend und grüne und weiße Streifen bildend. Bis 15 m hoher Baum aus Japan.

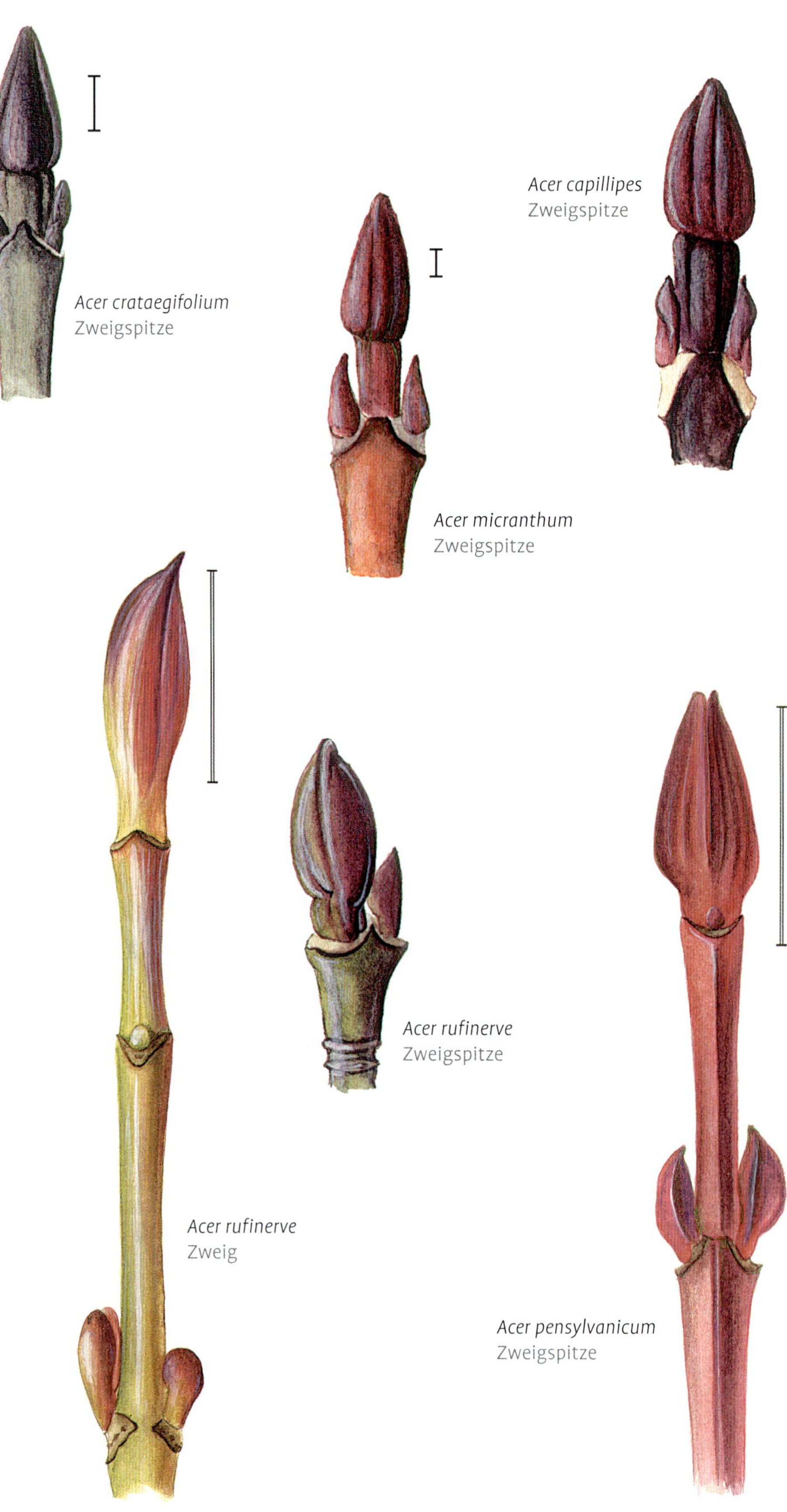

Acer crataegifolium Zweigspitze

Acer capillipes Zweigspitze

Acer micranthum Zweigspitze

Acer rufinerve Zweig

Acer rufinerve Zweigspitze

Acer pensylvanicum Zweigspitze

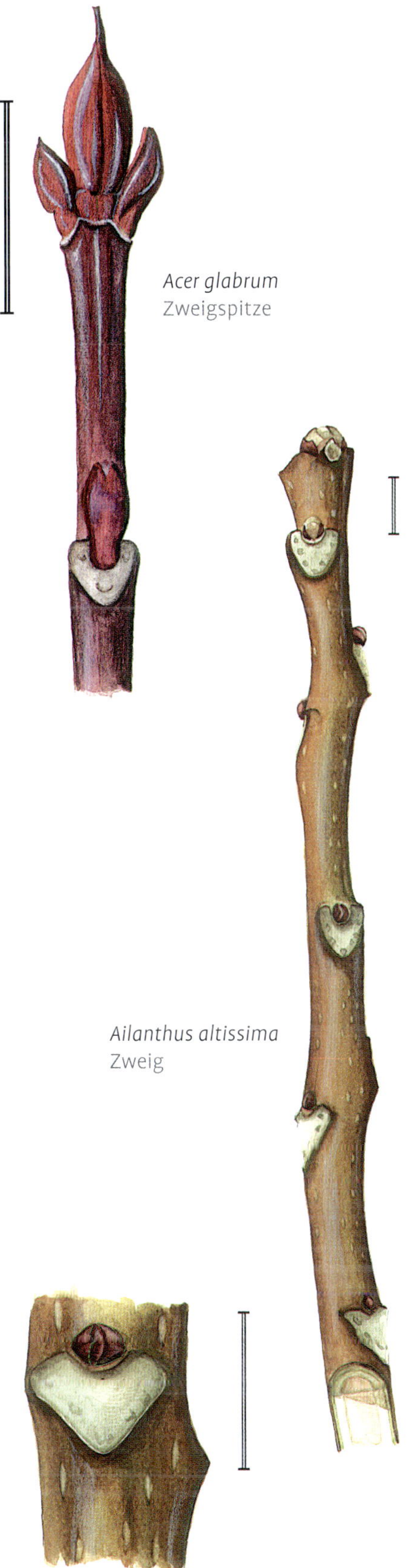

Acer glabrum
Zweigspitze

Ailanthus altissima
Zweig

Ailanthus altissima
Kleine Seitenknospe über großer Blattnarbe

Acer rufinerve SIEB. & ZUCC., Rosthaariger Streifen-Ahorn
Endknospen 12–15 mm lang. **Zweige** überwiegend grün, lichtseits auch leicht rötlich, anfangs matt, mit weißlicher Bereifung, ältere Zweige glänzend, mit zerstreuten weißlichen Streifen. **Rinde** älter mit wenigen, kaum verbreiterten weißen Streifen. Baum bis 15 (–20) m aus Japan.

Acer pensylvanicum L., Amerikanischer Streifen-Ahorn
Knospen länglich eiförmig, gestielt, meist rötlich: orangerot bis weinrotviolett, nur auf der Schattenseite gelbgrün; wie die Zweige nie bereift. **Zweige** weinrot bis braunrot, schattenseits olivgrün, ab zweitem Jahr mit helleren Streifen. **Rinde** sehr dicht mit weißen Streifen auf anfangs auch rötlichem bis später nur noch grünlichem Untergrund. Kleiner Baum, in seiner Heimat Nordamerika oft strauchig, bis 12 m hoch.
Sehr ähnlich und im Winter nicht unterscheidbar ist **Davids Streifen-Ahorn**, ***Acer davidii*** FRANCH., eine aus Ostasien stammende und ebenfalls sehr häufig gepflanzte Art.

Sektion Glabra

Selten ist der **Kahle Ahorn**, ***Acer glabrum*** TORR., anzutreffen. Zweige und Knospen ähneln den der Streifen-Ahornarten: Knospen mit 2 äußeren Knospenschuppen, diese wie die Zweige dunkel weinrot. Endknospe meist deutlich größer als die Seitenknospen. Die aus Nordamerika stammende Art wächst meist strauchig oder entwickelt sich zu einem kleinen, bis 6 m hohen Baum.

Picrasma quassioides
Endknospe

Picrasma quassioides
Seitenknospe

Familie Simaroubaceae

Schlüssel Simaroubaceae

1 Mit gelben Endknospen, Zweige dicht mit gelben Lentizellen . . *Picrasma quassioides*
1* Nur Seitenknospen . ***Ailanthus altissima***

Ailanthus altissima (MILL.) SWINGLE, Götterbaum
Knospen, nur halbkugelige, etwa 6 mm breite und 4 mm dicke Seitenknospen: von 2 äußeren, meist dunkel weinroten, fast kahlen Vorblattschuppen und 2–3 folgenden, oft fein behaarten, stumpf weinroten bis matt olivgrünen oder gelbgrünen Knospenschuppen bedeckt. **Zweige** sehr dick: einjährig 1 bis über 2 cm Durchmesser, olivbraun bis braun, um die Blattnarben auch rötlich braun, mit vielen kleinen hellen Lentizellen. Zweigrinde fein längsrissig gemustert. **Blattnarben** wappenförmig, hell graubraun, fast zweiggleich, nur unter der Zweigspitze auch auf großen Kissen, vielspurig, meist mit 5–7 Spuren oder Spurengruppen. **Stammrinde** typisch mit rhombisch-länglichem, hellem Muster auf grauem Untergrund. Triebe enden häufig in **Fruchtrispen**, die meist bereits im selben Jahr von Seitenzweigen übergipfelt werden. **Früchte** aus 2–5 Nüsschen in der Mitte 3–4 cm langer, schmaler Flügel. Sehr häufig gepflanzter, stellenweise verwildernder, bis 25 m hoher Baum aus Nordchina.

Picrasma quassioides (D. DON) BENN., Bitterholz
Knospen nackt, auffallend dicht gelblichbraun behaart. Wulstig von den eingerollten Blättchen der Fiederblätter. Endknospen gedrungen, breiter (bis 8 mm) als lang (bis 6 mm) und oft auch breiter als der Zweig, Seitenknospen leicht vom Zweig abstehend. Blattnarben relativ groß, hell ockergrau, mit 3 hellen, undeutlichen Spuren. **Zweig** nur unter der Endknospe etwas behaart, ansonsten kahl, sehr dicht mit zahlreichen hell ockerweißen bis hellgelben Lentizellen besetzt, die in starkem Kontrast zur dunkelbraunen Zweigrinde stehen. **Mark** voll, rund, relativ weit, weiß (2,5 mm bei 4 mm ∅). Aus Ostasien stammender bis 10 m hoher Baum.

Familie Meliaceae, Zedrachgewächse

Arten aus der überwiegend tropische Gehölze umfassenden Familie sind nur selten in milden Lagen in Kultur.

Toona sinensis (A. JUSS.) M. J. ROEM., Surenbaum
[*Cedrela sinensis* A. JUSS.]
Knospen nackt, fein ockerbraun behaart. **Endknospen** keglig-eiförmig, bis etwa 10 mm lang, von am oberen Ende leicht gefiederten, dickstieligen Blättchen umhüllt. **Seitenknospen** klein, rundlich. **Zweige** dick, anfangs braun behaart, darunter grau, mit vielen rundlichen Lentizellen; später Zweige grau und Lentizellen braun. **Blattnarben** wappenförmig, mit 5 Spuren. **Rinde**: stark rissige, sich in Streifen ablösende Borke. Aus China stammender, bis 15 m hoch werdender Baum.

Familie Rutaceae, Rautengewächse

Sehr vielgestaltige Familie. Die meisten Arten besitzen Öldrüsen und sind mehr oder weniger stark aromatisch. Meist große Sträucher oder Bäume. Knospen gegenständig oder zerstreut, nackt oder mit Knospenschuppen. Früchte sind Sammelbalgfrüchte (*Orixa*, *Tetradium*, *Zanthoxylum*), geflügelte Nüsse (*Ptelea*), Beeren (*Citrus*) oder Steinfrüchte (*Phellodendron*). Die Reste der Trockenfrüchte sind oft in den Winter erhalten. Viele Arten sind jedoch zweihäusig und nur weibliche Pflanzen tragen Früchte. Zwittrige Blüten besitzt *Citrus* und Tendenz zu polygamer Blütenverteilung zeigen *Ptelea* und *Zanthoxylum*.

Schlüssel Rutaceae

1 Knospen (schief) gegenständig 2
1* Knospen zerstreut 3
2 Knospen nackt 6
2* Knospen mit Knospenschuppen .... *Orixa japonica*
3 Zweige bewehrt 5
3* Zweige unbewehrt 4
4 Knospen nackt .... ***Ptelea trifoliata***
4* Knospen mit Knospenschuppen .... *Orixa japonica*
5 Zweige grün, ein Vorblatt verdornt .... ***Citrus trifoliata***
5* Zweige mit Stacheln (oft paarig bei den Knoten) .... *Zanthoxylum*
6 Nur Seitenknospen, diese flach, halbkugelig, von der Blattnarbe umgriffen .... ***Phellodendron***
6* Mit Endknospen, Seitenknospen eiförmig, höher als breit .... ***Tetradium daniellii***

Orixa japonica THUNB.
Knospen vielschuppig, differenziert in Seiten- und Endknospen. Endknospen 5–7 mm lang. Seitenknospen wechselständig in 4 Zeilen am Zweig: wie sehr stark verschoben gegenständig, leicht vom Zweig abstehend, 3–5 mm lang. Knospenschuppen kreuzgegenständig, basal grünlich oder dunkel violettbraun, zum Rand hell ockerbraun. **Zweige** basal am dicksten (> 5 mm) und zur Spitze dünner werdend (2,5–4 mm), graugrün mit zahlreichen kleinen, ± auffälligen, grünlichen bis bräunlichen Lentizellen; zur Spitze dunkler und bräunlich. Stark aromatisch. **Blattnarben** einspurig. Aus Ostasien: Japan, Südkorea und China stammender, selten gepflanzter, bis 3 m hoher Strauch.

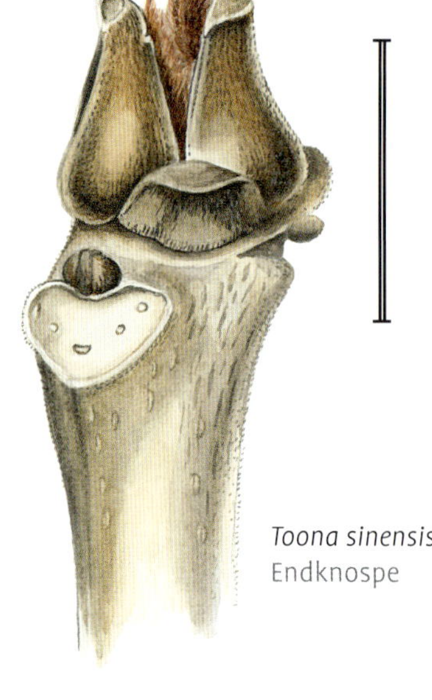
Toona sinensis Endknospe

Orixa japonica Seitenknospe

Orixa japonica Seitenknospe

Orixa japonica Zweigspitze

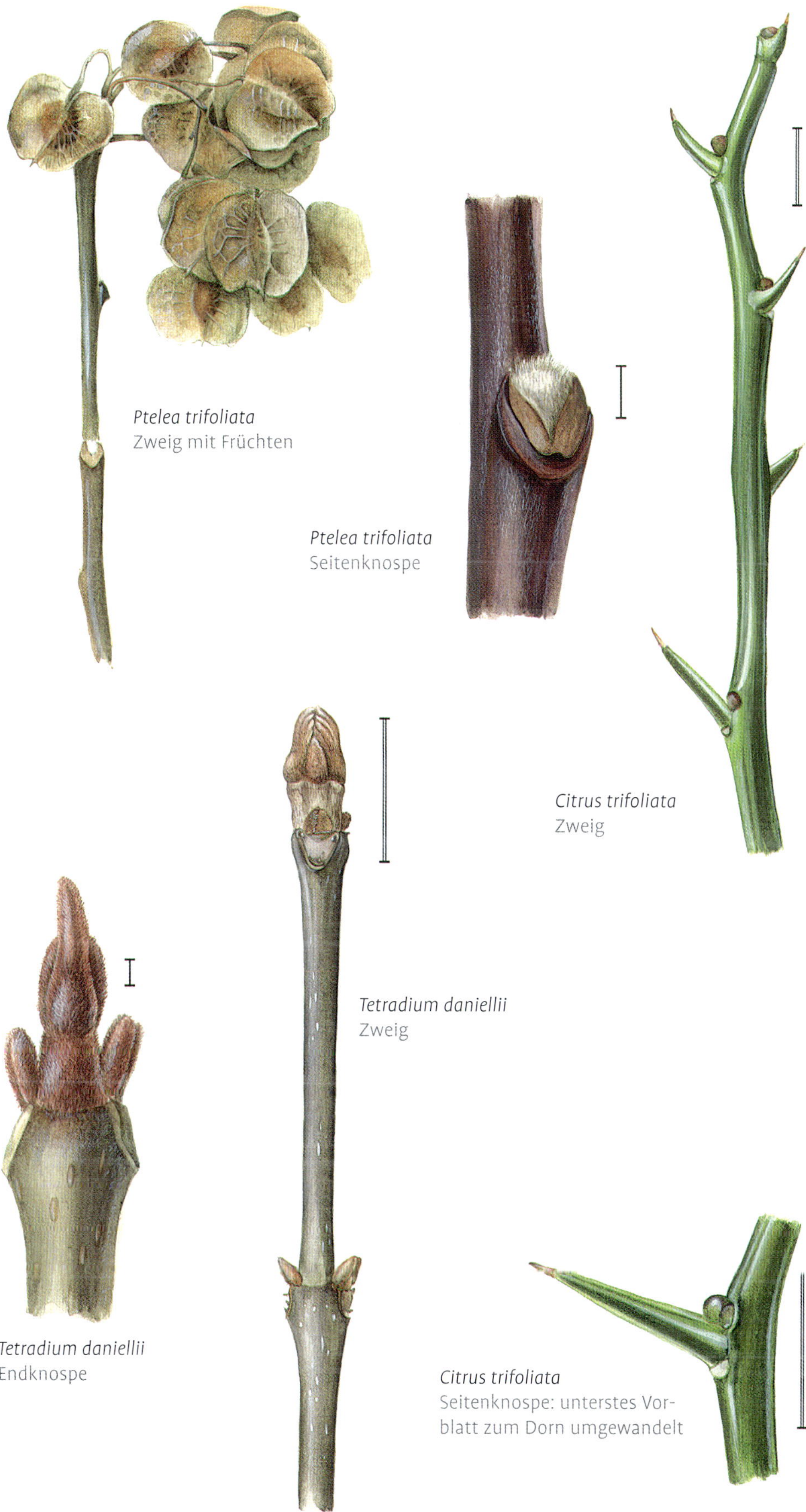

Ptelea trifoliata
Zweig mit Früchten

Ptelea trifoliata
Seitenknospe

Citrus trifoliata
Zweig

Tetradium daniellii
Zweig

Tetradium daniellii
Endknospe

Citrus trifoliata
Seitenknospe: unterstes Vorblatt zum Dorn umgewandelt

Ptelea trifoliata L., Kleeulme
Knospen: nur wechselständige, nackte, etwa 1–1,5 mm breite, flache, etwas im Zweig versenkte, dicht anliegend grauweiß behaarte Seitenknospen. **Zweige** jung dünn: 2–3 mm, dunkelbraun, schwach glänzend, mit zahlreichen kleinen zweigfarbenen Lentizellen. **Blattnarben** dreiteilig, die Knospen fast vollständig – bis auf den oberen Rand – umgreifend. Die den ganzen Winter vorhanden trockenen **Früchte** stehen in Rispen, sind flach talerförmig geflügelt mit einem Samen in der Mitte und erinnern an die Früchte der Ulmen. Häufig gepflanzter, kleiner Strauch oder bis 8 m hoher Baum aus Nordamerika.

Citrus trifoliata L., Bitterorange, [*Poncirus trifoliata* (L.) RAF.]
Knospen wechselständig, kugelig, 2–3 mm dick, mit einigen weiß bewimperten, olivgrün bis weinrotvioletten Knospenschuppen; ein Vorblatt meist verdornt: 1–3 cm lang, grün, mit kurzer, trockener brauner Spitze. **Zweige** jung auffallend grün, matt glänzend, glatt (unter der Lupe sind dicht aneinanderliegenden Öldrüsen sichtbar) und abgeflacht. **Lentizellen** erst ab zweitem Jahr auffällig, grau längs aufreißend und zusammenlaufend. **Frucht** eine kugelige, 3–5 cm dicke, dicht behaarte, gelbliche Zitrusfrucht. Gelegentlich gepflanzter, 2–4 m hoher Strauch aus Ostasien.

Tetradium daniellii (BENN.) T.G.HARTLEY, Stinkesche
[*Euodia hupehensis* DODE, *Euodia daniellii* (BENN.) HEMSL.]
Knospen gegenständig, nackt, dicht, samtig glänzend, rötlichbraun behaart. Endknospen 10–15 mm lang, mit 2 sichtbaren Blattpaaren: die des äußersten Paares geschwungen, deutlich in Blattstiel und fiedriges Oberblatt gegliedert; Seitenknospen kleiner bis 5 mm lang. **Zweige** olivgrau bis graubraun, kahl oder fein behaart, mit vielen ockerbraunen Lentizellen. **Blattnarben**, gegenüberliegende mit einer Linie verbunden, wappenförmig, die Seitenknospen kaum umgreifend. **Sammelbalgfrüchte** in großen, breiten Rispen: aus 4–5 länglichen, sich 2-klappig öffnenden Fruchtblättern, mit kleinen glänzend schwarzen Samen. **Rinde** dunkelgrau, lange glatt und dünn bleibend. Gelegentlich gepflanzter, bis 20 m hoher Baum aus Mittelchina.

Phellodendron amurense RUPR., Amur-Korkbaum
Knospen dicht und sehr fein, anliegend dunkel rotbraun bis leuchtend orangebraun behaart. Nur Seitenknospen, diese schief gegenständig, im Verhältnis zu den Zweigen relativ klein: 2–3 mm dick; flach halbkugelig, von großen hufeisenförmigen Blattnarben umgriffen. **Zweige** kahl, glänzend orangebraun, mit zahlreichen flachen, kleinen länglichen hell ockerbraunen Lentizellen. Ältere Zweige matt grau bis graubraun, mit warzigen Lentizellen. **Blattnarben** mit 3 Gefäßbündelspuren oder Spurengruppen, vor allem die mittlere Spur oft 3-teilig. **Rinde** dick korkig und tief gefurcht. Bis 15 m hoher Baum aus Ostasien.

Zanthoxylum L., Stachelesche

Mit Stacheln bewehrte Sträucher oder kleine Bäume. Die meisten Arten sind immergrün und in den tropischen und subtropischen Regionen beider Halbkugeln verbreitet. Nur wenige, selten gepflanzte sommergrüne Arten aus den gemäßigten Zonen im östlichen Asien und in Nordamerika.

Zanthoxylum simulans HANCE, Täuschende Stachelesche
Knospen kugelig, 1–2 mm lang, von wenigen Knospenschuppen umhüllt. **Zweige** meist kahl, olivgrün, fein längsrissig, mit vielen, anfangs rundlichen, später länglichen Lentizellen. **Stacheln** zahlreich, bis 20 mm lang, meist paarig an den Knoten und zerstreut an den Stängelgliedern. Anfangs bräunlich, breit ansetzend, länglich zugespitzt, an älteren Zweigen und Stämmen auf korkigen Kissen erhalten bleibend. **Rinde** olivgrau, mit länglichen Lentizellen und zahlreichen Korkkissen: teils unbewehrt jedoch überwiegend mit Stacheln besetzt. **Fruchtstände** endständige Rispen. Bis 3 m hoher, breiter Strauch aus China.
Ebenfalls nur selten gepflanzt ist die mitunter baumförmige, bis 8 m hohe, aus Nordamerika stammende Art ***Zanthoxylum americanum*** MILL. (*Zanthoxylum fraxineum* WILLD.), das **Zahnwehholz**: **Knospen** ± nackt, klein, rotbraun behaart, Endknospe vorhanden. Bereits junge **Zweige** graubraun (ohne Grüntöne), fein längsrissig, mit vielen kleinen Lentizellen. Stacheln paarweise am Knoten, relativ klein, an älteren Ästen und Stämmen fehlend. **Fruchtstände** in achselständigen Büscheln entlang der Zweige.

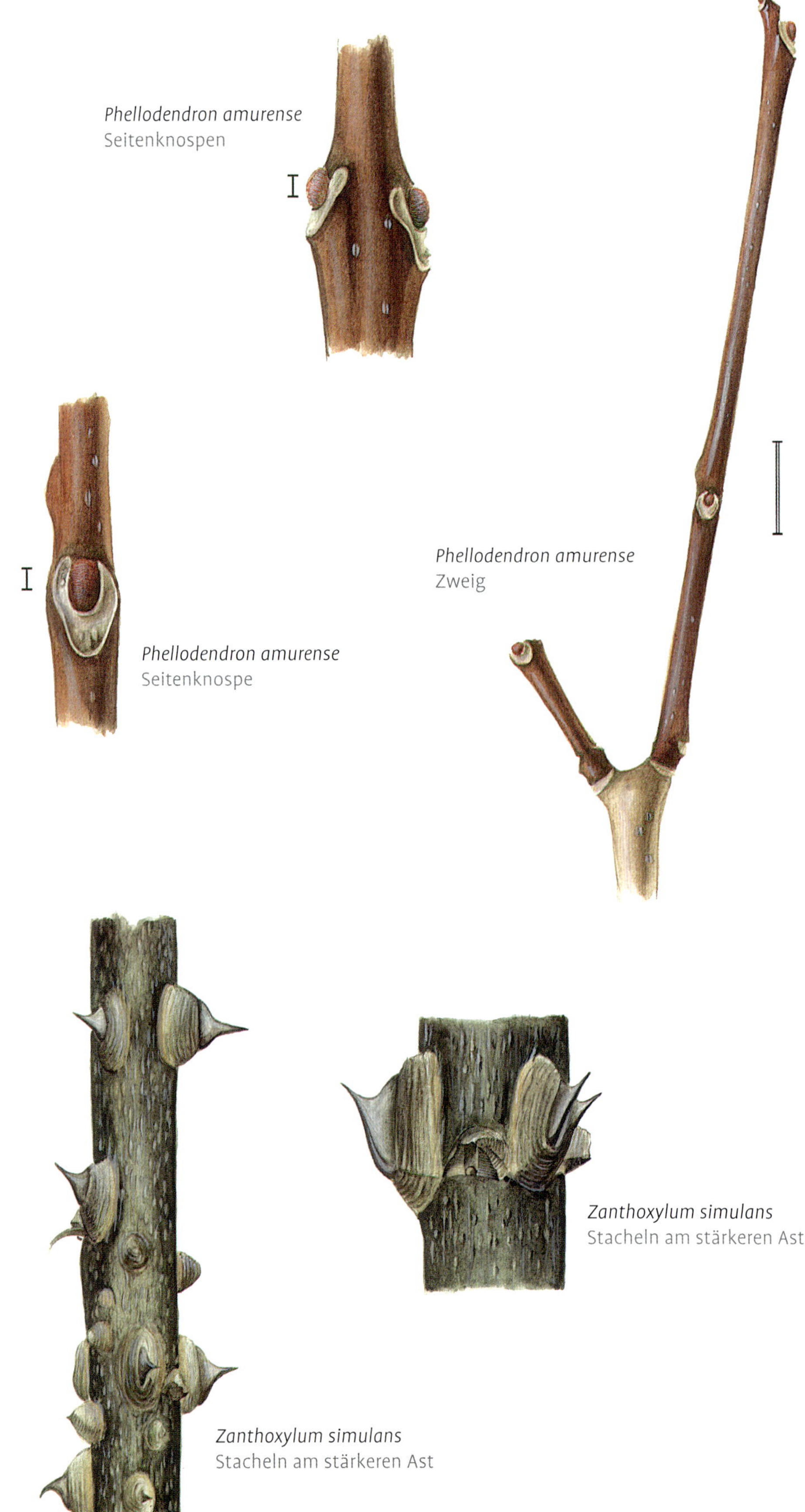

Phellodendron amurense
Seitenknospen

Phellodendron amurense
Zweig

Phellodendron amurense
Seitenknospe

Zanthoxylum simulans
Stacheln am stärkeren Ast

Zanthoxylum simulans
Stacheln am stärkeren Ast

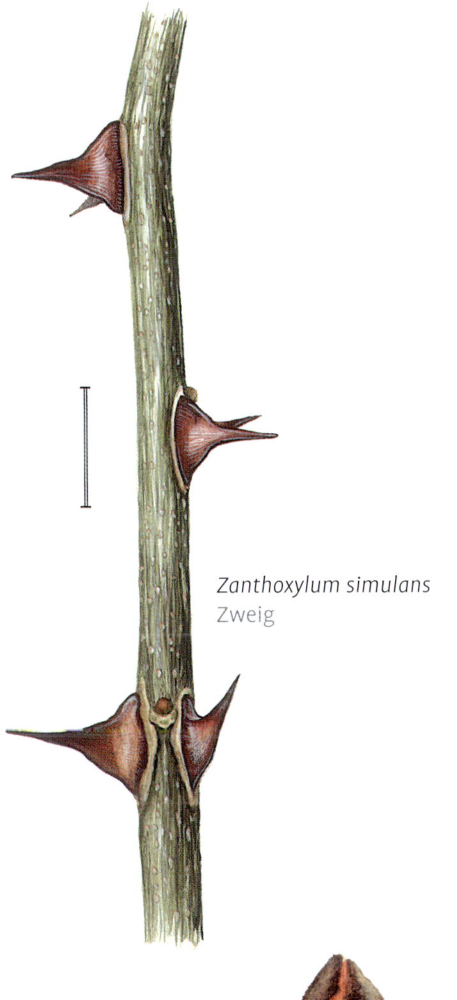
Zanthoxylum simulans
Zweig

Familie Tamaricaceae, Tamariskengewächse

Sträucher mit rutenförmigen Zweigen. Tragblätter wechselständig, schuppenförmig, eingetrocknet bleibend (keine Blattnarben). Endknospen fehlen, Seitenknospen an den Zweigspitzen meist einzeln, tiefer häufig mit Bereicherungsknospen. Über den Knospen häufig eine kreisförmige Narbe eines abgeworfenen Assimilationstriebes.

Schlüssel Tamaricaceae

1 Mark eng, exzentrisch; ältere Zweige dunkel rotbraun bis schwärzlich . . . . *Tamarix*

1* Mark weit, zentral; Zweige ockerbraun bis rotbraun . . . . . . *Myricaria germanica*

Tamarix L., Tamariske

Die verschiedenen, häufig gepflanzten Arten sind im Winter nicht unterscheidbar. **Knospen** zerstreut, 1(–2) mm lang von 3 sichtbaren, hell graubräunlichen, lichtseits auch geröteten Knospenschuppen eingeschlossen. **Zweige** gerade, schlank, peitschenartig auslaufend: basal 3–4 mm, an der Spitze weniger 1 mm dick; grünlich bis dunkel rotbraun, ältere schwarzbraun. Vom westlichen Südosteuropa bis Ostasien verbreitete, bis 5 m hohe Sträucher oder bis 10 m hohe Bäume.

Myricaria germanica (L.) Desv., Europäischer Rispelstrauch

[*Tamarix germanica* L.]

Knospen unter der Spitze ca. 1 mm lang, eiförmig, tiefer vereinzelt grössere Knospen: vielschuppig, um 3–5 mm lang. **Zweige** jung rotbraun, bald von grauer Epidermis bedeckt, diese tiefer aufreissend, darunter dunkler rotbraun. Oft finden sich an den Zweigen noch vertrocknete Reste der Assimilationstriebe. Von Europa bis Mittelasien heimischer, selten gepflanzter, bis 2 m hoher Strauch.

Zanthoxylum americanum
Zweig

Tamarix
An der Zweigbasis Knospen kräftiger, mit Bereicherungsknospen

Tamarix
Zur Zweigspitze Seitenknospen fast vollständig von den schuppenförmigen Tragblättern bedeckt

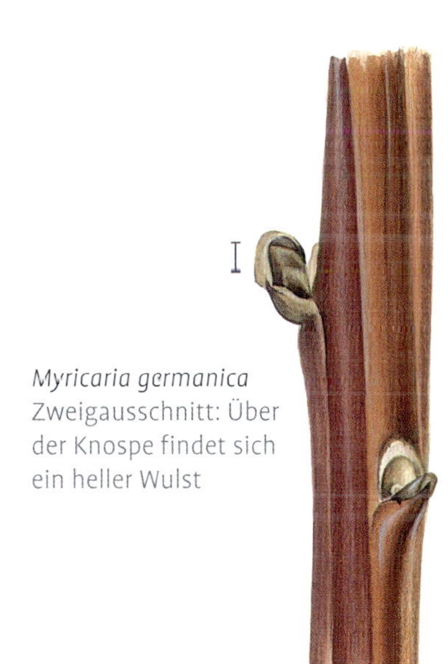
Myricaria germanica
Zweigausschnitt: Über der Knospe findet sich ein heller Wulst

Familie Plumbaginaceae, Bleiwurzgewächse

Ceratostigma willmottianum STAPF, Chinesische Hornnarbe

Knospen nur vom Zweig etwas abstehende **Seitenknospen**, diese von der ersten lang zugespitzten, ockerbraunen, etwa 6–8 mm langen Knospenschuppe von einer Seite fast vollständig umfasst, folgende Blätter kürzer, dichter und länger behaart. **Zweig** zur Spitze dünner werdend, etwas hin und her gebogen, mit feinen Längsleisten, diese lichtseits violettbraun und schattenseits grün, besetzt mit langen, anliegenden, steifen, ockerbraunen Haaren und feinen weißen, punktförmigen Harzdrüsen. An den Zweigspitzen mit kugeligen (35 mm ∅) Fruchtstandsresten. **Blattnarben** schmal und vielspurig. **Mark** kompakt, weiß. Selten gepflanzter, bis 1 m hoher Strauch aus dem Tibet und Westchina.

Familie Polygonaceae, Knöterichgewächse

Mehrere aufeinanderfolgende Nebenblatthüllen (Tuten) schützen die Knospen. Die zu den äußersten Hüllen gehörigen Oberblätter sind ± unentwickelt. Typische Vorblätter fehlen.

Der Verbreitungsschwerpunkt der weltweit verbreiteten Familie liegt in den gemäßigten Breiten. Es überwiegen krautige Arten und es gibt nur wenige Gehölze, wie verholzende Lianen und Kleinsträucher. Im Winter auffällig sind auch die trockenen Reste einiger staudenförmiger Arten, wie des häufigen **Staudenknöterichs, *Reynoutria japonica*** HOUTT., einer etwa 2 m hohen, invasiven Art aus Japan.

Schlüssel Polygonaceae

1 Zweige bewehrt, aufrechter Strauch .... *Atraphaxis spinosa*

1* Unbewehrt, kletternd oder niederliegend 2

2 Zweige hell, über 2 mm dick, mehrere Meter hoch kletternd .... ***Fallopia baldschuanica***

2* Zweige dunkel, unter 1 mm dick, niederliegend oder schwach kletternd .... *Muehlenbeckia axillaris*

Atraphaxis spinosa L., Dorniger Bocksweizen

Knospen nur dem Zweig anliegende Seitenknospen. **Zweige** graubraun, mit feinen hellgrauen Leisten, besonders deutlich an den Langtrieben. Von den Langtrieben allmählich dünner werdende (aber keine extreme Spitze ausbildende) Kurztriebe abgehend. Blattkissen weit über die Knospen reichend, mit den Zweig umfassenden Nebenblattresten. **Blattnarbe** undeutlich. Selten gepflanzter, bis knapp 1 m hoher Strauch, natürlich von Osteuropa und Kleinasien bis nach Nordwestchina und zur Mongolei vorkommend.

Muehlenbeckia axillaris (HOOK. f.) ENDL., Schwarzfrüchtiger Drahtstrauch

Knospen klein, < 1–2 mm lang, Seitenknospen dem Zweig anliegend, Endknospen an vom Langtrieb abstehenden Kurztrieben. **Zweige** fadendünn, etwa 0,5 mm ∅, schwarzbraun, sehr fein drüsig-warzig, leicht gewunden, an den Knoten mit Nebenblatthülle, diese etwas heller ockerbraun. Selten gepflanzter, sehr dicht verzweigter, Polster bildender, niederliegender oder schwach kletternder Strauch aus Neuseeland. Die ebenfalls aus Neuseeland stammende, gelegentlich gepflanzte ***Muehlenbeckia complexa*** (A. CUNN.) MEISN. ist etwas kräftiger, aber auch sehr dünnzweigig.

Fallopia baldschuanica (REGEL) HOLUB, Chinesischer Knöterich

[*Fallopia aubertii* (L. HENRY) HOLUB, auch zu *Polygonum* & *Bilderdykia*]

Knospen spitz kegelig, an der Basis mit einigen vertrockneten graubraunen, locker abstehenden Knospenhüllen. Seitenknospen fast anliegend bis schräg abstehend, basal am Langtrieb übergehend zu Kurztrieben mit stark – bis rechtwinklig – vom Zweig abstehenden Endknospen. **Zweige** graugrün oder graubraun bis braun, mit teilweise etwas aufreißender, grauer Epidermis. **Blattnarbe** undeutlich, klein und rundlich, trocken braun, über der Blattnarbe schmale, den Zweig umfassende Nebenblattnarbe. Häufiger, bis 15 m hoch kletternder Strauch aus Zentralasien und China.

Ceratostigma willmottianum Seitenknospen

Atraphaxis spinosa Zweig dornspitzig endend

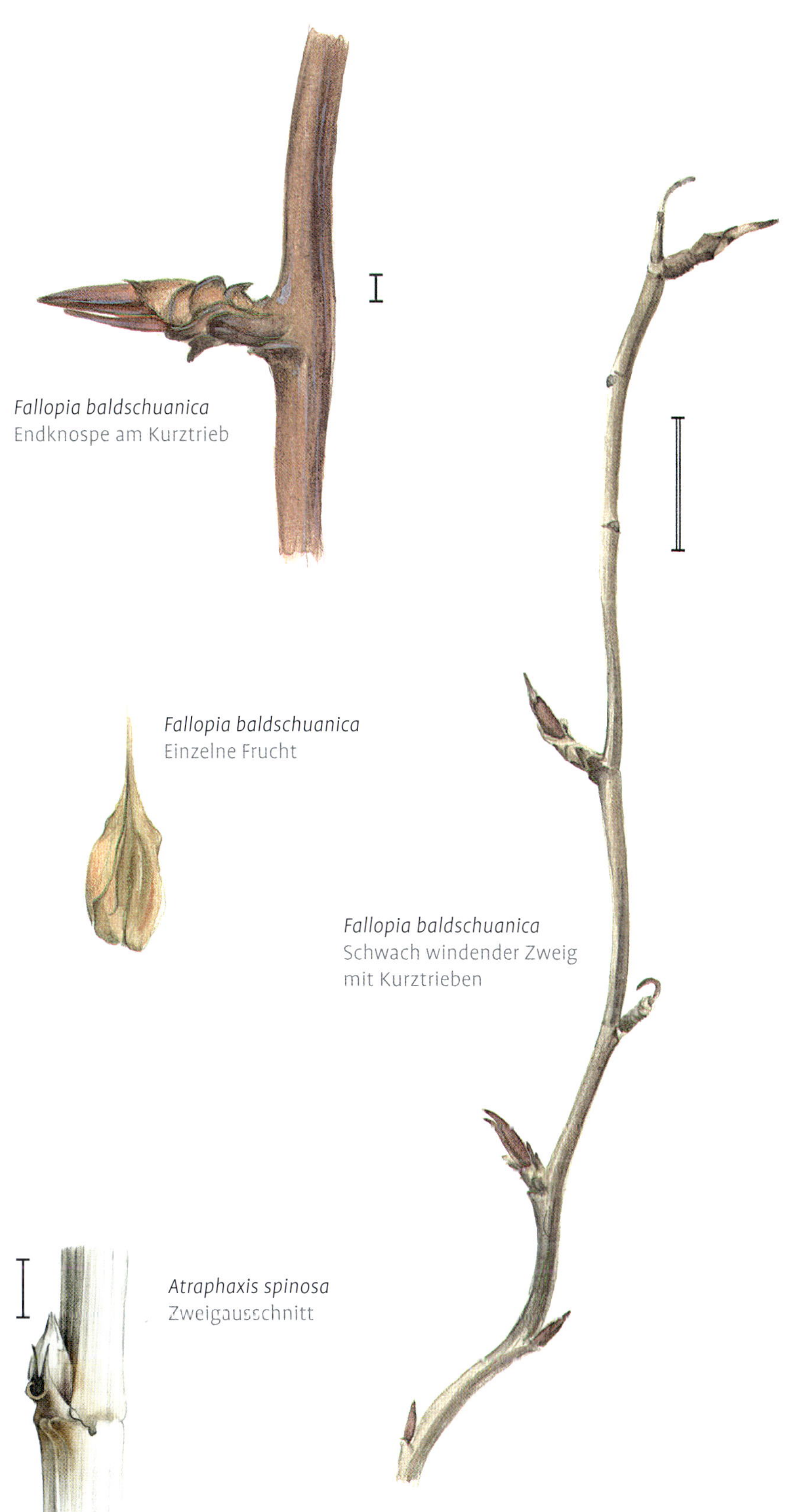

Fallopia baldschuanica
Endknospe am Kurztrieb

Fallopia baldschuanica
Einzelne Frucht

Fallopia baldschuanica
Schwach windender Zweig mit Kurztrieben

Atraphaxis spinosa
Zweigausschnitt

Ordnung Cornales

Blätter (Blattnarben) gegenständig (Hydrangeaceae und *Cornus* p.p.), seltener wechselständig (Nyssaceae, *Alangium* sowie *Cornus alternifolia* und *C. controversa*). Gegenständige Blattnarben sind durch eine Linie miteinander verbunden. Während die fleischigen Steinfrüchte der Cornaceae im Winter meist nicht mehr vorhanden sind, bleiben die trockenen Kapseln der Hydrangeaceae häufig über den ganzen Winter erhalten.

Familie Nyssaceae, Tupelogewächse

Fünf Gattungen mit max. 30 Arten, von denen zwei kultiviert werden: Häufig ist der monotypische Taschentuchbaum, *Davidia*, in Parkanlagen zu treffen, etwas seltener der amerikanische Tupelobaum, aus der mit 12 Arten in Nordamerika und Südostasien verbreiteten Gattung *Nyssa*.

Schlüssel Nyssaceae

1 Endknospen bis 5 mm lang, Knospenschuppen mit braunem Saum . . . . *Nyssa*

1* Endknospen größer rel. dick, Knospenschuppen glänzend dunkelweinrot . . . . *Davidia*

Nyssa sylvatica MARSH., Tupelobaum
Endknospen etwa 4 mm lang, mit 3–4 sichtbaren Knospenschuppen. **Seitenknospen** an den Langtrieben um 2 mm lang, äußerlich von 2 gegenständigen Vorblatt-Knospenschuppen bedeckt. **Knospenschuppen** rotbraun bis schattenseits grünlich, mit hellbraunem ± trockenen Rand, wie die Zweigenden locker hell behaart. **Zweige** braun, zum Ende heller ockerbraun, an Kurztrieben meist nur Endknospen. **Blattnarben** mit 3 Gefäßbündelspuren auf hervorstehenden Blattkissen. **Lentizellen** unauffällig. **Mark** weit und hell. Selten gepflanzter, schmal kegelförmiger, meist tief beasteter, in Mitteleuropa bis 20 m hoher Baum. In Nordamerika vom Nordosten der USA bis nach Südmexiko vorkommend.

Davidia involucrata BAILL., Taschentuchbaum, Taubenbaum
Knospen zugespitzt eiförmig, breit dem Zweig ansitzend. Endknospen etwa 9–11 mm und Seitenknospen 6–8 mm lang. Knospenschuppen wenige: glänzend dunkel weinrot und schmal hell berandet, unterste mitunter etwas bewimpert. **Zweige** kahl, relativ dick und starr, oliv bis graubraun oder graugrün, mit kleinen ockerbraunen Lentizellen. **Blattnarben** breit, meist 3-spurig, durch Aufspaltung der äußersten Spuren bis 5-spurig. **Rinde** graubraun und abblätternd. Gelegentlich gepflanzter, bis 20 m hoher, breiter Baum aus Westchina.

Familie Cornaceae, Hartriegelgewächse

Zwei Gattungen, *Cornus* und *Alangium*. Die Knospen sind meist nackt, bei *Cornus* ist die Tendenz zu Knospenschuppen bei mehreren Sektionen zu beobachten.

Schlüssel Cornaceae

1 Zweige ohne Endknospen, Blattnarben wechselständig, Knospen nackt *Alangium*
1* Zweige mit Endknospen, Blattnarben gegenständig oder wechselständig und Knospen mit Knospenschuppen . ***Cornus***

Alangium LAM.

Etwa 20(-60) vor allem in den altweltlichen (Sub-)Tropen verbreitete, meist immergrüne Bäume. Nur wenige Arten dringen in die gemäßigten Breiten vor. Zwei von ihnen werden gleichermaßen selten kultiviert. Sie sind sich sehr ähnlich und sind am Winter nur an den Fruchtstandresten unterscheidbar:
Alangium platanifolium (SIEB. & ZUCC.) HARMS: **Knospen**: ohne Endknospen. nackte Seitenknospen, bilden meist mit einer absteigenden Beiknospe kompakte Einheit; gedrungen (3 mm lang und ebenso so dick), dicht behaart, ockerbraun, von der ringförmigen 5- bis 7-spurigen Blattnarbe vollständig umgriffen.
Zweige hellbraun, fein, tlw. dichter behaart, mit wenigen länglichen Lentizellen. Zwischen den Knoten stark hin und her gebogen, relativ hell graugrün, mit fein längsrissiger Struktur, braunen Lentizellen und feiner unauffälliger Behaarung. **Blattnarbe** 5- bis 7-spurig, die Knospe umgreifend, aber auf

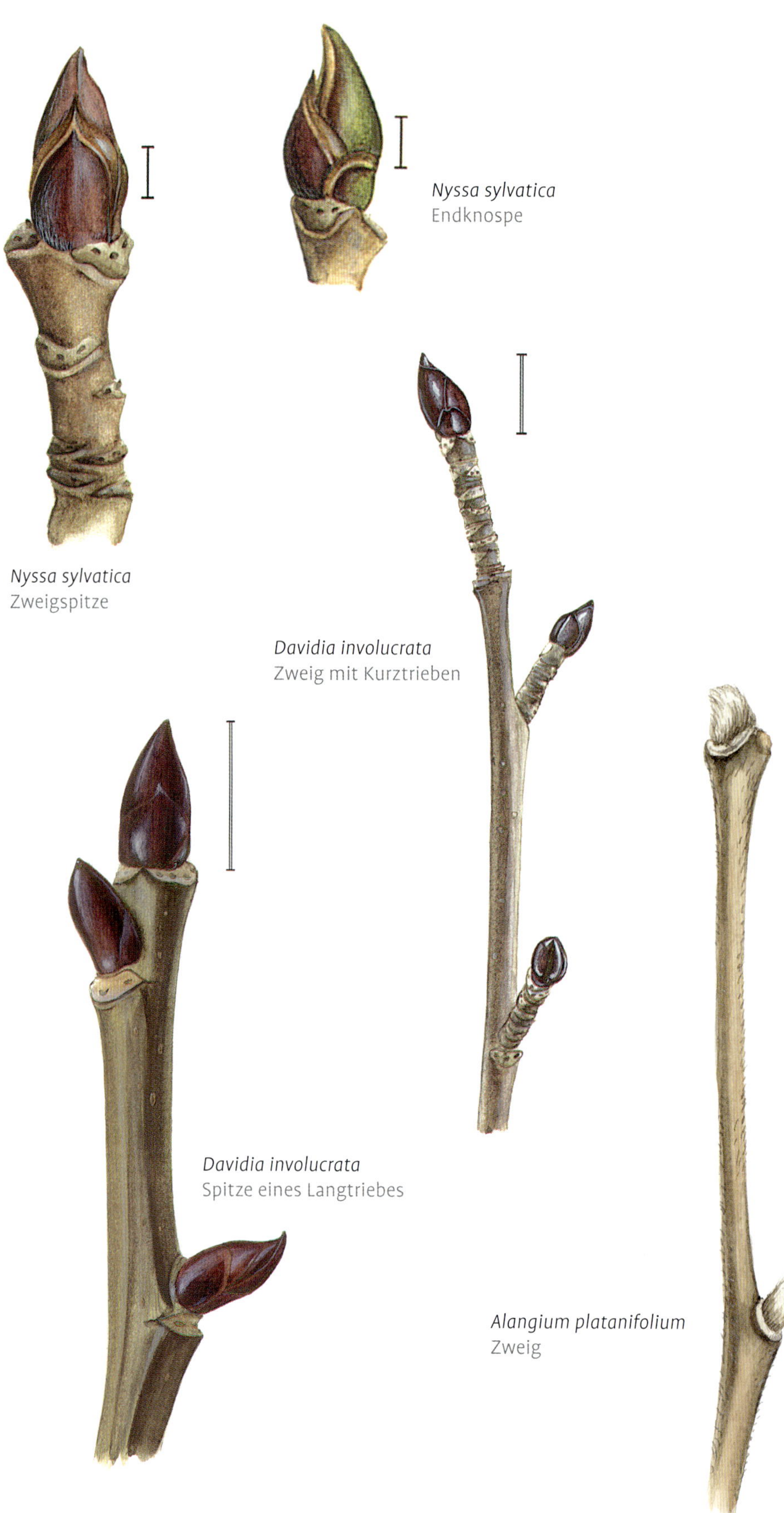

Nyssa sylvatica Endknospe

Nyssa sylvatica Zweigspitze

Davidia involucrata Zweig mit Kurztrieben

Davidia involucrata Spitze eines Langtriebes

Alangium platanifolium Zweig

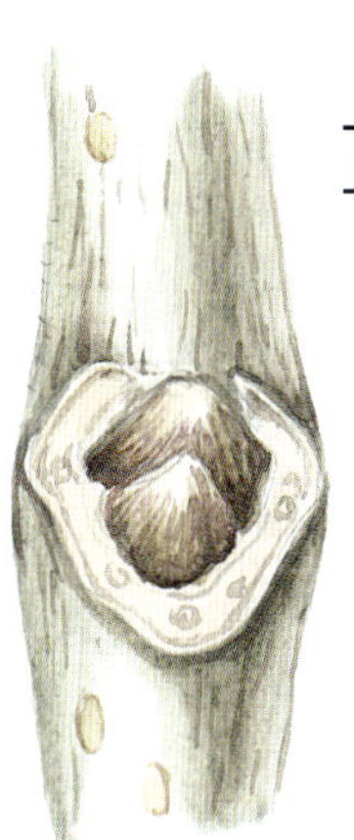
Alangium chinense Seitenknospe mit Beiknospe

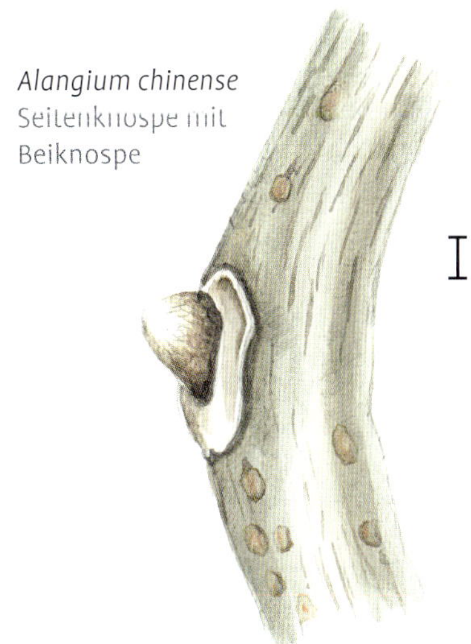
Alangium chinense Seitenknospe mit Beiknospe

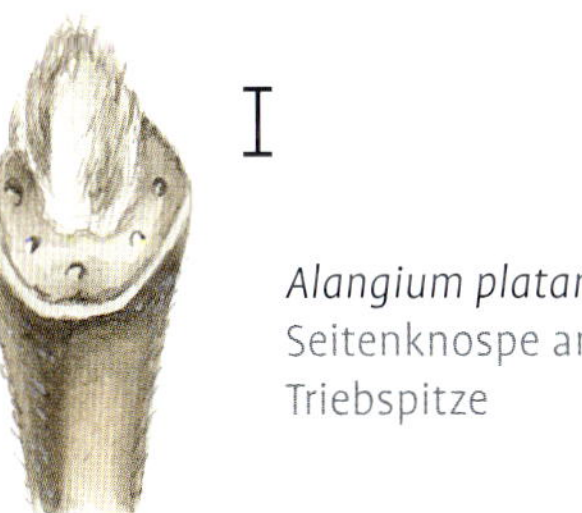
Alangium platanifolium Seitenknospe an der Triebspitze

der Knospenrückseite nicht verbunden. **Fruchtstände** mit bis 5, über 1 cm lang gestielten Früchten, Steinkerne mit einem Fach. Kleiner Baum aus Japan und China. Ähnlich ist ***Alangium chinense*** (Lour.) Harms, ein von Vietnam über China bis Indien, vorkommender, mittelgrosser Baum. **Fruchtstände** mit bis 25, etwa 3 bis 10 mm lang gestielten Früchten, mit 2-fächrigen Steinkernen.

Cornus, Hartriegel

Meist sommergrün, überwiegend gegenständig, aber auch wechselständig. Meist Sträucher, seltener baumförmig oder staudig. Zwei einheimische und mehrere angepflanzte Arten, bzw. ihre Gartenformen häufiger.

Schlüssel *Cornus*

1 Blattnarben wechselständig; Knospen mit Knospenschuppen 7

1* Blattnarben gegenständig; zumindest Blattknospen meist ohne Knospenschuppen 2

2 Blütenknospen mit Knospenschuppen bedeckt, mindestens doppelt so breit wie der Zweig 3

2* Auch die Blütenknospen nackt 8

3 Blütenknospen gelbgrün bis honigbraun, oberhalb der Mitte kugelig, kaum breiter als hoch; Zweige hell behaart, nie bereift; Blüten vor Laubausbruch im März 4

3* Knospen und Zweige nicht so; Blüten nach Laubausbruch 5

Kornelkirschen

4 Zweigrinde kaum abblätternd, Blütenknospen kugelig . . . . ***Cornus mas***

4* Zweige und Stämme mit stark abblätternder Rinde, Blütenknospen schlanker . . . . ***Cornus officinalis***

Blütenhartriegel

5 Einjährige Zweige grün bis dunkelweinrot. Blütenknospen gestielt, Korpus breiter als hoch 6

5* Einjährige Zweige bis zur Spitze braun (Periderm), mit zahlreichen Lentizellen. Blütenknospen länglich zugespitzt . . . . ***Cornus kousa****

6 Blütenstandsknospen von den vier Hochblättern vollständig eingeschlossen . . . . ***Cornus florida****

6* Blütenstandsknospen offen, einzelne Blütenknospen sichtbar . . . . ***Cornus nuttallii****

* in den letzten Jahren werden verstärkt zwischen den Arten stehende Hybridsorten gepflanzt

Pagodenhartriegel

7 (1) Knospen dunkel rotbraun-violett, Zweige dunkel braunviolett, bereift, unter der Spitze über 3 mm ∅ . . . . ***Cornus controversa***

7* Knospen und Zweige weinrot-violett bis ockerbraun, Zweige eine Spur dünner . . . . ***Cornus alternifolia***

Weidenhartriegel

8 (2) Zweige mit auffallend greller, intensiver Färbung (gelb, orange bis rot oder weinrot) 9

8* Zweige rötlich bis rot-grün oder graubraun 11

9 Ältere Zweige mit gleichartiger grauer Rinde (Periderm), Farbe der jungen Zweige orange-rot (auf einer Seite stärker gerötet) ***Cornus sanguinea*-Sorten**

9* Ältere Zweige (wenn auch nicht dieselbe Farbbrillanz aufweisend wie einjährige) ohne Periderm, einjährige Zweige allseits gleichartig gefärbt . . 10

10 Zweige grell gelb bis grüngelb (ohne Rottöne) . . . ***Cornus alba* 'Flaviramea'**

10* Zweige allseits kräftig korallen- oder dunkel weinrot . . ***Cornus alba*-Sorten**

11 Bereits einjährige Zweige mit durchgehendem Periderm (grau bis ockerbraun), Blütenstandsreste rispig . . . . *Cornus racemosa*

11* Einjährige Zweige ohne Periderm, rötlich bis grünlich gefärbt 12

12 Einjährige Zweige mit länglichen Verfärbungen um die Lentizellen, grünlich in Schattenlage bis lachsrot in der Sonne . . . . *Cornus rugosa*

12* Ohne Verfärbungen um die Lentizellen 13

13 Ältere Zweige mit gleichartiger grauer Rinde (Periderm), jüngere Zweige zumindest im Schatten (Unterseite) grünlich . . . . ***Cornus sanguinea***

13* Ältere Zweige (um 10–15 mm ∅) noch ohne Periderm, ± grünlich oder rötlich; junge Zweige meist allseitig, auch im Schatten, rötlich . . . . ***Cornus alba***

Untergattung Cornus

Sektion Cornus

Cornus mas L., Kornelkirsche
Knospen fein, dicht behaart, die Färbung variiert von gelb-ockerbraun bis grün-olivbraun. **Blütenstandsknospen** end- und achselständig, kugelig, kurz zugespitzt bis stumpf, 2 Paar schuppenförmigen Niederblättern folgen 2 Paar halbkugelförmiger Hochblätter, geschlossen nur das äußere Paar sichtbar. **Blattknospen** schlank und nackt. **Zweige** grün, lichtseits teilweise rotviolett überlaufen, dicht kurz behaart. **Blüten** Ende Februar bis März, in Köpfchen. Einzelblüten klein, 4-zählig. **Rinde** kleinschuppig abblätternd. Sehr häufiger Strauch oder kleiner, bis 5 m hoher, weit ausladender Baum, beheimatet in Mittel- und Südeuropa. Relativ ähnlich ist die viel seltener anzutreffende aus Ostasien stammende **Japanische Kornelkirsche**, ***Cornus officinalis*** Sieb. & Zucc.: **Blütenstandsknospe** eiförmig, allmählich zugespitzt, **Rinde** an mehrjährigen Zweigen abrollend, an Stämmen in größeren Flächen abblätternd.

Blüten- oder Blumenhartriegel (Sektionen ***Benthamia*** und ***Cynoxylon***)
Die beiden Sektionen unterscheiden sich deutlich in den Fruchtständen, aber auch der Zweigfarbe und der Knospenform. Seit einigen Jahren sind Hybriden zwischen den Sektionen mit sehr großblumigen Sorten häufiger in Kultur. Die Hybriden haben sehr kräftige einjährige Zweige, die fast vollständig graubraun sind wie bei *Cornus kousa*, und nur an den Zweigspitzen die grünlichrote Färbung von *Cornus florida* oder *Cornus nuttallii* aufweisen.

Sektion Benthamia

Cornus kousa F. Buerger ex Miq., Japanischer Blüten-Hartriegel
Knospen rotbraun bis braunviolett, fein behaart, in Blatt- und Blütenknospen differenziert. Überwiegend endständig, nur wenige, schwach entwickelte Seitenknospen. **Blütenknospen** an kurzen, dichasial verzweigten Trieben. Äußerstes Paar der Knospenschuppen sich oft basal ablösend und dann lange dachförmig auf der Knospe verbleibend. Hochblätter bedeckt und nicht sichtbar. Etwa 7–8 mm lang und 3 mm dick. **Blattknospen** meist kleiner und dunkler, spitzkegelig.

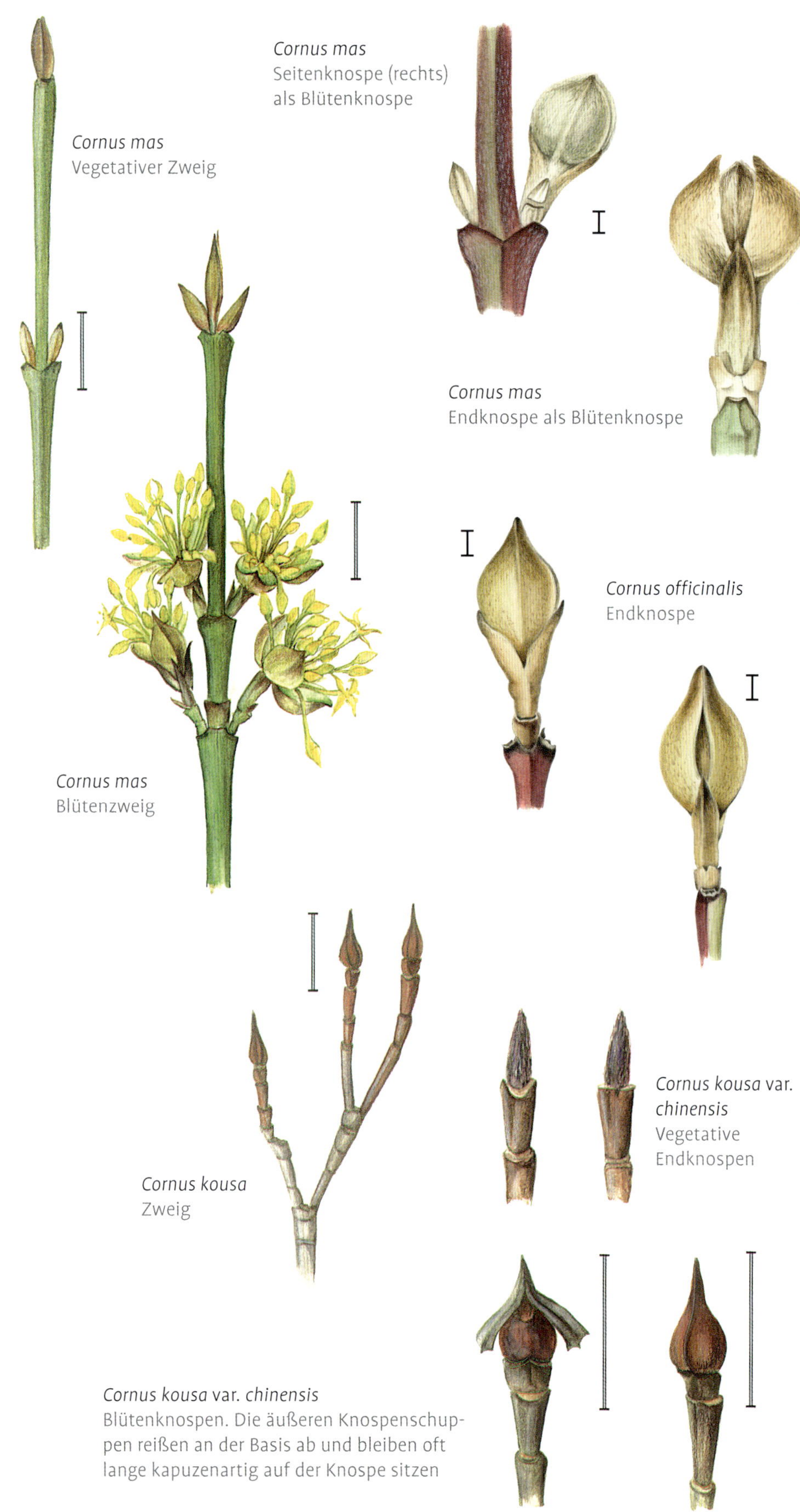

Cornus mas
Seitenknospe (rechts) als Blütenknospe

Cornus mas
Vegetativer Zweig

Cornus mas
Endknospe als Blütenknospe

Cornus officinalis
Endknospe

Cornus mas
Blütenzweig

Cornus kousa var. *chinensis*
Vegetative Endknospen

Cornus kousa
Zweig

Cornus kousa var. *chinensis*
Blütenknospen. Die äußeren Knospenschuppen reißen an der Basis ab und bleiben oft lange kapuzenartig auf der Knospe sitzen

Cornus florida
Vegetativer Zweig

Cornus florida
Zweig mit Blütenknospen

Cornus florida
Blütenknospe

Cornus florida
Blattknospen

Cornus nuttallii
Zweig mit typisch offener Blütenstandsknospe

Cornus nuttallii
Unterhalb der Blütenknospe mit schuppenförmigen Blättern

Zweige rotbraun bis graubraun, an Langtrieben graubraun. **Lentizellen** an Langtrieben sehr dicht und zahlreich. Häufiger, großer, sparriger Strauch oder kleiner, bis 7 m hoher Baum aus Ostasien: Japan und Korea. ***Cornus kousa*** var. ***chinensis*** Osborn aus China ist etwas kräftiger als die Art: Blütenknospen gedrungener und kürzer zugespitzt, etwa 6–7 mm lang und 4 mm dick.

Sektion Cynoxylon

Cornus florida L., Blüten-Hartriegel
Knospen überwiegend endständig, achsiläre schwach oder nicht entwickelt. **Laubknospen** oft klein, 2–4 (–7) mm lang und 1–2 mm breit. **Blütenknospen** breit kugelig, gestielt: 12–13 mm lang (ohne Stiel 5–6 mm) und 7–8 mm breit. Am Stiel stehen ein bis zwei Paare basal miteinander verwachsene, schuppenförmige Niederblätter. Die Blütenstandsknospe selbst schließen zwei Hochblattpaare ein, von denen das äußere die Knospe fast vollständig umhüllt. Zweige und Knospen sehr fein anliegend, weiß behaart bis bereift. **Zweige** matt weinrot, im Schatten auch ganz grün. Kaum Lentizellen. Häufiger, bis 5 (–8) m hoher Strauch, mitunter auch kleiner Baum aus dem östlichen Nordamerika: Kanada bis Mexiko.

Cornus nuttallii Audub., Nuttalls Blüten-Hartriegel
Knospen und **Zweige** ähnlich wie bei *Cornus florida*. **Blütenstandsknospen** endständig, 10–12 mm ∅, basale Schuppenpaare am Knospenstiel meist ausdauernd; die (bei *Cornus florida* geschlossenen) schalenförmigen 4–6 Hochblätter bilden einen offenen Korb und umfassen die sichtbaren Blütenknospen. **Zweige** dunkel violettrot, im Schatten mitunter auch etwas grünlich, vor allem zur Spitze fein flaumhaarig. Selten gepflanzter, großer Strauch, in der nordamerikanischen Heimat bis 25 m hoher Baum.
***Cornus* 'Eddie's White Wonder'** [*Cornus florida* × *Cornus nuttallii*] ist eine gelegentlich gepflanzte Hybride der beiden nordamerikanischen Blüten-Hartriegel, sie ähnelt im Winter sehr *C. nuttallii*.

Untergattung Kraniopsis

Sektion Thelycrania, Weidenhartriegel

Cornus sanguinea L., Blutroter Hartriegel
Knospen rotbraun, fein behaart und nackt. **Blattknospen** 5–8 mm lang und 1–2 mm dick. **Blütenknospen** bis 10 mm lang und 2–4 mm dick. **Zweige** matt weinrot bis – mindestens die letztjährigen Zweige unter- und schattenseits – grün. Ältere Zweige relativ schnell, ab 6 bis 8 mm ∅ mit grauer glatter Rinde (Periderm). Gelegentlich gepflanzte Zweigsorten wie 'Midwinter Fire' mit jung orangeroten Zweigen, müssen deshalb regelmäßig verjüngt werden. In Europa einheimischer, sehr häufig gepflanzter, bis 4 m hoher Strauch.

Cornus alba L., Weißer Hartriegel
Cornus alba subsp. ***alba***, Tatarischer Hartriegel
[*Cornus sibirica* LODD., *Cornus tatarica* MILL.]
Knospen graubraun und zum Teil – besonders bei den rotzweigigen Sorten – etwas rötlich, dicht und relativ lang behaart. **Zweige** ± glänzend und meist allseitig rötlich, zur Spitze hinfällig fein behaart/bereift. Wenige grau-graubraune Lentizellen. Auch ältere Zweige mit über 2 cm ∅ noch grün bis rot, ohne Peridermbildung. Sehr häufig gepflanzter, aus Ostasien stammender, aufrechter Strauch. Im Winter auffallend sind vor allem die Sorten **'Sibirica'** mit korallenroten Zweigen und **'Kesselringii'** mit dunkel weinroten, glänzenden Zweigen.

subsp. ***stolonifera*** (MICHX.) WANG., Amerikanischer Weißer Hartriegel
[*Cornus sericea* hort., non L.]
Ohne Früchte nicht unterscheidbare Unterart. Äste bogig überhängend und oft wurzelnd oder anfangs niederliegend und später aufstrebend. Häufiger, bis 2 m hoher, ausgebreiteter Strauch aus Nordamerika. Besonders die gelbzweigige Form **'Flaviramea'** ist häufig gepflanzt und als Sorte gut erkennbar: **Zweige** auffallend grell gelb bis gelbgrün, zerstreut mit graubraunen Lentizellen.

Cornus rugosa LAM., Rundblättriger Hartriegel
Knospen um 10 mm lang, Knospenblätter im unteren Bereich schuppenförmig, nur an der Spitze rudimentäre Blattspreite, grünlich bis rötlich, fein behaart. **Zweige** grün, in der

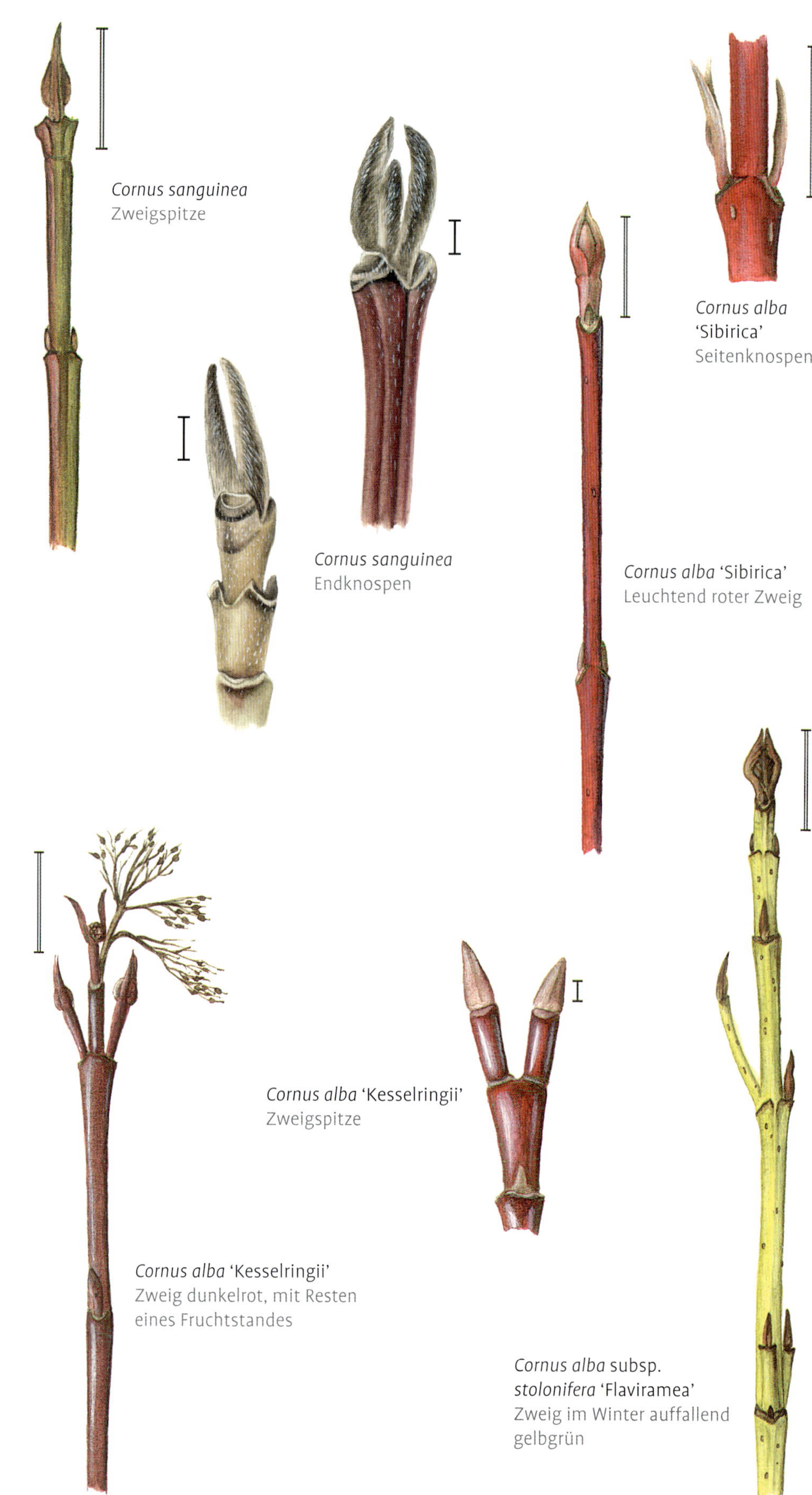

Cornus sanguinea Zweigspitze

Cornus sanguinea Endknospen

Cornus alba 'Sibirica' Seitenknospen

Cornus alba 'Sibirica' Leuchtend roter Zweig

Cornus alba 'Kesselringii' Zweigspitze

Cornus alba 'Kesselringii' Zweig dunkelrot, mit Resten eines Fruchtstandes

Cornus alba subsp. *stolonifera* 'Flaviramea' Zweig im Winter auffallend gelbgrün

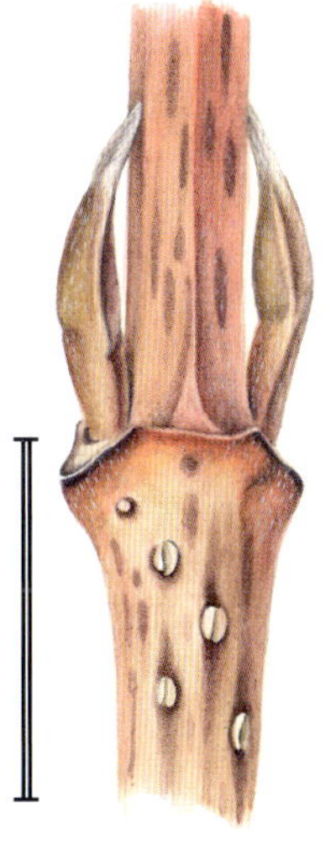
Cornus rugosa
Zweigausschnitt: in anfänglichen Verfärbungen entspringen die Lentizellen

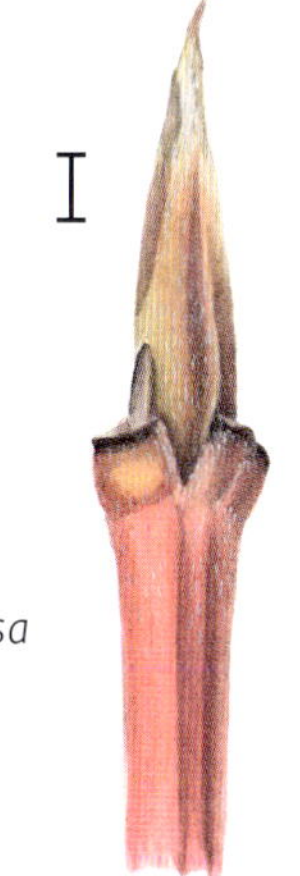
Cornus rugosa
Endknospe

Cornus racemosa
Endknospe (Periderm bis zur Zweigspitze ausgebildet)

Cornus alternifolia
Endknospe am Kurztrieb

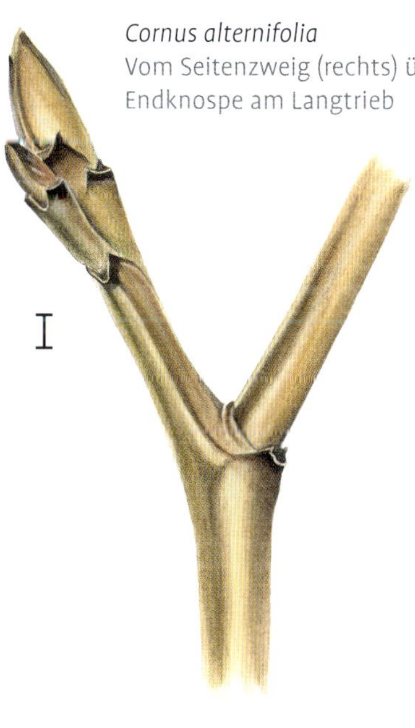
Cornus alternifolia
Vom Seitenzweig (rechts) übergipfelte Endknospe am Langtrieb

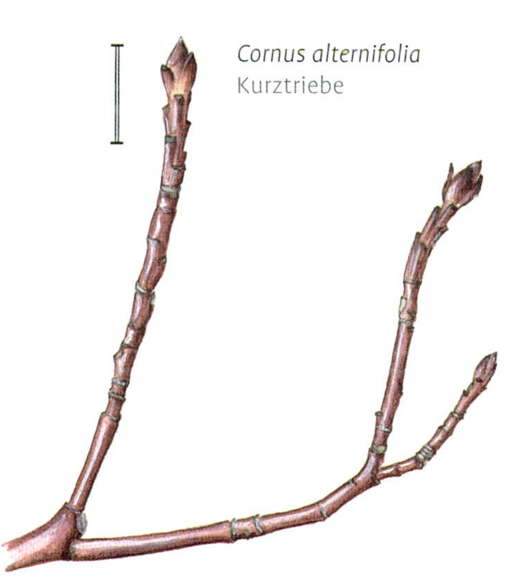
Cornus alternifolia
Kurztriebe

Sonne lachsrosa über Ockertönen, an den Zweigspitzen mit länglichen dunklen Verfärbungen, in denen dann die warzigen Lentizellen entstehen. Selten gepflanzter, bis 3 m hoher Strauch aus dem nordöstlichen Nordamerika.

Cornus racemosa LAM., Rispen-Hartriegel
Knospen relativ klein, um 5 mm lang, graubraun, fein, unauffällig behaart. **Zweige** bis zur Spitze mit lichtseits hellgrauem, schattenseits ockerbraunem Periderm. Darin verschieden von allen anderen Strauchhartriegeln, die wenigstens unterhalb der Endknospe noch kein Periderm besitzen und grün bis rot gefärbt sind. (Nur der durch seine auffallenden Blütenknospen leicht unterscheidbare Blütenhartriegel *Cornus kousa* besitzt ebenfalls bis zur Zweigspitze verkorkte Zweige. Sie sind jedoch meist dunkler braun und besitzen zahlreiche Lentizellen.)
Selten gepflanzter, bis 5 m hoher Strauch aus dem zentralen und östlichen Nordamerika.

Sektion Bothrocaryum, Pagodenhartriegel

Von den anderen *Cornus*-Arten durch die wechselständige Blattstellung und die von Knospenschuppen bedeckten Knospen verschieden. Die Knospen sind nicht in Blatt- und Blütenknospen differenziert. Fast jeder Langtrieb endet nach wenigen Sprossgliedern in eine Endknospe und wird von einem Seitenzweig übergipfelt, der ebenso schnell endet und vom nächsten Seitenzweig abgelöst wird. Das passiert mehrfach innerhalb einer Vegetationsperiode. Nur Kurztriebketten wachsen monopodial aus der Endknospe weiter.

Cornus alternifolia L. f., Wechselblättriger Hartriegel
Knospen bis 8 mm lang und 2,5–4 mm dick. In der Sonne weinrot-violettbraun, im Schatten ockerfarben. Die 5–6 sichtbaren Knospenschuppen zum Rand und zur Spitze dunkler. Basale Knospenschuppen mit ihren Spitzen oft leicht abstehend. **Zweige** dunkel weinrot, lange glänzend; im Schatten unterseits auch in olivgrün übergehend. Unterhalb der Endknospe 2,5–3 mm dick. Wuchsform wie *Cornus controversa*, bis 8 m hoch. Aus dem östlichen Nordamerika stammende, gelegentlich gepflanzte Art.

Cornus controversa HEMSL., **Pagoden-Hartriegel**
Ähnlich *Cornus alternifolia*, **Endknospen** länglich eiförmig, leicht zugespitzt, 6–9 mm lang und 2,5–4 mm dick. Farbe in der Sonne sehr dunkel weinrotviolett bis violettbraun, ± glänzend. Die 7–8 sichtbaren Knospenschuppen folgen der spiraligen Blattstellung. **Zweige** sehr dunkel violettbraun, glänzend; unmittelbar unterhalb der Knospe matt weinrot. **Lentizellen** zerstreut, länglich aufreißend. Mehrjährige Zweige meist ± matt. Durchmesser der Zweige unter der Endknospe 3–4 mm. Gelegentlich gepflanzter, aus Ostasien stammender, großer Strauch oder bis 15 m hoher Baum mit auffällig etagenförmig angeordneten Zweigen.

Familie Hydrangeaceae, Hortensiengewächse

Die Familie umfasst viele häufig gepflanzte Ziersträucher. Sie zeichnen sich durch wirtelige, meist gegenständige Blattstellung aus, bei der die Blattnarben eines Knotens sich berühren oder mit einer Linie verbunden sind.

Schlüssel Hydrangeaceae

1 Knospen unter den Blattnarben verborgen .... ***Philadelphus***
1* Knospen über den Blattnarben deutlich sichtbar 2
2 Knospen und Zweige mit Sternhaaren ... . ***Deutzia***
2* Einfach behaart oder kahl 3
3 Knospen dicht lang und deckend weiß behaart .... *Jamesia americana*
3* Knospen kahl oder schwach behaart, wenn dichter behaart, dann rötlichbraun .... ***Hydrangea***

Hydrangea L., Hortensie

Sträucher, seltener kleine Bäume oder Kletersträucher. Im Winter an der Wuchsform, Behaarung und der Art der Fruchtstände relativ gut unterscheidbar. Von den 80 in Nord- und Südamerika sowie in Asien beheimateten Arten sind einige sommergrüne häufig angepflanzt.

Schlüssel *Hydrangea*

1 Aufrechte Sträucher 2
1* Kletternde Sträucher 8
2 Langtriebe dicht mit kräftigen abstehenden Haaren .... ***Hydrangea aspera***
2* Kahl oder andersartig (fein) behaart .. 3
3 Fruchtstände ± flache oder kugelige Trugdolden 4
3* Fruchtstände kegelförmige Rispen, oft teilweise 3-wirtelig .... ***Hydrangea paniculata***
4 Endknospe über 10 mm lang 5
4* Endknospen kürzer 6
5 Zweige dünn . ***Hydrangea macrophylla*** subsp. ***serrata***
5* Zweige dick .. ***Hydrangea macrophylla*** subsp. ***macrophylla***
6 Zweigrinde nicht abblätternd 7
6* Zweigrinde rotbraun, rissig und abblätternd .... ***Hydrangea heteromalla*** **'Bretschneideri'**
7 Zweige graubraun .... ***Hydrangea heteromalla***
7* Zweige rotbraun .... ***Hydrangea arborescens***
8 Knospen von zwei bis zur Spitze reichenden, grünlichen Knospenschuppen fast bedeckt, Mark gefächert, Zweige mit Haftwurzeln ..... ***Hydrangea anomala*** subsp. ***petiolaris***
8* Mark voll, Knospen nackt oder mit mehr rotbraunen Knospenschuppen 9
9 Knospen nackt, rot bis rotbraun, Zweige mit Haftwurzeln ... *Hydrangea barbara*
9* Knospen mit Knospenschuppen .... *Hydrangea hydrangeoides*

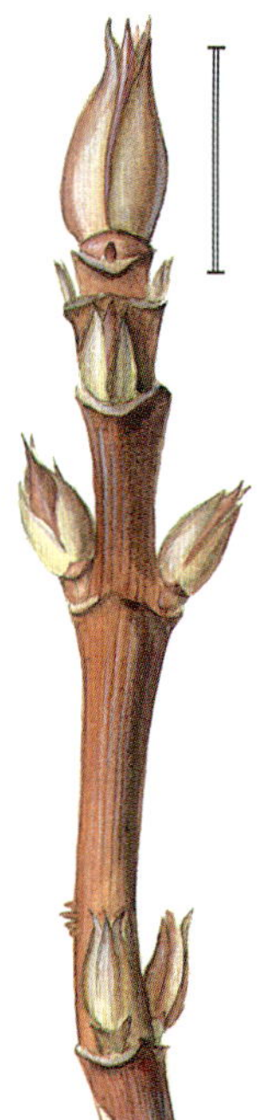

Hydrangea anomala subsp. *petiolaris*
Zweig mit sprossbürtigen Haftwurzeln und abblätternder Rinde

Hydrangea sargentiana
Zweig: Spitze mit typischer Behaarung und etwas tiefer mit abblätternder Rinde

Cornus controversa
Kürzere Triebe

Cornus controversa
Endknospe am Kurztrieb

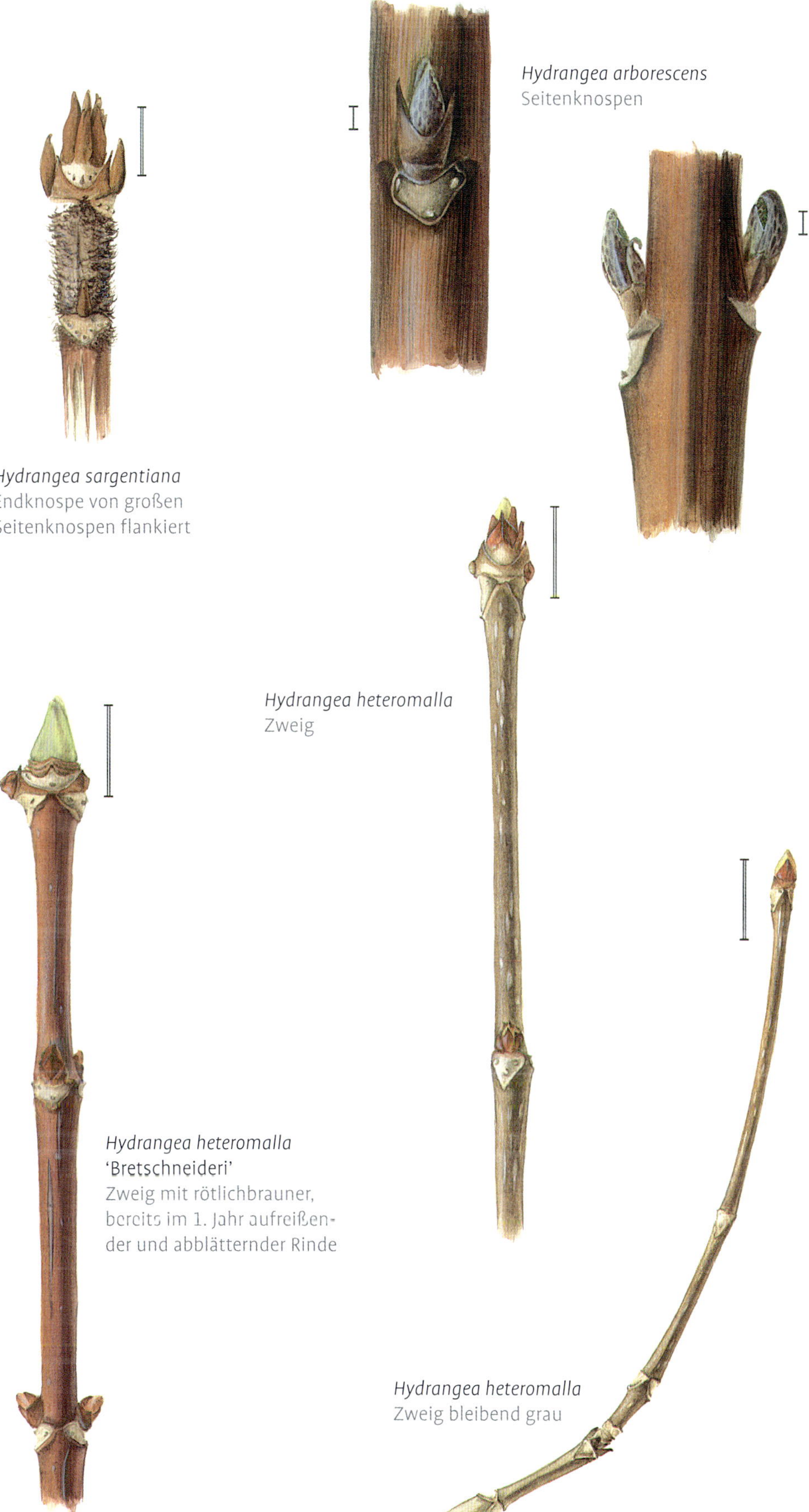

Hydrangea arborescens
Seitenknospen

Hydrangea sargentiana
Endknospe von großen Seitenknospen flankiert

Hydrangea heteromalla
Zweig

Hydrangea heteromalla 'Bretschneideri'
Zweig mit rötlichbrauner, bereits im 1. Jahr aufreißender und abblätternder Rinde

Hydrangea heteromalla
Zweig bleibend grau

Hydrangea aspera **subsp.** ***sargentiana*** (REHD.) MCCLINT., Samt-Hortensie
[*Hydrangea sargentiana* REHD.]
Knospen samtig rotbraun. Endknospen von mehreren Seitenknospen umgeben, relativ dünn. Seitenknospen spitz eiförmig, bis etwa 10 mm lang, mit zwei ± verwachsenen Knospenschuppen. **Zweige** dick, einjährig 8–10 mm, zur Spitze dicht grob, abstehend behaart. Rotbraune **Rinde** der Zweige dicht länglich-rhombisch aufreißend, darunterliegende Schicht heller grauockerfarben; später abblätternd. **Blattnarben** groß, breit und gegenüberliegende zusammenstoßend, mit (5–) 7–9 (–11) deutlichen Spuren. **Fruchtstände** flache, bis 25 cm breite Trugdolden. Locker verzweigter, bis 3 m hoher Strauch aus China. Sehr ähnlich und im Winter nicht sicher zu unterscheiden ist die typische Unterart ***Hydrangea aspera*** D. DON. subsp. ***aspera***.

Hydrangea arborescens L., Wald-Hortensie
Seitenknospen vom Zweig abstehend, eiförmig, 5–6 mm lang, mit einigen Knospenschuppen: äußerste trocken graubraun, innere fleckig-streifig oliv-violettrotbraun, vor allem an den Rändern behaart. **Zweige** rotbraun bis ockerbraun, kahl oder mit feinen Haarresten. **Blattnarben** halbrund bis dreieckig, mit 3 (–5) Gefäßbündelspuren. **Fruchtstände** kugelig, 5–10 cm dick. 2–3 m hohe Sträucher aus Nordamerika. Mehrere Unterarten und ihre Sorten häufig in Kultur.

Hydrangea heteromalla D. DON, Chinesische Hortensie
Knospen stumpf kegelförmig, an der Basis am dicksten. Endknospen bis 8 mm lang, Seitenknospen in großen Winkeln – unter der Endknospe am stärksten, ± rechtwinklig – abstehend, bis etwa 5–6 mm lang. Knospenschuppen ockerbraun, kahl oder zur Spitze behaart, mitunter früh abfallend, dann fest anliegende, grünliche, zur Spitze stärker behaarte Blättchen sichtbar. **Zweige** graubraun, mit zahlreichen helleren, länglich-rissigen Lentizellen. Fruchtstände flach gewölbte, 10–30 cm breite Trugdolden, mit einigen trockenen sterilen Blüten am Rand. Rinde auch bei zweijährigen Zweigen geschlossen. Bis 3 m hoher, häufig gepflanzter Strauch aus China und dem Himalaja.
Bei der Form *Hydrangea heteromalla* 'Bretschneideri' [*Hydrangea bretschneideri* DIPP.] sind die Zweige kräftiger, matt glänzend, violettbraun bis ockerbraun; mit feinen rundlichen Lentizellen und bald länglich aufreißender und abblätternder Rinde.

Hydrangea paniculata Sieb., Rispen-Hortensie

Seitenknospen oft zu dritt an einem Wirtel, klein, stumpf kegelig, vom Zweig abstehend, mit einigen Knospenschuppen: äußere dunkelbraun und innere heller ockerbraun. **Zweige** meist verkahlt, ockerbraun bis rotbraun, mit länglichen, bald aufreißenden Lentizellen und dann abblätternder Rinde. **Fruchtstände** länglich-kegelförmige, bis 20 cm lange Rispen. Bei der häufigen Form **'Grandiflora'** Rispen bis 30 cm lang und überwiegend aus sterilen Blüten bestehend. Bis 2 m hoher Strauch, in seiner Heimat Japan, Südostchina und Sachalin bis 10 m hoher Baum.

Hydrangea macrophylla (Thunb.) Ser., Garten-Hortensie

Endknospen sehr groß: etwa 15–20 (–40) mm lang und nackt: äußere Blätter deutlich sichtbar fiedernervig, teilweise von abgetrockneten größeren Laubblättern umgeben. Knospenblätter grün (besonders weiß blühende Sorten) bis dunkel weinrot (rosa-rot blühende Sorten). **Seitenknospen** bis etwa 12 mm lang, eiförmig zugespitzt oder abgerundet; basal mit zwei äußeren, braunen Vorblattschuppen, von den folgenden Schuppen ist die vom Zweig abgewandte (abaxiale) meist stärker entwickelt, so dass sie die Knospenspitze umgreift. **Zweige** dick und kahl, matt braun, teilweise olivgrün oder rötlich. **Blattnarben** wappenförmig, mit 3 Spuren; zusammenstoßend oder mit einer Linie verbunden. In vielen Gartenformen häufig gepflanzter, 1–3 m hoher Strauch aus dem Himalaja, Südchina und Japan. Ebenfalls sehr häufig ist die Unterart subsp. ***serrata*** (Thunb.) Mak. [*Hydrangea serrata* (Thunb.) Ser.]. Die Zweige dieser aus den Bergwäldern von Japan und Südkorea stammenden Unterart sind verhältnismäßig dünn. Kleiner, meist nicht über 1 m hoher Strauch.

Hydrangea anomala subsp. ***petiolaris*** (Sieb. & Zucc.) McClint., Kletter-Hortensie

[*Hydrangea petiolaris* Sieb. & Zucc.]

Knospen eiförmig, 6–10 mm lang, vom ersten oder zweiten Knospenschuppenpaar fast vollständig bedeckt. Knospenschuppen grün bis rötlich, zugespitzt. **Zweige** kräftig, rotbraun, mit abblätternder Rinde; darunter hell ockergrau. Mit Haftwurzeln. **Mark** gefächert. **Fruchtstände** 15–20 cm breite Trugdolden. Bis 10 (–20) m hoch kletternde, häufig gepflanzte Liane aus Ostasien.

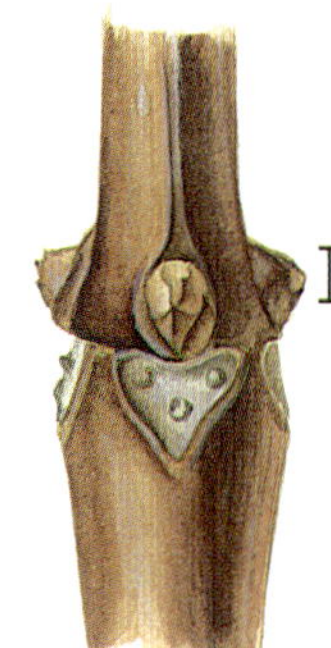

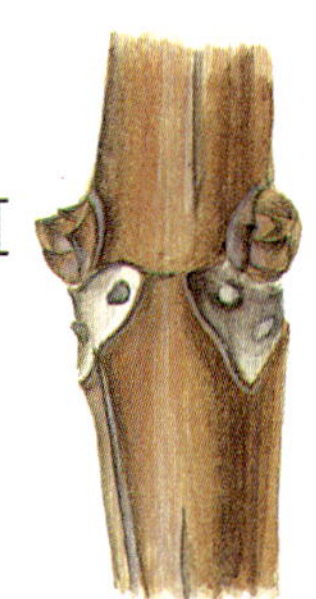

Hydrangea paniculata
Seitenknospen oft dreiwirtelig

Hydrangea macrophylla
Zweig einer dunkel blühenden Sorte mit rötlichen Knospenblättern

Hydrangea macrophylla
Seitenknospen: die äußere Schuppe des 2. Paares umgreift die Knospenspitze

Hydrangea macrophylla
Zweig einer hell blühenden Sorte mit grünen Knospenblättern

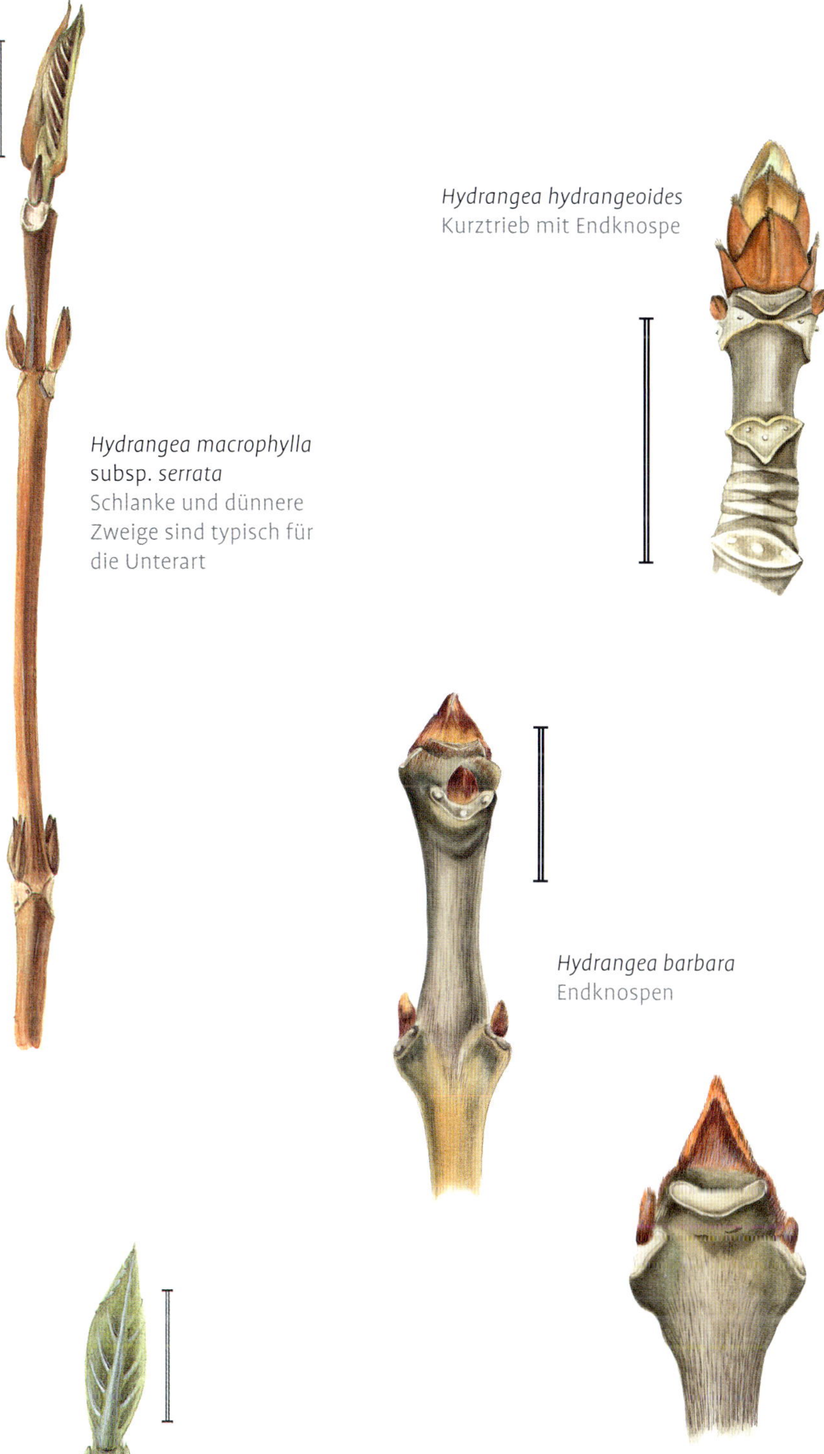

Hydrangea hydrangeoides
Kurztrieb mit Endknospe

Hydrangea macrophylla subsp. *serrata*
Schlanke und dünnere Zweige sind typisch für die Unterart

Hydrangea barbara
Endknospen

Hydrangea macrophylla
Nackte Endknospe: Knospenblätter zeigen deutlich fiedrige Nervatur

Hydrangea hydrangeoides (SIEB. & ZUCC.) B. Schulz
Endknospen bis etwa 8 mm lang, sich zur Spitze nur wenig verjüngend, relativ stumpf, fast zylindrisch, mit 2–3 sichtbaren Knospenschuppenpaaren. **Seitenknospen** 5–6 mm lang. Alle Knospen dem Zweig breit ansitzend. Die Knospenschuppen sind rotbraun, flächig fast kahl, aber an der Spitze dichter behaart, hier die Haare auffällige Büschel bildend. Knospenschuppen der Vorjahre an den Jahresgrenzen bleibend, dunkel violettbraun. **Zweige** kräftig, etwa 4 mm dick, graubraun bis zimtbraun, kahl, leicht aufreißend, Lentizellen vor allem an den Knoten zahlreicher. **Mark** voll, relativ weit, weiß mit grünlicher Markkrone. **Blattnarbe** wappenförmig bis schmal und breit, 3-spurig, gegenständig, verbunden. Selten gepflanzter, bis 10 m hoch kletternder Strauch aus Japan.

Hydrangea barbara (L.) B. SCHULZ
Knospen nackt, dicht lang anliegend, leuchtend rotbraun behaart. Endknospe kurz, gedrungen, um 3–4 mm lang, aber deutlich breiter, von wenigen Blättern (2 Paaren) eingeschlossen. Seitenknospen kleiner, bis 3 mm lang, aber nur 1 mm breit, dem Zweig anliegend. **Zweige** graubraun bis braun, zur Spitze leicht rötlichbraun behaart, aber bald ganz kahl. Keine sichtbaren Lentizellen, Rinde länglich aufreißend, an zweijährigen Zweigen Risse sich verbindend, darunter anfangs hellgrau bis dunkelgrau, später auch graugrün. **Mark** locker, an den Knoten durchgehend, grünlich. Gegenständige **Blattnarben** dreispurig, mit v-förmiger bis waagerechter Linie verbunden. Selten gepflanzter, mit Hilfe sprossbürtiger Haftwurzeln bis 10 m hoch kletternder Strauch aus den östlichen USA.

Philadelphus L., Pfeifenstrauch

Einige schwer unterscheidbare Arten, zahlreiche Hybriden und Sorten werden häufig gepflanzt. Ohne Endknospen, die Seitenknospen sind bei den hier behandelten Arten unter der Blattstielnarbe verborgen. Der unterste Teil des Tragblattes, der Blattgrund, bleibt erhalten und schützt die Knospen. Gegenüberliegende Narben sind – mit einer

Linie – verbunden.

Schlüssel *Philadelphus*

1 Über 2 m hohe aufrechte, Sträucher . . 2

1* Bis 1,5 m hohe zierliche Sträucher . . . . ***Philadelphus microphyllus*** und Hybriden

2 Rinde an älteren Zweigen abblätternd . . . . ***Philadelphus coronarius***

2* Rinde nicht abblätternd . . . . *Philadelphus pubescens*

Philadelphus coronarius L., Europäischer Pfeifenstrauch

Seitenknospen unter den hellen, dreiteiligen Blattnarben verborgen und erst wenn sie antreiben – bei milder Witterung oft sehr früh – sichtbar. **Zweige** einjährig kräftig rotbraun, längsstreifig, Rinde bald längs aufreißend; zweijährige ganz abgeblättert. Neben normalen, relativ dünnen Zweigen im Strauch zahlreich lange, aufrechte, dicke und unverzweigte Zweige. **Früchte** 4-klappige, kreiselförmige Kapseln, in Trauben. Sehr häufig gepflanzter, bis 3 m hoher Strauch, beheimatet in Europa, die genaue Herkunft ist unbekannt.

Der **Kleine Pfeifenstrauch**, ***Philadelphus microphyllus*** A. Gray aus Nordamerika, ist ähnlich, aber in allen Teilen wesentlich kleiner und besonders dünnzweigig.

Neben den reinen Arten finden sich viele Hybriden, die im Winter nicht sicher angesprochen werden können. Als Beispiel sei ***Philadelphus ×lemoinei*** Lemoine genannt, eine häufige Hybride zwischen *Philadelphus coronarius* und *Philadelphus microphyllus*. Sie steht in ihren Merkmalen zwischen den Eltern.

Philadelphus pubescens Loisel., Weichhaariger Pfeifenstrauch

Seitenknospen unsichtbar, unter Blattnarben verborgen. **Zweige** kahl; dünne Zweige rotbraun gefärbt; lange dicke unverzweigte Schosser ocker bis hellbraun. Mehrjährige Zweige graubraun, mit bleibender Rinde. Ihre Oberfläche ist etwas längsfurchig und teilweise (ähnlich Lentizellen) wulstig. Aus Nordamerika stammender, selten gepflanzter, bis 3 m hoher Strauch.

Philadelphus coronarius
Verzweigung. Rinde bald abblätternd. An den Zweigspitzen oft mit Früchten: kleine 4-klappige Kapseln

Philadelphus coronarius
Seitenknospe unter Blattnarbe verborgen

Philadelphus coronarius
Durch die sie bedeckende Blattnarbe brechende Seitenknospe im späten Winter

Philadelphus coronarius
Ausschnitt aus einem kräftigen Langtrieb

Philadelphus pubescens
Zweigausschnitt mit Blattnarbe. Rinde gräulich, nicht berstend.

Deutzia Thunb., Deutzie

Sichtbare Knospen mit Knospenschuppen. **Zweige** meist hohl oder mit lockerem Mark, in den Knoten voll. Viele der durch starke züchterische Bearbeitung der Gattung entstandenen Hybriden sind im Winter nicht oder schwer zuzuordnen. Bestimmungsmerkmale sind die Wuchsform und -größe und die Knospenform. **Früchte**: in Rispen stehende, kugelige, 3- bis 5-fächrige, spät zerfallende Kapseln.
Außer *Deutzia crenata* (= *D. scabra* hort.) und *Deutzia gracilis* sind die reinen Arten relativ selten gepflanzt. Die häufig gepflanzten Hybriden vereinen die Merkmale ihrer Eltern in verschiedenster Ausprägung und sind im Winter kaum sicher bestimmbar.

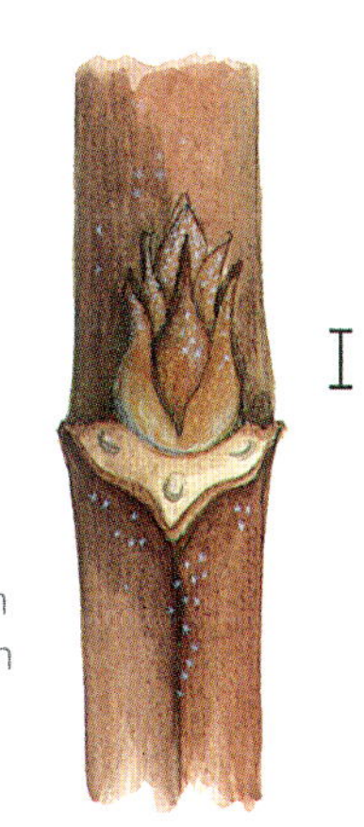

Deutzia crenata
Seitenknospe: Spitzen der Knospenschuppen abspreizend

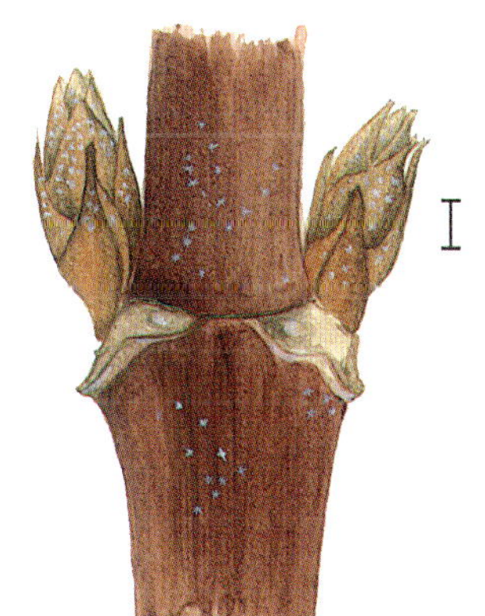

Deutzia crenata
Seitenknospen

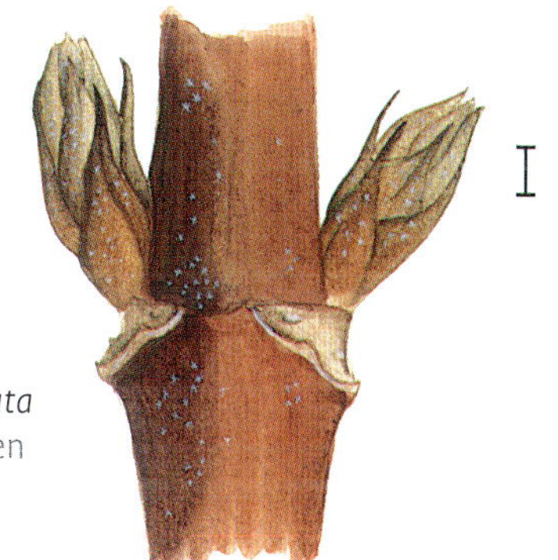

Deutzia crenata
Seitenknospen

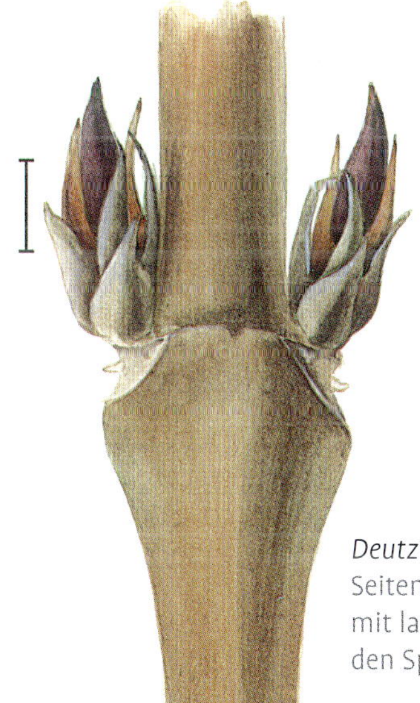

Deutzia gracilis
Seitenknospen: Knospenschuppen mit lang ausgezogenen, abstehenden Spitzen

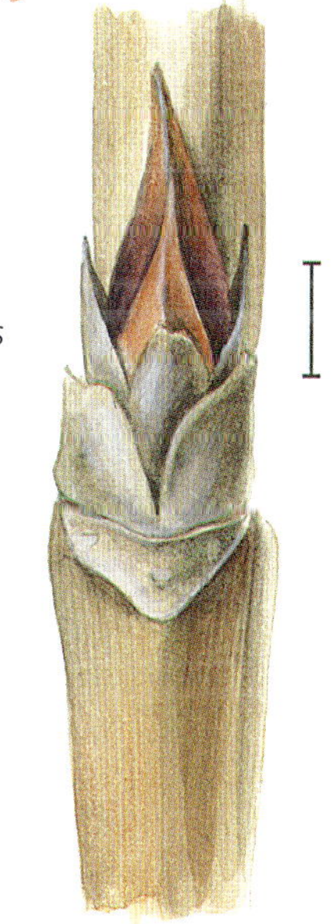

Deutzia gracilis
Seitenknospe

Schlüssel *Deutzia*

1 Knospen nicht kantig, Knospenschuppen oft an den Spitzen ± abstehend 2
1* Knospen grau und vierkantig, Knospenschuppen an der Knospe anliegend .... *Deutzia parviflora*
2 Mark nur in den Knoten: braun. Kräftige, 2 m und höher werdende Sträucher, Früchte in schmalen Rispen mit hinfälligen kurzen Kelchblättern (wenn Kelchblätter bleibend Hybriden) .... ***Deutzia crenata***
2* Mark weiß, auch in den Internodien (locker) 3
3 Unter 1 m hohe Sträucher, Früchte in schmalen Rispen, Kelchblätter kurz (bis 1 mm) und hinfällig (wenn bleibend Hybriden) .... ***Deutzia gracilis***
3* Früchte in breiten lockeren Rispen, Kelchblattzipfel länglich (2–3 mm lang), bleibend .... ***Deutzia discolor*** u. a.

Deutzia crenata Sieb. & Zucc., Kerbblättrige Deutzie

[*Deutzia scabra* hort, non. Thunb.]
Knospen eiförmig, 4–6 mm lang, ockerbraun. Knospenschuppen locker, lang zugespitzt und an den Spitzen abstehend. Sternhaare 10–15-strahlig. **Zweige** sternhaarig, ockerbraun bis orange-rotbraun, hohl, Markkrone braun. Rinde nur schwach abblätternd. **Früchte** in länglichen, im oberen Teil traubigen Rispen, Kelchblätter kurz, abfallend, wenn tlw. bleibend *Deutzia ×magnifica* (Lemoine) Rehd., eine Hybride mit *Deutzia discolor*. *Deutzia crenata* ist ein 2–3 m hoher, straff aufrechter Strauch aus Japan und China. Die sehr häufig gepflanzte Art wird häufig fälschlich als *Deutzia scabra* Thunb. bezeichnet. Das ist jedoch eine andere sehr selten kultivierte Art aus Japan (vgl. Schulz, in MDDG 2010).

Deutzia gracilis Sieb. & Zucc., Zierliche Deutzie

Knospen eiförmig, 3–4 mm lang, basale Knospenschuppen hell graubraun, lang zugespitzt, leicht stumpf abbrechend, von der Knospe etwas abstehend; oberste Knospenschuppen ockerbraun bis weinrot oder rotbraun, mit nur wenigen (4–) 6–7-strahligen Haaren. **Zweige** schwach kantig, dünn, graubraun bis ockerbraun, fein längsstreifig. Sehr häufig gepflanzte, kleine und dichte, bis 80 cm hohe Sträucher aus Japan.

Deutzia discolor HEMSL.
Knospen eiförmig, 3–4 mm lang, mit ocker- bis dunkelbraunen, kurz zugespitzten und nur wenig abstehenden oder anliegenden Knospenschuppen. Knospenschuppen locker sternhaarig. Sternhaare 8–12-strahlig, mit breitem Fuß (erscheint als dunkler Punkt in der Mitte der einzelligen Haare). **Zweige** rotbraun, anfangs mit vielen Sternhaaren, ältere Zweige mit stark abblätternder dunkelbrauner Rinde, darunter hell graubraun. Mark locker, weißlich bis hellbraun. **Blattnarben** schmal dreieckig, mit 3 undeutlichen Spuren. **Früchte** in lockeren Rispen mit bleibenden 2–3 mm langen Kelchblattzipfeln. Aus China stammender, 1,5–2 m hoher Strauch, mit aufrechten, zur Spitze überhängenden Zweigen.
Ähnlich ist auch die **Purpur-Deutzie**, ***Deutzia purpurascens*** (FRANCH. ex L. HENRY) REHD., ein 1 (–2) m hoher Strauch mit überhängenden Zweigen, aus Westchina. Die Sternhaare dieser Art besitzen meist weniger als 8 Strahlen.

Deutzia parviflora BUNGE, Kleinblütige Deutzie
Knospen eiförmig zugespitzt, 3–5 mm lang, deutlich vierkantig. Knospenschuppen anliegend, grau (!), nur basale etwas braun, mit zahlreichen 6–9-strahligen Haaren besetzt. **Zweige** einjährig mit dunkel rotbrauner bis violettbrauner, länglich aufreißender und abblätternder Rinde; nur gelegentlich sind Sternhaare zu finden. **Mark** in den Internodien in Resten erhalten: weiß. **Blattnarben** breit dreieckig mit 3, etwa gleich großen Spuren. Selten gepflanzter, bis etwa 2 m hoher Strauch aus China und der Mandschurei.

Jamesia americana TORR. & A. GRAY, Jamesie
Knospen von 2 äußeren Blättchen bedeckt, dicht weißlich, lang, deckend behaart. Endknospen 5–6 mm lang, keglig zylindrisch, breit ansitzend, Seitenknospen kleiner. **Zweige** zur Spitze ockerbraun bis violettbraun und ± dicht hell behaart, zum Zweiggrund blättert die dunklere, schwächer behaarte Rinde ab und legt eine hellere ockerbraune Schicht frei. **Blattnarben** schmal und breit, mit 3 Spuren. Selten gepflanzter, bis 1,5 m hoher Strauch aus den USA.

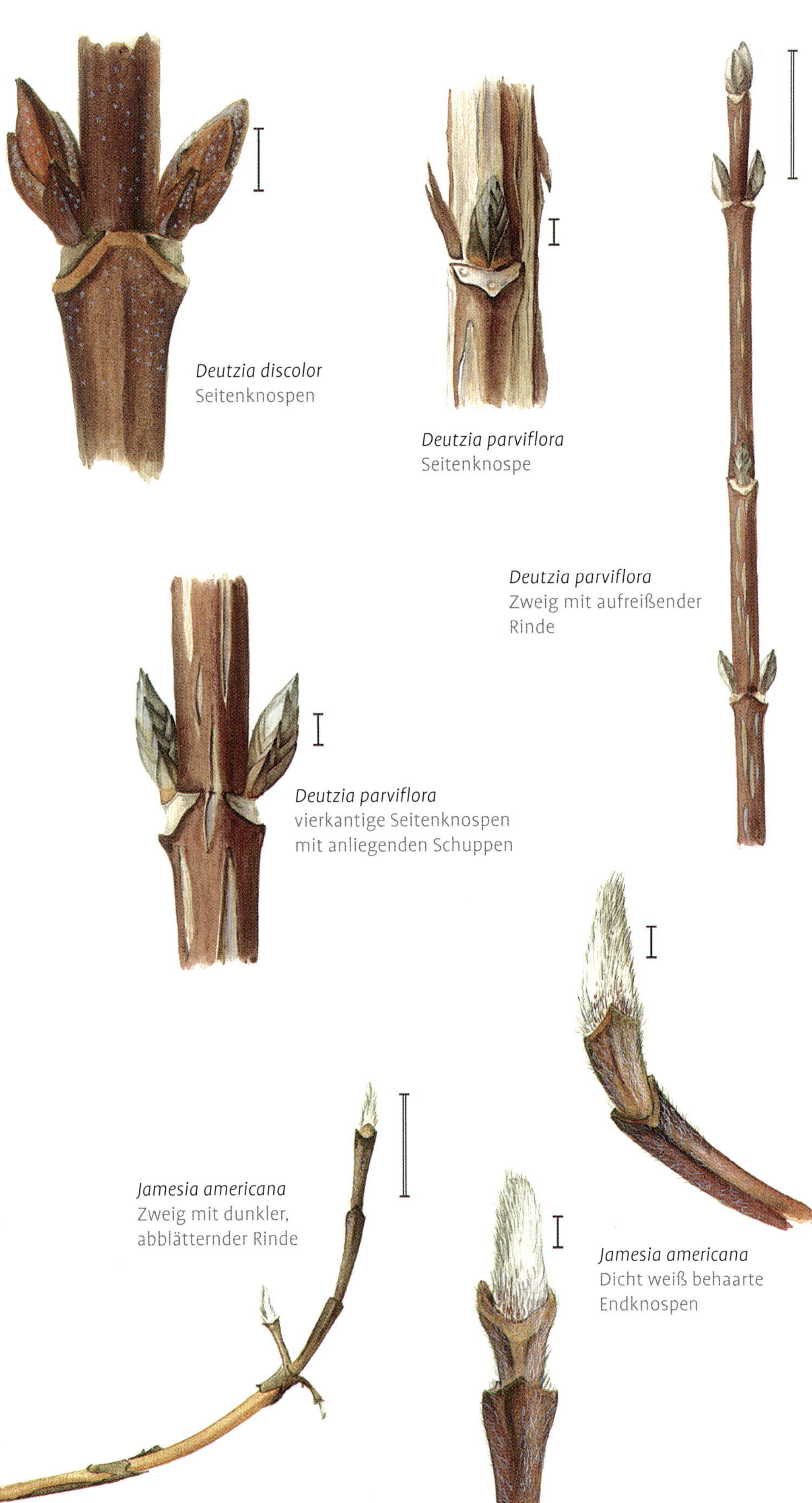

Deutzia discolor
Seitenknospen

Deutzia parviflora
Seitenknospe

Deutzia parviflora
Zweig mit aufreißender Rinde

Deutzia parviflora
vierkantige Seitenknospen mit anliegenden Schuppen

Jamesia americana
Zweig mit dunkler, abblätternder Rinde

Jamesia americana
Dicht weiß behaarte Endknospen

Ordnung Ericales

Die sommergrünen Gehölze der in dieser Ordnung vereinten Familien der Ebenaceae, Theaceae, Syplocaceae, Styracaceae, Actinidiaceae, Clethraceae und Ericaceae besitzen als gemeinsames Merkmal einspurige Blattnarben (einspurige Blattnarben sind seltener als dreispurige).

Familie Ebenaceae, Ebenholzgewächse

Von dieser überwiegend subtropisch-tropisch verbreiteten Familie sind bei uns nur wenige Arten der Gattung ***Diospyros*** gepflanzt, welche vor allem durch holz- (Ebenholz) und fruchtliefernde (Kakipflaume) Arten bekannt ist.

Diospyros kaki
Zweig mit Fruchtstielresten

Diospyros kaki
Zweigspitze

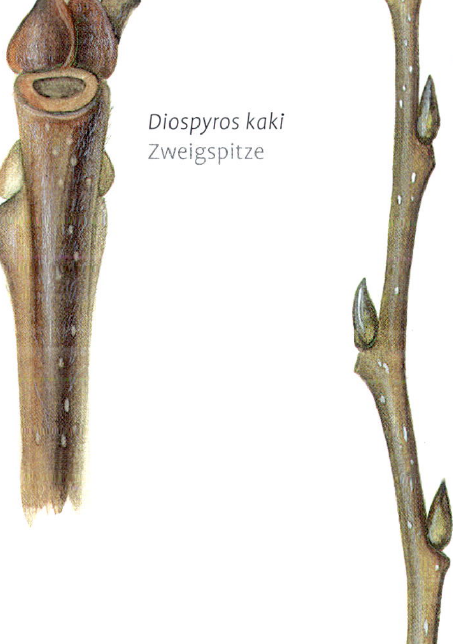

Diospyros lotus
Zweigspitze

Diospyros lotus
Seitenknospe

Diospyros L.

Etwa 500, überwiegend immergrüne in den Tropen und Subtropen beheimatete Arten. Nur wenige sommergrüne Pflanzen selten gepflanzt. Ohne Endknospen, Seitenknospen von den beiden Vorblattschuppen vollständig umschlossen. Früchte oberständige Beeren, der vierzählige Kelch mitunter länger bleibend.

Schlüssel *Diospyros*

1 Knospen bräunlich, stumpf dreieckig; Zweige ± behaart 2
1* Knospen oliv-braun, länglich dreieckig, leicht zugespitzt; Zweige verkahlend . . . . *Diospyros lotus*
2 Einjährige Zweige meist dünner als 3 mm . . . . *Diospyros virginiana*
2* Einjährige Zweige meist dicker . . . . *Diospyros kaki*

Diospyros kaki THUNB., Kakipflaume
Knospen 4–5 mm hoch, stumpf dreieckig, von zwei braunen, leicht berandeten Knospenschuppen umhüllt; wie die Zweige locker anliegend behaart. Die Knospenschuppen bleiben an den Zuwachsgrenzen lange erhalten. **Zweige** jung leicht kantig und an den Fruchtansätzen verdickt, ockerbraun bis graubraun, mit zahlreichen kleinen erhabenen Lentizellen. **Borke** grob gefeldert. **Früchte** tomatenförmig, orangerot, 5–8 cm. 10–15 m hoher Baum aus China, Japan und Südkorea. Im Mittelmeergebiet häufiger gepflanzter Obstbaum.

Diospyros lotus L., Lotospflaume
Knospen zugespitzt eiförmig, 5–6 mm lang, matt glänzend, an der Basis olivgrün und zur Spitze dunkel violettbraun; von zwei zerstreut behaarten und am Rande weiß bewimperten, teilweise leicht gekielten Knospenschuppen umfasst. **Zweige** olivgrün bis grünlichbraun, verkahlend und glänzend, 2–3 mm dick, zerstreut mit rundlichen bis länglichen hellbraunen Lentizellen. **Borke** kleinschuppig. **Früchte** kleiner als bei voriger Art und bläulich bereift. 12–15 m hoher, von West- bis Ostasien verbreiteter und im Mittelmeergebiet eingebürgerter Baum.

Diospyros virginiana L., Persimone
Knospen zweizeilig, in Vorderansicht abgerundet dreieckig, etwa 3–4 mm hoch und breit. Färbung auf der nach oben gerichteten Seite schwarzbraun, auf der Unterseite olivgrün bis rotbraun. Äußerlich von zwei Knospenschuppen bedeckt, von denen die erste die zweite reitend fast ganz umfasst. **Zweige** schwach hin und her gebogen, dünn bis mitteldick, ab etwa 2 mm ∅ oberseits hellgrau von abgestorbener Epidermis, unterseits ocker- bis oliv- oder rotbraun. Zweige fein abstehend behaart und verkahlend. **Lentizellen** zerstreut, rundlich bis länglich, hell ocker- bis rotbraun. **Früchte** im Frühwinter teilweise erhaltene 2 bis 3,5 cm dicke, kugelige, gelblich bis orangene Beeren, später nur noch die stempelartigen Fruchtstiele bleibend. In seiner Heimat, dem östlichen Nordamerika, bis 20 m hoher Baum.

Familie Theaceae, Teestrauchgewächse

Nur wenige sommergrüne Arten selten gepflanzt. Blattnarben einspurig, Endknospen groß.

Schlüssel Theaceae

1 Die ersten beiden Knospenschuppen der Endknospen trocken braun, kontrastierend mit den folgenden grünen Knospenblättern .... *Stewartia*

1* Die ersten Knospenblätter nur etwas gerötet, dicht behaart, sich nicht auffallend von den folgenden unterscheidend .... *Franklinia*

Stewartia pseudocamellia MAXIM., Sommerkamelie
Endknospen länglich, 1–1,5 cm lang, 4–5 mm breit und 3 mm dick; mit zweizeilig angeordneten, laminaren, gekielten und deutlich sichtbar fiedernervigen **Knospenblättern**; äußerste zwei Knospenblätter rotbraun und locker behaart, die Knospe größtenteils deckend, innere olivgrün, dicht lang weißgrau behaart. Seitenknospen wechselständig, klein. **Zweige** anfangs bräunlich, später grau. **Rinde** sich in Platten ablösend. **Früchte**: 5-kantige, etwa 2 cm lange verholzende Kapseln. Bis 6 (–15) m hoher, selten gepflanzter, aufrechter Strauch oder kleiner Baum aus Japan.

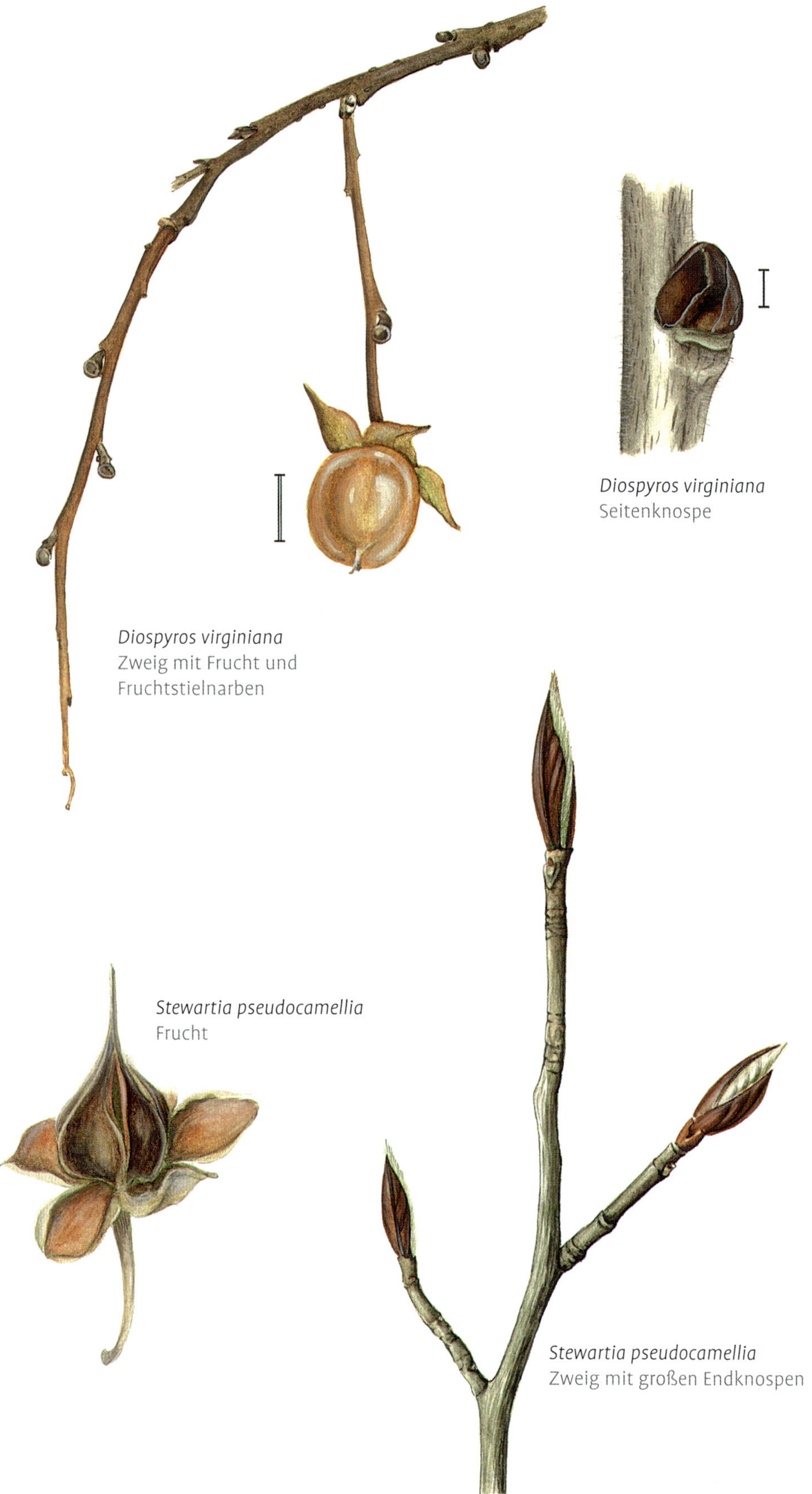

Diospyros virginiana
Seitenknospe

Diospyros virginiana
Zweig mit Frucht und Fruchtstielnarben

Stewartia pseudocamellia
Frucht

Stewartia pseudocamellia
Zweig mit großen Endknospen

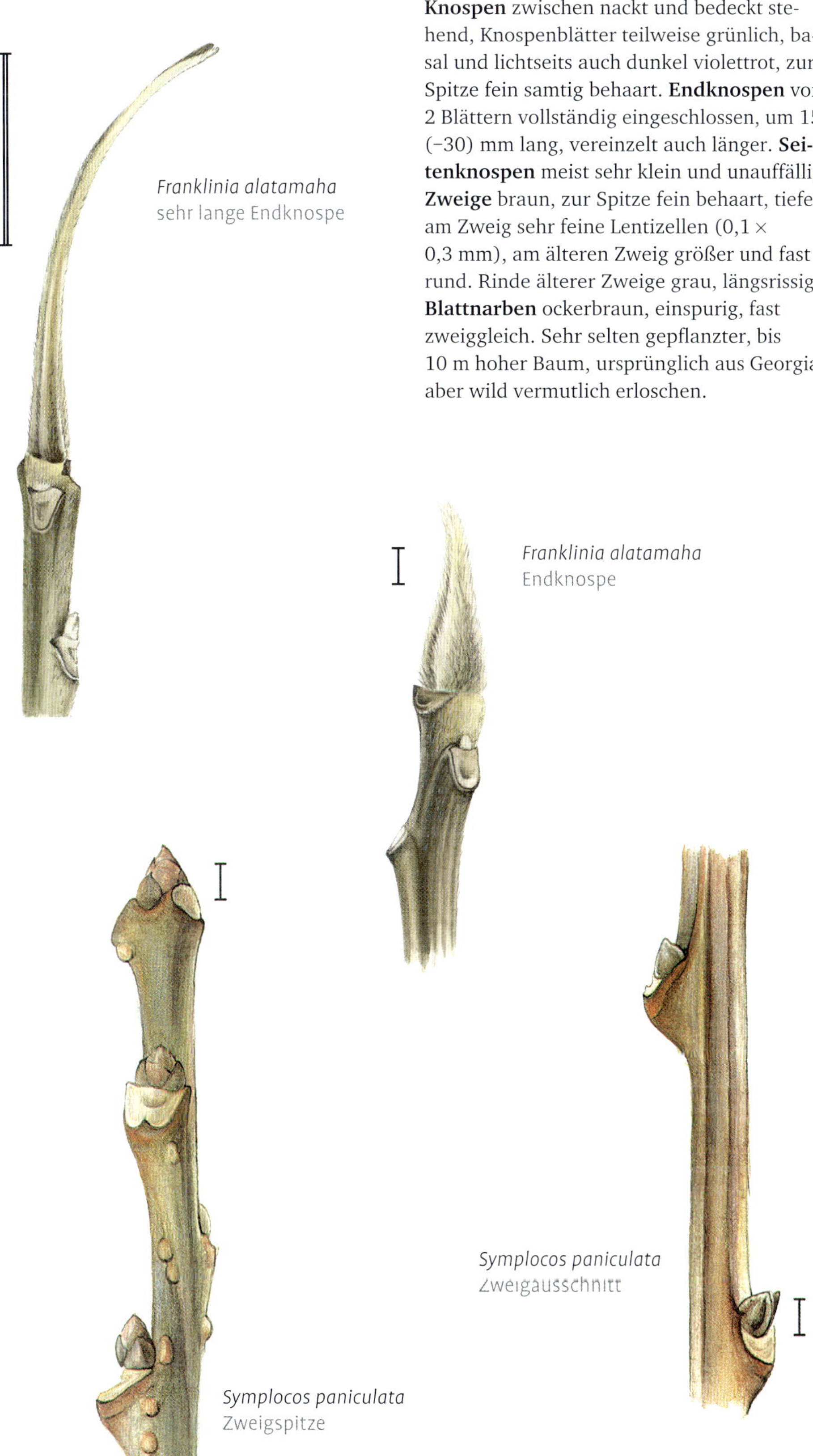

Franklinia alatamaha
sehr lange Endknospe

Franklinia alatamaha
Endknospe

Symplocos paniculata
Zweigausschnitt

Symplocos paniculata
Zweigspitze

Franklinia alatamaha MARSH., Franklinie
Knospen zwischen nackt und bedeckt stehend, Knospenblätter teilweise grünlich, basal und lichtseits auch dunkel violettrot, zur Spitze fein samtig behaart. **Endknospen** von 2 Blättern vollständig eingeschlossen, um 15 (–30) mm lang, vereinzelt auch länger. **Seitenknospen** meist sehr klein und unauffällig. **Zweige** braun, zur Spitze fein behaart, tiefer am Zweig sehr feine Lentizellen (0,1 × 0,3 mm), am älteren Zweig größer und fast rund. Rinde älterer Zweige grau, längsrissig. **Blattnarben** ockerbraun, einspurig, fast zweiggleich. Sehr selten gepflanzter, bis 10 m hoher Baum, ursprünglich aus Georgia, aber wild vermutlich erloschen.

Familie Symplocaceae

Nur eine Gattung mit einigen Hundert Arten in den Tropen und Subtropen Amerikas und Asiens. Nur wenige sommergrüne Arten dringen in die gemäßigten Breiten vor.

Symplocos paniculata (THUNB.) MIQ., Rechenblume
Knospen: nur kleine 1–1,5 (–2) mm lange Seitenknospen, mit (2–) 6 äußeren, ockerbraunen bis rotbraunen Knospenschuppen, nur die ersten zwei Vorblatt-Knospenschuppen sind dunkler graubraun. **Zweige** graubräunlich bis graugrünlich, ± kantig, zerstreut einfach behaart, mit verhältnismäßig großen, ockerbraun berandeten Blattkissen und auffällig höckerigen ockergelben Lentizellen. **Blattnarbe** einspurig, meist größer als die Knospe. Selten gepflanzter, bis 3 m hoher Strauch aus Nordchina.

Familie Styracaceae, Storaxbaumgewächse

Die vorgestellten Arten besitzen meist, zumindest an kräftigeren Trieben, absteigende Beiknospen. Ihre Vegetationspunkte sind von einigen, wenig differenzierten Blättern geschützt und bilden Übergangsformen zwischen nackten und bedeckten Knospen. Typisch für die einzelnen Gattungen sind die oft bis in den Winter erhaltenen Früchte.

Schlüssel Styracaceae

1 Zweige mit Endknospe 2
1* Nur Seitenknospen vorhanden 4
2 Mark weiß, stellenweise aufreißend, Früchte vierflügelig . . . ***Halesia carolina***
2* Mark grün, kompakt, Früchte rund, 5-flügelig oder 10-kantig 3
3 Frucht im Querschnitt rund, kugelig eiförmig, kurz zugespitzt . . . . . . *Sinojackia*
3* Früchte zahlreich in langen länglichen Rispen, mit 10 feinen Rippen, dicht lang anstehend behaart, seltener schwach 5-flügelig . . . . ***Pterostyrax***
4 Knospen dicht filzig behaart, tlw. gestielt, meist mit Beiknospen, Frucht im Querschnitt rund, oberständig . . . . . . ***Styrax***
4* Knospen schwach behaart, Seitenknospen nicht auffällig gestielt, Frucht zweiflügelig, unterständig . . . *Halesia diptera*

Halesia Ellis ex L., Schneeglöckchenbaum

Halesia ist mit wenigen Arten in Nordamerika vertreten. Markant sind im Winter die länglichen geflügelten Trockenfrüchte. Zwei Flügel besitzen die Früchte der selten gepflanzten Art *Halesia diptera* Ellis und vier Flügel die der gelegentlich gepflanzten Art *Halesia carolina*.

Halesia carolina L., Carolina-Schneeglöckchenbaum
[*Halesia tetraptera* Ellis]
Knospen 5–6 mm lang, zugespitzt, äußerlich mit 4–5 Knospenschuppen. Die Färbung variiert stark: von überwiegend grün im Schatten und auf der Unterseite, zu kräftig weinrot in der Sonne und auf der Oberseite. Meist mit kleiner absteigender Beiknospe. **Zweige** jung kräftig rotbraun und fein behaart. Ab zweitem Jahr hellgraue Oberrinde sich faserig ablösend und in streifenförmigen Fetzen herunter hängend. Ältere **Rinde** würfelig aufreißende Schuppenborke. **Blattnarben** einspurig, Spur u- bis v-förmig. Mehrjährige Äste älterer Pflanzen liegen mit ihren Verzweigungen oft auffallend fächerig in einer Ebene. Häufig gepflanzter Strauch oder kleiner, bis 10 m hoher Baum.
Ähnlich, aber aufrecht und kräftiger sowie immer baumartig ist der nahe verwandte **Berg-Schneeglöckchenbaum, *Halesia carolina*** var. ***monticola*** Rehd. [*Halesia monticola* (Rehd.) Sarg.].

Halesia diptera J. Ellis, Zweiflügeliger Schneeglöckchenbaum
Knospen nur Seitenknospen, mit zwei schwach behaarten, etwas laubigen, vertrocknenden und hinfälligen Vorblättern. **Zweige** ocker bis rötlich braun, matt, rel. dicht behaart. **Mark** weiß, kompakt, 0,9 mm bei 3,2 mm ∅. **Frucht** in einer Ebene zweiflügelig, dadurch flach, über 5 cm lang. Bis 5 m hoher Strauch aus den südöstlichen USA.

Styrax japonicus Sieb. & Zucc., Japanischer Storax
Knospen leicht gestielt, hell ockerbraun, dicht sternhaarig; mit ein bis zwei absteigenden Beiknospen; scheinbar einschuppig, aber von zwei äußeren Knospenblättern umhüllt. **Zweige** von Knospe zu Knospe hin und her gebogen, dünn, zerstreut behaart, oberseits hell ockerbraun, unterseits etwas dunkler; mehrjährig rhombisch aufreißend und Ober-

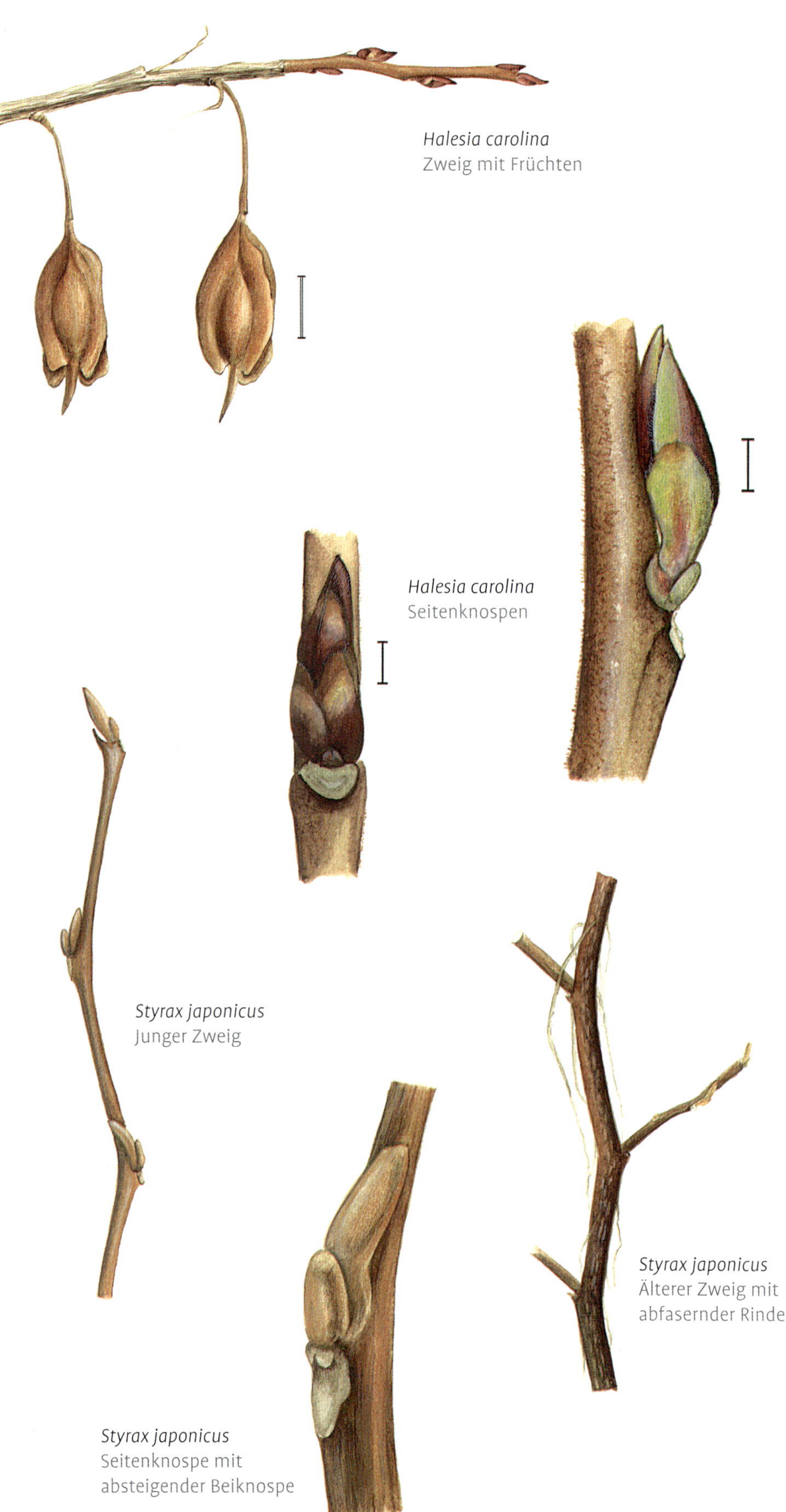

Halesia carolina
Zweig mit Früchten

Halesia carolina
Seitenknospen

Styrax japonicus
Junger Zweig

Styrax japonicus
Älterer Zweig mit abfasernder Rinde

Styrax japonicus
Seitenknospe mit absteigender Beiknospe

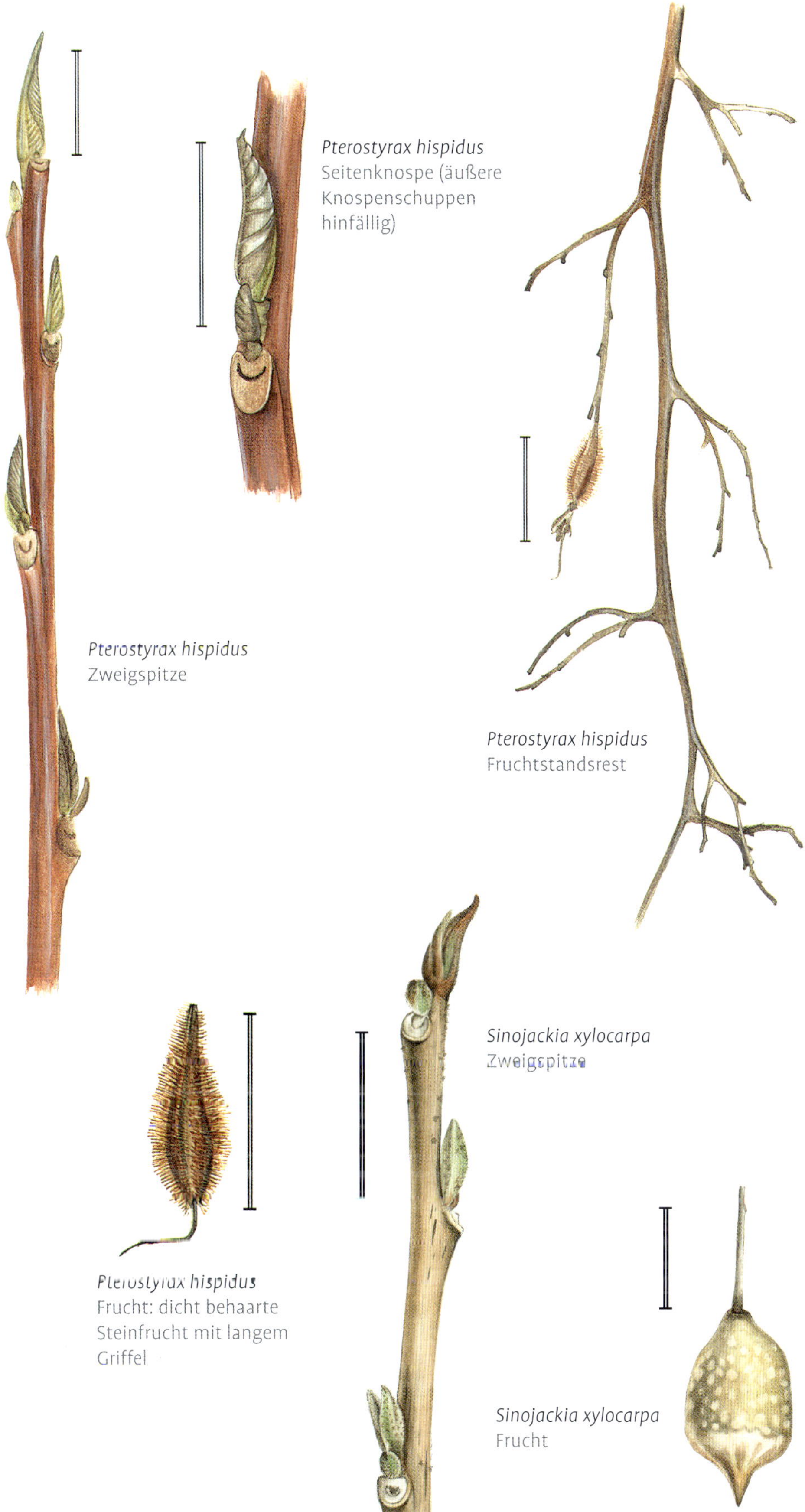

Pterostyrax hispidus
Seitenknospe (äußere Knospenschuppen hinfällig)

Pterostyrax hispidus
Zweigspitze

Pterostyrax hispidus
Fruchtstandsrest

Pterostyrax hispidus
Frucht: dicht behaarte Steinfrucht mit langem Griffel

Sinojackia xylocarpa
Zweigspitze

Sinojackia xylocarpa
Frucht

rinde längs abfasernd. **Blattnarbe** hell graubraun, mit einer dunkel schwarzbraunen Gefäßbündelspur. Häufiger, 6–10 m hoher Strauch bis kleiner Baum aus Ostasien.

Pterostyrax hispidus **Sieb. & Zucc.,**
Borstiger Flügelstorax
Knospen länglich, etwas zugespitzt und leicht gestielt; ± nackt, Blätter mit deutlich fiedernerviger Spreite; äußere Blätter – bei den Seitenknospen die beiden Vorblätter – dunkel grau bis violettbraun, ± hinfällig (meist erstes abfallend) und deutliche Narben hinterlassend, folgende Blätter grünlich. Beiknospen fast immer vorhanden. **Zweige** jung glatt, ocker bis rotbraun; zweijährige Rinde dunkler rotbraun, längs aufreißend und sich streifenweise lösend. **Blattnarben** auf deutlichen Blattkissen, mit einer waagerechten bis ± u-förmigen Gefäßbündelspur. Im Winter ist die Art auch leicht an den länglichen, dicht behaarten Früchten in langen hängenden Rispen erkennbar. Strauch oder mittelhoher Baum bis 15 m Höhe. Gelegentlich gepflanzte Art aus Ostasien. Selten gepflanzt ist ***Pterostyrax corymbosus*** Sieb. & Zucc. aus Japan mit kleineren, lockereren Fruchtständen mit 5-flügligen, nur kurz behaarten Früchten.

Sinojackia xylocarpa **Hu i. w. S.**
[incl. Sinojackia rehderiana Hu]
Knospen nackt, Grundton grünlich, locker bis deckend mit braunen büscheligen Sternhaaren besetzt. Endknospe etwa 7 mm lang, relativ dicht und deckend behaart, Seitenknospen um 6 lang, mit kleinerer, absteigender Beiknospe, oft nur spärlich behaart und grün. **Zweige** dünn, leicht hin und her gebogen, anfangs ockerbraun bis graubraun, Rinde schnell längsrissig, vergrauend und in länglichen Fetzen ablösend, darunter Rinde glatt violettbraun. Mark grünlich. **Früchte** eiförmige Steinfrüchte zu wenigen in achselständigen Rispen. Sie sind bis 2 (3) cm lang gestielt und laufen in eine längliche Spitze aus. Steinkern holzig, in der Regel einsamig. Bis 6 m hoher Strauch oder kleiner Baum aus Ostchina.
Pflanzen mit schlankeren, spindelförmigen Früchten werden zuweilen als *Sinojackia rehderiana* Hu getrennt.

Familie Actinidiaceae, Strahlengriffelgewächse

Actinidia LINDL. Strahlengriffel

Meist zweihäusige, rankende Sträucher aus Ost- und Südostasien. Ohne Endknospen, **Seitenknospen** vom verdickten Blattgrund des Tragblattes eingeschlossen. Auf der unteren Hälfte des Tragblattgrundes befindet sich die Oberblattnarbe, darüber die Durchbruchstelle der umwallten Knospe. **Mark** meist gefächert, seltener voll.

Schlüssel *Actinidia*

1 Mark gefächert 2
1* Mark voll . . . . *Actinidia polygama*
2 Mark meist braun oder weiß gefächert, Zweige kahl 3
2* Zweige behaart, Mark weiß gefächert . . . . ***Actinidia deliciosa***
3 Zweige dick, mit zahlreichen, hellen, flachen Lentizellen . . . ***Actinidia arguta***
3* Zweige dünn, mit warzigen Lentizellen . . . . ***Actinidia kolomikta***

Actinidia deliciosa (A. CHEV.) C.F. LIANG & A.R. FERGUSON, Kiwipflanze
[*Actinidia chinensis* hort., non PLANCH.]
Knospen unter kuglig aufgewölbtem, bleibendem Blattgrund verborgen, im Längsschnitt sichtbar: dicht filzig honigbraun behaart. **Zweige** grauoliv bis graubraun, jung dicht rotbraun borstig behaart, v. a. weibliche Pflanzen teilweise verkahlend, aber meist Reste der Behaarung auffindbar. **Lentizellen** zerstreut, hell und klein. **Mark** gefächert, nur anfangs und in den obersten Nodien voll, weißlich bis gelblich. Häufig gepflanzter, bis 8 m hoch windender Strauch aus China. Als Obstgehölz nur für wärmere Lagen geeignet.

Actinidia arguta (SIEB. & ZUCC.) PLANCH. EX MIQ., Scharfzähniger Strahlengriffel
Der die Knospen verdeckende **Blattgrund** länglich und relativ flach. **Zweige** rotbraun, schwach glänzend und kahl, mit zahlreichen hellen, länglichen kleinen Lentizellen. **Mark** gefächert, weiß bis honigbraun. Häufig gepflanzte Liane aus den Ländern um das Japanische Meer. Windet bis 7 m hoch und über 20 m breit. Auslesen dieser frostharten Art werden als Obstgehölz für Kleingärten genutzt. Die bekannteste Sorte ist ‘Weiki’.

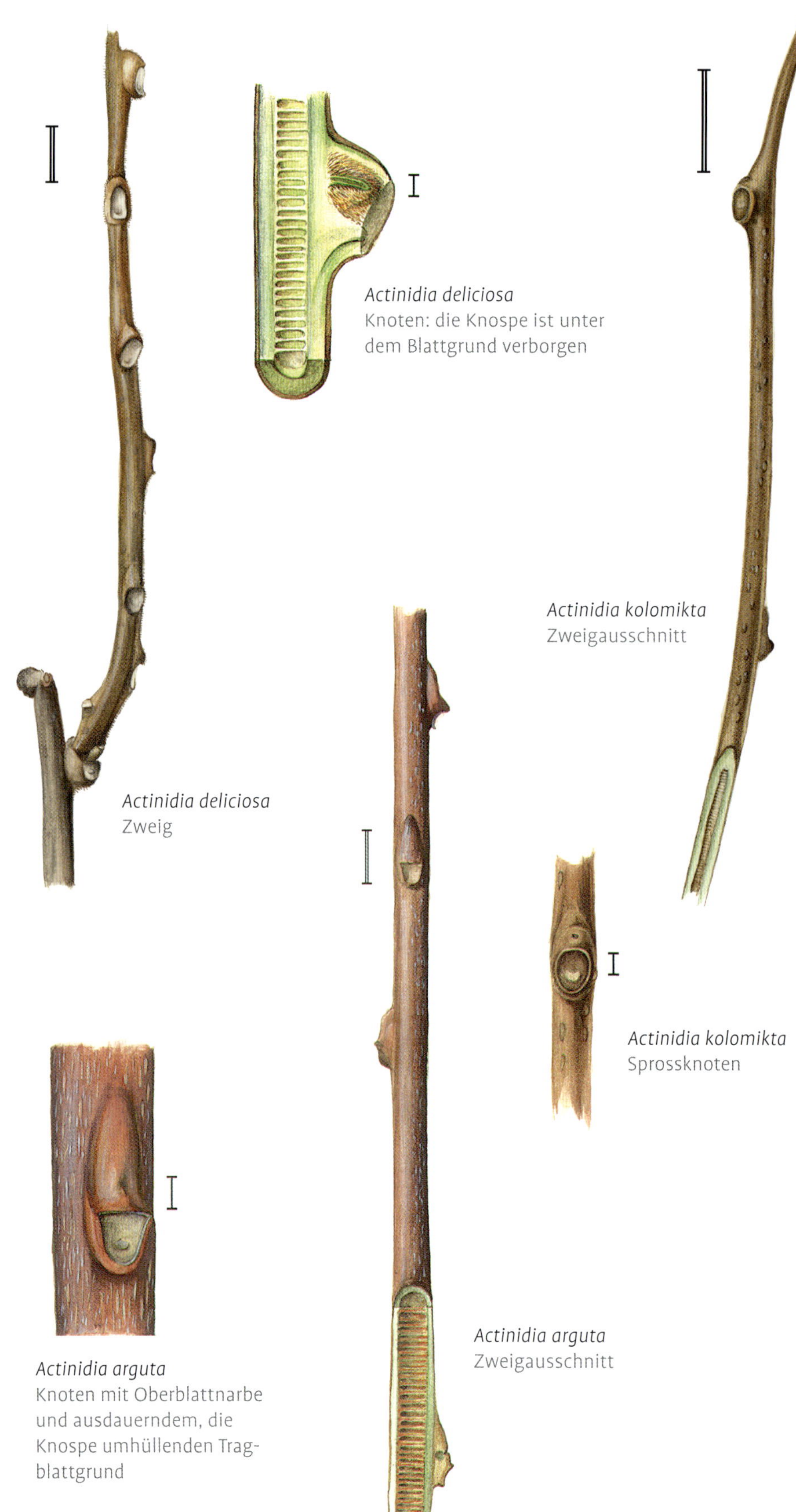

Actinidia deliciosa
Knoten: die Knospe ist unter dem Blattgrund verborgen

Actinidia deliciosa
Zweig

Actinidia kolomikta
Zweigausschnitt

Actinidia kolomikta
Sprossknoten

Actinidia arguta
Knoten mit Oberblattnarbe und ausdauerndem, die Knospe umhüllenden Tragblattgrund

Actinidia arguta
Zweigausschnitt

Actinidia polygama
Zweigausschnitt

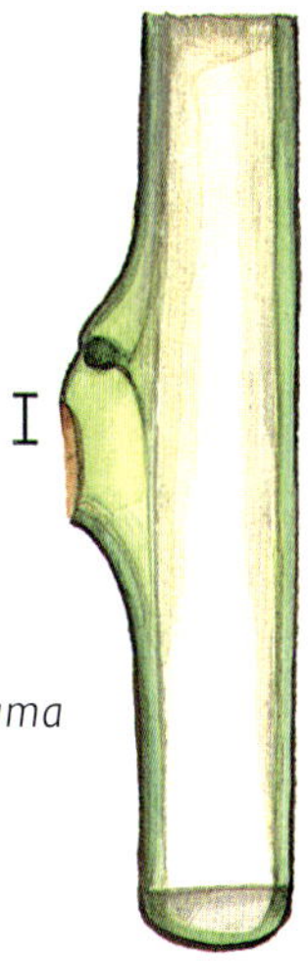

Actinidia polygama
Knoten längs aufgeschnitten

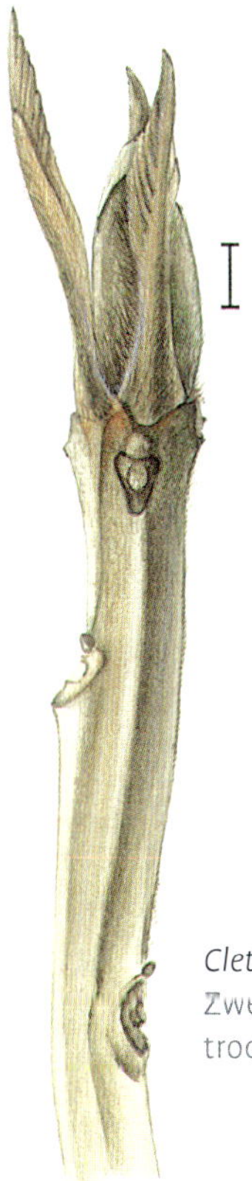

Clethra alnifolia
Zweigspitze mit trockener Knospe

Clethra alnifolia
Endknospe im Herbst

Clethra alnifolia
Fruchtstand, eine aufrechte Traube

Clethra alnifolia
Einzelfrucht

Actinidia kolomikta (RUPR. & MAXIM.) MAXIM., Kolomikta-Strahlengriffel
Zweige relativ dünn: einjährig unter 3 (–4) mm dick, dunkelbraun, kahl, oft nur schwach windend. **Lentizellen** zahlreich, hell oder dunkel, warzig. **Mark** eng, braun und gefächert. Häufig gepflanzte Art. Aufrechter Strauch oder selten bis 2 (–7) m hoch kletternde Liane aus dem nördlichen Ostasien.

Actinidia polygama (SIEB. & ZUCC.) PLANCH. EX MAXIM., Vielehiger Strahlengriffel
Zweige braun und kahl. **Mark** weiß, weit und voll (!). Bis 5 m hoch windende Liane. Nur selten gepflanzte, natürlich in Westchina, Mandschurei, Korea, Sachalin und Japan verbreitete Art.

Familie Clethraceae, Zimterlengewächse

Nur eine Gattung mit etwa 70 Arten, von denen 4–5 selten gepflanzt werden.

Clethra alnifolia L., Erlenblättrige Zimterle
Knospen nackt, oft am Ende kurzer sylleptischer Triebe, länglich, 4–8 mm lang, äußerste Blättchen schmal und teilweise flattrig abstehend. Knospenblätter fein behaart, anfangs rötlich, später graubraun. Seitenknospen klein und unauffällig. **Zweige** anfangs matt, hell graubraun, fein sternhaarig und abgerundet kantig, später glatt, rotbraun bis violettbraun und rundlich. **Rinde** stellenweise aufreißend und in kleinen Stücken ablösend. **Blattnarben** klein, relativ flach am Zweig, einspurig. **Früchte**: den ganzen Winter erhaltene, kleine trockene 3-klappige, von 5 nicht verwachsenen Kelchblättern umhüllte Kapseln, in endständigen langen schmalen, ± aufrechten Trauben. Gelegentlich gepflanzter, bis 3 m hoher, aufrechter Strauch aus Nordamerika.

Familie Ericaceae, Heidegewächse

Fast weltweit verbreitete Familie mit etwa 4000 Arten. Es überwiegen kleine bis mittelgroße Sträucher. Blätter meist immer-, seltener sommergrün. **Knospen** meist spiralig. **Blattnarben** bei allen Arten einspurig.

Schlüssel Ericaceae

1 Zweige ohne Endknospen 5
1* Zweige mit Endknospen 2

Unterfamilie Arbutoideae

2 Niederliegender Zwergstrauch . . . . *Arctostaphylos alpina*
2* Aufrechte Sträucher 3
3 Knospen kahl oder Schuppen sehr lang, grob bewimpert, selten über 6 mm lang 4

Unterfamilie Ericoideae

3* Knospen oft behaart, meist über 7 mm lang . . . . ***Rhododendron***
4 Knospen dunkel, bräunlich . . . . *Rhododendron menziesii*

Unterfamilie Enkianthoideae

4* Knospen grünlich bis rötlich . . . . ***Enkianthus campanulatus***

Unterfamilie Vaccinioideae

5 Zweige orangeocker, ± bereift, tote Blätter lange haftend . *Zenobia pulverulenta*
5* Zweige nicht bereift 6
6 Blattknospen halbkugelig, relativ flach, Zweige grün bis weinrot 7
6* Blattknospen länger als Durchmesser, Zweige oft kantig, wenn rund, braun gefärbt 8
7 Blütenstände nicht angelegt, Früchte länglich . . . . *Oxydendrum arboreum*
7* Blütenstände bereits angelegt, Früchte kugelförmig . . . . *Eubotrys racemosa*
8 Früchte hinfällige oder eintrocknende Beeren, Knospen wenigstens auf der Schattenseite grün oder ganz braun . . . . ***Vaccinium***
8* Früchte bleibende Kapseln, Knospen allseits weinrot 9
9 Knospen mit zwei Schuppen, flach, dem Zweig anliegend, Früchte kugelig, 3,5 mm ∅, Kelchblätter 1 mm lang . . . . *Lyonia ligustrina*
9* Knospen mehrschuppig, abstehend, Früchte 5–6 mm lang, mit 4–6 mm langen Kelchblättern . . . . *Lyonia mariana*

Unterfamilie Enkianthoideae

Enkianthus campanulatus (MIQ.) NICHOLS., Prachtglocke

Knospen kahl, 4–6 (–8) mm lang, gedrungen eiförmig, zugespitzt. Knospenschuppen hell ockerbraun, innere grün, in der Sonne auch rötlich und ± glänzend. Äußerste trockenbraune Knospenschuppen sich basal oft ablösend und zum Ende des Winters abfallend. **Zweige** jung ocker bis orangebraun, später von ablösender Epidermis grau, danach graubraun. **Verzweigung** pleiochasial: Es entwickeln sich kurz unter der – meist durch einen Blütenstand aufgebrauchten – Triebspitze mehrere Seitenzweige. **Fruchtstände**: lange trocken an der Pflanze bleibende Trauben. Häufig angepflanzter, großer Strauch, in der Heimat Japan bis 10 m hoher Baum.

Unterfamilie Arbutoideae

Arctostaphylos alpina (L.) SPRENG., Alpen-Bärentraube

Endknospen vorhanden, oft früh ausstreibend. Zirkumpolar verbreiteter Zwergstrauch mit bis 50 cm langen, niederliegenden Zweigen, die sich bis 10 cm über den Boden erheben.

Unterfamilie Ericoideae

Tribus Rhodoreae

Rhododendron L., Azalee, Rhododendron

Die nach verschiedenen Autoren mehrere Hundert bis über eintausend, überwiegend immergrüne Arten umfassende Gattung kommt in Ost- und Südasien, im Kaukasus bis in die Hochgebirge und arktischen Gebiete Europas sowie in Nordamerika vor. Blattstellung an den Trieben und der Knospenschuppen in den Endknospen spiralig. Die untersten Knospenschuppen der Endknospen zeigen häufig deutliche Anklänge an die Laubblätter. Blütenknospen sind meist deutlich größer und dicker als die Blattknospen.
Zweijährige Triebe enden oft mit einem Fruchtstand. Unterhalb entspringen, scheinquirlig genähert, zahlreiche (pleiochasial) die alte Triebspitze übergipfelnde, einjährige Triebe. Diese entstehen entweder aus vorher angelegten Seitenknospen unterhalb der Endknospe (Untergattung *Hymenanthes*) oder aus den untersten Schuppenblattachseln der Endknospe (Untergattung *Azaleastrum*).

Die sommergrünen Arten blühen lange vor (*Rhododendron mucronulatum*), kurz vor

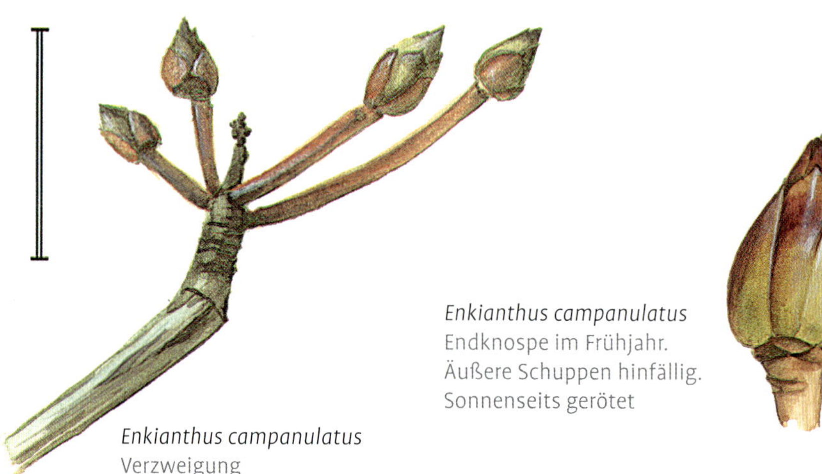

Enkianthus campanulatus
Verzweigung

Enkianthus campanulatus
Endknospe im Frühjahr. Äußere Schuppen hinfällig. Sonnenseits gerötet

Rhododendron mucronulatum
Zweigspitze

oder mit (*Rhododendron schlippenbachii, Rhododendron albrechtii, Rhododendron canadense, Rhododendron vaseyi, Rhododendron molle, Rhododendron luteum*) und nach (*Rhododendron arborescens, Rhododendron calendulaceum, Rhododendron viscosum*) Laubausbruch.

Die reinen Arten sind meist gut bestimmbar. Aufgrund der langen züchterischen Bearbeitung gibt es zahlreiche schwer bestimmbare Hybridgruppen. Hauptbestimmungsmerkmal sind gut ausgebildeten Endknospen (besonders Blütenknospen) und Zweige (Farbe und Behaarung).

Schlüssel *Rhododendron*

1 Zweige und Knospen ohne Schülferhaare 2
1* Zweige und Knospen mit Schülferhaaren . . . . ***Rhododendron mucronulatum***
2 Knospen ± deutlich behaart, mitunter wie bereift 3
2* Oberste Knospenschuppen ± kahl, nur die Ränder fein bewimpert 7
3 Knospen dicht lang behaart 5
3* Knospenschuppen sehr fein anliegend weiß behaart (wie bereift erscheinend), Blattnarben etwas erhöht 4
4 Knospen schmutzig pink bis braun, Knospenschuppen mit ausgezogener Spitze . . . . *Rhododendron canadense*
4* Knospenschuppen grünlich bis dunkel weinrot, an der Oberkante ausgerandet; sehr fein, wie bereift behaart . . . . *Rhododendron vaseyi* und *Rhododendron albrechtii*
5 (3) Knospenschuppen meist mit Spreitenrudimenten, niedriger Strauch . . . . *Rhododendron yedoense*
5* Knospenschuppen selten mit Spreiten, meist höhere Sträucher 6
6 Knospen ockerbraun . . . . ***Rhododendron schlippenbachii***
6* Knospen rotbraun bis grünlich graubraun . . . . *Rhododendron reticulatum*
7 (2) Blütenknospen bis 15 mm lang, wenigstens teilweise rötlich 8
7* Blütenknospen grün, etwas bräunlich überlaufen, länger als 15 mm . . . . ***Rhododendron luteum***
8 Zweige kahl 9
8* Zweige behaart . . . . *Rhododendron calendulaceum*
9 Stiele der Fruchtstände drüsig behaart . . . . ***Rhododendron molle*** subsp. ***japonicum***
9* Fruchtstiele unbehaart . . . . *Rhododendron arborescens*

Rhododendron mucronulatum
Blute im Marz

Untergattung Rhododendron

Die Arten dieser überwiegend immergrünen Untergattung besitzen im Gegensatz zu den Azaleen Schülferhaare. Nur wenige sommergrüne, sehr früh blühende Arten.

Rhododendron mucronulatum Turcz., Stachelspitziger Rhododendron
Knospen eiförmig zugespitzt, 6–8 mm lang; Knospenschuppen basal grün, überwiegend jedoch von rötlich- bis orangebraunen kleinen, runden Schülferhaaren bedeckt. **Zweige** einjährig am Ansatz orangebraun, unter der Spitze etwas schuppig, hellocker bis matt braun, auch etwas violett. **Blüten** sehr früh, oft schon vor Marz, einzeln aus den an den Triebenden gehäuft stehenden Knospen: 3 cm breit, trichterförmig, purpurrosa, mit 10 Staubblättern. Gelegentlich anzutreffender, kurztriebiger, dicht verzweigter Strauch aus Nordostasien.
Häufiger und sehr ähnlich sind: ***Rhododendron dauricum*** L.: meist einige Blätter behaltend und die meist ± halbimmergrüne Gartenhybride mit *Rhododendron ciliatum* Hook. f.: ***Rhododendron ×praecox*** Carr.

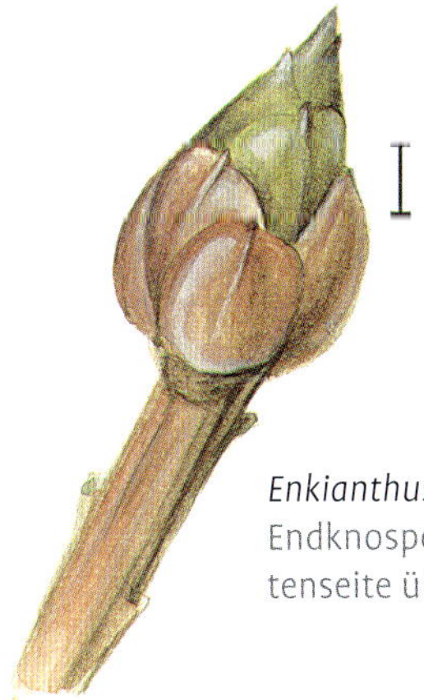

Enkianthus campanulatus
Endknospe im Herbst. Schattenseite überwiegend grün

Untergattung Hymenanthes

Die Laubtriebe entspringen aus im Vorjahr angelegten Knospen, welche unweit unter der Endknospe stehen.

Rhododendron canadense (L.) TORR., Kanadische Azalee, 'Rhodora'
Knospen relativ klein, 6–8 mm lang, eiförmig, spitz zulaufend und in eine leicht abgerundete Spitze endend. Knospenschuppen: 8–10, ockerfarbener Grundton, rosaweinrot überlaufen, zur Spitze mehr violett, sehr fein kurz behaart (fast wie bereift erscheinend) und dicht kurz bewimpert. **Zweige** aufstrebend, dünn, unterhalb der Knospe etwas dicker; hier und unter den dunkel orangebraunen Blattnarben ockerbraun gefärbt, tiefer hell graubraun; fein furchig, kahl, nur anfangs behaart und teilweise bereift. Zweijährig teilweise mit längsrissigen grauen Epidermisresten, darunter glatt rotbraun bis violettbraun. **Früchte** länglich, 10–15 mm lang, anfangs rosa-weinrot, bereift, mit kurzen abstehenden teilweise drüsigen Haaren und 3–6 mm langem, drüsig behaarten Stiel. Selten gepflanzter, 30 bis 70 cm hoher Strauch aus dem nordöstlichen Nordamerika.

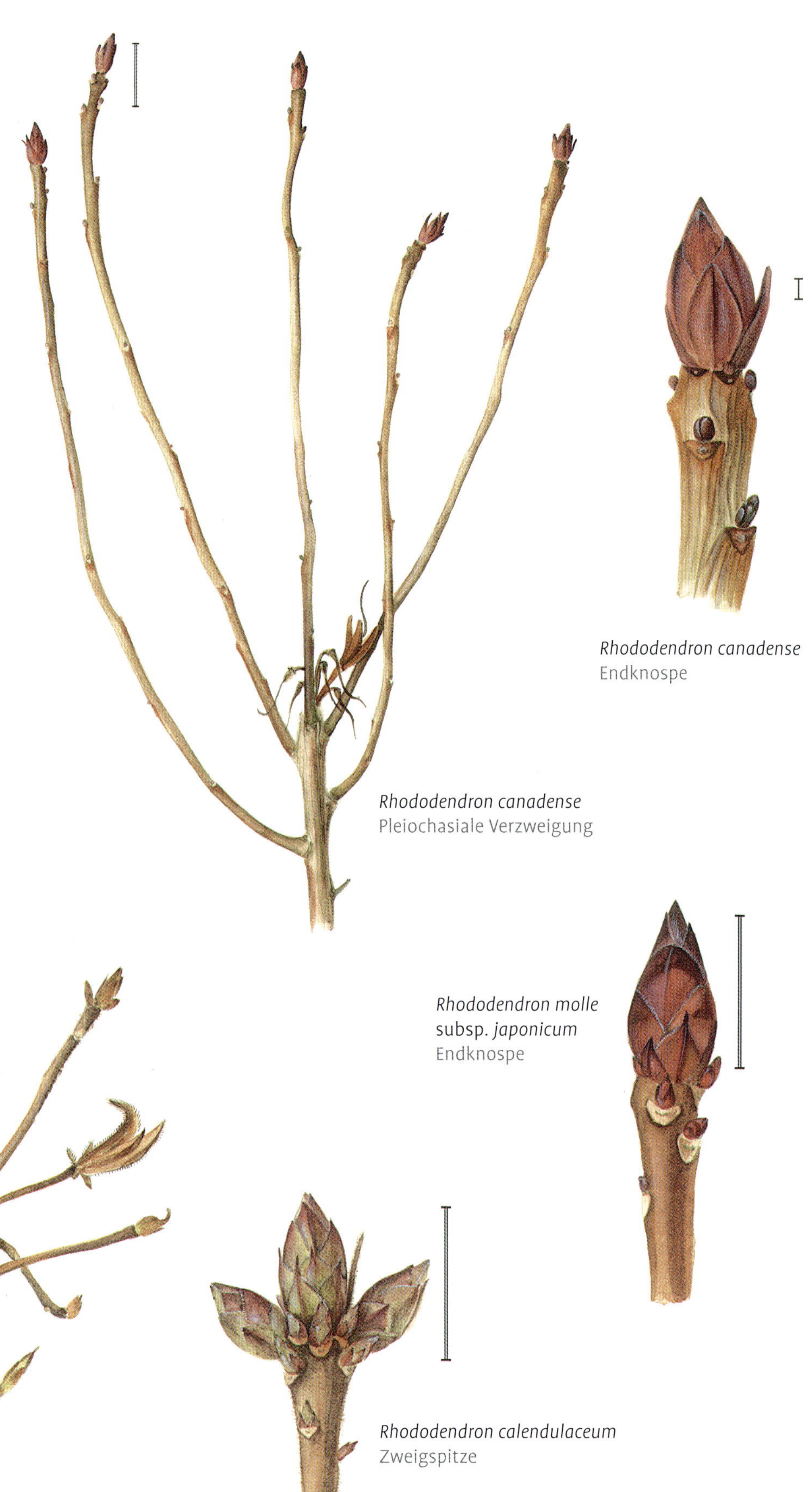

Rhododendron canadense
Endknospe

Rhododendron canadense
Pleiochasiale Verzweigung

Rhododendron molle subsp. *japonicum*
Endknospe

Rhododendron calendulaceum
Verzweigung entstanden aus Knospen unterhalb der vorjährigen, endständigen Blütenstandsknospe

Rhododendron calendulaceum
Zweigspitze

Rhododendron luteum
Zweig mit Fruchtresten und pleiochasialen Fortsetzungstrieben

Rhododendron luteum
Endknospe

Rhododendron arborescens
Endknospe

Rhododendron viscosum
Seitenzweige unterhalb des Fruchtstandes

Rhododendron calendulaceum (MICHX.) TORR., Flammen-Azalee

Knospen: 12–14 Knospenschuppen, ähnlich *Rhododendron arborescens*, aber **Zweige** lang behaart (nicht drüsig), rotbraun, unterhalb der Spitze dunkler graubraun, relativ breit abstehend (fast waagerecht). 1–1,5 m hoher, stark verzweigter, selten gepflanzter Strauch aus den östlichen USA.

Rhododendron molle (BLUME) G. DON, Chinesische Azalee

Zweige relativ aufrecht, in der Jugend zottig borstig behaart. Zahlreiche goldgelbe trichterförmige, vor den Blättern im Mai erscheinende Blüten. Aus den Gebirgen Mittel- und Ostchinas. Sehr selten rein in Kultur.
An mehreren Hybridgruppen beteiligt: v.a. mit amerikanischen Arten die **Knap Hill**-Sorten und **Occidentale**-Sorten mit der lange Knospen besitzenden Amerikanischen Azalee (*Rhododendron occidentale* [TORR. & GRAY] A. GRAY), **Mollis**-Sorten mit der Japanischen Azalee (subsp. *japonicum*).

subsp. ***japonicum*** (A.GRAY) KRON, Japanische Azalee

[*Rhododendron japonicum* (A. GRAY) SURING.]

Knospen eiförmig, zugespitzt, 10–12 (–14) mm lang, Knospenschuppen weiß bewimpert, lichtseits rötlich, mit dunklerem, violettbraunem Rand, schattenseits heller und basal grünlich. **Zweige** dick, ockerbraun, leicht glänzend, kahl bis leicht borstig. **Blattnarben** mit relativ breiter Gefäßbündelspur. **Blüten** vor den Blättern, zu 6–10 gebüschelt, mit 6–8 cm breiten trichterförmigen Kronen: lachsrosa bis orangefarbenen, mit großem orangenen Fleck. Häufig anzutreffender, an vielen Kreuzungen beteiligter, 1–2 m hoher Strauch aus Nord- und Mitteljapan.

Rustica-Sorten, Hybriden mit Gandavensis-Sorten, unterscheiden sich von diesen durch gedrungeneren Wuchs und etwas frühere Blüte.

Rhododendron luteum SWEET, Pontische Azalee

Knospen mit 12–14 Knospenschuppen, unterste lang zugespitzt und abstehend behaart, ab vierter Knospenschuppe nur noch bewimpert. Blütenknospen 16–20 mm, Blattknospen 8–10 mm lang. **Zweige** anfangs drüsig-klebrig behaart. Häufig gepflanzter, 1–4 m hoher, breiter, dicht verzweigter Strauch. Von Osteuropa bis zum Kaukasus und zum Schwarzen Meer verbreitet. Oft zu Kreuzungen genutzte Art.
Hybriden mit den amerikanischen Arten (*Rhododendron calendulaceum*, *Rhododendron viscosum* u. a.) werden als **Gandavensis**-Sorten (Genter-Hybriden) bezeichnet. Sie sind sehr vielgestaltig, die Knospenform ähnelt je nach Sorte, mal mehr der einen, mal der anderen Elternart, scheint aber für die einzelnen Sorten typisch zu sein.

Rhododendron arborescens (PURSH) TORR., Süßduftende oder Baumartige Azalee

Knospen 10–12 mm lang, eiförmig zugespitzt, mit 12–16 spiraligen, leicht gekielten Knospenschuppen: untere schmal zugespitzt, obere breiter abgerundet, mit kurzer Grannenspitze; am Grund grünlich, zum Rand rot und dunkel violettbraun; auf der Lichtseite die dunkleren Farbtöne überwiegend; kahl, nur Ränder fein weiß bewimpert. **Zweige** dünn, orange- bis rotbraun, kahl, manchmal leicht bereift; zweijährig graubraun, länglich aufreißend. Blüte nach den Blättern. Selten gepflanzter, aufrechter, 3–4 m hoher, unregelmäßig verzweigter Strauch aus den Gebirgen der östlichen USA.

Rhododendron viscosum (L.) TORR., Sumpf-Azalee

Knospen bis 13 (–15) mm lang, spindelförmig, zugespitzt. Knospenschuppen zugespitzt, dicht weiß bewimpert, sonst bis auf die untersten kahl; sonnenseits gerötet, schattenseits gelbgrün. **Zweige** einjährig dünn, orangerotbraun bis dunkelbraun und angedrückt rauhaarig, ältere Zweige graubraun mit aufreißender Rinde. **Früchte** in kurzen traubigen Ständen am Triebende: um 1 cm lange, dicht behaarte und 1–3 cm lang gestielte Kapseln mit bis 4 cm langen Griffelresten. 1–2 m hoher Strauch aus den Sumpfgebieten des östlichen Nordamerikas.

Untergattung Azaleastrum

Neue Triebe entspringen aus den Achseln der Knospenschuppen endständiger Knospen.

Rhododendron yedoense var. ***poukhanense*** (Lév.) Nakai, Yodogawa-Azalee
[*Rhododendron poukhanense* Lév.]
Knospen von 5–6, innen klebrigen Blättern/Knospenschuppen umhüllt, dicht lang behaart. Äußere Blätter der Endknospen oft mit ausgebildeten Spreiten, lichtseits bräunlich bis graugrün, teilweise rötlich, schattenseits heller grün, vor allem die Unterseiten der Spreiten. Um 1 cm lang, Spreiten mit umgeschlagenen Spitzen bis 3 cm lang. **Zweige** dünn; einjährig rot- bis orangebraun, zur Spitze dunkler braun, mit lockerer, anliegender, feiner Behaarung; zweijährig kahl, graubraun. **Blüten** vor oder mit dem Laubaustrieb, zu 1–3 zusammen, 4 cm breit, purpurlila, innen dunkler gefleckt. Selten gepflanzter, etwa 1 m hoher, dicht verzweigter Strauch aus Japan und Korea.
Bei der gelegentlich gepflanzten japanischen Gartenform var. ***yedoense*** Maxim. & Regel sind die Blüten gefüllt und staubblattlos, so dass keine Früchte ausgebildet werden.

Rhododendron reticulatum D. Don ex G. Don, Netzadrige Azalee
Knospen mit 10–12 äußeren Knospenschuppen, länglich eiförmig, fein anliegend behaart, vor allem basal grünlich bis hellbraun, sonst überwiegend orangebraun, mitunter zur Spitze dunkler: grau, braun bis weinrot. **Zweige** jung orangebraun, zerstreut bis dicht behaart, verkahlend; zweijährig fein rhombisch graubraun. **Blüten** zu 1–2 (–4), vor den Blättern, April bis Mai. Um 1–5 m hoher, seltener Strauch aus Japan.

Rhododendron schlippenbachii Maxim., Schlippenbachs Azalee
Knospen 10–12 (–15) mm lang, schmal eiförmig, mit 7–9 Knospenschuppen: basal manchmal etwas verkahlend und grünlich, sonst sehr dicht und fein, gelbocker bis honigbraun, zu den leicht abstehenden Spitzen etwas hellgrau behaart. **Zweige** braun, anfangs zerstreut drüsig behaart, zweijährig kahl, grau und leicht längsrissig. **Früchte** dunkel rotbraune, 5-spaltige, gedrungene, bis 1,5 cm lange Kapseln, mit trockenen Kelchblättern und dicht drüsig behaartem, bis 1,5 cm langem Stiel. **Blüten** mit oder kurz vor den Blättern. Unregelmäßig und sparrig verzweigt, bis 2 (–4) m hoch. Häufi-

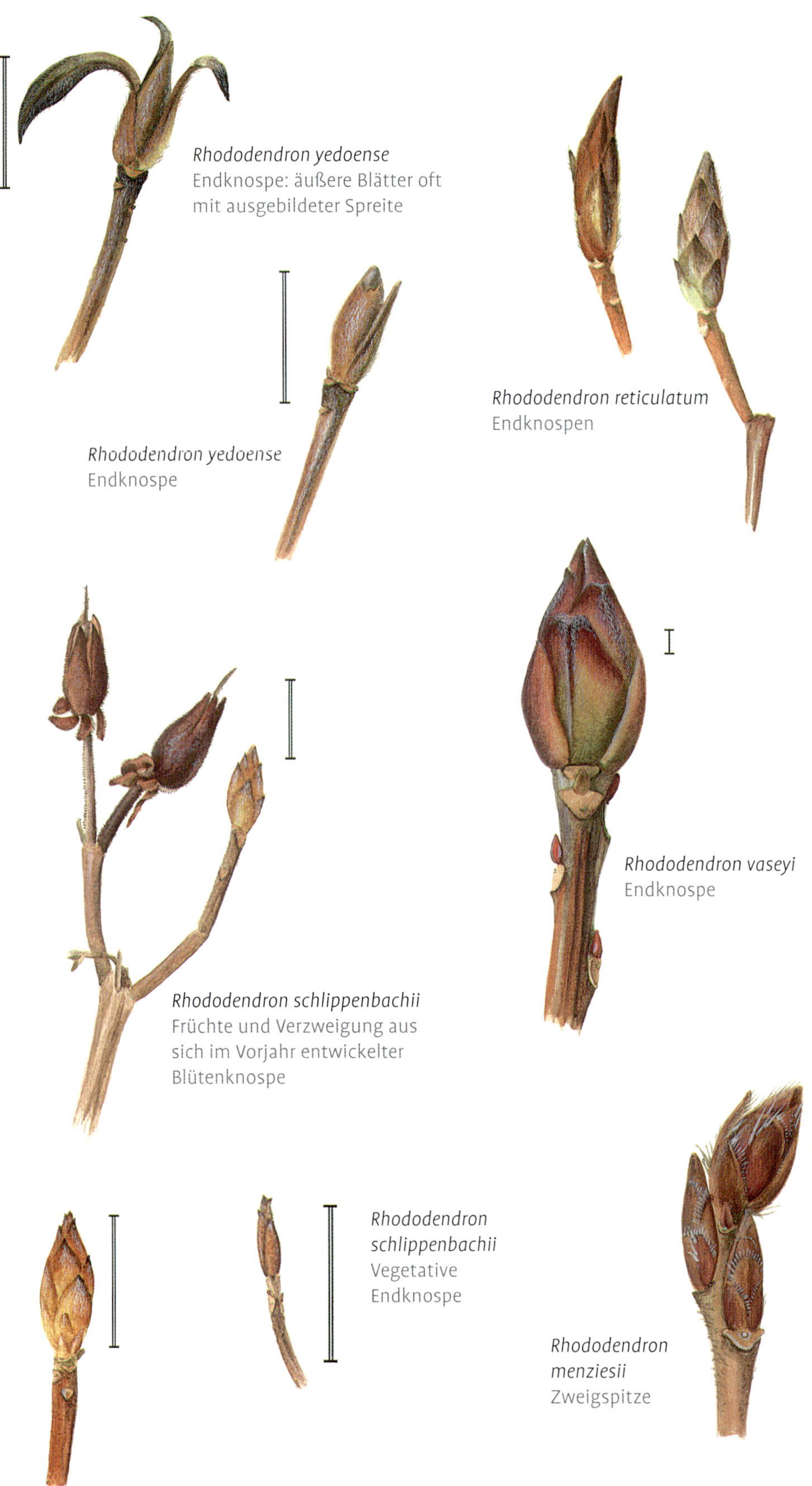

Rhododendron yedoense
Endknospe: äußere Blätter oft mit ausgebildeter Spreite

Rhododendron yedoense
Endknospe

Rhododendron reticulatum
Endknospen

Rhododendron vaseyi
Endknospe

Rhododendron schlippenbachii
Früchte und Verzweigung aus sich im Vorjahr entwickelter Blütenknospe

Rhododendron schlippenbachii
Vegetative Endknospe

Rhododendron menziesii
Zweigspitze

Rhododendron schlippenbachii
Blütenknospe

ger Strauch aus Korea, Nordost-Mandschurei und Mitteljapan.

Rhododendron vaseyi A. GRAY, **Vaseys Azalee**
Knospen spitz eiförmig, mit etwa 8 äußeren Knospenschuppen: basal grünlich, oben dunkler weinrot bis violettbraun, am oberen Rand deutlich gekerbt, mit sehr feiner weißer, Bereifung vortäuschender Behaarung. **Zweige** kahl oder jung fein behaart, orangerotbraun bis hellbraun, mit grauen Flächen abgestorbener Epidermis, zweijährig graubraun, länglich aufreißend. **Blüten** zu 5–8, vor den Blättern im April bis Mai, mit tief 5-gelappter, blassrosa-rot gefleckter, 3 cm breiter Krone und meist 7 Staubblättern. Bis 2 m hoher, häufiger Strauch aus Nordamerika.

Sehr ähnlich und im Winter nicht sicher unterscheidbar ist ***Rhododendron albrechtii*** MAXIM., **Albrechts Azalee**, eine seltener gepflanzte Art aus den Wäldern Nord- und Mitteljapans.

Ähnlich und in die Gattung *Rhododendron* einzugliedern sind die selten gepflanzten, mit 7 Arten in Nordamerika und Nordasien verbreiteten Menziesien. Die Früchte, 3–7 mm lange, 4–5-klappige Kapseln, stehen in endständigen traubigen Trugdolden.

Rhododendron menziesii GRAVEN, **Menziesie**
[*Menziesia ferruginea* SM.]
Knospen differenziert in endständige, 6–7 mm lange und 4–5 mm dicke Blütenknospen und unterhalb der Zweigspitze liegende, 5–6 mm lange und nur etwa 2–3 mm dicke Blattknospen. **Knospenschuppen** spiralig, basal violettrot bis ockerbraun, zu den Rändern dunkler braun, auffallend lang bewimpert und auf dem Mittelnerv mit langen borstigen Haaren. **Zweige** dünn, unter 2 mm dick, matt ocker- bis rotbraun, ± dicht von grauschwarzen drüsigen Haaren bedeckt. Aus Nordamerika stammender bis 1,5 (–2) m hoher Strauch.

Unterfamilie Vaccinioideae

Tribus Oxydendreae

Oxydendrum arboreum (L.) DC., **Sauerbaum**
Knospen flach-halbkugelig, etwa 2 mm breit, von den ersten zwei Knospenschuppen zu zwei Dritteln bedeckt. Knospenschuppen kahl, Ränder mitunter bewimpert, weinrot bis olivbraun. **Zweige** kahl, in der Sonne kräftig weinrot, nur im Schatten grünlich, mit wenigen kleinen graubraunen Lentizellen. Mehrjährige Zweige rotbraun, länglich aufreißend, im Alter tief rissige, rostbraune Rinde. **Blattnarben** halbrund-dreieckig, mit einer zentralen Spur, meist etwas breiter als die Knospen. Selten gepflanzter, meist nicht über 5 m hoher Strauch, in seiner Heimat Nordamerika bis 25 m hoher Baum.

Tribus Gaultherieae

Eubotrys racemosa (L.) NUTT., **Sommergrüne Traubenheide**
[*Leucothoe racemosa* (L.) A. GRAY]
Blütenknospen in nackt überwinternden, 5–15 cm langen Trauben: jede in der Achsel eines – an der Spitze des Blütenstandes oft ausdauernden – lanzettlichen Tragblattes. Kurz, etwa 1 mm lang gestielt und bis 3 mm lang, lichtseits weinrot, schattenseits grün. **Laubknospen** halbkugelig, 1–1,5 mm lang, mit wenigen braunen Knospenschuppen. **Zweige** kahl, anfangs weinrot bis grün, älter graubraun. Blattnarben einspurig, länglich. An den Zweigspitzen oft mit traubigen Fruchtstandsresten. **Frucht** kugelige Kapsel (ca. 2,5 mm ∅), umgeben von den Kelchblättern und gekrönt vom Griffelrest. Bis 2 m hoher, selten gepflanzter Strauch aus der östlichen USA.

Tribus Andromedeae

Zenobia pulverulenta (W.BARTRAM ex WILLD.) POLLARD, **Zenobie**
[*Andromeda pulverulenta* W.BARTRAM ex WILLD.]
Knospen nur Seitenknospen: In der unteren Zweighälfte klein und flach, von zwei braunen Schuppen fast vollständig bedeckt. Nach TRELEASE 1931 typische Form. Bei uns zur Zweigspitze bereits im November wie leicht angetrieben und bis 3 mm lang, vielschuppig, eiförmig, vom Zweig abstehend; Knospenschuppen hier ganz (untere) oder nur am Rand (obere) ockerbraun, tiefer violettweinrot. Kahl und unbewimpert.
Zweige ockergelb bis rötlichorangebraun, teilweise bläulichweiß bereift. **Mark** voll, weiß bis hellgrün. Meist über den Winter Reste der büscheligen Fruchtstände mit 5-klappigen Fruchtkapseln am Strauch. Blätter lange haftend, halb halbimmergrün. Etwa 1 m hoher Strauch aus den USA: Virginia, Nord- und Süd-Carolina.

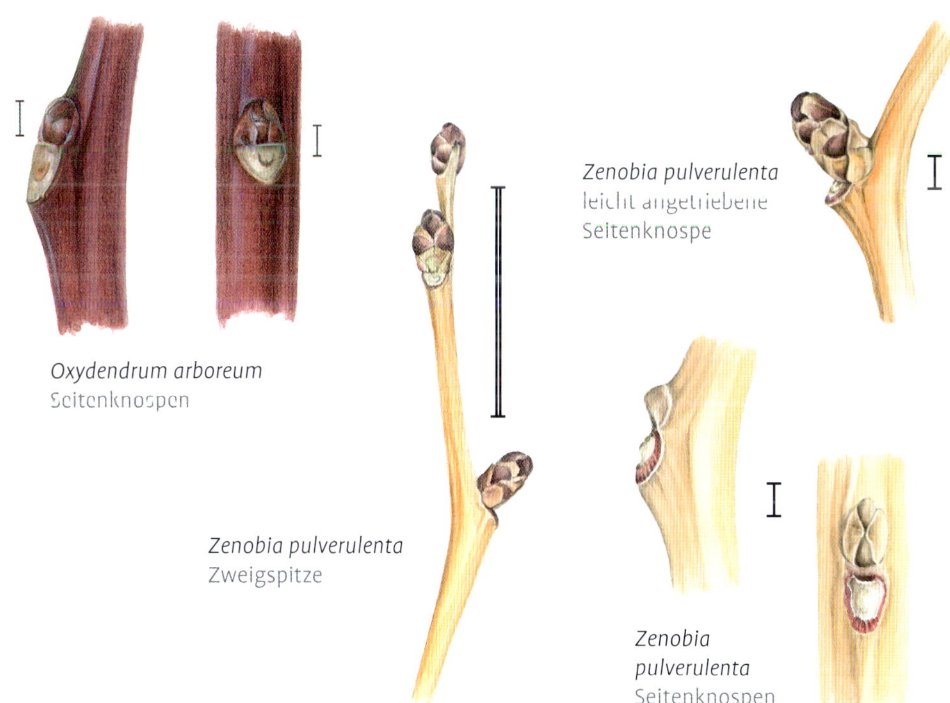

Oxydendrum arboreum
Seitenknospen

Zenobia pulverulenta
Zweigspitze

Zenobia pulverulenta
leicht angetriebene Seitenknospe

Zenobia pulverulenta
Seitenknospen

Tribus Vaccinieae

Vaccinium L., Heidelbeere

Keine Endknospen: sympodial verzweigt, Seitenknospen nur von zwei transversalen Knospenschuppen (*Vaccinium myrtillus*), oder zudem von den folgenden – über gegenständige in die zweizeilige Blattstellung überleitenden – einfachen Schuppen (*Vaccinium corymbosum*) umhüllt. Immer- und sommergrüne Sträucher und Halbsträucher.

Schlüssel *Vaccinium*

1 Kleine, selten über 50 cm hoch werdende Sträucher 2

1* Größer, 1–2 (–4) m hoher Strauch . . . . ***Vaccinium corymbosum***

2 Zweige ± rund, graubraun . . . . ***Vaccinium uliginosum***

2* Zweige kantig, grün . . . . ***Vaccinium myrtillus***

Vaccinium corymbosum L., Amerikanische Strauchheidelbeere, „Blueberry"
Knospen zweizeilig, spitz eiförmig, 5–6 mm lang, mit zugespitzten, sonnenseits weinroten, schattenseits heller rosa gefärbten Knospenschuppen, zum Teil mit schmalem braunen Rand und vor allem unterste leicht gekielt. **Zweige** ± rund, fein hell punktiert, überwiegend weinrot, schattenseits auch grünlich, mit in Leisten herablaufender, feiner grauer Behaarung. Aus Nordamerika stammender, häufig genutzter Obststrauch.

Vaccinium myrtillus L., Heidelbeere, Blaubeere
Knospen spiralig, durch Torsion (Verdrehung) der Zweige mitunter zweizeilig scheinend; 2–4 mm lang, flach am Zweig anliegend, länglich dreieckig mit abgerundeter Spitze; von den zwei hell grünlich-gelben, mitunter auch rötlich überlaufenden Vorblattschuppen meist vollständig bedeckt. **Zweige** grün und stark kantig: von beiden Seiten der Blattnarbe läuft eine Leiste herab, eine mündet auf der anderen Seite der darunterliegenden Blattnarbe, die zweite endet blind zwischen den Nodien. Vor allem unter der Triebspitze zwischen den Leisten sehr tief gefurcht. Ausläufer bildender Zwergstrauch, weit verbreitet: von Europa bis zum Kaukasus und Nordasien sowie im westlichen Nordamerika vorkommend.

Vaccinium corymbosum
Zweigspitze sonnenseitig

Vaccinium myrtillus
Verzweigung

Vaccinium corymbosum
Seitenknospe schattenseitig

Vaccinium myrtillus
Seitenknospe

Vaccinium myrtillus
Zweigspitze

Vaccinium uliginosum
Zweigspitze

Vaccinium uliginosum L., Rauschbeere, Moosbeere
Knospen 2–3 mm lang, violettbraun bis (wein-)rotbraun, von 4 äußeren, deutlich gekielten Knospenschuppen umhüllt. **Zweige** rund, graubraun bis orangebraun, dünn, ± glänzend, sehr fein hinfällig behaart. Häufiger, bis 90 cm hoher, zirkumpolar verbreiteter Strauch.

Tribus Lyonieae

Lyonia ligustrina (L.) DC., Rispige Lyonie
Seitenknospen länglich, 4–5 mm lang, dem Zweig anliegend, von 2 weinroten Knospenschuppen vollständig eingeschlossen. **Zweige** mit bräunlichen Behaarungsresten, Blattnarben dreieckig, mit einer Spur. Fruchtstände kurze, bis 5 cm lange Trauben, **Früchte** kugelig, etwa 3,5 mm ∅, 3–5 mm lang gestielt, einander büschelig genähert, Kelchblätter kurz, um 1 mm lang. Selten gepflanzter, bis 4 m hoher Strauch aus dem östlichen Nordamerika.

Lyonia mariana (L.) D. DON, Marien-Lyonie
Seitenknospen um 5 mm lang, zugespitzt eiförmig, vom Zweig abstehend, mit mehreren weinroten Schuppen, kahl, nur der bräunliche Rand fein bewimpert. **Zweige** ockergelb, kahl. Blattnarben dunkelbraun, mit einer Spur am oberen Rand. **Früchte** um 8 mm lang gestielt, in Seitenansicht trapezförmig, 5–6 mm lang, mit 4–6 mm langen, bleibenden Kelchblättern. Mark voll, dunkelgrün. Selten gepflanzter, bis 2 m hoher Strauch aus dem Osten Nordamerikas.

Eubortys racemosa
Fruchtzweig

Eubortys racemosa
Seitenknospe

Eubortys racemosa
Blütenknospen

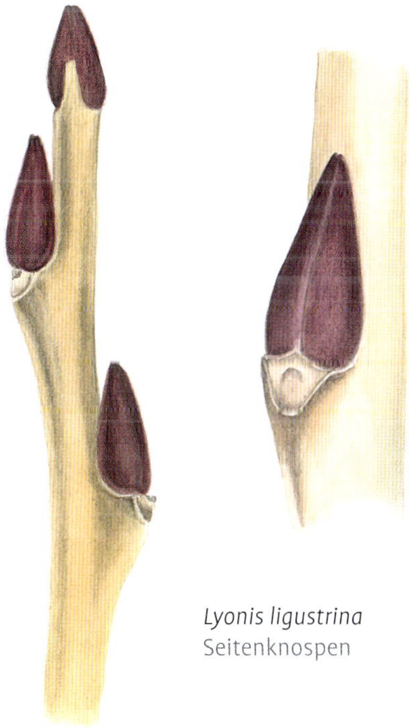

Lyonis ligustrina
Seitenknospen

Lyonia mariana
Seitenknospe

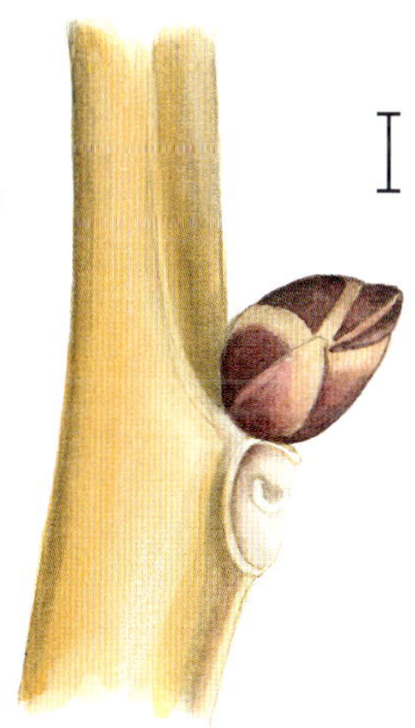

Lyonia mariana
Seitenknospe

Familie Eucommiaceae

Eucommia ulmoides **Oliv.**, Chinesischer Guttaperchabaum

Knospen zugespitzt eiförmig, 3–4 mm lang und 2–2,5 mm dick; mit 6–8 Knospenschuppen. Zwei gegenständigen Vorblattschuppen folgen wenige, in die spiralige Stellung überleitende Schuppen. Die unteren Knospenschuppen dunkelbraun und die oberen ockerbraun, vor allem die unteren bewimpert und locker weiß behaart. **Zweige** graubraun, leicht glänzend, mit schon an jungen Zweigen leicht längsrissiger **Rinde**. Lentizellen zerstreut, hell ockerbraun. **Mark** gefächert. **Blattnarben** auf ± entwickelten Blattkissen, mit einer zentralen halbrunden Spur. Beim Abziehen der Rinde feine Guttaperchafädchen (kautschukähnlicher Milchsaft) und dunkle Innenseite sichtbar. Selten gepflanzter, bis 10 m, in der Heimat China bis 20 m hoher Baum.

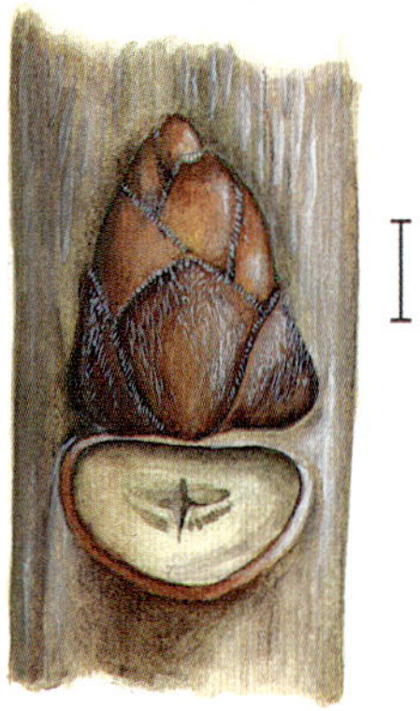

Familie Rubiaceae, Rötegewächse

Cephalanthus occidentalis **L.**, Kopfblume

Knospen gegenständig bis 4-wirtelig, meist zu dritt an einem Knoten stehende Seitenknospen. Sie sind sehr klein und in das Rindengewebe eingebettet, wodurch nur ein winziger Höcker über den Blattnarben zu sehen ist. **Zweige** kahl, dick mit weitem hellbraunen Mark. Zweigrinde graubraun, mit matt glänzender grauer, längsrissiger Epidermis. Lentizellen zerstreut, groß, länglich-rhombisch, sehr hell ocker. **Blattnarben** relativ groß, Spur kreisförmig, oben offen und nach innen eingerollt. Die Blattnarben eines Knotens sind mit schmalen Narben interfoliar verwachsener, mitunter trocken bleibender Nebenblätter verbunden. Aus Nordamerika stammender, selten gepflanzter, bis 2 m hoher Strauch.

Eucommia ulmoides
Seitenknospen

Periploca graeca
Zweig

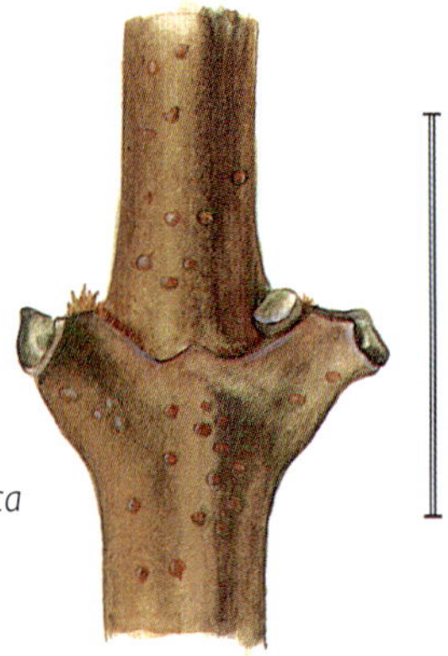

Periploca graeca
Sprossknoten

Cephalanthus occidentalis
Zweigknoten

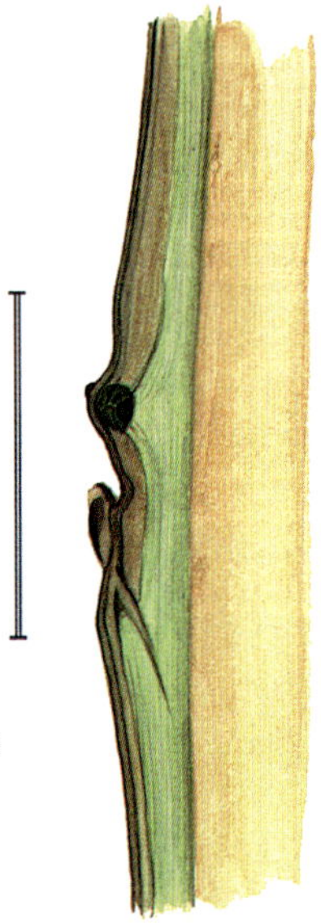

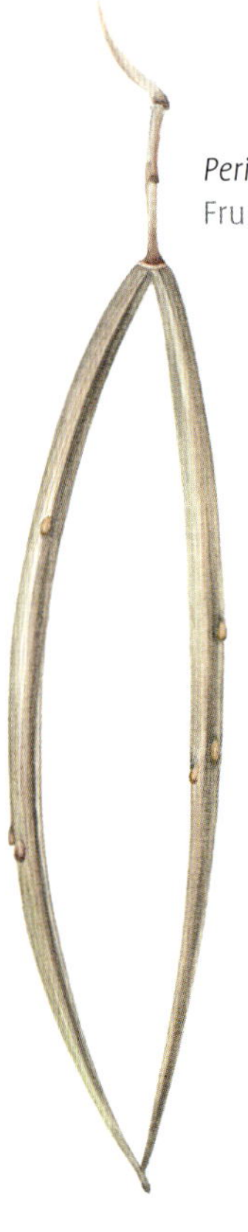

Periploca graeca
Frucht

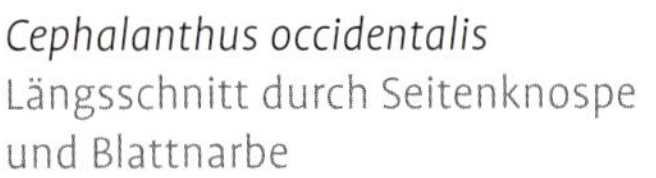

Cephalanthus occidentalis
Längsschnitt durch Seitenknospe und Blattnarbe

Familie Apocynaceae, Unterfamilie Asclepiadoideae, Schwalbenwurzgewächse

Periploca graeca L., Orientalische Baumschlinge
Knospen gegenständig, sehr klein und unauffällig, in den Achseln des ausdauernden Blattgrundes der Tragblätter eingesenkt; dicht ockerbraun behaart. **Zweige** kräftig: 3–4 mm dick, kahl, olivbraun bis orangebraun, mit zahlreichen kleinen helleren Lentizellen. **Mark** länglich faserig aufreißend und Zweige bald hohl. **Blattnarben** auf stark abstehenden Blattkissen, dem Blattgrund der Tragblätter; dunkel grau mit einer hellen, schmalen, halbkreisförmigen Spur. Gegenüberliegende Blattkissen ± deutlich durch eine Linie verbunden. Die **Frucht** besteht aus zwei länglichen, getrennten Bälgen, die an der Spitze oft zusammenhaften. Bis 15 m hoch, links herum windende Liane aus Südosteuropa.

Fontanesia phillyreoides
Zweig

Familie Oleaceae, Ölbaumgewächse

Kleine und große Sträucher bis große Bäume, beheimatet in den Tropen bis in die gemäßigte Zone. **Blattstellung** selten zerstreut, meist gegenständig, aber gegenüberliegende Blattnarben nicht miteinander verbunden und oft zueinander verschoben. **Blattnarben** mit einer, mitunter aus mehreren kleinen Spuren zusammengesetzten, Spur.

Schlüssel Oleaceae

1 Mark voll 2
1* Mark hohl oder gefächert, Blüten sehr früh. 3

Tribus Fontanesieae

2 Zweige sehr dünn, einjährige bis 2 mm dick, ohne Endknospe . . . . . *Fontanesia**
2* Einjährige Zweige dicker und/oder mit Endknospe 4

Tribus Forsythieae

3 (1) Blüten gelb, aus von Schuppen bedeckten Knospen . . . . ***Forsythia***
3* Blütenknospen nackt, nur von den purpurnen Kelchblättern bedeckt . . . . ***Abeliophyllum***

Tribus Jasmineae

4 Zweige rein grün und kantig, Sträucher, gegenständig oder wechselständig 5
4* Zweige rundlich oder grau bis rotbraun, Sträucher und Bäume, gegenständig . 6
5 Knospen gegenständig . . . . ***Jasminum***
5* Knospen wechselständig . . . . ***Chrysojasminum***

Tribus Oleeae

6 Knospenschuppen sehr dicht filzig oder schuppig behaart, Knospen mit maximal 2 äußeren Schuppenpaaren, meist Bäume . . . . ***Fraxinus***
6* Knospenschuppen kahl oder nur bewimpert, wenn starker behaart mit mehr als 2 äußeren Knospenschuppenpaaren; Sträucher, seltener kleine Bäume 7
7 Zweige dünn 9
7* Zweige kräftig, wenn dünn meist ohne Endknospe 8
8 Immer mit Endknospe, diese bis 3 mm lang und weniger als 1,5-mal so hoch wie breit . . . . ***Chionanthus***
8* Ohne Endknospen oder diese 1,5-mal so lang oder langer als breit und oft größer 3 mm . . . . ***Syringa***
9 Endknospen um 2–3 mm lang, mit 5 oder mehr Paaren gelbockerfarbener Knospenschuppen . . . . *Forestiera*
9* Knospen meist etwas größer, mit weniger Knospenschuppen 9
10 Früchte trockene Kapseln . . . . . *Syringa*
10* Früchte schwarze beerenartige Steinfrüchte . . . . ***Ligustrum***
* vgl. *Ligustrum* und *Syringa*

Tribus Fontanesieae

Fontanesia phillyreoides Labill., Fontanesie
[*Fontanesia angustifolia* Dipp.]
Knospen klein und gedrungen: bis 2 mm hoch und breit, mit 2 Paar äußeren Knospenschuppen. **Zweige** dünn, anfangs ocker-orangerotbraun bis grau, später ganz grau, zur Spitze meist vertrocknend. **Blattnarben** auf relativ großen Kissen: klein, dunkel, mit einer, aus mehreren Einzelspuren zusammengesetzten Spur. In Südostsizilien, Anatolien und Syrien vorkommender, selten gepflanzter, 1,5–2 m hoher, dicht verzweigter Strauch.

Fontanesia phillyreoides
Seitenknospen

Tribus Forsythieae

Abeliophyllum distichum **Nakai,**
Schneeforsythie

Knospen 1–2 mm lange, vom Zweig abstehende Seitenknospen, kurz eiförmig und zugespitzt, von wenigen Knospenschuppen bedeckt. Mitunter mit kleinen absteigenden Beiknospen. **Blütenknospen** der früh, März bis April, erscheinenden Blüten in endständigen Trauben, kugelig-eiförmig, nur von den dunkel weinroten Kelchblättern eingeschlossen. **Zweige** 4-kantig, hellbraun bis hell graubraun, fein längsstreifig, Blütenstandsachsen weinrot, wie die Blütenknospen. **Mark** anfangs gefächert, später hohl. **Blattnarben** abgerundet dreieckig, mit einer zentralen Spur. **Blüten** ab März, weiß, trichterförmig, basal 3–4 mm lang röhrig verwachsen, mit vier 8–10 mm langen Kelchblattzipfeln. Häufiger, bis 1,5 m hoher, sparriger Strauch aus Korea.

Abeliophyllum distichum
Blütenzweig

Forsythia ×intermedia
Zweig

Forsythia Vahl n. c., Forsythie

Knospen: Häufig finden sich bei den Seitenknospen absteigende seriale Beiknospen und/oder laterale Bereicherungsknospen in den Achseln der Vorblätter. Sie dienen vor allem der Blütenbildung. **Zweige** hohl oder mit gefächertem Mark. **Blattnarben** auf starken Blattkissen und wie bei den meisten Gattungen der Familie mit nur einer Gefäßbündelspur. Blüten gelb, vor den Blättern erscheinend. Sehr häufig gepflanzte Sträucher. Wenige, in Ostasien und Südosteuropa vorkommende Arten.

Schlüssel ***Forsythia***

1 Zweige in den Knoten voll, dazwischen hohl oder Mark teilweise gefächert . . . 2
1* Zweigmark durchgehend, auch in den Knoten, gefächert 3
2 Zweige zwischen den Knoten vollständig hohl, überhängend ***Forsythia suspensa***
2* Mark zwischen den Knoten etwas gefächert, Zweige ± aufrecht . . . . ***Forsythia ×intermedia***
3 Einzelne Seitenknospen meist über 7 mm lang, Zweige meist deutlich 4-kantig . . . . ***Forsythia viridissima***
3* Seitenknospen meist unter 7 mm, Zweige nur an der Spitze kantig . . . . . *Forsythia europaea* und *Forsythia ovata*

Abeliophyllum distichum
Seitenknospe (mit kleiner Beiknospe unter der Seitenknospe

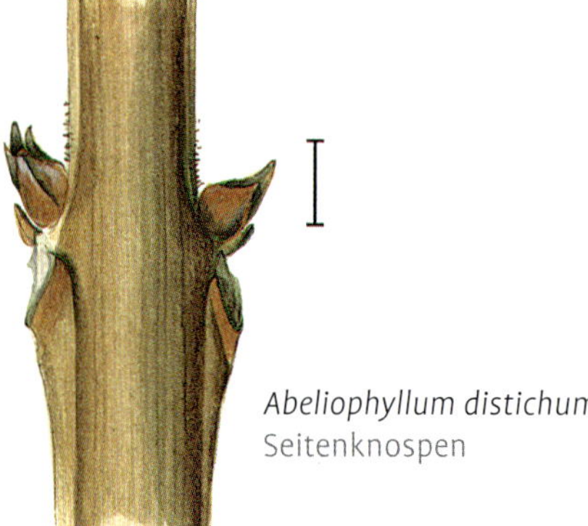

Abeliophyllum distichum
Seitenknospen

Forsythia ×intermedia
Seitenknospe mit Bereicherungsknospen und kleiner Beiknospe vor der Seitenknospe

Sektion Forsythia × Giraldianae

Zweige eine Zwischenstellung zwischen den Sektionen einnehmend: in den Knoten voll, in der Mitte der Stängelglieder hohl und im Übergangsbereich gefächert.

Forsythia ×intermedia Zab., Hybrid-Forsythie
[*Forsythia suspensa × Forsythia viridissima?*]
Knospen mit gegenständigen, ± stark gekielten, ockerbraunen Knospenschuppen. Seitenknospen länglich eiförmig, zugespitzt, 6–10 mm lang. Meist mit absteigenden Beiknospen und Bereicherungsknospen in den Achseln der untersten Knospenschuppen. Dadurch stehen oft mehrere Knospen büschelig über der Blattnarbe eines Tragblattes. **Zweige** durch von den Blattnarbenrändern herablaufende Leisten vierkantig, ockergelb und olivgrün bis violett, mit wenigen kleinen bis zahlreichen großen und warzigen, grauweißen bis ockerbraunen Lentizellen. **Blüten** im April: tiefgelb, Krone basal zu einem kurzen Becher verwachsen und in vier lange Kronblattzipfel endend. 2–3 m hoher, aufrechter bis breit ausladender Strauch. Hierher gehören die meisten der angepflanzten Forsythien-Sorten.

Sektion Forsythia

Zweige in den Stängelgliedern hohl, im Knoten kompakt.

Forsythia suspensa (Thunb.) Vahl, Hänge-Forsythie
Knospen spindelförmig, 6–8 mm lang, mit hellbraunen, zum Rand etwas dunkleren Knospenschuppen. **Zweige** hellbraun bis ocker, leicht kantig, in den Internodien hohl, im Knoten kompakt. **Lentizellen** zahlreich, graubraun. **Blüten** in der ersten Aprilhälfte mit je nach Sorte glockigen oder verschieden stark abspreizenden Kronzipfeln. 2,5–3 m hoher, ± stark überhängender Strauch aus China und Japan. Nach der Hybrid-Forsythie die am häufigsten kultivierte Art.

Forsythia suspensa
Hängender Zweig mit Blüten und vorjährigen Fruchtkapseln

Forsythia suspensa
Zweig

Sektion Giraldianae

Zweigmark durchgehend, auch in den Knoten, gefächert.

Forsythia viridissima LINDL., Grüne Forsythie
Knospen 7–9 mm lang, spindelig, an der Basis stielartig dünn. Unterste Knospenschuppen ockerbraun bis rotbraun, folgende basal und oberste oft ganz dunkel weinrot bis violettbraun. **Zweige** schattenseits olivgrünlich, lichtseits dunkel rotbraun gefärbt; vollständig mit gefächertem Mark, nur an der Basis kräftiger Langtriebe zuweilen hohl; kräftig, aufrecht wachsend. **Blüten** zu 1–3 stehend, mit schmalen zurückgeschlagenen Kronzipfeln; als letzte Forsythie erst in der zweiten Aprilhälfte blühend. Gelegentlich gepflanzter, bis 2 m hoher, aufrechter Strauch aus China.
Schwer unterscheidbar sind die anderen, nur selten gepflanzten Arten der Sektion, wie die **Balkan-Forsythie**, ***Forsythia europaea*** DEG. & BALD., aus Albanien, und die früh blühende **Korea-Forsythie**, ***Forsythia ovata*** NAKAI., zwei etwas zierlichere Arten mit bis etwa 7 mm langen Knospen.

Tribus Jasmineae

Jasminum L., Jasmin

Ohne Endknospen, **Seitenknospen** gegenständig. Fast 200 in den (Sub-)Tropen Afrikas, sowie von Südostasien bis Australien verbreitete, überwiegend immergrüne Arten.

Jasminum nudiflorum LINDL., Winter-Jasmin
Knospen: in Blüten- und Blattknospen differenzierte, gegenständige Seitenknospen. Blattknospen klein, etwa 3–5 mm lang mit wenigen Knospenschuppen, Blütenknospen länglich eiförmig, bis etwa 1 cm lang, von einigen Schuppenpaaren bedeckt. Knospenschuppen (besonders unterste) zugespitzt, grün, teilweise rötlich, an den Spitzen und Rändern trocken braun. **Zweige** 3–4 mm ∅, kahl, 4-kantig, dunkelgrün, fein weiß punktiert. **Mark** weiß, abgerundet viereckig, locker porös. **Blattkissen** orangebraun abgesetzt, mit grauer, schrumpelig eingetrockneter, einspuriger Narbe. **Blüten** bei milder Witterung ab Dezember bis in den April, gelb, basal röhriger Trichter mit (5–) 6 Kronblattzipfeln. Niedriger, überhängender oder am Spalier bis 3 m hoch werdender, häufig gepflanzter Strauch aus Nordchina.
Zehn wechselständige Arten in Eurasien und Afrika wurden als ***Chrysojasminum*** BANFI ausgegliedert: Der **Gelbe Jasmin**, ***Chrysojasminum fruticans*** (L.) BANFI aus dem Mittelmeergebiet und Mittelasien wird wenig über 1 m hoch. **Zweige** grün, dünn, lang, rutig, kantig-gefurcht, Blattkissen eingetrocknet graubraun. **Knospen** um 2 mm lang, ± eingehüllt von 2 graubraunen Vorblattschuppen. Etwas höher wird der **Niedrige Jasmin**, ***Chrysojasminum humile*** (L.) BANFI aus Mittel- bis Ostasien. Seine Zweige sind etwas kräftiger, schwach 6-kantig und kahl. **Knospen** mit 5–6 sichtbaren bewimperten Knospenschuppen.

Forsythia viridissima
Zweig

Forsythia europaea
Zweig

Jasminum nudiflorum
Die Blüten erscheinen bei milder Witterung während des gesamten Winters

Forsythia ovata
Seitenknospen

Jasminum nudiflorum
Seitenknospen

Jasminum nudiflorum
Zweigquerschnitt

Jasminum nudiflorum
Blütenknospe

Chrysojasminum humile
Seitenknospe

Tribus Oleeae

Dünnzweigige Sträucher bis grobastige Bäume mit trockenen Früchten wie Kapseln (*Syringa*) und geflügelten Nüssen (*Fraxinus*) oder mit Steinfrüchten (*Chionanthus*, *Ligustrum*, *Forestiera*).

Untertribus Ligustrinae

Syringa L., Flieder

Mit etwa 30 Arten vom südlichen Osteuropa bis Ostasien verbreitete Gattung. **Knospen** kugelig bis länglich eiförmig, meist zugespitzt, mit mehreren Knospenschuppenpaaren. **Blattnarben** einspurig. **Früchte** 2-fächrige, sich fachspaltig, 2-klappig öffnende, holzige, trockene Kapseln in end- oder seitenständigen, rispigen Ständen.
Am häufigsten ist der **Gewöhnliche Flieder**, ***Syringa vulgaris***, in vielen Sorten anzutreffen. Hier kann man anhand der Knospenfarbe bereits auf die Blütenfarbe schließen. Bei an Anthocyan – einem in Pflanzenzellen häufigen violettroten Farbstoff – reichen, rötlich oder violett blühenden Sorten sind die Knospen violettrot überlaufen, während die weißblühenden Sorten ohne diesen Farbstoff rein grüne Knospen besitzen.
Die vielen gelegentlich gepflanzten Wildarten sind schwer voneinander unterscheidbar. Die dünnzweigigen Arten ähneln zudem den sommergrünen Vertretern der Gattung *Ligustrum*, die nach molekular-phylogenetischen Erkenntnissen zur Gattung *Syringa* i. w. S. gehört. Eine sichere Unterscheidung bieten hier die im Winter meist bei beiden Gattungen erhaltenen Früchte.

Schlüssel *Syringa*

1 Zweige regelmäßig mit Endknospen . 4
1* Anstelle der abgestorbenen Endknospen zwei terminale Seitenknospen an der Zweigspitze, sehr selten einzelne Endknospen (Jungpflanzen & Stockausschlag) 2
2 Rinde sehr glatt oder dünn abrollend; große Sträucher bis kleine Bäume . . . 9
2* Rinde nicht abrollend, schuppig oder längs abfasernd 3
3 Knospen über 4 mm lang, Zweige ± dick (> 3 mm ∅) oder kahl, Fruchtkapseln ± glatt 7
3* Knospen bis 4 mm lang, Zweige dünner, oft behaart, Fruchtkapseln warzig . . 11
4 Zweige dick (> 3,5 mm ∅) 12

Untergattung Syringa, Serie Syringa

4* Zweige dünner 5
5 Endknospen mit 2–3 Knospenschuppenpaaren . . . . *Syringa pinnatifolia*
5* Endknospen mit mehr Knospenschuppen 6
6 Alle Langtriebspitzen mit Endknospe . . . . ***Syringa protolaciniata***
6* Nur ein Teil der Langtriebspitzen mit Endknospe . . . . ***Syringa ×persica***
7 Knospen meist über 7 mm lang 8
7* Knospen kleiner, braun. Knospenschuppen ± gekielt . . . . ***Syringa ×persica***
8 Knospen überwiegend braun. Fruchtkapsel lang zugespitzt . . *Syringa oblata*
8* Knospen grün bis ± violettrot. Fruchtkapsel kurz zugespitzt ***Syringa vulgaris***

Untergattung Ligustrina
Syringa reticulata

9 (2) Zweige behaart, Knospen sehr klein (< 2 mm) . . . . subsp. ***pekinensis***
9* Zweige und Knospen ± verkahlend . 10
10 Knospen kugelig, nur wenig länger als breit . . subsp. ***reticulata*** var. ***reticulata***
10* Knospen eiförmig, deutlich länger als breit . subsp. ***reticulata*** var. ***amurensis***

Untergattung Syringa, Serie Pubescentes

11 (3) Zweige dicht behaart . . . . ***Syringa pubescens*** subsp. ***microphylla***
11* Zweige zerstreut behaart und verkahlend . . . . . ***Syringa pubescens (meyeri)***

Untergattung Syringa, Serie Villosae

12 (4) Endknospen rotbraun, gedrungen, mit 3 Knospenschuppenpaaren . . . . *Syringa emodi*
12* Meist mehr Schuppen: ± breit grau berandet; Endknospen mindestens 2-mal so lang wie dick 13
13 Früchte in überhängenden Rispen . . . . ***Syringa reflexa*** und Hybriden
13* Früchte in aufrechten bis waagerechten, selten überhängenden Ständen 14
14 Fruchtstände dicht, schmal kegelförmig . . . *Syringa josikaea* und *Syringa villosa*
14* Fruchtstände locker, sehr breit . . . . *Syringa sweginzowii*

Untergattung Syringa

Serie Villosae

Sträucher. Zweige meist relativ kräftig, mit Endknospen.

Syringa reflexa Schneid., Bogen-Flieder [*Syringa komarowii* subsp. *reflexa* (C.K. Schneid.) P.S. Green & M.C. Chang] **Zweige** grau bis graubraun, relativ kräftig, mit hellen Lentizellen. Ältere Zweige hellgrau. **Früchte** in schmalen, walzenförmigen, überhängenden (!) Ständen, um 12 mm lang, glatt bis schwach warzig. Häufig gepflanzter, 3–4 m hoher Strauch aus Mittelchina. Zahlreiche Hybriden mit: *Syringa villosa* (***Syringa ×prestoniae*** McKelvey), *Syringa josikaea* (***Syringa ×josiflexa*** Preston ex J.S. Pringle) und *Syringa sweginzowii* (***Syringa ×swegiflexa*** J.S. Pringle). Durch weitere Züchtung, aber auch unbeabsichtigte Hybridisierung in Botanischen Gärten, befinden sich nur selten reine Arten in Kultur. *Syringa reflexa* ist in die meisten zu dieser Sektion gehörenden Gartensorten eingegangen, die deshalb meist mehr oder weniger deutlich überhängende Fruchtstände aufweisen.

Syringa josikaea Jacq. f. ex Rchb. f., Ungarischer Flieder
Knospen eiförmig, zugespitzt, Endknospen bis 10 mm lang und 4–5 mm breit, mit 4–5 Schuppenpaaren. Knospenschuppen braunrot, teilweise basal olivgrünlich, oft dunkel berandet und wenigstens zur Spitze ± behaart. **Zweige** dick, schwach kantig, glänzend graubraun bis olivbraun, kahl oder mit feinen Haarresten. **Lentizellen** zerstreut, länglich, hell, ockerweißlich. **Früchte** in schmal-kegligen, dichten Ständen: 10 mm lang, glatt und zugespitzt. Von Ungarn bis zur Ukraine vorkommender, selten angepflanzter, 3–4 m hoher, steif aufrechter Strauch.
Sehr ähnlich ist der **Zottige Flieder, _Syringa villosa_** Vahl: **Knospen** eiförmig, etwas zugespitzt, mit 5–6 äußeren Schuppenpaaren. Endknospen 8–12, Seitenknospen bis 10 mm lang. Knospenschuppen verkahlt, ± gekielt, orangebraun bis dunkel rotbraun, mit deutlich abgesetztem, grauen Rand. **Zweige** kräftig, schwach kantig, violettbraun bis graubraun, mit vielen kleinen und fast runden Lentizellen. **Früchte** in pyramidenförmigen Rispen, 10–15 mm lang, fast glatt. Selten gepflanzter, 3–4 m hoher Strauch aus Nordchina.

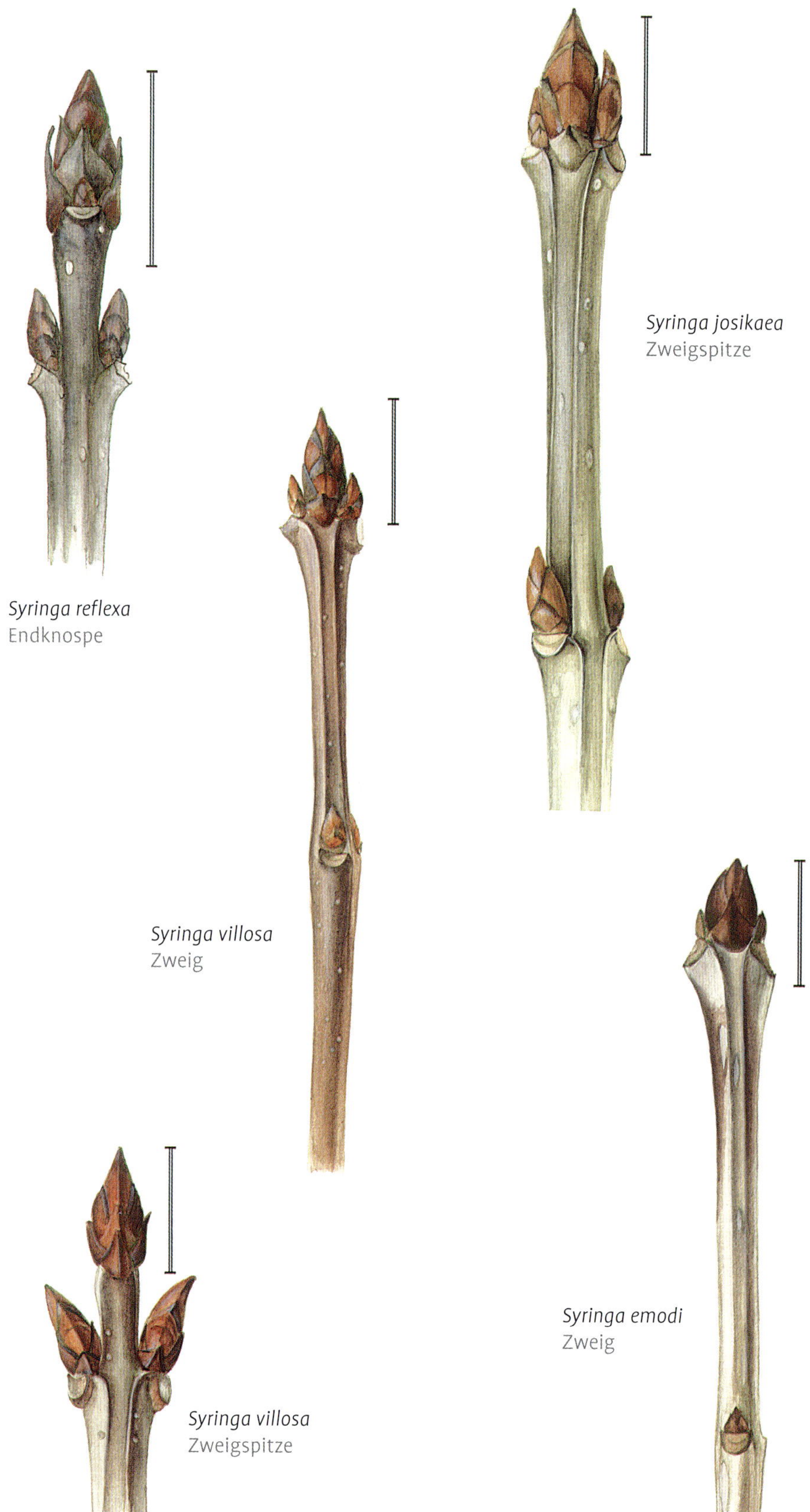

Syringa reflexa Endknospe

Syringa josikaea Zweigspitze

Syringa villosa Zweig

Syringa villosa Zweigspitze

Syringa emodi Zweig

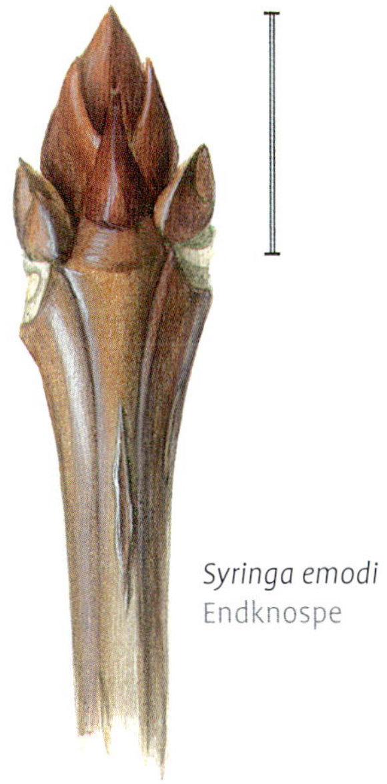
Syringa emodi
Endknospe

Syringa sweginzowii KOEHNE & LINGELSH.
Zweige kahl, glatt, purpur- bis rotbraun, mit hellen Lentizellen. **Früchte** in breiten Rispen, oft durch Nebenrispen bereichert, etwa 10 mm lang und glatt. Gelegentlich anzutreffender, aufrechter, breit verzweigter, über 3 m hoher Strauch aus Nordwestchina.

Syringa emodi WALL. ex G. DON, Himalaja-Flieder
Knospen fast gleichmäßig rotbraun, Knospenschuppen fast kahl, bewimpert. Endknospen mit 3 äußeren Schuppenpaaren, gedrungen eiförmig, zugespitzt, 7–9 mm lang und 4–6 mm breit. Seitenknospen meist verhältnismäßig klein, mit 1–2 Schuppenpaaren. **Zweige** jung glatt und kahl; graubraun bis olivbraun, unter der Zweigspitze mitunter orangerotbraun. **Lentizellen** länglich, weißlich bis graubraun; oft stark wulstig und schon an den jüngsten Zweigen längsrissig. Ältere Zweige auch zwischen den Lentizellen fein längs aufreißend. Selten gepflanzter, 2–5 m hoher, aufrecht wachsender Strauch aus Zentralasien.

Serie Pubescentes

Syringa pubescens TURCZ. subsp. ***microphylla*** DIELS, Kleinblättriger Flieder
Knospen eiförmig, zugespitzt, 3–4 mm lang. Meist nur Seitenknospen. Unterste Knospenschuppen klein, ockerbraun berandet, oberste – die Knospe bedeckende – Knospenschuppen größer, violettbraun, kahl, nur leicht bewimpert. **Zweige** dünn, graubraun, lange bleibend dicht filzig behaart. **Blattnarbe** auf deutlichem Kissen. **Früchte** in kleinen, 4–7 cm langen Rispen, um 12 mm lang, oft gekrümmt und warzig. Häufig gepflanzter, 1–1,5 m hoher Strauch aus Nordchina.
Meyers Flieder, ***Syringa meyeri*** SCHNEID. ist kaum zu unterscheiden und wird zur subsp. *pubescens* gestellt.

Serie Syringa

Zweige in der Regel ohne Endknospen. Nur bei jungem Stockausschlag oder Sämlingen ein Teil der Triebspitzen mit echter Endknospe.

Syringa oblata LINDL., Rundblättriger Flieder
Seitenknospen kugelig eiförmig. Knospenschuppen ocker bis rotbraun, unter einem helleren Saum dunkel purpurbraun, an der Basis oft leicht grünlich. **Zweige** kahl, rundlich, gelb- oder rotgrau. **Blattnarben** ± senkrecht auf schwachem Kissen. Aufrechter, ausgebreitet verzweigter, 2–4 m hoher, seltener Strauch aus Nordchina.

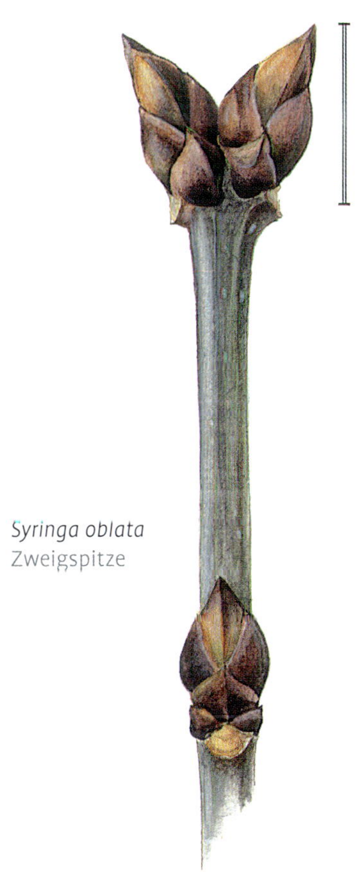
Syringa oblata
Zweigspitze

Syringa pubescens subsp. *microphylla*
Zweigausschnitt

Syringa vulgaris L., Gewöhnlicher Flieder
Seitenknospen kugelig-eiförmig, zugespitzt, grün bis dunkelrot; Knospenschuppen kurz zugespitzt, ± gekielt. Weiß blühende Sorten besitzen vollkommen grüne Knospen, während die Knospen der rot- bis violett blühenden Sorten ± rötlich überlaufen sind. Echte **Endknospe** nur gelegentlich bei jungen Pflanzen und Stockausschlag. Dann ähnlich einigen Ahornarten (*Acer*), aber durch einspurige Blattnabe und schiefgegenständige Blattstellung (Ahorn dreispurige Blattnarbe und exakt gegenständige Blattnarben) unterscheidbar. **Zweige** rund, anfangs gelbgrau bis olivgrün, ältere Zweige grau, Rinde zuletzt eine raue, rissige, längs abschuppende Borke. **Mark** junger Zweige relativ weit. Aufrechter, ausgebreitet verästelter Strauch von 2–5 m Höhe, seltener bis 10 m hoher, kleiner Baum. Natürlich von Südeuropa bis Südwestasien verbreitet. Am häufigsten gepflanzte Fliederart mit sehr vielen Sorten.

Syringa protolaciniata P.S. Green & M.C. Chang, Geschlitztblättriger Flieder
[*Syringa afghanica* hort. p.p., non. Schneid., *Syringa ×laciniata* hort.p.p., non Mill.]
Knospenschuppen kahl, glänzend ockerbraun, besonders untere stark gekielt und lang zugespitzt. Endknospe eiförmig, bis etwa 5 mm lang, mit 5–6 sichtbaren Knospenschuppenpaaren. **Seitenknospen** leicht vom Zweig abstehend, bis 4 mm lang. **Zweige** relativ dünn (um 2 mm), kahl, glänzend (oliv)braun, mit zahlreichen warzigen Korkporen. Von den beiden Blattnarben eines Knotens laufen je zwei scharfe Randleisten und eine stumpfe zentrale Leiste am Zweig herab, dieser im Querschnitt 6-kantig. Ein lange verkannter, häufig gepflanzter, bis 3 m hoher Strauch aus dem südwestlichen China.
Sehr ähnlich ist *Syringa ×persica* **'Laciniata'** [*Syringa ×laciniata* Mill.], vermutlich eine Rückkreuzung von *S. ×persica* mit *S. protolaciniata*, die auch meist viele Endknospen ausbildet. Selbst während der Vegetationszeit ist die wahrscheinlich seltener kultivierte Sorte nur schwer von ihrem ¾-Elternteil zu unterscheiden.
Sehr selten gepflanzt ist der **Fiederblättrige Flieder, *Syringa pinnatifolia*** Hemsl.: Knospenschuppen weinrot bis dunkelbraun, kahl, meist 2–3 sichtbaare Paare, Schuppen eines Paares mitunter am Rand basal zusammen haftend. Aus dem Südwesten Chinas stammender, bis 3 m hoher Strauch.

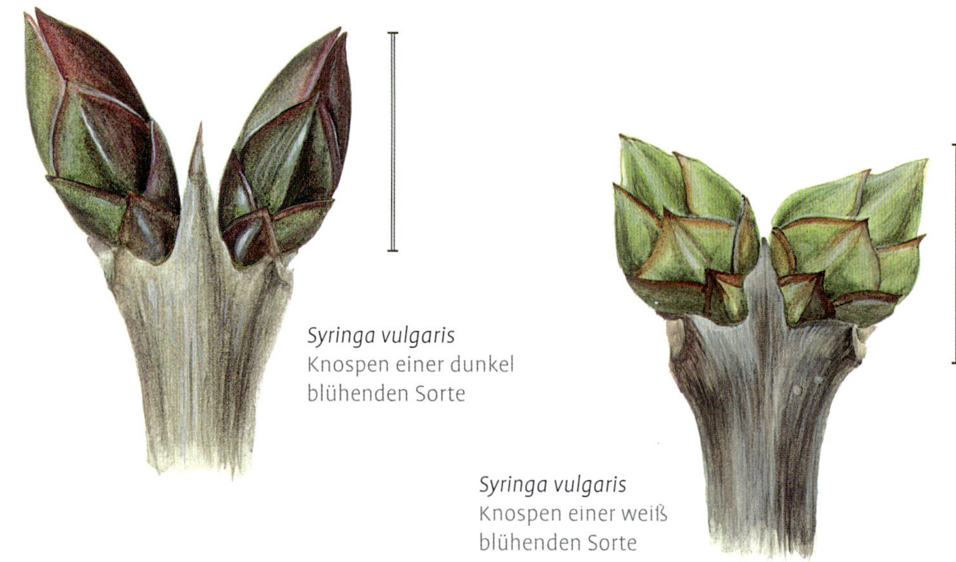

Syringa vulgaris
Knospen einer dunkel blühenden Sorte

Syringa vulgaris
Knospen einer weiß blühenden Sorte

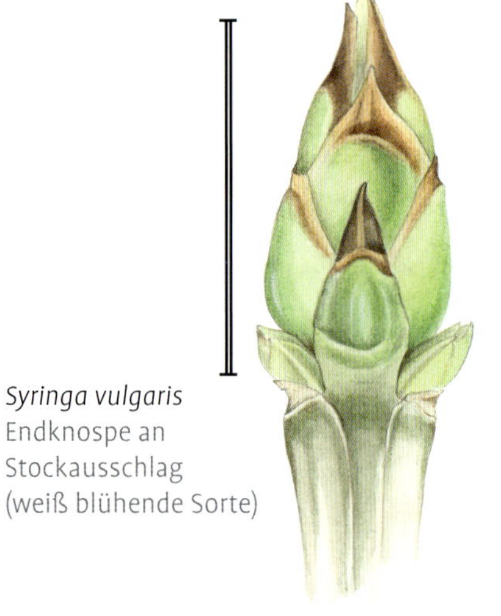

Syringa vulgaris
Endknospe an Stockausschlag (weiß blühende Sorte)

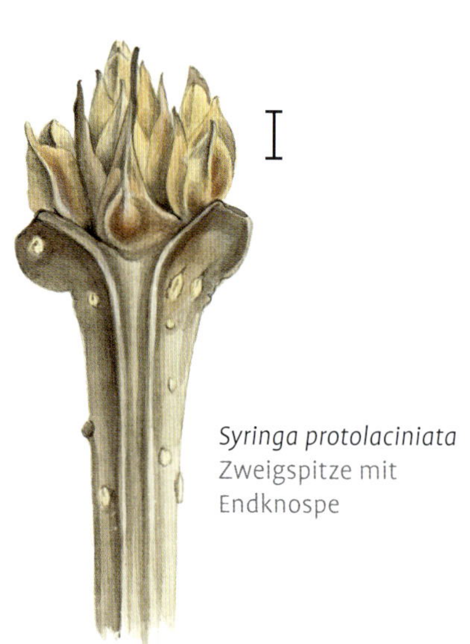

Syringa protolaciniata
Zweigspitze mit Endknospe

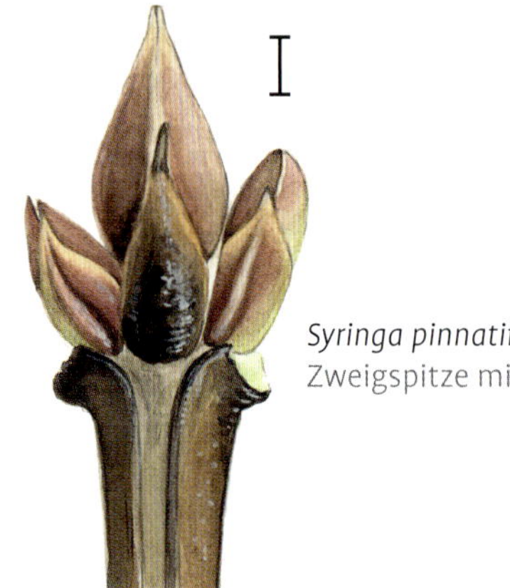

Syringa pinnatifolia
Zweigspitze mit Endknospe

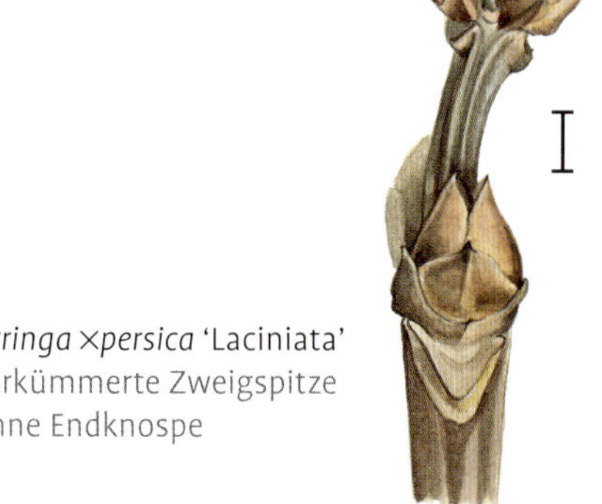

Syringa ×persica 'Laciniata'
verkümmerte Zweigspitze ohne Endknospe

Syringa ×*persica*
'Chinensis'
Zweigspitze ohne Endknospe, Knospenschuppen früh eintrocknend und abstehend

Syringa* ×*persica L., Persischer Flieder
[*Syringa afghanica* hort. p.p., non. SCHNEID., *Syringa* ×*laciniata* MILL., *Syringa* ×*chinensis* WILLD]
[*Syringa protolociniata* × *Syringa vulgaris*]
Knospen zugespitzt kugelig bis eiförmig, bis 5 mm lang, meist ohne Endknospe. Knospenschuppen einfarbig rot- bis ockerbraun, deutlich gekielt. **Zweige** dünn: jüngste Sprossglieder < 2 mm ∅, leicht kantig, gelbocker bis graubraun und oft von toter Epidermis silbrig grau. **Mark** relativ weit, weiß, elliptisch. 1,5–2 m hoher buschiger Strauch. Seit Jahrhunderten in verschiedenen Sorten kultivierte Hybride.
Am häufigsten ist **'Chinensis'**, der **Chinesische Flieder**, wahrscheinlich eine Rückkreuzung mit *S. vulgaris*: Meist nur Seitenknospen, bis 9 mm lang, schon in der Vegetationsperiode Knospenschuppen abspreizend, wie eingetrocknet, gekielt, trockenhäutig, braun und kahl. **Zweige** glänzend olivgrün, teilweise bräunlich, zur Spitze ± kantig, mit zahlreichen Lentizellen. **Mark** rundlich-viereckig. Sehr buschiger, aufrechter, bis 4 m hoher Strauch mit bogig übergeneigten, dünnen Zweigen.

Syringa ×*persica*
Zweigspitze mitunter mit Endknospe

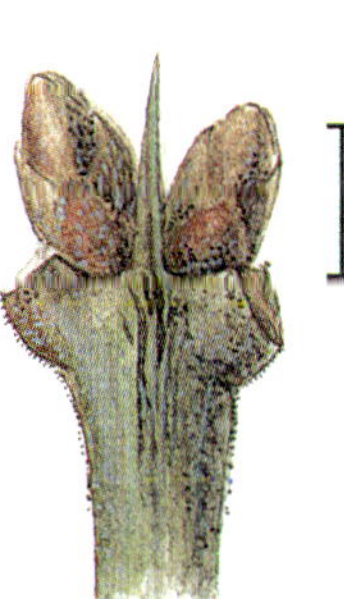

Syringa reticulata
subsp. *pekinensis*
Seitenknospen an der Zweigspitze

Syringa reticulata
subsp. *amurensis*
Seitenknospen an der Zweigspitze

Syringa reticulata
subsp. *reticulata*
Seitenknospen an der Zweigspitze

Untergattung Ligustrina

Aktuell zu einer Art, ***Syringa reticulata***, zusammengefasste formenreiche Gruppe baumförmiger Flieder aus Ostasien. Markant ist die glatte, etwas abrollend Rinde, mit horizontalen Lentizellenbändern an stärkeren Zweigen und Stämmen. Endknospen fehlen meist (sind aber an kräftigen Zweigen vereinzelt ausgebildet).

Syringa reticulata (BLUME) HARA
subsp. ***pekinensis*** (RUPR.) P.S.GREEN & M.C.CHANG, Peking-Flieder
[*Syringa pekinensis* RUPR.]
Knospen behaart, mit 2–3 Knospenschuppenpaaren, Schuppen deutlich bewimpert. **Zweige** rund, relativ dünn, behaart, grauolivgrün, ± gebräunt; ältere Zweige dunkel grau, kaum glänzend. **Lentizellen** verstreut. **Rinde** stärkerer Äste sehr glatt, fein rissig. Ligusterähnlicher 2,5–5 m Strauch. Seitenäste ± rechtwinklig abgehend, breit ausladend und teilweise leicht überhängend. Gelegentlich anzutreffende Art aus Nordchina.

subsp. ***reticulata***, Japanischer Flieder
[*Syringa amurensis* var. *japonica* (MAXIM.) FRENCH. & SAV.]
Knospen glänzend, braungelb, ± kugelig; mit gekielten, an den Spitzen leicht klaffenden und am Rand bewimperten Knospenschuppen. **Zweige** rund, anfangs glänzend rotbraun bis grau; zweijährige Zweige bereits mit deutlicher Ringelkorkbildung; ältere Zweige unter abrollender Außenrinde glatt und ± olivgrün. **Blattnarben** schief, auf sehr großem Kissen. Gelegentlich anzutreffender, aufrechter, sparriger, bis 3 m hoher Strauch bis kleiner Baum mit kurzem Stamm und runder Krone aus Nordjapan.

subsp. ***amurensis*** (RUPR.) P.S. GREEN & M.C. CHANG, Amur-Flieder
[*Syringa reticulata* var. *mandschurica* (MAXIM.) HARA, *Syringa amurensis* RUPR]
Ähnelt der Varietät ***reticulata***, aber die **Knospen** sind länglich-eiförmig und nicht glänzend. **Zweige** grau. Sparriger breiter 3–4 m hoher Strauch oder kleiner Baum aus der Mandschurei und Nordchina.

Ligustrum L., Liguster

Knospen gegenständig und klein. **Blattnarben** einspurig. Feinzweigige, dichte, sommer- und immergrüne Sträucher oder kleine Bäume. **Früchte** schwarze beerenartige Steinfrüchte. Häufige Heckensträucher. Ohne Früchte schwer von dünnzweigigen Fliederarten (*Syringa*) abzugrenzen.

Schlüssel *Ligustrum*

1 Zweige kahl .... ***Ligustrum vulgare***
1* Zweige behaart 2
2 Zweige fein, kurz behaart .... ***Ligustrum obtusifolium***
2* Zweige zottig lang behaart .... *Ligustrum quihoui*

Ligustrum vulgare L., Gewöhnlicher Liguster
Knospen 2–4 mm lang. Endknospen oft unentwickelt. Seitenknospen breit rundlich, etwa 2 mm breit und hoch. Knospenschuppen grünlich bis weinrot-violett. **Zweige** dünn, am Triebende 1–1,5 mm ∅, grauoliv bis graubraun, mit hellen ocker- oder zweigfarbenen Lentizellen. **Früchte** bis in den Winter an den Sträuchern: schwarz, kugelig, glänzend 6–7 mm lang. Sehr häufig, besonders für Hecken angepflanzter, sommergrüner, in Sorten auch ± halbimmeregrüner, bis 5 m hoher Strauch. Heimat: südliches Westeuropa bis östliches Mitteleuropa.

Ligustrum obtusifolium Sieb. & Zucc., Stumpfblättriger Liguster
Knospen sehr klein, eiförmig. Endknospen 1–1,5 (–2) mm lang, ockerbraun. **Zweige** dünn, leicht vierkantig, grau, sehr fein dunkel behaart (Lupe!). **Früchte** schwärzlich, mitunter etwas bereift, bis 5–6 mm ∅. 2–3 m hoher, breit wachsender, häufig gepflanzter Strauch aus Japan.
Selten gepflanzt ist der ebenfalls aus Japan stammende ***Ligustrum ibota*** Sieb. & Zucc., der **Gewimperte Liguster**, mit nur anfänglich behaarten, bald verkahlenden Zweigen und rundlich-eiförmigen, 7–8 mm langen, zu wenigen, in kurzen Rispen vereinten Früchten.

Ligustrum quihoui Carr., Quihouis Liguster
Knospen sehr klein, 1–1,5 mm lang. Knospenschuppen ockerbraun bis schmutzig rotbraun, locker weiß behaart. **Zweige** dünn, grau, rundlich oder leicht kantig, lang zottig behaart. Selten gepflanzter, bis 2 m hoher, sparriger Strauch aus China. Eine weitere seltene, aus China stammende Arte ist ***Ligustrum sinense*** Lour. mit dicht filzig behaarten Zweigen und kleinen, kugeligen, bis 4 mm dicken, schwarzblauen Früchten.

Ligustrum quihoui
Zweig

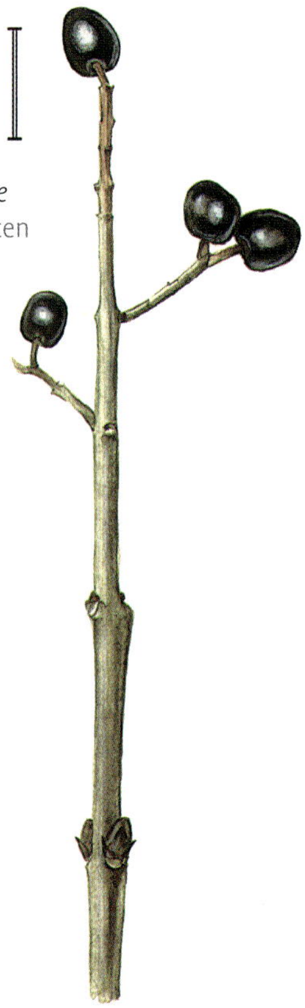

Ligustrum vulgare
Zweig mit Früchten

Ligustrum obtusifolium
Zweig mit Endknospe

Ligustrum vulgare
Zweigspitze

Ligustrum obtusifolium
Zweig mit Früchten

Untertribus Fraxinae

Fraxinus L., Esche

Knospen ± dicht kurz behaart oder wachsig schülferig. Endknospen in der unteren Hälfte am breitesten, zwiebelförmig. Seitenknospen kleiner, meist kugelig, mitunter mit absteigenden Beiknospen. **Knospenschuppen** 2 (–4) Blattgrundschuppen; bei einigen Arten regelmäßig mit kleinem, rudimentärem Oberblatt. Blätter und Knospen wirtelig: meist gegenständig, seltener 3-zählig. Meist sind die Knospen eines Wirtels zueinander ± verschoben. **Blattnarben** mit einer, aus vielen einzelnen Spuren zusammengesetzten, Gefäßbündelspur. In der Nordhemisphäre verbreitete Bäume oder Großsträucher.

Fraxinus bungeana
Zweigspitze

Schlüssel *Fraxinus*

1 Knospen braun oder schwarz, Blüten aus Seitenknospen, vor Laubausbruch erscheinend 2
1* Knospen grau, Blütenstände mit Laubausbruch aus Endknospen, deshalb Früchte in endständigen Rispen, Stammrinde glatt, buchenartig 6
2 Zweige ± rund 3

Sektion Dipetalae
2* Zweige scharf vierkantig . . . . ***Fraxinus quadrangulata***
Echte Eschen (Sektion Fraxinus)
3 Knospen tiefschwarz ***Fraxinus excelsior***
3* Knospen rotbraun bis dunkelbraun . . . 4
4 Äußere Knospenschuppen der Endknospen meist mit Blattspreitenrudiment, Blütenknospen oft 3-wirtelig. . . . . ***Fraxinus angustifolia***
4* Äußere Schuppen der Endknospen meist ohne Blattspreitenrudiment, immer gegenständig 5
Amerikanische Eschen (Sektion Melioides)
5 Blattnarbe fast zweiggleich, Seitenknospen wenig umfassend; Endknospe höher als breit; Triebe kahl oder behaart . . . . ***Fraxinus pennsylvanica***
5* Blattnarbe auf großem Blattkissen, Seitenknospen umgreifend; Endknospe meist breiter als hoch; Zweige stets kahl . . . . ***Fraxinus americana***
Blumen-Eschen (Sektion Ornus)
6 (1) Knospen mit wachsartigen Auflagerungen . . . . *Fraxinus chinensis* var. *rhynchophylla*
6* Knospen fein samtig behaart . . . . ***Fraxinus ornus***

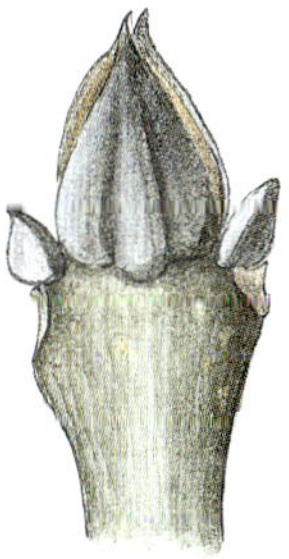

Fraxinus ornus
Endknospen

Fraxinus ornus
Zweig mit endständigem Fruchtstandsresten

Sektion Ornus, Blumen-Eschen

Knospen grau bis braun. Endständige Fruchtrispen aus nach Laubaustrieb erscheinenden Blütenständen.

Fraxinus ornus L., Blumen-Esche
Knospen fein graufilzig behaart. Endknospen 7–12 mm lang, mit 2 Knospenschuppenpaaren: äußeres Paar anliegend oder leicht abstehend, mit bräunlich behaartem Rand. Seitenknospen meist viel kleiner, kugelig bis kurz eiförmig. **Zweige** grünlich-grau, kahl oder anfangs leicht behaart. **Rinde** grau, lange glatt bleibend. **Früchte** an endständigen Rispen: 2,5–3,5 cm lang geflügelte Nüsse, Fruchtflügel etwa zur Hälfte der Nuss herab reichend. Häufig gepflanzter Strauch oder kleiner, bis 15 m hoher Baum aus Südeuropa bis Kleinasien.
Selten sind andere Arten, wie zum Beispiel ***Fraxinus bungeana*** A. DC., **Bunges Blumen-Esche,** ein 1,5–2 m hoher Strauch aus Nordchina anzutreffen. Ihre **Knospen** sind dunkel graubraun, ± behaart und die Endknospe spitz eiförmig. **Zweige** grau, ± fein behaart, mit feinen Lentizellen.

Fraxinus chinensis var. ***rhynchophylla*** (Hance) Hemsl., Schnabel-Esche
[*Fraxinus rhynchophylla* Hance]
Knospen grau, mit weißlichen Wachsauflagerungen, an den Rändern der Knospenschuppen bräunlich behaart. Endknospen um 7 mm lang, die beiden äußeren, mit den Spitzen meist nach außen gerichteten Knospenschuppen umgreifen das wesentlich kleinere folgende Schuppenpaar. Seitenknospen kleiner, mit nur zwei, an den Rändern ± abschließenden Knospenschuppen. **Zweige** kahl, nur unter den Knospen bisweilen behaart, jung braungelb bis hell graugrün, mit hellen ockerfarbenen Lentizellen, später Zweige dunkler grau. **Rinde** lange glatt, später kleinschuppig. Seltener, meist nur in Sammlungen anzutreffender, 15–25 m hoher Baum aus Ostchina.

Sektion Dipetalae

Fraxinus quadrangulata Michx., Blau-Esche
Knospen dicht filzig behaart, hellgrau mit rötlichem oder ockergelbem Hauch. Endknospen 5–6 mm lang, mit 2 Paar Knospenblättern; äußerstes Paar mit ausgeprägter gefiederter Spreite die Knospe umgreifend. Seitenknospen klein, mit einem Schuppenpaar, gegenständig, gegenüberliegende Blattnarben mit einer Linie verbunden. **Zweige** scharf vierkantig, leicht geflügelt, jung hell orangegrau bis rotbraun, später grau. 35–40 m hoher Baum aus Nordamerika. Ebenfalls vierkantige Zweige hat die, meist nur strauchförmige **Einblättrige Esche**, ***Fraxinus anomala*** Torr. ex S. Wats., aus dem westlichen Nordamerika. Beide Arten sind relativ selten gepflanzt, fallen aber durch ihre Zweigform auf.

Sektion Melioides

Zweihäusig. Früchte in achselständigen Rispen. Nuss im Querschnitt rund, mit Kelch.

Fraxinus americana L., Weiß-Esche
Knospen dunkelbraun, schuppig-drüsig bräunlich behaart. **Endknospen** halbkugelig, breiter als hoch: um 5–6 mm breit und 4–5 mm hoch. **Seitenknospen** kleiner, kugelig bis abgerundet kegelig, bis 3 mm hoch. **Zweige** kahl, erst olivgrün bis braungrün, glänzend, mit hellen Epidermisresten und weißlichen Lentizellen. Ältere Zweige hellgrau bis graubraun. **Blattnarben** auf großen

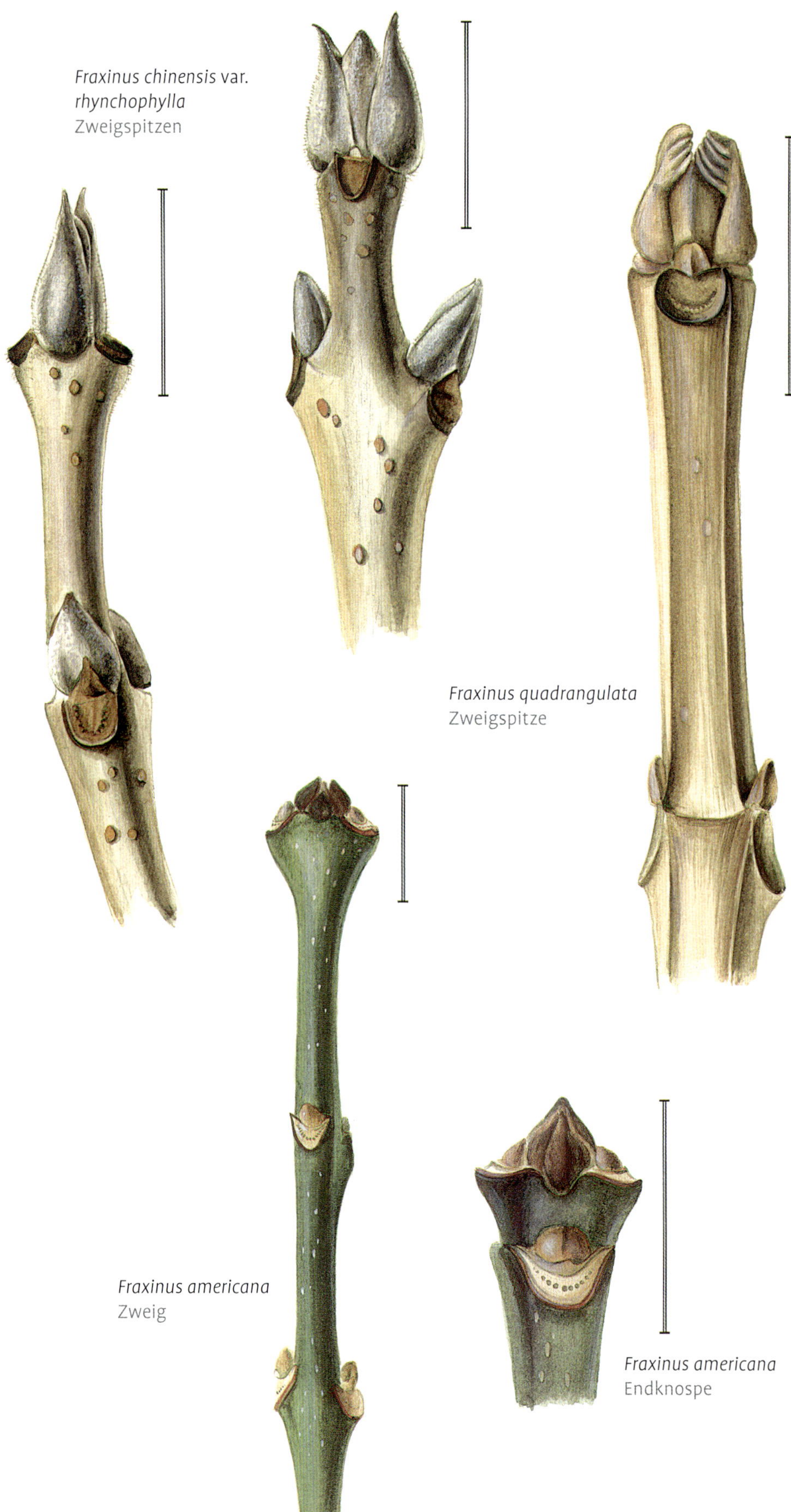

Fraxinus chinensis var. *rhynchophylla*
Zweigspitzen

Fraxinus quadrangulata
Zweigspitze

Fraxinus americana
Zweig

Fraxinus americana
Endknospe

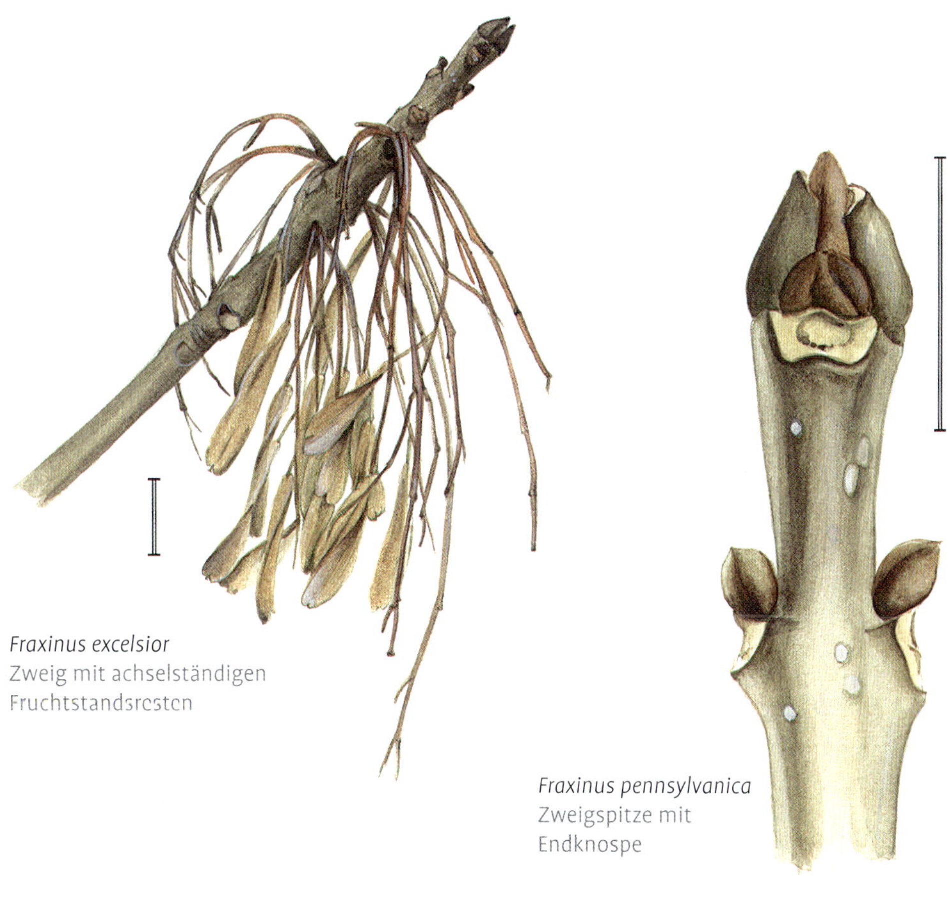

Fraxinus excelsior
Zweig mit achselständigen Fruchtstandsresten

Fraxinus pennsylvanica
Zweigspitze mit Endknospe

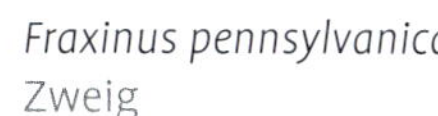

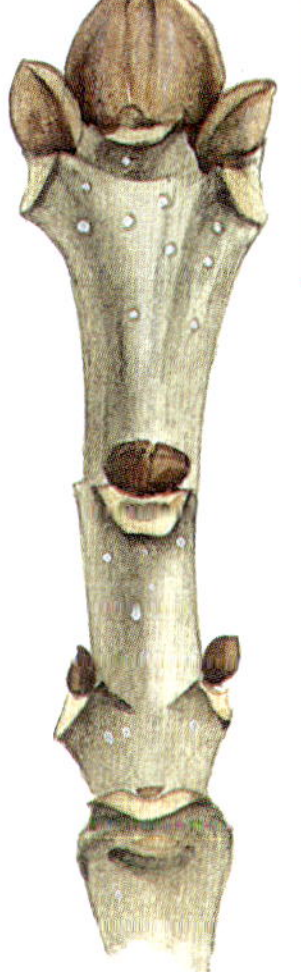

Fraxinus pennsylvanica
Zweig

Fraxinus excelsior
Zweigspitze

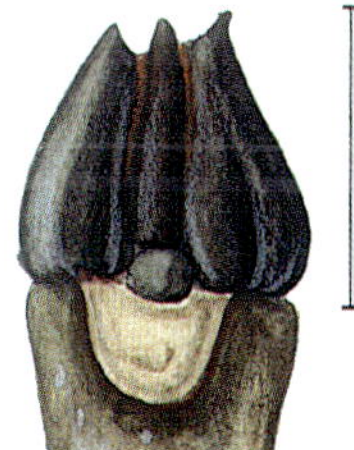

Fraxinus excelsior
Endknospe

Kissen, gegenüberliegende oft durch eine Linie miteinander verbunden, die Seitenknospen mit dem oberen halbmondförmigen Rand umfassend, hellocker, mit vielen kleinen nebeneinander liegenden Spuren. **Rinde**: grob rissige Borke. **Früchte:** Flügel mit den Nüssen nur im oberen Drittel verbunden. In seiner Heimat Nordamerika bis 40 m hoher, gelegentlich gepflanzter und in Europa etwa 30 m Höhe erreichender Baum.

Fraxinus pennsylvanica MARSH., **Grün- und Rot-Esche**
Knospen hellbraun bis dunkel graubraun behaart. **Endknospe** 4–7 mm lang, kugelig bis kegelig eiförmig, meist höher als breit. **Seitenknospen** kleiner, gedrungen, relativ breit, nicht von den Blattnarben umfasst. **Zweige** behaart oder kahl, grau bis graubraun, mit kleinen weißlichen Lentizellen. **Blattnarben** relativ groß, grau bis hellbraun, mit einer zentralen, großen Blattspur. **Rinde**: grob rissige Borke. Aus Nordamerika stammender, häufig gepflanzter und verwildernder (Neophyt), bis 20 m hoher, rundkroniger Baum. Nach der Behaarung der Zweige wurden zwei, durch Übergänge verbundene, Typen unterschieden: var. ***pennsylvanica***, die **Rot-Esche**, mit dicht filzig behaarten und die var. ***lanceolata*** (BORKH.) SARG., die **Grün-Esche**, mit kahlen Zweigen. **Früchte:** Fruchtflügel bis zur Mitte mit der Nuss verbunden.

Sektion Fraxinus, Echte Eschen

Knospen braun bis schwarz, selten grau. **Blüten** vor oder mit dem Laubaustrieb seitlich in achselständigen Rispen, oft zweihäusig verteilt. **Früchte** meist ohne Kelch, Nuss im Querschnitt abgeflacht, Fruchtflügel unterschiedlich weit mit der Nuss verwachsen.

Fraxinus excelsior L., **Gewöhnliche Esche**
Knospen tief schwarz, seltener im Schatten nur braunschwarz, Knospenblätter mit filzigsamtiger Oberfläche. **Endknospen** halbkugelig bis kegelig, zugespitzt oder abgerundet, mitunter auch mit etwas abspreizenden Knospenblattspitzen, 6–8 mm lang und bis 10 mm breit. **Seitenknospen** eiförmig, kugelig, oder, vor allem Blütenknospen, auch breiter als hoch, 3–7 mm lang und 2,5–9 mm breit. **Zweige** hell graugrün bis dunkel olivgrün, mitunter etwas violett überlaufen, zerstreut bis zahlreich mit hellen Lentizellen.

Blattnarben halbrund, ocker bis braun, mit einer linien- bis kreisförmigen, aus vielen kleineren Spuren zusammengesetzten Spur. **Früchte** in Rispen, ohne Kelch, 25–50 mm lang und 7–11 mm breit, Flügel ein Drittel bis ganz mit der Nuss verwachsen. **Rinde** im Alter flach gefurcht. Der von Europa bis Westasien einheimische, bis fast 40 m hohe Baum ist die in Mitteleuropa häufigste Esche. Von der Gewöhnlichen Esche gibt es einige besonders im Winter auffällige Gartenformen: **'Aurea'**, ein kleiner, bis 8 m hoher Baum und **'Jaspidea'**, ein kräftiger, bis 20 m hoher Baum, beide mit gelben Zweigen; **'Nana'**, eine meist hochstämmig veredelte, nur wenig über 2 m Durchmesser erreichende Kugelform sowie **'Pendula'**, große Bäume mit überhängenden Zweigen. Ebenfalls ± schwarze Knospen hat die selten gepflanzte **Mandschurische Esche**, ***Fraxinus mandshurica*** Rupr. Die **Knospen** sind mehr schwarzbraun, seltener tiefschwarz wie bei der Gewöhnlichen Esche. **Zweige** dunkel gelblich-rotbraun, stumpf 4-kantig, warzig, mit deutlichen Lentizellen. Hoher Baum aus der Mandschurei und Nord- und Mitteljapan.

Fraxinus angustifolia Vahl, Schmalblättrige Esche

Knospen dunkelbraun, fein filzig behaart. Endknospen kegelig eiförmig, 5–6 mm lang, äußerste Schuppenblätter mit Oberblattrudimenten. Seitenknospen kleiner, vom Zweig abstehend, besonders Blütenknospen oft 3-wirtelig am Zweig, bei der subsp. ***syriaca*** (Boiss.) Yalt. alle Knospen 3-wirtelig. **Zweige** kahl, ± grün-braun, glänzend, später grau, mit weißlichen Lentizellen. **Rinde** alter Stämme grob tief gefurcht. **Früchte** 2–6 cm lang geflügelte Nüsse, Flügel bis zur Basis oder zum untersten Drittel mit der Nuss verwachsen. Häufiger, bis 30 m hoher Baum aus Südeuropa: von Spanien bis nach Transkaukasien.

Untertribus Oleinae

Einsamige Steinfrüchte. Zugehörige Gattungen sind neben dem namensgebenden immergrünen Ölbaum (*Olea*), der Schneeflockenstrauch und die Adelie.

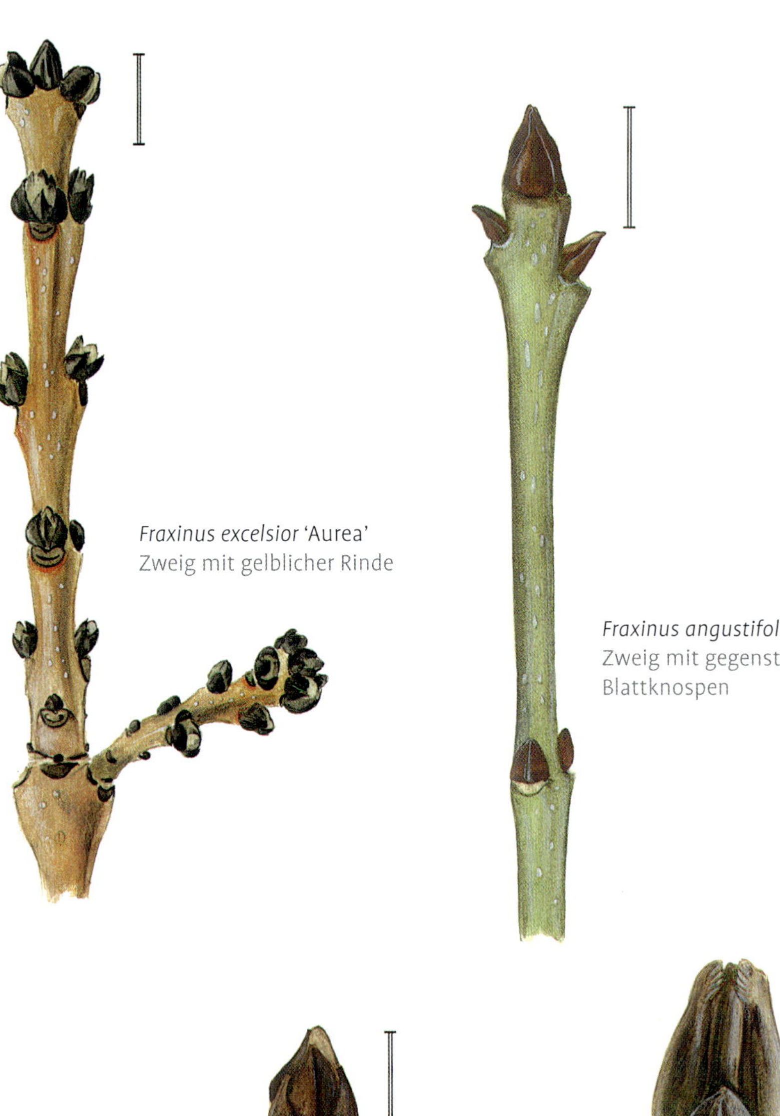

Fraxinus excelsior 'Aurea'
Zweig mit gelblicher Rinde

Fraxinus angustifolia
Zweig mit gegenständigen Blattknospen

Fraxinus angustifolia
Zweig mit dreiwirtelig stehenden Blütenknospen

Fraxinus angustifolia
Zweigspitze mit Endknospe

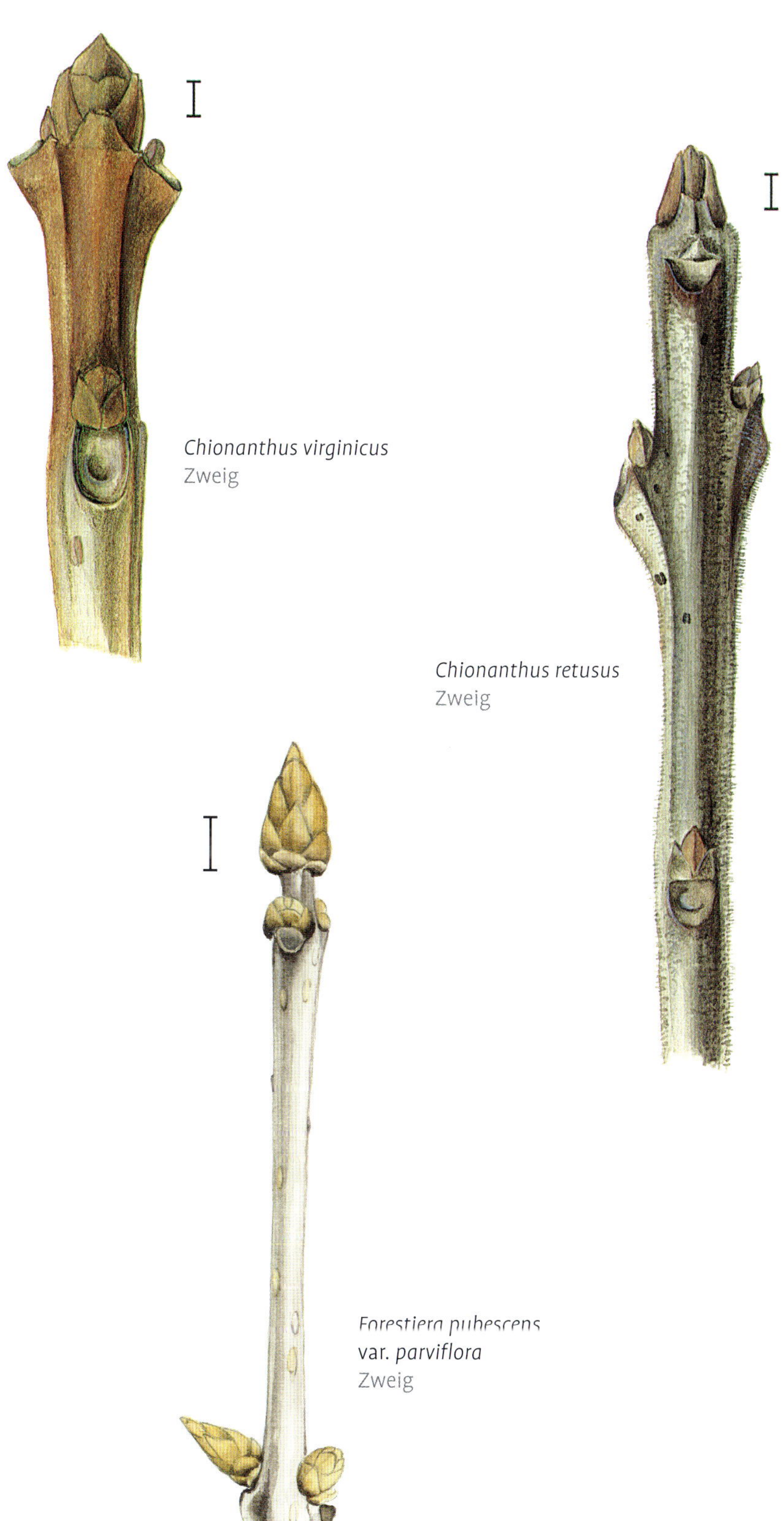

Chionanthus virginicus
Zweig

Chionanthus retusus
Zweig

Forestiera pubescens var. *parviflora*
Zweig

Chionanthus L., Schneeflockenstrauch

Knospen mit wenigen Paaren Blattgrundschuppen. Große Sträucher oder kleine Bäume: zwei Arten.

Schlüssel *Chionanthus*

1 Zweige ± kahl . . . ***Chionanthus virginicus***
1* Zweige fein behaart . *Chionanthus retusus*

Chionanthus virginicus L., Virginischer Schneeflockenstrauch
Knospen mit braunen, oft deutlich gekielten und zugespitzten, zerstreut behaarten Knospenschuppen. Endknospen eiförmig, mit 3–4 Schuppenpaaren. Seitenknospen kleiner, kugelig. **Zweige** ockerbraun bis dunkel graubraun, kräftig, etwas kantig, anfangs behaart, aber meist verkahlend. Großer Strauch oder kleiner, bis 10 m hoher Baum. Aus Nordamerika stammende, gelegentlich gepflanzte Art.

Chionanthus retusus LINDL. & PAXT., Chinesischer Schneeflockenstrauch
Knospen kegelig. Endknospen um 3 mm, Seitenknospen 1,5–2 mm lang. Knospenschuppen 3–4 Paare: unterstes dunkel graubraun und behaart, folgende rotbraun bis oberstes ockerbraun, zerstreut behaart. **Zweige** grau, nur unter den Blattnarben rotbraun, vor allem unter der Spitze dicht behaart, leicht 4-kantig und relativ dick. **Blattnarben** auf deutlichen Kissen, länglich halbrund und etwas eingesenkt, mit einer zentralen runden Spur. **Lentizellen** zerstreut bis zahlreich, warzig, klein und oval. Selten gepflanzter, 2–3 m hoher Strauch. Heimat: Korea, China und Taiwan.

Forestiera pubescens var. ***parviflora*** (A. GRAY) G.L. NESOM, Adelie, Wüstenolive
[*Forestiera neomexicana* A. GRAY]
Endknospen eiförmig, zugespitzt, 2–3 mm lang. **Seitenknospen** kleiner. **Knospenschuppen** gegenständig, in 5–7 Paaren, unterste graubraun, oberste honiggelb bis ockerfarben. Rand bewimpert, sonst kahl, Oberfläche teilweise mit toter, grauweißer, abhebender Epidermis. **Zweige** sehr dünn, unter der Endknospe < 1 mm ∅, grau bis graubraun, zerstreut mit hellen punktförmigen Lentizellen. Rinde später seicht rhombisch-furchig. Sehr selten gepflanzter, bis 3 m hoher Strauch aus dem südwestlichen Nordamerika.

Familie Scrophulariaceae, Braunwurzgewächse

Buddleja L., Sommerflieder

Vor allem in den Tropen und Subtropen heimische Stauden, Sträucher und Bäume. **Knospen** ± nackt, gegen- oder wechselständig, wie die Zweige häufig sternhaarig.

Schlüssel *Buddleja*

1 Wechselständig, Blätter abfallend .... ***Buddleja alternifolia***

1* Gegenständig, halbimmergrün, oft zurückfrierend ...... ***Buddleja davidii***

Buddleja alternifolia Maxim., Wechselständiger Sommerflieder
Knospen eiförmig, 2–3 mm lang, nackt, von einigen hellen, fein samtig behaarten Blättchen umhüllt: die äußersten mitunter etwas abstehend und auch etwas länger als die Knospe. **Zweige** lang, rutig, zur Spitze dünn auslaufend, fein streifig und fast kahl; ockerbraun bis graubraun. **Rinde** älterer Zweige länglich rhombisch aufreißend. **Blattnarbe** auf deutlichem Kissen, mit einer zentralen, größeren, meist undeutlichen Spur. Häufig gepflanzter, aus China stammender, 2–4 m hoher, breit überhängender Strauch.

Buddleja davidii Franch., Gewöhnlicher Sommerflieder
Knospen nicht ausgebildet, meist Seitentriebe unterschiedlichen Entwicklungszustandes. Silberfilzige Blätter vertrocknend und ganze Pflanzen oft zurückfrierend. **Zweige** dick, rundlich, matt ockerbraun, anfangs behaart. **Fruchtstände** am Ende überhängender Zweige, dichte zylindrisch-kegelige, 10–25 cm lange Rispen, Frucht eine längliche, um 9 mm lange, 2-klappige Kapsel. Sehr häufig gepflanzter, 3–5 m hoher Strauch aus China, sich als invasive Pflanze in milderen Regionen ausbreitend.
Kugelige Fruchtstände bildet die gelegentlich gepflanzte Hybride ***Buddleja ×weyeriana*** Weyer (*Buddleja davidii* × *Buddleja globosa* Hope).

Buddleja davidii
Zweig

Buddleja alternifolia
Seitenknospe

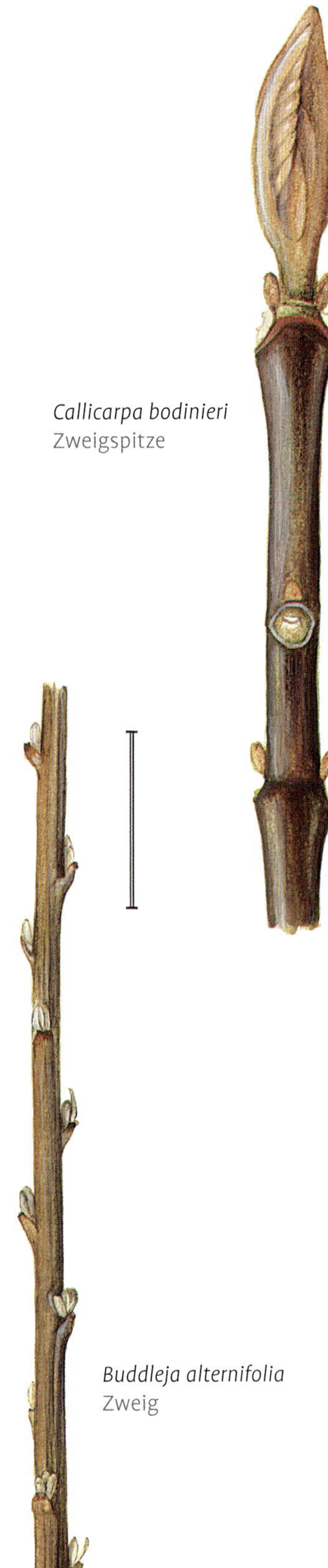

Callicarpa bodinieri
Zweigspitze

Buddleja alternifolia
Zweig

Callicarpa bodinieri
Zweig mit Früchten

Familie Lamiaceae (Labiatae nom. alt.)

Zu dieser über fast die ganze Erde verbreiteten Familie gehören viele früher zu den Verbaneceae gestellte Gattungen. Es sind überwiegend in den Tropen vorkommende Kräuter, Stauden, Halbsträucher, Sträucher, Lianen und Bäume, die mit nur relativ wenigen Vertretern in die gemäßigten Zonen vordringen. Die etwa 7000 Arten verteilen sich auf 230 Gattungen in sieben Unterfamilien. Etwa zehn Gattungen, unter ihnen *Callicarpa*, konnten bisher keiner Unterfamilie zugeordnet werden. In der Familie gibt es nur wenige Gehölze. Neben den behandelten Arten befinden sich noch viele halbstrauchige und meist immer- oder halbimmergrüne Arten wie Thymian (*Thymus*), Ysop (*Hyssopus*), Lavendel (*Lavendula*) und Bohnenkraut (*Satureja*) in Kultur.
Knospen gegenständig oder wirtelig. **Zweige** aromatisch, zumindest anfänglich 4-kantig. **Blattnarben** eines Knotens durch Linien miteinander verbundenen, einspurig.

Schlüssel Lamiaceae

1 Knospen nackt, meist dicht behaart . . . 4
1* Wenigstens erstes Blattpaar der Seitenknospe deutlich schuppenförmig, Pflanze selten 1,5 m Höhe erreichend 2
2 Zweige einfach, nicht deckend behaart 3
2* Zweige sehr dicht weiß sternhaarig . . . . *Salvia*
3 Oberste Knospenschuppen einfach, samtig ockerbraun behaart . . . . *Elsholtzia stauntonii*
3* Oberste Knospenschuppen weiß sternhaarig . . . . *Salvia scrophulariifolia*
4 Knospen gedrungen bis eiförmig, meist ohne Endknospen 5
4* Knospen länglich, gestielt. Endknospen vorhanden . . . . *Callicarpa*
5 Zweige zur Spitze sehr dicht weiß sternhaarig . . . . *Salvia*
5* Behaarung anders 6
6 Junge Zweige bis 2 mm ∅, bleibende pergamentartige Fruchtkelche . *Caryopteris*
6* Zweige deutlich dicker 7
7 Knospen weinrot behaart *Clerodendrum*
7* Knospen ockerbraun behaart . . . . . *Vitex*

Callicarpa L., Schönfrucht

Knospen hell ockerbraun, dicht sternhaarig, **Endknospen** immer ausgebildet. **Seitenknospen** gegenständig, gestielt, oft mit absteigenden Beiknospen. **Zweige** dünn, sternhaarig. **Früchte** bis in den frühen Winter bleibende, kugelige, violette beerenartige Steinfrüchte (ca. 4–6 mm ∅) in dichasial verzweigten Ständen. Zahlreiche immergrüne (sub-)tropische Arten der Gattung sind von Ostasien bis Australien verbreitet. In Kultur finden sich einige schwer unterscheidbare sommergrüne Arten aus Ostasien und Nordamerika.

Callicarpa bodinieri (H. Lév.) var. ***giraldii*** (Hesse ex Rehd.) Rehd., **Schönfrucht**
Knospen nackt, mit länglichen, deutlich gefiederten äußeren, dicht sternhaarigen Knospenblättern. Endknospen 5–10 mm lang, schlank, etwas schief, unsymmetrisch und leicht zweispitzig. Seitenknospen gestielt, meist kleiner bis etwa 6 mm lang, anliegend bis wenig abstehend, äußere Blattspreiten oft etwas abspreizend. **Zweige** dünn, 1–1,5 mm ∅, graubraun bis grünbraun, zerstreut sternhaarig. **Blattnarben** klein, rundlich, mit einer etwas erhöhten Gefäßbündelspur. **Fruchtstände** kurz, etwa 6–8 mm lang gestielt. 1,5–2 m hoher Strauch aus Mittel- und Westchina.
Die **Japanische Schönfrucht**, ***Callicarpa japonica*** Thunb., hat etwas längere, 8–12 mm lange, schlanke Endknospen, die bis 10 mm langen Seitenknospen sind lang gestielt, wobei der bis 5 mm lange Stiel oft in auffallender Weise absteht, während sich die eigentliche Knospe mit einem „Knick" wieder dem Zweig zuwendet. **Fruchtstände** etwas länger, etwa 12 mm gestielt. Bis 2 m hoher Strauch mit überhängenden Zweigen aus Japan.

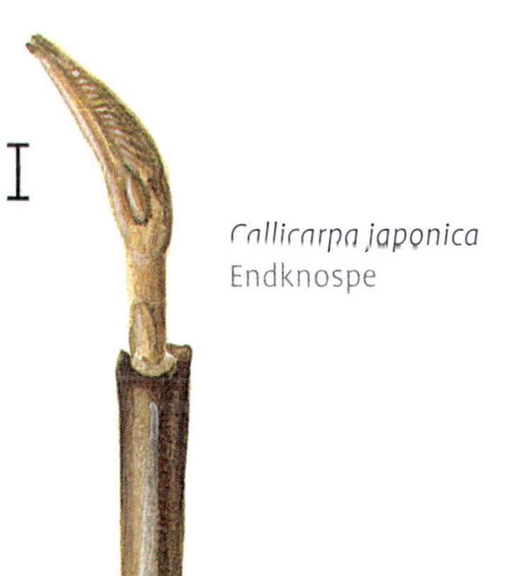
Callicarpa bodinieri
Seitenknospe

Callicarpa japonica
Endknospe

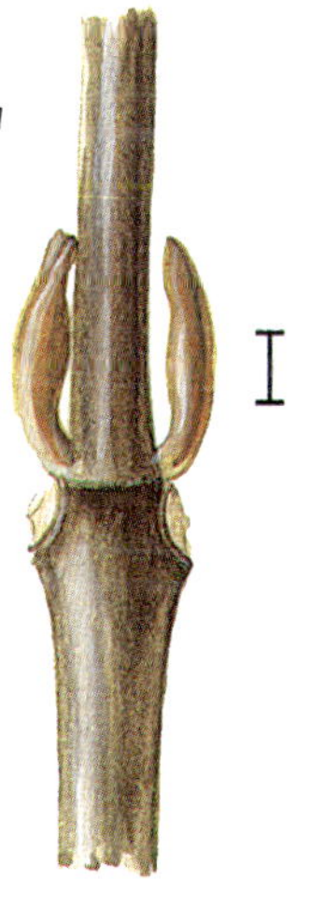
Callicarpa japonica
Seitenknospen

Unterfamilie Viticoideae

Vitex agnus-castus L., Keuschbaum, Mönchspfeffer
Knospen gegenständige Seitenknospen; etwa 1 × 1,5 mm; nackt, dicht ocker- bis goldbraun behaart; oft mit einer winzigen absteigenden Beiknospe. **Zweige** 4–6 mm ∅; besonders jung ± vierkantig, später meist nur leicht abgeflacht, im Querschnitt oval; graubraun, locker behaart, mit einzelnen Drüsen. **Blattnarbe** mit einer großen zentralen Spur und beiderseits je einer kleinen, kaum erkennbaren Spur. **Mark** weit und weiß. **Rinde** aromatisch, mit sehr kleinen unauffälligen Lentizellen. Im Winter sind die endständigen, bis 20 cm langen, rispigen Fruchtstandrudimente auffällig. **Frucht** schwarzbraune vierfächrige Steinfrucht, 3–4 mm ∅. Aus Südeuropa (Mittelmeer) und Westasien stammender, bis 3 m hoher Strauch.

Unterfamilie Ajugoideae

Clerodendrum trichotomum THUNB., Losbaum
Knospen kleine, etwa 2,5 mm breite und 1,5–2 mm hohe Seitenknospen, teilweise mit winziger absteigender Beiknospe; nackt, dicht dunkel weinrot bis auberginefarben behaart. **Zweige** leicht vierkantig, 3–5 mm ∅; nur anfangs dicht filzig rotbraun behaart, später lockerer ockerbraun bis grau und zuletzt verkahlend. **Blattnarbe** relativ groß 2,5 × 3 mm, oval und an der Oberkante etwas nach innen gewendet; mit einer halbkreisförmigen, aus mehreren kleinen, ineinander übergehenden Einzelspuren bestehenden Gefäßbündelspur. **Früchte** in 12–25 cm breiten Trugdolden: bald hinfällige, von lilaroten Kelchblättern eingefasste, blaue, ca. 8 mm dicke Steinfrüchte. Strauch oder bis 8 m hoher Baum aus China.

Vitex agnus-castus
Seitenknospen

Clerodendrum trichotomum
Zweig

Clerodendrum trichotomum
Früchte

Clerodendrum trichotomum
Seitenknospe

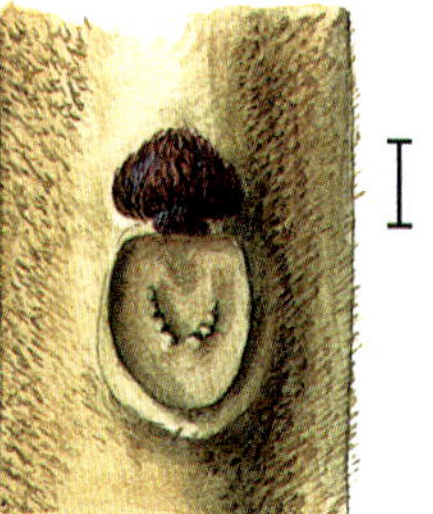

Clerodendrum trichotomum
Seitenknospen

Caryopteris incana
Zweigspitze mit Fruchtresten

Caryopteris incana
Frucht

Caryopteris incana
Seitenknospe

Caryopteris Bunge, Bartblume

Wenige Arten niedriger Sträucher aus Ostasien, dem Himalaja und der Mongolei.

Caryopteris incana (Thunb. ex Houtt.) Miq., Graufilzige Bartblume
Knospen gegenständige, 1–2 mm lange, nackte Seitenknospen: graugrün, dicht anliegend behaart; basal oft mit ± entwickelten Blättchen, die mehrfach größer als die Knospen sein können. **Zweige** dünn, braun und zerstreut weiß behaart. **Blattnarben** klein, mit einer zentralen Spur. **Früchte** in achselständigen Scheindolden (Zymen), es bleiben die glockigen, pergamentartigen 5 zipfeligen Kelche. Selten gepflanzter, nur wenig über 1 m hoher Strauch aus Ostasien.
Häufiger gepflanzt ist die im Winter kaum unterscheidbare Hybride mit *Caryopteris mongholica* Bunge., ***Caryopteris ×clandonensis*** hort. ex Rehd.

Unterfamilie Nepetoideae

Elsholtzia stauntonii Benth., Kammminze
Knospen eiförmig bis länglich eiförmig, 3–10 mm lang, am Zweig anliegend. Äußere Knospenschuppen braun, fast kahl, innere Schuppen hell ockerbraun, samtig behaart. **Zweige** vierkantig, mit längs streifiger, brauner, sehr fein behaarter Rinde. Ältere Zweige graubraun, **Rinde** abblätternd. **Mark** weiß, weit und vierkantig. **Blattnarben** einspurig. Häufig gepflanzter, bis 1,5 m hoher Strauch aus Nordchina.

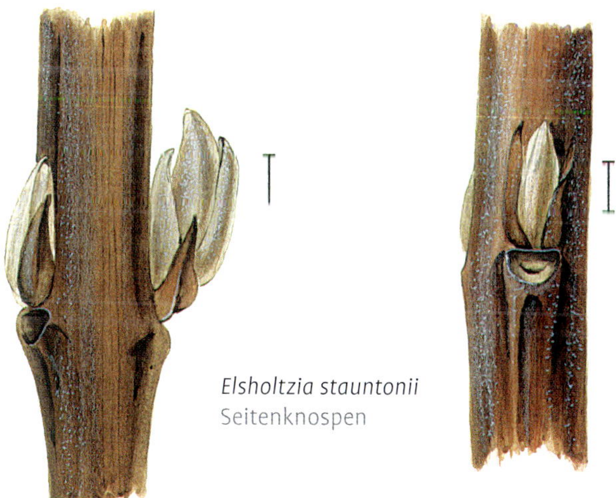

Elsholtzia stauntonii
Seitenknospen

Salvia L. p.p., [*Perovskia* Kar.], Perowskie

Aromatische staudenartige Sträucher aus Zentralasien. Hauptachse vom Boden aus durchgehend, mit wenigen schwachen Seitenzweigen, diese nur im endständigen, rispigen Fruchtstand zahlreicher.

Schlüssel *Salvia*

1 Zweige sehr dicht, deckend mit weißen Sternhaaren ..... ***Salvia abrotanoides*** und ***Salvia yangii***

1* Zweige vierkantig, zerstreut einfach behaart .... *Salvia scrophulariifolia*

Salvia yangii B.T. DREW, Silber Perowskie
[*Perovskia atriplicifolia* BENTH.]
Knospen kugelig-eiförmig, 3–4 mm lang, mitunter leicht gestielt; mit 2–3 (–4) sichtbaren, sehr dicht wollig-filzig behaarten Knospenschuppen. Die Behaarung besteht aus winzig kleinen, als solche nur mit einer starken Lupe erkennbaren Sternhaaren. **Zweige** rutig, bis 1,5 m hoch, oft umfallend, aromatisch, fast rund, nur fein längs furchig, dicht grauweiß – wie schimmelig aussehend – sternhaarig. **Blattnarben** mit einer undeutlichen, zentralen großen Spur, verbunden durch eine, oft von der Behaarung verdeckten, Linie. Häufig gepflanzter, bis 1,5 m hoher, staudiger Strauch.
Ähnlich ist die gelegentlich anzutreffende ***Salvia abrotanoides*** **(**KAR.) SYTSMA, **die Fiederschnittige Perowskie**, ein etwas niedrigerer, bis 1 m hoher Strauch, mit im Alter niederliegend-aufsteigenden Hauptachsen.

Salvia yangii
Seitenknospe

Salvia abrotanoides
Seitenknospen

Salvia scrophulariifolia (BUNGE) B.T. DREW, Runzelige Perowskie
Knospen gegenständige Seitenknospen: eiförmig, um 3 mm lang; unterste Knospenschuppen bräunlich, kaum behaart, folgende ± dicht weißlich sternhaarig. **Zweige** relativ dick, deutlich vierkantig, mit Resten einfacher Behaarung, verkahlend. Selten gepflanzter, über 1 m hoher aufrechter, aromatischer Strauch aus Mittelasien.

Salvia abrotanoides
Seitenknospe

Familie Paulowniaceae, Paulowniengewächse

Paulownia tomentosa (THUNB.) STEUD., Blauglockenbaum
Endknospen nicht ausgebildet. **Seitenknospen** gegenständig, oft leicht zueinander verschoben, etwa 3 × 2 mm, dicht ocker- bis olivbraun behaart. Manchmal mit absteigender Beiknospe. **Blütenknospen** nackt, in aufrechten, bis 30 cm langen, gegenständig verzweigten Rispen: kugelförmig, etwa 10 mm lang und 8 mm dick; nur von den dicht ockerbraun behaarten Kelchblättern umhüllt. **Zweige** dick, 8–12 mm ∅; olivbraun bis graubraun, mit zahlreichen runden bis länglichen, senkrecht aufreißenden hell graubraunen Lentizellen. **Mark** gefächert oder hohl, 2–3 mm Durchmesser. **Früchte** den ganzen Winter am Baum: kugelig-eiförmige, scharf zugespitzte, zweiklappig aufspringende Kapsel (etwa 35 mm lang und 20–25 mm dick) mit zahlreichen kleinen (2 × 3 mm) geflügelten Samen. Bis 20 m hoher, häufig gepflanzter Baum aus Mittel- bis Nordchina.

Salvia scrophulariifolia
Seitenknospen

Familie Bignoniaceae, Klettertrompetengewächse

In den Tropen und Subtropen weitverbreitete Familie. Mit wenigen sommergrünen Gattungen in die gemäßigten Breiten vorstoßend. **Früchte**: bei den behandelten Arten längliche, sich spät 2-klappig öffnende Kapseln mit vielen flachen 2-flügligen Samen. **Blattnarbe** mit einer Spur oder mehreren Einzelspuren, die gemeinsam eine Gesamtform, einen Kreis oder Halbkreis, bilden.

Schlüssel Bignoniaceae

1 Seitenknospen 3-wirtelig, Aufrechter Baum oder Strauch 2

1* Seitenknospen gegenständig. Oft kletternde Sträucher mit Haftwurzeln . . . . ***Campsis***

2 Baum, Blattnarben oval, oben abgerundet . . . . ***Catalpa***

2* Strauch oder kleiner Baum, Blattnarben wappenförmig, an der Oberkante flach . . . . *×Chitalpa*

Paulownia tomentosa
Seitenknospe

Paulownia tomentosa
Zweig: im oberen Bereich mit nackten Blütenknospen

Paulownia tomentosa
Fruchtkapsel

Campsis Lour., Klettertrompete

Die beiden Arten besitzen einspurige Blattnarben, große 2-klappige Kapseln und keine Endknospen. Verwechslungsmöglichkeiten bestehen mit kletternden Hortensienarten, wie *Hydrangea anomala* subsp. *petiolaris*, die ebenfalls bei gegenständiger Blattstellung Haftwurzeln besitzt, sich jedoch durch große Endknospen, abblätternde Rinde, 3-spurige Blattnarben und kleine Früchte in trugdoldigen Fruchtständen unterscheidet.

Schlüssel *Campsis*

1 Mit vielen Haftwurzeln, Fruchtstand kurz, Kelchzähne $\frac{1}{4}$ der Kelchlänge . . . . ***Campsis radicans***

1* Mit wenigen Haftwurzeln, schwächer rankend, Fruchtstand gestreckt oder überhängend, Kelchzähne $\frac{1}{3}$ bis > $\frac{1}{2}$ der Kelchlänge 2

2 Fruchtstand leicht gestreckt, kaum überhängend, Kelchzähne $\frac{1}{3}$ der Kelchlänge . . . . Campsis ×***tagliabuana***

2* Fruchtstände gestreckt, überhängend, Kelchzähne ≥ $\frac{1}{2}$ der Kelchlänge . . . . *Campsis grandiflora*

Paulownia tomentosa
Samen

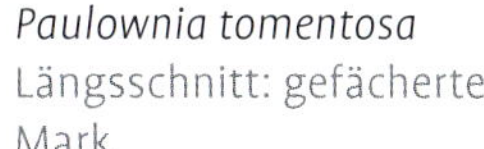

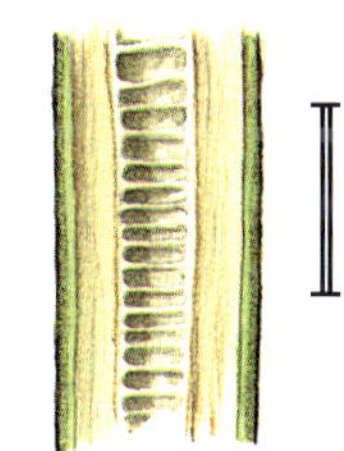

Paulownia tomentosa
Längsschnitt: gefächertes Mark

Campsis radicans (L.) Bureau,
Amerikanische Klettertrompete

Knospen gegenständig, flach am Zweig anliegend, abgerundet dreieckig; mit zwei zweigfarbenen Vorblattschuppen, welche die Knospen zu etwa zwei Drittel bedecken. **Zweige** ocker bis orangerotbraun, leicht längsrissig und mit zahlreichen Haftwurzeln. **Mark** voll, in den Nodien auch fächerig aufreißend. **Blattnarbe** mit einer c- bis u-förmigen Spur. Bis 10 m hoch kletternder Strauch aus dem Südosten der USA.
Nur in milderen Gebieten ist die frostempfindlichere **Chinesische Klettertrompete**, ***Campsis grandiflora*** (Thunb.) Schum. aus China und Japan anzutreffen. Haftwurzeln fehlen fast gänzlich. Bis 6 m hoch windend.
In einigen Sorten häufig angepflanzt ist auch die Hybride zwischen den beiden Arten: ***Campsis ×tagliabuana*** (Vis.) Rehd., die im Winter schwer von *Campsis radicans* zu unterscheiden ist.

Catalpa Scop., Trompetenbaum

Aufrechte, grob verzweigte, mittelgroße bis große Bäume aus Nordamerika und Ostasien. Die im Verhältnis zu den starken Zweigen und großen Blattnarben kleinen Seitenknospen stehen in dreizähligen Wirteln. Endknospen fehlen. Knospenschuppen einfach und wie die Knospen selbst meist dreiwirtelig, der erste Wirtel besteht jedoch aus nur zwei Vorblattschuppen. Auffallend lange Fruchtkapseln mit zahlreichen zweiseitig geflügelten Samen.

Schlüssel *Catalpa*

1 Knospen kahl, vor allem an der Zweigspitze mit lang zugespitzten Knospenschuppen, Samen etwa 10 mm breit* . . . . *Catalpa ovata*

1* Knospen mit stumpfen oder kaum zugespitzten, bewimperten Knospenschuppen, Samen breiter als 15 mm* . 2

2 Fruchtkapseln 6–8 mm dick, Samen mit zugespitzten Flügeln . . . . ***Catalpa bignonioides***

2* Fruchtkapseln 8–15 mm dick, Samen mit abgerundeten Flügeln . . . . ***Catalpa speciosa***

* gemessen ohne Fransen

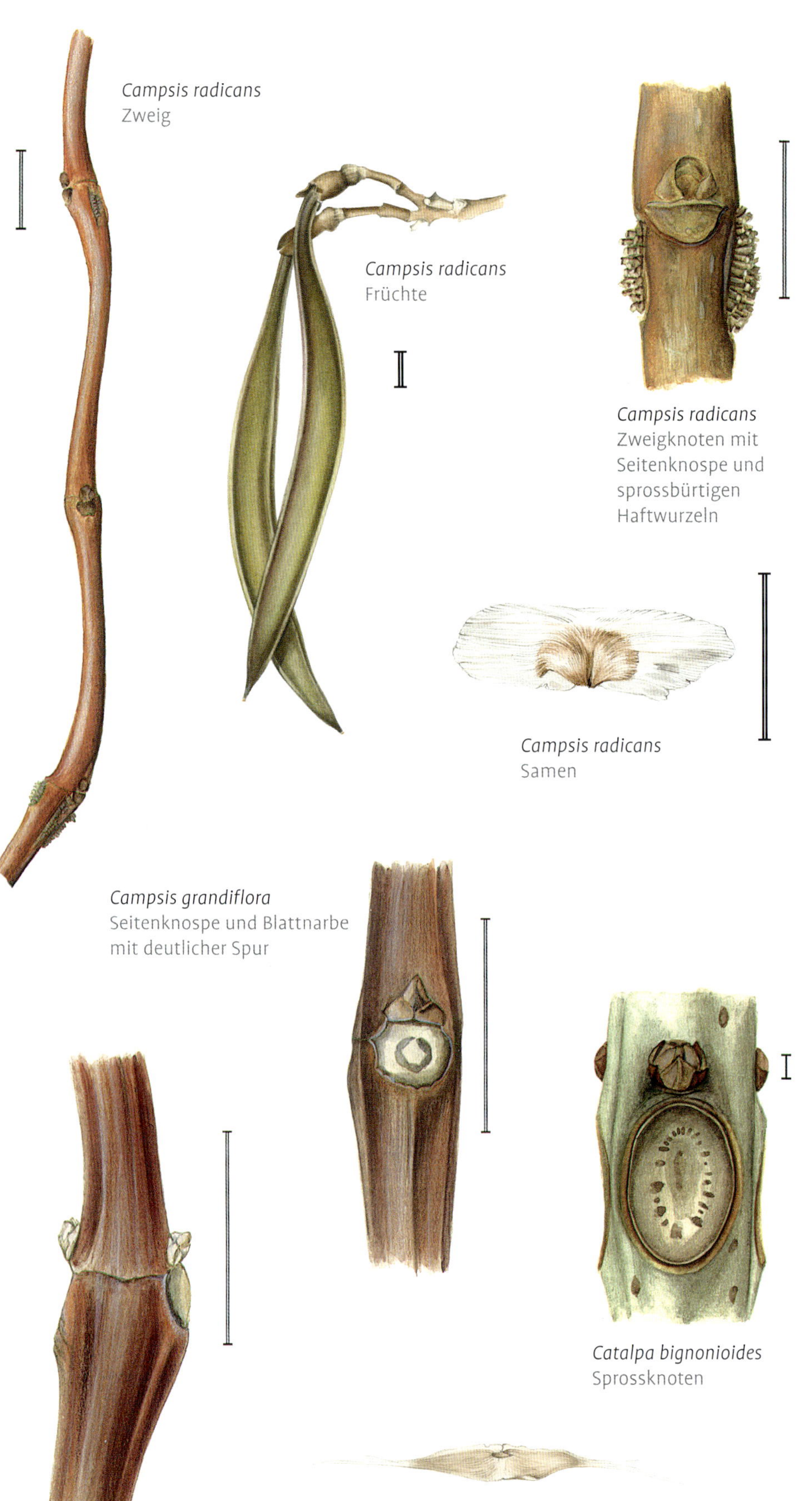

Campsis radicans Zweig

Campsis radicans Früchte

Campsis radicans Zweigknoten mit Seitenknospe und sprossbürtigen Haftwurzeln

Campsis radicans Samen

Campsis grandiflora Seitenknospe und Blattnarbe mit deutlicher Spur

Catalpa bignonioides Sprossknoten

Campsis grandiflora Knoten mit Seitenknospen

Catalpa bignonioides Samen

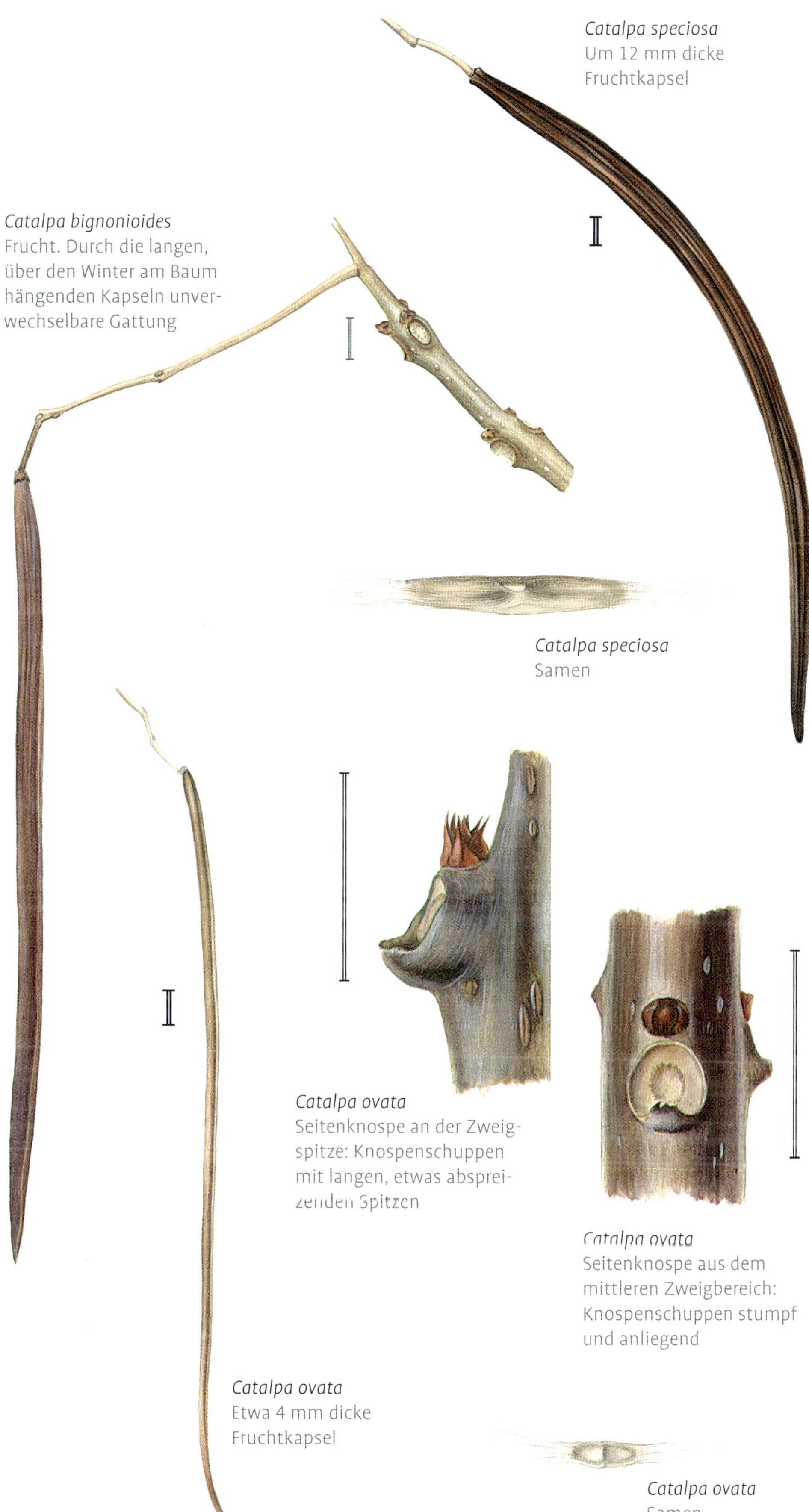

Catalpa speciosa
Um 12 mm dicke Fruchtkapsel

Catalpa bignonioides
Frucht. Durch die langen, über den Winter am Baum hängenden Kapseln unverwechselbare Gattung

Catalpa speciosa
Samen

Catalpa ovata
Seitenknospe an der Zweigspitze: Knospenschuppen mit langen, etwas abspreizenden Spitzen

Catalpa ovata
Seitenknospe aus dem mittleren Zweigbereich: Knospenschuppen stumpf und anliegend

Catalpa ovata
Etwa 4 mm dicke Fruchtkapsel

Catalpa ovata
Samen

Catalpa bignonioides WALT., Gewöhnlicher Trompetenbaum
Knospen kugelig, mit etwa 8 sichtbaren, braunen locker anliegenden, zugespitzten und fein drüsig bewimperten Knospenschuppen; auf großen Blattkissen. **Zweige** anfangs gelblich-graubraun, mit vollem, weitem weißlichen Mark. Zweigrinde gerieben intensiv riechend. **Lentizellen** zahlreich und deutlich. **Rinde** hellbraun, dünn und kleinschuppig. **Blattnarben** sehr groß. **Fruchtkapseln** 6–8 mm dick, dünnwandig. **Samen** mit zwei zugespitzten Flügeln, die in Haarschöpfen auslaufen. Ohne Fransen etwa 25 mm breit. Der bis 25 m hoher Baum aus dem Südosten der USA ist die häufigste kultivierte Trompetenbaumart.

Catalpa speciosa WARDER EX ENGELM., Prächtiger Trompetenbaum
Knospen ähnlich *Catalpa bignonioides*, auf erhöhten Blattkissen. **Zweige** kräftig, rötlichbraun, zuweilen bereift. **Mark** weißlich, anfangs voll, nur in den Astknoten teilweise gekammert, später schwindend. **Fruchtkapseln** 8–12 (–15) mm dick und bis 45 cm lang. **Samen** mit abgerundeten Flügeln, in breiten Fransen endend, ohne Fransen gemessen etwa 20 mm breit. **Rinde** dick und tief furchig. Über 30 m hoher, häufiger Baum aus den südöstlichen USA.

Catalpa ovata G. DON, Gelbblütiger Trompetenbaum
Knospen 2–3 mm lang, kahl, rotbraun; mit etwa 5–8 sichtbaren zugespitzten, bei Knospen an der Zweigspitze deutlich abspreizenden Knospenschuppen. Tiefer am Zweig Knospen kleiner mit anliegenden Knospenschuppen, basal Knospen oft ganz fehlend. **Zweige** jung hell grau bis schattenseits dunkel violettbraun, kahl oder mit vereinzelten steifen Haaren. **Lentizellen** rund bis länglich, hell ockergrau. **Blattnarben** groß, rund und vertieft, am unteren Rand oft mit „balkonartigem" Vorsprung. Blattkissen basal am Zweig schwach und nur unter der Spitze kräftiger ausgebildet. **Fruchtkapseln** 3–4 mm dick und bis 30 cm lang. **Samen** wesentlich kleiner als bei den beiden amerikanischen Arten, ohne die verhältnismäßig langen Fransen bis 10 mm breit. Gelegentlich gepflanzter, 10–15 m hoher Baum mit breiter Krone aus China.
Neben den reinen Arten ist gelegentlich ***Catalpa* ×*eurubens*** CARR, die Hybride mit *Catalpa bignonioides* gepflanzt.

×Chitalpa tashkentensis T.S. ELIAS & WISURA, Baumoleander
[*Catalpa bignonioides* × *Chilopsis linearis*]
Knospen nur Seitknospen, diese sehr klein und flach, wie *Catalpa* 3-wirtelig, seltener Tendenz zur zerstreuten Stellung, wie bei *Chilopsis*. **Zweige** mittelstark, hellbraun bis besonders im oberen Bereich ockerbraun, mit helleren Lentizellen. Kahl scheinend, aber locker mit winzigen Haaren besetzt. **Blattnarbe** auf deutlichem Blattkissen, mit einer Gefäßbündelspur. Bis 6 m hoher Strauch.
Die Gattungshybride steht zwischen den Eltern. ***Chilopsis linearis*** (CAV.) SWEET aus den südlichen USA und Mexiko besitzt relativ dünne, schwach behaarte, graue Zweige, die Blattnarben stehen zerstreut, zeigen aber auch eine Tendenz zur Wirteligkeit. Das Blattkissen ragt weit vom Zweig ab und umgreift die Basis der Seitenknospe.

Familie Solanaceae, Nachtschattengewächse

Knospen wechselständig, relativ klein, mit wenigen Knospenschuppen. **Blattnarben** einspurig. Überwiegend in den Tropen und Subtropen beheimatete krautige, strauchige und baumförmige Arten. Die vorgestellten Arten besitzen keine Endknospen.

Schlüssel Solanaceae

1 Windende, halbstrauchige Liane .... ***Solanum dulcamara***
1* Oft bewehrte Sträucher .... ***Lycium***

Solanum dulcamara L., Bittersüßer Nachtschatten
Knospen zerstreut, mit wenigen äußeren rotbraunen bis graubraunen, behaarten Knospenschuppen. **Zweige** kahl, kantig, grünlich, oliv bis bräunlich, unangenehm riechend. **Blattnarbe** dunkel, einspurig. **Früchte** im frühen Winter mitunter erhaltene zahlreiche (giftige!) rote Beeren, mit oft länger bleibenden 5-zähnigen Kelchen. Fruchtstände entspringen scheinbar aus dem Zweig weit oberhalb der Tragblattnarbe: Die Fruchtstandachse ist im unteren Bereich oft mit der Abstammungsachse verwachsen (Konkauleszens). Kletternder, bis 2 m hoher, in Eurasien beheimateter Halbstrauch.

×Chitalpa tashkentensis
Dreiwirteliger Sprossknoten

Lycium barbarum
Kurztrieb

Solanum dulcamara
Zweig mit Fruchtresten

Solanum dulcamara
Seitenknospe

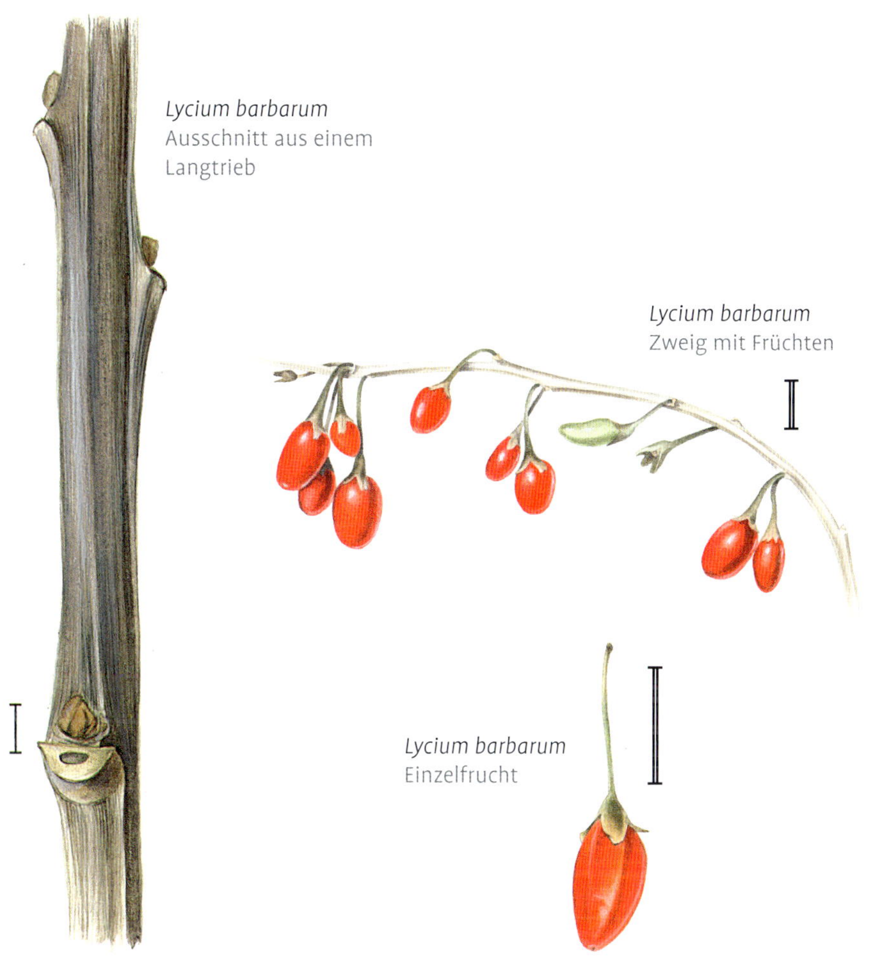

Lycium barbarum
Ausschnitt aus einem Langtrieb

Lycium barbarum
Zweig mit Früchten

Lycium barbarum
Einzelfrucht

Lycium L., Bocksdorn

Mittelgroße, 1–3 m hohe, überhängende oder schwach kletternde Sträucher in den gemäßigten und subtropischen Breiten. Blattstellung zerstreut. Häufig verdornende, achselständige Kurztriebe. Die Arten sind schwer differenzierbar, Unterschiede finden sich in der Bedornung und bei den Früchten.

Lycium barbarum L., Gewöhnlicher Bocksdorn
Knospen wechselständig, klein, wenigschuppig, manchmal mit winziger Beiknospe. Am Grunde junger Triebe oft seitlich mit zwei kleinen Knospen (Achselknospen der Vorblätter). **Zweige** kahl, hellgrau oder hell ockerbraun bis olivgrau; leicht 5-kantig durch feine, an Seiten der Blattnarben herablaufenden Leisten. Seitenzweige rechtwinklig abgehend, oft dornig. **Blattnarben** halbrund, mit einer großen zentralen relativ dunklen Spur. Strauch mit anfangs aufrechten, später überhängenden Zweigen und ± starker Ausläuferbildung. Von den Früchten meist Reste erhalten: bis 17 mm lang gestielt, meist einzeln und nur basal am Zweig auch zu zweit. **Kelch** um 4 mm lang, bis zur Hälfte in 1–3, meist 2, stumpfe, 1,5–2 mm lange Lappen geteilt. Aus Mittelchina stammend, in Europa gebietsweise eingebürgert.

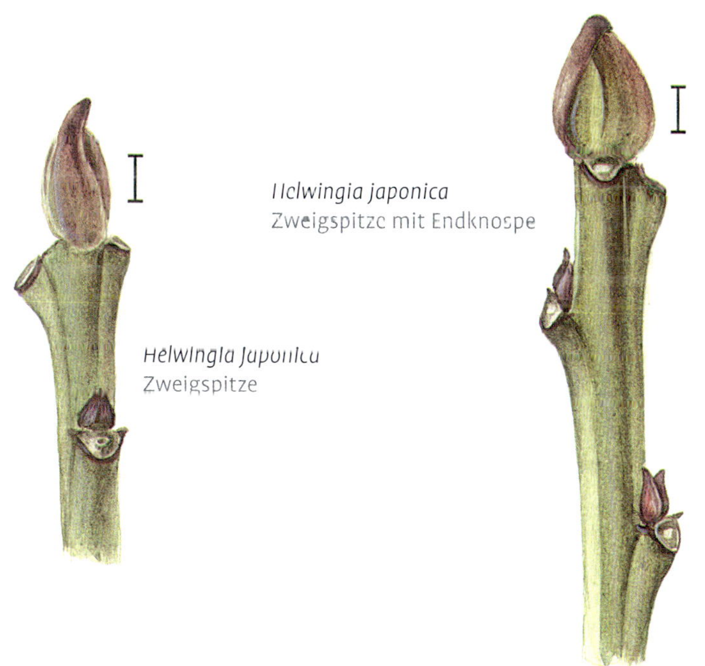

Helwingia japonica
Zweigspitze mit Endknospe

Helwingia japonica
Zweigspitze

Familie Helwingiaceae

Helwingia japonica (Thunb.) F. Dietr., Helwingie
Endknospen 3–4 mm lang, kugelig bis kurz eiförmig, einseitig etwas abgeflacht, mit 2–3 äußerlich sichtbaren, weinrötlich-grünlichen Knospenschuppen, äußerste Schuppe über die Spitze der Knospe geschlagen. **Seitenknospen** wechselständig, klein, kräftig weinrot, mit 2 zugespitzten und an den Spitzen abstehenden Knospenschuppen. **Zweige** kahl, leicht kantig und geschwungen, matt grün, lichtseits leicht rötlichbraun getönt, unter den Blattnarben auch kräftiger violettbraun. **Blattnarben** rundlich, auf deutlichen Kissen, mit einer zentralen Spur und seitlich mit abstehenden kleinen Nebenblattzipfeln. Seltener, bis 1,5 m hoher, Ausläufer treibender, dichter Strauch aus Japan.

Familie Aquifoliaceae, Stechpalmengewächse

Gehölze mit Hauptverbreitung in den Tropen und Subtropen. Größte Gattung ist ***Ilex*** mit etwa 400 Arten.

Ilex L., Stechpalme, Winterbeere

Meist zweihäusige Bäume und Sträucher. Blätter wechselständig. Mehrere immergrüne und nur wenige sommergrüne Arten angepflanzt. Die dünnen Zweige der vorgestellten sommergrünen Arten mit Endknospen. Tragblätter und Knospenschuppen besitzen Nebenblattzipfel, Knospenschuppen mitunter mit Oberblattrudiment. Mitunter mit lange in den Winter haftenden roten Steinfrüchten mit 2–7 Steinkernen.

Schlüssel *Ilex*

1 Zweige graubraun bis ockerbraun, nicht auffallend dunkel 2
1* Zweige dunkel violettbraun, Frucht kurz gestielt, mit 4–7 glatten Steinkernen . . . . ***Ilex verticillata***
2 Zweige locker behaart oder fast kahl . . 3
2* Zweige anfangs filzig behaart *Ilex serrata*
3 Knospenschuppen zweifarbig, der Knospe anliegend, Früchte deutlich gestielt (Stiel mindestens 2- bis 3-mal so lang wie die Frucht) mit 3–5 stark verholzten Steinkernen . . . . *Ilex mucronata*
3* Knospenschuppen schmal zugespitzt, Spitzen etwas abstehend. Zweige steif, fast kahl, Früchte kurz gestielt, mit 4 gerippten Steinkernen . . . . *Ilex decidua*

Ilex verticillata (L.) A. GRAY, Amerikanische Winterbeere
Endknospen kurz eiförmig, bis 2 mm lang. **Seitenknospen** am Zweig anliegend, meist unter 1 mm lang. Knospenschuppen schmutzig ocker bis rötlich braun, am Rand dunkler, bei den Endknospen mit zwei Nebenblattlappen. **Zweige** dünn, kahl, einjährig sehr dunkel oliv bis violett; zweijährig von toter Epidermis stellenweise grauweiß. **Lentizellen** zerstreut, klein und hell. **Blattnarben** einspurig. **Früchte** im Winter lange haftend: kurz gestielt, oft zu zweit, leuchtend rot und etwa 6 mm dick, mit 4–7 glatten weißen Steinkernen. Häufig gepflanzter, bis 3 m hoher sparriger Strauch aus Nordamerika. Im Winter Fruchtzweige, als Weihnachtsschmuck, im Handel.

Ilex verticillata Verzweigung

Ilex verticillata Zweigspitze

Ilex verticillata Früchte

Ilex verticillata Steinkern glatt

Ilex decidua
Zweigspitze

Ilex decidua
Früchte am Kurztrieb

Ilex decidua
Zweig mit Früchten

Ilex decidua
Steinkern gerippt

Ilex serrata
Zweigspitze

Ilex mucronata
Zweigspitze

Selten sind die folgenden Arten angepflanzt:

Ilex decidua **WALT., Sommergrüne Winterbeere**
Knospen 1,5–2 mm lang, kurz eiförmig. **Knospenschuppen** dunkelweinrot bis violettschwarz, an Endknospen mit bräunlicher, stumpfer Spitze und Nebenblattzipfeln, an Seitenknospen mit zentraler ockerbrauner Spitze und unauffälligen Nebenblattzipfeln. **Zweige** kahl, olivgrün im Schatten bis dunkel weinrotbraun in der Sonne. **Früchte** kugelig, 1 cm lang gestielt, einzeln oder in Büscheln an kurzen Trieben, rot, 7–8 mm Durchmesser, mit 4 gerippten Steinkernen. 1–2 m hoher, selten gepflanzter Strauch aus Nordamerika.

Ilex serrata **THUNB., Japanische Winterbeere**
Knospen 1–2 mm lang, kugelig eiförmig, mit einigen ocker- bis dunkelbraunen, weißlich behaarten Knospenschuppen; Seitenknospen oft mit absteigenden Beiknospen. **Zweige** rotbraun bis hell graugrün, zur Spitze relativ dunkel und fein behaart. **Früchte** in kurzen Büscheln, 4–5 mm, rot, mit 2–4 Steinkernen, reichlich und lange haftend, zumindest Fruchtstiele über den Winter bleibend. Selten gepflanzter, 3–5 m hoher Strauch aus Ostasien.

Ilex mucronata **(L.) M. POWELL, SAVOL. & S. ANDREWS, Berghülse**
[*Nemopanthus mucronatus* (L.) TREL.]
Endknospen bis 2,5 mm lang, stumpf eiförmig. Die Knospenschuppen zur Spitze heller ockerbraun, an der Basis abgesetzt glänzend dunkel rotbraun bis violettbraun. **Seitenknospen** kleiner, vom Zweig abstehend, manchmal mit kleiner absteigender Beiknospe. **Zweige** locker behaart, dünn (maximal 2 mm ∅), Spitze dunkelbraun, schattenseits heller Ocker-, Grün- und Grautöne, mit kleinen hellen Lentizellen. **Blattnarbe** einspurig. **Früchte** rot, mit 3–5 stark verholzten Steinkernen. Bis 3 m hoher, Ausläufer treibender Strauch aus dem Nordosten Nordamerikas.

Familie Asteraceae, Korbblütler

Die weltweit verbreitete, etwa 1000 Gattungen umfassende Familie besteht vor allem aus Kräutern und Stauden. Einige halbstrauchige und strauchige Arten sind selten gepflanzt.

Baccharis halimifolia L., Kreuzstrauch
Knospen eiförmig bis kugelig, 4–6 mm lang, von vielen kleinen, fleischigen, grünlichbraunen, klebrig-harzig glänzenden Knospenschuppen bedeckt. **Zweige** fein kantig gerieft, weißlich harzig, an den Enden mit Fruchtresten: von den Körbchen bleiben die äußeren kleinen Hüllblätter. An den Zweigen hängen meist zahlreiche, trocken-braune, fein weiß gepunktete Blätter. **Blattnarben** schmal, 3-spurig. Aus dem südlichen Nord- und Mittelamerika stammender bis 3 m hoheer Strauch. In Westfrankreich und Spanien invasiver Neophyt.

Artemisia abrotanum L., Eberraute
Knospen mit wenigen graubraunen bis ockerbraunen Schuppen, besonders zur Spitze dicht behaart. Endknospen 2–3 mm lang, kugelig-eiförmig; Seitenknospen um 2 mm lang, eiförmig, besonders zur Zweigspitze in der Achsel eines schuppenförmigen Tragblattrestes. **Zweige** aromatisch duftend, ockerbraun bis dunkelbraun, zur Zweigspitze fein behaart. Von Südeuropa bis Vorderasien und zum Himalaja verbreiteter, bis 1 m hoher Halbstrauch. Ähnlich, aber dichter behaart ist der von Europa bis Westsibirien und Kleinasien vorkommende **Echte Wermut**, ***Artemisia absinthium*** L.

Familie Escalloniaceae

Escallonia virgata (Ruiz & Pav.) Pers.
Endknospen bis 10 mm lang, grün, leicht rötlich überlaufen, mitunter mit einigen bleibenden Blättern. Knospenblätter am Rand mit braunroten Drüsen. **Seitenknospen** kleiner, vom Zweig abstehend, tiefer am Zeig mit einigen Blattnarben an der Basis. **Zweige** einjährig etwa 1,5 mm ∅, rotbraun bis ocker, fein behaart, zweijährig graubraun. **Mark** voll, grün. **Blattnarbe** einspurig, auf deutlichem Kissen, auf beiden Seiten etwas den Zweig herablaufende Kanten. Sehr selten gepflanzter, bis 1 m hoher Strauch aus Chile und Argentinien.

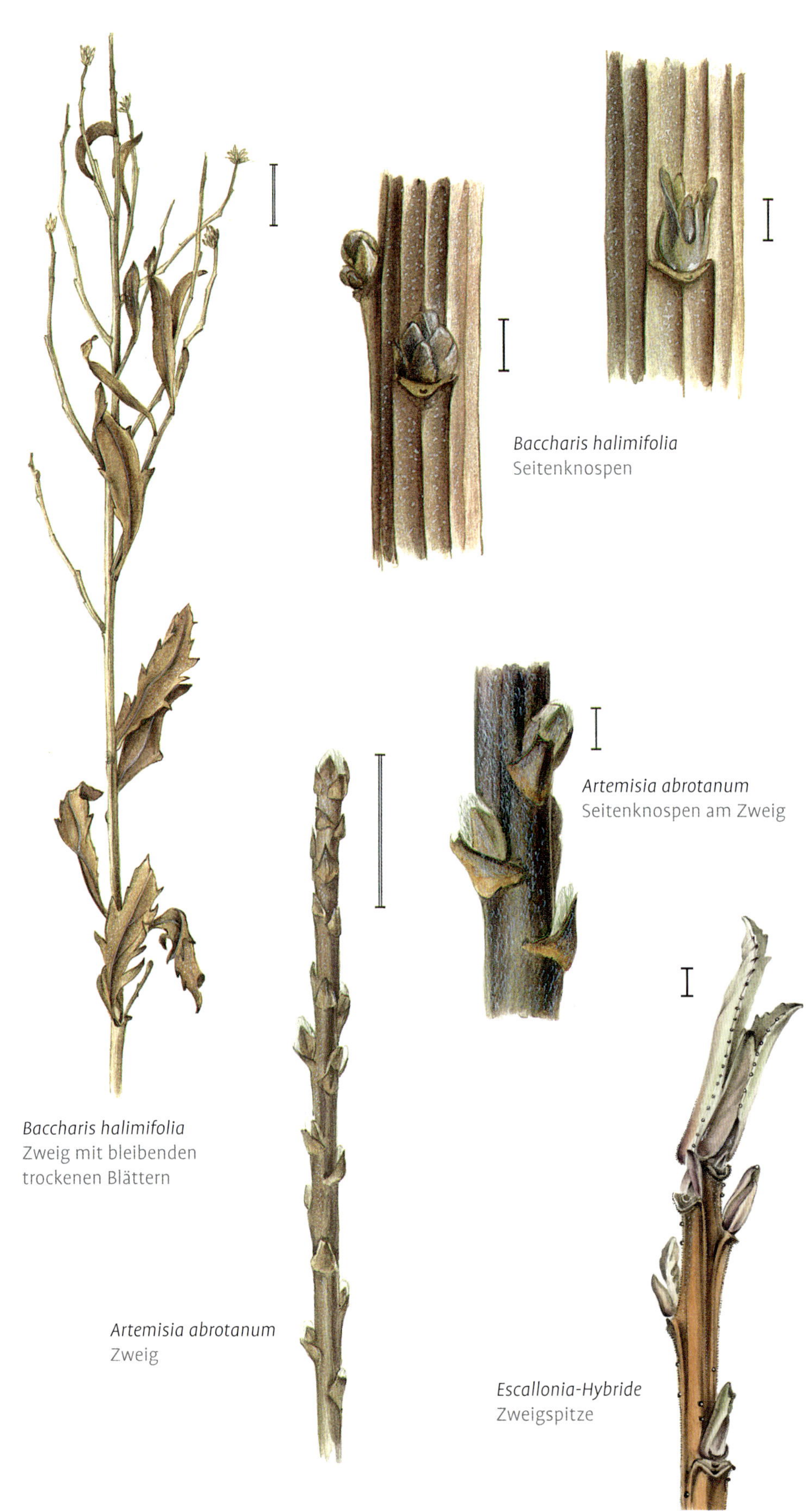

Baccharis halimifolia
Seitenknospen

Artemisia abrotanum
Seitenknospen am Zweig

Baccharis halimifolia
Zweig mit bleibenden trockenen Blättern

Artemisia abrotanum
Zweig

Escallonia-Hybride
Zweigspitze

Sambucus racemosa
Zweig

Familie Viburnaceae, Schneeballgewächse

Stark verzweigte (trug-)doldige Fruchtstände mit hinfälligen fleischigen Beeren oder Steinfrüchten. Zweige meist relativ stark, Mark in der Gattung *Sambucus* sehr weit.

Schlüssel Viburnaceae

1 Zweige dick, mit warzigen Lentizellen und weitem Mark, kahl oder einfach behaart, Endknospe oft fehlend, wenn vorhanden oft halboffen. Seitenknospen mit mehr als 4 Knospenschuppen. Oft mit kleinen Nebenblattrudimenten zwischen den Blattnarben .... ***Sambucus***

1* Lentizellen und Mark normal, Zweige kahl, einfach behaart oder oft mit Schuppen- oder Sternhaaren, meist mit Endknospe, diese mit Knospenschuppen oder nackt .... ***Viburnum***

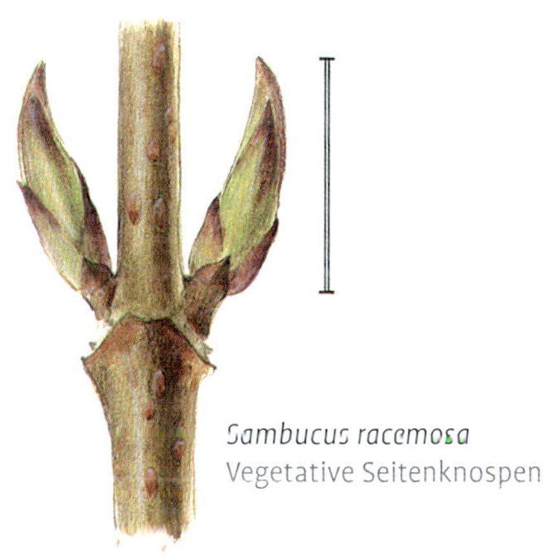

Sambucus racemosa
Vegetative Seitenknospen

Sambucus racemosa
Blütenknospen

Sambucus nigra
Zweigausschnitte

Sambucus L., Holunder

Knospen gegenständig, gegenüberliegende Blattnarben zusammenstoßend oder miteinander verbunden. **Zweige** dick, mit weitem Mark. Eine Staude und zwei häufige Straucharten einheimisch, weltweit bei enger Artauffassung bis 25 Arten.

Schlüssel *Sambucus*

1 Knospenschuppen grünlich bis weinrot oder bräunlich, die Knospe einschließend, Mark rotbraun .... ***Sambucus racemosa***

1* Knospenschuppen weinrot bis violettbraun und meist etwas abspreizend und früh angetrieben, Mark weiß .... ***Sambucus nigra***

Sambucus nigra L., Schwarzer Holunder
Knospen 5–9 (–20) mm lang, länglich ciförmig, basal mit einigen kleinen, braunen Schuppen. Folgende Knospenblätter locker, dunkel weinrot, oftmals ± abstehend und nackt. Durch aus der Knospe herausragende Knospenblätter ständig leicht angetrieben wirkend und bei milder Witterung auch mitten im Winter weiter austreibend. **Zweige** dick, kahl, oliv und bräunlich bis grau, leicht kantig, mit zahlreichen großen, höckerigen, graubraunen Lentizellen. **Mark** sehr weit, locker, weiß. **Blattnarben** auf deutlichen Kissen, 3-spurig. In Europa beheimateter, häufiger Strauch oder kleiner, bis 7 m hoher Baum. In Botanischen Sammlungen finden sich noch einige sehr nahe stehende, mitunter nur als Unterarten aufgefasste Arten aus Nordamerika wie *Sambucus coerulea* Raf. und *Sambucus canadensis* L.

Sambucus racemosa L., Roter Trauben-Holunder
Knospen kahl, 10–12 mm lang, meist nur Seitenknospen: spindelige Blattknospen und ± kugelige Blütenknospen. Knospen basal relativ dünn (fast gestielt), mit einem Paar kleiner brauner Schuppen, folgend zwei bis drei grüne bis weinrote, die Knospe umhüllende Knospenschuppenpaare. **Zweige** kahl, relativ dick, braun bis oliv. **Mark** weit, meist deutlich braunrot. **Lentizellen** zahlreich, relativ groß, ± braun. **Blattnarben** auf Kissen, 3 (-5) -spurig. Bis 4 m hoher, in Europa beheimateter Strauch.

Viburnum L., Schneeball

Sträucher mit gegenständigen, durch eine Linie verbundenen, dreispurigen Blattnarben. Es gibt Arten mit nackten Knospen, mit freien und mit verwachsenden Knospenschuppen. Bei einigen Arten treten Sternhaare auf, andere sind einfach behaart oder kahl. Verwechslungsmöglichkeiten bestehen mit Ahorn- und Hartriegel-Arten.

Schlüssel *Viburnum*

1 Knospen nackt, Blütenstandsknospen terminal, sehr breit 2
1* Knospen mit Knospenschuppen 3
2 Zweige dunkel graubraun sternhaarig, glänzend, Knospenkern der Blütenstandsknospe aus Einzelknospen (Teilblütenstände) zusammengesetzt .... ***Viburnum carlesii* & Hybriden**
2* Zweige matt hell grau bis ocker-graugrün, Knospenkern der Blütenstandsknospe bildet eine kompakte Einheit .... ***Viburnum lantana***
3 Knospen 2- bis 3-mal so lang wie dick, äußeres Knospenschuppenpaar vollständig miteinander verwachsen und die Knospe einhüllend, (grün-)rot, kahl .... ***Viburnum opulus***
3* Äußerstes Schuppenpaar höchstens basal verwachsen oder Knospen länglicher, oft behaart 4
4 Endknospen über 3-mal so lang wie dick 5
4* Endknospen gedrungener 7
5 Knospen braun bis blaugrau durch Schildhaare oder Wachsauflagerungen 6
5* Knospen grünlich, oft stark rot überlaufen, wenn braun mit Sternhaaren 7
6 Knospen ohne Schildhaare .... *Viburnum lentago*
6* Knospen dicht bedeckt mit Schildhaaren (flach rundlich, bräunlich-silbrig, in der Mitte etwas dunkler) .... *Viburnum cassinoides*
7 Blüten mit oder nach dem Laubausbruch 8
7* Blütenknospen stark angetriebenen und bei milder Witterung im Winter blühend .... ***Viburnum farreri* & *Viburnum* ×*bodnantense***
8 Knospenschuppen und Zweige braun, sternhaarig. Endknospen bis 12 (-15) mm, erstes Knospenschuppenpaar meist so lang wie die Knospe, oft rel. weit auseinander spreizend .... ***Viburnum plicatum***
8* Knospen bis 10 mm lang, erstes Schuppenpaar nicht die Knospenlänge erreichend 9
9 Die schwarzen Steinfrüchte meist hinfällig .... *Viburnum dentatum*
9* Früchte in großen Ständen, über den Winter erhalten bleibend, rot .... *Viburnum betulifolium*

Sektion Viburnum

Viburnum carlesii Hemsl., Koreanischer Schneeball

Knospen dunkel graubraun, sternfilzig behaart. Blütenknospen breit körbchenförmig, aus mehreren Einzelknospen (Teilblütenstände) zusammengesetzt, zwischen ihnen stehen schmale schuppenförmige Tragblätter. Unter der Gesamtblütenknospe ist ein (selten hinfälliges) Blattpaar inseriert. Es besteht aus zwei die Knospe überragenden, zur Oberseite zusammengelegten, fiedernervigen Blättern. **Zweige** rotbraun bis graubraun, anfänglich dicht sternfilzig, allmählich verkahlend und die glänzende Zweigoberfläche sichtbar. Häufig gepflanzter und in zahlreiche Hybriden eingegangener, lockerer, bis 1,5 m hoher Strauch aus Korea. Neben der reinen Art einige Hybriden häufig gepflanzt: ***Viburnum* ×*carlcephalum*** Burkw. (× *Viburnum macrocephalum* Fortune) und der halbimmergrüne ***Viburnum* ×*burkwoodii*** Burkw. & Skipw. (× *Viburnum utile* Hemsl.).

Viburnum carlesii
Zweig

Viburnum lantana L., Wolliger Schneeball

Knospen dicht hellgrau bis ocker oder hellgrün, sternfilzig. Blattknospen länglich. **Blütenstandsknospe** kompakt, von relativ breiten flachen Hochblättern umhüllt und dadurch keine Gliederung in Einzelknospen sichtbar. Die Blütenstandsknospe flankiert ein sie selbst überragendes, zuweilen ausgebreitetes, selten hinfälliges Blattpaar. **Zweige** matt, hell graubraun, dicht sternfilzig behaart, schwach kantig, gestreift. **Lentizellen** zerstreut, erst an älteren Zweigen deutlicher. **Rinde** graubraun und längsrissig. Bis 5 m hoher aufrechter, stark wüchsiger, in Europa bis Kleinasien beheimateter, häufig gepflanzter Strauch.

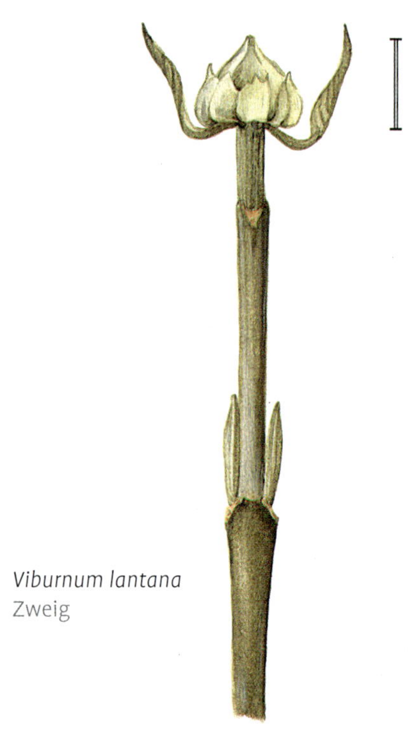

Viburnum lantana
Zweig

Viburnum carlesii
Zweigspitze mit Blütenstandsknospe

Viburnum lentago
Zweige mit endständiger Blütenknospe

Viburnum lantana
Endständige Blütenstandsknospe

Viburnum lentago
Zweige mit endständiger Blütenknospe

Sektion Lentago

Viburnum lentago **L., Kanadischer Schneeball, Schafsbeere**
Knospen ocker- bis rotbraun im Schatten, im Licht dunkler, zum großen Teil von hellgrauen Wachsstrukturen überlagert. Endknospe lang und schmal, zugespitzt, äußeres Schuppenpaar die Knospe umschließend, meist am Grund verwachsen, Blütenknospen um 2 cm lang, unterhalb der Mitte bauchig erweitert, oberhalb lang zugespitzt. **Zweige** glatt, leicht glänzend, kahl olivgrün bis graubraun, mit zahlreichen deutlichen Lentizellen zur Spitze. Selten gepflanzter Strauch oder kleiner Baum bis 10 m Höhe aus Nordamerika.
Ähnlich ist der ebenfalls aus Nordamerika stammende **Birnenblättrige Schneeball,** ***Viburnum cassinoides*** L.: **Knospen** dicht bedeckt mit Schildhaaren (flach rundlich, bräunlich-silbrig, in der Mitte etwas dunkler), Schuppen der Blütenknospen in der oberen Hälfte lang verschmälert, an der Basis dunkelbraun, darüber auch grau. Blütenstandsknospen ähnlich, aber erstes Schuppenpaar Erweiterung nicht bedeckend, oft zweispitzig. **Zweige** unter der Spitze bräunlich, tiefer schnell flächenweise überwiegend grau, matt, feine Punkte (Schildhaare), anfangs Lentizellen undeutlich. Selten angepflanzter, bis 2 m hoher Strauch.

Viburnum lentago
Endknospe

Viburnum lentago
Seitenknospen

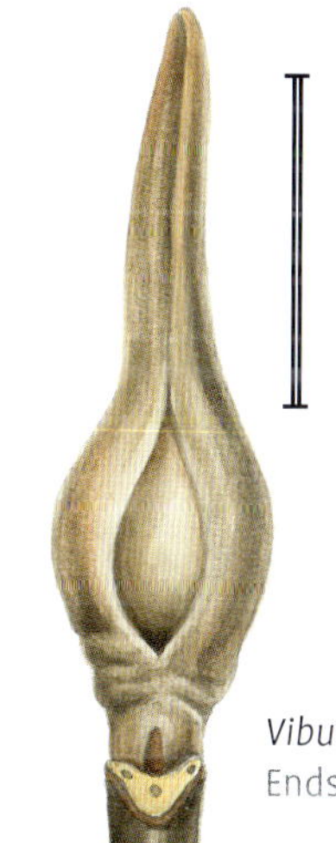

Viburnum cassinoides
Endständige Blütenknospe

Sektion Opulus

Viburnum opulus L., Gewöhnlicher Schneeball

Knospen kahl, glänzend rot bis rotbraun, am Grunde ± grünlich, im Schatten auch überwiegend grünlich. Endknospen um 7 mm lang, meist aber fehlend, wie die Seitenknospen von einer aus zwei verwachsenden Schuppen hervorgegangenen Knospenschuppe umhüllt. Blütenknospen kugelig, Blattknospen länglich. **Zweige** kahl, ocker bis rotbraun, im Schatten auch graugrün. **Lentizellen** zerstreut bis zahlreich. **Rinde** hellgrau, glänzend. **Früchte** rot, kugelig-eiförmig, in flachen Trugdolden, oft sehr lange haftend. 2–4 m hoher Strauch. Häufig in feuchten Wäldern in Europa bis Nordafrika verbreitet und seit alters in Kultur. Dem Gewöhnlichen Schneeball, *Viburnum opulus* sehr ähnlich ist ***Viburnum sargentii*** Koehne aus Nordostasien. **Knospen** rotbraun, kahl, schwach glänzend, 7–9 mm lang. **Zweige** anfangs rotbraun bis graubraun, mit Resten feiner Behaarung. **Rinde** etwas korkig und dick. **Früchte** fast kugelig, 1 cm Durchmesser, hell rot. 2–3 m hoher Strauch.

Sektion Pseudopulus

Viburnum plicatum Thunb., Japanischer Schneeball

Knospen mit 2 äußeren Knospenschuppen, matt weinrot bis graubraun, zerstreut sternhaarig. **Endknospen** 6–12 (–15) mm lang, schlank, **Seitenknospen** 4–6 mm, beide als **Blütenknospen** ± eiförmig, bis 15 mm lang und hier äußeres, anfangs die Knospen ganz umhüllendes Schuppenpaar teilweise hinfällig. **Zweige** anfangs sternfilzig, graubraun bis ockerbraun, mit rundlichen, warzigen orangebraunen Lentizellen. **Blattnarben** ockerbraun, mit 3 Gefäßbündelspuren. Selten, nur bei der Wildform var. ***tomentosum*** Miq., anfangs mit roten, später schwärzlichen Früchten. Häufig gepflanzter, bis 3 m hoher Strauch. Verbreitet in China und Japan, dort schon lange in Kultur.

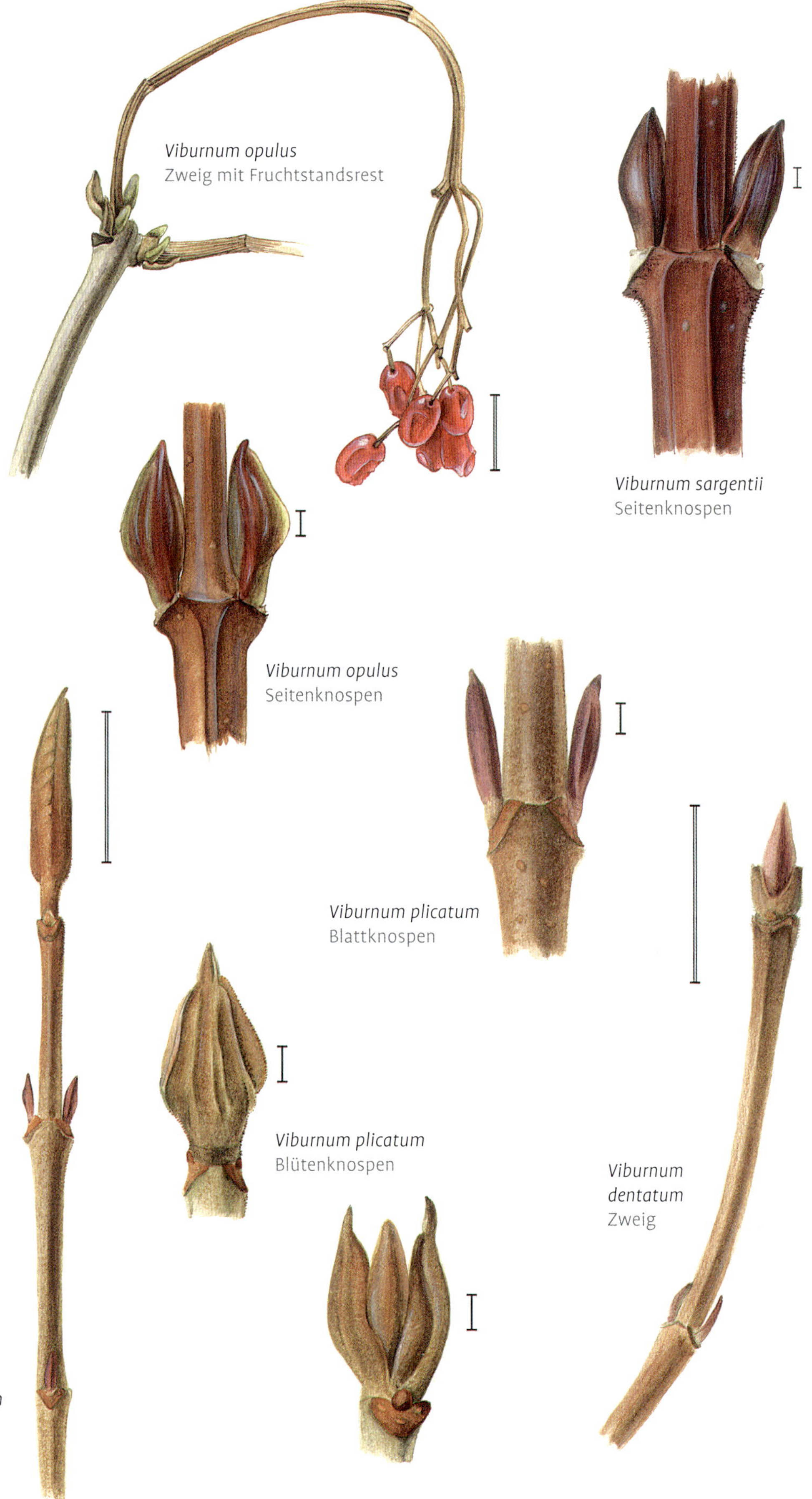

Viburnum opulus
Zweig mit Fruchtstandsrest

Viburnum sargentii
Seitenknospen

Viburnum opulus
Seitenknospen

Viburnum plicatum
Blattknospen

Viburnum plicatum
Blütenknospen

Viburnum dentatum
Zweig

Viburnum plicatum
Zweig

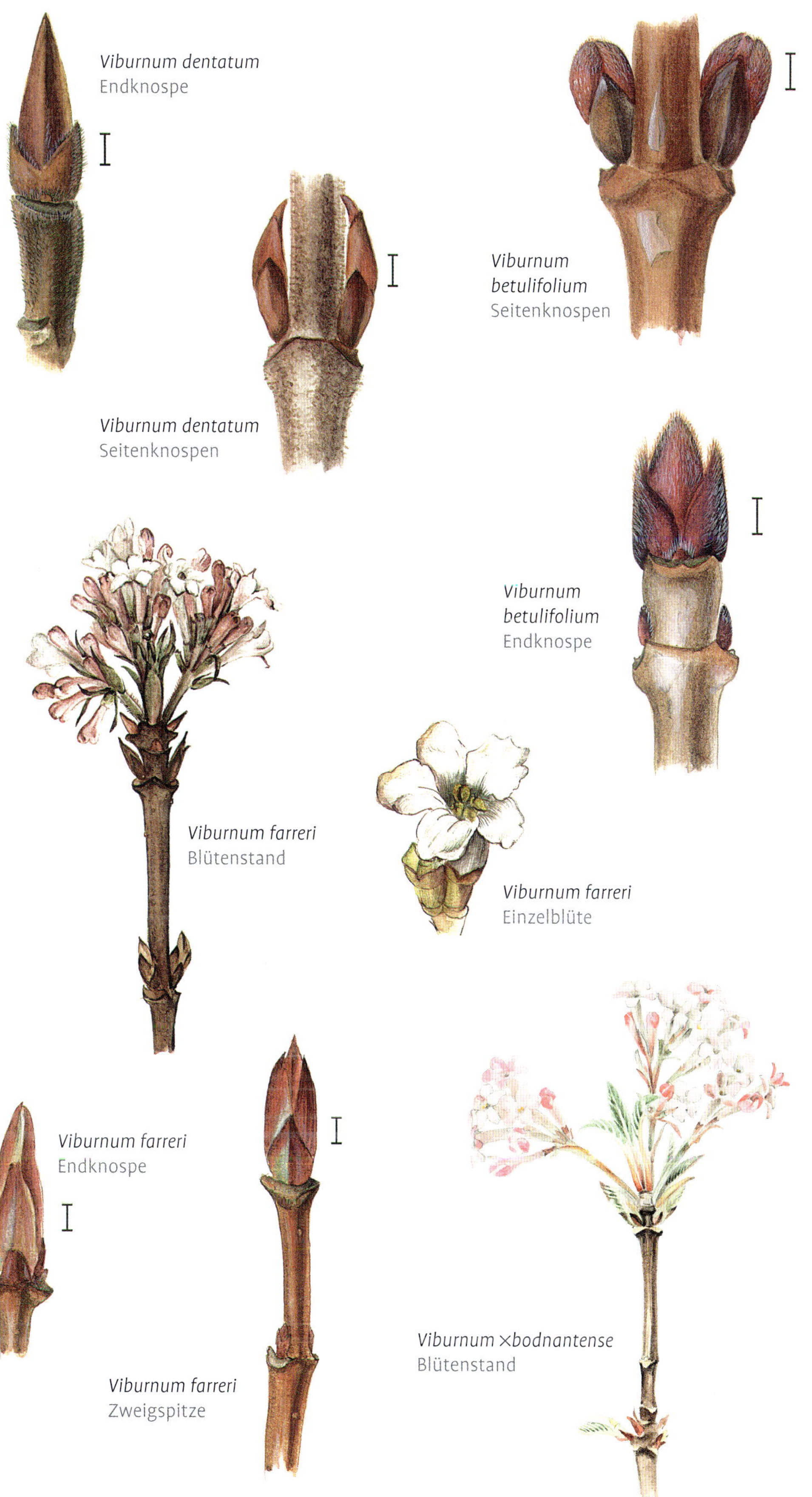

Viburnum dentatum
Endknospe

Viburnum dentatum
Seitenknospen

Viburnum betulifolium
Seitenknospen

Viburnum betulifolium
Endknospe

Viburnum farreri
Blütenstand

Viburnum farreri
Einzelblüte

Viburnum farreri
Endknospe

Viburnum farreri
Zweigspitze

Viburnum ×bodnantense
Blütenstand

„Sektion Odontotinus"

[Die hierher gestellten neu- und altweltlichen Arten bilden für sich jeweils eine Verwandtschaft, gehören aber nicht unmittelbar zusammen.]

Viburnum dentatum L., Gezähnter Schneeball
Knospen 4–6 mm lang, von zwei Knospenschuppenpaaren umhüllt: basal zwei grobe, graubraune, leicht abstehende und behaarte Schuppen, die nur wenig über die halbe Knospenhöhe reichen und folgend zwei, weinrötliche bis braune, die kegelförmige Spitze umhüllende, glatte, ± kahle Schuppen. Endknospen spitz eiförmig, Seitenknospen schlanker, wenn die Endknospe ausfällt, terminale Seitenknospen kräftiger. **Zweige** mit matt graubrauner bis hell rotbrauner Rinde, teilweise sternhaarig. **Lentizellen** zerstreut, orangebraun bis graubraun, warzig. **Früchte** blauschwarz. Selten anzutreffender, sehr vielgestaltiger, 1–5 m hoher Strauch. In seiner Heimat Nordamerika mit verschiedenen Varietäten auf trockenen bis feuchten Standorten verbreitet.

Viburnum betulifolium Batal., Birkenblättriger Schneeball
Knospen eiförmig, mit 2 Schuppenpaaren, das untere etwa halb so lang wie die Knospe. **Zweige** kahl, rotbraun bis grau. **Früchte** erst bei älteren Sträuchern: rot in schweren überhängenden Trugdolden. Selten gepflanzter, bis 4 m hoher Strauch aus Mittel- und Nordchina.

Sektion Solenotinus

Viburnum farreri Stearn, Duftender Schneeball
Knospen mit 2–3 sichtbaren, grünlich-roten Knospenschuppenpaaren. **Zweige** aufrecht, rotbraun. Dicht verzweigter Strauch bis 3 m Höhe aus Nordchina. Auffallend sind die bei milder Witterung ab November über den gesamten Winter erscheinenden Blüten. Sie sind in der Blütenknospe rosa, erblüht weiß und duften stark. Die Art ist nur mit der ebenfalls häufig gepflanzten Kreuzung mit *Viburnum grandiflorum* Wall. ex DC. verwechselbar: ***Viburnum ×bodnantense*** Aberc. ex Stearn. Sie zeichnet sich durch etwas größere, in der Blütenknospe tief rosa bis rosarote Blüten aus.

Familie Caprifoliaceae, Geißblattgewächse

Blattnarben gegenständig (selten drei- oder vierwirtelig), Blattnarben eines Knotens durch eine Linie verbunden oder zusammenstoßend. Meist 3, seltener 5 oder mehr Gefäßbündelspuren je Blattnarbe. Typisch für die ganze Ordnung der *Dipsacales* sind unterständige Fruchtknoten, so dass die Kelchblätter immer an der Fruchtspitze stehen. Überwiegend mittelgroße Sträucher, kaum Bäume. Verwechslungsmöglichkeiten bestehen mit Ahorn- (*Acer*), Schneeball- (*Viburnum*) oder Deutzienarten (*Deuzia*). Gute Bestimmungshilfen bieten die Früchte, die bei einigen Arten regelmäßig über den Winter verfügbar sind.

Schlüssel Caprifoliaceae

1 Zweige hohl* . . . . **Unterfamilie Caprifolioideae**
1* Zweige mit vollem Mark 2
2 Seitenknospen eng am Zweig anliegend, Früchte 2-fächrige, längliche, holzige Kapseln . . **Unterfamilie Diervilloideae**
2* Seitenknospen nicht am Zweig anliegend (oder nicht sichtbar) 3
3 Früchte bis in den Winter bleibende trockene Schließfrüchte 4
3* Früchte paarige, meist hinfällige Beeren . . . . *Lonicera*
4 Früchte mit vergrößerten Kelchblättern. Oberster Knoten der kräftigen Zweige (am Grund 3 mm ∅) abgestorben . . . . *Heptacodium*
4* Früchte anders oder jüngste Zweige am Grund bis 2 mm ∅ . . . . **Unterfamilie Linnaeoidea**
* Einige sehr selten kultivierte, nicht behandelte *Abelia*-Arten besitzen ebenfalls hohle Zweige

Unterfamilie Diervilloideae

Gemeinsam sind den Gattungen eng dem Zweig anliegende, zugespitzte Seitenknospen und trockene, lange bleibende Fruchtkapseln. Unterschiede finden sich in der Ausprägung der Endknospe und der Kapselform, sowie bei den Samen.

Schlüssel Diervilloideae

1 Endknospe fehlend, Fruchtkapseln 6–15 mm lang, niedrige bis 1 m hohe Sträucher . . . . ***Diervilla***
1* Endknospen vorhanden, Fruchtkapseln 15–30 mm lang, meist deutlich über 1 m hohe Sträucher 2
2 Endknospen nackt . . . . ***Weigela***, Sektion **Weigela**
2* Endknospen mit Knospenschuppen bedeckt 3
3 Endknospe strohig hell, unterste Schuppen bis fast zur Knospenspitze reichend. Fruchtkapsel ohne Mittelsäule, Samen beidseitig lang geflügelt . . . . *Macrodiervilla middendorffiana*
3* Endknospe kräftig braun, unterste Schuppen kürzer. Kapsel mit Mittelsäule, Samen ungeflügelt . . . . ***Weigela***, Sektion **Calysphyrum**

Weigela THUNB., Weigelie

Meist bis 2 oder 3 m hohe, aufrechte Sträucher mit 1,5–3 cm langen, 2-fächrigen und sich 2-klappig öffnenden Fruchtkapseln mit Mittelsäule. Mehrere Arten in Ostasien. Traditionell sehr eng gezogene Artgrenzen führen zu einander sehr nahe stehenden, schwer unterscheidbaren Arten. Da sie zudem leicht miteinander hybridisieren und die artübergreifende Züchtung viele häufig gepflanzte Sorten hervorgebracht hat, sind die kultivierten Pflanzen meist nur einer Sektion zuordenbar.

Schlüssel *Weigela*

1 Endknospen mit Knospenschuppen, Frucht: Kelchzipfel breit dreieckig bis zur Hälfte zu einer Röhre verwachsen . . . . Sektion **Calysphyrum**
1* Endknospen nackt oder Zweigspitze absterbend. Frucht: Kelchzipfel schmal linealisch, bis zur Basis getrennt, hinfällig . . . . Sektion **Weigela**

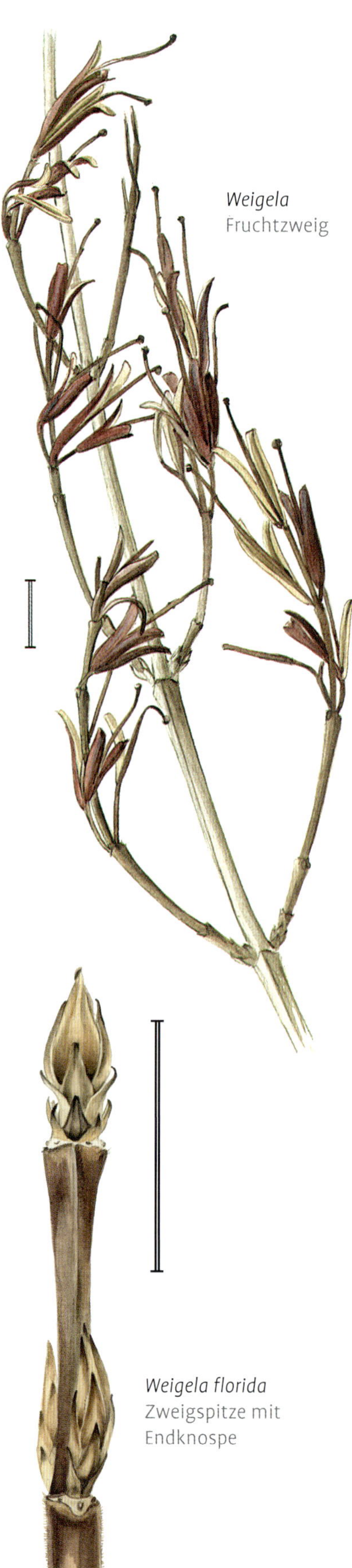

Weigela Fruchtzweig

Weigela florida Zweigspitze mit Endknospe

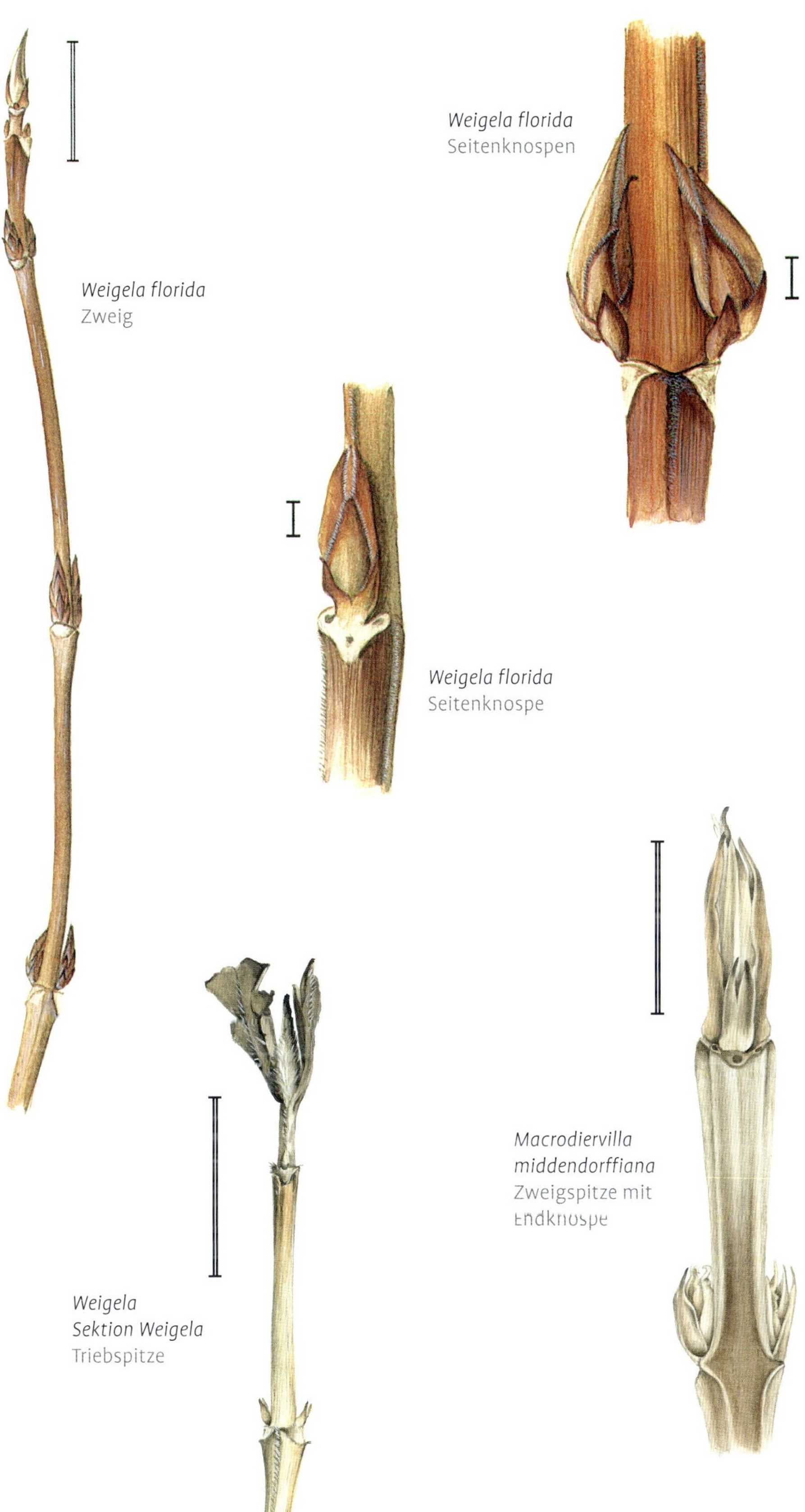

Weigela florida Zweig

Weigela florida Seitenknospen

Weigela florida Seitenknospe

Weigela *Sektion Weigela* Triebspitze

Macrodiervilla middendorffiana Zweigspitze mit Endknospe

Sektion Calysphyrum

Weigela florida (Bunge) A. DC., **Liebliche Weigelie** (incl. var. ***praecox*** (Lem.) Y.C.Chu)
Knospen spitz eiförmig. Endknospen 8–10 mm, Seitenknospen am Zweig anliegend, 6–8 mm lang. Knospenschuppen zugespitzt und teilweise leicht gekielt, ockerbraun, zum Rand dunkler und lang weiß bewimpert. **Zweige** hell ockerbraun bis orangebraun, leicht längs streifig und wenig aufreißend; mit zwei vor allem zwischen den Blattnarben herablaufenden Haarreihen. **Blattnarben** hell, dreispurig, fast in einer Ebene mit dem Zweig liegend. **Früchte** 3–4 kahle achselständige Kapseln, ohne gemeinsamen Stiel, Kelchzipfel breit dreieckig, bis zur Hälfte verwachsen. Samen ungeflügelt. Über 3 m hoch werdender Strauch aus Nordchina und Korea. Am häufigsten gepflanzte Art der Gattung.

Sektion Weigela

Weigela floribunda (Sieb. & Zucc.) K. Koch, **Reichblütige Weigelie**
Zweige dünn, wenigstens anfangs (in zwei Reihen) behaart. Endknospen nackt oder Triebspitze absterbend. **Früchte** meist behaart; zylindrisch, oft etwas gebogen, bis 2,5 cm lang, einzeln in den Blattachseln sitzend und zu mehreren an kurzen Seitentrieben. Samen mit flügelartigem Saum. Bis 3 m hoher Strauch aus Japan. Ähnlich sind einige andere Arten der Sektion, wie die ebenfalls aus Japan stammende, aber seltener gepflanzte ***Weigela coraeenensis*** Thunb. mit kahlen Zweigen und Früchten.

Macrodiervilla middendorffiana (Trautvetter & Meyer) Nakai, **Gelbe Weigelie**
Knospen: mit Endknospen, Schuppen locker, lang zugespitzt, tlw. mit sichtbarer fiedernerviger Struktur, strohig, hellbraun, nur wenig grüne Bereiche. **Zweige** unter der Spitze rel. dick (3 mm ∅), matt, hell ockergrau, mit zwei behaarten längs verlaufenden Leisten. **Frucht** ohne Mittelsäule, sich in zwei Klappen öffnend, Kelch hinfällig. **Samen** auf beiden Seiten lang geflügelt. Sehr selten gepflanzter, um 1,5 m hoher Strauch aus Ostasien: von Japan und Korea, nach Norden bis ins Amurgebiet und auf Sachalin vorkommend.

Diervilla Mill., Buschgeißblatt

Zweige und Knospen sehr ähnlich den Weigelien, unterschieden durch: niedrigeren Wuchs (bis 1 m hoch) und kürzere, 6–15 mm lange, 2-fächrige Fruchtkapseln. Dichte Sträucher mit kurzen Ausläufern, aus Nordamerika.

Schlüssel *Diervilla*

1 Zweige behaart, oft in längs verlaufenen Leisten .... ***Diervilla sessilifolia***

1* Zweige ganz kahl .... *Diervilla lonicera*

Diervilla sessilifolia Buckley, Stielloses Buschgeißblatt
Knospen länglich eiförmig, zugespitzt. Seitenknospen am Zweig anliegend. **Zweige** leicht vierkantig, Leisten und Knoten behaart. **Früchte** zahlreich in Zymen, seitliche 5–7, endständige bis 15 und mehr Früchte. Die am häufigsten gepflanzte Art der Gattung.
Sehr ähnlich ist die Varietät var. ***rivularis*** (Gatt.) H.E. Ahles [*Diervilla rivularis* Gatt.], unterschieden durch mehr runde, allseits behaarte Zweige.

Diervilla lonicera Mill., Kanadisches Buschgeißblatt
Von den anderen Arten der Gattung gut unterscheidbar durch runde kahle Zweige und wenigfrüchtige Zymen: achselständige tragen 3 und endständige 5 Früchte. Ausläufer treibender Strauch.

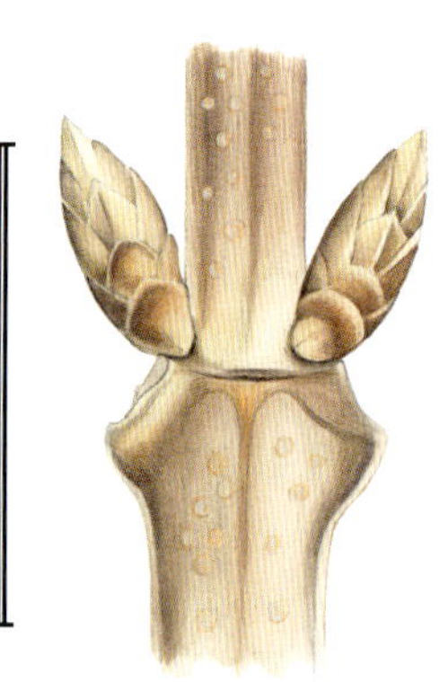

Heptacodium miconioides
Knoten mit Seitenknospen

Symphoricarpos albus var. *laevigatus*
Ausschnitt: Seitenknospe mit Bereicherungsknospe

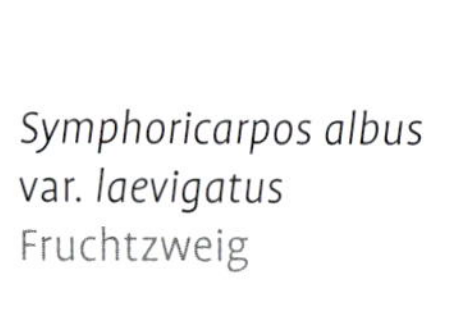

Symphoricarpos albus var. *laevigatus*
Fruchtzweig

Symphoricarpos albus var. *laevigatus*
Seitenknospe

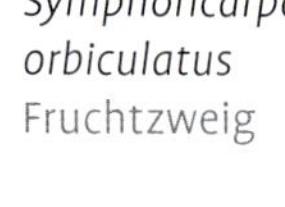

Symphoricarpos orbiculatus
Fruchtzweig

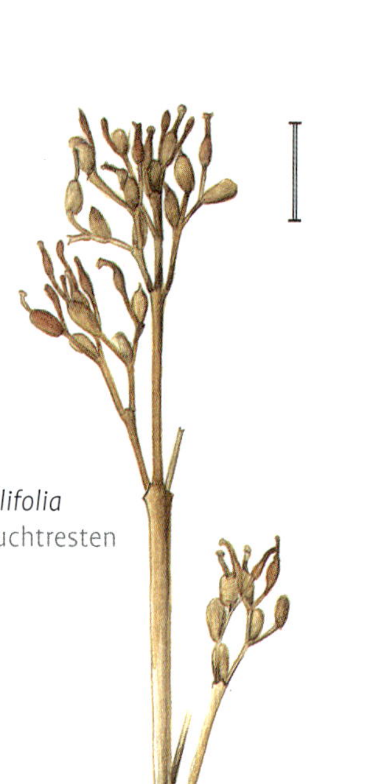

Diervilla sessilifolia
Zweig mit Fruchtresten

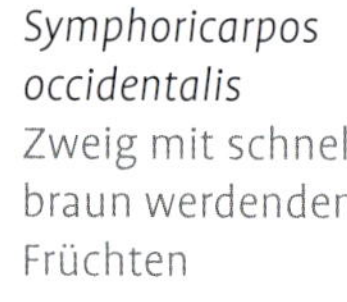

Symphoricarpos occidentalis
Zweig mit schnell braun werdenden Früchten

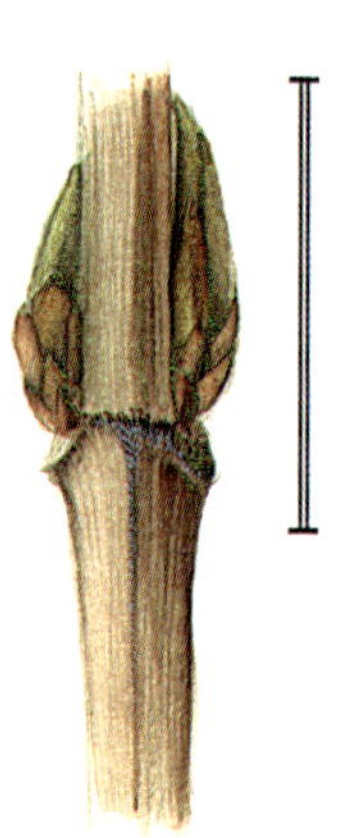

Diervilla sessilifolia
Seitenknospen

Symphoricarpos × chenaultii
Fruchtzweig

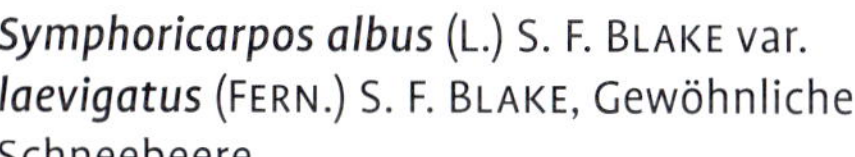

Unterfamilie Caprifolioideae

Früchte in der Regel fleischige Beeren oder Steinfrüchte, nur bei der isoliert an der Basis der Unterfamilie stehenden Gattung *Heptacodium* eine trockene Nuss.

Schlüssel Caprifolioideae

1 Zweige hohl 2
1* Zweige mit vollem Mark 5
2 Lianen ***Lonicera,*** Untergattung **Lonicera**
2* Aufrechte Sträucher 3
3 Beerenartige Steinfrüchte in endständigen Ähren, Zweige braun oder grün . . 4
3* Beeren in achselständigen Paaren, Knospen oft mit aufsteigenden Beiknospen . . . . ***Lonicera,*** Sektion **Coeloxylosteum**
4 Zweige braun, Knospen bis 2 (–3) mm lang, oft mit Bereicherungsknospen . . . . ***Symphoricarpos***
4* Zweige grün, dick, Knospen fast unter Blattstielresten verborgen . . ***Leycesteria***
5 Früchte paarige, meist hinfällige Beeren, Knospen oft mit aufsteigenden Beiknospen . . . . ***Lonicera***
5* Frucht eine trockene, längliche, von großen Kelchblättern gekrönte Nuss, Knospen einzeln . . . . *Heptacodium*

Heptacodium miconioides Rehd.

[*Heptacodium jasminoides* Airy Shaw]

Knospen nur länglich eiförmige, zugespitzte, kahle Seitenknospen mit 5–6 sichtbaren ockerbraunen Schuppenpaaren. **Zweige** starr, 3–4 mm ∅, schwach kantig, unter den Blattnarben stärker, von hier laufen schwache Leisten herab, tlw. bis zum nächsten Knoten. Rinde auf einer Seite sehr hell ockerfarben mit grünlichen Tönen, auf der anderen Seite ein wenig dunkler, mit Rotbraun, stellenweise mit absterbender, sich grau verfärbender Epidermis. Lentizellen zahlreiche, kleine, ockerfarbene Verfärbungen, zweiggleich. Oberster Triebabschnitt tot, ohne Knospen. **Mark** voll, weiß, im Knoten durch grüne kompakte Wand unterbrochen. **Blattnarben** gegenständig, durch eine feine Linie verbunden, schwärzlich, dreispurig. **Früchte** unterständige, von 5 bleibenden, um 1 cm langen, schmalen Kelchblättern gekrönte, Nuss (ähnlich *Abelia*). Bis 7 m hoher, selten gepflanzter Strauch aus China.

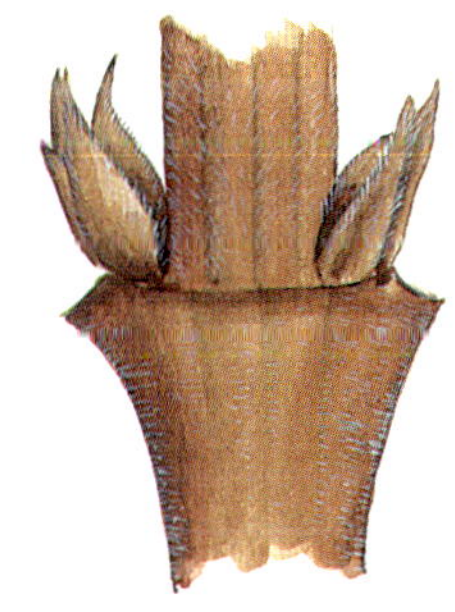

Symphoricarpos ×chenaultii
Seitenknospe

Symphoricarpos Duhamel, Schneebeere

Knospen relativ klein, oft mit Bereicherungsknospen aus den Achseln der Knospenschuppen. **Zweige** dünn und hohl. **Früchte:** weiße bis rote beerenartige Steinfrüchte in endständigen Ähren. Häufig gepflanzte Ziersträucher.

Schlüssel *Symphoricarpos*

1 Zweige kahl, Früchte weiß . . . . ***Symphoricarpos albus*** var. ***laevigatus***
1* Zweige behaart, Früchte rötlich, wenn weißlich, bald braun werdend 2
2 Früchte rötlich 3
2* Früchte anfangs grünlich weiß, bald unansehnlich braun . . . . ***Symphoricarpos occidentalis***
3 Früchte allseits rot . . . . ***Symphoricarpos orbiculatus***
3* Früchte nur einseitig gerötet . . . . ***Symphoricarpos ×chenaultii*** und ***Symphoricarpos ×doorenbosii***

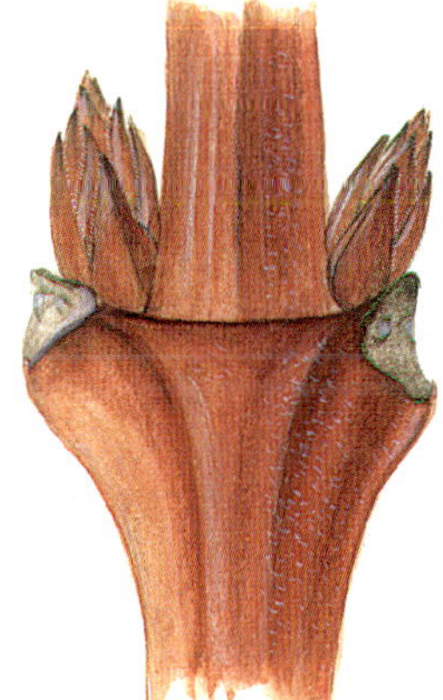

Symphoricarpos occidentalis
Seitenknospen

Symphoricarpos albus (L.) S. F. Blake var. *laevigatus* (Fern.) S. F. Blake, Gewöhnliche Schneebeere

Knospen 1,5 mm lang, kahl, mit 2–4 äußeren, grau- bis rotbraunen, zur Spitze mitunter auch grünlichen Knospenschuppenpaaren. An kräftigeren Zweigen oft ein bis zwei Bereicherungsknospen in den Achseln der Vorblätter, die primäre Achselknospe teilweise verkümmernd. **Zweige** graubraun, ± glänzend, kahl, oft etwas hin und her gebogen. Im Winter ist die Art an den oft lange erhalten bleibenden weißen, 1–1,5 cm dicken Steinfrüchten leicht zu erkennen. Die häufig gepflanzte Varietät wird bis 2 m hoch und ist von Kalifornien bis Alaska beheimatet.

Die typische Varietät, var. ***albus***, hat dünnere, aufrechte, fein behaarte Zweige. Der nur etwa 1 m hoch werdende Strauch aus dem nördlichen Nordamerika wird nur selten gepflanzt.

Symphoricarpos ×chenaultii Rehd., Bastard-Korallenbeere

[*Symphoricarpos microphyllus* Kunth × *Symphoricarpos orbiculatus*]

Knospen schräg (45°) abstehend, auf relativ großen Blattkissen, 1–1,5 mm lang. Knospenschuppen, vor allem die zwei Vorblattschuppen, mit den Spitzen abstehend. Knospen zweigfarben: rotbraun bis graubraun, dicht, aber nicht deckend, abstehend behaart. **Zweige** jung kurz und fein behaart, matt ocker- bis rotbraun, 1,5–2 mm ∅. **Steinfrüchte** lichtseits gerötet mit weißen Punkten und schattenseits weiß mit rötlichen Punkten. Zierlicher, locker verzweigter 1,5 bis über 2 m hoher Strauch.

Bei der ebenfalls häufige gepflanzten, aus Nordamerika stammenden Elternart ***Symphoricarpos orbiculatus*** Moench, der **Korallenbeere**, sind die **Steinfrüchte** purpurrot und 4–6 mm dick. Aufrechter, 1–2 m hoher Strauch.

Eine weitere Hybride mit weißen und nur einseitig geröteten Früchten ist ***Symphoricarpos ×doorenbosii*** Krüssm. [*Symphoricarpos albus* var. *laevigatus* × *Symphoricarpos chenaultii*], ein bis 2 m hoher, kräftiger Strauch.

Symphoricarpos occidentalis Hook., Wolfsbeere, Westamerikanische Schneebeere

Zweige behaart, etwas überhängend. **Steinfrüchte** grünlich weiß, bald braun werdend, etwa 1 cm dick. Gelegentlich anzutreffender, 1–1,5 m hoher, aufrechter und überhängender Strauch aus den USA.

Lonicera L., Heckenkirsche, Geißblatt

Zahlreiche gepflanzte und einige einheimische Arten häufiger. Gemeinsame Merkmale sind lange erhalten bleibende vorjährige Knospenschuppen und häufig vom Zweig abstehende Knospen (Ausnahme *Lonicera fragrantissima*-Umkreis).
Die groben Verwandtschaften sind sicher bestimmbar, die Artansprache innerhalb der Gruppen oft schwierig oder unmöglich (z. B. Geißblätter). Hinweise geben die Wuchsform (Strauch, Baum oder Liane), runde oder kantige Zweige, Mark (voll, Zweige hohl), das Vorhandensein von aufsteigenden (!) Beiknospen, Behaarung und Bereifung, Knospenform und -größe sowie die Rinde.

Schlüssel *Lonicera*
1 Windende Klettersträucher 2
1* Aufrechte Sträucher 3
Geißblätter
2 An den Zweigen wenigstens schwärzliche Punkte von anfänglicher Behaarung, Hochblätter getrennt .... ***Lonicera periclymenum***
2* Zweige ganz kahl, Hochblätter an der Zweigspitze verwachsen .... ***Lonicera caprifolium*** und viele häufig gepflanzte Arten und Hybriden
Heckenkirschen
3 Zweige voll 4
3* Zweige hohl 10
4 Knospen im Querschnitt 4-kantig, mit vielen Knospenschuppen (≥ 6 Paare) 13
4* Knospen im Querschnitt ± rund oder mit wenigen Knospenschuppen 5
Basale Gruppen
5 Knospen mit 1 (-2) sichtbaren Knospenschuppenpaaren 6
5* Knospen mit mehr sichtbaren Knospenschuppenpaaren 8
6 Knospen und Zweige bläulich bereift, Zweige mit Endknospen .... ***Lonicera caerulea***
6* Unbereift, Zweige meist ohne Endknospen 7
7 Fast während des ganzen Winters angetrieben und weiß blühend .... ***Lonicera fragrantissima***
7* Nicht angetrieben ***Lonicera ferdinandi***
8 Zweige kantig .. ***Lonicera involucrata***
8* Zweige rund, Rinde fein längs faserig bzw. längs aufreißend 9
9 Endknospen um 10 mm lang, Zweige rel. kräftig .... ***Lonicera alpigena***
9* Endknospen um 3 mm lang, Zweige dünn .... *Lonicera pyrenaica*
Sektion Coeloxylosteum
10 (2) Knospen kugelig bis eiförmig, Fruchtstiele über 5 mm lang 11
10* Knospen länglich eiförmig bis spindelig oder Fruchtstiele unter 5 mm lang .. 12
11 Zweige kahl .... ***Lonicera tatarica***
11* Zweige dicht behaart .... ***Lonicera morrowii***
12 Knospen spindelig, Zweige bald verkahlend .... ***Lonicera xylosteum***
12* Knospen länglich eiförmig, Zweige länger behaart, Fruchtstiel unter 5 mm lang .... ***Lonicera maackii***
Sektion Rhodanthae
13 (4) Knospen scharf vierkantig, Knospenschuppen nicht lang ausgezogen .... *Lonicera maximowiczii*
13* Knospen abgerundet 4-kantig, Knospenschuppen mit lang ausgezogener Spitze 14
14 Zweige fein behaart, Fruchtstiel meist über 2 cm lang .... ***Lonicera nigra***
14 Zweige kahl, Fruchtstiel unter 1,5 cm lang .... ***Lonicera caucasica***

Untergattung Lonicera, Geißblätter

Meist windend-kletternde, seltener aufrechte Sträucher, mit hohlen Zweigen. Früchte meist bis in den frühen Winter bleibend, im Gegensatz zu den 2-zähligen Fruchtständen der Heckenkirschen, meist zu 6 in Scheinquirlen an den Zweigenden. Sehr häufig gepflanzte, schwer unterscheidbare Arten und Hybriden.

Lonicera caprifolium **L., Jelängerjelieber**
Knospen 8–10 mm lang, vom Zweig abstehend. Äußere Knospenschuppen ockerbraun bis graubraun. Innere Blättchen, besonders wenn angetrieben, grünlich. **Zweige** ockerbraun bis rotbraun und mitunter bereift, fein längs streifig, später länglich aufreißend. Anfangs zerstreut behaart, verkahlend. Zur Zweigspitze meist mit Resten der scheibenförmig verwachsenen Hochblätter. **Früchte** hinfällig, in den obersten Hochblattachseln sitzend. Bis 5 m hoch windender, häufiger Strauch. Heimisch vom östlichen Mitteleuropa bis Südeuropa.

Lonicera caprifolium
Seitenknospen

Lonicera periclymenum
Seitenknospen

Lonicera ×brownii
Seitenknospen

Lonicera ×heckrottii
Seitenknospen

Lonicera fragrantissima
Blütenzweig

Lonicera periclymenum L., Wald-Geißblatt
Knospen eiförmig, bis etwa 3 mm lang, mit einigen zugespitzten, braunen und ± kahlen Knospenschuppen. **Zweige** hell graubraun bis orangebraun, mit feinen schwärzlichen Punkten und Haarresten. **Blattkissen** weit herausragend, mit undeutlicher Blattnarbe. Hochblätter nicht verwachsen. Von Mittel- bis Westeuropa, im Süden bis nach Nordafrika verbreiteter, häufig gepflanzter, 3–6 m hoch windender Strauch.
Häufig angepflanzt werden Hybriden des halbimmergrünen Trompeten-Geißblattes, *Lonicera sempervirens* L., mit kahlen Zweigen und verwachsenen Hochblättern. Sie sind nur anhand evtl. vorhandener Fruchtstandsreste bestimmbar. Zwei unmittelbar übereinander stehende Fruchtquirle sind typisch für die gelbblütige Hybride ***Lonicera ×tellmanniana*** Magyar ex Späth [× *Lonicera tragophylla* Hemsl.] mit im Austrieb olivgrünen Blättern, während die Fruchtquirle der beiden anderen Hybriden deutlich getrennt stehen. Bei ***Lonicera ×brownii*** (Reg.) Carr. [× *Lonicera hirsuta* Eat.] finden sich neben den Fruchtknoten nur kleine Vorblätter 1. Ordnung, bei ***Lonicera ×heckrottii*** hort. ex Rehd. [? × *Lonicera ×americana* (Mill.) K. Koch], einem relativ schwach windendem Strauch, sind neben den Fruchtknoten auch die Vorblätter 2. Ordnung deutlich ausgebildet.

Heckenkirschen, Untergattung Chamaecerasus

Überwiegend aufrechte Sträucher, seltener kletternde Lianen. Die klassische Sektionseinteilung Rehders (1903) gibt nicht die tatsächliche Verwandtschaft wieder. Deswegen werden hier die „Basalen Gruppen" zusammengefasst und den beiden Sektionen *Coeloxylosteum* und *Rhodanthae* gegenübergestellt. Es zeigt sich in der Abfolge eine Zunahme der Zahl der Knospenschuppen. Früchte in achselständigen Paaren stehende Beeren, sehr selten (*Lonicera iberica* M.Bieb.) auch an den Triebenden.

Basale Gruppen

Die verschiedenen Sektionen zugeordneten Arten besitzen volles Mark. Knospen oft mit Beiknospen. Endknospen vorhanden oder fehlend. Die Reihenfolge spiegelt die Lage in der Phylogenie (Theis 2008) wieder. Die Knospen der ersten Arten (*L. fragrantissima, L. caerulea, L. ferdinandi*) sind meist vom ersten Knospenschuppenpaar weit eingeschlossen.

Lonicera fragrantissima Lindl. & Paxt., Wohlriechende Heckenkirsche
[*Lonicera standishii* Carriere, *Lonicera ×purpusii* Rehd.]
Endknospen meist fehlend, Seitenknospen mit nur zwei äußeren Knospenschuppen: die obersten fast immer ± angetrieben, basale Seitenknospen seltener: um 4 mm lang, relativ flach, mit 2 zugespitzten, ockerbraunen, kahlen, aber bewimperten Vorblattschuppen. **Zweige** kahl oder leicht behaart, ockerbraun bis hellgrau. **Blattnarben** undeutlich 3-spurig, auf deutlichen Kissen. Im März und bei milder Witterung schon ab Dezember erblühende Sträucher: **Blüten** stark duftend, weiß, beim Verblühen cremefarben oder rosa getönt, etwa 1,5 cm lang, mit kurzer verwachsener, an der Basis faltig-höckeriger Kronenröhre und 2-lippiger Krone. Gelegentlich gepflanzter, lockerer, bis 2 m hoher Strauch aus China.

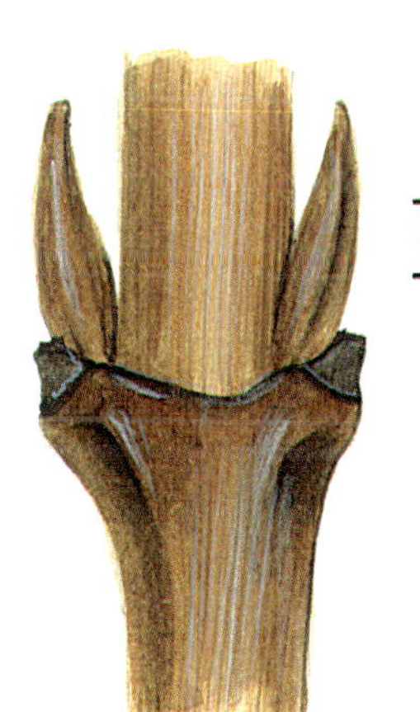
Lonicera fragrantissima
Seitenknospen

Lonicera fragrantissima
Blütenpaar im Februar

Lonicera caerulea L., Blaue Heckenkirsche
Knospen dunkel weinrot bis violettbraun, einseitig weißblau bereift, Endknospen zwiebelförmig: basal kugelig, zugespitzt, 7–9 mm lang, äußere Knospenschuppen an den Spitzen abstehend; Seitenknospen ± abstehend, länglich eiförmig, mit 2 gekielten Knospenschuppen. Oft mit mehreren Beiknospen. **Zweige** einjährig weinrot bis dunkelbraun, oberseits weißblau bereift; mehrjährige mit abblätternder graubrauner Rinde, darunter hell ockerbraun. 1–1,5 (–2 m) hoher, aufrechter Strauch. Sehr weit, über die gesamte nördliche Halbkugel verbreiteter, veränderlicher Strauch in zahlreichen Varietäten, darunter Auslesen mit größeren essbaren Früchten. Letztere häufig als eigene Art *Lonicera kamtschatica* (SEVAST.) POJARK. geführt.

Lonicera ferdinandi FRANCH., Ferdinands Heckenkirsche
Knospen vom Zweig abstehende Seitenknospen mit einem äußerlich sichtbaren Schuppenpaar, außen kahl, wie die Zweige ocker- bis graubraun, innerhalb der Knospenschuppen dichte Behaarung. **Zweige** mit steifen langen, auf Sockeln sitzenden Haaren. An kräftigen Trieben zwischen den Blattstielen flügelige bis scheibenförmige Erweiterung (Öhrchenbildung), am stärksten an Wasserschossern. **Früchte** sehr kurz gestielt, achselständig und seltener auch endständig. Großer Strauch aus der Mongolei und Nordchina.

Lonicera pyrenaica L., Pyrenäen-Heckenkirsche
Knospen stumpf kegelig, basal grau bis graubraun, oberste Knospenschuppen hell ockerbraun, Seitenknospen 2–3 mm, Endknospen 3–4 mm lang. **Zweige** mit vollem Mark; kahl, hellgrau, unter den Blattnarben bräunlich, längsrissig, später fein faserig ablösend. Kleiner, etwa 1 m hoch werdender Strauch aus den Pyrenäen.

Lonicera involucrata (RICHARDS.) BANKS ex SPRENG., Behüllte Heckenkirsche
Knospen grau bis graubraun, Endknospen eiförmig, bis 4 (–5) mm lang, stumpf oder leicht zugespitzt, mit etwa 3–4 Paar Schuppen; Seitenknospen klein, ± dreieckig, mit 1–2 Paar äußeren Schuppen. Knospenschuppen gekielt und etwas zugespitzt. **Zweige** kahl, matt graubraun bis glänzend ockerbraun und an den Zweigspitzen stark vierkantig, mit 4 schwach flügeligen Leisten. **Blattnarben** dreieckig, hell bis dunkel grau,

Lonicera caerulea
Zweig

Lonicera ferdinandi
Zweig

Lonicera caerulea
Zweigspitze mit Endknospe

Lonicera caerulea
Seitenknospen mit Beiknospen

undeutlich 3-spurig. **Früchte** sitzend, schwarz, umgeben von großen roten Vorblättern. Häufiger, 1–(1,5) m hoher Strauch aus Nordamerika.
Sehr ähnlich ist die Varietät var. ***ledebourii*** (Eschsch.) Jeps. [*Lonicera ledebourii* Eschsch.], die **Kalifornische Heckenkirsche**, ein größerer, bis 3 m hoher, aufrechter Strauch.

Lonicera alpigena L., Alpen-Heckenkirsche
Knospen mit basal mehr graubraunen bis rotbraunen, zur Spitze orangebraunen bis weißlich-gelben, zugespitzten Knospenschuppen. Endknospen länglich eiförmig, zugespitzt, 10–12 mm lang, mit 4 (–5) Paar kahlen Knospenschuppen. Seitenknospen vom Zweig abstehend, kleiner, um 5 mm lang. **Zweige** hell grau(-braun), mit länglich aufreißender, bald abblätternder Rinde. **Blattnarben** grau, mit 3 etwa gleich großen Spuren; deutlich, anfangs gelbbraun, gesäumt. Alte Knospenschuppen und bis 5 cm lange Fruchtstiele bleibend. Aufrechter, wenig über 1 m hoher Strauch der Gebirge Mittel- und Südeuropas.

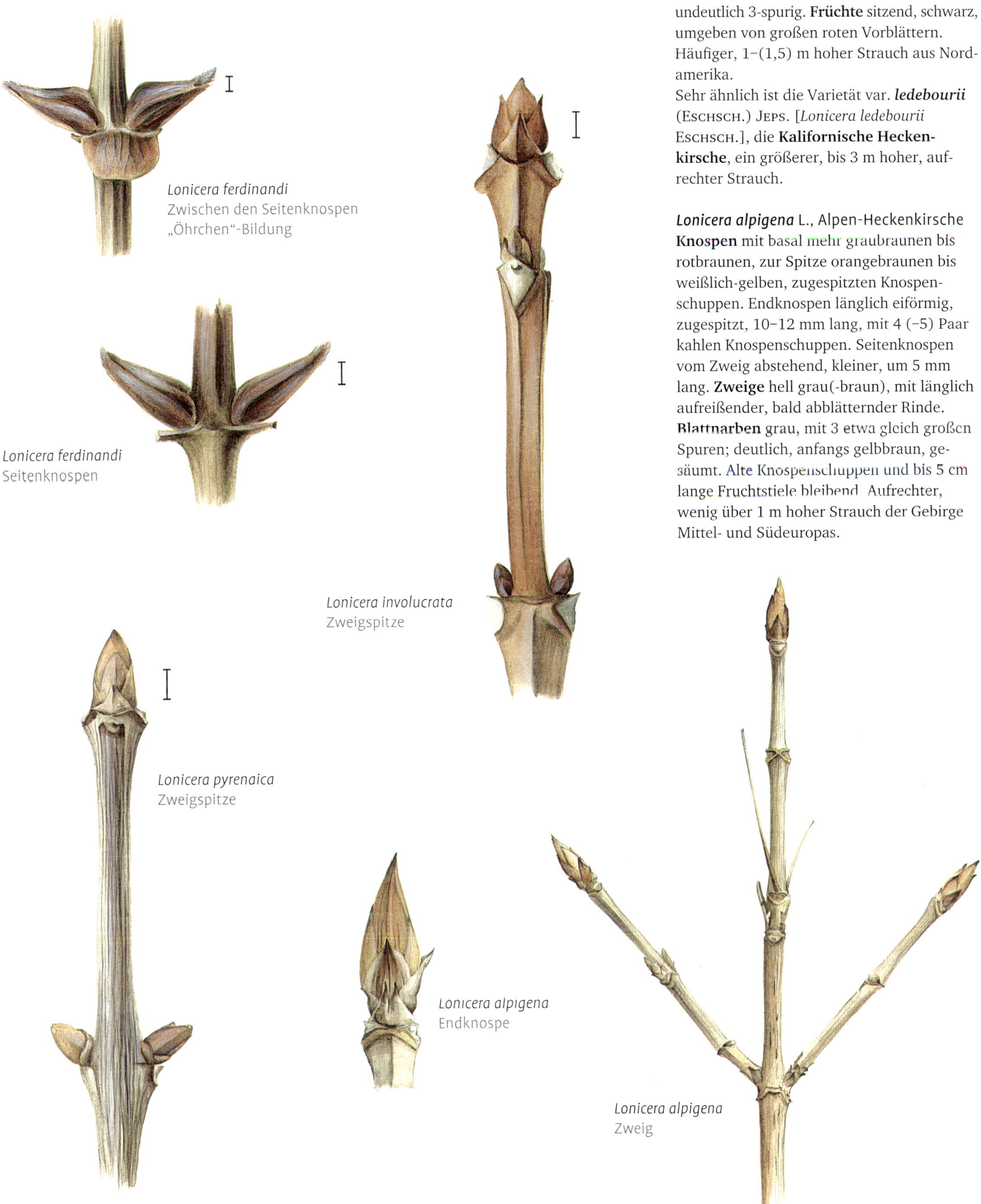

Lonicera ferdinandi
Zwischen den Seitenknospen „Öhrchen"-Bildung

Lonicera ferdinandi
Seitenknospen

Lonicera involucrata
Zweigspitze

Lonicera pyrenaica
Zweigspitze

Lonicera alpigena
Endknospe

Lonicera alpigena
Zweig

Sektion Coeloxylosteum

Aufrechte Sträucher mit hohlen Zweigen. Hohle Zweige finden sich in der Gattung *Lonicera* außerhalb der Sektion nur bei windenden Lianen: den Geißblättern (Untergattung *Lonicera*) und der immergrünen Heckenkirschenverwandtschaft der Sektion *Nintooa* (z. B. *Lonicera japonica*).

Lonicera tatarica L., Tatarische Heckenkirsche
Seitenknospen vom Zweig abstehend, kugelig bis eiförmig, stumpf oder kurz zugespitzt, bis 5 mm lang; mit aufsteigenden Beiknospen. Knospenschuppen graubraun, anliegend oder an den Rändern leicht abstehend, kahl, nur an den Rändern leicht bewimpert. **Zweige** kahl, anfangs hell ockerbraun bis silbrig grau. **Rinde** später grau, sich nur unauffällig ablösend. **Blattnarben** 3-spurig. Zahlreiche bleibende Fruchtstandachsen, wenn nicht abgebrochen 1,5–2 cm lang. Aus Osteuropa bis Westasien, in zahlreichen Formen und Hybriden sehr häufig gepflanzter, teilweise verwildernder 2–4 m hoher Strauch.
Ähnlich ist *Lonicera korolkowii* Stapf., ein aus Mittelasien stammender, bis 3 m hoher Strauch mit behaarten Zweigen.

Lonicera xylosteum L., Rote Heckenkirsche
Knospen dünn, spindelförmig, bis etwa 8 mm lang, Seitenknospen abstehend, mit aufsteigenden Beiknospen, diese oft über seitlichen Verzweigungen bleibend. Von 5–7 (–9), rot- oder ockerbraun bis dunkelbraun gefärbten, zur Spitze dicht und lang weißlich behaarten Knospenschuppenpaaren bedeckt. **Zweige** anfangs zerstreut abstehend behaart; dünn, meist etwas hin und her gebogen; hellgrau, graubraun bis ocker- und rotbraun. Markhöhle dünn, Markkrone braun. **Blattnarben** 3-spurig, auf schwach entwickeltem Blattkissen. In Europa bis Mittelasien verbreiteter, bis 2,5 m hoher, sehr häufig gepflanzter Strauch.
Ähnlich, aber in allen Teilen kräftiger, ist die selten anzutreffende Varietät var. **chrysantha** (Turcz. ex Ledeb.) Regel [*Lonicera chrysantha* Turcz. ex Ledeb.], aus Nordostasien bis Mittelchina. **Knospen** größer: Seitenknospen bis 10 mm, Endknospen bis 12 mm lang.

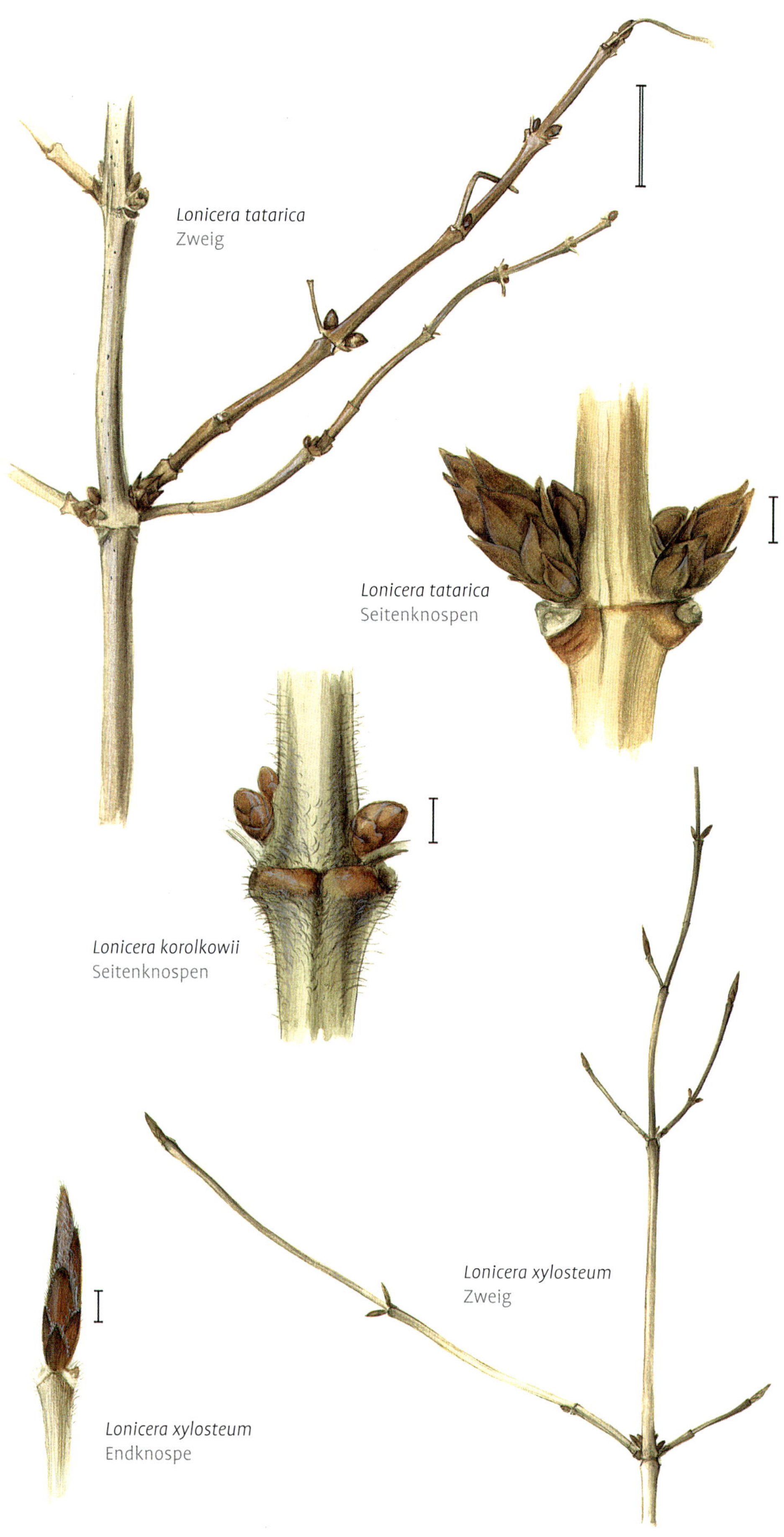

Lonicera tatarica Zweig

Lonicera tatarica Seitenknospen

Lonicera korolkowii Seitenknospen

Lonicera xylosteum Zweig

Lonicera xylosteum Endknospe

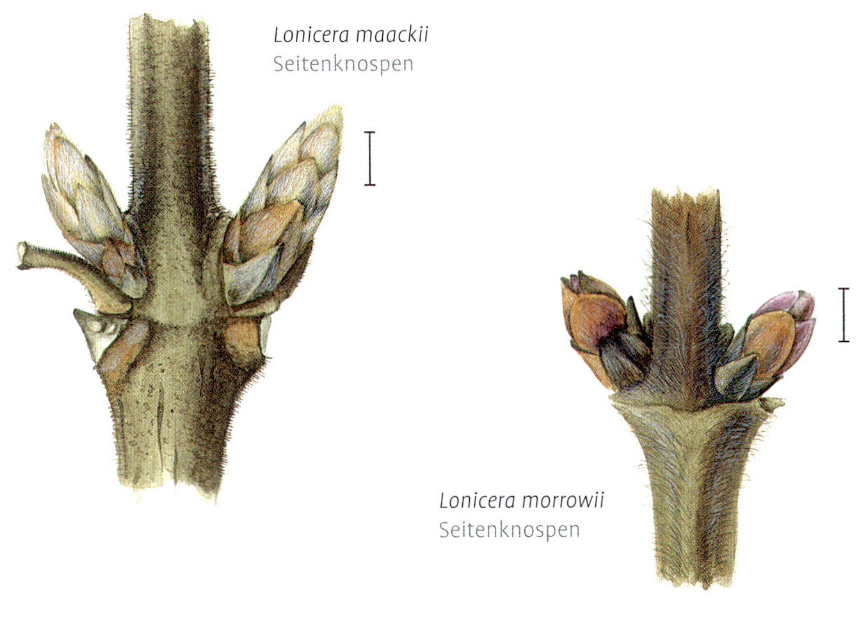

Lonicera maackii
Seitenknospen

Lonicera morrowii
Seitenknospen

Lonicera maackii (RUPR.) MAXIM., Maacks Heckenkirsche
Knospen eiförmig, bis 5 (–8) mm lang, Seitenknospen vom Zweig abstehend, mitunter mit Beiknospen. Knospenschuppen bis 7 Paare, braun, außer unterste 1–2 Paare dicht lang weiß behaart; alte Knospenschuppen lange bleibend, schwarzgrau. **Zweige** grau bis graubraun, sehr fein dicht behaart, ältere Rinde grau, längsrissig und ablösend. **Blattnarben** 3-spurig, auf braun berandeten Blattkissen. **Fruchtstiele** kurz, 3–7 mm lang. Aufrechter, bis 5 m hoher, breiter Strauch aus Ostasien.

Lonicera morrowii A. GRAY, Morrows Heckenkirsche
Knospen 2–3 mm, Endknospen auch bis 4 mm lang, kurz eiförmig, mit 4 (–5) Knospenschuppenpaaren. Unterste Schuppen dunkel graubraun, dicht behaart, mittlere ocker- bis rotbraun und oberste grünlich, oft auch violettrot getönt und nur spärlich behaart. Manchmal mit kleinen aufsteigenden Beiknospen. **Zweige** matt graubraun, fein zottig behaart. **Blattnarben** auf abstehenden Kissen, klein, undeutlich 3-spurig. Aus Japan stammender, selten gepflanzter bis 2 m hoher Strauch.

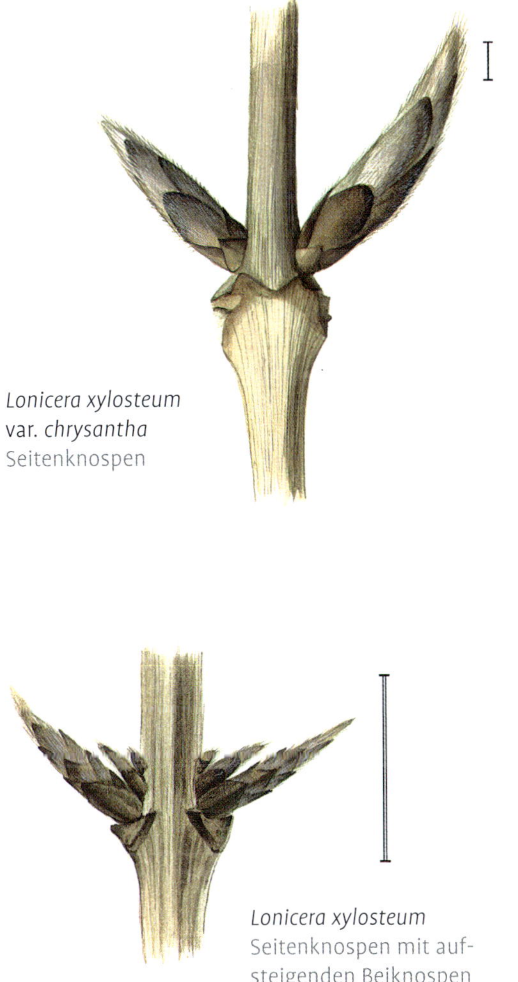

Lonicera xylosteum
var. chrysantha
Seitenknospen

Lonicera xylosteum
Seitenknospen mit aufsteigenden Beiknospen

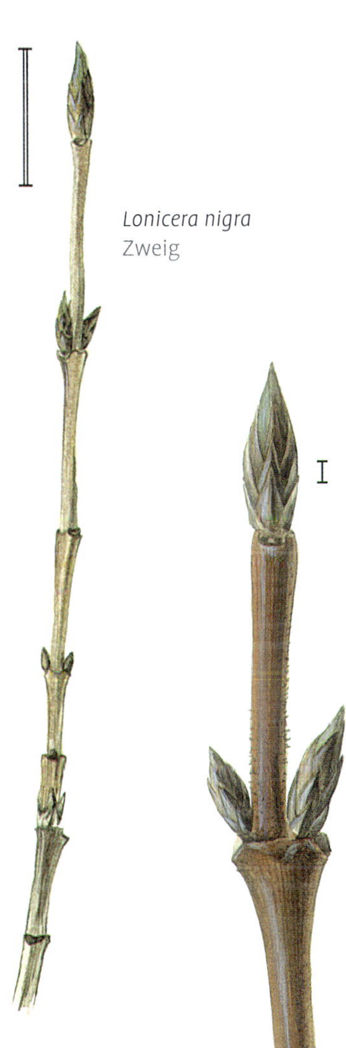

Lonicera nigra
Zweig

Lonicera nigra
Zweigspitze

Sektion Rhodanthae

Knospen spitz, länglich, deutlich 4-kantig, mit sehr vielen Schuppenpaaren. Zweige voll, mit Mark.

Lonicera nigra L., Schwarze Heckenkirsche
Knospen 4–7 mm lang, spitz eiförmig, kahl, Seitenknospen oft mit aufsteigenden Beiknospen. **Endknospe** mit 6–7 sichtbaren Knospenschuppenpaaren, diese deutlich gekielt, lang zugespitzt, unterste ockerbraun, obere heller und dünner. **Zweige** ockergrau, matt glänzend und sehr fein behaart. **Blattnarben** undeutlich 3-spurig. **Fruchtstiele** 2–3 cm lang. Häufiger, bis 1,5 m hoher Strauch in Europa: von den Pyrenäen bis zu den Karpaten verbreitet.

Lonicera maximowiczii (Rupr.) Regel, Maximowiczs Heckenkirsche
Knospen 8–10 mm lang, scharf vierkantig durch etwa acht stark gekielte Knospenschuppenpaare. Im Gegensatz zu *Lonicera nigra* und *L. caucasica* sind die Knospenschuppen nur kurz zugespitzt, kahl, ockerbraun bis graubraun, wetterseits mit toter grauweißer Epidermis. **Zweige** kahl, einjährig matt ockerbraun bis rotbraun, zweijährig grau bis graubraun. An den Jahresgrenzen alte Knospenschuppen lange bleibend. **Blattnarben** klein und undeutlich 3-spurig. **Fruchtstiele** etwa 15 mm lang. Seltener, bis 3 m hoher Strauch aus Korea und der Mandschurei.

Lonicera caucasica Pall., Orientalische Heckenkirsche
[*Lonicera orientalis* Lam.]
Knospen deutlich 4-kantig, aber nicht so scharf wie bei *Lonicera maximowiczii*. Gut entwickelte Endknospe mit etwa 11 Knospenschuppenpaaren, diese ockerbraun, zum Rand dunkler braun. **Zweige** kahl, ockergrau, matt glänzend. Gelegentlich gepflanzter, bis 2,5 m hoher Strauch aus der Türkei bis zum Kaukasus.

Leycesteria formosa Wall.
Knospen klein, 2–3 mm lange Seitenknospen, unter Blattstielresten verborgen. **Zweige** grasgrün, kahl, fast rund (schwache Leisten zwischen den Knoten), dick und hohl, anfangs bereift. Keine Lentizellen, bei starker Vergrößerung dicht mit zahlreichen weißen Pünktchen. **Blattnarbe** nicht vorhanden, dafür trocken bräunliche, zusammentreffende Blattstielreste. Bis 2 m hoher, straff aufrechter Strauch aus dem Himalaja.

Lonicera maximowiczii
Seitenknospen

Leycesteria formosa
Zweigknoten

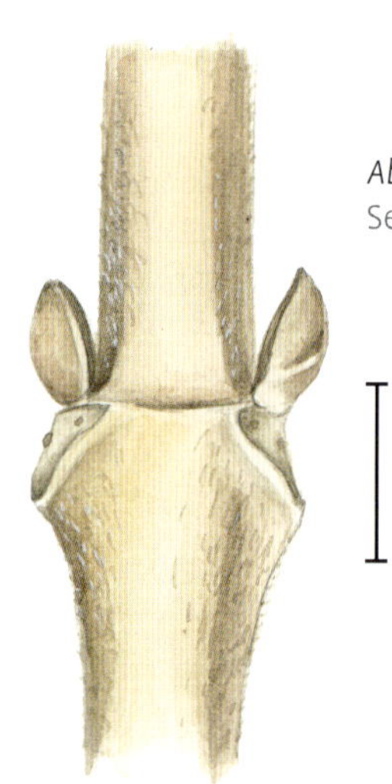

Abelia chinensis
Seitenknospen

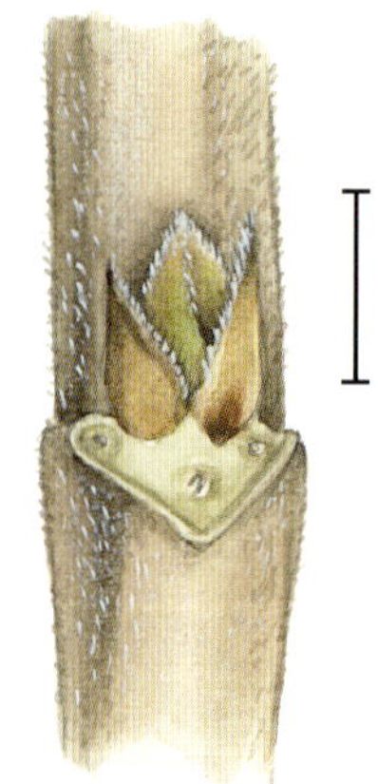

Lonicera caucasica
Seitenknospen mit aufsteigenden Beiknospen

Zabelia tyaihyoni
Zweigknoten
Knospen leicht angetrieben

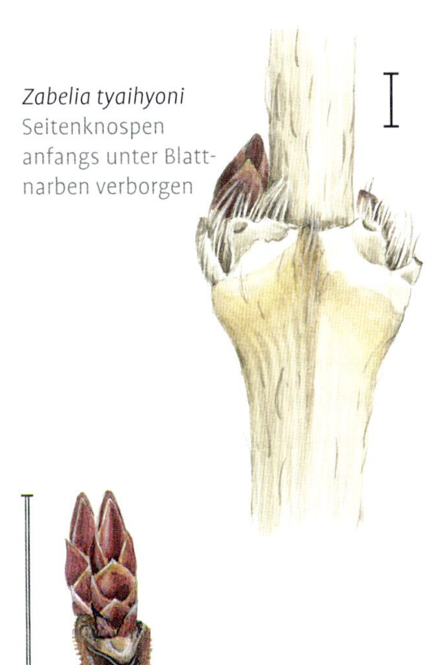

Zabelia tyaihyoni
Seitenknospen anfangs unter Blattnarben verborgen

Unterfamilie Linnaeoideae

Häufig mit auffallend großflächig abblätternder Rinde. Zweige und Knospen unterscheiden sich vor allem in der Größe. Endknospen meist fehlend, aber gelegentlich an einzelnen Zweigen ausgebildet. Hilfreich sind die meist in den Winter erhaltenen Früchte.

Schlüssel Linnaeoideae

1 Früchte paarweise, am Grund fest verbunden, Fruchtknoten lang und dicht abstehend braun behaart, mit lang ausgezogener Kelchröhre ...... ***Kolkwitzia***
1* Ohne verlängerter Kelchröhre zwischen Fruchtknoten und Kelchzipfel 2
2 Kelchblätter bleibend, zur Fruchtreife vergrößert 3
2* Frucht zwischen zwei auffällig vergrößerten Hochblättern .... *Dipelta*
3 Knospen normal sichtbar, mit Knospenschuppen .... *Abelia*
3* Knospen unter Blattgrund des Tragblattes verborgen, oft früh antreibend .... *Zabelia*

Abelia chinensis R. Br., Chinesische Abelie
Zweige an den absterbenden Triebspitzen noch lange mit Laub- und Fruchtresten. **Knospen** um 1 mm lange Seitenknospen: von 1–2 an den Rändern behaarten Knospenschuppenpaaren umhüllt. Erstes Paar gekielt, ockerbraun, zweites Paar grün. **Zweige** sehr dünn, jüngste Verzweigung an der Basis bis 1,5 mm dick. Von hellgrau (abgestorben) bis hell ockerbraun, fein behaart. **Blattnarben** (von der Kleinheit abgesehen) deutlich sichtbar, mit drei Gefäßbündelspuren. **Mark** weiß, in den Knoten voll, wie das Holz grün. Selten gepflanzter, bis 2 m hoher Strauch aus China.

Zabelia tyaihyoni (Nakai) Hisauti & Hara, Koreanische Abelie
[*Abelia mosanensis* T.H. Chung ex Nakai]
Nur **Seitenknospen**, diese anfangs unter den Blattkissen der Tragblätter verborgen, aber größere Knospen immer hervorragend: Mit dunkelweinroten, kahlen Knospenschuppen, sichtbar sind meist 2 Paare, wobei das äußerste die Knospe zu zwei Dritteln einschließt. **Zweige** dünn, letzte Verzweigung an der Basis bis 2 mm dick, sehr hell braun bis ockergrau, gleichmäßig, aber nicht dicht, mit verhältnismäßig langen (um 1 mm), anliegenden borstigen Haaren, an den Knoten etwas dichter. Durch den bleibenden Blattgrund der Tragblätter Zweige knotig verdickt und keine Blattnarbe sichtbar. **Mark** weiß, am Knoten kompakt, grün. Aus Korea stammender, bis 2 m hoher, noch relativ selten gepflanzter Strauch.

Dipelta floribunda Maxim., Doppelschild
Knospen länglich eiförmig, 4–6 mm lang, vom Zweig abstehend, mit vielen, lichtseits weinroten, schattenseits auch grünlichen, zum Rand etwas helleren Knospenschuppen. **Zweige** hohl, rotbraun bis graubraun, dicht fein behaart. Mehrjährige Zweige mit stark abblätternder Rinde. **Blattnarben** undeutlich 3- (oder 5-) spurig. **Frucht** von zwei auffallend vergrößerten (25 x 20 mm), trockenen, schildförmigen Hochblättern flankiert, schwach achtkantig, fein behaart, an der Spitze mit Kelchblattzipfeln. Gelegentlich gepflanzte, 2–3 (–5) m hohe Sträucher aus Mittelchina.

Kolkwitzia amabilis Graebn., Kolkwitzie
Seitenknospen gegenständig, vom Zweig abstehend, eiförmig, 2–4 mm lang; mit 4–5 zugespitzten, braunen, ± dicht weiß behaarten Knospenschuppenpaaren. **Zweige** ockerbraun bis rotbraun, anfangs fein behaart, Zweigrinde bald längs aufreißend und darunter hell ockergrau. **Früchte** in rispig-thyrsischen Ständen, immer zu zweit verwachsen, dicht borstig behaart, etwa 6 mm lang, mit ebenso langem, dünn-röhrigem, in fünf Zipfeln endendem Kelch; den ganzen Winter am Strauch. **Rinde** großflächig, dünn abblätternd. Sehr häufig gepflanzter, vor allem durch die Früchte unverwechselbarer, 2–3 m hoher Strauch aus Westchina.

Dipelta floribunda
Zweig

Kolkwitzia amabilis
Seitenknospen

Kolkwitzia amabilis
Typische paarweise verwachsene Früchte

Familie Araliaceae, Araliengewächse

Grobastige, oft mit Stacheln bewehrte, schwach verzweigte Sträucher und Bäume. **Blattnarben** wechselständig, schmal und breit, vielspurig, den Zweig meist weit umfassend. Fruchtreste im Winter mitunter vorhanden: Teilfruchtstände kugelige Dolden, meist in größeren Fruchtständen zusammengefasst.

Schlüssel Araliaceae

1 Seitenknospen halbkugelig, glänzend violettbraun, Bäume . . . . ***Kalopanax septemlobulus***

1* Seitenknospen anders 2

2 Zweige sehr dicht mit dünnen Stacheln besetzt, diese die Endknospe fast verdeckend . . . . *Oplopanax*

2* Zweige meist lockerer mit Stacheln besetzt, diese die Endknospe nicht verdeckend 3

3 Einjährige Zweige bis etwa 5 mm dick, mäßig verzweigte Sträucher . . . . ***Eleutherococcus***

3* Zweige meist über 1 cm dick, sehr schwach verzweigt . . . . ***Aralia***

Aralia L., Aralie

Wenig verzweigte, durch Ausläufer vielstämmige, starkastige, meist mit Stacheln bewehrte Großsträucher. Die Arten sind im Winter schwer unterscheidbar. Hinweise liefern Wuchsgröße und Bestachelung.

Aralia elata (Miq.) Seem., Japanische Aralie
[*Aralia mandshurica* Rupr. & Maxim.]
Knospen locker von teilweise abstehenden braunroten bis dunkelbraunen Blattgrund-Knospenschuppen spiralig umhüllt, kegelförmig, schmaler als die 10–15 mm dicken Zweige. **Zweige** differenziert in Lang- und Kurztriebe, einjährige Langtriebe hellbraun bis graubraun, ± locker mit kurzen, 2–5 mm langen Stacheln besetzt. **Blattnarben** mit zahlreichen Gefäßbündelspuren (über 20–35). Starre, schwach verzweigte, 4–5 (–6) m hohe, Ausläufer bildende Sträucher aus Ostasien.
Ähnlich ist die seltener anzutreffende ***Aralia chinensis*** L., der **Chinesische Angelikabaum**. Meistens nur wenig bestachelter, bis 3 m hoher Strauch aus China. Größer und mit zahlreichen Stacheln bewehrt ist die ebenfalls seltene ***Aralia spinosa*** L., die **Her-**

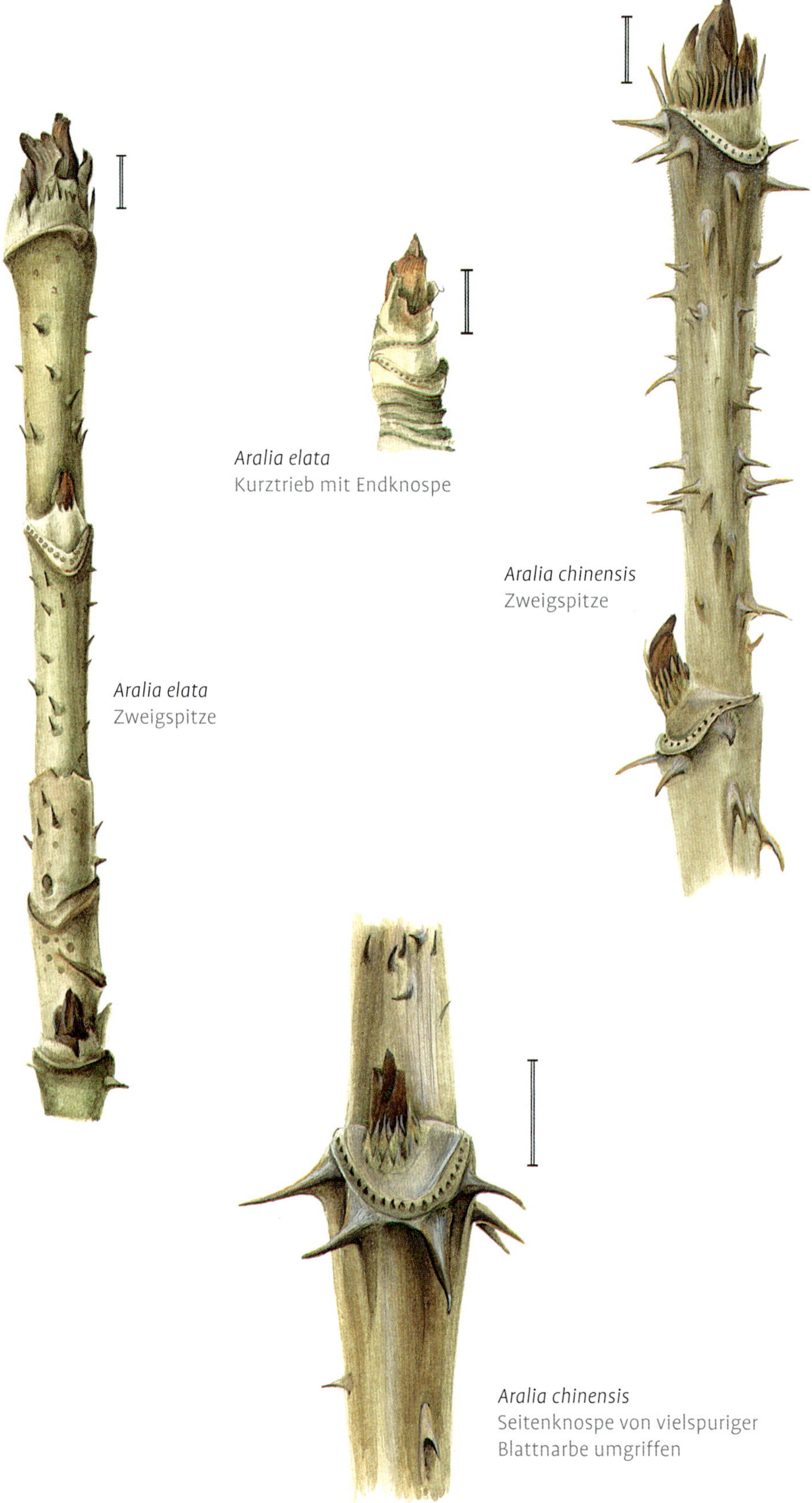

Aralia elata
Kurztrieb mit Endknospe

Aralia chinensis
Zweigspitze

Aralia elata
Zweigspitze

Aralia chinensis
Seitenknospe von vielspuriger Blattnarbe umgriffen

Kalopanax septemlobus
Seitenknospe

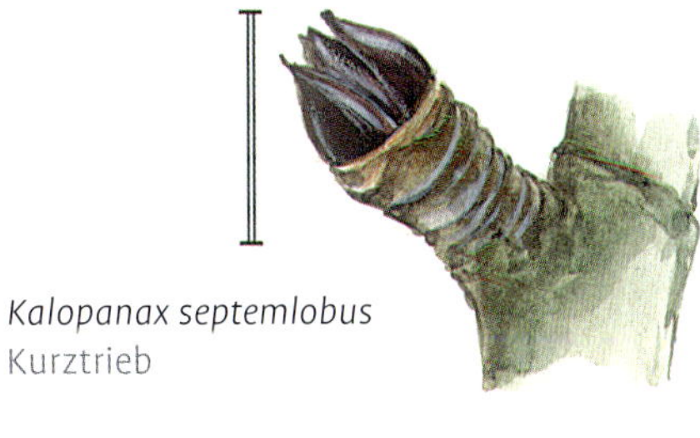
Kalopanax septemlobus
Kurztrieb

Kalopanax septemlobus
Zweigspitze

kuleskeule: ein großer Strauch oder kleiner, bis etwa 8 m hoher Baum aus dem südlichen Nordamerika.

Kalopanax septemlobus (THUNB. ex MURR) KOIDZ., Baumaralie
Knospen breit sitzend, mit glatten, dunkel violettbraunen Knospenschuppen: die beiden äußeren die Knospe größtenteils umgreifend. **Endknospen** halbkugelig bis eiförmig, Knospenschuppen oft in kleiner Spitze oder Zipfel auslaufend, etwa 5–6 mm hoch. **Seitenknospen** sehr flach bis fast halbkugelig, 3–4 (–5) mm breit und dick sowie 2–3 mm lang (hoch), mit abgerundeten und nur unauffällig zugespitzten Vorblatt-Knospenschuppen. **Zweige** dick und starr, matt, von dunkel braungrün bis heller ockerbraun, mit zahlreichen hell ockerfarbenen Lentizellen besetzt; später Zweige tief längsrissig, graubraun bis graugrün. **Stacheln** an jungen Exemplaren dicht und kräftig, später zerstreut, rotbraun, kurz, breit ansitzend, und meist ± stumpf. **Fruchtstandreste**: kurze endständige Achsen, zum Ende des Winters meist nur noch mit Narben der Fruchtstiele. **Blattnarben** sehr schmal, mit zahlreichen (7–9), nebeneinander aufgereihten Gefäßbündelspuren. Gelegentlich gepflanzter, locker verzweigter, kleiner, einstämmiger Baum aus Ostasien.

Eleutherococcus sessiliflorus
Zweig

Eleutherococcus sessiliflorus
Kurztrieb

Eleutherococcus MAXIM., Fingeraralie

In Ostasien bis zum Himalaja und auf den Philippinen beheimatete Bäume und Sträucher. Einige strauchförmige Arten häufiger gepflanzt.

Schlüssel *Eleutherococcus*

1 Einjährige Zweige um 3 mm dick, unterhalb der Blattnarbe mit einem Stachel . . . . ***Eleutherococcus sieboldianus***
1* Zweige dicker 2
2 Zweige dicht stachelborstig . . . . *Eleutherococcus senticosus*
2* Zweige (fast) unbewehrt . . . . ***Eleutherococcus sessiliflorus***

Eleutherococcus sessiliflorus (RUPR. & MAXIM.) S. Y. HU, Amur-Fingeraralie
[*Acanthopanax sessiliflorus* (RUPR. & MAXIM.) SEEM.]
Knospen mit einigen graubraunen, anliegenden Knospenschuppen. Seitenknospen 3–4 mm lang, eiförmig, vom Zweig abstehend. Endknospen vor allem am Ende von Kurztrieben kurz kegelförmig, auffallend dünner als der Trieb. **Zweige** meist unbewehrt, hellgrau, etwas bräunlich, mit einigen rundlichen aufreißenden Lentizellen. Bis 4 m hoher, breit ausladender Strauch, beheimatet in der Mandschurei, Nordchina und Korea.

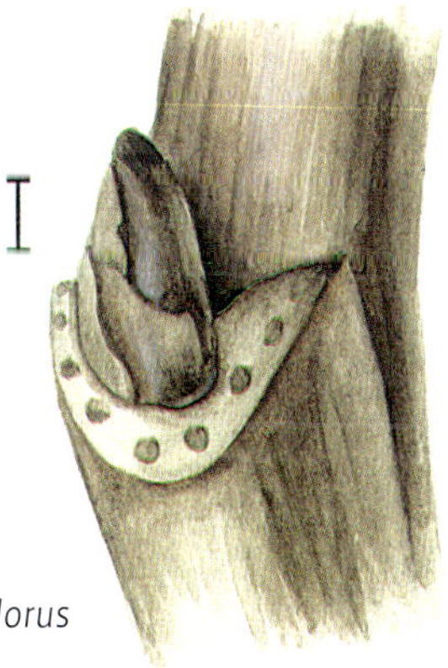
Eleutherococcus sessiliflorus
Seitenknospe

Eleutherococcus sieboldianus (MAK.) KOIDZ., Siebolds Fingeraralie
[*Acanthopanax sieboldianus* MAK.]
Knospen graubraun, bis 3 mm lang. Seitenknospen ± am Zweig anliegend. Endknospen kaum länger, eiförmig. **Zweige** einjährig hell olivgrau, unter den Blattnarben mit 1 (–3) -zähligen, 5–10 mm langen, rotbraunen bis dunkelbraunen Stacheln, mehrjährige Langtriebe hell graubraun. **Blattnarben** schmal, die Knospe umgreifend, 5 (–7) -spurig. **Lentizellen** warzig, ockerbraun. **Rinde** fein längslich aufreißend, mit zahlreichen Kurztrieben. Aus Japan und China stammender, häufig gepflanzter, 1–3 m hoher Strauch.

Eleutherococcus senticosus (RUPR. & MAXIM. ex MAXIM.) MAXIM., Borstige Fingeraralie
[*Acanthopanax senticosus* (RUPR. & MAXIM. ex MAXIM.) HARMS]
Knospen mit rot- bis dunkelbraunen und zum Rand etwas heller braunen Knospenschuppen. Endknospen 8–10 mm lang, Seitenknospen kleiner. **Zweige** ockerbraun bis graubraun, dicht mit feinen dünnen, etwa 5 mm langen Stacheln besetzt. Ältere Zweige graubraun, fein rhombisch längsrissig, mit runden ockerbraunen Lentizellen. **Blattnarben** schmal, etwa 9-spurig (7–11). In China und der Mandschurei beheimateter, 2–5 m hoher, nur selten gepflanzter Strauch.

Oplopanax horridus (SM.) MIQ., Igelkraftwurz
Knospen hinter dichten Stacheln verborgene Seiten- und Endknospen. **Zweige** hell ockerbraun, dick, an der Spitze um 8–10 mm ∅, sehr dicht fein bestachelt, auch um die Blattnarben mit dichter, die Seitenknospen verdeckender Bestachelung. An den Jahresgrenzen mit bleibenden dunkelbraunen Knospenschuppen. **Mark** weit, weiß. **Blattnarbe** mit 10–16 Gefäßbündelspuren, aber durch die Stacheln nicht leicht einsehbar. Etwa 1,5 m, selten bis 3 m hoch werdender, dicht bestachelter Strauch aus dem Nordwesten Nordamerikas.

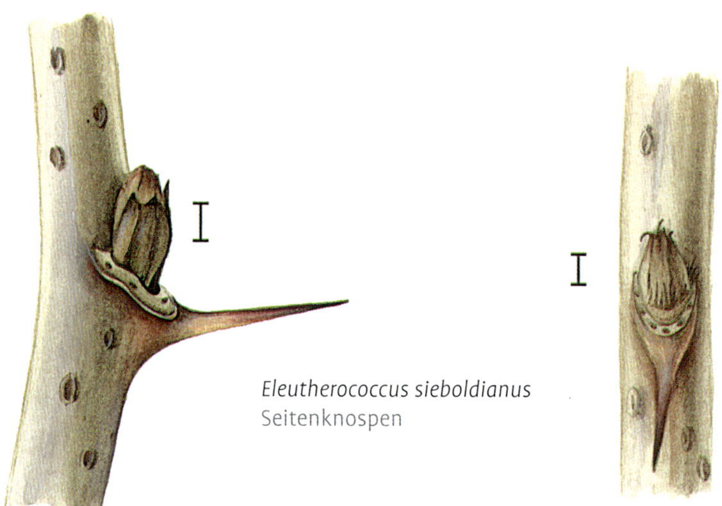

Eleutherococcus sieboldianus
Seitenknospen

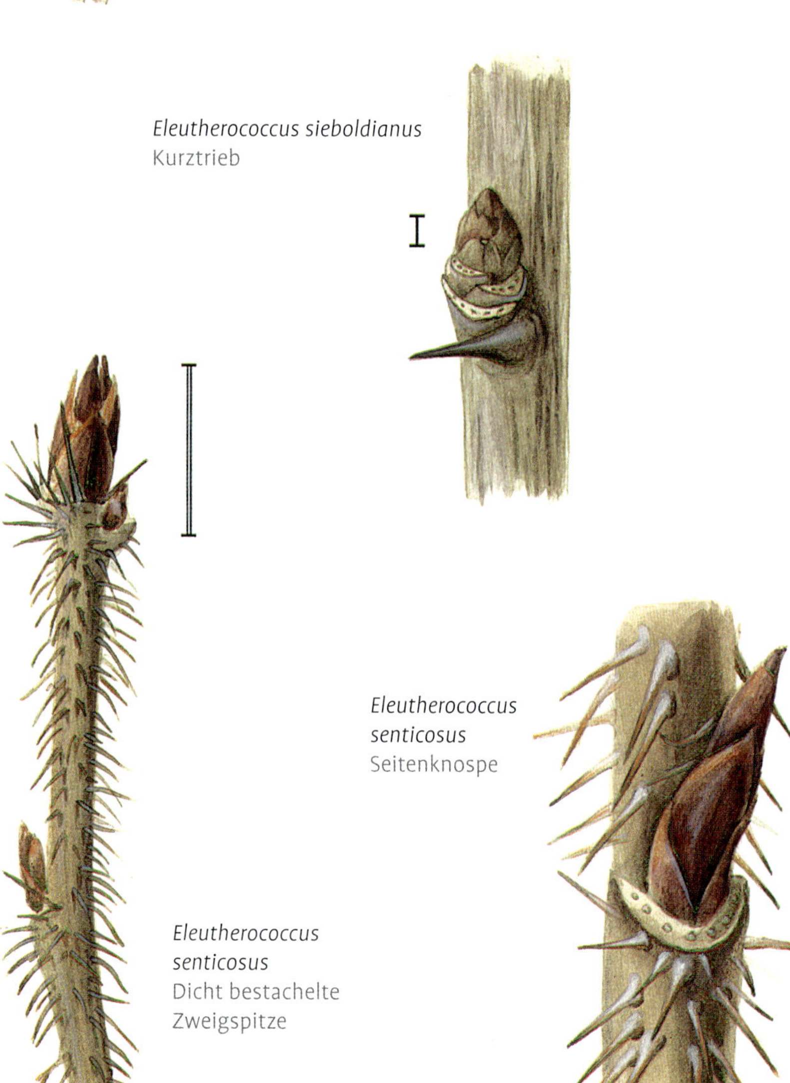

Eleutherococcus sieboldianus
Kurztrieb

Eleutherococcus senticosus
Seitenknospe

Eleutherococcus senticosus
Dicht bestachelte Zweigspitze

Service

Literatur

Phylogenie & Systematik

In den vergangenen zwei Jahrzehnten wurden viele neue Erkenntnisse zur Verwandtschaft der Organismen mit Hilfe molekularbiologischer Vergleiche des Genoms gewonnen. Die zahlreichen Einzelarbeiten können hier nicht aufgeführt werden. Ihre Titel sind durch Verknüpfung des Taxons z. B. „Betula“ oder „Betulaceae“ mit Schlüsselwörtern wie „Phylogeny“ in einer Suchmaschine jedoch leicht aufzufinden. Eine grundlegende Übersicht zu Systematik der Bedecktsamer findet sich bei APG IV, Hinweise auf weiterführende Literatur bei Stevens.

APG IV (2016): An update of the Angiosperm Phylogeny Group classification for the orders and families of flowering plants: APG IV. Botanical Journal of the Linnean Society, 181: 1–20.

Stevens, P. F. (2001 onwards). Angiosperm Phylogeny Website. Version 14, July 2017. http://www.mobot.org/MOBOT/research/APweb/

Anatomie und Morphologie der Knospen

Brick, E. (1914): Die Anatomie der Knospenschuppen in ihrer Beziehung zur Anatomie der Laubblätter. Beihefte Bot. Centralbl. 31, Berlin/Dresden.

Buchheim, G. (1953): Knospenbau, Sproßgestaltung und Verzweigung der Magnoliaceae. Diss. FU Berlin.

Cadura, R. (1886): Physiologische Anatomie der Knospendecken dicotyler Laubbäume. Breslau.

Henry, A. (1847): Knospenbilder. Ein Beitrag zur Kenntnis der Laubknospen und Verzweigungsart der Pflanzen. In: Verh. d. Kaiserl. Leop.-Carol. Akademie der Naturwissenschaften (14), Breslau und Berlin.

Laegaard, S.: Morfologiske undersogelser af vegetative vinterknopper hos traer og buske. (3. Teile) Dansk Dendrologisk Aarsskrift, I 1973, II 1975, III 1978.

Loefling, P. (1749): Gemmae arborum. In: Amoenitates academicae. Upsala.

Lubbock, Sir J. (1899): Buds and stipules. London.

Malpighi, M. (1675–79): Anatome plantarum. Londini J. Martyn.

Raunkiær, C. (1904): Meddelelse om biologiske Typer, med Hensyn til Planternes Tilpasning til at overleve ugunstige Aarstider, karakteriserede ved Graden og Arten af de overlevende Knoppers og Skudspidsers Beskyttelse. Botanisk Tidsskrift 26, S. 14.

Roloff, A. (1986): Morphologische Untersuchungen zum Wachstum und Verzweigungssystem der Rotbuche (*Fagus sylvatica* L.). Mitt. Dtsch. Dendr. Ges. (76) .

Sandt, W. (1925): Zur Kenntnis der Beiknospen. Bot. Abhandlungen, Heft 7. Jena.

Schulze, M. G. (1965): Vergleichend-morphologische Untersuchungen an Laubknospen und Blättern australischer und neuseeländischer Pflanzen. Fedde Repertorium – Beiheft 76.

Schüztsack, U. (1965): Die morphologischen Grundlagen der Blührhythmik der Hamamelidaceae. Willdenowia-Beiheft 3.

Ward, H. M. (1910): Trees. Bd.1 Buds and Twigs. Cambridge.

Wilde, L. (1988): Untersuchungen über den Gerbstoff- und Cyanidgehalt der Winterknospen einiger mitteleuropäischer Gehölze. Mitt. Inst. Allg. Bot. Hamburg (22) .

Bestimmungswerke (Auswahl)

Blakeslee, A. F. (1931): Trees in Winter; Their Study, Planting, Care and Identification. MacMillan, 292 pages

Böhnert, E. (1952): Die wichtigsten Erkennungsmerkmale der Laubgehölze im winterlichen Zustande. Stuttgart.

Boom, B.K. (1982): Flora der cultuurgewassen van Nederland. Teil 1 Nederlandse dendrologie, Wageningen.

Braun, E. L. (1923): A key to the deciduous trees of Ohio, native and planted, in winter condition.

Červenka, M., Cigánková K. (1989): Klič k určování dřevin-podle pupenů a větviček (Schlüssel unbelaubter Gehölze – Knospen und Zweige). Prag.

Core, Earl L., Nelle P. Ammons (1999): Woody Plants in Winter. Identification of southeastern trees in winter. West Virginia University Press, 218 S.

Lance, R. (2004): Woody Plants of the Southeastern United States: A Winter Guide. University of Georgia Press, 420 S.

Nowikow, A. L. (1959): Opredelitiel derewoew i kustarnikow w bezlistnom sostojanii (Bestimmung von Bäumen und Sträuchern im blattlosen Zustand). Kiew.

Poland, J. (2018): Field key to winter twigs: a guide to native and planted deciduous trees, shrubs and woody climbers (xylo phytes) found in the British Isles.

Schmidt, P. A. & B. Schulz (Hgg.), Fitschen (Bgr.) (2017): Gehölzflora. 13. Aufl., Quelle & Meyer, Wiebelsheim.

Schneider, C. (1903): Dendrologische Winterstudien. Fischer, Jena.

Schulz, B. (2018): Sommergrüne Gehölze im Winter. In: Roloff, A. & Bärtels, A.: Flora der Gehölze, 5. Aufl., Ulmer, Stuttgart.

Shirasawa, H. (1895): Die Japanischen Laubhölzer im Winterzustande. College of Agriculture, Bull. Vol. II, No. 5 Tokyo.

Szymanowski, T. (1974): Rozpoznawanie drzew i krzewów ozdobnych w stanie bezlistnym (Bestimmen der Zierbäume und Sträucher im unbelaubten Zustand). Warschau.

Trelease, W. (1931): Winter Botany: An Identification Guide to Native and Cultivated Trees and Shrubs. 3. Aufl., 396 S.

Willkomm, M. (1859): Deutschlands Laubhölzer im Winter. Dresden.

Zuccarini, J. G. (1829): Charakteristik der deutschen Holzgewächse im blattlosen Zustande. München.

Verzeichnis der wissenschaftlichen und deutschen Pflanzennamen

Fett gesetzte Seitenzahlen beziehen sich auf gültige Wissenschaftsnamen, magere Seitenzahlen verweisen auf Synonyme.

Sachwortverzeichnis

Dank

Der größte Dank gebührt wie immer meiner Frau Renata für ihre Liebe und Geduld, die aktive Hilfe und den Glauben an mich. Ihr widme ich dieses Buch.
Zwei weitere Frauen stellten ohne ihr Wissen die Weichen: meine Biologie-Dozentin Dr. Margret Bemmann (Schwerin) brachte mich auf das Thema und die Buchillustratorin Dagmar Elsner-Schwintowsky (†) bestärkte mich in meinen zeichnerischen Vorlieben. Es schließen sich zwei in Tharandt tätige Professoren an: Andreas Roloff gab den letzten Anstoß, indem er mich an den Verlag Eugen Ulmer verwies, nachdem Peter A. Schmidt den Wunsch, das Thema in Buchform zu bringen, lange in mir wach gehalten hatte.
Vor der ersten Auflage ermutigten mich meine damaligen Kollegen am Institut für Botanik der TU Dresden. Hervorheben möchte ich Dr. Bernd Egger und zugleich an den im Jahr 2012 verstorbenen damaligen Institutsdirektor Prof. Werner Hempel erinnern.
Ganz besonders danke ich Herrn Roland Ulmer, der ohne Referenzen das Projekt von den ersten Skizzen an verlegen wollte.
Ebenfalls danke ich für die nach Erscheinen der ersten Auflage erfahrende Anerkennung, wohlwollende Rezensionen und die Auszeichnungen mit dem Buchpreis der Deutschen Gartenbaugesellschaft 1999 und dem Prix Redouté, mention botanique 2000.
Mitunter schwierig war die Beschaffung geeigneter Zweige. Mein erster Anlaufpunkt waren die Botanischen Gärten der TU Dresden. Weiteres Material bekam ich aus anderen Botanischen Gärten, denen ich an dieser Stelle danke. Stellvertretend genannt seien die Botanischen Gärten Berlin-Dahlem, Bayreuth, Bonn, Pallanza (Villa Taranto, Italien), Straßburg (Frankreich), Ulm, Hillier Gardens (England) und die Sammlungen des Julius-Kühn-Instituts in Dresen Pillnitz.
Allen Kollegen und Freunden, die mit Material halfen, gilt mein herzlicher Dank, zuallererst den vielen, nicht namentlich erwähnten Gartenmitarbeitern. Außerdem danke ich Dr. Gregor Aas (Bayreuth), Andreas Bärtels (Waake), Matthias Bartusch (Dresden), Wolfgang Bopp (Christchurch, Neuseeland), Dr. Barbara Ditsch (Dresden), Siegfried Gand (Mainz), Heike Gerhardt (Tharandt), Eike Jablonski (Kruchten), Jan De Langhe (Gent, Belgien), Norbert Meyer (Oberasbach), Volker Meng (Göttingen), Dr. Ulrich Pietzarka (Tharandt), Jörg Schröder (Halsbrücke, OT Hetzdorf), Rudolf Schröder (Dresden), Dr. Mirko Schuster (Dresden-Pillnitz), Peter Steiger (Rodersdorf, Schweiz), Antje Verstl (Leipzig) und Ulrich Würth (Westerstede).
Die dritte Auflage wurde gründlich überarbeitet. Dabei flossen in die letzten beiden Auflagen zahlreiche Erkenntnisse der molekular-phylogenetischen Systematik in das Buch ein, die in der Lehre und Forschung unseres Instituts eine große Rolle spielen. Hier danke ich Prof. Christoph Neinhuis und allen Kollegen.
Hilfreich waren auch Diskussionen und Gespräche mit zahllosen Gärtnern, Botanikern, Landschaftsarchitekten. Stellvertretend genannt seien Eike Jablonski (Kruchten), Dr. Christiane Ritz (Görlitz), Dr. Friedrich Ditsch (Dresden) und Prof. Siegfried Sommer (Dresden). Lehrveranstaltungen mit Studenten zur Gehölzkenntnis im Winter sowie die 1998 in Dresden begründeten Winter-Seminare der Deutschen Dendrologischen Gesellschaft ergaben immer wieder einen reichen Informations- und Gedankenaustausch, für den ich allen Beteiligten dankbar bin.
Nicht zuletzt danke ich dem Verlag Eugen Ulmer, besonders dem Verleger Matthias Ulmer sowie meinen Lektorinnen Ina Vetter und Helen Haas für die Realisierung und gute Ausstattung des Buches.

Bibliografische Information der Deutschen Nationalbibliothek
Die Deutsche Nationalbibliothek verzeichnet diese Publikation in der Deutschen Nationalbibliografie; detaillierte bibliografische Daten sind im Internet über http://dnb.d-nb.de abrufbar.

Wollgrasweg 41, 70599 Stuttgart (Hohenheim)
E-Mail: info@ulmer.de
Internet: www.ulmer.de
Umschlagentwurf: Atelier Reichert, Stuttgart
Lektorat: Ina Vetter, Helen Haas
Herstellung: Silke Reuter, Jürgen Sprenzel
Reproduktion: timeray, Herrenberg
Satz: r&p digitale medien, Echterdingen
Druck und Bindung: Livonia Print, Riga
Printed in Latvia

ISBN 978-3-8186-1138-5